Handbuch der Holzkonservierung

Mahlke-Troschel

Handbuch der Holzkonservierung

Unter Mitwirkung von

Oberreichsbahnrat i. R. Dipl.-Ing. Kurt Bach, Berlin; Dr. phil. habil. Günther Becker, Berlin; Professor Dr.-Ing. Theodor Kristen, Braunschweig; Dr. Rudolf Lehmann, Rheydt; Dr. Dr.-Ing. Friedrich Moll, Berlin; Professor Dr. Edgar Mörath, Washington; Dr. Fritz Peters, Berlin; Bergassessor Dr. Wilhelm de la Sauce, Essen; Dr.-Ing. Horst Seekamp, Berlin; Oberbaurat Dipl.-Ing. H. Wedekind, Hamburg

herausgegeben von

Prof. Dr. Johannes Liese

Eberswalde

Dritte, neubearbeitete Auflage

Mit 244 Abbildungen

Springer-Verlag Berlin Heidelberg GmbH

1950

ISBN 978-3-662-21988-1   ISBN 978-3-662-21987-4 (eBook)
DOI 10.1007/978-3-662-21987-4

Vorwort zur dritten Auflage.

Seit der Herausgabe der zweiten Auflage des Handbuches der Holzkonservierung sind 22 Jahre vergangen. Vieles hat sich inzwischen auf diesem Gebiete geändert.

Der Rohstoff Holz, der damals noch in überreichlicher Menge zur Verfügung stand, ist inzwischen zu einer Mangelware geworden; vielfach sind gesetzliche Verordnungen für einen chemischen Holzschutz in Bearbeitung oder bereits erlassen. Das Interesse an Holzschutzfragen ist daher wesentlich gestiegen. Auf dem Gebiete der Holzschutzwissenschaft und Praxis sind seitdem erhebliche Fortschritte zu verzeichnen. Genormte Prüfverfahren bieten die Möglichkeit, neue Mittel kurzfristig vergleichend zu beurteilen; dadurch ist die Möglichkeit einer Anerkennung brauchbarer Holzschutzmittel gegeben. In technischer Hinsicht sind wichtige Neuentwicklungen sowohl auf dem Gebiete der Holzschutzmittel als auch auf dem der Verfahren erfolgt; es sei nur an die Nachpflegeverfahren erinnert, durch die die Gebrauchsdauer der Nutzhölzer wesentlich verlängert werden kann.

Die Herausgabe der Neuauflage war bereits seit längerem geplant, konnte aber infolge des Krieges und seiner Auswirkungen erst jetzt erfolgen. Innerhalb des Mitarbeiterkreises sind größere Änderungen eingetreten, zumal der Herausgeber und sieben weitere Mitarbeiter der letzten Auflage inzwischen verstorben sind. Soweit wie irgend möglich wurde versucht, die ausländische Literatur, die zunächst infolge der durch den Krieg unterbrochenen Auslandsverbindungen fast ganz fehlte, zu berücksichtigen; gewisse Lücken können vielleicht noch verblieben sein.

Bei der Zusammenstellung der Neuauflage hat mir meine langjährige Mitarbeiterin, Fräulein C. Gröger, weitgehend geholfen, der ich an dieser Stelle hierfür herzlichst danken möchte. Dank gebürt auch dem Springer-Verlage dafür, daß er auf die besonderen Wünsche der Mitarbeiter weitgehend eingegangen ist und für einwandfreie Wiedergabe und Ausstattung Sorge getragen hat.

Möge die vorliegende Neuauflage ihren Zweck erfüllen und dazu beitragen, daß durch richtige Anwendung des chemischen Holzschutzes die Gebrauchsdauer des Nutzholzes weitgehend verlängert und damit die Möglichkeit geschaffen wird, den Rohstoff Holz auch weiterhin überall dort zu verwenden, wo ihn infolge seiner besonderen Eigenschaften kein anderer Werkstoff gleichwertig ersetzen kann!

Eberswalde, Sommer 1950.

J. Liese.

Inhaltsverzeichnis.

Zweiter Teil.

Schutzbehandlung des Holzes.

Inhaltsverzeichnis. IX

Dritter Teil.

Anwendungsgebiete.

Erster Teil

Das rohe Holz und seine Schädlinge.

I. Der Aufbau des Holzes.

Von Professor Dr. **J. Liese**, Eberswalde.

1. Makroskopischer Aufbau.

Das Holz ist ein Produkt der lebenden Bäume und Sträucher; es stellt den Hauptanteil der Stämme, Wurzeln und Zweige dar. Für die im Rahmen dieses Buches zu erörternden Fragen des Holzschutzes hat nur das Stammholz eine Bedeutung, das daher im Folgenden allein berücksichtigt werden soll; der Aufbau des Ast- und Wurzelholzes ist grundsätzlich der gleiche.

Der Holzkörper eines Baumes ist kein gleichwertiger Stoff, sondern aus verschiedenen Elementen zusammengesetzt, die im einzelnen nur mikroskopisch erkannt werden können. Ihre unterschiedliche Ausbildung befähigt den Baum, seine drei Hauptfunktionen in idealster Weise zu erfüllen; diese sind: Leitung des Wassers mit den Nährsalzen vom Boden zur Krone, Sicherung der erforderlichen Festigkeit des Stammes gegenüber den mechanischen Beanspruchungen sowie Speicherung der bei der Kohlensäureassimilation gewonnenen Reservestoffe.

Um einen Einblick in den räumlichen Aufbau des Holzes zu erhalten, betrachtet man den etwa säulenförmigen Holzkörper in drei aufeinander senkrecht verlaufenden Schnittrichtungen. Der Querschnitt liegt senkrecht zur Hauptachse und hat daher eine kreisförmige Umrandung. Die beiden anderen stehen senkrecht auf ihm; der durch die Stammachse und einen Durchmesser geführte Schnitt wird als Radialschnitt (radialer Längsschnitt) bezeichnet. Senkrecht zu diesen beiden verläuft der Tangentialschnitt (tangentialer Längsschnitt) in der Richtung einer Tangente bzw. Sekante. Der in Abb. 1 dargestellte Holzkeil enthält diese drei Schnitte und ermöglicht daher einen guten Einblick in den Holzaufbau.

Auf einem Querschnitt durch einen Baumstamm befinden sich in der Mitte das meist nur wenige Millimeter breite Mark, anschließend der Holzkörper und außen die Rinde. Zwischen dem Holzkörper und der Rinde liegt, nur mikroskopisch erkennbar, das Kambium, eine Zellschicht, in der während der Vegetationszeit durch ständige Neubildung nach innen neues Holzgewebe und nach außen neue Rindenschichten entstehen. Diese jährlichen Neubildungen haben zur Folge, daß das älteste Holz im Innern, das jüngste dagegen außen an der Grenze zur Rinde liegt. Der alljährliche Zuwachs legt sich dabei in Gestalt eines Hohlzylinders auf den bereits vorhandenen Holzkörper auf; im Querschnitt entstehen dabei die Jahrringe (Abb. 2). Diese fehlen lediglich bei gewissen Tropenhölzern; bei allen anderen werden sie bereits mit bloßem Auge mehr oder weniger gut dadurch erkennbar, daß der Jahrringaufbau nicht gleichmäßig erfolgt: das bei Beginn der Vegetation entstehende Holz erscheint heller und lockerer als das später gebildete. Es liegt innerhalb eines Jahrringes nach innen, also zum Mark hin; wegen der ersten Bildung im Frühjahr wird es Frühholz genannt.

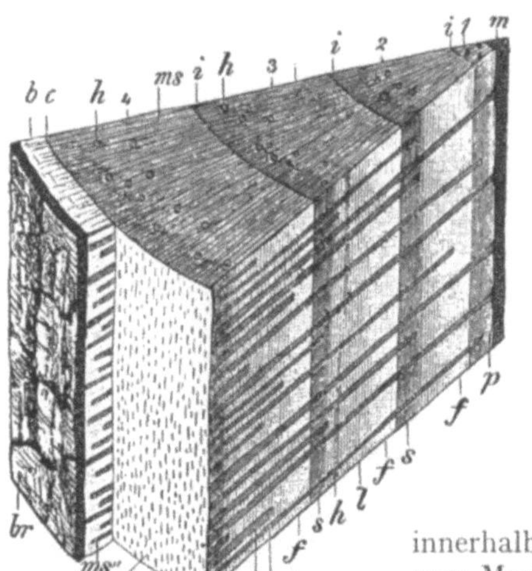

Abb. 1. Keilstück aus einem 4jährigen Kiefernstamm. *b* Bast, *br* Borke, *f* Frühholz, *h* Harzkanal, *i* Jahrringgrenze, *c* Kambium, *m* Mark, *ms* Markstrahl, *s* Spätholz. (1 : 6). Nach Schenck.

Innerhalb des Jahrringes geht das Frühholz allmählich in das dunklere und zur Rinde hin gelegene Spätholz über[1]. Die Jahrringgrenze liegt zwischen dem Spätholz des Vorjahres und dem Frühholz des folgenden Ringes; sie ist bei den Nadelhölzern sehr deutlich erkennbar, da sich das Spätholz durch seine dunkle Farbe sehr gut von dem helleren Frühholz abhebt. Innerhalb eines Jahrringes ist der Übergang vom Frühholz zum Spätholz ein allmählicher und daher nicht so deutlich abgesetzt wie bei der Jahrringgrenze. Bei den Laubhölzern ergeben sich bei dem Erkennen der Jahrringgrenze bisweilen Schwierigkeiten; nur wenn im Frühholz auf dem Querschnitt feine Poren vorhanden sind, die den im mikroskopischen Teile noch näher zu behandelnden Gefäßen entsprechen, ist sie gut sichtbar; die Gefäße liegen dann im Holzquerschnitt in Gestalt eines dünnen Ringes in dem entsprechenden Frühholzteil (Abb. 3). Man nennt solche Hölzer ringporig; als Beispiele seien Eiche, Ulme, Robinie (Akazie) und Esche genannt. Im Gegensatz zu ihnen stehen die zerstreutporigen Hölzer, bei denen die Gefäße ebenfalls reichlich vorhanden sind,

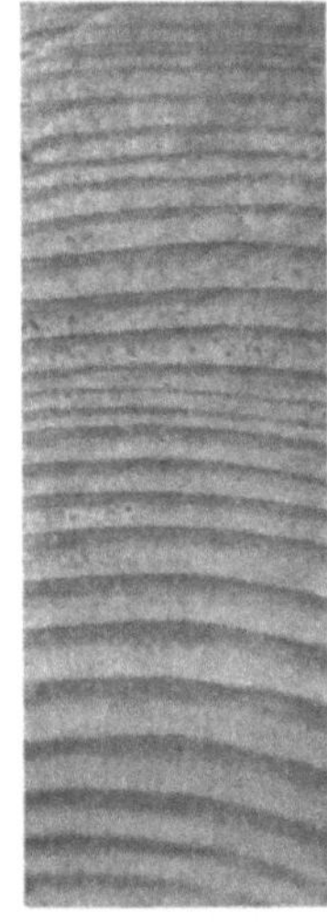

Abb. 2. Querschnitt durch Lärchenholz, deutlich den Jahrringbau zeigend. Die dunkleren Schichten Spätholz, die helleren Frühholz. (1 : 1). Nach Dengler.

---

[1] Die früher bisweilen benutzten Ausdrücke Sommerholz, Herbstholz sind zu vermeiden, da sie zu Mißverständnissen Veranlassung geben.

aber im Frühholz einen so geringen Durchmesser besitzen, daß sie mit bloßem Auge nicht erkannt werden können (Rotbuche, Ahorn und Birke

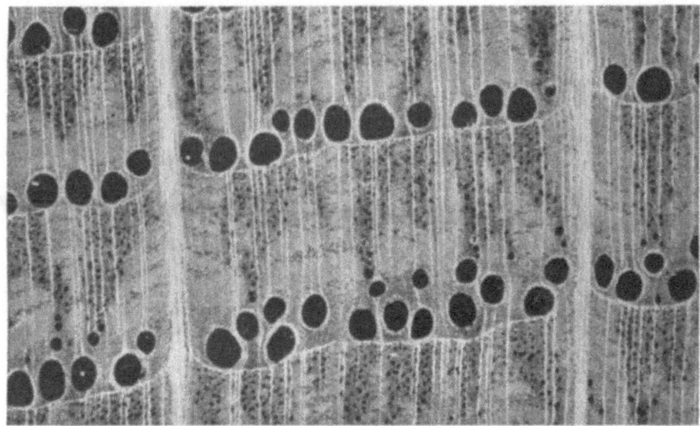

Abb. 3. Querschnitt durch Eichenholz. Ringporig. (15 : 1). Nach H. P. Brown und A. J. Panshin.

Abb. 4. Bei diesen tritt daher die Jahrringgrenze meist nur undeutlich hervor, da zwischen dem Gewebe des Frühholzes und dem des Spätholzes

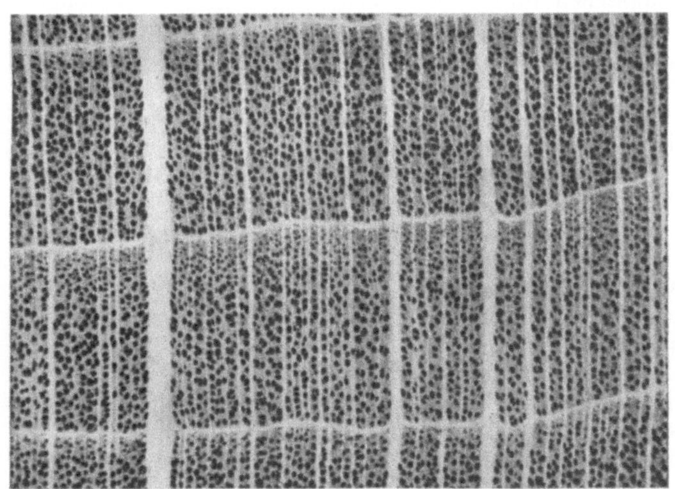

Abb. 4. Querschnitt durch Rotbuche. Zerstreutporig. (15 : 1). Nach H. P. Brown und A. J. Panshin.

kein so deutlicher Unterschied vorhanden ist. Durch Anfärben kann man die Grenze sichtbarer machen; sie verläuft beim Laubholz vielfach nicht so kreisrund wie beim Nadelholz. Bei vielen Holzarten, z. B. Eiche,

1*

Buche, Erle, erkennt man auf dem Querschnitt radial von innen nach außen gehende feine Streifen, die Markstrahlen. Sie sind bei allen Holzarten vorhanden, doch vielfach nur so schmal, daß sie für das unbewaffnete Auge nicht sichtbar werden. Einige gehen bereits von der Markröhre aus — daher der Name —, die meisten beginnen blind im Holzkörper; mit dem zunehmenden Dickenzuwachs des Baumes wird ihre Anzahl laufend erhöht. Die Markstrahlen lassen sich bis in die Rinde hinein verfolgen, durchqueren also auch das Kambium.

Bei verschiedenen Nadelhölzern, wie Kiefer, Lärche, Fichte, erkennt man bei glatten Querschnitten feine Punkte, die bei frischem Holz bisweilen kleine Harztröpfchen austreten lassen. Es sind dies die Harzkanäle (Abb. 5). Sie fehlen normalerweise bei der Tanne und stets bei den Laubhölzern.

Im Gegensatz zu dem Querschnitt geben die Längsschnitte ein wesentlich anderes Bild. Zunächst fällt ihre glattere Beschaffenheit gegenüber dem Querschnitt auf, der eine etwas rauhe Oberfläche mit körniger Struktur hat. Der Grund für diese Verschiedenheit liegt darin, daß das Holz einen Aufbau aus Fasern besitzt, die parallel zur Hauptachse verlaufen, wie dies aus den folgenden mikroskopischen Bildern hervorgeht. In geringem Grade können leichte Krümmungen oder Drehungen im Faserverlauf eintreten, wie sich dies bisweilen beim Spalten der Hölzer bemerkbar macht.

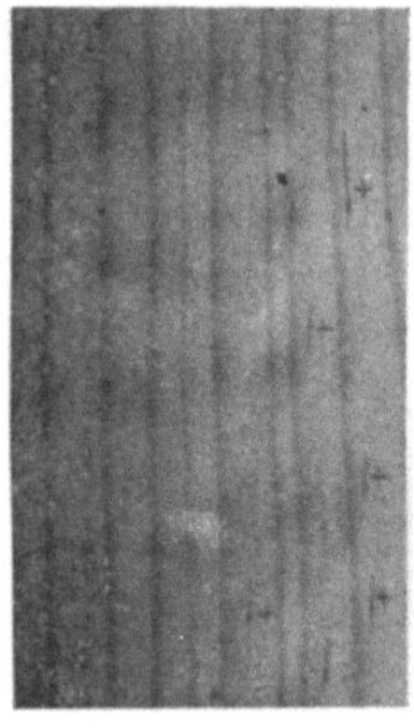

Abb. 5. Radialer Längsschnitt durch Kiefernholz. An den angekreuzten Stellen längsverlaufende Harzkanäle sichtbar. Photo Dengler.

Betrachten wir zunächst den radialen Längsschnitt (Spiegelschnitt) (Abb. 5). Auch hier sind die Jahrringgrenzen erkennbar, doch treten sie nicht so deutlich hervor wie auf dem Querschnitt. Sie liegen als parallele Streifen in Längsrichtung des Stammes nebeneinander. Beim Nadelholz sind sie wiederum am besten zu erkennen, desgleichen bei den ringporigen Laubhölzern. Hier treten die Gefäße des Frühholzes als feine längsverlaufende „Nadelrisse" in Erscheinung. Auch die Markstrahlen sind, soweit sie bereits auf dem Querschnitt sichtbar waren, deutlich zu erkennen und zwar in Gestalt von meist schmalen, querverlaufenden Bändern, die man auch Spiegel nennt (Abb. 6). Bei der Eiche sind sie verhältnismäßig hoch und breit; da sie nicht ganz genau radial ver-

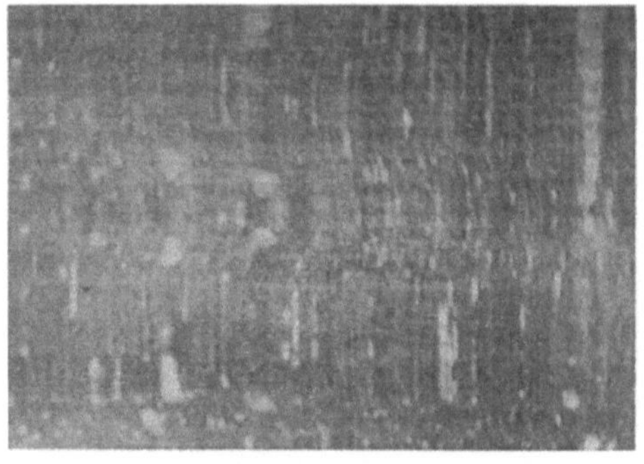

Abb. 6. Radialer Längsschnitt durch Rotbuchenholz. Die radial angeschnittenen Markstrahlen als helle „Spiegel" sichtbar. Photo Dengler.

laufen, sind sie auf einem Radialschnitt meist nur auf eine gewisse Strecke hin zu verfolgen. Die Harzkanäle sind, sofern vorhanden, als feine Risse zu erkennen, die parallel zu den Jahrringgrenzen und der Längsachse verlaufen.

Dieser Aufbau des Holzes macht sich in gleichem Maße auch auf dem tangentialen Längsschnitt bemerkbar. Die Jahrringgrenzen treten als solche hier meist nicht in Erscheinung; je nachdem der Schnitt im Frühholz oder Spätholz liegt, wird der betreffende Holzteil hier heller oder dunkler bzw. bei häufigem Wechsel von Früh- oder Spätholzanteilen gemasert erscheinen. Die Gefäße und Harzkanäle zeigen, sofern sie angeschnitten sind, dasselbe Bild wie beim Radialschnitt. Dagegen sehen die Markstrahlen ganz anders aus. Infolge ihrer radialen Ausrichtung werden sie im Tangentialschnitt quer geschnitten und sind, soweit überhaupt erkennbar, hier in Gestalt feiner, kleiner, spindelförmig zugespitzter Längslinien — bei der Buche dunkel gefärbt — zu sehen (Abb. 7). Sie sind auf der Schnittfläche recht gleichmäßig verteilt, was mit ihrer später zu besprechenden Funktion gut übereinstimmt.

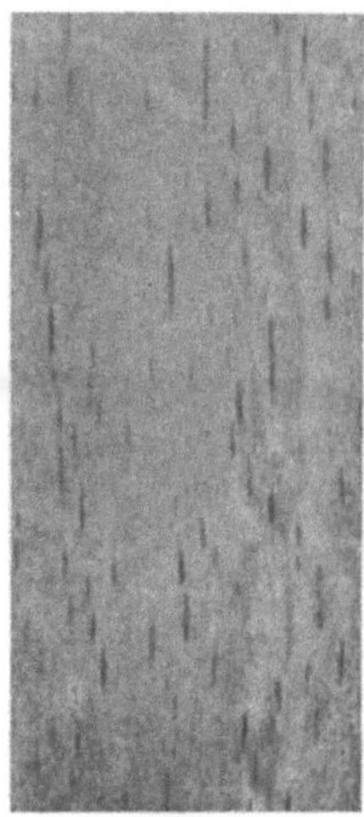

Abb. 7. Tangentialer Längsschnitt durch Rotbuchenholz. Die quer geschnittenen Markstrahlen als feine Längslinien sichtbar. Photo Dengler.

2. Mikroskopischer Aufbau.

A. Die einzelnen Elemente des Holzes.

Das Holz ist aus zahlreichen, nur mikroskopisch erkennbaren Zellen zusammengesetzt, die dicht miteinander verbunden sind. Durch Behandlung mit bestimmten Chemikalien, z. B. nach dem Schulzeschen Mazerationsverfahren, kann man sie aus dem Gewebsverbande trennen und dann unter dem Mikroskop genauer auf Größe und Gestalt hin untersuchen. Man bringt zu diesem Zwecke dünne kleine Längschnitte in ein Reagenzglas, setzt dazu ein Gemisch von chlorsaurem Kali und Salpetersäure, erwärmt das Glas kurz über einer Flamme und läßt dann das Reagens einige Minuten einwirken. Die Verbindungen der einzelnen Zellen werden dadurch gelöst, so daß man diese durch leichten Druck isolieren kann. Bei der mikroskopischen Untersuchung sind verschiedene Zellarten zu unterscheiden, deren Gestalt und Ausbildung weitgehend von der Funktion, die sie am lebenden Baum zu erfüllen haben, abhängt. Für die Wasserleitung dienen die tracheidalen Zellen, für die Festigung die Faserzellen und für die Speicherung der Reservestoffe die Holzparenchymzellen. Zwischen diesen Zellarten gibt es verschiedene Übergänge, die sich in der besonderen anatomischen Ausbildung bemerkbar machen. Alle Zellen sind mit einer deutlich erkennbaren Zellwand versehen, die den Innenraum, das Lumen, nach außen abschließt.

Die tracheidalen Zellen können nur dann ihre Funktion der Wasserleitung gut erfüllen, wenn sie langgestreckt und — wenigstens an bestimmten Wandstellen — leicht für Wasser passierbar sind. Dieser Aufgabe entsprechen in guter Weise die Tracheiden (Abb. 8). Es sind dies langgestreckte, faserförmige Zellen mit allseitig erhaltenen Wänden, die im Holzkörper parallel zur Stammachse verlaufen. Ihre Enden können zugespitzt sein. Die Länge beträgt beim Laubholz etwa 1,5 mm, beim Nadelstammholz

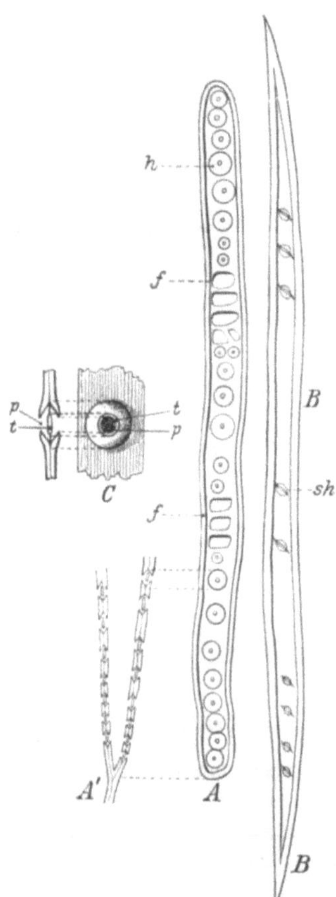

Abb. 8. Fasertracheiden des Kiefernholzes. *A* aus dem Frühholz, *B* aus dem Spätholz; *h* Hoftüpfel, *f* Fenstertüpfel (an den Berührungsstellen mit den parenchymatischen Markstrahlzellen), *sh* Spalthoftüpfel. *C* Hoftüpfel in Aufsicht, daneben im Querschnitt; *t* Torus, *p* Porus. Nach Dengler.

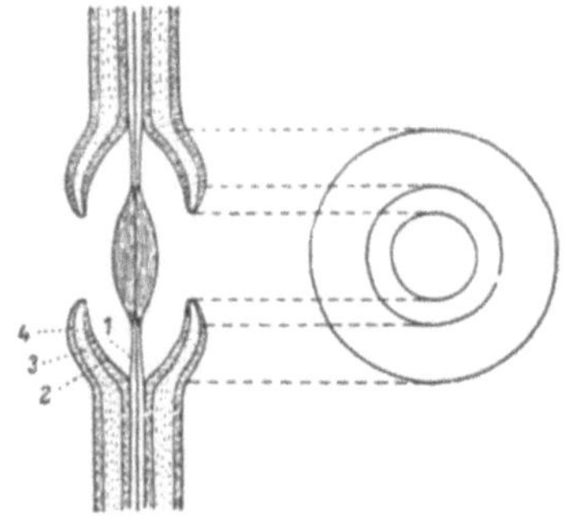

Abb. 9. Längsschnitt durch einen Hoftüpfel, Torus in Mittelstellung, daneben in Aufsicht; teils schematisch. Nach Trendelenburg.

3 mm. In ihren Wänden befinden sich zahlreiche Hoftüpfel (Abb. 9). Diese sind in der Aufsicht gesehen rundlich oder elliptisch; im Querschnitt erkennt man, daß in ihnen nur die mittlere Schicht der Zellwand, die Primärwand, erhalten ist, dagegen die jeweils zum Zellinnern hin aufgelagerten Sekundärschichten uhrglasförmig abgehoben und in der Mitte mit einer meist runden Öffnung, dem Porus, versehen sind. In gleicher Höhe besitzt die Primärwand eine gleichgroße Verdickung, den Torus, der genau auf den Porus paßt und wasserundurchlässig ist. Der Wassertransport von Tracheide zu Tracheide erfolgt durch die den Torus umgebende dünne, kreisringförmige Schließhaut des Hoftüpfels. Da diese eine größere Fläche als der Porus selbst besitzt, tritt durch den Hoftüpfel eine Beschleunigung des Wassertransportes gegenüber einem einfachen Tüpfel ein. Der Hoftüpfel stellt

ferner ein doppelseitiges Ventil dar, da er je nach den Druckverhältnissen in den beiden benachbarten Zellen in seiner Lage verändert werden kann: normalerweise steht die Schließhaut in der Mitte, bei einem einseitigen Unterdruck aber, wie er durch Wunden verursacht wird, legt sie sich an die entsprechende Poruswand an und verhindert Schädigungen des normalen Wassertransportes durch Luftzutritt. Die Hoftüpfel befinden sich besonders reichlich an den Enden der Tracheiden, wo sie mit den Spitzen der darüber anstoßenden Zellen in Berührung stehen und dadurch einen schnellen Wassertransport ermöglichen. Sie sind bei den Nadelhölzern verhältnismäßig groß, bei den Laubhölzern dagegen klein, dafür aber in um so größerer Anzahl nebeneinander in den Wänden vorhanden. Der Durchmesser der Hoftüpfel beträgt beim Nadelholz in den Frühholzzellen etwa 27 μ, der des Porus etwa 7 μ (1 μ = 0,001 mm); nach amerikanischen Untersuchungen[1] sind in der Schließhaut um den Torus sehr feine, kurze Kapillaröffnungen vorhanden (Abb. 10), durch die das Wasser, bei der Holzkonservierung die Imprägnierflüssigkeit, hindurchströmt. Der Durchmesser dieser Schließhautkapillaren wird mit 0,02 bis 0,1 μ angegeben, so daß bei Imprägnierungen nur Teilchen bis zu dieser Größenordnung hindurchströmen können. Bei den Tracheiden,

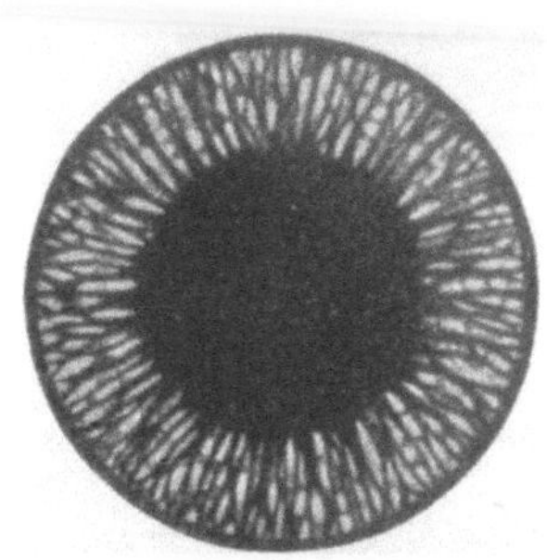

Abb. 10. Stark vergrößerte Durchlöcherungen der Schließhaut eines Hoftüpfels. Vergr. 3500fach nach Bailey. (Bub/Bodmar: Die Konservierung des Holzes, Parey 1922, Tafel IV, S. 838.)

die mehr mechanischen Aufgaben dienen sollen (Spätholztracheiden der Nadelhölzer), und die deshalb auch dickere Wände besitzen, werden nur kleine Hoftüpfel und in geringer Anzahl gebildet; der Porus ist hier meist schrägspaltenförmig.

Während beim Nadelholz ausschließlich die Tracheiden, und zwar in der verhältnismäßig dünnwandigen und weitlumigen Form der Frühholzzelle das Wasser transportieren, zeigt das Laubholz eine weitere zweckentsprechende Sonderausbildung in der Gestalt der Gefäße oder Tracheen (Abb. 11). Diese stellen lange Röhrenkanäle dar, die den Holzkörper längs durchziehen und daher einen noch schnelleren Wassertransport ermöglichen. Sie entstehen dadurch, daß bei der Ausbildung durch das Kambium übereinandergelagerte Zellen ihre zunächst vorhandenen Querwände zum Schluß auflösen und so eine zusammenhängende Röhre bilden. Diese hat eine wechselnde Länge; sie kann einige Zentimeter, bei verschiedenen Holzarten aber auch mehrere Meter lang werden. Ihre Wandung ist meist mäßig verdickt, bisweilen auch mit besonderen spiral- oder netzförmigen Versteifungsleisten innen versehen. Die Berührungswände zweier benachbarter Gefäße enthalten zahlreiche Hoftüpfel. Bisweilen sind die Querwände zwischen zwei übereinander-

---

[1] H. W. Johnston u. O. Maaß: Penetration Studies. For. Prod. Lab. Canada, Res. Notes, Bd. 2 (1929).

liegenden Gefäßzellen nicht völlig verschwunden, sondern nur leiter-
förmig durchbrochen (Abb. 11c); die Primärwand ist aber immer aufgelöst und damit — im Gegensatz zu den Tüpfeln — stets eine direkte Verbindung von Zelle zu Zelle vorhanden. Der Durchmesser der Gefäße ist
sowohl bei den einzelnen Holzarten als auch innerhalb einer Holzart

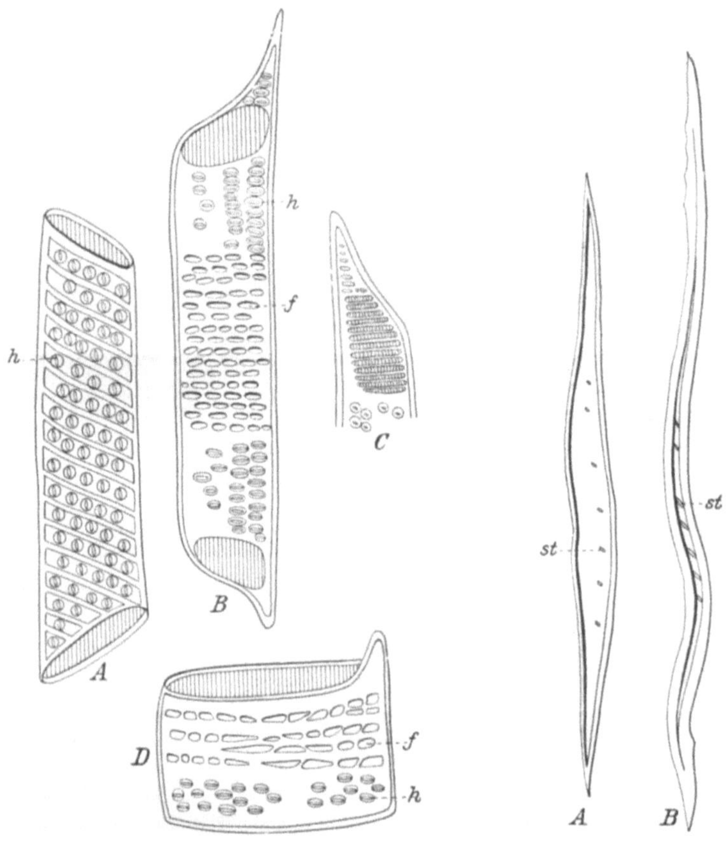

Abb. 11. Verschiedene Gefäße. *A* von der Linde mit spiraligen Verdickungsleisten. *B* von der Rotbuche mit ringförmiger Durchbrechung. *C* desgl. mit leiterförmiger Durchbrechung. *D* weites, kurzes Gefäßglied der Eiche. (Die
offenen Durchbrechungsstellen sind schraffiert.) *h* Hoftüpfel
an den Berührungsflächen mit anderen Gefäßen. *f* einfache
Tüpfel an den Berührungsflächen mit Markstrahlen (400:1).
Nach Dengler.

Abb. 12. Libriformfasern.
A schwächer verdickt (Linde), *B* stärker verdickt
(Rotbuche), *st* Spalttüpfel
(200:1). Nach Dengler.

sehr verschieden. Stets ist er im Frühholz größer als im Spätholz; bei
den ringporigen Holzarten sind die Frühholzgefäße mit bloßem Auge
erkennbar. Die Gefäße sind im Splintholz des lebenden Baumes meist mit
Wasser gefüllt, das beim geschlagenen Holz während der Austrocknung
durch Luft ersetzt wird. Sie stellen bei der Tränkung von Laubhölzern, abgesehen vom Osmoseverfahren, die Leitungsbahnen für die Imprägnier-

flüssigkeiten dar. Während bei den Nadelhölzern, wie bereits erwähnt, nur Tracheiden das Wasser leiten, sind diese bei den Laubhölzern wohl auch vorhanden, treten aber gegenüber den Tracheen zahlenmäßig sehr zurück und haben für die Wasserleitung nur eine sehr geringe Bedeutung. Tracheen und Tracheiden sind stets tote Zellen.

Die Festigkeit des Holzes wird durch die Faserzellen oder Libriformfasern bewirkt (Abb. 12). Es sind dies lang zugespitzte Zellen mit dicken Wänden; bisweilen besteht fast der ganze Querschnitt der Zelle aus Wandung, so daß nur ein kleines Lumen im Innern vorhanden ist. Ihre Länge beträgt etwa 1 mm. Da eine Wasserleitung durch sie nicht erfolgt, fehlen auch die Hoftüpfel; lediglich einige kleine Tüpfel mit spaltförmigem Porus sind gelegentlich zu bemerken, durch die während der Ausbildung der Zelle die hierfür erforderlichen Aufbaustoffe in das Innere eintreten konnten. Im ausgebildeten Zustand sind die Libriformfasern stets tote Zellen. Zur besseren Verankerung innerhalb des Gewebsverbandes sind ihre Enden vielfach mit sägezahnartigen Widerhaken versehen, die in entsprechende Lücken benachbarter Zellwände eingreifen. Die Libriformfasern sind in der beschriebenen Form nur beim Laubholz vorhanden. Beim Nadelholz wird die mechanische Funktion durch die bereits erwähnten Spätholztracheiden übernommen, die im Gegensatz zu den Frühholztracheiden dickere Wände sowie nur wenige und kleine Hoftüpfel besitzen. Man spricht beim Nadelholz allgemein von Fasertracheiden, die je nach ihrer anatomischen Ausbildung bevorzugt der Leitung bzw. der Festigkeit dienen.

Die Holzparenchymzellen sorgen im lebenden Holzkörper für die Leitung und Speicherung der in der Krone während der Vegetationszeit durch die Assimilation gebildeten und in der Rinde herabgeleiteten Reservestoffe (vergl. S. 33).

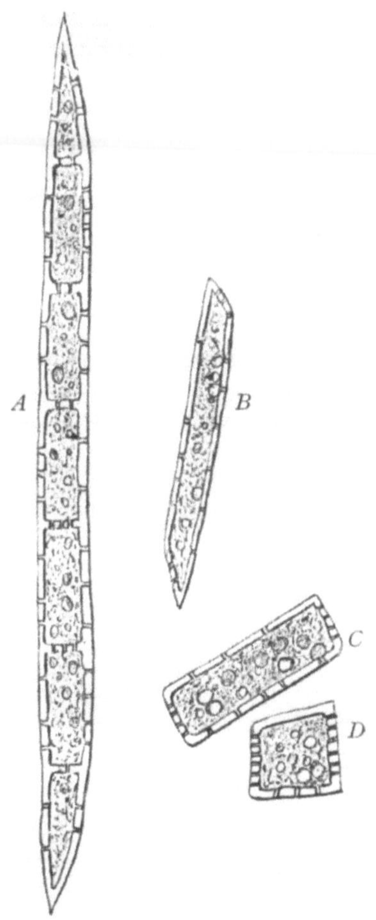

Abb. 13. Parenchymzellen aus dem Holzkörper. *A* Holzparenchymstrang aus dem Holz der Esche, *B—D* Markstrahlenparenchymzellen, *B* der Rotbuche, *C* und *D* der Eiche. (100 : 1). Nach Dengler.

Sie sind stets klein, meist prismatisch gebaut (Abb. 13); ihre Wandung ist bisweilen dünn wie bei einigen Nadelhölzern, meist aber dick. Im letzteren Falle sorgen für die Erleichterung des Stoffverkehrs zwischen benachbarten Parenchymzellen zahlreiche Tüpfel, die aber nicht als Hoftüpfel, sondern als einfache Aussparungen in den Sekundärschichten ausgebildet sind. Wo Holzparenchymzellen an wasserleitende Elemente anstoßen, werden einseitig behöfte Tüpfel ausgebildet (vergl. Fenstertüpfelung der parenchymatischen Markstrahlzellen der Kiefer, Abb. 8). Entsprechend ihrer Aufgabe müssen sie im lebenden Splintholz mit lebendem Inhalt versehen sein; sie sind deshalb innen mit einem Protoplasmaschlauch umkleidet, der den Zellsaftraum umschließt. In ihnen befinden sich Reservestoffe aller Art, wie Stärke, Zucker, Fette, ferner Harze, Gerbstoffe u. a. Alle Holzparenchymzellen stehen miteinander in räumlicher Verbindung, was ja eine Voraussetzung für einen Stoffaustausch ist. Die Markstrahlen sind ganz oder bei gewissen Nadelhölzern zum Teil aus ihnen aufgebaut, wobei sie dem Stoffaustausch in radialer Richtung dienen. Bei den Laubhölzern sind sie außer in den Markstrahlen auch in den anderen Holzteilen vorhanden, meist als tangentiale Bänder unter stärkerer Gruppierung um Gefäße, wo sie bei der Thyllenbildung eine große Rolle spielen. Bei den Nadelhölzern umkleiden sie ferner die Harzkanäle.

Der Anteil der Zellarten am Aufbau ist bei den einzelnen Holzarten verschieden und schwankt auch innerhalb der gleichen Holzart unter Umständen erheblich. Das Nadelholz besteht zu über 90 % aus Tracheiden; der Markstrahlanteil wird für Fichte und Kiefer mit 5—8 %, für Tanne mit 6—10 % und für Lärche mit 9 % angegeben[1]. Der Anteil der Spätholztracheiden am ganzen Jahrring hat großen Einfluß auf Gewicht und Festigkeit des Holzes. Man kann etwa mit folgenden Spätholzprozenten bei unseren Nadelhölzern rechnen: Kiefer 20—40, Fichte und Tanne 20—30, Lärche und Douglasie 30—45 und Strobe 10—15. Beim Laubholz sind die hier in Betracht kommenden drei Zellarten etwa in folgender Weise verteilt:

Holzart	tracheidale Zellen	Libriform (mechan. Zellen)	Parenchym, einschl. Markstrahlzellen
Buche[2]	31 %	37 %	32 %
Eiche	10—20 %	45—60 %	20—45 %
Robinie[3] (Stammholz)	6 %	55 %	39 %

Diese Zahlen können nur als ungefährer Anhalt dienen, da große Schwankungen vorkommen. Der Anteil der Markstrahlzellen wird z. B. von Klauditz[4] für Birke mit 4 % und für Rotbuche mit 15 % angegeben. Auf jeden Fall besitzen die Nadelhölzer wesentlich weniger Parenchymzellen als die Laubhölzer. Dies erklärt sich vor allem damit, daß sie im Frühjahr nur einen Bruchteil der Krone zu erneuern haben (Kiefer $\frac{1}{2}$ bis $\frac{1}{3}$, Fichte $\frac{1}{5}$ bis $\frac{1}{9}$, Tanne $\frac{1}{7}$ bis $\frac{1}{15}$), während die Laubhölzer alljährlich ihre ganze Krone erneuern und dafür auch mehr Reservestoffe speichern müssen.

---

[1] Trendelenburg, Das Holz als Rohstoff, München 1939, S. 83.

[2] Huber-Prütz, Über den Anteil von Fasern, Gefäßen und Parenchym am Aufbau verschiedener Hölzer. Holz als Roh- und Werkstoff 1937/38.

[3] Liese, Mitt. d. Akad. d. Dt. Forstwiss. 1943.

[4] Klauditz, Holz als Roh- und Werkstoff, 5. Jahrg., 1942.

B. Die Anordnung der Zellen im Holzkörper.

Die soeben geschilderten Zellarten des Holzes können nur dann ihre Aufgaben einwandfrei erfüllen, wenn sie sinnvoll im Gewebsverband angeordnet sind. Auch im Holzkörper macht sich, wie allgemein in der belebten Natur, das Prinzip des größten Nutzeffektes bei geringstem Materialaufwand[1] bemerkbar, das sich bereits im einzelnen Zellaufbau deutlich erkennen läßt. Dabei ist zunächst zu beachten, daß die für die drei Hauptfunktionen in Betracht kommenden Zellarten — tracheidale, mechanische und holzparenchymatische — jeweils unter sich in direkter Verbindung stehen. Insbesondere sind alle wasserleitenden Elemente in Längsrichtung hintereinander verbunden, desgleichen stoßen die speichernden Holzparenchymzellen stets mindestens mit einer Zellwand aneinander. Nur so ist die Leitung des Wassers bzw. der Reservestoffe möglich und der ungestörte Ablauf der Lebensvorgänge im Baum gesichert.

Die **Nadelhölzer** zeigen den einfachsten Aufbau; sie sind in der Entwicklungsgeschichte der Pflanzen zu einer wesentlich früheren Zeit entstanden als die Laubhölzer. Sie bestehen, wie bereits geschildert, nur aus zwei Zellarten, den Fasertracheiden und den Holzparenchymzellen; die Fasertracheiden übernehmen dabei gleichzeitig die Aufgaben der Wasserleitung und der Festigung unter gewisser Änderung ihres Aufbaus entsprechend der jeweiligen Hauptfunktion. Ähnlich wie in ihrem äußeren Aufbau macht sich auch in der Anordnung der Zellen im Holzinnern bei ihnen eine auffallende Gleichmäßigkeit bemerkbar, so daß man direkt von dem „mathematischen Geschlecht" unter den Pflanzen gesprochen hat. Am besten ist dies auf dem Querschnitt festzustellen (Abb. 14). Dieser zeigt die hier quer geschnittenen Fasertracheiden in radial verlaufenden Reihen; die einzelne Zelle ist quadratisch bis sechseckig, wobei zwei Zellwände stets parallel zur Jahrringgrenze, also tangential verlaufen. Der tangentiale Durchmesser beträgt $30—40\,\mu$, der radiale schwankt zwischen $30—50\,\mu$ im Frühholz und $18—25\,\mu$ im Spätholz. Hoftüpfel sind nur an den radialen Wänden, und zwar quergeschnitten, sichtbar; sie erleichtern daher eine tangentiale Wasserleitung. Zwischen diesen Zellreihen liegen die meist nur eine Zellreihe breiten Markstrahlen, die ebenfalls radial verlaufen und bei der Kiefer besonders gut in den parenchymatischen Teilen erkennbar sind, die lebenden Zellinhalt besitzen und sich dadurch von den übrigen toten und inhaltsleeren Fasertracheiden abheben. Sie ermöglichen einen Stofftransport in radialer Richtung, also von der Rinde zum Holzkörper. Vereinzelt sind auch quergeschnittene Harzkanäle sichtbar; sie zeigen im Innern den meist mit Harz gefüllten Hohlraum, der von lebenden, plasmareichen Zellen umgeben ist. Häufig findet man sie an der Übergangsstelle vom Frühholz zum Spätholz des gleichen Jahrrings; auch in den dann mehrere Zellagen breiten Markstrahlen kommen sie vor. Die Jahrringgrenzen heben sich auf dem Querschnitt durch die verschiedene Ausbildung der sich hier berührenden Fasertracheiden gut hervor: die Frühholzzellen weitlumig und dünnwandig, die Spätholzzellen englumig, dickwandig und tan-

---

[1] Haberlandt, Physiologische Pflanzenanatomie, 6. Aufl., Berlin 1924.

gential abgeplattet. Innerhalb eines Jahrrings verläuft der Übergang zwischen diesen beiden Ausbildungsformen allmählich.

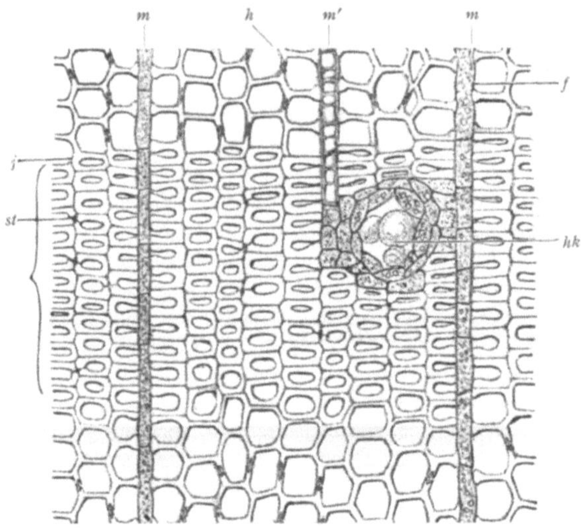

Abb. 14. Querschnitt durch Kiefernholz. *j* Jahrringgrenze, *m* Markstrahlen (parenchymatische Reihen) *m'* Markstrahlen (tracheidale Reihe). *hk* Harzkanal mit Harzsekrettropfen, *h* Hoftüpfel; *f* einfache oder Fenstertüpfel, *st* Spalttüpfel. (400 : 1). Nach Dengler.

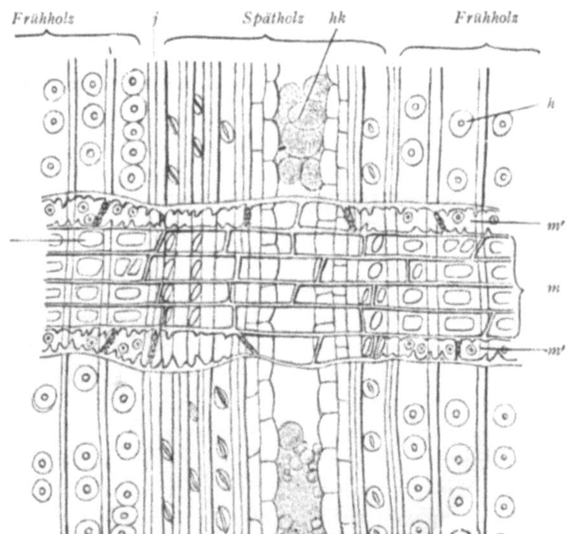

Abb. 15. Radialer Längsschnitt durch Kiefernholz. *j* Jahrringgrenze, *m* Markstrahl (parenchymatische Reihen) (Inhalt in der Zeichnung weggelassen). *m'* Markstrahl (tracheidale Reihen). *hk* Harzkanal mit Harzsekrettropfen. *h* Hoftüpfel. *f* Fenstertüpfel. (400 : 1). Nach Dengler.

Der radiale Längsschnitt zeigt ein wesentlich anderes Bild (Abb. 15). Die Fasertracheiden liegen langgestreckt dicht nebeneinander.

Die Hoftüpfel sind in Aufsicht zu sehen; im Frühholz sind sie reichlich vorhanden und kreisrund; in dem englumigen Spätholz spärlicher, elliptisch mit schräg verlaufendem Spalt. Sehr auffallend sind im Radialschnitt die Markstrahlen in Gestalt querverlaufender Bänder. Sie setzen sich aus mehreren Reihen zusammen, in denen zahlreiche quaderförmige Zellen hintereinander angeordnet sind. Bei Tanne bestehen sie nur aus Parenchymzellen; bei Fichte, Lärche und Kiefer bauen sich die Markstrahlen aus verschiedenartigen Zellreihen auf. Meist in der Mitte eines Markstrahls liegen bei diesen parenchymatische Zellreihen mit lebendem Inhalt, während darüber und darunter tracheidale Zellreihen verlaufen, die durch zahlreiche, nach dem Zellinneren zum Teil zackenförmig vorspringende Versteifungen ausgezeichnet sind und sowohl unter sich als auch mit den angrenzenden Fasertracheiden durch zahlreiche kleine Hoftüpfel verbunden sind. Die parenchymatischen Zellen zeigen bei der Kiefer an der Berührungsfläche zu den benachbarten Fasertracheiden einseitig behöfte Tüpfel, die in der Aufsicht fensterartig erscheinen (Fenstertüpfelung). Die Harzkanäle werden längs aufgeschnitten; man erkennt den meist mit Harz gefüllten Kanal und die ihn umgebenden parenchymatischen dünnwandigen Zellen, die in der Längsrichtung stets Anschluß an parenchymatische Markstrahlzellreihen haben.

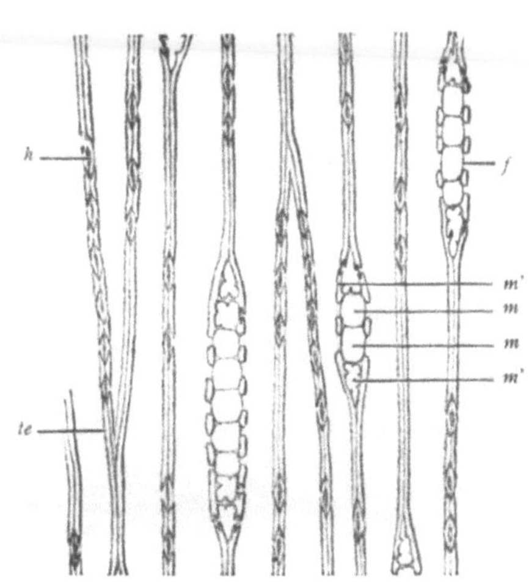

Abb. 16. Tangentialer Längsschnitt durch Kiefernholz. *te* Tracheidenende, *h* Hoftüpfel, *f* einfacher oder Fenstertüpfel, *m'* tracheidale Reihen des Markstrahls, *m* parenchymatische Reihen des Markstrahls. (400 : 1). Nach Dengler.

Auf dem Tangentialschnitt (Abb. 16) besteht ebenfalls die Hauptmasse der sichtbaren Zellen aus längsverlaufenden Fasertracheiden. Ihre Endigungen zeigen hier im Gegensatz zu dem Radialschnitt, auf dem sie stets gleiche Breite behalten, eine Zuspitzung; sie sind also meißelförmig mit radial orientierter Schneide zugespitzt. Die Hoftüpfel sind wegen ihrer Anordnung auf den Radialwänden nur im Querschnitt sichtbar. Die Markstrahlen sind quer geschnitten und daher von spindelförmiger Gestalt; bei der Kiefer macht sich ihr Aufbau aus parenchymatischen und nach oben und unten angelagerten tracheidalen Zellreihen wieder besonders deutlich bemerkbar. Die dünnen Primärwände der Fenstertüpfel in den Parenchymzellreihen sind infolge des in ihnen herrschenden Innendruckes nach außen vorgewölbt und gut zu erkennen. Die Harzkanäle zeigen den gleichen Aufbau wie beim Radialschnitt.

Beim Laubholz ist die Anordnung der Zellarten im Gewebsverband unregelmäßiger, was auch durch die verschiedenartige Ausbildung von

tracheidalen und mechanischen Zellen bedingt wird. Dies tritt bereits auf
dem Querschnittsbild deutlich in Erscheinung (Abb. 17). Die radiale
Anordnung der Zellen und ihre gleichartige Gestalt tritt weniger hervor.
Die quergeschnittenen Gefäße sind zwischen den vielen vorhandenen
kleinen Zellen an ihrem größeren Lumen meist gut zu erkennen, besonders dann, wenn es sich um ringporige Hölzer, z. B. Eiche, handelt, wo
sie im Frühholz als kreisförmige Öffnungen deutlich sichtbar sind. Bei den
zerstreutporigen Hölzern sind sie weniger auffallend (Abb. 4), doch auch

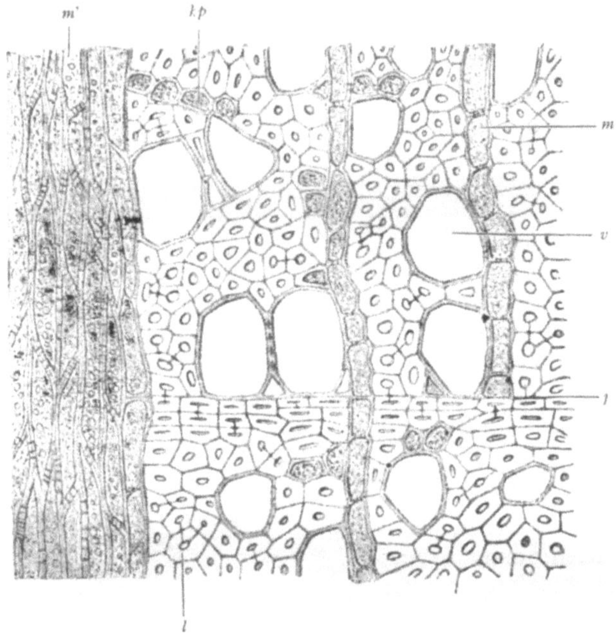

Abb. 17. Querschnitt durch Rotbuchenholz. *v* Gefäße. *l* Libriformfasern (mit
Spalttüpfeln). *hp* Holzparenchym. *m* Einschichtiger Markstrahl. *m'* Mehrschichtiger
Markstrahl. *j* Jahrringgrenze. (400 : 1). Nach Dengler.

hier die größten Zellen des Querschnittes. Im Spätholz kommen sie
ebenfalls vor, doch besitzen sie dann einen kleineren Durchmesser. Der
Unterschied zwischen den Gefäßen des Frühholzes und denen des Spätholzes, der bei den ringporigen Hölzern erheblich ist, bleibt bei den zerstreutporigen Hölzern gering. Vielfach liegen mehrere Gefäße in direkter
Berührung nebeneinander; nicht selten bilden sie zu zweit oder zu dritt
einen in radialer Richtung gestreckten, elliptischen Querschnitt (Pappel,
Linde, Birke). Die gemeinsamen Querwände enthalten sehr zahlreiche
kleine Hoftüpfel, die dicht hintereinander liegen und der quergeschnittenen Wand ein perlschnurartiges Aussehen geben.

Die Hauptmasse des Querschnittes wird durch kleine, vier- bis sechs-
eckige Zellen eingenommen. Sie stellen die Querschnitte durch die Libriformfasern, Holzparenchymzellen und, soweit vorhanden, Tracheiden dar.

Von ihnen sind die die Festigkeit bedingenden Libriformfasern bei den meisten Hölzern mit besonders dicken Zellwänden versehen und häufig bündelförmig zusammengelagert. Bisweilen erkennt man zwischen ihnen strichförmige Verbindungskanäle (Tüpfel), die zur Zeit der Bildung dieser Zellen für den Antransport der Aufbaustoffe in das Zellinnere von Bedeutung waren. Die beiden anderen Zellarten sind von ihnen im Querschnittsbild oft nicht sicher zu unterscheiden. Die Holzparenchymzellen haben meist dünnere Zellwände; als wichtigstes Erkennungsmerkmal kommt

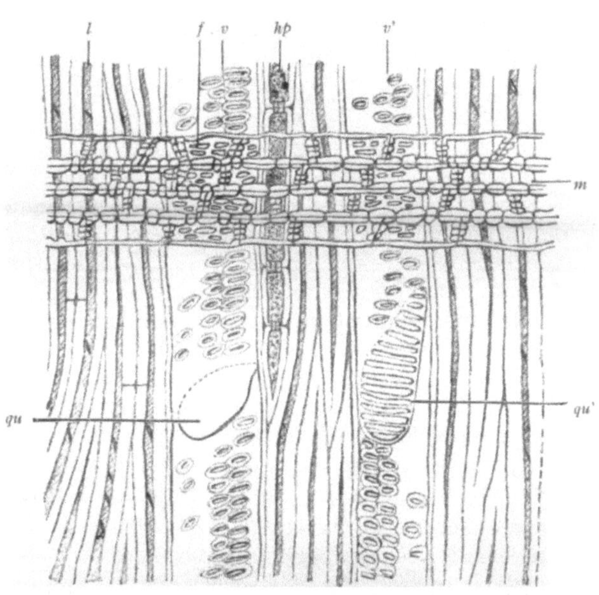

Abb. 18. Radialer Längsschnitt durch Rotbuchenholz. *v* Gefäß mit ringförmiger Durchbrechung. *v'* Gefäß mit leiterförmiger Durchbrechung. *l* Libriform mit Spalttüpfeln. *hp* Holzparenchym. *m* Markstrahl bei *f* mit einfachen Tüpfeln, *qu* und *qu'* Querwände je zweier Gefäßglieder, bei *qu* mit ringförmiger, bei *qu'* mit leiterförmiger Durchbrechung. Die Markstrahlen sind der Übersichtlichkeit wegen entleert gezeichnet. (400 : 1). Nach Dengler.

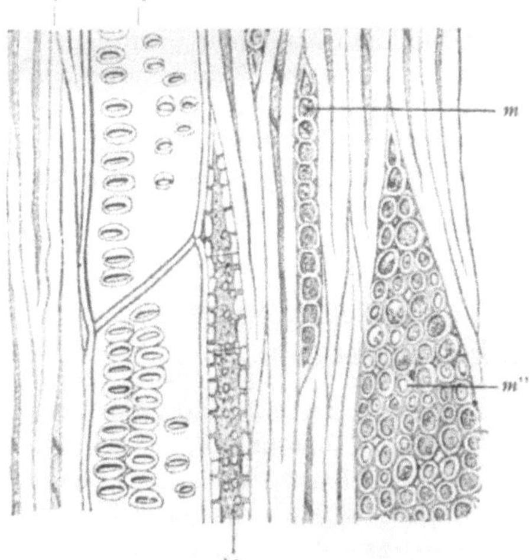

Abb. 19. Tangentialer Längsschnitt durch Rotbuchenholz. *v* Gefäß. *l* Libriformfasern. *hp* Holzparenchym. *m* Einschichtiger Markstrahl. *m''* Mehrschichtiger Markstrahl. (400 : 1). Nach Dengler.

für sie der lebende Zellinhalt in Gestalt des Plasmas und der eingelagerten Reservestoffe in Betracht. Bisweilen sind sie etwas rundlich gestaltet. Auf ihre bevorzugte Lage in der Nähe der Gefäße wurde bereits hingewiesen. Die Markstrahlen sind bei den Laubhölzern stets ganz aus Holzparenchymzellen aufgebaut, die in der üblichen Weise radial gestreckt und prismatisch gestaltet sind. Die Markstrahlen enthalten meist zahlreiche nebeneinander liegende Zellreihen; untereinander sind sie durch einfache Tüpfel verbunden. Bei den ringporigen Hölzern sind sie vielfach in der Höhe der großen Frühholzgefäße durch diese aus ihrer sonst radialen Anordnung etwas seitwärts verschoben (Abb. 3). Soweit für die Wasserleitung außer den Gefäßen noch Tracheiden gebildet werden, zeigen sie im Querschnitt einen ähnlichen Aufbau wie die Parenchymzellen, besitzen jedoch keine Inhaltsstoffe. Die Längsschnitte sind bei den Laubhölzern noch unübersichtlicher (Abb. 18 und 19). Die Gefäße zeigen sich auf den radialen und tangentialen Längsschnitten als feine Röhren, bei denen ihr Aufbau aus übereinanderstehenden Gefäßgliedern an den Resten der bei ihrer Ausbildung zunächst vorhandenen Querwände zu erkennen ist; bisweilen sind die Gefäßglieder tonnenförmig gestaltet. Sehr verschiedenartig sind die in der Aufsicht erkennbaren Gefäßwände: wo zwei Gefäße direkt nebeneinander liegen, besteht die Berührungswand aus zahlreichen kleinen Hoftüpfeln. Die bereits besprochenen Verdickungsleisten in den Gefäßen sind auf Längsschnitten gut erkennbar. Die Hauptmasse der sichtbaren Zellen besteht aus Libriformfasern, die meist in längsverlaufenden Schichten mit zugespitzten, ineinander verkeilten Faserendigungen versehen sind; die Achse der einzelnen Libriformfasern weicht häufig etwas aus der senkrechten Lage ab. Die Zellwände sind nur mit wenigen schrägspaltenförmig verlaufenden Tüpfeln versehen. Die Holzparenchymzellen zeigen eine verschiedene Gestalt und Lage. Zum Teil sind sie durch Querteilungen aus einer faserförmigen, längsorientierten Mutterzelle entstanden und liegen daher zwischen den anderen Zellarten — häufig unmittelbar neben den Gefäßen — zu mehreren (meist 4—7) übereinander, wobei die oberste bzw. unterste Zelle zugespitzt ist, während die anderen eine prismatische Gestalt haben. Die Hauptmasse der Holzparenchymzellen baut die Markstrahlen auf, die ähnlich wie beim Nadelholz im radialen Längsschnitt in z. T. recht hohen querverlaufenden Bändern und im Tangentialschnitt an den aus zahlreichen Zellen zusammengesetzten Spindeln zu erkennen sind. Die einzelne Markstrahlzelle ist meist quaderförmig gestaltet, radialgestreckt und mit der Nachbarzelle durch zahlreiche einfache Tüpfel verbunden.

3. Nachträgliche Veränderungen der lebenden Holzsubstanz.

Die Holzsubstanz erfährt mit dem Alter im lebenden Stamm Veränderungen. Besonders ist die Verkernung bekannt, die sich durch Verfärbung des inneren Stammteiles bemerkbar macht. Unter den Nadelbäumen gehören zu den Kernhölzern die Kiefernarten, Lärchen und Douglasien, unter den Laubhölzern vor allem ringporige Arten wie Eichen, Robinien (Akazie), Ulmen, Eschen. Die Kiefer hat einen rotbraunen, die Lärche einen roten, die Douglasie einen hellroten, die Strobe (Weymouthskiefer) einen gelbbraunen Kern; bei Eiche und den anderen genannten Laubhölzern ist der Kern graubraun bis dunkelbraun gefärbt. Die Farbe kann dabei vielfach erhebliche Unterschiede innerhalb der gleichen Holzart zeigen. Der Kern ist meist konzentrisch gelagert und verläuft im Querschnitt in einem oder einigen wenigen Jahrringen;

er vergrößert sich mit dem Dickenwachstum des Stammes. Seine Bildung beginnt etwa mit dem 20. bis 40. Jahre. Der äußere, nicht verfärbte Holzteil heißt Splint. Die Größe des Kernes schwankt zwischen den einzelnen Holzarten; kernreiche Hölzer sind Eiche, Robinie, Lärche. Aber auch innerhalb einer Holzart und selbst in den verschiedenen Höhen des gleichen Baumes zeigt der Kernanteil erhebliche Schwankungen. So ist er am Stammende stets kleiner als in der Stammitte. Die auf einem Querschnitt in einigen Metern über dem Stammende sichtbare Kerngröße gibt einen guten Anhalt für die Beurteilung des gesamten Kernanteils. Bei 80—100jährigen Kiefern kann man mit etwa 30—40 % Kernanteil rechnen. Die Lärche ist bereits in der Jugend zur Hälfte verkernt, im Alter zu etwa 75 %, das gleiche trifft für die Strobe zu (für 100jährigen Stamm = 64 %).

Der Kern ist nicht immer deutlich erkennbar, insbesondere nicht bei frisch gefälltem Holz; hier ist er vielfach heller als der wassergesättigte Splint und dunkelt erst an der Luft durch Oxydation nach. Will man bei der Kiefer ihn deutlich sichtbar machen, so kann man dies durch einen Salzsäureanstrich oder durch Einwirken von Salzsäuredämpfen erreichen. Noch besser ist nach den Untersuchungen des Laboratoriums für Holzkonservierung der Rütgers-Werke[1] folgendes Verfahren: Man stellt sich eine Lösung von 5 g Benzidin in 25 g Salzsäure (etwa 25 %) und 970 g Wasser sowie eine 10 %ige Natriumnitritlösung her. Beide werden unmittelbar vor der Anwendung zu gleichen Mengen zusammengegossen; damit sind die zu untersuchenden Holzflächen (meist Querschnitte) anzustreichen. Der Kern färbt sich dann intensiv rot. Das Verfahren ist zur Nachprüfung der Güte einer Imprägnierung von Bedeutung, da sich danach feststellen läßt, ob das Tränkmittel den ganzen Splint bis zur Kerngrenze erfaßt hat.

Die Verkernung geht auf Einlagerung von Kernstoffen in die Zellwand und z. T. auf anatomische Veränderungen zurück. Bei den Nadelhölzern bestehen die Kernstoffe vor allem aus Harz, Wachs und Fetten, die in Alkohol und Äther löslich sind, bei den Laubhölzern aus Holzgummi, Gerbstoffen u. a. (vergl. Abschn. II, S. 37). Sie werden von den lebenden Parenchymzellen des benachbarten Splintholzes, insbesondere der ältesten Splintholzjahrringe, geliefert; das Kernholz wird dadurch auch etwas schwerer als der Splint. Bei der Kernholzbildung sterben die hier vorhandenen Parenchymzellen ab, so daß im Kern keine lebenden Zellen mehr vorhanden sind; es kann daher hier keine Leitung und Speicherung von Reservestoffen mehr erfolgen. Auch eine Wasserleitung und Wasserspeicherung findet hier nicht mehr statt; der Kern hat daher für den Baum nur noch eine mechanische Bedeutung. Er besitzt am lebenden Stamm einen geringeren Wassergehalt als der Splint; bei den Nadelhölzern kann er auf $\frac{1}{3}$ bis $\frac{1}{4}$ des Splintgehaltes zurückgehen (vergl. S. 32/33). Sein Harzgehalt ist dagegen bei der Kiefer größer; das Kerngewicht erhöht sich dadurch im oberen Stammteil um 2 %, am Stammende sogar um 14 % im Vergleich zum Splintholz. Verkerntes

---

[1] Chem. Zeitung 1938, Nr. 15.

Holz gibt beim Trocknen weniger Wasser ab als der Splint; es bilden sich daher in ihm beim Trocknen auch weniger Trockenrisse.

Von großer Wichtigkeit für die Imprägnierung sind nun die anatomischen Veränderungen des Holzes, wie sie sich besonders bei der Verkernung, gelegentlich aber auch im Splintholz bemerkbar machen. Bei den Nadelhölzern werden bei der Kernbildung die Hoftüpfel undurchlässig gemacht, indem sich der Torus als Ventil auf eine Porusöffnung legt und sie verschließt. Dabei verkleben offenbar die Berührungsflächen, so daß hier in Zukunft keine Wasserleitung mehr erfolgen kann. Dies trifft besonders für die großen Hoftüpfel des Frühholzes zu; im Spätholz sind die Schließhäute der kleineren, mehr elliptisch gestalteten Hoftüpfel weniger beweglich und lassen daher häufig noch eine gewisse Leitung zu. Da für die meisten Imprägnierverfahren bei den Nadelhölzern die Durchlässigkeit der Hoftüpfel entscheidend ist, wird es verständlich, daß der Kern sich nicht oder nur auf kurze Strecken von den Hirnflächen aus durchtränken läßt und die Tränkflüssigkeit dabei noch am weitesten in die Spätholzzonen eindringt. Auch im Splint geschlagener Nadelhölzer lagert sich beim Austrocknen der Torus vielfach an eine Poruswand; offenbar wird dadurch bei Fichte, Tanne und Douglasie die Leitungsfähigkeit für Tränkflüssigkeiten sehr herabgesetzt, so daß sie bei der Tränkung im Kesseldruckverfahren und Einlagerungsverfahren meist nur eine schmale äußere Schutzzone erhalten. Bei ihnen haben nach Untersuchungen des Verfassers Art und Geschwindigkeit des Austrocknens, nach Untersuchungen nach Griffin[1] auch der Standort des Baumes, auf das Verhalten der Hoftüpfel und damit auf die Tränkfähigkeit Einfluß. Bei den Kiefernarten treten diese Schwierigkeiten nicht auf, da die parenchymatischen Markstrahlzellreihen ein radiales Eindringen des Tränkstoffes in den Splint ermöglichen. Auch das Vorhandensein von Harzkanälen hat bei verschiedenen Holzarten (z. B. Douglasie) vermutlich für die Durchtränkbarkeit eine Bedeutung[2].

Einmal abgetrocknetes Splintholz verhält sich gegenüber einem erneuten Feuchtigkeitszutritt nicht immer einheitlich. Insbesondere ist abgetrocknetes Fichtenholz recht wasserabweisend, wie folgender Versuch ergab[3]: setzte man in Wasser getauchte Kiefern- und Fichtensplintklötzchen gleicher Beschaffenheit einer Vakuumbehandlung aus, so betrug die Wasseraufnahme bei Fichte nur 28%, bei Kiefer dagegen 122% des Anfangsgewichtes. Besonders engringig gewachsenes Fichtensplintholz zeigt diese Eigenschaft; hierauf dürfte wohl die Tatsache zurückzuführen sein, daß tote Fichtenäste im Gegensatz zu Kiefernästen so langsam verfaulen und abgestoßen werden, und daß kyanisierte Fichtenstangen trotz der schmalen Schutzzone und der beim Besteigen entstehenden zahlreichen Splintverletzungen relativ lange brauchbar bleiben (vgl. S. 220). Bei den Untersuchungen von Gäumann[4] mit Fichten-

---

[1] Griffin, Further note on the position of the tori in bordered pits in relation to penetration of preservatives, Journ. of Forestry **22**, 1924.

[2] B. Proktor and J. W. Bruce Wagg. Proceed. Am. Wood Pres. Assoc. 1948.

[3] Liese, Mitt. d. Fachausschusses f. Holzfragen, Heft 15, 1936.

[4] Gäumann, Beihefte zu der Zeitschr. d. Schweiz. Forstvereins 1930.

holz verschiedener Fällungszeit, das sofort nach der Fällung bzw. nach einjähriger Lagerung dem Befall durch Lenzitas abietina während 6 Monaten ausgesetzt wurde, ergab sich, daß die dabei entstandenen Gewichtsverluste unabhängig vom Zeitpunkt der Fällung beim abgelagerten Splintholz etwa nur 10%, bei dem frischen Holz dagegen über das Doppelte betrugen. Offenbar treten beim Fichtensplintholz während der Trocknung erhebliche kolloidchemische Veränderungen auf.

Auch die Tatsache, daß dünne, engringig gewachsene Fichtenstangen, die im Jahre 1835 im Zaune des Forstbotanischen Gartens von Tharandt, allerdings ohne direkte Berührung mit dem Erdboden, nach Feststellungen des Verfassers noch nach über 100 Jahren gesund waren, läßt sich nur hierdurch erklären[1].

Bei den Laubhölzern, insbesondere den ringporigen, werden bei der Umbildung des Splintholzes zu Kernholz Thyllen (Füllzellen) in den Gefäßen gebildet. Dies geschieht dadurch, daß von den umgebenden Holzparenchymzellen die Tüpfelwände nach dem Gefäßinneren durch Wachstum blasenförmig vorgewölbt werden (Abb. 20). Die Thyllen können dabei den ganzen Querschnitt des Gefäßes ausfüllen oder bei Bildung mehrerer Thyllen auf gleicher Höhe sich im Innern des Gefäßes mit ihren Wänden berühren, die dann verkitten; bisweilen bleibt auch der Durchmesser der Thyllen kleiner als der des Gefäßes. Auf jeden Fall wird dadurch eine Leitung von Wasser oder Luft in Zukunft sehr erschwert

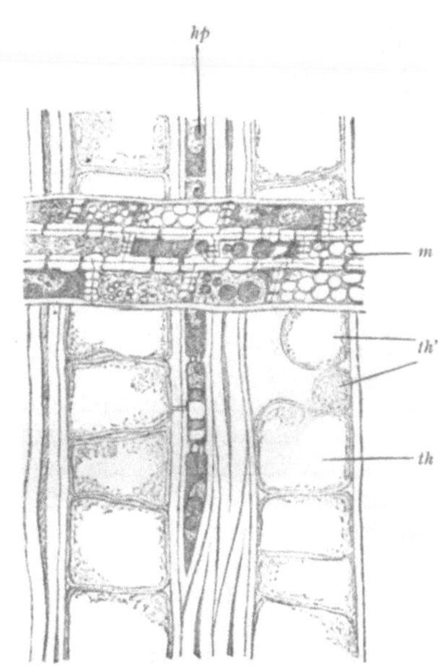

Abb. 20. Radialschnitt aus dem roten Kern der Buche. *th* Thyllen, die Gefäße verstopfend. *th'* junge Thyllen in Bildung. *hp* Holzparenchym, von Holzgummi, Farb- und Gerbstoffen erfüllt. *m* Markstrahl, von Holzgummi, Farb- und Gerbstoffen erfüllt. Nach Dengler.

oder sogar unmöglich gemacht. Stark verthylltes Holz läßt sich daher nach den meisten Verfahren nicht durchtränken, wobei noch zu beachten ist, daß die Markstrahlen bei den Laubhölzern, insbesondere der Buche, für die Leitung der Tränkflüssigkeiten nicht in Betracht kommen. Bei ringporigen Hölzern kann übrigens bereits im Splint eine frühzeitige Verthyllung einsetzen; bei der Ulme und Akazie sind am Vegetationsende eines Jahres vielfach bereits die Frühholzzellen des letzten Jahrringes mit Thyllen versehen[2]. Meist sind hierfür besonders ungünstige Außenbedingungen die Ursache. Andererseits können bei extremer Kälte die Holzparenchymzellen des Splintes absterben, ohne daß der Baum

---

[1] Büsgen-Münch, Bau und Leben der Waldbäume. 3. Aufl., S. 129, Jena 1928.
[2] Liese, Forstarchiv, 1932.

3*

selbst dadurch zugrunde geht. Eine Ausbildung von Thyllen und Kernstoffen kann aber in diesem toten Splintholz in der Folgezeit nicht stattfinden, so daß es später auch im Kern seinen splintartigen Charakter beibehält (Mondringigkeit der Eiche). Diese Zonen faulen ebenso schnell wie Splintholz, lassen sich aber ohne Schwierigkeiten durchtränken[1].

Das Kernholz wird durch die genannten Veränderungen in der Regel widerstandsfähiger gegenüber einem Angriff holzzerstörender Pilze und Insekten, was für den natürlichen Holzschutz von großer Bedeutung ist. Dies trifft vor allem für das Kernholz der Eiche, Robinie, Lärche und bei der Kiefer für den Kern des unteren, harzreichen Stammteiles zu. Erdtman[2] fand im Kernholz der Kiefer Pinosylvin und Pinosylvinmonomethyläther, phenolartige Substanzen; bei ihrer Untersuchung gegenüber wurzelholzzerstörenden Pilzarten konnte Rennerfelt[3] eine starke Giftwirkung auf diese feststellen. Er vermutet daher, daß die etwa 0,8%ige Anwesenheit dieser Stoffe im Wurzelkernholz diesem seine hohe Widerstandskraft gegenüber Fäulnispilzen im Vergleich zum Pinosylvinfreien Wurzelsplint gibt. Daß das Splintholz allgemein an diesem Schutz nicht teilnimmt, zeigte sich vor etwa 20 Jahren sehr deutlich bei der Herstellung von Funktürmen aus pitch-pine, dem aus USA stammenden Holz der Pinus australis, dessen Kern besonders gut gegen Pilzbefall geschützt ist; da die gelieferten Balken z. T. erheblichen Splintanteil enthielten und man wegen des guten Rufes dieser Holzart auf eine Imprägnierung verzichtet hatte, ergaben sich recht bald starke Splintschäden, die zu einem vorzeitigen Abbau der Türme zwangen. Es gibt aber auch im Pilzreich Kernholzspezialisten, die auch dieses Holz allmählich zerstören (vergl. S. 57). Immerhin erfolgt der Abbau durch sie sehr langsam, so daß kernreiches Holz für die verschiedensten Verwendungszwecke wegen seiner längeren Dauerhaftigkeit und auch aus anderen Gründen sehr geschätzt wird. Für die Imprägnierung ist dagegen vielfach kernarmes Holz zweckmäßiger, da hierbei ein größerer Holzanteil durchtränkt werden kann; Voraussetzung ist allerdings, daß die Hölzer in gesundem Zustand zur Tränkung gelangen, diese einwandfrei erfolgt und wirksame Tränkmittel benutzt werden.

Neben den Kernhölzern gibt es nun weitere Holzarten, bei denen das Holzinnere ebenfalls wasserärmer wird und seine lebenden Zellen verliert, die Ausbildung von Kernstoffen aber unterbleibt. Man nennt sie Reifhölzer oder Trockenkernhölzer. Das Reifholz ist dem normalen Kern physiologisch gleichwertig; wir finden es vor allem bei Fichte und Tanne. Es ist nicht mehr an der Leitung und Speicherung des Wassers beteiligt und läßt sich daher auch nicht durchtränken. Bei der Fichte ist der Reifholzanteil im ganzen Stamm etwas größer als der Kern bei der gleichaltrigen Kiefer. Der bei älteren Tannen gelegentlich zu beobachtende „Naßkern" von meist dunkelbrauner Farbe ist hinsichtlich seiner Entstehung noch nicht sicher geklärt. Er ist durch einen hohen Wassergehalt ausgezeichnet — er sinkt daher im Wasser unter — und meist mit

---

[1] Liese, Mitt. d. Dt. Dendr. Ges. **55,** 1942.
[2] Erdtman, H. Liebigs Annalen Chem. **539,** 116, 1939.
[3] Rennerfelt, E. Medd. Stat. Skogsfor. Anst. **33,** 1944.

einem ranzigen Geruch versehen, was auf irgendwelche (bakterielle?) Zersetzungen des Zellinhaltes hindeutet.

Verschiedene Holzarten behalten bis in das Alter hinein auch im inneren Holzkörper splintartiges Holz mit lebenden Parenchymzellen; hierhin gehören Ahorn, Linde, Birke, Erle. Man nennt sie Splinthölzer. Auch die Rotbuche wird bisweilen hierhin gerechnet; indessen macht sich bei ihr vielfach im Alter eine Verkernung besonderer Art bemerkbar. Diese ist rot bis rotbraun, aber nicht wie bei dem normalen Kern konzentrisch gelagert, sondern ganz unregelmäßig, indem sie sich schuppenförmig

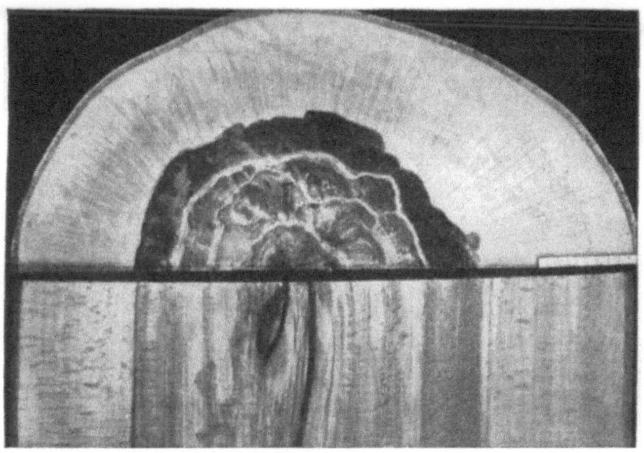

Abb. 21. Rotkerniges Buchenholz im Quer- und Längsschnitt. Nach Trendelenburg.

an bereits vorhandene Kernzonen anlegt, so daß auf dem Querschnitt wolkenartige Bilder entstehen (Abb. 21). Auch die Vergrößerung erfolgt ungleichmäßig durch Veränderung bisheriger Splintholzteile. Man nennt diese Bildung den „roten oder falschen Kern"(Rotkern) der Buche.

Die Begrenzungslinien der einzelnen Kernzonen nach außen zum Splint hin sind besonders dunkel gefärbt. Bisweilen können auch gezackte Abgrenzungen im Holzquerschnitt beobachtet werden. Bei Untersuchungen von Längsschnitten zeigt sich, daß die einzelnen Rotkernsegmente nicht immer den Stamm parallel auf große Längen durchziehen, sondern hier ebenfalls schuppenförmig ausgebildet sind, wobei die Länge bisweilen nur mehrere Zentimeter, in anderen Fällen aber mehrere Meter beträgt. Bei Drehwüchsigkeit folgt die Längsausdehnung der Kernzonen dem Faserverlauf. Bei mikroskopischer Untersuchung des Rotkerns lassen sich in den Gefäßen stets Thyllen nachweisen, die besonders reichlich in der dunklen Begrenzungszone nach außen vorkommen, in dem nach innen gelegenen Teile eines Rotkernsegmentes dagegen gering sind und bisweilen ganz fehlen können. In den Holzparenchymzellen sind reichlich Kernstoffe von roter, brauner und auch graubrauner Farbe vorhanden; die Verfärbungen des Rotkernes sind daher nicht einheitlich. Der Rotkern besteht stets aus toten Zellen; er ist schwerer und druckfester als der Splint[1]. Im Vergleich zu diesem zeigt er am gefällten und abgetrockneten Holz infolge seiner Kernstoffe eine bessere Widerstandsfähigkeit gegenüber Pilzangriffen (Abb. 22).

Die Ursache der Rotkernbildung bei der Rotbuche war bis vor kurzem noch nicht klar erkannt. Während R. Hartig[2] den Eintritt von Luft in das Innere älterer Bäume als den auslösenden Faktor für die Bildung von Rotkernzonen ansah, wurden später hierfür von Tuszon[3] und anderen Forschern von Aststummeln langsam vordringende Pilzmyzelien verantwortlich gemacht, die den Stamm zu den entsprechenden Schutzmaßnahmen veranlassen. Nach neueren Untersuchungen ist diese Pilztheorie nicht mehr zu vertreten. Während nach Tuszon die bei dem Rotkern eintretende Schutzholzbildung als eine pathologische Erscheinung angesehen wird, die durch die eindringenden Pilzmyzelien bewirkt wird, wodurch auch eine allmähliche Zersetzung des Rotkerns erfolgt, muß seine Bildung nunmehr als ein rein physiologischer Prozeß aufgefaßt werden, der in den meisten Fällen gar nichts mit einer Pilzinfektion zu tun hat. Ebes[4] konnte nachweisen, daß sich Thyllen auch in völlig steril gehaltenem, lebendem

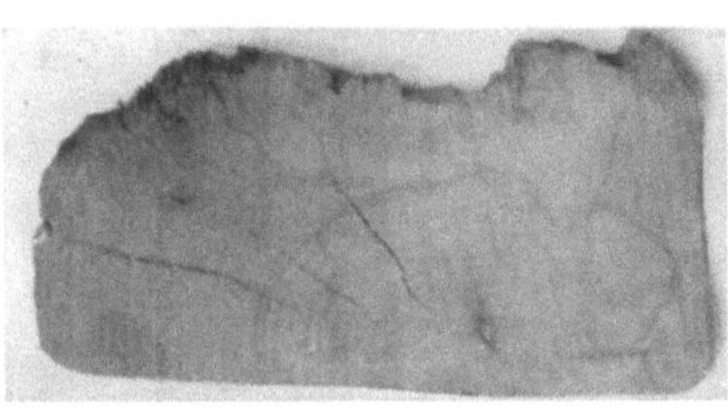

Abb. 22. Querschnitt durch eine nicht imprägnierte Buchenschwelle. Der rote Kern in der Mitte ist gesund geblieben, während das Splintholz durch Pilzangriff stark zerstört ist. (1 : 5). Orig.

Buchenholz bilden, sobald die Gefäße wasserfrei sind. Nach Zycha[5] nimmt der Wassergehalt des Buchenholzes am lebenden Stamm vom äußeren Splint nach dem Mark hin gleichmäßig ab; an der Rotkerngrenze betrug er stets 60 %, bezogen auf darrtrockenes Holz. Durch die Füllung der Gefäße mit Sauerstoff, der von Trockenästen aus mit der Luft in das Stamminnere eindringt, und den fortschreitenden Wasserentzug wird im Stamminnern die Bildung von Thyllen und Kernstoffen angeregt. Auch Verfasser konnte vielfach mikroskopisch und auf kulturellem Wege das Fehlen von Pilzen im Rotkern feststellen.

Auch durch extreme Kälteeinwirkungen können Kernbildungen verursacht werden, wie nach den Kältejahren 1929, 1939 und 1944 beobachtet wurde[6,7]. Die hierbei entstehenden Kernteile besitzen unter Umständen

[1] Schwappach, Ztschr. f. Forst- u. Jagdw. 1894.

[2] Hartig, R., Holzuntersuchungen, Altes und Neues, 1901, Berlin.

[3] Tuszon, Anat. u. mykolog. Unters. über die Zersetzung u. Konservierung des Rotbuchenholzes, Berlin 1905; Herrmann, Ztschr. f. Forst- u. Jagdw., 1902; Münch, Naturw. Ztschr. f. Forst- u. Landw., 1910.

[4] Ebes, K., Vorming van Thyllen in geveld Beukenhout, Diss., Wageningen 1937.

[5] Zycha, Forstw. Zentralblatt 1948.

[6] Krysik, Untersuchungen über den Frostkern in Rotbuchenbeständen in biologischer und technischer Hinsicht (poln.), Mech. Versuchsanstalt, Techn. Hochschule Lwow.

[7] Rohde, Th., Die Frostkernfrage, Mitt. Forstwirtsch. u. Forstw., Hannover 1933.

eine große Ausdehnung und sind nicht selten nach außen, zum Splint hin, ziemlich konzentrisch abgeschlossen. Bei näherer Untersuchung dieser bis dahin unbekannten Erscheinung ergab sich, daß hier keine oder nur sehr wenige Thyllen und Kernstoffe vorhanden waren; im übrigen zeichnete sich dieses Buchenholz bei der Fällung durch hohen Gehalt an Feuchtigkeit und Gerbstoffen aus (Abb. 23). Besonders bedenklich war die schnelle Fäulnis dieser Holzteile, die man wegen der Ursache ihrer Bildung als Frostkern bezeichnet hat. Offenbar werden durch derartige Klimaextreme, verstärkt durch vorhergegangenen trockenen Sommer, die Parenchymzellen so stark geschädigt, daß sie bald absterben und daher nicht mehr zur Bildung von Thyllen befähigt sind[1]. Da

Abb. 23. Frostkerniges Buchenholz. Im Innern alter, trockener Rotkern vorhanden, der von einem wasserreichen Frostkern umgeben wird.

auch die Kernstoffe zunächst fehlen, wird der Frostkern nach Fällung des Stammes schneller als der umgebende zunächst wasserreich bleibende Splint und der innere Rotkern von Pilzen zerstört (Abb. 24). Im Laufe der folgenden Jahre scheint aber an den lebenden Buchen noch nachträglich durch Oxydation der Zellinhaltsstoffe eine Kernstoffbildung stattzufinden. Dies dürfte der Grund sein, weshalb

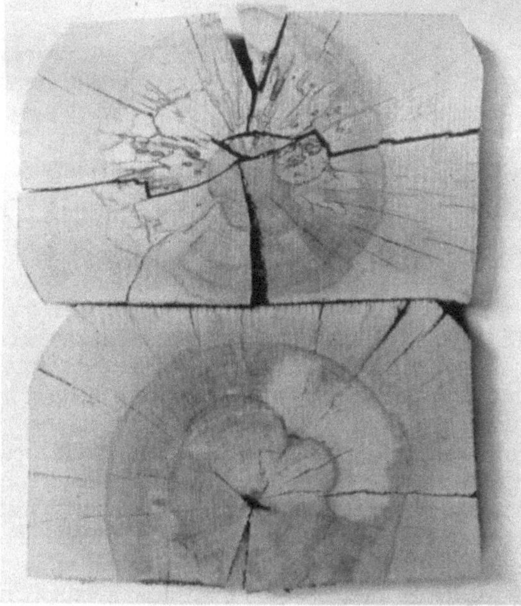

Abb. 24. Querschnitte durch frostkernige Buchenschwellen. Rotkern und Splint gesund, Frostkern erkrankt.

[1] Liese, Forstarchiv 1930.

die zum Teil sehr erheblichen Verluste durch Fäulnis nur in den ersten Jahren nach den Kältewintern sich bemerkbar machten.

Zwischen dem typischen Frostkern, der durch das Fehlen von Thyllen und Kernstoffen ausgezeichnet ist, und dem Rotkern gibt es alle Übergänge, die man als frostkernartig bezeichnet; der Grad der Verthyllung und der Kernstoffbildung ist dabei von Bedeutung.

Bei der Imprägnierung des Buchenholzes, die besonders für Schwellenholz in Betracht kommt, hat die Verkernung eine große Bedeutung[1] (Abb. 24). Vor allem in Hinblick auf die früher übliche Erklärung des Rotkerns als pathologische Bildung infolge eines Pilzbefalles war von der Deutschen Reichsbahn lange Zeit bei der Abnahme von Buchenschwellen ein Rotkern nur bis zu einem Sechstel des Querschnittes zugelassen worden. Neuere Erfahrungen, insbesondere die Untersuchungen auf einer bei Neustettin gelegenen Versuchsstrecke mit Buchenschwellen[2] ergaben aber, daß selbst bis 90 % rotkernige, nach dem Volltränkungsverfahren mit Teeröl imprägnierte Buchenschwellen noch nach über 45jähriger Liegedauer keine Fäulnis zeigten und voll gebrauchsfähig waren (Abb. 25). Auf einer bei Gießen gelegenen Eisenbahnstrecke mit den ältesten nach dem Rüpingschen

Abb. 25. Querschnitte durch rotkernige Buchenschwellen aus der Neustettiner Versuchsstrecke nach 33jähriger Liegedauer. Vollimprägniert.

Sparverfahren (vgl. S. 243) getränkten Buchenschwellen waren nach 28jähriger Einbauzeit erst 4 % wegen Fäulnis in dem nicht getränkten Rotkern ausgebaut, aber zum Teil noch weiter verwendungsfähig. Die neueren Ergebnisse deuten darauf hin, daß trotz des Vorhandenseins von nicht durchtränktem Rotkern die mit Teeröl behandelten Buchenschwellen eine sehr lange Gebrauchsdauer besitzen, die viel höher als bisher angenommen wird, ist. Soweit der rote Kern frei liegt, zeigt sich hier im Verlaufe der Jahrzehnte eine allmählich stärker werdende Riefenbildung (Abb. 26). Trotzdem ist das Holz auch nach Jahrzehnten noch fest. Die Rotkernklausel ist daher in den letzten Kriegsjahren fallen-

---

[1] Broese van Groenau: De Creosotering van Beutenhout en de Factoren, die daarop invloet uitoefenen. Diss. Delft, 1938.

[2] Liese, Ztschr. f. Forst- u. Jagdw., 1934.

gelassen worden (vergl. S. 263)[1]. Auch gegenüber der Verwendung frostkernigen Buchenholzes, sofern es in gesundem Zustand zur Tränkung gelangt, bestehen keine Bedenken, da wegen des Fehlens der Thyllen eine wesentlich bessere Durchtränkung als bei entsprechenden Rotkernschwellen möglich ist.

Ersticken des Laubholzes. Während der rote Kern sich nur am lebenden Stamm bilden kann, finden sich ähnliche Vorgänge nach der Fällung an dem im Walde lagernden Laubholz, die als Ersticken und Verstocken bezeichnet werden und vor allem bei der Buche, ferner bei Hainbuche, Birke und Ahorn bekannt sind. Die Fällung eines Baumes hat keineswegs ein gleichzeitiges Absterben der Holzparenchymzellen zur Folge; diese verbleiben vielmehr noch längere Zeit am Leben, sofern die erforderliche Feuchtigkeit vorhanden ist. Sie versuchen, den verbleibenden Stamm, vor allem in der Nähe der Schnittflächen, auf ganzem Querschnitt gegen den eindringenden Sauerstoff abzuschließen und eine mit Thyllen und Kernstoffen versehene Schutzholzzone zu bilden. Infolge der ungünstigen Lebensbedingungen kann aber dieser Prozeß nur recht unvollkommen erfolgen: die Thyllen bleiben klein und verstopfen daher die Gefäße nicht voll; auch werden die Kernstoffe nur unvollkommen entwickelt, so daß eine

Abb. 26. Riefenbildung im frei liegenden Rotkern. Neustettiner Versuchsstrecke.

mehr graubraune Verfärbung eintritt. Sehr häufig sind auch Pilze an diesem Vorgang beteiligt, die von den Schnittflächen aus in das Holz eindringen und einen Abbau des Holzes bewirken. Um diese beiden Prozesse mit und ohne Beteiligung der Pilze wissenschaftlich auseinanderzuhalten, empfiehlt es sich, unter Ersticken lediglich die Veränderung ohne Pilzbeteiligung zu bezeichnen; bei gleichzeitiger Pilzinfektion handelt es sich um Verstocken (hierüber Näheres auf S. 88). In der Praxis lassen sich beide Vorgänge nicht immer sicher unterscheiden. Das Ersticken des Buchenholzes macht sich durch eine mehr rötliche Verfärbung des Holzes bemerkbar; es hat in der Imprägniertechnik eine sehr erhebliche Bedeutung, die viel größer ist als die der Rotkernbildung; werden doch hierbei die Gefäße des Splintholzes unter Umständen so verstopft, daß eine gute Durchtränkung sogar im Kesseldruckverfahren unmöglich wird. Untersuchungen an erstickten Buchenschwellen ergaben, daß in etwa 30 cm Abstand von beiden Hirnflächen aus sich eine besonders stark verthyllte Zone befand. Wenn auch die Thyllen nur wenig entwickelt sind, so erschweren sie doch durch ihre Vielheit in den Gefäßen die Durchtränkbarkeit. Schon mehrfach sind aus diesem Grunde

---

[1] Anfang 1950 wurde von der Bundesbahn für die Abnahme von Buchenschwellen wieder der Rotkern auf ⅓ des Querschnittes beschränkt.

Bedenken über die Verwendbarkeit von Buchenschwellen geäußert worden[1]. Tatsächlich aber gibt die Buche das beste Schwellenholz (vgl. S. 274); es muß nur richtig behandelt und in einwandfreiem Zustand zur Tränkung gelangen. Winterfällung, baldige Aufarbeitung und luftige Lagerung der Schwellen schützen gegen das Ersticken, Sommerfällung und längere Lagerung in der Rinde bei warmer Witterung begünstigen es[2] (vgl. S. 181). Besonders stark hat sich das Ersticken bei solchen Buchenschwellen bemerkbar gemacht, die halb abgetrocknet mit Schiffen in geschlossenen warmen Laderäumen befördert wurden (Abb. 27). Ist das Buchenholz einmal abgetrocknet und daher frei von lebenden Zellen, kann selbst bei ungünstigster Lagerung ein Ersticken nicht mehr stattfinden.

Abb. 27. Völlig ungenügend durchtränkte Buchenschwelle infolge Erstickens.

Zur Beurteilung der Durchtränkbarkeit von Laubhölzern sowie zur Festellung des Grades der Verthyllung ist bisweilen eine Untersuchung an entsprechend ausgewählten Querscheiben wünschenswert. Dies kann nach der Saugpfeilmethode[3] erfolgen. Im Laboratorium wird an einer Wasserstrahlpumpe ein Druckschlauch befestigt, an dessen anderem Ende eine etwa 15 cm lange Glasröhre angebracht wird; auf diese setzt man eine in der Mitte durchbohrte Gummisaugscheibe (z. B. Gummischeibe von den Pfeilen des als Kinderspielzeug bekannten Eureka-Gewehres). Im Walde und auf Holzlagerplätzen, wo eine Wasserstrahlpumpe nicht zur Verfügung steht, wird eine Saugpumpe benutzt, wie sie etwa vom Saxiona-Werk, Schwarzenberg (Sa.) für den Verschluß von Weckgläsern angeboten wird; der Saugpfeil ist der gleiche. Bei beiden Apparaten gibt ein dazwischengeschaltetes Manometer Auskunft über die Höhe des Unterdruckes. Die zu untersuchenden Querscheiben werden 5 cm stark angefertigt, sie müssen eine glatte Oberfläche besitzen und möglichst in frischem Zustand untersucht werden. Die Gummischeibe wird auf die zuvor befeuchtete Oberfläche aufgesetzt. Sind an der untersuchten Stelle die Gefäße mit Thyllen verstopft, so saugt sich der Pfeil ganz fest; man kann mit ihm dann meist die ganze Querscheibe hochheben. Ist dagegen das Holz thyllenfrei, also durchlässig, so haftet der Pfeil nicht. Der Grad der Verstopfung läßt sich an dem Manometer auf Grund des eingetretenen Unterdruckes ablesen.

[1] Van der Ploeg, Spoor en Tramwegen, 1934, Heft 1; Liese, ebenda, 1934.
[2] Mayer-Wegelin, Dtsch. Forstwirt, 1932.
[3] Liese, Forstarchiv, 1931.

4. Das Wachstum der Bäume[1].

Die Holzgewächse entstehen entweder geschlechtlich aus Samen oder ungeschlechtlich auf vegetativem Wege durch Stockausschläge, Wurzelbrut und Stecklinge. Die aus Saat hervorgegangenen Pflanzen bilden im ersten Jahre nur einen kurzen Längstrieb, in der Folgezeit nimmt das jährliche Längenwachstum weiter zu, bis es ein gewisses Maximum erreicht, das von der Holzart, den Standortsbedingungen und dem Gesundheitszustand der Bäume abhängt. Der durchschnittliche jährliche Höhenzuwachs ist bei den wichtigsten Holzarten im Alter von 25 bis 40 Jahren am größten. Bei den Stockausschlägen und der Wurzelbrut, wie sie bei Erle, Eiche, Robinie und Ulme vorkommen, können bereits die im ersten Jahre entstehenden Triebe ansehnliche Längen erreichen, da ihnen die im Wurzelsystem des Mutterbaumes gespeicherten Reservestoffe zur Verfügung stehen.

Die Triebe entwickeln sich alljährlich aus den Knospen, die bereits im Vorjahr angelegt werden. Hier entstehen auch die erst in neuerer Zeit entdeckten Wuchsstoffe, die basalwärts geleitet werden und alljährlich das Kambium zum neuen Dickenwachstum anregen. Aus den Seitenknospen entwickeln sich die Seitentriebe und Zweige. Sehr wichtig für die Gewinnung astreiner Bäume ist die baldige Reinigung von den ansitzenden Ästen. Zu diesem Zwecke müssen diese zunächst absterben. Sobald sie durch darüber stehende Zweige unterdrückt und für die weitere Ernährung des Baumes nutzlos werden, bildet sich in ihnen an ihrer Ansatzstelle am Stamm in der Höhe des Stammkambiums eine durch Kernstoffe u. a. ausgezeichnete Schutzholzzone, die einen weiteren Stoffverkehr unterbindet und den Zweig völlig zum Absterben bringt[2]. Der Zweigabfall selbst erfolgt erst durch Vermorschung und mechanische Einwirkung; je schneller die Holzzerstörung stattfindet, um so eher reinigt sich der Stamm. Meist fallen dünnere Zweige schneller ab als stärkere; doch können sie auch — z. B. bei Fichte und Douglasie — jahrzehntelang als Aststummel erhalten bleiben. Dichter Bestandesschluß fördert die Reinigung.

Das Höhenwachstum ist weitgehend vom Standort abhängig; bei den meisten Holzarten wölbt sich früher oder später die Krone ab, womit eine weitere Verlängerung des Stammes aufhört. Zu einem langandauernden Längenwachstum sind die Tanne, Fichte und Douglasie befähigt. Dagegen wird auch weiterhin der Durchmesser des Stammes durch das Dickenwachstum vergrößert. In dem aus der Knospe sich entwickelnden jugendlichen Sproß ist bei mikroskopischer Betrachtung im Querschnitt in der Mitte das kreisförmig oder mehreckig umgrenzte Mark mit

---

[1] Es kann hier nur ein ganz kurzer Abriß über die Physiologie der Waldbäume, soweit sie mit imprägniertechnischen Fragen in Verbindung stehen, gegeben werden. Weiteres ist aus den bekannten Lehrbüchern zu entnehmen (Büsgen-Münch, Bau und Leben der Waldbäume, Jena 1927; Trendelenburg, Das Holz als Rohstoff, München 1939; Huber, Pflanzenphysiologie, 3. Aufl. Heidelberg 1949).

[2] Mayer-Wegelin, Ästung, Hannover 1936; Liese, Beiträge zum Kiefernbaumschwammproblem, Forstarchiv, 1935.

großlumigen Zellen zu sehen, dem nach außen hin ein aus sehr kleinen
Zellen zusammengesetzter Ring — das quergeschnittene Bündelrohr —
angelagert ist; weiter nach außen folgt dann das aus breiten, meist
parenchymatischen und plasmareichen Zellen bestehende Rindengewebe,
das zu äußerst von einer Korkschicht, dem Periderm, umgeben ist. In
dem Bündelrohr erfolgen in einer kreisförmig gelagerten Schicht, dem
Kambium, in den Vegetationszeiten Neuteilungen von Zellen, die nach
innen die späteren Holzzellen, nach außen in geringerer Menge die Rinden-
zellen liefern. Alle jugendlichen Holzzellen haben zunächst lebenden
Inhalt; sie sind innen von einer lebenden eiweißhaltigen Plasmahaut umkleidet, in der sich u. a. der Zellkern befindet. Das Zellinnere (Vakuole)
ist mit dem Zellsaft erfüllt, der eine wäßrige Flüssigkeit darstellt und
zahlreiche organische und anorganische Verbindungen enthält. Jede
Lebensfunktion geht von dem Plasma aus, das durch feinste Fäden
(Plasmodesmen) miteinander in Verbindung steht, so daß alle lebenden
Zellen eine lebende Einheit darstellen. Die durch das Kambium gebildeten
jugendlichen Zellen entwickeln sich schnell zu ihrer endgültigen Größe, wobei ihr osmotischer Innendruck, bewirkt durch die im Zellsaft gelösten
Salze, von Bedeutung ist. Die zunächst dünnen Wände der Holzzellen
werden durch Auflagerung von Verdickungsschichten im Innern einer jeden
Zelle verstärkt; dabei werden die bereits früher beschriebenen Tüpfel in
gleicher Höhe ausgespart[1]. Während die Holzparenchymzellen auch weiterhin noch ihren lebenden Inhalt behalten, stirbt dieser bei den mechanischen Zellen (Libriformfasern) und den zur Wasserleitung dienenden
Tracheen und Tracheiden ab; bei den Tracheen werden zuvor die Querwände zwischen zwei aufeinanderfolgenden Gefäßteilen aufgelöst. Die
zunächst aus Zellulose bestehende Zellwand erfährt während der Ausbildung Einlagerungen von verholzenden Substanzen, die unter dem
Namen Lignin — auch inkrustierende Substanzen — zusammengefaßt
werden (vergl. S. 40). Sie lassen sich durch bestimmte Farbreaktionen
leicht nachweisen (z. B. Rotfärbung durch Phloroglucin-Salzsäure). Sie
bedingen die Druckfestigkeit der Zellwand. Das von einigen Nadelhölzern (Kiefer, Lärche, Douglasie, Fichte) gebildete Harz wird von
den die Harzkanäle umkleidenden Holzparenchymzellen in diese ausgeschieden; es kann nie wieder zum Aufbau von Pflanzensubstanz
verwendet werden, stellt also keinen Reservestoff dar. Es steht in
den miteinander verbundenen Harzkanälen im lebenden Holzkörper
unter dem Druck der benachbarten Parenchymzellen und fließt daher
während der Vegetationszeit bei Verletzung heraus, die Wunde dadurch
verschließend. Die Harzkanäle entstehen besonders zur Zeit des Über-
ganges des Frühholzes zum Spätholz des gleichen Jahrringes; bei Wunden — etwa infolge der Harzung — werden auch besondere pathologische
Harzkanäle im Spätholz gebildet (dann auch bei der Tanne).

Die Rinde zerfällt in die dem Holzkörper anliegende weiche Bastschicht und die äußere meist harte Rindenschicht. Die Bastschicht
zeigt nur in den mechanischen Zellwänden (Bastfasern) eine Verholzung;

---

[1] Über den Feinstaufbau der Zellwand vgl. S. 38.

die übrigen behalten — wenigstens zunächst — ihren Zellulosecharakter und sind dünnwandig. Die Hauptmasse besteht aus längsverlaufenden Siebröhren, die die Kohlehydrate von der Krone abwärts leiten, und dem Rindenparenchym. Die nach außen abschließende Korkschicht entsteht durch ständige Teilungen einer in der äußeren Rinde befindlichen Zellschicht, dem Korkkambium; die Wände der hier entstehenden Zellen besitzen Korkeinlagerungen und werden dadurch für Wasser und Luft schwer durchlässig. Bei der Buche und anderen glattrindigen Holzarten liefert das gleiche Korkkambium bis zum späten Alter Korkzellen nach außen. Bei den Borkebäumen (Kiefer, Lärche, Eiche) werden durch ständige Neubildungen von Korkkambien in den inneren Teilen der Rinde neue Korkschichten gebildet; die dadurch entstehende Borke besteht also aus abgestorbenen Rindenteilen und den angrenzenden Korkschichten, die sich meist muschelförmig an die bereits vorhandenen Korkschichten anlegen. Bei der Tanne und Douglasie beginnt die Borkebildung erst im Alter von etwa 30—50 Jahren.

Die Stammform der Holzarten ist weitgehend von der Wachstumsweise und den Standortsverhältnissen abhängig. In der Jugend sind die Stämme kegelförmig mit kleinem Durchmesser in der Krone; man nennt sie abholzig. Diese Abholzigkeit bleibt bei solchen Bäumen, die lange Zeit über tief beastet sind, auch im Alter bestehen; dies trifft besonders für Fichte und Douglasie zu. Bei Holzarten, die sich schnell reinigen und im Alter eine hoch angesetzte Krone besitzen (Kiefer, Lärche, Buche), wird der Stamm bald fast walzenförmig (vollholzig) und erhält damit einen höheren Nutzholzwert. Schräge Stellung des Stammes — etwa infolge starker einseitiger Windeinwirkung — verursacht beim Nadelholz ein verstärktes Wachstum auf der Unterseite, wodurch der Querschnitt allmählich elliptisch wird; das hier entstehende Druckholz besitzt mehr Spätholz und ist ligninreicher als das gewöhnliche Holz. Bei den Laubhölzern wird in schräger Lage auf der Oberseite das ligninarme Zugholz in stärkerem Maße gebildet. Bei einigen Holzarten kann es bisweilen vorkommen, daß die Fasern nicht lotrecht verlaufen, sondern rechts- oder linksgedreht sind. Man nennt diese Erscheinung Drehwuchs; sie ist bei Kiefer und Buche gelegentlich zu finden. Sie dürfte zum Teil auf äußere Einwirkungen zurückgehen, zum Teil aber auch eine vererbbare Eigentümlichkeit sein. Bisweilen wird ein zunächst gerade gewachsener Stamm im späteren Alter drehwüchsig.

Das Gewicht und die Festigkeitseigenschaften der Holzarten sind von der Verteilung und der anatomischen Ausbildung der mechanischen Zellen weitgehend abhängig und schwanken zwischen den einzelnen Holzarten und auch innerhalb der einzelnen Holzart erheblich; leichte Hölzer besitzen nur wenige und verhältnismäßig dünnwandige Libriformfasern, schwere dagegen viele und dickwandige mechanische Zellen. Bei den für die Imprägnierung in Betracht kommenden Holzarten Mitteleuropas beträgt im Mittel das spezifische Gewicht[1]:

---

[1] Kollmann, Technologie des Holzes, 2. Aufl., Berlin: Springer, 1950.

	darrtrocken	lufttrocken
Weymouthskiefer	0,30—**0,37**—0,46	0,34—**0,40**—0,50
Weißtanne	0,32—**0,41**—0,71	0,35—**0,45**—0,75
Fichte	0,30—**0,43**—0,64	0,33—**0,47**—0,68
Kiefer	0,30—**0,49**—0,86	0,33—**0,52**—0,89
Douglasie	0,32—**0,51**—0,73	0,35—**0,55**—0,73
Lärche	0,40—**0,55**—0,82	0,44—**0,59**—0,85
Schwarzpappel	0,37—**0,41**—0,52	0,41—**0,45**—0,56
Birke	0,46—**0,61**—0,80	0,51—**0,65**—0,83
Eiche	0,39—**0,65**—0,93	0,43—**0,69**—0,96
Esche	0,44—**0,68**—0,91	0,48—**0,72**—0,94
Buche	0,49—**0,69**—0,88	0,54—**0,73**—0,91

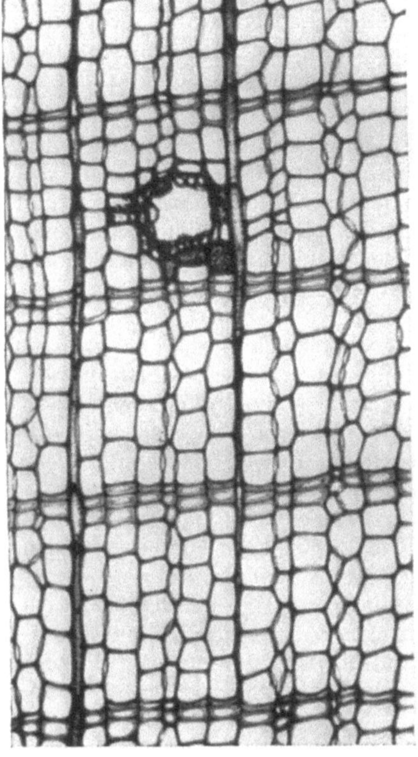

Abb. 28. Querschnitt durch sehr langsam gewachsenes Douglasienholz aus dem Urwald von Nordamerika, Spätholz z. T. nur eine Zellage breit, (120 : 1). Mikroaufnahme R. Trendelenburg.

Wie bereits erwähnt, ist für die Schwankungen innerhalb einer Holzart das Spätholzprozent der einzelnen Jahrringe von größter Bedeutung, da ja im Spätholz besonders die mechanischen Zellen untergebracht sind. Beim Nadelholz werden breite Jahrringe durch verstärkte Frühholzausbildung hergestellt; schnellgewachsenes, „schwammiges" Nadelholz hat daher ein verhältnismäßig geringes Gewicht. Andererseits zeigen besonders engringige Nadelhölzer ebenfalls nur sehr wenig Spätholzzellen — unter Umständen nur in einer Zellage — (Abb. 28), sind also auch verhältnismäßig leicht[1]. Die Jahrringbreite gibt daher nicht immer einwandfrei Auskunft über das Gewicht und die mechanischen Eigenschaften des Stammes, was z. B. beim hochnordischen Holz zu beachten ist. Die in der Praxis häufig vertretene Ansicht, daß engringiges Nadelholz als besonders schwer und fest anzusprechen ist, gilt nur, wenn die Jahrringbreiten nicht unter 1 mm sinken.

Auch bei den Laubhölzern gibt das Spätholzprozent allein Auskunft über die Gewichts- und Festigkeitswerte. Da hier aber breite Jahrringe durch verstärkte Ausbildung des Spätholzes entstehen, sind breitringige Hölzer besonders schwer und hart (zähe Eiche, Esche), während eng-

---

[1] Liese, Ztschr. f. Forst- u. Jagdwes. 1926.

ringige Hölzer (milde Eiche, Esche) leichter und weicher sind und sich daher besonders gut für Tischler- und Furnierholz eignen.

Beginn und Verlauf des jährlichen Dickenwachstums sind von den klimatischen Bedingungen abhängig. Der Beginn liegt bei den einzelnen Holzarten verschieden und stimmt nicht immer mit dem des Laubausbruches überein. Bei den ringporigen Laubhölzern (Eiche) setzt die Bildung der großen Frühholzgefäße etwa Ende April ein, während die ersten Blätter erst Anfang Mai erscheinen, zu einem Zeitpunkt also, wo bereits jene für die Wasserversorgung der neuen Krone tätig sein können. Das Spätholz erscheint erst Anfang Juni; das Wachstum wird Ende August abgeschlossen. Bei den zerstreutporigen Laubhölzern (Buche) erfolgt erst die Laubbildung (Anfang Mai), anschließend die Holzbildung (Ende Mai); der Abschluß des Dickenwachstums findet Ende August statt. Auch bei den Nadelhölzern sind Unterschiede vorhanden; Kiefer, Lärche, Douglasie beginnen Anfang Mai mit der Kambiumtätigkeit, so daß beim Aufbrechen der Knospen bereits 5—10 % des Jahrringes fertig sind. Ende Juni werden die Harzkanäle gebildet, ab Juli das Spätholz; Ende September ist das Dickenwachstum abgeschlossen. Bei den Reifhölzern (Fichte) beginnen Knospen- und Kambiumtätigkeit annähernd gleichzeitig Mitte Mai, die Spätholzbildung erfolgt Mitte Juni; der Abschluß liegt ebenfalls Ende September. Da bei der Abnahme von Imprägnierhölzern bisweilen eine Nachprüfung der vorgeschriebenen Winterfällung gewünscht wird, kann diese durch mikroskopische Untersuchung des letzten Jahrringes an noch mit einer Bastschicht versehenen Holzstellen erfolgen; ist hier der letzte sichtbare Jahrring nicht voll ausgebildet, also bei Nadelholz am Schluß nicht mit den abgeplatteten Spätholztracheiden versehen, so hat die Fällung während der Vegetationszeit stattgefunden.

Über die Ernährungsphysiologie kann hier nur ganz kurz einiges mitgeteilt werden. Die Aufnahme des für die Lebenstätigkeit unbedingt erforderlichen Wassers erfolgt durch die Wurzelspitzen nach den Gesetzen der Osmose. Hierunter versteht man folgenden Vorgang: sind zwei mit verschiedenen Salzkonzentrationen versehene Lösungen durch eine halbdurchlässige (semipermeable) Wandung getrennt, so können die Moleküle bei ihrem Bestreben, sich allseitig auszudehnen, nur in einer Richtung vordringen. In den Wurzelzellen — allgemein in lebenden Zellen — stellt die Plasmahaut die halbdurchlässige Membran dar; sie läßt die Moleküle des Bodenwassers in das Zellinnere eindringen, verhindert aber den Austritt der hier vorhandenen Salzmoleküle[1].

---

[1] Über die Theorie der Osmosetränkung sind in der Literatur nicht immer richtige Ansichten geäußert worden. Bisweilen wird nämlich mit Osmose jeder Vorgang bezeichnet, der eintritt, wenn zwei mit verschiedenen Salzkonzentrationen versehene Lösungen durch eine poröse Wandung getrennt sind. Beim Osmoseverfahren kommt die Mitwirkung lebender Zellen nicht in Betracht; die Salzmoleküle müssen hier tote Zellwände durchdringen, die nie halbdurchlässig sind. Es kann sich lediglich ein Unterschied in der Diffusionsgeschwindigkeit bemerkbar machen, indem die Wassermoleküle wegen ihrer Kleinheit schneller aus dem wasserreichen Holz nach außen, als die größeren Salzmoleküle nach innen vordringen. Dieser Unterschied in der

Das von den Wurzeln aufgenommene Wasser wird im Splint, und zwar in den äußersten, also jüngsten Teilen, geleitet; bei ringporigen Hölzern kommen hierfür häufig nur die im gleichen Jahre entstandenen neuen Gefäße in Betracht. Der übrige Splintteil hat für den Baum als Wasserspeicher eine große Bedeutung. Das Wasser wird zu einem großen Teile in der Krone durch die Blattorgane verdunstet, was für die Mechanik der Wasserleitung wichtig ist. Ein anderer Teil wird bei der Kohlensäureassimilation, der Bildung neuer Pflanzensubstanz in den Blattorganen, chemisch gebunden; ein weiterer Teil bleibt als Tränkwasser (Imbibitionswasser) in den entstehenden Zellwänden und schließlich wird ein Teil als Transportmittel für die bei der Assimilation gebildeten Kohlehydrate benutzt und fließt in den Leitungsbahnen der Rinde, den Siebröhren, zu den Verbrauchsstellen (Vegetationspunkten, Kambium) und den Speicherzellen von Rinde, Wurzel und Stamm. Im Frühjahr können mit dem aufsteigenden Wasserstrom auch Kohlehydrate in die Krone geleitet werden, was besonders von dem zuckerhaltigen Blutungssaft bei Birke und Ahorn bekannt ist.

Über die bei der Wasserleitung tätigen Kräfte ist erst in neuerer Zeit genauere Klarheit geschaffen worden. Danach kommt neben dem Wurzeldruck, der durch die in den Wurzeln vorhandenen lebenden Zellen verursacht wird, die Kapillarität der Wasserbahnen (Tracheen, Tracheiden) und die molekulare Kohäsion des Wassers in Betracht. Die Gefäße wirken mit ihrem geringen Durchmesser (etwa $6-200\,\mu$, die Fasertracheiden sind noch enger) wie feinste Kapillaren; da sie stets ohne Luftzwischenräume direkt mit den verdunstenden Blattparenchymzellen Verbindung haben, durchziehen also ununterbrochene, feine Wasserfäden den ganzen Baum. Mit der Verdunstung des Wassers in den Blattorganen strömt stets neues in den Wasserfäden nach, da infolge der Kohäsion der Wassermoleküle eine Bildung von luftleeren Räumen nicht möglich ist. Voraussetzung hierfür ist allerdings das völlige Fehlen von Luft in den wasserleitenden Zellen. In diesem Zusammenhang haben die Verstopfungseinrichtungen (Thyllen) sowie die Ventilfunktionen der Hoftüpfel am lebenden Baum ihre große Bedeutung. Die Strömungsgeschwindigkeit des Wassers im lebenden Holzkörper ist verschieden; bei ringporigen Hölzern (Eiche) hat man 20—45 m je Stunde, bei den zerstreutporigen (Buche) 1—4 m und bei den Nadelhölzern unter 1 m festgestellt. Der Wassergehalt des Baumes setzt sich aus dem in den Zellwänden vorhandenen, gebundenen und dem in den Zellhohlräumen befindlichen freien Wasser zusammen. Beim Nadelholz enthält der Kern nur gebundenes Wasser. Nach der Fällung des Baumes geht zunächst das freie Wasser durch Verdunstung verloren; ist dieses erfolgt, so ist damit der Fasersättigungspunkt erreicht,

---

Diffusionsgeschwindigkeit gleicht sich aber bald aus, so daß nur eine scheinbare Osmose, richtiger eine Diffusion, vorliegt. Nur wenn die eine Diffusionsgeschwindigkeit gleich Null ist, kommt echte Osmose in Betracht, für die verschiedene Gesetzmäßigkeiten, z. B. das van-t'Hoffsche-Gesetz Gültigkeit haben (vgl. Kruyt, Einführung in die physikalische Chemie und Kolloidchemie, Berlin 1926).

bei dem nur noch das in den Zellwänden gebundene Wasser vorhanden ist und der etwa zwischen 28—32%, bezogen auf das absolute Trockengewicht, liegt. Bei Winterfällung und Verbleiben der Stämme in der Rinde findet nach Untersuchungen von Liese bis Ende April keine wesentliche Verdunstung statt, was für einige Holzschutzverfahren von Bedeutung ist.

Die in den grünen Blattorganen erfolgende CO_2-Assimilation versorgt den Baum im Sommer mit neuen Kohlehydraten, die in Zuckerform geleitet werden. Sofern sie nicht sofort zum Aufbau neuer Pflanzensubstanz oder in anderer Weise — etwa durch den Atmungsprozeß — verbraucht werden, gelangen sie in die Speicherzellen, die sich vor allem im Wurzelkörper, ferner in der Rinde und dem lebenden Holzkörper befinden. Hier werden sie in verschiedener Form deponiert, insbesondere als Stärke, Zuckerarten, Fette, Öle. Im Frühjahr werden sie zum Teil wieder zu den neuen Verbrauchsstellen geleitet; dabei werden sie in Zuckerarten umgewandelt. Die Stärkekörner lassen sich durch Jodjodkalium (Blaufärbung), Fette und Öle durch den Farbstoff Sudan III (Rotfärbung) oder durch Osmiumsäure (Schwarzfärbung) nachweisen. Fette finden sich im Winter besonders in den Nadelhölzern, ferner bei Linde und Birke; doch sind sie nach neueren Untersuchungen[1] hier auch im Sommer vorhanden. Andererseits sind die im Erdboden befindlichen Kiefernwurzeln im Winter voll Stärke. Die früher vorgeschlagene Unterscheidung zwischen Fett- und Stärkebäumen ist nach Gäumann[2] nicht mehr vollberechtigt. Die „Stärkebäume", zu denen alle Hartlaubhölzer (Buche, Eiche) gehören, speichern in der Vegetationszeit besonders viel Stärke; doch enthält die Buche dann auch einen Höchstgehalt an Fett. Ein Teil der Reservestoffe wird bei den mannbaren Bäumen für die Bildung der Samen verbraucht. Viele Holzarten, insbesondere solche mit großen Samen, fruchten nicht jedes Jahr, sondern bringen erst nach kürzerer oder längerer Unterbrechung (Eiche nach 3—5, Buche nach 4—8—12 Jahren) eine reiche Mast. Bei ihnen werden laufend die für das Mastjahr erforderlichen Reservestoffe aufgespeichert, was sich auch bei Buche im Holzquerschnitt durch den Stärkenachweis mit Jod veranschaulichen läßt: stärkereiches Holz — etwa vor einem Mastjahr — wird hierdurch blau gefärbt, stärkefreies Holz — nach der Mast — nimmt dagegen nur die gelbe Jodfarbe an.

Mit der Verschiedenheit in der Art der Speicherstoffe hat man nun vielfach die seit langem bekannte Erscheinung der größeren Anfälligkeit des in der Vegetationszeit geschlagenen Sommerholzes gegenüber Pilzbefall in Verbindung gebracht, da die Pilze die im Sommer besonders reichlich vorhandenen Zuckerverbindungen schätzen. Bei Beurteilung dieses Problems ist zunächst zu beachten, daß, wie in Abschnitt III näher geschildert wird, die Pilze im Sommer die besten Entwicklungsbedingungen finden und bei kalter Temperatur unter $+ 5°$ C

---

[1] Liese, Fettgehalt der Linde, Forstarchiv, 1944.
[2] Gäumann, Der Stoffhaushalt der Buche (Fagus silvatica) im Laufe eines Jahres, Ber. d. Schweiz. Bot. Ges., 1935.

überhaupt nicht tätig sein können. Aber auch ganz unabhängig von diesen Klimaunterschieden und der Reservestoffart verhält sich offenbar das Holz der Winterfällung in der Zeit bis zur Austrocknung anders als das der Sommerfällung. Bei den Untersuchungen von Gäumann über jahreszeitliche Verschiedenheiten unter Beibehaltung konstanter Außenbedingungen ergab sich, daß das Holz der Frühjahrsfällung trotz geringeren Gehaltes an Reservestoffen von Pilzen schneller abgebaut wurde als das reservestoffreichere der Winterfällung. Offenbar ist die die Zellwand aufbauende Zellulose im Frühjahr und Sommer leichter angreifbar[1]. Man führt dies auf die für die Holzneubildung im Kambium erforderlichen Wuchsstoffe zurück, die im Frühjahr gebildet werden, den Feinstaufbau der Zellwand lockern und gleichzeitig das Wachstum der Pilze anregen, die selbst keine Wuchsstoffe bilden können. Auch der Säuregrad des Holzes ist in der Vegetationszeit größer als im Herbst und Winter, wodurch ebenfalls das Pilzwachstum gefördert wird. An einmal abgetrocknetem Holze machen sich diese Unterschiede zwischen Sommer- und Winterfällung nicht mehr bemerkbar.

Kurz erwähnt sei noch der Stickstoff- bzw. Eiweißgehalt des Holzes, da ihm bisweilen irrtümlicherweise für imprägniertechnische Fragen eine Bedeutung zugewiesen worden ist. Stickstoff ist in dem eiweißhaltigen Protoplasma der lebenden Zellen vorhanden. Sein Vorkommen ist daher von deren Anteil im Holzkörper abhängig. Beim Nadelholz ist dieser sehr gering (vgl. S. 42). Der Stickstoffgehalt beträgt nur etwa 0,01%. Bei den Laubhölzern mit ihrem größeren Gehalt an Holzparenchymzellen liegt er zwischen 0,1—0,2 (— 0,4) %. Der Stickstoffgehalt ist daher für imprägniertechnische Fragen ohne Bedeutung[2].

5. Bestimmungstabelle
der für eine Schutzbehandlung in Betracht kommenden mitteleuropäischen Holzarten.

I. Nadelhölzer. Ohne Gefäße, Markstrahlen mit bloßem Auge nicht erkennbar, Jahrringgrenzen sehr deutlich, Harzkanäle z. T. vorhanden. Holz meist sehr gerade und gleichmäßig gebaut. Äste vor allem in Quirlen angeordnet (außer Lärche).

A. Ohne Kern, ohne Harzkanäle.

Holz gelblich weiß, leicht. Äste vor allem in Quirlen, kleinere auch dazwischen, an der Ansatzstelle rund. Rinde lange glatt, zunächst dunkelgrün, dann hellgrau; im Alter eckige Borkeschuppen. In Norddeutschland selten.

Abies pectinata (= A. alba) **Weiß- oder Edeltanne.**

---

[1] Gäumann, Der Einfluß der Fällungszeit auf die Dauerhaftigkeit des Buchenholzes, Mitt. d. Schweiz. Anst. f. d. Forstl. Versw. **19** (1936).
[2] Trendelenburg, Das Holz als Rohstoff. München 1939.

B. Ohne Kern, mit sehr feinen Harzkanälen.

Holz hell. Äste in Quirlen, kleinere auch dazwischen, an der Ansatzstelle rund. Rinde von Jugend an feinschuppig, rotbraun; später mit rundlichen Borkeschuppen. Picea excelsa, Fichte, Rotfichte (Rottanne).

C. Mit Kern, mit Harzkanälen.

1. Splint schmal, gelb, Kern rötlich. Äste unregelmäßig verteilt, meist klein. Rinde anfangs glatt, grau, später mit stark längsrissiger Borke, deren Korkschichten karminrot gefärbt sind. Larix europaea (= L. decidua), Lärche.

2. Splint breit, Kern hellrot, Jahrringe meist sehr breit. Äste in Quirlen, kleinere dazwischen. Rinde zunächst glatt mit aromatisch duftenden Harzbeulen, später tiefrissige Schuppenborke, mit gelblichen Korkschichten. Stammt aus Nordamerika.

Pseudotsuga Douglasii (= Ps. taxifolia), (Oregon pine), Douglasie.

3. Splint breit, Kern rotbraun, frisch weniger gefärbt. Äste nur in Quirlen, Querschnitt oval. Rinde von Jugend an mit Borkeschuppen, im oberen Stammteil pergamentartig dünn, gelblich braun (Spiegelrinde); in älteren Teilen schuppenförmig dunkelbraun, mit hellgrauen Korkschichten.

Pinus silvestris, Kiefer, Föhre.

4. Holz ähnlich wie 3., mit zahlreichen Harzkanälen. Rinde auch im oberen Teil der älteren Bäume tiefrissig, dunkel. Heimisch vor allem in Österreich.

Pinus laricio (= P. austriaca), Schwarzkiefer.

5. Splint breit, Holz sehr leicht; Spätholz und Kern nur wenig dunkler als das Frühholz des Splintes. Harzkanäle reichlich. Äste nur in Quirlen. Rinde lange glatt, später rauhe, kleinschuppige Borke. Stammt aus Nordamerika. Pinus Strobus, Strobe, Weymouthskiefer.

II. Laubhölzer. Mit Gefäßen, die, wenn sichtbar, im Querschnitt als Poren erscheinen. Jahrringgrenzen meist undeutlich. Äste nie in Quirlen.

A. Ringporig: Gefäße im Frühholz sehr weit, ohne Lupe erkennbar. Alle Hölzer mit Kern.

1. Markstrahlen z. T. auffallend breit, auf Radialschnitten als Spiegel sichtbar. Splint schmal, meist hellbraun, Kern dunkler; Holz schwer, hart. Spätholz im Querschnitt mit radial verlaufenden Streifen. Rinde anfangs silbergrau, glatt, reißt bald auf; später harte, dicke, längsrissige Borke.

Quercus pedunculata, Stieleiche, Quercus sessiliflora, Traubeneiche.

2. Markstrahlen schmal, aber noch deutlich sichtbar; Gefäße des Splintholzes reichlich mit Thyllen verstopft. Splint sehr schmal, hell, Kern grüngrau, später gelbbraun. Holz schwer, hart, zäh, meist krummwüchsig. Rinde dick, weich, tiefrissig, dunkelbraun. Robinia pseudacacia, Robinie (Akazie).

3. Markstrahlen kaum noch sichtbar.

a) Gefäße im Spätholz in tangentialen Wellenlinien. Splint hell, Kern hell bis dunkelbraun. Rinde eichenähnlich. Gattung Ulmus, Ulme, Rüster.

b) Gefäße im Spätholz in radial verlaufenden Streifen (wie Eiche). Splint sehr schmal. Holz ähnelt dem der Eiche, aber ohne sichtbare Markstrahlen. Rinde lange glatt, später flach, rissig.

Castanea vesca (= C. sativa), echte Kastanie.

c) Gefäße im Splintholz gleichmäßig verteilt. Splint breit, weißgelb, Kern hellbraun. Holz schwer, hart. Rinde grünlichgrau, glatt, später mit Längs- und Querrissen.

Fraxinus excelsior, Esche.

B. Zerstreutporig; Gefäße klein.

1. Markstrahlen breit, Holz ohne Kern, gelblichweiß, sehr schwer und hart. Rinde glatt, mattgrau, reißt nicht auf. Stamm gebuchtet (spannrückig).

Carpinus betulus, Hainbuche, Weißbuche.

2. Markstrahlen zahlreich, fein, aber deutlich sichtbar, niedrig; Holz rötlichweiß, hart, schwer. Bisweilen Rotkern (unregelmäßig begrenzt). Rinde dünn, mattgrau, glatt, hart.

Fagus silvatica, Rotbuche.

3. Einige Markstrahlen breit und sichtbar. Holz weich, leicht, an frischen Schnittstellen gelbrot, sonst rötlichweiß. Rinde zunächst glatt, dunkelbraun, später mit rissiger, harter Borke.

Alnus glutinosa, Roterle.

4. Markstrahlen schmal, aber noch erkennbar.

a) Holz hart, gelblichweiß, ohne Kern, auf Längsschnitten etwas glänzend. Rinde grau, später mit flachen Borkeschuppen, ähnlich Platane.

Acer Pseudoplatanus, Bergahorn.

b) Holz weich, rötlichgelb, Jahrringgrenzen schwer erkennbar. Ohne Kern. Rinde zunächst glatt, später mit flachen, längs verlaufenden Borkestreifen. Im Rindenquerschnitt die radial gelagerten Bastbündel deutlich sichtbar (geflammt).

Gattung Tilia, Linde.

5. Markstrahlen nicht mehr, Gefäße eben noch sichtbar. Holz gelblich bis rötlich, auf Querschnitten mit samtartigem Glanz. Rinde lange Zeit weiß, in papierdünnen Querbändern ablösbar, im Alter tiefrissige, schwärzliche Borke.

Gattung Betula, Birke.

6. Markstrahlen und Gefäße nicht mehr erkennbar; weiches, leichtes Holz, ohne Kern. Rinde zunächst silbrig glänzend, mit derben, rhombischen Korkwulsten, später mit derber, längsrissiger Borke.

Populus tremula, Aspe, Zitterpappel.

7. Wie vorige Art, aber mit Kern, meist sehr schnellwüchsig.
Populus nigra, Schwarzpappel und P. canadensis, kanadische Pappel.

Die aufgeführten Nadelhölzer lassen sich mikroskopisch auch an kleinsten Proben an radialen Längsschnitten unterscheiden.

1. Fasertracheiden mit spiraligen Verdickungsleisten: Douglasie.

2. Fasertracheiden stets ohne spiralige Verdickungsleisten.

a) Markstrahlen sehr hoch, aus einheitlichen Parenchymzellen aufgebaut: Tanne.

b) Markstrahlen aus zwei verschiedenen Zellartenreihen aufgebaut.

Die oberste und unterste Zellreihe eines Markstrahles tracheidal mit Hoftüpfel, aber ohne zackige Versteifung:

Frühholztracheiden mit Hoftüpfel-Doppelreihen: Lärche,
Frühholztracheiden ohne Hoftüpfel-Doppelreihen: Fichte.

Tracheidale Markstrahlzellreihen mit zahlreichen nach innen gehenden Versteifungen; parenchymatische Markstrahlzellen mit großen Fenstertüpfeln: Kiefer.

II. Die chemische Zusammensetzung des Holzes.

Von Professor Dr. **E. Mörath**, Washington.

Die Kenntnis der chemischen Zusammensetzung des Holzes ist für die Beurteilung der Eignung der Holzarten für bestimmte Verwendungszwecke und für die Technik der Holzkonservierung von großer Bedeutung.

Die Elementarzusammensetzung aller untersuchten Holzarten ist ziemlich konstant mit 50 % C, 6,1 % H, ca. 0,1—0,2 % N, der wohl ausschließlich aus dem Protoplasma herstammt, 43 % O und geringen, aber sehr schwankenden Mengen (0,2—0,6 %) Aschenbestandteilen, die z. T. an die Fasersubstanz fest gebunden sind. Durch diese Übereinstimmung der Ergebnisse der Elementaranalyse darf man sich aber keineswegs über die sehr großen Unterschiede der chemischen Zusammensetzung der einzelnen Holzarten sowohl als auch verschiedener Teile desselben Stammes — insbesondere zwischen dem Früh- und Spätholz — täuschen lassen. Daher haben auch seit etwa 1½ Jahrhundert die Arbeiten zahlreicher Forscher diesen Problemen gegolten, die um so schwieriger sind, als alle Substanzen in kolloidem Zustande vorliegen. Die Verhältnisse werden durch den äußerst komplizierten anatomischen Aufbau noch undurchsichtiger, weil sich nicht nur die einzelnen Zellwandschichten gegenseitig abschirmen, sondern weil auch kapillare Kräfte eine starke Beeinflussung auf die Diffusions-, Quellungs- und Adsorptionserscheinungen ausüben, die das sogenannte chemische Verhalten des Holzes weitgehend bestimmen.

Die Einteilung der chemischen Hauptbestandteile des Holzes als Zellulose, Lignin, Begleitstoffe wie Harze, Fette, Wachse, gerbstoffartige Substanzen, Farbstoffe, Alkaloide und Aschenbestandteile ist in erster Linie durch die Geschichte der Erforschung der Holzsubstanz und dann durch die praktischen Bedürfnisse der das Holz auf chemischem Wege verarbeitenden Industrie, insbesondere der Zellstoffindustrie, bedingt. Die Grenzen sind nicht überall scharf und die Ergebnisse von den Analysen bzw. Isolierungsmethoden abhängig, die daher internationalen fachlichen Vereinbarungen unterliegen.

Die Zellulose ist mit rund 50% anteilsmäßig der größte, aber auch für die physikalischen und chemischen Eigenschaften des Holzes wichtigste Bestandteil. Ihr mizellarer Aufbau wurde schon in den Jahren 1860—1870 von C. v. Nägeli erkannt, während ihre Konstitution erst in den zwanziger Jahren dieses Jahrhunderts als eine Aneinanderreihung von Glucoseringen zu Ketten festgestellt wurde, deren einfachstes Glied eine β-Cellobiose ist[1]. Die Länge dieser durch Hauptvalenzen verbundenen Ketten wurde insbesondere durch röntgenographische Forschungen[2,3] und durch die Be-

---

[1] Hägglund, E., Holzchemie, 2. Aufl., 342f., Leipzig 1939.
[2] O. L. Sponsler und W. H. Dore, Cell.-Chem., Bd. 11 (1930), S. 186.
[3] K. H. Meyer und H. Mark, Ber. dtsch. chem. Ges., Bd. 61 (1928), S. 935.

stimmung ihres Polymerisationsgrades durch Viskositätsmessungen[1,2] aufgeklärt. Dabei zeigte es sich schließlich, daß wir es nicht mit einer Zellulose, sondern mit polymerhomologen Reihen von Zellulosen zu tun haben, deren physikalische Eigenschaften in erster Linie von der Zahl der zu einer Kette vereinigten Glucosereste (dem Polymerisationsgrad) abhängen, wie die folgende Abbildung zeigt:

Die Makromoleküle der Baumwoll-, Ramie- und Flachszellulose haben einen Durchschnitts-Polymerisationsgrad von rund 3000, diejenigen der Holzzellulose einen solchen von rund 1500, sind also erheblich länger als die durch röntgenographische Untersuchungen bestimmten Kristalliten.

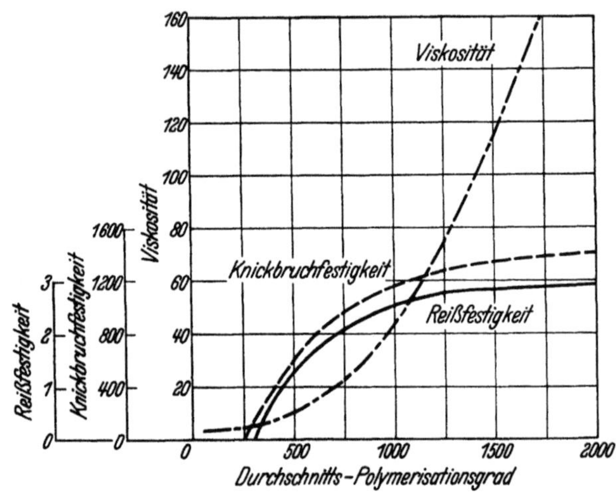

Abb. 29 . Zusammenhänge zwischen Polymerisationsgrad der Zellulose, Viskosität ihrer 1%igen Schweizerlösung und Festigkeit von polymerhomologen Zellulosefasern.

Unser bisheriges Bild vom mizellaren Aufbau der Zellulose, nach dem diese Mizellen jeweils in einem abgeschlossenen Bündel von Zelluloseketten bestanden, ändert sich daher dahin, daß sich die fadenförmigen Zellulosemoleküle durch mehrere Mizellen hindurchziehen[3]. Die starren, kristallinen Fibrillenbereiche der Zellwandlamellen sind daher mit submikroskopischen, ultrakristallinfibrillären Gitteraufsplitterungen durchsetzt, die eine hohe Beweglichkeit der Fasern unter weitgehender Festigkeitserhaltung ermöglichen[4] und die intermizellare Hohlräume, ja sogar ein submikroskopisches Kapillarsystem bilden, das für das Eindringen und die Verteilung von oberflächenaktiven Imprägnierstoffen von großer Wichtigkeit sein kann.

Die Zellulose findet sich im Holz im innigsten Verband mit anderen, niedrigen Polysacchariden, die zuerst von Schulze[5] als Hemizellulosen bezeichnet wurden, weil sie leichter als Zellulose durch ver-

[1] Staudinger, H., Die hochmolekularen organischen Verbindungen, Kautschuk und Zellulose, Berlin: Springer, 1932.

[2] Staudinger, H., Über die Konstitution der Zellulose, Holz als Roh- und Werkstoff 1, H. 7, S. 259—265, April 1938.

[3] Frey-Wyssling, A., Der Aufbau der pflanzlichen Zellwände, Protoplasma XXV (1936), S. 261.

[4] Sauter, E., Z. Phys. Chem. (B), Bd. 35 (1937), S. 117.

[5] Schulze, E., Ber. dtsch. chem. Ges. 24 (1891), 2285.

dünnte heiße Säuren hydrolysiert werden. Diese Hemizellulosen werden bei der Herstellung zahlreicher technischer Produkte, insbesondere in den Zellstoffen für Kunstseide, Zellwolle usw. störend empfunden, weil ihre Ester zum Unterschied von den entsprechenden Zelluloseestern in organischen Lösungsmitteln unlöslich sind und daher die Spinnverfahren unterbrechen. Sie sind durch saure Hydrolyse von der Zellulose nicht vollständig zu trennen, ohne diese abzubauen, so daß ihre Bestimmung gewissen Schwankungen unterliegt. Aus diesem Grunde sei nachstehend nur eine Zusammenstellung neuer Zellulose- und Hemizellulosebestimmungen von imprägniertechnisch wichtigen Holzarten gegeben[1]:

Tabelle 1. Zellulosegehalt verschiedener Holzarten in %.

Holzart	Skelettsubstanz = Zellulose + Holzpolyosen	Zellulose	Durchschnitts-Polymerisationsgrad d. Zellulose in Schweizer Reagens
Fichte (Picea excelsa)	61	41,5	1100
Kiefer (Pinus silvestris) ...	**62,4**	**40,1**	**1000**
Buche (Fagus silvatica) ...	64,7	37,5	1000
Birke (Betula alba)........	64,2	38,5	1100
Ahorn (Acer pseudoplatanus)	64,2	38,2	960
Weißerle (Alnus incana) ...	71,4	39,6	1050
Schwarzpappel (Populus nigra)	72,1	50,6	1200
Aspe (Populus tremula)	68,2	42,1	1100

Aus dieser Zusammenstellung ist zu ersehen, daß die wasserunlöslichen Holzpolyosen (Hemizellulosen) in den Nadelhölzern etwa in den Mengen von 20 % und in den Laubhölzern etwa zu 25 % vorkommen.

Je nach den Zuckern, die bei der Totalhydrolyse der Hemizellulosen entstehen, erfolgt ihre Benennung (z. B. Pentosane aus Zuckern mit je 5 C Atomen). In allen Holzarten kommen die Pentosane Araban und Xylan vor, und zwar bei den Nadelhölzern in einer Menge zwischen 6 und 12 % und bei den Laubhölzern zwischen 15 und 27 %. Ferner finden sich in allen bis jetzt untersuchten Nadelhölzern das Hexosan Zucker mit 6 C) Mannan in der Menge von 4—10 % (Cupressus 3,4 %), welches in den Laubhölzern in nur viel kleineren Mengen oder gar nicht vorkommt. Im Fichtenholz findet sich auch Glucosan, das nur schwierig bestimmt werden kann.

Stärke findet sich nur im Holz der Laubbäume in Mengen von 3—4 %. Sie scheint bei einigen von ihnen, den sogenannten Fettbäumen (Tilia,

---

[1] Staudinger, H. und E. Husemann, Bestimmungen des Zellulosegehaltes in verschiedenen Hölzern. Holz als Roh- und Werkstoff 4, H. 10 (1941), S. 343—347, Oktober 1941.

Betula, Pinus silvestris) während der Winterruhe zugunsten einer starken Fettbildung zu verschwinden, während sie bei den Stärkebäumen (Quercus, Ulmus, Platanus, Fraxinus) ziemlich unverändert bleibt. Dieses so gebildete Fett wird ab Ende Februar, von der Markgrenze ausgehend, zentrifugal fortschreitend wieder zu Stärke umgebildet (vgl. S. 33). Die nur in geringeren Mengen in verschiedenen Holzarten vorkommenden anderen Hemizellulosen (Galaktan, Lävulan usw.) können hier übergangen werden.

Das Lignin, das zu 24—28% im Holz vorkommt, ist die eigentliche verholzende Substanz und daher für das Holz besonders charakteristisch. Der Name Lignin wurde noch von Berzelius für das ganze Holz gebraucht, dann aber nur für die sogenannten „inkrustierenden Substanzen“, die von Schulze (1857) mit einer Mischung aus Salpetersäure und Kaliumchlorat, von neueren Forschern (insbesondere Schmidt) mit Chlordioxyd zerstört und dann von der sogenannten Skelettsubstanz abgetrennt wurden.

Die Eigenschaft, mit zahlreichen aromatischen Aminen und anderen organischen Basen auffallende, charakteristische Farbreaktionen zu geben, wurde schon 1834 (Runge) erkannt und seither namentlich in der botanischen Forschung im weitesten Umfange angewandt. Die Aufklärung dieser Farbreaktionen, von denen die Rotfärbung mit Phloroglucin-Salzsäure am meisten angewandt wird, und diejenige der Konstitution des Lignins gehört zu den am längsten und heftigsten umstrittenen Gebieten der organischen Chemie. Ja, es ist dabei sogar von namhaften Forschern (Hilpert u. a.) behauptet worden, daß es gar kein Lignin gibt, sondern daß es nur durch die bisherigen Bestimmungsmethoden mit starken Säuren als ein sekundäres Reaktionsprodukt, etwa eine wasserärmere Stufe der Zellulose, gebildet wird. Ohne auf die Einzelheiten der zahlreichen einschlägigen Theorien einzugehen, sei als sicherstehend festgehalten, daß das Lignin zum Teil aus aromatischen Substanzen besteht, die Methoxylgruppen enthalten. In der Praxis wird diese aromatische Natur des Lignins durch die Fabrikation von Vanillin aus Sulfitablaugen bewiesen, dessen Herstellung aus aliphatischen Verbindungen noch nie gelungen ist. So erzeugt z. B. eine amerikanische Zellstoffabrik (Marathon Paper Co), die täglich 120 to Sulfitzellstoff herstellt, aus ihren Ablaugen jährlich rund 300 000 kg Vanillin. Diese hohe Ausbeute läßt die Freudenbergsche Theorie sehr wahrscheinlich erscheinen, daß im Durchschnitt auf je 12 Bausteine des Lignins, welches ein dreidimensionales verzweigtes Molekül mit dem Mol.-Gew. 2000 bis 5000 besitzt, 7—8 dem Vanillin-, 3—4 dem Isovanillin- und 1 dem Pyperonaltypus angehören. Aus diesem Molekularaufbau, der für hemikolloide Körper charakteristisch ist, läßt sich von vornherein schließen, daß man aus dem Lignin niemals technische Erzeugnisse mit ähnlichen Eigenschaften gewinnen kann wie aus der hochmolekularen Zellulose mit ihren langen fadenförmigen Makromolekülen, wohl aber daß die Möglichkeit besteht, es in kunstharzartige Körper überzuführen.

Die sogenannten akzessorischen Bestandteile sind in erster Linie für seine natürliche Dauerhaftigkeit maßgebend. Bei den Nadel-

hölzern sind es in erster Linie Harze und Fette in der Menge von 1—6%
und bei den Laubhölzern Fette und Wachse in der Menge von etwa 3%.

Die Harze sind nicht einheitliche Substanzen, sondern komplizierte
Gemenge von festen und flüssigen, aus C, H und O aufgebauten Stoffen,
die sowohl physiologisch im gesunden Gewebe, den Harzgängen, als
auch besonders verstärkt nach Verwundungen pathologisch gebildet
werden.

Die Harze sind durch ihre Unlöslichkeit in Wasser, ihre verhältnismäßig hohe Widerstandskraft gegen Reagenzien und ihre Löslichkeit
in Äther, Alkohol, Benzol und anderen organischen Lösungsmitteln
charakterisiert. Sie werden am besten nach Tschirch eingeteilt in:

1. Harzsäuren, aus denen das Harz der Nadelhölzer fast ausschließlich
besteht und die sämtlich der empirischen Formel $C_{20}H_{30}O_2$ entsprechen.

2. Harzalkohole oder Resinole, welche hohe biogenetische Bedeutung besitzen, da sie z. T. sehr stark fungizid sind, so daß man auf
ihr Vorkommen in den Kernzonen und Überwallungsgeweben deren erhöhte
Pilzbeständigkeit zurückführt. Die Pinosylvinphenole[1] bedingen die Widerstandsfähigkeit des Kiefernkernholzes gegen Polyporus vaporacius und
Coniophora cerebella, während der bekannte Kernholzzerstörer Lentinus
squamosus auch Pinosylvinsubstanzen zerstören kann. Im Kernholz von
7 Fichtenarten und 4 Tsugaarten wurde Conidendrin[2] und das ihm chemisch
nahe verwandte Pinoresinol gefunden, welches auch in den Überwallungs-
harzen unserer einheimischen Fichten, Kiefern und Schwarzkiefern vorkommt.

Die Resinotannole haben gerbstoffartigen Charakter, und die mit
Harzsäuren oder anderen Säuren veresterten Harzalkohole bilden

3. die Harzester oder Resine.

4. Die durch Unlöslichkeit in Alkalien gekennzeichneten Resene, die
in ihrer chemischen Natur noch nicht näher bekannt sind. Von Dr. Allan
F. Odell wird die die meisten Holzarten übertreffende Widerstandsfähigkeit
des Kernholzes der Tidewater Red Cypress (Taxodium distichum) gegen
holzzerstörende Pilze und Insekten auf ein von ihm „Cypressen" genanntes,
leicht verharzendes Sesquiterpen zurückgeführt.

Die sogenannten Balsame sind kolloide Lösungen der festen Harzsäuren
in Terpentinöl.

Bei der Extraktion des Harzes mit organischen Lösungsmitteln gehen
ebenso wie beim Holzaufschluß — insbesondere durch Alkalien — auch
die Fette in Lösung. Die Harz- und Fettmengen schwanken sehr je nach
Holzart, Standort, Klima und Stammteil, ohne daß man den Einfluß der
einzelnen Faktoren bisher genau feststellen konnte. Einen gewissen Anhalt
gibt die folgende Zusammenstellung[3] der Anteile in % des Holztrocken-
gewichtes (siehe Seite 42, oben).

Der Stickstoffgehalt der Holzarten schwankt zwischen 0,1 und
0,5% und kann, da er praktisch ausschließlich von Eiweißstoffen her-

---

[1] Erdtman, H. und Erik Rennerfelt, Der Gehalt des Kiefernkernholzes an Pinosylvinphenolen. Svensk Paperstidning 47, Nr. 3, 1944,
S. 45.

[2] Erdtman, H., Die Konstitution der Harzphenole und ihre bio-
genetischen Zusammenhänge. VIII. (Conidendrin). Svensk Paperstidning 47,
Nr. 7, 1944, S. 155.

[3] Sieber, Über die Harze der Nadelhölzer, Berlin 1925.

Holzart	Stammteil	Harz %	Fett %
Fichte	Hackspäne vom ganzen Stamm	0,35	0,28
Kiefer	Stammitte	1,6	0,8
	Stockholz Splint	1,2	1,2
	Stockholz Kern..............	12,2	3,8
	Stammbasis, Kienholz	20,0	2,8
Buche	....	1,78	
Birke	....	1,8	
Aspe	....	3,16	

rührt, einfach durch Multiplikation mit dem Faktor 6,25 auf den angenäherten Proteingehalt umgerechnet werden:

	Fichte	Kiefer	Buche	Birke	Pappel
Stickstoff	0,11	0,13	0,17	0,12	0,10
Protein	0,69	0,80	1,05	0,74	0,63

Alkaloide kommen sehr selten in einzelnen Holzarten vor (tropische Hölzer), dagegen finden sich die Gerbstoffe häufig, meist in den Rinden, aber auch in den Markstrahlen der Kernzonen, wo sie durch Oxydation nachdunkeln und so die Kernfarbe bedingen und die Widerstandsfähigkeit des Kernes gegen Pilzeinflüsse erhöhen. Das stärkst gerbstoffhaltige Holz ist Quebracho mit etwa 13—26%. Redwood (Sequoia sempervirens) enthält im Kern 12,2, im Splint 1,15, aber in der Rinde nur 0,8% Gerbstoff, Eichenholz im Kern etwa 13%, Kastanien-Kernholz etwa 8%, Fichtenrinde etwa 9%, Weidenrinde etwa 12% und Mahagoni etwa 7—17% Gerbstoff.

Eine Reihe tropischer Hölzer enthalten Farbstoffe, von denen das Hämatoxylin aus dem Blauholz (Hämatoxylon Campechianum) die größte technische Bedeutung gewonnen hat.

Der Aschengehalt der Hölzer ist nicht nur nach den Arten, sondern auch je nach Standort, Lebensbedingungen, Jahreszeit und Stammteilen stark schwankend. Einen kleinen Überblick über diesen Gehalt und die Zusammensetzung der Aschen bringt die folgende Tabelle[1].

Der Kieselsäuregehalt ist von großem Einfluß auf die Widerstandsfähigkeit einiger tropischer Holzarten gegen den Bohrwurm (Teredo navalis)[2].

Sämtliche Angaben über die Zusammensetzung der Hölzer und die Eigenschaften der einzelnen Bestandteile geben aber noch kein Bild über das chemische Verhalten des Holzes selbst, das erst aus dem topographisch-chemischen Aufbau verstanden werden kann.

Die im Kambium durch Zellteilung gebildeten, meristematischen Zellen haben zuerst sehr dünne Primärmembranen, in denen eine zur

---

[1] Nach Kollmann, „Technologie des Holzes", S. 263.

[2] Spoon, Ir. W., En Paalwormproof in Nederland met Indische en Surinaamsche houtsorten. Ber. Afd. Handelsmuseum, kolon. Institut Amsterdam, 1943, Nr. 195.

Tabelle 2. Gehalt und Zusammensetzung der Asche wichtiger Holzarten

		Asche %	K_2O	P_2O_5	CaO	MgO	Fe_2O_3	SO_3	SiO_2	Na_2O
Fichte	Splint	0,26	37,7	11,3	21,3	5,6	5,9	4,3	3,5	1,5
	Kern	0,20	29,6	1,0	36,8	9,8	8,5	4,3	1,0	3,2
Kiefer	Splint	0,19	18,4	7,2	27,6	11,0	6,3	5,2	2,1	4,6
	Kern	0,15	15,3	0,9	41,8	16,1	5,5	4,5	3,5	3,1
Lärche	Splint	0,22	24,2	5,8	31,1	15,1	5,0	5,8	4,9	4,1
	Kern	0,12	24,7	1,2	33,6	16,2	7,7	4,6	2,1	4,9
Tanne		0,28	22,55	5,04	33,04	6,17	0,41	3,71	0,92	4,49
Birke		0,21	15,12	14,03	45,79	11,59	1,34	2,59	0,85	3,68
Buche	Kern	0,40	38,6	1,5	33,3	12,8	2,1	3,9	2,1	4,2
Eiche	Splint	0,42	46,5	12,8	16,5	6,3	3,6	6,9	1,3	2,7
	Kern	0,16	41,9	2,7	25,5	2,8	3,2	12,4	5,5	1,5

Wachsgruppe und nicht zu den Kohlehydraten gehörende Primärsubstanz[1] vorherrscht. In dieser werden beim primären Längenwachstum schon dünne, lange Fäden von Zellulose durch Einlagerung gebildet, während das Dickenwachstum durch Substanzanlagerung vom Protoplasma aus in Form neuer Membranlamellen erfolgt, die schon deutliche Zelluloseinterferenzen zeigt. Diese langen Zelluloseketten treten zu Fibrillen zusammen, die annähernd parallel zur Faserachse laufen und quer durch Nebenvalenzen verbunden sowie in Abschnitte ungestörten Gitterbereichs (Mizellen) gegliedert sind. Zwischen ihnen bilden die Intermizellarräume ein zusammenhängendes Raumsystem, das teils durch die Einlagerung von amorphem Lignin und Hemizellulosen ausgeweitet wird und das auch mehr oder weniger fest gebundenes Quellwasser enthält. Diese kittsubstanzartige Umhüllung der Lignin-Hemizellulosengemische um die Zelluloseketten wird dadurch sichtbar gemacht, daß Reagenzien, die die Zellulose herauslösen, einen Ligninrückstand hinterlassen, der die ursprüngliche Form der Zellwand, wenn auch in zusammengeschrumpftem Zustand, besitzt.

Ob das Lignin mit den Kohlehydraten, speziell mit den Hemizellulosen, chemisch verbunden ist, ist noch fraglich. Wahrscheinlich finden aber bei der Einwirkung von Zelluloselösungsmitteln Kondensationen freigelegter Ligninmoleküle, die nun miteinander in Kontakt kommen können, statt, was man aus der Abscheidung hochkondensierter Ligninsulfosäuren in fester Form bei der starken Ansäuerung von Sulfitablaugen feststellen kann.

---

[1] Wergin, W., Z. f. angew. Chemie 49 (1936), S. 438; 50 (1937), S. 166.

III. Zerstörung des Holzes durch Pilze und Bakterien.

Von Professor Dr. **J. Liese**, Eberswalde.

Einleitung. Während die grünen Pflanzen durch ihren Assimilationsprozeß den Aufbau der organischen Substanz bewerkstelligen und dadurch überhaupt jegliches Leben ermöglichen, sorgen die Bakterien und Pilze für den Abbau der Pflanzenstoffe und ihre Überführung in für die grünen Pflanzen wiederaufnehmbare Verbindungen. Diese für das gesamte irdische Leben so wichtige Zersetzung von Pflanzen- und speziell Holzsubstanz durch die Mikroorganismen ist nun aber nicht immer im menschlichen Haushalt erwünscht. Der Forstmann z. B. legt Wert darauf, daß das Reisig bald zersetzt und so zum Dünger für den neuen Bestand wird; sehr unwillkommen ist ihm aber die Tätigkeit des Kiefernbaumschwammes, der ihm wertvolles Nutzholz vernichtet. Jede Zerstörung von Nutzholz, möge sie vor oder nach der Fällung des Stammes stattfinden, ist unerwünscht und im Hinblick auf die ständig steigende Holzverknappung möglichst zu verhindern.

Für die Bekämpfung der holzzerstörenden Mikroorganismen bedeutet es einen großen Vorteil, daß aus der gewaltigen Anzahl der Bakterien und Pilze nur verhältnismäßig wenige, meist Vertreter der Pilzgruppe der Hymenomyzeten, als technisch wichtige Nutzholzzerstörer zu erwähnen sind; ihre Biologie soll im folgenden kurz beschrieben werden. Die Bakterien beteiligen sich nur unter bestimmten Bedingungen an der Zerstörung des Holzes und haben in dieser Hinsicht eine geringe Bedeutung; sie sollen daher nur im speziellen Teile behandelt werden.

1. Allgemeine Morphologie der holzzerstörenden Pilze.

Die holzbewohnenden Pilze besitzen einen Aufbau aus meist reich verzweigten, durch Querwände gegliederten Zellfäden, die nur mikroskopisch erkennbar sind. Die einzelne Zelle ist schlauchförmig; ihre meist dünne Zellwand besteht aus Chitin, einem sonst nur im Tierreich anzutreffenden Stoff, der ein Aminoderivat des Traubenzuckers darstellt. Im Zellinnern befindet sich das eiweißreiche Plasma, das in jungen Zellen den ganzen Inhalt ausfüllen kann, in älteren meist nur als dünner Wandbelag vorhanden ist. In ihm sind in der Regel zwei Kerne eingebettet, die stets sehr klein sind. Die für die meisten anderen Pflanzengruppen charakteristischen Farbstoffträger (Chromatophoren), die Bildungsstätten für Stärke bei den grünen Pflanzen, fehlen den Pilzen; sie besitzen daher auch keine Stärke, die hier wie bei den Tieren durch das Kohlehydrat Glykogen ersetzt wird. Außer dem Plasma befinden sich, wie bei jeder lebenden Pflanzenzelle, im Zellinnern mit wäßriger Substanz gefüllte Zellsafträume (Vakuolen); durch die osmotische Wirkung ihres

Inhalts wird die Straffheit der Pilzfäden bewirkt. Der osmotische Druck, der auch für die Nährstoffaufnahme von großer Bedeutung ist, kann von der lebenden Zelle jederzeit regulativ geändert werden. Schließlich sind noch in der Zelle gelegentlich Fetttröpfchen, Farb- und Harzstoffe zu finden.

Die einzelnen Zellfäden nennt man bei den Pilzen Hyphen, den ganzen Hyphenkomplex Myzel. Dieses ist im allgemeinen im Holze verborgen und daher selten sichtbar; bisweilen tritt es als zarter, schimmelartiger Überzug oder, wie beim Hausschwamm, als dichtes Polster in Erscheinung. Immer aber muß es zur Fruchtkörperbildung an die Oberfläche gelangen. Die einzelnen Hyphen sind meist sehr schmal; ihr Durchmesser beträgt häufig weniger als 2 μ (1 μ = $^1/_{1000}$ mm). Sie dringen durch ständigen Zuwachs an der Spitze in die Unterlage ein und sorgen für Lösung, Aufnahme und Leitung der Nährstoffe. Unter Umständen können sich die einzelnen Hyphen dicht zusammenlagern und verflechten, so daß feste Gewebe (z. B. Fruchtkörper) entstehen.

Entwicklung eines Holzpilzes aus der Spore. Die erste Entwicklung eines holzbewohnenden Pilzes läßt sich mit dem Mikroskop am besten auf einer Objektträgerkultur beobachten. Man bringt zu diesem Zwecke keimfähige Sporen in einen Tropfen einer geeigneten

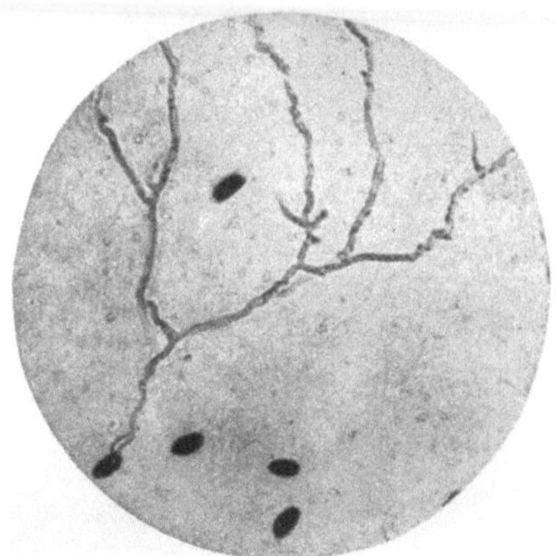

Abb. 30. Keimung einer Hausschwammspore.
Photo A. Möller, 1903.

Nährlösung auf einen Objektträger und bewahrt diesen in einer feuchten Kammer auf. Bereits nach einem Tage kann man unter Umständen die beginnende Keimung mikroskopisch feststellen, indem aus der meist ellipsoidisch oder kugelig gestalteten Spore an einem Ende ein kleiner dünner Keimschlauch heraustritt, der unter geringen Windungen annähernd geradeaus weiterwächst (Abb. 30). Unregelmäßig und anscheinend wahllos gehen von ihm Seitenhyphen aus, ohne daß zunächst Querwände auftreten. Bei gegenseitiger Berührung der Hyphen verschmelzen sie unter lokaler Auflösung der Berührungswände und bilden dadurch ein Netzwerk.

Bei dem weiteren Wachstum, etwa nach 4—5 Tagen, erstarken die Hyphen allmählich unter Volumenzunahme (sekundäres Myzel); die zuerst selten zu findenden Querwände treten reichlicher auf und zeigen bei vielen zur Gruppe der Hymenomyzeten gehörenden Pilzen, zu der auch die echten Holzzerstörer gehören, die sogenannte Schnallenbildung (Abb. 31a). Hierunter versteht man die im unteren Teile einer Hyphenzelle vorhandenen kleinen fingerförmigen Auswüchse, die hakenförmig rückwärts orientiert sind, mit der darunterliegenden Zelle an der Berührungsstelle verschmelzen und so eine Brücke zu dieser hin bilden. Ihre Lage ist häufig etwas schräg zur Längsrichtung der Hyphe. Die

Schnallen können in Ein- oder Mehrzahl zwischen zwei benachbarten Zellen vorkommen. Besonders reichlich und geradezu charakteristisch

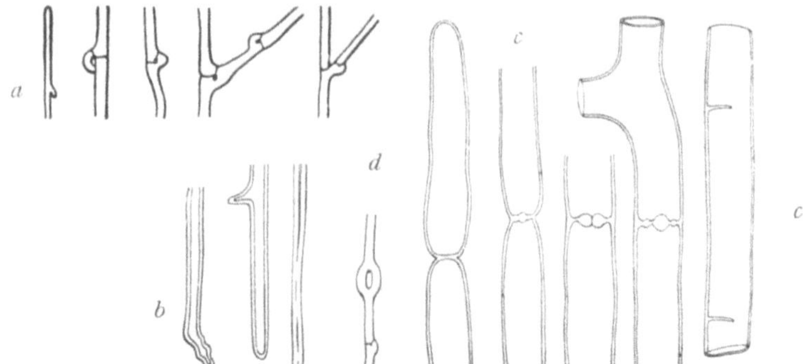

Abb. 31. Echter Hausschwamm, Merulius lacrimans domesticus. *a* Schnallenbildungen, *b* Teile von Faserhyphen; *c* Gefäßhyphen; *d* Medaillonbildung von Lenzites.

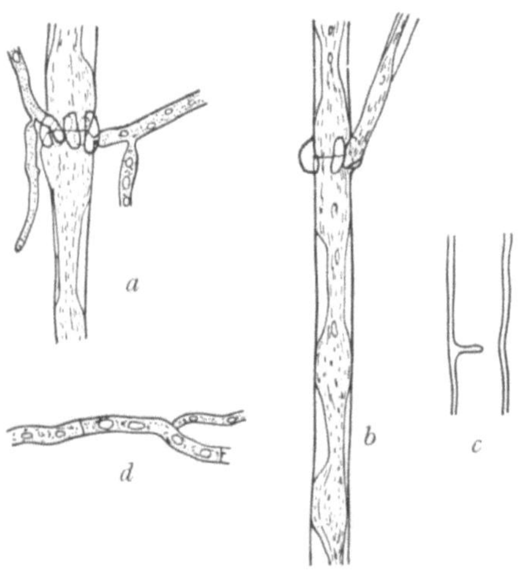

Abb. 32. Zellformen des Keilerschwammes, Coniophora cerebella. *a, b,* Haupthyphen mit Schnallenbildungen, *c* Gefäßhyphe mit teilweise aufgelöster Querwand, *d* Nebenhyphe (ca. 600 : 1).

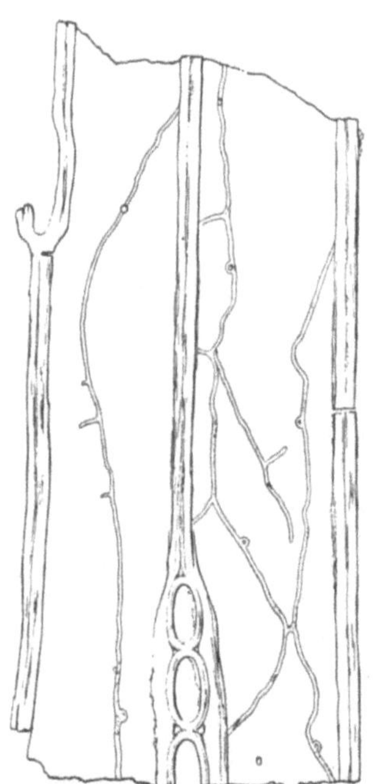

Abb. 33. Substratmyzel mit Schnallenbildungen vom echten Hausschwamm — Tangentialschnitt durch Holz (300 : 1). Nach R. Falck.

finden wir sie bei den Gattungen Coniophora und Stereum; bei ersterer können sie bis zu 8 in einem Wirtel auftreten (Abb. 32a). Der Sinn der Schnallenbildung ist in den bei den Pilzen recht verwickelten Sexualvorgängen zu suchen. Häufig findet ein Auswachsen der Schnallen statt, entweder zu normalen Seitenhyphen, die meist enger als die Haupthyphen sind und unter einem spitzen Winkel geradlinig nach vorn abgehen, oder aber auch zu kurzen, anscheinend verkümmerten, rückwärts gerichteten Schläuchen.

Bei der weiteren Myzelentwicklung machen sich gewisse Unterschiede bemerkbar, je nachdem diese im Innern des Substrates (Holzes) oder auf seiner Oberfläche stattfindet.

Substratmyzel. Die im Innern des Holzes wachsenden Hyphen bleiben verhältnismäßig schmal und dünnwandig und behalten eine gewisse Ähnlichkeit mit dem jugendlichen Myzel (Abb. 33). Verschmelzungen der Hyphen bei Berührung finden häufig statt, seltener dagegen ein Aussprossen der Schnallen zu Seitenhyphen. Bisweilen

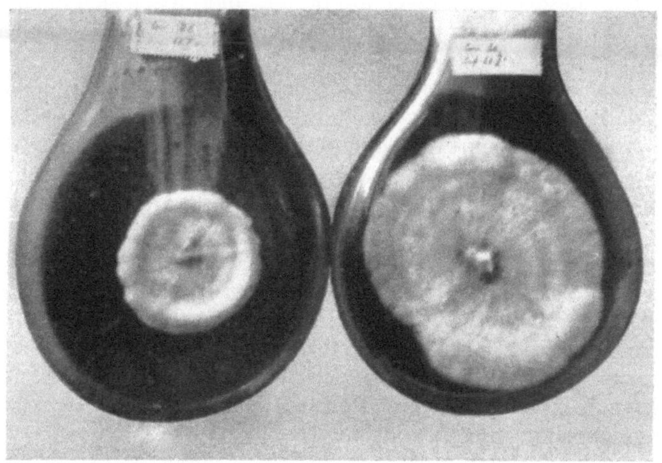

Abb. 34. Oberflächenmyzel des Kellerschwammes in Reinkultur. *a* 4 Tage, *b* 10 Tage alt. (1 : 2).

zeigen sich die sogenannten Medaillonbildungen, die als symmetrische Anordnung von zwei auf gleicher Höhe angeordneten Schnallen erklärt werden[1] und die besonders bei Lenzites-Arten, aber auch bei anderen Pilzen (Pol. betulinus, Paxillus acheruntius, Lentinus lepideus) auftreten (Abb. 31d). Die Hyphen dringen häufig unter Benutzung der Tüpfel des Holzes von Zelle zu Zelle vor (vgl. Abb. 58), doch können sie auch die Zellwände an beliebigen anderen Stellen durchziehen. Am meisten bevorzugen sie die nährstoffhaltigen Zellen des Splintholzes, wofür die hier vorhandenen Inhaltsstoffe maßgebend sind.

Oberflächenmyzel. Das auf der Oberfläche befindliche, häufig einen dichten watteartigen Überzug bildende Myzel (Abb. 34) hat meist stärkere Hyphen, die ein für die einzelnen Arten annähernd fixiertes Volumenmaximum erreichen. Sie wachsen meist in radialer Richtung vorwärts; eine Verschmelzung der einzelnen Hyphen bei Berührung findet nicht statt, wohl aber häufig eine Verkittung. Unter günstigen Bedingungen bilden verschiedene Pilzarten eine dichte, zusammenhängende Haut auf der Unterlage. Da die Pilze zur Bildung von Farb-

---

[1] Findlay, A study of Paxillus panuoides Fr. and its effects upon wood. A. of. Applied Biology 1931, **49**.

stoffen befähigt sind, lassen sich einzelne Arten — vor allem in Reinkulturen — durch bestimmte Farbbildungen unterscheiden. So wird das zunächst weiße Myzel des Kiefernbaumschwammes bald dunkel-ockerfarbig, das des Kellerschwammes zunächst lehmgelb, später dunkel-braun, das des Hausschwammes allmählich hellgrau; der Porenhaus-schwamm behält dagegen seine weiße Myzelfarbe. Beim Hausschwamm tritt häufig, vor allem bei ungünstigen Ernährungsbedingungen, eine Gelbfärbung des Myzels fleckenweise auf. Bei Lichteinwirkung und hö-herer Temperatur werden die Farben etwas intensiver[1]. In Reinkulturen erkennt man diese Verfärbungen am besten; hier lassen sich auch in der Wachstumsweise bereits mit bloßem Auge Unterschiede zwischen den einzelnen Pilzarten feststellen.

Während z. B. der Hausschwamm in der Wachstumszone einen gleich-mäßig strahlenden, dichten Myzelrand zeigt, ist dieser beim Poren-hausschwamm etwas unregelmäßiger und lockerer und beim Spaltling (Schizophyllum) zunächst fein spinngewebeartig und dann flockig mit feinwolligen Myzelklumpen.

Diese Unterschiede beruhen besonders auf der verschiedenen Bildung und Verteilung der Haupt- und Nebenhyphen. Als Haupthyphen bezeichnet man weite, gradlinig fortwachsende Fäden, die meist parallel gerichtet sind. Ein Verflechten untereinander tritt bei ihnen nicht ein; auch wenn zwei Myzelränder einer Pilzart aufeinanderstoßen, wachsen die Haupthyphen im allgemeinen nicht durcheinander, sondern stellen ihr weiteres Wachstum hier ein. Von den Haupthyphen, die besonders schnallenreich sind, gehen die engeren Nebenhyphen meist als Schnal-lensprossungen ab; auch sie können Schnallen bilden und sich bisweilen zu Haupthyphen vergrößern. Infolge ihres spitzwinkligen Ablaufens von den Haupthyphen müssen sie sich mit den benachbarten Hyphen kreuzen und bewirken so eine dichte Verflechtung der Fäden.

Die Holzpilze haben nicht alle in gleicher Weise die Fähigkeit, Ober-flächenmyzel zu bilden; man unterscheidet daher

1. die Substratpilze, deren Myzel sich vornehmlich im Innern des Holzes verbreitet und nur zur Fruchtkörperbildung auf der Holzober-fläche sichtbar wird, und

2. die Oberflächenpilze, die neben dem Substratmyzel eine mehr oder weniger reichliche oberflächliche Ausbreitung aufweisen.

Die Substratpilze dringen bei der Keimung sofort in das Innere des Holzkörpers ein und verbreiten sich hier nach allen Seiten (kubisches Wachstum), vornehmlich in der Längsrichtung, am langsamsten in tangentialer Richtung des Holzes (Abb. 35). Werden Hölzer befallen, die noch erheblich saftreich sind, zeigen sich nicht selten im Querschnitt radial verlaufende Befallszonen (Abb. 44). Aus derartigen Bildern kann fast immer geschlossen werden, daß das Holz in nicht genügend luft-trockenem Zustand, unter Umständen bereits erkrankt, verbaut wor-den ist. Die Ausdehnung des Myzels bleibt lokal begrenzt und kann

---

[1] Fritz, Cultural criteria for the distinction of wood destroying. fungi. Proc. Trans. Royl. Soc. Canada (III) 17, 1923.

vegetativ, d. h. ohne Sporenbildung, nur bei direkter inniger Berührung auf benachbarte Holzteile übergreifen. Die Anwesenheit der Substratpilze ist mit bloßem Auge meist nur an der Fruchtkörperbildung oder an der Zerstörung der Holzsubstanz erkennbar. Zu dieser Pilzgruppe gehören z. B. die Lenzites-, Lentinus- und Daedalea-Arten, sowie viele parasitäre, d. h. am lebenden Baume auftretende Holzpilze[1].

Bei der zweiten Gruppe, den Oberflächenpilzen, ist eine Verbreitung des Myzels vornehmlich auf der Substratoberfläche zu beobachten (Abb. 83). Der Holzbefall geschieht verhältnismäßig schnell dadurch, daß von den gebildeten hautförmigen Myzelüberzügen aus die Hyphen in die anliegenden Holzteile eindringen. Das Wachstum der oberflächlichen Myzelhäute ist nicht an eine als Nährstoffquelle in Frage kommende Unterlage gebunden, diese können vielmehr auch indifferente Unterlagen, z. B. Stein und Eisen, überbrücken. Hierbei kann das Myzel sogar weite, mehrere Meter betragende Zwischenräume überqueren und entferntere Holzteile befallen. Durch diese Möglichkeit der vegetativen Verbreitung werden sie besonders gefährlich. Zu dieser Gruppe gehören die wichtigsten holzzerstörenden Pilze der Gebäude wie Hausschwamm, Kellerschwamm, Porenhausschwamm.

Abb. 35. Querschnitt durch einen Lenzites-faulen Leitungsmast. (1 : 5).

Strangbildung. Besonders bei den Oberflächenpilzen kann eine weitere Ausgestaltung des Myzels eintreten. Auf den Myzellappen bilden sich häufig nachträglich unter tiefgreifenden Umänderungen Stränge aus, die viele Verzweigungen besitzen und bisweilen mit dem Wurzelsystem der höheren Pflanzen verglichen werden (Abb. 36 u. 37). Von diesem unterscheiden sie sich aber durch die zahlreichen Querverbindungen sowie dadurch, daß sie erst nachträglich auf der bereits vorhandenen Myzelhaut entstehen, also nicht wie bei den Wurzeln zur Eroberung eines noch unerschlossenen Gebietes gebildet werden. Sie entwickeln sich auch nicht durch Spitzenwachstum; ihre Entstehung wird vielmehr auf recht komplizierte Weise durch Neubildung von Hyphen aus alten Fäden der Myzelschicht und Aneinanderlagerung dieser zu den zunächst fadenförmigen Strängen bewirkt[2]. Durch weitere ständige Anlagerungen von Hyphen und eine Volumenvergrößerung einzelner von ihnen werden die Stränge verstärkt und können bis 10 mm Dicke erreichen. Bei ihrer Bildung wird das darunter befindliche Oberflächenmyzel zum Teil verbraucht, insbesondere verlieren die alten Hyphen ihren plasmatischen Inhalt, der nunmehr in den Strängen gespeichert wird; der Rest kann von Mikroorganismen und Insekten vernichtet werden, so daß bisweilen nur die Strangbildungen übrigbleiben. Besonders dick sind diese beim Hausschwamm, feiner beim Porenhausschwamm und haarartig dünn beim Kellerschwamm.

---

[1] Maisentio-Khmélevsky, C. R. Acad. Sci., USSR 1939, **22**, S. 45—48.
[2] Vgl. Falck, Hausschwammforschungen, Jena 1912.

Im Aufbau der Stränge lassen sich bisweilen drei verschiedene Zellarten unterscheiden:

1. die normalen dünnwandigen Hyphen in der üblichen Gestalt, die den größten Zellanteil ausmachen;

2. die Schlauch- oder Gefäßhyphen. Sie sind breite, röhrenartige Schläuche, die aus zahlreichen, hintereinander gelagerten Zellen entstanden sind. Ihre Querwände sind häufig aufgelöst und nur noch als partielle Wandverdickungen oder Querleisten sichtbar (Abb. 31c). Der Durchmesser der Schläuche kann das 15fache der normalen Hyphen betragen. Ihre Funktion besteht in der Speicherung und Leitung von eiweißhaltigen Stoffen, die aus dem ehemaligen Oberflächenmyzel stammen; sie besitzen daher eine gewisse Ähnlichkeit mit den Siebröhren der höheren Pflanzen.

3. Die Faserhyphen. Es sind dies langgestreckte, spindelförmige Hyphenzellen mit stark verdickten Zellwänden und engem Hohlraum, der bisweilen ganz verschwinden kann (Abb. 31b). Schnallenbildung kommt bei ihnen nicht vor. In ihrer Gestalt zeigen sie bei den einzelnen Pilzarten große Verschiedenheiten. Beim Hausschwamm sind sie am stärksten und besitzen gewisse Ähnlichkeit mit den Bastfasern der höheren Pflanzen; beim Kellerschwamm dagegen sind sie dünnwandiger, mit zahlreichen Querwänden versehen und braun gefärbt. Ihre Aufgabe besteht darin, die Stränge gegen mechanische Beanspruchung zu schützen; man findet sie daher besonders in deren äußerer Schicht.

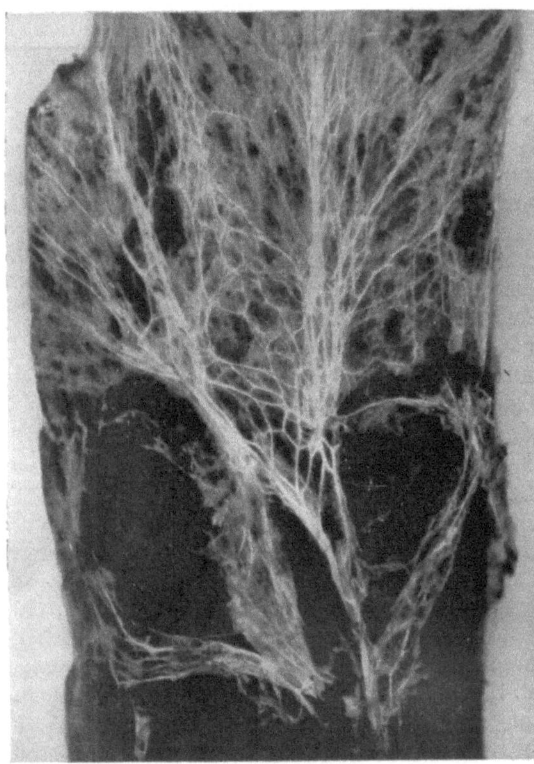

Abb. 36. Dünne Stränge des echten Hausschwammes. (1 : 2).

Rhizomorphen. Eine andere, bei einigen Pilzen vorkommende Strangbildung stellen die sogenannten Rhizomorphen dar, wie sie z. B. beim Hallimasch zu finden sind (Abb. 38). Sie sind infolge der

Abb. 37. Normal entwickelte Stränge des echten Hausschwammes. (1 : 1). Photo Mahlke.

Lufteinwirkung außen schwarz gefärbt, im Innern dagegen weißlich. Man beobachtet sie auf der befallenen Holzsubstanz und besonders in der oberen Schicht des Erdbodens wurzelähnlich verteilt. Im Gegensatz zu den vorher behandelten Strängen wachsen sie wie echte Wurzeln mit einer Vegetationsspitze, unterscheiden sich aber von diesen durch die zahlreichen Querverbindungen, die sie auf dem befallenen Holz bilden. Anatomisch zeigen sie keine verschiedenen Zellelemente, wohl aber besitzen sie im Innern große Luftgänge, die den Strängen fehlen.

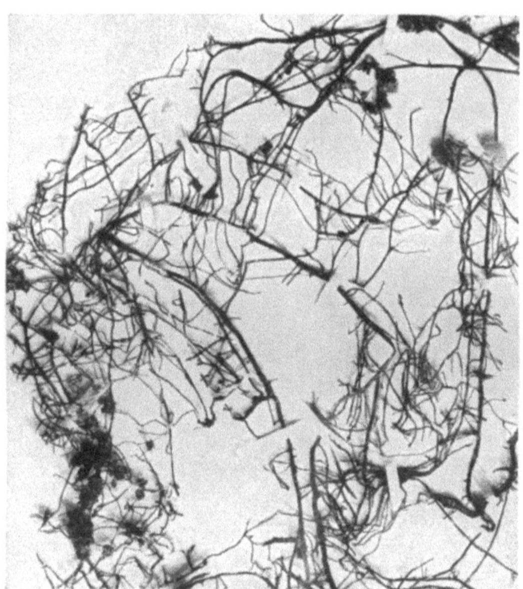

Abb. 38. Rhizomorphen des Hallimaschs. (1 : 5).

Fruchtkörper. Die Fruchtkörper stellen besonders bei den Substratpilzen die einzigen Pilzteile dar, die überhaupt mit unbewaffnetem Auge sichtbar sind. Ihre Gestalt ist eine wechselnde, für die einzelnen Pilzarten aber eine derart gleichbleibende, daß sie als Grundlage für die Bestimmung der Pilze dient. Ihre Größe schwankt zwischen kleinen, kaum sichtbaren Körpern von weniger als Stecknadelkopfgröße und großen, stark differenzierten Organen, wie sie besonders bei den typischen Holzpilzen vorkommen. In ihrem Innern bzw. auf ihrer Oberfläche entstehen die Sporen.

Bei einer großen Klasse von Pilzen, den sogenannten Ascomyzeten oder Schlauchpilzen, werden die Sporen meist in 8-Zahl im Innern schlauchähnlicher Endhyphen gebildet, die in gleicher Höhe und großer Anzahl dicht nebeneinander auf dem Grunde des Fruchtkörpers stehen und bei ihrer Reife die Sporen durch Zerplatzen der Hyphenmembranen an der Spitze entlassen (Abb. 39a). Die Ascomyzeten besitzen für die Holzzersetzung nur geringe Bedeutung; von den im speziellen Teil erwähnten gehören die Bläuepilze hierher.

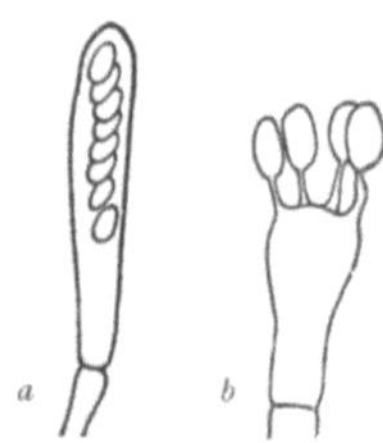

Abb. 39. a Ascus mit 8 Ascosporen, b Basidie mit 4 auf den Sterigmen sitzenden Basidiosporen.

Die zweite Klasse der Basidiomyzeten (Ständerpilze) ist charakterisiert durch das Auftreten der Basidie, einer keulenförmig angeschwollenen Endzelle, auf der mittels je eines kleinen Stielchens (Sterigma) vier

Sporen, die sogenannten Basidiosporen, befestigt sind (Abb. 39b). Die Basidien stehen bei den Hymenomyzeten, der wichtigsten Untergruppe dieser Klasse, zu der alle typischen Holzpilze gehören, in dichter Schicht, dem Hymenium, senkrecht auf dem Fruchtkörperboden. Die verschiedene Ausgestaltung des Hymeniums ist für die einzelnen Familien charakteristisch.

Auf dem Hymenium finden sich zwischen den Basidien immer Schläuche in gleicher Lage, die steril und kürzer als jene bleiben (Safthaare oder Paraphysen), ferner junge Basidienzellen, die noch nicht die völlige Länge erreicht haben. Dadurch wird eine freie Stellung der ausgebildeten Sporen auf den Basidien erreicht, die für ihre Ab

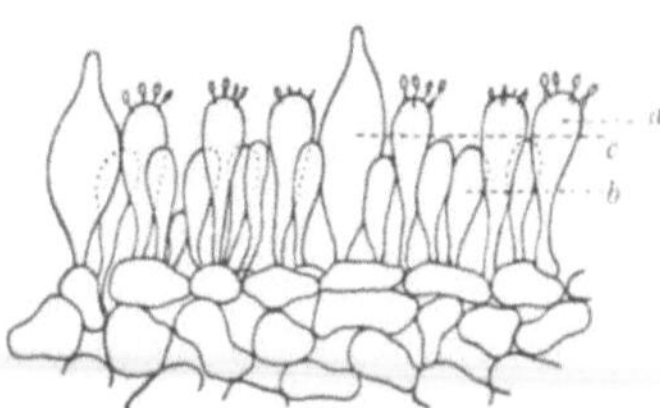

Abb. 40. Querschnitt durch ein Hymenium; schematisiert. *a* Basidien, *b* Paraphysen, *c* Cystiden. Die Sporen sind von einigen Basidien bereits abgefallen. (400 : 1).

lösung und Verbreitung von großer Bedeutung ist. Schließlich können zwischen den Basidien Cystiden vorhanden sein, die sich durch größere Länge und stärkeren Umfang auszeichnen und häufig verdickte Zellwände besitzen (Abb. 40).

Die Asco- und Basidiosporen entstehen auf Grund geschlechtlicher Vorgänge; bei den Basidiosporen sind hierbei die bereits erwähnten Schnallen beteiligt. Vor der Bildung der Sporen verschmelzen zwei vegetative Zellen; dabei kann die eigentliche Kernverschmelzung wesentlich später als die Plasmaverschmelzung erfolgen. Bei einigen Pilzarten können Einkern-Myzelien (haploid) gezüchtet werden. Unterschiede zwischen Ein- und Zweikernmyzelien hinsichtlich der Zerstörungsintensität sind nicht bekannt. Die Sporen sind im allgemeinen ellipsoidisch und stets von einer für die betreffende Art konstanten

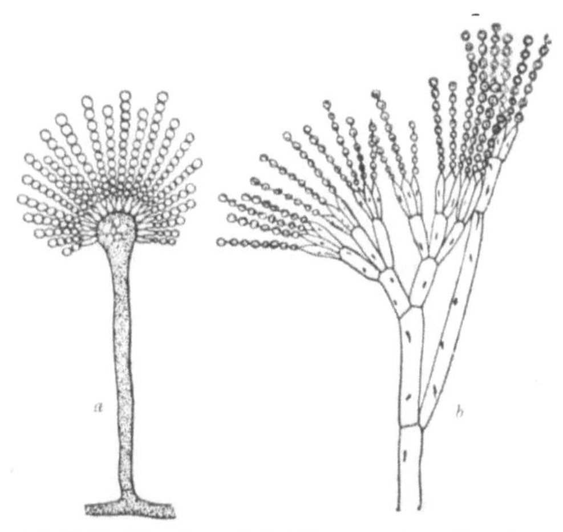

Abb. 41. Konidienträger mit Konidien. *a* von Aspergillus niger, *b* von Penicillium glaucum. Nach Lindau.

Größe, Gestalt und Färbung. Gewisse Schwankungen in der Größe sind teils individueller Art, teils aber durch äußere Faktoren bedingt.

Neben diesen Hauptfruchtformen, die für die Stellung der Pilze im System bestimmend sind, können noch andere Sporenbildungsarten auftreten. Werden die Sporen durch Abschnüren von einer vegetativen Endzelle aus (exogen) gebildet, so spricht man von Konidien. Sie können an besonderen Trägern entstehen, von denen sie häufig nach allen

Seiten radial abgehen. Bekannte Vertreter dieser Art sind die Schimmelpilze der Gattungen Penicillium und Aspergillus (Abb. 41). Werden die Konidien in kleinen, geschlossenen oder mit einer Öffnung versehenen Behältern gebildet (Ascomyzeten), so spricht man von Pykniden. Bei den auf faulendem Holz häufig zu findenden Mucorarten entstehen die Sporen in den Sporangien, kugeligen Endigungen von Hyphen (endogen) (Abb. 42). Ihre Entleerung geschieht durch das Aufplatzen der Sporangienwand. Häufig läßt sich bei den Holzpilzen, besonders in Reinkulturen, der Zerfall der einzelnen Hyphen in eine größere Anzahl von isolierten Zellen unter Kontraktion des Plasmas in den dazwischen liegenden Fadenteilen beobachten. Diese sporenähnlichen, bisweilen mit einer derben Membran versehenen Gebilde werden Oidien oder Gemmen genannt (Abb. 43). Ähnlich sind die Chlamy-

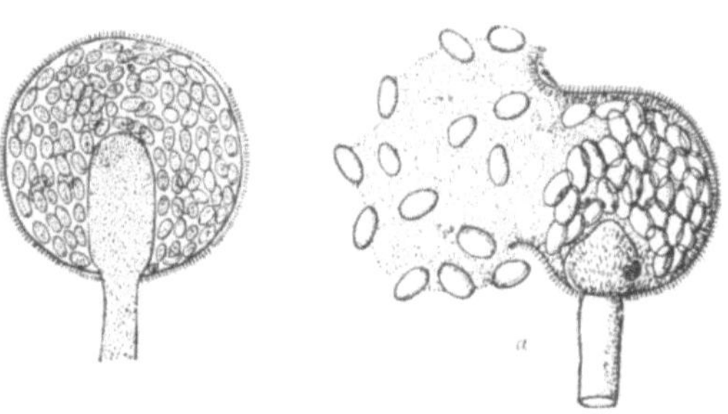

Abb. 42. Sporangium von Mucor. *a* Aufplatzen der Sporangiummembran. Nach Lindau.

Abb. 43.
Gemmenbildung
bei Schizophyllum
commune.

dosporen, die aber sich physiologisch dadurch unterscheiden, daß sie vor der Keimung eine Ruheperiode durchmachen müssen.

Stellung der Holzpilze im System. Die Bestimmung eines Pilzes erfolgt im allgemeinen mit Hilfe seines Fruchtkörpers und seiner Sporen; lediglich von einigen besonders wichtigen und genauer untersuchten Pilzarten (Hausschwamm) kennt man auch sichere vegetative Erkennungsmerkmale. Nach der Ausbildung der Hauptfruchtformen unterscheidet man die Ascomyzeten und Basidiomyzeten. Zu der letztgenannten Gruppe gehören die Hymenomyzeten; bei denen die Basidien in Schichten (Hymenien) angeordnet sind. Alle wichtigen holzzerstörenden Pilze sind Hymenomyzeten. Die Fruchtkörper sind meist hut- oder konsolenförmig gebaut und tragen das Hymenium auf ihrer Unterseite; bei einigen Familien liegen sie als flache Schicht dem Substrate äußerlich an. Die Hymenomyzeten werden in folgende Familien eingeteilt[1]:

---

[1] Für Bestimmungen von holzzerstörenden Pilzen sind geeignet: Mez, Der Hausschwamm, Dresden 1908; Kryptogamenflora für Anfänger, Lindau-Ulbrich, Die höheren Pilze, Berlin 1928; Ricken, Vademecum für Pilzfreunde, Leipzig 1923.

Hymenium glatt oder höchstens schwach warzig: Corticiaceen mit den Gattungen Coniophora, Corticium, Stereum (Abb. 79, 89, 90).

Hymenium auf Stacheln oder zahnähnlichen Vorsprüngen: Hydnaceen; hierhin die Gattungen Hydnum, Irpex (vgl. Abb. 77, 78).

Hymenium die Innenseite von Höhlungen überziehend oder das Innere von Röhren oder Waben auskleidend; diese stehen stets vertikal abwärts, die Basidien ragen daher radial nach innen vor: Polyporaceen. Hymenium faltenförmig bei Merulius (vgl. Abb. 84, 85) labyrinthartig bei Daedalea (vgl. Abb. 81) und Lenzites (vgl. Abb. 70, 71), in engen Röhren bei Polyporus, Trametes, Fomes (vgl. Abb. 66, 88).

Hymenium die beiden Flächen von Lamellen bekleidend, die auf der Unterseite von Hüten strahlenförmig nach außen zum Rande hin verlaufen: Agaricaeen; hierhin die Gattungen Agaricus, Clitocybe, Paxillus, Lentinus (vgl. Abb. 73, 76).

2. Physiologie der holzzerstörenden Pilze.

Die Physiologie sucht die Lebensäußerungen der Pflanze zu erkennen und ihre Abhängigkeit von inneren und äußeren Einwirkungen festzustellen. Besondere Bedeutung hat dabei die Physiologie des Stoffwechsels oder Ernährung, des Wachstums und der Fortpflanzung. Im Gegensatz zu den höheren Pflanzen sind die Pilze bisher nur unvollkommen untersucht worden, so daß ihre Physiologie noch recht lückenhaft ist.

A. Physiologie des Stoffwechsels.

Die Physiologie des Stoffwechsels der holzzerstörenden Pilze ist noch wenig erforscht. Wir wissen, daß die Pilze von den Bestandteilen des Holzes leben, verschiedene Stoffe desselben bevorzugen und Restsubstanzen übriglassen, deren chemische Zusammensetzung von der des gesunden Holzes stark abweicht. Wir wissen aber nicht, welche Verbindungen im einzelnen verschwinden, wobei zu beachten ist, daß der chemische Aufbau des gesunden Holzes sehr kompliziert ist und uns noch nicht genau bekannt ist (vgl. Abschnitt II). Es muß ferner berücksichtigt werden, daß die holzzerstörenden Pilze aus dem Holze nicht nur die für ihren Aufbau nötigen Stoffe, sondern darüber hinaus auch noch weiteres Material entnehmen, durch dessen Veratmung sie die zum Leben erforderlichen Energien gewinnen.

Die nötigen Nährstoffe. Die Ansprüche der Pilze an Aschensubstanzen sind annähernd die gleichen wie die der höheren Pflanzen. In den Pilzmyzelien findet man daher in den Aschenanalysen dieselben Mineralien, die auch in der Holzsubstanz vorhanden sind. Die holzzerstörenden Pilze sind also nicht unbedingt auf besondere andere Nährstoffe angewiesen; es genügen ihnen die im Holze vorhandenen Stoffe. Andererseits kann ihre Entwicklung durch zusätzliche Nährstoffgaben wesentlich gefördert werden. So ist festgestellt worden, daß Stubbenpilze aus dem umgebenden Erdboden Nährstoffe entnehmen und nach Entfernung des zuvor künstlich infizierten Holzteiles noch mit Hilfe der Humussubstanzen des Bodens fruktifizieren[1].

Wie in dem Abschnitt II näher erläutert ist, stehen den Pilzen im Holze neben dem Wasser, dessen Bedeutung später behandelt werden soll, folgende Stoffe zur Verfügung: sehr reichlich Kohlenstoffverbindungen in Form von Zellwand, Stärke, Zucker und Fetten, ferner im Protoplasma der Holzparenchymzellen Verbindungen des Stickstoffs, des Phosphors und des Schwefels; auch die übrigen für die Ernährung der Pflanze erforderlichen mineralischen Stoffe, vor allem Kalium, Kalzium, Magnesium sind in genügender Menge vorhanden. Diesen Nährstoffen gegenüber verhalten sich die Pilze verschieden. Alle sind in hohem Maße auf das in den Zellen vorhandene eiweißhaltige Protoplasma angewiesen, da sie nur mit diesem ihre eigene Plasmasubstanz aufbauen können.

Hallimaschfruchtkörper enthalten über 25% des Trockengewichtes an stickstoffhaltigen Substanzen; das in den Zellen vorhandene Eiweiß ist daher für die Holzpilze von großer Wichtigkeit. Nach Zycha[2] wird daher das Wachstum durch Entzug stickstoffhaltiger Salze aus den umgebenden Substraten wesentlich gefördert. An den toten Bäumen werden die plasmareichen Holzparenchymzellen des Splintes meist zuerst befallen. An gesunden, lebenden Stämmen bleiben diese Teile wegen ihres hohen Wassergehaltes und ihrer Lebenstätigkeit gegen einen Pilzangriff verschont. Da das Plasma für die Pilze im allgemeinen am wertvollsten ist, gehen sie sehr sparsam mit ihm um; dies zeigt sich z. B. beim Hausschwamm in dem Abtransport des Pilzplasmas aus den alten Hyphen in die Stränge und von dort zu den neuen Bildungsstellen des Myzels. Auch die übrigen Pflanzennährstoffe sind für die Pilze von Bedeutung. Nach den Untersuchungen[3] von Poleck bestehen 80% der Aschensubstanz im Fruchtkörper des Hausschwamms aus löslichen Phosphaten des Kaliums. In den sterilen Myzelien ist dieser Gehalt geringer.

An Kohlehydraten kommen für die Pilze die löslichen Zellinhaltsstoffe wie Zuckerarten und Stärke sowie die Zellwände in Betracht; von diesen werden die zuerst genannten von allen Pilzen sehr bevorzugt, die Schimmelarten sind ganz auf sie angewiesen. Die holzzerstörenden Pilze ernähren sich darüber hinaus auch von den Zellwänden, deren Abbau, wie noch genauer beschrieben wird, in verschiedener Weise erfolgen kann. Die Kohlehydrate stellen auch das Ausgangsmaterial für die zur Gewinnung der nötigen Lebensenergie erforderliche Atmung dar.

Auch die Anwesenheit der während der Vegetationszeit von den lebenden Holzzellen gebildeten Wuchsstoffe (vgl. S. 34) ist für die Pilztätigkeit wichtig. Auf sie ist zum Teil der schnellere Befall des in der Vegetationszeit geschlagenen Holzes gegenüber dem der Winterfällung

---

[1] Luthardt, Natur und Nahrung, 1948.
[2] Zycha, Angew. Bot. **21**, 1939, Heft 6, S. 455—472.
[3] Goeppert-Poleck, Der Hausschwamm, Breslau 1885.

zurückzuführen[1]. Da die Wuchsstoffe auslaugbar sind, verblaut Floßholz langsamer als Borkholz[2]. An einmal ausgetrockneten Hölzern macht sich dieser Unterschied nicht mehr bemerkbar[3].

Von großer Bedeutung für die Pilzentwicklung sind ferner die vielen in geringen Mengen im Holze vorhandenen organischen Substanzen, die den einzelnen Holzarten ihre spezifischen Eigenarten geben. Viele Pilze sind auf ganz bestimmte Stoffe eingestellt und treten daher nur an solchen Bäumen auf, die diese besitzen. Hieraus ergibt sich eine Anpassung von Pilzen an bestimmte Holzarten: die Nadelholzspezialisten treten — abgesehen von Ausnahmefällen, z. B. von künstlicher Kultur — nur an Nadelholz auf, die Laubholzspezialisten sind nur an Laubhölzern zu finden; dabei hat z. B. die Eiche wegen ihres Gerbstoffgehaltes wieder ihre besonderen Pilzarten.

Da die für die Pilze besonders wertvollen Nährstoffe nicht gleichmäßig verteilt sind, werden bestimmte Holzteile häufig stärker angegriffen. Bei den Laubhölzern beträgt z. B. der Anteil der Holzparenchymzellen im oberirdischen Holzkörper 25—40%, im Wurzelholz aber 50—60% (vgl. S. 10). Da sie reich an Plasma und löslichen Kohlehydraten sind, bieten die Wurzeln der Laubbäume nach dem Abhieb der Stämme und ihrem Absterben besonders gute Entwicklungsbedingungen. Entsprechend wird auch der Splint nach dem Absterben der Stämme von den Pilzen bevorzugt, der im Gegensatz zum Kern lösliche Reservestoffe enthält. Im Kernholz befinden sich auch besondere Kernstoffe (vgl. S. 20), die auf die Pilzarten meist ungünstig einwirken. Der Kern wird daher im allgemeinen viel langsamer von Pilzen zerstört als der Splint. Allerdings sind auch Kernholzspezialisten unter den Pilzen vorhanden; für die Kiefer sind besonders bekannt und gefürchtet der Kiefernbaumschwamm und der Zähling (S. 97). Die Verteilung dieser Kernstoffe scheint nicht immer im Kern gleichmäßig zu sein; so haben sich die jüngsten Kernholzzonen älterer Bäume gegenüber dem ältesten, in der Nähe der Markröhre gelegenen Kernteile bei amerikanischen Eichenarten als widerstandsfähiger gegen Pilzbefall erwiesen[4]. Über den höheren Harzgehalt des Kernes der unteren zwei Meter von Kiefernstämmen gegenüber von Zopfkernholz wurde bereits berichtet; auch hierdurch ergeben sich erhebliche Unterschiede gegenüber einem Pilzangriff.

Auflösung der Nährstoffe. Der Aufnahme der Stoffe durch die Pilzhyphen muß erst ein Auflösungsprozeß vorangehen. Zu diesem Zwecke dringen die Hyphen in die Holzsubstanz ein, was vor allem auf chemischem und auch mechanischem Wege erfolgt. Verkorkte Zellschichten können durch die Straffheit der Hyphen gesprengt werden; selbst

---

[1] Trendelenburg, Das Holz, München 1939, S. 252, und Gäumann, Mitt. d. Schweiz. Anst. f. d. Forstl. Versuchswesen, **19** S. 382.
[2] Rennerfelt, Sv. Papperstidn. **42** Nr. 1 S. 2—5, 1939.
[3] Liese, Forstarchiv, 1929.
[4] Scheffer, Englerth u. Duncan, Journ. of Agricultural Research **78**, No. 5 u. 6, 1949. Zabel, New York State College of Forestry Syracuse 10 Techn. Bull. **68,** 1948.

dünne Goldplättchen werden mechanisch durchbohrt. Meist aber verschaffen sich die Hyphen durch lokale chemische Auflösung der Membran den Weg; auch die Schimmelpilze (Bläue), die sich nur von den Zellinhaltsstoffen ernähren, können auf diese Weise in das Holzinnere eindringen. Nach Cartwright[1] wird die Zellulose der Zellwand von der berührenden Hyphenspitze aus zunächst chemisch verändert, alsdann erfolgt das Durchdringen der Hyphe zum Teil in mechanischer Weise. Mit Vorliebe werden dabei die Hoftüpfel wegen ihrer dünnen Membran benutzt. Die Durchbohrungsstelle bleibt im allgemeinen sehr eng, während die Hyphenteile auf beiden Seiten angeschwollen sein können (vgl. Abb. 58).

Die Auflösung erfolgt von den Pilzen durch Ausscheidung bestimmter Stoffe, der sog. Fermente oder Enzyme; hierdurch werden sämtliche als Nährstoffe dienende Substanzen aufnahmefähig gemacht. Die Enzyme sind eiweißhaltige Verbindungen, die ähnlich wie die Katalysatoren allein durch ihre Anwesenheit chemische Veränderungen der organischen Verbindungen bewirken. Für jede von diesen kommt ein bestimmtes Enzym in Betracht; so werden die Stärke durch Diastase, die Fette durch Lipase, die Eiweißstoffe durch proteolytische Enzyme, darunter das Trypsin, die Zellulose durch Zytase, die Ligninsubstanzen entsprechend ihrer Zusammensetzungen durch verschiedene Enzyme in Lösung gebracht. Sie werden alle durch die Pilze ausgeschieden und bewirken den Abbau der hochmolekularen Verbindungen in einfache, aufnahmefähige Formen.

Die durch einen Pilzbefall bewirkten Veränderungen des Holzes machen sich zunächst meist in Verfärbungen bemerkbar. Unter den schimmelartigen Pilzen sind in dieser Hinsicht die Bläueerreger besonders bekannt. Die blaue Farbe des Holzes ergibt sich dabei nach dem Prinzip der trüben Medien aus der braunen Myzelfarbe und der Eigenfarbe des Holzes (vgl. S. 83). Die auf den Außenflächen verblauten Holzes sichtbaren Schwarzfärbungen gehen z. T. auf die schwarzen Fruchtkörperrasen zurück. Auch die häufig auf den Hirnflächen von Buchenstammholz bzw. -stubben auftretenden radial verlaufenden schwarzen Streifen sind Sporenmassen, und zwar des Schimmelpilzes Bispora monilioides (Abb. 61). Laubholz kann bei längerer feuchter Lagerung durch wirtschaftlich unbedeutende Pilzarten der Gattung Chlorosplenium grün gefärbt werden, die in ihren Hyphen einen grünen Farbstoff bilden. Es gibt aber auch Schimmelpilze, die keine auffallende Verfärbung der befallenen Holzsubstanz verursachen und nur gelegentlich an den farbigen Fruchtkörpern bzw. Sporen mit bloßem Auge zu erkennen sind. Hierhin gehört der grüne Holzschimmel, Trichoderma lignorum, der häufig beim Nadelholz, besonders beim Floßholz vorkommt (S. 87).

Bei Befall durch echte holzzerstörende Pilze dagegen erfolgt stets eine Verfärbung der Holzsubstanz; sie ist das erste erkenn-

---

[1] Cartwright, Forest Prod. Res. Bull. Nr. 4, 1930. Weitere Angaben sind zu finden bei Cartwright u. Findlay, Decay of Timber and its prevention, London 1946.

bare Zeichen für die Anwesenheit holzzerstörender Pilze
im Holz. Im ersten Stadium des Befalls ist sie allerdings kaum zu sehen;
bei Schwammausbesserungen muß daher außerhalb des erkennbaren
Schwammherdes noch eine gewisse Sicherheitszone berücksichtigt werden. Durch die einsetzende Zerstörung wird das Holz entweder rötlich bis
braun oder grauweißlich bis weißlich verfärbt. Bei noch waldfrischen
Hölzern bilden sich dabei radial verlaufende Streifen (Abb. 44): Braun-
Rot-Streifigkeit bzw. Weißstreifigkeit; bei längerer Tätigkeit der
Pilze gehen diese Verfärbungen in Braunfäule (Rotfäule) und Weißfäule über. Die Braunfäule ist bei
vielen Pilzarten, insbesondere den
wichtigsten Vertretern der Haus- und
Lagerfäulen, zu beobachten. Es gehören hierhin Merulius, Coniophora,
Polyporus vaporarius, Lenzites, Lentinus u. a. Die Weißfäule findet sich
bei vielen parasitären Pilzarten;
bekannte Erreger sind Fomes fomen-
tarius, igniarius, annosus; Trametes
pini; Polyporus versicolor, adustus;
Stereum-Arten; Agaricus melleus.

Nicht zu verwechseln mit diesen Verfärbungen sind solche, die ohne Einwirkung von Pilzen auftreten. So zeigt
sich bisweilen auf den Schnittflächen
frisch geschlagenen Lindenholzes
eine Grünfärbung (Eisen-Gerbstoff-
reaktion), vom Erlenholz ist die Rotfärbung bekannt (Oxydation). Ferner
sei an die Kern- und Schutzholz-

Abb. 44. Radial verlaufende Zerstörung durch
Pilze bei waldfrisch verbautem Holze. *a* Querschnitt durch Balken, *b* durch Dielenbrett. Aus
einem Neubau entnommen. (1 : 5).

bildungen des lebenden Baumes erinnert (vgl. S. 20, 24). Die beim Buchen-
rotkern sichtbaren roten Verfärbungen sind ebenfalls auf die Tätigkeit des
lebenden Baumes zurückzuführen und stehen in den meisten Fällen nicht mit
einem Pilzbefall im Zusammenhang.

Chemischer Abbau. Über die chemischen Veränderungen des durch
Pilzangriffe zerstörten Holzes sind wir in vieler Hinsicht noch im unklaren. Immerhin haben die Untersuchungen der letzten Jahrzehnte
doch einen gewissen Einblick in diese recht komplizierte Materie gebracht. R. Hartig[1] hatte sich bemüht, durch Elementaranalysen
den Chemismus des Holzabbaues zu klären. Wichtiger dagegen sind
Untersuchungen, die sich mit der Veränderung der Holzbestandteile
befassen. Tuszon[2] fand bei Befall durch Polyporus vaporarius eine
sehr starke Zelluloseverminderung. Schwalbe und af Ekenstam[3]
stellten fest, daß bei Nadelholz, das vom Hausschwamm zerstört

---

[1] R. Hartig, Die Zersetzungserscheinungen des Holzes der Nadelholz-
bäume und der Eiche. Berlin 1878.

[2] Tuszon, Anat. u. mykol. Unters. über die Zersetz. u. Kons. des Rotbuchenholzes. 1905.

[3] Schwalbe und af Ekenstam, Zellulosechemie, 1927.

war, zum Schluß 73 % Lignin, 15 % Zellulose, 8 % andere Kohlehydrate und 4 % Harze vorhanden waren; Mark W. Bray und T. M. Andrews[1] stellten an verfaultem Holzschliff den Verlust an Zellulose auf 54 %, an Lignin dagegen nur auf 3 % fest. Bei diesen Pilzarten handelte es sich um Braunfäuleerreger. Falck[2] erhielt ähnliche Ergebnisse; er bezeichnete die durch Braunfäule entstehende Zersetzung als Destruktionsfäule, die der Weißfäule als Korrosionsfäule. Die neuen zahlreichen Untersuchungen, auf die im einzelnen nicht eingegangen werden kann, haben ergeben, daß bei der Braunfäule die in der Zellwand vorhandenen Zellulose und Pentosane abgebaut werden, während das Lignin mehr oder weniger unverändert bleibt; bei den Weißfäuleerregern erfolgt dagegen der Abbau aller in der Zellwand vorhandenen Stoffe annähernd in der gleichen Weise[3]. Während man früher der Meinung war, daß die Weißfäuleerreger hauptsächlich das Lignin abbauen, haben neuere Untersuchungen ergeben, daß sie zu gleicher Zeit auch die Zellulose und die übrigen Zellwandbestandteile angreifen. Nach Lutz[4], der den Abbau des Buchenholzes durch den Weißfäuleerreger Polystictus versicolor nach mikrochemischen Färbemethoden untersuchte, werden zunächst das Lignin, dann die Zellulose und schließlich die Mittellamelle abgebaut. Bavendamm[5] und Davidson[6] wiesen darauf hin, daß die Weißfäuleerreger durch das Ausscheiden des Fermentes Oxydase ausgezeichnet sind, das in tanninhaltigen Agarnährböden eine dunkle Reaktion ergibt. Wichtig ist ferner die von Wehmer[7] vorgeschlagene Bestimmung der bei der Holzzerstörung durch Braunfäuleerreger entstehenden Huminsäuren; er fand, daß eine intensive Humifikation der von diesen Pilzen nicht verbrauchten Holzsubstanz eintritt. Zur Huminbestimmung werden Holzproben bestimmten Gewichtes mit einer Sodalösung behandelt und der dabei herausgelöste Teil bestimmt. Die Brauchbarkeit dieser Untersuchungsweise hat Gäumann[8] nachgewiesen. Nach Campbell[9] nimmt die Alkalilöslichkeit bei der Braunfäule mit dem Fortschreiten der Pilztätigkeit stetig zu und verläuft dabei proportional mit dem Abbau der Zellulose, während sie bei der Weißfäule nur zunächst etwas zunimmt und dann in der Höhe unter dem Wert des normalen Holzes bleibt. Nach Cartwright scheint der allmähliche Abbau der Zellulose und der anderen Polysaccharide des Holzes mit einer Verkürzung der Zellulosemolekülketten (vgl. S. 38) Hand in Hand zu gehen, wobei bei fortschreitender Hydrolyse der Polysaccheride Hexosen und Pentosen gebildet werden. Diese können bisweilen schneller entstehen, als der Pilz sie verbrauchen kann.

---

[1] Industr. a. engineer. chem. 1924.
[2] Falck, Ber. d. Dtsch. Bot. Ges. 1926.
[3] Cartwright and Findlay, Decay of Timber and its prevention, London 1946.
[4] Lutz, C. R. Acad. Sci., **190**, 1930. S. 1455.
[5] Bavendamm, Ztrbl. Bakt. II, **76**, 172—177.
[6] Davidson, Campbell and Blaisdell, J. Agric. Res., **57**, 683—695.
[7] Wehmer, Ber. d. d. Bot. Ges. 1926, **45** und Brennstoffchemie 1925, **6**.
[8] Gäumann, Mitt. d. Schweiz. Anstalt f. forstl. Versuchswesen, 1936.
[9] Campbell and Booth, Biochem. Journ. **23**.

Mikroskopische Änderungen durch den Pilzbefall[1]. Der verschiedene Abbau des Holzes durch die beiden Pilzgruppen macht sich auch in mikroskopischer Hinsicht bemerkbar. Bei der Weißfäule verringert sich mit zunehmender Dauer der Pilztätigkeit die Zellwanddicke, bis sie schließlich ganz verschwindet (Abbildung 45 und 46). Bei einer Untergruppe erfolgt diese Zerstörung nur löcherweise; man spricht hier von der Weißlochfäule. Nach der Zerstörung der Mittellamelle verbleibt nur noch ein zellulosehaltiger Zellwandrest, der dann auch verschwindet; ein Gewebsverband ist dann hier nicht mehr vorhanden (Abb. 47). Bei der Braunfäule behält die Zellwand annähernd ihre gleiche

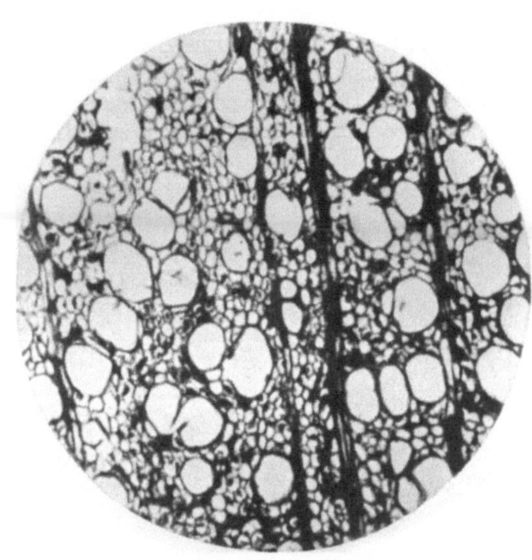

Abb. 45. Durch Weißfäuleerreger stark zerstörtes Buchenholz. (Etwa 150 : 1). Nach Thomann.

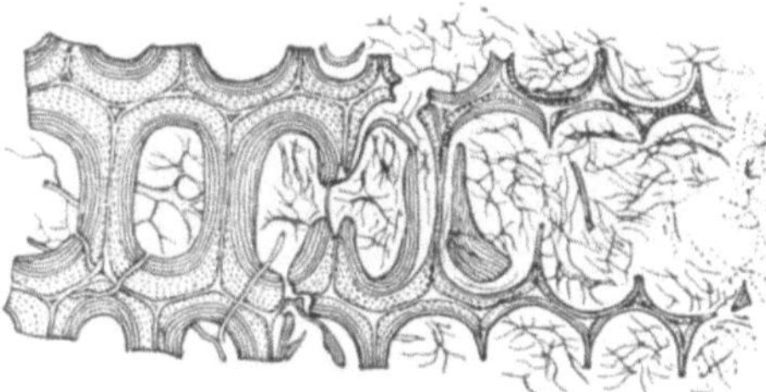

Abb. 46. Korrosionsfäule, verursacht durch Polyporus borealis. Nach Hartig.

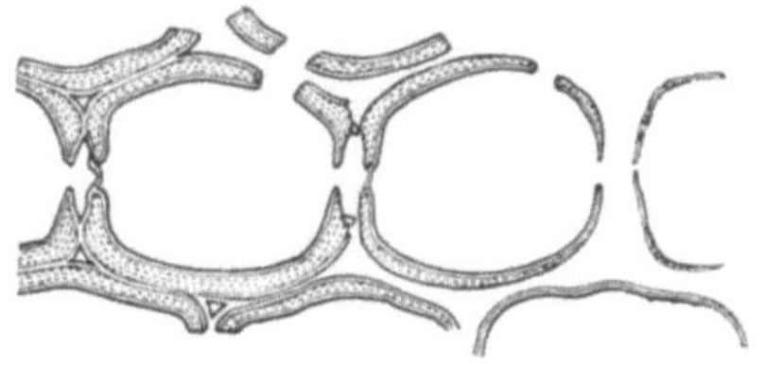

Abb. 47. Korrosionsfäule, verursacht durch den Kiefernbaumschwamm. Nach Hartig.

Stärke, da ja nur die Zellulose herausgelöst wird, während das Ligninskelett erhalten bleibt (Abb. 33). Bei ausgetrocknetem Holz zeigen sich feine Risse in der Zellwand, die entsprechend dem Fibrillenverlauf spiralig angeordnet sind.

Der durch die holzzerstörenden Pilze bewirkte Abbau macht sich makroskopisch außer durch die bereits erwähnte Verfärbung auch in anderer Weise bemerkbar. Die Herauslösung von Zellwandteilen hat eine Substanzverminderung zur Folge. Bei den Weißfäuleerregern (Korrosionsfäule), durch die, wie be-

[1] Über den durch Röntgen-Interferenz und polarisationsmikroskopische Untersuchungen nachweisbaren Abbau der Zellwand durch Pilzabgriff vgl. Schulze, Theden und Vaupel, Holz als Roh- und Werkstoff, Bd. 1 (1937) und Schulze-Theden, ebenda 1938, Heft 14.

reits erwähnt, sowohl das Lignin als auch die Zellulose angegriffen und dabei die Zellwanddicke verringert wird, behält das zerstörte Holz seine zusammenhängende Form und Gestalt. Nur bei den Weißlochfäuleerregern, die das Holz nesterweise abbauen, zeigt sich bei Betrachtung mit unbewaffnetem Auge eine Bildung von Löchern in der Holzsubstanz, die im Innern kleine weißliche, zellulosehaltige Reste besitzen (Abb. 48). Bei den Braunfäuleerregern (Destruktionsfäule) dagegen bleibt das Ligninskelett der Zellwand erhalten; infolge des Verlustes an Zellulose treten dadurch Spannungen auf, die sich besonders gut bei der Austrocknung des Holzes in Rissen parallel und senkrecht zur Holzfaser sowie in Einsenkungen bemerkbar machen. Das Holz zerfällt würfelartig (Abbildung 49). Die Restsubstanz zeigt ein kohleartiges Aussehen und läßt sich mit den Fingern leicht zu Pulver zerreiben. Der früher im Baugewerbe gebrauchte Ausdruck „Trockenfäule" bezeichnet diesen Endzustand einer Destruktionsfäule; er ist als unwissenschaftlich zu vermeiden, zumal die sie bewirkenden Pilze auf besonders hohe Feuchtigkeit angewiesen sind (vgl. S. 65).

Abb. 48. Korrosionsfäule des Eichenholzes, bewirkt durch Stereum frustulosum. (1 : 3).

Der Substanzverlust hat notwendigerweise auch einen Gewichtsverlust zur Folge. Seine Größe ist von der Holz- und Pilzart, von der Einwirkungszeit und den gegebenen Entwicklungsbedingungen abhängig. Wie Gäumann[1] nachwies, wird bisweilen im Anfangsstadium mehr Holz chemisch angegriffen als vom Pilz sofort verbraucht; der Gewichtsverlust gibt daher nicht immer eine genaue Auskunft über die tatsächlich bereits begonnenen Veränderungen. Da er aber ein untrügliches Zeichen für die Tätigkeit holzzerstörender Pilze ist, dient er als Kriterium für die Prüfung von Holzschutzmitteln (vgl. Abschnitt IV, S. 377). Unter Umständen kann der Gewichtsverlust bereits nach 3 Monaten über 50 % betragen. Es lassen

---

[1] Gäumann, Beih. z. schweiz. Forstverein 6. 1930.

sich dabei wesentliche Unterschiede zwischen den Weißfäule- und Braunfäuleerregern feststellen. Während bei den Braunfäuleerregern als maximaler Gewichtsverlust etwa 70 % des Ausgangsgewichtes erreicht werden, können Weißfäuleerreger, da sie auch die Ligninsubstanzen abbauen, die Holzsubstanz gänzlich verbrauchen, so daß nichts übrigbleibt. Daß die Festigkeit des Holzes durch einen Pilzbefall erheblich zurückgeht, ist eine bekannte Tatsache. Auch hierüber liegen verschiedene wissenschaftliche Ergebnisse vor. Cartwright u. a.[1] fanden die Festigkeit von Sitkafichten-Holzproben, die nur 14 Tage lang der Einwirkung des Pilzes Trametes serialis ausgesetzt wurden, bereits um 15 % vermindert. In diesem Stadium waren weder Gewichtsverluste noch auffallende Verfärbungen zu beobachten. Im allgemeinen kann nach diesen Forschern gesagt werden, daß Braunfäuleerreger eine ziemlich schnelle Verringerung der Holzfestigkeit bewirken. Durch den Pilzbefall wird zunächst und am stärk-

Abb. 49. Destruktionsfäule eines Dielenbrettes durch Hausschwamm. (1 : 4).

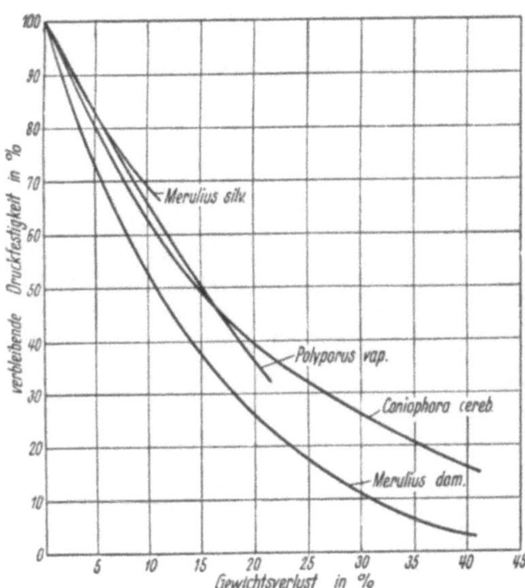

Abb. 50. Abhängigkeit der verbleibenden Druckfestigkeit von dem durch Pilzbefall entstehenden Gewichtsverlust.

sten die Zähigkeit (toughness), anschließend die Biegefestigkeit, die Druckfestigkeit und schließlich Härte und Elastizität verringert. Liese und Stamer[2] untersuchten die bei einem Befall durch den Hausschwamm, Kellerschwamm, Porenhausschwamm und andere Pilze bewirkte Verringerung der Druckfestigkeit und brachten diese in Beziehung zur Einwirkungsdauer der Pilzarten und den entstandenen

[1] Cartwright and Findlay: Decay of Timber and its Prevention, London 1946.
[2] Liese und Stamer, Angew. Botan. 16, 1931.

Gewichtsverlust (Abb. 50). Es ergab sich dabei unter anderem, daß der Hausschwamm bei 10% Gewichtsverlust des Holzes bereits die Druckfestigkeit um 50% verringert hatte.

Der Geruch des Holzes kann durch Pilzbefall ebenfalls eine Änderung erfahren; zum Teil geht er auf Stoffe zurück, die der Pilz bildet und die sich dann auch dem Holze mitteilen. Besonders bekannt ist der Geruch lentinuskranken Holzes (vgl. S. 99) nach Perubalsam, der nach englischen Untersuchungen[1] auf Methylester von p-Methyloxycinnymin zurückgeht. Er ist unter Umständen derart stark, daß man ihn mehrere Meter von den erkrankten Hölzern entfernt — z. B. in der Nähe aufgestapelter kernfauler Kiefernschwellen — deutlich bemerken kann. Die wohlriechende Substanz der Fencheltramete (Trametes suaveolens) geht vor allem auf Methylasinat zurück. Der bisweilen beim Hausschwammbefall in Gebäuden zu beobachtende üble Fäulnisgeruch wird durch Bakterien bewirkt, die nachträglich das Pilzmyzel befallen und zersetzen, wobei auch der Holzgeruch beeinflußt wird.

Feuchtigkeit. Die Feuchtigkeit stellt für die Lebenstätigkeit der Pilze den wesentlichsten Faktor dar. Sie ist unbedingt notwendig für die Keimung der Sporen, für die Ausscheidung der Enzyme und die Lösung der Holzsubstanz durch diese, für die Aufnahme und den Transport der Nährstoffe innerhalb des Myzels und für den Aufbau neuer Substanz. Oberflächenmyzelien besitzen kaum einen Schutz gegen Verdunstung und leiden daher infolge ihrer lockeren Lagerung und der dünnen Membran sehr stark unter Austrocknung; nur Fruchtkörper sind durch ihren anatomischen Bau besser dagegen geschützt. Andererseits ist es eine seit langem bekannte Tatsache, daß auch zu viel Feuchtigkeit für das Wachstum holzzerstörender Pilze schädlich ist. Der richtige Feuchtigkeitsgehalt des Holzes ist daher für ihr Leben von größter Wichtigkeit; mit dem Fehlen, aber auch mit dem Überschuß an Feuchtigkeit hört jedes Wachstum auf.

Für die parasitären Pilzarten ist die im lebenden Stamm vorhandene Flüssigkeitsmenge von Bedeutung; diese ist, wie näher mitgeteilt worden ist, im Splint stets wesentlich höher als in dem zentral gelegenen Kern- bzw. Reifholz. An sonst gesunden Bäumen kann daher nur das wasserärmere Kern- bzw. Reifholz von parasitären Pilzen befallen werden, zumal hier auch die Holzzellen mit Luft versehen sind. Der Zutritt zum Bauminneren erfolgt in der Regel durch abgestorbene Äste oder Wundstellen (Kernfäule bei Kiefern, Weiden, Pappeln u. a.). Künstliche Infektionen im Splint mit Gelegenheitsparasiten (Pol. igniarius, Stereum, Schizophyllum) glückten nur, wenn die Versuchsbäume unterdrückt gewachsen waren und daher vom Wasser schwächer durchströmt wurden[2].

Auch bei saprophytischen holzzerstörenden Pilzen bewirkt zu viel Feuchtigkeit eine Schädigung des Pilzwachstums. So bleibt im Wasser liegendes Holz jahrelang gegen einen Angriff geschützt. Selbst ein all-

---

[1] Birkinshaw, Bracken and Findlay, Biochem. Journ. **38,** 1944.
[2] Münch, Naturw. Ztschr. Forst- u. Landw. 1910.

seitiges Bedecken frisch geschlagener Hölzer mit Erde schützt diese gegen einen Pilzbefall, da hierdurch die Verdunstung der im Holzinnern vorhandenen Feuchtigkeit verhindert wird (vergrabene Buchenknüppel bis 15 Jahre gesund). Eine bereits beginnende Zerstörung von Holz durch Pilze wird durch Wasserlagerung zum Stillstand gebracht. Nur in der ersten Zeit findet noch ein Abbau der Holzsubstanz statt, wie durch besondere Laboratoriumsversuche festgestellt werden konnte.

Die Ansprüche der einzelnen Pilzarten an den Wassergehalt des Holzes sind verschieden; ihre genaue Bestimmung ist im Hinblick auf die gleichzeitig einwirkende Luftfeuchtigkeit und das durch den Atmungsprozeß der Pilze freiwerdende Wasser nicht sicher festzustellen. Gewissen Einblick geben die Mitteilungen von Lehmann und Scheible[1], die aber diese Atmungstätigkeit nicht berücksichtigt haben; sie setzten Birkensägemehlproben bestimmte Wassermengen hinzu und erhielten auf Grund des höchsten Gewichtsverlustes als optimale Feuchtigkeit für

Merulius lacrimans	ca. 20%	Agaricus melleus ..	ca. 45%
Polyporus vaporarius .	,, 35%	Stereum purpureum	,, 45—50%
Daedalea quercina	,, 40%	Coniophora cerebella	,, 50—60%

Bavendamm und Reichelt[2] stellten in abgeschlossenen Glasgefäßen mit Hilfe verschiedener Salzlösungen bzw. relativer Dampfspannungen das Feuchtigkeitsbedürfnis mehrerer Holzpilze fest. Der Hausschwamm und der Porenhausschwamm werden als mesophil (mittlere Feuchtigkeit schätzend) bezeichnet, da das Minimum des Feuchtigkeitsbedürfnisses bei 16,6 bzw. 16,9 % Wassergehalt des benutzten Holzes lag; die anderen Pilze werden als xerophil (Trockenpilze) angesprochen (15,2—16,1%). Theden[3] fand, daß unterhalb 96,5% relativer Luftfeuchtigkeit (dicht unter dem Fasersättigungspunkt) kein wichtiger Gebäudepilz eine bemerkenswerte Zerstörung verursachte, wenn auch das Wachstum noch anhielt. Der Kellerschwamm erwies sich als besonders widerstandsfähig gegenüber Trockenheit; viel Wasser vertrugen am besten der Zähling und die Blättlinge. Auf Grund allgemeiner Beobachtungen ist bisher der Kellerschwamm als feuchtigkeitsliebend bezeichnet worden, während der Hausschwamm nur geringe Substratfeuchtigkeit, allerdings völlige Luftruhe liebt[4]. Aus diesem Grunde haben die durch den Kellerschwamm verursachten Zerstörungen keinen Anspruch auf die Bezeichnung ,,Trockenfäule" (vgl. S. 62); sowohl dieser Pilz als auch einige andere mit ähnlichen Feuchtigkeitsansprüchen sollten im Gegensatz zum echten Hausschwamm besser ,,Naßfäuleerreger" genannt werden, da sie gegenüber dieser Pilzart auf höhere Feuchtigkeit während ihrer Tätigkeit angewiesen sind.

Die Luftfeuchtigkeit, die sich ja stets auch dem Holze wegen seiner hygroskopischen Beschaffenheit mitteilt, hat für das Wachstum

---

[1] Lehmann und Scheible, Quant. Unters. üb. Holzzerstör. durch Pilze. Hyg. Inst. Würzburg 1923.

[2] Bavendamm und Reichelt, Arch. Mikrobiol. 1938, **9**.

[3] Theden, Angew. Botan. 23, 1941.

[4] Findlay, Dry rot Investigations in an experimental house. Forest Products Research Records Nr. 14, London 1937.

der saprophytischen Pilze große Bedeutung. In wasserdampfgesättigter Atmosphäre findet das beste Wachstum statt. In vielen Bergwerken und geheizten Gewächshäusern zersetzen die Pilze daher ungeschütztes Holz besonders schnell. Andererseits unterbleibt jegliches Pilzwachstum, wenn das Eindringen von Luftfeuchtigkeit in trockenes Holz verhindert wird. Hierauf beruht die Schutzwirkung der Ölanstriche: die zunächst getrockneten Holzteile werden hierdurch gegen ein Eindringen von Luftfeuchtigkeit geschützt und somit auch gegen einen Pilzbefall.

Wichtig ist ferner für die Wasserversorgung der Pilze, daß die Holzsubstanz Wasser chemisch gebunden enthält, das bei der Assimilation der grünen Pflanze gebraucht wurde. Bei dem Abbau der Zellwände wird dieses zum Teil infolge der Veratmung wieder frei. Die Pilze besitzen also die Möglichkeit, durch den Atmungsprozeß sich selbst einen Teil der erforderlichen Feuchtigkeit zu verschaffen. Die Atmungsintensität und damit auch die Fähigkeit, Atmungswasser zu liefern, ist bei den einzelnen Pilzarten verschieden und hängt auch von den Ernährungsbedingungen ab. Stark tritt sie bei dem Hausschwamm auf (beim wilden Hausschwamm bildeten sich bei Kolleschalenkulturen bis über 10 ccm Wasser), wo sie sich durch Tropfenausscheidung am Myzel bemerkbar macht und zu dem Namen lacrimans = der Tränende Veranlassung gegeben hat. Der Hausschwamm kann sich dadurch von seinem ursprünglichen feuchten Entstehungsherde aus auf zuvor lufttrockenes Holz verbreiten, das durch die Wasserausscheidung feucht gemacht wird. Wichtig ist allerdings das Fehlen jeglichen Luftzuges, der die Feuchtigkeit vermindert. Luftzug ist daher allgemein ein wichtiges Kampfmittel gegen holzzerstörende Pilze. Insbesondere sind Oberflächenpilze hiergegen sehr empfindlich. Da im Freien unmittelbar am Erdboden die Windeinwirkung am geringsten ist, sind hier günstige Entwicklungsbedingungen vorhanden. Das gleiche trifft für die der Windeinwirkung nicht zugänglichen bodennahen Orte (Kellergewölbe, Erdhöhlen) zu.

Von Pilzen zerstörte oder erst angegangene Hölzer saugen schneller Feuchtigkeit auf und speichern sie länger als gesunde. Während Coniophora-krankes Holz in 96 Stunden 152 Gewichtsprozente an Wasser aufnahm, erfolgte dies bei gesundem Holz nur zu 57,3 %; nach anschließender 24stündiger trockener Lagerung verblieb beim zersetzten Holz noch 32 %, bei dem gesunden nur 10 %. Viele Substratpilze, z. B. die Blättlinge und der Zähling, versorgen sich bei Regenwetter mit reichlichen Wassermengen, die ihren Bedarf für längere Zeit decken.

Vermindert sich die Feuchtigkeit, so wird auch das Wachstum geringer; bei den Oberflächenmyzelien hört es bald ganz auf. Diese fallen zusammen und schrumpfen ein. Bei stärkerer Trockenheit stirbt allmählich bei vielen Pilzen das Myzel ab. Am längsten ist das im Holzinnern befindliche Myzel dagegen geschützt; doch auch dieses verliert schließlich seine Lebensfähigkeit; die Dauer bis zum Absterben hängt von der Länge der Trockenstarre ab. In geringem Maße tritt diese bei den meisten Holzpilzen auf; besonders auffallend ist sie bei gewissen Pilzarten (Lenzites, Lentinus, Schizophyllum). Jahrelang können Lenzites-Fruchtkörper trocken lagern, ohne ihre Lebensfähigkeit zu verlieren. Schulze und Theden erhielten bei ihren Versuchen zur Prüfung der Trockenstarre von Bauholzpilzen bei Aufbewahrung unter verschiedenen Temperaturen und Luftfeuchtigkeiten folgende Ergebnisse: der echte Hausschwamm und der Kellerschwamm verloren nach längerem Zeitraum (über 6 Monate) und schärferer Trocknung mehr und mehr die Fähigkeit zum Wiederaussprossen; dagegen blieben der Porenhausschwamm (Normenstamm, vgl. S. 383), die Blättlinge, der Zähling und verschiedene andere Lagerfäuleerreger noch nach 1½ Jahr lebend[1]. Nach Feststellungen des Verfassers lebten Reinkulturen vom Porenhausschwamm und Kellerschwamm aus Normenklötzchen, die im Februar 1945 in Kolleschalen eingebaut und in der Folgezeit den herrschenden Außentemperaturen ausgesetzt waren, im November 1949, also nach 4³/₄ Jahren, bei erneuter Wasserzugabe wieder auf.

Atmung. Wie alle lebenden Organismen, so gewinnen auch die Pilze die für ihre Lebenstätigkeit nötige Energie durch einen Atmungsprozeß. Bei den holzzerstörenden Pilzen wird hierbei ein verhältnismäßig hoher Anteil der Holzsubstanz vernichtet. Je nach dem Intensitätsgrade der Veratmung, der sich in der verbleibenden Restsubstanz äußert, unterscheidet man eine echte und intramolekulare Atmung. Bei der echten ist die Aufnahme von Sauerstoff aus der Luft unbedingt nötig; der Atmungsprozeß verläuft etwa in umgekehrter Weise wie bei dem Aufbau der Kohlehydrate durch die Assimilation der Kohlensäure: die Zellulose wird wieder unter Sauerstoffzutritt zu Wasser und Kohlensäure verwandelt. Der Vorgang läuft etwa nach folgender Formel ab:

$$C_6H_{10}O_5 + 6\,O_2 = 5\,H_2O + 6\,CO_2\,.$$

Bei der sich ohne Sauerstoffaufnahme vollziehenden intramolekularen Atmung sind die Endprodukte organische Verbindungen, wie z. B. Oxalsäure. Der Abbau der Zellulose ist mithin nicht vollständig, der Energiegewinn daher auch geringer und dementsprechend für die gleiche Energiemenge eine größere Kohlehydratmenge erforderlich.

Welche Atmungsweise bei den einzelnen Pilzarten vorherrscht, ist noch wenig bekannt. Nach eigenen Untersuchungen sind in Übereinstimmung mit Hoffmann[2] die wichtigsten saprophytischen Pilze allein auf echte Atmung angewiesen, während bei parasitären Pilzarten auch die intramolekulare vielfach stattfindet. Nach Bavendamm zeigte der Eichenparasit Stereum frustulosum noch nach 10 Wochen vollständigen Sauerstoffentzuges keine Schädigung.

Von den bei der Atmung auftretenden organischen Verbindungen ist die Oxalsäure häufig zu beobachten; sie kann unter Umständen Holzschutzmittel derart beeinflussen, daß diese ihre Wirksamkeit gegen Pilze verlieren[3]. Die Säureproduktion der holzzerstörenden Pilze ist

---

[1] Bruno Schulze u. Gerda Theden, Phytopathologische Zeitschr. XV., Heft 4.

[2] Hoffmann, Wachstumsverhältnisse einiger holzzerstörender Pilze, Diss. Halle, 1910.

[3] Rabanus, Fachaussch. f. Holzfragen, Berlin 1939.

erheblich. Die Pilze sind dabei imstande, den für ihre Tätigkeit günstigsten Säuregrad herzustellen. Die bei der Zersetzung des Holzes auftretenden organischen Säuren stammen z. T. aus dem Holze selbst, z. T. sind sie Produkte des Pilzes. Wolpert[1] fand für einige Holzpilze bei bestimmtem Säuregehalt des Nährbodens folgende Wachstumsgrenzen, die erkennen lassen, daß die Pilze an hohe Säuregrade angepaßt sind.

Tabelle 1. *Wachstumsintervall einiger Hutpilze in Bacto-Peptonhaltiger Nährlösung bei 25°C.(nach Wolpert).*

Name	unter pH-Grenze[2]	pH Optimum	obere Grenze
Lenzites saepiaria	2.8	3.8—6.0	7,6
Armillaria mellea	2.0	3.9	7.8
Polyporus adustus	2.0	3.7 u. 6.3	8.0
Polystictus versicolor	2.5	4.0—5.5	7.5
Schizophyllum commune	2.8	5.6—6.0	8.5

Besonders stark ist die Säureproduktion bei Braunfäuleerregern, geringer dagegen bei den Weißfäuleerregern. Nach 12wöchiger Untersuchung ging der pH-Wert beim Kellerschwamm bis auf 2,1, bei anderen Rotfäuleerregern bis auf 2,6/2,3 zurück, während bei den Weißfäuleerregern die tiefsten Zahlen 5,0—4,5 betrugen[3].

B. Physiologie der Entwicklung.

Die Physiologie der Entwicklung gibt darüber Auskunft, von welchen Bedingungen das Wachstum der holzzerstörenden Pilze abhängig ist. Um diese genauer kennenzulernen, arbeitet man experimentell unter Verwendung der aus der Bakteriologie bekannten Methode der Reinkultur.

Die Reinkultur verlangt die Isolierung des in Frage kommenden Pilzes durch streng kontrollierte Aufzucht möglichst aus einer Spore auf sterilem Nährboden. Fremde, das Wachstum störende Keime müssen ferngehalten werden; die Kulturen dürfen daher nur mit keimfreien Geräten in Berührung kommen. In der Reinkultur werden den Holzpilzen vielfach die auch in der Bakteriologie üblichen Nährböden (etwa 5% Malzextrakt und 3% Agar) geboten; nach Vorschlag von Liese (vgl. Abschnitt IV, S. 381) kann für Nadelholzbewohner mit Malzextrakt getränkte Holzschliffpappe verwendet werden, die für Kolleschalenversuche in Gestalt der Bieruntersätze bereits weitgehend gebraucht wird. Die Pilze wachsen in Reinkultur nicht auf ihrem normalen Substrate, dem Holze; selbst die Holzschliffpappe erfährt durch die Sterilisation gewisse chemische Veränderungen. Die hier zu beobachtenden

---

[1] Wolpert, Ann. Missouri Botan. Gard. 11. 1924, **43.**

[2] Unter pH wird der den Säuregrad bestimmende Wasserstoff exponent verstanden, wobei pH = 7 dem Neutralpunkt entspricht, die höheren Zahlen die alkalische, die niedrigen die saure Reaktion angeben.

[3] Birkinshaw, Findlay and Webb, A Study of the acids produced by Coniophora cerebella. Biochemic 1940.

Wachstumsformen stimmen daher nicht immer mit den in der Natur gefundenen überein, wo sich meist auch die Einwirkung anderer Organismen bemerkbar macht. Ferner muß bei der Reinkultur berücksichtigt werden, daß die Pilze sich allmählich an ein bestimmtes, zunächst nicht sehr geeignetes Nährsubstrat in geringem Grade gewöhnen können. Die für Kulturversuche ausgewählten Pilzstämme müssen daher stets daraufhin beobachtet werden, ob ihre spezifischen Eigenschaften durch die künstliche Kultur keine Veränderung erfahren (vgl. Normenstämme, S. 383).

Zur Beurteilung der Wachstumsbedingungen kann die Zuwachsgröße des Oberflächenmyzels benutzt werden. Diese hat bei einer Pilzart unter gleichen Bedingungen einen ziemlich konstanten Wert, ist aber bei den einzelnen Holzzerstörern verschieden. Man kann sie daher für die Bestimmung der Pilzart mit heranziehen. Voraussetzung dabei ist die Anwendung völlig gleicher Kulturbedingungen.

Das Wachstum eines Holzpilzes ist wie bei jeder Pflanze von inneren und äußeren Faktoren abhängig. Die inneren sind erblich fixiert und daher in allen ihren Lebenstätigkeiten (z. B. Ernährungsweise, Verhalten zu bestimmten Giftkonzentrationen u. a. m.) festgelegt. Dabei sind innerhalb einer Pilzart gewisse Unterschiede zwischen den einzelnen Individuen (Biotypen) vorhanden. Für Untersuchungen von Holzschutzmitteln benutzt man daher in allen Kulturstaaten bestimmte Pilzstämme (Normenstämme), die sich auf Grund langjähriger Untersuchungen als besonders wüchsig und virulent herausgestellt haben[1].

Weit größeres Interesse beanspruchen die äußeren Faktoren, die das Wachstum beeinflussen. Stets wird durch sie ein Reiz auf das lebende Plasma bewirkt, das in bestimmter Weise darauf reagiert. Als wichtigste Faktoren kommen in Betracht: Temperatur, Licht, chemische Einflüsse (Gase, Gifte u. a.).

Temperatur. Das Pilzwachstum kann wie jegliche Lebenstätigkeit nur innerhalb einer gewissen Temperaturspanne stattfinden. Man bezeichnet die unterste Grenze, bei der eben noch ein geringes Wachstum eintritt, als das Minimum, die Temperatur, bei der das beste Wachstum stattfindet, als Optimum und die oberste Grenze als Maximum (Kardinalpunkte der Temperatur) (Abb. 51). Für die holzzerstörenden Pilze liegt die Grenze etwa zwischen 3° und 35° C; sie ist bei den einzelnen Arten verschieden[2] (vgl. Tabelle). Im Winter erfolgt daher bei Kälte keine Holzzerstörung durch Pilze oder nur in beheizten Räumen bzw. in Bergwerken, die hierfür stets günstige Temperaturbedingungen geben. Nach Gäumann decken sich die Temperaturkurven für lineare Wachstumsgeschwindig-

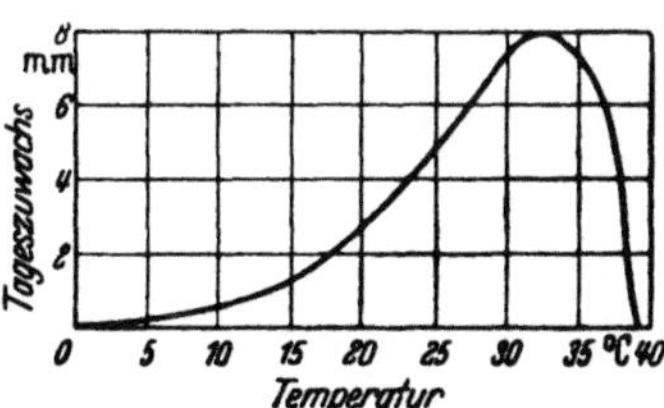

Abb. 51. Temperaturkurve des Zählings.

---

[1] Liese, Nowak, Peters, Rabanus, Beih. Zschr. Ver. D. Chem. Nr. 11, 1935.

[2] Cartwright u. Findlay, Annals of Botany 1934.

keit nicht immer mit denen der Zerstörungsintensität; für praktische
Verhältnisse sind die Unterschiede (Verschiebung etwa um 2—3°) zu
vernachlässigen. Die höchsten Temperaturen vertragen die im Freien
lebenden Pilze (Daedalea-, Lenzites- und Lentinusarten), die an ihren
Standorten im Sommer häufig hohen Wärmegraden ausgesetzt sind;
recht niedrig liegt das Maximum bei dem echten Hausschwamm, der bei
über 26° C sein Wachstum einstellt. Da im Hause selten höhere Temperaturen herrschen, kann man dies als eine gute Anpassung deuten. Wie
Möller[1] und Gäumann[2] festgestellt haben, kann dieser Pilz gelegentlich
auch an kühlen Standorten (Eiskeller) bei —2° C wachsen; es handelt
sich dann um selten auftretende, an tiefere Temperaturen angepaßte
Biotypen.

Jenseits des Temperaturumfanges folgt nach beiden Seiten ein gewisser Bereich, in dem das Myzel in einer Kälte- bzw. Hitzestarre
verbleibt; es ist nicht abgestorben, aber auch nicht wachstumsfähig. Die
Grenzen dieses Bereiches richten sich nach Art und Vorleben des Pilzes.
Jenseits davon tritt der Kälte- bzw. Hitzetod ein. Über die den Kälte-
tod bedingenden Minimaltemperaturen liegen verschiedene Arbeiten
vor. Nach Rumbold[3] starben Hausschwammkulturen nach einer zwölf-
stündigen Einwirkung von —6° C ab, während Kellerschwammkulturen
noch bei —10° C lebend blieben. Bei Versuchen von Liese[4] im Kälte-
winter 1929 wurden Reinkulturen vieler holzzerstörender Pilzarten, die
14 Tage lang der damaligen Kälte von maximal —26° C ausgesetzt
wurden, nicht abgetötet; nur einige Hausschwammstämme starben ab. Daß
die im Freien vorkommenden Holzpilze weit tiefere Temperaturen aushalten können, ist als sicher anzunehmen, da sonst ja in strengen Wintern
sämtliche Myzelien absterben müßten. Nach Heldmayer[5] schädigte
selbst eine kurze Einwirkung von —175° C einige Arten nicht.

Die für den Hitzetod erforderliche Minimaltemperatur ist von der
Pilzart, der Dauer der Einwirkung und den Feuchtigkeitsverhältnissen
abhängig; auch hier ist der echte Hausschwamm sehr empfindlich. Die
Anwesenheit von Feuchtigkeit ist insofern von Bedeutung, als bei
feuchter Hitze geringere Wärme bzw. Zeit als bei trockener Hitze erforderlich ist. So wurden nach Snell[6] Lenzites- und Lentinusarten, die in
Holzklötzchen von bestimmter Größe wuchsen, bei feuchter Hitze nach
12 Stunden bereits durch 45° C getötet, während bei trockener Hitze
105° C hierfür nötig waren. Weitere Auskunft über die verschiedene
Empfindlichkeit der wichtigsten Holzpilze gegenüber Hitzeeinwirkung
gibt die folgende Tabelle. Deutlich ist der Unterschied zwischen Oberflächenpilzen (Hausschwamm, Kellerschwamm) und den Innenfäule-
erregern zu erkennen. Die beiden letzten Spalten haben Bedeutung für
die Frage, inwiefern bei Kesseldrucktränkung mit Teeröl bereits durch

---

[1] Möller, Über den Hausschwamm, Zschr. f. F. u. Jgdw. 1903.
[2] Gäumann, Zbl. Bakter. II, **101**, 1940.
[3] Rumbold, C. Nat. Zschr. f. F. u. Ldw. 1908.
[4] Liese, Angew. Bot. 1931.
[5] Heldmayer, Zschr. Bot. 1929/30. **22**.
[6] Snell, Amer. Wood-Preserv. Assoc. 1922.

Tabelle 2. *Empfindlichkeit wichtiger holzzerstörender Pilze gegenüber Hitzeeinwirkung.* (Zusammengestellt auf Grund von Versuchen mit Reinkulturen auf Malzextrakt-Agar.)

Pilznamen	Wachstumshemmung trat ein bei Grad Celsius	In 18 Tagen lebten wieder auf nach einem	
		½ stündigen	1 stündigen
		Aufenthalt bei 58° C	
1. Merulius domesticus (Echter Hausschwamm)	27	nein	nein
2. Merulius silvester (Wilder Hausschwamm)	34	ja	nein
3. Polyporus vaporarius (Porenhausschwamm)	35	ja	nein
4. Coniophora cerebella (Kellerschwamm)	34	nein	nein
5. Lenzites saepiaria (Blättling) ..	39	ja	ja
6. Irpex fuscoviolaceus (Eggenschwamm)	38	ja	ja
7. Lentinus squamosus (Zähling) .	39	ja	ja
8. Corticium giganteum (Rindenpilz)	—	ja	nein
9. Polyporus annosus (Wurzelschwamm)	34	ja	nein
10. Paxillus acheruntius (Fächerschwamm)	34	ja	nein
11. Polyporus sistotremoides (Kiefernporling)	39	ja	ja
12. Daedalea quercina (Eichenwirrling)	39	ja	ja
13. Trametes pini (Kiefernbaumschwamm)	30	ja	ja

die Erhitzung etwa im Holz vorhandene Pilzarten abgetötet werden können. Besondere Imprägnierversuche nach Reichsbahnvorschrift mit kiefernen Stangen und Schwellen sowie Buchenschwellen, bei denen zuvor organische Substanzen mit bekannten Schmelzpunkten mittels Glasröhrchen in bestimmte Tiefen des Holzes eingelagert wurden, ergaben, daß alle etwa zuvor vorhandenen Fäulnisherde im gesamten thyllenfreien Buchenholz (Temperatur über 72° C) und im Kiefernsplint (Temperatur 59° C und mehr) durch die Hitzeeinwirkung während der Imprägnierung abgetötet werden[1].

Licht. Im Gegensatz zu den grünen Pflanzen gebrauchen die Pilze für ihr Wachstum, abgesehen von der Fruchtkörperbildung, kein Licht. Sie wachsen in der Regel in der Dunkelheit am besten. Nur die Fruchtkörper sind häufig für ihre normale Ausbildung auf das Licht angewiesen (vgl. S. 76). Direktes Sonnenlicht kann bisweilen schädigend wirken, wie aus der folgenden Tabelle zu entnehmen ist.

---

[1] Liese, Ang. Botanik 1931; ferner M. Spradling, Chidester A. W. P. A. Proc. 1939, p. 319—324.

Tabelle 3. *Einfluß des Lichtes auf das vegetative Wachstum der Pilze.*

Pilzart	Der Längenzuwachs betrug nach 10 Tagen in mm		
	direktes Sonnenlicht	diffuses Licht	dunkel
Merulius domesticus	0	25	25
Merulius silvester	13	28	24
Polyporus vaporarius	11	48	über 40
Coniophora cerebella	25	über 80	über 80
Polyporus sulfureus............	5	38	40
Trametes pini	10	15	15

Gase. Von den in der Luft vorhandenen Gasen ist der Stickstoff für das Leben der holzzerstörenden Pilze bedeutungslos; um so größere Wichtigkeit besitzt aber für viele der Sauerstoff, wie in dem Abschnitt über die Atmung näher erläutert ist (S. 67). Fehlt der Sauerstoff, so sterben ausgesprochene Saprophyten und Oberflächenpilze sehr bald ab[1], während Parasiten (Kernholzzerstörer) weniger empfindlich und z. T. zur intramolekularen Atmung befähigt sind. Von der Kohlensäure der Luft, die bei den grünen Pflanzen für den Assimilationsprozeß unbedingt erforderlich ist, sind die Pilze wegen ihrer völlig anders gearteten Lebensweise unabhängig. Durch ihre Tätigkeit bei der Holzzersetzung wird diese umgekehrt in reichlicher Menge frei. Da sie sich unter natürlichen Verhältnissen schnell in der umgebenden Luft verdünnt und deren normale Konzentration von 0,03% nicht wesentlich erhöht wird, treten Schädigungen durch zu starke Ansammlung, wie sie experimentell bei einer über 200fachen Konzentration beobachtet wurden[2], in der Natur nicht ein.

Gifte. Ähnlich wie Wassermangel und extreme Temperaturgrade eine Hemmung des Mycelwachstums und schließlich ein Absterben verursachen, kann dieses auch durch die Anwesenheit gewisser chemischer Stoffe bewirkt werden, die man als Gifte bezeichnet. Auf die Bedeutung der im Kernholz vorhandenen, das Pilzwachstum hemmenden Stoffe wurde bereits hingewiesen (S. 20, 57). Sie sind für die Beurteilung der natürlichen Dauerhaftigkeit des Holzes von großer Bedeutung. Sie geben dem hiermit versehenen Holz dann eine besonders lange Gebrauchsdauer, wenn man dieses aus seinem natürlichen Wuchsgebiet (z. B. Tropen) nach Gegenden bringt, wo die natürlichen Schädlinge wegen der hier gegebenen Klimaverhältnisse keine Lebensbedingungen finden[3]. So dürfte es zu erklären sein, daß viele Tropenkernhölzer in unserem Gebiete ohne jede Schutzbehandlung eine sehr beachtliche Lebensdauer — z. B. als Schwellenholz — zeigen. Bei den eigentlichen Giftstoffen ist die Konzentration, in der sie auf den Pilz einwirken, wesentlich. In sehr geringer Verdünnung können sie nämlich keine Schädigung, sondern umgekehrt

---

[1] Bavendamm, Ztschr. f. Bakt. II, 1928, **75**.
[2] Falck, Hausschwammforschungen VI. S. 341.
[3] Liese, Das Holz als Roh- und Werkstoff 1937. Vgl. auch Bavendamm, Koloniale Mitteilungen 1938.

sogar eine Förderung des Pilzwachstums bewirken und sind dann als Reizstoffe (Stimulatoren) anzusehen. So ist bei einer Zugabe von 0,005% $ZnSO_4$ zur Nährlösung eine deutliche Förderung des Pilzwachstums zu beobachten, während höhere Konzentrationen schädlich sind[1]. In Kolleschalenversuchen (vgl. S. 384) stiegen vielfach mit der steigenden Konzentration auch die Gewichtsverluste der zur Kontrolle gleichzeitig eingebauten rohen Klötzchen. Bei Fichtenstangen, die nach dem Gemischkyanisierungsverfahren getaucht waren (0,66% $HgCl_2$ + 1% NaF) und zur mycologischen Prüfung der Ein-
dringungstiefe später in Scheiben
und 1 cm breite Ringe aufgeteilt
waren, wurden die zweiten Ringe
von außen stets am stärksten zerstört, da hier die Giftmenge in
einer stimulierenden Konzentration enthalten war[2]. Über ähnliche Stimulationswirkungen berichten auch amerikanische Forscher[3]. Genügende Konzentration
der Gifte verursacht Einstellen des
Wachstums und Absterben der
Pilze. Diese Tatsache ist für die
Holzkonservierung von größter
Bedeutung, da das Holz durch
Einlagerung hinreichend konzentrierter Giftstoffmengen gegen
holzzerstörende Pilze sicher geschützt werden kann.

Vergiftetes und daher gegen
pilzliche Zerstörung geschütztes
Holz kann bisweilen gleichwohl
einen oberflächlichen Myzelbefall
zeigen, wie aus der nebenstehenden
Abbildung (52) ersichtlich ist.

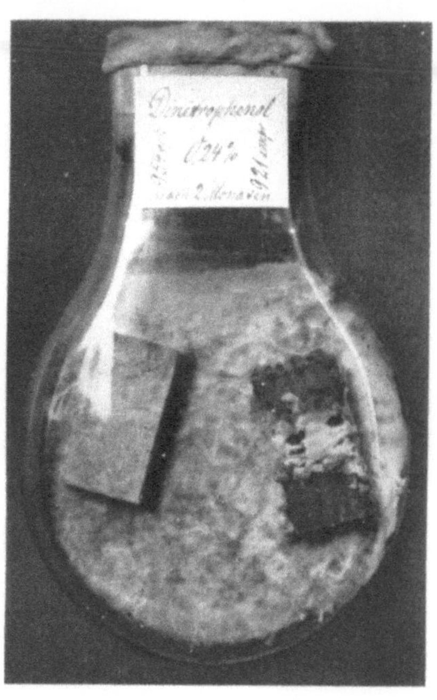

Abb. 52. Hemmungsmyzel auf dem rechten Klötzchen entwickelt. Näheres im Text.

Während das linke, unbehandelte Klötzchen einen gleichmäßigen Überzug zeigt, ist auf dem rechts gelegenen, imprägnierten Klötzchen Myzel in Gestalt von Strängen und Bändern vorhanden, das sich mit möglichst geringer Berührungsfläche auf dem Holz verteilt. Ein Eindringen der Hyphen in das Holzinnere und damit eine Zerstörung unterbleibt. Auf der oberen Horizontalfläche des Klötzchens bleibt das Myzel z. T. in einem Abstand von mehreren Millimetern und bewahrt damit gleichsam eine gewisse „Respektzone".

---

[1] Richards, Jahrb. f. wiss. Bot. 1897.
[2] Liese, Angew. Bot. 1931.
[3] Kaufert, F. und Schmitz, H., Studies in wood dacay VI Phytopathologie 1937. Verrall, A., Some molds on Wood Favored by certains Toxitants Journ. o. Agric. Res. 1949.

Die Pilze verhalten sich gegenüber der gleichen Giftkonzentration nicht immer gleich; es bestehen unter Umständen beachtliche Unterschiede. So werden die Schimmelpilze durch die für die holzzerstörenden Pilze sehr giftigen Teeröle nur relativ wenig in ihrer Lebenstätigkeit beeinträchtigt. Man hat deshalb die früher übliche Arbeitsmethode mit dem Schimmelpilz Penicillium glaucum zur Feststellung der pilzwidrigen Kraft eines Giftstoffes aufgegeben und arbeitet nur noch mit Reinkulturen holzzerstörender Pilze. Aber auch bei diesen zeigen sich Unterschiede gegenüber gleichen Giftarten und Giftkonzentrationen. So verträgt z. B. der Porenhausschwamm eine etwa 10mal höhere Konzentration von Arsensalzen als der Kellerschwamm, während sich beide Pilzarten gegenüber anderen Giftstoffen, z. B. Fluornatrium, ziemlich gleich verhalten. Weitere Auskunft über die verschiedene Empfindlichkeit holzzerstörender Pilze gegenüber Holzschutzmitteln gibt die folgende, einer Arbeit von Rabanus[1] entnommene Abbildung, in der die Hemmungswerte für die Pilzarten und Giftstoffe eingetragen sind.

Selbst innerhalb einer Pilzart zeigen sich gewisse Unterschiede. Diese Tatsachen gaben dazu Veranlassung, für toximetrische Arbeiten solche Pilzstämme auszusuchen, die sich außer durch starke Wüchsigkeit auch durch relative

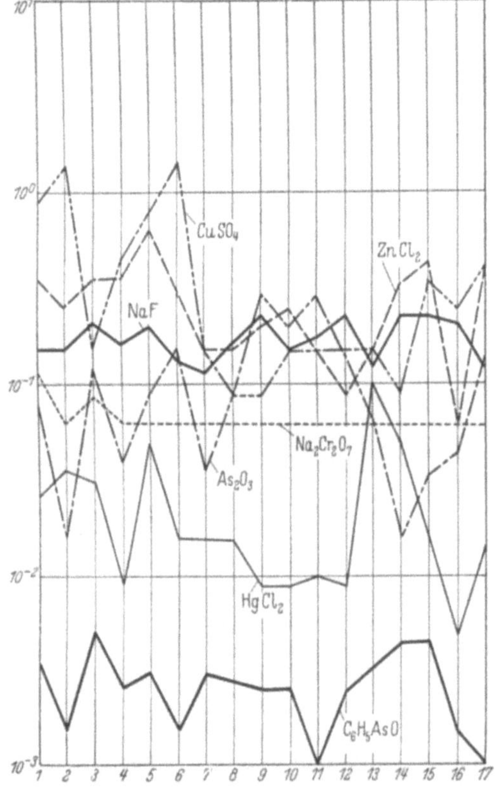

Abb. 52 a. Vergleichende Untersuchungen über die Empfindlichkeit holzzerstörender Pilze gegenüber Pilzgiften. Nach Rabanus.

Es bedeuten: 1. Merulius lacrimans. 2. Coniophora cerebella. 3. Polystictus versicolor. 4. Ptychogaster. 5. Polyporus vaporarius. 6. Polyporus sulphureus. 7. Polyporus Schweinitzii. 8. Lenzites abietina. 9. Lenzites thermophila. 10. Lenzites trabea. 11. Lenzites saepiaria. 12. Pleurotus ostreatus. 13. Stereum purpureum. 14. Schizophyllum commune. 15. Fomes annosus. 16. Trametes pini. 17. Lentinus lepideus.

<hr>

[1] Rabanus, Angew. Botanik 1931. Vgl. auch Findlay, The annals of applied Biology, 1932; Theden, Nachrichtenblatt für den Deutschen Pflanzenschutzdienst, Berlin 1948; Bavendamm, Mitt. d. Reichsinstit. f. Forst- u. Holzwirtsch. 1948.

Unempfindlichkeit auszeichnen, um so in Laboratoriumsversuchen möglichst scharfe Beurteilungen vornehmen zu können. Ferner werden bei solchen Prüfungen mehrere Pilzarten gleichzeitig herangezogen[1].

Die Wirkung von Giften auf Pilze ist auch abhängig von dem Substrat, dem sie beigegeben werden. Dies zeigt sich besonders deutlich beim Vergleich der Versuchsergebnisse bei Verwendung von vergifteten Agarnährböden (Agarmethode) und vergifteten Holzklötzchen (Klötzchenmethode), wie folgende Zahlen erkennen lassen:

	Hemmungsgrenze für Kellerschwamm bei der	
	Agarmethode	Klötzchenmethode
gegen Fluornatrium	0,18%	0,18%
gegen Steinkohlenteeröl	0,04%	1,5 %

Da die Agarwerte keine oder nur bedingte Werte für die Praxis besitzen, arbeitet man zur Prüfung der fungiziden Eigenschaft eines Schutzmittels in Europa jetzt nur noch nach der Klötzchenmethode (genormt nach DIN 52176; vgl. Abschnitt IV, S. 383f.).

Durch ständige Gewöhnung kann die Konzentrationsgrenze des Giftstoffes für einen Pilz etwas erhöht werden. Es ist daher wichtig, bei Imprägnierungen in der Praxis mit nicht zu geringen Konzentrationen zu arbeiten, vielmehr stets einen gewissen Sicherheitsfaktor einzuschalten.

Gegenseitige Beeinflussung von Pilzen. Die Laboratoriumsarbeiten mit Reinkulturen untersuchen nur die Lebensbedingungen eines bestimmten Pilzstammes. In der Natur aber finden sich auf einem geeigneten Nährsubstrat immer verschiedene Pilzarten ein, die sich gegenseitig beeinflussen können. Meist sind sie Konkurrenten um den gleichen Nährboden, das Holz. Die bei der Laubholzzersetzung häufig zu beobachtenden schwarzen Zeichnungen im Holzinnern entstehen durch Ausscheidungen von Stoffwechselprodukten verschiedener Pilzstämme an den gemeinsamen Grenzflächen. Der Kampf zwischen zwei benachbarten Pilzarten um den Besitz des Holzes wird vor allem in chemischer Hinsicht geführt, wobei der siegt, der wirksamere Stoffe im Kampfe ausscheiden kann. Bisweilen erfolgt er auch mit physikalischen Mitteln, z. B. durch Überwachsen. Anders sind die Verhältnisse zu beurteilen, wenn Pilzarten zeitlich hintereinander auf dem gleichen Holz auftreten. Nicht selten scheinen gewisse Pilzarten in ihrem Auftreten geradezu auf bereits vorher auf dem gleichen Holze tätig gewesene Pilzarten und ihre Abbauprodukte (organische Säuren) angewiesen zu sein[2]. Die chemische Einwirkung beruht auf Stoffwechselprodukten, z. B. organischen Säuren, die vom Mycel ausgeschieden werden und sich im umgebenden Substrat verbreiten. Sie verhindern z. B. jegliche Keimung von Pilzsporen auf einem frischen Oberflächenmycel[3]. Die physikalische Beeinflussung beginnt bei der Berührung beider Pilze und äußert sich,

---

[1] Liese, Nowak, Peters, Rabanus, a.a.O. (S.69); Rabanus, Ang. Bot. Bd. 1931; Bavendamm, Mitt. d. Reichsinst. f. Forst- u. Holzwirt. Gruppe Forst- u. Holzschutz, Nr. 7, 1948.

[2] Falck, Hausschwammforschungen Heft VI, Jena 1912.

[3] Näheres siehe bei Harder, Nat. Zschr. f. Forst- u. Landw. 1911.

8*

sofern nicht das Wachstum an der Grenze eingestellt wird, im Überwachsen des Stärkeren über den Schwächeren. Ein Absterben des letzteren ist nicht unbedingt erforderlich; es können z. B. Schimmelrasen von Oberflächenmyzelien überwuchert werden und verschwinden, später aber wieder zum Vorschein kommen. Diese „Antibiolika" haben in neuester Zeit in der biologischen Therapie eine sehr große Bedeutung erlangt (vgl. S. 94).

C. Physiologie der Fortpflanzung.

Die Fortpflanzung der Pilze erfolgt in den meisten Fällen durch Sporen, die an bestimmten Stellen, den Fruchtkörpern, gebildet werden. Nur selten kommt Vermehrung durch Myzel in Betracht. Diese findet sich z. B. beim Hallimasch durch die Ausbildung von wurzelartig entwickelten Pilzsträngen (Rhizomorphen, S. 52), die den Erdboden durchwuchern und dabei von einer befallenen Wurzel- oder Holzsubstanz aus benachbarte Holzteile infizieren. Auch die zum Oberflächenwachstum befähigten Pilzarten (Hausschwamm, Kellerschwamm, Porenhausschwamm) können sich durch ihre Überzüge und Stränge, die u. U. dicke Mauern durchwuchern, auf andere benachbarte Holzteile ausdehnen. In der Regel aber sorgen die in den Fruchtkörpern gebildeten Sporen (vgl. S. 53) für die Fortpflanzung.

Physiologie der Fruchtkörperbildung. Die Fruchtkörperbildung ist von inneren und äußeren Faktoren abhängig. Die inneren sind durch die individuelle Veranlagung des Pilzstammes gegeben und bleiben auch bei einer Kultur auf künstlichen Nährböden erhalten. Man kann dabei innerhalb einer Pilzart zwischen häufig und selten bzw. gar nicht fruktifizierenden Pilzstämmen unterscheiden. Allerdings kann nach Wakefield[1] die Fertilitätsneigung bei dauernd kulturell gewonnenen Sporenneubildungen sich allmählich verringern. Die in der Literatur[2] vorhandenen widersprechenden Angaben über Fruchtkörperbildungen in Kulturen dürften z. T. auf die verschiedene innere Veranlagung der benutzten Pilzrassen zurückgehen. In der Eberswalder Reinkultursammlung holzzerstörender Pilze (etwa 500 Stämme) gab es stets einige, die jedesmal in den Reagenzröhren erneut nach dem Überimpfen Fruchtkörper entwickelten, während andere der gleichen Arten stets steril blieben (haploid? vgl. S. 53).

Als äußere Faktoren, die die Fruchtkörperbildung begünstigen oder überhaupt ermöglichen, sind zu nennen: Erschöpfung des Substrates nach guter Ernährung, Luftfeuchtigkeitsverminderung, Licht, Temperatur. Insbesondere übt die Verringerung der Feuchtigkeit des Nährsubstrates einen Reiz zur Fruchtkörperbildung aus[3]. In gleichem Sinne wirkt eine Erhöhung der Transpiration, wie u. a. auch Lakon[4] bei seinen Untersuchungen einer Coprinusart feststellen konnte. Andererseits kann eine beginnende Fruchtkörperbildung durch Erhöhung des

---

[1] Wakefield, E., Naturw. Ztschr. f. Forst- u. Landw. 1909.
[2] Ausführliche Angaben hierüber finden sich bei Bavendamm, Handb. d. biolog. Arbeitsmethoden, Abderhalden, Abt. XII, Teil 2.
[3] Mez, Der Hausschwamm, Dresden 1908 S. 40.
[4] Lakon, Ann. mycolog. 5. 1907.

Feuchtigkeitsgehaltes der umgebenden Luft unterbrochen werden; so veränderten sich nach eigenen Feststellungen die in einem Reagenzglas gebildeten Fruchtkörper von Schizophyllum nach Zusatz von einigen Tropfen Wasser in kurzer Zeit durch Neubildung von Hyphen zu einem dichten rein vegetativen Myzelpolster. Für verschiedene Pilzarten ist die Einwirkung des Tageslichtes zur Fruchtkörperbildung erforderlich. So bildet nach Falck[1] Collybia nur bei Lichtzutritt Fruchtkörper. Andere Pilzarten sind wieder vom Lichte unabhängig; dies trifft z. B. für alle in Bergwerken oder an dunklen Stellen fruktifizierenden Pilze zu (Merulius, Paxillus acheruntius). Bei einigen Arten bilden sich bei Dunkelheit abnorme Fruchtkörper, die bisweilen sogar zur Aufstellung neuer Arten Veranlassung gegeben haben. Bekannt ist unter den holzzerstörenden Pilzen in dieser Hinsicht vor allem der Zähling, der in Bergwerken und an dunklen Orten — z. B. auf der Unterseite von im Gleis verbauten erkrankten Kiefernschwellen — hutlose, langgestielte, oft auch am Ende korallenförmig verzweigte Fruchtkörper entwickelt (Abb. 53). Auch bei Kolleschalenkulturen dieses Pilzes wachsen bei dunkler Aufbewahrung häufig derartige abnorme Bildungen aus dem Schalenhals durch den abschließenden Wattepfropfen heraus (vgl. auch Abb. 72 Lenzites). Die Temperatur hat insofern auf die Fruchtkörperentwicklung einen Einfluß, als auch diese nur innerhalb einer gewissen Tem-

Abb. 53. Abnorme Fruchtkörper des Zählings aus einem Hause. Aufbewahrt im Möller-Institut Eberswalde. ($\frac{1}{4}$ Orig.)

peraturspanne, ähnlich dem allgemeinen Pilzwachstum, möglich ist. Dabei sind einige Pilzarten auf besondere Temperaturen eingestellt — der Winterpilz (Collybia velutipes) bildet z. B. nur bei niedriger Temperatur etwas über 0° seine Fruchtkörper aus.

Sporenmenge. Die von den Pilzfruchtkörpern gebildete Sporenmenge ist sehr erheblich. Nach Möller[2] produziert z. B. der Kiefernbaumschwamm unter günstigen Verhältnissen in einer Stunde auf einer 100 qcm großen Hymenialfläche 150 Millionen Sporen. Ähnliche Ergebnisse erhielt Deneke[3] bei seinen Untersuchungen. Es ist daher verständlich, daß alle Bestrebungen, schädliche Pilze durch Bekämpfung ihrer Sporen bzw. Fruchtkörper zu beseitigen, erfolglos sind. Wenn das Nutzholz auch ohne besondere Schutzbehandlung gesund bleibt, so liegt dies nicht an den fehlenden Sporen, sondern an den für eine Keimung und Entwicklung des Pilzes ungünstigen Lebensbedingungen.

---

[1] Falck, Mycol. Unters. u. Berichte. Heft I, 3, Jena 1913.
[2] Möller, Ztschr. f. Forst- u. Jagdw., 1904.
[3] Deneke, Dtsch. Forstbeamten-Zeitung 1937.

Biologie der Sporenverbreitung.

Für die Verbreitung der Sporen kommen besonders drei Beförderungsmittel in Betracht: Luft, Tiere und Wasser.

Bei der Verbreitung durch die Luft, die als die häufigste und wichtigste angesehen werden muß, ist zunächst eine geeignete Anordnung der Fruchtkörper erforderlich, damit die Ablösung der Sporen und ihr Abfallen in eine freie Luftschicht erleichtert wird. Bei den Polyporaceen wachsen daher die Röhren, in denen die Basidien radial nach innen angeordnet sind (vgl. S. 55), stets vertikal abwärts; die sich von den Basidien ablösenden reifen Sporen können daher ohne jede Hemmung aus den Röhren vertikal abwärts herausfallen. Die Ablösung der Basidiospore erfolgt dadurch, daß die verbindende, stielartig vorgewölbte Spitze der Basidie (Sterigma) aufplatzt, wobei die Spore etwas vorgeschleudert wird (vgl. Abb. 39b). Außerhalb des Fruchtkörpers findet die weitere Verbreitung durch Luftströmungen statt, sofern ein genügender Luftraum unter ihm vorhanden ist. Fehlt dieser, so setzen sich die Sporen zum Teil auf der darunter befindlichen Fläche fest (z. B. Hutoberfläche eines anderen Fruchtkörpers wie beim Hallimasch). Da die Sporen sehr klein und leicht sind, können bereits sehr geringe Temperaturunterschiede genügen, um diese durch die hierdurch bewirkten Luftströmungen weithin zu verbreiten. Bereits die Atmungstätigkeit der Fruchtkörper entwickelt vielfach die hierfür nötige Temperaturerhöhung; die sie umgebende und durch sie erwärmte Luft steigt in die Höhe und führt hierbei die Sporen mit sich. Berücksichtigt man, daß z. B. beim Hausschwamm 4 Millionen Sporen noch nicht 1 cmm erfüllen, so ist es zu erklären, daß sie in den von diesem Pilze verseuchten Häusern auch weit entfernt von den Fruchtkörpern auf allen Horizontalflächen als brauner Staub zu finden sind.

Neben der Verbreitung durch die Luft kann eine solche auch durch Tiere, eventuell durch Menschen erfolgen. Insbesondere sind die Insekten zu nennen, die mit ihrer Körperoberfläche die Sporen verschleppen. Diese Verbreitungsweise kommt vornehmlich in Betracht, wenn die Sporen mit einer schleimigen Umhüllung versehen sind (Graphium-Sporen der Bläuepilze, S. 84). Überhaupt ist die Verbreitung von schimmelartigen Pilzen besonders durch Insekten festzustellen, wobei die Sporen u. U. auch ohne Schädigung den Darmtraktus passieren können. Manche Insekten (z. B. Ambrosiakäfer) sind in ihrer Ernährung von den in den Fraßgängen befindlichen Schimmelrasen abhängig (vgl. S. 141 u. 153).

Schließlich ist die Sporenverbreitung durch Wasser (Regen) zu erwähnen, wodurch besonders das Eindringen in enge Fugen (Schwundrisse) ermöglicht wird. Das Wasser geht beim Trocknen kapillar in die Schwundrisse und engen Spalten des Holzes zurück und zieht dabei die in ihm befindlichen Sporen in das Holzinnere hinein. Diese Verbreitungsart hat für die Substratpilze eine besondere Bedeutung.

Welche Verbreitungsart im einzelnen auch in Betracht kommt — vielfach werden mehrere gleichzeitig beteiligt sein —, so ergibt sich doch

der für die Holzkonservierung überaus wichtige Lehrsatz, daß die
Sporen der holzbewohnenden Pilze überall und stets in über-
großer Menge vorhanden sind.

Physiologie der Sporenkeimung. Sollen die Sporen eines Holzpilzes keimen, so müssen sie keimfähig und bestimmte Keimbedingungen
erfüllt sein.

Keimfähigkeit: Die Keimfähigkeit der Sporen ist von der Pilzart,
dem Alter der Sporen und der Aufbewahrung abhängig. Bei gewissen
Pilzarten, z. B. beim Hallimasch, erlischt die Keimfähigkeit der Sporen
sehr bald, bei anderen dagegen bleibt sie unabhängig von der Aufbe-
wahrungsart lange erhalten. Im allgemeinen verlieren die Sporen nach
einigen Tagen oder Wochen ihre Keimfähigkeit; eine Ausnahme machen
vor allem die zur Trockenstarre befähigten Pilzarten (vgl. S. 66). Frisch
geworfene Sporen sind in der Regel stets keimfähig. Es können sich allerdings insofern Unterschiede ergeben, als die Beschaffenheit des Fruchtkörpers von Bedeutung ist: von alten Fruchtkörpern stammende Sporen
haben sich bisweilen im Gegensatz zu den von jungen geworfenen trotz
gleicher Behandlung als keimunfähig ergeben[1]. Trockene Lagerung verlängert in der Regel die Keimfähigkeit erheblich. Möller[2] fand bei
dieser Aufbewahrung die Sporen des wilden Hausschwammes noch nach
17 Monaten keimfähig; die zur Trockenstarre befähigten Pilze Lenzites
und Schizophyllum warfen von Fruchtkörpern, die über 2 Jahre lang
vom Substrat losgelöst und trocken aufbewahrt waren, keimfähige
Sporen.

Keimungsbedingungen: Zur Keimung der Sporen sind, sofern
sie Keimfähigkeit besitzen, wie allgemein für das Pilzwachstum, vor
allem Feuchtigkeit und Wärme erforderlich. Die Feuchtigkeit
braucht nicht in flüssiger Form vorhanden sein; es genügt ein feuchtig-
keitsgesättigter Raum, in dem das vorhandene Holz sich auf seiner Oberfläche mit hinreichender Feuchtigkeit versieht. Am besten verfolgt man
mikroskopisch die Keimung in einem „hängenden Tropfen", der sich an
dem Deckglas über einem hohl geschliffenen Objektträger befindet.
Die Temperatur hat insofern einen wichtigen Einfluß auf die Sporenkeimung, als nur innerhalb einer bestimmten Grenze diese möglich ist.
Zu niedrige Temperaturen verhindern sie völlig, desgleichen zu hohe.
Für die holzzerstörenden Pilze liegen die Temperaturgrenzen etwa bei
4 und 35°. Das Optimum ist in der Regel höher als die Zimmertemperatur.
Die Temperaturwerte für die Keimung brauchen nicht mit den Wachs-
tumswerten übereinzustimmen; so findet die Keimung des Schimmel-
pilzes Penicillium glaucum zwischen 1,5 und 43° C, das vegetative
Wachstum dagegen zwischen 2,5—40° statt. Interessant ist, daß nach
Ferguson[3] Sporen verschiedener Pilzarten erst keimten, wenn sie zuvor
dem Einfluß von Kälte oder Hitze ausgesetzt waren.

Bei vielen Pilzen genügen bereits die erwähnten Bedingungen für
eine Keimung (z. B. Lenzites, Schizophyllum). Diese Pilzarten sind

<hr>

[1] Rumbold, Naturw. Ztschr. f. Forst- u. Landw. 1908 S. 127.
[2] Möller, Hausschwammforschungen, 1. Heft S. 39.
[3] Ferguson, U. S. Dep. Agric. Bull. 16. 1902.

daher im Freien im allgemeinen reichlich anzutreffen. Bei anderen Pilzarten sind aber weitere, den Keimprozeß auslösende Stoffe als Reiz- und Ernährungsmittel erforderlich. Insbesondere wirkt die Anwesenheit schwacher Säuren günstig auf die Keimung. Hausschwammsporen werden z. B. durch Zusatz von 1% Zitronensäure nach Möller zur Keimung veranlaßt[1].

Dieser für die Keimung von Sporen vieler holzzerstörender Pilze erforderliche Säuregehalt wird auf der Oberfläche des Holzes, das im gesunden Zustand säurefrei ist, durch die Ausscheidungen von Pilzen selbst geschaffen (vgl. S. 67). Insbesondere scheiden schimmelartige Pilze vielfach organische Säuren aus, die unter Umständen überhaupt erst die Keimung der echten Holzzerstörer ermöglichen. Nach Falck[2] sollen Hausschwammsporen vor allem auf „angegangenem" Holze zur Keimung gelangen, das durch andere Holzzerstörer (Kellerschwamm u.a.) bereits etwas angegriffen worden ist. Da sich derartige Pilzarten sehr häufig auf feucht gelagertem Holze einfinden, so ist dadurch ein genügender Säuregehalt und somit die Keimungsmöglichkeit für diese Pilzgruppe in der Natur gegeben. Allerdings muß dabei berücksichtigt werden, daß die Stoffwechselprodukte von Pilzen, insbesondere den Ascomyzeten, in stärkerer Konzentration auf die Keimung der Sporen holzzerstörender Pilze ungünstig wirken. Nach Harder[3] keimten z. B. die Sporen verschiedener echter Holzzerstörer (Lenzites, Polyporus versicolor, Daedalea quercina) bedeutend schlechter, wenn in der benutzten Nährlösung vorher längere Zeit Penicillium gewachsen war und sich daher in ihr dessen Ausscheidungsprodukte befanden. — Für verschiedene Pilzsporen sind für die Keimung ferner besondere Nährlösungen erforderlich, die organische und anorganische Verbindungen erhalten. Näheres hierüber ersehe man bei Bavendamm (a. a. O.).

3. Spezieller Teil.

Im speziellen Teile soll die Biologie der Bakterien sowie der wichtigsten holzbewohnenden Pilze behandelt werden; es kann dabei aus der großen Anzahl der holzbefallenden Pilze nur ein kleiner Teil herausgegriffen werden, der eine besondere wirtschaftliche Bedeutung besitzt. Für die Reihenfolge der Besprechung soll nicht ihre Stellung im System sondern ihre Lebensweise entscheidend sein. Es werden deshalb folgende Unterabteilungen vorgenommen:

A. Bakterien;

B. Schimmelpilze, Bläue u. a.;

C. Stammfäule-Erreger, parasitäre Pilze am lebenden Stamm: Kiefernbaumschwamm, Wurzelschwamm, Hallimasch;

---

[1] Vgl. Bavendamm, Handbuch der Biolog. Arbeitsmethoden XII, Teil 2, Heft 7.
[2] Falck, Hausschwammforschungen Heft VI, Jena 1912.
[3] Nat. Zschr. f. Forst- u. Landw. 1911.

D. **Lagerfäule-Erreger**, am geschlagenen Holz im Walde, auf den Holzplätzen, in Bergwerken sowie am Nutzholz auftretend, das im eingebauten Zustand mit der Erde in Berührung kommt. Hierhin gehören die meisten holzzerstörenden Pilze. Als **Nadelholzzerstörer** sind zu nennen: die Blättlinge, der Zähling, der Fächerschwamm, der Eggenschwamm, der Rindenpilz, der Spaltling, der Porenhausschwamm, der wilde Hausschwamm; als **Laubholzzerstörer** der Eichenwirrling, der Schillerporling u. a.

E. **Hausfäule-Erreger**, besonders in Gebäuden auftretend. Hierhin gehören der echte Hausschwamm, der Porenhausschwamm und der Kellerschwamm.

Viele der genannten Pilzarten kommen auch als Holzzerstörer an anderen als den genannten Stellen in Betracht; die Einteilung ist daher, insbesondere bei den Lager- und Hausfäule-Erregern, keine scharfe.

A. Bakterien.

Die Bakterien gehören zu den kleinsten Organismen, die mit dem Mikroskop erkennbar sind. Sie sind stets einzellig und besitzen kugelige Formen oder die Gestalt von geraden oder krummen Stäbchen. Ihre Größe schwankt meist zwischen $1-10\,\mu$; doch gibt es noch kleinere Formen. Die Zellen sind von einer dünnen chitinhaltigen Membran umgeben. Ein Zellkern ist nicht vorhanden, dafür sind leicht färbbare eiweißhaltige Körperchen nachzuweisen. Viele Bakterien besitzen — z. T. nur während eines Teiles ihrer Entwicklung — fadenartige Auswüchse, die Geiseln, mit denen sie sich in Flüssigkeiten fortbewegen können. Sie vermehren sich durch Zweiteilung oder Spaltung („Spaltpilze“); die Tochterindividuen bleiben entweder vereint (Kettenbildung) oder trennen sich sofort nach der Teilung. Unter günstigen Bedingungen erfolgen die Teilungen sehr schnell hintereinander (etwa alle 20 Minuten), so daß die Bakterien sich ungewöhnlich schnell vermehren können. Bei Eintritt ungünstiger Lebensbedingungen werden äußerst widerstandsfähige Sporen gebildet, indem sich das Zellplasma im Innern der ursprünglichen, später verschwindenden Zellwand mit einer neuen dicken Membran umgibt.

Die meisten Bakterien erhalten wie die Pilze ihre Lebensenergie aus dem Abbau von organischer Substanz, wobei ein inniges Zusammenarbeiten verschiedener Arten derart erfolgen kann, daß die einen die Abbauprodukte der anderen übernehmen und weiterverarbeiten.

Über die Mitwirkung der Bakterien bei der **Zerstörung von Holzsubstanz** ist bisher nur wenig bekannt, da sie im Vergleich zur Tätigkeit der Pilze eine geringe Bedeutung besitzt. Über zellulosezersetzende Bakterien liegen verschiedene Arbeiten vor[1]. Es kommen hierfür anaerobe, den Sauerstoff meidende **Sumpfbakterien** in Betracht; dabei unterscheidet man die Vertreter der **Wasserstoffgärung**, durch deren Tätigkeit neben verschiedenen Säuren CO_2 und

---

[1] **Fuhrmann**, Einf. i. d. Grundl. d. techn. Mykologie II, Jena 1926.

H$_2$ in wechselnden Mengen gebildet werden, und die Erreger der Methangärung, die Methan bilden und von einer schnellen Entfernung der gleichzeitig gebildeten Säuren abhängig sind. Die Bakterien der Methangärung können auch Hölzer angreifen. Pfeiffer[1] untersuchte verschiedene Holzarten auf ihre Widerstandsfähigkeit gegenüber dem Methanferment und erhielt annähernd die gleichen Ergebnisse wie bei mykologischen Versuchen. Liese[2] fand eine erhebliche Zerstörung des Kiefernsplintes durch Bakterien an Rammpfählen und anderen unter Wasser befindlichen Hölzern bei Sauerstoffmangel und alkalischer Reaktion des Bodens (Abb. 54). Das Holz war dabei blaugrün verfärbt und roch unangenehm nach Schwefelwasserstoff[3].

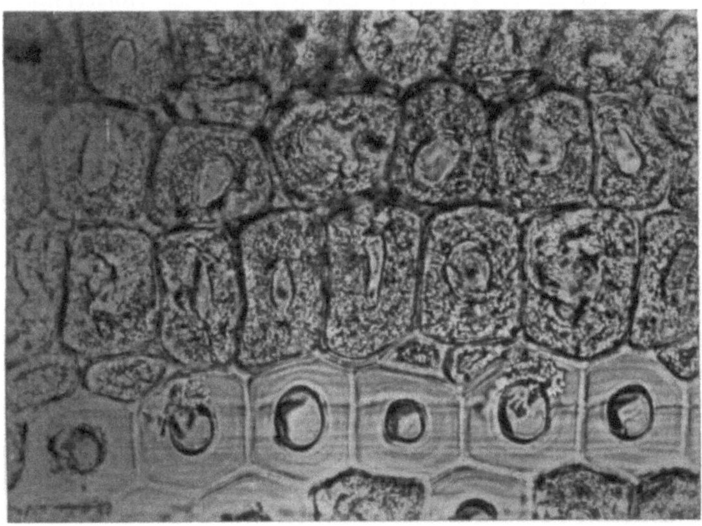

Abb. 51. Querschnitt durch von Bakterien zerstörtes Kiefernholz (Vergr. 1200 : 1).

Schließlich sei noch auf die Möglichkeit eines Zusammenwirkens von Pilzen und Bakterien hingewiesen, zumal letztere stets in durch Pilze erkranktem Holz zu finden sind. Wahrscheinlich ernähren sich dabei die Bakterien von den durch die Holzpilze gebildeten Abbauprodukten. Es muß allerdings berücksichtigt werden, daß viele Bakterien alkalische Böden lieben, während die holzzerstörenden Pilze im allgemeinen saure bevorzugen.

B. Schimmelpilze.

Die der Gruppe der Schlauchpilze (Ascomyceten) angehörenden Schimmelpilze haben als Holzzerstörer keine oder eine untergeordnete Bedeutung, da sie größtenteils sich nur von Zellinhaltsstoffen ernähren

---

[1] Pfeiffer, Diss. Amsterdam 1917.
[2] noch nicht veröffentlicht.
[3] Vgl. auch Lohmeyer, Die Bautechnik, 1942, S. 270.

und die Zellwand nicht abbauen. Trotzdem können holzbewohnende Schimmelpilze eine große wirtschaftliche Bedeutung besitzen. Von den Nadelholzbewohnern sind vor allem die Vertreter der **Bläuegruppe** sowie der **grüne Holzschimmel** zu erwähnen; beim Laubholz sind verschiedene Schimmelpilzarten Erreger des sog. **Verstockens.**

Abb. 55. Querschnitt durch verblautes Kiefernholz (1 : 1).

a) Bläuepilze.

Der Splint der Nadelhölzer — selten auch der Laubhölzer — erfährt häufig nach der Fällung des Baumes eine blaue bis schwärzliche Verfärbung, die auf Vertreter der Bläuegruppe zurückgeht. Bei geringem Befall ist das Splintholz nur in meist radial verlaufenden Sektoren graublau verfärbt (Abb. 55). Bei Fruchtkörperbildung geht die Verfärbung an den Außenflächen in Schwarz über. Die Bläue ist bei allen Nadelhölzern der ganzen Welt anzutreffen, am meisten werden in Mitteleuropa die Kiefern hiervon befallen.

Als Erreger wurde früher der Ascomycet Ceratostomella pilifera angesehen; nach neueren Untersuchungen[1] kommen aber verschiedene Arten dieser Gattung, die jetzt auch Ophiostoma genannt wird, in Be-

---

[1] Münch, Nat. Z. Forst- u. Landw. 1907 u. 1908; C. Rumbold, Nat. Z. Forst- u. Landw. 1911; Mycol. 1930 **22**; J. Agric. Res. 1931, **43** u. 1936, **52**.

tracht: an Kiefer O. pini, pilifera, piceae, coerulescens, an Fichte O. piceae, penicillatum, minutum u. a. Schließlich können auch Vertreter der Gattungen Hormodendron und Hormonema eine Verblauung bewirken. Da wesentliche Unterschiede in der Biologie dieser Pilzarten nicht bekannt sind, hat die Frage nach der Artzugehörigkeit keine große praktische Bedeutung.

Die Hauptfruchtkörper (Perithecien) der Ophiostoma-Pilze sind kohlschwarze, kleine flaschenförmige Gebilde mit einem etwa $^1/_5$ mm breitem Bauch und einem $1 - 1\frac{1}{2}$ mm langen, von der Substratfläche sich abhebenden borstenförmigen Hals (Abbildung 56 und 57). Im Innern werden Schlauchsporen gebildet, die schwach gekrümmt und etwa $5\,\mu$ lang und $2,5\,\mu$

Abb. 57. Fruchtkörper des Bläuepilzes auf Kiefernsplintholz (20 : 1).

Abb. 56. Bläuepilz. Fruchtkörper mit Sporen.

breit sind. Sie werden bei der Fruchtkörperreife mit einem im Wasser nicht quellbaren Schleim aus der Borstenspitze herausgedrückt. Ihre Verbreitung erfolgt vornehmlich durch Insekten; im Walde kommen besonders Borkenkäfer in Betracht, die sie durch Berührung mit ihrem Körper, z. T. auch auf dem Wege über den Darmkanal mit dem Kot in ihre Fraßgänge und über das Holz hin verschleppen. Hier keimen die Sporen unter günstigen Bedingungen sehr schnell. Die in das Holz eindringenden Hyphen leben nur von den Zellinhaltsstoffen der parenchymatischen Zellen, greifen also nicht die Zellwände an. Bei ihrem Vordringen benutzen sie die Hoftüpfel, deren sehr dünne Wandung sie an einer kleinen Stelle durchlöchern (Abb. 58). Die Festigkeit der Zellwand wird hierdurch nicht vermindert. Das Myzel breitet sich vornehmlich in Längsrichtung und in radialer Richtung unter besonderer Bevorzugung der parenchymatischen Zellen der Harzkanäle und Markstrahlen aus (Abb. 14).

Es ist zunächst weiß, verfärbt sich aber bald graubraun. Die Blaufärbung des befallenen Holzes geht auf das Zusammenwirken dieser Farbe mit dem weißen Holze zurück (Prinzip der trüben Medien). Das Kernholz wird nicht befallen, da hier infolge der Verkernung die für die Ernährung der Pilze erforderlichen Reservestoffe fehlen. Je nach den Entwicklungsbedingungen ist die Ausbreitung der Bläue im Splint verschieden stark. Bei schwachem Befall zeigen nur einige radial verlaufende Splintstreifen (Sektoren) eine Blaufärbung; man spricht dann von angeblautem oder blaustreifigem Holz. Bei verblautem Holz sind große Teile des Splintes von Bläuepilzen befallen.

Die Bildung von Fruchtkörpern erfolgt unter Umständen bereits wenige Tage nach dem Befall; dabei werden zunächst Konidien gebildet. Besonders häufig trifft man dabei die besenförmig gestalteten Graphium-Fruchtkörper an. Später werden wieder Perithecien entwickelt. Alle Sporenarten keimen leicht im Wasser oder auf feuchtem Holz. Die Keimfähigkeit erlischt besonders bei den Graphiumarten bald. Die Graphiumsporen dienen daher nur für die sofortige Verbreitung. Infolge der überreichlich und sehr schnell zur Entwicklung gelangenden Sporen können sich Bläuepilze bei geeigneten Entwicklungsbedingungen in sehr kurzer Zeit über große Holzflächen verbreiten.

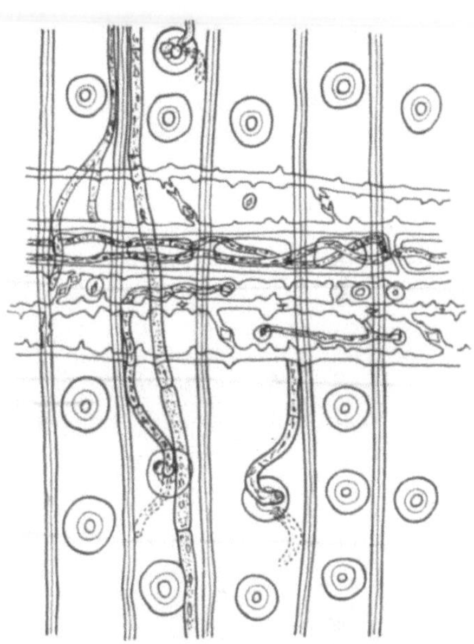

Abb. 58. Radialer Längsschnitt durch verblautes Kiefernsplintholz.

Für die Entwicklung müssen auch bei den Bläuepilzen bestimmte Feuchtigkeits- und Wärmeverhältnisse gegeben sein. Bezüglich der Feuchtigkeit gilt auch für sie das früher erwähnte Gesetz, nach dem nur bei einem mittleren Feuchtigkeitsgehalt des Holzes ein Wachstum möglich ist: ganz trocknes oder völlig durchfeuchtetes Holz ist unangreifbar. Lebender Splint ist daher wegen seines hohen Wassergehaltes geschützt, dagegen können im Absterben begriffene Bäume von den Bläuepilzen befallen werden, deren Splintholz nicht mehr den vollen Feuchtigkeitsgehalt besitzt. Nach Münch genügt bereits ein Feuchtigkeitsverlust von 10 bis 15 %. An gesund eingeschlagenen, ungeschälten Stämmen beginnt der Befall entsprechend der Austrocknung von den Hirnflächen aus; unter geeigneten Bedingungen kann das ganze Splintholz bis zur Bastschicht verblauen. Bei frühzeitig geschältem oder bearbeitetem Holze sind die an der Kerngrenze gelegenen Splintteile in der

Regel am längsten feucht und daher leichter befallsfähig; nicht selten ist bei solchen Hölzern äußerlich von der im Innern vorhandenen Bläue nichts zu bemerken. Bereits etwas abgetrocknete Schnittware kann bei feuchter Lagerung noch verblauen. Ist dagegen das Splintholz einmal völlig abgetrocknet, so kann bei erneutem Feuchtigkeitszutritt nur ein leichter oberflächlicher Befall stattfinden.

Die Kardinalpunkte der Temperatur für das Wachstum sind etwa 5° min., 15° opt. und 35° max.; der Sommer bietet daher die günstigste Entwicklung. Das Holz der Sommerfällung wird daher auch am stärksten von ihnen befallen, während das Holz des Wintereinschlages in der Regel bis zum Beginn der warmen Witterung aus dem Walde geschafft und hinreichend abgetrocknet ist. Für die Pilzentwicklung haben die während der Vegetationszeit im Holze vorhandenen Wuchsstoffe ebenfalls eine große Bedeutung (vgl. S. 34).

Die Bläuepilze treten in Kieferngebieten sowie auf Holzlagerplätzen von Nadelholz überaus reichlich auf, wenn infolge besonderer Verhältnisse eine sachgemäße Behandlung des Holzes nicht möglich ist oder die Witterungsverhältnisse das Pilzwachstum besonders begünstigen. Für die Beurteilung des hierdurch entstehenden Schadens ist es nun wichtig, daß eine Zerstörung der Holzzellwand und damit eine Festigkeitsverminderung praktisch nicht eintritt. Wie die Untersuchungen von Rudeloff u. a.[1] ergaben, werden weder das Raumgewicht noch die Druckfestigkeit des Holzes durch den Befall mit Bläuepilzen vermindert. Man betrachtet daher einen Bläuebefall nur als einen Schönheitsfehler, der die Verwendung des Holzes in verschiedenster Weise — z. B. als Bauholz — gestattet. Bei starker Verblauung, die bei längerer Einwirkung der Bläuepilze eintritt, muß vielfach mit einem gleichzeitigen Befall durch echte holzzerstörende Pilze gerechnet werden, die die Holzsubstanz graubraun verfärben; der Splint derartiger Stämme zeigt dann neben verblauten Sektoren solche von brauner Farbe. Da diese Pilzarten den Abbau des Holzes bewirken, kann derartiges Holz nicht als gesund bezeichnet werden. In Kalamitätsgebieten, wo etwa durch Fraßepidemien große Kieferflächen während des Sommers abgetrieben werden müssen und eine rechtzeitige Abfuhr nicht möglich ist, ist das meist stark blau- und braunstreifige Holz minderwertig; der Grund liegt aber nicht bei den Bläuepilzen. Verblautes Holz wird, wenn die Bläuepilze abgestorben sind, von den echten holzzerstörenden Pilzen nicht schneller befallen als gesundes, bei noch lebenden Bläuepilzen sogar langsamer[2]. In imprägniertechnischer Hinsicht aber ist verblautes Holz ungünstig zu beurteilen. Bei der Kesseldrucktränkung stark verblauter Kiefernhölzer machen sich bei der Verwendung öliger Imprägnierstoffe in der Regel Schwierigkeiten bemerkbar, die bei Verwendung wäßriger Mittel ausbleiben. Es werden bei der Normaltränkung mit Ölen häufig Teile des verblauten

---

[1] Rudeloff, Mitt. a. d. Kgl. techn. Vers.-Anst. zu Berlin 1897 u. 1899; Mayer-Wegelin, Brunn und Loos, Mitt. Forstw. u. Forstwiss. **2**, 1931.
[2] Johann, Mitt. Forstw. Forstwissenschaft, **2**, 1931. Mayer-Wegelin, Brunn, Loos, ebenda, **2**, 1931. Björkman, Särtryck ur Svensk Papperstidning **50** II B 1947.

Splintholzes nicht getränkt, so daß hier die Gefahr einer späteren Infektion durch holzzerstörende Pilze besteht. Der Grund hierfür liegt wohl in der Verstopfung der Hoftüpfel mit den ziemlich derbwandigen Bläuehyphen. Hierdurch werden viele kapillare Hohlräume geschaffen, die einerseits das Wasser lange festhalten und die Austrocknung verzögern, andererseits einem Einpressen von Ölen Widerstand bereiten[1].

Aus der Biologie des Pilzes ist zu erkennen, daß ein guter Schutz durch feuchte oder trockene Lagerung erzielt wird. Man bringt deshalb Nadelholz, sofern eine schnelle Abfuhr und Aufarbeitung nicht möglich ist, gern in Wasser, da es als Floßholz jahrelang blaufrei bleibt. Da hierbei auch die Wuchsstoffe ausgelaugt werden, die das Pilzwachstum begünstigen, ist ein späterer Befall in der Regel weniger zu befürchten, insbesondere, sofern anschließend für baldige Aufarbeitung und Trocknung gesorgt wird. Auch schützt das sofortige Vergraben gesunder Stämme unmittelbar nach der Fällung gegen Bläuebefall, da das Splintholz dann seinen vollen Wassergehalt beibehält. Im übrigen ist baldige Abfuhr und schnelle Austrocknung des Holzes wichtig. Bei Winterfällung muß das Holz vor Beginn der warmen Jahreszeit aus dem Walde gebracht werden. Bis dahin hat es an schattigen Orten zu lagern. Bei Sommerfällung, die wegen der Begünstigung des Pilzwachstums möglichst zu vermeiden ist, empfiehlt es sich, den Stamm eine Zeitlang mit der Krone liegenzulassen, um durch die Nadeln eine schnelle Verdunstung des im Splint vorhandenen Wassers zu erzielen. Bei Aufarbeitung des Holzes im Walde, z. B. zu Eisenbahnschwellen, ist für eine luftige Lagerung zu sorgen, desgl. auf Holzlagerplätzen und in Sägewerken. Ein prophylaktischer Schutz kann schließlich durch Anstreichen oder Tauchen des Holzes unter Verwendung von wirksamen Holzschutzmitteln erzielt werden; bekannt ist das quecksilberhaltige Präparat Fungimors, das aber nicht mit Eisen in Berührung kommen darf. Bei Untersuchung des Verfassers hat sich das Mittel Schwammschutz Bl mit hohem Dinitrophenolanteil — abgesehen von den Pilzen der Hormonema- und Hormodendrongattung — ebenfalls als wirksam erwiesen. Nach amerikanischen Angaben schützen auch alkalische Lösungen[2], ferner Pentachlorphenol und Diphenylphenol.

Grauwerden des Holzes. Die häufig am verbauten Holz, an Pfählen, Scheunen und Hütten zu beobachtende silbergraue Verfärbung ist, sofern nicht rein chemische Veränderungen (vgl. S. 166) in Betracht kommen, ebenfalls auf eine Einwirkung von Pilzen zurückzuführen[3]. Sie ist nur in der äußersten Schicht des Holzes vorhanden und durch dunkle Pilzfäden verschiedener Pilzarten hervorgerufen, die sich nur in den angeschnittenen Zellen ansiedeln und daher keinerlei Holzzersetzung bewirken.

Der grüne Holzschimmel, Trichoderma lignorum, tritt ähnlich wie die Bläuepilze am geschlagenen Nadelholz bei unsachgemäßer Lagerung auf. Da sein Mycel farblose Wände besitzt, wird er in der Regel nicht

---

[1] Über Imprägnierung mit erhöhter Ölaufnahme bei verblautem Holz vgl. S. 269.

[2] C. Rumbold a. a. O.

[3] Möbius, Ber. d. d. Bot. Ges. 1924.

bemerkt; lediglich wenn auf der Holzoberfläche seine grüngefärbten Sporenmassen in Erscheinung treten, fällt er gelegentlich auf. Da auch er sich nur von den Zellinhaltsstoffen ernährt, besitzt er keine praktische Bedeutung; bei starker Entwicklung dürfte er ebenfalls wie die Bläuepilze die Imprägnierfähigkeit des Holzes verringern; doch ist hierüber nichts Näheres bekannt. Er scheint gegenüber den Bläuepilzen wachstumshemmend (antibiotisch) zu wirken.

b) Verstocken des Laubholzes.

Das Laubholz erfährt nach der Fällung, wenn es längere Zeit im Sommer feucht lagert, Veränderungen, die durch die aktive Tätigkeit der zunächst noch lebenden Holzparenchymzellen verursacht werden und sich in der Ausbildung zahlreicher kleiner Füllzellen (Thyllen) und Kernstoffe bemerkbar machen (vgl. S. 25). Diese als Ersticken bezeichnete Veränderung des Holzes wird vielfach von einer gleichzeitigen Tätigkeit von Pilzen begleitet, die auf den freigelegten Holzteilen zur Keimung gelangen und in das Holzinnere eindringen; es liegt dann ein Verstocken vor. Durch ihre Ausscheidungsprodukte regen sie die Holzparenchymzellen, soweit diese noch lebend sind, zu ähnlichen Bildungen (Thyllen und Kernstoffen) an. Dabei geht ein direkter Abbau der Zellwand vor sich; bereits nach 3—4 Monaten kann berindetes Buchenholz vollständig verstockt sein (Abb. 59). Das befallene Holz verfärbt sich in kurzer Zeit

Abb. 59. Durch Tremella faginea hervorgerufene Weißfäule. Schnitt durch Schwelle in der Nähe der Hirnfläche. Nach Thormann (etwa 1:5).[1]

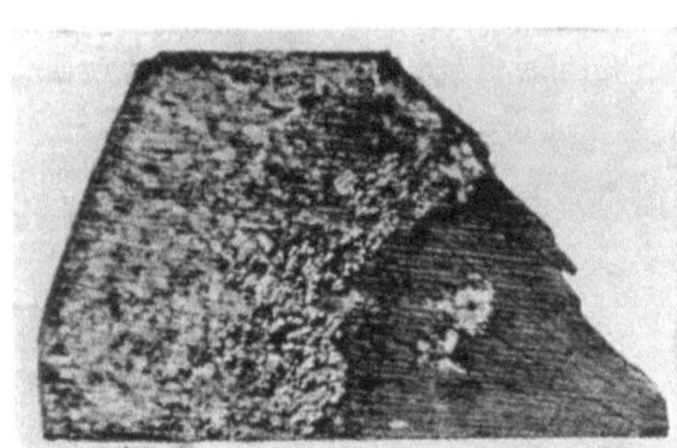

Abb. 60. Fruchtkörper von Hypoxylon coccineum. Nach Thormann (1:5).[1]

zunächst streifenweise, später in ganzer Ausdehnung graubraun. Im späteren Stadium macht sich eine beginnende Weißfäule bemerkbar.

Als Erreger des Verstockens oder der Stockfäule kommen neben Schimmelpilzen wie Hypoxylon coccineum (Abb. 60) und Bispora monilioides (Abb. 61) auch Vertreter der Hymenomyceten, z. B. Tremella faginea (Abb. 59) sowie insbesondere verschiedene Polyporusarten in Betracht. (Abb. 82.)

Verstocktes Holz ist im ersten Stadium für viele Verwendungszwecke noch brauchbar; bei stärkerer Pilztätigkeit aber wird die Festigkeit in

[1] Guido Rütgers Wien, Die Buchenschwelle 1935.

schnellem Maße verringert. Für zahlreiche Zwecke ist es dann nicht mehr verwendbar. Auch für die Imprägnierung bieten verstockte Hölzer größte Schwierigkeiten. Die in ihnen vorhandenen Thyllen sind zwar nicht so groß gestaltet wie bei dem roten Kern (vgl. S. 19), verstopfen also die Gefäße nicht vollständig, ihre große Anhäufung in den längs verlaufenden Gefäßen, die bei dem Laubholz die einzigen Leitungsbahnen für die Tränkflüssigkeit darstellen, macht aber eine Durchtränkung des Holzes selbst unter Anwendung eines sehr hohen Überdruckes unmöglich. Die großen Schwierigkeiten bei der Imprägnierung von Buchenschwellen sind auf diese infolge einer Verstockung bewirkten Verstopfung zurückzuführen[1].

Der beste Schutz gegen das Verstocken des Laubholzes ist die möglichst schnelle Abfuhr des geschlagenen Holzes aus dem Walde. Nach Untersuchungen von Mayer-Wegelin erfolgt das Buchenstocken vor allem in den Monaten von August bis November[2]; Holz der Sommerfällung wird besonders schnell befallen. Auch der Standort scheint von Bedeutung zu sein, da Buchen von Muschelkalkböden schneller verstocken als solche von Buntsandstein. Als geeignete Gegenmaßnahme hat sich auch hier die Wasserlagerung ergeben; da Buchenholz im Wasser sinkt, benutzt man hierfür betonierte Holzteiche. Im übrigen sind auch zahlreiche direkte Bekämpfungsmaßnahmen vorgenommen worden, indem man vor allem

Abb. 61. Querschnitt durch Buchenschwelle mit radial verlaufenden schwarzen Fruchtkörpern von Bispora monilioides (1:5). Nach Thormann.[4]

die Hirnflächen noch berindeter Bäume mit Schutzmitteln anstrich. Es konnte dadurch die Verstockung verzögert werden[3] (z. B. Xylamon).

C. Stammfäulen.

a) Der Kiefernbaumschwamm, Trametes Pini Fr.

Der Kiefernbaumschwamm ist einer der gefährlichsten Holzzerstörer an stehendem Nadelholz und nicht nur in Deutschland, sondern auf der ganzen nördlichen Weltkugel anzutreffen. In Deutschland tritt er besonders stark in den Kieferngebieten östlich der Elbe bei Niederschlagsmengen unter 600 mm auf und fehlt westlich der Elbe fast ganz.

---

[1] Van der Ploeg, Spoor en Tramwegen 1934; Liese, ebenda.
[2] Mayer-Wegelin, Jahn, Dt. Forstw. **14**, 1932. Zycha, Forstwiss. Zentralbl., 1948.
[3] Brunn, Dt. Forstw. **14**, 1932, Sperrholz **4**, 1932.
[4] Guido Rütgers, a. a. O. vgl. S. 88.

Möller[1] schätzte den durch ihn bewirkten jährlichen Schaden in den preußischen Staatsrevieren vor dem ersten Weltkrieg auf etwa 1 Million Goldmark. Bei über 130jährigen stark verseuchten Kiefernbeständen wurde nach Röhrig[2] ein Schaden von über 1000 M/ha festgestellt. Während der Pilz bei Fichte und Tanne auch den Splint zerstört, ohne wesentlichen wirtschaftlichen Schaden zu verursachen, bleibt er bei Kiefer, Lärche, Douglasie auf den Kern beschränkt. Der Befall kann in jeder Stammhöhe auftreten und sich bis in die Wurzeln erstrecken.

Die Infektion erfolgt nur durch die farblosen, 5—7 μ langen und 4—5 μ breiten Basidiosporen, die während des ganzen Jahres in sehr reichlicher Anzahl gebildet werden (Möller[1], Deneke[3]). In Reinkultur auf künstlichem Nährboden erscheint das Myzel zunächst dünnflockig und farblos und wird später dichter, zäh und dunkelockerfarbig. Die Hyphen sind wenig verzweigt, meist 3—4 μ breit und ohne Schnallen; das Wachstum erfolgt sehr langsam. In der Natur findet die Keimung der Sporen auf totem Holz, vor allem dem Kern der toten herausragenden Aststummeln der über 30jährigen Kiefern statt. Das hier entstehende Myzel dringt durch die Kernröhre des Aststummels in den Kern des Stammes ein. Es verbreitet sich langsam vornehmlich in dessen Längsrichtung und verbleibt zunächst innerhalb der einmal befallenen Jahresringe, wobei besonders die Frühholzzellen angegriffen werden; es zeigen sich dann ringartige Zerstörungen (Ringschäle). Bei längerer Tätigkeit wird schließlich der ganze Kern zerstört. Das Längenwachstum beträgt jährlich 10—25 cm, es erfolgt nach unten hin wegen des hier höheren Harzgehaltes langsamer als nach oben[4] ($\frac{1}{3} : \frac{2}{3}$). Auch in den an den befallenen Aststummel angrenzenden Splint dringt der Pilz etwas ein (Abb. 62). Dieser scheidet als Schutzmaßnahme Harz aus, so daß seine Grenzzonen zum befallenen Holz hin (Aststummel, Kernholz) reichlich hiermit durchtränkt werden. In der Umgebung der toten infizierten Aststummel unterbleibt ein weiteres Dickenwachstum des Splintes; die dadurch entstehenden, äußerlich sichtbar werdenden Eindellungen der Rinde weisen auf den inneren

Abb. 62. Längsschnitt durch vom Kiefernbaumschwamm schwach befallenen Stammteil. Darüber Querschnittsbild (1 : 4).

[1] Möller, Ztschr. f. Forst- u. Jagdw. 1904.
[2] Röhrig, Forstarchiv **10**, 1934.
[3] Deneke, Dt. Forstbeamten-Zeitung 1937.
[4] Liese, Forstarchiv **12**, 1936.

Befall hin. Zur Fruchtkörperbildung, die meist 10—20 Jahre nach erfolgter Infektion stattfindet, muß der Pilz an die Stammoberfläche gelangen; er benutzt hierzu wieder als Brücke durch den Splint alte, nicht überwallte Aststummel. Der entstehende Fruchtkörper ist zunächst klein, samtartig, der Borke flach anliegend und rostbraun gefärbt. Auf der Unterseite bilden sich zunächst kleine Grübchen und später die stets lotrecht abwärts gerichteten Poren. Durch den jährlichen Zuwachs verbreitet sich der Fruchtkörper allmählich konsolenförmig und verholzt; seine Oberfläche wird braunschwarz und

Abb. 63. Fruchtkörper des Kiefernbaumschwammes (1 : 4).

rauh (Abb. 63). Bei der harzärmeren Fichte und Tanne zersetzen die Hyphen auch den Splint, so daß die Fruchtkörper überall auf der Rinde der befallenen Holzteile (z. B. toter Äste) gebildet werden können. Da die Westseite einer stehenden Kiefer infolge der feuchten Westwinde besonders gute Keimungsbedingungen liefert, erfolgt auch hier bevorzugt die Myzelentwicklung und später die Fruchtkörperbildung[1].

Die Zerstörung des Kernholzes ist dadurch gekennzeichnet, daß der Pilz eine Weißlochfäule bewirkt und daher das Holz löcherweise zerstört. Die Zellulose bleibt in den Nestern zunächst als weiße Umkleidung zurück, verschwindet aber allmählich ebenfalls (Abb. 64). Das übrige Holz zwischen den Löchern ist zunächst noch rötlich verfärbt und nur wenig zersetzt, so daß es selbst bei stärkerer Zerstörung immer noch eine gewisse Festigkeit behält. Am geschlagenen Holz verliert der Pilz seine Entwicklungsmöglichkeit; nur bei längerer feuchter Lagerung kann unter Umständen

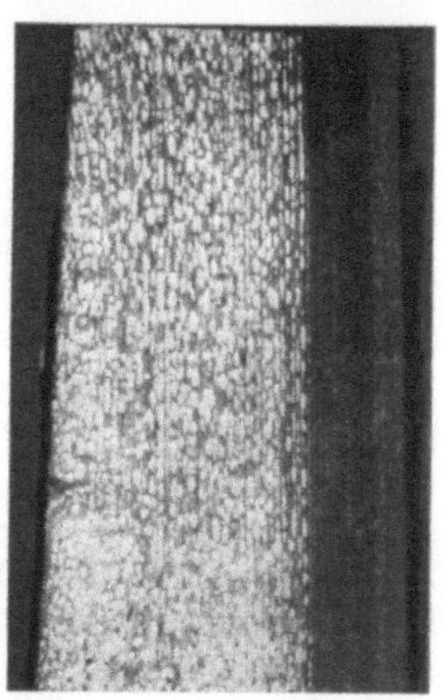

Abb. 64. Korrosionsfäule des Kiefernkernholzes, verursacht durch den Kiefernbaumschwamm. Stark befallen (1 : 4).

noch eine geringe Weiterentwicklung stattfinden. Ist der Stamm erst einmal aufgearbeitet und ausgetrocknet, so ist dem Pilz jede Lebensmöglichkeit genommen; eine weitere Zersetzung des Holzes durch ihn

---

[1] Möller, a. a. O.

findet nicht statt. Schwammkiefern können daher unbedenklich als Rammpfähle und bei schwachem Befall auch als Nutzholz für verschiedene Zwecke (z. B. Leitungsmaste) verwandt werden.

Als forstliche Gegenmaßnahmen kommen frühzeitiger Aushieb der erkrankten Bäume sowie die Erziehung astreiner Bestände — unter Umständen durch künstliche Ästung — in Betracht.

b) Der Wurzelschwamm, Fomes annosus Karst. = Polyporus annosus Fr. (= Trametes radiciperda Hart.).

Der Wurzelschwamm oder Stockfäuleschwamm ist neben dem Hallimasch der gefährlichste Wurzelpilz; er greift vor allem die Nadelhölzer an. Die Infektion erfolgt an Wundstellen durch Sporen oder im Boden wachsende Hyphen von bereits befallenen Holzteilen aus. Das Myzel wächst von der einmal befallenen Wurzel zum Wurzelstock, wo es sich unter Umständen über sämtliche abgehenden Wurzeln verbreitet und damit das Absterben des Baumes bewirkt. Dies zeigt sich besonders auf ungünstigen Standorten (Böden mit extremem, stark schwankendem Wassergehalt, ehemaliges Ackerland), wo die Nadelhölzer (Fichte, Kiefer) trotz zunächst günstiger Entwicklung plötzlich im Stangenholzalter absterben. Die Krankheit verbreitet sich dabei von der Ursprungsstelle allseitig (Ackertannensterben). Bei der Kiefer wird nur das Wurzelsystem befallen, nicht das harzreiche Stammholz; bei der Fichte dagegen kann der Pilz von der Wurzel aus

Abb. 65. Fruchtkörper des Polyporus annosus, an einer toten, am Boden gelegenen Kiefernstange; von oben gesehen (1:3).

in den inneren Holzkörper des Stammes eindringen und diesen bis zu 16 m hoch zersetzen, während der wasserreiche Splint gesund bleibt[1]. Bei langer Tätigkeit des Pilzes schwillt gelegentlich das untere Ende des Stammes flaschenförmig an. Das erkrankte Holz verfärbt sich zunächst grauviolett und später rotbraun (Rotfäule). Bei weit vorgeschrittener Zersetzung zerfällt das Holz strähnenartig. Bisweilen finden sich in ihm kleine, schwarze isolierte Flecken, die von einem weißen Hof umgeben sind. Sie stellen Myzelknäuel dar, die mit schwarz gefärbten Stoffwechselprodukten gefüllt sind. Die weißen Umhüllungen bestehen aus reiner Zellulose, die bei der Vorliebe des Pilzes für die Ligninsubstanzen zuletzt zersetzt wird (Weißlochfäule).

Die Fruchtkörper erscheinen in Höhe des Erdbodens meist an hohl liegenden infizierten Wurzeln (Abb. 65 und 66). Ihre Gestalt ist wechselnd, bisweilen konsolenartig, meist teller- oder krustenförmig; die Oberseite ist braun, konzentrisch gezont, runzelig höckerig mit hellerem

---

[1] Rohmeder, Mitt. d. Staatsforstverwaltung Bayerns **23**, 1937; Hopfgarten, Phytopathologische Zeitschrift **6**, 1933.

Rande, die Unterseite trägt das zunächst rein weiße, später braun werdende Hymenium mit zahlreichen Poren. Die Basidiosporen sind 5 μ lang und 4 μ breit; sie keimen leicht. Daneben bildet der Pilz noch reich-

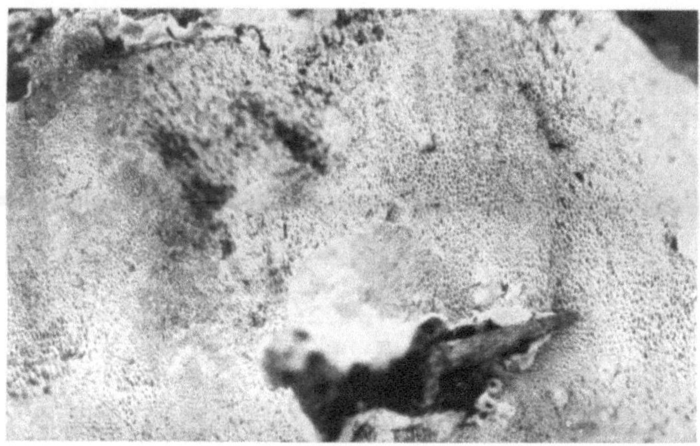

Abb. 66. Fruchtkörper des Polyporus annosus von unten (Hymenium) gesehen. Etwas vergrößert.

lich Konidien, besonders leicht bei Kultur in feuchter Kammer; sie sitzen an keuligen Endhyphen (Gattung Oedocephalum, ähnlich Aspergillus, S. 53)[1].

Der durch ihn bewirkte Schaden macht sich auf ungünstigen Standorten bei allen Nadelholzarten durch deren Absterben recht unangenehm bemerkbar; noch weit größeren wirtschaftlichen Schaden aber bewirkt er in Fichtengebieten durch die Zerstörung des inneren Stammholzes (Abb. 67), wobei allerdings zu beachten ist, daß auch andere Pilze an dieser Stammfäule beteiligt sein können. An der Lärche ist er ebenfalls als Stockfäuleerreger beob-

Abb. 67. Von Polyporus annosus zerstörte Fichte, als Brennholz gestapelt.

achtet worden[2]. Waldbauliche Gegenmaßnahmen müssen auf eine Verbesserung der Standortbedingungen, ferner auf eine Vermeidung von Wundstellen hinzielen. Versuche, ihn unter Verwendung von Antibiotica, d. h. von anderen Bodenorganismen stammenden Ausscheidungen, zu

---

[1] Liese, Forstarchiv VII, 1931.
[2] Schober u. Zycha, Forstw. Zentralblatt, **67**, 1948.

bekämpfen, haben bisher keinen brauchbaren Erfolg gebracht[1]. Meist lebt der Wurzelschwamm als Saprophyt an toten Wurzelstöcken. Auch bearbeitetes Nutzholz kann er gelegentlich befallen, wenn es ständig mit feuchter Erde in Berührung steht (Zäune, Treppenstufen). In Bergwerken tritt er mitunter als Holzzerstörer auf, Spaulding[2]. Als wichtigen Zerstörer verbauten Nutzholzes kann man ihn aber wenigstens in Europa nicht ansprechen. Aus diesem Grunde ist er hier im Gegensatz zu Amerika nicht als Testpilz für toximetrische Untersuchungen herangezogen worden[3] (vgl. S. 382). Eine Verwendung wurzelschwammkranker, insbesondere Kiefernstämme als Mastmaterial ist bei geringer Stockfäule ohne Bedenken zu verantworten, wenn eine einwandfreie Imprägnierung, durch die der Pilz zum Absterben gebracht wird, erfolgt.

Ähnliche, ebenfalls von der Wurzel zum Stamm hin vordringende Zerstörungen des Kiefernholzes werden durch den Kiefernporling, Polyporus Schweinitzii (=sistotremoides), die Krause Glucke, Sparassis crispa, und den wilden Hausschwamm, Merulius silvester, verursacht[4]. Im Gegensatz zum Polyporus annosus können diese das Kernholz der Kiefer bis zu 2 m hoch zersetzen. Am verarbeiteten Nutzholz finden sie keine Entwicklungsbedingungen.

Abb. 68. Vom Hallimasch zum Absterben gebrachte Kiefer. Rinde bereits abgefallen, weiße Myzelschicht sichtbar.

c) Der Hallimasch, Armillaria mellea (Wahl) Fr., Clitocybe mellea (Wahl), Agaricus melleus (Quèl).

Der Hallimasch, auch Honigpilz genannt, ist ein sehr gefürchteter Baumschädling. In der Regel nur als Saprophyt von den im Boden vorhandenen toten organischen Substanzen (toten Wurzeln) lebend, kann er unter Umständen ganze Bestände zum Absterben bringen, wenn diese durch ungünstige Einwirkungen wie Klimaextreme, Insektenfraß oder Pilzbefall in ihrer Lebenstätigkeit stark geschädigt sind. Er befällt dann als Folgeparasit die geschwächten Wurzeln und bringt den Baum meist ein Jahr danach von der Wurzel aus zum Absterben, wobei bisweilen die Krone noch zum Teil grün belaubt ist. Bei den Nadelhölzern, insbesondere der Kiefer, dringt der Pilz durch die Bastschicht bis zu etwa 2 m hinauf und bewirkt den Abfall der Rinde, so daß dann das auf dem Holzkörper lagernde weiße Pilzmyzel wie ein Kalkanstrich

---

[1] Björkman, Physiologia Plantarum Vol. 2, 1949; Rennerfeldt, Oikos I, 1949.

[2] Spaulding, Fungi of Clay mines 1910.

[3] Liese, Nowak, Peters, Rabanus, Krieg, Pflug, Beihefte zu d. Ztschr. d. V. d. Chem. Angew. Chemie und Chem. Fabrik 1935.

[4] Liese, Ztschr. f. Forst- u. Jagdw. 1930.

weithin sichtbar ist (Abb. 68). Es hat die Fähigkeit, in frischem Zustand bei Dunkelheit zu leuchten. Der Pilz ernährt sich zunächst von den in der Rinde und den Markstrahlen vorhandenen Zellinhaltsstoffen (bei den Nadelhölzern auch von den Harzkanälen, hier das sog. Harzsticken verursachend), doch greift er auch etwas den bereits abgestorbenen Splint an und verfärbt diesen schmutzig weißgrau. Eine erhebliche Holzzerstörung erfolgt aber durch ihn nicht.

Die Fruchtkörper sind hutförmig, oberseits honiggelb, anfangs gewölbt, später ausgebreitet und mit zottigen Schuppen versehen (Abb. 69); sie sind eßbar. Die Lamellen sind gelblich-weiß bis rötlich, etwas am Stiele herablaufend, später rotbräunlich gefleckt. Der walzige, an der Basis etwas verdickte Stiel wird bis 15 cm lang und trägt oben einen weißen, häutigen Ring. Die Hüte stehen dicht zusammen, einander häufig überdeckend; sie erscheinen vor allem im Herbst an toten Stöcken, meist sehr reichlich. Die Sporen sind elliptisch, etwa 9 μ lang und 6 μ breit; ihre Keimfähigkeit ist zeitlich sehr

Abb. 69. Fruchtkörper vom Hallimasch (1 : 6).

begrenzt. Außer durch sie findet eine Verbreitung durch die Rhizomorphen (Pilzstränge, S. 52) statt, die als schwarze, bindfadendicke Stränge den Erdboden durchziehen und auch unter der Rinde erkrankter Bäume und auf befallenen Hölzern zu finden sind.

Der Pilz kann auch an ständig feucht lagernden Nutzhölzern vorkommen; er ist daher unter der Dielung im Erdgeschoß von Forsthäusern und an Holzbrücken zu finden. Auch in Bergwerken treten seine Rhizomorphen reichlich auf. Eine erhebliche Holzzerstörung erfolgt aber durch ihn nicht, auch ist eine weitere Tätigkeit im Holz der durch ihn abgetöteten Bäume nach der Fällung nicht zu befürchten[1]. Sofern eine einwandfreie Imprägnierung erfolgt, können nach Ansicht des Verfassers hallimaschbefallene Hölzer ebenfalls als Leitungsmaste verbraucht werden.

D. Lagerfäulen.

a) Die Blättlinge, Lenzites-Gruppe.

Von den zur Gattung Lenzites gehörenden Vertretern interessieren hier am meisten die beiden Arten Lenzites abietina (Bull.) und Lenzites saepiaria (Wulf.); in Amerika tritt ferner als Eichenholzzerstörer Lenzites trabea auf. Die beiden zuerst genannten Pilzarten sind wichtige Zerstörer des Nadelholzes, abietina besonders am Fichten- und Tannen-

---

[1] Reitsma, Phytopathol. Ztschr. **4**, 1932.

holz, saepiaria vorwiegend an Kiefern; neben dem Zähling dürften sie an im Freien verbautem Nadelholz wie Telegraphenstangen, Zaun- und Geländerholz am häufigsten zu finden sein. Nach Spaulding[1] bewirken sie auch in Amerika erheblichen Schaden. In Häusern und anderen ge-

Abb. 70. Fruchtkörper von Lenzites abietina, auf der Unterseite eines horizontal gelagerten Fichtenstammes gebildet (1 : 6).

deckten Baulichkeiten treten sie seltener auf. Ihre Fruchtkörper sind sehr mannigfaltig entwickelt und in ihrer Form ganz von der Lage der Holzoberfläche, auf der sie entstehen, abhängig. Meist treten sie an Trockenspalten des befallenen Holzes auf, aus denen sich zunächst eine niedrige Myzelplatte hervorwölbt, die sich dann in zwei horizontale Platten zu teilen sucht (Abb. 70). An Vertikalflächen eines liegenden Stammes entwickelt sich nur eine; die andere legt sich dem darunter befindlichen Holz eng an.

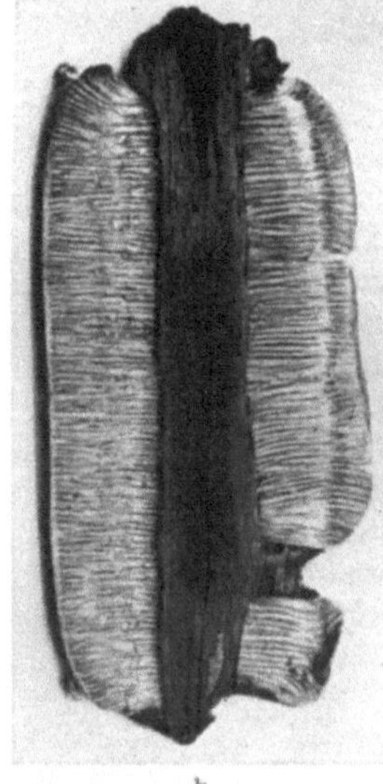

a   b

Abb. 71. Fruchtkörper von Lenzites saepiaria, auf der Oberseite eines horizontal gelagerten Rundholzes gewachsen, a Oberseite, b Unterseite (1 : 1).

Die Fruchtkörper sind dann halbiert hut- oder leistenförmig entwickelt. Werden sie dagegen an vertikal verlaufenden Schwundrissen eines stehenden Holzstückes gebildet, so erhalten sie eine symmetrische Gestalt von elliptischem Umriß mit stark verkürztem Stiel (Abb. 71). Die Fruchtkörpersubstanz ist korkig filzig und von zäher Beschaffenheit. Bei Lenzites abietina ist die Oberseite rost- bis umbrabraun, zunächst zottig behaart, später glatt, mit blassem Rande, bei Lenzites

sepiaria gelbbraun mit feuerfuchsigem Rand. Auf der Unterseite befinden sich Lamellen, die oft verzweigt, aber stets senkrecht zur Längsrichtung des ganzen Fruchtkörpers gestellt sind. Ihre Farbe ist bei abietina grau-bräunlich, bei saepiaria blaßgelb-zimtartig. Bei Licht-

---

[1] Spaulding, U.S. Dep. Agr. Bull. of Plant Industry, Bull. **214,** 1911.

mangel (in Bergwerken, bisweilen auch in Gebäuden) werden monströse Fruchtkörper meist als hornartige Erhebungen von rostroter Farbe und wergartiger, faseriger Beschaffenheit gebildet (Abb. 72). Die Sporen sind zylindrisch, farblos, bei Lenzites abietina $10-12\,\mu$ lang und $3,5-4\,\mu$ breit, bei Lenzites aepiaria $7-8\,\mu$ lang und $2,5-3\,\mu$ breit.

Beide Arten sind typische Substratpilze, ihr Myzel tritt daher unter normalen Verhältnissen nur bei der Fruchtkörperbildung in Erscheinung und bleibt sonst im Holzinnern verborgen, das von dünnen, schnallenreichen Hyphen mit Medaillonbildung durchzogen wird (vgl. S. 47). Stränge sind selten, sie enthalten keine Gefäßhyphen, dagegen viele Faserhyphen, die auch in den Fruchtkörpern reichlich vorhanden und braun gefärbt sind.

Die Lenzitespilze sind im Gegensatz zu den meisten anderen wichtigen Holzzerstörern besonders befähigt, durch T r o c k e n s t a r r e lange Trockenzeiten ohne Schaden zu überstehen. Auch sind sie gegen hohe Temperaturen sehr unempfindlich (vgl. S. 71). Nicht nur die Sporen sind jahrelang keimkräftig, auch die Fruchtkörper und die Myzelien sterben erst nach sehr langer

Abb. 72. Abnorme Fruchtkörper von Lenzites aus einem Hause. Dunkelfruchtform (1 : 5).

Trockenheit ab. Da sie als typische Substratpilze kein Oberflächenmyzel bilden, bietet die im Innern vorhandene Feuchtigkeit lange die Möglichkeit, sich unabhängig von der gerade herrschenden Witterung weiterzuentwickeln. Ihr Wachstum erfolgt allerdings nur langsam. Entsprechend ihrem Vorkommen im Freien sind sie an recht hohe Temperaturen angepaßt. Das Optimum ihrer Entwicklung liegt zwischen 30 und 35° C (vgl. S. 69)[1].

Da nur die inneren Holzteile zerstört werden, erscheint das befallene Holz außen völlig intakt. Nur an der Fruchtkörperbildung oder am Klang des Holzes kann der Befall erkannt werden. Das zerstörte Holz nimmt eine rotbraune Farbe an und zerfällt durch längs, radial und tangential verlaufende Schwundrisse würfelartig (Abb. 35). Wegen des Fehlens eines Oberflächenmyzels kommt eine vegetative Verbreitung auf benachbarte Hölzer nur bei direkter inniger Berührung in Betracht.

b) Der schuppige Zähling, Lentinus lepideus Fr. = Lentinus squamosus Schröt.

Der s c h u p p i g e Z ä h l i n g, auch Sägeblättling genannt, ist ein wichtiger K e r n z e r s t ö r e r der Nadelhölzer. Man findet ihn nicht nur im Walde am Kern toter Nadelholzstubben, sondern auch am bearbeiteten

[1] S n e l l, U. St. Dep. of Agric. Bulletin 1053.

Holz, sofern genügende Feuchtigkeit für seine Entwicklung vorhanden ist. Er tritt häufig an kiefernen Eisenbahnschwellen, Telegraphenstangen, Dalben, Zaunpfählen sowie in Bergwerken auf, doch fehlt er auch nicht in feuchten Häusern und Kellern. Das zerstörte Holz zerfällt ähnlich wie beim Lenzites-Befall würfelförmig. Besonders reichlich ist sein Vorkommen an Schwellen. In den Jahren 1926—1930 waren die vorzeitigen Abgänge an lentinusfaulen Kiefernschwellen in Ostpreußen so erheblich, daß hier vorübergehend ein weiterer Einbau von Kiefernschwellen verboten wurde (Abb. 73 und 74). Auch im Kernholz von imprägnierten Telegraphenstangen- und Masten ist der Zähling nicht selten als erheblicher Schädling zu finden (Abb. 75). Da der Kern der Kiefer sich nicht durchtränken läßt, hat der Zähling als Kernholz-

Abb. 73. Fruchtkörper des Zählings an einer Kiefernschwelle. Der rechte abgelöst und von unten sichtbar.

spezialist eine besondere wirtschaftliche Bedeutung; nicht selten müssen im Splint noch hervorragend gut durchtränkte Hölzer wegen der durch ihn bewirkten Kernfäule beseitigt werden. Selbst das als sehr dauerhaft geltende amerikanische Pitch-Pine-Holz (Pinus palustris) wird im Kern von ihm befallen, wie besonders die Fäulnisschäden an hieraus hergestellten Funktürmen ergaben (vgl. S. 20).

Der Fruchtkörper des Zählings ist ein

Abb. 74. Aus einer aufgeschnittenen zählingskranken Kiefernschwelle haben sich an der Schnittfläche nachträglich Fruchtkörper entwickelt. (1 : 5).

Blätterschwamm, meist zentral gestielt und 5—12 cm groß (Abb. 74). Die Hautoberfläche ist hellgelb mit dunkler gefärbten Schuppen, die auch auf dem weißlichgelben kompakten Stiel vorhanden sind. Die

Lamellen laufen etwas herab, sind weißlich und besitzen eine gesägte Schneide. Charakteristisch ist der Geruch nach Perubalsam, der auch dem zerstörten Holz anhaftet und bisweilen schon in einer Entfernung von mehreren Metern zu bemerken ist. An dunklen, feuchten Stellen werden anomale Fruchtkörper mit langen Stielen und geweihartigen Verzweigungen ausgebildet (Abb. 53). Die Sporen sind eiförmig, farblos, 2—3 μ breit; sie keimen leicht. Das Myzel ist zunächst weiß, später gelblich. Da ein typisches Oberflächenmyzel nicht gebildet wird, findet die Verbreitung vor allem durch die Sporen statt, die zu ihrer Keimung auf Kernholz gelangen müssen. Dies kann bei imprägnierten Hölzern nur durch eine nachträgliche Verletzung (Luftrisse!) des Imprägniermantels erfolgen. Bei den erwähnten erheblichen Zählingsschäden in Ostpreußen waren die Kiefernschwellen zwecks Anbringung der Unterlagsplatten für die Schienen nach der Tränkung gebohrt und in diesem

Abb. 75. Zerstörung des Kernholzes einer imprägnierten kiefernen Schwelle durch den Zähling. Auf der Querschnittsfläche hat sich nachträglich ein Fruchtkörper gebildet. (1 : 4).

Zustand längere Zeit auf der Strecke gelagert worden, so daß die Pilzsporen zum ungeschützten Kern gelangen konnten. Die Krankheit begann, wie deutlich festgestellt werden konnte, an diesen Bohrlöchern. Die seit längerem eingeführte maschinelle Bohrung der Schwellen vor der Imprägnierung hat die Infektionsmöglichkeit und damit die Lentinusgefahr beseitigt (vgl. S. 193).

c) Der Fächerschwamm Paxillus panuoides (Fr.) = Paxillus acheruntius (Humb.).

Der Fächerschwamm, auch Grubenschwamm oder ungestielter Krempling genannt, ist der Pilz der Bergwerke, doch kommt er auch häufig in feuchten Kellern an dunkel lagerndem Holz und auf Stubben von Nadelhölzern vor. Er kann hier beachtliche Zerstörungen verursachen. Gelegentlich wird er auch mit noch waldfrischem Holz in die Neubauten eingeschleppt, doch bleiben seine Schäden gegenüber den durch den Kellerschwamm verursachten zurück. Die häufige Beobachtung seiner Fruchtkörper in Bergwerken dürfte darauf zurückzuführen sein, daß für deren Ausbildung weniger Licht erforderlich ist als bei den übrigen Pilzarten. Die Fruchtkörper sind hutförmig nach Art der Blätterpilze gebaut. Ein Stiel fehlt meist oder ist exzentrisch befestigt; der Hut hängt häufig glockenförmig herab oder liegt dem Holz muschelförmig eng an (Abb. 76). Er ist dünnfleischig, 2—6 cm breit, zunächst weißlich filzig, später gelblich bis hellbraun. Der Rand ist anfangs dünn und eingebogen, im Alter bisweilen wellig. Die Lamellen sind verästelt, am Grunde durch Querleisten verbunden, oft stark gekräuselt. Die Sporen sind etwas elliptisch, 4—6 μ lang und von lehmgelber Farbe. Das Myzel zeigt ähnlich dem Kellerschwamm eine Gelbfärbung und kann mit ihm leicht verwechselt werden. Es bildet aber reichlich Stränge, die dünn und lehmgelb gefärbt sind. Mikroskopisch ist das reichliche Vorkommen stark lichtbrechender Hyphen bemerkenswert; sie ähneln den Faserhyphen, sind jedoch unregelmäßiger gebaut und besitzen zahlreiche Schnallen, die den echten Faserhyphen fehlen. Die Verbreitung des Pilzes kann bis zu einem gewissen Grade durch die Stränge erfolgen. Das Holz zerfällt nach der Zerstörung würfelartig.

Abb. 76. Fruchtkörper des Fächerschwammes von unten gesehen. (1 : 1).

d) Der braunviolette Eggenschwamm, Irpex fuscoviolaceus (Schrad.).

Vermutlich identisch mit Polystictus abietinus (Dicks) Fr.[1]

Der braunviolette Eggenschwamm ist an noch saftfrischem Kiefernholz und toten Kiefernstubben sehr reichlich anzutreffen; auch an noch nicht völlig ausgetrocknetem verarbeitetem Kiefernholz (Balken, Rundhölzern, Brettern, Schalhölzern) ist er häufig zu finden. Seine Fruchtkörper sind in ihrer Gestalt sehr verschieden und erinnern an diejenigen der Lenzites-Arten. Stets stiellos, sitzen sie konsolenförmig an vertikalen Holzflächen in 1—2 cm Breite meist in größerer Anzahl dachziegelig

---

[1] Vgl. Cartwright u. Findlay 1946 S. 163.

übereinander; sie sind lederartig, oben weißgrau, silberhaarig zottig und gezont (Abb. 77). Das auf der Unterseite befindliche Hymenium besteht aus bis 4 mm langen Zähnchen, die in älteren Teilen meist reihenweise am Grunde verbunden sind; sie sind zunächst fleischrot, dann violett, schließlich bräunlich; eine Varietät ist durch weißlich graue Färbung aus-

gezeichnet. Auf der Unterseite horizontal gelagerter Hölzer bildet sich eine resupinate, d. h. dem Holz vollständig flach anliegende Form aus (Abb. 78). Fruchtkörper und Sporen sind zur Trockenstarre befähigt; noch nach langer Zeit trockener Lagerung können sie wieder auskeimen bzw. sich weiterentwickeln. Der Pilz ist auf

Abb. 77. Fruchtkörper des Eggenschwammes: *a* von oben, *b* von unten gesehen. (1 : 1).

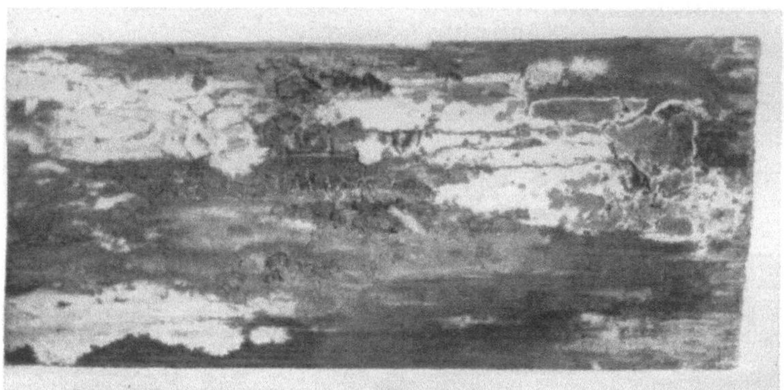

Abb. 78. Kiefernrundholz mit Fruchtkörpern des Eggenschwammes überzogen. (1 : 3).

viel Feuchtigkeit angewiesen. Das von ihm befallene Holz zeigt nach einiger Zeit eine dunkelgelbe Verfärbung. Erheblicher Schaden wird durch ihn nicht verursacht, an den häufig von ihm befallenen Schalbrettern in Neubauten stirbt er mit der beginnenden Austrocknung allmählich ab.

e) Der große Rindenpilz, Corticium giganteum Fr. (= Kneiffia gigantea Fr.) Bres.

Dieser Pilz ist im Walde am toten Holz, insbesondere Stubben von Kiefern, ferner am rohen und bearbeiteten Kiefernholz auf Lagerplätzen, in Häusern an Dachsparren u. a. zu finden, sofern das Holz noch eine gewisse Saftfeuchtigkeit besitzt (Abb. 79). Seine Fruchtkörper stellen einen dünnen, weißen Überzug auf dem Holz dar, sind krustenförmig gebaut, von wachsartiger, bisweilen filzigrauher Beschaffenheit ohne jede Differenzierung im Hymenium. Im lebenden Zustand sind sie weiß, trocken werden sie pergamentartig zähe und gelblich. Die Sporen sind farblos, zylindrisch mit abgerundeten Enden, 5—6 μ lang und 3 μ breit; die Keimung gelingt leicht. Seine Zerstörungsintensität ist ähnlich der des Eggenschwammes, mit dem er bisweilen gemeinsam auftritt, gering; sobald das Holz austrocknet und seine ursprüngliche Saftfeuchtigkeit verliert, hört seine Tätigkeit auf. Meist wird nur die äußere Holzschicht schwach angegriffen. Bei Imprägnierhölzern können

Abb. 79. Überzüge vom Kiefernrindenpilz auf der Hirnfläche einer Kiefernschwelle. (1 : 5).

aber er und ähnliche Arten dieser Gruppe dadurch unangenehm werden, daß sie die vollkommene Durchtränkung erschweren.

f) Der Spaltling, Schizophyllum commune Fr. (= Schizophyllum alneum L. Schröt.).

Der Spaltling ist als Kosmopolit auf abgestorbenen Laubhölzern europäischer und tropischer Arten reichlich zu finden, auch Nadelholz befällt er gelegentlich. Die Fruchtkörper sind halbiert hutförmig, seitlich am Holze befestigt und bleiben verhältnismäßig klein (Abb. 80).

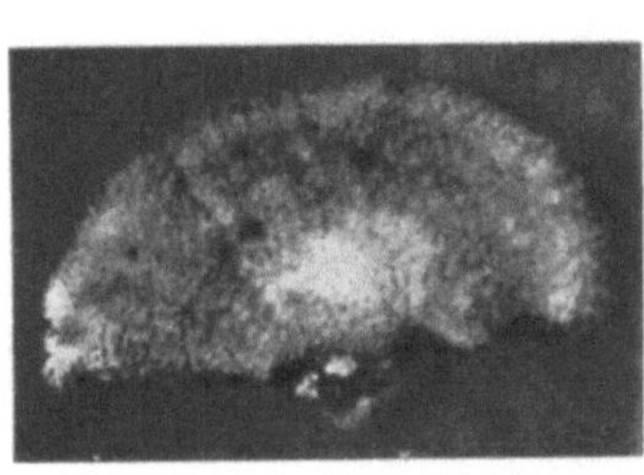

Abb. 80. Fruchtkörper des Spaltlings. *a* von oben, *b* von unten gesehen. (1 : 1).

Unterseits sind radial verlaufende Lamellen vorhanden, die in ihrer Schneide der Länge nach gespalten sind und umgerollte Ränder aufweisen. Die Oberseite ist korkig lederartig, filzig grau, bisweilen etwas weißlich verfärbt, die Lamellen sind zunächst grau, später violettbraun. Die Fruchtkörper können Trockenzeiten gut überstehen; noch nach 21monatiger Aufbewahrung wurden nach Rumbold[1] bei kurzer Befeuchtung keimfähige Sporen abgeworfen. Die Sporen sind farblos, 5—7 μ lang, 2—3 μ breit. Gemmenbildung tritt reichlich auf. Charak-

---

[1] Rumbold, Naturw. Ztschr. f. Forst- u. Landw., 1908.

teristisch ist für diesen Pilz in Reinkulturen ein intensiver käseartiger Geruch. Auffallend ist das schnelle Wachstum des Pilzes, das nur von dem des Kellerschwammes übertroffen wird.

Der durch den Spaltling bewirkte Schaden ist beim Nadelholz unerheblich, beim Laubholz etwas stärker, doch auch nicht wesentlich; er scheint sich vor allem von den Zellinhaltsstoffen zu ernähren. Beim Laubholz ist er an dem Verstocken (vgl. S. 88) des Holzes beteiligt.

g) Der Eichenwirrling, Daedalea quercina (L).

Das Eichenkernholz wird wegen seines hohen Gerbstoffgehaltes von vielen Pilzen gemieden, auch der Hausschwamm befällt es nur wenig. Andererseits gibt es auch Spezialisten hierfür; unter diesen ist der Eichenwirrling als wichtiger Eichenkernholzzerstörer sowohl im Walde an toten Stubben als auch am verarbeiteten Eichenholz (Schwellen, Lagerhölzer, Balken, Brettern) zu nennen. Bei genügender Feuchtigkeit kann er das Holz erheblich zersetzen, das dabei allmählich eine graubraune Farbe annimmt.

Die aromatisch duftenden Fruchtkörper zeigen in ihrem Bau

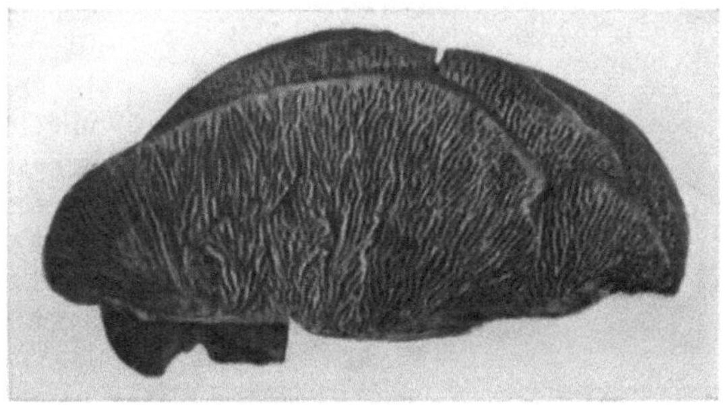

Abb. 81. Fruchtkörper des Eichenwirrlings, von unten gesehen. (1 : 2).

einen Übergang zwischen den Polyporus und Lenzites-Arten. Sie sind halbiert hutförmig, hinten bisweilen sehr dick und dann knollig erscheinend, von hellbrauner Farbe und innen korkig holzig. Das auf der Unterseite befindliche Hymenium besitzt labyrinthförmig gewundene, oft durch Querverbindungen unterbrochene, radial verlaufende Gänge (Abb. 81). Die Sporen sind dünnwandig und etwa 6 μ lang und 4 μ breit. Die Keimung erfolgt leicht. Das entstehende Oberflächenmyzel ist weiß und wächst in Reinkultur unter Wellenbildung sehr gleichmäßig. In Häusern und an dunkel gelagertem Eichenholz (Bergwerken) bilden sich häufig abnorme Fruchtkörper aus, die entweder knollenförmig gebaute Massen oder dünnere gelblich-bräunliche lederartige Überzüge darstellen; die charakteristischen labyrinthförmigen Gänge fehlen ihnen.

Von den zahlreichen weiteren Pilzarten, die am geschlagenen und verarbeiteten Holz auftreten, aber nur unwesentlichen Schaden bewirken, seien noch folgende erwähnt:

Am Kiefernholz, insbesondere noch mit Rinde versehenem, treten häufig Stereum-Arten auf: St. pini und sanguinolentum mit dünnen scheibenförmigen Fruchtkörpern auf dem Holz oder zwischen den Rindenschuppen, Ulocolla foliacea mit gallertartigen, fast walnußgroßen, zimtbraunen, oberseits gehirnartig gewundenen Fruchtkörpern;

Dacryomyces deliquescens mit gelben, feucht gallertartigen, kugeligen Fruchtkörpern.

Am Laubholz, insbesondere Buche: Polyporus adustus, Fruchtkörper klein, konsolenartig, dicht übereinanderstehend, auch direkt dem Holz fest anliegend, unterseits zunächst weißlich, später rauchgrau; Polyporus versicolor (= Polystictus versicolor) (Abb. 82), Fruchtkörper ähnlich, dicht dachziegelig neben- und übereinander, kleine dünne Konsolen bildend, oberseits gezont, seidenglänzend, unterseits mit weißlich gelben Poren; beide häufig an Buchenstubben zu finden, ferner an feucht gelagerten Buchennutzhölzern (Schwellen), mit einer nicht unerheblichen Zerstörungskraft. Weiterhin seien genannt die als Holzzerstörer weniger bedeutsamen, aber am Verstocken des Buchenholzes stark beteiligten Pilzarten Stereum purpureum mit kleinen,

Abb. 82. Fruchtkörper von Polystictus versicolor. Nach Thormann[1]. (1 : 6).

dünnen, violett purpurn gefärbten, zottigfilzigen Fruchtkörpern, Coryne sarcoides mit scheibenförmigen, bis 1½ cm hoch abstehenden, violettrot gefärbten Fruchtkörpern, Xylaria hypoxylon mit geweihartigen, unten schwarz, oben weißlichgrau gefärbten, bis 6 cm hohen Fruchtkörpern. Am Eichenholz mit oder ohne Rinde tritt häufig Stereum hirsutum auf; seine Fruchtkörper sind klein, konsolenförmig dicht neben- und übereinanderstehend, gelblichgrau, dünn, oberseits striegelig filzig, mit gelbem Rande, unterseits orangegelb, glatt, kahl. Er ist an der Zerstörung des Eichensplintes beteiligt, während das Kernholz von ihm nicht befallen wird.

E. Hausfäulen.

a) Der echte Hausschwamm, Merulius domesticus Falck = Merulius lacrimans var. domesticus (Pers.) Falck.

Der echte Hausschwamm ist einer der gefürchtetsten Zerstörer des verbauten Holzes in Gebäuden (Abb. 83); er wird auch gelegentlich auf Holzlagerplätzen, in Bergwerken und sogar an Telegraphenstangen beobachtet. Neben ihm gibt es eine ähnliche Form, den wilden Hausschwamm, Merulius silvester Falck, der sich vor allem im Freien, im Walde als Stockfäuleerreger an lebenden Bäumen vorfindet[2], im übrigen an totem Holz saprophytisch anzutreffen ist, aber auch nicht selten in Gebäude eingeschleppt wird (vgl. Falck[3], Jahn[4], Ulbrich[5]). Der

<hr>

[1] Guido Rütgers, a. a. O. (vgl. S. 88).
[2] Liese, Ztschr. f. Forst- u. Jagdw. 1930.
[3] Falck, Hausschwammforschungen IV.
[4] Jahn, Ber. d. Bot. Ges. **59,** 1941.
[5] Ulbrich, Hausschwamm, Naßfäulen (Trockenfäulen) u. and. Zerstörer in Häusern u. Bauten, Berlin 1941.

wilde Hausschwamm zeichnet sich durch stärkere Ausbildung von dünneren Strängen, durch dünnere Fruchtkörper und verschiedene Eigenschaften morphologischer und physiologischer Art aus. In Reinkultur fällt sein starkes Wasserausscheidungsvermögen auf. Bei Zimmertemperatur ist seine Zerstörungskraft wesentlich geringer als die des echten Hausschwammes. Die Zerstörungskraft des echten Hausschwammes ist die größte von unseren heimischen Pilzarten; nach zweimonatiger Einwirkung sank die Druckfestigkeit unter 50%. Man findet ihn besonders in Althäusern, wo er bei unsachgemäßer Ausbesserung sich häufig nachträglich einstellt und dadurch großen Schaden verursacht. Aus diesem Grunde sind bei Haus-

verkäufen besondere Hausschwammklauseln gesetzlich vorgeschrieben. An den in Neubauten so häufig zu beobachtenden Schwammschäden ist er kaum beteiligt (vgl. Kellerschwamm).

Die Fruchtkörper des echten Hausschwammes liegen meist wie die Oberflächenmyzelien dem Substrat flach an. Sie sind häufig von ellip-

Abb. 83. Unterseite einer vom echten Hausschwamm zerstörten Zimmerdielung.

tischer Gestalt und bestehen aus einer etwa 1 cm dicken, fleischigen Schicht, die von weißem Myzel umrandet, in der Mitte das rostbraun gefärbte Hymenium trägt (Abb. 84). Ihr Durchmesser kann bis 1 m betragen. Bisweilen werden sie auch an Spalten und in Mauerritzen gebildet, sie zeigen dann meist polsterförmige oder konsolenartige Gestalt; das Hymenium ist dann auf der Unterseite angeordnet. Es ist durch eine faltenförmige Ausbildung gekennzeichnet; die Falten zeigen reichliche Querverbindungen und ähneln daher einem zusammengeschobenen Maschennetz (Abb. 85). Die hier gebildeten Basidiosporen sind gelbbraun gefärbt, eiförmig, auf einer Längsseite etwas abgeflacht, $8-12\ u$ lang, $5-6{,}5\ \mu$ breit (Abb. 86). Ihre Keimung ist nur selten beobachtet worden. Das entstehende Oberflächenmyzel zeigt bei günstigen Entwicklungsbedingungen ein dickes, polsterförmiges Aussehen; es ist empfindlich und sinkt bei Berührung oder Zutritt von trockener Luft sofort etwas zusammen. Typisch ist die aus den gleichgerichteten Hyphen gebildete Zuwachszone. Zunächst als schneeweißer Rasen erscheinend, verfärbt es sich nach hinten allmählich grau, ist also hierdurch von dem ähnlichen, aber stets weiß bleibenden Porenhausschwamm zu unterscheiden. Die bisweilen zu beobachtende kanariengelbe Verfärbung des jungen Myzels ist eine Hemmungserscheinung und tritt nur nach Eintritt ungünstiger Faktoren auf. Auf den Myzellappen bilden sich nach kurzer Zeit Stränge aus, die ebenfalls grau werden; sie können bis 10 mm Dicke erreichen, sind lebend biegsam, trocken aber leicht zerbrechlich. Ihre Verbreitung

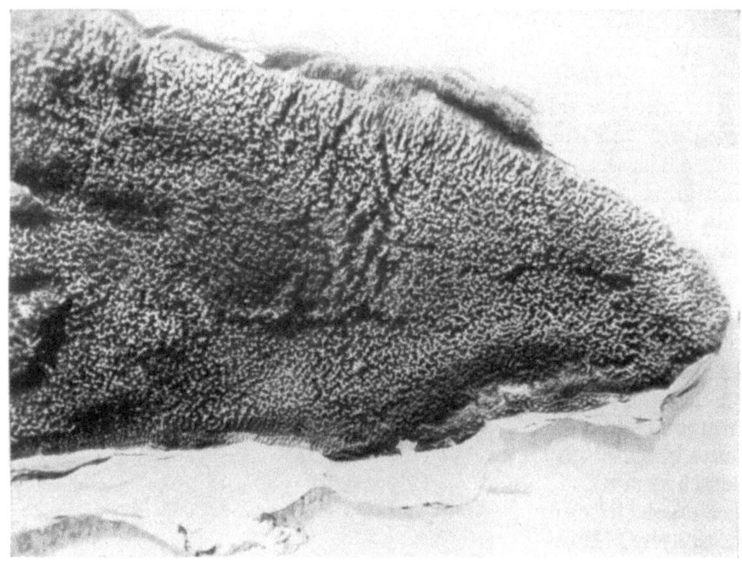

Abb. 84. Fruchtkörper des echten Hausschwammes. (1 : 2).

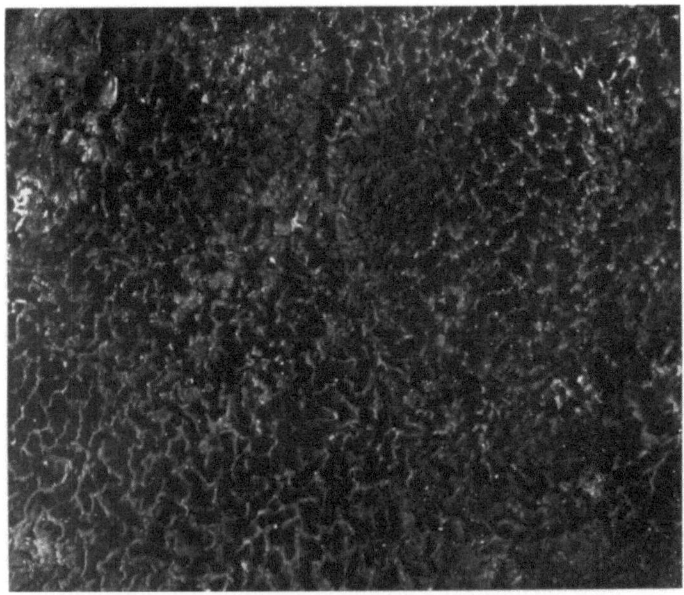

Abb. 85. Hymenium des Hausschwammes in Aufsicht. (1 : 1).

ist wurzelähnlich, aber mit vielen Querverbindungen. In ihrem Innern befinden sich Zellarten, die für die Pilzbestimmung von großer Bedeutung sind: Gefäßhyphen von 25 bis 50 μ Breite mit zahlreichen ring- oder balkenförmigen Verdickungen sowie dickwandige Faserhyphen mit 4 μ Durchmesser (Abb. 31).

Bei ungünstigen Lebensbedingungen werden Gemmen gebildet (vgl. S. 54), deren Keimfähigkeit aber begrenzt ist. Als typischer Oberflächenpilz gebraucht der Hausschwamm eine genügende Luftfeuchtigkeit; Luftzug verhindert sein Wachstum. Durch seine Fähigkeit, aus seinem Myzel reichlich Feuchtigkeit (Atmungswasser, s. S. 65) auszuscheiden (Name lacrimans!), kann er benachbartes, zuvor völlig lufttrockenes Holz befallfähig machen. So ist es zu erklären, daß der Pilz von dem feuchten Entstehungsherde aus auf die trockeneren Holzteile eines Hauses vordringen kann. Vorbedingung ist dafür allerdings völlige Luftruhe. Das im Holze befindliche Innenmyzel bleibt auch bei geringer Feuchtigkeit noch lange am Leben. Wichtig ist für kulturelle Untersuchung, daß der echte Hausschwamm bei einer Temperatur von über 26° C das Wachstum einstellt; er hat sich also an die Temperaturverhältnisse der Häuser derart gewöhnt, daß er die im Freien während des Sommers auftretenden Wärmegrade im Gegensatz zum wilden Hausschwamm meist nicht mehr verträgt. Das beste Wachstum erfolgt bei 20°; gelegentlich sind aber auch Pilzstämme beobachtet worden, die bei wesentlich niedrigeren Temperaturen —

Abb. 86. *a* Sporen des Hausschwammes. *b* Sporen des Kellerschwammes. Vergrößerung 1000fach.

nach Gäumann[1] bei 15—18° — ihr optimales Wachstum haben. Der Hausschwamm befällt alle Holzarten, am meisten das Nadelholz; Eichenholz ist ziemlich gut geschützt. Das zerstörte Holz zerfällt würfelartig (Destruktionsfäule, S. 63, Abb. 49).

b) Der Porenhausschwamm, Polyporus vaporarius (Pers.) = Poria vaporaria (Pers.) Fr.

Als Porenhausschwamm oder Lohbeetporling werden verschiedene, botanisch nicht sicher abgegrenzte Pilzarten bezeichnet. Neben den eigentlichen Vertretern der vaporarius-Gruppe gehören hierhin vermutlich auch die Arten vaillantii, medulla panis, sinuosa Fr.; sie sollen hier gemeinsam behandelt werden. Die Pilze treten als Parasiten im Walde und als Saprophyten auf. Parasitär findet man sie neben anderen Pilzen gelegentlich an Fichten im inneren Holzteil (Reifholz), der durch Wunden, meist Schälschäden des Wildes, freigelegt und so infektionsfähig geworden ist. Der Porenhausschwamm kann daher vom Walde aus mit dem Nutzholz gelegentlich verschleppt werden. Viel wichtiger aber ist seine saprophytische Tätigkeit. Man findet ihn als wichtigen Zerstörer besonders des Nadelholzes in Bergwerken (Abb. 87, S· 217), auf Holzlagerplätzen, an Telegraphenstangen und Eisenbahnschwellen, in Kellern und feuchten Häusern. Er bewirkt ähnlich dem echten Hausschwamm eine Destruktionsfäule.

---

[1] Gäumann, Zbl. f. Bakteriologie II 101, 1940.

Die Fruchtkörper liegen meist als Häute dem Substrat fest an; sie sind auf dem Hymenium mit den für die Gattung Polyporus charakteristischen stets vertikal abwärts orientierten Röhrchen versehen, die eckig und an den Rändern scharfkantig sind, etwa ½ mm Durchmesser besitzen und bis 5 mm lang werden (Abb. 88). Sie zeigen jung eine reinweiße Farbe, später werden sie gelblich. Ihre Größe ist verschieden und kann durch Vereinigung mehrerer benachbarter recht beträchtlich werden, wie es in Bergwerken bisweilen zu beobachten ist.

In den Formenkreis des Poria vaporaria-Pilzes gehört auch die Ptychogaster-Gruppe,

Abb. 87. Vom Porenhausschwamm zerstörtes Holz in alter Fahrstrecke unter Tage.

bei der die Fruchtkörper knollige Gestalt zeigen und zunächst einen weißen, später braunen Inhalt (Chlamydosporenmassen) besitzen. Eine besondere systematische Eingliederung dieser Gruppe (Ptychogaster nach Falck[1]) auf Grund dieser Chlamydosporenbildungen ist nach Ulbrich (1941) nicht gerechtfertigt.

Die Sporen sind nierenförmig, farblos, 5—6 μ lang, 3 μ breit und wie das Myzel von einem eigentümlichen Geruch nach Sauerteig.

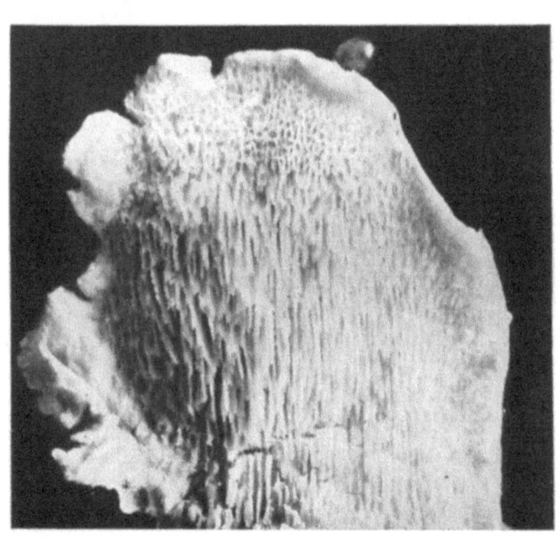

Abb. 88. Fruchtkörper des Porenhausschwammes. (3 : 1).

Das aussprießende Pilzgewebe liegt dem Substrat mehr an und ist lockerer als das des echten Hausschwammes, mit dem es sonst gewisse Ähnlichkeit hat. Es bleibt aber stets rein weiß, ebenso die nach seinem Verschwinden später verbleibenden Stränge, die bis bindfadendick werden und auch im eingetrockneten Zustand stets geschmeidig sind. Ihre Lebensfähigkeit bleibt bei trockener Lagerung ½ Jahr, die des Myzels im befallenen

---

[1] Falck, Die Ptychogaster Fäule, Warschau 1938; Ulbrich, a.a.O., S. 104.

Holz aber viele Jahre erhalten (vgl. S. 67). Mikroskopisch sind in älteren Myzelien eigenartige Vergrößerungen der Hyphen mit stark lichtbrechendem Inhalt zu beobachten, wobei die zahlreich vorhandenen Schnallen zum Teil verschwinden. Das Auswachsen der Schnallen ist in älteren Myzelteilen immer zu finden; in den jüngeren tritt es seltener auf; hier gehen die Seitenhyphen meist von dem der Schnalle gegenüberliegenden Teile des Mutterfadens ab. Das Substratmyzel zeigt Medaillonbildung (vgl. S. 47). Die Stränge enthalten wie beim echten Hausschwamm faserförmige und gefäßartige Hyphen. Die Faserhyphen sind aber schmaler, etwa $2-3{,}5\,\mu$ dick; die Gefäßhyphen sind nur gering vorhanden und ohne Balken- oder Ringverdickungen.

Infolge des großen Feuchtigkeitsbedürfnisses dieser Pilze bleibt der Schaden weit hinter dem des echten Hausschwammes zurück. Ihr Auftreten bleibt stets auf den feuchten Ausgangsherd beschränkt, trotzdem können hier erhebliche Schäden verursacht werden, wie aus zahlreichen Literaturangaben hervorgeht. Bei Kolleschalenversuchen verloren Kiefernsplintklötzchen durch sie in 4 Monaten 50% ihres Trockengewichtes. Die optimale Wachstumstemperatur liegt etwa bei 25° C.

c) Der Kellerschwamm oder Warzenschwamm, Coniophora cerebella (Pers.) Duby.

Der Kellerschwamm ist einer der häufigsten und daher wohl auch wichtigsten holzzerstörenden Pilze. Er ist überall an feuchten Stellen zu finden, nicht nur in Kellern, worauf der Name hindeutet, sondern auch in allen anderen Hausteilen, ferner in Brunnenanlagen, in Bergwerken und an im Freien verbauten Nutzhölzern; auch in Wäldern tritt er

Abb. 89. Fruchtkörper des Kellerschwammes an einem im Freien gelagerten Rundholz. (1 : 1).

reichlich an Baumstümpfen, Zaunpfählen und lagerndem Holz auf. An den die Hausschwammschäden weit übersteigenden Fäulniserscheinungen in Neubauten ist er in ganz erheblichem Maße beteiligt. Er ist auf hohe Holzfeuchtigkeit angewiesen und hört mit seiner Zerstörungstätigkeit auf, sobald diese verschwindet.

Die Fruchtkörper liegen dem Substrat flach an und werden unter Umständen, z. B. in Bergwerken, mehrere Meter lang. Anfangs blaßgelb, werden sie später braunolivfarbig; am Rande besitzen sie eine weißgelbe Zuwachszone (Abb. 89 u. 90). Im Gegensatz zu den ähnlichen Hausschwammfruchtkörpern sind sie nur mäßig dick und zerbrechlich; in dunklen, feuchten Räumen können nach Mez[1] geweihartige oder morchelähnliche Fruchtkörper gebildet werden. Das Hymenium ist zunächst glatt und zeigt später stumpfe warzenartige Erhebungen bis zu etwa 5 mm Durchmesser. Die auf ihm gebildeten Basidiosporen haben eine gewisse Ähnlichkeit mit denen des echten Hausschwammes, sind aber größer und mehr eiförmig

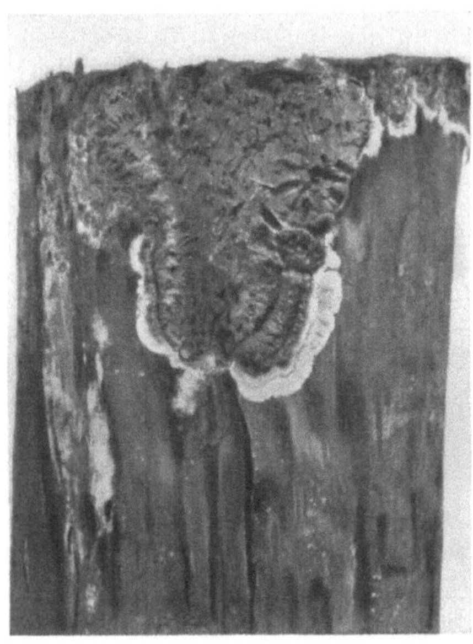

Abb. 90. Fruchtkörper des Kellerschwammes an einem Grubenstempel. (1 : 4).

(Abb. 86b), meist 12—14 μ lang und 6—8 μ breit; sie sind glatt und von gelbbrauner Farbe. Das bei der Keimung entstehende Oberflächenmyzel ist zunächst nur als feiner Überzug sichtbar; erst später wird es etwas dichter und zeigt eine Gelbfärbung. In Reinkulturen auf Malzextrakteagar bildet sich ein kräftiges Oberflächenmyzel. Das Wachstum ist das schnellste aller bekannten Holzzerstörer. Die Bildung der Schnallen tritt etwa eine Woche nach der Keimung auf; an den Haupthyphen stehen sie in der für diesen Pilz charakteristischen quirlförmigen Anordnung bis zu 8 an einer Querwand (vgl. Abbildung 32). Nicht selten keimen sie zu kleinen, rückwärts gerichteten Hyphen aus. Häufig ist in älteren Hyphen

Abb. 91. Stränge des Kellerschwammes. (1 : 5).

eine sehr unregelmäßige Zusammenziehung des Plasmas zu beobachten.

[1] Mez, Der Hausschwamm, Dresden 1908.

Auf dem lockeren Oberflächenmyzel bilden sich bald hinter der Befallzone Stränge aus. Diese bleiben sehr dünn und färben sich bald dunkelbraun bis schwärzlich; sie liegen dann als feine schwarze Haare auf dem Holz und sind meist schwer erkennbar (Abb. 91). In ihrem Innern befinden sich wenige Gefäßhyphen mit $10-15\ \mu$ Durchmesser und leistenförmigen Verdickungen, ferner braune, dünnwandige durch zahlreiche Querwände gekammerte Faserhyphen. Das im Holzinnern vorhandene Myzel zeigt keine quirlförmige Schnallenbildung. Unter ungünstigen Verhältnissen, insbesondere bei beginnender Trockenheit, bilden sich aus den Hyphen durch Zerfall kettenförmig hintereinander gelegene Gemmen, die meist durch entleerte Fadenteile getrennt und für eine Neuentwicklung des Pilzes von Bedeutung sind.

Den wichtigsten Lebensfaktor stellt für den Pilz die Feuchtigkeit dar. Er ist daher der bekannteste Naßfäuleerreger (vgl. S. 65). Steht sie genügend zur Verfügung, so zeichnet sich der Pilz durch eine ungemein schnelle Entwicklung aus; von keinem andern holzzerstörenden Pilz wird er hierin übertroffen. Auch seine Zerstörungskraft ist erheblich. In den letzten Jahrzehnten hat er sich in Neubauten als sehr gefürchteter Schädling herausgestellt. Infolge der überhasteten Bauweise unter Verwendung nicht genügend abgetrockneten Bauholzes konnte sich in den Unterdielenräumen eine feuchtigkeitsgesättigte Atmosphäre mit idealen Entwicklungsbedingungen für den Kellerschwamm bilden. Da hier ein Luftzug fehlt, häufig sogar eine Verdunstung durch sofortige Ölanstriche oder Linoleumbedeckung verhindert wird, kann sich die Feuchtigkeit lange halten und der Pilz infolge seines schnellen Wachstums in kurzer Zeit die Unterlagshölzer und Dielen so stark zerstören, daß diese etwa ein Jahr nach dem Verlegen vermorscht sind und erneuert werden müssen. Da der Bau inzwischen in der Regel ausgetrocknet ist, besteht die Gefahr eines erneuten Befalls durch verbliebene Krankheitsteile in der Regel nicht. In Kolleschalenversuchen verlieren die Versuchshölzer in 3 Monaten die Hälfte ihres ursprünglichen Gewichtes. Aus diesen Gründen wird der Pilz als einer der wichtigsten Holzzerstörer angesehen und bei mycologischen Untersuchungen zur Prüfung von Holzschutzmitteln als Testpilz an erster Stelle verwendet.

Die Keimfähigkeit der Basidiosporen ist zunächst sehr groß, nimmt aber bald ab; nach zweimonatiger trockener Aufbewahrung war sie bei eigenen Versuchen völlig erloschen.

IV. Zerstörung des Holzes durch Tiere.

Von

Dr. phil. habil. Günther Becker, Materialprüfungsamt Berlin-Dahlem.

Vorbemerkung.

Der Wert des Holzes für den menschlichen Gebrauch wird durch Tiere bereits im lebenden Zustand als Baum und noch jahrzehntelang nach der Verarbeitung bedroht. Die Grenze zwischen „Forstschädlingen" und „Werkstoffschädlingen" (auch „physiologische" und „technische" Schädlinge genannt) zu ziehen, ist dabei nicht immer ganz leicht. Unter den „holzzerstörenden" sollen hier alle diejenigen Tiere verstanden werden, die durch ihre Lebenstätigkeit den Wert und die Verwendungsfähigkeit des Nutzholzes beeinträchtigen. Die Zerstörer des toten Holzes stehen dabei im Vordergrund.

Es werden nicht sämtliche in Betracht kommenden Arten berücksichtigt, näher beschrieben nur die praktisch wichtigen. Die Ausführlichkeit ihrer Behandlung entspricht ungefähr ihrer wirtschaftlichen Bedeutung. Im Gegensatz zu der früheren Bearbeitung dieses Abschnittes[1] wurde bei der Reihenfolge der Schädlinge nicht das zoologische System[2] zugrunde gelegt, sondern ebenfalls nach dem Gesichtspunkt der praktischen Wichtigkeit der Gruppen und Arten in Mitteleuropa geordnet.

In den letzten 20 Jahren seit Erscheinen der zweiten Auflage hat die zunehmende Holzverknappung eine stärkere Beachtung auch der tierischen Holzschädlinge zur Folge gehabt. Der durch sie verursachte Schaden ist teilweise erheblich gestiegen. Aber auch in der Kenntnis der Schädlinge, ihrer Lebensweise und Umweltabhängigkeit sowie der Möglichkeiten ihrer Bekämpfung und Verhütung sind beachtliche Fortschritte zu verzeichnen[3]. Sie auf annähernd gleichbleibendem Raum zu berücksichtigen, war nur durch starke Kürzungen bei der Besprechung weniger wichtiger Arten möglich. Die auch in anderen Schriften zugängliche Beschreibung der Tiere wurde gegenüber einer Kennzeichnung ihrer Lebensweise und Schädlichkeit und der Darstellung neuer Forschungsergebnisse zurückgestellt. Auch auf Bestimmungstabellen für Schädlinge und Fraßbilder mußte aus Platzmangel verzichtet werden. So vermag dieser (völlig neu verfaßte) Abschnitt natürlich nur einen kurzen Überblick über die Holzzerstörung durch Tiere und die Schädlinge selbst zu geben.

1. Holzzerstörende Insekten.

Unter den Tieren sind die Insekten die häufigsten und wichtigsten Schädlinge des auf dem Lande verbauten Holzes. Wirbeltiere haben im Vergleich zu ihnen ganz untergeordnete Bedeutung. Andere Tiergruppen kommen überhaupt nicht in Betracht.

A. Allgemeines.

Die Insekten („Kerbtiere") besitzen im erwachsenen, fortpflanzungsfähigen Zustand einen in Kopf-, Brust- und Rumpfabschnitt geteilten („gekerbten") Körper, 3 Paar Beine und meist 2 Paar Flügel. Aus den nach der Paarung abgelegten Eiern entwickeln sich Jugendformen, „Larven" genannt, die entweder den erwachsenen Tieren ähneln (z. B. Heuschrecken-, Wanzen-, Termiten-Larven) oder eine ganz andersartige Gestalt besitzen (z. B. Käferlarven, Fliegenmaden, Schmetterlingsraupen). Im zweiten Falle pflegen auch sämtliche Lebenserscheinungen der Larven von denen der fortpflanzungsfähigen Insekten völlig abzuweichen. Bei ihrem Wachstum häuten sich alle Insekten wiederholt, bis schließlich bei den sich stark wandelnden eine Umformung zur

---

[1] K. Eckstein, Zerstörung des Holzes durch Tiere. Handbuch der Holzkonservierung, 2. Aufl. (1928), S. 105—148.

[2] Für die Systematik vergleiche man z. B. K. Escherich, Die Forstinsekten Mitteleuropas, Bd. 1—5, oder H. Schmidt, Die tierischen Schädlinge des Holzes. (Hannover 1949.)

[3] An Schrifttum wird im wesentlichen nur das nach 1928 erschienene angeführt; die Auswahl ist zwangsläufig unvollständig.

„Puppe" stattfindet, einem Ruhe- und Übergangsstadium von der Larve zum fertigen Insekt. Dieses „schlüpft" bei einer letzten Häutung, und mit ihm beginnt der Kreislauf einer neuen Generation (Abb. 92).

Das Holz dient den Insekten als Nahrung oder als Behausung oder zu beiden Zwecken. Tiere, die nur, wie z. B. gewisse Bienen, ihre Brut

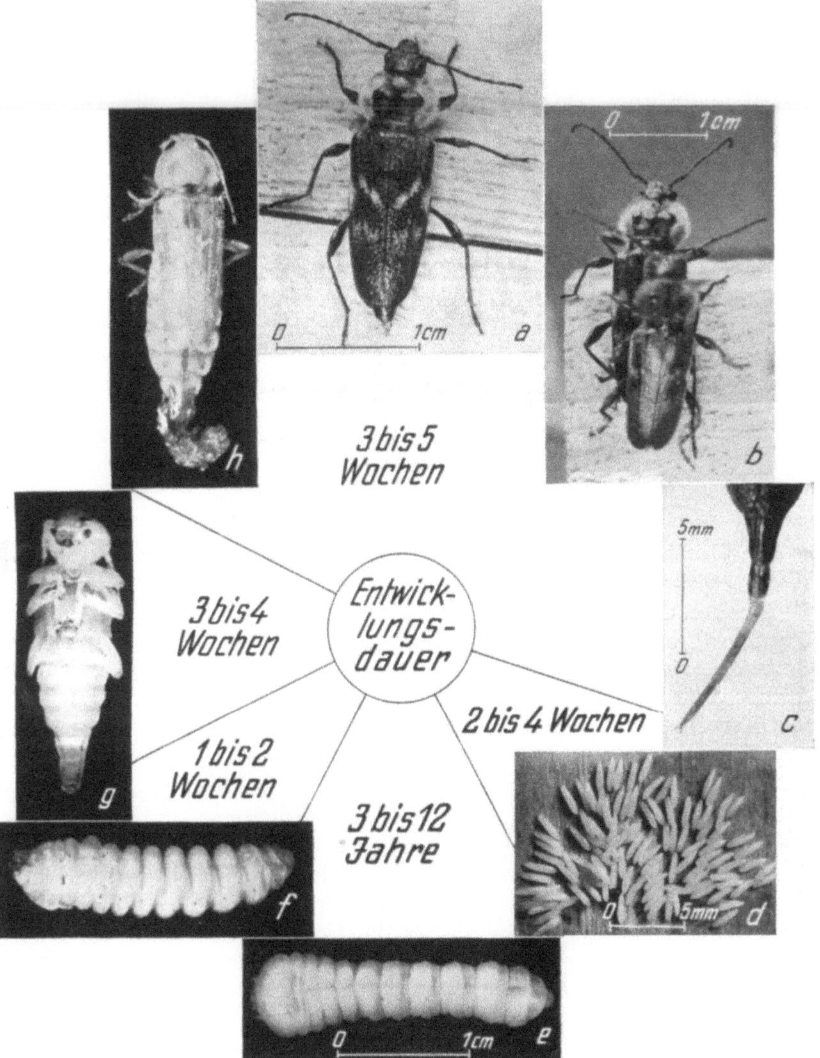

Abb. 92. Entwicklung des Hausbocks (*Hylotrupes bajulus* L.), zugleich als Beispiel des Entwicklungskreislaufes höherer Insekten. a) Weiblicher Käfer, Spalt im Holz von geeigneter Breite für die Eiablage; b) Käfer bei der Paarung; c) Teilweise ausgestreckte Legeröhre des weiblichen Käfers; d) Eigelege; e) Larve von mittlerer Größe; f) Larve kurz vor der Häutung zur Puppe; g) Puppe; h) frischgeschlüpfter weiblicher Käfer mit anhaftender Puppenhaut. Aufn.: G. Becker, MPA-Dahlem.

darin unterbringen, sind ohne praktische Bedeutung gegenüber den holzfressenden Arten. Insekten, die dabei lediglich in einer Generation in
frischem Holz leben, älteres aber meiden, schädigen dessen Festigkeit
natürlich weniger als solche, die es Jahr für Jahr neu befallen.

Holzfresser sind in den meisten Fällen nur die Jugendformen. Der
durch die fertigen Insekten beim Verlassen des Holzes angerichtete
Schaden ist im Vergleich zu dem durch die Larven verursachten meist
sehr geringfügig. Diese sind weitgehend an das Holz gebunden, an das
die Eier, aus denen sie sich entwickelt haben, abgelegt wurden; die be-
weglichen, im allgemeinen flugfähigen, fortpflanzungsfähigen Tiere hingegen können die von ihnen ausgehende Gefahr auch über größere
Strecken verbreiten.

Neben der eigenen Zerstörungstätigkeit tragen die holzbewohnenden
Insekten zur Verbreitung von Bläue- und holzzerstörenden Pilzen bei
oder begünstigen durch ihre wassersaugenden Bohrgänge deren Entwicklung.

Im ungestörten Kreislauf der Natur sind fast alle Holzfresser nützliche
Abfallverwerter, die durch Zerkleinerung und Verdauung des Holzes der
Lebenstätigkeit der holzzerstörenden Pilze vorarbeiten und den Um-
setzungsvorgang des toten Holzes in chemisch einfache Stoffe, die Bausteine neuen Lebens, beschleunigen. Der Mensch aber ist gezwungen,
den von ihm genutzten Rohstoff vor diesen Tieren, die für ihn „Schädlinge" sind, durch geeignete Maßnahmen zu schützen.

B. Ernährung und Schädlichkeit.

Die Ernährungsweise der holzfressenden Insekten ist außerordentlich
mannigfaltig. Von ihr hängt die Schädlichkeit einer Art wesentlich ab.

Ein Teil der Insekten frißt nur Nadelholz, ein anderer ausschließlich
gewisse Laubholzarten, ein dritter befällt Laub- wie Nadelhölzer.
Manche Arten beschränken sich ganz auf die Rinden-Bast-Schicht oder
dringen nur zur Verpuppung etwas in das Holz ein, andere nagen bereits
als Larven im Holzteil des Stammes. Unter diesen wiederum gibt es
Schädlinge, die nur im Splintholz leben, und andere, die auch den Kern
durchziehen. Schließlich ist zu unterscheiden zwischen Arten an saftfrischem und an verarbeitetem altem Holz; die letzteren sind teils an das
Vorhandensein holzzerstörender Pilze gebunden, teils davon unabhängig.

Der technische Schaden ist natürlich bei den eigentlichen Holzfressern
am größten, und zwar um so beträchtlicher, je länger die Fraßzeit im
Holze dauert und je umfangreicher die Fraßgänge und der befallene
Bereich sind. Die auf saftfrisches Holz angewiesenen Arten befallen
dieses nur in einer Generation; am gefährlichsten sind die in beliebig
altem Holz lebensfähigen und dies in vielen Generationen nacheinander
schädigenden Insekten.

Verschiedenen Arten dient nicht das Holz selbst als Larvennahrung,
sondern es werden die in den Bohrgängen des noch saftfrischen Holzes
gedeihenden Pilze gefressen. Zahlreiche andere verwerten zwar auch
Bestandteile des Holzes als Nahrung, sind aber daneben von dem Vor-

handensein von Pilzen abhängig. Doch auch die ohne Pilze voll entwicklungsfähigen Arten werden durch Pilzbefall des Holzes (bei holzzerstörenden Pilzen vor einem stärkeren Abbau des Holzes) in ihrem Wachstum gefördert[1].

Die chemische Auswertung der Holznahrung durch die Tiere ist ebenfalls sehr verschiedenartig. Von den stets im Überfluß vorhandenen Kohlenhydraten vermögen manche Larvenarten nur die leicht löslichen Zucker zu verdauen, andere hängen vom Stärkegehalt des Holzes ab, eine weitere Gruppe vermag auch Hemicellulosen abzubauen, und ein Teil ist zur Auswertung der chemisch so schwer angreifbaren Cellulose imstande[2]. Die Cellulose-Spaltung kann durch körpereigene Fermente der Larven oder unter Mithilfe von symbiontischen Einzellern oder Bakterien erfolgen[3].

Entscheidend für die Entwicklungsgeschwindigkeit sind meist die Eiweißstoffe, die im Holz nur in geringer Menge (durchschnittlich etwa 0,5 %) vorhanden sind[4]. Arten, die in der eiweißreicheren Rinden-Bast-Schicht leben, haben eine bedeutend kürzere Entwicklungszeit als im Holz fressende Larven; in rindennahen Splintholzbereichen wachsen die Tiere rascher als in Kernholznähe oder in diesem selbst. Der Eiweißbedarf der Holzfresser wird neben dem geringen Eigengehalt des Holzes an Proteinen durch Pilzmyzelien, in manchen Fällen durch die Verdauung von Darmsymbionten und teilweise auf dem Wege über die Assimilation des Luftstickstoffs durch symbiontische Hefen und Bakterien gedeckt[5,6,1].

Die auch zum Cellulose-Abbau fähigen Holzfresser haben die größte wirtschaftliche Bedeutung und sind am schwierigsten zu bekämpfen, da sie sich in beliebig beschaffenem, auch von leichtverdaulichen Stoffen freiem Holz zu entwickeln vermögen, während man beispielsweise auf Stärke angewiesene Tiere durch deren Entfernung abwehren kann[7]. Eine Verlängerung der Entwicklungszeit durch Eiweißmangel im Holz, durch die zwar die Generationenfolge der Schädlinge verlangsamt wird, wirkt sich in vergrößerter Fraßmenge und Holzzerstörung des Einzeltieres ungünstig aus[4].

C. Umweltabhängigkeit und Verbreitung.

Neben der Nahrungsmenge und -beschaffenheit ist die Entwicklung und Ausbreitung der Schädlinge von den Feuchtigkeitsverhältnissen, der Temperatur sowie Krankheiten, Feinden und Parasiten abhängig.

[1] G. Becker, Z. ang. Entomol. **30** (1943) 104—118 und Mitt. Dtsch. Ges. Holzforschg. H. 34 (1944) 159—178.
[2] E. A. Parkin, J. exp. Biol. **17** (1940) 364—377; E. Schlottke u. G. Becker, Biol. gener. **16** (1942) 1—10; E. Schlottke, Zool. Jahrb. (Abt. Allg. Zool., Physiol.) **61** (1945) 88—139.
[3] H. Schmidt, Mitt. Reichsinst. Forst-Holzwirtsch. **2** (1947) 1—4.
[4] G. Becker, Z. vergl. Physiol. **29** (1942) 98—152.
[5] H. Schanderl, Z. Morphol. Ökol. Tiere **38** (1942) 526—533.
[6] G. Becker, Z. Morphol. Ökol. Tiere **39** (1942) 98—152.
[7] E. A. Parkin, Forestry **12** (1938) 30—37, 117—124, **13** (1939) 134—145.

Die nicht von Holz, sondern ausschließlich von den in ihren Bohrgängen gewachsenen Pilzmyzelien lebenden Insekten sind an die für die Entwicklung der Pilze nötige hohe Feuchtigkeit des saftfrischen Holzes gebunden. Die Ansprüche an die Holzfeuchtigkeit sind jedoch auch bei den meisten in altem, totem Holz fressenden Arten recht hoch. Nur wenige Schädlinge vermögen ihre gesamte Larvenentwicklung in lufttrockenem Holz zu vollziehen (Abb. 93). Diese sind aber naturgemäß von besonderer Bedeutung für den Menschen, weil sie sämtliches verbaute oder anderweitig verarbeitete Holz gefährden, während sich feuchtigkeitsbedürftige Arten — entsprechend den holzzerstörenden Pilzen —

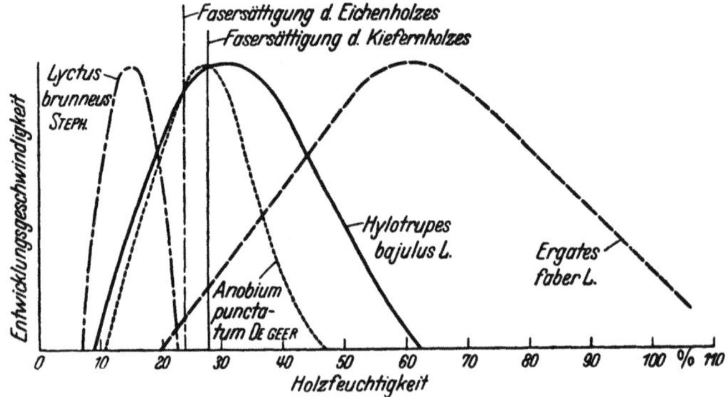

Abb. 93. Abhängigkeit der Larvenentwicklung verschiedener holzzerstörender Käfer von der Feuchtigkeit. Splintholzkäfer (*Lyctus brunneus*) STEPH. nach E. A. Parkin, Gewöhnlicher Nagekäfer (*Anobium punctatum* DE GEER) nach G. Becker, Hausbock (*Hylotrupes bajulus* L.) nach K. Schuch und G. Becker, Mulmbock (*Ergates faber* L.) nach G. Becker.

durch hinreichende Trockenhaltung des Holzes, beispielsweise durch geeignete bauliche Maßnahmen oder richtige Lagerung, fernhalten lassen.

Die Bewohner der saftfrischen Stämme findet man fast nur im Walde oder auf Lagerplätzen; in altem, aber feuchtem Holz lebende Tiere werden im Bereich der Bodengrenze verbauter Hölzer schädlich; die auch in trockenem Holz lebensfähigen Arten haben die weiteste Verbreitung in dem verarbeiteten Werkstoff. Da indessen auch die meisten „Trockenholz-Schädlinge" um so racher wachsen, je höher die Luftfeuchtigkeit ist, sind die Zerstörungen durch sie in Küstennähe und in Flußtälern besonders groß und innerhalb von Gebäuden dort am stärksten, wo neben gleichwertigen Ernährungs- und Temperaturbedingungen die Feuchtigkeitsverhältnisse für sie am günstigsten sind. In dauernd sehr trockenem Holz vermögen auch sie sich nicht zu entwickeln (Abb. 93).

Die Insekten als „wechselwarme" Tiere[1] hängen mit ihren gesamten Lebensvorgängen ferner von der Temperatur ab. Unterhalb gewisser Grenzen hören Fortpflanzung, Nahrungsaufnahme und Bewegungen auf. Mit zunehmender Wärme werden alle Lebenserscheinungen bis zu einem günstigsten Temperaturbereich beschleunigt, darüber hinaus aber ge

---

[1] das heißt: ohne eigene Steuerung der Körperwärme.

hemmt; bei einer oberen Grenze der Lebensfähigkeit hören sie auf. Günstigster Bereich und Grenzen sind artenweise recht verschieden (Abb. 94), und entsprechend wechseln die geographische und örtliche Verbreitung.

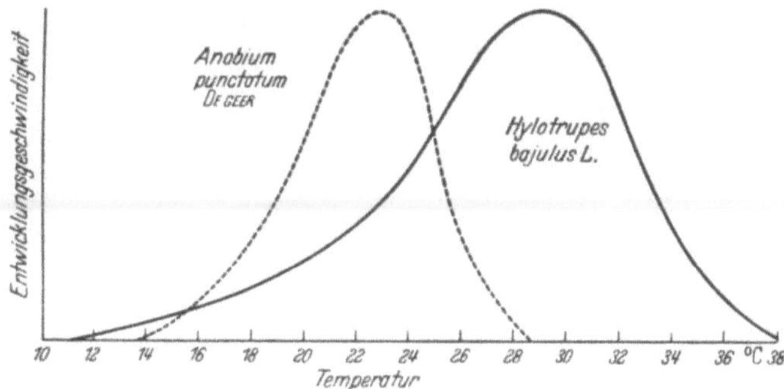

Abb. 94. Unterschiedliche Abhängigkeit der Larvenentwicklung des Gewöhnlichen Nagekäfers (*Anobium punctatum* DE GEER) und des Hausbocks (*Hylotrupes bajulus* L.) von der Temperatur (nach G. Becker und K. Schuch).

So sind die Termiten auf Gebiete mit einer Mindestwärme beschränkt und finden ihre Verbreitungsgrenze in Europa im Mittelmeergebiet (Abb. 95). Gewisse wärmeliebende Bockkäfer kommen im Gebirge nur bis zu einer bestimmten Höhe vor und bevorzugen warme Plätze im Freien und im Innern von Gebäuden. Umgekehrt meiden beispielsweise die bei niedrigerer Wärme am besten gedeihenden Anobien (Abb. 94) heiße Dachböden und haben ihr Hauptverbreitungsgebiet in kühleren Gebäuden und Gebäudeteilen[1].

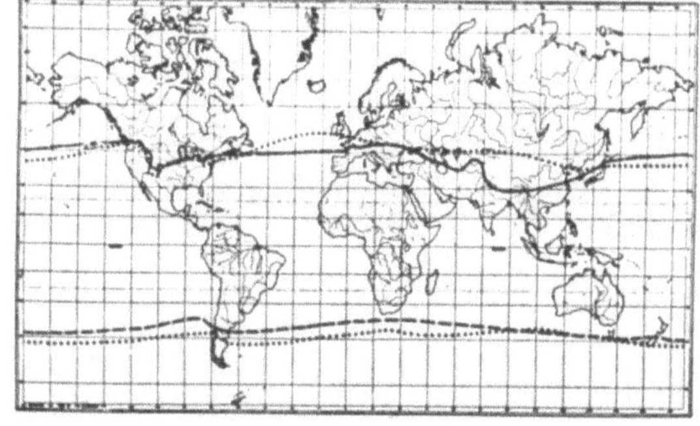

Abb. 95. Termitenverbreitung auf der Erde (schraffierte Linie) in Abhängigkeit von der Temperatur (punktierte Linie = 10 ° C. Jahresisotherme). Nach A. E. Emerson.

Natürliche Feinde und Parasiten können die Ausbreitung von Holzschädlingen hemmen. Wo sie ihnen nicht oder in zu geringer Zahl folgen, wie die Schlupfwespen-Parasiten dem Hausbock in Gebäuden, fehlt es an dem wirksamen biologischen Ausgleich, der sonst Massenvermehrungen von Schädlingen meist nach einiger Zeit beendet.

Die genaue Kenntnis der Umweltabhängigkeit erst ermöglicht es, die praktische Bedeutung eines Schädlings richtig zu beurteilen und geeignete technische, bauliche oder chemische Schutzmaßnahmen zu treffen.

---

[1] G. Becker, Z. Morphol. Ökol. Tiere **39** (1942) 98—152.

D. Die schädlichen einheimischen Insekten.

Drei Insektenordnungen werden in Mittel-, Nord- und Osteuropa an totem und lebendem Holz schädlich: Käfer (*Coleoptera*), Hautflügler (*Hymenoptera*) und Schmetterlinge (*Lepidoptera*). Die übrigen Insekten sind in diesem Zusammenhang ohne Bedeutung. Die meisten und — besonders für verarbeitetes Holz — wirtschaftlich wichtigsten Arten stellen die Käfer.

a) Käfer.

Insekten mit kauenden Mundwerkzeugen, mehr oder weniger harten Flügeldecken und stark ausgebildetem beweglichem Halsschild (Vorderbrust); Larven meist weichhäutig. — Mit Ausnahme der Rüsselkäfer und der Borkenkäfer (sowie einzelner Bockkäfer) werden die Tiere nur durch den Larvenfraß schädlich. Die Beschädigungen durch die Käfer sind demgegenüber meist ohne Bedeutung.

α) Bockkäfer.

Nach Artenzahl und Schädlichkeit nehmen die Bockkäfer *(Cerambycidae)* die erste Stelle ein. Sie tragen ihren Namen wegen der an Steinbockgehörn erinnernden Fühler (s. z. B. Abb. 104, 109, 110, 113, 114). Mittelgroße bis große, z. T. glänzende oder bunt gefärbte Käfer mit kräftigen Beinen, bei manchen Arten mit starken Geschlechtsunterschieden (vgl. Abb. 104). Eiablage in Holzspalten; die Eier werden an der Unterlage festgeklebt. Larven langgestreckt, weißlich bis gelblich, weichhäutig, mit scharfen Körpereinschnitten, Kriechwülsten, harten Kauwerkzeugen und verkümmerten Beinen; Larvenfraßgänge mit eiförmigem Querschnitt.

Es sollen zunächst vorwiegend die in Nadelholz und anschließend die wichtigsten in Laubholz lebenden Arten behandelt werden.

Der Hausbock (*Hylotrupes bajulus* L.). Der Hausbockkäfer ist der weitaus gefährlichste Schädling des verarbeiteten Nadelholzes und damit, entsprechend der überwiegenden Verwendung von Kiefer, Fichte und Tanne für Bauzwecke, der wichtigste einheimische Holzzerstörer unter den Insekten[1, 2].

Er befällt nur totes Nadelholz. Im Freien zerstört er Holz auf Lagerplätzen sowie Leitungsmaste und Pfähle aller Art, Zäune, Fachwerk und die Überwasserteile von Brücken und Hafenbauten. Im Innern von Gebäuden ist das Holz auf den Dachböden am stärksten gefährdet (Abb. 96), und hier ist der Schädling am weitesten verbreitet; aber auch Möbel und andere Holzgegenstände in Wohnräumen werden gelegentlich angegriffen[3, 4]. Nach einer 1936/37 durchgeführten Erhebung war im Durchschnitt fast jedes zweite Haus in Deutschland irgendwie befallen. Die Verbreitung ist landschaftsweise sehr unterschiedlich. In manchen Gebieten, vor allem an der Ostseeküste und östlich der Elbe, zeigen bis zu 90 % aller Gebäude Hausbock-Schäden[5, 6].

---

[1] H. Weidner, Z. Pflanzenkrankh. **46** (1936) 306—326.
[2] Becker, Z., vergl. Physiol. **29** (1942) 98—152.
[3] K. Eckstein, zitiert S. 112
[4] K. Eckstein, Vedag-Buch 1935, S. 60—87.
[5] Verb. öff. Feuerversicherungsanst. i. Deutschl.: Erhebungen über den Befall des deutschen Gebäudebestandes durch den Hausbockkäfer 1936/1937. Berlin-Dahlem 1938.
[6] O. Kaufmann u. K. Schuch, Folgerungen aus der deutschen Hausbockstatistik, Berlin-Dahlem 1938.

Die Käfer (Abb. 92a) sind im männlichen Geschlecht 7 bis 17, im weiblichen 11 bis 22 mm lang[1]) und sehr flach gebaut (mit Ausnahme der Weibchen, die vor der Eiablage einen prall gefüllten Hinterleib haben). Grundfärbung des Körpers schwarz, in seltenen Fällen braun; die Flügeldecken mit 2 hellen Querbinden aus weißgrauer Behaarung, die hintere besonders bei kleinen Tieren schlecht ausgebildet. Seitenränder des Halsschildes meist

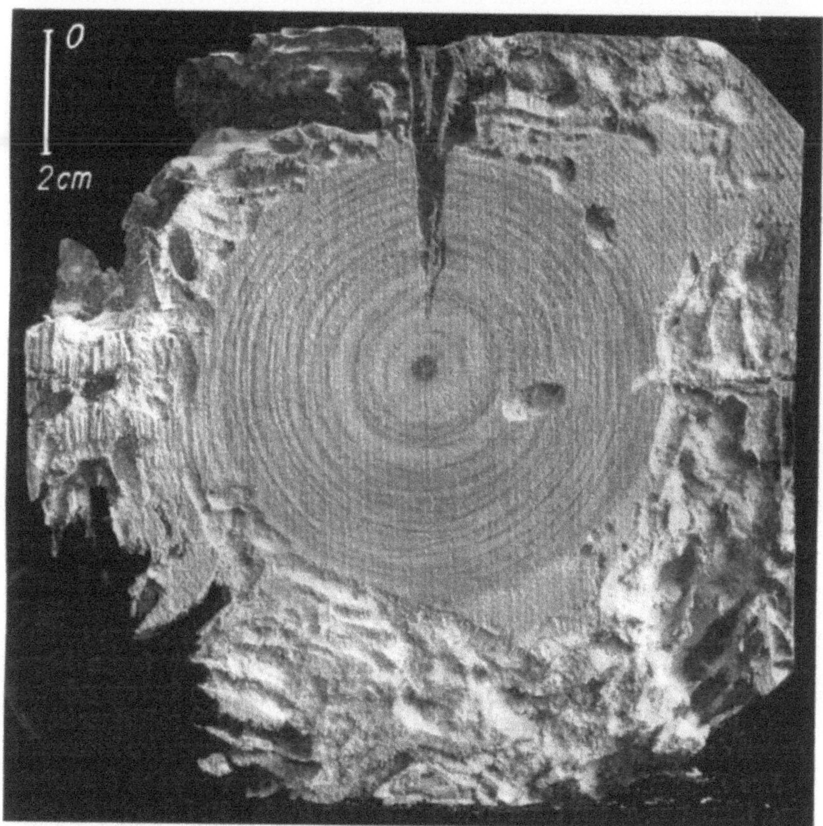

Abb. 96. Querschnitt durch einen von Hausbocklarven im Splintteil völlig zerstörten Dachbalken aus Kiefernholz. Auf.: MPA-Dahlem.

stark behaart mit 2 glänzenden, für den Hausbockkäfer kennzeichnenden Buckeln. (Abb. 92.) Weibchen von den Männchen u. a. durch eine über die Flügeldecken hinausragende Scheide der Legeröhre zu unterscheiden. (Abb. 92a und 92b.)

Flugzeit je nach Witterung und Landstrich von Mitte/Ende Juni bis Anfang/Ende August, vereinzelt später. Lebensdauer je nach Umweltbedingungen 2 bis 4 Wochen (gelegentlich länger).

Die Käfer laufen und fliegen während der heißesten Mittags- und Nachmittagsstunden umher. Nach der Paarung werden die Eier mittels einer lang ausstreckbaren Legeröhre (Abb. 92c) in geeigneten, sorgfältig

---

[1] G. Becker, Z. hyg. Zool. **34** (1942) 83—107.

ausgewählten Rissen und Spalten des Holzes in 1 bis 7 Gelegen kleineren oder größeren Umfanges (bis zu 160 Stück je Gelege) festgekittet. (Abb. 92d). Ein einzelnes Weibchen kann bis über 400 Eier erzeugen; unter günstigen Bedingungen werden durchschnittlich etwa 200 Stück gelegt[1].

Die weiblichen Käfer werden zur Eiablage von dem für frisches Koniferenholz kennzeichnenden Duft von Pinen und Caren (in schwächerem Maße auch von Sabinen) angelockt, denen die Terpen-Bruttoformel $C_{10}H_{16}$ und bizyklische Bindung gemeinsam ist. Die durch Oxydation aus den wirksamen Terpenen entstehenden Stoffe sind ohne anlockenden Einfluß oder schrecken die Käfer ab[2]. — Zur Eiablage wird eine Spaltbreite von 0,3 bis 0,6 mm gewählt und rauhes Holz bevorzugt[2].

Die Eier sind weißlich-elfenbeinfarbig, ungleichmäßig länglich-oval und $\approx$ 2 mm lang (Abb. 92d). Ihre Entwicklung dauert je nach den Wärmeverhältnissen 1½ bis 3 Wochen. Hohe Luftfeuchtigkeit begünstigt die Ausbildung der Junglarven („Eilarven")[3]. Diese bohren sich nach dem Verlassen der Eihüllen in Trockenrissen, meist in Nähe der Eiablage, in das Holz ein, können sich jedoch nötigenfalls auch über größere Strecken fortbewegen[4] und längere Zeit hungern[5].

Die Larven (Abb. 92e) sind bis auf die braunen Mundwerkzeuge und einen gelben Streifen am Rand des Kopfes rein elfenbeinweiß, zunächst 2 mm, vor der Verpuppung bis nahezu 30 mm lang. Am breitesten ist der erste Brustabschnitt, der Körper in der Mitte am schlanksten und nach dem Hinterende zu wieder verdickt; die Beine sind bis auf kurze Stummelchen zurückgebildet.

Die Larven durchnagen das Holz in beständig größer werdenden Gängen mit eiförmigem Querschnitt, deren Wände in trockenem Holz ein wellenartiges Fraßmuster zeigen (Abb. 97 oben). Junge Larven (Abb. 97 unten) bevorzugen die Frühholzschichten. An nährstoffreicheren Stellen, besonders dicht unter der Rinde, werden die Gänge seitlich „platzartig" erweitert. Sie enthalten ein Gemisch aus feinen Nagespänchen und Kotwalzen (Abb. 98), das von den Larven fest eingedrückt wird. Je geringeren Nährwert das Holz für diese hat, um so kleiner ist der Anteil des Kotes gegenüber dem nicht gefressenen Nagsel im Bohrmehl.

Der Larvenfraß beschränkt sich im wesentlichen auf das Splintholz und führt nur selten auch in das Kernholz (Abb. 96); Rindennähe wird bevorzugt. Die fast stets peinlich gemiedene Holzoberfläche bleibt als oft nur papierdünne Außenschicht unversehrt, so daß ohne ihre Entfernung die Zerstörungen im Holzinnern nicht sichtbar sind. In der warmen Jahreszeit kann man ein knackendes „Fraßgeräusch" der Larven wahrnehmen. Fraßmehl wird von den Larven verhältnismäßig selten bei geringem Nahrungswert des Holzes ausgestoßen. Bohrmehlhäufchen auf oder unter befallenem Holz rühren nur zum Teil von den Hausbocklarven selbst her (vgl. „Hausbuntkäfer", S. 156).

---

[1] G. Becker, Z. hyg. Zool. **34** (1942) 83—107.
[2] G. Becker, Z. vergl. Physiol. **30** (1944) 253—299.
[3] P. Steiner, Z. angew. Entomol. **23** (1937) 531—546.
[4] W. Finkenbrink, Anz. Schädlingskde. **16** (1940) 41—43.
[5] G. Becker, Holz als Roh- u. Werkstoff **4** (1941) 7—14.

Bei durchschnittlichem Kiefernsplintholz zerstören die Larven an Holz in einem bestimmten Zeitraum je nach den sonstigen Lebensbedingungen etwa das 100- bis 1000fache der eigenen Gewichtszunahme [1]. So können schon wenige Larven im Laufe ihrer Lebenszeit beträchtliche Zerstörungen an-

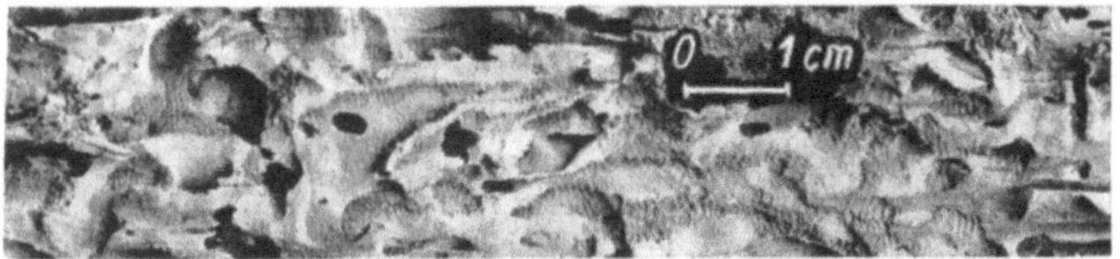

Abb. 97. Oben Fraßbild von Hausbocklarven in völlig zerstörtem Kiefernsplintholz (mit „Rippel-Muster"). Aufn.: MPA-Dahlem. Rechts: Fraßgänge von Hausbock-Eilarven kurz nach dem Einbohren dicht unter der Holzoberfläche. Aufn.: E. Heidenreich. (Beides natürl. Größe).

richten. Da aber von einem Weibchen gleichzeitig bis mehr als 100 Eier an demselben Holz abgelegt zu werden pflegen und sich der Befall nach dem Ausschlüpfen der ersten Käfer aufs Neue vermehrt, können umfangreiche Dachkonstruktionen in wenigen Jahren unbrauchbar werden, indem das Splintholz bis auf dünne Zwischenwände zwischen den zahlreichen Fraßgängen vollkommen in Bohrmehl verwandelt wird (Abb. 96 und 97).

Die Larvenentwicklung dauert sehr verschieden lange, im allgemeinen 4 bis 6, nicht selten 10 und mehr Jahre [2]; unter günstigsten Verhältnissen können die ersten Käfer nach 3 (in Ausnahmefällen nach 2) Jahren erscheinen. — Die Larven sind sehr zählebig und vermögen monatelang zu hungern, bevor sie absterben [3].

Der Hausbock ist sehr wärmeliebend. Für die Larvenentwicklung ist eine dauernde Temperatur von 28...30° am günstigsten [4] (Abb. 94). Aus diesem Grunde gedeiht er auf den im Sommer stark erwärmten Dachböden und unter Metall-, Papp- und Schieferdächern besonders gut [5], vermag sich in den von der Sonne erhitzten Leitungsmasten zu entwickeln, tritt

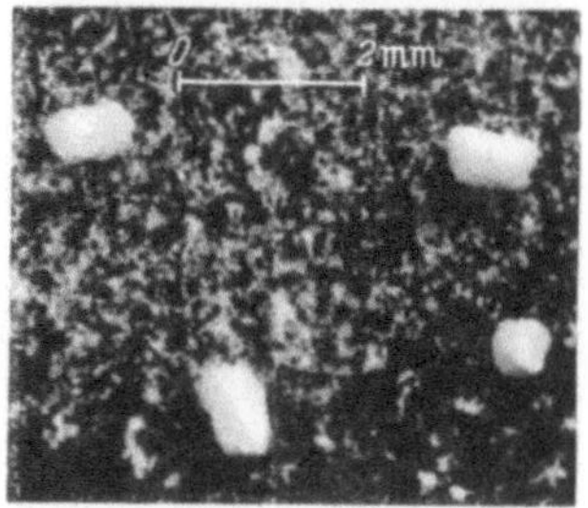

Abb. 98. „Bohrmehl" einer Hausbocklarve (Kotwalzen und feine Spänchen). Aufn.: G. Becker, MPA-Dahlem.

[1] G. Becker, s. S. 118.
[2] H. Weidner, s. S. 118.
[3] G. Becker, Wiss. Abh. MPA II/7 (1950) 40—62.
[4] K. Schuch, Z. angew. Entomol. 24 (1937) 357—366; G. Becker, Z. angew. Entomol. 31 (1949) 135—174.
[5] S. Jensen-Storch, Anz. Schädlingskde. 8 (1932) 101—105; I. Trägårdh, Z. Pflanzenkrankh. 48 (1938) 295—302.

dagegen in Kellern und anderen kühlen Räumen selten auf und kommt im Gebirge nur bis zu bestimmten Höhenlagen vor. Je niedriger die Temperatur ist, um so weniger fressen die Tiere; unterhalb von etwa 10° C bewegen sie sich überhaupt kaum noch[1], sie verfallen in Kältestarre, in der sie auch stärkeren Frost ertragen, bis die Temperatur wieder steigt.

Je feuchter die Luft ist, um so rascher wachsen die Hausbocklarven (Abb. 93). Unterhalb einer dauernden relativen Luftfeuchtigkeit von 40 bis 50 % (entsprechend 8 bis 10 % Holzfeuchtigkeit) können sie sich nicht weiterentwickeln und sterben nach längerer Hungerzeit ab. Am günstigsten ist für sie feuchtigkeitsgesättigte Luft (entsprechend $\approx 28\%$ Holzfeuchtigkeit) oder eine etwas höhere Holzfeuchtigkeit[1,2]. Entsprechend zeigen Bodenräume, in denen regelmäßig Wäsche getrocknet wird, im allgemeinen einen stärkeren Hausbockbefall als die übrigen, und in Küstennähe und Flußtälern sind Hausbockverbreitung und Schäden größer als in trockeneren Gebieten[3].

Die Hausbocklarven verwerten zu ihrer Ernährung neben den im Holz enthaltenen Zuckern, der Stärke und Hemicellulosen auch einen Teil der Cellulose[4], des nur für wenige Tiere und bei weitem nicht für alle Holzfresser verdaulichen Hauptbestandteils des Holzes. Die im Holz enthaltenen Fette benötigen sie nicht; Öle, Fette und Harze hemmen vielmehr ihre Entwicklung[5]. Dagegen sind Eiweißstoffe für das Larvenwachstum von ausschlaggebender Bedeutung. Je geringer ihr Anteil ist, um so länger dauert die Entwicklung; Eiweißzusatz beschleunigt das Wachstum sehr. Auch die Abnahme des Nahrungswertes des Holzes von der bevorzugten Rindenzone zum weitgehend gemiedenen Kernholz hin[6] ist durch das im Stamm vorliegende Gefälle des Eiweißgehaltes bedingt[5]. Geeignete Entfernung oder Umwandlung der Eiweißstoffe im Holz schützt dieses vorbeugend gegen den Hausbock[5]. Der unterschiedliche Nahrungswert des Holzes aber erklärt zum großen Teil die verschieden lange Entwicklungsdauer der Tiere aus gleichem Gelege. — Laubhölzer enthalten gewisse alkalilösliche Stoffe (wahrscheinlich niedrigmolekulare Ligninanteile), die auf die Hausbocklarven giftig wirken und sie zum Absterben bringen[7].

Mit zunehmendem Alter des Holzes verringern sich Befallswahrscheinlichkeit und Nahrungswert. Bei 80jährigen und älteren Gebäuden ist die Gefährdung durch den Hausbock recht gering, doch können auch 200 und mehr Jahre alte Hölzer noch lebende Larven enthalten. Jüngere Bauten sind für den Schädling besonders günstig[8].

---

[1] K. Schuch, Z. ang. Entomol. **24** (1937) 357—366.

[2] G. Becker, Z. ang. Entomol, **31** (1949) 135—174.

[3] O. Kaufmann u. K. Schuch, s. S. 118; J. Trägårdh, s. S. 121.

[4] R. Falck, Cellulosechemie **11** (1930) 89—91; O. Horn, Abh. Kenntn. d. Kohle **10** (1930) 23—31; E. Schlottke u. G. Becker, s. S. 115.

[5] G. Becker, s. S. 118.

[6] K. Schuch, Z. Pflanzenkrankh. **47** (1937) 572—585.

[7] J. Kaltwasser, Mitt. Biol. Reichsanst. **65** (1941) 78—79; G. Becker, Z. angew. Entomol. **30** (1944) 391—417.

[8] Verb. öff. Feuerversichergsanst. i. Deutschl., s. S. 118; O. Kaufmann u. K. Schuch, s. S. 118; K. Schuch, Holz als Roh- u. Werkst. **2** (1939) 235—238; H. Wichmand, Anz. Schädlingskde. **17** (1941) 21—24.

Die Häutung zu der noch weißen Puppe (Bild 92 f, g) erfolgt im späten Frühjahr. Die Puppenruhe dauert je nach den Wärmebedingungen 2 bis 4 Wochen[1]. Vorher nagt die Larve einen Gang zur Holzoberfläche und das spätere Käferflugloch bis auf eine ganz dünne Oberflächenschicht, kehrt dann ins Holz zurück und verpuppt sich in einer an beiden Seiten mit Bohrmehl und Holzspänen verschlossenen Erweiterung des Fraßganges, der „Puppenwiege". — Es können auch Blei- und dünne Zinkplatten durchnagt werden.

Der aus der Puppenhaut geschlüpfte Käfer (Bild 92 h) bleibt noch einige Zeit in der Puppenwiege oder in dem von dieser ins Freie gehenden Ausführgang, bevor er nach Durchnagen der letzten dünnen Oberflächenschicht das Holz verläßt. Er ist dann zunächst meist mit hellem Bohrmehl bestäubt.

Die Käfer-Fluglöcher sind länglich-eiförmig, im Freien mit ziemlich glattem, in gedeckten Räumen dagegen mit sehr unregelmäßigem, „ausgefranstem" Rand[2] (Abb. 99).

Statistische Erhebungen[3] haben gezeigt, daß einerseits die Hausbock-Ausbreitung ständig zunimmt, andererseits sich der Befall seit dem Ende des ersten Weltkrieges deutlich gesteigert hat[4]. Der wichtigste Grund dafür ist in der veränderten Art der Holzverwendung zu suchen. Während das Bauholz früher bei sehr starken Abmessungen einen großen Kernholzanteil und

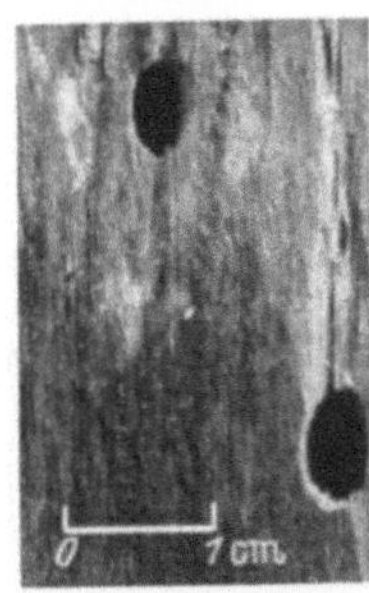

Abb. 99. Fluglöcher des Hausbockkäfers; links: in Holz unter Dach mit unregelmäßigem Rand, rechts: in Holz im Freien (Leitungsmast). Aufn.: MPA-Dahlem.

verhältnismäßig wenig Splintholz besaß, scharf gekantet und frei von Rindenteilen, im allgemeinen gut gewachsen und außerdem hinreichend lange abgelagert war, wird in den letzten Jahrzehnten in zunehmendem Maße auch raschgewachsenes, minderwertiges, kernholzarmes und splintholzreiches Holz verwendet, das wenig behauen, mehr oder weniger baumkantig und sehr kurzfristig gelagert ist. Die Entwicklungszeit der Tiere wird also abgekürzt, die Sterblichkeit geringer und die Erneuerung des Befalls verfrüht[5]. Da außerdem die Abmessungen viel knapper geworden sind, führt ein Hausbockbefall — zumal in Anbetracht des großen Splintholzanteiles — viel leichter und rascher zu einer Gefährdung der Tragfähigkeit des Holzes, und nicht selten bestand in letzter Zeit bei Neubauten bereits nach wenigen Jahren Einsturzgefahr für den Dachstuhl. (Vgl. Abb. 100.)

Ein Befall des Holzes durch den Hausbock ist bereits auf dem Lagerplatz möglich, er erfolgt durch Wiederverwendung befallenen Holzes aus abgebrochenen Bauten oder dessen Aufbewahrung als Brennholz, in der Regel aber durch zufliegende Käfer. Daher werden zweckmäßiger-

---

[1] G. Becker, s. S. 119.

[2] W. Madel, Z. hyg. Zool. **33** (1941) 157—162.

[3] Verb. öff. Feuerversichergsanst. i Deutschl., s. S. 118; M. Wolff, Zbl. Bauverwaltg. **58** (1938) 71—73.

[4] O. Kaufmann u. K. Schuch, s. S. 118; A. Franzke, Die Hausbockkäferfrage im Jahre 1938, Berlin-Dahlem 1938.

[5] O. Kaufmann u. K. Schuch, s. S. 118; G. Becker, s. S. 118.

weise während der Hausbockflugzeit die Bodenfenster mit Drahtgaze verschlossen[1].

Rechtzeitiges Erkennen eines Hausbockbefalls vereinfacht die Bekämpfungsmaßnahmen und erhöht ihre Erfolgsaussichten. Die Holzoberfläche ist auf Fluglöcher abzusuchen, indem man damit in der Nähe der Fenster und an Balken, die noch Baumkante tragen, beginnt und dunkle Bodenstellen mit einer Taschenlampe ableuchtet. Man achte auf lebende oder tote Käfer. Zur Feststellung von Larvenfraßgängen reißt man mit einem spitzen Messer oder sonstigen scharfen Gegenstand mit Druck quer zur Fasser über die Holzoberfläche; bei Zerstörungen im Holzinnern platzt sie dabei ein, die Fraßgänge werden sichtbar und Bohrmehl fällt heraus[1]. Besonders die Kanten der Hölzer sind meist stark beschädigt. Zerfressene Stellen kann man von

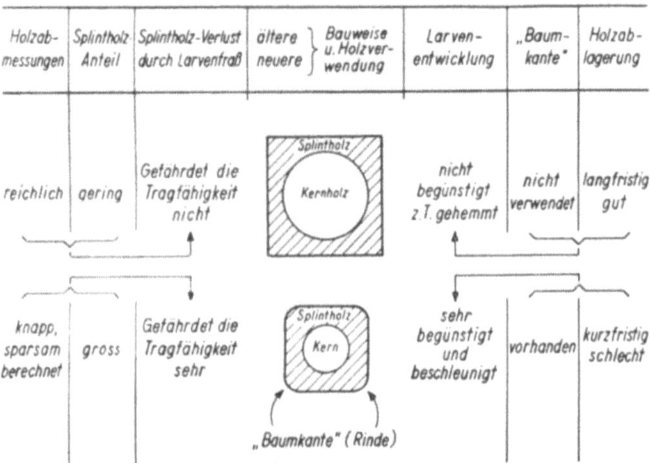

Abb. 100. Einfluß von Holzbeschaffenheit und -abmessungen auf Entwicklung und Schädlichkeit des Hausbocks.

außen her auch durch Abklopfen der Balken feststellen. Vor Durchführung der meist recht kostspieligen Bekämpfungsmaßnahmen ist festzustellen, ob sich noch lebende Larven im Holz befinden[2].

Die Scheibenböcke (*Callidium*- und *Phymatodes*-Arten). Die Scheibenböcke der Gattungen *Callidium* und *Phymatodes* sind mit dem Hausbock am nächsten verwandt; an Schädlichkeit erreicht aber keine Art dessen Bedeutung, da sie sämtlich vorwiegend in der Rinden-Bast-Schicht fressen und frisches, berindetes Holz bevorzugen.

Alle Arten befallen sowohl Nadel- wie Laubhölzer. Der Querschnitt ihrer Fraßgänge ist etwas länglicher als bei *Hylotrupes*. Meist sind diese unter der Rinde „platzartig" erweitert und verletzen dabei nur die äußersten 1...3 mm des Holzes (Abb. 101); aber die Larven fressen zum Teil auch tiefer im Holz.

Die Fraßgänge enthalten in recht dicht gepreßter Füllung ein infolge des abwechselnden Rinden- und Holzfraßes verschiedenfarbiges Gemisch

---

[1] Biol. Reichsanst. f. Land- u. Forstwirtsch., Merkblatt **16**, 4. Aufl. (1939).
[2] K. Schuch, s. S. 122 (8.): H. Wichmand, s. S. 122.

von feinem Nagemehl, gröberen Spänchen und länglichen Kotwalzen[1]. Die Entwicklungsdauer der Larven schwankt artenweise und in Abhängigkeit von der Nahrungsbeschaffenheit, Temperatur und Feuchtigkeit zwischen

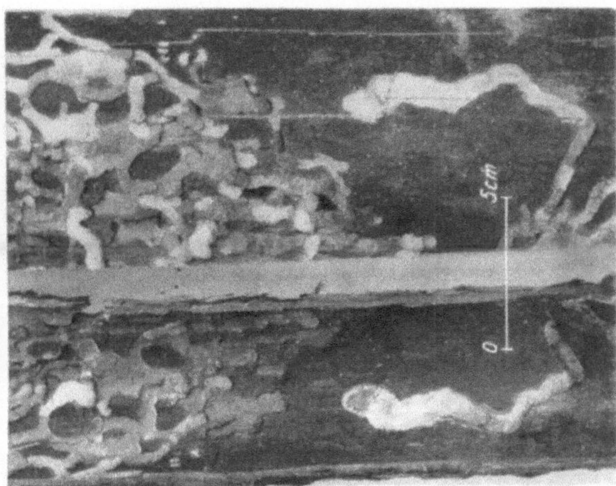

Abb. 101. Links: Kennzeichnendes Fraßbild des Blauen Scheibenbocks in Kiefernholz. („Platzfraß") und Einbohrlöcher verpuppungsreifer Larven in das Holzinnere neben Fraßgängen jüngster Larven. Rechts: Fraßbild des veränderlichen Scheibenbocks in Kiefernholz nach Ablösung der (im Bilde unten befindlichen) Rinde. An dem Fraßgang rechts erkennt man das im Vergleich zum Hausbock sehr rasche Heranwachsen der Scheibenbocklarven. Aufn.: G. Becker, MPA-Dahlem.

einem und mehreren Jahren. Die Puppenwiege wird immer im Splintholz in Form eines „Hakenganges" (vgl. Abb. 112) angelegt. Der Käfer verläßt die Puppenwiege oft durch den gleichen Gang, der der verpuppungsreifen Larve beim Einbohren in das Holz zur Anlage der Puppenwiege diente.

Der Umfang des angerichteten Schadens hängt von der Lage der Fraßgänge und dem Verwendungszweck des Holzes ab. Schnittholz wird durch die Puppenwiegen stets für viele Verwendungszwecke entwertet. Rechtzeitiges Entrinden schützt die Hölzer vor Befall.

Der blaue Scheibenbock (*Callidium violaceum* L.) ist die schädlichste Art[2] (Abbildungen 101, 102). Er tritt in Holzlagern oft massenhaft auf. Man findet ihn auch in frisch verbautem Bauholz; hier dringen die

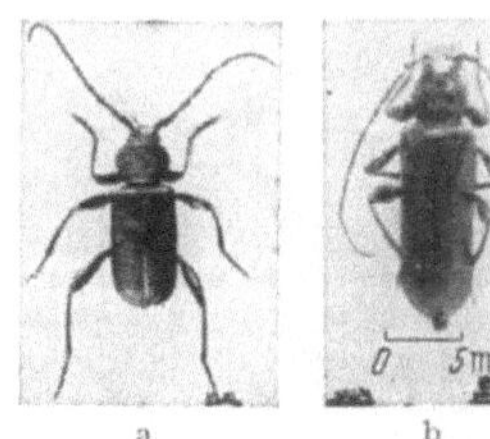

Abb. 102. Käfer a) des Blauen Scheibenbocks, b) des Veränderlichen Scheibenbocks. Aufn.: a) F. Scheidter, b) G. Becker.

Larven teilweise in das Holzinnere ein und können darin lange Entwicklungszeiten haben.

Über das Wachstum in entrindetem Holz und die Möglichkeit eines wiederholten Neubefalls älteren Holzes ist nichts Sicheres bekannt.

Käfer (Abb. 102a) breit und flach gebaut, 10...13 mm lang, einheitlich glänzend dunkel-, stahl- oder veilchenblau; langbeinig. Larven hausbockähnlich. Käferflugloch länglich-eiförmig, 6...8 mm × 3...4 mm.

---

[1] G. Becker, Z. angew. Entomol. **31** (1949) 275—303.
[2] K. Escherich, Die Forstinsekten Mitteleuropas, Bd. 2, 1923; M. Wolff, Holzmarkt 145 (1936).

Der erzfarbene Scheibenbock (*Callidium aeneum* DE G.) und der rote Scheibenbock (*C. sanguineum* L.) sind seltener und im allgemeinen weniger schädlich. Ausgedehntere Larvengänge im Holz scheinen nicht aufzutreten. — Käfer von ähnlicher Körpergestalt und -größe wie *C. violaceum*, aber noch etwas breiter; Färbung metallisch-grünlich (*C. a.*) oder rot (*C. s.*). Larvengangquerschnitte, Eingänge zu den Puppenwiegen und Fluglöcher des erzfarbenen deutlich schmäler und länglicher als die des blauen Scheibenbockes, mit fast parallelen Längskanten.

Der veränderliche Scheibenbock *(Phymatodes testaceus* L.*)* und andere, seltenere Arten dieser Gattung können als Schädlinge an Nadel- und Laubholz (Abb. 101) eine ähnliche Bedeutung haben wie *C. violaceum*. — Käfer von deutlich anderer Gestalt als bei *Callidium* (Bild 102b), sehr schmal und schlank. Körper von *Ph. testaceus* gelblich-braun, das Halsschild und die mit dunklen Spitzen gezeichneten Flügeldecken ebenfalls gelblich-braun oder metallisch-glänzend dunkelblau. Querschnitt der Larvenfraßgänge und Flugloch breiter-eiförmig als bei *Callidium* und kleiner, $\approx 2,5\,\text{mm} \times 5$ mm. — Die Larvengänge dringen bisweilen tief in das Splintholz ein.

Abb. 103. Von Mulmbocklarven zerstörter Leitungsmast. Aufn.: G. Becker.

Der Mulmbock *(Ergates faber* L.*)*, unser größter einheimischer Bockkäfer, ist wie der Hausbock auf Nadelholz beschränkt und lebt als Larve gewöhnlich in Stubben und anderem totem Holz; besonders häufig tritt er auf Lichtungen im Innern oder am Rande größerer Nadelwaldbestände auf. Er befällt aber auch Leitungsmaste (Abb. 103), Pfähle aller Art, Zäune, gelegentlich auch Balken in Fachwerkbauten.[1]

Käfer (Abb. 104) im männlichen Geschlecht 31...52 mm, im weiblichen 37 bis 55 mm lang (selten auch kleiner). Männchen einheitlich rötlichbraun, Weibchen dunkelbraun bis schwärzlich. Bei beiden Geschlechtern Brust- und Hinterleibsabschnitt verschieden; Fühler der Männchen etwas länger als der Körper, doppelt so lang wie die der Weibchen. Körperbehaarung gering. — Flugzeit je nach Witterung und Landstrich Mitte Juli bis Mitte August. Lebensdauer je nach Umweltbedingungen 3...4 Wochen.

Die tags verborgenen Käfer laufen oder fliegen nach Einbruch der Dämmerung über weite Strecken. Die Eier werden in geeigneten Spalten in mehreren Gelegen, die einzeln bis zu 60, insgesamt bis zu 275 Eier enthalten können, abgelegt[1].

Eier ≈ 3 mm lang, eiförmig, braun bis schwärzlichbraun mit wabenförmigem Oberflächenmuster (Abb. 104). Eientwicklung je nach den Wärmebedingungen 12...30 Tage. Gegen Trockenheit sind die Eier gut geschützt.

Die aus dem Ei schlüpfenden Larven sind $\approx 3...4$ mm lang, walzenförmig und gelblich gefärbt. Sie bohren sich unmittelbar in das Splint-

[1] G. Becker, Z. angew. Entomol. **29** (1942) 1—30 u. **30** (1943) 263—296.

holz ein. Dort wachsen sie bis zu einer Länge von mehr als 8 cm (Abb. 105) heran.

Die Mulmbocklarven haben besonders tiefe Einschnitte zwischen den einzelnen Körperabschnitten und ein — im Gegensatz zu den Hausbocklarven — nach hinten gleichmäßig dünner werdendes Körperende. Die stark ausgebildeten Laufwülste (Abb. 105) ermöglichen ihnen eine besonders

Abb. 104.
Mulmbockkäfer.
Oben Männchen,
unten Weibchen,
(natürl. Größe);
rechts Ei.
Aufn. G. Becker.

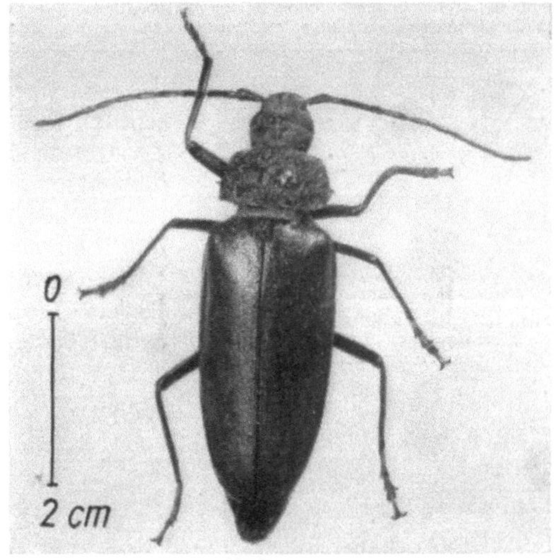

rasche Bewegung in den Fraßgängen. In deren Inhalt aus Kotwalzen, feinem Nagsel und langen Holzspänen nimmt der Anteil des Kotes mit zunehmender Larvengröße ab. — Die im Frühsommer einsetzende Puppenruhe dauert 3...4 Wochen. Die Puppe ist durch rauhe Körnelung der Rückenfläche ausgezeichnet. Die große Puppenwiege wird verhältnismäßig dicht unter der Holzoberfläche abgelegt. — Das Käferflugloch ist oval, $\approx$ 20 bis 25 mm lang und 10 bis 15 mm breit und hat unregelmäßig gefranste Ränder.

Der Fraß beschränkt sich bei Kiefer und Lärche auf das Splintholz und führt nur selten in das Kernholz[1]. Auch die Rinde bleibt unversehrt. Das Splintholz wird vollständig zerfressen und in „Mulm" mit einigen stehengebliebenen Zwischenwänden verwandelt. Anwesenheit holzzerstörender Pilze fördert die Mulmbocklarven. Die Larvenentwicklung dauert im Freien meist 4 Jahre, selten nur 3, häufig auch 5 bis 6 Jahre.

---

[1] K. Eckstein, Z. angew. Entomol. **23** (1936) 281—293.

Mulmbockkäfer und -larven sind sehr wärmeliebend. Die Larven wachsen am raschesten bei ungefähr 30° C[1]. Das Feuchtigkeitsbedürfnis der Larven ist bedeutend größer als das der Hausbocklarven.

Eilarven vermögen unterhalb von 75...80% relativer Luftfeuchtigkeit (entsprechend $\approx$ 14% Holzfeuchtigkeit) nicht mehr zu wachsen, und bei älteren Larven, deren Feuchtigkeitsansprüche mit der Größe zunehmen, liegt die Grenze sogar bei $\approx$ 20% Holzfeuchtigkeit. Am günstigsten ist für größere Mulmbocklarven eine Holzfeuchte von 55...60%, und sie ertragen vorübergehend bis zu 100% Wassergehalt (vgl. Abb. 93).

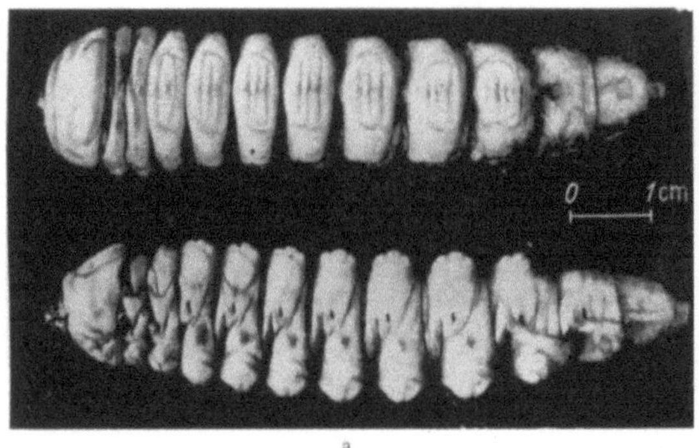
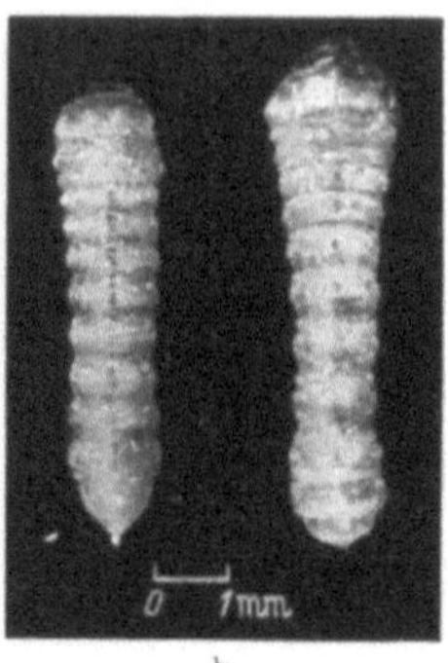

Abb. 105. a) Erwachsene Mulmbocklarven (von oben und von der Seite). b) Mulmbock-Eilarve (links) und annähernd gleichgroße Hausbocklarve (zum Vergleich des Gestaltunterschiedes). Aufn.: G. Becker.

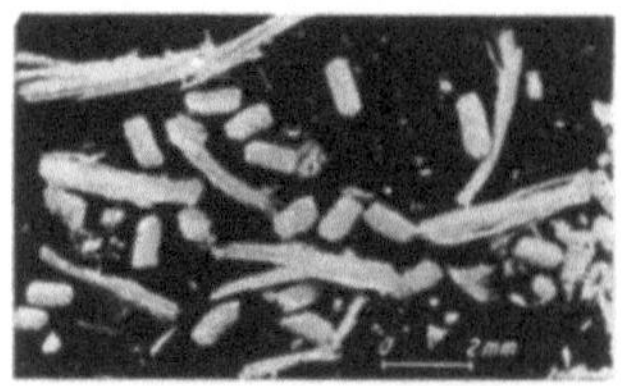

Abb. 106. „Bohrmehl" einer erwachsenen Mulmbocklarve (Kotwalzen und Nagespäne). Aufn.: G. Becker.

Trockenheit des Holzes unter 20% schützt dieses mit Sicherheit vor einer Zerstörung durch Mulmbocklarven. Wo dementsprechend dank geeigneter bautechnischer Maßnahmen keine Entwicklung holzzerstörender Pilze möglich ist, können auch Mulmbocklarven nicht leben. Regelmäßig durchfeuchtetes Holz aber bedarf des Schutzes.

Der Rothalsbock (*Leptura rubra* L.) lebt in totem Nadelholz, in Stubben und Abfallholz, in Zaunpfählen, Masten und Stangen aller Art, die er, ebenso wie der Mulmbock, im Erdboden und darüber befällt, stark beschädigen oder unbrauchbar machen kann[2].

Käfer (Bild 107) im männlichen Geschlecht 11...15 mm, im weiblichen 12...20 mm lang, bis auf die beim Männchen braungelben, beim Weibchen ziegel- bis rostroten Flügeldecken schwarz. Kopf klein mit gut ausgebildeten, stark gekerbten Fühlern. „Schultern" der Flügeldecken bedeutend breiter als die Vorderbrust. Flugzeit Juli/August. Käfer laufen und fliegen während der Mittags- und Nachmittagsstunden umher. Männchen vorzugsweise auf weißen Blüten von Doldengewächsen und Sträuchern, Weibchen am Boden an Holz. Eiablage ebenfalls am Tage in Ritzen und Spalten des Holzes. Ein

---

[1] G. Becker s. S. 126.
[2] K. Eckstein, s. S. 127. B. Schulze u. G. Becker, Holz als Roh- u. Werkstoff **4** (1941) 135.

Weibchen kann bis zu 700 Eier hervorbringen. Eientwicklung 1½ bis 3 Wochen.

Die bis zu ≈ 30 mm langen Larven (Abb. 107) sind durch einen flacheren Kopf, stärkere Chitinisierung und hellgelbe Ränder des ersten Brustabschnittes sowie starke Längswülste an den Körperseiten gegenüber den Hausbocklarven ausgezeichnet (Abb. 15).

Sie fressen nur im Splintteil verlaufende, mit zahlreichen längeren Holzspänen und stellenweise gehäuften rundlichen Kotwalzen gefüllte Fraßgänge. Unterhalb von ≈ 20% Holzfeuchtigkeit vermögen sie sich nicht weiterzuentwickeln. Ständig lufttrockenes Holz ist ungefährdet, regelmäßig durchfeuchtetes aber muß chemisch geschützt werden. — Das Käferflugloch ist mehr oder weniger kreisrund: Durchmesser ≈ 4...7 mm.

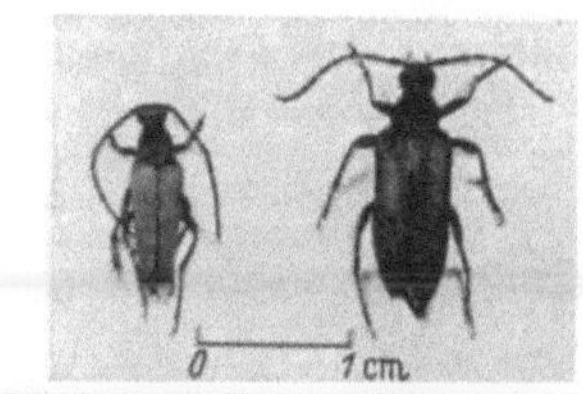

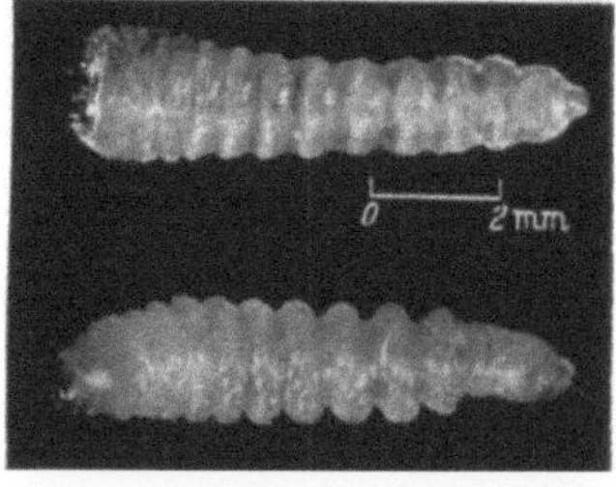

Abb. 107. Rothalsbock, links Männchen, rechts Weibchen, unten junge Larven (von unten und von der Seite). Aufn.: G. Becker.

Der Waldbock (*Spondylis buprestoides* L.). Der ebenfalls weit verbreitete Waldbock oder „Rollenschröter"[1] lebt an ähnlichen Stellen wie der Rothalsbock und kann auch an verbautem Holz im Erd-Luft-Bereich schädlich werden; doch ist seine praktische Bedeutung geringer.

Käfer 12...22 mm lang, walzenförmig plump, mit großem rundlichem Halsschild und kurzen Fühlern, einheitlich schwarz gefärbt. Flugzeit Juli bis Mitte August, meist Spätnachmittag- und Abendstunden. Eiablage vorwiegend an frischen Stubben und gefällten Stämmen. Larven bis zu ≈ 30 mm lang, mit abgeflachtem Körper, starker, dunkler Chitinisierung des Kopfes und des ersten Brustabschnittes und gut ausgebildeten Seitenwülsten. Sie zerstören den Splintteil der Nadelhölzer. Auch sie haben ein hohes Feuchtigkeitsbedürfnis, und gleichzeitiger Befall durch holzzerstörende Pilze ist für ihre Entwicklung günstig. Verpuppung im Frühsommer. Käferflugloch rundlich, Durchmesser bis zu 9 mm.

Abb.108. Querschnitt durch einen von Grubenhalsbocklarven zerstörten Kieferstamm. Aufn.: G. Becker.

Der Grubenhalsbock (*Criocephalus rusticus* L., *C. polonicus* M.). Die nur in Nadelhölzern, insbesondere Kiefer, lebenden Larven dieser beiden auch Halsgruben- oder Feldbock genannten Käferarten dringen nach anfänglichem Fraß in der Rindenbastschicht bald in das Holz ein und meiden dabei auch das Kernholz und sogar besonders harzreiche

---

[1] P. Poloshenzeff, Rev. Russe d'Entomol. **23** (1929).

Stellen darin nicht. Dadurch können die Larven beträchtlichen Schaden anrichten und befallene Stämme für zahlreiche Verwendungszwecke unbrauchbar machen (Abb. 108).

Käfer (Abb. 109) im männlichen Geschlecht 12...18, im weiblichen 16... 25 mm lang, matt schokoladenbraun bis rötlichbraun mit verhältnismäßig dünnen Fühlern und großen Augen; Männchen und Weibchen von verschiedener Körperform und -farbe. Flugzeit in den Hochsommermonaten in der Dämmerung; Käfer werden dann oft in der Nähe von Lampen gefangen.

Die jungen Larven fressen zunächst unter Benagen der Holzoberfläche in der Rinden-Bast-Schicht und dringen meist erst nach einigen Wochen in das Holzinnere ein. Die Fraßgänge, die viel lange Nagespäne enthalten, zeichnen sich im Querschnitt durch eine besonders schmale Eiform, verhältnismäßig wenig Windungen und gegenüber Hausbock- und Düsterbockgängen zum Schluß durch ihre Größe aus. Die Entwicklungszeit scheint 2 bis etwa 3 oder 4 Jahre zu betragen[1]. Käferfluglöcher eiförmig mit glatten Rändern, etwas größer und länglicher als beim Hausbockkäfer.

Abb. 109. Weibchen des Grubenhalsbockes (*Criocephalus polonicus* M.) Aufn. G. Becker.

Mit frischverbautem Holz können die Larven in Gebäude gelangen. Die hier oft fälschlich für gefährliche Schädlinge gehaltenen Käfer suchen zur Eiablage wiederum frisches Holz auf; altes, abgelagertes wird nicht neu befallen. Für die Larvenentwicklung ist eine bestimmte höhere Holzfeuchtigkeit erforderlich. Rechtzeitiges Entrinden der Stämme dürfte ein sicherer Schutz vor Befall sein.

Der Düsterbock (*Asemum striatum* L.). Bei ähnlicher Lebensweise wird auch der Düster- oder Strunkbock in frischem Nadelnutzholz schädlich[2]. Doch erzeugen seine Larven kleinere Fraßgänge und meiden das Kernholz. Kiefer wird bevorzugt.

Käfer meist einheitlich matt-schwärzlich, selten mit rötlich-braunen Flügeldecken, 8...18 mm lang; Flügeldecken mit schwach ausgeprägter, erhabener Längsstreifung, Fühler dünn, Beine schwach ausgebildet. Gewisse Ähnlichkeit mit dem Hausbockkäfer, doch fehlen Behaarung und Erhebungen auf dem Halsschild sowie Flügeldeckenbinden. Flugzeit Mai/Juni während der Tagesstunden. — Die Larven fressen zunächst wie *Criocephalus* in der Rinden-Bast-Schicht und dringen erst nach einiger Zeit in das Splintholz ein. Auch für ihre Entwicklung scheint die hohe Feuchtigkeit frischen Holzes Voraussetzung zu sein. Die Fraßgänge sind auf das Splintholz beschränkt, können aber bei trocknendem Holz, der höheren Feuchtigkeit folgend, in Kernholznähe gehäuft verlaufen. Sie enthalten neben viel feinem Nagsel und walzenförmigem, aber kürzerem Kot als bei *Hylotrupes* zahlreiche längere Nagespäne, die stellenweise gehäuft sind. Der Gangquerschnitt und das Flugloch haben ähnliche Form und Abmessung wie bei *Hylotrupes*, sind jedoch etwas rundlicher.

Der Düsterbock lebt in frisch geschlagenem Holz, Stubben und auch älterem berindetem Holz. Die Entwicklungszeit scheint 1 bis 3 Jahre zu betragen. Auch *Asemum* befällt werktrockenes Holz nicht aufs neue. Rechtzeitiges Entrinden frischer Stämme dürfte diese vor Befall schützen.

---

[1] W. Madel, Bautenschutz **11** (1940) 100—110.
[2] W. Madel, Schädlinge im Bauholz. Berlin-Eberswalde, 1940.

Der Schusterbock (*Monochamus sutor* L.) und der Schneiderbock (*Monochamus sartor* F.). Beide befallen anbrüchiges und frisch gefälltes Nadelholz, besonders Fichte, weniger Tanne. Die Larven fressen zunächst unter der Rinde, dringen dann aber tief in das Innere der Stämme ein. Im Walde, während des Flößens und auf Lagerplätzen können umfangreiche Schäden entstehen, die den Schusterbock in Schweden zum gefährlichsten Holzinsekt machen[1]. Rechtzeitiges Entrinden schützt vor ihrem Befall.

Käfer 26...32 mm, rundlich, dunkel mit heller Zeichnung, mit langen Fühlern (Abb. 110). Flugzeit in den Sommermonaten; gutes Flugvermögen. Querschnitt der Larvengänge anfangs sehr länglich mit fast parallelen Längsseiten, später breiter, mit gebogenen, spitz zusammenstoßenden Längsseiten. Käferflugloch kreisrund, bis 6...8 mm Durchmesser. Entwicklungsdauer 1...2 Jahre.

Abb. 110.
Schneiderbock
(Männchen). Aufn.:
F. Schwerdtfeger.

Der Kiefernbock (*Monochamus galloprovincialis* OL.). Diese für gewöhnlich in Abfallholz lebende Art[2] ist in den letzten Jahren in Brandenburg, Mecklenburg, Sachsen-Anhalt und Sachsen massenhaft in Kiefernstämmen aufgetreten, die zu lange im Walde gelegen hatten. Die zunächst unter der Rinde fressenden Larven dringen im Herbst tief in das Stamminnere, teilweise bis in das Kernholz ein (Abb. 111) und machen das Holz als Schnittware unbrauchbar.

Im deutschen Kieferngebiet sind in den Nachkriegsjahren beträchtliche Schäden entstanden. Vorbeugender Schutz durch Entrinden.

Käfer 15...25 mm, ähnlich den vorigen; die in Nord- und Ostdeutschland verbreitete *var. pistor* („Bäckerbock") mit schwarzgrauen Fühlern und Beinen. Flugzeit Juni bis August. Larvenfraßgänge enthalten sehr viele besonders lange Nagespäne, die auch in Menge ausgestoßen werden. Fluglöcher kreisrund. Generation 1...2 jährig.

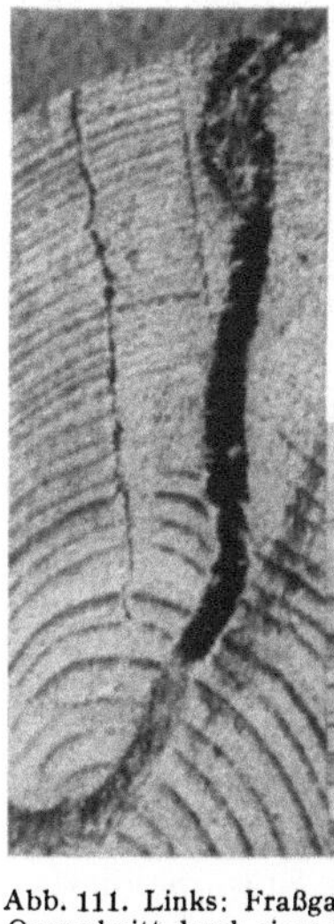

Abb. 111. Links: Fraßgang einer Kiefernbocklarve in Splint- und Kernholz (linkes Bild). Rechtes Bild: Querschnitt durch einen Larvenfraßgang (links), eine Puppenwiege (rechts) und einen Ausführgang an die Holzoberfläche mit Flugloch (Mitte) des Kiefernbocks. (Natürl. Gr.) Aufn.: MPA-Dahlem.

---

[1] I. Tragårdh, Z. angew. Entomol. **27** (1940) 142—149.
[2] V. Gusew, НЕРНЫЙ СОСНОВЫЙ УСАЧ (Der schwarze Kiefernbock). Leningrad 1932.

12*

Nadelholz-Bockkäfer von geringerer technischer Bedeutung. Die Larven des zweigebänderten Zangenbocks *(Rhagium bifasciatum* POS.*)* leben während des größten Teils ihrer Entwicklung im Holzinnern von Baumstubben und Pfählen[1]. Der technische Schaden ist aber meist gering.

Gelegentlich wird auch die größere Zangenbockart *Rhagium sycophanta* SCHRNK.*)* in Nadelholz schädlich[2].

Abb. 112. Puppenwiege des Fichtensplintbocks (sog. „Hakengang") im Längsschnitt. (Natürl. Größe). Aufn.: K. Eckstein.

Die Fichtenböcke, auch Fichtensplintböcke genannt, *(Tetropium castaneum* L. und *T. fuscum* FABR.*)* und der Lärchenbock *(Tetropium Gabrieli* WSE.*)* fressen als Larven nur in der Rinden-Bast-Schicht, schädigen aber regelmäßig durch Anlage ihrer Puppenwiegen, kennzeichnender „Hakengänge" im Splintholz (Abb. 112) die befallenen Stämme[3]. Bei Massenvermehrungen befallen sie auch stehendes Holz, können also zu unmittelbaren Forstschädlingen werden[4].

Der Zimmermannsbock *(Acanthocinus aedilis* L.*)* beschränkt seinen Larvenfraß auf die Rinden- und Bastschicht vor allem frischen Kiefernholzes und schürft das Holz nur ganz oberflächlich. Auch die Puppenwiegen

Abb. 113. Zimmermannsbock (Männchen). Aufn.: G. Becker.

liegen oft in der Rinde. Mit Brennholz und anderen berindeten Hölzern in Gebäude gebracht, werden die hier schlüpfenden, wegen ihrer außerordentlich langen Fühler auffallenden Käfer (Abb. 113) bisweilen für gefährliche Schädlinge gehalten.

Der als Larve nur in und unter der Rinde dünnerer Hölzer im Freien lebende kleine Wespenbock *(Caenoptera minor* L.*)* legt seine Puppenwiegen im Splintholz an, kann so auch mit verarbeitetem Holz in Gebäude gelangen[5], ist aber selten von Bedeutung. Er hat Fichtengerbrinden zerfressen[6].

Der große Eichenbock *(Cerambyx cerdo* L.*)*. Der vorzugsweise in Eiche, seltener in Nußbaum und anderen Harthölzern lebende große Bockkäfer (Abb. 114) entwertet die befallenen, noch stehenden Stämme dieser

---

[1] H. Prell, Z. wiss. Ins. Biol. **22** (1927) 1—7.
[2] E. Heidenreich, Der Hausbockkäfer. Berlin-Eberswalde 1939.
[3] E. Schimitschek, Z. angew. Entomol.
[4] K. Eckstein, s. S. 112.
[5] Fund auf Dachböden nach mündl. Mitt. von O. Finkenbrinck.
[6] W. Zwölfer, Anz. Schädlingskde. **12** (1936) 7—10.

wertvollen Holzarten durch seine mächtigen Larvengänge im Splint- und Kernholz vollkommen und kann großen Schaden anrichtén (Abb. 115).

Käfer (Abb. 114) $\approx$ 30...50 mm lang, einfarbig glänzend dunkelbraun; Fühler lang, gliedweise stark verdickt; Körper nach hinten zu verjüngt, mit kräftigen Beinen. Flugzeit im Juni/Juli während der Dunkelheit[1]. Die Eier werden besonders an verletzten Stellen des Stammes abgelegt; kränkelnde oder beschädigte Bäume werden deutlich bevorzugt[2]. Die Larven dringen bald in das Holz ein, bevorzugen zunächst abgestorbene oder pilzbefallene Stellen, fressen dann aber auch in gesunden Stammteilen einschließlich des Kernholzes. Durchmesser der im Querschnitt eiförmigen Gänge bis zu $\sim$ 25 mm. Befallene Stämme werden schon durch wenige Larven wertlos. In trockenem Holz können sich die Larven nicht entwickeln. Die Bekämpfung ist Aufgabe des Forstmannes.

Ähnlich lebt in Buche, Eiche, Edelkastanie, Obstbäumen und anderen seltener verwendeten Nutzhölzern der nah verwandte Spießbock *(Cerambyx Scopolii* LEH.*)*.

Der Eichenwidderbock *(Plagionotus arcuatus* L.*)*. Der stellenweise häufig auftretende[3] Bockkäfer kann durch Entwertung gefällter,

Abb. 114.
Eichenbock (Weibchen).
Aufn. F. Schwerdtfeger.

Abb. 115. Larvenfraßgänge des Großen Eichenbocks in Eichenholz (½ verkleinert). Aufn.: K. Eckstein.

nicht entrindeter Laubholzstämme, besonders von Eichen, seltener auch Buche und Hainbuche, sehr schädlich werden.

Käfer (Abb. 116) 9...20 mm lang, samtschwarz mit leuchtend gelben Querbinden; laufen sehr rasch und sind sehr wendig. Flugzeit Mai/Juni bei Sonnenschein. Die Larven fressen zunächst unter der Rinde (Abb. 117), später im Holz, das tief durchzogen wird.

Andere an frischem Laubholz schädliche Bockkäfer.

Der Eichen-Zangenbock *(Rhagium sycophanta* SCHRNK.*)* verursacht durch Larvenfraß und Puppenwiegen im Holz gelegentlich ähnliche Schäden an Eichenholz wie der Eichenwidderbock[4]. Auch der zweibindige Zangenbock *(Rh. bifasciatum* POS.*)* frißt gelegentlich in Laubholz.

[1] E. Döhring, Diss. Philos. Fak. Univ. Berlin 1949.
[2] D. F. Rudnew, Z. angew. Entomol. **22** (1935) 61—96.
[3] K. Escherich, Z. angew. Entomol. **3** (1916) 388—397; W. Madel, s. S. 130 (2); E. Heidenreich, s. S. 132.
[4] Lindemuth, Entom. Bl. **39** (1943) 95/96.

Der große Pappelbock *(Saperda carcharias* L.*)* und der kleine Aspenbock *(Saperda populnea* L.*)* schädigen durch ihren Fraß an lebenden Pappeln und Weiden. Die technische Bedeutung war bisher im Hinblick auf die Verwendungsmöglichkeiten dieser Holzarten geringer, wird aber künftig mit dem stärkeren Pappelanbau steigen.

In frischgefälltem, lebendem, kränkelndem oder noch gesundem Holz entwickeln sich gewisse *Saperda*-Arten, der Moschusbock *(Aromia moschata* L.*)*, *Xylotrechus* und andere Arten, die als Werkholzschädlinge selten hervortreten und daher hier nicht näher berücksichtigt werden.

Abb. 116. Eichenwidderbock. Aufn.: G. Becker.

Das Weidenböckchen (*Gracilia minuta* L.) und das Fliegenböckchen (*Leptidea brevipennis* MULS.). Diese beiden kleinsten einheimischen Bockkäferarten leben unter der Rinde dünner Laubholzzweige, fressen dabei die äußersten Holzschichten an, und besonders *Gracilia* wird als Zerstörer von Weidenkörben und Faßreifen oft sehr schädlich.

Das weitverbreitete Weidenböckchen[1] ist 4...6 mm lang, zierlich, braungefärbt; das etwas kleinere Fliegenböckchen hat stark verkürzte Flügeldecken und ist dunkelbraun, im weiblichen Geschlecht mit rotem Halsschild. Flugzeit beider Arten April bis Juni. Larven bis 7 mm lang. Das infolge des Fraßes in Rindenschicht und Holz mischfarbige Bohrmehl wird in den Gängen zusammengedrückt. Flugloch eiförmig. Generationsdauer 1...2 Jahre.

β) Anobien.

Häufigste deutsche Namen: Klopfkäfer, Pochkäfer, Nagekäfer, Werkholzkäfer. Wichtige und z. T. weit verbreitete Schädlinge an lufttrockenem Nadel- und Laubholz.

Käfer (Abb. 122) klein, Kopf unter das vergrößerte Halsschild einziehbar, dünne Beine; häufiges und z. T. langes „Totstellen"; tickendes Geräusch (Name!). Larven engerlingsartig gekrümmt, weiß, weichhäutig, feine Behaarung und auf dem Rücken Dörnchenreihen, Brustabschnitt am breitesten. Querschnitt der Fraßgänge und Käferfluglöcher kreisrund.

Abb. 117. Larvenfraßgänge des Eichenwidderbocks unter Eichenrinde mit Einbohrlöchern ler Larven in das Holzinnere. (Etwas verkleinert.) Aufn.: F. Scheidter.

Der gewöhnliche Nagekäfer (*Anobium punctatum* DE GEER). Die häufigste einheimische Anobienart, auch „Totenuhr" (in England[2,3] treffend „der gewöhnliche Möbelkäfer") genannt, ist ein beachtenswerter, außerordentlich weit verbreiteter Hausschädling, der in kaum einem Gebäude fehlt, und der gefährlichste Zerstörer werktrockenen, verarbeiteten Holzes nach dem Hausbock.

[1] H. Waldmann, Diss. T. H. Darmstadt 1945.
[2] C. J. Gahan, Brit. Mus. Pamph., Econ. Ser. **11** (1932, 1946); J. W. Munro, Forestry Comm. Bull. **9** (1928).
[3] R. C. Fisher, Household timber insects. The Sanatarian 1949.

Er lebt in totem Holz verschiedenen Alters; außer den Nadelhölzern befällt er auch — soweit bekannt[1,2] — alle einheimischen Laubholzarten (Abb. 118 und 119). Weiche Hölzer werden besonders rasch zer-

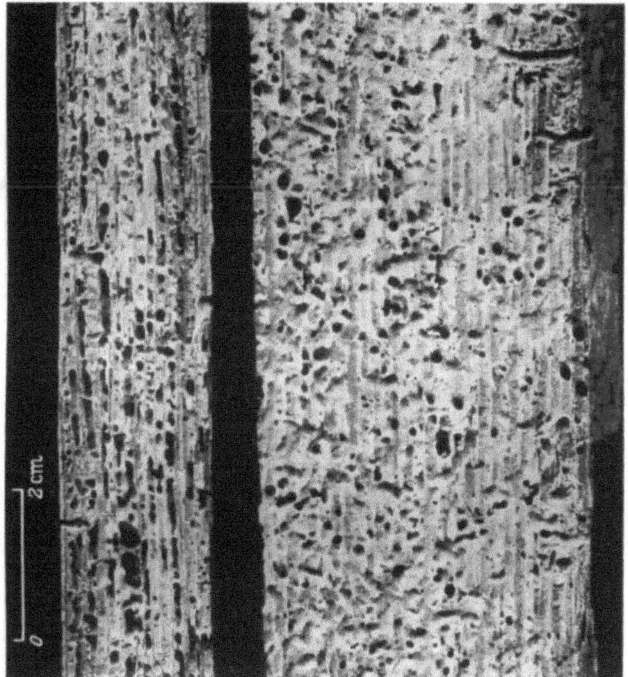

Abb. 118. Von Larven des gewöhnlichen Nagekäfers (*Anobium punctatum* DE GEER) zerstörtes Kiefernsplintholz (Schalbrett aus einem Keller). Links: Die Frühholzschichten werden vorzugsweise gefressen. Rechts: Einzelne durchlöcherte Herbstholzlamelle. Rechts oben: Zwei Puppenwiegen m. Käferfluglöchern. Aufn.: MPA-Dahlem.

Abb. 119. Von Larven des gewöhnlichen Nagekäfers zerstörter Möbelfuß aus Erlenholz mit zahlreichen Fluglöchern an der Holzoberfläche. Aufn.: MPA-Dahlem.

[1] G. Becker, Z. Pflanzenkrankh. **50** (1940) 159—172.
[2] J. M. Kelsey, R. W. Denne u. D. Spiller, N. Z. J. Sci. Technol. **27B** (1945) 59—68.

stört, das Kernholz bei Kiefer, Lärche, Eiche, Esche, Robinie und anderen wird gemieden. Vorzugsweise wird Holz in bedeckten Räumen angegriffen; dem Regen ausgesetzte und ungedeckt im Freiland verbaute Hölzer oder Holzteile sind kaum gefährdet. Innerhalb der Gebäude sind die Erdgeschoß- und Untergeschoßwohnungen sowie Kellerräume besonders bevorzugte Verbreitungsstellen, während Massenvermehrungen auf Dachstühlen nur in Gebieten mit hoher Luftfeuchtigkeit und geringer Wärme auftreten. (Vgl. Abb. 93 u. 94.) Kirchen und Museen weisen oft sehr starke Schäden auf[1] (Abb. 121). In Küstennähe[2], Fluß- und Gebirgstälern ist der Anobienbefall stärker als in Gebieten mit geringerer Luftfeuchtigkeit.

Käfer (Abb. 120a) im männlichen und weiblichen Geschlecht äußerlich kaum verschieden, 3 (selten 2) bis ≈ 5 mm lang, rundlich-walzenartig geformt und etwa tabakbraun gefärbt. Weibchen im Durchschnitt etwas größer als Männchen. Körperoberfläche mit feinen Härchen dicht besetzt; Flügeldecken mit enger Längsstreifung aus feinen punktförmigen, reihenweise angeordneten Vertiefungen; große Augen und ziemlich lange dünne Fühler[3]. Die Käfer erscheinen von April bis etwa August, am häufigsten im Mai/Juni. Sie bleiben etwa 1...3 Wochen am Leben. Die Paarung dauert mehrere Stunden. Auch sonst sitzen die Käfer oft sehr lange unbeweglich. Die Eier werden in feinen Rissen des Holzes,

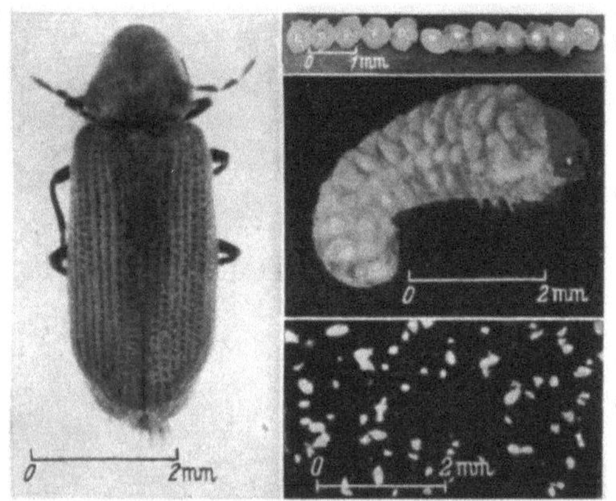

Abb. 120. Gewöhnlicher Nagekäfer (*Anobium punctatum* DE GEER). a) Käfer; b) Eigelege; c) Larve; d) „Bohrmehl“. Aufn.: G. Becker.

bisweilen auch im Innern von Fluglöchern einzeln bis zu Gelegen von etwa 15 Stück festgekittet. Die gesamte Eizahl beträgt etwa 20...40. Eier ≈ 0,3 mm, weiß, zitronenförmig (Abb. 120b), je zur Hälfte mit glatter und gemusterter Oberfläche. Die nach ≈ 2 Wochen schlüpfenden Junglarven fressen einen Teil der Eischale auf und bohren sich anschließend in das Holz ein. Sie vermögen mehrere Tage lang zu hungern. Die Larven (Abb. 120c) sind engerlingsartig gekrümmt und vermögen sich, aus dem Holz herausgenommen, auf glatter Unterlage kaum zu bewegen. Sie werden bis ≈ 6 mm lang und ≈ 10 mg schwer.

Die Larven nagen vielfach gewundene Fraßgänge und bevorzugen bei Nadelhölzern die Frühholzschichten (Abb. 118). Die Gänge sind mit holzfarbenen Kotteilchen, eiförmig mit zugespitzten Enden, und meist wenig feinem Nagemehl (Abb. 120d) locker gefüllt; der Ganginhalt fällt beim Aufspalten des Holzes leicht und ohne zu stäuben heraus. Die Oberfläche der befallenen Hölzer bleibt durch die Larven unversehrt. Trotz der geringen Larvengröße kann die Holzzerstörung sehr beträcht-

[1] G. Becker, s. S. 135.
[2] I. Trägårdh, s. S. 121.
[3] N. A. Kemner, Medd. Centralanst. försöksväs. Nr. 108 (1915) 1—45.

lich sein, da die Eiablage oft immer wieder an befallenem Holz erfolgt. Nach mehreren Jahren können 70% der Holzmasse zerfressen sein; die Festigkeit der Holzteile ist aber viel früher gefährdet. Durch die bekannten schrotschußartigen Käferfluglöcher wird die Holzoberfläche entwertet (Abb. 119 u. 121).

Die für die Larvenentwicklung günstigste Wärme liegt bei 22...23 °C [1], also bedeutend niedriger als beim Hausbock, dessen Optimaltemperatur für Anobienlarven ausgesprochen schädlich ist (Abb. 93). Das erklärt die meist geringere Anobienentwicklung auf den im Sommer stark erwärmten Dachstühlen, während ihnen Wohnräume gerade geeignete Wärmebedingungen bieten. Die Larven wachsen am schnellsten bei gesättigter Luftfeuchtigkeit; unterhalb von 55...60% relativer Luftfeuchtigkeit (entsprechend $\approx$ 10...12% Holzfeuchtigkeit hört ihre Entwicklung auf (Abb. 93). Längere Zeit anhaltende Trockenheit, z. B. durch Zentralheizungen, schützt also vor Anobien[1,2]. Die Tiere sind jedoch sehr zählebig und können sich bei besseren Umweltbedingungen wieder erholen und

Abb. 121. Von Anobien beschädigte Holzplastik (Christuskopf von T. Riemenschneider). Aufn.: F. Stoedter.

weiterwachsen. Gelegentliche stärkere Durchfeuchtung des Holzes schädigt sie nicht, sondern kann ihre Entwicklung fördern; Möbelfüße (Abbildung 119), Scheuerleisten und andere beim Reinigen wiederholt angefeuchtete Holzteile werden oft gerade besonders stark zerstört.

Der Nahrungswert des Holzes nimmt von der Bastschicht zum Holzinnern ab, doch ist der Wachstumsunterschied in den einzelnen Holzbereichen nicht so groß wie bei *Hylotrupes*[3]. Die Larven vermögen Zellulose zu verdauen; der Kohlenhydratbedarf wird außerdem durch leichter lösliche Verbindungen gedeckt[1,4]. Der Eiweißgehalt beeinflußt zwar die Wachstumsgeschwindigkeit, hat aber geringere Bedeutung als bei den Hausbocklarven. — In altem Holz wachsen die Larven etwas langsamer als in frischerem. — Die Anobienlarven vermögen wochenlang zu hungern, besonders bei geringer Wärme.

Ausgewachsene Larven verpuppen sich im Laufe des Frühlings oder Frühsommers in Puppenwiegen von der zwei- bis dreifachen Länge des Tieres, die meist in Nähe der Holzoberfläche und oft parallel zu dieser verlaufen. Die Puppenruhe dauert, je nach den Wärmeverhältnissen, etwa 2...4 Wochen.

---

[1] G. Becker, Z. Morphol. Ökol. Tiere **39** (1942) 98—152.
[2] G. Becker, s. S. 135.
[3] G. Becker, s. S. 118.
[4] E. A. Parkin, s. S. 115.

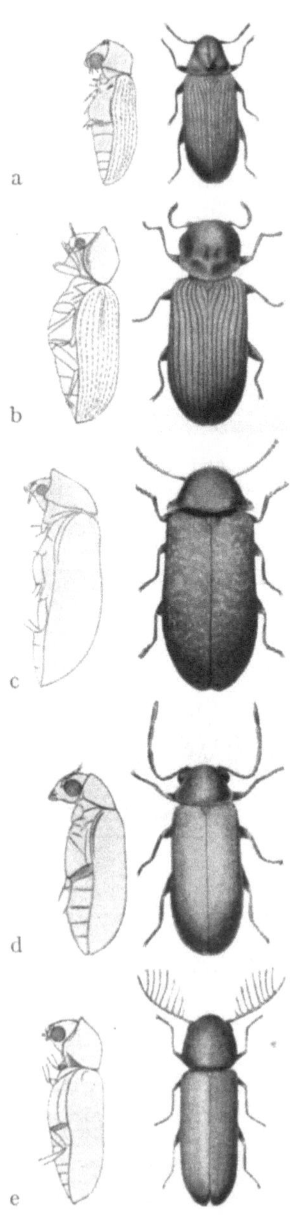

Abb. 122. Die häufigsten Nagekäfer
des verarbeiteten Holzes.
Nach N. A. Kemner.
a) *Anobium punctatum* DE GEER;
b) *Dendrobium pertinax* L.;
c) *Xestobium rufovillosum* DE GEER;
d) *Ernobius mollis* L.;
e) *Ptilinus pectinicornis* L.
(Vergrößerung 5fach).

Beim Schlüpfen der Käfer wird etwas feines Bohrmehl ausgestoßen, das unterschiedlich von dem von räuberischen Buntkäferlarven hinausbeförderten (Abb. 143) keine Kotteilchen enthält.

Andere *Anobium*-Arten. Einige andere Arten der Gattung *Anobium (A. Thomsoni* KR., *A. emarginatum* DETSCH., *A. fulvicorne* STRM. u. a.)*, die *A. punctatum* als Larven und Käfer sehr ähnlich sind, haben entsprechende Lebensgewohnheiten und Schädlichkeit, sind jedoch weniger verbreitet; ihre Abhängigkeit von Umweltbedingungen ist nicht bekannt.

Der gekämmte Nagekäfer (*Ptilinus pectinicornis* L.). Die nicht sehr häufige Art lebt für gewöhnlich in harten Laubhölzern, befällt aber auch Tannenholz; sie kann stellenweise massenhaft auftreten und in Tischlerholz, Möbeln u. a. großen Schaden anrichten. Lebensweise und Befallsbild sind den Verhältnissen bei den *Anobium*-Arten ähnlich.

Käfer (Abb. 122e) etwas länglicher als bei *A. punctatum*, walzenrundlich, rötlichbraun, mit großem kugeligem Halsschild und Fühlern mit gesägten, bei den Männchen sehr verlängerten Einzelgliedern. Flugzeit im Frühsommer. Bohrmehl in den Fraßgängen sehr fest zusammengedrückt mit wenig geformten Holzteilchen[1]. Entwicklungsdauer wohl entsprechend *A. punctatum*.

Der Trotzkopf (*Dendrobium pertinax* L.). Die seltenere Anobienart zerstört den Splintteil von Nadelhölzern. Angeblich soll sie auch Laubholz befallen. Da sie im allgemeinen nur an Holzteilen auftritt, die zugleich von holzzerstörenden Pilzen angegriffen sind, hat sie eine nur geringe praktische Bedeutung[2].

Käfer größer als von *A. punctatum*, bis ≈ 5 mm lang, mit breitem Halsschild, schwärzlich mit goldgelben Haaren (Abb. 122b). Die Larven, ebenfalls größer, etwas stärker behaart und mit längeren Beinchen als bei *A. punctatum*, bevorzugen die Frühholzschichten, durchziehen im übrigen das Holz in unregelmäßigen Gängen. Kot eiförmig bis annähernd vierkantig, abgeplattet, an einem Ende etwas dicker als am anderen und leicht gekrümmt, Form aber oft undeutlich[1]. Die Entwicklung dauert wahrscheinlich 2...3 Jahre.

---

[1] G. Becker, s. S. 125.
[2] N. A. Kemner, s. S. 136. — G. Becker, s. S. 137.

Der bunte Nagekäfer (*Xestobium rufovillosum* DE GEER). Die größte einheimische Anobienart tritt vor allem in älterem Eichensplintholz, daneben auch in anderen Laubholzarten, selten in Nadelholz, auf. Sie kommt in Gebieten, in denen Laub-, besonders Eichenholz, viel verarbeitet wird und gleichzeitig höhere Luftfeuchtigkeit herrscht, häufig vor und wird schädlich[1, 2, 3].

Käfer (Abb. 122c) 5...7 mm lang; für Anobien kennzeichnende Kopf- und Halsschildform; durch bunte Behaarung gebildete rötlich-gelbe Fleckenzeichnung auf den Flügeldecken. Ein Weibchen legt über 100 Eier, die weiß und etwa zitronenförmig sind[4]. Larven durch Größe auffallend, mit verhältnismäßig langen Beinstummeln und ausgeprägter langer Behaarung[5]. Fraßgänge enthalten viel holzfarbenen Kot neben wenig Nagsel. Kot linsenförmig (Abb. 123), deutlich flacher als bei *Ernobius mollis*. Die Larven wachsen in Holz, das von holzzerstörenden Pilzen befallen ist, wesentlich schneller als in gesundem, und befallenes wird deutlich bevorzugt[6, 7]. In diesen Fällen ist ihre Zerstörungstätigkeit ohne besondere Bedeutung. — Käferfluglöcher kreisrund, ≈ 4 mm Durchmesser.

Der weiche Nagekäfer (*Ernobius mollis* L.). Die Art lebt an berindeten Nadelhölzern, ist weitverbreitet, aber für gewöhnlich völlig harmlos, da der Larvenfraß höchstens die äußersten 1...2 mm des Splintholzes berührt. Bei der Verarbeitung befallener baumkantiger Hölzer dagegen können beispielsweise Sperrholz- und andere Verkleidungen durch die Käferfluglöcher sehr beschädigt werden[8].

Käfer (Abb. 122d) ≈ 5 mm, rötlichbraun, mit glatter, dünn behaarter weicher Oberfläche. Larvenkot anfangs eiförmig schokoladenbraun, zuletzt linsenförmig-holzfarben (Abb. 123). Puppenwiege in der Rinde. Käferflugloch ≈ 2 mm.

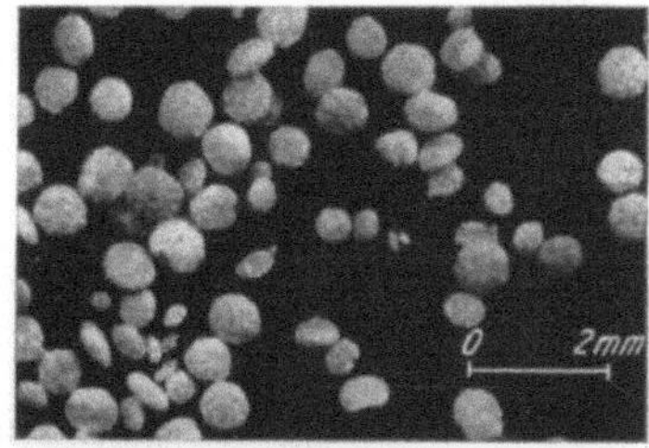
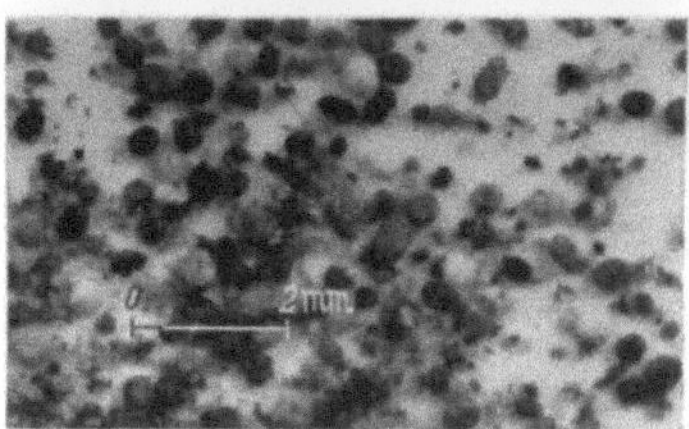

Abb. 123.
Bohrganginhalt (Kot und Nagsel); oben von *Xestobium rufovillosum* DE GEER, unten von *Ernobius mollis* L. Aufn.: G. Becker.

γ) Splintholzkäfer.

Die Larven der Gattung *Lyctus* können beachtliche Schäden durch Zerstörung des Splintteils verschiedener Laubholzarten anrichten.

[1] J. W. Munro, s. S. 134.
[2] R. C. Fisher, J. roy. Soc. Arts **85** (1937) Nr. 4400.
[3] R. C. Fisher, Ann. appl. Biol. **24** (1937) 600—613.
[4] W. Madel, Z. hyg. Zool. **33** (1941) 155—162.
[5] E. A. Parkin, For. Prod. Res. Lab. 1931.
[6] W. G. Campbell, Biochem. J. **35** (1941) 1200—1208.
[7] For. Prod. Res. Lab., Leaflet 3 (1937).
[8] W. Madel, Z. hyg. Zool. **33** (1941) 158—159.

In Holzlagern, besonders in Ländern mit umfangreicherer Laubholzverarbeitung, zählen sie zu den gefährlichsten Schädlingen[1]. Kernholz ist von Natur aus weitgehend geschützt.

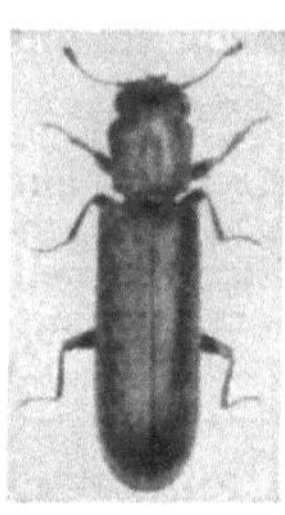

Abb. 124.
Splintholzkäfer
(*Lyctus*).
Nach For. Prod.
Res. Lab.
(Vergr. 6fach).

Arten: *Lyctus linearis* GOEZE, *Lyctus brunneus* STEPH. und andere. Käfer (Abb. 124) 3...5 mm, schlank, einheitlich braungefärbt; Flugzeit Frühjahr und Sommer. Die länglichen, mit einem kurzen Stiel versehenen Eier werden in angeschnittene Gefäße der Laubhölzer oder alte Fluglöcher abgelegt. Neubefall nur an Holzarten mit hinreichend weiten Gefäßen. Ihr Verschluß schützt vor *Lyctus*-Befall. Larven anobienähnlich gekrümmt. Fraßgänge besonders in Faserrichtung des Holzes; Bohrmehl außerordentlich feinpulverig, sehr fest zusammengedrückt (,,powder-post"beetles). Die *Lyctus*-Larven sind vor allem auf Stärke angewiesen[2]; Cellulose und Hemicellulosen vermögen sie nicht zu verdauen. Eichen- und anderes Laubbaumsplintholz mit besonders viel Stärke ist für sie am günstigsten; Stärkeentfernung schützt das Holz weitgehend oder ganz vor ihnen[3]. Entwicklung zwischen 7 und 23% Holzfeuchtigkeit; am besten bei 16% (Abb. 93). Die *Lyctus*-Larven weichen in ihrem Verhalten gegenüber der Feuchtigkeit von allen bisher untersuchten Holzzerstörern ab und haben unter diesen anscheinend das geringste Feuchtigkeitsbedürfnis[4].

δ) Holzbohrkäfer

Die Holzbohrkäfer *(Bostrychidae)* leben in trockenen Laubhölzern und sind in anderen Ländern teilweise von großer wirtschaftlicher Bedeutung.

ε) Borkenkäfer.

Die meisten Borkenkäfer *(Ipidae, Scolytidae)* leben in der Rinde und der Bastschicht abgestorbener oder kränkelnder Bäume und erzeugen dort. ,,familienweise" sich entwickelnd, arteigentümliche Fraßgangsysteme[5], Ohne Bedeutung in einer geregelten Forstwirtschaft, können sie im Gefolge von Wind- und Schneebrüchen, von Schädlingskalamitäten oder bei ungenügender Waldpflege in nicht rechtzeitig entrindetem Holz eine Massenvermehrung erfahren und dann durch den Befall gesunder, lebender Stämme zu einer ernsthaften Bedrohung weiter Bestände werden. So hat der Buchdrucker *(Pityogenes typographus L.)* schon früher gelegentlich weit mehr Fichten zum Absterben gebracht als z. B. der seine Übervermehrung verursachende Sturmschaden geworfen hatte; seit Ende des zweiten Weltkrieges aber gefährdete er zahlreiche Fichtengebiete in deutschen Mittelgebirgen ernsthaft und hat so durch Vernichtung großer Waldgebiete schwerste Schäden herbeigeführt. Auch bei anderen Fichtenborkenkäfern, wie z. B. dem Kupferstecher *(Pityogenes chalcographus L.)* und Tannenborkenkäfern[6], ist es zu Massenvermehrungen gekommen. Der Waldgärtner *(Myelophilus piniperda L.)* nimmt in Kieferngebieten an Bedeutung zu.

Während die zahlreichen ,,rindenbrütenden" Borkenkäfer reine Forstschädlinge sind, werden einige wenige Arten, die ihre Brutgänge im Holz

[1] H. Schmidt, s. S. 112.
[2] S. Wilson, Ann. appl. Biol. **20** (1933) 681—690.
[3] E. A. Parkin, s. S. 115 (6).
[4] E. A. Parkin, Ann. appl. Biol. **30** (1943) 136—142.
[5] K. Eckstein, s. S. 112; K. Escherich, s. S. 125.
[6] G. D. Kraemer, Z. angew. Entomol. **31** (1950) 849—430.

anlegen, unmittelbar zu Holzschädlingen. Die Käfer (Abb. 125) bohren sich zur Eiablage einen Gang in das Holz; von diesem ausgehend, erzeugen die Larven eigene Fraßgänge, deren Form eine genaue Artbestimmung ermöglicht[1,2]. Das Bohrmehl wird ausgestoßen; die Larven ernähren sich von Bläuepilzen, die an den Gangwänden wachsen und diese später dunkelfärben. Ein Neubefall trockenen Holzes erfolgt nicht mehr.

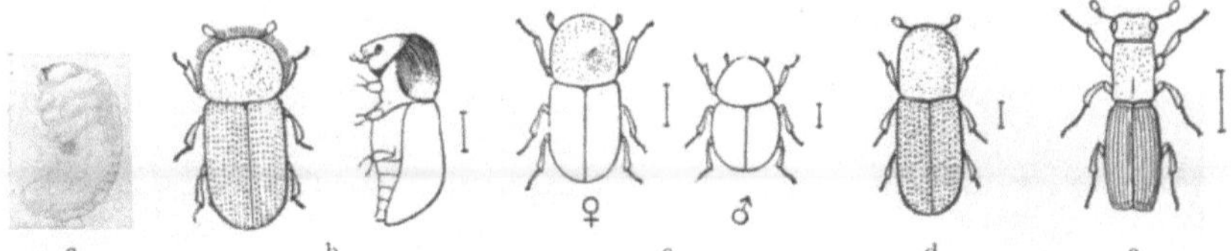

Abb. 125.   Borkenkäfer.   a) Larve;   b) Käfer von *Xyloterus lineatus* OL.;   c) *Parisandrus dispar* F.;
d) *Xyleborus dryographus* L.;   e) *Platypus cylindrus* FABR.
b)—e) aus F. Kollmann 1938; a) aus [3] (s. u.)

Der gestreifte Nutzholzborkenkäfer (*Xyloterus lineatus* OL.) lebt meist in Nadelholz, besonders in Fichte und Tanne; doch tritt er auch in Laubholz auf[3]. Durch einen im Wald oder auf dem Holzlager-

platz einsetzenden, oft massenhaften Befall, nach dem Schnittholz nur noch zur schlechtesten Güteklasse zählt, kann ein beträchtlicher wirtschaftlicher Verlust eintreten. Rasche Austrocknung des Holzes, gefördert durch Entrindung, beugt *Xyloterus*-Schäden vor.

Die in einer ersten Generation im zeitigen Frühjahr, in einer zweiten im Hochsommer schwärmenden, 2...2,5 mm messenden Käfer (Abb. 125b, 126) von gelbbrauner Farbe mit dunkler Längsstreifung der Flügeldecken dringen auf geradem Wege in frischgefällte oder kränkelnde Stämme ein und legen hier in bestimmten Abständen ihre Eier ab. Die Junglarven bohren sich einzeln in rechtwinklig vom „Muttergang" abzweigenden

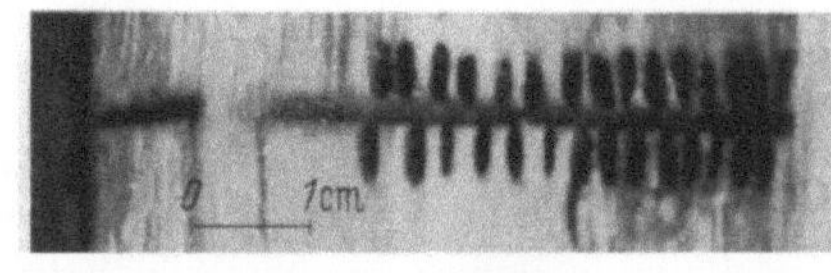
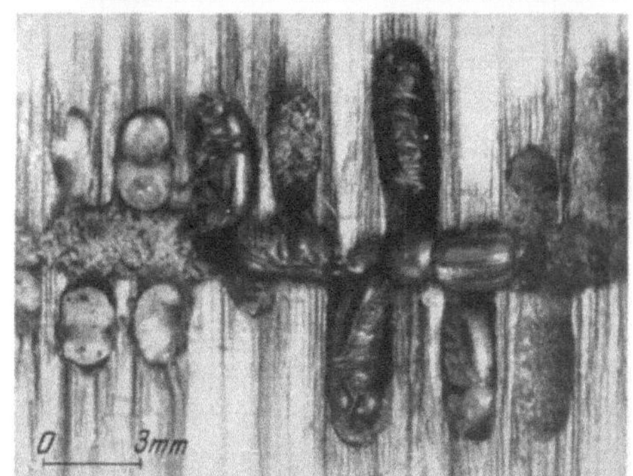

Abb. 126.   Oben: Fraßbild von *Xyloterus lineatus* L. nach Abschluß der Käferentwicklung.   Unten: Ausschnitt aus einem Fraßgang während der Käferentwicklung, (Gangrichtung umgekehrt wie oben).
Aufn.: G. Becker (oben), H. Knuchel (unten).

Gängen weiter, so daß ein leiterförmiges Ganggebilde mit kreisrunden Querschnitten (Abb. 126) entsteht. Die Larven (Abb. 125a) der im Vorfrühling eingebohrten Käfer sind im Juli/August fortpflanzungsfähig. Die zweite Genera-

---

[1] K. Escherich, s. S. 125.
[2] R. Koch, Bestimmungstabellen (2. Aufl.) Berlin 1928, 1932.
[3] M. Thomsen, N. F. Buchwald und P. A. Hauberg, Forstl. Forsøgsv. **18** (1949) 97—326.

tion überwintert. Die Käferfluglöcher sind kreisrund von 1...1,5 mm Durchmesser. — Geschältes Holz wird nur ausnahmsweise in sehr feuchtem Zustand angegriffen.

In Buche (Abb. 127) und Eiche leben der Buchennutzholzborkenkäfer (*Xyloterus domesticus* L.) und der Eiche bevorzugende Laubholzbohrer (*Xyloterus signatus* F.). Während der Durchmesser der Einbohrlöcher und Gänge dieser Arten 2...2,2 mm beträgt, ist er bei der kleinsten holzbrütenden 1,5...2 mm langen Borkenkäferart (*Xyleborus saxeseni*

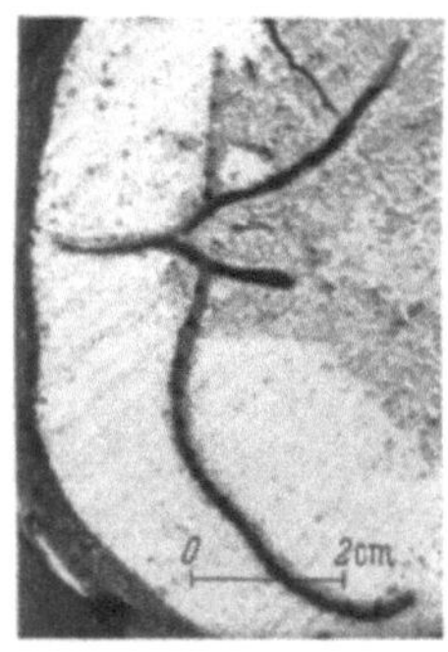
Abb. 127. Fraßbild von *Xyloterus domesticus* L. in Buche. Aufn.: G. Becker.

RTZB.) nur wenig über 1 mm weit; sie frißt in zahlreichen Laub- und Nadelhölzern. In den verschiedensten Laubholzarten lebt der Ungleiche Holzbohrer (*Anisandrus dispar* F., Abb. 125c). Bei den Nutzholzborkenkäfern (*Xyleborus monographus* L. und *Xyleborus dryographus* RTZB.) fertigen die Larven keine getrennten Fraßgänge an.

Der Eichenkernkäfer (*Platypus cylindrus* FABR.) kann Eiche und Buche durch die bis in das Kernholz vordringenden und sich hier verzweigenden Gänge bei stärkerem Auftreten sehr entwerten. Der im Walde stattfindende Befall wird durch rechtzeitige Abfuhr vermieden.

Die 5 mm langen, walzenförmig gestreckten, braunen holzzerstörenden Käfer (Abb. 125e) nagen Gänge von ≈ 1,5 mm Durchmesser zur Mitte des Holzes hin, wo diese seitlich, den Jahrringen folgend, abzweigen. In den von Nagsel entleerten Gängen ernähren sich die Larven von dem durch die Käfer ausgelösten Pilzbewuchs der Wände.

Begünstigt durch mehrere niederschlagsarme Jahre mit heißen Sommern, haben sich die Nutzholzborkenkäfer und der Kernkäfer besonders in Süd- und Südwestdeutschland nach dem zweiten Weltkrieg zu wichtigen und verbreiteten Holzschädlingen und Bestandsgefährdern entwickelt[1,2].

ζ) Rüsselkäfer.

Holzzerstörende Rüsselkäfer *(Cossonini)* zerfressen Holz im Innern von Gebäuden oder im Freien (Abb. 128). Voraussetzung für ihr Auftreten ist verhältnismäßig hohe Holzfeuchtigkeit. Sie werden besonders in Kellern und feuchten Erdgeschoßwohnungen, in Bergwerken, in hölzernen Wasserleitungsröhren, in Pfählen und Hafenbauten, meist gemeinsam mit holzzerstörenden Pilzen, angetroffen. Sie befallen sowohl Nadel- wie Laubholz.

Käfer 2...5 mm lang, braun oder schwarz, mit rüsselartiger Verlängerung des Kopfes. Im Gegensatz zu anderen Holzzerstörern bleiben sie viele Monate am Leben und zernagen und fressen ebenfalls Holz. — Larven anobienähnlich gekrümmt, aber ohne Beine, Hinterleibsende nicht verdickt. Kotteilchen perlschnurartig aneinanderklebend; Nagespäne meist korkenzieherartig eingedreht[3].

[1] Y. Zwölfer, Allg. Forstzeitschr. Nr. **44** (1949).
[2] G. Wellenstein, Holz-Zbl. **76** (1950) 427—429 u. 443—444.
[3] G. Becker, s. S. 125.

Der Grubenholzkäfer (*Rhyncolus culinaris* GRM.) richtete umfangreiche Zerstörungen an der Zimmerung in einem Bergwerk an[1] und wird in Balken, Fußbodenbrettern[2] und Sperrholzverkleidungen[3] in Gebäuden gefunden. Ähnlich wurden *Rhyncolus truncorum* GRM. und *Eremotes porcatus* GRM. schädlich. *Eremotes elongatus* GYLL. wurde massenhaft in Pfählen im Swinemünder Hafen gefunden (Abb. 128). Diese Art und *E. ater* L. traten in Schweden[2] und Finnland[4] oft in verbautem Holz auf. *Cossonus parallelepipedus* HBST. hat im Boden liegende Wasserleitungsröhren zerstört. *Caulotrupis aeneopiceus* BOH. trat in eichenen Faßdauben und Holzstützen in Weinkellern auf. *Codiosoma spadix* HRBST. lebte in Fichtenbohlen, die als Straßenbelag dienten und kommt im Innern von Gebäuden vor[5].

Da die Rüsselkäfer nur aufzutreten pflegen, wo sich auch holzzerstörende Pilze entwickeln können, schaden sie meist weniger als diese. Sie beschleunigen aber den Verfall des Holzes. Hinreichende Trokkenheit schützt vor ihnen.

Bild 128. Rüsselkäferfraß in einem kiefernen Hafenpfahl. *(Eremotes elongatus* GYLL.)* — Aufn. MPA-Dahlem.

η) Werftkäfer.

Langgestreckte, walzenförmige Käfer. Larven mit erweitertem, vorgewölbtem Halsschild und spitzem Schwanzfortsatz (Abb. 129). In saftfrischem Holz lebende Arten.

Der Werftkäfer (*Hylecoetus dermestoides* L.) befällt Laubholzarten und Tanne und kann erhebliche Nutzholzschäden verursachen (Abb. 129). Die Larve lebt nicht von Holz, sondern frißt einen an den Gangwänden sprossenden Bläuepilz (*Endomyces Hylecoeti* NEG.). Das Bohrmehl wird aus den Gängen ausgestoßen[6].

Käfer 8...18 mm lang, schlank, rötlichbraun, mit kurzen dünnen Fühlern und großen Augen (Abb. 129). Flugzeit Mai/Juni. Die zahlreichen (bis ≈ 120) Eier werden einzeln in Rindenritzen abgelegt. Larven-Fraßgänge bis zu ≈ 25 cm lang, gerade, mit überall (bis auf das enge Eingangsloch) gleichgroßem, kreisrundem Querschnitt. Ausgestoßenes Bohrmehl oft zwischen Holz und Rinde kreisförmig angehäuft. Gangwände zum Schluß braun gefärbt. Generation einjährig.

Weit seltenere Art: *Hylecoetus flabelliformis* SCHN.

---

[1] K. Eckstein, s. S. 112.
[2] N. A. Kemner, Entomol. Tidskr. **60** (1919) 166—169. — G. Becker (unveröff.).
[3] W. Madel, Z. hyg. Zool. **37** (1949) 319—320.
[4] U. Saalas, Ann. Entomol. Fenn. **14** Suppl. (1949) 189—196.
[5] H. Prell, Mitt. Ges. Vorratsschutz **3** (1927) 63—64. — G. Becker (unveröff.).
[6] E. König, Holz-Zbl. **69** (1943) 731, 733, 745, 747.

Der Schiffswerftkäfer (*Lymexylon navale* L.) entwertet durch lange, *hylecoetus*-ähnliche, aber bohrmehlgefüllte Larvenfraßgänge saftfrisches und stehendes Eichenholz für bestimmte Verwendungszwecke und wurde früher oft[1] und auch neuerdings wieder[2] sehr schädlich.

Männliche Käfer schwarz, weibliche ockergelb mit schwarzer Spitze, 5...13 mm lang. Larve im Gegensatz zu *Hylecoetus* nicht mit langem spitzem, sondern kurzem walzlichen, nach oben gerichteten Schwanzfortsatz, bis 14 mm.

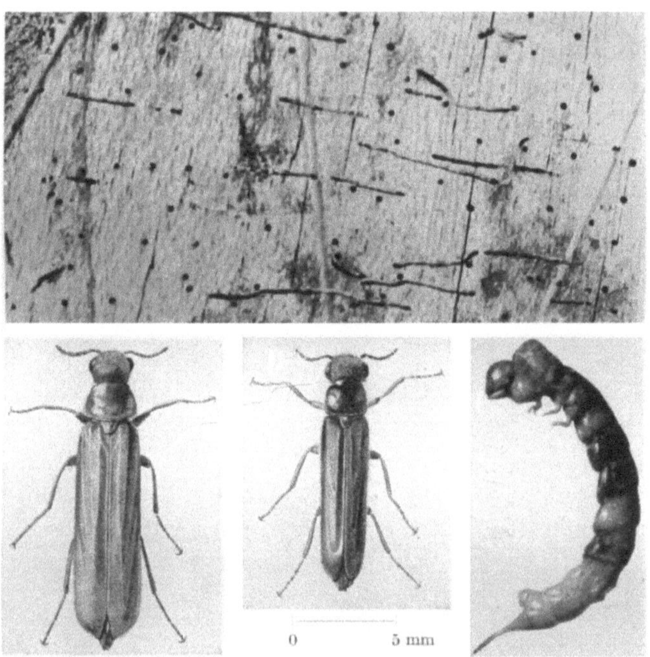

Abb. 129. Oben: Fraßbild des Werftkäfers, *Hylecoetus dermestoides* L., in Buche. Aufn.: K. Eckstein. Unten: Weibl. u. männl. Käfer (nach Thomson, Buchwald u. Hauberg) und erwachsene Larve (Aufn.: F. Schwerdtfeger).

ϑ) Scheinbockkäfer.

Mittelgroße, langgestreckte Käfer mit dünnen Fühlern; Larven lang und dünn mit stark chitinisiertem Kopf. Zu den *Oedemeridae* gehören zwei an Holz schädlich werdende Arten.

Die Larven von *Nacerda melanura* L. zerstören Nadelholz, das regelmäßig stark durchfeuchtet wird, z. B. Holzteile von Wasserfahrzeugen oder Hafenpfähle, und zwar auch, wenn sie von Meerwasser überspült werden. In England sind sie auch im Innern von Gebäuden in feuchtem, pilzbefallenem Holz schädlich geworden[3].

---

[1] K. Eckstein, s. S. 112.
[2] W. Zwölfer, s. S, 142.
[3] W. G. Blair, Proc. Entom. Soc. London **10** (1935). — Blair, Laing, Fisher u. Walker, Entom. Monthly Mag. **72** (1936).

Käfer 9…13 mm lang, gelbbraune Flügeldecken mit schwarzen Spitzen. Die vorwiegend der Faserrichtung des Holzes folgenden bis 30 mm langen Larven erzeugen verhältnismäßig große, mit langen groben Nagespänen und unregelmäßig-rundlichen zusammengesetzten Kotballen gefüllte Fraßgänge.

Calopus serraticornis L. befällt frischgefälltes und anbrüchiges Fichten- und Tannenholz und soll auch in altem, verbautem Holz vorkommen[1]. Die Larvenfraßgänge sind verhältnismäßig kurz mit rundem Querschnitt, dichtgepreßtem Bohrmehlinhalt, holzwespenähnlich.

Käfer 15…20 mm, dunkelbraun, mit langen, beim Männchen sägeförmigen Fühlern, Augen seitlich deutlich hervortretend. Die Larvenentwicklung scheint 1…3 Jahre zu dauern. Mit befallenem Bauholz als Larven eingebracht, können die Käfer in Gebäuden auftreten.

ι) Düsterkäfer.

Der zu den *Melandryidae* gehörige Schwarzkäfer (*Serropalpus barbatus* SCHALL.) kann in frischgefällten Tannen- und Fichtenstämmen beachtliche Schäden anrichten[2]. Das Larvenfraßbild ähnelt dem von *Calopus* und der Holzwespen.

Käfer 10…18 mm, schmal, langgestreckt, schwarzbraun mit braunroten, borstenförmigen Fühlern von halber Körperlänge; stark ausgebildete, gesägte Kiefertaster. Larven mehlwurmähnlich, gelblichweiß mit dunkleren Mundwerkzeugen, bis 24 mm lang. Larvengang geschlängelt von außen nach innen führend; Durchmesser bis 6 mm. Entwicklungsdauer 2 Jahre.

In Finnland kommt *Xylita buprestoides* PAYK. in der Bodenzone von Masten vor[3].

b) Hautflügler.

Unter dieser durch 2 Paar häutige Flügel, scharfe Einschnitte zwischen den drei Körperabschnitten und im weiblichen Geschlecht den Besitz eines Stachels ausgezeichneten Insektenordnung, deren Larven in allen Fällen fußlose „Maden" sind, schädigen Holzwespen, Holzbienen und gewisse Ameisen Nutzholz. Zahlreiche Schlupfwespen haben als natürliche Feinde von Holzschädlingen eine Bedeutung.

α) Holzwespen.

Die Holzwespen *(Siricidae)* befallen nur saftfrisches gefälltes oder anbrüchiges Holz kränkelnder Stämme und entwerten es durch die Larvengänge für bestimmte Verwendungszwecke (Abb. 130). Beim Schlüpfen aus verarbeitetem Holz durchnagen außerdem die fertigen Wespen ihnen im Wege stehende Hindernisse, wie Furnier- oder Linoleumbeläge, auf Holz aufgerollte Textilien oder Papier und sogar Blei- und Zinkplatten. Sie können dadurch erhebliche Schäden anrichten[4].

Beispielsweise hat das Durchnagen von Bleikammern in Schwefelsäurefabriken wiederholt zu erheblichen Betriebsstörungen geführt. An Kabelrollen und Textilballen sind schwere Verluste eingetreten.

[1] K. Eckstein, s. S. 112.
[2] E. König, Holz-Zbl. **68** (1942) 541/42.
[3] U. Saalas, s. S. 143.
[4] K. Eckstein, s. S. 112; G. Becker, s. S. 121.

Die Holzwespen[1] (Abb. 130) besitzen verschieden große, häutig-durchsichtige Flügelpaare, die Weibchen einen auffallenden, festen, langen Legebohrer. Der Körper ist verschieden gefärbt. Die bis zu 45 mm lange

Abb. 130. Fluglöcher, Fraßgänge mit Larve und Puppe und (unten links) Imago der Riesenholzwespe (*Sirex gigas* L.). Unten rechts: *Paururus juvencus* L. Aufn.: F. Scheidter.

Riesenholzwespe (*Sirex gigas* L., Große gelbe Fichtenholzwespe) hat einen schwarzen Brustabschnitt und einen beim Weibchen leuchtend-,

[1] K. Escherich, Die Forstinsekten Mitteleuropas, Bd. 5. Berlin 1944.

beim Männchen rötlich-gelben, mit dunklen Binden versehenen Hinterleib. Sie befällt Fichte und Tanne, seltener Kiefer und Lärche. Die Tannenholzwespe (*Xeris spectrum* L., Schwarze Fichtenholzwespe) ist dunkel gefärbt, bis 35 mm lang und lebt in Tanne und Fichte. Die Kiefernholzwespe (*Paururus juvencus* L.) ist glänzend stahlblau, bis 30 mm lang; sie befällt Kiefer und Fichte. In Kiefer kommt außerdem *Paururus noctilio* F. vor; in Laubholz lebende Holzwespenarten der Gattungen *Tremex* und *Xiphydria* sind in Deutschland ohne größere praktische Bedeutung.

Die während der Sommermonate schlüpfenden, beim Fliegen laut surrenden und daher auffallenden Holzwespen legen ihre Eier mittels des leistungsfähigen Legebohrers mehrere Millimeter, bis zu 2 bis 3 cm tief in das angestochene Holz[1]. Die beinlosen, durch einen abgesetzten Kopf und einen dornartigen Fortsatz am Hinterleib ausgezeichneten Larven durchziehen es in unregelmäßigen, nicht besonders langen Fraßgängen mit meist geringer Krümmung und kreisrundem Querschnitt. Ihr Inhalt ist sehr festgestopft und besteht nur aus Nagespänen; geformte Kotteile sind nicht erkennbar. Die Larven fressen den Inhalt früherer Fraßgänge erneut, da bei der Ernährung mit den Eiern übertragene holzzerstörende Pilze mit geringer Angriffskraft, die vorwiegend in den Fraßgängen wachsen, wohl von Bedeutung sind[2, 3].

Die Larvenfraßgänge und die um etwa 1 mm kleineren kreisrunden Fluglöcher der Wespen erreichen bei der Riesenholzwespe einen Durchmesser von ≈ 7 mm, bei den übrigen Arten von ≈ 4 mm. Die Larvenentwicklung dauert 1...3 Jahre. Älteres und trockenes Holz wird nicht mehr befallen. Die in einem Gebäude auftretenden Holzwespen sind also für dessen Holzteile ohne weitere Bedeutung.

β) Holzbienen.

Gewisse einzeln lebende Bienen- *(Xylocopa-)* Arten legen im Innern alter Hölzer „Brutkammern" für ihre Larven, gekammerte Gänge mit einer Öffnung an der Holzoberfläche, an. Da die einheimischen Holzbienen bereits von holzzerstörenden Pilzen oder von anderen holzzerstörenden Insekten befallenes Holz wählen und dabei die Fraßgänge der letzteren ausnutzen, sind sie ohne praktische Bedeutung.

Die Fraßgänge holzzerstörender Insektenlarven werden gelegentlich auch von anderen Hautflüglern (z. B. gewissen einzeln lebenden Wespen) als Brutkammern benutzt.

γ) Holzzerstörende Ameisen.

Unter den Ameisen richten sowohl die eigentlichen Holz-, Roß- oder Riesenameisen *(Camponotus herculeanus* MAYR mit zwei Rassen, *herculeanus* und *ligniperda* LATR.) als auch die Rasenameisen der Gattung *Lasius* mit verschiedenen Arten Holzzerstörungen an. Die ersteren leben im Innern von toten oder lebenden, kränkelnden Stämmen, besonders von Fichte und Tanne, seltener von Kiefer, und fressen im Kernholz galerieartige, den Jahrringen folgend, ausgedehnte Nestanlagen (Abb. 131) von mehreren Metern Länge[4]. Sie können bei

---

[1] H. S. Hanson, Bull. entom. Res. **30** (1939) 27—76.
[2] H. Francke-Grosmann, Z. angew. Entom. **25** (1939) 647—680.
[3] E. A. Parkin, Ann. appl. Biol. **29** (1942) 268—274.
[4] H. Eidmann, Z. angew. Entomol. **14** (1929) 229—253.

massenhaftem Auftreten sowohl für stehendes wie für verbautes Holz sehr schädlich werden.

Die Riesenameisen werden bis zu $\approx$ 15 mm lang und sind schwärzlichbraun gefärbt. Das Holz dient ihnen nicht als Nahrung, die abgerissenen Holzspäne werden aus dem Stamminnern entfernt; die Gänge des Nestes sind leer. Die Verbreitung erfolgt durch einzelne flugfähige Weibchen, die im Mai/Juni zusammen mit den geflügelten Männchen in großer Zahl ausschwärmen und neue Staaten gründen.

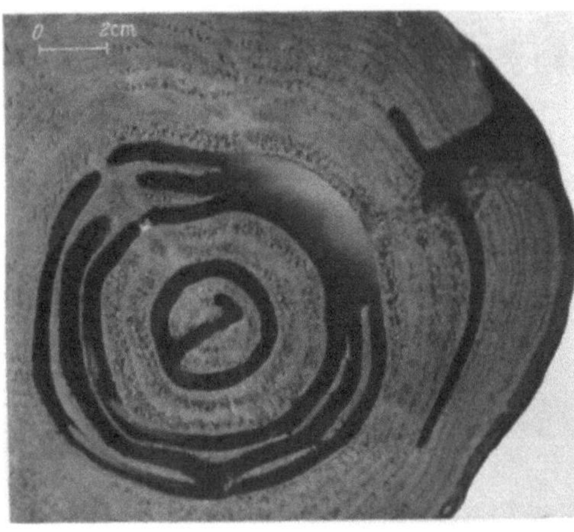

Abb. 131. Querschnitt durch einen Fichtenstamm mit der Nestanlage von Riesenameisen. „Galerie"-artige Nestanlage. Rechts oben: Nestöffnung an der Stammoberfläche. Aufn.: G. Becker.

Die Rasenameisen sind wesentlich kleiner (bis zu $\approx$ 5 mm), hellbraun bis schwärzlich und als Holzzerstörer in verbautem Holz von geringerer Bedeutung. Ihr Fraßbild ist ähnlich wie bei den Riesenameisen, doch sind die Abmessungen entsprechend geringer.

c) Schmetterlinge.

In Laubhölzern leben einzelne Schmetterlingsarten als Holzschädlinge. Sie gehören mehr in das Gebiet der Forst- als der Holzwirtschaft.

Der Weidenbohrer *(Cossus cossus L.)*. Die fleischrotgefärbten, am Kopf schwarz gezeichneten, bis zu etwa 8 cm langen, etwas nach Holzessig riechenden Raupen (Abb. 132) leben nach der im Juni/Juli erfolgenden Eiablage des plumpen, bis zu 95 mm spannenden braunen Falters anfangs gemeinsam und dringen später in unregelmäßigen, sehr groß werdenden Gängen in das Holz ein (Abb. 132). Der technische Schaden ist selten von Bedeutung, da weiche Holzarten wie Weide und Pappel bevorzugt und bei ihnen wie in härteren Hölzern bereits pilzbefallene Stellen gefressen werden[1, 2].

Das Blausieb *(Zeuzera pyrina L.)*. Der ebenfalls zu den Holzbohrern *(Cossidae)* gehörige Schmetterling kann als Schädling an lebenden jungen Stämmen zahlreicher Laubholzarten, besonders von Esche, Eiche oder Buche, eine forstwirtschaftliche Bedeutung haben[1, 2].

Abb. 132. Weidenbohrerraupe mit Fraßgängen. Aufn.: O. Schneider-Orelli.

[1] K. Eckstein, s. S. 112.
[2] K. Escherich, Die Forstinsekten Mitteleuropas, Bd. 3, S. 383—389. Berlin 1931.

Der bis zu $\approx$ 40 mm spannende, auf bläulich-weißem Grund siebartig stahlblau getüpfelte Falter legt seine Eier einzeln oder in geringer Zahl an jungen Stämmchen ab. Die bis zu 50 mm langen holzfarbenen schwarzfleckigen Larven bohren sich nach anfänglichem Rindenfraß in die Stammitte ein, fressen stammaufwärts und stoßen dabei ihren Kot und die Nagespäne durch ein Loch nach außen.

Die durch den Larvenfraß entstandene Wunde an der Stammoberfläche kann überwallt werden, aber der Fraßgang im Innern bleibt als Fehler im Holz erhalten[1, 2, 3].

Die Glasschwärmer *(Sesiidae)*. Wie das Blausieb befallen auch verschiedene *Sesia*-Arten junge und ältere Laubholzstämme. Die Schäden sind mehr physiologischer als technischer Art[2, 4].

d) Zweiflügler.

Gewisse Holzschäden können auch durch Zweiflügler *(Diptera)* erzeugt werden. Sogenannte Kambialfliegen der Gattungen *Cecidomya* leben als Larven in der Bastschicht lebender Laubbäume und erzeugen hier Fraßgänge, die bei weiterem Wachstum der Bäume in den Holzkörper gelangen und hier als braune Streifen störend wirken[5].

e) Gelegentliche Holzschädlinge.

Unter besonderen Umständen können Holzschäden durch verschiedene Insekten verursacht werden, die für gewöhnlich keinerlei Beziehung zu Holz haben. Speckkäfer und Kornmotten sind die häufigsten unter ihnen. Fast immer handelt es sich dabei um das Bemühen der Tiere, einen für die Zeit der Puppenruhe sicheren Platz zu finden, seltener um geringfügige Beschädigungen bei der Nahrungsaufnahme[6]. Auf Einzelheiten kann dabei hier nicht eingegangen werden.

E. Holzzerstörende Insekten anderer Länder.

Die Zahl der holzzerstörenden Insekten von wirtschaftlicher Bedeutung in anderen Ländern ist so groß, daß eine auch nur annähernde Vollständigkeit in einem so kurzen Überblick wie dem folgenden natürlich unmöglich ist. Manche einheimischen Schädlinge treten auch in anderen Erdteilen auf; so wird z. B. *Hylotrupes bajulus* ebenfalls in Nordamerika[7] und Südafrika[8] schädlich, *Anobium punctatum* und *Lyctus*

---

[1] K. Eckstein, s. S. 112.

[2] K. Escherich, s. S. 148.

[3] Scheidter, s. S. 148.

[4] E. König, Holz-Zbl. **69** (1943) 497, 499.

[5] L. Escherich, Forstwiss. Zbl. **60** (1938) 693—703; F. Schwerdtfeger, Die Waldkrankheiten, Berlin 1944; H. Knuchel, Holzfehler, Zürich 1947.

[6] G. Becker, s. S. 125; W. Madel, s. S. 130 (2); For. Prod. Res. Lab. s. S. 139; H. Eidmann, Anz. Schädlingskde. **11** (1935) 43—44; A. Hase, Anz. Schädlingskde. **13** (1937) 33—35; F. Zacher, Die Vorrats-, Speicher- und Materialschädlinge, Berlin 1928.

[7] G. M. Hunt u. G. A. Garrat, Wood Preservation, 2. Ed. New York-London 1943.

[8] F. G. C. Tooke u. M. H. Scott, Wood-boring insects in South Afrika. Bull. Dep. Agric. Eln. S. Afr. Nr. 247 (1944).

brunneus sind weltweit verbreitet[1,2,3], *Zeuzera pyrina* hat in Amerika eine beträchtliche Bedeutung[4]. Lebensweise und Schädlichkeit zahlreicher anderer Bockkäfer[4], Nagekäfer[1], vieler Borkenkäfer[4], Holzwespen[5], Schmetterlinge[6] und anderer Insekten[9] entsprechen ganz den Verhältnissen bei verwandten einheimischen Arten. Die Beurteilung ihrer wirtschaftlichen Bedeutung aber richtet sich nach dem jeweiligen Anfall und Nutzungswert des Holzes in den einzelnen Ländern. In Gebieten mit reichem Holzüberfluß sind viele Holzfresser ohne Bedeutung, die man in Deutschland sehr beachten würde. Einzelne Insektengruppen, wie z. B. die Bohrkäfer *(Bostrychidae)*[7], oder die Holzbienen[8], die in Mitteleuropa als Schädlinge gar nicht ins Gewicht fallen, sind in anderen Erdteilen wichtig. Die weitaus gefährlichsten Holzzerstörer aber sind in warmen Ländern die Termiten. Ihre Lebensweise weicht von der anderer holzfressender Insekten so sehr ab, daß sie etwas eingehender dargestellt werden muß.

a) Käfer, Hautflügler, Schmetterlinge.

Unter den Käfern haben — allgemein betrachtet — Bockkäfer *(Cerambycidae)*, Borkenkäfer *(Ipidae)* und Bohrkäfer *(Bostrychidae)* die größte wirtschaftliche Bedeutung.

Von den Bockkäfern richtet in Nordamerika *Parandra brunnea* F. in totem, seltener auch lebendem Nadel- und Laubholz ähnliche Zerstörungen an wie der Hausbockkäfer. Die mit *Hylotrupes* verwandte Art *Semanotus ligneus* F. schädigt Nadelhölzer; *Callidium ianthinum* LEC. frißt auch in gesunden Bäumen von Douglas-Tanne, *Pinus radiata*, *Sequoia sempervirens* und *Juniperus*[4]. Laubhölzer werden beispielsweise von *Prionus laticollis* DRY., *P. imbricornis* L. und *P. californicus* MOTSCH. zerstört. Unter den ung. 350 in Indien vorkommenden Cerambyciden[10] werden *Hoplocerambyx spinicornis* NEWM. mit hohem Feuchtigkeitsbedürfnis und ähnlicher Lebensweise wie *Cerambyx* oder *Plagionotus* an saftfrischen Hölzern, besonders *Shorea robusta*, und *Stromatium barbatum* FABR., der zahlreiche Laubhölzer auch in lufttrockenem Zustande ähnlich wie *Hylotrupes* befällt (Abb. 133), in besonderem Umfange schädlich. Daneben richten u. a. *Xylotrechus-*, *Criocephalus*-Arten und andere Bockkäfer ähnliche Zerstörungen an (Abb. 133) wie die einheimischen Vertreter dieser Gattungen.

Unter den *Borkenkäfern* sind die Kernkäfer *(Platypodidae)* sowohl in Nordamerika als auch in tropischen Gebieten gefürchtete Laubholz-

---

[1] C. J. Gahan, s. S. 134.
[2] J. W. Munro, s. S. 139.
[3] H. Schmidt, s. S. 112.
[4] L. Reh in: Sorauer, Bd. 5 (4. Aufl.) 2. Teil (1932) 153—180.
[5] H. S. Hanson, s. S. 147.
[6] K. Eckstein, s. S. 112.
[7] H. Schmidt, Kolonialforstl. Merkbl. **5** (1944) Nr. 1
[8] C. F. C. Beeson, Ind. For. **64** (1938) 735—737.
[9] F. G. C. Tooke u. M. H. Scott, Bull. Dep. Agric. Un. S. Afr. Nr. 247/375 (1944); T. W. Kirkpatrick. East Afr. War Suppl. Board, Nairoki (1944).
[10] C. F. C. Beeson u. B. Bhatia, Ind. For. Res. (N. S.) **5** (1939) 1—235.

schädlinge, während sie in Mitteleuropa verhältnismäßig selten eine Rolle spielen. Sie durchziehen Splint und Kern auch sehr harter saftfrischer Bäume in langen Gängen und entwerten die Stämme weitgehend. Ihr Befall setzt zusammen mit dem anderer Ipiden und von Werftkäfern

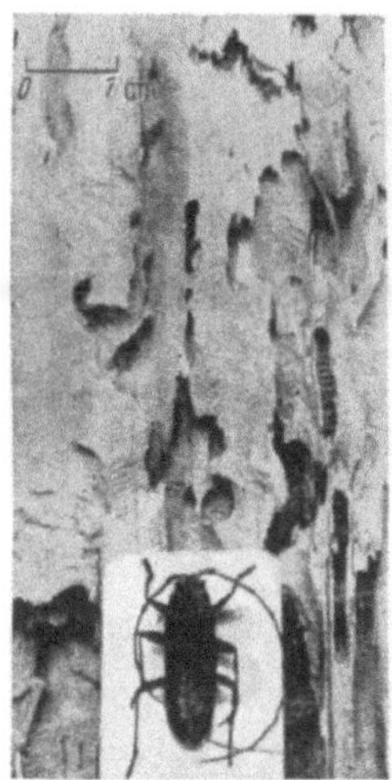
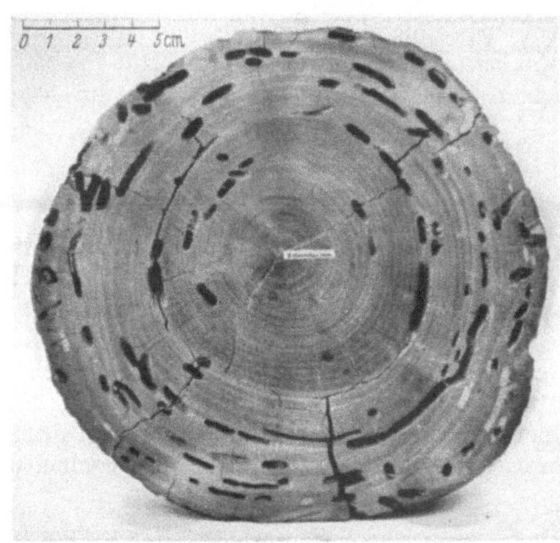

Abb. 133. Larvenfraß links von *Stromatium barbatum* FABR. in *Alnus nepalensis*; rechts von *Xylotrechus smei* LAP. et GORY in *Schrebera swietenioides* aus Indien. Aufn.: C. F. C. Beeson und B. Bathia.

(Lymexylonidae), deren Larven ebenfalls tief in das Holz eindringen, oft bereits wenige Stunden nach dem Fällen eines Stammes ein [1].

Zahlreiche Bohrkäfer-Arten zerstören trockenes Holz in Südeuropa, Afrika, Asien und Amerika. Manche Arten sind arge Feinde lebender Bäume. Eine weite Verbreitung und wirtschaftliche Bedeutung hat *Apate monachus* FABR. (Abb. 134); in Afrika sind außerdem z. B. *Heterobostrychus brunneus* MURRAY, der besonders die Dachstützen der Eingeborenenhütten in Südafrika zerstören soll, *Apate terebrans* PALLAS, *Sinoxylon senegalense* KARSCH, *Xylopertha picea* OL. und *Bostrychoplites*-Arten sehr schädlich [2]. Bostrychiden sind auch häufig durch Kabelbeschädigungen lästig geworden [3]. — Die ihnen nahestehenden Splintholzkäfer *(Lyctidae)* richten in zahlreichen außereuropäischen Ländern als gefürchtete Laubholzschädlinge bedeutende Schäden an (Abb. 124).

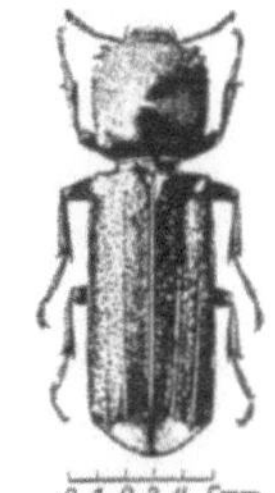

Abb. 134. *Apate monachus* FABR. als Beispiel eines in wärmeren Gebieten schädlichen Bohrkäfers. Nach H. A. Eidmann.

Von Hautflüglern sind die Holzwespen auch in anderen Ländern wichtige Schädlinge frischen Holzes. Die in Deutschland seltenen und technisch harmlosen holzbewohnenden Bienen und Hummeln richten z. B. in Afrika und Indien durch ihre kurzen, weiten Gänge häufige Zerstörungen in Dachbalken und anderen

---

[1] M. B. Christian, S. Lumbermann **159** (1939) 110—112.
[2] H. Schmidt, s. S. 151.
[3] W. Horn, Arb. physiol. angew. Entomol. **3** (1936) 266—269.

trockenen Bauhölzern an; neben der Gattung *Xylocopa* sind daran auch Arten der Gattung *Anthropora* beteiligt (in Ostafrika *X. nigrita* F., *X. senior* VACH., *A. acraeensis* F. und *A. bipartita* SM.[1]). — In Nord- und Südamerika zerstören verschiedene Riesenameisen-*(Camponotus-)* Arten verbautes Holz.

Holzbewohnende Schmetterlinge haben z. T. eine größere Bedeutung als in Europa. Beispielsweise entwertet *Prionoxystus robiniae* in Ostasien Eichen- und andere Laubholzstämme durch große Fraßgänge vollkommen[2]. Die Schädlinge befallen vorwiegend lebende Heister oder Stämme.

b) Termiten.

Die auf warme Gebiete beschränkten Termiten sind in ihrem Verbreitungsgebiet die am meisten gefürchteten Holzschädlinge. Sie fressen in der Regel totes Holz, aber einzelne Arten greifen auch lebende Bäume an und gefährden dadurch Pflanzungen. Die Termiten fressen — im Gegensatz zu den meisten tierischen Holzzerstörern — außerdem cellulosehaltige Bauplatten, Papier, Textilien, Pflanzenfasern, Leder und andere organische Stoffe und durchnagen unter gewissen Voraussetzungen weiche Metalle und Kunststoffe verschiedener Art.

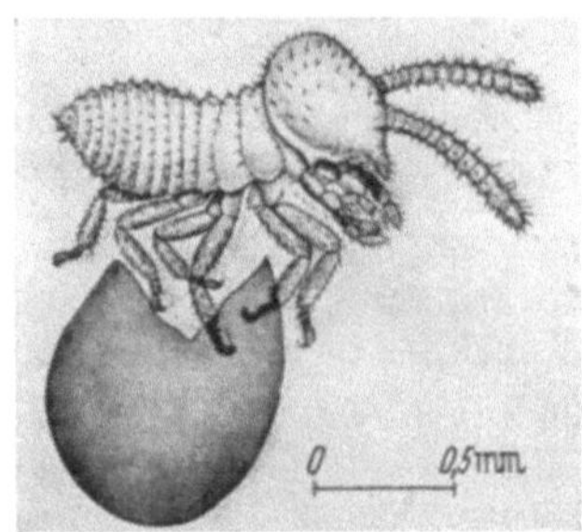

Abb. 136. Aus dem Ei schlüpfende Termiten-Larve. Nach Bugndon.

Abb. 135. Trockenholz-Termiten (*Calotermes flavicollis* FABR.). In der Mitte „König" (rechts) und „Königin" (links); daneben Larven, „Nymphen" und „Soldaten". Aufn.: G. Becker.

Die Termiten[3, 4, 5, 6] (Abb. 135) sind primitive, mit den Schaben verwandte Insekten. Die aus dem Ei schlüpfenden Jungen (Abb. 136) ähneln bereits den erwachsenen Tieren und erreichen deren Gestalt durch schrittweise angenäherte Umwandlung (Abb. 136, 137). Die ausschwärmenden, etwa 5...20 mm messenden Männchen und Weibchen werfen

---

[1] C. F. C. Beeson, s. S. 150.
[2] K. Eckstein, s. S. 112.
[3] E. Hegh, Les Termites. Bruxelles 1922.
[4] C. A. Kofoid u. a. Verf., Termites and Termite Control. 2. Aufl. Berkeley 1934.
[5] T. E. Snyder, Our enemy the Termite. Ithaka-New York 1935.
[6] H. Weidner, Isoptera, Termiten, weiße Ameisen. In: Sorauer-Blunck, Handbuch der Pflanzenkrankheiten **IV/1** (1949) 353—373.

nach dem „Hochzeitsflug" ihre langen Flügel ab und können in Holz
oder im Erdboden ein neues Nest anlegen. Sie und ihre Nachkommen
leben in einer Familiengemeinschaft weiter zusammen; die augenlosen
Jungen übernehmen alle Arbeiten des Nahrungserwerbs, des Nestbaues
und der Betreuung der Eier und der jüngsten Larven sowie des „Königs-

Abb. 137. Beispiel der Entwicklung und Kastenausbildung bei den Termiten (Trockenholz-Termite *Calotermes flavicollis* FABR.). a) „Soldat" (größte Form); b) Larve; c) „Frühnymphe"; d) „Spätnymphe";
e) geflügeltes Geschlechtstier; f) Geschlechtstier nach Flügelabwurf; g) Eier; h) Kot von Larven und
Nymphen. Aufn.: G. Becker.

paares". Diese „Pflege" befähigt die Königin (Abb. 135), in stärkerem
Maße Eier (Abb. 137g) zu erzeugen; ihr Hinterleib kann bei den
höchstentwickelten Termiten zu einem unförmigen, bis zu $\approx$ 8 cm langen

Sack erweitert werden, den günstigen-
falls in jeder zweiten oder dritten Mi-
nute ein Ei verläßt. So entstehen ungemein volkreiche „Staaten" mit Millionen von weiblichen und männlichen
Einzeltieren, die in einer wunderbar
anmutenden Gesetzmäßigkeit miteinander leben, verborgen im Dunkel ihrer
Nester, und zu erstaunlichen Bauleistungen, z. B. betonharten Hügeln
von mehreren Metern Höhe, — oder
entsprechenden Holzzerstörungen imstande sind.

Abb. 138. *Reticulitermes lucifugus* ROSSI, die
neben *Calotermes flavicollis* im Mittelmeergebiet
lebende schädlichere, aber auf höhere Feuchtigkeit angewiesene Termitenart. a) „Ersatzge-
schlechtstier" im Nymphenstadium; b) „Arbeiter"; c) „Soldat". Aufn.: G. Becker.

Voraussetzung für die Staatenbildung
ist — wie bei den geselligen Hautflüglern,
den Bienen, Wespen und Ameisen — der
Verlust der Fortpflanzungsfähigkeit bei
den meisten Tieren des Staates, die Herausbildung einer „Arbeiter-Kaste".
Bei den Termiten gibt es außerdem eine „Soldaten-Kaste", Tiere mit stark
vergrößertem Kopf und riesigen Kiefern (Abb. 137, 138) oder mit einer kleb-
saftbildenden Drüse im Kopf und einer nasenförmigen, als Spritzgang dienen-

den Mündung. Beide Soldaten-Typen sind zur Verteidigung des Nestes gegen Eindringlinge geeignet. — Bei Verlust des Königspaares können durch Verfütterung des Kropfinhalts der Larven und Arbeiter an einzelne Individuen aus diesen fortpflanzungsfähige „Ersatzgeschlechtstiere" (Abb. 138) werden, so daß der Bestand des Staates für unbegrenzte Zeit möglich ist. Durch Teilung der Termitenvölker oder die in großer Zahl entstehenden geflügelten „echten" Geschlechtstiere ist eine Vermehrung der Staaten möglich[1, 2].

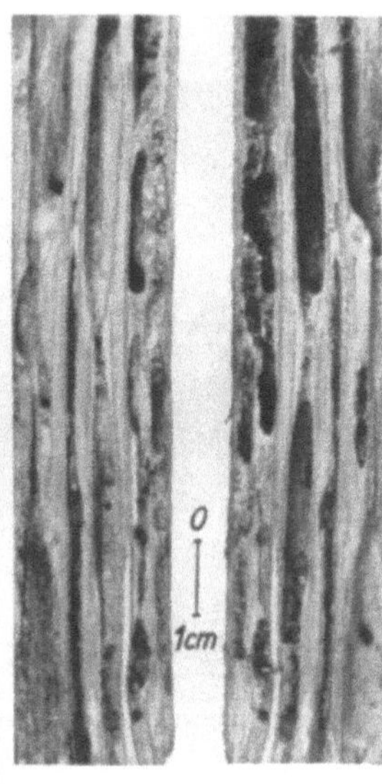

Abb. 139. Termitenfraß.
Links: von *Reticulitermes lucifugus* ROSSI zerstörtes Nadelholz.
(Natürl. Gr.)
Rechts: von *Calotermes flavicollis* FABR. zerstörtes Laubholz
(gegenüberliegende Spalthälften;
auf ⅔ verkleinert)
Aufn.: G. Becker.

Die primitiven, kleinere Staaten bildenden Termiten legen ihre Nester unmittelbar im Holz an und fressen darin „familienweise" weiter. Dabei entstehen gekammerte Gangsysteme (Abb. 139) mit runden Durchlässen von Körperdicke der Tiere zwischen den Einzelfächern der Anlage (Abb. 139 rechts). Ganz entsprechend ist auch der Fraß im Holz bei denjenigen volkreichen Termiten, die ihre Nester an entfernten Stellen, z. B. im Erdboden, besitzen und ihre Nahrung weit heranholen. In allen Fällen wird die Holzoberfläche peinlich geschont, und die im Innern angerichteten Zerstörungen werden meist erst bemerkt, wenn Balken oder Möbelstücke zusammenbrechen. Infolge der großen Tierzahl eines Staates können auch starke Schäden (vgl. Abb. 139 links) in sehr kurzer Zeit eintreten.

Nur verhältnismäßig wenige Holzarten sind durch ihre Festigkeit oder den Gehalt an Giftstoffen von Natur aus geschützt. Als termitenfest wird das Kernholz von *Chlorophora excelsa* (Afrikanische Eiche), *Sarcocephalus diderichii, Sequoia sempervirens* und *Tectona grandis* (Teakholz) angegeben[3].

---

[1] W. Goetsch, Vergleichende Biologie staatenbildender Insekten. Leipzig 1941.
[2] G. Becker, Biol. Zbl. **67** (1948) 407—444.
[3] For. Prod. Res. Lab. Princes Risborough, Leafl. Nr. 38 (1944) 1—6.

Weiterhin werden als (mehr oder weniger) widerstandsfähig beispielsweise bezeichnet: *Albizzia antunesia, Acacia giraffae, Afrormosia angolensis, Afzelia*-Arten, *Amblygonocarpus abtusangulus, Baikiaka plurijuga, Entandrophragma caudatum, Erythrophleum guinense* (Tali), *Lophira procera* (Bongossi), *Podocarpus totara* (Totara), *P. spicata* (Mattai), *Pterocarpus angolensis, Sarcocephalus Trillesii* (Bilinga), *Staudtia camerunensis* (Bosé-Holz), *Uapaca Staudtii* (Bosambi-Holz) und *Uvaria Busgenii* (Bopande) aus Afrika, *Cinnamomum camphora* (Kampferbaumholz) aus Ostasien, *Nectandra Rodioei* (Grünherzholz) und *Schinopsis spec.* (Quebracho) aus Südamerika sowie andere[1,2].

Die Termiten sind zu selbständiger Holzverdauung nicht imstande. Diese erfolgt im Innern von Geißeltierchen (polymastighinen Flagellaten), die im erweiterten Enddarm der Termiten leben, und zwar wird die Cellulose vermutlich von Bakterien gespalten, die wiederum im Innern der Geißeltierchen leben[3]. Daneben fressen auch die von Holz lebenden Termiten gern Pilzmyzel, und die höheren Termiten vollends sind ganz zur Pilznahrung und „Pilzzucht" übergegangen[4,5].

Die Verbreitung auf der Erde zeigt Abb. 94.

Niedrige Temperaturen können viele Termiten lange Zeit überstehen[5]; gegen Frost aber sind alle empfindlich. Dennoch hat die in Hamburg eingeschleppte nordamerikanische *Reticulitermes flavipes* Kollar dort die kalten Winter 1939/40 und 1940/41 in ungeheizten Gebäuden und im Freien überstanden[6]. Die Ansprüche an die Feuchtigkeit sind sehr hoch. Viele Arten vermögen nur bei gesättigter Luftfeuchtigkeit und Vorhandensein feuchter Nahrung zu leben. Die „Trockenholztermiten" ertragen geringere Feuchtigkeit für längere Zeit, aber am günstigsten ist auch für sie nahezu 100% Luftfeuchtigkeit[7,5]. Die Nestbauweise sichert die Erhaltung geeigneter Feuchtigkeit und die Vermeidung von Tropfwasser[8]. Verlassen die gegen Trockenheit empfindlichen Arten ihr Nest, so bauen sie sogenannte „Galerien", aus Erde oder Holzmulm, Speichel und Kot zusammengekittete, lange Tunnel, deren Vorhandensein die Anwesenheit von Termiten erkennen läßt.

Wo man in termitenbewohnten Gebieten, besonders in den Tropen, auf die Verwendung von Holz angewiesen ist und nicht termitensichere Holzarten verwenden kann, muß man gewisse bauliche Regeln beachten und chemische Schutzmaßnahmen anwenden[1]. Ihre Schilderung gehört jedoch nicht zu den Aufgaben dieses Abschnittes. Durch die große Verbreitung der Termiten und ihre besondere Gefährlichkeit einerseits, die Schwierigkeit ihrer Bekämpfung andererseits, ist die Frage des Holzschutzes gegen Insekten in anderen Ländern jedenfalls noch bedeutsamer als in Europa.

F. Krankheiten, Feinde und Parasiten holzzerstörender Insekten.

Gewisse den holzzerstörenden Insekten feindliche Lebewesen haben für den Menschen nützliche Bedeutung.

---

[1] E. Hegh, s. S. 152; C. A. Kofoid, s. S. 152; T. E. Snyder, s. S. 152;

[2] B. Schulze, D. Dtsch. Auslandsing. **6** (1941) 17—25; C. E. Duff, Emp. For. J. **23** (1944) 160—162; L. Seifert, Kolonialforstl. Mitt. **5** (1942) 265 bis 272 und 438—448; J. Schmidt, Merkbl. Reinbek Nr. **10** (1949).

[3] U. Pierantoni, Saggiatore **1** (1940) 291—296.

[4] W. Goetsch u. R. Grüger, Biol. gener. **16** (1942) 41—112.

[5] G. Becker, s. S. 154.

[6] H. Weidner, Z. hyg. Zool. **34** (1942) 1—7.

[7] K. Gösswald, Mitt. Biol. Reichsanst. **65** (1941) 33.

[8] R. V. Fyfe u. F. J. Gay, Commonn. Australia, Pamphl. **82** (1938) 1—22.

Krankheiten auf Grund pathogener Bakterien, Viren oder Sporozoen *(Nosema)* sind bisher für tierische Holzzerstörer nicht nachgewiesen worden, dürften aber in Betracht kommen. In feuchtem Holz kann man pathogene Pilze beobachten, durch deren Befall die Larven zum Absterben gebracht werden [1], [2] u. a.

Feinde der Holzzerstörer sind Säugetiere, und zwar Füchse, Dachse, kleinere Raubtiere und Fledermäuse, sowie von den Vögeln besonders Spechte. Unter den Insekten stellen neben gewissen Netzflüglern, Raubwanzen, Laufkäfern und anderen vor allem Buntkäfer *(Cleridae)* und ihre Larven den in Holz lebenden Insekten nach (Abb. 140). Die Gefräßigkeit der räuberischen Käfer und ihrer Larven ist groß.

Abb. 140. Häufige Buntkäferlarven. Links: *Opilo domesticus* STRM. Rechts: *Corynetes coeruleus* DE GEER. Aufn.: G. Becker.

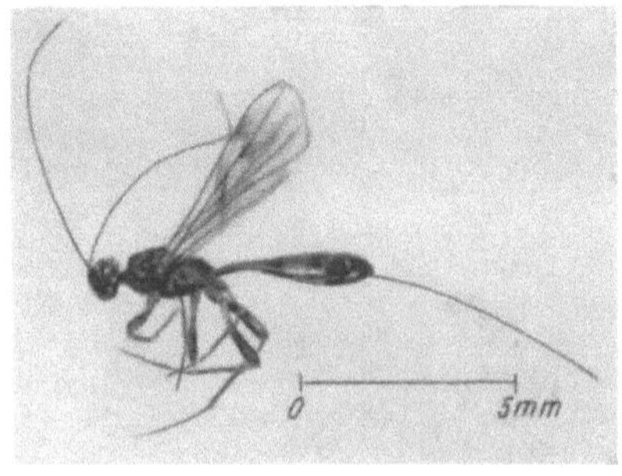

Abb. 141. Brackwespen-Weibchen mit langem Legestachel (*Spathius exarator L.*, häufigster Anobien-Parasit in Wohnungen). Aufn.: G. Becker.

Der Ameisenkäfer, *Clerus (Thanasimus) formicarius* L., lebt von Borkenkäfern, der Hausbuntkäfer, *Opilo domesticus* STRM., als Larve (Abb. 140) im Innern von Gebäuden von Hausbock- und Anobienlarven, als Käfer besonders von Anobienkäfern; *Opilo mollis* L. verfolgt Hausbock- und andere Käferlarven in Holz im Freien; der blaue Fellkäfer, *Corynetes coeruleus* DE G. (Abb. 140), und *Tillus elongatus* L. sind u. a. als Anobienfeinde bekannt; *Trichodes*-Arten sind in Gängen von Holzwespen gefunden worden. Beim Verfolgen der von ihnen überfallenen und ausgesogenen Beutetiere werfen die Cleriden-Larven das ihnen im Wege befindliche Bohrmehl in großer Menge aus alten Fluglöchern aus (Abb. 143). Größere, sich ständig erneuernde Bohrmehlhäufchen, die Anobien- oder Hausbockkot enthalten (Abb. 143), sind fast stets von den räuberischen Larven verursacht.

Parasiten legen ihre Eier an oder in ihren Opfern ab, meist nachdem sie diese durch einen Stich mit ihrem Giftstachel (Abb. 141) gelähmt haben. Die Parasitenlarven saugen die Holzzerstörer-Larven aus (Abb. 142), verpuppen sich daneben und verlassen das Holz durch ein kreisrundes Flugloch (Abb. 143). Die Weibchen besitzen eine erstaunliche Fähigkeit, die Larven im Innern des Holzes zu finden und mit ihrem Stachel (Abb. 141), der zunächst das Holz mehr oder weniger tief durchdringen muß, zu treffen. Je nach dem Größenverhältnis von Parasit zu Wirtslarve entwickeln sich an dieser eine einzelne oder

[1] K. Escherich, s. S. 112. [2] K. Friederichs, Die Grundfragen und Gesetzmäßigkeiten der land- und forstwirtschaftlichen Zoologie, Berlin 1930.

mehrere Parasitenlarven. Die meisten und wichtigsten Parasiten sind Hautflügler *(Hymenoptera)*; daneben sind einige Zweiflügler *(Diptera)* und Milben *(Acarina)* von Bedeutung.

Unter den Hautflüglern sind besonders die Schlupfwespen *(Ichneumonidae)*, die Brackwespen *(Braconidae)* und die Zehrwespen *(Chalcididae)* hervorzuheben. Die ersteren sind verhältnismäßig große, die zweiten (Abb. 141, 142) mittelgroße oder kleine, die dritten meist kleine In-

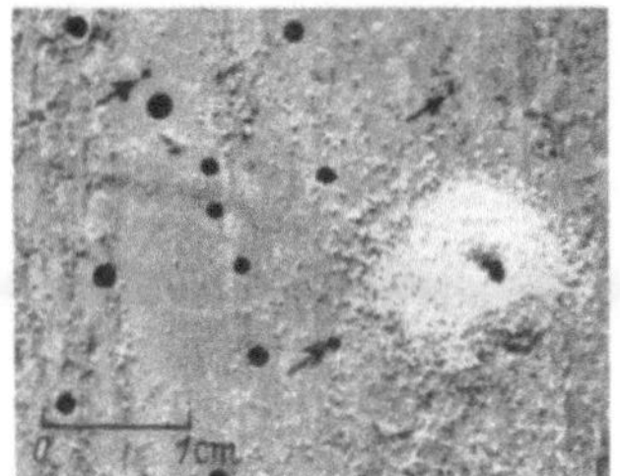

Abb. 143. Fluglöcher eines parasitischen Braconiden *(Spathius exarator)* neben Anobien-Fluglöchern und von Buntkäfer-Larven (z. B. *Opilo domesticus*) aus Anobien-Fluglöchern ausgestoßenes Bohrmehl-Häufchen.
Aufn.: MPA-Dahlem.

Abb. 142. Hausbocklarve mit saugenden Parasiten-Larven *(Rhoptrocentrus piceus MARSH.)*. Aufn.: G. Becker.

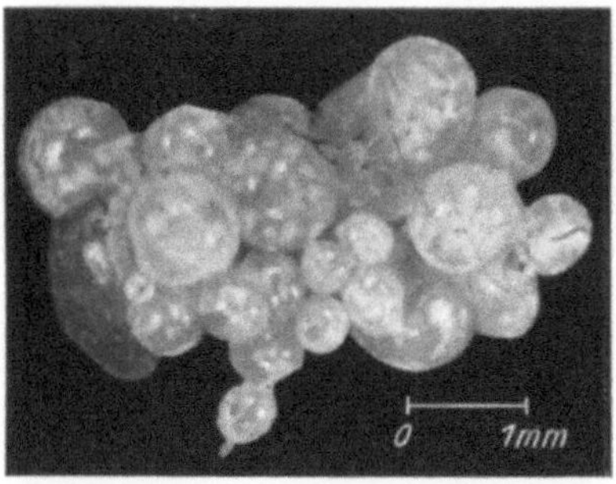

sekten. An Anobien- und Bockkäferlarven schmarotzen ferner Ameisenwespchen *(Bethylidae)*. — Von den Dipteren sind die Raubfliegen (Assiliden-Arten und andere) erwähnenswert. — Unter den Milben kann die lebendgebärende Kugelbauchmilbe *(Pediculoides ventricosus* NEWP.) den Anobien- und anderen kleineren Larven sehr gefährlich werden (Abb. 144).

Abb. 144. Anobienlarve mit mehr oder weniger vollgesogenen Kugelbauchmilben *(Pediculoides ventricosus* HRBST.). Die Anobienlarve ist unter den Schmarotzern kaum noch zu erkennen. Aufn.: G. Becker.

Der Einfluß der Parasiten auf die Vermehrung holzzerstörender Insekten ist artenweise verschieden. Je tiefer sich die Larven im Holzinnern befinden, um so weniger Parasitenarten vermögen sie zu erreichen; Schädlinge im Holz geringer Abmessungen werden stärker von Schmarotzern beeinträchtigt als in dicken Balken. Der Hausbockkäfer hat auf Dachböden besonders wenig Parasiten, die Anobien aber werden meist von einer größeren Zahl in Schranken gehalten.

2. Holzschädigende Wirbeltiere.

Die meisten holzschädigenden Wirbeltiere[1], gewisse Säugetiere[2] und Vögel[3] beeinträchtigen lebende Bäume in ihrem Wachstum und gehören

---

[1] K. Eckstein, s. S. 112. — [2] E. Schimitschek, Zbl. Forstwes. **65** (1939) 33—50, 65—82, 97—121. — [3] L. Reh, s. S. 150.

daher in das Gebiet des Forstschutzes, aber nicht des Holzschutzes. Ein Beispiel für die Holzveränderung gibt Abb. 145, links. Bemerkenswerte Schäden an lagerndem oder verarbeitetem Nutzholz sind selten.

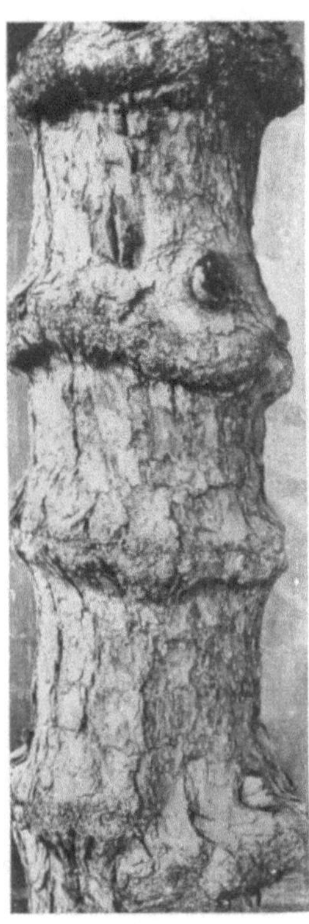 

In begrenztem Ausmaß wird verarbeitetes Holz von Ratten und Mäusen angenagt.

In verbautem Holz können Spechte auf der Suche nach Insektenlarven oder bei der Anlage von Nisthöhlen Beschädigungen (ähnlich Abb. 145, rechts) verursachen. So wird von Zeit zu Zeit die Zerstörung von Telegraphen- oder Starkstrommasten[1] gemeldet, und auch Fachwerkbalken, Dachschindeln und anderes Holzwerk können zerstört werden.

3.
Holzzerstörende Muscheln.

Während das im Süßwasser untergetauchte Holz — wenigstens in Europa — vor Schäden sicher ist, wird Holz im Meerwasser durch Tiere außerordentlich gefährdet. Die stärksten und raschesten Zerstörungen werden durch Bohr-

Abb. 145. Links: Vom Buntspecht zum Saftlecken behackte und dadurch verunstaltete Kiefer; sog. „Wanzenbaum". Aufn.: E. Eckstein. Rechts: Spechtlöcher in Kiefer. Aufn.: H. Knuchel.

muscheln, besonders der Gattungen *Teredo*, *Nausitora* und *Bankia* aus der Familie der *Teredinidae* und der Gattungen *Xylophaga* und *Martesia* aus der Familie der *Pholadidae* angerichtet.

A. Gestalt und Lebensweise.

Die Holzbohrmuscheln[2] sind weißliche, langgestreckte, annähernd drehrunde, nach hinten spindelförmig verjüngte Tiere (Abb. 146a). Sie weichen also von der bekannten Muschelgestalt weitgehend ab, sind wurmähnlich und werden daher fälschlich auch als „Bohrwürmer" oder

---

[1] W. Flucht, Elektrizitätswirtsch. **40** (1941) 67.

[2] F. Roch, Die Holz- und Steinschädlinge der Meeresküsten und ihre Bekämpfung, Berlin 1927; F. Moll, Arch. Gesch. Mathematik usw. **11** (1928) 123ff.; G. Becker, Holz als Roh- und Werkstoff 1 (1938) 249—254; F. Roch, Thalassia IV, 3 (1940); W. Bavendamm u. H. Schmidt, Merkbl. Reichsinst. Forst- u. Holzwirtsch. Reihe 2, Nr. 3 (1948).

„Pfahlwürmer" bezeichnet. Die sonst den gesamten weichen Muschelleib schützenden Schalen bedecken nur ihr Vorderende ringförmig; aber der Körper ist durch das umgebende Holz und zusätzlich durch eine den Bohrgang auskleidende dünne Kalkröhre sicher geschützt. Die weißen, besonders gestalteten (Bild 146b) und mit scharfen Zähnchenreihen besetzten Schalen dienen als Raspelapparat. Mit dem freien Wasser stehen die Bohrmuscheln durch zwei dünne, häutige Schläuche am Körperende, die sog. „Siphonen" (Abb. 146c), in Verbindung, die lang ausgestreckt oder eingezogen werden können und in denen ein durch Wimperbewegung erzeugter Wasserstrom ein- oder ausfließt. Zwei verkalkte Körperanhänge,

Abb. 146.

Holzbohrmuschel, *Teredo navalis* L. a) Tier aus dem Holz entfernt; b) Teil einer Schale mit Zähnchenreihen, die zum Abraspeln des Holzes dienen. c) Aus dem Holz herausragende Atemröhren („Siphonen") und „Bohrmehl" am Grunde des Holzes.

Aufn.: a) und c) F. Roch, b) G. Becker.

die bei den einzelnen Gattungen und Arten sehr verschieden gestalteten „Paletten", können die kleine Öffnung an der Holzoberfläche, durch die die Siphonen ausgestreckt werden, fest verschließen. Im Innern des Bohrganges (Abb. 147) sind die Muscheln am Hinterende durch einen Kalkring mit dem Holz verwachsen. Das ganze Tier kann sich von hier aus bis auf etwa ein Drittel seiner Länge zusammenziehen.

Die Bohrmuscheln sind Zwitter, bei denen, mehrmals abwechselnd, nacheinander die männlichen und weiblichen Keimdrüsen reifen. Die Laichzeit ist artenweise und in Abhängigkeit vom Klima eines Gebietes verschieden[1]. Die Eizahl ist ungemein groß und schwankt bei den einzelnen Arten und Individuen zwischen etwa $\frac{1}{3}$ Million in einer Laichperiode bis gegen 100 Millionen. Die Eier werden entweder vor der Befruchtung ins freie Wasser abgegeben, oder diese erfolgt im Körperinnern des Muttertieres, und erst die frei schwimmenden Larven werden in frühem oder späterem Entwicklungszustand entlassen. Entsprechend

[1] F. Roch, Thalassia IV, 3 (1940).

dauert die Schwärmzeit bei manchen Arten etwa 2 Wochen, bei anderen nur wenige Stunden. Die weichhäutigen Larven sind bei Arten mit längerer Schwärmzeit, z. B. *Teredo navalis* L., anfangs etwa 50...60 μ, zum Schluß ungefähr 250...300 μ groß.

Fertig entwickelt, setzen sich die Larven an der Holzoberfläche fest und wandeln sich zu winzigen Muscheln um. Diese bohren zunächst in Richtung zum Stamminnern, später vorwiegend in Stammrichtung. Das Holz wird lediglich mechanisch zerkleinert, eine chemische Auflösung außerhalb des Körpers findet nicht statt. Die Bohrmuscheln wachsen sehr rasch heran, werden nach wenigen Wochen bereits fortpflanzungsfähig und in einem Sommer bis zu 20 cm lang. Manche Arten können eine Länge von 1 m erreichen. Der Bohrgangdurchmesser beträgt je nach der Muschellänge etwa 5...15 mm. Die Muscheln bleiben 1...3 Jahre am Leben.

B. Ernährung und Umweltabhängigkeit.

Hauptnahrungsstoff ist das abgeraspelte Holz, das zum Teil in den Darm aufgenommen wird. Hier wirkt ein die Cellulose spaltendes Ferment im Darmkanal, und ein Teil der Holzspänchen wird im Innern der Mitteldarmdrüsenzellen verdaut. Zusätzlich dienen mit dem Atemwasser eingestrudelte Kleinlebewesen als Nahrung. Diese sind für ein Wachstum vorübergehend entbehrlich, das Holz aber darf nicht für längere Zeit fehlen[1]. Immerhin reicht die geringe Holzmenge aus, die bei der Vergrößerung des Bohrganges entsprechend dem Wachstum der Tiere anfällt.

Unter den Umweltbedingungen hat der Salzgezalt des Wassers besondere Bedeutung. Während in den Tropen einzelne *Nausitora*-Arten bis in das Süßwasser der Flüsse vordringen[2], andere im Brackwasser leben, bedürfen die meisten Bohrmuschelarten eines gewissen Mindestsalzgehaltes, um dauernd lebensfähig zu bleiben. Dieser beträgt beispielsweise für *Teredo navalis* L., die häufigste Bohrmuschelart an den deutschen Küsten, etwa 7⁰/₀₀, dagegen für *T. pedicellata* QUTRF. und *T. utriculus* GM., zwei im Mittelmeer verbreiteten Arten, 20 und 28⁰/₀₀[3]. Für die Fortpflanzung sind höhere Salzwerte Voraussetzung. Die obere Grenze der Lebensfähigkeit ist ebenfalls verschieden. Kürzere bis mehrwöchige Verminderung des Salzgehaltes überstehen die Muscheln, ungünstigenfalls unter Verschluß ihrer Gänge mittels der Paletten.

T. navalis ist zwischen 5° und 27° C lebensfähig[1], zwischen 11° und 24° fortpflanzungsfähig; *T. utriculus* dagegen laicht beispielsweise bei 20 bis 30°. Frost tötet sämtliche Bohrmuscheln ab; die obere Lebensgrenze ist artenweise sehr verschieden und bestimmt wie die Fortpflanzungstemperatur die Verbreitung der einzelnen Arten. Neben den Wärmeverhältnissen beeinflussen eine Verunreinigung des Wassers, gegen die die Bohrmuscheln empfindlich sind, der Anteil des gelösten Sauerstoffes und des vorhandenen Schwefelwasserstoffes sowie die Wasserstoffionen-Konzentration die Entwicklung.

---

[1] F. Roch, Arkiv f. Zoologi 24 A (1932) Nr. 5. — [2] F. Moll, Kolonialforstl. Mitt. **3** (1940) 288—302. — [3] Roch, s. S. 159.

Wirksame Feinde besitzen die Bohrmuscheln nicht, auch nicht unter den Würmern, wie früher angenommen wurde. Einige aufgefundene Parasiten sind anscheinend ohne Bedeutung[1].

C. Verbreitung und Schädlichkeit.

Die genannte Abhängigkeit vom Salzgehalt und den Wärmeverhältnissen bestimmen im wesentlichen die Verbreitung der einzelnen Bohrmuschelarten. An der gesamten deutschen Nordseeküste ist *Teredo navalis* L. die häufigste Art. In der Ostsee kommt sie bis zum Darß vor[2]; östlich der Darßer Schwelle ist der Salzgehalt für Terediniden zu gering. An den atlantischen Küsten findet sich neben *T. navalis* auch die größere Art *T. norvegica* SPGL.; im Mittelmeer sind der mit der letzteren identische oder nah verwandte *T. utriculus*, *T. pedicellata* und *Bankia minima* BVL. am häufigsten. An den Küsten Nordamerikas leben verschiedene *Teredo-*, *Bankia-* und *Martesia*-Arten. In tropischen Gewässern sind neben diesen Gattungen *Nausitora-* und *Xylophaga*-Arten verbreitet[3]. Insgesamt sind mehrere Hundert Bohrmuschelarten beschrieben worden.

Die Häufigkeit in einem Hafen schwankt in Abhängigkeit von den Witterungsverhältnissen. Lange Zeiten geringen Befalls werden von Jahren mit starken Zerstörungen abgelöst. Reinigung eines Hafens hat meist Zunahme der Bohrmuscheln zur Folge[4]. Auf Grund der großen Vermehrungsfähigkeit der Bohrmuscheln und ihres raschen Wachstums können ungünstigenfalls bereits in einem einzigen Sommer im Bereich eines Hafens umfangreiche Holzkonstruktionen unbrauchbar werden

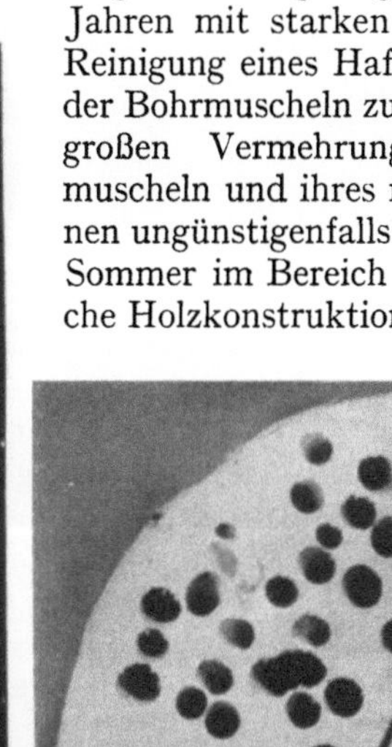
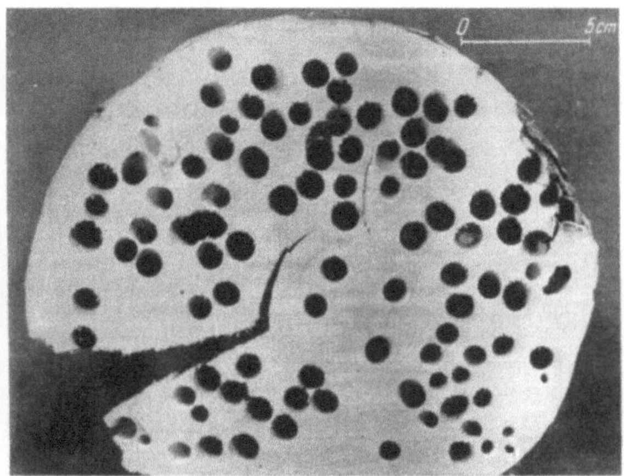

Abb. 147. Von Bohrmuscheln zerstörter, abgebrochener Hafenpfahl (links); rechts: Querschnitt durch den gleichen Pfahl an einer weniger stark befallenen Stelle. Aufn.: MPA-Dahlem.

[1] F. Roch, s. S. 158. F. Roch, s. S. 159.
[2] G. Becker, s. S. 158.
[3] F. Moll, Zool. Jahrb. (Abt. System, Ökol.) **74** (1940) 193—206.
[4] W. F. Clapp, Civ. Engng. **7** (1937) 105—109.

(Abb. 147), da ein einzelner Pfahl gleichzeitig von Hunderten von Tieren befallen wird. Oft liegt ein Bohrgang unmittelbar neben dem anderen (Abb. 148). Ungeschütztes Holz hält, wo Bohrmuscheln vorkommen, allgemein nur wenige Jahre, und der durch sie verursachte Holzverlust und Aufwand an Geld und Arbeitszeit ist außerordentlich groß. In wärmeren Gebieten treten die Zerstörungen rascher ein und ist der Schaden noch umfangreicher.

Die Verbreitung der Schädlinge erfolgt durch die frei schwimmenden Larven, durch Treibholz mit Bohrmuscheln und durch befallene Schiffe. Gegen zeitweilige Verschlechterung der Lebensbedingungen, beispiels-

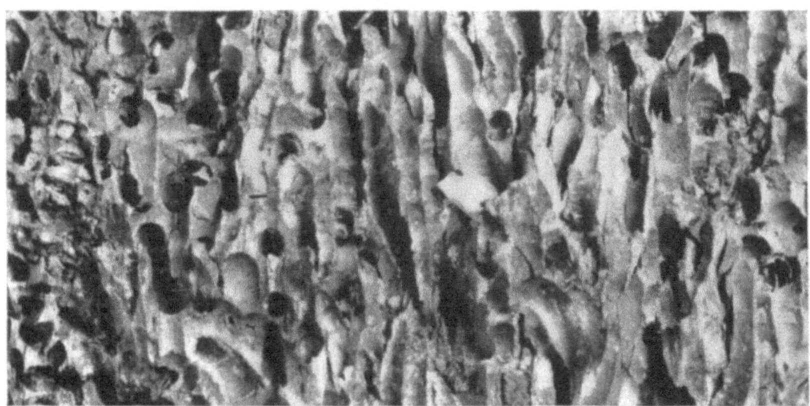

Abb. 148. Von Bohrmuscheln massenhaft befallener, völlig zerstörter Hafenpfahl. Man erkennt teilweise den Kalkbelag im Innern der Bohrgänge. Aufn.: Kohle- und Eisenforschungs-Ges.m.b.H.

weise Wasserentzug oder starke Wasserverunreinigung, können sich die Bohrmuscheln durch Verschluß ihrer Bohrgänge mittels der Paletten sichern. Erst mehrwöchiger Aufenthalt in süßem Wasser führt zum Absterben der Tiere. — Von Algen und tierischem Bewuchs überzogene Hölzer werden weniger leicht befallen, da die jungen Muscheln dann schwer in das Holz einzudringen vermögen.

Von einheimischen Holzarten bleibt keine von einem Bohrmuschelbefall verschont, wenn auch harte Hölzer wie Eiche und Robinie weniger schnell zerstört werden als weiche, wie Fichte, Tanne und Kiefer. Auch das Kernholz wird angegriffen. Daneben kommen Beschädigungen von Tauen vor[1]. Eine Anzahl außereuropäischer Holzarten ist von Natur aus geschützt, sie bewähren sich aber meist in tropischen Häfen schlechter als in einheimischen und werden teilweise bereits beim Flößen in den Flüssen von *Nausitora*-Arten angegriffen[2]. Widerstandsfähige Hölzer sind z. B. *Nectandra*-Arten (Grünherzholz), *Eucalyptus*-Arten (Jarrah und andere), *Syncarpia laurifolia* (Turpentine), *Lecythis*-Arten (Mambarklak), *Guajacum*-Arten (Pockholz), *Sideroxylon zwageri* (Billian), gewisse *Podocarpus*-Arten (Totara und Matai) und Palmen[2].

Auf die Fragen des technischen und chemischen Holzschutzes ist an dieser Stelle wiederum nicht einzugehen.

―――――――

[1] F. Roch, s. S. 160.
[2] F. Moll, s. S. 160.

4. Holzzerstörende Krebse.

Neben den Bohrmuscheln zerstören einige weit verbreitete, kleine Krebsarten das Holz im Meerwasser.

A. Isopoden.

Von den Asseln *(Isopoda)* fressen die Gattungen *Limnoria* und *Sphaeroma* Holz. Die häufigste und über die ganze Welt verbreitete holzzerstörende Krebsart ist die Bohrassel *Limnoria lignorum* RATHKE.

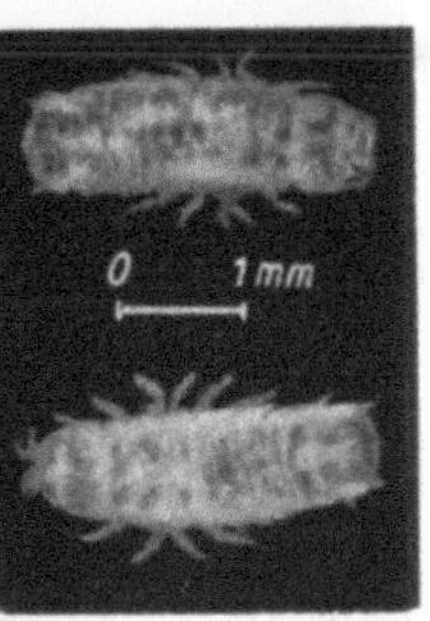

Abb. 149. Bohrasseln, *Limnoria lignorum* RATHKE, (Kopf beim oberen Tier rechts, beim unteren links) und von ihnen befallenes Kiefernholz mit kennzeichnenden Fraßgängen an der Oberfläche; darunter bis auf die Herbstholzlamellen weitgehend zerstörtes Kiefernholz.

Aufn.: G. Becker.

Das unscheinbare, schmutzig-gelbliche bis graue Tier (Abb. 149) wird bis zu 5 mm lang und rollt sich, aus dem Holz herausgenommen, wie eine Landassel ein. Die Bohrasseln nagen dicht unter der Holzoberfläche rundliche, der Körpergröße der Tiere entsprechende Gänge[1]. Diese folgen bei Nadelholz den Frühholzschichten (Abb. 150), sind im übrigen aber häufig gewunden. Die Holzoberfläche über dem Bohrgang wird in gewissen Abständen durchlöchert, so daß das für die Atmung erforderliche frische Wasser hinreichend Zugang erhält, und das Sauerstoffbedürfnis läßt die Tiere stets nur wenige Millimeter tief in das Holz eindringen.

---

[1] K. Eckstein, s. S. 112; F. Roch, s. S. 158; G. Becker, Z. hyg. Zool. **36** (1944) 51—66; G. Becker u. B. Schulze, Wiss. Abh. Dtsch. Materialprüfungsanst. **II/7** (1950) 76—83.

Die Asseln leben meist paarweise in einem Bohrgang. Ein Weibchen erzeugt gleichzeitig etwa 6 bis 10 Nachkommen, legt aber in gewissen Abständen mehrmals Eier. Diese und die Jungen werden von dem Muttertier auf seiner Bauchseite umhergetragen. Auch die selbständig gewordenen jungen Krebschen halten sich zunächst im Gang der Mutter auf und fressen von dort aus weiter. Ein Neubefall frischen Holzes erfolgt durch ältere Tiere, die voltenförmig umherschwimmen.

Die Bohrasseln fressen Holz und kommen anscheinend damit allein als Nahrung aus; über die Art ihrer Ernährung ist sonst aber wenig bekannt.

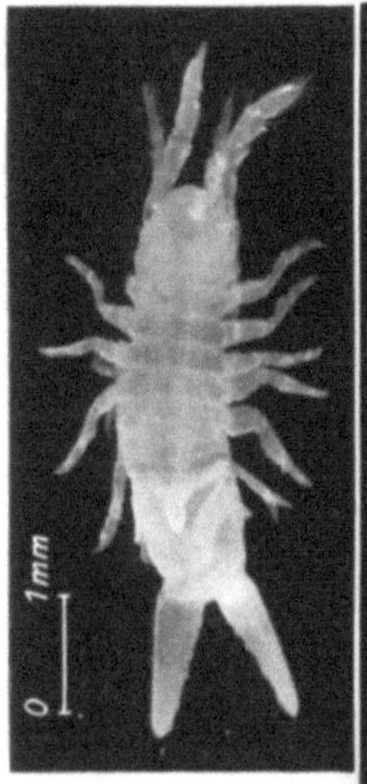

Abb. 150.
Bohrflohkrebs (*Chelura terebrans* PHILIPPI) und von ihm befallenes Kiefernholz. Die Bohrgänge stehen (ebenso wie bei *Limnoria lignorum*) durch kleine Öffnungen in Verbindung mit dem freien Wasser.
Aufn.: G. Becker.

Die untere Grenze ihrer Lebensfähigkeit liegt bei einem Salzgehalt von ungefähr 15‰, also deutlich höher als bei *Teredo navalis*. Gegen Wasserverschmutzung und Holzbewuchs sind die Bohrasseln weniger empfindlich als die Bohrmuscheln[1].

Limnoria wurde 1868 bei Brest und Cherbourg beobachtet und hat sich seitdem beständig nach Osten zu ausgebreitet; 1906 trat sie in Wilhelmshaven auf, 20 Jahre später war sie bis in das Gebiet von Kiel gelangt[2].

Die Zerstörungen durch die Asseln gehen wesentlich langsamer vor sich als durch die Bohrmuscheln. Die durchlöcherten äußersten Jahrringe lösen sich ab, und die Bohrasseln dringen tiefer in das Holz ein.

---

[1] W. F. Clapp, s. S. 161; G. Becker, s. S. 158.
[2] K. Eckstein, s. S. 112.

In deutschen Häfen kann man bei starkem Befall mit einer jährlichen Verkleinerung des Holzdurchmessers von 1 bis 3, in seltenen Fällen bis zu 6 cm rechnen, so daß auch die Asseln ungünstigenfalls in wenigen Jahren Hafenbauten vernichten können.

In anderen Erdteilen hat die größere Bohrassel *Sphaeroma* ebenfalls eine beachtliche wirtschaftliche Bedeutung.

B. Amphipoden.

Der Bohrflohkrebs *Chelura terebrans* PHILIPPI ist durch seine langen Körperanhänge von den Bohrasseln leicht zu unterscheiden (Abb. 150). Er wird bis zu etwa 10 cm lang und ist stets hellweiß gefärbt. Die Bohrgänge sind entsprechend größer als bei *Limnoria*; ihre Oberseite ist häufiger und stärker durchlöchert als bei den Asseln (Abb. 150). Die Ansprüche an den Salzgehalt sind anscheinend etwas höher als bei diesen, die Ausbreitung ist dementsprechend geringer[1]. Während *Chelura* vor 20 Jahren nur aus englischen und französischen Häfen bekannt war[2], tritt sie gegenwärtig auch in verschiedenen Nordseehäfen auf. Ob *Chelura* als eigentlicher Holzschädling zu gelten hat, ist nach neueren Untersuchungen[3] sehr zweifelhaft geworden.

V. Verhalten des rohen und konservierten Holzes.

Von Professor Dr.-Ing. **Edgar Mörath**, Washington.

1. Allgemeines.

Da das Holz sich im wesentlichen im chemischen Gleichgewicht mit der umgebenden Luft, bzw. dem Wasser, befindet, ist es einer der dauerhaftesten Baustoffe, solange man das Feuer und die pflanzlichen und tierischen Holzzerstörer fernhalten kann, was ja eben Aufgabe der Holzkonservierung ist. Im Verhältnis zu den Ausgaben, die für die Bekämpfung der Metallkorrosion erforderlich sind, sind diejenigen für die Konservierung des Holzes verschwindend klein. Um diese aber richtig ansetzen zu können, muß man alle Einwirkungen der Umgebungsfaktoren kennen.

Die wichtigsten Faktoren sind das Licht, die Temperatur und die Feuchtigkeit. Beim frisch geschlagenen Holz, bei dem man im allgemeinen mit den in der folgenden Tabelle angegebenen mittleren Feuchtigkeitsgehalten rechnen kann, tritt zuerst eine Trocknung bis zum hygroskopischen Gleichgewichtswert ein.

Wassergehalt in % des Darrgewichtes.

	Splint	Kern
Nadelhölzer	100—170%	40—60%
Laubhölzer	70—130%	40—90%

[1] F. Roch, s. S. 158; G. Becker, s. S. 163.
[2] K. Eckstein, s. S. 112.
[3] R. A. Johnson u. F. A. McNeill (1941) und mündl. Mitt. von W. F. Clapp.

Beim Trocknen bis zum Fasersättigungsintervall — (um) etwa 30% bei Raumtemperatur — ändert sich das Holz praktisch nicht. Beim Unterschreiten desselben treten die bekannten Schwindungserscheinungen ein, deren Mittelwerte für die einzelnen anatomischen Hauptrichtungen in den nachfolgenden Kurven für die konservierungstechnisch wichtigsten Holzarten, Fichte, Kiefer und Buche, dargestellt sind.

Da die Feuchtigkeitsverteilung in der Praxis nie über den ganzen Querschnitt gleichmäßig ist, können die obigen Angaben nur als Mittelwerte verwendet werden.

In den Oberflächenschichten — und noch deutlicher in ganz dünnen Schichten — tritt durch die Einwirkung des Lichtes, insbesondere der ultravioletten Strahlen, eine äußerst langsame Oxydation ein, die namentlich im Hochgebirge zu einer Bräunung, teilweise aber auch unter dem Einfluß der Eisensalze im Holz zu einer Vergrauung desselben führt. Abgesehen von dem Spröde- und Krümligwerden einer außerordentlich dünnen Oberflächenschicht, in der das Lignin stärker als die Zellulose angegriffen wird, findet keine weitere Schädigung des Holzes statt.

Die natürliche Widerstandsfähigkeit der Holzarten wächst im allgemeinen mit der Dichtheit ihres Gefüges und noch stärker mit ihrem Gehalt an fungiziden und insektiziden Inhaltsstoffen, die sich meist im Kern anreichern und da gewöhnlich stärker in den äußeren Kernpartien und den unteren Stammteilen. Die Wirksamkeit dieser Inhaltsstoffe übertrifft die der Zunahme des Raumgewichtes bedeutend, so daß beispielsweise die verhältnismäßig leichten, aber harzreichen und Pinosylvin und ähnliche Stoffe enthaltenden Nadelhölzer wesentlich schwerere Laubhölzer wie Buche, Birke, Ahorn an Lebensdauer bedeutend übertreffen. In ganz großen Umrissen könnte man etwa drei große Gruppen der natürlichen Dauerhaftigkeit bilden:

1. Sehr dauerhaft: Eiche, Kastanie, Ulme, Eibe, Lärche, Zirbelkiefer, Birnbaum, Robinie, Kreuzdorn, Wolliger Schneeball und zahlreiche ausländische Holzarten wie Zeder, Immergrüne Sequoie, Zypresse, Lebensbaum, Virginischer Wacholder, Douglasie und viele besonders schwere Holzarten.

1a) Termitenfeste Holzarten[1],[2]:

Chlorophora excelsa	Afrikanische Eiche, Odum
Staudtia camerunensis	Boséholz
Lophira procera	Bongossi
Mimusops spec.	Pferdefleischholz
Diospyros spec.	Ebenholz
Sarcocephalus Trillesii	Bilinga
Eleocarpus grandis Meull.	Brisbane Quandong
Leguminosen mit Ausnahme von:	Copaifera Tessmanii und Berlinea bracteosa
Pterocarpus Soyauxii	Muengeholz
Miletia Laurentii	Wengeholz (Papilionatae)

---

[1] S e i f e r t, Liselotte, Untersuchungen über die Termitenfestigkeit tropischer Nutzhölzer. Kolonialforstl. Mitt. 5, Heft 4, S. 265—74, Eberswalde, Okt. 1942.

[2] S c h u l z e, B., Zur Frage der biologischen Tropeneignung und Tropenfestigkeit insbes. organischer Werkstoffe und Werkstoffkonstruktionen. Der Deutsche Auslandsingenieur 6, 2, 1941, S. 17—25.

Cynometra spec.	Shingraholz
Distemonanthus Benthamianus	Ogamigaiaholz
Daniella spec.	Oliguéholz
Afzelia (giftig) africana Smith	Afzeliaholz
Acacia giraffae	„Kamel-thorn"
Erythropleum guineense	Red water tree „Tsa"
Xylia xylocarpa Taub	Iron wood tree, Pyingado
Taxodium distichum	Tidewater Red Cypress

2. Ziemlich dauerhaft: Kiefer, Fichte, Tanne, Esche, Apfelbaum.

3. Wenig dauerhaft: Ahorn, Aspe, Balsa, Birke, Buche, Erle, Hickory, Hollunder, Linde, Pappel, Platane, Roßkastanie, Spindelbaum, Weide, Weißbuche, Zwetschgenbaum und die meisten sehr leichten Holzarten der Tropen.

Die hellen oder wenig gefärbten Splintanteile selbst sehr widerstandsfähiger Kernhölzer werden sehr rasch befallen.

Entgegen älteren Angaben in der Literatur ist die Volksmeinung, daß zur Zeit der Saftruhe gefälltes Holz widerstandsfähiger sei als solches aus der Sommerfällung, durch die sehr sorgfältigen Arbeiten von Knuchel und Gäumann[1],[2] in gewissem Umfang bestätigt worden.

Bei dem im Frühjahr und Sommer geschlagenen Holz sind die Hemizellulosen und Zellulosen stärker gequollen und leichter durch die Pilze angreifbar als bei dem in der Zeit der Winterruhe gefällten. Nach Abschluß der Jahrringbildung und beim Trocknen geht diese Angreifbarkeit zurück, so daß nach Erreichung der Lufttrockenheit der Unterschied fast ganz verschwunden ist[3].

Zweifellos spielen auch die günstigen Lebensbedingungen für die Pilze in der warmen Jahreszeit eine große Rolle, so daß z. B. die Vermorschung von den sommergefällten Balken, die sofort im Wiesenboden eingegraben wurden, etwa drei- bis fünfmal so rasch vor sich ging, als von in der Saftruhe gefällten und gleichbehandelten Balken.

Ferner sind die Größe der Berührungsfläche des Holzes mit dem Boden und die Bodenart von Einfluß auf die Lebensdauer. Am schlechtesten sind humusreiche und gedüngte Böden, dann folgen wechselnd feuchte und trockene, lockere Sand-, Kies- und Kalkböden und verhältnismäßig am günstigsten sind gleichmäßig feuchte, dichte Ton-, Lehm- und Sandböden. Die Haltbarkeit unter Wasser verschiebt sich etwas gegen die in der Luft, so daß bei den europäischen Hölzern etwa folgende Gruppen unterschieden werden können:

1. sehr gut haltbar (über 500 Jahre): Ulme, Eiche, Buche, Weißbuche, Kastanie, Robinie, Erle, Lärche, Kiefer;

2. ziemlich haltbar (50—100 Jahre): Fichte und Tanne;

3. wenig haltbar (unter 20 Jahre): Ahorn, Birke, Esche, Linde, Pappel, Roßkastanie, Weide.

---

[1] Knuchel, H., Untersuchungen über den Einfluß der Fällzeit auf die Eigenschaften des Fichten- und Tannenholzes. Z. Schweiz. Forstver., Beih. 5 u. 6, Bern 1930.

[2] Knuchel, H. u. E. Gäumann, Einfluß der Fällzeit auf die Dauerhaftigkeit des Buchenholzes. Mitt. d. Schweiz. Anst. f. forstl. Versuchswesen 19/1936.

[3] Vgl. S. 34.

2. Verhalten gegenüber Feuchtigkeit.

Kaltes Wasser löst aus fein zerkleinerten, einheimischen Hölzern 1—4%, und zwar zunächst Zellinhaltsstoffe, dann aber auch Pentosan- und Hexosananteile der Zellwand, wodurch aber keine Verminderung der Festigkeit eintritt, die über diejenige hinausgeht, die normal mit der Quellung verbunden ist und durch die folgenden Kurven gezeigt wird:

Bei der Einwirkung von warmem oder kochendem Wasser steigt die Menge der in Lösung gehenden Stoffe bei fein zerkleinertem Holz bis zu 10—15%. Dabei tritt eine deutliche Erweichung des Holzes ein, die bei längerer Einwirkung Festigkeitsverminderungen bis zu 60% bewirkt, welche aber nach der Trocknung praktisch wieder zurückgehen.

Noch stärker ist die Einwirkung von Wasserdampf, die z. B. bei zerfasertem Aspenholz (Populus tremuloides) folgende Ausbeuten in % des ursprünglichen Holzgewichtes ergab[1]:

Dampfdruck kg/cm²	Dämpfdauer min	Fasern	wasserlösliche Substanzen	Gase
3,5	4	86,8	10,0	3,2
8,5	4	84,0	13,0	3,0
10,5	2	85,5	11,3	3,2
10,5	4	79,9	15,9	4,2
10,5	6	74,0	23,7	2,3
10,5	8	69,8	26,8	3,4
14,1	2	73,3	19,0	7,7
14,1	4	67,6	16,7	15,7
14,1	6	57,2	30,0	12,8
14,1	8	62,5	27,0	10,5

Dabei entwickeln sich in zuerst kleinen Mengen Essigsäure, Ameisensäure und Methylalkohol und mit fortschreitender Einwirkung auch Zucker, Hemizellulosen sowie lignin- und gerbstoffartige Stoffe, die in den Abwässern der Dämpfanlagen von Faserplatten- und Sperrholzfabriken, Holzbiegereien sowie Braunholzschleifereien vorkommen.

3. Verhalten gegenüber Temperatur.

Die Einwirkung von Kälte auf wassersatte Bauhölzer bewirkt, sobald diese vollständig gefroren sind, eine Erhöhung der Biegefestigkeit um 24—29%, der Druckfestigkeit um etwa 80% bei Kiefern- und Fichtenholz und um etwa 38% bei Eschenholz, während die Schlagbiegefestigkeit bei Fichtenholz um 12% höher, bei Kiefern- und Eschenholz 15—17% niedriger gefunden wurde. Die Versuchshölzer wurden im wassersatten Zustand zehnmal bei — 15 Grad gefroren und wieder aufgetaut und anschließend rund ein halbes Jahr unter einem Schuppendach gelagert.

---

[1] Heritage, C. C. u. T. C. Duvall, Whole Wood Fiber Manufacture. Proceedings of the First National Meeting of the Forest Products Research Society, Madison 5, Wisconsin, 1947.

Danach ergaben sie im Mittel praktisch dieselben Werte der Biege- und Schlagbiege- sowie Druckfestigkeit wie die nicht gefrorenen Hölzer[1].

Die Erhitzung in trockener Luft bewirkt bis zu 100° C nur eine rasch fortschreitende Trocknung, von da an aber auch eine steigende Verringerung der Quellungseigenschaften[2], die im Forest Products Laboratory, Madison, zur Herstellung von sogenanntem hitze-stabilisiertem Holz benützt wurde[3], [4]. Bei diesen bis zu 320° C ausgedehnten Versuchen zeigte sich, daß für die praktische Verwendung ins Gewicht fallende Festigkeitsminderungen erst bei Temperaturen auftreten, die eine Herabsetzung der Quellungseigenschaften auf etwa die Hälfte derjenigen des frischen Holzes bewirken (je nach den Holzarten schwankend um 200° C unter Luftabschluß).

Bei 160° C beginnt schon deutlich eine an der Bräunung des Holzes erkennbare thermische Zersetzung des Holzes, die bei etwa 180° C in die Trockendestillation übergeht und zwischen 250 und 380° C besonders lebhaft verläuft. Sobald Luft zutritt, geht dieser Vorgang in Verbrennung über.

Bei imprägnierten Hölzern verlaufen alle bisher geschilderten Vorgänge praktisch gleich, nur mit dem Unterschied, daß die mit heißem Teer imprägnierten Hölzer sowohl durch die hydrophoben Eigenschaften des Teeröls als auch durch die Hitzebehandlung in ihren Quellungseigenschaften etwas vergütet sind und auch ihren hohen elektrischen Widerstand sowie die höheren Festigkeitswerte beibehalten.

4. Verhalten gegenüber Chemikalien.

Wäßrige Alkalien wirken auf Hölzer normaler Abmessungen sehr wenig ein, lösen aber aus fein zerkleinertem Holz Harze und Hemizellulosen (insbesondere Xylan, das sogenannte Holzgummi) und bei steigender Konzentration und Temperatur auch Lignin heraus. Durch Ätznatronlauge von 1—4% erfolgt nur eine Verquellung der Oberflächenschichten, wobei sich die Alkalihydroxyde durch Adsorption an den Fasern anreichern. Die Quellung durch Kaliumhydroxyd ist geringer und durch Ammoniak noch kleiner. Die organischen Basen bewirken etwa die gleiche Quellung wie Wasser, Anilin eine ganz geringfügig erhöhte und Trimethylamin eine solche, die zwischen der durch KOH und NaOH bewirkten liegt.

---

[1] Graf, O. u. K. Egner, Messen der Holzfeuchtigkeit und Holzfestigkeit wiederholt gefrorener und aufgetauter Hölzer. Mitt. d. Fachaussch. f. Holzfragen, Nr. 25, Berlin, VDI-Verlag, 1940.

[2] Graf, O., Versuche über die Eigenschaften der Hölzer nach der Trocknung. I, Heft 1/2, u. II, Heft 10, Mitt. d. Fachaussch. f. Holzfragen, 1932, 1934.

[3] Seborg, R. M. and others, Heat-stabilized compressed wood (Staypack). Forest Products Laboratory, Madison, Rept. No. 1580, 1944.

[4] Stamm, A. J. and L. A. Hansen, Minimizing wood shrinkage and swelling. Effect of heating in various gases. Ind. & Eng. Chem. **29**, 1937, S. 831—33 and 1938, S. 160.

Bei Einlagerung von Stäben der wichtigsten Holzarten mit dem Querschnitt 2×2 cm in Ätznatron- und Ammoniaklösungen von $2,5 \pm 10\%$ während 300 Stunden wurden entsprechend den Gepflogenheiten beim praktischen Metallschutz die Gewichtsabnahmen je Flächen- und Zeiteinheit sowie die Abnahme der Biegefestigkeit geprüft[1]. Dabei zeigte sich, daß eine nennenswerte Korrosion im schwach alkalischen Gebiet von pH 7—11 überhaupt nicht zu fürchten ist, ja daß das Holz dadurch sogar vor dem Angriff von Pilzen geschützt wird; ferner, daß die Nadelhölzer wesentlich korrosionsfester als die Laubhölzer und bei den angegebenen Konzentrationen den viel teureren, säurefesten Sonderstählen (V_2A und V_4A) sowie Monelmetall fast gleichwertig sind.

Kohlensaure Alkalien und Erdalkalien, insbesondere Ätzkalk, wirken ihrer geringen Dissoziation entsprechend wesentlich schwächer als die Ätzalkalien. Solche schwach alkalischen Lösungen, die andere Baustoffe (Beton, Eisen) rasch zerstören, kommen häufig vor, insbesondere in der Landwirtschaft, der Textilindustrie, den Wäschereien usw.

Als alkalische Gase kommen praktisch nur Ammoniakgase vor, die von Holz ohne nennenswerte Schädigung ziemlich stark adsorbiert werden.

Die Einwirkung von Säuren zeigte bei den bereits erwähnten Versuchsreihen[1], daß das Holz erst von einem pH unter 2 an angegriffen wird, während dies bei Beton und Eisen schon bei einem pH-Wert gleich oder kleiner als 5 der Fall ist. Auch hier zeigten sich die Nadelhölzer den Laubhölzern gegenüber überlegen, und zwar um so mehr, je harzreicher und dichter sie sind. Organische Säuren wirken auch bei starken Konzentrationen nicht nennenswert auf das Holz ein; gegen Kohlensäure ist das Holz im Gegensatz zu Eisen vollkommen widerstandsfähig. Durch Erhitzung steigern sich diese Einwirkungen natürlich, und beim Kochen mit heißen Mineralsäuren wird die Zellulose erst in zerreibliche Hydrozellulosen, schließlich aber bis zu Traubenzucker abgebaut.

Salpetersäure greift in kalter, 5%iger Lösung Kiefern-, Tannen- und Zypressenholz nicht an, zerstört dagegen in höherer Konzentration und in der Hitze alle Holzarten. 5%ige, kalte Salzsäure wird von Kiefern-, Tannen-, Zypressen- und Teakholz, dagegen nicht von Eichenholz vertragen. Bei Konzentrationen über 21% müssen Auskleidungen mit Pech, Gummi, Asphalt oder Kunstharzen angewandt werden. Überkonzentrierte Salzsäure wirkt auch in der Kälte rasch quellend auf das Holz, und löst sämtliche Kohlehydrate, während das Lignin zurückbleibt. Flußsäure verhält sich praktisch ebenso wie Salzsäure.

Salzsäuregas wird von Holz, das sich dabei erst bräunlich und dann schwarzgrün verfärbt, so begierig absorbiert, daß man damit selbst Spuren von Salzsäure aus Gasgemischen entfernen kann.

Chlorzink-Salzsäure greift alle Holzarten sehr stark an.

Schwefelsäure kann kalt in Konzentrationen bis zu 10% in Gefäßen aus Pitchpine, Lärchenholz und Teak verarbeitet werden. Bei 40% ist

---

[1] Mörath, E., Die Widerstandsfähigkeit der wichtigsten einheimischen Hölzer gegen chemische Angriffe. Mitt. d. Fachaussch. f. Holzfragen beim VDI und Dtsch. Forstverein, Heft 5, Berlin 1934.

der hydrolytische Abbau schon lebhaft und bei 70% ebenso schnell wie bei überkonzentrierter Salzsäure. Höchst konzentrierte Schwefelsäure (96%) wirkt auf das Holz wie auf alle anderen organischen Stoffe verkohlend.

Die schwefelige Säure nimmt eine Sonderstellung ein, da sie nur auf das Lignin einwirkt. Bei niedrigen Konzentrationen, wie sie etwa in den Rauchgasen vorliegen, ist aber das Holz sehr viel widerstandsfähiger als Eisen.

Die Salze lassen sich nach ihrem pH-Wert hinreichend beurteilen. Neutrale Salze und solche organischer Säuren wirken praktisch gar nicht auf das Holz ein, während stark hygroskopische Salze ihm Wasser entziehen.

Manche Salze, die leicht hydrolisierbar sind, erfahren namentlich bei Temperaturen über 100° C eine Spaltung durch das Holz (z. B. Chlormagnesium in Salzsäure und basische Mg-Verbindungen, oder Eisen-, Zink-, Aluminium- und Chromsalze). Die entstehenden Säuren können, namentlich beim Eintrocknen, schädliche Wirkungen ausüben.

Einige praktisch wichtige Salze seien nachstehend in alphabetischer Reihenfolge besprochen:

Für Alaun, Aluminiumchlorid und sonstige Aluminiumsalzlösungen haben Holzbehälter sich bewährt; ebenso für Ammonsalze mit Ausnahme der feuergefährlichen Persulfate, Chlorate und Nitrate. Calciumsalzlösungen sind meistens unschädlich. Bei konzentrierten Eisensalzlösungen ist eventuell eine der bereits erwähnten Auskleidungen empfehlenswert, doch kann kristallisiertes Eisenchlorid und -sulfat ruhig in Holzbehältern aufbewahrt werden.

Kaliumsalzlösungen sind mit Ausnahme derjenigen der bereits früher erwähnten feuergefährlichen Säuren unbedenklich, ebenso Kupfersalze mit Ausnahme von Kupferoxydammoniak, welches ein spezifisches Lösungsmittel für Zellulose ist.

Die meisten Natriumsalzlösungen, insbesondere Kochsalz, sind ganz unbedenklich, dagegen greifen Natriumsulfidlösungen alle Hölzer schwer an und Natriumsulfitlösungen Nadelholz wenig, Laubholz dagegen stark. Holzbehälter sind ferner für trockenes Natriumbisulfit und für die Auskristallisation von Natriumsulfat geeignet. Sublimat wird in der Wärme zwar von Zellulose gespalten, nicht aber von Holz, für welches es ja eines der längst bewährten Schutzmittel abgibt.

Gegen Seewasser ist Holz äußerst widerstandsfähig, und nur in bohrwurm-verseuchten Meeren ist eine Imprägnierung notwendig, wofür sich nach allgemeiner praktischer Erfahrung sowie ausgedehnten Versuchsreihen bisher das Steinkohlenteeröl am besten bewährt hat.

Die in Form von Salzen angewandten Farbstoffe werden von der Holzfaser nicht gebunden, sehr stark dagegen die basischen und ziemlich gut die sogenannten substantiven Farbstoffe.

Die Oxydationsmittel greifen in erster Linie das Lignin, bei stärkerer Einwirkung aber auch die Zellulose an, wodurch die Faserfestigkeit verringert wird. Die Einwirkung ist zuerst immer oberflächlich, so daß mehrfach wiederholte Behandlungen mit dazwischen geschaltetem Heraus-

15*

lösen der gebildeten Oxydationsprodukte notwendig sind, um eine durchgreifende Zerstörung zu bewirken. Eisensalze wirken dabei als Katalysatoren. Wasserstoffsuperoxyd läßt sich in 10%iger Lösung in Ahorngefäßen gut aufbewahren.

Organische Verbindungen wirken zum größten Teil auf das Holz nicht ein. Kohlenwasserstoffe lösen aus frischem Holz Harze, Fette und Wachse heraus, wodurch die Festigkeit des Holzes nicht beeinflußt, wohl aber seine Aufschließbarkeit zu Zellstoff verringert wird.

Gegen Alkohol, der Harze und Farbstoffe herauslöst, ist Holz beständig, dagegen können Phenole und stark phenolhaltige Teeröle bei sehr langen Einwirkungen bei über 100° C und höherem Druck Lignin und begleitende Kohlenhydrate in Lösung bringen. Gegen Formaldehyd ist Holz beständig. Teer darf nicht zu heiß aufgebracht werden, da er sonst dem Holz zuviel Wasser entzieht.

Eine Anzahl organischer Substanzen wie Dioxan, Cyclohexanol, Cyclohexanon, Anilin, Benzylalkohol, Azeton, Butanol, Glykol, Äthyl- und Butylglykol, Äthylenchlorhydrin, Alkohol unter Druck, Benzylmerkaptan, Eisessig mit Spuren von Salzsäure, Ameisensäure, Thioglykolsäure und sonstige Mercaptosäuren lösen Lignin.

5. Praktische Auswirkungen der chemischen Eigenschaften des Holzes für die Konservierungstechnik.

Aus dem eben im einzelnen besprochenen chemischen Eigenschaften der Hölzer und den Bindungen, die während der praktischen Verwendung derselben zu erwarten sind, müssen die Schlüsse gezogen werden, die die Wahl des bestgeeigneten Konservierungsverfahrens bestimmen. Die Zusammenwirkung dieser Faktoren ist äußerst kompliziert, so daß nur einige der wichtigsten Fälle besprochen werden können, die einen gewissen Anspruch auf Allgemeingültigkeit haben.

A. Holz in Innenräumen.

In diesem großen und oft hochwertigen Verwendungsgebiet kommen die größten und stärksten Schwankungen der Luftfeuchtigkeit vor, die in zentralbeheizten Räumen im Winter oft auf Werte sinkt, die einer Holzfeuchtigkeit von nur 2—3% entsprechen, während das Januarmittel im Freien für Deutschland 7—8% Holzfeuchtigkeit bei 20° C entspricht[1]. Im Sommer reicht die reichliche Lüftung für eine Angleichung an die Luftfeuchtigkeit im Freien, deren Minimum zwar auch einer Holzfeuchte von 6—8% entspricht, aber doch häufig Werte erreicht, die mit Holzfeuchtigkeiten bis zu 15 und sogar 20% im hygroskopischen Gleichgewicht stehen.

Das durch diese starken Feuchtigkeitsschwankungen bewirkte Verziehen, Werfen und Rissigwerden des Holzes kann zu einem kleinen Teil durch Dämpfen, durch Trocknen bis zu einem mittleren Feuchtigkeits-

[1] Mörath, E., Der richtige Trocknungsgrad für Bau- und Möbelholz in Deutschland. Die Holzindustrie 13, Heft 7, 1932, S. 73—76.

gehalt von 8—10% und weitgehend durch entsprechende Aufteilung der Holzkörper und durch die bereits sehr weit entwickelte Absperrtechnik vermindert werden.

Stark hydrophobe und feuchtigkeitsundurchlässige Anstriche, bzw. Polituren verzögern die Einwirkung der Luftfeuchtigkeitsschwankungen, und zwar so sehr, daß das Arbeiten praktisch unterbunden wird. Unter diesen Überzügen haben sich besonders solche mit Gehalten an Aluminiumpulver sowie Kunstharzen bewährt, wenn sie allseitig und dauernd unverletzt erhalten bleiben. Da dies selbst bei mehrfachen Deckanstrichen nur schwierig zu erreichen ist, nimmt man die Imprägnierung zu Hilfe, die zwar nicht ganz die gleiche Wirksamkeit hat wie frische, mehrfache Anstriche, dafür aber eine praktisch unbegrenzte Wirkungsdauer selbst unter den schwersten Abnutzungsbeanspruchungen. Sie wird daher in steigendem Umfang für Fußbodenstäbe, Holzwerkzeuge, Bestandteile von chemischen Apparaturen, Textilmaschinen und Wäschereieinrichtungen benützt, wobei die Kunstharze eine ständig steigende Verwendung finden[1].

Die Verwendung von hochkonzentrierten Salz- und Zuckerlösungen, die das Wasser im Holz zurückhalten und dadurch die Schwindung sehr verringern[2], hat sich praktisch nicht bewährt.

Auch im Bauwesen, das bisher der Holzimprägnierung fast ablehnend gegenüberstand, macht diese — namentlich im Zusammenhang mit der zunehmenden Feuerschutzbehandlung — erfreuliche Fortschritte.

B. Holz im Freien.

Bei diesem Hauptanwendungsgebiet der Holzimprägnierung sind die Beanspruchungen und Gefährdungen des Holzes viel größer, weil hier der Feuchtigkeitsgehalt desselben viel häufiger in den Bereich kommt (über 22 %), in dem für holzzerstörende Pilze günstige Lebensbedingungen bestehen.

Frost schadet dem Holz nicht, höchstens bei sehr tiefen Temperaturen, bei denen eine gesteigerte Sprödigkeit auftritt, die aber keineswegs so groß ist wie die bei Eisenschwellen. Dies wurde dadurch bewiesen, daß in dem abnorm kalten Winter 1928—29 sehr viele Schwellenbrüche auf Strecken mit Eisenschwellen, dagegen gar keine auf Strecken mit Holzschwellen festgestellt wurden.

Die Quellungseigenschaften spielen bei vielen dieser Hölzer, insbesondere Stangen und Masten, eine untergeordnete Rolle (Abb. 150a). Dagegen lassen tiefe Trockenrisse Pilzsporen in das ungeschützte Innere hinter der getränkten Zone eindringen, was zu verstärkten Pilzangriffen führt. Bei anderen Hölzern, z. B. Pflasterklötzen, sind diese aber von großer Wichtigkeit, weil hier durch starkes Quellen ein Hochgehen des ganzen

---

[1] Nowak, A., jun., Die Holzveredlung durch Imprägnierung mit in organischen Lösungsmitteln gelösten Imprägnierstoffen. Unveröffentlichtes Manuskript, Grünau, O. Oe., 1947.

[2] Stamm, A. J., Treatment with Sucrose and Invert Sugar. Ind. & Eng. Chem., **29**, Nr. 7, 1937, S. 833—35 und 1938, S. 161.

Bodenbelags und damit sehr kostspielige Verkehrsstörungen und Reparaturarbeiten verursacht werden. Aus diesem Grunde ist hier für eine Imprägnierung von Wichtigkeit, die durch ihre Wärmebehandlung und die hydrophoben Eigenschaften des Tränkmittels die Quellung des Holzes verringert und wie z. B. beim Steinkohlenteeröl seine Festigkeitseigenschaften um rund 25 % erhöht[1].

Dasselbe gilt für Eisenbahnschwellen in Gebieten mit ausgesprochenen Hitze- und Trockenperioden. Auf den europäischen Strecken erwiesen sich im allgemeinen die üblichen mechanischen Sicherungen (S-Haken, durchgehende Bolzen usw.) als ausreichend.

Kupfersulfat und Zinkchlorid sowie andere hygroskopische Salze halten den Feuchtigkeitsgehalt des Holzes über den jeweiligen hygroskopischen Gleichgewichtswerten, während Ammonbifluorid und Arsenate ihn niedriger halten[2]. Die stärkste Verringerung der Quellungseigenschaften und Feuchtigkeitsgehalte unter den allgemein üblichen Tränkverfahren wird durch die heiße Teeröltränkung bewirkt.

C. Holz in Bergwerken und Tunneln.

Bei diesen Verwendungsgebieten sind die Angriffe auf das Holz oft noch durch erhöhte Temperaturen und Feuchtigkeit, die das Pilzwachstum begünstigen, und durch schweflige Säure aus den Verbrennungsgasen verstärkt. Letztere greift Holzschwellen gar nicht, Eisenschwellen dagegen so rasch an, daß man allgemein dazu übergegangen ist, die Tunnelstrecken, auch in sonst vollkommen aus Eisen verlegten Linien, mit Holzschwellen zu versehen. Beim Grubenholz muß Wert auf die Verringerung der Entflammbarkeit gelegt werden. Bei den vielen, sehr feuchten Gruben muß von vornherein mit den niedrigsten Festigkeitswerten für feuchtigkeitsgesättigte Hölzer gerechnet werden.

Die Holzzimmerung hat den großen Vorteil der „Warnfähigkeit“, und in besonders druckgefährdeten Stollen ist man zu sogenannten „nachgiebigem Stempelausbau“ übergegangen. Bei diesem werden die Grubenstempel angespitzt und nach dem Einsetzen durch den fortschreitenden Gebirgsdruck pinselförmig aufgequetscht. Man kann dann eine neue Spitze anschneiden und unter gleichzeitiger Beobachtung der Steigerung des Gebirgsdruckes die Stempel so oft wieder einsetzen, als der Gang noch begehbar ist, und dadurch ihre Gebrauchsdauer wesentlich verlängern.

Da mit dem stärkeren Vordringen des maschinellen Abbaues die Zeiten, die die einzelnen Orte offengehalten werden, sich verringern, brauchen die Grubenhölzer meist nicht für so lange Lebensdauern imprägniert werden wie Schwellen und Masten. Nur da, wo ein „Rauben“ und eine Wiederverwendung der Stempel an anderen Stellen möglich

---

[1] N o w a k, A., Neue Erkenntnisse über Holzimprägnierung. X. Holztagung 1941. Mitt. d. Fachaussch. f. Holzfragen, Nr. 32, Berlin VDI-Verlag 1942 S. 133.
[2] W i l f o r d, B. H., Chemical Impregnation of Trees and Poles for Wood Preservation. U. S. Dept. of Agric. Circular Nr. 717., Washington D. C. 1944.

und wirtschaftlich ist, ist die Erreichung der höchst möglichen Lebensdauer von gleicher Bedeutung wie über Tag.

D. Holz im Wasser.

Die bereits besprochenen hohen Lebensdauern des Holzes unter Wasser macht es zu einem der wirtschaftlichsten Baustoffe für den Wasserbau, wenn es den in den betreffenden Gebieten vorherrschenden Verhältnissen und Schädlingen entsprechend konserviert ist. Durch die Einwirkung des Wassers sinken die in der nachstehenden Tabelle angeführten Festigkeitswerte des Holzes im lufttrockenen Zustand bei der Druckfestigkeit im Mittel um etwa 45 %, bei der Biegefestigkeit um etwa 38 %, bei der Scherfestigkeit um etwa 33 %, der E-Modul dagegen nur um etwa 17 %[1] (vgl. Abb. 150b).

Holzart	Raumgewicht lufttr. g/cm^3	E-Modul aus Biegevers. $\| kg/cm^2$	Druckfestigkeit $\sigma_{B\|}$	Zugfestigkeit		Biegefestigkeit τ_B	Scherfestigkeit $\tau_{B\|}$
				$\sigma_{R\|}$	$\sigma_{B\perp}$		
Fichte ..	0,47	110 000	430	900	27	660	67
Kiefer ..	0,52	120 000	470	1 040	30	870	100
Lärche .	0,59	120 000	530	1 070	23	840	90
Tanne ..	0,45	110 000	400	840	23	620	51
Buche ..	0,73	160 000	530	1 350	70	1 050	80
Eiche ...	0,69	117 000	520	900	40	880	110

Diese an fehlerfreien Probekörpern ermittelten Werte dürfen aber für praktische Festigkeitsberechnungen nicht benützt werden, denen die Werte zugrunde gelegt werden müssen, die auf Grund langjähriger Erfahrungen in den Vorschriften „DIN 1052 Bestimmungen über die Ausführung von Bauwerken aus Holz im Hochbau", „DIN 1074 Berechnungs- und Entwurfsgrundlagen für Brücken" und „Vorläufige Bestimmungen für Holztragwerke der Deutschen Reichsbahn" enthalten sind, die in der folgenden Tabelle zusammengestellt sind:

Bei Bauteilen, die ständig im Wasser oder schutzlos der Nässe ausgesetzt sind, können nur $^2/_3$ dieser Werte, bei solchen, die durch Verschalung, Überdachung usw. geschützt sind, $^5/_6$ derselben eingesetzt werden. Wenn die Ölimprägnierung auch die Feuchtigkeitsaufnahme verzögert, empfiehlt es sich doch, sich auch bei so behandelten Hölzern an die vorgeschriebenen Festigkeitswerte zu halten.

Das Verhalten der Konservierungsmittel selbst ergibt sich je nach ihrer Zusammensetzung aus dem für ihre Salze, Säuren usw. bereits Gesagten. Als verhältnismäßig bedenklich könnte Chlorzinklösung betrachtet werden, die erstens eingeschraubte Eisenteile korrodiert und zweitens das Holz selbst etwas angreift. Dieser Angriff bleibt aber so gering, daß man z. B. bei kiefernen Eisenbahnschwellen mit etwa 13 Jahren mittlerer Lebensdauer rechnen kann.

---

[1] Kollmann, F., Technologie des Holzes. Berlin 1936, Tafel I u. II (Anhang).

Zulässige Beanspruchungen in kg/cm² bei

Art der Beanspruchung	Güteklasse III		Güteklasse II		Güteklasse I	
	Nadel-hölzer	Buche Eiche	Nadel-hölzer	Buche Eiche	Nadel-hölzer	Buche Eiche
1. Biegung	70	75	100[1]	110	130[1]	140
2. Biegung bei laufenden Trägern ohne Gelenke	70	80	110[2]	120	140[2]	155
3. Zug in der Faserrichtung	—	—	85	100	105	110
4. Druck in der Faserrichtung	60	75	85[2]	100	110[2]	120
5. Druck rechtwinklig zur Faserrichtung	20	30	20	30	20	30
6. Druck rechtwinklig zur Faserrichtung bei Bauteilen, bei denen geringfügige Eindrückungen unbedenklich sind	25	40	25	40	25	50
7. Abscherung in der Faserrichtung und Leimfuge	9	10	9	10	9	12

[1] Für Lärchenholz sind um 10 kg/cm² höhere Werte zulässig.
[2] Für Lärchenholz sind um 5 kg/cm² höhere Werte zulässig.

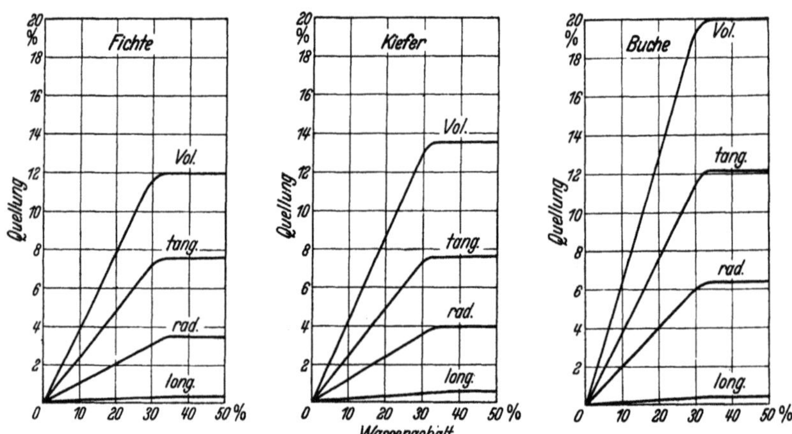

Abb. 150a. Abhängigkeit der Quellung des Holzes vom Wassergehalt.

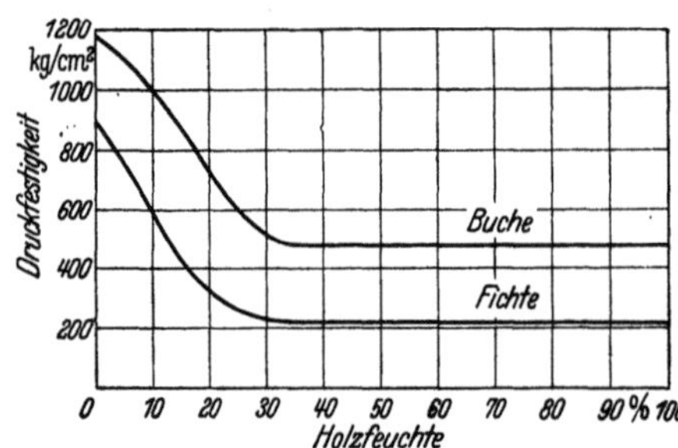

Abb. 150b. Abhängigkeit der Druckfestigkeit von der Holzfeuchte.

Aus demselben Grunde sind alle ammoniakalischen Kupfersalze enthaltenden und Säuren oder Alkalien abspaltenden Lösungen bedenklich, während die hydrophoben Schutzmittel bei richtiger Anwendung stets eine Verbesserung der Festigkeits- und Quellungseigenschaften bewirken.

Zweiter Teil

Die Schutzbehandlung des Holzes.[1]

Von Dr. **Fritz Peters,** Berlin.

In den Abschnitten über die Zerstörung des Holzes durch Pilze und Tiere wurde dargelegt, daß die genannten Organismen die Holzsubstanz zersetzen und dabei zumeist als Nahrung verbrauchen. Entgegen der früheren Annahme werden hierbei nicht nur die Eiweißstoffe, sondern fast alle Bestandteile des Holzes, insbesondere Zellulose und Lignin, abgebaut. Der Schutz des Holzes gegen die pflanzlichen und tierischen Zerstörer erfolgt in der Regel derart, daß möglichst alle gefährdeten Holzteile mit solchen Mitteln durchtränkt werden, welche auf die Holzzerstörer giftig oder abschreckend wirken, so daß diese das getränkte Holz weder als Nahrung noch als schützende Behausung verwenden können. Hieraus folgt, daß bei der Ausführung der Schutzbehandlung in diesen Fällen namentlich die folgenden beiden Gesichtspunkte berücksichtigt werden müssen:

1. Der in das Holz eingeführte Schutzstoff muß tunlichst in allen gefährdeten Holzzonen verteilt werden.

2. In das Holz müssen so große Mengen des Schutzstoffes eingeführt werden, daß sie zur Vergiftung der Holzsubstanz unbedingt ausreichen und darüber hinaus eine gewisse Reserve für z. B. durch Auslaugung, Verdunstung oder sonstige Veränderung eintretende Verluste darstellen. Die erforderlichen Mengen hängen in erster Linie von der Giftwirkung des verwendeten Tränkstoffes auf die in Frage kommenden Schädlinge ab.

Die Menge des in die Volumeneinheit des Holzes eingeführten Schutzstoffes bezeichnet man als „Aufnahme" und bezieht sie in der Regel auf 1 m³ Holz.

Bezüglich der Durchtränkbarkeit, d. h. der Verteilungsmöglichkeit der Tränkstoffe, verhalten sich Splint und Kern (Reifholz) der Hölzer grundsätzlich verschieden. Bei Anwendung geeigneter Imprägnierverfahren ist das Splintholz in der Regel gut durchtränkbar, während das Kernholz nur unter besonderen Bedingungen durchtränkt werden kann. Im allgemeinen ist letzteres überhaupt nicht oder doch nur in den alleräußersten, freiliegenden Zonen der Imprägnierung zugänglich. Nur durch Diffusion oder Osmose kann bei frisch geschlagenen oder z. B. infolge langer Wasserlagerung durchnäßten Hölzern unter Umständen auch eine mehr oder weniger weitgehende Kernimprägnierung erzielt

---

[1] Meinem langjährigen Mitarbeiter, Herrn Dr. Wilhelm Krieg, Mannheim, danke ich für die kritische Durchsicht des Manuskriptes.

werden (s. S. 284). Durch Diffusion kann im übrigen auch im Laufe der Gebrauchsdauer der mit wässerigen Tränksalzlösungen, z. B. im Kesseldruckverfahren, behandelten Hölzer eine Einwanderung der diffusionsfähigen Tränkstoffe in das Kernholz stattfinden. Abgesehen von diesen Fällen ist bei Anwendung geeigneter Tränkverfahren eine verhältnismäßig gleichmäßige Durchtränkung des Kernholzes auch dann möglich, wenn Holzstücke von verhältnismäßig kleinen Abmessungen (z. B. Pflasterklötze) vorliegen.

Der weitaus gefährdetste Teil der Hölzer ist stets der Splint. Ihm gegenüber ist der Kern gegen die meisten Zerstörer weitgehend geschützt durch Einlagerungen von Harz, Holzgummi, Gerbstoffen und dergleichen, so daß das Problem der Kernholzdurchtränkung bei weitem nicht die Bedeutung besitzt wie dasjenige der Durchtränkung des Splintholzes.

In den nachstehenden Kapiteln wird eine große Anzahl von Holzschutzverfahren beschrieben werden, welche sich auf voneinander recht abweichende Grundlagen stellen. Sucht man nach einem Maßstab, um diese verschiedenen Verfahren hinsichtlich ihrer Wirksamkeit einigermaßen richtig zu beurteilen, so wird man sich auch stets die vorstehend gegebene Darstellung über Aufnahme und Verteilung der Schutzstoffe im Holze sowie über ihre Giftwirkung vor Augen halten müssen.

I. Die Vorbehandlung des Holzes.

1. Schutzmaßnahmen vor der Fällung.

Der Schutz des Holzes hat schon an dem noch im Walde stehenden Holz, an den Bäumen, einzusetzen, ein Gesichtspunkt, der zwar seit geraumer Zeit in seiner Wichtigkeit erkannt worden ist, aber leider in der Praxis noch nicht immer gebührend berücksichtigt wird. Die hier in Betracht kommenden Vertreter des Tier- und Pflanzenreiches, welche den Bäumen Schaden zufügen, sind Pilze, Insekten, Wild und Vögel. Auf die Maßnahmen zur Bekämpfung dieser Forstschädlinge kann hier nicht näher eingegangen werden, es sei auf die einschlägige Fachliteratur verwiesen[1].

Das Hauptaugenmerk bei dem Schutz der Bäume ist auf die Bekämpfung der holzzerstörenden Pilze und Insekten zu richten, welche, wenn nicht rechtzeitig entdeckt und bekämpft, große Schäden herbeiführen können. Ein typisches Bild solcher Katastrophen boten z. B. die Waldverwüstungen, welche in den Jahren 1922—1924 durch die Forleule (Panolis griseovariegata) in den Nadelholzbeständen Norddeutschlands verursacht wurden. Die von den Raupen eines großen Teiles ihrer Nadeln beraubten oder völlig kahlgefressenen, kränkelnden bzw. absterbenden Bäume wurden sehr bald von Pilzen befallen. Da die be-

---

[1] Vgl. z. B. K. Eckstein, Die Technik des Forstschutzes gegen Tiere, 2. Aufl., Berlin 1915.

fallenen Bäume zu einem großen Teil nicht rechtzeitig gefällt und entfernt wurden bzw. werden konnten, hatten sich riesige Brutherde gebildet, von denen aus die Zerstörung des Holzes mit Macht einsetzte und einen Schaden verursachte, der in seiner wahren Größe erst nach Jahren durch den vorzeitigen Verfall eines großen Teiles des aus diesen Raupenfraßgebieten stammenden Holzes erkannt worden ist.

2. Die Fällung des Holzes und seine Behandlung nach der Fällung.

A. Die Fällungszeit (Winter- und Sommerfällung).

Die Frage, ob die Jahreszeit, in welcher die Fällung der Bäume erfolgt, einen Einfluß auf die Dauerhaftigkeit des Holzes hat, und ob die in der Zeit der Saftruhe gefällten Hölzer (Winterfällung) dauerhafter sind als die während der Wachstumsperiode geschlagenen (Sommerfällung), ist bis vor nicht gar so langer Zeit umstritten gewesen.

Im allgemeinen bestand die Ansicht, daß das im Sommer gefällte Holz der Fäulnis und dem Insektenfraß leichter anheimfällt als das im Winter geschlagene. Als Grund hierfür wurde die im Sommer und Winter verschiedene stoffliche Zusammensetzung des Holzes betrachtet. Die jetzt hierüber vorliegenden, z. B. von Gäumann[1] an Fichten- und Tannenholz ausgeführten Untersuchungen zeigen, daß wenigstens für diese Holzarten der Einfluß der Fällungszeit auf ihre Dauerhaftigkeit nicht überschätzt werden darf. Als einwandfrei kann die Beobachtung gelten, daß die Pilzwiderstandsfähigkeit des frischen, im November und Dezember gefällten Fichten- und Tannenholzes am größten und diejenige des im Mai—Juni geschlagenen am geringsten ist. Dieser Unterschied macht sich aber nur dann in vollem Umfange geltend, wenn das Holz in noch waldfrischem Zustande verwendet und in diesem Zustand von den Holzpilzen befallen wird. Läßt man es dagegen zunächst ein Jahr trocken lagern oder während dieses Zeitraumes im Freien auswettern, so ist der Unterschied in der Vermorschbarkeit der Winter- und Sommerfällung nur noch sehr gering bzw. gänzlich aufgehoben. Über den Einfluß der Wuchsstoffe auf die Pilzanfälligkeit des Holzes siehe S. 34. Im übrigen hat die Sommerfällung den erheblichen Nachteil, daß das aus ihr stammende Holz nach dem Einschlag leichter und schneller durch Pilze und Insekten befallen wird als das im Winter geschlagene, denn die Entwicklungsbedingungen für die genannten Schädlinge sind in den Sommermonaten erheblich günstigere als während des Winters. Um eine sich hieraus ergebende ungünstige Beeinflussung des frisch geschlagenen Sommerholzes zu vermeiden, muß seine Aufarbeitung mit größter Sorgfalt und Beschleunigung erfolgen. Geschieht dies, so ist die Qualität der Sommerfällung nicht schlechter als diejenige einer gleichartigen Winterfällung. Für Holzmaterial, welches in lufttrockenem

---

[1] Vgl. E. Gäumann, Über die Dauerhaftigkeit des sommer- und des wintergefällten Holzes, Schweizer Bauzeitung, Bd. 96/1930, Nr. 18.

16*

Zustand imprägniert werden soll, ist stets die Winterfällung vorzuziehen, da das im Sommer gefällte Holz im Einschlagsjahr durch Lagerung an der Luft nicht mehr tränkreif wird, sondern erst im nächsten Sommer den für eine befriedigende Tränkung erforderlichen Trockenheitsgrad erreicht. Die Gefahr des Befalles durch holzzerstörende Pilze ist infolge der langen Lagerzeit eine erheblich größere als bei dem aus Winterfällung stammenden Material, welches bereits in den auf die Fällung folgenden Sommermonaten durch Lagerung an der Luft genügend austrocknen kann[1].

B. Die Behandlung des Holzes nach der Fällung im Walde und auf den Lagerplätzen.

Das frisch gefällte Holz ist für die Anwendung der meisten heute üblichen Schutzverfahren noch nicht geeignet. Es muß im allgemeinen erst von seinem Saftgehalt befreit werden und den lufttrockenen Zustand erreicht haben. In möglichst frisch gefälltem Zustande muß sich das Holz hingegen befinden, wenn es nach dem Saftverdrängungsverfahren oder dem Osmose-(Diffusions-)Verfahren behandelt werden soll.

Sowohl für die Oberflächenschutzverfahren (Anstrich- und Spritzbehandlung) als auch für die Trogtränkung (Einlagerungsverfahren) und die verschiedenen Kesseldruckverfahren ist möglichst lufttrockenes Holz erwünscht. In diesen Fällen muß der Holzsaft durch Austrocknung oder Auslaugung entfernt worden sein. Nässe des Holzes, hervorgerufen durch Wasserlagerung, starke Beregnung oder dgl., verlangt besondere Maßnahmen und erschwert selbst bei der Volltränkung mit wässerigen Tränkstofflösungen die Erzielung der bei lufttrockenem Holz normalerweise vorgesehenen Aufnahmen an Tränklösung. Die Entfernung des Baumsaftes und des Wassergehaltes erfolgt bei den für die Konservierung in Frage kommenden Hölzern normalerweise durch Trocknung an freier Luft; sie beginnt bereits im Walde und wird auf den Lagerplätzen zu Ende geführt. Bemerkt sei hier noch, daß frisch geschlagenes Holz erheblich langsamer austrocknet als gleich feuchtes Material, welches nach der Fällung zunächst austrocknen konnte und erst nachträglich wieder, z. B. infolge Wasserlagerung, durchnäßt wurde.

Die wichtigste Aufgabe in dem zwischen Fällung und Schutzbehandlung liegenden Zeitraum besteht darin, den Befall des Holzes durch Pilze und Insekten nach Möglichkeit zu verhüten. Am schwierigsten ist die Durchführung von entsprechenden Schutzmaßnahmen im Walde, wo das geschlagene Holz von den dort stets in großer Anzahl vorhandenen Schädlingen leicht befallen werden kann.

Die beste Methode, um frisch geschlagenes Holz den Pilz- und Insektenangriffen tunlichst zu entziehen, besteht darin, dasselbe möglichst schnell aus dem Walde zu entfernen. Doch ist diese Maßregel aus praktischen und wirtschaftlichen Gründen nicht immer durchführbar, auch wird ihr leider noch immer nicht die gebührende Aufmerksamkeit zu-

---

[1] Vgl. J. Liese, Eignet sich Holz aus Sommerfällung zur Imprägnierung?, Ztschr. Der Holzmarkt, 1933, Nr. 1.

gewendet. Auch durch Wasserlagerung des frisch gefällten Holzes oder durch Abdecken desselben mit genügend dicken Erdschichten läßt sich ein Schädlingsbefall vermeiden.

Ist man gezwungen, das geschlagene Holz zunächst vorübergehend im Walde zu lagern, so besteht die beste Vorbeugung gegen Pilzangriffe darin, daß man den Splint wassergesättigt hält, indem man dem Holz seinen natürlichen Schutz, die Rinde, beläßt und die Schnittflächen und sonstigen Wundstellen gegen das Eindringen von Pilzen durch Anstreichen mit einem geeigneten Antiseptikum schützt. Dabei ist allerdings zu berücksichtigen, daß im Winter geschlagenes Holz in berindetem Zustande durch die im Frühjahr schwärmenden verschiedenen Holzbohrkäfer befallen werden kann. Zwecks Vermeidung dieses in der Regel bedeutungslosen Befalles muß das im Walde lagernde Holz rechtzeitig entrindet werden. Um Schutzmittel zur Verhinderung des unter den in Rede stehenden Verhältnissen häufig auftretenden „Stockens" des Buchenrundholzes zu finden, wurde von Mayer-Wegelin eine größere Anzahl von Anstrichmitteln auf ihre Brauchbarkeit untersucht[1]. Über die in Auswertung dieser Untersuchungen im Jahre 1940 von der Regierung vorgeschlagenen Maßnahmen zur Bekämpfung des Buchenstockens vgl. Ztschr. Holz als Roh- und Werkstoff, 1940, Heft 4.

Bei der Sommerfällung von Laubhölzern ist es zweckmäßig, ihnen ihre Zweige und ihr Laub eine Zeitlang zu belassen. Die Blätter bilden dann eine große Verdunstungsfläche, so daß dem Stamm ein Teil seines Wassergehaltes entzogen und dadurch die Austrocknung beschleunigt wird. Bei der Fällung geschlossener Bestände oder größerer Holzmengen ist dieses Verfahren allerdings nicht durchführbar.

Manche Holzsortimente, z. B. Eisenbahnschwellen, werden zur Ersparung von Transportkosten oft schon im Walde bearbeitet. Derartig bearbeitetes Holz bietet naturgemäß den Pilzen eine unverhältnismäßig große Angriffsfläche dar und verlangt deshalb besondere Vorsichtsmaßregeln. Solche Hölzer sollten möglichst sofort nach ihrer Zurichtung aus dem Walde abgefahren werden. Ist dies nicht möglich, so muß bei ihrer Stapelung im Walde vor allen Dingen darauf geachtet werden, daß sie auf genügend hohen Unterlagen liegen und mit dem von Pilzmyzel und Sporen durchsetzten Humus und auch mit dem Pflanzenwuchs des Waldbodens nicht in Berührung kommen. Die Stapel müssen so aufgebaut sein, daß die Luft von allen Seiten durchziehen kann und das Holz rasch austrocknet. Ein zu rasches Austrocknen ist allerdings, z. B. bei Buchenholz, nicht erwünscht, weil letzteres bei zu schneller Austrocknung leicht reißt.

Bei der Behandlung des Holzes auf den Lagerplätzen außerhalb des Waldes sind, ebenso wie im Walde selbst, zwei Gesichtspunkte maßgebend: die Gefahr einer Infektion muß auf ein Mindestmaß beschränkt werden, und die Trocknung der zum Reißen neigenden Holzarten

---

[1] Vgl. H. Mayer-Wegelin, Die Bekämpfung der Buchenstockfäule, Ztschr. Sperrholz, Jahrg. 1932, Nr. 17/18, sowie H. Mayer-Wegelin und H. Gelinsky, Richtlinien zur Bekämpfung des Buchenstockens, Deutscher Holzanzeiger, Jahrg. 1937, Nr. 32.

(besonders Buche) muß derart erfolgen, daß die Bildung größerer Risse möglichst vermieden wird.

Wie der Waldboden, so bildet außerhalb des Waldes ein schlecht gehaltener Lagerplatz für das lagernde Holz eine stete Infektionsgefahr. Von den gras- und unkrautfrei zu haltenden Holzlager- und Stapelplätzen müssen deshalb die bei der Bearbeitung des Holzes anfallenden Rindenteile, Hau- und Sägespäne regelmäßig entfernt werden, eine früher nur selten und heute leider noch immer nicht genügend beachtete Maßnahme. Durchaus falsch ist es, solche Abfälle zur Auffüllung tiefliegender Lagerplätze zu benutzen.

Die Art und Form, in der die Stapel des rohen Holzes auf den Lagerplätzen aufgebaut werden, ist von Wichtigkeit und muß der Eigenart der einzelnen Holzarten und Sortimente angepaßt sein. Bei der Deutschen Reichsbahn und Reichspost bestanden aus diesem Grunde besondere Vorschriften für die Stapelung ihrer Hölzer, die auch heute noch Geltung haben.

Die bei Eisenbahnschwellen heute meist angewandte Stapelform sowie die Anordnung der Stapel auf den Lagerplätzen zeigt Abb. 151 (Stapelung nicht getränkter Hart- und Weichholzschwellen nach Vorschrift der Deutschen Reichsbahn). Zu der Zeichnung ist im einzelnen noch folgendes zu bemerken:

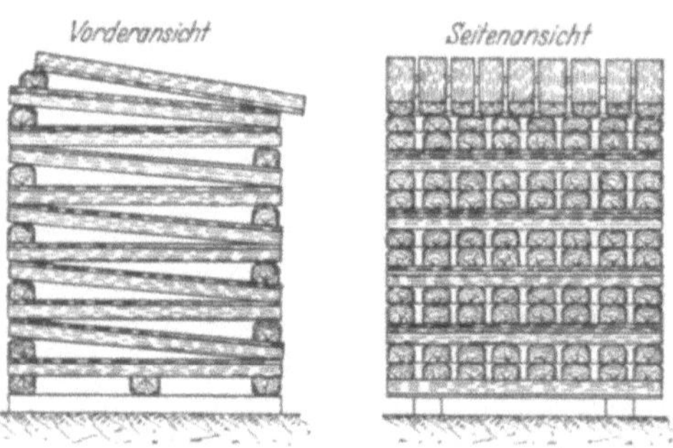

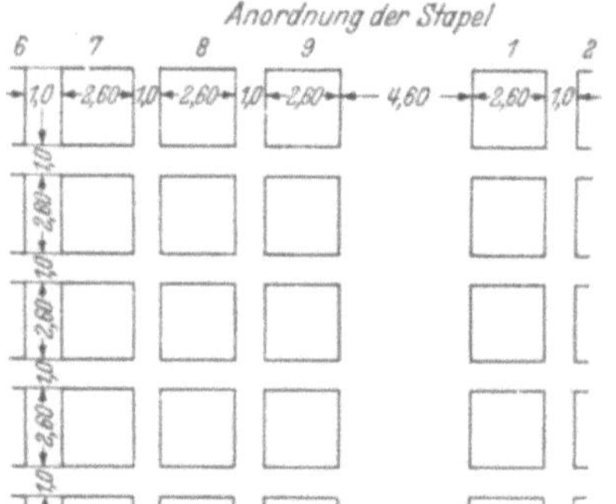

Abb. 151. Stapelung roher Eisenbahnschwellen nach Vorschrift der Deutschen Reichsbahn.

1. Der Lagerplatz soll wasserdurchlässigen Boden besitzen und eben sein, ohne Senken, in denen Regenwasser stehenbleiben kann. Er ist frei von Unkraut zu halten. Als Abdeckung eignet sich Kohlenschlacke besonders gut.

2. Als Unterlagen sind alte, noch gut erhaltene getränkte Holzschwellen zu verwenden, und zwar für Weichholzstapel möglichst Hartholz- und für Hartholzstapel möglichst Weichholzschwellen. Neuerdings werden für diesen Zweck Betonklötze bevorzugt.

3. Zu unterst sind 3 Schwellen in Kehrlage zu legen, dann stets 8 Stück und oben 9 möglichst gerade Schwellen in Kehrlage.

4. Die Stapel können auch höher sein als in der Zeichnung angegeben.

5. Besonderer Wert muß darauf gelegt werden, daß die 1 m breiten Luftkanäle zwischen den Stapelreihen in beiden Richtungen gerade über den ganzen Platz durchgeführt werden.

6. Die Vorderseite der Stapel ist in die vorherrschende Windrichtung zu legen.

7. Es empfiehlt sich, zunächst die Stapelreihen 1, 3, 5 usw. anzulegen und dann die Stapelreihen 2, 4 usw. auszufüllen. In gleicher Weise sind später die Schwellen zur Tränkung wegzunehmen.

8. Als Abschluß des Stapels kann statt der wasserabführenden oberen Schwellenlage eine Brettabdeckung verwendet werden.

Bei dem leicht zur Luftrißbildung neigenden Buchenholz läßt sich trotz aller Vorsichtsmaßregeln aber ein Reißen doch nicht verhindern bei Schwellen aus solchen Stämmen, die infolge von inneren Spannungen in besonderem Grad dazu neigen. Solche Schwellen müssen sofort, wenigstens einstweilig, gegen das Reißen gesichert werden. Man benutzt zu diesem Zweck S-förmig gebogene Klammern aus starkem Bandeisen (sog. S-Haken), die in die Hirnflächen eingeschlagen werden, oder eiserne Bolzen, die nahe den Hirnenden durch die Schwellen hindurchgezogen und durch Schraubenmuttern festgehalten werden. Von den österreichischen Bahnen wird zur Sicherung der Buchenschwellen gegen das Aufreißen die Mauthnersche Holzschraube verwendet. Als Vorteil dieser aus Buchenholz hergestellten Schraube wird der Umstand angesehen, daß sie sich dem Trockenschwund der Schwelle anpaßt und durchgehende Risse gar nicht erst aufkommen läßt. Die Schwelle muß aber in noch waldfrischem Zustande gesichert werden. Bei Vornahme der Sicherung bereits stärker gerissener Schwellen werden dieselben zunächst mittels einer transportablen Presse zusammengepreßt und sodann erst, z. B. mittels Bolzen, gesichert. Auch Bandeisen, welche man um die Kopfenden der gerissenen Schwellen nach dem Zusammenpressen der Schwellenköpfe legt, werden gelegentlich verwendet. Am besten läßt man die ungewöhnlich stark zum Reißen neigenden Schwellen ganz aufreißen und verwendet das Holz anderweitig[1].

Frisches Buchenholz in Stapeln ist gegen direkte Sonnenbestrahlung sehr empfindlich. Solche Buchenstapel werden daher entweder durch eine an sie gelehnte Wand von kiefernen Schwellen oder durch eine Reihe von Stapeln dieser Hölzer vor direkter Sonnenbestrahlung geschützt, wodurch gleichzeitig erreicht wird, daß die Hölzer langsamer austrocknen, ohne daß ihnen dabei die Luft abgesperrt wird.

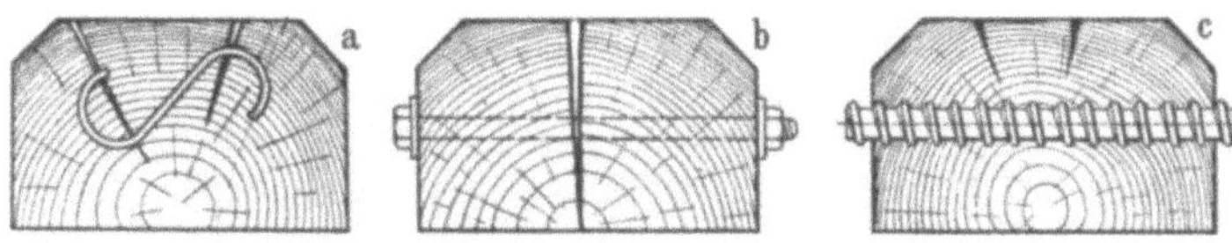

Abb. 152. Sicherung von rohen Buchenschwellen gegen das Aufreißen
a) mittels S-Haken, b) mittels Schraubenbolzen, c) mittels Holzschraube nach Mauthner.

Die fertig aufgebauten Stapel dürfen keineswegs sich selbst überlassen bleiben, da eine Infektionsgefahr auch für die gestapelten Hölzer besteht. Es ist deshalb unbedingt notwendig, daß die Stapel von Zeit zu

---

[1] Zu vorstehenden Ausführungen über die Behandlung der rohen Buchenschwellen vgl. auch die von der Fa. Kommanditgesellschaft Guido Rütgers, Wien, herausgegebene Broschüre: Die Buchenschwelle, 2. Aufl., 1935, S. 21 ff.

16 a*

Zeit daraufhin untersucht werden, ob sich Pilzbefall bemerkbar macht. Hierbei vorgefundene Pilzbildungen sind mit einem geeigneten antiseptischen Mittel, z. B. Teeröl oder Fluornatriumlösung, zu bestreichen, um eine Weiterverbreitung der Pilze möglichst zu verhindern. Bei Buchenholzstapeln ist das Augenmerk auch auf die Rißbildung zu richten. Wo Risse auftreten, ist durch einstweiliges Anbringen von S-Haken einem Weiterreißen der Hölzer zu begegnen.

Über die Oberflächenschutzbehandlung von Hölzern, welche längere Zeit in nicht imprägniertem Zustande auf den Lagerplätzen liegenbleiben müssen, siehe S. 206.

Bei geflößten Hölzern ist vor dem Stapeln darauf zu sehen, daß die zum Zusammenhalten der Flöße eingeschlagenen Nägel entfernt werden. Durch Unterlassung dieser Maßregel kann das Hantieren mit solchen Hölzern leicht Verletzungen der Arbeiter zur Folge haben; andererseits können die Nägel den Holzbearbeitungsmaschinen gefährlich werden. Der an geflößten Hölzern sitzende Schlamm und Schlick muß vor der Stapelung, möglichst noch im Wasser, abgewaschen werden. Läßt man ihn erst antrocknen, so bildet er oft eine dichte Schicht, die die Poren des Holzes verstopft und damit die Austrocknung sowie die spätere Imprägnierung erschwert.

C. Die künstliche Trocknung des Holzes.

Als Einleitung zu diesem Kapitel seien zunächst einige kurze Ausführungen über den Feuchtigkeitsgehalt des Holzes und seine Bedeutung für die Praxis gemacht.

Der Feuchtigkeitsgehalt des Holzes wird immer auf absolut trockenes (gedarrtes) Holz bezogen. Frisch geschlagenes Kiefernholz kann im Splint Feuchtigkeitsgehalte bis zu etwa 150% aufweisen. Diese Feuchtigkeit ist teils als freies Kapillarwasser in den Zellhohlräumen und teils als von der Zellwand gebundenes Wasser vorhanden. Beim Trocknen des Holzes verschwindet zunächst das in den Zellhohlräumen enthaltene Wasser. Ist gerade alles derartige Wasser verdunstet und nur noch das in der Zellwand gebundene vorhanden, die Zellwand also mit Wasser gesättigt, so ist die „Fasersättigungsfeuchtigkeit" des Holzes erreicht. Sie beträgt, bezogen auf das absolut trockene Holz, wie aus den Untersuchungen zahlreicher Holzarten hervorgeht, 28—30% (Fasersättigungsbereich). Je nach dem Aufbau des Holzes, d. h. der Masse der vorhandenen Zellwände, schwankt sie bei unseren einheimischen Hölzern innerhalb der genannten Grenzen. Maßgebend für das „Arbeiten" des Holzes ist der Wechsel in seinem Gehalt an gebundenem Wasser. Sinkt dieser, so schwindet das Holz, steigt er, so tritt umgekehrt Quellung ein. Das frei in den Zellhohlräumen vorhandene Wasser hat auf diese Volumenveränderung des Holzes keinen Einfluß; dagegen ist es für die Lebensfunktionen des Baumes von ausschlaggebender Bedeutung.

In den Handel kommt das Holz in verschieden feuchtem Zustand. Man unterscheidet öfters z. B. „wald-" und „lufttrockenes" Holz. Diese Bezeichnungen besagen aber nichts Bestimmtes hinsichtlich des Feuchtigkeitsgehaltes, denn je nach der Art der bereits im Walde erfolgten Aufarbeitung des Holzes sowie seiner Lagerung und Liegedauer nach der Fällung bzw. nach der Aufarbeitung, besitzt das waldtrockene Holz sehr verschiedenen Feuchtigkeitsgehalt. Ebenso ist der Feuchtigkeitsgehalt des lufttrockenen Holzes z. B. von der Art der Lagerung (im Freien oder unter Dach) sowie von dem verschiedenen Feuchtigkeitsgehalt der Luft abhängig. Nach Kollmann[1] schwankt der Feuchtigkeitsgehalt derartigen im Freien aufbewahrten Holzes unter den klimatischen Bedingungen Deutschlands zwischen 13 und 22 %. Für lufttrockenes Material wird ein Feuchtigkeitsgehalt von 15 % angenommen.

Nach DIN 4074 (Bauholz, Gütebedingungen) wird unterschieden:

frisches Bauholz	ohne Begrenzung der Feuchtigkeit,
halbtrockenes Bauholz	höchstens 30 % (35 %)[2] Feuchtigkeit, bezogen auf das Darrgewicht.
trockenes Bauholz	höchstens 20 % Feuchtigkeit, bezogen auf das Darrgewicht.

halbtrocken = verladetrocken
trocken   = lufttrocken } in früherem handelsüblichem Sinne.

Die Anforderungen an den Trockenheitsgrad des für die Schutzbehandlung vorgesehenen Holzes sind, wie bereits erwähnt, je nach dem Holzschutzverfahren, welches zur Anwendung gelangen soll, verschieden. Während für das Saftverdrängungs-(Boucherie-)Verfahren nur solche mit Rinde und Bast versehenen Stämme verwendet werden können, die noch den gesamten Zellsaft enthalten, genügt es für die Ausführung der auf Osmose bzw. Diffusion beruhenden Tränkverfahren, wenn das verwendete Holz genügend durchnäßt ist. Ob die Feuchtigkeit von dem im frisch geschlagenen Holz vorhandenen Zellsaft herrührt oder ob sie beispielsweise nach zunächst erfolgter Austrocknung des Holzes ihm erst nachträglich durch feuchte Lagerung wieder zugeführt worden ist, spielt in diesem Falle keine ausschlaggebende Rolle. Andererseits ist für die sachgemäße Durchführung der Kesseldrucktränkung, des Trogverfahrens (Einlagerung oder Tauchtränkung) und des Oberflächenschutzes (Anstrich- und Spritzbehandlung) normalerweise die Verwendung lufttrockenen Holzes vorgeschrieben. Hierbei ist im übrigen auch die Art des angewendeten Tränkstoffes von Bedeutung. So läßt sich z. B. Holz, welches nach der Fällung noch nicht ausgetrocknet ist, mit öligen Tränkstoffen im allgemeinen nur ungenügend durchtränken. Im Gegensatz dazu ist andererseits die Öltränkung nassen Holzes in befriedigender Weise aber auch dann möglich, wenn die Durchnässung nach zunächst erfolgter Lufttrocknung des Holzes nachträglich, z. B. durch besondere Lagerungsbedingungen oder starke Regenfälle, erfolgte. Selbst frisch aus dem Wasserlager kommende Hölzer — z. B. kieferne Rammpfähle — sind mit Teeröl einwandfrei zu durchtränken. Allerdings muß in diesen Fällen der eigentlichen Teeröltränkung die Entfernung eines erheblichen Teiles der Holzfeuchtigkeit vorangehen. Zwei besonders für die Tränkung nasser Hölzer mit Teeröl ausgearbeitete kombinierte Trock-

---

[1] Vgl. F. Kollmann, Technologie des Holzes, Berlin 1936, S. 35.
[2] Bei Hölzern mit Querschnitten über 200 cm².

nungs- und Tränkungsverfahren sind an anderer Stelle dieses Buches (S. 241 und S. 276/77) beschrieben. Störend bemerkbar macht sich die Nässe des Holzes auch bei dessen Volltränkung mit wässerigen Tränkstofflösungen im Kesseldruckverfahren, wo sie eine erhebliche Abnahme derjenigen Aufnahmen an Tränklösung bewirken kann, welche bei gleichartigem, lufttrockenem Holz erzielt werden. Bei Ausführung des Trogtränkverfahrens, welches im allgemeinen ohne die Anwendung von Über- oder Unterdruck arbeitet, sowie beim Anstrich- und Spritzverfahren, ist die Verwendung völlig lufttrockenen Holzes von besonderer Bedeutung, da in diesen Fällen eine möglichst vollständige Luftrißbildung für die Erzielung eines befriedigenden Fäulnisschutzes erforderlich ist.

Wie aus Vorstehendem ersichtlich, wird der weitaus größte Teil des zur Schutzbehandlung bestimmten Holzes zunächst einmal lufttrocken gemacht. Diese Maßnahme empfiehlt sich auch, wie schon bemerkt, wegen der für die Güte der Durchtränkung und für die Haltbarkeit der getränkten Hölzer in vielen Fällen wichtigen Luftrißbildung sowie mit Rücksicht auf wirtschaftliche, beim Transport des ungetränkten Holzes in Betracht kommende Gesichtspunkte.

Bei der Trocknung des zu tränkenden Holzes an der Luft wird die zum Verdampfen der Feuchtigkeit notwendige Wärme der Atmosphäre entnommen, so daß hierbei Kosten für besondere Trocknungsanlagen sowie für Heizmaterial nicht in Frage kommen und infolgedessen die Lufttrocknung in dieser Hinsicht die billigste ist. Die Trocknung an der Luft hat jedoch in manch anderer Beziehung Nachteile. Sie dauert monatelang und ihr Fortschreiten ist von den Witterungsverhältnissen abhängig; das Holz muß auf geräumigen Lagerplätzen sorgfältig gestapelt werden, und in manchen Fällen tritt trotz aller Sorgfalt ein Befall des Holzes durch Pilze oder Insekten ein. Diese Nachteile haben seit langem zu dem Bestreben geführt, auch die für die Imprägnierung bestimmten Hölzer in Trockenanlagen in möglichst kurzer Zeit künstlich zu trocknen. Die künstliche Trocknung hätte in erster Linie den Vorteil, daß die Gefahr einer Erkrankung des Holzes auf ein Mindestmaß beschränkt würde. Der Zinsverlust, der bei der monatelang dauernden Lufttrocknung eintritt, könnte vermieden werden, und die Haltung großer Lagerbestände wäre nicht in dem jetzt erforderlichen Umfange notwendig, was wiederum in wirtschaftlicher Hinsicht ein Vorteil wäre.

So wichtig eine glückliche Lösung der Frage der künstlichen Trocknung der für die Imprägnierung bestimmten Hölzer ist, so groß sind die Schwierigkeiten, die ihr bei Hölzern von stärkerem Querschnitt (also z. B. Schwellen, Leitungsmasten u. dgl.) entgegenstehen. Die Hauptanforderungen an ein für diesen Zweck brauchbares Trocknungsverfahren sind die Wirtschaftlichkeit des Betriebes und die Vermeidung jeder Schädigung der Qualität des Holzes durch ungeeignete Trocknungsbedingungen. Trotzdem es an Vorschlägen zur Ausführung der künstlichen Trocknung des für die Imprägnierung bestimmten Holzes nicht gemangelt hat, besteht heute noch keine Möglichkeit, eine rationelle

Trocknung dieser großen Holzmengen durchzuführen[1]. Wertvollere Hölzer mit schwächeren Querschnitten (z. B. die in der Tischlerei verwendeten Bretter u. dgl.) werden häufig in besonderen Anlagen künstlich getrocknet. Letztere bestehen aus Trockenkammern oder Trockenkanälen, in denen die Trocknung bei erhöhter Temperatur, im allgemeinen unter Anwendung eines Dampf-Luftgemisches, erfolgt. Hinsichtlich der Einrichtung und des Betriebes derartiger Holztrockenanlagen sei auf die hierüber vorliegende umfangreiche Fachliteratur hingewiesen[2].

Von den vielen sonstigen Vorschlägen zur Holztrocknung seien folgende erwähnt: Nach dem österreichischen Patent 75 481 von v. Stockert soll das Holz einige Zeit gedämpft und dann durch Rauchgase, die durch langsame Verbrennung von Holzabfällen erzeugt werden, geräuchert bzw. getrocknet werden. Das Verfahren der Deutschen Erdöl-Aktiengesellschaft und von F. Seidenschnur (D.R.P. 325 543/1917) stellt ebenfalls eine Kombination der künstlichen Trocknung und der Konservierung des Holzes dar. Die bei der Bearbeitung der Hölzer entstehenden Abfälle (Sägemehl, Borke usw.) sollen in einem Gaserzeuger verschwelt, und die Abhitze der Gase soll zum Trocknen der Hölzer verwendet werden. Der in dem Gaserzeuger gewonnene Teer bzw. die daraus erhältlichen Teeröle sollen dann bei der Imprägnierung des Holzes benutzt werden. Praktische Bedeutung hat, im Gegensatz zu den vorgenannten, das Verfahren von Besemfelder und Schilde[3] erhalten, bei dem das Holz durch Behandlung mit einem wasserabstoßenden Lösungsmittel, z. B. Trichloräthylen, getrocknet wird, wobei letzteres gleichzeitig das im Holz enthaltene Harz, Fett und Terpentinöl extrahiert[4].

Es ist ferner versucht worden, die Trocknung des Holzes durch Anwendung des elektrischen Stromes derart auszuführen, daß das zu trocknende Holz zwischen geeigneten Elektroden in einen Stromkreis eingeschaltet wird[5]. Die zur Verdampfung der Holzfeuchtigkeit erforderliche Wärme wird in diesem Fall durch den elektrischen Widerstand des Holzes erzeugt. Da nun das Holz in seinen verschiedenen Zonen verschiedenen Feuchtigkeitsgehalt aufweist, ist diese Art der Trocknung von vornherein als wenig aussichtsreich zu betrachten, denn die trockensten Zonen bieten den größten Widerstand und erhitzen sich infolgedessen am stärksten, während andererseits die feuchten Zonen den Strom besser leiten und sich daher weniger stark erwärmen. Das Verfahren ist bereits aus diesem Grunde als ungeeignet zu bezeichnen[6].

In neuerer Zeit ist auch versucht worden, die Trocknung des Holzes unter Verwendung elektrischer Hochfrequenzfelder — mittels elektri-

---

[1] Vgl. R. Schlüter, Trocknung von Bauholz, Mitteilungen des Fachausschusses für Holzfragen, Heft 30, Jahrg. 1941, S. 58—68.

[2] Vgl. z. B. F. Moll, Künstliche Holztrocknung, Berlin 1930; F. Kollmann, Künstliche Holztrocknung und Lagerung, Berlin 1932; P. Warlimont, Das künstliche Holztrocknen, Berlin 1929.

[3] Vgl. D.R.P. 261 240/1910.

[4] Vgl. E. Besemfelder, Chem. Ztg. 1916, S. 997, 1917, S. 258 und 1919, S. 4.

[5] Vgl. D.R.P. 256 633/1910 (Alcock & Co.).

[6] Vgl. F. Moll, Holztechn. Bd. 17, Heft 15, S. 229/230.

scher Kurzwellen — durchzuführen. In Deutschland sind wissenschaftliche Versuche dieser Art zuerst im Jahre 1931 vom damaligen Reichspostzentralamt zusammen mit der Telefunken-G. m. b. H. ausgeführt worden. Wenige Jahre später haben besonders die Siemens-Schuckertwerke versucht, dieses für manche Zwecke aussichtsreiche Verfahren praktisch verwendbar zu machen[1]. Die Trocknung im Hochfrequenzfeld unterscheidet sich von der sonst üblichen Wärmetrocknung grundsätzlich dadurch, daß bei ihr die ganze Masse des zu trocknenden Holzes gleichzeitig erwärmt wird. Infolge der an den Außenflächen stattfindenden Feuchtigkeitsverdunstung sind hier die Außenzonen des Trockengutes stets kühler als die Innenzonen, während im Gegensatz dazu bei der Heißluft-Wasserdampf-Trocknung die Erwärmung von außen nach innen fortschreitend erfolgt. Über die Verwendung des in Rede stehenden elektrischen Trockenverfahrens in der deutschen Industrie ist bisher nichts bekannt geworden[2].

Weiter sei noch ein neueres, namentlich für Bretter und Hölzer ähnlicher Abmessungen vorgeschlagenes Holztrockenverfahren erwähnt, welches ohne künstliche Wärmezufuhr arbeitet, nämlich die von G. Grau, Chemnitz, vorgeschlagene „Schaukeltrocknung"[3]. Wie schon aus dem Namen hervorgeht, werden bei ihrer Ausführung die zu trocknenden Hölzer auf eine Schaukel gestellt, welche z. B. elektrisch angetrieben wird. Durch die hierbei erfolgende ständige Erneuerung der die Holzoberfläche umspülenden Luft wird, wie zu erwarten, die Trockenzeit, verglichen mit derjenigen, welche für normal gestapeltes Holz benötigt wird, abgekürzt. Aus Untersuchungen von Egner[4] geht hervor, daß sich erhebliche Vorteile für das Schaukelverfahren — im Vergleich zur Stapeltrocknung — lediglich bei der Trocknung oberhalb des Fasersättigungspunktes ergeben.

Eine Beschleunigung und Verbesserung der Trocknung mancher Holzarten hat man auch durch Vorbehandlung des zu trocknenden Holzes mittels gewisser leicht diffundierender Chemikalien erreicht. Bereits das D.R.P. 29 324 von J. Koch und W. Herre aus dem Jahre 1883 bezieht sich auf ein Trocknungsverfahren, bei welchem die zu behandelnden Hölzer je nach Art und Abmessungen 10—20 Tage lang mit wasseranziehenden Stoffen, wie z. B. Kochsalz oder Calciumchlorid, umhüllt und dadurch getrocknet werden sollten. Andere Verfahren beruhen auf der Beobachtung, daß frisches, z. B. in eine gesättigte Kochsalzlösung

---

[1] Vgl. H. Voigt, O. Krischer u. H. Schauß, Sonderverfahren der Holztrocknung, Ztschr. Holz als Roh- und Werkstoff, 1940, Heft 11 sowie D.R.P. 677 457, 682 375, 688 458, 689 798 und 693 972, sämtlich von 1936.

[2] Über russische Versuchsarbeiten dieser Art berichtet z. B. ein Auszug aus einem Vortrag von S. Abramenko, Leningrad, Holztrocknung mit Hochfrequenzströmen, erschienen in der Ztschr. Holztechnik, Jahrg. 1935, Heft 10, sowie der Aufsatz von A. W. Netuschil u. B. A. Goldblatt, Trocknen von Holz mit Hilfe hochfrequenter Ströme, Ztschr. Elektritschestwo, 1948, Nr. 4 (russ.).

[3] Vgl. D.R.P. 674 644/1937.

[4] Vgl. K. Egner, Neuere Untersuchungen zur natürlichen Holztrocknung (Schaukeltrocknung), Ztschr. Holz als Roh- und Werkstoff, Jahrg. 1940, Heft 1.

für eine gewisse Zeit — einige Tage lang — eingelagertes Holz bei der anschließenden Lagerung an der Luft oder bei künstlicher Trocknung bei erhöhter Temperatur ohne Rißbildung, sowie schneller, austrocknet als ohne eine solche Vorbehandlung. An Stelle von Kochsalzlösung können auch genügend starke wässerige Lösungen anderer Stoffe, wie z. B. Ammoniumphosphat, Borax, Traubenzucker u. a. m., Verwendung finden. Das Holz trocknet in diesen Fällen unter der Einwirkung der durch Diffusion in den äußeren Holzschichten erzielten Einlagerung der genannten Stoffe von innen heraus, so daß die sonst so häufig störende Rißbildung vermieden wird. Außerdem wird die Dauer der Trockenzeit abgekürzt. Von Nachteil ist die durch die Salzeinlagerung in den Außenschichten eventuell bedingte Hygroskopizität sowie die bei Verwendung gewisser Stoffe — z. B. Kochsalz — bestehende Korrosionsgefahr für die metallischen Armierungsteile derartig behandelter Hölzer[1].

Als Vorbehandlung für die Imprägnierung ist die künstliche Trocknung des Holzes, wie schon gesagt, bisher nur wenig zur Anwendung gekommen, und es besteht leider zur Zeit auch keine Aussicht, daß in Deutschland in dieser Beziehung in nächster Zeit eine Änderung eintreten wird.

D. Die Bearbeitung des Holzes vor der Imprägnierung.

Vor der Imprägnierung hat selbstverständlich jede notwendige Bearbeitung der Hölzer zu erfolgen. Die Eisenbahnschwellen werden in der Regel entweder schon im Walde oder auf der Schneidemühle vollständig hergerichtet, d. h. sie erhalten schon dort ihre endgültige Form. Auf den Imprägnierwerken kommt bei nicht gesägten Schwellen noch die Hobelung, d. h. die Herstellung der Auflageflächen für die Unterlagsplatten, in Frage. Auch werden im allgemeinen, gleichzeitig mit der Hobelung, die Bohrlöcher zur Aufnahme der Schwellenschrauben in ein und demselben Arbeitsgang maschinell hergestellt. Die Ausführung der Hobelung und Bohrung vor der Imprägnierung ist wichtig, weil andernfalls (bei Bearbeitung nach erfolgter Imprägnierung) besonders bei den Nadelhölzern und der Eiche Teile des im allgemeinen nicht durchtränkten Kernholzes bloßgelegt werden, welche bei vorheriger Bearbeitung bis zu einer gewissen Tiefe durchtränkt werden. Abb. 153 läßt die Verbesserung der Durchtränkung einer Kiefernschwelle, welche bereits vor der Tränkung mit den zur Befestigung der Unterlagsplatten erforderlichen Bohrungen versehen wurde, deutlich erkennen. Gerade diejenigen Holzzonen, welche mit den Schrauben in Berührung kommen, sind besonders schutzbedürftig, da infolge der starken mechanischen Beanspruchung im Laufe der Gebrauchsdauer der Schwellen der feste Sitz der Schrauben doch mehr oder weniger gelockert wird, so daß erfahrungsgemäß gerade zwischen Schraubenkörper und angrenzender Holzwand die Infektion durch holzzerstörende Pilze, bei Nadelholzschwellen namentlich durch den Zähling, bei erst nach der Tränkung gebohrten Schwellen öfters

---

[1] Vgl. W. K. Loughborough, Chemical Treatment speeds Seasoning of large Items and avoids Degrade, Amer. Lumberman, 63, Nr. 3099, S. 66/67.

stattfindet. Das gleichzeitige Bohren sämtlicher Schraubenlöcher einer Schwelle auf der Tränkanstalt bietet gegenüber der Einzelbohrung am Verwendungsort den weiteren Vorteil größerer Genauigkeit und ermöglicht ferner die maschinelle Aufplattung, d. h. die Befestigung der eisernen Unterlagsplatten für die Schienen, vor der Verladung der getränkten Schwellen zum Verwendungsort. Schließlich ist die maschinelle Ausführung dieser Arbeiten auf dem Imprägnierwerk billiger als bei dem früheren Handbetrieb auf der Strecke.

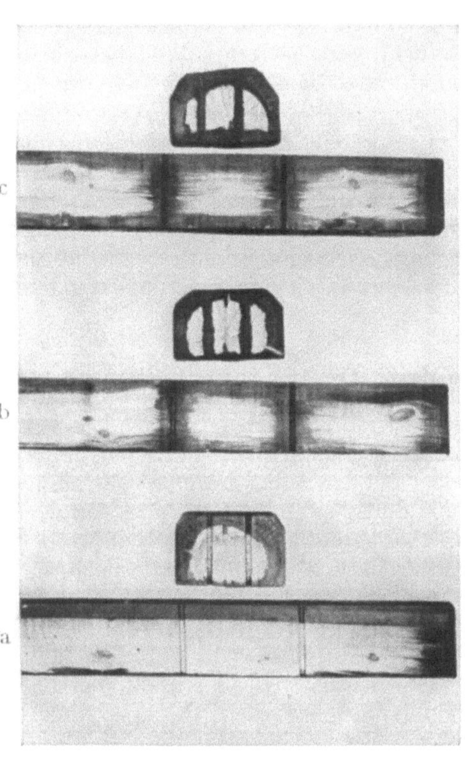

Abb. 153. Kiefernschwelle, getränkt mit Steinkohlenteeröl nach Reichsbahnvorschrift. a) gebohrt nach der Tränkung, b) gebohrt vor der Tränkung, c) gebohrt und angesägt vor der Tränkung.

Bei Telegraphenstangen, Leitungsmasten und allen übrigen Rundhölzern ist, sofern sie nicht nach dem Saftverdrängungsverfahren (Boucherie-Verfahren) behandelt werden sollen, vor Ausführung der Imprägnierung eine sorgfältige Entfernung des gesamten Bastes erforderlich derart, daß das Holz der letzten Jahrringe überall frei zutage liegt (Weißschälen der Hölzer). Diese Arbeit wird am zweckmäßigsten bewirkt, solange die Hölzer noch grün, d. h. von Saft erfüllt sind. In diesem Zustand ist die Entfernung des Bastes viel leichter zu bewerkstelligen als später nach dem Austrocknen. Das Beputzen der Äste sowie das Andachen und Ankegeln der Maste und Stangen wird gelegentlich des Weißschälens ausgeführt.

Bei kürzeren kiefernen Hölzern, z. B. Eisenbahnschwellen, die nur zweiseitig bearbeitet sind (sog. Sachsenschwellen) und im Kesseldruckverfahren getränkt werden sollen, ist die Weißschälung der Seitenflächen nicht unbedingt erforderlich, wenn die Schwellen bei Ausführung der Tränkung lufttrocken sind. Es genügt in diesem Falle eine grubenholzartige Schälung der Hölzer, d. h. die nur teilweise Entfernung des Bastes. Bei der Kesseldrucktränkung von Buchenholz spielt die völlige Entfernung der Bastschicht keine wesentliche Rolle für den Ausfall der Tränkung, denn bei dieser Holzart ist das radiale Eindringen der Tränkflüssigkeit während der Druckbehandlung nur unwesentlich. Der Zutritt erfolgt vielmehr fast ausschließlich durch die Querschnittflächen, auf deren saubere Beschaffenheit aus diesem Grunde ganz besonders zu achten ist.

Anschließend seien an dieser Stelle noch einige Verfahren erwähnt, mittels welcher schwer tränkbare Hölzer durch Perforation der äußeren Schichten oder durch die Anbringung von Sägeschnitten quer zur Faserrichtung für die eigentliche, meistens nach dem Kesseldruckverfahren auszuführende Tränkung vorbereitet werden. Zunächst sei hier das Stangenanstechverfahren von Haltenberger und Berdenich (D.R.P.

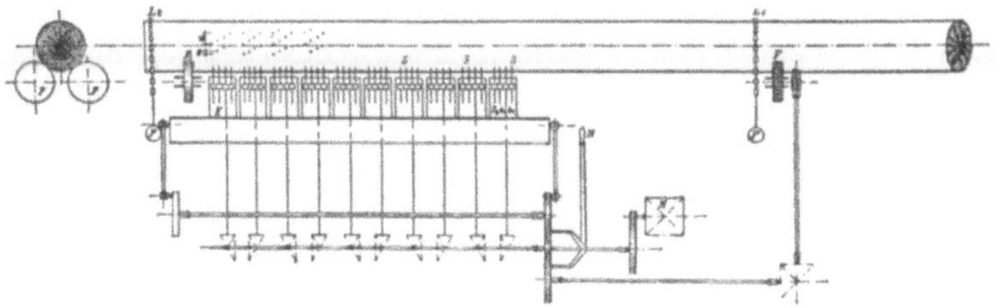

Abb. 154. Anstechmaschine von Haltenberger in schematischer Darstellung.

Abb. 155. Anstechmaschine von Haltenberger in Betrieb.

244 659/1910) genannt, welches dazu dient, Rundhölzer (z. B. Telegraphenstangen und Leitungsmaste) aus schwer durchtränkbaren Holzarten (z. B. Fichten- und Tannenholz) durch maschinelles Anstechen mittels rasch rotierender Stahlnadeln besonders in der Erd-Luftzone auf 20—25 mm Tiefe mechanisch so aufzuschließen, daß bei der folgenden Kesseldrucktränkung von diesen künstlich geschaffenen Kanälen aus die Verteilung der Tränkflüssigkeit und Durchtränkung der gesamten vorbehandelten Holzzone erfolgen kann. Die zur Erreichung dieser Wirkung erforderliche große Anzahl von Einstichen wird mittels einer Maschine erzeugt, von der die Abb. 154/155 eine schematische Darstellung sowie eine Ansicht zeigen. Die Einstiche sind in solchen Abständen voneinander vorgesehen, daß beim Eindringen der Tränkflüssigkeit eine geschlossene Zone getränkten Holzes erhalten wird. Wie gelegentlich der Einführung des Verfahrens festgestellt wurde, tritt eine Verminderung der Festigkeitseigenschaften der Maste durch das Anstechen nicht ein.

Da das Arbeiten der Maschine bei nicht gerade gewachsenen sowie nicht zylindrischen oder stark ästigen Masten zu Klagen Anlaß gab, ist das Verfahren in Deutschland nur verhältnismäßig kurze Zeit und auch nur in beschränktem Maße angewendet worden. Heute wird es, soweit bekannt, nur noch von der ungarischen Postverwaltung benutzt.

Eine im Prinzip ähnliche Vorrichtung zum Anstechen der besonders durch Pilzbefall gefährdeten Zonen der Schienenauflager von Eisenbahnschwellen wurde 1913 von M. Rüping vorgeschlagen (DRP. 281793/1913 und DRP. 282359/1914). Bei dieser Anstechmaschine rotieren aber die Nadeln während des Einführens in das Holz nicht, sondern werden einfach unter starkem Druck in das Holz gepreßt. Durch eine besondere Führung der Nadeln wird einem Verbiegen derselben während des Einpressens vorgebeugt. Auch die Verwendung von meißelartigen Messern an Stelle der Nadeln, welche derart in das Holz gepreßt werden, daß die Schneide in der Faserrichtung liegt, wurde von Rüping vorgesehen. Das Verfahren hat in Deutschland keine praktische Bedeutung erlangt.

Schließlich muß hier auch noch das namentlich in den USA sowie in England in erheblichem Umfange zur Behandlung von Schnitt- und Rundhölzern aller Art aus schwer durchtränkbaren Holzarten — besonders Douglasie und Ceder — angewendete Einschnittverfahren — der Incising-Process — genannt werden. Die Einschnittwerkzeuge haben in diesem Falle die Form von Meißeln oder Messern und stechen das Holz im allgemeinen 10—20 mm tief an. Sie werden mittels besonderer Maschinen stets so in das Holz eingeführt, daß ihre Schneide parallel zur Faserrichtung angreift. Die Abstände der einzelnen Einstiche müssen, ebenso wie bei den bereits besprochenen Verfahren, natürlich so gewählt werden, daß die einzelnen Tränkungszonen bei der anschließenden Imprägnierung eine ununterbrochene Schicht getränkten Holzes entstehen lassen. Die Tränkung der auf diese Weise vorbereiteten Hölzer erfolgt entweder nach dem Kesseldruck- oder dem Einlagerungsverfahren[1].

Mit Rücksicht auf die umfangreichen Zerstörungen des Kernholzes mit Teeröl imprägnierter kieferner Eisenbahnschwellen durch den Zähling (Lentinus squamosus), welche vor etwa 25 Jahren erstmalig, besonders in Nordostdeutschland, beobachtet wurden (s. S. 97), und durch welche die Liegedauer der Schwellen oft in hohem Maße beeinträchtigt wurde, entschloß sich die Deutsche Reichsbahn seinerzeit, einen Teil derjenigen Schwellen, bei denen das normalerweise fast völlig undurchtränkbare Kernholz an der Schwellenunterseite frei zutage lag („zweistielige" Schwellen), nach Vorschlag der Rütgerswerke-Aktiengesellschaft[2] derart mechanisch vorbehandeln zu lassen, daß bei Ausführung der Kesseldruckimprägnierung eine Durchtränkung der untersten Kernholzschicht von etwa 30 mm Dicke erreicht wurde. Infolge des großen

---

[1] Vgl. G. M. Hunt und G. A. Garratt, Wood Preservation, New York-London 1938, S. 157 ff., sowie J. Bryan, Preliminary Report on the Creosoting of Douglas Fir Sleepers, Forest Products Research Laboratory, Princes Risborough, 1930.
[2] Vgl. DRP. 509303/1928.

Widerstandes, welchen gesundes Kiefernkernholz der Durchtränkung entgegensetzt, war die Lösung des Problems schwierig. Ein befriedigendes Resultat wurde mit Hilfe einer für diesen Zweck konstruierten Maschine erreicht, die nicht mit nadel- oder messerartigen Stech- oder Bohrwerkzeugen, sondern mit kleinen Kreissägen arbeitet, welche, in den erforderlichen Abständen auf Stahlwellen befestigt, Einschnitte quer zur Faser-

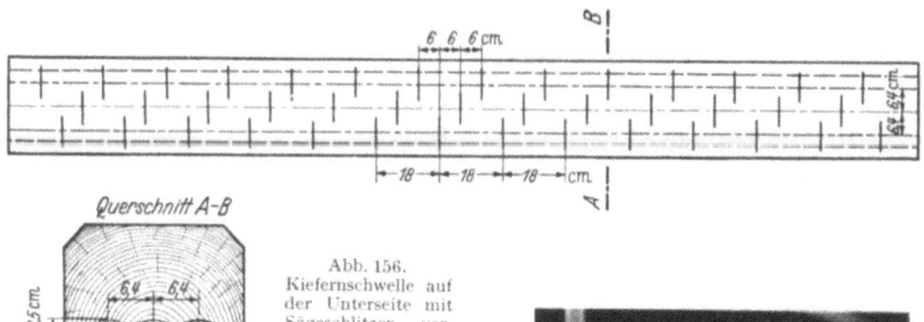

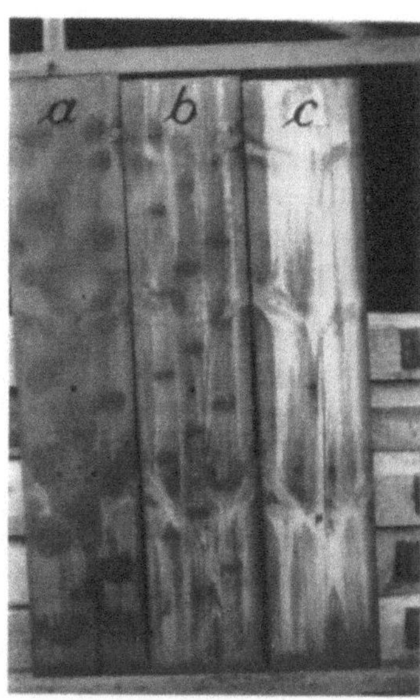

Abb. 156. Kiefernschwelle auf der Unterseite mit Sägeschlitzen versehen.

richtung herstellen und die gleichzeitige Bearbeitung der gesamten unteren Schwellenfläche gestatten (vgl. Abbildung 156). Werden die Schwellen außerdem bereits vor der Tränkung mit den Bohrlöchern für die Schwellenschrauben versehen, so gelingt es, die Einwanderung des Zählings in die Schwellen während ihrer Liegedauer praktisch unmöglich zu machen. Über die Durchtränkung der untersten Kernholzschichten einer derart vorbehandelten, mit Teeröl nach dem Rüping-Verfahren getränkten Kiefernschwelle gibt die Abb. 157 Aufschluß. Erwähnt sei noch, daß eine Beeinträchtigung der Festigkeitseigenschaften der angesägten Schwellen unter

Abb. 157. Kernholzdurchtränkung bei einer angesägten Kiefernschwelle. a) in 10 mm Tiefe, b) in 20 mm Tiefe, c) in 30 mm Tiefe.

den betrieblichen Beanspruchungen nicht festzustellen war. Diese Vorbehandlung der Kiefernschwellen ist nur vorübergehend ausgeführt worden, da sich zeigte, daß bereits durch die Bohrung der Schwellen vor Ausführung der Tränkung ein ausreichender Schutz der Schwellen vor dem Befall durch den Zähling erreicht wurde.

Über eine Hilfsmaßnahme zur Verbesserung der Durchtränkung erstickter Buchenschwellen durch Herstellung von Bohrlöchern in Schwellenmitte s. S. 264/65.

Zwecks Erzielung einer besseren und leichteren Durchtränkung von Telegraphenstangen, Leitungsmasten und dergleichen Hölzern hat man schließlich deren Aufspaltung vom Stammende bis nahe zum Zopfende vor Ausführung der Tränkung vorgeschlagen[1]. Demselben Zweck dient der Vorschlag des Westpreußischen Überlandwerkes G.m.b.H., Marienwerder (Westpr.)[2], die Masten u. dgl. nach dem Schälen an dem über dem Erdboden befindlichen Teil mit Längsschlitzen zu versehen. Soweit bekannt, haben diese Vorschläge eine praktische Bedeutung nicht erlangt.

3. Der Zustand der Hölzer bei Ausführung der Imprägnierung und die Bestimmungen über ihre Abnahme.

Die zu imprägnierenden Hölzer sollen sich in gesundem Zustande befinden und müssen, wie bereits erwähnt, bei den meisten der heute gebräuchlichen Tränkungsverfahren lufttrocken sein[3]. Gelangen die für die Kesseldrucktränkung bestimmten Hölzer in noch nicht lufttrockenem Zustande in die Tränkanstalt, so müssen sie vor der Imprägnierung so lange lagern, bis sie den nötigen Trockenheitsgrad erreicht haben und sich in tränkreifem Zustande befinden[4]. Die Raumgewichte, welche die hauptsächlichsten für die Imprägnierung in Frage kommenden Holzarten in diesem Fall besitzen, liegen erfahrungsgemäß innerhalb folgender Grenzen:

Fichte (Tanne)	400—550 kg/m³	Rotbuche	650—800 kg/m³
Kiefer	475—600 kg/m³	Eiche	700—900 kg/m³
Lärche	500—650 kg/m³		

Der Gesundheitszustand der zu tränkenden Hölzer ist, namentlich bei Verwendung öliger Tränkstoffe, von großem Einfluß auf das Zustandekommen einer guten Imprägnierung. Leicht erkrankte sowie angeblaute oder nur in schmalen Zonen stärker verblaute Hölzer können im allgemeinen bei Anwendung der für gesundes Holz vorgeschriebenen Tränkungsbedingungen sowohl mit wässerigen Tränkflüssigkeiten als auch mit Imprägnierölen noch befriedigend durchtränkt werden. Ist dagegen der Grad der Erkrankung oder Verblauung über ein gewisses Maß hinaus vorgeschritten, so zeigt sich bezüglich der Güte der erzielten Durchtränkung ein Unterschied zwischen den verschiedenen Tränkstoffen, denn die Imprägnieröle dringen nur schwierig in derart erkrankte oder verblaute Holzteile ein. Es bedarf besonders wirksamer Tränkungsbedingungen sowie erhöhter Imprägnierölaufnahmen, um auch solche Hölzer befriedigend durchtränken zu können. Erst wenn die Erkrankung so weit vorgeschritten ist, daß der Zusammenhang der Fasern gelockert ist, kann das Gegenteil eintreten, indem diese Holzteile das angewendete Imprägnieröl in höherem Maße als gesundes Holz aufnehmen. Anders

---

[1] Vgl. D.R.P. 680678/1936 (T. Brockmann).
[2] Deutsche Patentanm. W 88393/1932.
[3] Näheres hierüber siehe bei der Beschreibung der einzelnen Verfahren.
[4] Über die doch mitunter notwendig werdende Tränkung noch nasser Hölzer mit Teeröl s. S. 258 und 276/77,

verhalten sich die wässerigen Lösungen der verschiedenen Imprägnier-stoffe, soweit letztere nicht durch die Holzfaser fixiert werden[1], indem sie auch in solchen Fällen eine Durchtränkung kranker oder verblauter Splintteile ermöglichen, welche durch ölige Stoffe nur schwierig durch-tränkt werden können.

Von dem Kiefernholz, das bei der Fällung gesund war und erst nach-träglich vom Bläuepilz befallen wurde, muß man solche Hölzer unter-scheiden, welche bereits auf dem Stamm abgestorben sind (Dürrständer) und von dem Bläuepilz schon auf dem Stamm befallen waren. Letztere sind wegen der gleichzeitigen Anwesenheit echter holzzerstörender Pilze minderwertig und kommen für eine Imprägnierung nicht in Betracht.

Die Durchtränkbarkeit von Buchenhölzern wird vor allem durch das sogenannte Ersticken des Rotbuchenholzes beeinträchtigt, welches sich sowohl bei der Verwendung von Imprägnierölen als auch von wässerigen Tränkflüssigkeiten störend bemerkbar macht. Es wird, wie bereits im Kapitel I (S. 25) ausführlich geschildert, hervorgerufen durch die Bil-dung kleiner Füllzellen (sogenannter Thyllen) in den Wasserleitungs-bahnen des Holzes, welche namentlich bei längerer Lagerung der ge-fällten, unaufgearbeiteten Stämme in der Rinde während der warmen Jahreszeit in stärkerem Umfange erfolgt. Da diese aus Holzgummi be-stehenden Füllzellen für wässerige und ölige Tränkflüssigkeiten undurch-lässig sind, wird je nach dem Ausmaß der eingetretenen Erstickung des Holzes dessen Durchtränkung mehr oder weniger beeinträchtigt. Die Thyllenbildung des Rotbuchenholzes läßt sich auch bei schneller Auf-arbeitung und günstigen Trocknungsbedingungen kaum völlig vermeiden. Bei sachgemäßer Behandlung des gefällten Holzes tritt sie aber nicht in einem die Güte der Imprägnierung ungünstig beeinflussenden Maße auf. Läßt man aber das Buchenholz längere Zeit während der wärmeren Jahreszeit in der Rinde liegen, so nimmt die Thyllenbildung einen der-artigen Umfang an, daß die Durchtränkung derartig erstickten Holzes praktisch unmöglich wird. Es ist daher bei der Aufarbeitung von Rot-buchenholz, welches später der Imprägnierung zugeführt werden soll, unbedingt zu beachten, daß eine stärkere Thyllenbildung im Holz ver-mieden wird. Dies ist, wie gesagt, zu erreichen durch baldige Entrindung und Aufarbeitung der möglichst im Winter gefällten Stämme[2].

Schwierig ist die Erkennung von Fehlern bei frisch geflößtem Holz. Solche Hölzer sind oft derart mit Schlamm und Schlick bedeckt, daß vorhandene Schäden nicht zu erkennen sind. Es empfiehlt sich, frisch geflößte Hölzer nur unter Vorbehalt abzunehmen und die endgültige Abnahme erst dann folgen zu lassen, wenn das Holz einigermaßen ge-trocknet ist.

Die letzten Lieferungsbedingungen der ehemaligen Deutschen Reichs-bahn für Holzschwellen vom Jahre 1939, welche auch heute noch bei der Deutschen Bundesbahn gelten, lauten in den wichtigsten Punkten folgendermaßen:

---

[1] Über Fixierung von Imprägnierstoffen s. S. 211 und 218.

[2] Vgl. H. Broese van Groenou, De Creosoteering van Beukenhout en de Faktoren, die daarop Invloed uitoefenen, Dissertation, Delft 1938.

17*

Das Holz soll in den Wintermonaten, d. h. jedenfalls nach Beendigung und vor Beginn des Saftflusses, gefällt sein. Zwischen Fällung und Anlieferung dürfen bei Kiefern-, Lärchen- und Eichenschwellen längstens 14 Monate, bei Buchenschwellen längstens 8 Monate verflossen sein.

Die Schwellen müssen aus gesundem Holz bestehen und frei von Pilzbildungen sein. Schwellen mit Bohrgängen holzzerstörender Insekten, faulen Astlöchern oder überwallten Aststümpfen sowie aus stark drehwüchsigem Holz, insbesondere aber Schwellen aus abgestorbenem Holz werden nicht abgenommen.

Leicht angeblaute, aber sonst vollkommen gesunde Kiefernschwellen können abgenommen werden. Dagegen werden verblaute Kiefernschwellen, bei denen das Splintholz in solchem Umfange vom Blaupilz befallen ist, daß keine ordnungsmäßige Durchtränkung der Schwellen mehr möglich ist, zurückgewiesen.

Buchenschwellen mit rotem Kern werden abgenommen, wenn er sich nicht an der oberen Auflagefläche der Schwellen befindet, festes Gefüge hat, keine Zersetzungserscheinungen aufweist und höchstens $\frac{1}{3}$ des Schwellenquerschnittes einnimmt. Schwellen mit braunem oder grauem Faulkern werden zurückgewiesen.

Die Schwellen sind frei von Rinde (Borke) und Bast anzuliefern. Sie können von Hand bearbeitet (gebeilt) oder mit der Säge geschnitten sein.

Sobald einzelne Schwellen, namentlich buchene, zu reißen beginnen, ist der Lieferer verpflichtet, diese Schwellen dicht zusammenzupressen und gegen weiteres Aufreißen zu sichern. Hierzu sind eiserne Sicherungsbolzen, S-Haken aus Bandeisen mit keilförmigem Querschnitt oder auch Bandeisen, die um den ganzen Schwellenkopf zu legen sind, zu verwenden. Buchenschwellen mit Rißbildungen, welche die Haltbarkeit der Schwellen in Frage stellen, werden nicht abgenommen.

Zu diesen Lieferungsbedingungen sei bemerkt, daß sie im Hinblick auf die seit längerer Zeit bestehende Schwellenknappheit in verschiedenen Punkten vorübergehend eine Milderung erfahren hatten, so z. B. bezüglich der Verblauung der Kiefernschwellen und des Rotkerngehaltes der Buchenschwellen. Infolge der im letzten Jahrzehnt stark gestiegenen Nachfrage nach Buchenholz war es, besonders während der Kriegsjahre, nicht möglich, ohne erhebliche Einschränkung der Buchenschwellenerzeugung der obigen Vorschrift über den Rotkerngehalt der Schwellen weiterhin zu entsprechen. Die Reichsbahn ordnete daher im Jahre 1942 unter Berücksichtigung der in Versuchsstrecken festgestellten, im allgemeinen guten Dauerhaftigkeit des gesunden Rotkernes an, daß rotkernige Buchenschwellen, zunächst für die Dauer des Krieges, ohne Rücksicht auf Größe und Lage des Rotkernes abgenommen werden sollten, sofern sich der Rotkern in gesundem Zustand befand. Seitens der Deutschen Bundesbahn ist diese Milderung der obigen Lieferungsbedingungen inzwischen aber wiederaufgehoben worden.

In den Lieferungsbedingungen der früheren Deutschen Reichspost sind über die Beschaffenheit der zu tränkenden Telegraphenstangen folgende Bestimmungen enthalten:

Zur Herstellung von Stangen sind nur die folgenden Holzarten zugelassen: Kiefer, Lärche, Fichte, Tanne.

Jede Stange muß aus einem geraden, vollkommen gesunden und sonst geeigneten Stammende einer der bezeichneten Holzarten bestehen.

Nicht abgenommen werden Stangen mit Fäulniserscheinungen jeder Art, Stangen mit Bohrgängen und Fluglöchern von Insekten (sogenannte wurmstichige Hölzer), Stangen mit Astlöchern und anderen Mängeln, die ihre

Haltbarkeit und Verwendung beeinträchtigen. Leicht angeblaute, aber sonst vollkommen gesunde Stangen können abgenommen werden, nicht aber Stangen, die so verblaut sind, daß die ordnungsmäßige Durchtränkung des Splintholzes im gewöhnlichen Tränkungsverfahren nicht mehr erreicht werden würde. Stark drehwüchsige Stangen werden ebenfalls zurückgewiesen.

Die Stangen müssen von Rinde und Bast einschl. der äußeren Jahrringe befreit sein, die Aststellen müssen geglättet sein.

Die Stangen müssen aus der der Lieferung unmittelbar vorausgegangenen Winterfällung herrühren. Abweichungen bedürfen besonderer Vereinbarung.

Die 1949 vom Fernmeldetechnischen Zentralamt der Deutschen Post in Bad Salzuflen herausgegebenen besonderen Vertragsbedingungen für die Lieferung von Leitungsmasten aus Holz beziehen sich bezüglich der an die Maste zu stellenden Anforderungen auf das Normblatt DIN 48350. Die dort gestellten Forderungen hinsichtlich der Beschaffenheit der Maste entsprechen im allgemeinen denjenigen der früheren Reichspost. Außer Kiefer, Lärche, Fichte und Tanne darf jetzt aber auch Douglastanne geliefert werden.

Die Lieferbedingungen der Postverwaltung in der sowjetischen Besatzungszone, welche 1949 herausgegeben wurden, weichen ebenfalls kaum von den alten Reichspostbedingungen ab. In ihnen ist aber keine Einschränkung mit Bezug auf drehwüchsige Stangen vorhanden.

Es kann nicht scharf genug betont werden, welchen maßgebenden Einfluß der Zustand der Hölzer bei Ausführung der Imprägnierung auf die Güte der letzteren und damit auf die Gebrauchsdauer der imprägnierten Hölzer hat. Es gibt heute Imprägnierverfahren, welche die Verlängerung der Gebrauchsdauer der rohen Hölzer um ein Mehrfaches unbedingt gewährleisten, wenn sie in gesundem Zustande sachgemäß imprägniert werden. Stark erkrankte Hölzer können aber in der Regel nach keinem Verfahren und mit keinem Imprägnierungsmittel mit derartigem Erfolg behandelt werden und lohnen häufig nicht die Aufwendung der durch die Imprägnierung bedingten Kosten. Bei der großen Holzknappheit, welche heute in vielen Ländern herrscht, wird es sich gar nicht vermeiden lassen, mitunter auch Hölzer zu imprägnieren, welche den in den obigen Abnahmebedingungen gestellten Anforderungen aus dem einen oder anderen Grunde nicht entsprechen. In solchen Fällen sollte man stets des vorstehend Gesagten eingedenk sein und bei Ausführung der Tränkung derartiger Hölzer ihren Zustand gebührend berücksichtigen.

II. Holzschutzverfahren.

Die vorstehend geschilderten Maßnahmen bezwecken einerseits das rohe Holz bis zum Zeitpunkt der Schutzbehandlung gesund zu erhalten, sowie es andererseits in den für die meisten Verfahren erforderlichen lufttrockenen Zustand überzuführen. Sie bewirken eine gewisse Erhöhung der Widerstandsfähigkeit des Holzes namentlich gegen die Angriffe holzzerstörender Pilze; als befriedigend geschützt können jedoch die Hölzer erst nach Ausführung der eigentlichen Schutzbehandlung angesehen werden.

Die hierfür verwendeten, im folgenden zu behandelnden Verfahren sollen der Übersichtlichkeit halber in vier Gruppen eingeteilt werden:

1. Auslaugung der Zellinhaltsstoffe durch Wasser oder Wasserdampf;

2. Erzeugung zumeist ungiftiger Schutzschichten auf der Holzoberfläche, die das Holz von der Außenluft bzw. vom umgebenden Erdboden abschließen und so den Zutritt von Feuchtigkeit sowie Keimen der Holzzerstörer verhindern sollen;

3. Einführung von Schutzstoffen in die durchtränkbaren Teile des Holzes;

4. verschiedene andere Verfahren.

Diese Gruppeneinteilung gestattet im allgemeinen eine gute Übersicht, doch werden gewisse Verfahren, was ihre Wirkungsweise anbelangt, ebensogut in der einen wie in der anderen Klasse untergebracht werden können. In solchen Fällen ist das Verfahren derjenigen Gruppe zugewiesen, der es seinem Grundgedanken nach am nächsten steht.

1. Auslaugung der Zellinhaltsstoffe durch Wasser oder Wasserdampf.

A. Auslaugung durch Wasser.

In früheren Jahrzehnten war man der Ansicht, daß der Zellsaft des Holzes, oder nach seiner Austrocknung die in ihm gelöst gewesenen, nunmehr auf den Zellwänden abgelagerten Bestandteile, die sogenannten Zellinhaltsstoffe, für den Pilzbefall des Holzes von ausschlaggebender Bedeutung seien. Diese Ansicht trifft nicht zu. Wenngleich die echten holzzerstörenden Pilze zunächst besonders häufig die ursprünglich mit lebendem Bildungsstoff (Plasma und Zellkern) sowie mit Stoffwechselprodukten des Plasmas gefüllten Parenchymzellen durchwachsen und in den nur Luft und Wasser führenden Zellen nur spärlicher vorkommen, so wissen wir heute, daß die genannten Pilze auch dann den Abbau der Holzsubstanz bewirken können, wenn dieselbe frei von den genannten Zellinhaltsstoffen ist. Demgegenüber leben die Bläue- und Schimmelpilze ausschließlich von dem Inhalt der Parenchymzellen, sie vermögen nicht die Zellwände anzugreifen. Holz, aus welchem die parenchymatischen Zellinhaltsstoffe, z. B. durch Wasserlagerung, ausgelaugt wurden, ist gegen diese Pilze geschützt. Es läßt sich also durch die Auslaugung des Holzes, wie sie beispielsweise beim Flößen sowie bei längerer Lagerung in fließendem Wasser mehr oder weniger gründlich eintritt, ein Schutz gegen die echten holzzerstörenden Pilze nicht erreichen. Durch die genannte Maßnahme gelingt es bestenfalls, das Verblauen und Verschimmeln des Holzes zu vermeiden. Solange das Holz noch mit Wasser gesättigt ist, kann allerdings keinerlei Angriff durch Holzpilze eintreten; ist aber infolge der einsetzenden Austrocknung der Wassergehalt des Holzes unter eine gewisse Grenze gesunken, so kann die Zerstörung nach erfolgter Infektion in demselben Maße erfolgen wie bei nicht ausgelaugtem Material. Ein durch die Auslaugung der Zellinhaltsstoffe bedingter Vorteil ist jedoch darin zu sehen, daß das ausgelaugte Holz die unangenehme Eigenschaft des „Arbeitens" nicht mehr in dem Maße besitzt wie gleichartiges, nicht ausgelaugtes Holz.

Nach vorstehendem ist die gelegentlich immer wieder auftauchende Behauptung, daß Floßholz gegen holzzerstörende Pilze widerstandsfähiger sei als gleichartiges, nicht geflößtes Holz, unzutreffend; sie ist z. B. auch durch Untersuchungen von Liese[1] experimentell widerlegt worden.

Auch durch die Behandlung des Holzes mit heißem Wasser — Kochen des Holzes — ist eine grundsätzlich andere Wirkung nicht zu erreichen. Die Entfernung der Zellinhaltsstoffe geht zwar in diesem Falle schneller vonstatten, jedoch ist es auch bei dieser Art der Behandlung im allgemeinen nicht möglich, sie vollständig zu entfernen. Bei länger andauernder Erhitzung, oder bei Einwirkung über 100° C heißen Wassers, kann zudem eine Schädigung des Holzes eintreten[2].

Kleinere Holzstücke, wie sie z. B. in der Tischlerei oder in der Parkettfußbodenfabrikation Verwendung finden, werden in manchen Fällen in Wasser gekocht, um das nachträgliche Reißen und Arbeiten des Holzes zu vermeiden. Durch diese Behandlung, die infolge der ziemlich hohen Kosten nur bei wertvolleren Hölzern Anwendung findet, wird zwar eine gewisse Veredlung, aber keine Konservierung des Holzes erreicht.

B. Auslaugung durch Wasserdampf (Dämpfen des Holzes).

Auch durch die Behandlung mit Wasserdampf hat man versucht, das Holz auszulaugen, d. h. die Zellinhaltsstoffe zu entfernen. Außerdem hoffte man eine Abtötung der etwa im Holz bereits vorhandenen Schädlinge und unter Umständen auch eine Beschleunigung der Trocknung des Holzes durch diese Behandlungsweise zu erreichen. Die genannten Wirkungen der Behandlung des Holzes mit Wasserdampf lassen sich aber durchaus nicht in allen Fällen in dem gewünschten Maße erzielen. Die Tiefe der Einwirkung des Wasserdampfes hängt von verschiedenen Faktoren ab, z. B. von der Dampfspannung sowie der Behandlungszeit, von dem Trockenheitszustand des Holzes, seinen Abmessungen usw. Je nach den vorliegenden Umständen wird das Ergebnis der Dämpfung recht verschieden sein können. Daß die früher zuweilen gemachte Annahme, das Holz könnte durch Dämpfen und anschließendes Trocknen dauerhafter gemacht werden, falsch ist, steht seit langem fest. Wenn das Dämpfen des Holzes auch heute noch ausgeführt wird, so geschieht das zu anderen Zwecken, nämlich entweder um die physikalischen Eigenschaften gewisser, besonderen Zwecken dienender Hölzer (z. B. Möbelholz) zu beeinflussen, oder aber um das Holz in einzelnen Fällen für das eigentliche Konservierungsverfahren vorzubereiten. Auf die Anwendung des Dämpfens als Vorbereitungsmaßregel für die Konservierung wird bei der Beschreibung der betreffenden Tränkverfahren eingegangen werden.

Die Ausführung des Dämpfens erfolgt in der Weise, daß man gesättigten Dampf von geeigneter Spannung in einem geschlossenen Kessel oder einer besonderen Dämpfkammer längere Zeit auf das Holz einwirken läßt. Bei der Einleitung des Dampfes öffnet man das Entlüftungsventil

---

[1] Vgl. J. Liese, Holzschutz durch Auslaugung, Forstarch. Bd. 5, 1929, S. 424/25.

[2] Vgl. C. G. Schwalbe in Mahlke-Troschel, 2. Aufl., S. 28/29.

17a*

des Dämpfapparates und schließt dasselbe erst, wenn die Luft aus dem Gefäß verdrängt ist. Am Boden des Behälters sammelt sich das Kondenswasser an, welches Stoffe enthält, die durch die Einwirkung des Dampfes aus dem Holz entfernt wurden. Diese Flüssigkeit wird von Zeit zu Zeit abgelassen. Die Temperatur des Dampfes soll tunlichst 110° C nicht überschreiten, da sonst die Festigkeitseigenschaften des Holzes ungünstig beeinflußt werden können. Die Dauer des Dämpfens hängt von der Art und den Abmessungen der Hölzer, von ihrem Feuchtigkeitsgrad und der Temperatur des Dampfes ab. Bezüglich der bei dem Dämpfen benutzten Vorrichtungen und der Ausführung des Verfahrens selbst sei auf die hierüber bestehende Fachliteratur hingewiesen. Während bei der Dämpfung von Hölzern schwächerer Abmessungen die Möglichkeit einer tiefer gehenden Einwirkung des Wasserdampfes besteht, ist bei den hauptsächlich für die Imprägnierung in Betracht kommenden Sortimenten, wie z. B. Bahnschwellen und Leitungsmasten, infolge ihrer großen Abmessungen eine stärkere Beeinflussung des Holzzustandes bei Anwendung von Dämpfungsbedingungen, die für die Praxis in Betracht kommen, nicht zu erreichen. Von der Benutzung des Dämpfverfahrens als Vorbehandlung für die eigentliche Tränkung ist man aus diesem Grunde in Deutschland seit langem immer mehr abgekommen; man achtet vielmehr darauf, daß nur genügend lufttrockenes Holz für die Behandlung nach den hier besonders in Frage kommenden Tränkverfahren (Kesseldruck- und Trogtränkung) vorgesehen wird[1]. In größerem Maßstab wird aber die Dämpfung des für die Imprägnierung bestimmten Holzes z. B. noch in den USA ausgeführt, wo auch frisch geschlagenes oder erst äußerlich abgetrocknetes Holz in erheblichen Mengen der Kesseldrucktränkung zugeführt wird. Die dort angewendeten Dämpfungsbedingungen sind sehr verschieden. Für Stangen aus frisch geschlagener — „grüner" — Southern Pine wird nach Vorschrift der American Wood-Preservers' Association[2] eine Dampftemperatur zwischen 254 und 259° Fahrenheit (entspr. 123—126° C) angewendet. Die Dämpfung soll mindestens 6 und höchstens 15 Stunden dauern. Das anschließende Vakuum von mindestens 60 cm Höhe soll mindestens 1 Stunde unterhalten werden.

2. Erzeugung meist ungiftiger Schutzschichten auf der Holzoberfläche.

A. Das Ankohlen des Holzes.

Bei Hölzern, die mit ihrem unteren Ende in den Erdboden eingegraben werden sollen, und bei denen erfahrungsgemäß die Grenzzone zwischen Erde und Luft infolge der hier besonders günstigen Bedingungen für die Pilzentwicklung zuerst zerstört wird, hat man diesen

---

[1] Über das Diakyanisier-Verfahren, bei welchem die Dämpfung angewendet wird, s. S. 219.

[2] Vgl. Amer. Wood-Pres. Assoc., Manual of Recommended Practice, Blatt T 4—49 (1949).

gefährdetsten Teil durch Verkohlen der Holzoberfläche vor Fäulnis zu schützen gesucht. Dieses schon im Altertum bekannte Verfahren wird bei Hölzern, die zu untergeordneten Zwecken verwendet werden, wie z. B. Baum- und Zaunpfählen, welche die Kosten für die Vornahme einer sachgemäßen Schutzbehandlung nicht immer tragen können, in gewissem Umfange noch heute ausgeübt. Die bei dem Ankohlen an der Oberfläche des Holzes entstehende Holzkohleschicht soll das Eindringen der Holzzerstörer erschweren. Gleichzeitig soll die hierbei erfolgende Trocknung der äußeren Holzschicht und das Eindringen der sich entwickelnden antiseptisch wirkenden Verbrennungsprodukte in dieselbe die Widerstandsfähigkeit des Holzes günstig beeinflussen. Der Eintritt dieser erhofften günstigen Wirkungen ist aber tatsächlich nicht zu erwarten, da bei der Herstellung der Kohleschicht Risse entstehen, die den Eintritt von Holzzerstörern in das Holz sogar erleichtern. Ferner ist die bei dem Ankohlen eintretende Austrocknung des Holzes natürlich auf die alleräußerste Schicht des behandelten Teiles beschränkt; andererseits wird aber der Trockenheitszustand des Holzes dadurch ungünstig beeinflußt, daß Holzkohle hygroskopisch ist. Auch das Eindringen der bei dem Ankohlen entstehenden antiseptisch wirkenden Stoffe in das Innere des Holzes kann, wenn überhaupt, so nur in ganz beschränktem Maße stattfinden. Aus den vorliegenden Erfahrungen geht denn auch hervor, daß im allgemeinen eine nennenswerte Verlängerung der Gebrauchsdauer des Holzes durch das Ankohlen seiner Oberfläche nicht erzielt wird. Das im vorigen Jahrhundert des öfteren ausgeführte Ankohlen von Schiffsbauhölzern, Eisenbahnschwellen und Leitungsmasten hat ebenfalls nicht den damals erwarteten Erfolg gehabt und deshalb ist das Ankohlen heute, wie schon gesagt, auf solche Hölzer beschränkt, die untergeordneten Zwecken dienen sollen.

Ein Holzschutzverfahren, welches angewendet wird, um die Erd-Luftzone von bereits verbauten Stangen, Pfählen u. dgl. Hölzern vor vorzeitiger Zerstörung zu schützen und welches sich ebenfalls des Ankohlens der Holzoberfläche vor Aufbringung des eigentlichen Schutzstoffes bedient, ist das vor etwa 25 Jahren in Schweden erstmalig angewendete Furnos-Verfahren, das hier kurz besprochen werden soll[1]. Bei seiner Ausführung werden nach Freilegung und Säuberung der Erd-Luftzone der verbauten Hölzer von anhaftenden Teilen des Erdbodens zunächst alle etwa bereits angefaulten Holzteile entfernt, worauf man die Hölzer einige Tage zwecks äußerlicher Abtrocknung stehen läßt. Sodann wird unter Verwendung eines Gebläsebrenners die oberste Holzschicht verkohlt und unmittelbar danach die noch heiße Holzkohleschicht ausgiebig mit Steinkohlenteeröl bespritzt. Da es auch auf diese Weise nur gelingt, die äußersten Holzschichten zu behandeln, kann das Verfahren für bereits tiefer erkrankte Hölzer nicht von Nutzen sein. Bei einer Behandlung von noch nicht in den tieferen Schichten erkrankten Hölzern rechnen die Erfinder mit einer mindestens fünfjährigen Verlängerung der Gebrauchsdauer.

---

[1] Vgl. E. Hedenlund, Swedish Methods of Impregnating Poles, Elec. World, 83, S. 373—375 (1924).

B. Umhüllung des Holzes durch luft- und wasserdichte Schutzschichten (Deckschutz).

Auch durch das Auftragen besonderer, in der Regel nicht oder nur wenig giftig wirkender Schutzschichten auf die Oberfläche der zu schützenden Hölzer hat man die Einwanderung der holzzerstörenden Organismen in das Holz zu verhindern gesucht. Bei in den Erdboden eingebauten Hölzern sind hierfür am häufigsten Anstriche der besonders gefährdeten Erd-Luftzone mit Pech, Asphalt oder anderen bituminösen Stoffen benutzt worden. Daneben haben aber auch Bekleidungen aus Zement, Beton, Metall sowie manchen anderen Stoffen Verwendung gefunden. Diese Art der Schutzbehandlung des Holzes konnte im allgemeinen zu keinem nennenswerten Erfolg führen, da allein durch das „Arbeiten" des Holzes sich kein dauernd dichter Abschluß desselben erreichen läßt. Trotzdem wurden aber auch in neuerer Zeit immer wieder gelegentlich derartige Schutzmittel bzw. -verfahren angepriesen. Eine gewisse Bedeutung wurde bis vor noch nicht allzulanger Zeit den Bekleidungen der Holzoberfläche mit Metallblechen bei im Meerwasser verbauten Hölzern zugeschrieben, wo sie die Angriffe der im Salzwasser lebenden Holzzerstörer (Schiffsbohrwurm, Bohrassel) verhindern sollen. Da aber auch in diesem Falle ein zuverlässiger Abschluß des Holzes vom Meerwasser nicht zu erreichen ist und die nur dünnen Metallbleche der Korrosion durch das Salzwasser sowie mechanischer Beschädigung durch Eisgang, Schiffsstöße u. dgl. unterliegen, bleibt der Erfolg stets unsicher. Auch bietet natürlich eine solche Schutzbekleidung aus Metall keinerlei Schutz der Überwasserteile der Hölzer gegen die Einwanderung holzzerstörender Pilze und Insekten. Durch die ungleich wirksamere und billigere Tränkung der Wasserbauhölzer auf ihrer ganzen Länge mit Steinkohlenteeröl ist ihr sicherster Schutz vor sämtlichen Schädlingen zu erzielen; die Schutzbekleidung der Rammpfähle u. dgl. mit Metallblechen ist bei dieser Sachlage immer mehr außer Gebrauch gekommen.

In großem Umfange sind Peche sowie Gemische von Pechen und Asphalten als sogenannte Stockschutzmassen zum Bestreichen der Erd-Luftzone von mit wässerigen Tränksalzlösungen behandelten Telegraphenstangen und Leitungsmasten benutzt worden. Namentlich im Einlagerungsverfahren mit wässerigen Imprägniersalzlösungen behandelte Hölzer werden zum Teil auch heute noch mit einem derartigen Stockschutz versehen. Im allgemeinen wird die Stockschutzmasse in heißem, geschmolzenem Zustand auf das trockene Holz aufgetragen. Man hat aber auch Lösungen der in Frage kommenden bituminösen Stoffe, eventuell unter Zusatz von Kautschuk, in geeigneten Lösungsmitteln — z. B. in Tetrachlorkohlenstoff, Acetonölen usw. — ohne besondere Erwärmung verwendet[1]. Durch die bituminöse Schutzschicht, welche auf die Erd-Luftzone im allgemeinen in 1,3—1,5 m Länge aufgetragen wird, soll die Abwanderung wasserlöslich bleibender Tränkstoffe in den Erdboden sowie das Eindringen von Feuchtigkeit und Schädlingen in das

---

[1] Vgl. D.R.P. 513 848/1925 (Impreva-AG., Berlin-Charlottenburg) und D.R.P. 516 407/1929 (Holzindustrie-Werke Josef Benz Akt.-Ges., Löffingen).

Holz verhindert werden. Da der Stockschutz bereits vor dem Versand der Hölzer auf der Tränkanstalt angebracht wird, läßt sich selbst in den Fällen, in denen zuvor die erforderliche gründliche Austrocknung des getränkten Holzmaterials erfolgte, eine Beschädigung der Schutzschicht beim Auf- und Abladen sowie während des Transportes häufig nicht vermeiden. Auch durch das „Arbeiten" des Holzes werden Beschädigungen des Anstriches bedingt. In allen diesen Fällen kann der Stockschutzanstrich seinen Zweck natürlich nicht mehr voll erfüllen. Im übrigen kann auch der unverletzte Stockschutzmantel, entgegen der häufig geäußerten Ansicht, das Eindringen von Feuchtigkeit aus dem Erdboden in das Holz nicht verhindern. Bei allen nicht in völlig trockenem Erdreich verbauten Hölzern findet vielmehr innerhalb der mit dem Stockschutzmantel versehenen Erd-Luftzone stets eine Zirkulation von Wasser statt, weil die von dem nicht bestrichenen Fußende der Hölzer angesaugte Bodenfeuchtigkeit durch die Kapillarwirkung des Holzkörpers emporgesaugt wird und oberhalb der mit dem Schutzanstrich versehenen Zone wieder mehr oder weniger schnell verdunstet. Stockschutzanstriche sind bereits seit einer ganzen Reihe von Jahren nicht mehr in dem Maße wie früher angewendet worden, da inzwischen im übrigen wirksamere Verfahren zum Schutz der Erd-Luftzone der in den Erdboden verbauten Hölzer entwickelt worden sind (s. S. 285ff.).

Der Schutz solcher Hölzer, die nicht mit dem Erdboden in Berührung kommen, sondern z. B. im Hochbau als Türen, Fensterhölzer, Fußbodenbretter u. dgl. Verwendung finden, läßt sich durch ungiftige Anstriche oder Überzüge, welche die Feuchtigkeit fernhalten, unschwer erreichen. Voraussetzung ist allerdings, daß sich diese Hölzer bei Ausführung der Schutzbehandlung in lufttrockenem Zustande befinden und gesund sind. Auch müssen sie frei zugänglich sein, damit die von Zeit zu Zeit erforderliche Erneuerung der Schutzanstriche ungehindert erfolgen kann. In allen den Fällen, in denen es nicht möglich ist, den Schutzanstrich längere Zeit unversehrt zu erhalten, also z. B. bei Eisenbahnschwellen, Telegraphenstangen, Wasserbauhölzern u. dgl., kommt eine Schutzbehandlung der gedachten Art natürlich nicht in Betracht.

Die bekanntesten und in den vorstehend genannten Fällen weitaus am häufigsten verwendeten Holzanstrichmittel, welche keine besonderen pilztötenden Eigenschaften besitzen, sondern allein durch Luft- und Feuchtigkeitsabschluß wirken, sind Leinölfirnisse, Ölfarben sowie Holzfirnisse aller Art; ferner Paraffin, Harze, Wachse (Montanwachs) u. dgl mehr. Mittel von besonderer Zusammensetzung sind z. B. die unter den Bezeichnungen schwedischer und finnischer Anstrich bekannten Gemische, denen meist ein mineralischer Farbstoff zugesetzt ist. Außer den genannten Anstrichen gibt es eine Menge anderer, bezüglich deren Zusammensetzung auf die einschlägige Literatur verwiesen sei .

Die Wirksamkeit dieser indifferenten Anstrichmittel hat man des öfteren dadurch zu erhöhen gesucht, daß man ihnen Giftstoffe zusetzte. Als solche

---

[1] Vgl. z. B. K. Egner, Neuere Erkenntnisse über die Vergütung der Holzeigenschaften, Mitteilungen des Fachausschusses für Holzfragen, Heft 18, 1937.

Verbindungen hat man u. a. Quecksilber-, Fluor-, Arsen-, Kupfer- oder Zinksalze vorgeschlagen. So wird z. B. im D.R.P. 479270/1924 von H. Neubauer zum Fäulnisschutz von Grubenhölzern das Auftragen einer dünnen Schicht von Beton oder Zement empfohlen, der mit einer keimtötenden wässerigen Lösung von Steinsalz, Kupfer- oder Eisenvitriol, Zink- und Quecksilbersalzen oder dgl. angemacht wird.

Über ein Verfahren zur Herstellung eines fungizid wirkenden Mastenschutzanstriches aus pechartigen, wasserlösliche Imprägniersalze enthaltenden Stoffen s. S. 287.

3. Einführung von Schutzstoffen in die durchtränkbaren Teile des Holzes.

A. Anstriche mit giftig wirkenden Stoffen (Oberflächenschutz).

Das Anstreichen oder Bespritzen des Holzes mit Stoffen, welche auf die Holzzerstörer giftig wirken, ist ein primitives Schutzverfahren, bei welchem zwar das verwendete Schutzmittel im allgemeinen nur wenige Millimeter tief in das Holz eindringt, das aber unter bestimmten Voraussetzungen (z. B. bei manchen Hochbauhölzern) trotzdem den gewünschten Erfolg gewährleisten kann. Die wichtigste dieser Voraussetzungen ist, daß das Holz bei Vornahme der Behandlung nicht bereits in seinem Innern durch Holzzerstörer befallen ist, denn ein Abtöten derselben ist durch die Oberflächenbehandlung natürlich nicht möglich. Auch soll das Holz möglichst gut ausgetrocknet sein, damit nach erfolgtem Anstrich tiefere Luftrisse, welche den Holzzerstörern wiederum Zutritt zu dem ungeschützt gebliebenen Holzinnern gestatten würden, nicht mehr entstehen. Aus neueren Untersuchungen, welche im Staatlichen Materialprüfungsamt in Berlin-Dahlem unter Verwendung von Kiefernsplintholz ausgeführt wurden, geht hervor, daß bei der genannten Holzart eine Oberflächenschutzbehandlung mit Ölen und ölartigen Schutzmitteln auch dann noch mit Erfolg durchführbar ist, wenn der Fasersättigungspunkt der durch den Anstrich erfaßbaren äußeren Holzschicht nicht überschritten ist, d. h. wenn sich ihr Feuchtigkeitsgehalt auf höchstens 28% beläuft. Bei Verwendung wässeriger Tränkstofflösungen ergaben die Versuche den besten Eindringungserfolg bei Holz im Fasersättigungszustand. Aus den genannten Untersuchungen ergab sich ferner, daß es durch Beachtung der Feuchtigkeitsverhältnisse des Holzes möglich ist, ihm die wasserlöslichen Schutzstoffe in der gerade gewünschten Weise zuzuführen. Um ein möglichst tiefes Eindringen zu erreichen, soll das Holz vor und nach dem Aufbringen der Schutzstofflösung nicht allzu trocken lagern und ein beabsichtigter zweiter Anstrich unmittelbar nach dem Einziehen des ersten aufgebracht werden. Soll hingegen der Gehalt an Schutzstoff besonders an der Holzoberfläche angereichert werden, so wird empfohlen, die zweite Behandlung erst nach gründlicher Trocknung der zuerst aufgetragenen Lösung vorzunehmen[1]. Mit dem Entstehen tieferer Luftrisse sowie der dadurch in erhöhtem Maße ermöglichten nachträglichen Einwanderung von Schädlingen in die ungeschützt gebliebenen tieferen Holzschichten muß bei Behandlung von nicht völlig lufttrockenem Holz allerdings in erhöhtem Maße gerechnet werden. Bemerkt sei noch, daß in allen Fällen, in denen mit nachträglicher Diffusion der Schutzstoffe zu rechnen ist, darauf geachtet werden muß, daß auch nach dem Konzentrationsausgleich in allen durchtränkten Holzzonen eine zur Abwehr der Schädlinge genügende Schutzstoffmenge vorhanden ist.

Die Wirkung der Oberflächenschutzbehandlung hängt natürlich auch in hohem Maße von der spezifischen Giftwirkung des verwendeten Mittels sowie von der aufgetragenen Menge ab. Je giftiger das Mittel gegen die holzzerstörenden Organismen wirkt und je größer die verwendete Menge ist, ein um so besserer Erfolg kann von der Behandlung erwartet werden. Ebenso wichtig ist es, daß das Schutzmittel leicht in das Holz eindringt, daselbst keine seine konservierenden Eigenschaften ungünstig beeinflussende chemische Veränderung erleidet und tunlichst schwer auswaschbar sowie schwer verdunstbar ist.

Heute findet eine große Anzahl giftig wirkender Holzanstrichmittel, teils anorganischer, teils organischer Natur, sowie auch aus Mischungen der genannten Stoffe bestehend, Verwendung. Teils sind sie öliger Natur bzw. in Ölen oder besonderen Lösungsmitteln (z. B. Trichloräthylen, Tetrachlorkohlenstoff u. dgl.) gelöst, teils werden sie als wässerige Lösungen benutzt. Von den Anstrichölen sei hier nur auf das weitaus bekannteste und am häufigsten benutzte Mittel dieser Art, das ,,Karbolineum‘‘, hingewiesen. Bei diesem bewährten Schutzmittel handelt es sich um ein hochsiedendes Steinkohlenteerdestillat, für welches Großverbraucher, wie die ehemalige Reichspost und die Vereinigung der Elektrizitätswerke, Berlin, bestimmte Lieferungsbedingungen vorgeschrieben haben (s. auch S. 309/10). Von den Teeren selbst wird der Holzteer, und zwar besonders der Nadelholzteer, in gewissem Umfang als Holzanstrichmittel verwendet. Von den wasserlöslichen Schutzstoffen sei hier nur auf die in den letzten Jahrzehnten für diesen Zweck besonders häufig benutzten Fluorverbindungen und die vielen Holzanstrichmittel, deren Hauptbestandteil sie bilden, hingewiesen.

Um ein möglichst tiefes Eindringen der Schutzstoffe in das Holz zu erzielen, wird man, wie bereits bemerkt, das Anstreichen oder Bespritzen des Holzes tunlichst mindestens einmal wiederholen. In manchen Fällen empfiehlt es sich, die Schutzmittel oder ihre Lösungen in erwärmtem Zustand zu benutzen, um hierdurch ihr Eindringen in das Holz zu erleichtern. Zum gleichen Zwecke werden den wasserlöslichen Anstrichmitteln auch Zusätze von Netzmitteln beigegeben, welche die Oberflächenspannung der Salzlösungen herabsetzen und dadurch die Ausbreitung der letzteren auf der Holzoberfläche und die Einziehgeschwindigkeit be-

---

[1] Vgl. B. Schulze und G. Theden, Das Eindringen aufgestrichener Holzschutzmittel in Kiefernsplintholz, Ztschr. Holz als Roh- und Werkstoff, Jahrg. 1942, S. 239/47.

günstigen. Derartige, häufig verwendete Zusätze sind z. B. das zu diesem
Zweck seit langem benutzte Saponin, sowie die im Handel unter den
Bezeichnungen „Texapon" und „Leonil S" erhältlichen Verbindungen.

Die Wirkung des Anstreichens (Bespritzens) besteht darin, daß der
Schutzstoff infolge seiner giftigen Eigenschaften das Ansiedeln und die
Entwicklung von Holzzerstörern an der Oberfläche des Holzes verhindert. Allerdings wird nur eine dünne, oberflächliche Schicht des Holzes
durchtränkt, und als geschützt kann deshalb nur diese Schicht angesehen werden. Mit dem Augenblick, in welchem durch das nachträgliche
Auftreten von Luftrissen, durch Abnutzung oder mechanische Beschädigung der innere Holzkörper freigelegt wird, versagt diese Schutzmethode, da sodann die Holzzerstörer ungehindert an die unter der
Oberfläche liegenden ungeschützten Holzzonen gelangen können. Immerhin erschwert ein physiologisch wirksamer Anstrich unter den erwähnten
Voraussetzungen das Befallen des Holzes durch die Zerstörer und kann
auf manchen Anwendungsgebieten die gewünschte Verlängerung der
Gebrauchsdauer des Holzes bewirken.

Das Anstreichen (Bespritzen) mit giftig wirkenden Schutzstoffen findet
hauptsächlich bei Hochbauhölzern, ferner bei weniger wichtigen oder
wertvollen Hölzern, z. B. Zaunpfählen usw., Anwendung. Zwecks Erhaltung seiner Wirkung muß es nach Bedarf des öfteren wiederholt
werden. Auch wertvollere Hölzer, z. B. Eisenbahnschwellen, Telegraphenstangen u. dgl., welche später sachgemäß imprägniert werden sollen,
aber aus irgendwelchen Gründen noch längere Zeit in ungetränktem Zustande lagern müssen, werden durch Bespritzen der betreffenden Holz-
stapel mit einer geeigneten Tränkstofflösung bestmöglich gegen eine Pilzinfektion während der Lagerung in ungetränktem Zustande gesichert.
Für den Anstrich von Hochbauhölzern werden in der Regel wässerige
Schutzstofflösungen und bei Hölzern, die im Freien verwendet werden,
Teerdestillate, namentlich das erwähnte Karbolineum, benutzt. Bei der
Anwendung des Spritzverfahrens müssen die hohen Verluste an Schutzstoff, welche bis zu 50% und mehr betragen können, berücksichtigt
werden.

B. Einlagerung von Giftstoffen in Bohrlöchern
oder Impfschlitzen des Holzes.

Die durch das Anstreichen oder Bespritzen des Holzes erreichbare
Durchtränkung der alleräußersten Holzschichten kann in den meisten
Fällen nicht den erforderlichen Schutz des Holzes vor Schädlingsbefall
gewähren. Andererseits ist es aber nicht immer möglich oder zweckmäßig,
das Holz z. B. nach dem Kesseldruckverfahren, welches einen großen
Tiefenschutz verbürgt, tränken zu lassen. Beispielsweise erweist es sich bei
der Schutzbehandlung der hölzernen Balken in Hochbauten, die häufig
durch Anstreichen mit giftig wirkenden Schutzstoffen geschützt werden,
des öfteren als notwendig, gewissen Teilen dieser Hölzer, an denen erfahrungsgemäß mit gelegentlicher stärkerer Durchnässung und infolgedessen mit der Gefahr eines Befalles durch Holzpilze von vornherein zu
rechnen ist, einen kräftigeren Pilzschutz zu verleihen, als dies durch

das einfache Anstreichen möglich ist. Ähnliche Verhältnisse ergeben sich allgemein in den Fällen, in denen die besonders durch Schädlingsbefall gefährdeten Teile unbehandelter oder nur mit einem Oberflächenschutz versehener hölzerner Baukonstruktionen einen im Bedarfsfalle möglichst wirksamen Schutz erhalten sollen, oder wenn es sich darum handelt, bereits verbauten Hölzern an solchen besonders gefährdeten Stellen einen zusätzlichen Schutz gegen den Schädlingsbefall zu verleihen. Man hat in diesen Fällen die betreffenden Holzteile seit alters her mit senkrecht oder schräg zur Faserrichtung angeordneten, blind endigenden Bohrlöchern versehen, diese mit wasserlöslichen oder öligen Schutzstoffen angefüllt und dann mittels Holzpflöcken, Korken oder dgl. verschlossen. Da die Verteilung der Schutzstoffe, welche in diesen Fällen nur durch Diffusion oder Kapillarität erfolgen kann, namentlich senkrecht zur Faserrichtung nur eine recht beschränkte ist, wird meist die Anbringung einer größeren Anzahl solcher Bohrlöcher erforderlich. Dabei muß natürlich die Schwächung der Festigkeitseigenschaften der so behandelten Hölzer beachtet werden. Die zur Füllung der Bohrlöcher benutzten Schutzstoffe können auch in Gestalt von Preßkörpern (Patronen) oder in Pastenform verwendet werden[1].

Auch in Faserrichtung verlaufende Bohrkanäle — insbesondere im Kernholz —, die mit festen oder flüssigen Tränkstoffen gefüllt werden, hat man zur Imprägnierung und Nachimprägnierung von Hölzern verwendet. Bereits die deutschen Patente 50295 und 52898 (H. Liebau) aus dem Jahre 1889 enthalten solche Vorschläge. Auch in neuerer Zeit sind derartige Bohrkanäle im Kern von kiefernen Leitungsmasten in ganzer Länge der Maste hergestellt worden[2]. Über den Erfolg dieser Maßnahme ist bisher nichts bekannt geworden.

Bohrungen in Faserrichtung sind schließlich vorgeschlagen worden, um Atmungsgifte aufzunehmen, welche bei dieser Art der Unterbringung im zentralen Holzkörper eine besonders lang anhaltende Wirkung entfalten sollen[3].

Im allgemeinen ist durch das Bohrlochverfahren ein zuverlässiger Schutz des Holzes nicht zu erreichen, weil die Verteilungsmöglichkeit der Schutzstoffe, wie schon bemerkt, eine nur beschränkte ist. Auch ist das Verfahren in seiner Anwendung umständlich sowie verhältnismäßig teuer und macht mitunter eine Schwächung der Holzfestigkeit unvermeidlich.

Eine Behandlungsweise des Holzes, bei welcher der Tränkstoff nicht in Bohrlöcher, sondern in künstlich erzeugte Spaltöffnungen des Holzes eingelagert wird, ist das 1920 von Burghart vorgeschlagene und von der Fa. Frankenwerk, Elektrizitätsgesellschaft m. b. H. in Bad Kissingen seinerzeit propagierte sogenannte Cobra-Verfahren[4]. Bei seiner Aus-

---

[1] Vgl. R. Falck, Hausschwammforschungen, 1927, 8. Heft, S. 45 ff.

[2] Deutsche Patentanm. E 7330/1930 (Elektrizitäts- u. Wasserwerk Oranienburg G. m. b. H.).

[3] Deutsche Patentanm. F 71009/1931 (R. Falck).

[4] Vgl. D.R.P. 352963, D.R.P. 376408, Zusatz zu 352963 und D.R.P. 376409/1920, (Frankenwerk, Elektrizitäts-Ges. m. b. H.).

führung wird das Holz — in erster Linie wieder die Erd-Luftzone von
Stangen und Leitungsmasten auf etwa 1,1 m Länge — mit Impfschlitzen
versehen, die durch Eintreiben eines hohlnadelartig ausgebildeten Ein-
stichwerkzeuges in das Holz hergestellt werden. Die Konstruktion der
zur Ausführung des Verfahrens benutzten Impfmaschine ist aus Abb. 158
ersichtlich. Die linsenförmigen Querschnitt besitzende, starkwandige
Hohlnadel ist durch eine kurze Rohrleitung mit einem unter Druck
stehenden Vorratsbehälter für die pastenartige Imprägniermasse verbunden. Sobald durch Betätigung des Hebels der 40—80 mm tiefe Ein-
stich hergestellt ist und die Rückwärtsbewegung der Nadel beginnt, wird die
Impfpaste (3—5 cm³) durch die Bohrung der Nadel in den eben erzeugten
Spalt zwischen die benachbarten Holzfasern eingepreßt. Da die Fasern
durch die Nadel nur auseinandergedrängt werden, Holzsubstanz aber nicht
entfernt wird, haben die elastischen Holzfasern nach dem

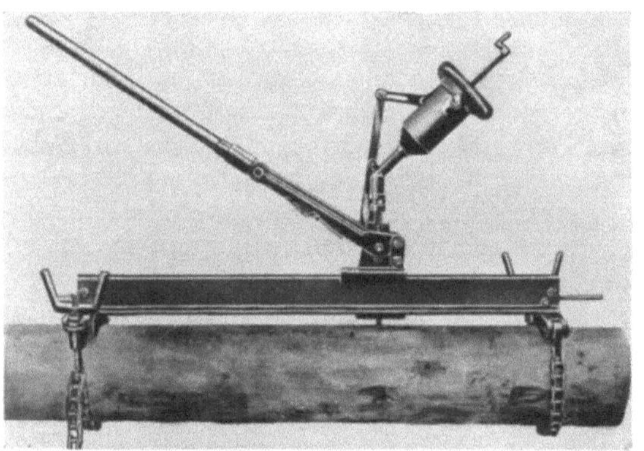

Abb. 158.
Maschine zur Ausführung der Cobra-Impfung (aus der Broschüre „Das
Cobra-Verfahren" der „Cobra"-Holzimprägniergesellschaft m. b. H.).

Herausziehen der Nadel aus dem Holz das Bestreben, wieder in die
ursprüngliche Lage zurückzukehren. Damit hierdurch nicht etwa er-
heblichere Mengen der eingelagerten Paste wieder herausgepreßt werden, muß für eine richtige Zusammensetzung der letzteren Sorge getragen werden. Mit Ausnahme eines nachträglichen Teerölanstriches
(sog. Celoydanstrich) ist eine weitere Behandlung der geimpften Hölzer
nicht vorgesehen. Die Verteilung des Imprägnierstoffes von Impfschlitz
zu Impfschlitz kann also nur durch Diffusion erfolgen. Die verwendete
Impfpaste enthält im allgemeinen Fluornatrium und Dinitrophenol
sowie evtl. ein geeignetes Arsensalz, von denen namentlich das erstere
durch Diffusion leicht im Holz verteilbar ist. Die Anordnung der Impfschlitze auf dem Holzmantel erfolgt derart, daß nach Auswirkung der
Diffusion eine geschlossene Zone durchtränkten Holzes erwartet werden
kann. Da die Impfmaschine nur mit einer einzigen Impfnadel arbeitet
und für die Behandlung der Erd-Luftzone eines 10-m-Mastes von 16 cm
Zopfstärke 100—140 Impfschlitze hergestellt werden müssen, ist die
Behandlung des Holzes nach diesem Impfschlitz-Verfahren zeitraubend;
es ist daher in den Jahren seiner Anwendung im allgemeinen auch nur
zur Behandlung von Stangen und Leitungsmasten an der Übergangszone von Erde zu Luft angewendet worden. Heute wird es nur noch
zur Nachbehandlung bereits verbauter Stangen und Maste an der ge-

nannten Zone benutzt. In diesem Falle wird ein sogenannter Impfhammer zur Einführung der Paste in das Holz verwendet[1]. Da die Wirkung des Verfahrens in hohem Maße von der Sorgfalt, mit der es ausgeführt wird, sowie auch von der Holzbeschaffenheit abhängt, ist es verständlich, daß die Mitteilungen über seine Wirkung nicht immer günstig
lauteten[2].

C. Eintauch- und Einlagerungsverfahren.

Durch das Anstreichen oder Bespritzen der Holzoberfläche mit den
verschiedenen Schutzstoffen oder ihren Lösungen gelingt es, wie bereits
bemerkt, nur die alleräußersten Holzschichten zu durchtränken und gegen den Befall durch die Holzzerstörer immun zu machen. Fast immer
wird aber der weitaus größte Teil des durchtränkbaren Holzes bei dieser
Ausführungsart des Holzschutzes unbehandelt bleiben und daher dem
Angriff der Schädlinge unterliegen, sobald die äußere Schutzschicht durch
Auslaugung oder Verdunstung des eingebrachten Schutzstoffes beraubt,
oder durch mechanische Beschädigung bzw. durch nachträglich entstandene Luftrisse durchbrochen worden ist. Ebensowenig ist es, wie auch
schon bemerkt, möglich, bereits in den tieferen Schichten erkrankte
Hölzer durch die Oberflächenbehandlung dauerhaft zu machen. Alle
diese Gründe führten zur Aufsuchung wirksamerer Behandlungsweisen.
Diejenigen Verfahren, welche hier nächst dem Anstreichen und Bespritzen des Holzes als am einfachsten durchführbare in Betracht kommen,
sind das Eintauch- und das Einlagerungsverfahren, wegen der Einlagerung
der Hölzer in offene Tröge auch Trogtränkungsverfahren genannt. Die
Einführung des Schutzstoffes in das Holz erfolgt bei diesen Behandlungsweisen, wie schon aus der Bezeichnung ersichtlich, entweder durch
kurzes Eintauchen — bestenfalls während einiger Minuten — oder
längeres Einlagern des Holzes — im allgemeinen mehrere Tage lang
— in die Tränkflüssigkeit. Die letztere kann hierbei auch in erhitztem
Zustande angewendet werden. Beim Einlagerungsverfahren hat man
im letztgenannten Falle die Möglichkeit, die Aufnahme an Tränkflüssigkeit und deren Verteilung im Holz wesentlich zu erhöhen und zu
verbessern dadurch, daß man das in der erhitzten Flüssigkeit oder
außerhalb derselben — z. B. in einem Trockenofen — erwärmte Holz
in ihr erkalten läßt. Durch Zusammenziehen der in den Holzzellen
enthaltenen, während der Erwärmung zunächst verdünnten Luft wird
dann Tränkflüssigkeit in das Holz eingesaugt werden. Um diesen Vorgang zu beschleunigen, empfiehlt es sich, die heiße Flüssigkeit nach
genügend langer Einwirkung auf das in sie eingelagerte Holz abzulassen
und sofort durch kalte Flüssigkeit zu ersetzen. Man kann natürlich
auch so verfahren, daß man das in der erhitzten Flüssigkeit genügend
erwärmte Holz unverzüglich in ein anderes Gefäß, welches kalte Flüssigkeit enthält, verbringt. Während das im allgemeinen nur wenige Minuten

---

[1] Vgl. D. R. P. 397 773/1923 u. 541 373/1927 (K. Schmittutz).
[2] Vgl. G. M. Hunt u. G. A. Garratt, Wood Preserving, New York-
London, 1938, S. 218 ff.

18 Handbuch der Holzkonservierung. 3. Aufl.

dauernde Eintauchen des Holzes in die kalte oder heiße Tränkflüssigkeit — also das Eintauchverfahren — kaum ein besseres.Resultat ergeben wird als ein sorgfältig ausgeführter Anstrich, bedingt das Heiß-Kalt-Einlagerungsverfahren erheblich größere Aufnahmen an Tränkflüssigkeit und eine zumeist viel bessere Verteilung derselben im Holz als das mit nicht erwärmter Flüssigkeit arbeitende Einlagerungsverfahren. Besonders bei gut lufttrockenen Hölzern mit breitem, grobjährigem Splintanteil wird in diesem Falle ein verhältnismäßig tiefes Eindringen der Tränkflüssigkeit festgestellt werden können, jedoch wird bei Hölzern von größeren Abmessungen, wie z. B. Bahnschwellen, Telegraphenstangen, Leitungsmasten und sonstigen Bauhölzern, die Durchtränkung des gesamten schutzbedürftigen Splintholzes im allgemeinen nicht möglich sein.

Sowohl beim Eintauch- als auch beim Einlagerungsverfahren müssen die zu behandelnden Hölzer sorgfältig von Rinde und Bast befreit — weißgeschält — und gut lufttrocken sein. Holz, welches bereits Befall durch Holzschädlinge in den tieferen Schichten aufweist, oder bei welchem der Verdacht einer solchen Erkrankung besteht, eignet sich nicht für diese Behandlungsarten, da auch sie die Abtötung der vorhandenen Schädlinge nicht gewährleisten. Würde man frisch gefälltes oder durchnäßtes Holz nach den in Rede stehenden Verfahren behandeln, so würde das Eindringen der Schutzstoffe, abgesehen vom Heiß-Kalt-Verfahren, nur durch Osmose bzw. Diffusion erfolgen können, während ein kapillares Aufsaugen von Tränkflüssigkeit nicht möglich wäre. Auch würde die Gefahr bestehen, daß die in diesem Falle erst nachträglich entstehenden Luftrisse die Schutzschicht durchbrechen und dadurch eine Einwanderung der Holzzerstörer jederzeit ermöglichen. Bei Ausführung der Tränkung ist im übrigen natürlich darauf zu achten, daß die Tränkflüssigkeit überall freien Zutritt zur Oberfläche des zu behandelnden Holzmaterials hat, und daß dieses auch bei Beendigung der Tränkung noch vollständig von ihr bedeckt ist. Handelt es sich darum, nur bestimmte Holzteile zu tränken, wie beispielsweise die Fußenden von Stangen und Pfählen in senkrecht stehenden Imprägniergefäßen, so ist zu beachten, daß die zu schützenden Holzteile auch bei Beendigung der Tränkung bis zur gewünschten Höhe von der Tränkflüssigkeit umgeben sind.

In Deutschland wird das Einlagerungsverfahren aus noch zu erörternden Gründen vor allem zur Behandlung von Stangen und Leitungsmasten aus Fichten- und Tannenholz benutzt, bis vor kurzem besonders unter Verwendung wässeriger Lösungen von Quecksilbersublimat (Quecksilberchlorid, $HgCl_2$) nach dem im folgenden noch näher zu beschreibenden Kyanverfahren. Daneben werden z. B. in der Landwirtschaft sowie im Garten- und Hochbau mancherlei Hölzer, wie Weinbergstickel, Einfriedigungs- und Baumpfähle, Unterzugshölzer bei Barackenbauten u. dgl., im Eintauch- oder im Einlagerungsverfahren auch häufig mit anderen Tränkstoffen als Sublimat behandelt. In den zuletzt genannten Fällen erfolgt die Schutzbehandlung des Holzes am Ort seiner weiteren Verarbeitung in oft behelfsmäßig erstellten Anlagen.

In großem Umfange wird das Heiß-Kalt-Einlagerungsverfahren z. B. in den USA zur Behandlung von Stangen- und Mastenfüßen mit Teeröl auf dafür besonders eingerichteten Holzimprägnierwerken sowie zur Konservierung von Zaunpfählen und ähnlichen Hölzern in transportablen Anlagen einfachster Art ausgeführt[1].

Eine Ausnahmestellung unter den Einlagerungsverfahren nimmt, wie schon gesagt, das sogenannte Kyanisieren, d. h. die Einlagerung des Holzes in Quecksilberchloridlösung (Sublimatlösung) ein. Entsprechend der ursprünglich für dieses Verfahren gegebenen Vorschrift wird das Holz 8—10 Tage lang in eine nicht erwärmte $^2/_3$%ige wässerige Sublimatlösung eingelagert. Das Sublimat dringt hierbei, weil es von der Holzfaser festgehalten — „fixiert" — wird, auch bei leicht durchtränkbaren Hölzern in der Regel nur einige Millimeter tief in das Holz ein (vgl. Abb. auf S. 217); trotzdem bewirkt aber dieses Kyanisierverfahren eine erhebliche Verlängerung der Gebrauchsdauer des Holzes, denn einerseits ist das Sublimat stark fungizid und insektizid, während es andererseits aus dem Holz nur äußerst schwer auslaugbar und bei normaler Lufttemperatur kaum verdunstbar ist. Die Bezeichnung „Kyanisierung" für diese Art der Holzbehandlung wurde gewählt, weil sie erstmalig 1823 durch den Engländer J. H. Kyan im großen angewendet wurde (Brit. Patent 6253/1832)[2]. Man kann selbstverständlich das Einlagerungsverfahren unter Benutzung vieler anderer Tränkstoffe ausführen und hat dies auch lange vor Kyan bereits getan. Bestimmend für die Wahl des Einlagerungsverfahrens bei der Verwendung des Sublimats als Tränkstoff ist der Umstand gewesen, daß die wässerige Lösung dieses als sehr wirksam erkannten Holzschutzmittels mit den meisten Metallen nicht in Berührung gebracht werden darf, da letztere unter gleichzeitiger chemischer Zersetzung der Lösung sehr stark korrodiert werden. Die Anwendung des in eisernen Druckkesseln auszuführenden Vakuum-Druck-Imprägnierverfahrens konnte aus dem genannten Grunde hier nicht ohne weiteres in Frage kommen. Man war vielmehr gezwungen, in offenen Gefäßen aus Holz, Mauerwerk oder Beton zu arbeiten. Die ersten Versuche, unter Verwendung von Sublimatlösung nach dem Kesseldruckverfahren zu arbeiten und sich die Vorteile dieser Tränkungsart auch im vorliegenden Falle zunutze zu machen, wurden bereits von Kyan, allerdings ohne Erfolg, ausgeführt. Auch andere Techniker haben nach ihm versucht, die sich bietenden Schwierigkeiten durch besondere Druckkessel-Konstruktionen (z. B. aus Eisenbeton) zu überwinden und dadurch die Dauer der Sublimatbehandlung des Holzes abzukürzen und die Verteilung des Sublimats im Holz zu verbessern[3]. In der Tschechoslowakei ist z. B. noch während des zweiten Weltkrieges mit Sublimat-

---

[1] Vgl. G. M. Hunt u. G. A. Garratt, Wood Preservation, New York-London, 1938, S. 330—36.

[2] Bereits Homberg empfahl 1705 das Einlagern von Holz in Quecksilberchloridlösung. (Vgl. M. Paulet, Traité de la Conservation des Bois, Paris, 1874, S. 167/68).

[3] Vgl. E. Buresch, Der Schutz des Holzes gegen Fäulnis und sonstiges Verderben, 1880, S. 47, und D. R. G. M. 617281/1914 (F. Moll) sowie D. R. P. 660296/1932 (K. Bubla).

lösung im Kesseldruckverfahren gearbeitet worden. Eine vorübergehende Anwendung der Kesseldrucktränkung mit Sublimat erfolgte übrigens ab 1921 auch auf der Tränkanstalt Kitzingen am Main. Der Schutz des in diesem Falle eisernen Druckkessels wurde durch einen Anstrich der Innenwandung mit einem Teerpräparat erzielt, während zum Einfahren der zu tränkenden Hölzer in den Tränkkessel eigens für diesen Zweck konstruierte hölzerne Schlitten Verwendung fanden[1]. Auch für die Reichspost wurden damals Telegraphenstangen aus Fichten- bzw. Tannenholz unter Zugrundelegung einer Sublimataufnahme von 1 kg/m^3 (150 kg einer $^2/_3$-%igen Lösung) getränkt. Da sich gewisse Schwierigkeiten bei der Durchführung der Tränkung ergaben und zudem die gegenüber dem Einlagerungsverfahren erzielten Vorteile nicht den gehegten Erwartungen entsprachen, konnte sich das Verfahren auf die Dauer nicht durchsetzen.[2] Über die Gebrauchsdauer der so behandelten Stangen liegen keine Mitteilungen vor.

Wie bereits erwähnt, wurde die Kyanisierung, d. h. das Einlagerungsverfahren, unter Verwendung von Quecksilberchlorid-(Sublimat-)Lösung, insbesondere zur Behandlung von Telegraphenstangen und Leitungsmasten aus Fichten- und Tannenholz, angewendet. Dies geschah, weil diese Holzarten auch bei Anwendung des Kesseldruckverfahrens im allgemeinen keine tiefere Durchtränkung ihres Splintholzes gestatten und weil daher für ihre befriedigende Konservierung die Verwendung eines so fest im Holz haftenden und gleichzeitig so hoch antiseptischen Imprägniermittels, wie es im Quecksilberchlorid vorliegt, von größter Bedeutung war. Diese Umstände haben wesentlich dazu beigetragen, daß auch heute noch das Einlagerungsverfahren unter Verwendung von Sublimat als Tränkstoff für die Konservierung der Stangen und Maste aus Fichten- und Tannenholz benutzt wird.

Die ältesten Einrichtungen zur Tränkung von Holz mit Sublimatlösung im Einlagerungsverfahren benutzten zur Aufnahme des Holzmaterials hölzerne Bottiche. In Deutschland sind die ersten Anlagen zur Kyanisierung von Eisenbahnschwellen etwa um das Jahr 1840 bei den badischen Eisenbahnen gebaut worden. Ausführliche Angaben über die damals benutzte Apparatur und Arbeitsweise gibt z. B. Adolf Mayer, seinerzeit Chemiker der badischen Eisenbahnen, in seinem Werk: „Chemische Technologie des Holzes als Baumaterial"[3]. An Stelle der hölzernen Einlagerungsbottiche hat man später infolge der sich ergebenden Unzuträglichkeiten Bottiche aus Mauerwerk oder aus Beton verwendet. Auch eine Reihe anderer Verbesserungen hat man im Laufe der Zeit vorgenommen. Eine in dieser Hinsicht vervollkommnete Kyanisieranlage ist in dem D. R. G. M. 291 820/1906 der Fa. Gebr. Himmelsbach, Freiburg i. Br., beschrieben.

Die Tränkung des Holzes mit wässerigen Sublimatlösungen im Einlagerungsverfahren gestaltet sich, abweichend von der Tränkung mit

---

[1] D. R. P. 356 994/1921 (Bayernwerk G. m. b. H. & Co., Kitzingen a. M.).
[2] Vgl. J. Liese, Beurteilung zweier neuerer Kyanisierungsarten nach mykologischer Methode, Elektrotechn. Ztschr. 1932, Heft 45.
[3] Erschienen in Braunschweig, 1872, S. 153/55.

den meisten anderen wasserlöslichen Tränkstoffen, eigenartig dadurch, daß das in Wasser gelöste Sublimat vom Holz gespeichert wird, d. h. in größeren Mengen aufgenommen wird, als der jeweilig angewendeten Lösungskonzentration sowie der vom Holz aufgenommenen Flüssigkeitsmenge entspricht. Im allgemeinen ist nämlich bei der Tränkung mit wasserlöslichen Stoffen die Aufnahme an festem Imprägniermittel $X = \dfrac{KA}{100}$ kg, worin K die jeweilige Konzentration der Lösung in Prozenten und A die aufgenommene Flüssigkeitsmenge in Kilogramm bedeutet. In solchen Fällen ist — die Verwendung lufttrockenen Holzes vorausgesetzt — die Konzentration der Imprägnierflüssigkeit vor und nach der Tränkung dieselbe, und es sind bei der Ergänzung der vom Holz aufgenommenen Lösungsmengen besondere Maßnahmen nicht zu treffen. Tränkt man hingegen Holz beliebiger Art durch Einlagerung in wässerige Sublimatlösung und untersucht die Lösung vor und nach der Tränkung, so stellt man fest, daß der Gehalt der Lösung an Sublimat nach beendeter Tränkung wesentlich niedriger ist als vorher. Die fehlende Sublimatmenge ist über die normale, d. h. die der Lösungsaufnahme entsprechende hinaus, vom Holz aufgenommen worden, daher die Bezeichnung „Überaufnahme". Diese Beobachtung hat Veranlassung dazu gegeben, genauere Erhebungen darüber anzustellen, in welcher Weise im Verlaufe der Einlagerung die Aufnahme an Flüssigkeit vor sich geht. Eingehende diesbezügliche Untersuchungen hat z. B. R. Nowotny angestellt[1]. Seine Versuche mit 8 m langen kiefernen und fichtenen Stangen führten zu der Feststellung, daß die größte Flüssigkeitsaufnahme während des ersten Tages erfolgt, und daß erst nach Verlauf von 7 Tagen etwa das Doppelte dieser schon am ersten Tage erzielten Aufnahme erreicht wird. Bei Fortsetzung der Einlagerungsversuche ergab sich, daß die täglichen Aufnahmen immer weiter zurückgingen, bis nach 35 Tagen keine Flüssigkeit mehr aufgenommen wurde. Die in diesen 35 Tagen erzielte Gesamtaufnahme an Flüssigkeit betrug das 3,3fache der am ersten Tage der Tränkung ermittelten.

Hinsichtlich der Aufnahmefähigkeit für die Tränkflüssigkeit und damit auch hinsichtlich ihrer Aufnahme an Sublimat verhalten sich die einzelnen Holzarten bei der Trogtränkung recht verschieden. Wie Nowotny[2] festgestellt hat, nimmt bei 7tägiger Einlagerung die Fichte im Mittel nur etwa $^4/_{10}$ der von der Kiefer aufgenommenen Tränklösungsmenge auf. Noch niedriger war die Flüssigkeitsaufnahme bei Lärche. Der sich hieraus für die Fichte ergebende Nachteil ließ sich durch Verlängerung der Dauer ihrer Einlagerung auf mindestens 10 Tage bedeutend vermindern. Aus Vorstehendem geht hervor, daß die verschiedenen Holzarten tunlichst getrennt voneinander behandelt werden sollten. Sofern dies nicht angängig ist, muß stets diejenige Tränkungszeit innegehalten werden, welche für die am langsamsten aufnehmende der beteiligten Holzarten vorgeschrieben ist.

---

[1] Vgl. Zeitschr. für Elektrotechnik u. Maschinenbau, 1914, H. 32.
[2] Vgl. Zeitschr. für Elektrotechnik u. Maschinenbau, 1913, H. 24.

Bei Ausführung der Kyanisierung nach Vorschrift der früheren Reichspost wird für Kiefer (Einlagerungsdauer 8 Tage) mit einer Sublimataufnahme von 0,8 bis 1,0 kg/m³ und für Fichte (Einlagerungsdauer 10 Tage) mit einer solchen von 0,6 bis 0,8 kg/m³ gerechnet. Bei der Kyanisierung der Fichte muß man sich jedoch öfters auch mit niedrigeren Aufnahmen — bis 0,4 kg/m³ — zufrieden geben.

Weitere Untersuchungen von Nowotny[1] bezogen sich besonders auf die Klärung der Frage, in welchem Verhältnis Gesamtaufnahme und Überaufnahme bei der Kyanisierung von Kiefer und Fichte zueinander stehen, und von welchen Umständen die Höhe der Überaufnahme im einzelnen abhängig ist. Nowotny gelangte hierbei zu folgenden Schlüssen:

1. Die Überaufnahme macht einen sehr erheblichen Anteil der Gesamtaufnahme an Sublimat aus; im Durchschnitt entfällt hiervon bei Kiefer und Fichte mehr als die Hälfte auf die Überaufnahme[2].

2. Je größer bei derselben Holzmenge das Volumen der gleiche Anfangskonzentration aufweisenden Tränkflüssigkeit, desto größer die Überaufnahme.

3. Die Überaufnahme ist unter sonst gleichen Verhältnissen direkt proportional der Anfangskonzentration der Lösung.

4. Die Überaufnahme ist von der vom Holz aufgenommenen Flüssigkeitsmenge unabhängig[3].

Um der Schwächung der Sublimatlösung bei der Kyanisierung entgegenzuwirken, hat man schon frühzeitig begonnen, die Lösung in regelmäßigen Zeitabständen während der Tränkungsdauer auf ihren Sublimatgehalt zu untersuchen und nach Bedarf wieder auf den ursprünglichen Gehalt zu bringen. Dies geschieht dadurch, daß eine berechnete Menge konzentrierter Sublimatlösung der verwendeten Tränkflüssigkeit im Tränkbottich zugegeben wird. Nach Versuchen von Nowotny und Bub-Bodmar[4] ist die Verstärkung der Sublimatlösung während der Kyanisierdauer nicht nötig, wenn man von einer Lösung ausgeht, die eine etwas höhere Anfangskonzentration an Sublimat (ca. 0,70 %) aufweist. Dieses die Tränkung erheblich vereinfachende Verfahren ohne Verstärkung ist z. B. bei der Gemischkyanisierung mit Sublimat und Fluornatrium (siehe S. 218) vorübergehend angewendet worden. Die zur Zeit für die Ausführung der Kyanisierung geltenden Postvorschriften (s. S. 221 ff.) sehen allerdings wieder die Verstärkung zu schwacher Lösungen während der Dauer der Einlagerung der Hölzer vor.

Ein Kyanisierwerk, wie es heute eingerichtet zu sein pflegt, soll im folgenden beschrieben werden. Es handelt sich hierbei um eine größere Anlage mit einer Leistungsfähigkeit von etwa 10 000 m³ jährlich.

---

[1] Vgl. Zeitschr. f. Elektrotechnik u. Maschinenbau, 1916, H. 39.

[2] Nach Untersuchungen von Bub-Bodmar ist der von Nowotny ermittelte prozentuale Anteil der Überaufnahme an der Gesamtaufnahme zu hoch. (Vgl. F. Bub-Bodmar u. B. Tilger, Die Konservierung des Holzes in Theorie und Praxis, Berlin, 1922, S. 444.)

[3] Vgl. hierzu F. Bub-Bodmar u. B. Tilger, a. a. O., S. 444/45.

[4] Vgl. R. Nowotny, Zeitschr. f. Elektrotechnik u. Maschinenbau, 1915, S. 565 ff. sowie F. Bub-Bodmar u. B. Tilger, Die Konservierung des Holzes in Theorie und Praxis, 1922, S. 438 ff.

Das Werk besitzt 6 Einlagerungströge von je 26 m Länge, 4 m Breite und 1,6 m Tiefe, welche in einer Halle, je drei auf einer Seite liegend, untergebracht sind. In dem zwischen den beiden Trogreihen von einer Stirnseite der Halle zur anderen führenden Gang ist das Gleis verlegt, auf welchem die Transportwagen an den jeweilig zu beschickenden oder zu entleerenden Trog herangefahren werden. Zwischen je zwei in der Halle hintereinander liegenden Trögen befindet sich ein Zwischenraum von 1 m Breite. Die Tröge sind aus Ziegelsteinen gebaut, welche innen mit einem Zementglattstrich verkleidet sind. Diese Zementdecke ist, um die Poren vollends zu schließen, mit einem Goudronanstrich versehen. Als Vorrats- und Aufbewahrungsgefäß für die Sublimatlösung dient ein zwischen den Trögen angeordneter, unter dem Fußboden der Halle liegender, in Eisenbeton ausgeführter Kanal, dessen Decke zugleich als Fußboden der Halle dient. Der Sammelkanal erstreckt sich zwischen je 2 in der Längsrichtung hintereinander liegenden Trögen bis an die Längswandungen der Halle. Diese mit einem Bohlenbelag abgedeckten Seitenkanäle sind vorgesehen worden, um auf möglichst einfache Weise die Sublimatlösung aus dem Vorratsbassin in die Tröge pumpen zu können. Zwischen je zwei Trögen steht zu diesem Zweck eine direkt mit einem Elektromotor gekuppelte Steinzeugpumpe. Diese saugt die Sublimatlösung aus dem Aufbewahrungsbassin an und drückt sie in den jeweilig zu füllenden Trog. Die Entleerung der Tröge erfolgt durch einen

Abb. 159. Innenansicht der Kyanisierhalle mit den Einlagerungströgen.

Ablaßkanal, welcher in den Vorratsbehälter führt. Zur Ausrüstung jedes Troges gehören ferner zwei Wasserleitungsanschlüsse, um nach Bedarf Frischwasser zuführen zu können, und 6 an eine Druckluftleitung an-

18a*

geschlossene, bis zur Mitte der Trogsohle reichende Gummischläuche, mittels welcher die zum Umrühren der Sublimatlösung erforderliche Druckluft zugeführt wird. Um ein Auftreiben der Holzbeschickung in den mit Sublimatlösung gefüllten Trögen zu verhüten, sind über jedem derselben eine Anzahl Druckbalken aus Holz angeordnet, welche mittels Drahtseilen in die Höhe gezogen werden können, wenn die Tröge leer sind oder mit Holz beschickt bzw. wieder entleert werden.

Die Halle, welche an den Stirnseiten je ein zweiflügeliges Holztor besitzt, hat an jeder Längsseite eine Anzahl kleiner Fenster sowie im Dache einige Oberlichte. Bei der Abmessung dieser Fenster ist darauf Rücksicht genommen, daß das Halleninnere nicht zu hell beleuchtet wird, da Sublimatlösungen unter dem Einfluß des Tageslichtes sich allmählich zersetzen, indem das Sublimat langsam in Kalomel (Quecksilberchlorür, Hg_2Cl_2) und Quecksilber übergeht.

An der einen Stirnwand der Halle ist auf der einen Seite des Mittelganges ein Raum für einen kleinen Dampfkessel zur Erzeugung des bei der Auflösung des Sublimats benötigten Heizdampfes sowie einen Luftkompressor, welcher die Druckluft zum Umrühren der Tränklösung in den Trögen erzeugt, vorgesehen. Ihm gegenüber liegt der Raum zur Aufbewahrung und Auflösung des Sublimats. In diesem befindet sich, auf einem Wagen fahrbar, das Sublimatauflösungsgefäß, ein aus Kiefernholz angefertigter Bottich von ca. 1 m Höhe und 1 m Durchmesser. Er besitzt einen Holzdeckel, durch welchen der Dampfzuleitungsschlauch hindurchgeführt ist, sowie eine Ablaßöffnung für die fertige Lösung.

Der Betrieb selbst vollzieht sich in folgender Weise:

Die gut lufttrockenen Hölzer werden vor den zu beschickenden Trog gefahren. Die Einlagerung geschieht von Hand. Normalerweise faßt ein Trog 90 m³ Rundholz. Sobald die Holzbeschickung beendet ist, erfolgt das Niederlassen der Druckbalken und die Festlegung der zu tränkenden Hölzer. Sodann wird mittels der zwischen je zwei Behältern angeordneten Steinzeugpumpe die erforderliche Menge Sublimatlösung aus dem Vorratskanal in den betreffenden Trog gepumpt und danach eine Untersuchung der Flüssigkeit auf vorschriftsmäßige Zusammensetzung sowie erforderlichenfalls eine entsprechende Einstellung der Lauge vorgenommen. Ist eine Verstärkung derselben notwendig, so wird das hierfür benötigte Sublimat in dem mit einer entsprechenden Wassermenge gefüllten bereits beschriebenen Holzbottich unter gleichzeitigem Einleiten von Dampf aufgelöst. Alsdann wird der Bottich an den in Frage kommenden Trog gefahren und die in ihm befindliche Lösung in letzteren abgelassen; gleichzeitig wird der Inhalt des betreffenden Troges mit Preßluft gerührt, um sofort eine gute Verteilung der konzentrierten Sublimatlösung zu erzielen.

Die Einlagerungsdauer beträgt für kieferne Rundhölzer 8, für solche aus Fichte oder Tanne 10 Tage. Nach Beendigung der Tränkung wird die Sublimatlösung in das Sammelbassin abgelassen und die oberste Lage der Hölzer, auf welcher sich die während der Tränkung entstehenden bzw. im Laufe der Zeit unter der Einwirkung des Lichtes sich er-

gebenden Abscheidungen absetzen, mit Wasser abgespritzt. Nun werden
die getränkten Hölzer auf den Lagerplatz gefahren und so lange luftig
gestapelt, bis sie wieder lufttrocken geworden sind. Nachdem sie dann
noch am Zopfende mit einem wasserundurchlässigen Bitumenanstrich,
sowie gegebenenfalls an der Erd-Luftzone mit dem sogenannten Stockschutz versehen worden sind, sind sie versandfertig.

Die Eindringungstiefe des Sublimats in nach Reichspostvorschrift
kyanisierte Kiefer und Fichte zeigt Abb. 160. Durch die Behandlung der
Holzscheiben mit
Schwefelammonium
sind die Sublimat
enthaltenden Holz-
zonen schwarz ge-
färbt worden.

Das Kyanisierver-
fahren ist nicht nur
in der ursprünglichen
Weise unter Verwen-
dung reiner Queck-
silberchloridlösung
ausgeführt worden.
Da in Deutschland
nennenswerte Vor-
kommen von Queck-

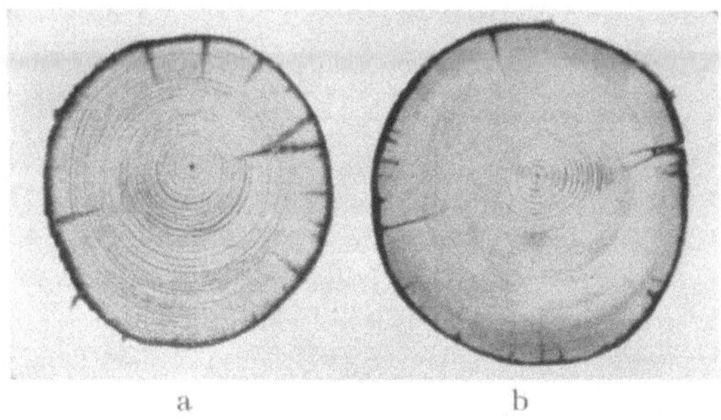

Abb. 160. Kiefer (a) und Fichte (b) nach Reichspostvorschrift mit
Quecksilberchlorid-(Sublimat-)Lösung kyanisiert. Schnittflächen mit
Schwefelammoniumlösung behandelt.

silbererzen nicht verfügbar sind, und infolgedessen das von der deutschen
Industrie benötigte Quecksilber aus dem Auslande (Italien, Spanien) bezogen werden muß, ergaben sich schon bald nach Ausbruch des ersten Weltkrieges für die Kyanisierwerke Schwierigkeiten bezüglich der Sublimat-
beschaffung, die eine Einschränkung des Sublimatverbrauches erforderlich
machten. Zur Herabsetzung der Sublimataufnahme des Holzes wurde
seinerzeit das von Bub-Bodmar vorgeschlagene Sublimatsparverfahren
angewendet, welches statt der bis dahin verwendeten $^2/_3$%igen Sublimatlösung eine Tränklösung benutzte, die nur 0,2% Sublimat, außerdem aber
0,8% Fluornatrium enthielt[1]. Während der Jahre 1917—1920 wurde
aus dem vorstehend genannten Grunde auf den deutschen Kyanisier-
werken hauptsächlich nach diesem Sublimatsparverfahren gearbeitet
und bis Ende März 1921 etwa 1 Million Telegraphenstangen und Leitungsmaste unter seiner Anwendung getränkt[2]. Bei der Tränkung
kieferner Stangen und Maste nach diesem Verfahren stellte Bub-
Bodmar eine mittlere Aufnahme von 0,33 kg Sublimat und 0,73 kg
Fluornatrium je m³ Holz fest[3]. Über die Standdauer der nach dem Sparverfahren behandelten Hölzer ist zu sagen, daß sie im allgemeinen nicht
befriedigte. Das Verfahren ist infolgedessen nur während des genannten
Zeitraumes angewendet worden.

---

[1] Vgl. D. R. P. 290186/1914 (F. Bub).

[2] Vgl. F. Bub-Bodmar u. B. Tilger, Die Konservierung des Holzes in
Theorie und Praxis, Berlin 1922, S. 508—515.

[3] Wie [2], S. 512—513.

Bereits Anfang 1921 wurde an seiner Stelle ein „Vollverfahren" eingeführt, das unter der Bezeichnung „verbessertes Kyanisierverfahren" bekannt geworden ist. Die Tränklösung enthielt nunmehr wieder wie früher 0,66 % Sublimat, außerdem aber noch 1,0 % Fluornatrium. Bei Anwendung dieses Verfahrens betrug die durchschnittliche Aufnahme von Kiefernrundholz nach Bub-Bodmar 1,15 kg Sublimat und 1,05 kg Fluornatrium je Kubikmeter[1]. Da das letztgenannte Salz nicht wie das Sublimat von der Holzfaser fixiert wird, sondern sich in gleicher Weise wie das Lösungswasser im Holz verteilt, also tiefer eindringt als das Sublimat, erhoffte man von diesem Verfahren erheblich bessere Tränkungsergebnisse als von dem Kyanisierverfahren in seiner ursprünglichen Ausführungsform. Die von Winnig an Hand der Reichspoststatistik ausgeführten Berechnungen (s. S. 220) haben aber ergeben, daß diese Mischungstränkung keinen besseren Erfolg brachte als die alte Kyanisierung mit $^2/_3$%iger Sublimatlösung. Unter Berücksichtigung der mit dem „Sublimatsparverfahren" sowie dem „verbesserten Kyanisierverfahren" gemachten unbefriedigenden Erfahrungen ist die Reichspostverwaltung später wieder dazu übergegangen, für die Ausführung der Kyanisierung ihrer Hölzer die Verwendung reiner $^2/_3$%iger Sublimatlösung vorzuschreiben. Als infolge des im Jahre 1935 in Deutschland erfolgten Verbots der Verwendung von Quecksilberchlorid zur Holzkonservierung für den Inlandsbedarf die Kyanisierung eingeschränkt werden mußte, wurden seitens der Deutschen Reichspost die leicht wasserlöslichen chrom- und arsenhaltigen Fluorsalzgemische, von welchen später noch die Rede sein wird (siehe S. 367 ff.), bei der Durchführung des Einlagerungsverfahrens für Stangen und Maste als Ersatztränkstoffe für das fehlende Sublimat zugelassen.

Es wurde bereits darauf hingewiesen, daß infolge der schnellen und starken Fixierung des Quecksilbersublimates durch die Holzfaser, die zwar gewisse Vorteile mit sich bringt, andererseits ein fühlbarer Nachteil bedingt wird, der darin begründet liegt, daß es bei Anwendung des üblichen Einlagerungsverfahrens nicht möglich ist, das Sublimat in die tieferen, in den allermeisten Fällen ebenfalls schutzbedürftigen Holzschichten einzuführen. Besonders kraß treten diese Verhältnisse in Erscheinung z. B. bei der Trogtränkung von kiefernen Rundhölzern, bei denen die besonders durch Fäulnis und Insektenfraß gefährdeten Splintschichten meist mehrere Zentimeter breit sind, während die Eindringungstiefe des Sublimates, wie bereits gesagt, im allgemeinen nur einige Millimeter beträgt.

Bei dieser Sachlage war man bemüht, Einlagerungsverfahren zu finden, welche ein tieferes Eindringen des Sublimats in das Holz ermöglichen. Eine Verbesserung hat man z. B. dadurch zu erreichen gesucht, daß man die Hölzer zunächst 24 Stunden lang in die auf mindestens 40° C erwärmte Tränklösung einlagerte und sie anschließend weitere 120 Stunden lang in der nun nicht weiter erwärmten Lösung abkühlen ließ (vgl. Reichspostvorschrift S. 221). Durch das in diesem Falle kräftigere Nachsaugen

---

[1] Vgl. F. Bub-Bodmar u. B. Tilger, Die Konservierung des Holzes in Theorie und Praxis, Berlin 1922, S. 512—515.

von Tränklösung in das Holz sollte eine bessere Aufnahme und Durchtränkung erreicht werden. Über den Erfolg dieses „Warmverfahrens" ist bisher nichts bekannt geworden.

Zwei andere Verfahren, welche dem gleichen Zweck dienen, liegen in dem Diakyanisierverfahren der Fa. Impreva Aktiengesellschaft, Berlin-Charlottenburg[1], und dem Tiefkyanisierverfahren von W. Kinberg[2] vor. Die Diakyanisierung wird, der deutschen Patentschrift zufolge, in der Weise ausgeführt, daß das Holz nach erfolgter Dämpfung, durch die es erhitzt und gleichmäßig angefeuchtet werden soll, einer Trocknung bis auf etwa 150° C zwecks Erzielung einer starken Rißbildung unterworfen wird. Unter Vermeidung wesentlicher Abkühlung wird es nunmehr schnellstens in die nicht erwärmte Sublimatlösung 3—4 Tage lang eingelagert. Das Verfahren kann, der Patentschrift zufolge, auch derart ausgeführt werden, daß die erforderliche Heißhaltung des Holzes nach beendigter Trocknung durch eine nochmalige Dämpfung bei gleichzeitiger Berieselung mit dem sich bildenden Kondensat bewirkt wird; dem letzteren können geeignete Säuren, Kresole oder Cyklohexanol hinzugesetzt werden, welche — dem alten Damerau-Verfahren zufolge — einen gewissen Holzaufschluß bewirken sollen (siehe unten). Das Diakyanisierverfahren war auch von der ehemaligen Deutschen Reichspost zugelassen worden. Die in diesem Falle vorgeschriebene Arbeitsweise ist in den auf den Seiten 221 ff. mitgeteilten Tränkungsvorschriften der Reichspost enthalten. Wie aus denselben hervorgeht, hat man von der Anwendung der in der Patentschrift vorgesehenen Trocknung der Hölzer bei Temperaturen bis zu 150° C Abstand genommen, weil man bei diesen hohen Temperaturen mit Recht eine ungünstige Beeinflussung der Festigkeitseigenschaften des Holzes befürchtete. Die Trockentemperatur wurde vielmehr auf 90—110° C festgesetzt.

Die Tiefkyanisierung von Fichten- und Tannenholz nach Kinberg wird der Patentschrift gemäß so ausgeführt, daß man das Holz zunächst dämpft unter gleichzeitiger Hinzugabe eines geeigneten Lösungsmittels für Harze, z. B. Trichloräthylen. Im unmittelbaren Anschluß an diese Dämpfung soll dann die Einlagerung des Holzes in die Sublimatlösung erfolgen. Erfahrungen über die Bewährung der nach den vorstehenden Verfahren behandelten Hölzer aus der Praxis sind bisher nicht bekannt geworden.

Ein Verfahren, um Tannenholz, welches insbesondere nach dem Einlagerungsverfahren getränkt werden soll, für Imprägniermittel aufnahmefähiger zu machen, wurde bereits 1913 von E. Damerau angegeben[3]. Es besteht darin, daß man das Holz, gleichviel ob in nassem, frischem oder trockenem Zustande, in geschlossenen Behältern einer mehr oder weniger langen — 1—10stündigen — Einwirkung säurehaltigen Wasserdampfes unterwirft. Zur Ausführung des Verfahrens soll sich

---

[1] D. R. P. 521 110/1925.

[2] Vgl. Tschechoslowakische Patentschrift 13 012 und W. Kinberg, Das Tief-Kyan-Verfahren für Fichten- und Tannenholz, Ingenieur-Zeitschrift, Teplitz-Schönau, 7. Jahrg., Heft 15.

[3] D. R. P. 341 375.

jede beliebige, mit Wasserdampf flüchtige Säure eignen. Bei seinerzeit durchgeführten Nachprüfungen des Verfahrens konnte die beanspruchte Wirkung nicht festgestellt werden. Eine Bedeutung für die Technik hat das Verfahren nicht erlangt.

Das Kyanverfahren ist, wie bereits bemerkt, in Deutschland vor allem für die Konservierung von Telegraphenstangen und Leitungsmasten aus Fichten- und Tannenholz, daneben aber auch für kieferne Hölzer dieser Art, angewendet worden. Da die Durchtränkung des gesamten Splintes der kiefernen Rundhölzer aber beim Kyan- sowie allgemein beim Trogverfahren nicht möglich ist, hat man sie normalerweise im Kesseldruckverfahren, welches diesen Mangel beseitigt, behandelt und für diese Tränkungen entweder Steinkohlenteeröl oder wässerige Tränksalzlösungen — nur ausnahmsweise aber Sublimat — verwendet. Das in früheren Jahrzehnten zur Konservierung der kiefernen Stangen und Maste ebenfalls häufig benutzte Saftverdrängungsverfahren (s. S. 223 ff.) ist seit langer Zeit sehr in den Hintergrund getreten und spielt heute für die Konservierung der kiefernen Rundhölzer neben dem Kesseldruckverfahren zusammen mit dem Osmoseverfahren (s. S. 281 ff.) nur eine Nebenrolle.

Neuere Untersuchungen über die Gebrauchsdauer der bei der ehemaligen Reichspost verwendeten Telegraphenstangen, welche von Winnig unter Benutzung der Reichspoststatistik im Jahre 1934 veröffentlicht wurden[1], ergaben für 10 abgeschlossene Einstellungsjahrgänge kyanisierter Stangen (1873—1882) eine durchschnittliche Gebrauchsdauer von 15,5 Jahren. Andererseits fand Winnig als rechnerisches Ergebnis der Statistik für die Jahre 1900—1932 für die alte Kyanisierung eine voraussichtliche mittlere Gebrauchsdauer von 26,8 und für die Mischtränkung ($\frac{2}{3}$ % Sublimat $+$ 1 % Fluornatrium) von 22,9 Jahren. In seiner letzten Veröffentlichung über den gleichen Gegenstand gibt Winnig die mittlere Gebrauchsdauer der kyanisierten Stangen mit 30 bis 32 Jahren an[2]. Diese Zahl wurde ermittelt, nachdem in den Jahren seit 1932 bei einzelnen der ältesten Stangenjahrgänge der Gesamtausfall durch Fäulnis und Insektenfraß die Hälfte der Einstellungszahl erreicht oder überschritten hatte, so daß in diesen Fällen die mittlere Gebrauchsdauer durch Zeichnen der Summenkurven festgestellt werden konnte. Die mitgeteilte Zahl gilt — wie Winnig ausdrücklich bemerkt — nur für die betreffenden Stangenjahrgänge und darf nicht verallgemeinert werden. Die große Verbesserung der mittleren Gebrauchsdauer, wie sie sich nach Vorstehendem ergibt, führt Winnig zum Teil auf die Wirkung der bei der Post seit Beendigung des ersten Weltkrieges allgemein durchgeführten planmäßigen Stangennachpflege zurück.

Für die Ausführung der Tränkung ihrer Telegraphenstangen in offenen Trögen hat die ehemalige Deutsche Reichspost, zuletzt im Jahre 1937, die im folgenden auszugsweise gebrachten Vorschriften herausgegeben:

---

[1] Vgl. K. Winnig, Die Stangenstatistik der DRP und die Berechnung der mittleren Gebrauchsdauer, Archiv für Post und Telegraphie, 1934, Nr. 1.

[2] Derselbe, Der Schutz von Holzmasten bei der Deutschen Reichspost, Ztschr. Holz als Roh- und Werkstoff, Jahrg. 1939, Heft 7/8.

Vorläufige technische Vorschriften
für die Tränkung von Telegraphenstangen in offenen Trögen.

Zur Tränkung in offenen Trögen werden Kiefern, Lärchen, Fichten und Weißtannen zugelassen.

In die mit den Stangen beschickten Tröge ist so viel Lösung einzulassen, daß sie mindestens 5 cm über der obersten Stangenschicht steht. Dieser Zustand muß während der Tränkungsdauer erhalten bleiben; erforderlichenfalls ist Decklösung nachzufüllen. Die Lösung ist durch Einpressen von Druckluft vom Boden des Troges aus werktäglich mindestens dreimal etwa 10 Minuten lang gründlich zu rühren. Das gleiche hat zu geschehen, wenn die Lösung verstärkt oder Decklösung aufgepumpt wird.

Beim Kaltverfahren müssen Kiefern und Lärchen mindestens 192, Fichten und Weißtannen mindestens 240 Stunden in der Lösung liegen. Werden Kiefern und Lärchen zusammen mit Fichten und Tannen getränkt, so beträgt die Einlagerzeit ebenfalls mindestens 240 Stunden.

Beim Warmverfahren wird die Lösung auf mindestens 40° C gebracht; dieser Wärmegrad muß während 24 Stunden beibehalten werden. Danach darf die Temperatur der Lösung auf Raumwärme absinken. Die Einlagerzeit beträgt im ganzen 144 Stunden[1].

Tritt während der Einlagerung Frostwetter ein, so werden diejenigen Tage, an denen sich im Troge Eis gebildet hat, bei Feststellung der Tränkungsdauer nicht mitgezählt.

Nach beendeter Tränkung ist ein Niederschlag von ungelösten Tränkungsstoffen auf den Stangen durch Abspülen mit Wasser oder in sonst geeigneter Weise zu beseitigen.

Als Tränklösung ist entweder

a) eine 0,66prozentige Quecksilbersublimatlösung, d. h. die Auflösung von 1 Gewichtsteil Quecksilbersublimat in 150 Gewichtsteilen Wasser, oder

b) eine 1,66prozentige Quecksilbersublimat-Fluornatrium-Lösung (Deutsches Reichspatent 290186) im Verhältnis von 0,66 Teilen Quecksilbersublimat zu 1 Teil Fluornatrium, d. h. die Auflösung von 1 Gewichtsteil Quecksilbersublimat und 1½ Gewichtsteilen Fluornatrium in 150 Gewichtsteilen Wasser, oder

c) für Kiefern und Lärchen eine 6prozentige, für Fichten und Tannen eine 10prozentige Lösung eines leicht löslichen chromarsenhaltigen Salzgemisches (genauer: chrom-arsenhaltigen Fluorsalzgemisches, sog. „UA-Salz", s. S. 368) zu verwenden[2].

Zur Herstellung einer 6prozentigen Lösung sind 6 Gewichtsteile des Salzgemisches in 98,6 Gewichtsteilen Wasser und zur Herstellung einer 10prozentigen Lösung 10 Gewichtsteile des Salzgemisches in 97 Gewichtsteilen Wasser aufzulösen (6 kg Salzgemisch und 98,5 l Wasser oder 10 kg Salzgemisch und 97 l Wasser ergeben 100 l Lösung).

Das Quecksilbersublimat muß eine Reinheit von mindestens 98 v. H., das Fluornatrium eine Reinheit von mindestens 95 v. H. aufweisen. Die Zusammensetzung des chromarsenhaltigen Salzgemisches wird durch das Reichspostzentralamt mit den Herstellern vereinbart.

Zu a und b:

Zur Herstellung der Tränklösung a wird eine gesättigte Sublimatlösung zubereitet. Diese Lösung wird in den Vorratsbehälter abgelassen und mit kaltem Wasser bis zum vorgeschriebenen Gehalt verdünnt. Bei der Her-

---

[1] Bei Stangen, die eine Vorbehandlung nach dem Diakyanisierverfahren (Dämpfung bei 80 bis 100° C während 4 bis 5 Stunden, danach Trocknung bei 90 bis 110° C während ebenfalls 4 bis 5 Stunden, danach sofortige Einlagerung in kalte Tränklösung) erfahren, beträgt die Einlagerzeit mindestens 72 Stunden.

[2] Absatz c wurde aus der Reichspostvorschrift über die Tränkung von Telegraphenstangen in offenen Trögen mit chromarsenhaltigen Salzgemischen von 1938 übernommen.

stellung der Lösung b ist zunächst ebenso zu verfahren, darauf wird das Fluornatrium gleich in den Vorratsbehälter, jedoch in Teilmengen an verschiedenen Stellen und unter kräftigem Rühren der Lösung, nachgestreut.

Die Lösung ist vor unmittelbarem Sonnenlicht zu schützen.

Der Sublimatgehalt der Lösung, der sich durch die Überaufnahme verringert, ist während der ganzen Tränkungsdauer in der vorgeschriebenen Dichte zu erhalten. Zu dem Zweck ist der Sublimatgehalt jedes Troges von der Tränkanstalt werktäglich bei Arbeitsbeginn zu prüfen und sogleich zu verstärken, wenn eine Schwächung (Überaufnahme) festgestellt worden ist.
Zu c:

Das chromarsenhaltige Salzgemisch wird durch Einleiten von Dampf in einen mit Salzgemisch und mit Wasser beschickten Bottich aufgelöst. Erst 2 Stunden nach Beendigung der Dampfzufuhr darf die Lösung abgelassen werden. Setzen sich größere Mengen ungelöster Stoffe am Boden des Bottichs ab, so ist das zur Herstellung der Lösung benutzte Wasser durch den Lieferer des Salzgemisches auf Eignung für die Tränkung untersuchen zu lassen, der erforderlichenfalls Abhilfemaßnahmen angeben wird. Zweckmäßig wird das Tränkwasser bereits auf Eignung vor seiner Verwendung geprüft. Keineswegs dürfen ungelöste Stoffe in den Einlagerungstrog geleitet werden.

Die Tränkflüssigkeit ist im Vorratstrog auf die vorgeschriebene Dichte zu bringen. Für eine etwa dennoch notwendig werdende Verstärkung der Lösung im Einlagerungstrog ist nur in einem anderen Behälter aufgelöstes Salzgemisch zu verwenden; das Einschütten ungelösten Salzes in den Tränkungstrog ist nicht gestattet. Zur Verdünnung der Lösung ist warmes Wasser zu verwenden.

Wenn nicht andere Vereinbarungen mit dem Reichspostzentralamt getroffen worden sind, wird die dem Holz einverleibte Salzmenge durch Feststellung des Flüssigkeitsstandes im Vorratstrog mit einem Peilstab vor und nach der Tränkung ermittelt. Die Aufnahme an festem Salz beträgt bei einer 6prozentigen Lösung 6 kg, bei einer 10prozentigen Lösung 10 kg je 100 l der Lösungsaufnahme. Der Preisvereinbarung für die mit chromarsenhaltigen Salzgemischen getränkten Stangen liegt eine Aufnahme von 4 kg/m^3 zugrunde.

Seitens des Fernmeldetechnischen Zentralamtes der Deutschen Post in Bad Salzuflen sind die vorstehenden Vorschriften des früheren Reichspostzentralamtes durch die Technischen Vorschriften für die Tränkung von Holzmasten in offenen Trögen mit Quecksilbersublimat, Ausgabe März 1949, und die Vorläufigen technischen Vorschriften für die Imprägnierung von Holzmasten in offenen Trögen mit chromarsenhaltigen Salzgemischen, Ausgabe 1949, in folgenden Punkten abgeändert bzw. ergänzt worden[1]:

a) für die Trogtränkung mit Sublimatlösung[2].

Es werden nur noch Fichten und Weißtannen zugelassen. Die Masten sind nur dann zu tränken, wenn sie gut lufttrocken sind. Sind die vorher

---

[1] Auch seitens der Postverwaltung in der Ostzone wird eine Neubearbeitung der verschiedenen Tränkungsvorschriften für Telegraphenstangen vorbereitet.

[2] Seit Mitte 1949 werden auf Veranlassung des Fernmeldetechnischen Zentralamtes für die Imprägnierung der Poststangen nur noch Steinkohlenteeröl und chromarsenhaltiges Fluorsalzgemisch verwendet, da diese Schutzstoffe nach den Feststellungen der Post den Leitungsmasten die längste Gebrauchsdauer verleihen. Quecksilbersublimat wird also zur Zeit für die Konservierung der Stangen der Westdeutschen Post überhaupt nicht benutzt.

lufttrocken gewesenen Maste durch Regen, Schnee usw. erheblich naß geworden, so sind sie so lange von der Tränkung auszuschließen, bis sie wieder hinreichend lufttrocken geworden sind. Als Tränkungsflüssigkeit darf nur noch reine Quecksilbersublimatlösung verwendet werden (1 Gew.-Teil Sublimat in 150 Gew.-Teilen Wasser). Die Beimischung anderer Stoffe ist nur mit Genehmigung des FTZ zulässig.

Es wird weder das „Warmverfahren" noch das „Diakyanisierverfahren", welche beide vom Reichspostzentralamt zugelassen waren, erwähnt. Die Tränkung erfolgt nur noch mit der nicht erwärmten Salzlösung.

b) für die Trogtränkung mit chromarsenhaltigem Fluorsalzgemisch.

Auch hier werden nur noch Fichten und Tannen zugelassen, die bei Ausführung der Tränkung gut lufttrocken sein müssen. Im Gegensatz zu a ist hier sowohl das „Kalt"- als auch das „Warmverfahren", entsprechend der alten Reichspostvorschrift, vorgesehen. Es darf nur noch eine 10prozentige Lösung eines leichtlöslichen Salzgemisches von folgender Zusammensetzung verwendet werden:

Kaliumbifluorid .... 24 v. H.
Kaliumbichromat........................ 30 v. H.
Dikaliumarsenat (wasserfrei) .... 31 v. H.
Dinitrophenol .... 1 v. H.
Pottasche (Kaliumcarbonat) .... 14 v. H.

Es handelt sich also um das unter dem Namen „Basilit UA ll" (ll = leicht löslich) bekanntgewordene Imprägniersalzgemisch (s. S. 368). Salzgemische von anderer Zusammensetzung, die vom FTZ zugelassen worden sind, werden von Fall zu Fall bekanntgegeben.

Der Preisvereinbarung für die mit chromarsenhaltigen Fluorsalzgemischen imprägnierten Maste liegt eine Aufnahme von 4,5 kg Salzgemisch je m³ Holz zugrunde. Minderaufnahmen bis zu 15% sind zulässig.

D. Das Saftverdrängungsverfahren (Boucherie-Verfahren).

Bei dieser Tränkungsart wird, wie bereits der Name sagt, die Tränkflüssigkeit durch Verdrängung des Zellsaftes in das Holz eingeführt. Daraus folgt, daß in diesem Falle die zu imprägnierenden Hölzer frisch geschlagen und noch mit Bast und Rinde versehen sein müssen, und zwar soll nach den vorliegenden Erfahrungen mit der Tränkung im allgemeinen spätestens 8—14 Tage nach der Fällung der Bäume begonnen werden. Aus dem vorstehenden sowie auf Grund der Ausführung des Verfahrens ergibt sich ferner, daß die Boucherie-Tränkung auf die frostfreie Jahreszeit beschränkt ist.

Ursprünglich wurde das Verfahren in der Weise ausgeführt, daß die Bäume in der Vegetationszeit tief eingesägt oder angehauen und an den so vorbereiteten Stellen mit Kästen umgeben wurden, welche man mit der Tränkflüssigkeit füllte, die dann langsam aufgesaugt wurde und so in die Leitungsbahnen des Baumes gelangte. Bei diesem Vorgang bewirkt die Lebenstätigkeit des Baumes die Aufwärtsbewegung der Imprägnierflüssigkeit (sogenannte „Aszension"). Die Einführung der Flüssigkeit versuchte A. Boucherie später dadurch zu beschleunigen, daß er auch an den abgeschnittenen Ästen des noch stehenden Baumes mit der Tränkflüssigkeit gefüllte Gefäße anbrachte, so daß auch von diesen Stellen aus der Eintritt der Flüssigkeit in das Holz erfolgte. Aber diese

Ausführungsform war noch zu umständlich und erst weitere Verbesserungen führten zu einem brauchbaren Verfahren, auf welches Boucherie im Jahre 1841 ein französisches Patent erhielt. Bei dieser Arbeitsweise verfuhr Boucherie derart, daß er die Stammenden der frisch geschlagenen, entwipfelten und entästeten, horizontal gelagerten Baumstämme einzeln mit einem hoch stehenden Vorratsbehälter für die Tränkstofflösung in Verbindung brachte, so daß letztere aus diesem etwa 10 m hoch stehenden Behälter unter ihrem hydrostatischen Druck in die Stämme eindrang (sogenannte „Infiltration"). In dieser Ausführungsform hat sich das Boucherie-Verfahren bis in die neueste Zeit fast unverändert erhalten (vgl. Abb. 161).

Die Fällung der nach diesem Verfahren zu imprägnierenden Stämme erfolgt in der Regel in den Monaten April bis Oktober, wonach schnellstens — in spätestens 14 Tagen — mit der Imprägnierung begonnen werden muß, da nach längerer Lagerung der gefällten Hölzer die Imprägnierung infolge der Austrocknung des Holzes auf Schwierigkeiten stoßen würde. Gelegentlich wird — ebenso wie bei dem später zu behandelnden Osmose-Verfahren (s. S. 281 ff.) — auch wintergefälltes, sorgfältig vor Austrocknung geschütztes Holz verwendet. Doch bleibt in diesen Fällen der Erfolg der Behandlung unsicher. Die Rinde, namentlich aber die Basthaut der Stämme, darf bei der Fällung nicht beschädigt werden.

Zwecks Imprägnierung werden die Stämme nebeneinander auf ein Holzgerüst gelegt derart, daß das Stammende etwas höher als das Zopfende liegt. Zuvor wird von jedem Stammende eine Scheibe von etwa 2 bis 5 cm Dicke abgeschnitten, um einerseits eine flüssigkeitsdichte Kammer an den Stammenden herstellen zu können und um andererseits zwecks Erleichterung des Eindringens der Imprägnierflüssigkeit eine frische, durch keinerlei Verunreinigungen oder Abscheidungen verstopfte, gut durchfeuchtete Holzschnittfläche zu schaffen. An der so erhaltenen ebenen Fläche wird dann mit Hilfe einer Holzplatte eine flüssigkeitsdichte Kammer hergestellt. Die Holzplatte ist etwa 5—6 cm dick und so geschnitten, daß die Leitungsbahnen des betreffenden Holzstückes senkrecht zu denen des zu imprägnierenden Stammes verlaufen. Auf diese Weise wird verhütet, daß die Imprägnierflüssigkeit unter dem herrschenden Druck durch die Verschlußplatte hindurchdringt. Die Platte, deren Durchmesser nach demjenigen des zu tränkenden Stammes bemessen wird, ist an der Außenseite mit einer dicken, in Richtung eines Durchmessers verlaufenden Holzleiste versehen. Diese ragt mit ihren beiden Enden etwas über den Plattenrand hinweg und dient zum Anpressen der Platte an den Stamm. Die Leiste ist zu diesem Zweck an beiden Enden mit einer Bohrung versehen, durch welche je eine etwa 50 cm lange eiserne Klammer geführt wird. Das eine rechtwinkelig umbogene Ende dieser Klammern besteht aus einem spitzen Haken, welcher in den Baumstamm eingeschlagen wird; am anderen Ende sind sie mit einem Gewinde versehen, so daß man mit Hilfe einer Schraubenmutter die Holzplatte gegen die Fläche des Stammes pressen kann. Um eine wasserdichte Kammer zwischen Platte und Stammschnitt herstellen zu können, wird zwischen die Ränder der beiden Flächen eine Dichtung gelegt. Dabei ist zu beachten, daß durch die abdichtende Packung nur ein möglichst schmaler Ring des

Abb. 161. Ansicht einer Boucherie-Anlage.

äußeren Splintes des zu tränkenden Stammes abgedeckt wird, damit die Tränkflüssigkeit bei ihrem Eintritt in das Holz möglichst wenig behindert

19 Handbuch der Holzkonservierung. 3. Aufl.

wird. Man kann zur Abdichtung Kautschukpackungen oder Packungen aus gefettetem Hanf oder dgl. benutzen. Durch Platte und Leiste ist in Plattenmitte ein konisches Loch gebohrt, in welches ein kurzes Holzrohr gesteckt ist. Durch dieses kurze Rohrstück wird ein dünneres Rohr hindurchgeführt, welches zur Verbindung der wasserdichten Kammer mit dem Zuleitungsrohr für die Imprägnierflüssigkeit durch einen genügend starken Gummischlauch mit Leineneinlage dient. Die soeben beschriebene Vorrichtung ist natürlich für jeden einzelnen Holzstamm notwendig. Die Verbindung der einzelnen Stämme mit den Flüssigkeitszuleitungen ist derartig, daß sie an jedem Stamm unterbrochen werden kann, ohne daß dadurch der Imprägniervorgang bei den übrigen Stämmen gestört wird.

Die Gummischläuche verbinden die einzelnen Stämme mit dem zumeist aus Kupferrohren bestehenden Hauptrohrsystem, welches zu dem hoch stehenden Flüssigkeitsbehälter führt. Dieser Behälter steht auf einem Gerüst von im allgemeinen 10—15 m Höhe, so daß die Flüssigkeit unter ihrem eigenen hydrostatischen Druck in die Stämme eintritt. Neben den unter Anwendung hydrostatischen Druckes arbeitenden Boucherie-Anlagen hat man auch solche gebaut, welche zum Einpressen der Tränkstofflösung in das Holz Dampfstrahlpumpen benutzten.

Die Ausführung des Boucherie-Verfahrens erfolgte bis vor etwa 15 Jahren ausschließlich mit wässerigen Lösungen von Kupfersulfat, und deshalb soll die Ausführung des Verfahrens an Hand der Verwendung dieses Imprägniermittels näher beschrieben werden. Die Tränkflüssigkeit wird hergestellt durch Auflösen von Kupfervitriol in Wasser, und zwar verwendet man eine etwa 1 %ige Lösung des kristallisierten Salzes ($CuSO_4 \cdot 5\,H_2O$)[1]. Die fertige Imprägnierflüssigkeit pumpt man dann in den hoch stehenden Flüssigkeitsbehälter[2]. Zu beachten ist, daß das zur Herstellung der Lösung benutzte Wasser keine Bestandteile enthalten darf, die mit Kupfervitriol Ausscheidungen geben, also namentlich keine Kalksalze in größerer Menge, da diese zur Bildung von schwer löslichen Kupferverbindungen und dadurch zu Ausscheidungen in der Apparatur sowie zu Verstopfungen der an den Stammenden der Hölzer frisch hergestellten Schnittflächen führen würden.

Nach Herstellung der Verbindungen zwischen Flüssigkeitshochbehälter und den zu tränkenden Stämmen füllt die Kupfersulfatlösung die Verschlußkammern, nachdem die in ihnen enthaltene Luft durch die zunächst noch nicht völlig dichten Verschlüsse entwichen ist. Bald danach beginnt an den Zopfenden der Stämme der Holzsaft und dann eine zunächst immer stärker werdende Lösung von Kupfervitriol herauszutreten. Um den Flüssigkeitsaustritt aus den Stämmen zu erleichtern, wird vor Beginn der Imprägnierung von den Zopfenden eine dünne

---

[1] In den Anstalten der Deutschen Reichspost- und Telegraphenverwaltung arbeitete man mit 1,5 prozentigen Lösungen.

[2] Sämtliche Rohrleitungen, Ventile usw., mit denen die Kupfersulfatlösung in Berührung kommt, müssen aus Kupfer oder gegen Kupfervitriollösung indifferenten Stoffen hergestellt sein; unedlere Metalle, wie z. B. Eisen und Zink, werden von der Lösung unter Zersetzung derselben aufgelöst.

Scheibe abgeschnitten. Die an den Stammenden aus Undichtigkeiten der Verschlußkammern abtropfende Tränklösung wird in einer hölzernen Rinne gesammelt, welche in einen Behälter mündet, aus dem die Flüssigkeit zwecks Reinigung einem Filter zugeführt wird. Während die so erhaltene, gereinigte Tränklösung wieder der frisch zubereiteten Lösung hinzugefügt wird, kann die an den Zopfenden der Stämme austretende Flüssigkeit wegen ihres hohen Gehaltes an Holzsaft nicht durch einfache Filtration wieder für die Imprägnierung brauchbar gemacht werden. Sie wird entweder beseitigt oder in anderer Weise verwertet.

Die Dauer des Tränkvorganges ist sehr verschieden und hängt in erster Linie von der Art und den Abmessungen der Hölzer, ferner von der Beschaffenheit der Stämme (Art und Dichtigkeit des Holzes) und der Fällungszeit ab. Zur Behandlung einer Stange von 10—12 m Länge braucht man im allgemeinen 10—14 Tage. Die Beendigung des Tränkungsvorganges erkennt man einerseits an der Konzentration der an dem Zopfende heraustretenden Imprägnierflüssigkeit und andererseits an der Verfärbung des Splintholzes am Zopfende. Bei Beendigung der Imprägnierung ist es gleichmäßig schwach grün gefärbt. Die Güte der Durchtränkung kann man auch dadurch beurteilen, daß man die zu prüfende Holzfläche mit einer 1%igen Ferrocyankaliumlösung bestreicht. Aus dem Ferrocyankalium bildet sich mit dem im Holz vorhandenen Kupfersulfat rotgefärbtes Ferrocyankupfer, und aus der Stärke der Rotfärbung kann man auf die Menge des vom Holz aufgenommenen Kupfervitriols schließen. Nach Beendigung der Tränkung werden die Stämme zwecks besserer Fixierung des Tränkstoffes zunächst in der Rinde gelagert und erst später geschält.

Die Aufnahme kieferner Hölzer beträgt bei Verwendung einer 1%igen Tränklösung im Mittel etwa 5,5 kg und bei Verwendung einer 1,5%igen Lösung etwa 8 kg kristallisiertes Kupfervitriol je Kubikmeter. Die Feststellung der Aufnahme an Imprägnierflüssigkeit in der sonst üblichen Weise, d. h. durch Verwiegen der Hölzer vor und nach der Tränkung, ist bei dem Boucherie-Verfahren natürlich nicht möglich, da während der Aufnahme der Imprägnierflüssigkeit gleichzeitig Saft aus dem Holze heraustritt. Man kann deshalb die Aufnahme an Tränkstoff nur auf Grund des Verbrauches an letzterem während einer bestimmten längeren Arbeitsperiode feststellen. Nach Mitteilung von Winnig[1] ergab eine 10jährige Durchschnittsberechnung der Deutschen Reichspost, daß zur Tränkung von 1 m³ Holz (vorwiegend Kiefer) 9,8 kg kristallisiertes Kupfersulfat verbraucht wurden. Der Verlust in der Abtropflösung wird mit 20% angegeben. Somit verbleiben etwa 8 kg/m³ Kupfervitriol im Holz. Bei Anwendung einer 1,5%igen Tränklösung entspricht dies einer Aufnahme von etwa 530 l/m³ Holz.

Als Tränklösung wurde, wie bereits erwähnt, beim Boucherie-Verfahren fast ausschließlich wässerige Kupfervitriollösung verwendet. Bereits Boucherie hat auch verschiedene andere Salze, wie z. B. holzessigsaures Eisen und Quecksilberchlorid, zur Ausführung seines Verfahrens

---

[1] Vgl. K. Winnig, Der Schutz von Holzmasten bei der Deutschen Reichspost, Ztschr. Holz als Roh- und Werkstoff, Jahrg. 2 (1939), Heft 7/8.

angewendet, aber von allen seinen und auch von den sonstigen diesbezüglichen Vorschlägen hat viele Jahrzehnte lang keiner in die Praxis Eingang gefunden, obwohl zur Ausführung des Verfahrens auch andere wässerige Salzlösungen — dagegen keine Öle oder Ölemulsionen — benutzt werden können. So hat z. B. die österreichische Telegraphenverwaltung Stangen nach dem Boucherie-Verfahren versuchsweise auch mit Lösungen von Fluornatrium und Chlorzink tränken lassen[1], und bereits vor dem zweiten Weltkrieg sind auch die chromarsenhaltigen Fluorsalzgemische — die sogenannten UA-Salze (s. S. 366 ff.) — z. B. seitens der damaligen Deutschen Reichspost zugelassen worden. Die neuesten Vorschriften für die Ausführung des Saftverdrängungsverfahrens mit chromarsenhaltigem Fluorsalzgemisch vom Jahre 1949, herausgegeben vom Fernmeldetechnischen Zentralamt der Deutschen Post in Bad Salzuflen, lauten im Auszuge folgendermaßen:

Technische Vorschriften für die Imprägnierung von Holzmasten nach dem Saftverdrängungsverfahren[2].

Zur Imprägnierung nach dem Saftverdrängungsverfahren sind Fichten, Weißtannen, Kiefern und Lärchen zugelassen. Die Hölzer sind berindet zur Imprägnierung bereitzustellen. Es darf nur völlig saftfrisches oder saftfrisch erhaltenes Holz verwendet werden. Bei Loslösen der Rinde muß der Bast im allgemeinen zart weiß und die darunter liegende Kambiumschicht noch feucht sein. Abgeschnittene Scheiben von 2 cm Dicke müssen beim Halten gegen Licht den Splint deutlich und rund im Lichtschimmer erkennen lassen. Für eine gute Durchimprägnierung ist es wichtig, daß die Masten keinen stark außermittigen Wuchs aufweisen.

Die Imprägnierung ist in den Monaten Mai bis Oktober durchzuführen. Abweichungen müssen besonders vereinbart werden.

Das Imprägniermittel hat folgende Zusammensetzung:

Kaliumbichromat.................... 30 v. H.
Kaliumarsenat .... 31 v. H.
Kaliumbifluorid .... 24 v. H.
Kaliumkarbonat.................... 14 v. H.
Dinitrophenol .... 1 v. H.

Die Verwendung von Salzgemischen abweichender Zusammensetzung bedarf der Zustimmung durch das FTZ.

Für die Imprägnierung ist eine Lösung im Verhältnis von 0,75 kg Salz zu 100 l Wasser herzustellen.

Erreicht die Imprägnierlösung an den Imprägnierplätzen nicht die Dichte von 0,75 v. H., so ist die Imprägnierung zu unterbrechen und die Imprägnierlösung im Druckbottich genügend zu verstärken. Hierzu ist eine 10prozentige, mit heißem Wasser hergestellte Lösung nach Abfilterung zu verwenden. Höhere Lösungsdichten sind unbrauchbar und daher nicht zulässig. Ungelöstes Salz darf in die Klär-, Auffang- und Druckbottiche nicht gebracht werden.

Die Lösungsdichte ist nach besonderer Anweisung zu prüfen. Die Wiederverwendung der am Fußende der Masten abtropfenden Imprägnierlösung bedarf der Zustimmung durch das FTZ. Sie wird nur erteilt, wenn eine Gewähr für eine genügende Reinigung und für eine unveränderte Zu-

---

[1] Vgl. R. Nowotny, Zeitschrift für Post und Telegraphie, 1909, Nr. 36.

[2] Diese Vorschriften stimmen in allen wesentlichen Punkten mit den letzten, vom damaligen Reichspostzentralamt im Jahre 1939 herausgegebenen Vorschriften überein.

sammensetzung der Lösung gegeben ist. Die am Zopfende und längs der Masten austretende Lösung ist von der Wiederverwendung ausgeschlossen.

Die Imprägnierung der einzelnen Masten gilt als beendet, wenn die Abtropflösung am Zopfende der Masten eine Dichte von 0,5 v. H. erreicht hat, an allen Stellen des Splintes austritt und die ganze Zopffläche verfärbt hat.

Nach der Imprägnierung sind die Masten mindestens noch 14 Tage in der Rinde zu belassen und so zu lagern, daß ihre Trocknung nach Möglichkeit verzögert wird; nötigenfalls sind sie künstlich zu beregnen. Erst nach Ablauf der 14tägigen Frist dürfen die Masten weiter bearbeitet werden[1].

Auch von anderer Seite sind die UA-Salzgemische, zum Teil im Zusammenhang mit sonstigen Vorschlägen, welche Verbesserungen der Ausführungsform des Boucherie-Verfahrens betreffen, an Stelle des Kupfervitriols vorgeschlagen bzw. angewendet worden. Solche Verbesserungen in der Ausführungsform des Boucherie-Verfahrens sind in neuerer und neuester Zeit z. B. von H. Gewecke (i. Fa. Atlasmaste K.G., Berlin) sowie vom Ostpreußenwerk Akt.-Ges. und W. Ludwig, Königsberg/Pr., angegeben worden[2]. Gewecke will die des öfteren ungleichmäßige Durchtränkung der durchtränkbaren Holzzonen dadurch beseitigen, daß er die bereits als gut durchtränkt erkannten Teile des Zopfendes flüssigkeitsdicht abdeckt, wodurch die Tränkflüssigkeit gezwungen werden soll, nunmehr die zunächst schlecht durchtränkten Holzzonen kräftiger zu durchströmen[3].

Einen ganz ähnlichen Vorschlag hat übrigens bereits 1902 der Amerikaner J. L. Ferrell gemacht. Zufolge des ihm seinerzeit erteilten D. R. P. 141174 sollte der Tränkflüssigkeit nach dem Durchdringen des Holzes in der Faserrichtung der Austritt versperrt, aber weitere Flüssigkeit so lange unter Druck zugeführt werden, bis sie aus der Umfangsfläche des Holzes heraustritt. Auf diese Weise sollte eine radiale Ausbreitung der Flüssigkeit nach dem Umfange des Holzes zu erzwungen und mit Sicherheit eine vollständige Durchtränkung des Holzes erreicht werden. Andere Vorschläge von Gewecke beziehen sich auf die Anwendung von Unterdruck am Zopfende sowie auf die Zuführung der Tränklösung am Stammende[4].

Ludwig will die Durchtränkung gleichmäßiger gestalten und die Tränkungsdauer erheblich abkürzen durch gleichzeitige Zuführung der Tränkflüssigkeit vom Stamm- und Zopfende aus. Der Austritt des Holzsaftes aus dem Stamm soll in diesem Falle durch Bohrlöcher oder besser durch schlitzartige, in Faserrichtung verlaufende Öffnungen erfolgen, die auf etwa halber Länge des zu tränkenden Rundholzes durch Eintreiben keilförmiger Stemmeisen in den Stamm hergestellt werden. Irgendeine Verminderung der Festigkeit der Hölzer soll durch diese Maßnahme nicht bedingt sein[5]. Ein ähnliches Verfahren wurde von Gewecke

---

[1] Für eine gute U-Salzbildung (s. S. 350) ist der Schutz der Mastenstapel vor zu starker Sonnenbestrahlung durch Abdeckung mit Schilf- oder Strohmatten wertvoll.

[2] Vgl. W. Ludwig, Zur Imprägnierung von Holzmasten, 1935, Königsberg/Pr.

[3] Vgl. D. R. P. 666448/1935.

[4] Vgl. D. R. P. 695625/1936 und Zusatz 730839/1936.

[5] Vgl. D. R. P. 687223/1936 und Zusatz 688151/1936.

vorgeschlagen. Auch in diesem Falle soll die Zuführung der Tränkflüssigkeit gleichzeitig vom Stamm- und Zopfende aus erfolgen, der verdrängte Holzsaft aber aus etwa in der Mitte der Stammlänge angebrachten Öffnungen mittels Vakuum abgesaugt werden[1]. In allerletzter Zeit empfahl Gewecke, die saftfrischen geschälten Maste in mit der Tränklösung gefüllten Trögen nach dem Saftverdrängungsverfahren zu behandeln. Durch Anwendung von Vakuum am Stamm- und Zopfende der Maste soll nach Angabe des Erfinders eine gleichmäßige Durchtränkung des gesamten Splintholzes bereits in wenigen Tagen erreicht werden. Nähere Angaben über das Verfahren und seine Beurteilung in der Praxis liegen z. Z. noch nicht vor.

Ebenfalls vom Ostpreußenwerk und W. Ludwig stammt ein Verfahren zur Erzeugung von Leitungsmasten mit serienmäßig praktisch gleichwertigem Fäulnisschutz unter Anwendung der Saftverdrängung. Dasselbe beruht im wesentlichen darauf, daß jeder einzelne Stamm so lange getränkt wird, bis mindestens eine absolute Tränklösungsmenge in ihn eingedrungen ist, die zu seinem Splintholzgehalt in einem Verhältnis steht, das bei gleicher Weglänge der Tränklösung im Stamm bei allen Stämmen einer Serie derselben Baumart gleich groß ist[2]. Als Kriterium für die Beendigung der Tränkung dient hier also nicht wie früher die Konzentration der Abtropflösung, sondern deren Menge. Die Aufgabe, welche sich die Erfinder gestellt haben, nämlich die Erzeugung hinsichtlich ihrer Gebrauchsdauer möglichst hoch- und gleichwertiger Maste, ist ohne Zweifel von großer Bedeutung für die Praxis. Da das Verfahren infolge des Krieges über das Versuchsstadium nicht hinausgekommen ist, kann etwas Positives über seine Leistungsfähigkeit zur Zeit noch nicht mitgeteilt werden.

Auf die vielen sonstigen Vorschläge, welche seit Einführung des Boucherie-Verfahrens zur Verbesserung seiner technischen Durchführung gemacht worden sind, kann hier nicht näher eingegangen werden. Erwähnt sei lediglich noch, daß auch schon frühzeitig versucht worden ist, das Boucherie-Verfahren mit Kupfervitriollösung unter Anwendung hohen Flüssigkeitsdruckes in geschlossenen Apparaturen auszuführen[3].

Es ist eigentlich erstaunlich, daß gerade das Kupfervitriol für die praktische Durchführung des Boucherie-Verfahrens die Bedeutung erhalten konnte, die es gehabt hat, denn die Schutzwirkung des Salzes gegenüber manchen wichtigen holzzerstörenden Pilzen ist sehr gering (s. S. 352/53). Außerdem wirken seine wässerigen Lösungen, wie schon bemerkt, stark korrodierend auf alle unedleren Metalle, indem sie diese unter Abscheidung des Kupfers auflösen. Auch schwer auslaugbar ist das Kupfersulfat aus dem Holz keineswegs; es geht lediglich ein Teil des Salzes mit gewissen Holzbestandteilen (Harze, Gerbstoffe, Lignin) schwerlösliche Verbindungen ein. Ferner erfährt das im Holz abgelagerte Kupfersulfat zum Teil auch andere chemische Umwandlungen, und zwar

---

[1] Vgl. Deutsche Pat.-Anmeldg. A 80 867/1936.
[2] Vgl. Schweizer Patentschrift 231 302/1942.
[3] Vgl. z. B. D. R. P. 114 277/1900 (G. F. Lebioda).

unter Abscheidung freier Schwefelsäure in basisches Salz sowie durch Reduktion in Kupferoxydul. In wasserunlösliches Kupfercarbonat (bzw. basisches Carbonat) wird es übergeführt, wenn calciumbicarbonathaltige Wässer aus dem Erdboden in die imprägnierten Hölzer eindringen. Eine Verminderung der pilzwidrigen Kraft der Imprägnierung wird dadurch allerdings nicht bewirkt, da die Umwandlungsprodukte, wenngleich wasserunlöslich, doch durch die sauren Charakter besitzenden Ausscheidungen der Holzpilze wieder gelöst werden und sodann wieder fungizid wirken können. Dagegen kann die frei werdende Schwefelsäure unter Umständen einen schädlichen Einfluß auf die Holzfestigkeit ausüben. Haben ammoniakhaltige Bodenwässer Zutritt zu den Hölzern, so muß mit einer Umwandlung des Kupfersulfats in leicht wasserlösliche Kupferoxydammoniak-Verbindungen gerechnet werden, die aus dem Holz rasch ausgelaugt werden können.

Neuerdings wurde das des öfteren festgestellte Versagen der Kupfervitrioltränkung an manchen Standorten der getränkten Hölzer durch Untersuchungen von Rabanus[1] aufgeklärt. Während man früher in solchen Fällen in erster Linie die Beschaffenheit des Erdbodens, in den die betreffenden Hölzer verbaut waren, für das vorzeitige Unwirksamwerden der Imprägnierung verantwortlich machte, zeigen die Untersuchungen von Rabanus, daß diese Annahme durchaus nicht immer richtig gewesen sein dürfte. Durch seine Arbeiten wurde nachgewiesen, daß das Unwirksamwerden der Kupfervitrioltränkung vielmehr von den Lebensfunktionen gewisser Holzpilzarten (z. B. Polyporus vaporarius, Merulius domesticus u. a.) abhängig ist, welche bei ihrer Entwicklung im Holz Oxalsäure abscheiden. Mit dieser setzt sich das im Holz vorhandene Kupfersulfat zu wasserunlöslichem Kupferoxalat um, welches auch von den Ausscheidungen der Pilze nicht mehr aufgelöst werden kann, also seine giftige Wirkung auf die Schädlinge eingebüßt hat. Je nach dem regionalen Vorkommen solcher reichlich Oxalsäure bildenden Pilze werden vorzeitige Ausfälle von an sich einwandfrei getränkten Kupfervitriol-Stangen also gar nicht zu vermeiden sein.

Die Durchtränkung des Holzes, welche das Saftverdrängungsverfahren ermöglicht, fällt je nach der Holzart sowie dem Aufbau der einzelnen Stämme verschieden aus. Verhältnismäßig vollständig erfolgt die Durchtränkung vorhandenen Splintholzes, jedoch ist zu beachten, daß in erster Linie auch hier die am Safttransport beteiligten Zonen, d. h. also die äußeren Splintschichten, durchtränkt werden. Es kann also mit einer so gleichmäßigen Durchtränkung des Splintes, wie sie bei lufttrockenem Kiefernholz z. B. durch das Kesseldruckverfahren möglich ist, im allgemeinen nicht gerechnet werden. Eine unbefriedigende Verteilung der Tränkflüssigkeit im Splintholz zeigt sich im übrigen in der Regel bei Stämmen mit exzentrischem Wuchs und sonstigen Anomalien. Eine Durchtränkung des Kernholzes findet, da dasselbe keinen Zellsaft ent-

---

[1] Vgl. A. Rabanus, Über die Säure-Produktion von Pilzen und deren Einfluß auf die Wirkung von Holzschutzmitteln, Mitteilungen des Fachausschusses für Holzfragen beim Verein Deutscher Ingenieure und Deutschen Forstverein, Jahrg. 1939, Heft 23, S. 77 ff.

hält, natürlich in keinem Falle statt. Dagegen ist bei Fichte und Tanne bei dem heutigen Stande der Technik die Durchtränkung des gesamten Splintholzes mit Sicherheit nur nach dem Saftverdrängungs- sowie dem Osmose-Verfahren (s. S. 281 ff.) möglich. Für die genannten Holzarten dürfte daher das Saftverdrängungsverfahren unter Verwendung wirksamerer Tränkstoffe als Kupfervitriol vorerst eine gewisse Bedeutung behalten. Außer den Nadelhölzern können nach dem Boucherie-Verfahren auch manche andere Holzarten, wie z. B. Buche, Ulme, Erle, Birke, Pappel, behandelt werden. In der Praxis hat das Verfahren seit Jahrzehnten nur noch zur Tränkung von Telegraphenstangen und Leitungsmasten Verwendung gefunden, da diese Hölzer, ohne nennenswerte Mengen von Abfall zu geben, ihrem Verwendungszweck zugeführt werden können. Von der Boucherie-Imprägnierung von Hölzern, aus denen später Eisenbahnschwellen hergestellt werden sollen, hat man dagegen bereits seit vielen Jahrzehnten Abstand genommen, da bei der späteren Verarbeitung der Rundhölzer größere Anteile getränkten Holzes abfallen, für welche die Tränkung überflüssig war. Außerdem wurden bei dieser nachträglichen Aufarbeitung der Rundhölzer oft undurchtränkt gebliebene Holzzonen freigelegt, die eine Gefahr für die Haltbarkeit der so hergestellten Schwellen darstellten.

Das Saftverdrängungsverfahren wurde früher sowohl in Deutschland als auch im Ausland, und zwar namentlich zur Tränkung von Stangen und Halbrundschwellen, in ausgedehntem Maße benutzt. In Deutschland findet es z. Z. unter Verwendung der sogenannten UA-Salze (s. S. 366 ff.) nur in geringfügigem Maße Anwendung. Dagegen wird es z. B. in der Schweiz, in Frankreich und in Dänemark noch häufiger zur Stangentränkung benutzt.

Die mittlere Gebrauchsdauer der mit Kupfervitriol nach dem Boucherie-Verfahren imprägnierten Telegraphenstangen der Deutschen Reichspost ist von Winnig in seiner 1934 veröffentlichten Berechnung, welche unter Benutzung der Reichspost-Statistik durchgeführt wurde, für eine Anzahl abgeschlossener Einstellungsjahrgänge (14 Jahrgänge) dieser Stangen mit 16,8 Jahren angegeben worden[1]. Von anderer Seite wurden erheblich höhere Gebrauchsdauern genannt. So glaubt z. B. Gewecke eine mittlere Gebrauchsdauer von 40 Jahren annehmen zu können[2].

Das Saftverdrängungsverfahren ist, wie aus Vorstehendem ersichtlich, als ein brauchbares Holzkonservierungsverfahren anzusehen, das bei Anwendung einer geeigneten Tränkflüssigkeit und bei sachgemäßer Ausführung eine erhebliche Verlängerung der mittleren Gebrauchsdauer der nicht imprägnierten Hölzer gewährleistet. Nachteile des Verfahrens sind:

1. der Umstand, daß nur saftfrisches Holz, das noch mit Rinde und Bast versehen ist, mit Erfolg imprägniert werden kann. Die Tränk-

---

[1] Vgl. K. Winnig, Die Stangenstatistik der DRP und die Berechnung der mittleren Gebrauchsdauer, Archiv für Post und Telegraphie, 1934, Heft 1.
[2] Vgl. Ztschr. Elektrizitätswirtschaft, 1950, Heft 2, S. 65.

anlage muß sich daher in der Nähe des Fällungsortes des Holzes befinden, da ein längerer Transport der unmittelbar nach der Fällung noch sehr schweren Stämme unwirtschaftlich wäre,

2. die Beschränkung der Imprägnierung auf die frostfreie Jahreszeit,

3. die verhältnismäßig lange Zeitdauer, welche für die Tränkung eines Stammes auch bei Anwendung der verbesserten Boucherie-Verfahren erforderlich ist,

4. die Tatsache, daß das Verfahren aus den angegebenen Gründen praktisch nur für die Behandlung von Rundholz in Betracht kommt,

5. die Unmöglichkeit, die Aufnahme an Tränkstoff je Kubikmeter Holz beim normalen Tränkbetrieb genau zu bestimmen.

E. Die Tränkung unter Anwendung von Vakuum und Druck (Kesseldrucktränkung).

a) Das Volltränkungsverfahren.

Die Idee, Vakuum und Druck zur Durchtränkung des Holzes mit konservierenden Flüssigkeiten zu benutzen, wurde von Bréant 1831, d. h. wenige Jahre vor der ersten Veröffentlichung Boucheries (1837) über seine Versuche zur Imprägnierung des Holzes durch Aszensionstränkung, in Frankreich zum Patent angemeldet[1]. Da das Verfahren, so wie es Bréant angegeben hat, als erstes für die Praxis brauchbares Vakuum-Druckverfahren ein historisches Interesse besitzt, sei auf die bei Paulet an genannter Stelle gegebene eingehende Beschreibung nebst Zeichnung der Bréantschen Apparatur hingewiesen. Dieser zufolge war von Bréant ein stehender Tränkkessel aus Gußeisen von 3,50 m Höhe und 0,60 m Durchmesser vorgesehen worden, in welchem mit Flüssigkeitsdrucken bis zu 10 Atmosphären Höhe gearbeitet werden konnte. Die Herstellung des Vakuums erfolgte derart, daß in ein zweites, starkwandiges Gefäß, welches mit dem Tränkkessel in Verbindung stand, Wasserdampf eingeführt wurde, der durch Einspritzen kalten Wassers zur Kondensation gebracht wurde.

Das Tränkverfahren von Bréant, welches für die Entwicklung der Holzimprägnierungstechnik einen großen Fortschritt bedeutete, ist aber erst im Jahre 1838 durch W. Burnett, den Erfinder der Chlorzinktränkung, und durch J. Bethell, den Begründer der Teeröltränkung des Holzes, in größerem Umfange in die Industrie eingeführt worden. Auch unter Verwendung der verschiedensten anderen Tränkstoffe hat das Bréantsche Verfahren bis heute immer wieder eine ausgedehnte Anwendung gefunden, allerdings unter Benutzung einer technisch immer weiter verbesserten Apparatur. Je nachdem das eine oder das andere Tränkungsmittel verwendet wurde, erfuhr das Verfahren in seinen Einzelheiten gewisse Abänderungen und Ergänzungen, die nachstehend an Hand der wichtigsten Ausführungsarten näher beschrieben werden sollen.

---

[1] Vgl. M. Paulet, Traité de la Conservation des Bois, Paris 1874, S. 202 u. 216.

α) Die Volltränkung des Holzes mit wässeriger Chlorzinklösung nach Burnett.

William Burnett, dem für England unter dem 26. Juli 1838 auf die Konservierung des Holzes mit wässeriger Chlorzinklösung ein Patent — Nr. 7747 — erteilt wurde, hat sich zur Ausführung seines Verfahrens im wesentlichen der Bréantschen Apparatur und des von Bréant erfundenen Tränkungsverfahrens bedient. Als neue Maßnahme führte er jedoch das Dämpfen des Holzes im Tränkkessel vor der Ausführung der Tränkung in die Technik ein. Die Tränkung wurde also folgendermaßen ausgeführt:

1. Dämpfen des Holzes im Tränkkessel,

2. Herstellung und Unterhaltung von Unterdruck zwecks Entlüftung des Holzes,

3. Füllung des Tränkkessels mit der Imprägnierflüssigkeit,

4. Herstellung und Unterhaltung von Überdruck zwecks Sättigung des Holzes mit der Imprägnierflüssigkeit.

Bezüglich der Einführung und Verbreitung des Verfahrens in Deutschland und der Einzelheiten der benutzten Vorrichtungen sei auf das Werk von Buresch: „Der Schutz des Holzes gegen Fäulnis", 2. Aufl., 1880, S. 58 ff. verwiesen. Im vorliegenden Falle dürfte diejenige Ausführungsform des Burnettschen Tränkungsverfahrens von besonderem Interesse sein, welche die ehemalige Preußisch-Hessische Staatsbahnverwaltung für die Behandlung ihrer Hölzer mit Chlorzinklösung, die bis zum Jahre 1897 in großem Maßstabe erfolgte, vorgeschrieben hat. Die diesbezüglichen Bestimmungen hatten im wesentlichen folgenden Inhalt:

Ausführung der Tränkung. Das in dem luftdicht verschlossenen Tränkungskessel befindliche Holz wird zuerst durch Dampf erhitzt. Der einströmende Dampf soll das Holz möglichst aufnahmefähig machen, es reinigen und den hauptsächlich an den Stirnseiten festsitzenden, mit Sand und Staub vermengten Pflanzenschleim aufweichen und entfernen. Die Dampfzuströmung wird so geleitet, daß nach mindestens 30 Minuten ein Druck von 1½ atü erreicht ist. Diesem Dampfdruck bleibt das Holz weitere 30 Minuten ausgesetzt. Bei etwa vorkommendem frischen Holze, welches voraussichtlich die vertragsmäßige Aufnahme an Tränkungsflüssigkeit nicht erreicht, wird die Einwirkung des Dampfes derart verlängert, daß der Druck von 1½ atü 60 Minuten lang erhalten bleibt. Bei dem Einlassen des Dampfes wird die in dem Tränkungskessel befindliche Luft durch einen am unteren Teil des Tränkungskessels befindlichen Verschluß herausgetrieben, bis Dampf ausströmt; in gleicher Weise wird das Kondenswasser entfernt. Obige Vorschrift gilt für Eichen- und Kiefernholz. Bei Buchenholz muß die Einwirkung des Dampfes so lange fortgesetzt werden, bis auch die innersten Holzzonen auf 100° C erhitzt sind. Das Buchenholz, gleichgültig, ob es trocken oder frisch ist, wird zu diesem Zweck 4 Stunden lang der Einwirkung des Dampfes ausgesetzt, wobei die 30 Minuten, welche zur Herstellung des Druckes von 1½ atü erforderlich sind, mit eingerechnet werden. Nachdem das Holz genügend lange Zeit mit Dampf behandelt worden ist, wird derselbe aus dem Tränkungskessel abgelassen.

Nunmehr wird in dem Tränkungskessel eine Luftverdünnung von mindestens 60 cm Quecksilbersäule erzeugt und 10 Minuten lang erhalten. Danach beginnt die Füllung des Tränkungskessels ohne Verminderung der

Luftverdünnung mit Chlorzinklösung, welche vorher auf wenigstens 65° C erhitzt worden ist.

Nach erfolgter Füllung wird Chlorzinklösung in das Holz gedrückt und der Druck bis auf mindestens 7 atü gesteigert. Um die Sättigung des Holzes möglichst vollkommen zu erreichen, soll dieser Druck bei Kiefern- und Buchenholz wenigstens 30 Minuten, bei Eichenholz aber 60 Minuten erhalten bleiben; nach Bedürfnis muß er verlängert werden, bis die vorschriftsmäßige Aufnahme an Chlorzinklösung erreicht ist.

Beschaffenheit der Chlorzinklösung. Die zur Tränkung benutzte Chlorzinklösung muß möglichst frei von Verunreinigungen und von ungebundener Säure sein. Sie soll eine Stärke von 3,5° Bé = 1,0244 spez. Gew. bei 15° C haben, ihr Gehalt an metallischem Zink beträgt 1,26 Hundertteile.

Gewährleistung der Aufnahme an Chlorzinklösung. Die durchschnittliche, für jede Kesselfüllung in Betracht zu ziehende Aufnahme an Chlorzinklösung beträgt:
für eine Kiefern- oder Buchenschwelle von 2,70 m Länge und 16×26 cm Stärke 35 bzw. 36 kg, für eine gleichmaßige Eichenschwelle 11 kg. Desgleichen für einen Kubikmeter Kiefern- oder Buchenholz in verschiedenen Abmessungen 310 bzw. 325 kg und für einen Kubikmeter Eichenholz 100 kg.

Die ehemalige Preußisch-Hessische Staatsbahnverwaltung hat die reine Chlorzinktränkung bereits gegen Ende des vergangenen Jahrhunderts verlassen, im Hinblick auf gewisse Mißstände, welche dieser Tränkungsart anhaften. Dies sind hinsichtlich der Ausführung der Tränkung namentlich die Nachteile, die mit der Dämpfung verbunden sind und über welche bereits an anderer Stelle (s. S. 199 ff.) gesprochen wurde. Bezüglich der zum Teil unbefriedigenden Eigenschaften des Chlorzinks als Tränkstoff wird noch an späterer Stelle (s. S. 338 ff.) das Nötige gesagt werden.

Trotzdem die Mängel der Chlorzinktränkung überall erkannt worden sind, hat sie doch bis heute eine gewisse Bedeutung behalten. So wurden z. B. in den USA noch im Jahre 1948 rd. 5,85 Millionen Kubikfuß = 165 800 m³ Holz mit Chlorzinklösung — mit und ohne Zusatz von Natriumbichromat — imprägniert[1]. Auch z. B. in Rußland ist die Verwendung des Chlorzinks noch von Bedeutung, da genügende Mengen besserer Holzschutzmittel dort nicht zur Verfügung stehen.

Infolge der während des zweiten Weltkrieges eintretenden Verknappung an Holztränkstoffen griff man im Jahre 1940 auch in Deutschland u. a. wieder auf das Chlorzink zurück. Dasselbe wurde von einem erheblichen Teil der Kesseldruckanlagen zur Volltränkung von Reichsbahn-, Reichspost- und Privathölzern verwendet und bis vor kurzem noch in gewissem Umfang zur Tränkung von Hölzern der letztgenannten Kategorie benutzt. Die seitens der Deutschen Reichsbahn und Reichspost für die Ausführung der Volltränkung in diesem Falle herausgegebene Tränkungsvorschrift ist aus der folgenden graphischen Darstellung des Tränkungsverfahrens ersichtlich.

Nach der gleichen Vorschrift ist die Vollimprägnierung des Holzmaterials der Deutschen Reichsbahn und Reichspost bei Verwendung

---

[1] Vgl. H. B. Steer, Wood Preservation Statistics 1948, Proceed. Amer. Wood-Pres. Assoc. 1949, S. 434. Über die Verwendung von Chlorzink mit Bichromatzusatz s. S. 341/42.

von chromarsenhaltigem Fluorsalzgemisch ("Thanalith-U" bzw. "Basilit UA", s. S. 366 ff.) sowie mit Fluornatrium und dem "Flunax"-Salzgemisch (s. S. 325) seit dem Jahre 1939 ausgeführt worden.

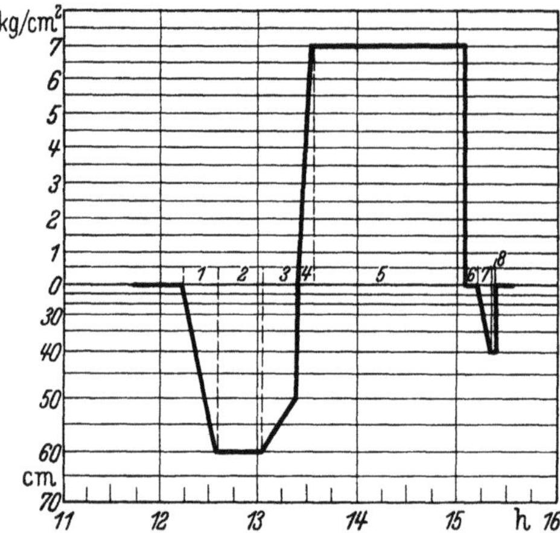

Abb. 162. Schaubild der Tränkung von Reichsbahn- und Reichsposthölzern unter Verwendung von Chlorzink, Flunax (bzw. Fluornatrium) oder chromarsenhaltigem Fluorsalzgemisch.

1. Unterdruck von nicht unter 60 cm Quecksilbersäule herstellen.
2. Unterdruck nicht unter 30 Minuten halten.
3. Füllen des Tränkkessels mit Salzlösung unter Beibehaltung eines Unterdruckes von nicht unter 50 cm Quecksilbersäule.
4. Flüssigkeitsdruck nicht unter 7 atü herstellen.

> Wärme der Salzlösung im Kessel 50—60° C.

5. Flüssigkeitsdruck bei
Buche, Eiche und Lärche nicht unter 90 Minuten
Kiefer .... „ „ 60 Minuten
halten.
6. Salzlösung ablassen.
7. Unterdruck von nicht unter 40 cm Quecksilbersäule herstellen.
8. Unterdruck nicht unter 5 Minuten halten.

Die Tränkstoffaufnahmen, welche die genannten Verwaltungen in diesen Fällen für ihre verschiedenen Hölzer vorgeschrieben hatten und welche wegen der im Verlauf des Krieges eintretenden Materialverknappung im Jahre 1943 herabgesetzt wurden, sind aus der unten folgenden Zusammenstellung ersichtlich.

Zu den nebenstehenden Tränkungsvorschriften ist folgendes zu sagen:

1. Der Beschaffenheit des zu verwendenden Chlorzinks wurde besondere Aufmerksamkeit gewidmet. Das gepulverte oder geschmolzene bzw. in Schuppenform gelieferte Produkt mußte mindestens 98 % Chlorzink ($ZnCl_2$) enthalten, während der Gehalt an Eisen (Fe) 0,5 % nicht übersteigen durfte. Das Chlorzink mußte so weit frei von ungebundener Säure sein, daß aus einer 5 %igen Lösung bei 20° C Zinkoxychlorid aus-

Tränkstoffaufnahmen
bei der Vollimprägnierung von Reichsbahn- und Reichsposthölzern[1].

Holzart	Reichsbahn					
	1939—1943			ab 1943		
	Chlorzink	Flunax (Fluornatrium)	UA-Salz	Chlorzink	Flunax (Fluornatrium)	UA-Salz
	kg/m³	kg/m³	kg/m³	kg/m³	kg/m³	
Kiefer	8	6	4	6	4	Keine An- wendung
Lärche	4	3	2	3	2	
Fichte (Tanne)	—	—	—	—	—	
Buche	12	9	6	9	6	
Eiche........	4	3	2	3	2	

[1] Siehe auch S. 325.

Holzart	Reichspost					
	1939—1943			ab 1943		
	Chlor-zink kg/m³	Flunax (Fluor-natrium) kg/m³	UA-Salz kg/m³	Chlor-zink kg/m³	Flunax (Fluor-natrium) kg/m³	UA-Salz
Kiefer	9	6	4,5	7	4	Keine An-wendung
Lärche	5	6	4,5	4	3	
Fichte (Tanne)	4	—	—	3	2	
Buche	—	—	—	—	—	
Eiche........	—	—	—	—	—	

flockte. Aus 100 g Lösung durften sich aber nicht mehr als 0,1 g Zink-oxychlorid ausscheiden.

2. Von der Anwendung des Dämpfens vor Ausführung der eigentlichen Tränkung hat man aus den bereits genannten Gründen auch im vor-liegenden Falle Abstand genommen. Dafür ist aber Wert darauf gelegt worden, daß normalerweise nur tränkreife, d. h. lufttrockene Hölzer, getränkt wurden.

3. Zur möglichst tiefen Durchtränkung des Holzes muß ihm so viel Tränkflüssigkeit wie möglich zugeführt werden. Zur Innehaltung der vorgeschriebenen Aufnahme an Tränkstoff war daher der Gehalt der Tränklösung je nach der Aufnahmefähigkeit des Holzes zu ändern. Um größere Abtropfverluste an Tränklösung, welche bei vollimprägnierten Hölzern namentlich in den ersten Stunden nach der Tränkung mitunter eintreten, zu vermeiden, wurde im Anschluß an die Sättigung des Holzes mit der Tränklösung — nach dem Abdrücken derselben in das Vorrats-gefäß — ein kurzes Schlußvakuum von 40—50 cm Quecksilbersäule vor-gesehen.

Für die Vollimprägnierung der Fichten- und Tannenmaste mit chromarsenhaltigem Fluorsalzgemisch hat das Fernmeldetechnische Zen-tralamt der Deutschen Post in Bad Salzuflen 1949 neue Vorschriften herausgegeben. Ihnen zufolge ist das Imprägnierverfahren unter An-wendung eines Anfangsvakuums von mindestens 60 cm Höhe und ein-stündiger Dauer sowie eines Flüssigkeitsdruckes von mindestens 7 atü und fünfstündiger Dauer auszuführen. Die Temperatur der Tränklösung soll im Vorwärmer mindestens 70° C und im Tränkkessel, während der Druckdauer, mindestens 60° C betragen. Die Aufnahme an Imprägnier-salz wurde zu 4,5 kg/m³ festgesetzt. Auf die Anwendung eines Schluß-vakuums wurde verzichtet, da unter dessen Einwirkung aus dem mit der heißen Tränkflüssigkeit gesättigten Holz Wasser verdampft, wodurch die genaue Feststellung der Aufnahme an wirksamem Tränkstoff beein-trächtigt wird.

Für Buchenholz wurde nach Vorstehendem etwa die gleiche Chlorzinkauf-nahme vorgesehen wie seinerzeit bei Ausführung der Chlorzinktränkung für die Preußisch-Hessische Staatsbahnverwaltung (9 kg gegen rd. 8,5 kg/m³, s. S. 235). Bei Kiefernholz wurde die Aufnahme niedriger als damals be-messen (6 kg gegen rd. 8,2 kg/m³), im Hinblick darauf, daß das jetzt zur

Tränkung kommende inländische Kiefernholz weniger durchtränkbares Splintholz besitzt und infolgedessen auch weniger Chlorzinklösung zur Sättigung gebraucht als das seinerzeit im wesentlichen aus Rußland stammende geflößte Material. Eine Verringerung der Gebrauchsdauer der mit der herabgesetzten Chlorzinkaufnahme getränkten Kiefernhölzer gegenüber derjenigen, welche die früher nach dieser Methode behandelten erreicht haben, brauchte daher nicht befürchtet zu werden.

Für die kiefernen, im Kesseldruckverfahren mit Chlorzinklösung getränkten Telegraphenstangen der Deutschen Reichspost wurde die durchschnittliche Gebrauchsdauer aus den Ergebnissen einer Reihe abgeschlossener Einstellungsjahrgänge an Hand der Reichspoststatistik von Winnig mit 12,3 Jahren berechnet[1]. Für die mit Chlorzinklösung getränkten kiefernen Bahnschwellen beträgt die durchschnittliche Gebrauchsdauer nach den Erfahrungen der Deutschen Reichsbahn 14 Jahre.

β) Die Volltränkung des Holzes mit Steinkohlenteeröl nach J. Bethell

Das Wesen dieses, wie bereits erwähnt, Bethell 1838 in England unter Nr. 7731 patentierten Verfahrens besteht darin, daß das an der Luft oder künstlich getrocknete Holz in einem Tränkkessel zunächst der Einwirkung eines Vakuums ausgesetzt und dann unter Anwendung eines Druckes von mehreren Atmosphären in allen durchtränkbaren Teilen mit heißem Steinkohlenteeröl gesättigt wird. Nach dem ursprünglichen Patent von Bethell wurde der mit Holz beschickte Tränkkessel zunächst mit der Tränkungsflüssigkeit gefüllt und dann erst der Unterdruck hergestellt. Hierauf folgte die Anwendung des Flüssigkeitsdruckes[2].

Zur Ausführung seines Verfahrens bediente sich Bethell der von ihm verbesserten Bréantschen Apparatur. Die von ihm benutzte Vorrichtung bestand im wesentlichen aus einem liegenden, aus vernieteten Eisenblechen hergestellten Tränkkessel, aus einer Luft- und einer Flüssigkeitspumpe. Die Ausführung der Tränkung erfolgte in gleicher Weise wie die Tränkung mit wässeriger Chlorzinklösung, jedoch mit dem wesentlichen Unterschied, daß ein Dämpfen des Holzes vor der Ausführung der Imprägnierung nicht vorgenommen wurde. Das Bethellsche Verfahren fand sowohl in England als auch auf dem Kontinent eine rasche Verbreitung. Aus einem gedruckten Bericht der Firma Julius Rütgers, Berlin, geht hervor, daß diese das Bethellsche Verfahren im Jahre 1849 in Deutschland eingeführt hat. Sie errichtete damals eine Tränkanstalt in Essen, auf der in Deutschland erstmalig mit Teeröl gearbeitet wurde.

Nach einer anderen Mitteilung von Julius Rütgers[3] aus dem Jahre

---

[1] Vgl. K. Winnig, Die Stangenstatistik der DRP und die Berechnung der mittleren Gebrauchsdauer, Archiv für Post u. Telegraphie, Jahrgang 1934, Heft 1.

[2] Vgl. M. Paulet, Traité de la Conservation des Bois, Paris 1874, S. 224 ff.

[3] Vgl. Wagners Jahresbericht über die Leistungen der chemischen Technologie für 1868, S. 712/13.

1868 über die Ausführung des Bethellschen Verfahrens wurde das zur Teeröltränkung bestimmte Holz entweder durch lange Lagerung an freier Luft oder durch künstlich erwärmte Luft in Trockenöfen bzw. im Tränkkessel selbst getrocknet. Nach solcher Vorbereitung geschah die Imprägnierung in derselben Weise wie bei der Chlorzinktränkung, aber, wie bereits bemerkt, ohne Anwendung des Dämpfens. Der Herstellung und Unterhaltung eines möglichst hohen Unterdruckes folgte die Füllung des Tränkkessels mit heißem Teeröl und danach das Einpressen des Öles. Je besser das Holz vor der Tränkung ausgetrocknet war, desto sicherer konnte man auf eine gute Aufnahme und Verteilung des Teeröles rechnen.

Die Vorschriften der ehemaligen Preußisch-Hessischen Staatsbahnverwaltung zur Ausführung der Tränkung nach diesem Verfahren hatten im wesentlichen folgenden Inhalt:

Das Holz wird zunächst in einem Trockenofen einer allmählich gesteigerten Erwärmung bis zu 110° C ausgesetzt und so lange, mindestens während 8 Stunden, getrocknet, bis keine Wasserdämpfe mehr entweichen und das Holz gleichmäßig erwärmt ist. Sodann wird es sofort in den Tränkungskessel eingebracht, in welchem nunmehr eine Luftverdünnung von wenigstens 60 cm Quecksilbersäule hergestellt und 10 Minuten erhalten wird. Hierauf beginnt das Einlassen des Teeröls ohne Verminderung der Luftverdünnung. Das Teeröl wird vorher bis auf mindestens 50° C erwärmt.

Nach erfolgter Füllung des Tränkungskessels wird das Teeröl in das Holz gedrückt und der Druck bis zu mindestens 7 atü gesteigert. Dieser Druck soll bei Kiefern- und Buchenholz wenigstens 30 Minuten, bei Eichenholz aber 60 Minuten erhalten bleiben; nach Bedürfnis muß dieser Druck verlängert werden, bis die vorschriftsmäßige Aufnahme an Teeröl erreicht wird.

Die durchschnittliche, für jede Kesselfüllung in Betracht zu ziehende Aufnahme an Teeröl beträgt:

für eine Kiefern- oder Buchenschwelle von 2,70 m Länge und 16/26 cm Stärke 30 kg und für eine gleichmaßige Eichenschwelle 8,5 kg; für einen Kubikmeter Kiefern- oder Buchenholz von verschiedenen Abmessungen 270 kg und für einen Kubikmeter Eichenholz 85 kg.

Über die weitere Entwicklung der Volltränkung des Holzes mit Teeröl bzw. mit Gemischen von Teeröl und wässeriger Chlorzinklösung gibt folgende Stelle des obenerwähnten Berichtes von Julius Rütgers Aufschluß:

„Ich habe ein Verfahren ausgedacht, welches in der Anwendung einer Mischung von Chlorzink mit Teeröl besteht, durch welche der Nachteil der leichteren Wasserlöslichkeit des Chlorzinks gegenüber dem Kupfervitriol beseitigt worden ist. Das dem Chlorzink beigemischte Teeröl, welches einen möglichst hohen Gehalt von Karbolsäure bzw. ähnlicher, in gleich hohem Grade antiseptischer Öle enthalten soll, vermehrt durch teilweise Löslichkeit in der Chlorzinklauge sehr wesentlich die Fäulniswidrigkeit des Chlorzinks. Außerdem dringen die nicht gelösten Öle in die äußeren Teile des Holzes, besonders in die schädlichen Risse und schadhaften Aststellen ein, lagern sich dort ab und verhindern das Auswaschen des Chlorzinks durch die wechselnde Feuchtigkeit des Erdbodens. Die Einführung des Verfahrens im großen geschah im Jahre 1875.

Zur Erreichung eines zuverlässig guten Erfolges der Imprägnierung mit Teeröl ist es nötig, dem Holze alle Feuchtigkeit zu entziehen, damit das Teeröl eindringen kann und nicht nasse, dem Teeröl unzugängliche Stellen im Holze vorfindet. Um dies zu erreichen, werden seit langer Zeit eigens dazu konstruierte Trockenöfen besonders auch von der französischen Ostbahn benutzt, wobei es aber nicht unter allen Umständen gelingt, die Schwellen vor Schädigung durch Reißen zu schützen.

Deshalb bin ich im Jahre 1885 auf Grund mehrjähriger Versuche dazu übergegangen, die Imprägnierung des Holzes mit Teeröl dadurch zu bewerkstelligen, daß ich in dem Imprägnierzylinder, in welchem sich die Schwellen mit dem Teeröl befinden, das letztere durch mit Dampf geheizte eiserne Röhren bis zu 105° C erwärme, wodurch das in dem Holz befindliche Wasser sich in Dampf verwandeln muß. Dieses Verdampfen wird durch Einwirkung der Luftpumpe wesentlich gefördert, so daß der Prozeß sich in 4—12 Stunden, je nachdem mehr oder weniger Feuchtigkeit im Holze enthalten ist, vollzieht. Je nach der Natur des Holzes wird dasselbe durch dieses Verfahren entweder vollständig, wie z. B. Buchenholz, oder nur teilweise, wie Eichen- oder Kiefernholz, durchdrungen.

Das Verfahren ist durchaus zuverlässig und läßt sich mit wenigen Umänderungen der bestehenden Apparate ausführen. Die Dauer der Imprägnierung wird durch die raschere Verdampfung des Wassers wesentlich abgekürzt und ist bedeutend billiger als das Trocknen. Bei Eichenholz hat diese Imprägnierung noch den besonderen Vorteil, daß die Aufnahme des Creosots bis 150 kg pro 1 cbm gesteigert werden kann, ohne das Reißen des Holzes zur Folge zu haben."

Diese beiden Verfahren (Tränkung mit Chlorzinklösung unter Zusatz von Teeröl und Tränkung mit erhitztem Teeröl) führten sich in der Folgezeit in die Praxis ein und sind damals auch von der Preußisch-Hessischen Staatsbahnverwaltung für die Tränkung ihrer Hölzer vorgeschrieben worden. Die diesbezüglichen Tränkungsvorschriften seien nachstehend unter γ und δ in den wichtigsten Punkten mitgeteilt.

γ) Die Tränkung des Holzes mit Chlorzinklösung unter Zusatz von karbolsäurehaltigem Teeröl nach Julius Rütgers[1].

Die Tränkung wird ganz so ausgeführt, wie es das Verfahren mit Chlorzinklösung allein vorschreibt. Ebenso bleiben die Bedingungen für die Beschaffenheit der Chlorzinklösung und die Gewährleistung der Aufnahme an dieser Tränkungsflüssigkeit bestehen. Das Teeröl wird während der Erwärmung der Chlorzinklösung zugesetzt, und zwar für jede Schwelle von 2,50 m Länge oder mehr 2 kg, bzw. für jeden Kubikmeter Holz 20 kg. Um eine möglichst vollkommene Mischung der Chlorzinklösung mit dem Teeröl zu erreichen, muß eine gute Mischvorrichtung unter Zuströmung von Dampf und Luft angewendet werden.

Dieses in der Imprägniertechnik kurz als „Mischungstränkung" bezeichnete Verfahren ist seinerzeit auch in den USA in erheblichem Umfange angewendet und übrigens 1906 auch patentiert worden (J. B. Card, USA-Patent 815 404).

Die nach dem Vorschlag von Julius Rütgers hergestellte Mischung von Chlorzinklauge und karbolsäurehaltigem Steinkohlenteeröl hatte den Nachteil, daß sie sich schnell wieder entmischte. Eine von der Firma Berliner Holz-Kontor Akt.-Ges. in Vorschlag gebrachte Verbesserung dieses alten Rütgersschen Verfahrens ist in den deutschen Patentschriften 139 441/1900 und Zusatz 152 179/1903 beschrieben. Diese Verbesserung bezweckte die Herstellung einer beständigeren Mischung von Chlorzinklösung und Teeröl und bestand darin, daß dem Teeröl eine gewisse Menge Holzteer zugemischt, die Chlorzinklösung mit dem Teer-

---

[1] Vgl. auch Schneidt, Die Tränkung der hölzernen Eisenbahnschwellen mit Chlorzink und mit karbolsäurehaltigem Teeröl, Organ Fortschr. d. Eisenbahnw., 1897.

Teerölgemisch versetzt und mehrere Stunden lang der Wirkung eines kräftigen Luftstromes ausgesetzt wurde.

Eine andere Verbesserung der alten „Mischungstränkung" ist in dem Verfahren der Kommanditgesellschaft Guido Rütgers in Wien zur Herstellung von Emulsionen aus Teerölen beliebiger Herkunft und den wässerigen Lösungen anorganischer Salze, wie z. B. Chlorzink oder Fluornatrium, zu erblicken[1]. Es wurde gefunden, daß bei solchen Gemischen durch Zusatz einer geringen Menge eines Derivates der Gerbstoffreihe, wie etwa von Tannin, haltbare Mischungen kolloidaler Natur, die sich für Holztränkzwecke gut verwenden lassen, entstehen. Die sogenannte „Tetazet"-Imprägnierung (*Teeröl-Tannin-Zinkchlorid*) arbeitete nach diesem Verfahren.

δ) Die Tränkung des Holzes mit erhitztem karbolsäurehaltigem Teeröl nach Julius Rütgers.

Die Vorschrift der ehemaligen Preußisch-Hessischen Staatsbahnverwaltung zur Ausführung dieser Tränkungsart lautete im wesentlichen wie folgt:

Nach dem Besetzen und Verschließen des Tränkkessels wird in letzterem eine Luftverdünnung von mindestens 60 cm Quecksilberstand hergestellt und 10 Minuten erhalten. Dann wird das vorgewärmte Teeröl unter anhaltender Luftverdünnung so hoch in den Tränkungskessel eingelassen, daß es nicht durch die Luftpumpe übergesogen werden kann. Während und nach der Füllung wird das im Tränkungskessel befindliche Teeröl auf wenigstens 105° C, höchstens 115° C, erhitzt. Auf diese Erhitzung soll ein Zeitraum von mindestens 3 Stunden verwendet werden. Ist der Hitzegrad im Tränkungskessel erreicht, so soll er mindestens 60 weitere Minuten ohne oder unter Luftverdünnung erhalten bleiben, je nachdem dies notwendig erscheint, damit das Holz die erforderliche Menge Teeröl aufnimmt. Von dem Augenblicke an, in welchem die Füllung des Tränkungskessels mit erhitztem Teeröl beginnt, wird derselbe mit einem Röhrenkühler in Verbindung gesetzt, welcher alle aus dem Holze entweichenden Wasserdämpfe verdichtet und das gebildete Wasser in ein Auffangegefäß leitet, in dem die Menge des aus dem Holze verdampften Wassers bestimmt wird.

Nachdem das Trocknen des Holzes beendigt ist, wird der Tränkungskessel vollends mit Teeröl gefüllt und in ihm ein Druck von mindestens 7 atü erzeugt. Dieser Druck wird wenigstens 30 Minuten für Kiefern- und Buchenholz und 60 Minuten für Eichenholz unterhalten, wenn eine Verlängerung desselben nicht zur Erreichung der vorschriftsmäßigen Aufnahme an Teeröl erforderlich ist. Damit ist die Tränkung des Holzes vollendet.

Die durchschnittliche für jede Kesselfüllung in Betracht zu ziehende Aufnahme an Teeröl beträgt für eine Kiefern- oder Buchenschwelle von 2,70 m Länge und 16/26 cm Stärke 36 kg, und für eine gleichmaßige Eichenschwelle 11 kg, für einen Kubikmeter Kiefern- oder Buchenholz von verschiedenen Abmessungen 325 kg, und für einen Kubikmeter Eichenholz 100 kg.

Bei der Feststellung des vom Holz aufgenommenen Teeröls durch Ermittlung des Gewichtes des Holzes vor und nach der Tränkung ist das aus dem Holz während des Trocknens im erhitzten Teeröl verdampfte und nach Kondensation durch eine Kühlvorrichtung in dem Auffangegefäß gesammelte Wasser zu berücksichtigen. Um das Gewicht dieses Wassers ist das Holz während des Trocknens im heißen Öl leichter geworden, infolgedessen muß es (das aufgefangene Wasser) von dem Gewicht des Holzes vor der Tränkung in Abzug gebracht werden.

---

[1] Vgl. D.R.P. 561 171/1929.

ε) Die Doppeltränkung.

Bereits bei der Tränkung des Holzes mit einer Mischung von Chlorzink und Teeröl nach Julius Rütgers verfolgte man den Zweck, die Vorteile der beiden Holzschutzmittel miteinander zu vereinigen, d. h. einerseits die Anwendung des verhältnismäßig billigen Chlorzinks beizubehalten und andererseits die Vorteile des wasserunlöslichen und hochwirksamen, aber teureren Teeröls auszunutzen. Die erst viel später in Vorschlag gebrachte Doppeltränkung des Holzes mit wässerigen Salzlösungen und Teeröl verfolgte ähnliche Zwecke, namentlich aber eine möglichst große Ersparnis an Teeröl unter bestmöglicher Beibehaltung der Vorteile der Teeröltränkung. Im übrigen sollte durch das Teeröl die Auslaugung der in den inneren Holzzonen befindlichen wasserlöslichen Imprägniersalze erschwert werden.

Das besagte Doppeltränkungsverfahren war in den Jahren 1905 bis 1908 von der damaligen Preußisch-Hessischen Staatsbahnverwaltung zur Tränkung der Schwellen zugelassen. Als wässerige Salzlösungen sind u. a. Lösungen von Chlorzink und β-naphthalinsulfosaurem Zink — sogen. Wiesesalz (s. S. 333) — verwendet worden. Im folgenden sind die Vorschriften der Eisenbahnverwaltung für die Tränkung von Buchenschwellen mit β-naphthalinsulfosaurem Zink und Teeröl in den wesentlichen Punkten wiedergegeben. Zu der nachstehenden Vorschrift sei bemerkt, daß die Dämpfung des Holzes nur bei Anwendung schwer löslicher Salze (wie es z. B. das β-naphthalinsulfosaure Zink ist) vorgenommen wird, um das Holz anzuwärmen und die Ausscheidung des Salzes zu verhüten; bei leicht löslichen Salzen (wie z. B. Chlorzink) fällt die Dämpfung fort.

Nachdem der mit Holz gefüllte Tränkungskessel geschlossen ist, wird in ihn Dampf eingelassen, wobei ein unten am Kessel befindliches Ventil zum Austritt der im Kessel befindlichen Luft geöffnet ist. Sobald die Luft aus dem Kessel vollständig entwichen und nach Schließung des Luftventils ein Dampfdruck von 0,5 bis höchstens 1 atü erreicht ist, wird dieser Druck noch etwa 40 Minuten erhalten, und dann der Dampf langsam aus dem Kessel abgelassen. Nun wird eine Luftverdünnung von 40 cm Quecksilbersäule hergestellt und einschließlich der zu ihrer Erzeugung erforderlichen Zeit ½ Stunde auf dieser Höhe erhalten. Nach Ablauf dieser Zeit wird der Tränkungskessel mit der auf ungefähr 70° C erhitzten Salzlösung gefüllt, so daß die Luftleere bis zur vollständigen Füllung desselben auf 40 cm erhalten bleibt. Danach wird eine Stunde lang Salzlösung in den Kessel unter einem Druck von 2—3 atü eingepreßt und die Schwellen mit Salzlösung durchtränkt.

Während dieser Zeit ist die Temperatur der Tränkflüssigkeit auf etwa 95° C zu erhöhen. Damit das auf diese Weise mit wässeriger Salzlösung ziemlich satt durchtränkte Holz aufnahmefähig für Teeröl gemacht werde, wird es, nachdem die Salzlösung nach Beendigung der Druckperiode aus dem Tränkungskessel entfernt ist, sofort einer möglichst hohen Luftleere unterworfen. Zur besseren Erreichung dieses Zweckes ist eine kurze Unterbrechung der Luftleere durch Zulassen von Luft sehr geeignet. Es wird deshalb die Periode der Luftleere, die im ganzen auf ¾ Stunden bemessen wird, nach etwa ½ Stunde durch Luftzutritt 5 Minuten lang vollständig unterbrochen.

Nachdem die Luftleere genügend gewirkt hat, wird der Kessel mit dem auf mindestens 70° C erwärmten Teeröl gefüllt. Darauf wird die Menge Öl, die in das Holz eingebracht werden soll, aus einem Meßgefäß eingedrückt. Die Aufnahme an Teeröl wird für jede buchene Bahnschwelle I. Klasse auf durchschnittlich 16 kg festgesetzt.

Während der Behandlung der Schwellen mit Öl wird letzteres im Tränkungskessel bis auf 80—85° C erhitzt. Um das Öl tief und recht gleichmäßig in die Schwellen einzubringen, ist es notwendig, daß das Einpressen der abgemessenen Menge, namentlich im Anfang, langsam vorgenommen wird und der Druck erst gegen Schluß bis auf etwa 7 atü steigt. Ist dies geschehen, so bleibt der Kessel bei Abstellung der Druckpumpe 1 Stunde unter dem erreichten Druck, der nach und nach zurückgeht, stehen. Alsdann ist die Tränkung beendigt.

Zwei Hauptpunkte sind bei dem Verfahren besonders zu beachten:

1. eine möglichst vollständige Durchtränkung mit Wiese-Salz;

2. eine möglichst gleichmäßige Durchtränkung mit der genau bestimmten Menge Teeröl.

Da nun die Möglichkeit, die bestimmte Ölmenge in die Schwellen hineinzubringen, direkt von der Menge der vorher aufgenommenen Salzlösung abhängt, so kommt es darauf an, die letztere nicht zu hoch zu bemessen.

Die Gesamtmenge an beiden Flüssigkeiten soll pro Buchenschwelle nicht unter 35 kg, und die Teerölmenge nicht unter 16 kg betragen. Deshalb dürfen vor der Behandlung mit Öl die Schwellen nur 18—22 kg Salzlösung enthalten.

Die Doppeltränkung mit Chlorzinklösung und Teeröl wurde in Österreich von Eisenbahn und Post in erheblichem Umfang mit gutem Erfolge benutzt. Bei dieser Tränkung der Buchenschwellen der österreichischen Bahnen wurden je Schwelle I. Klasse 20 kg Chlorzinklösung von 3° Bé und 12 kg Teeröl verwendet. Bei der Tränkung der kiefernen Stangen der Postverwaltung schwankten nach den Angaben von Petritsch[1] die Aufnahmen an Chlorzinklösung zwischen 140 und 350 und die an Teeröl zwischen 56 und 90 kg je cbm.

Auch die Deutsche Reichsbahn hat die Doppeltränkung unter Verwendung von Teeröl und Fluornatriumlösung in den Jahren 1938—1939 versuchsweise bei der Tränkung ihrer Buchenschwellen wiederaufgenommen, als sich zeigte, daß bei der Doppel-Rüpingtränkung mit reinem Teeröl wegen des nicht immer befriedigenden Zustandes der Schwellen die Durchtränkung des öfteren zu wünschen übrigließ (s. S. 265/66, „Wechseltränkung").

b) Die Spartränkungsverfahren.

Der weiteren Verbreitung des Volltränkungsverfahrens mit Teeröl erwuchsen in den letzten Jahrzehnten des verflossenen Jahrhunderts erhebliche Schwierigkeiten dadurch, daß der Bedarf an teerölimprägnierten Hölzern infolge des starken Ausbaues der Eisenbahn- und Telegraphenlinien gewaltig zunahm, während andererseits die Produktion an schwerem Steinkohlenteeröl sich nicht in gleichem Maße erhöht hatte. Infolge der starken Nachfrage nach Teeröl stieg dessen Preis nicht unbeträchtlich, so daß bei dem hohen Teerölverbrauch des Volltränkungsverfahrens sich die Imprägnierkosten in vielen Fällen zu hoch stellten, um die Teerölvolltränkung noch wirtschaftlich erscheinen zu lassen. Da andere ölige Tränkstoffe, an deren Verwendung man denken konnte, in Deutschland nicht zur Verfügung standen, war man bemüht, den Teerölverbrauch bei der Holztränkung so weit herabzusetzen, wie es im Hinblick auf einen

---

[1] Vgl. Zeitschr. f. Post u. Telegraphie, 1909, Nr. 18.

20*

dauerhaften Schutz des Holzes zulässig erschien. Es ist also die Entwicklung der Spartränkung aufs engste mit der Verwendung des Steinkohlenteeröles (Kreosotöles) verknüpft, und es ist auch die Anwendung des Sparverfahrens in der Praxis bis heute fast ausschließlich auf die Imprägnierung mit Steinkohlenteeröl beschränkt geblieben.

Die Fachkreise wurden zum Aufsuchen eines brauchbaren Teeröl-Spartränkungsverfahrens um so mehr ermutigt, als durch Laboratoriumsversuche festgestellt worden war, daß für den Dauerschutz der Hölzer nur ein Bruchteil derjenigen Teerölmenge erforderlich ist, die man bei Ausführung des Volltränkungsverfahrens bis dahin anwenden mußte, wenn man das Teeröl in allen schutzbedürftigen Holzteilen verteilen wollte.

Nachdem durch die Untersuchungen Pasteurs und anderer Forscher festgestellt worden war, daß die Fäulnis organischer Stoffe auf die Lebenstätigkeit von Pilzen und Bakterien zurückzuführen ist, hatte man, in Anlehnung an die Versuche zur Beurteilung der antiseptischen Kraft der Desinfektionsmittel, ähnliche Versuche mit Bezug auf die Wirksamkeit der Holzschutzmittel angestellt, indem man künstliche Nährböden mit verschiedenen Mengen des zu prüfenden Imprägniermittels vermischte und auf diesen Substraten die Entwicklungsmöglichkeit von Pilzen beobachtete[1]. Man war damals, d. h. zu Anfang unseres Jahrhunderts, noch nicht in der Lage, diese Versuche zur Ermittlung der pilzwidrigen Kraft der Holzschutzmittel unter Verwendung von Reinkulturen holzzerstörender Pilze auf dem natürlichen Substrat, d. h. dem Holze selbst, durchzuführen. Man arbeitete vielmehr noch mit Schimmelpilzkulturen, welche, wie an anderer Stelle bereits bemerkt, für den Abbau der Holzsubstanz nicht in Frage kommen. Dieser Umstand, sowie die Verwendung künstlicher Nährböden, gestatteten keinen direkten Schluß auf die in der Praxis erforderlichen Schutzstoffmengen. Es war bei dieser Art der Versuchsausführung nur möglich, festzustellen, um wieviel mehr oder weniger ein neues Schutzmittel das Wachstum des gewählten Testpilzes beeinflußte als ein in seiner praktischen Wirkung gut bekanntes Schutzmittel, also z. B. Chlorzink. Wurden Steinkohlenteeröl und Chlorzink nach dieser Methode vergleichsweise geprüft, so ergab sich, daß die pilzwidrige Kraft des Teeröles mindestens dreimal so groß war als diejenige des Chlorzinks. Bei Übertragung dieses Versuchsergebnisses auf die Verhältnisse in der Praxis, d. h. Holz als Nährboden für die holzzerstörenden Pilze, ergab sich folgendes:

Kiefernsplintholz, welches 3,7 Gew.-Prozente Chlorzink enthielt, war nach den vorliegenden praktischen Erfahrungen als genügend geschützt gegen die Angriffe der holzzerstörenden Pilze anzusehen. Demnach sollte unter Berücksichtigung des Ergebnisses des Nährbodenversuches ein Gehalt des Splintholzes von rd. 1,2 Gew.-Prozent Steinkohlenteeröl zur Erreichung der gleichen Wirkung genügen. Somit würde also schon ein kleiner Bruchteil der zur Sättigung des Holzes erforderlichen Teerölmenge bei gleichmäßiger Verteilung ausreichen müssen, um das Wachs-

---

[1] Siehe S. 379.

tum der holzzerstörenden Pilze unmöglich zu machen. Bis an diese damals experimentell festgestellte unterste Grenze der Teerölzufuhr ist man indessen, wie schon an dieser Stelle gesagt sei, in der Praxis niemals gegangen, denn es war zu berücksichtigen, daß während der jahrzehntelangen Gebrauchsdauer der imprägnierten Hölzer selbst bei den schwer verdunstbaren und schwer auswaschbaren Stoffen, wie z. B. dem Steinkohlenteeröl, Tränkstoffverluste nicht zu vermeiden sind. Man rechnete vielmehr auch hier mit Sicherheitsfaktoren, d. h. man wendete ein Vielfaches der als unbedingt notwendig errechneten Tränkstoffmenge an. Im übrigen war es beim Arbeiten unter den Bedingungen der Praxis gar nicht möglich, mit derartig geringen Ölmengen alle schutzbedürftigen Holzteile zu durchtränken.

Zur Verwirklichung des Gedankens, das Holz unter Anwendung einer beschränkten Schutzstoffmenge gleichmäßig zu durchtränken, stehen verschiedene Wege offen. Die wichtigsten Vorschläge sowie die zur praktischen Ausführung gekommenen bekannteren Tränkverfahren sollen im folgenden erörtert werden. Je nach der angewendeten Arbeitsweise gliedern sich die in Frage kommenden Verfahren in folgende Gruppen:

1. Imprägnierung mit Lösungen der Tränkstoffe in geeigneten Flüssigkeiten;

2. Imprägnierung mit in Wasser schwer oder unlöslichen Stoffen (Öle) durch Überführung derselben in Emulsionen;

3. Imprägnierung mit zerstäubten Ölen oder Öldämpfen;

4. Imprägnierung mit zur Sättigung der durchtränkbaren Holzanteile unzureichenden Flüssigkeitsmengen, die in irgendeiner geeigneten Weise (z. B. durch Vakuum und Druck) im Holz verteilt werden.

Zu 1.: Der nächstliegende Weg, eine Ersparnis an Imprägnierstoffen herbeizuführen, war der, den Tränkstoff in einer geeigneten verdunstbaren Flüssigkeit zu lösen, mit dieser Lösung das Holz bis zur Sättigung zu tränken und dann das Lösungsmittel verdampfen zu lassen. Hierher gehören also auch die Volltränkungsverfahren mit wässerigen Tränkstofflösungen, welche im Hinblick darauf, daß sie eine beliebige Dosierung des Konservierungsmittels zulassen, in gewissem Sinne auch als Sparverfahren anzusehen sind. Es lag nahe, dieses Verfahren auch zur sparsamen Durchtränkung des Holzes mit Ölen anzuwenden, wobei sich jedoch unüberwindliche Schwierigkeiten ergaben, welche die praktische Anwendung des Verfahrens in diesen Fällen unmöglich machten. Als Verdünnungsmittel kommen nämlich nur solche Flüssigkeiten in Frage, die imstande sind, das benutzte Tränköl leicht zu lösen, also z. B. Benzin, Benzol, Azeton, Trichloräthylen usw. Die Wiedergewinnung dieser Lösungsmittel ist notwendig, weil durch Verbleiben der erstgenannten Stoffe im Holz eine große Feuergefährlichkeit desselben bedingt werden würde und weil andererseits die Benutzung solcher Lösungen aus wirtschaftlichen Gründen nur dann in Frage kommen konnte, wenn es gelang, die Lösungsmittel leicht und ohne größeren Verlust wiederzugewinnen. Da dies nicht möglich war, ist die Ölspartränkung nach dieser Methode praktisch nicht zur Anwendung gekommen. Der Grund des Mißerfolges liegt vor allem in dem schlechten Wärmeleitvermögen des

Holzes, welches es nicht gestattet, das in das Holz eingeführte Lösungsmittel auf einfache Weise wiederzugewinnen.

Diese Schwierigkeit glaubte Nowak bei Verwendung von Trichloräthylen als Lösungsmittel für die von ihm zur Holztränkung vorgeschlagenen Peche, Wachsstoffe und Kunstharze vermeiden zu können. Wie er in einem 1938 auf der „Holztagung" in Berlin gehaltenen Vortrag[1] ausführte, gab erst die Erkenntnis, daß durch Verdrängung der schlecht leitenden Luft aus dem Tränkkessel und Holzinnern durch die Dämpfe eines Lösungsmittels von hoher spezifischer Wärme eine derartige Steigerung der Wärmeleitfähigkeit des Holzes erreicht werden kann, daß die Wiedergewinnung des Lösungsmittels unter wirtschaftlichen Bedingungen möglich ist, der von ihm vorgeschlagenen Imprägnierungsart neue Zukunftsaussichten. Eingehende Nachprüfungen des Nowakschen Tränkverfahrens haben aber ergeben, daß die Rückgewinnung des Trichloräthylens bei weitem nicht in dem von Nowak angegebenen Maße durchführbar ist[2]. Bereits aus diesem Grunde kommt das Verfahren für die Praxis in den meisten Fällen nicht in Betracht.

Eine Spartränkung mit wasserunlöslichen Stoffen auf dem bezeichneten Wege ist natürlich möglich, wenn es nicht erforderlich ist, das Lösungsmittel zurückzugewinnen. Ein solcher Fall liegt z. B. bei der Volltränkung von Holz mit Lösungen von Teeröl in Petroleumkohlenwasserstoffen vor (s. S. 318).

Zu 2.: Die soeben beschriebenen Schwierigkeiten bei der Wiedergewinnung der Lösungsmittel führten dazu, daß man versuchte, das Tränköl in wässeriger Emulsion zur Imprägnierung zu verwenden, da auf diese Weise der gleiche Zweck, nämlich die beliebige Dosierbarkeit der Ölaufnahme des Holzes, erreichbar erschien. Bei den Emulsionen handelt es sich bekanntlich um eine möglichst gleichmäßige Verteilung des betreffenden Öles in Form feinster Tröpfchen in dem jeweils gewählten Verdünnungsmittel, im vorliegenden Fall also in Wasser. Wenn in den nachstehenden Ausführungen von Emulsionen die Rede ist, so sind hierunter stets Emulsionen von Ölen in Wasser zu verstehen, d. h. solche Emulsionen, in denen das Öl in Form feinster Tröpfchen im Wasser verteilt ist. Es sei aber an dieser Stelle darauf hingewiesen, daß es auch „Wasser-in-Öl-Emulsionen" gibt, in denen das Wasser in Form sehr feiner Tröpfchen im Öl verteilt ist. Die Anwendung dieser letztgenannten Emulsionen in der Holzkonservierungstechnik kommt kaum in Frage, weil die in ihnen verteilte Wassermenge im allgemeinen zu klein ist, als daß sich unter Anwendung dieser „Wasser-in-Öl-Emulsionen" die gewünschte Ölersparnis erzielen ließe. Auch besitzen die fraglichen Emulsionen im Gegensatz zu den „Öl-in-Wasser-Emulsionen" eine hohe Viskosität, wodurch ihre gleichmäßige Verteilung im Holz unmöglich gemacht wird.

---

[1] Vgl. A. Nowak, Wien-Mödling, Holzimprägnierung mit Wachsstoffen und Kunstharzen, Mitteilungen des Fachausschusses für Holzfragen beim VDJ und Deutschen Forstverein, Heft 23, 1939.

[2] Vgl. P. Urban, Über ein neues Tränkverfahren, Zeitg. d. Vereins Mitteleuropäischer Eisenbahnverwaltungen, Jahrg. 1943, Nr. 28.

Die zu benutzenden Ölemulsionen sollen also als Ersatz für Öllösungen dienen, und ihre Verwendbarkeit zur Holztränkung hängt zunächst davon ab, ob sie die für die Durchtränkung des Holzes wesentlichste Eigenschaft der Lösungen besitzen, d. h. ob sie ebenso wie diese die Einführung des emulgierten Öles in alle durchtränkbaren Teile des Holzes gestatten. Die ersten Emulsionen, mit denen zu Anfang dieses Jahrhunderts nach dem Verfahren der Fa. Berliner Holz-Kontor Akt.-Ges.[1] Versuche zur Tränkung von Holz angestellt wurden, waren unter Verwendung von Harzseife als Emulgierungsmittel hergestellt worden. Sie enthielten zwar bei richtiger Herstellung die einzelnen Ölteilchen schon in so feiner Verteilung, daß sie durch Filtrierpapier unverändert hindurchliefen, waren aber andererseits nicht besonders beständig und gegen die Einwirkung von Salzen, Säuren und anderen Stoffen sehr empfindlich. Die Zugabe derselben bewirkte eine rasche Zersetzung der Emulsionen unter Ausscheidung des emulgierten Öles. Bereits die Anwesenheit von sauren Teerölbestandteilen (Phenolen) setzte die Emulgierbarkeit des Teeröles stark herab. Aus diesem Grunde wurde besonders die Verwendung entsäuerter Teeröle für die Emulgierung empfohlen. Da im übrigen eine befriedigende Durchtränkung des Holzes mit diesen Emulsionen häufig nicht erzielt wurde, die Ölteilchen vielmehr in den äußeren Holzschichten zurückgehalten wurden, ist die Anwendung dieser Emulsionen zur Holztränkung über das Versuchsstadium nicht hinausgekommen. Neben den beiden wichtigsten Erfordernissen der Beständigkeit und der gleichmäßigen Verteilbarkeit im Holz ist die weitere wichtige Forderung zu stellen, daß das in Form von Emulsionen in das Holz eingeführte Öl nach dem Verdunsten des Wassers unlöslich zurückbleibt, also auch bei nachträglichem Zutritt von Wasser zum Holz nicht wieder emulgiert und infolgedessen aus dem Holz ausgewaschen wird. Auch in dieser Beziehung ließen die in Rede stehenden Emulsionen zu wünschen übrig.

Diesen Nachteil vermied das Verfahren der Kommanditgesellschaft Guido Rütgers in Wien[2], welches an Stelle von Harzkali- oder -natronseife Harzammoniakseife zur Emulgierung des Teeröles verwendete. Da in diesem Falle beim Austrocknen des getränkten Holzes auch das Ammoniak verdunstete, konnte bei neuerlicher Durchnässung des Holzes eine Rückbildung der Teerölemulsion nicht eintreten. Trotz dieses Fortschrittes hat das Verfahren seinerzeit keine Bedeutung für die deutsche Industrie erlangt.

Der Vollständigkeit halber sei hier auch noch das von J. Rütgers in der deutschen Patentschrift 117565/1900 angegebene Verfahren zur Herstellung wässeriger Teerölemulsionen unter Verwendung harzesterschwefelsauren Alkalis als Emulgierungsmittel genannt. Eine praktische Bedeutung hat es nicht gewonnen.

Mit den später aufgefundenen Verfahren zur Herstellung homogenisierter Emulsionen gelang es, äußerst haltbare Präparate zu erzeugen, die auch bei Zusatz von Fremdstoffen eine hohe Beständigkeit aufwiesen.

---

[1] Vgl. D.R.P. 117263/1899.
[2] Vgl. D.R.P. 151020/1902.

Diese homogenisierten Teerölemulsionen wurden in der Weise hergestellt, daß man die unter Zusatz geeigneter Dispersionsmittel, wie z. B. Harzseife, Sulfitablauge o. dgl., bereiteten groben Mischungen von Teeröl und Wasser durch Homogenisiermaschinen schickte, wie sie z. B. in der Milchwirtschaft bereits seit langer Zeit verwendet werden[1]. Aber auch diese sehr feinen und außerordentlich haltbaren Emulsionen (Durchmesser der Öltröpfchen nur noch 0,2...0,3 μ) ließen sich im Holz keineswegs immer derart verteilen, daß die Durchtränkung aller schutzbedürftigen Holzzonen gesichert war. Während bei geflößtem und grobgewachsenem Kiefernholz die Durchtränkung des gesamten Splintes im allgemeinen gelang, war sie bei feinjähriger Kiefer sowie bei Buche fast durchweg ungenügend, da die Zellwände als Filter wirkten, welche die Öltröpfchen zurückhielten und nur das Wasser durchließen. Es steht bis heute nicht mit Sicherheit fest, worauf es zurückzuführen ist, daß die homogenisierten Emulsionen sich nicht immer befriedigend im Holz verteilen ließen.

Für die Einführung der wässerigen Ölemulsionen in das Holz wurde allein das Vollimprägnierverfahren angewendet, da ein Sparverfahren nach Lage der Dinge in diesem Falle seinen Zweck verfehlt und da nach den vorliegenden Erfahrungen auch das Saftverdrängungs- sowie das Einlagerungsverfahren ausscheiden müssen.

Zwei neuere Vorschläge zur Herstellung wässeriger Teerölemulsionen unter Verwendung anderer Emulgierungsmittel, als der vorstehend genannten, seien nachstehend noch kurz erwähnt. Zunächst handelt es sich um das in der deutschen Patentschrift 597183/1931 (Hanseatische Mühlenwerke Akt.-Ges.) beschriebene Verfahren, welches die Verwendung von Phosphatiden, z. B. Sojaschlamm, als Emulgator vorsieht, das aber in Deutschland eine Anwendung in der Praxis nicht gefunden hat. Zu dem gleichen Zweck wird die Verwendung von Phosphatiden übrigens in dem kanadischen Patent 33639/1933 von R. H. White und J. A. Vaughan vorgeschlagen.

Wie bereits auf S. 241 ausgeführt, hat dagegen das sogenannte „Tetazet-Verfahren" der Fa. Kommanditgesellschaft Guido Rütgers, Wien[2], welches durch Zusatz einer geringen Menge Tannin zu den Mischungen von Teeröl mit wässerigen Tränksalzlösungen haltbare Mischungen kolloidaler Natur herzustellen gestattet, in Österreich Bedeutung für die Praxis erlangt.

In Deutschland hat die Holztränkung mit Teerölemulsionen bei der geschilderten Sachlage noch nicht Eingang in die Praxis finden können. Dagegen sind, soweit bekannt, homogenisierte Teerölemulsionen zeitweise in Rußland zur Holzimprägnierung verwendet worden.

Zu 3.: Von den hierher gehörenden Verfahren sind zu nennen diejenigen von J. B. Blythe (D.R.P. 2175/1877 und 10423/1879) und von der Berlin-Anhaltischen Maschinenfabrik A. G. (D.R.P. 189232/1905 und 195878/1906). Beim Verfahren von Blythe wurde hoch überhitzter

---

[1] Vgl. D.R.P. 323648/1918 und Zusatz 331288/1918 (H. Stein) und Brit. Pat. 114886/1917 (P. Sholnerkevitsch).

[2] Vgl. D.R.P. 561171/1929.

Wasserdampf durch erhitztes Imprägnieröl geleitet und das entstandene Gemisch von Öl- und Wasserdampf in den Tränkkessel eingeführt. Das Verfahren hatte keinen Erfolg aufzuweisen; das Imprägnieröl war in den behandelten Hölzern äußerst ungleichmäßig verteilt, so daß dieselben bereits nach kurzer Zeit in hohem Maße der Fäulnis anheimfielen.[1]

Nach dem Verfahren der „Bamag" sollte das Holz mit teerölhaltigen Gasen behandelt werden. Diese Gase, welche bei der Leuchtgasherstellung, der Holz- und Torfdestillation, in Kokereien usw. von der Teervorlage kommen, sollten eventuell bei höherer Temperatur und unter Anwendung von Vakuum und Druck benutzt werden. Nach dem D.R.P. 195878 sollte das Imprägniermittel innerhalb des Imprägnierkessels durch Zerstäuberdüsen in einen feinen Nebel übergeführt werden und in dieser Form zur Anwendung gelangen. Die beiden Verfahren sind nicht in die Praxis eingeführt worden.

Zu 4.: Im Gegensatz zu den bisher behandelten Verfahren suchen die nachstehend beschriebenen eine gleichmäßige Verteilung zur Vollimprägnierung ungenügender Mengen Tränkflüssigkeit dadurch zu bewirken, daß sie die Verteilung derselben durch Einwirkung von gespannten Gasen oder Dämpfen bzw. (bei Ölen) unter Druck stehenden wässerigen Flüssigkeiten zu Beginn oder zu Beendigung der Tränkung, eventuell unter gleichzeitiger Anwendung von Vakuum, vornehmen. Das erste deutsche Patent auf diesem Gebiet ist das auf den Namen C. Wassermann erteilte D.R.P. 138933 vom 28. Januar 1902, dessen Verfahren von Max Rüping ausgearbeitet wurde. Sein Patentanspruch lautet:

„Verfahren zum Imprägnieren, dadurch gekennzeichnet, daß man die zu imprägnierenden Stoffe, ehe man sie mit der Imprägnierflüssigkeit behandelt, einem starken Luft- oder Gasdruck aussetzt, welcher auch bei der darauf folgenden Behandlung mit der Imprägnierflüssigkeit aufrecht gehalten oder noch weiter gesteigert wird, so daß die Zellen, Poren und Hohlräume während der Imprägnierarbeit stetig mit stark gespannten Gasen durchsetzt sind, aber nach beendeter Imprägnierung zufolge der Aufhebung des Druckes und eventueller Anwendung des Vakuums von dem Überschuß der Imprägnierflüssigkeit befreit werden."

Rüping ging von dem Gedanken aus, daß es nicht notwendig sei, auch die Zellhohlräume mit Tränkflüssigkeit anzufüllen, sondern daß es genüge, nur die Zellwandungen zu imprägnieren. Auf der Suche nach Mitteln und Wegen zur Erreichung dieses Zieles kam er auf den Gedanken, das Holz vor der eigentlichen Tränkung mit Preßluft zu behandeln. Bei seinen Versuchen, kieferne Rundhölzer in dieser Weise mit Teeröl zu durchtränken, gelangte er zu dem damals überraschenden Ergebnis, daß bereits etwa 60 kg Teeröl je Kubikmeter Kiefernholz ausreichend waren, um eine Durchtränkung des gesamten Splintholzes zu gewährleisten. Die Erklärung hierfür besteht darin, daß die vor der Tränkung in das Holz eingeführte Preßluft bei der Aufhebung des Druckes einen großen Teil der in den Zellhohlräumen des Holzes befindlichen Tränkflüssigkeit hinaustreibt. Um die Expansionskraft der ange-

---

[1] Vgl. J. Dehnst in Troschel, Handbuch der Holzkonservierung, 1. Aufl. (1916), S. 260.

wendeten Druckluft zu unterstützen und dadurch die Hinausbeförderung der Tränkflüssigkeit zu vervollständigen, ließ Rüping Vakuum auf das imprägnierte Holz einwirken.

Es hat sich gezeigt, daß dieses von Rüping ausgearbeitete Sparverfahren von allen bisher vorgeschlagenen die weitaus beste Lösung des Problems darstellt. Das Verfahren wurde in Deutschland im Jahre 1902 von der Deutschen Reichspost und 1905 auch von der Preußisch-Hessischen Staatsbahn für die Imprägnierung ihrer Hölzer zugelassen. Die Eisenbahnverwaltung verwendet schon länger als 4 Jahrzehnte ausschließlich das Rüping-Verfahren zum Imprägnieren ihres gesamten Holzmaterials mit Steinkohlenteeröl und hat nur während der Kriegs- und Nachkriegsjahre, als genügende Teerölmengen für die Holzkonservierung nicht zur Verfügung standen, notgedrungen zeitweise auch andere Verfahren benutzt. Das Rüping-Verfahren hat eine außerordentliche Verbreitung gefunden und wird heute, soweit der Schutz des Holzes mit Imprägnierölen in Frage kommt, in ausgedehntestem Maße in allen Erdteilen angewendet. Seiner Wichtigkeit entsprechend soll es nachstehend ausführlich geschildert werden.

α) Das Rüping-Verfahren.

1. Beschreibung einer Imprägnieranlage nach Rüping. Das schematische Bild einer Rüping-Anlage gibt Abb. 163.

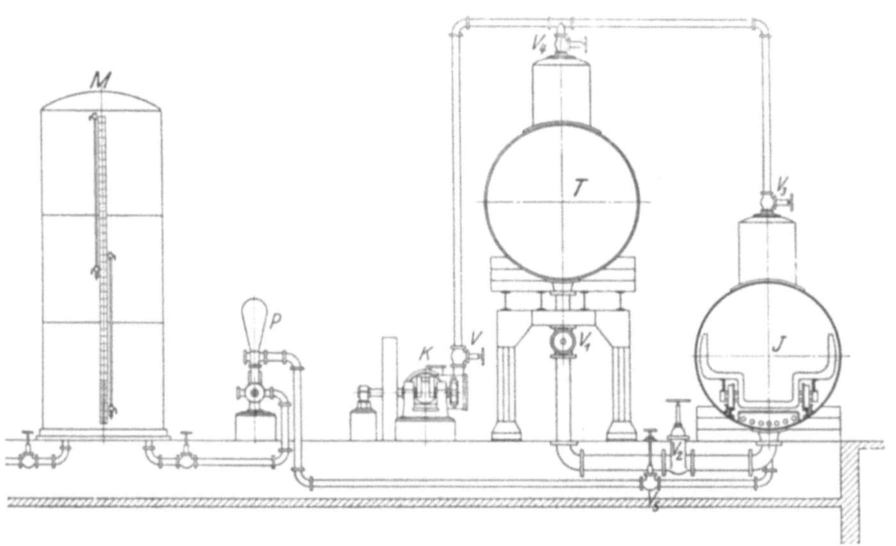

Abb. 163. Schematisches Bild einer Rüping-Anlage.

J ist der Tränkkessel, T der Vorwärmer für die Tränkflüssigkeit (meistens Steinkohlenteeröl), M das Meßgefäß, K die kombinierte Luftdruck- und Vakuumpumpe, P die Flüssigkeitsdruckpumpe. Die einzelnen Teile der Anlage sind durch Rohrleitungen untereinander verbunden, welche der Größe bzw. Leistungsfähigkeit der Anlage entsprechend dimensioniert sein müssen.

Der Imprägniervorgang ist folgender: Nachdem der Tränkkessel J mit Holz beschickt und verschlossen und das Imprägnieröl in dem Vorwärmer T auf die vorgeschriebene Temperatur (105—110° C) gebracht ist, werden die Ventile V, V_3 und V_4 geöffnet, während V_1, V_2 und V_5 geschlossen sind. Nunmehr wird mit Hilfe der Luftpumpe K gleichzeitig in den beiden Kesseln T und J Luftdruck erzeugt von einer Höhe, die sich nach Art und Beschaffenheit des Holzes richtet, beispielsweise 4 atü. Nachdem dieser Luftdruck so lange auf das Holz eingewirkt hat, bis die Zellhohlräume der durchtränkbaren Holzteile mit Preßluft von 4 atü Spannung angefüllt worden sind — längstens 15 Minuten —, wird das Ventil V geschlossen und die Ventile V_1 und V_2 werden geöffnet. Bei dieser Ventilstellung wird das Imprägnieröl aus dem Vorwärmer T in den Kessel J fließen und die ursprünglich in diesem vorhandene Preßluft in entsprechendem Maße nach T überströmen. In diesem Stadium des Tränkungsvorganges ist also das Holz zwar völlig vom Imprägnieröl umgeben, jedoch verhindert die im Holz befindliche Preßluft zunächst noch das Eindringen größerer Ölmengen in das Holz. Sobald der Kessel J vollständig mit Imprägnieröl gefüllt ist, werden die Ventile V_1, V_2 und V_3 geschlossen und Ventil V_5 geöffnet. Mittels der Druckpumpe P wird sodann aus dem Meßgefäß M weiteres Öl angesaugt und in den Tränkkessel J befördert, bis in demselben ein Flüssigkeitsdruck entsteht, dessen Höhe sich ebenfalls nach der Art und Beschaffenheit des Holzes richtet, beispielsweise 8 atü. Unter der Einwirkung dieses Druckes dringt das Imprägnieröl in das Holz ein, indem es gleichzeitig die in den Zellhohlräumen befindliche Druckluft weiter zusammenpreßt, so daß das Öl die Holzzellen durchdringen kann. Der Druck muß während einer je nach Holzart und -beschaffenheit verschieden zu bemessenden Mindestdauer auf das Holz einwirken, um die Durchtränkung aller schutzbedürftigen Holzzonen sicherzustellen. Nach Beendigung der Öldruckperiode wird das Öl mit Hilfe von Preßluft oder Vakuum wieder aus dem Tränkkessel nach dem Vorwärmer befördert, aus welchem die Druckluft in der Zwischenzeit abgelassen worden ist. Nach Entfernung des Öles aus dem Imprägnierkessel wird in diesem ein möglichst hohes Vakuum erzeugt. Das aus dem Tränkkessel abgesaugte heiße Gemisch von Luft, Öl- und Wasserdampf muß hierbei einen in der Abb. 163 nicht dargestellten Kondensator passieren, in welchem es abgekühlt wird und Öl- sowie Wasserdampf zurückgehalten werden. Nachdem das Vakuum eine gewisse Zeit unterhalten worden ist, wird der Kessel wieder belüftet. Das während der Vakuumperiode aus dem Holz ausgetretene Öl wird nunmehr ebenfalls aus dem Tränkkessel entfernt, der Deckel desselben geöffnet und das imprägnierte Holz hinausgefahren.

Im einzelnen ist über die verschiedenen Teile der Anlage folgendes zu zu sagen:

1. **Der Tränkkessel** wird genietet oder geschweißt, aus etwa 15 bis 20 mm starken Siemens-Martin-Flußeisenblechen hergestellt; Länge und Durchmesser richten sich nach der geforderten Leistung und den Abmessungen der zu tränkenden Hölzer. Die Länge des Kessels schwankt in den deutschen Werken im allgemeinen zwischen 13 und 25 m, der Durchmesser zwischen 1,80 und 2,25 m. Er besitzt ein Gleis, welches das Ein- und Ausfahren der mit Holz beladenen Wagen gestattet. Um zu verhüten, daß letztere beim Füllen des Tränkkessels mit der Tränkflüssigkeit durch Aufschwimmen entgleisen, sind besondere Führungsvorrichtungen, welche das Aussetzen der aufschwimmenden Wagen verhindern sollen, vorgesehen worden. Gewöhnlich sind die Kessel mit einem abnehmbaren Deckel und einem festen Boden ausgerüstet. In

besonderen Fällen werden sie aber auch an Stelle des festen Bodens mit einem zweiten abnehmbaren Deckel versehen, der es gestattet, daß sie von beiden Seiten beschickt oder entleert werden können. Es gibt verschiedene Deckelverschlüsse; die meisten Kessel sind noch mit Klappschraubenverschlüssen versehen. Gut bewährt haben sich die seit einer Reihe von Jahren verwendeten Schnellverschlüsse der Firma Scholz & Co., Coesfeld/Westfalen[1]. Diese mit einer Federsatteldichtung versehenen

Abb. 164. Tränkkessel-Schnellverschluß (nach Scholz, Coesfeld).

Verschlüsse lassen sich erheblich schneller und leichter bedienen als die Klappschraubenverschlüsse. Auch haben sie diesen gegenüber den Vorteil größerer Betriebssicherheit, da der Deckel an allen Stellen des Umfanges mit der gleichen Kraft gegen die Abdichtungsfläche des Kessels gepreßt wird, was beim Anziehen der Klappschrauben durchaus nicht immer der Fall ist.

Jeder Imprägnierkessel muß mit den notwendigen Anschlußstutzen für die Rohrleitungen, einer seiner Größe entsprechenden Dampfheizvorrichtung, einem Flüssigkeitsstandanzeiger und den notwendigen Meßapparaten für Druck, Vakuum und Temperatur ausgerüstet sein.

Die neuere Entwicklung der Tränkverfahren für Stangen und Leitungsmaste, welche bei manchen Verfahren z. B. für den unteren Teil dieser Hölzer eine wirkungsvollere Behandlungsart vorsieht als für den oberen, hat zur Konstruktion von schwenkbaren druckfesten Tränkkesseln Anlaß gegeben, welche sowohl in horizontaler als auch in vertikaler Lage benutzt werden können. (Vgl. das Kapitel „Stangen und

---

[1] Vgl. D.R.P. 653275/1934 und 725065/1937.

Leitungsmaste, S. 442 ff.) Die Verwendung eines schwenkbaren Kessels wurde übrigens erstmalig bereits Ende des vergangenen Jahrhunderts von Bruhne bei Ausführung der Dämpfung des Holzes vorgeschlagen[1].

2. Der Vorwärmer für die Imprägnierflüssigkeit — oft fälschlich als „Arbeitsgefäß" bezeichnet — ist ein druckfester liegender Kessel, dessen Größe so gewählt sein muß, daß der Tränkkessel auch bei ungünstiger Ausnutzung, d. h. bei geringer Holzbeschickung, vollständig mit der Imprägnierflüssigkeit gefüllt werden kann. Er wird meistens auf eine Unterstützungskonstruktion so hoch gelagert, daß seine Unterkante mindestens in der Höhe der Oberkante des Tränkkessels liegt. Der Vorwärmer besitzt feste Böden. Für das Befahren muß ein Mannloch vorgesehen sein. Im übrigen muß jeder Vorwärmer eine Dampfheizvorrichtung, Flüssigkeitsstandanzeiger und die erforderlichen Meßinstrumente für Druck, Vakuum und Temperatur besitzen. Seine Wandungen müssen stark genug sein, um die Erzeugung von mindestens 4 atü Luftdruck bzw. von 70 cm Vakuum zu gestatten.

In dem dänischen Patent 59 155/1943 wird von der Firma R. Collstrop A/S, Kopenhagen, vorgeschlagen, den Vorwärmer auf eine Zentesimalwaage zu legen, um so auf einfachste und schnellste Weise den Verbrauch eines jeden Tränkzuges an Tränkflüssigkeit durch Wägung des Gefäßes vor und nach der Tränkung feststellen zu können. In die Rohrleitungen, welche das Gefäß mit den anderen Teilen der Apparatur verbinden, müssen in diesem Falle natürlich genügend biegsame Zwischenstücke zwecks Ermöglichung der Wägung ohne Trennung der Verbindungsleitungen eingefügt sein. Das seit etwa 10 Jahren auf den Werken der genannten dänischen Firma eingeführte Verfahren zur Bestimmung des Imprägnierölverbrauches hat sich gut bewährt. Eine Berücksichtigung des während der Tränkung aus dem Holz austretenden Wassers erfolgt bei seiner Anwendung nur insoweit, als dieses während des Schlußvakuums im Kondensator niedergeschlagen wird. Im Tränköl zurückbleibendes Wasser wird dagegen auch bei Anwendung dieses Verfahrens nicht erfaßt (s. S. 254 ff.).

3. Das Meßgefäß ist ein stehender zylindrischer Kessel, dessen Größe ebenfalls von den Abmessungen des Tränkkessels bzw. der Leistungsfähigkeit der Anlage abhängt. Wie schon der Name besagt, dient dieses Gefäß zur Feststellung der Flüssigkeitsmenge, welche nach dem Füllen des Imprägnierkessels mit der Flüssigkeitspumpe in den Tränkkessel gepreßt wird. Den Flüssigkeitsdruck in letzterem kann man auch in der Weise herstellen, daß man in dem Meßgefäß Druckluft auf die Flüssigkeitsoberfläche wirken läßt. In diesem Fall muß der Kessel natürlich als Druckgefäß ausgebildet sein. Auch das Meßgefäß muß mit den notwendigen Meßvorrichtungen für Druck, Vakuum und Temperatur ausgerüstet sein und außerdem einen Flüssigkeitsstandanzeiger mit einer Meßskala besitzen. Im allgemeinen ist es nicht notwendig, daß das Meßgefäß eine Dampfheizvorrichtung besitzt.

Die drei vorgenannten Kessel sowie auch die Rohrleitungen, welche

---

[1] Vgl. D.R.P. 114 413/1899.

zum Transport der Tränkflüssigkeit dienen, sind gegen Wärmeverluste zu isolieren.

4. Die Druckluftbehälter sind Kessel von genügender Wandstärke, um mit Druckluft von beispielsweise 8—10 atü gefüllt werden zu können. Die Verwendung solcher Sammler hat den Vorteil, daß man nicht für jede einzelne Tränkung die Druckluft mit Hilfe des Kompressors zu erzeugen braucht, sondern hierzu die aufgespeicherte Druckluft verwenden kann, wodurch bedeutend an Zeit gespart wird.

5. Der Kondensator dient zum Niederschlagen der Öl- und Wasserdämpfe, welche aus dem Holz während der Herstellung und Unterhaltung des Unterdruckes im Tränkkessel durch die Vakuumpumpe abgesaugt werden, und zur Kühlung der mit erhöhter Temperatur aus dem Tränkkessel abgesaugten Luft. Die Größe des Kondensators richtet sich ebenfalls nach der Leistungsfähigkeit und den Abmessungen der Apparatur.

Im allgemeinen genügen zur Erreichung des gewünschten Effektes Mischkondensatoren. Bei dem später zu beschreibenden Wasserentziehungsverfahren verwendet man dagegen zur Kondensation der Öl- und Wasserdämpfe Rohrschlangen- oder Rohrbündel-Kühler mit Vorlagen zur Aufnahme des Kondensats, da sie wirksamer sind und eine genauere Messung des überdestillierten Wassers gestatten.

6. Der Luftkompressor kann ein- oder mehrstufig, für direkten Dampf-, Motor- oder Transmissionsantrieb vorgesehen sein.

7. Eine besondere Vakuumpumpe ist nicht unbedingt erforderlich. da meistens die Luftkompressoren auch als Vakuumpumpen zu verwenden sind. Bei größeren Anlagen wird jedoch stets eine Vakuumpumpe eingebaut.

Die Leistungsfähigkeit von Luftkompressor und Vakuumpumpe ist wiederum von der Größe des Betriebes abhängig.

8. Die Flüssigkeitspumpe kann ein- oder mehrzylindrig sein. Ihre Leistungsfähigkeit richtet sich nach der Größe des Tränkkessels. Größere Werke besitzen stets mehrere Flüssigkeitspumpen.

9. Die Meßapparate für Druck, Vakuum und Temperatur sind zum Teil als Schreibapparate ausgebildet, welche den gesamten Tränkungsvorgang sowohl hinsichtlich der Dauer der einzelnen Phasen des Tränkverfahrens, der Höhe des angewendeten Druckes und Vakuums, als auch der angewendeten Erhitzung der Tränkflüssigkeit in Gestalt von Diagrammen aufzeichnen. Es wird dadurch die Möglichkeit gegeben, jederzeit nachzuprüfen, ob bei Ausführung der Tränkung entsprechend den gegebenen Vorschriften verfahren worden ist.

Die Feststellung der Aufnahme des Holzes an Tränkflüssigkeit bei Ausführung der Kesseldrucktränkung erfolgt im allgemeinen durch Wägung des Holzes unmittelbar vor und nach Ausführung der Tränkung. Dabei ist zu beachten, daß die wahre Aufnahme an Imprägnierölen durch Feststellung dieser Gewichtsdifferenz nur dann erhalten wird, wenn völlig trockene Hölzer getränkt werden. Waren sie aber noch feucht oder durchnäßt, so ist zu berücksichtigen, daß während des Verweilens der Hölzer im heißen Imprägnieröl sowie während des Schlußvakuums Wasser aus ihnen austritt bzw. verdampft, welches teils im Betriebsöl verbleibt und teils im Kondensator oder im besonderen Auffanggefäß abgeschieden wird. Um das Gewicht dieser während der Tränkung aus den Hölzern aus-

Abb. 165. Innenansicht einer Rüping-Anlage.

tretenden Wassermenge fällt also die durch Wägung ermittelte Ölaufnahme zu niedrig aus. Will man sie berücksichtigen — und bei Tränkung

aller stark durchnäßten Hölzer wird man dies tun müssen, um sich vor Öl-
verlusten zu schützen —, so muß das während der Tränkung aus dem
Holz entfernte Wasser bestimmt und zu der durch die Waage ermittelten
Gewichtsdifferenz der Hölzer hinzugezählt werden. Auch bei Bestimmung der Ölaufnahme durch Messung der verbrauchten Ölmenge im
Meßgefäß oder durch Wägung des das Betriebsöl enthaltenden Ölvor-
wärmers vor und nach der Tränkung (s. S. 253) muß bei der Imprägnierung nasser Hölzer das aus diesen während der Tränkung austretende
Wasser, soweit es im Imprägnieröl verbleibt, zwecks genauer Feststellung der Imprägnierölaufnahme berücksichtigt werden.

**2. Die Ausführung des Rüping-Verfahrens im praktischen Be-
triebe.** Ehe auf die Ausführung des Verfahrens bei den einzelnen Holzarten eingegangen wird, sei bemerkt, daß ebenso wie bei allen anderen
Behandlungsarten — mit Ausnahme des Saftverdrängungsverfahrens —
Rinde und Bast vollkommen vom Holz entfernt sein müssen, so daß
also die äußersten Jahresringe des Holzkörpers frei zutage liegen: das
Holz muß „weißgeschält" sein. (Über einige Ausnahmen vgl. S. 190.)

Die Ausführung des Verfahrens richtet sich in erster Linie nach der
Art sowie ferner nach der Beschaffenheit und den Abmessungen der zu
tränkenden Hölzer. In Mitteleuropa kommen für die Rüping-Tränkung
insbesondere in Frage: von Nadelhölzern Kiefer und Lärche sowie neuerdings auch Fichte und Tanne; von Laubhölzern fast ausschließlich Buche
und Eiche.

1. Nadelhölzer. A. Kiefer und Lärche (Pinus silvestris,
Larix europaea). Die Kiefer ist bekanntlich ein Kernholzbaum. Da
im Kernholz durch die Lebenstätigkeit des Baumes die Wege für die
Saftzirkulation gesperrt sind, läßt es sich selbst nach dem Vollimprägnierungsverfahren kaum nennenswert durchtränken, und es ist daher
verständlich, daß auch das Rüping-Verfahren nach dieser Richtung hin
bessere Erfolge nicht erzielen kann. Eine Durchtränkung gesunden,
kiefernen Kernholzes ist nach Rüping nur unter besonderen Bedingungen
ausnahmsweise möglich, z. B. sofern das Holz in kleineren Stücken vorliegt und ferner die zuzuführende Menge an Tränkflüssigkeit groß genug
gewählt wird. So gelingt es z. B. kieferne Pflasterklötze unter Verwendung von etwa 110 bis 150 kg Teeröl je Kubikmeter nach Rüping
„durch und durch", d. h. auch im Kern, zu imprägnieren. Bei Hölzern
von größeren Abmessungen, wie z. B. Eisenbahnschwellen, Telegraphenstangen u. dgl., dringt dagegen auch bei intensivster Behandlung nach
Rüping die Imprägnierflüssigkeit nur in die äußersten Schichten des
Kernholzes an denjenigen Stellen ein, an denen es nicht von Splintholz
umgeben ist, sondern frei zutage liegt. Ein etwas tieferes Eindringen der
Tränkflüssigkeit in das Kernholz — mindestens bis auf einige Zentimeter — ist nur von den Stirnflächen aus möglich. Aus diesen Gründen
ist es empfehlenswert, Hölzer, welche mit Bohrungen u.dgl. versehen
werden müssen, möglichst schon vor der Tränkung zu bearbeiten, denn
bei nachträglicher Bearbeitung derselben werden häufig ungetränkt

gebliebene Kernholzteile freigelegt, die, um nachträgliche Infektionsgefahr von diesen Stellen aus zu verhüten, mehrmals mit einem geeigneten Konservierungsmittel angestrichen werden müssen.

Es gelingt nach Rüping, den Splint der kiefernen Hölzer, sofern er sich in gesundem, lufttrockenem Zustand befindet und sofern es sich nicht

Abb. 166. Besetzen des Tränkekessels mit kiefernen Leitungsmasten.

um besonders splintreiche Hölzer handelt, mit etwa 60 kg Teeröl je m³ vollständig zu durchtränken. Am leichtesten ist eine gute Imprägnierung des Splintholzes auszuführen bei genügend abgelagertem „tränkreifem", d. h. lufttrockenem Holzmaterial. Die hierfür nach Vorschrift der Reichsbahn sowie ihrer Nachfolgerin, der Deutschen Bundesbahn, anzuwendenden Tränkungsbedingungen sind aus Abb. 167 ersichtlich[1]. Wenn das Kiefernholz noch nicht tränkreif ist, d. h. wenn es nach der Fällung noch nicht lufttrocken geworden ist, sondern noch mehr oder weniger Zellsaft enthält, dann ist eine vollständige Durchtränkung des Splintholzes selbst bei Anwendung besonderer Maßregeln im allgemeinen

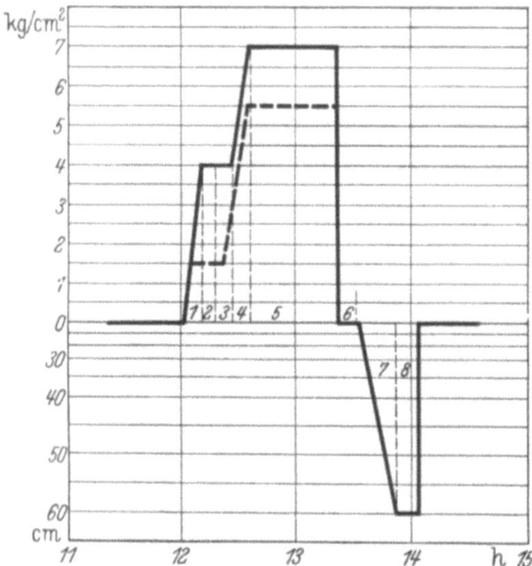

Abb. 167.
Schaubild der Tränkung von Kiefernholz mit Steinkohlenteeröl nach dem einfachen Rüping-Verfahren. Sollaufnahme 63 kg/m³.

1. Luftdruck von 1,5 bis 4 atü herstellen.
2. Luftdruck nicht unter 5 Minuten halten.
3. Füllen des Tränkkessels mit Öl unter Beibehaltung des Luftdrucks.
4. Öldruck von 5,5 bis 7 atü herstellen.
5. Öldruck nicht unter 45 Minuten halten.

> Ölwärme im Vorwärmer nicht unter 105° C, möglichst 110° C.

6. Öl ablassen.
7. Unterdruck von nicht unter 60 cm Quecksilbersäule herstellen.
8. Unterdruck nicht unter 10 Minuten halten.

nicht möglich. Ist dagegen das Holz erst einmal ausgetrocknet, aber nachträglich wieder angenäßt oder durchfeuchtet worden, so ist zwar die Durchtränkung schwieriger als bei lufttrockenem Holz, jedoch bei Anwendung geeigneter Tränkbedingungen ebensogut möglich wie bei diesem.

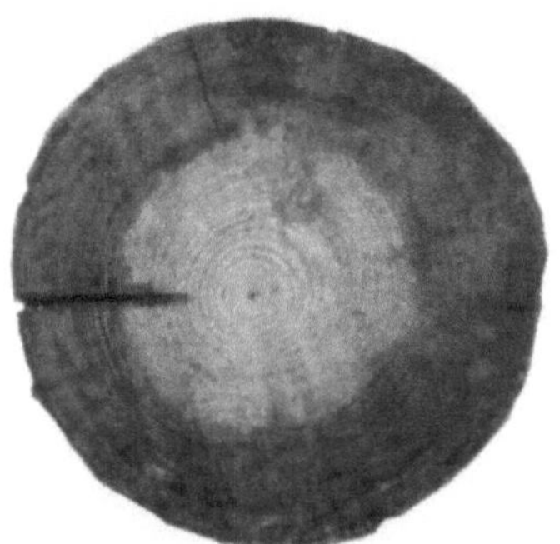
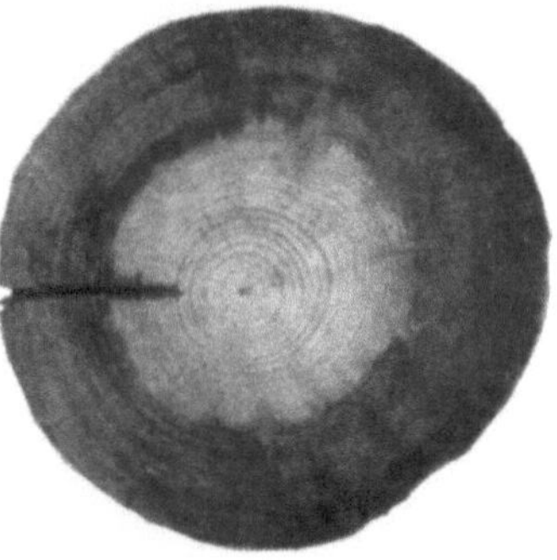

Abb. 168. Querschnitte aus einem nach dem Rüping-Verfahren mit Steinkohlenteeröl getränkten kiefernen Leitungsmast.

Auch bezüglich der Leichtigkeit der Durchtränkung des gesunden, lufttrockenen Kiefernholzes nach Rüping bestehen Unterschiede: lang-

---

[1] Es sei gleich an dieser Stelle bemerkt, daß die hier und im folgenden gebrachten Vorschriften der ehemaligen Reichsbahn über die Ausführung der Teeröltränkung der verschiedenen Holzarten unverändert von der Deutschen Bundesbahn übernommen worden sind.

sam gewachsenes (engringiges) Splintholz setzt der Durchtränkung größeren Widerstand entgegen als schnellwüchsiges (weitringiges).

Über die Rüping-Tränkung splintreicher Kiefernrundhölzer (Telegraphenstangen, Leitungsmaste und Rammpfähle) mit Steinkohlenteeröl s. S. 269 ff.

Das Holz der Lärche (Larix europaea) ähnelt in seinem Verhalten bei der Tränkung oft mehr demjenigen der Eiche als der Kiefer. Die Reichsbahn hatte aus diesem Grunde angeordnet, daß die s. Z. aus der Steiermark kommenden Lärchenhölzer nach dem Verfahren für Eichenholz, die über Archangelsk gelieferten, leichter imprägnierbaren, nach dem Verfahren für Kiefernschwellenholz, jedoch mit einem auf 8 atü erhöhten Öldruck zu tränken seien. Die Teerölsollaufnahme wurde für beide Ausführungsformen der Tränkung auf 45 kg/m³ festgesetzt.

B. Fichte und Tanne (Picea excelsa, Abies pectinata). Die Tränkung von Bahnschwellen aus diesen Holzarten kommt nur ausnahmsweise in Frage, weil sie für die schwere mechanische Beanspruchung im Eisenbahnbetrieb im allgemeinen nicht widerstandsfähig genug sind. Für die Herstellung von Telegraphenstangen und Leitungsmasten haben die genannten Holzarten dagegen seit jeher Verwendung gefunden, und zwar in neuerer Zeit wegen der Knappheit an Kiefernholz in größerem Umfang als in früheren Jahren. Infolgedessen ist auch das Interesse der beteiligten Verbraucherkreise — in erster Linie von Post, Bahn und Überlandwerken — an einem für Fichte und Tanne geeigneten leistungsfähigen Tränkverfahren größer als je gewesen. Die hier besonders in Betracht zu ziehende Tränkung nach dem Saftverdrängungsverfahren und auch die ebenfalls bereits seit einer Reihe von Jahren angewendete Osmotierung (s. S. 281 ff.) ermöglichen zwar eine gute Durchtränkung der genannten Holzarten, doch setzt ihre erfolgreiche Anwendung im ersten Falle noch unentrindetes, saftfrisches und im zweiten entweder ebenfalls saftfrisches oder mindestens völlig durchnäßtes Holz voraus, das sind Forderungen, welche aber normalerweise nicht erfüllt sind. Außerdem sind die genannten, verhältnismäßig lange Zeit in Anspruch nehmenden Verfahren auf die frostfreie Jahreszeit beschränkt[1]. Auch das altbekannte Einlagerungsverfahren — hier speziell die Kyanisierung mit Quecksilbersublimat — war, abgesehen von der geringen Tiefenwirkung, welche es erzielt, nicht leistungsfähig genug, um die anfallenden großen Mengen von Fichten- und Tannenhölzern rechtzeitig zu tränken. Keines dieser Verfahren kommt im übrigen in Betracht für die Imprägnierung der Rammpfähle aus Fichten- und Tannenholz, welche in den letzten Jahren vor dem Ausbruch des zweiten Weltkrieges sowie während und nach demselben oft an Stelle des früher ausschließlich verwendeten Kiefernholzes für Wasserbauzwecke benutzt werden mußten, weil genügende Mengen derartig starker Kiefernhölzer nicht zur Verfügung standen. Bei dieser Sachlage hat sich das allgemeine Interesse wieder mehr der Kesseldrucktränkung des Fichten- und Tannenholzes mit Steinkohlenteeröl nach dem Rüping-Verfahren zugewandt und

---

[1] Wegen einer Ausnahme beim Saftverdrängungsverfahren vgl. S. 230.

21*

Reichsbahn sowie Reichspost haben 1937/38 eine besondere Vorschrift
für die Ausführung dieser Tränkung gegeben, welche von der Deutschen
Bundesbahn sowie dem Fernmeldetechnischen Zentralamt der Deutschen
Post in Bad Salzuflen übernommen worden ist. Dieselbe sieht eine
Vorbehandlung der Hölzer vor Ausführung der eigentlichen Rüping-
Tränkung vor, durch welche eine größtmögliche Austrocknung bewirkt werden soll. Auf diese Weise wird die Bildung der Trockenrisse
bereits vor der Tränkung gefördert, die Auskleidung der Trockenrisse
mit Teeröl verbessert und damit die Einwanderung der Holzschädlinge

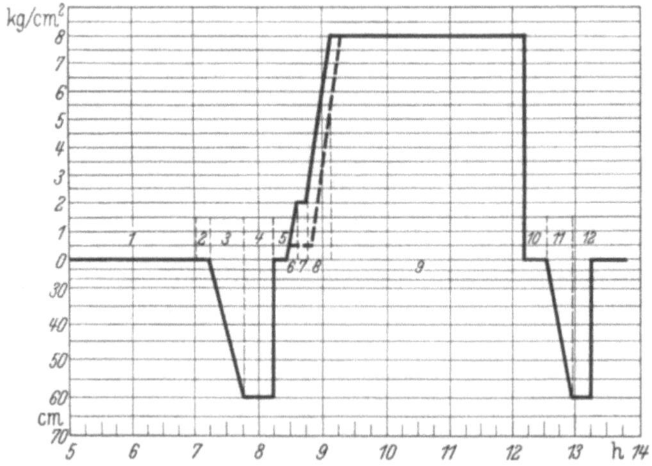

Abb. 169. Schaubild der Tränkung von Fichtenrundholz mit Steinkohlenteeröl. Sollaufnahme 60—90 kg/m³ (Mittel 75 kg/m³).

1. Zweistündiges Ölbad ohne Anwendung von Überdruck (Ölwärme etwa 100° C).

2. Ablassen des Öles aus dem Tränkkessel.

3. Unterdruck von 60 cm Quecksilbersäule herstellen.

4. Unterdruck 30 Minuten lang
halten.

5. Belüften des Tränkkessels.

6. Luftdruck von 0,5 bis 2 atü herstellen.

7. Luftdruck mindestens 5 Minuten
halten.

8. Öldruck von höchstens 8 atü herstellen.

9. Öldruck in der Regel 3 Stunden
halten. (Ölwärme im Vorwärmer
100—105° C, im Tränkkessel
höchstens 100° C).

10. Ablassen des Öles aus dem
Tränkkessel.

11. Unterdruck von 60 bis 65 cm
Quecksilbersäule herstellen.

12. Unterdruck mindestens 10 Minuten halten.

an diesen besonders gefährdeten Stellen erschwert. Auch die Eindringungstiefe des Teeröles wird durch die Vorbehandlung günstig beeinflußt.
Durch Messungen an etwa 3600 Bohrproben, welche aus Fichtenmasten
verschiedenster Herkunft auf 6 Imprägnieranstalten der Rütgerswerke
entnommen wurden, wurde festgestellt, daß bei 80% der Proben das
Teeröl mehr als 10 mm tief und bei 55% mehr als 15 mm tief eingedrungen war. Alle Einzelheiten über die Ausführung des genannten
Verfahrens sind aus Abb. 169, sowie der Beschreibung auf S. 271, ersichtlich. Es kann kein Zweifel darüber bestehen, daß derartig mit

Steinkohlenteeröl getränkte Rundhölzer aus Fichten- und Tannenholz **mindestens** dieselbe Standdauer haben werden wie gleichartige mit Quecksilberchlorid- oder UA-Salzlösungen getränkte Hölzer[1].

Im Jahre 1937 hat ferner die Kommanditgesellschaft Guido **Rütgers**, Wien, ein besonders für die Tränkung von Fichte und Tanne bestimmtes Verfahren zum Patent angemeldet[2]. Vor Einführung des eigentlichen Tränkungsmittels — z. B. Steinkohlenteeröl — nach dem Rüping-Verfahren, werden hierbei die lufttrockenen Hölzer einer Vorbehandlung mittels eines Stoffes unterworfen, der die Benetzbarkeit der Zellwandungen erhöht. Als derartige Mittel werden in der Patentschrift wässerige, höchstens 1 %ige Lösungen von Verseifungsprodukten des Kresols (z. B. Sapokresol) oder von alkylnaphthalinsulfosauren Salzen (z. B. Nekal) genannt, welche in das Holz mit Hilfe des Einlagerungs- oder Kesseldruckverfahrens eingeführt werden. Nach dieser Vorbehandlung erfolgt die eigentliche Tränkung, z. B. mittels Steinkohlenteeröls im Sparverfahren, nachdem die zuerst angewendete Sapokresol- oder Nekallösung durch Absaugen oder durch Lagerung der Hölzer an der Luft wieder in dem erforderlichen Maße verdunstet ist. Diese Art der Behandlung von Fichten- und Tannenholz ist unter der Bezeichnung „Kresapin-Verfahren" in Österreich bekannt geworden. Ein Nachteil des Verfahrens liegt darin, daß die vorbehandelten Hölzer zunächst wieder bis zu einem gewissen Grade austrocknen müssen, ehe die eigentliche Tränkung erfolgen kann.

2. **Laubhölzer. A. Rotbuche (Fagus silvatica).** Da, wie aus dem ersten Teil dieses Buches ersichtlich, der Aufbau des Rotbuchenholzes sehr verschieden von demjenigen der Nadelhölzer ist, muß auch das Rüping-Verfahren bei der Tränkung dieser Holzart anders gestaltet werden als bei der Nadelholztränkung. Während bei der Tränkung der Nadelhölzer nach **Rüping** nur der Splintanteil durchtränkbar ist — bei Fichte und Tanne erstreckt sich die Durchtränkung im allgemeinen nur auf die äußeren Splintzonen —, kann das Buchenholz, sofern es frei von rotem Kern und nicht in zu hohem Maße durch Thyllenbildung verstopft („erstickt") ist, in allen seinen Teilen durchtränkt werden. Da die Durchtränkung des Buchenholzes nur durch die Gefäße und daher im wesentlichen nur von den Stirnflächen aus erfolgt, muß dem Öl, um diese vollständige Durchdringung des Holzes zu erreichen, die erforderliche Zeit gegeben werden und es muß gleichzeitig für eine gute Durchwärmung des zu tränkenden Holzes Sorge getragen werden, also eine genügend hohe Erhitzung des Teeröles vor und während der Tränkung erfolgen. Um diesen Forderungen Rechnung zu tragen, wurde bereits 1908 das einfache Rüping-Verfahren zu einem Doppel-Verfahren, d. h. einer zweimaligen Durchführung der Rüping-Tränkung, umgestaltet. Die Ausführungsbestimmungen der Deutschen Reichsbahn für dieses Doppelverfahren, welche von der Deutschen Bundesbahn übernommen wurden,

---

[1] Vgl. J. **Liese**, Der heutige Stand der Holzkonservierung von Schwellen und Masten, Mitt. d. Fachaussch. f. Holzfragen, 1936, Heft 15.
[2] Vgl. D.R.P. (Zweigstelle Österreich) 159 742.

sind aus Abb. 170 zu ersehen. Bei der Wahl der Höhe des Luft- und Öldruckes ist zu beachten, daß dem Buchenholz die Hauptmenge des einzu-
pressenden Teeröles bereits während des ersten Teiles des Verfahrens
zuzuführen ist. Der zweite Teil der Tränkung soll im wesentlichen eine
gute Verteilung dieser dem Holz zugeführten Ölmenge durch langandauernden Öldruck sowie gute Durchwärmung der gesamten Holzmasse ermöglichen.

Enthält das Buchenholz gesunden roten Kern, so ist es, wie bereits erwähnt, meist nicht möglich, denselben zu durchtränken. Auch der so-

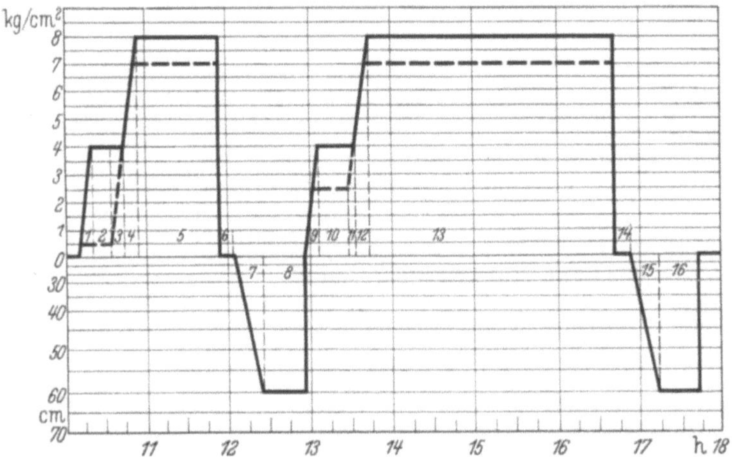

Abb. 170. Schaubild der Tränkung von Buchenholz mit Steinkohlenteeröl nach dem
Doppel-Rüping-Verfahren.
Sollaufnahme 145 kg/m³.

1. Luftdruck von 0,5 bis 4 atü herstellen.
2. Luftdruck nicht unter 15 Minuten halten.
3. Füllen des Tränkkessels mit Öl unter Beibehaltung des Luftdrucks.
4. Öldruck von 7 bis 8 atü herstellen.
5. Öldruck nicht unter 60 Minuten halten.

> Ölwärme im Vorwärmer nicht unter 105° C, möglichst 110° C.

6. Öl ablassen.
7. Unterdruck von nicht unter 60 cm Quecksilbersäule herstellen.
8. Unterdruck nicht unter 30 Minuten halten.

9. Luftdruck von 2,5 bis 4 atü herstellen.
10. Luftdruck nicht unter 15 Minuten halten.
11. Füllen des Tränkkessels mit Öl unter Beibehaltung des Luftdrucks.
12. Öldruck von 7 bis 8 atü herstellen.
13. Öldruck nicht unter 180 Minuten halten.

> Ölwärme im Vorwärmer nicht unter 105° C, möglichst 110° C.

14. Öl ablassen.
15. Unterdruck von nicht unter 60 cm Quecksilbersäule herstellen.
16. Unterdruck nicht unter 30 Minuten halten.

genannte „Frostkern" der Buche, welcher sich in neuerer Zeit nach dem
besonders strengen Winter 1928/29 häufiger gezeigt hat, machte in dieser
Hinsicht Schwierigkeiten, da er sich im allgemeinen als nur teilweise
durchtränkbar erwies. Auch bei ihm war, wie im Abschnitt „Der Aufbau
des Holzes" (s. S. 23) dargelegt wurde, eine Verstopfung der Gefäße
durch Thyllenbildung eingetreten, allerdings in verschieden starkem
Maße, derart, daß starke Thyllenbildung zumeist nur in seinen Außenzonen, d. h. angrenzend an den unverkernt gebliebenen Splint, eingetreten war, während die inneren Teile des Frostkernes die Bildung von

Thyllen nur in viel geringerem Umfange zeigten. Demgemäß erwiesen sich die Frostkernbildungen in ihren Außenzonen meistens undurchtränkbar, während die Innenzonen durchtränkt werden konnten. Nun ist, wie in der Praxis festgestellt werden konnte, gesunder Rotkern in buchenen Eisenbahnschwellen im allgemeinen genügend widerstandsfähig gegen Pilzangriffe. Auf Grund dieser Beobachtung hatte die Reichsbahn ihre Vorschriften über die Abnahme rotkerniger Buchenschwellen mehrmals gemildert. Im Jahre 1942 wurde schließlich für die Dauer des Krieges die Begrenzung des Rotkernanteiles der Schwellen zwecks Ermöglichung einer besseren Ausnutzung der Buchenholzbestände zur Herstellung von Eisenbahnschwellen ganz fallen gelassen. Schwellen mit bereits erkranktem Rotkern wurden jedoch nach wie vor von der Abnahme ausgeschlossen. Diese Milderung der Abnahmevorschriften ist bei der Deutschen Bundesbahn inzwischen aber wieder aufgehoben worden (s. auch S. 196).

Von wesentlicher Bedeutung für die Gesunderhaltung des Buchenholzes bis zur Erreichung der Tränkreife sowie für die Vermeidung des sogenannten „Erstickens" (s. S. 25) ist die möglichst frühzeitige Anlieferung und sachgemäße Lagerung des Holzes auf den Imprägnierwerken. In Erkenntnis der Wichtigkeit dieser Maßnahme hatte sich das Reichsbahn-Zentralamt bereits mehrere Jahre vor Ausbruch des zweiten Weltkrieges bemüht, den damaligen Schlußtermin für die Ablieferung der Buchenschwellen auf den Tränkanstalten — letzter Verladetermin der 15. Juli — soweit als irgend möglich vorzuverlegen. Leider ist diesen Bestrebungen der Reichsbahn wegen des Kriegsausbruches nur ein vorübergehender Erfolg beschieden gewesen. Während der Kriegsjahre konnte auch der vorgenannte Schlußtermin für die Schwellenverladung nicht mehr innegehalten werden.

Diese unbefriedigenden Zustände im Holzeinschlag und in der Schwellenanlieferung hatten zur Folge, daß das Doppel-Rüping-Verfahren in seiner normalen Ausführungsform nicht immer genügte, um die Buchenschwellen in der erforderlichen Weise zu durchtränken.

Zur Erzielung einer befriedigenden Gebrauchsdauer der Schwellen mußte gefordert werden, daß zum mindesten keine größeren rotkernfreien Holzzonen undurchtränkt blieben und daß unter allen Umständen die äußeren Holzschichten der Schwellen bis auf einige Zentimeter Tiefe gut durchtränkt waren. Um dieses Ziel auch unter den damaligen schwierigen Verhältnissen zu erreichen, wurden von der Reichsbahn die folgenden drei Wege beschritten:

1. Zunächst wurde versuchsweise die Erhöhung der Teerölaufnahme um 30%, d. h. von 145 kg auf 190 kg/m³ für die nach dem 15. Juli abgelieferten Buchenschwellen, welche infolge der späten Aufarbeitung der Stämme viel häufiger erstickt waren, als die Schwellen aus Frühanlieferungen, angeordnet. Diese damals vorübergehend angewendete Maßnahme ermöglichte eine erheblich bessere Durchtränkung der betreffenden Schwellen.

Bereits im Jahre 1931 wurde von dem niederländischen Eisenbahningenieur van der Ploeg die Frage aufgeworfen, ob das Doppel-Rüping-

Verfahren zur befriedigenden Durchtränkung der buchenen Eisenbahnschwellen genüge[1]. Veranlassung zu dieser Frage dürfte wohl auch damals die gesundheitlich unbefriedigende Beschaffenheit der s. Z. in Holland verwendeten Buchenschwellen sowie die bei Ausführung der Doppeltränkung angewendete Öltemperatur von nur 70—90° C gegeben haben, durch welche eine befriedigende Verteilung des Teeröles in den Schwellen bei Anwendung des Doppelverfahrens unmöglich gemacht wurde[2]. Van der Ploeg vertrat in seiner Veröffentlichung die Ansicht, daß die Anwendung eines Dreifach-Rüping-Verfahrens mit ein-, zwei- und dreistündiger Öldruckdauer zur Herbeiführung eines befriedigenden Tränkungserfolges erforderlich sei. Durch das Reichsbahnzentralamt ist s. Z. eine Nachprüfung der Behauptung van der Ploegs veranlaßt worden. Die betreffenden Untersuchungen ergaben, daß ein Drei- oder Mehrfach-Rüping-Verfahren bei gleicher Teerölaufnahme keine bessere Durchtränkung der Buchenschwellen gestattet als das Doppelverfahren, und daß letzteres bei Verwendung genügend hoch erhitzten Teeröles (Öltemperatur im Vorwärmer 105°C und im Tränkkessel 95°C) im allgemeinen eine gute Durchtränkung ermöglicht[3]. Ingenieur Petersen von den Dänischen Staatsbahnen hatte übrigens schon zuvor festgestellt, daß die Bemängelung des Doppel-Rüping-Verfahrens keine allgemeine Gültigkeit haben könne, weil die Versuche der Dänischen Staatseisenbahnen Resultate ergeben hätten, die mit den durch dreifache Behandlung nach van der Ploeg erzielten als gleichwertig bezeichnet werden müßten[4]. Auch Petersen wies bereits darauf hin, daß möglicherweise die verhältnismäßig niedrige Erhitzung des Teeröles als eine Ursache für die schlechten in Holland mit dem Doppelverfahren gemachten Erfahrungen in Betracht käme.

2. Das Buchenholz ist weitaus am leichtesten in der Wachstumsrichtung durchtränkbar, während die Durchtränkung in radialer und tangentialer Richtung eine nur ganz unzureichende ist. Auch in Wachstumsrichtung erfolgt die Durchtränkung um so leichter bzw. vollkommener, je kürzer die behandelten Hölzer sind. Um den namentlich in den Schwellenenden des öfteren durch Thyllenbildung hervorgerufenen starken Widerstand gegen das Eindringen der Tränkflüssigkeit tunlichst unschädlich zu machen, wurde in Anlehnung an ähnliche, bereits früher in Holland durchgeführte Maßnahmen, sowie in Auswertung entsprechender Tränkversuche, im Sommer 1940 von der Reichsbahn angeordnet, daß alle für sie angelieferten Buchenschwellen, gleichgültig ob sie für die Tränkung mit Teeröl oder mit Salzlösung vorgesehen waren, gelegentlich der Herstellung der Bohrlöcher zur Aufnahme der Schwellen-

---

[1] Vgl. J. AE. van der Ploeg, Ist das Doppel-Rüping-Verfahren für die Tränkung von Buchenholz genügend?, Organ f. d. Fortschr. d. Eisenbahnwesens, Jahrg. 1931, Heft 17.

[2] Vgl. J. Liese, Über die Brauchbarkeit von Buchenholz als Schwellenmaterial, Ztschr. Spoor- en Tramwegen, 1934, Heft 9.

[3] Vgl. F. Kröh, Organ f. d. Fortschr. d. Eisenbahnwesens, Jahrg. 1933, Heft 13.

[4] Vgl. E. Petersen, Organ f. d. Fortschr. d. Eisenbahnwesens, Jahrg. 1932, Heft 9.

schrauben mit 4 weiteren Bohrlöchern in Schwellenmitte entsprechend Abb. 171 zu versehen seien. Durch die Schaffung dieser neuen Zutrittswege für die Tränkflüssigkeit in der erfahrungsgemäß von allen Schwellenteilen die geringste Thyllenbildung aufweisenden Schwellenmitte wurde eine erhebliche Verbesserung der Durchtränkung der Schwellen ermöglicht. Bemerkt sei noch, daß nach Feststellung der Reichsbahn eine praktisch irgendwie in Frage kommende Verminderung der mechanischen Festigkeit der Schwellen durch die Mittelbohrungen nicht eintritt. Die Mittelbohrung der Buchenschwellen ist seitens der Deutschen Bundesbahn beibehalten worden.

3. Zur Verbesserung der Durchtränkung der Buchenschwellen wurde schließlich von der Reichsbahn auch noch die Doppeltränkung (Wechsel-

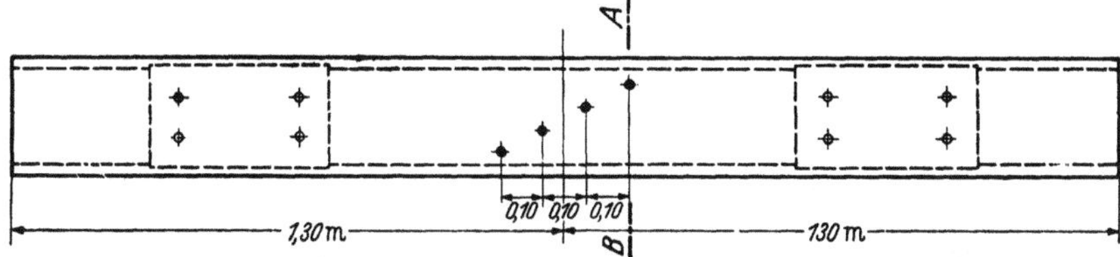

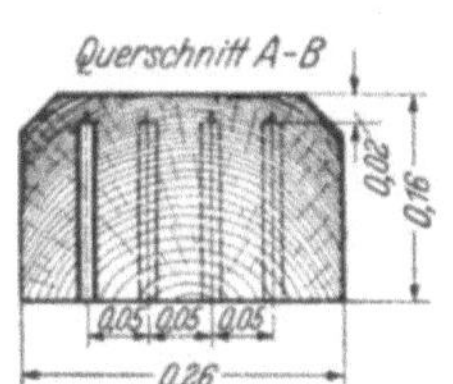

Abb. 171. Anordnung der Mittelbohrungen bei Buchenschwellen.

tränkung) mit Teeröl und Fluornatriumlösung herangezogen, da sich bekanntermaßen wässerige Tränkflüssigkeiten auch in angekrankten oder noch feuchten Hölzern besser verteilen lassen als Öle. Maßgebend für diesen Entschluß waren aber besonders die guten Erfahrungen, welche in Österreich seit vielen Jahren mit doppelt getränkten Buchenschwellen gemacht worden waren. Dort erfolgte die Tränkung der Schwellen mit Chlorzinklösung und Steinkohlenteeröl, und zwar wurden verwendet für die Schwelle I. Klasse 20 kg Chlorzinklösung von 3° Bé und 12 kg Teeröl (s. auch S. 243). Zunächst wurde bei Ausführung dieser Tränkung die Chlorzinklösung nach dem Volltränkungsverfahren unter Anwendung eines niedrigen Flüssigkeitsdruckes (etwa 2 atü) und sodann das Teeröl unter hohem Druck (8 atü) in das Holz eingepreßt. Von dieser für Österreich geltenden Vorschrift wurde hier in folgenden Punkten abgewichen:

1. An Stelle von Chlorzink wurde Fluornatrium verwendet. Diese Maßnahme lag nahe, da das in Deutschland seinerzeit in genügender Menge zur Verfügung stehende Fluornatrium keinerlei Metallkorrosion bewirkt und im übrigen erheblich stärkere pilzwidrige Eigenschaften besitzt als das Chlorzink.

2. Die Tränkung wurde in der Weise vorgenommen, daß dem Holz zunächst das Teeröl nach Rüping zugeführt wurde und danach die Fluornatriumlösung nach dem Vollimprägnierverfahren. Die vorgeschriebene

Teerölaufnahme (75 kg/m³) konnte auf diese Weise mit größerer Sicherheit innegehalten werden, als dies nach dem in Österreich angewendeten Verfahren möglich war. Auch war bei der hier gewählten Tränkungsart eine Vermischung von Teeröl und Tränksalzlösung kaum zu befürchten. Irgendeine Behinderung der Verteilung der Fluornatriumlösung im Holz durch die zuvor ausgeführte Teeröltränkung trat, wie durch Versuche festgestellt wurde, nicht ein.

Die Vorschrift der Reichsbahn für die Ausführung der Wechseltränkung geht aus Abbildung 172 hervor. Diese Art der Buchenholztränkung ist nur vorübergehend auf einigen Imprägnierwerken ausgeführt worden.

Die Bundesbahn ist bemüht, die durch zu späte Aufarbeitung des Buchenholzes und nicht rechtzeitige Anlieferung der Buchenschwellen auf den Tränkanstalten verursachten Schwierigkeiten bei der Imprägnierung der Schwellen zu beseitigen. Sie achtet wieder scharf auf die Innehaltung der alten Reichsbahnbedingungen über die Ablieferungszeit der Buchenschwellen (letzter Verladetermin ist der 15. Juli) und wird damit sicherlich den gewünschten Erfolg haben.

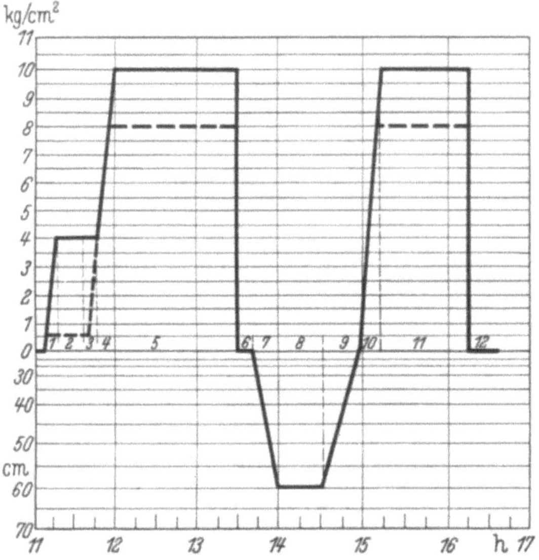

Abb. 172. Schaubild der Tränkung von Buchenholz mit Steinkohlenteeröl und Fluornatriumlösung nach dem Wechselverfahren.
Sollaufnahme: Steinkohlenteeröl 75 kg/m³
Fluornatrium   6 kg/m³

1. Luftdruck von ½ bis 4 atü herstellen.
2. Luftdruck nicht unter 15 Minuten halten.
3. Füllen des Tränkkessels mit Teeröl unter Beibehaltung des Luftdruckes.
4. Öldruck von 8 bis 10 atü herstellen.
5. Öldruck nicht unter 90 Minuten halten.

6. Öl ablassen.
7. Unterdruck von nicht unter 60 cm Quecksilbersäule herstellen.
8. Unterdruck nicht unter 30 Minuten halten.
9. Füllen des Tränkkessels mit Fluornatriumlösung.
10. Flüssigkeitsdruck von 8 bis 10 atü herstellen.
11. Flüssigkeitsdruck nicht unter 60 Minuten halten.

Ölwärme im Vorwärmer nicht unter 105° C, möglichst 110° C.
Ölwärme im Tränkkessel nicht unter 95° C während der letzten 10 Minuten.

Wärme der Fluornatriumlösung im Vorwärmer und im Tränkkessel 60—70° C.

12. Fluornatriumlösung ablassen.

So dauerhaft mit Steinkohlenteeröl gut durchtränktes Buchenholz unter schwerster Beanspruchung, z. B. im Eisenbahnbetrieb, sich erwiesen hat, so schnell vergänglich ist dieses Holz in rohem oder ungenügend konserviertem Zustande. Während eine mit Teeröl nach Rüping getränkte Buchenschwelle, den Erfahrungen der Reichsbahn zufolge, eine Gebrauchsdauer von 35—40 Jahren besitzt, wird eine in ungetränktem Zustande verbaute bereits nach 2—3 Jahren durch Fäulnis unbrauchbar. Auch die mechanische Festigkeit des Buchenholzes ist sehr günstig

infolge der verhältnismäßig gleichmäßigen Verteilung der Wasser-
leitungsbahnen im Holze (zerstreutporiges Holz), so daß es z. B. gegen
die Lockerung der Schienenbefestigungsmittel größeren Widerstand
bietet, als sogar das Holz der Eiche. Beim Eichenholz liegen die Gefäße in
den einzelnen Jahresringen ziemlich eng aneinander gedrängt (ringporiges Holz) und setzen bei engringigem Aufbau, wie er bei Schwellen
im allgemeinen vorliegt, infolgedessen die Festigkeit des Holzgefüges
herab[1].

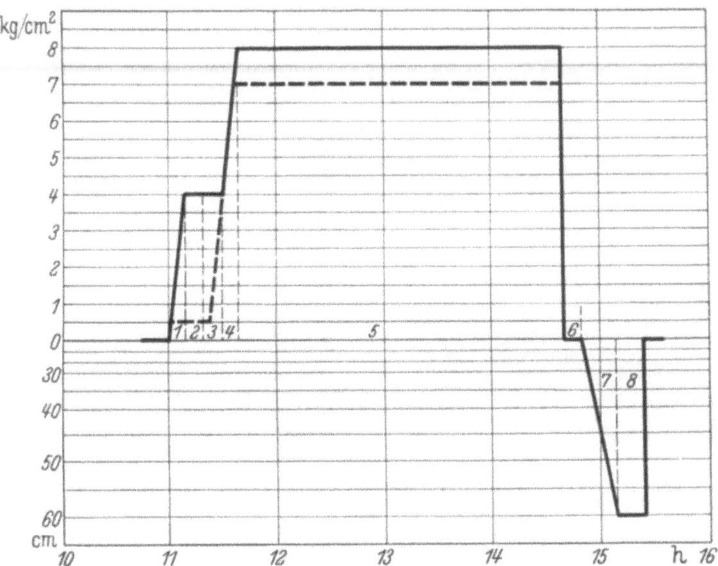

Abb. 173. Schaubild der Tränkung von Eichenholz mit Steinkohlenteeröl nach dem
einfachen Rüping-Verfahren.
Sollaufnahme 45 kg/m³.

1. Luftdruck von 0,5 bis 4 atü herstellen.
2. Luftdruck nicht unter 10 Minuten halten.
3. Füllen des Tränkkessels mit Öl unter Beibehaltung des Luftdrucks.
4. Öldruck von 7 bis 8 atü herstellen.
5. Öldruck nicht unter 180 Minuten halten.

Ölwärme im Vorwärmer nicht unter 105° C, möglichst 110° C.

6. Öl ablassen.
7. Unterdruck von nicht unter 60 cm Quecksilbersäule herstellen.
8. Unterdruck nicht unter 15 Minuten halten.

B. Eiche (Traubeneiche, Quercus sessiliflora und Stieleiche, Quercus pedunculata). Die Eiche als Kernholzbaum verhält
sich bezüglich der Durchtränkungsmöglichkeit ähnlich wie Kiefer und
Lärche insofern, als es nur gelingt, das Splintholz zu durchtränken,
während das Kernholz dem Eindringen der Tränkflüssigkeit größten
Widerstand entgegensetzt. Allerdings ist eine vollständige Durchtränkung
des Eichensplintholzes schwerer zu erreichen als z. B. diejenige einer
gleich dicken Schicht kiefernen Splintholzes. Trotz des im allgemeinen

---

[1] Vgl. N. Zwingauer, Der Einfluß der Schienenbefestigung auf die
Lebensdauer der kiefernen Schwellen, Ztschr. Die Holzschwelle, Bd. 3, 1910,
S. 85 ff.

nur schmalen Splintes der Eiche wendet man daher bei der Kesseldrucktränkung dieser Holzart einen längeren Flüssigkeitsdruck an als bei der
Tränkung der Kiefer. Die von der Reichsbahn und jetzt von der Deutschen Bundesbahn für die Teeröltränkung des Eichenholzes nach dem
Rüping-Verfahren vorgeschriebenen Bedingungen sind aus Abb. 173 ersichtlich. Die Durchtränkung des normalen eichenen Kernholzes ist nicht
erforderlich, denn es ist, abgesehen von einigen exotischen Holzarten, das
gegen Pilzzerstörung widerstandsfähigste Holz. (Über den Befall des
Eichenkernholzes durch Pilze s. S. 103.) So haltbar das eichene Kernholz
in der Regel ist, so leicht zerstörbar ist aber das Splintholz. Dieser Um-

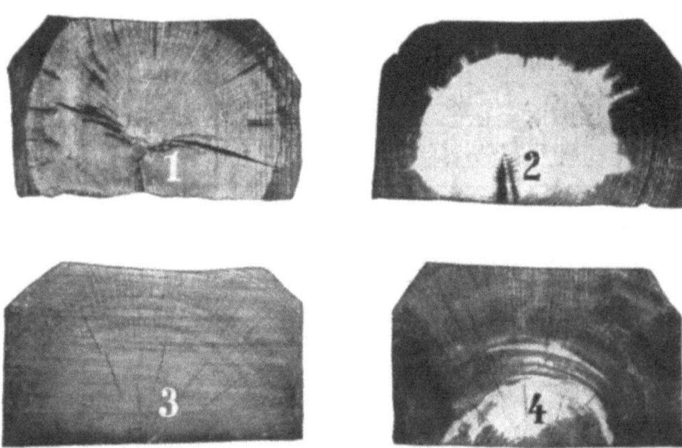

Abb. 174. Querschnitte aus einer eichenen (1), kiefernen (2) und buchenen (3 und 4)
mit Steinkohlenteeröl nach Reichsbahnvorschrift getränkten Schwelle
(3 kernfrei und 4 mit rotem Kern).

stand war von geringerer Bedeutung, solange es möglich war, die eichenen
Schwellen praktisch splintfrei zu liefern. Nachdem aber bei dem großen
Mangel an Eichenholz, der bereits seit vielen Jahren besteht, ungleich
mehr splinthaltige Schwellen anfallen als früher, ist eine besonders sorg-
fältige Imprägnierung dieser Hölzer von größter Bedeutung für die volle
Ausnutzung ihrer Gebrauchsdauer. Da vorhandener Splint wohl immer
bis zur Schwellendecke reicht (s. Abb. 174) bzw. sogar die ganze Decke
der Schwelle aus Splintholz gebildet sein kann, besteht beim Eintritt von
Splintfäulnis die Gefahr, daß die eisernen Unterlagsplatten für die
Schienen ihren festen Sitz auf der Schwelle verlieren, und daß damit trotz
des verwendeten teuren Schwellenmaterials vorzeitig ein schlechter
Oberbau entsteht. Zu beachten ist auch die Tatsache, daß sich im Kernholz der Eiche hin und wieder nicht durch Thyllen verstopfte Wasserbahnen befinden, die, sofern sie nicht mit Tränkstoff angefüllt werden,
die Gefahr einer Pilzeinwanderung vergrößern. Es ist auch aus diesem
Grunde eine sachgemäße Imprägnierung aller Eichenschwellen-Liefe-
rungen dringend zu empfehlen.

3. Andere Holzarten. Außer den genannten Hölzern kamen bisher
bei uns andere einheimische Holzarten für die Tränkung, wie schon erwähnt, nur selten in Frage. Gelegentlich gelangten aber auch ausländische

Hölzer (Pitchpine, Douglasie, Eucalyptus, Jarrah usw.) zur Imprägnierung. Zwecks Erzielung einer bestmöglichen Konservierung dieser Holzarten müssen die anzuwendenden Tränkungsbedingungen von Fall zu Fall besonders festgesetzt bzw. ausprobiert werden.

Über die Vorschriften der Reichsbahn aus dem Jahre 1936 für die Tränkung ihrer Kiefern-, Buchen- und Eichenhölzer mit Steinkohlenteeröl nach dem Rüping-Verfahren, welche, wie schon gesagt, von der Deutschen Bundesbahn übernommen wurden, geben die in den Abb. 167 (175), 170 und 173 gebrachten Schaubilder dieser Tränkverfahren Auskunft. Ergänzend sei noch folgendes bemerkt:

Bei der Tränkung sämtlicher Holzarten, mit Ausnahme von Fichte und Tanne, sind Minderaufnahmen an Teeröl bis zu 15% der jeweils genannten Sollaufnahme zugelassen.

Ferner ist über die Rüping-Tränkung der kiefernen Rundhölzer der Reichsbahn noch folgendes zu sagen:

Bis Ende 1934 wurden sämtliche kiefernen Reichsbahnhölzer — also auch die Rundhölzer — unter Zugrundelegung der Teerölaufnahme von 63 kg/m³ getränkt. Diese Teerölaufnahme hatte erfahrungsgemäß genügt, um Rundhölzer mit normalem Splintgehalt befriedigend zu durchtränken, wenn sie in gesundem lufttrockenem Zustand zur Imprägnierung kamen. War das Holz aber übermäßig splintreich, oder infolge der bereits in den Jahren vor Ausbruch des zweiten Weltkrieges oft sehr erschwerten Holzabfuhr aus den Wäldern stärker angeblaut bzw. gar vereinzelt durch holzzerstörende Pilze befallen, so war die völlige Durchtränkung des Splintes solcher Rundhölzer nicht immer möglich. Um auch derartiges Holzmaterial einwandfrei durchtränken zu können, bedurfte es einer intensiveren Behandlung und insbesondere einer erhöhten Teerölaufnahme. Aus diesem Grunde hat die Reichsbahn bereits 1935 und die Reichspost Anfang 1938 angeordnet, daß die für sie mit Steinkohlenteeröl zu tränkenden kiefernen Rundhölzer unter Anwendung des einfachen Rüping-Verfahrens mit mindestens 2-stündigem Öldruck sowie der Teeröl-Sollaufnahme von 90 kg/m³ zu tränken seien (s. Abb. 175). Diese Vorschrift ist von der Deutschen Bundesbahn und der Deutschen Post (Fernmeldetechnisches Zentralamt in Bad Salzuflen) übernommen worden zwecks Gewährleistung einer guten Durchtränkung des Splintholzes der immer schwerer zu beschaffenden kiefernen Stangen und Leitungsmaste.

Es folgen nunmehr die Vorschriften der ehemaligen Deutschen Reichspost für die Tränkung von Telegraphenstangen mit Steinkohlenteeröl nach dem Rüping-Verfahren.

a) Tränkung von Kiefernstangen[1].

Nach Einführen der Stangen in den Tränkungskessel wird dieser luftdicht verschlossen und durch die Preßluftleitung mit dem Ölvorwärmer verbunden. Danach werden beide Kessel unter Luftdruck gesetzt, der je nach Art und Trockenheit der Stangen mindestens 1½, aber nicht mehr als 4 atü betragen soll. Dieser Luftdruck ist nach Bedarf — mindestens aber 5 Minuten lang — zu unterhalten. Hierauf wird der Tränkungskessel unter Beibehaltung

---

[1] Letzte Vorschrift des Reichspostzentralamtes unter Berücksichtigung der Bestimmung betreffend die Erhöhung der Teerölaufnahme auf 90 kg/m³.

des Luftdrucks mit Teeröl aus dem Ölvorwärmer gefüllt, nachdem es auf mindestens 100° C, aber nicht über 105° C, erhitzt worden ist[1]. Nach vollständiger Füllung des Kessels mit dem vorgewärmten Teeröl wird so viel Teeröl nachgedrückt, daß im Tränkungskessel ein Druck von 5½ bis 7 atü entsteht. Dieser Druck wird mindestens 120 Minuten lang unterhalten. Währenddessen sind die im Tränkungskessel befindlichen Heizschlangen in Tätigkeit zu setzen, um eine zu starke Abkühlung des Teeröls zu vermeiden; im Tränkungskessel darf das Öl nicht heißer als 100° C werden.

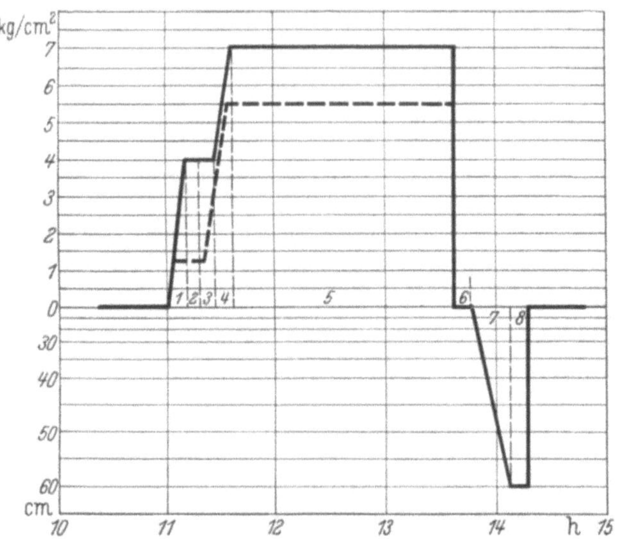

Abb. 175. Schaubild der Tränkung von Kiefernrundholz mit Steinkohlenteeröl nach dem einfachen Rüping-Verfahren.
Sollaufnahme 90 kg/m³.

1. Luftdruck von 1,5 bis 4 atü herstellen[2].
2. Luftdruck nicht unter 5 Minuten halten.
3. Füllen des Tränkkessels mit Öl unter Beibehaltung des Luftdrucks.
4. Öldruck von 5,5 bis 7 atü herstellen.
5. Öldruck nicht unter 120 Minuten halten.

> Ölwärme im Vorwärmer nicht unter 105° C, möglichst 110° C.

6. Öl ablassen.
7. Unterdruck von nicht unter 60 cm Quecksilbersäule herstellen.
8. Unterdruck nicht unter 10 Minuten halten.

Nach Beendigung des Druckes wird das Öl aus dem Tränkungskessel abgelassen und ein Unterdruck von 60 bis 65 cm Quecksilbersäule erzeugt, der mindestens 10 Minuten lang zu unterhalten ist. Damit ist die Tränkung beendet.

Die Ölwärme und die Druckverhältnisse richten sich nach dem Wetter und nach der Beschaffenheit sowie dem Trockenheitsgrad des Holzes. Die Tränkung ist so auszuführen, daß gesunde lufttrockene Stangen von nicht ungewöhnlichem Wachstum im gesamten Splint bis an den Kern heran durchtränkt sind. Ist das nicht der Fall, so muß die Tränkung wiederholt werden.

---

[1] Die 1949 vom Fernmeldetechnischen Zentralamt der Deutschen Post in Bad Salzuflen herausgegebenen im übrigen gleichlautenden Vorschriften schreiben eine Ölvorwärmung von 105—110° C vor.

[2] In der Abb. sind irrtümlich 1,25 bis 4 atü angegeben.

Die Aufnahme an Teeröl soll im Mittel 90 kg je Kubikmeter Stangen betragen. Ergibt sich, daß nicht mindestens 85 v. H. der Sollaufnahme erreicht worden sind, so ist die Tränkung zu wiederholen.

Wie aus vorstehendem ersichtlich, decken sich die Vorschriften von Bahn und Post über die Teeröltränkung der kiefernen Telegraphenstangen mit Ausnahme derjenigen für die Erwärmung des Teeröls.

b) Tränkung von Fichten- und Tannenstangen.
(Vorläufige Vorschrift.)

Die ehemalige Reichspost hat im Jahre 1937 für die Teeröltränkung ihrer Telegraphenstangen aus Fichten- und Tannenholz die folgende, vom Fernmeldetechnischen Zentralamt der Deutschen Post in Bad Salzuflen übernommene, hier in den wichtigsten Punkten wiedergegebene vorläufige technische Vorschrift, die, wie bereits erwähnt, der Vorschrift der Eisenbahn entspricht (s. S. 260), erlassen:

Die rohen Fichtenstangen sind in Luftstapeln solange zu lagern, bis die Stangen völlig lufttrocken geworden sind.

Um die im Holz noch vorhandene Feuchtigkeit so vollkommen wie möglich herauszuziehen, werden die zu tränkenden Fichtenstangen zunächst zwei Stunden lang im Tränkungskessel in etwa 100° C heißem Teeröl bei Atmosphärendruck gebadet. Nach Ablassen des Teeröls aus dem Tränkkessel wird eine Luftleere von 60 cm Quecksilbersäule erzeugt, die 30 Minuten lang unterhalten wird. Im Anschluß an diese Vorbehandlung werden die Stangen nach dem einfachen Rüping-Verfahren getränkt, wobei ein Luftdruck von $\frac{1}{2}$—2 atü mindestens 5 Minuten lang und ein Öldruck von nicht über 8 atü mindestens 3 Stunden lang zu unterhalten sind. Die Druckverhältnisse usw. sind durch einen Selbstschreiber aufzuzeichnen.

Die Teerölaufnahme soll im Mittel 75 kg, jedoch nicht weniger als 60 kg und nicht mehr als 90 kg/cbm Holz betragen.

Alle vorstehenden Vorschriften für die Ausführung des Rüping-Verfahrens beziehen sich auf die Tränkung lufttrockener Hölzer. Befinden sich letztere dagegen bei Ausführung der Tränkung nicht in lufttrockenem Zustande, sondern sind sie, nachdem derselbe schon erreicht war, nachträglich wieder durchnäßt worden, so spielt dies, wie schon erwähnt, für die Möglichkeit der Durchtränkung keine ausschlaggebende Rolle. Es muß allerdings die Ausführungsform des Tränkverfahrens diesem Zustand des Holzmaterials Rechnung tragen, z. B. durch Anwendung des Doppelan Stelle des einfachen Rüping-Verfahrens.

Überschreitet der Feuchtigkeitsgehalt in solchen Fällen eine gewisse Grenze, z. B. bei noch nicht allzu lange Zeit aus dem Wasserlager genommenen Hölzern, so muß zunächst eine künstliche Verdampfung eines Teiles des Wassers aus dem Splintholz, also eine Trocknung, erfolgen. Diese Trocknung muß möglichst billig gestaltet werden, weshalb sie am zweckmäßigsten in Verbindung mit der Imprägnierung ausgeführt wird, z. B. nach dem weiter unten (s. S. 276/277) zu beschreibenden Wasserentziehungsverfahren.

Sind andererseits, wie es namentlich während der Kriegsjahre der Fall war, die zur Tränkung angelieferten Hölzer nicht immer völlig gesund, sondern z. B. stärker vom Bläuepilz befallen oder — bei der Buche — in den Gefäßen durch starke Thyllenbildung verstopft, so bedarf es zwecks Erzielung einer guten Imprägnierung einer der jeweiligen Holzbeschaffenheit angepaßten Ausführungsform des Rüping-Verfahrens, deren zweckentsprechende Wahl natürlich eine genügende imprägniertechnische Erfahrung voraussetzt.

Ein Hilfsmittel, um auch in solchen Fällen eine möglichst gute Durchtränkung zu erzielen, besteht in der Erhöhung der Teerölaufnahme. Wie die Praxis gezeigt hat, gelingt es, auch solche Hölzer, welche infolge von Pilzbefall unter Verwendung der normalen Teerölaufnahme nur ungenügend im Splintholz durchtränkt werden können, befriedigend zu imprägnieren, wenn man die normale Teerölaufnahme erhöht und evtl. gleichzeitig das Rüping-Verfahren durch Verlängerung oder Erhöhung des Öldruckes oder durch Anwendung des Doppel-Rüping-Verfahrens noch wirkungsvoller gestaltet. Es hat sich gezeigt, daß z. B. sogar stark verblaute kieferne Telegraphenstangen und Leitungsmaste sich dann in gleich einwandfreier Weise durchtränken lassen wie solche aus normalem Holz. Dieselbe Erfahrung ist auch gemacht worden bei der Tränkung anderweitig angekrankter Hölzer. Mit Bezug auf die kiefernen Rundhölzer bestehen in den angezogenen Fällen im allgemeinen keine Schwierigkeiten mehr, nachdem sie heute gemäß Vorschrift von Bahn und Post mit der erhöhten Teerölaufnahme von 90 kg/m³ unter Anwendung eines mindestens 2-stündigen Öldruckes imprägniert werden.

Ist die Erkrankung der Hölzer über einen gewissen Grad hinaus vorgeschritten, so kann sich das vorbeschriebene Bild auch ändern, indem bei teilweiser Zerstörung der Zellwände die Krankheitsherde das Öl aufsaugen und festhalten. Da solches Holz aber normalerweise nicht imprägniert wird, braucht auf diese Verhältnisse nicht weiter eingegangen zu werden.

Durch die Tränkung des Holzes mit Steinkohlenteeröl wird die Wasseraufnahmefähigkeit sowie das Schwinden und Quellen gegenüber gleichartigem rohem Holz herabgesetzt, ein Umstand, welcher bei manchen Verwendungszwecken des getränkten Holzes (z. B. als Pflasterklötze) wichtig ist. Ferner ist die Leitfähigkeit der mit Steinkohlenteeröl getränkten Hölzer für den elektrischen Strom geringer als der mit wäßrigen Salzlösungen behandelten oder gleichartigen rohen Hölzer, was z. B. bei der Verwendung von Holzschwellen in Streckenabschnitten mit elektrischer Zugsicherung, sowie bei Masten in Hochspannungsleitungen, von Bedeutung ist. Schließlich sind auch die Festigkeitseigenschaften des mit Teeröl getränkten Holzes besser als diejenigen gleichartigen rohen Holzes, was wohl auf die Entfernung von Feuchtigkeit aus dem Holz während der Tränkung mit dem heißen Teeröl zurückzuführen ist. Besonders im Wasserbau macht sich die günstige Beeinflussung der Festigkeitseigenschaften während seiner Gebrauchsdauer gegenüber rohem Holz vorteilhaft bemerkbar (s. S. 305).

Das Rüping-Verfahren eignet sich im Hinblick auf seine physikalischen Grundlagen ganz besonders für die Tränkung der verschiedenen Hölzer mit öligen Flüssigkeiten. Es wird, soweit es sich um die Herbeiführung eines Schutzes gegen pflanzliche und tierische Schädlinge handelt, infolgedessen fast ausschließlich unter Verwendung von Steinkohlenteeröl ausgeführt.

Wasserlösliche Tränkstoffe wurden bisher bei der Kesseldrucktränkung wohl ausschließlich nach dem Vollimprägnierungsverfahren verwendet, weil dieses einmal das günstigste Kesseldruckverfahren für eine möglichst weitgehende Durchtränkung der Hölzer ist, und weil man es zum anderen bei wasserlöslichen Tränkungsstoffen vollkommen in der Hand hat, die Zufuhr an wirksamem Schutzstoff durch Konzentrationsänderung der Tränkstofflösung zu regeln. Der Nachteil, welcher bei der Behandlung der Hölzer mit wasserlöslichen Schutzmitteln nach dem Volltränkungsverfahren auftritt, ist darin begründet, daß den Hölzern große Mengen Wasser zugeführt werden müssen, um eben eine gleichmäßige Verteilung des Schutzmittels zu gewährleisten. Bei einer kiefernen Normalschwelle I. Klasse braucht man hierzu nicht weniger als 25—30 kg wässerige Tränkflüssigkeit. Für die meisten Verwendungszwecke dieser so behandelten Hölzer ist es notwendig, dieses Wasser, oder doch den größten Teil desselben, wieder durch Trocknung an der Luft aus dem Holz zu entfernen, ehe man es der Verwendung zuführt, denn die Festigkeitseigenschaften des Holzes nehmen mit wachsendem Feuchtigkeitsgehalt erheblich ab (s. S. 175). Bei Telegraphenstangen, Leitungsmasten u. dgl. in senkrechter Lage verbauten Hölzern wäre zudem mit einem Absinken der Tränklösung in die unteren Teile bzw. einem Verlust an Tränklösung infolge Austritts an der Grundfläche zu rechnen. Ferner kann durch die Quellung des Holzes, welche bei der Tränkung mit wässerigen Flüssigkeiten unvermeidlich ist, eine sofortige Verwendung des frisch getränkten Holzes in Frage gestellt werden. Es können natürlich auch Fälle eintreten, wo es darauf ankommt, mit wässerigen Lösungen von Schutzstoffen getränkte Hölzer möglichst bald nach der Tränkung in Gebrauch zu nehmen, oder wo es sich bei der Ausführung von Doppeltränkungen unter Verwendung von zwei verschiedenen Tränkflüssigkeiten darum handelt, für die Einführung der an zweiter Stelle benutzten Flüssigkeit genügenden Platz in dem vorgetränkten Holz zu schaffen. In solchen Fällen ist das Rüping-Verfahren auch bei der Verwendung wässeriger Imprägnierflüssigkeiten brauchbar.

Im Unterschied zu dem mit wässerigen Lösungen von Konservierungsmitteln arbeitenden Volltränkungsverfahren ist bei Anwendung des Teerölsparverfahrens eine Lagerung der getränkten Hölzer im allgemeinen nicht erforderlich. Ein Ausschwitzen von Öl aus den Hölzern findet, wenn dieselben sich bei Ausführung der Tränkung in lufttrockenem Zustand befunden haben, kaum statt, so daß die getränkten Hölzer, frisch aus dem Tränkkessel kommend, verladen und ihrer Bestimmung zugeführt werden können. Die geringen Ölmengen, welche in der ersten Zeit nach erfolgter Tränkung mit der noch aus dem Holze austretenden Preßluft an die Holzoberfläche gelangen und diese mitunter noch etwas feucht machen, trocknen erfahrungsgemäß schnell ab, sobald das Heraustreten der Luft aus dem Holze aufhört. Die Ausnahmen von dieser Regel beschränken sich im allgemeinen auf solche Hölzer, welche bei der Tränkung noch nicht genügenden Trockenheitsgrad aufweisen, sowie in gewissem Umfange auf Holzarten, bei denen eine stärkere Anreicherung des Teeröles in den äußeren Holzschichten stattgefunden hat.

Zur Vermeidung dieses lästigen Ausschwitzens von Teeröl aus den imprägnierten Hölzern hat man in den USA vor etwa 20 Jahren Versuche ausgeführt, bei denen Rundhölzer bzw. Leitungsmaste aus Kiefernholz (Southern Pine) als Versuchsmaterial dienten. Zur Tränkung der Hölzer wurde normales Steinkohlenteeröl, in welchem 0,5 bis 2% vegetabilische Phosphatide (Lezithine) aufgelöst worden waren, verwendet. Durch den Lezithinzusatz zum Teeröl sollten dessen Viskosität und Oberflächenspannung sowie ferner die Oberflächenspannungen an den Grenzflächen von Teeröl und der im Holz vorhandenen Feuchtigkeit herabgesetzt werden, so daß eine gleichmäßigere Verteilung des Imprägnieröles im gesamten Splintholz erreicht und eine stärkere Ölanreicherung in den äußeren Splintschichten vermieden wurde. Die s. Z. durchgeführten Großversuche haben dem hierüber vorliegenden Bericht von Vaughan[1] zufolge ein gutes Ergebnis gezeitigt. Es ist nicht bekannt, ob, und gegebenenfalls inwieweit, das genannte Imprägnierverfahren in der Praxis Verwendung gefunden hat.

Im Anschluß an diese Ausführungen über die Teeröltränkung des Holzes nach dem Rüping-Verfahren seien schließlich noch einige Angaben über die Gebrauchsdauer derartig imprägnierter Hölzer gebracht. Nach den Beobachtungen der Deutschen Reichsbahn können als mittlere Liegedauern für die hölzernen, mit Steinkohlenteeröl nach Rüping getränkten Bahnschwellen die folgenden Werte zugrunde gelegt werden:

        für Kiefernschwellen .... 27 Jahre
        ,, Eichenschwellen 28   ,,
        ,, Buchenschwellen 35   ,, .[2]

Die genannten Liegedauern sind auf Grund neuerer Feststellungen in verschiedenen Direktionsbezirken der ehemaligen Reichsbahn dahin zu ergänzen, daß für Schwellen, die vor der Tränkung gebohrt und unter Verwendung von Rippenplatten eingebaut wurden (sog. Reichsoberbau K), die folgenden Gebrauchsdauern einzusetzen sind: für Kiefernschwellen mindestens 30 Jahre, für Eichenschwellen mindestens 32 Jahre, für Buchenschwellen mindestens 40 Jahre.

Ferner wurde auf Grund der von der Deutschen Reichspost geführten Stangenstatistik von Winnig für die in den Jahren 1905—1920 mit Steinkohlenteeröl getränkten kiefernen Rüping-Stangen eine voraussichtliche mittlere Gebrauchsdauer von 33,4 Jahren berechnet[3]. In seiner letzten Veröffentlichung über den gleichen Gegenstand[4] gibt Winnig die mittlere Gebrauchsdauer der Rüping-Stangen zu 32 bis 35 Jahren an, also mit einem Wert, welcher gut mit dem vorstehend genannten übereinstimmt. Winnig hat diese Bestätigung seiner 1934 genannten Zahl erhalten durch Zeichnen der Summenkurven für eine Anzahl der ältesten

---

[1] Vgl. J. A. Vaughan, Creosote Plus Phosphatide for the Production of Non-Bleeding, Creosoted Southern Pine Poles, Proceed. Amer. Wood Pres. Assoc. 1934, S. 188/201.

[2] Vgl. K. Bach, Erfahrungen aus der Bahnunterhaltung, Berlin 1947.

[3] Vgl. K. Winnig, Die Stangenstatistik der DRP und die Berechnung der mittleren Gebrauchsdauer, Arch. f. Post u. Telegraphie, Jahrg. 1934, Heft 1.

[4] Derselbe, Der Schutz von Holzmasten bei der Deutschen Reichspost, Ztschr. Holz als Roh- und Werkstoff, Jahrg. 1939, Heft 7/8.

Stangenjahrgänge, bei denen der Gesamtabfall durch Fäulnis und Insektenfraß die Hälfte der Einstellungszahl erreicht oder überschritten hatte. „Wenn auch" — so führt Winnig aus — „die zuletzt ermittelte Zahl nur für die untersuchten Jahrgänge gilt und nicht verallgemeinert werden darf, so zeigt sie doch, daß der errechnete Wert keineswegs zu günstig ist und im Laufe der Jahre möglicherweise noch eine Verbesserung erfahren wird." Da, wie vorstehend mitgeteilt, die kiefernen Poststangen seit Anfang 1938 unter Zugrundelegung einer um 50% erhöhten Teerölaufnahme getränkt worden sind (90 kg statt bis dahin 60 kg/m³), kann bestimmt mit einer Verlängerung der bisher festgestellten Gebrauchsdauer der kiefernen Rüping-Stangen gerechnet werden.

β) Andere Sparverfahren.

Wie bereits kurz erwähnt, sind in den ersten Jahren dieses Jahrhunderts, zum Teil etwa gleichzeitig mit dem Rüping-Verfahren, verschiedene andere Spartränkverfahren ausgearbeitet worden, von denen jedoch keines den erstrebten Zweck, nämlich eine einwandfreie Durchtränkung des Holzes mit beschränkten Mengen Tränkflüssigkeit, in dem Maße erreichte, wie das Verfahren von Rüping. Außerdem wurden einige Sparverfahren patentiert, welche bei Übernahme des Grundgedankens der Rüpingschen Erfindung durch verschiedene Abänderungen bzw. Ergänzungen eine besondere Wirkung oder eine Verbesserung der Wirkung des ursprünglichen Verfahrens zu erreichen suchten. Von diesen Verfahren seien erwähnt:

1. Das Verfahren des D.R.P. 211042/1907 (Zusatz zum D.R.P. 138933/ 1902) der Fa. Hülsberg & Cie., Charlottenburg.

Die Erfindung bezieht sich auf eine weitere Ausbildung des durch das Hauptpatent geschützten Verfahrens, und zwar soll durch sie die Anwendung eines niedrigeren Flüssigkeitsdruckes ermöglicht werden als bei dem Verfahren des Hauptpatentes. Der Patentanspruch lautet:

„Verfahren zum Imprägnieren von Holz nach Patent 138933, dadurch gekennzeichnet, daß man vor der Einführung der Imprägnierflüssigkeit in das Holz den auf dem letzteren lastenden Druck ganz oder teilweise wieder aufhebt."

Da das Verfahren im Großbetrieb nicht angewendet worden ist, erübrigt es sich, auf dasselbe näher einzugehen.

2. Das Verfahren des D.R.P. 212911/1904 (sogenanntes Northeimer-Verfahren) der Fa. Hülsberg & Cie., Charlottenburg.

Da dieses Verfahren auch im Großbetrieb zur Tränkung kieferner Eisenbahnschwellen — wenn auch nur vorübergehend — angewandt worden ist, soll es hier etwas eingehender beschrieben werden. Zunächst sei der Patentanspruch mitgeteilt, welcher lautet:

„Ein Verfahren zum Imprägnieren, bei welchem der Luft- oder Gasdruck innerhalb der Zellen, Poren und Hohlräume des zu imprägnierenden Körpers vor der Imprägnation höher ist als nach beendeter Imprägnierung zufolge der Aufhebung des Druckes, dadurch gekennzeichnet, daß man die zum Herausbefördern der Imprägnierungsflüssigkeit notwendige Differenz des Gas- oder Luftdruckes lediglich durch die Anwendung eines Vakuums nach

dem Imprägnierprozeß unter Wegfall einer vorhergehenden Druckluft-
behandlung und unter Innehaltung eines 3 Atmosphären nicht überschrei-
tenden Imprägnierungsdruckes erzeugt."

Die Ausführung des Verfahrens geschah folgendermaßen:

Nach dem Besetzen und Verschließen des Tränkkessels wird dieser bei
geöffnetem Luftventil mit erwärmtem Teeröl (60—105° C) gefüllt, so daß
vor und während der Füllung Überdruck im Kessel nicht vorhanden ist.
Darauf wird das Luftventil geschlossen und eine bestimmte Teerölmenge
(8—12 kg je Schwelle) in den Kessel gedrückt.
Durch das Einpressen des Teeröls entsteht in dem Tränkkessel ein Druck,
dessen Höhe von der Beschaffenheit des zu tränkenden Holzes abhängig ist.
Die Druckpumpe wird nun abgestellt, und das Öl bleibt im Tränkkessel
mindestens 20 Minuten stehen. Hierauf wird es abgesaugt, und zwar bei
geöffnetem Luftventil, so daß kein Unterdruck entsteht. Alsdann wird im
Kessel eine Luftleere von mindestens 60 cm Höhe erzeugt und mindestens
10 Minuten lang unterhalten. Danach wird die Luftpumpe abgestellt und
der Tränkkesselraum 5 Minuten lang in Verbindung mit der Außenluft
gebracht. Hierauf wird nochmals möglichst hohe Luftleere im Tränkkessel
erzeugt, wieder mindestens 10 Minuten lang unterhalten und nach Luft-
zufuhr der Kessel geöffnet. Die Tränkung ist hiermit beendet.

Das Northeimer-Verfahren konnte nicht immer die erstrebte gute
Durchtränkung des Holzes bewirken, weil namentlich bei trockenem,
locker gewachsenem Holz der anwendbare Flüssigkeitsdruck zu niedrig
und gleichzeitig die vorübergehend in das Holz eingepreßte Menge der
Tränkflüssigkeit zu gering war. Da seine Wirkung gegenüber dem normalen Rüping-Verfahren zurückblieb, wurde es zugunsten dieses Verfahrens bald wieder verlassen.

In größerem Maßstabe wird das Northeimer-Verfahren noch in den
USA sowie in Rußland angewendet. In den USA ist es als „Lowry
Process" bekannt und im Jahre 1906 unter Nr. 831450 patentiert wor-
den[1].

3. Das Verfahren des D.R.P. 282777/1912 der Rütgerswerke-Aktiengesellschaft, Berlin.
Es wurde bereits erwähnt, daß für die Tränkung des Holzes mit Teeröl
im Kesseldruck-Verfahren Lufttrockenheit des Holzes vorgeschrieben
wird, um die Verteilung des Teeröles im Holz tunlichst nicht zu behindern. Da nun das zu tränkende Holz aber nicht immer lufttrocken ist
und da die für die Tränkung vorgesehenen, im allgemeinen sehr starken
und langen Hölzer sich für die künstliche Trocknung in den gebräuchlichen Trockenkammern nicht eignen und ihre Trocknung durch Lagerung
an der Luft viel Zeit in Anspruch nimmt, half man sich in Fällen drin-
genden Bedarfs in der Weise, daß man die für die normale Teeröltränkung
noch zu nassen Hölzer im Tränkkessel in genügend hoch erhitztem Teeröl
unter gleichzeitiger Anwendung von Vakuum so lange badete, bis eine
genügende Wassermenge aus dem Holz entfernt war. Das auf diese
Weise getrocknete Holz konnte dann sofort mit Teeröl vollgetränkt
werden. Diese Art der Holztrocknung stammt aus England (Brit. Patent
1954/1879 von S. B. Boulton) und wurde in Deutschland von Julius

---

[1] Vgl. G. M. Hunt u. G. A. Garrat, Wood Preservation, New York-
London, 1938, S. 215/216.

Rütgers im Jahre 1885 eingeführt (s. auch S. 240). Dieses alte Verfahren hat den Nachteil, daß es eine anschließende Teerölspartränkung nicht gestattet, denn bei seiner Durchführung ist eine Sättigung zum mindesten der äußeren Holzschichten mit Teeröl nicht zu umgehen. Diesen Mißstand vermeidet das Verfahren des D.R.P. 282777 und ermöglicht damit im unmittelbaren Anschluß an die Trocknung im heißen Ölbad die Spartränkung des Holzes mit öligen Flüssigkeiten, z. B. nach Rüping. Die Ausführung dieses Wasserentziehungsverfahrens geschieht folgendermaßen:

Die Hölzer werden in den Imprägnierkessel hineingefahren und letzterer verschlossen. Zu beachten ist, daß der Tränkkessel nur bis zu höchstens $^3/_4$ seiner Höhe mit Holz bzw. Teeröl gefüllt werden darf, um während der Trocknung des Holzes im heißen Teeröl ein Übertreten von Ölschaum aus dem Kessel in das Auffangegefäß für das abdestillierte Wasser zu vermeiden. Dann wird im Kessel allmählich ein Vakuum von etwa 40 cm Höhe hergestellt und gleichzeitig der Kessel so weit mit 90—100°C heißem Teeröl gefüllt, daß die in ihm befindlichen Hölzer völlig vom Öl umgeben sind. Die aus dem Tränkkessel abgesaugten Wasserdämpfe werden durch einen Röhrenkühler kondensiert, und das Kondensat wird in einem Meßgefäß aufgefangen. Die Erhitzung des Holzes im etwa 100°C heißen Teeröl unter Vakuum wird so lange fortgesetzt, bis sich im Meßgefäß eine genügende Kondensatmenge angesammelt hat. Alsdann wird das heiße Öl aus dem Tränkkessel abgesaugt, wobei besonders darauf zu achten ist, daß auch während dieses Teiles des Verfahrens kein Absinken des Vakuums im Tränkkessel eintritt. Würde das Vakuum fallen, so würde zwangsläufig Teeröl in das evakuierte Holz eintreten und zum mindesten eine Vollimprägnierung der äußeren Holzzonen herbeiführen, also die gewünschte Spartränkung verhindern.

Das Verfahren wird seit etwa 35 Jahren im Großbetrieb verwendet, und es sind mit seiner Hilfe z. B. große Mengen direkt aus dem Wasserlager entnommener kieferner Rammpfähle, für deren Trocknung an der Luft viele Monate erforderlich gewesen wären, mit bestem Erfolg mit beschränkten Teerölmengen nach Rüping getränkt worden.

4. Das Verfahren des D.R.P. 347349/1913 der Fa. Hülsberg & Cie., Charlottenburg.

Das in der obigen Patentschrift beschriebene Tränkverfahren bezieht sich auf die Teerölspartränkung von Buchenholz, welche bei Anwendung des Doppel-Rüping-Verfahrens etwa 8 Stunden Dauer beansprucht. Um dieses Verfahren abzukürzen, hat Rüping das in Rede stehende Verfahren ausgearbeitet. Sein Patentanspruch lautet:

„Verfahren zum Imprägnieren von Buchenholz, darin bestehend, daß man das Holz nach vorangegangener Evakuierung einer Behandlung mit Wasserdampf unterwirft, dann — ohne dem Holz die durch die Behandlung mit Wasserdampf zugeführte Wasser- und Wärmemenge wieder zu entziehen — es in bekannter Weise mit Druckluft füllt, mit Imprägnierungsflüssigkeit durchtränkt und evakuiert."

Bei diesem Dämpfverfahren handelt es sich also nicht um das in früheren Jahrzehnten allgemein im Zusammenhang mit der Kesseldrucktränkung ausgeführte Dämpfen des Holzes, welches derart erfolgte, daß das Holz nach dem Einfahren in den Tränkkessel zunächst während eines von Fall zu Fall wechselnden Zeitraumes mit Wasserdampf von

zumeist 1,5 atü und nachfolgendem Vakuum behandelt wurde. Rüping
hat im Gegenteil die Reihenfolge der Maßnahmen umgekehrt, indem er
erst Vakuum und dann Wasserdampf verwendete. Er ging dabei von
der Überlegung aus, daß bei dem alten Dämpfverfahren der Dampf sowie
das aus ihm gebildete heiße Wasser nur ganz oberflächlich auf das
Holz einwirken können, weil in diesem Falle die Holzzellen noch mit
Luft erfüllt sind, während nach seinem Vorschlag der Dampf bzw. das
aus ihm durch Kondensation entstehende heiße Wasser tief in das Holz
eindringen und gewissermaßen aufschließend wirken können. Durch die
Vornahme des Evakuierens vor dem Dämpfen erreicht Rüping ferner
im Gegensatz zu dem alten Dämpfverfahren den Vorteil, daß das Holz
nicht durch das bei der älteren Arbeitsweise auf das Dämpfen folgende
Evakuieren wieder abgekühlt wird. Darüber hinaus glaubte Rüping,
daß eine vor der eigentlichen Imprägnierung erfolgende Benetzung der
Zellwände des Holzes durch heißes Wasser einen günstigen Einfluß auf
das Eindringen und die Verteilung des anzuwendenden öligen Tränkstoffes ausüben würde. Auf diese Behandlung des Holzes mit Wasserdampf — Spannung im allgemeinen nicht über 1 atü — folgte sofort, also
ohne jede Unterbrechung des Dampfdruckes, die Anwendung von Druckluft in der beim Rüping-Verfahren üblichen Höhe, d. h. bis 4 atü, und
daran anschließend Öldruck und Schlußvakuum.

Im Großbetrieb ist das Verfahren bisher nicht angewendet worden.
Die Reichsbahn ist trotz der mit ihm erzielten nicht ungünstigen Versuchsergebnisse bei dem schon beschriebenen Doppel-Rüping-Verfahren
verblieben, weil bei diesem eine Behandlung des Holzes mit Dampf
unterbleibt, wodurch eine unkontrollierbare Wasseraufnahme des Holzes
bei der Tränkung sowie eine stärkere Verwässerung des Tränköles vermieden wird. Im Hinblick auf die im letzten Jahrzehnt vom imprägniertechnischen Standpunkt aus häufiger als früher zu beanstandende Beschaffenheit des zur Tränkung kommenden Buchenholzes erscheint es
nicht ausgeschlossen, daß trotz der Bedenken, welche hinsichtlich der
Kontrolle der Tränkung gegen die Anwendung von Wasserdampf bestehen, sich vielleicht doch noch einmal das in Rede stehende Verfahren,
oder ein ähnliches, bei der Spartränkung des Buchenholzes mit Teeröl
an Stelle des Doppel-Rüping-Verfahrens durchsetzt.

Ein anderes Verfahren zur Tränkung von Buchenholz mit Teeröl, bei
welchem eine Vorbehandlung des trockenen Holzes mit heißem Wasser
eine wichtige Rolle spielt, wurde, angeblich mit gutem Erfolg, bereits
vor dem zweiten Weltkrieg in Frankreich angewendet. Die Tränkung
beginnt, wie beim Vollimprägnierverfahren, mit der Evakuierung des
Holzes. Danach wird der Tränkkessel mit heißem Wasser (etwa 80°C)
gefüllt und dasselbe, erforderlichenfalls unter Anwendung gelinden
Druckes, in das Holz eingeführt. Nach dem Ablassen des Wassers aus
dem Tränkkessel wird dieser mit heißem Teeröl gefüllt und die vorgesehene Teerölmenge (etwa 225 kg/m³) unter Anwendung von 7 bis 9
Atmosphären Druck in das Holz eingepreßt. Hinsichtlich der anzuwendenden Ölmenge steht das Verfahren also zwischen dem Doppel-Rüping-
und dem Volltränkungsverfahren. Die Durchtränkung des Holzes soll

einwandfrei sein und die Trennung von Öl und Wasser keine Schwierigkeiten bereiten[1]. Eine Nachprüfung des Verfahrens ist, soweit bekannt, in Deutschland bisher nicht erfolgt.

Auf die Möglichkeit, ein brauchbares Spartränkverfahren dadurch zu erhalten, daß man das Holz vor der Öltränkung einer Behandlung mit Wasser oder anderen wässerigen Flüssigkeiten unterzieht, hat bereits Dehnst hingewiesen[2]. Schon er hatte festgestellt, daß eine Tränkung mit beschränkten Mengen Öl und dessen gleichmäßige Verteilung im Holz nach einer vorhergehenden teilweisen Sättigung mit wässerigen Flüssigkeiten sich erreichen läßt, wenn das Holz vor dieser Behandlung nahezu lufttrocken war.

5. Die Verfahren des D.R.P. 345 704/1914 nebst Zusätzen (347 631/1914) und 347 632/1915 der Firma Ostpreußische Imprägnierwerke G. m. b. H., Berlin.

Diese 3 Verfahren bezwecken eine Verbesserung der Rüping-Tränkung durch Vorbehandlung des zu tränkenden Holzes mit Teeröl. Dabei kann diese entweder durch kurzes Eintauchen (D.R.P. 345 704) oder, bei besonders schwer aufnehmenden Hölzern, durch Eintauchen im Anschluß an ein Vorvakuum erfolgen (D.R.P. 347 631). Schließlich ist im D.R.P. 347 632 an Stelle des Eintauchens des Holzes in Teeröl eine Behandlung mit Öldampf oder mit zerstäubtem Öl vorgesehen. Keines dieser Verfahren hat eine Anwendung im Großbetrieb gefunden.

6. Die Verfahren der D.R.P. 154 901/1903, 174 678/1902 und 182 408/1903 (Zusatz zu 174 678) von O. Heise, Berlin.

Während die vorerwähnten Sparverfahren sämtlich auf dem Grundgedanken von Rüping fußen, d. h. zunächst dem Holz einen Überschuß an Tränkstoff zuführen, von welchem schließlich ein Teil zurückgewonnen wird, führen die Spartränkungsverfahren nach Heise dem Holz von vornherein nur diejenige Menge an Tränkstoff zu, welche endgültig in ihm verbleiben soll. Diese beschränkte Tränkstoffmenge, welche natürlich normalerweise bei weitem nicht ausreicht, um alle schutzbedürftigen Teile der Hölzer zu durchdringen, sondern zunächst nur die äußeren Holzzonen erfüllt, soll dann auf verschiedene Weise im Holz verteilt werden, und zwar laut D.R.P. 154 901 durch eine anschließende Behandlung des Holzes mit unter Druck stehenden Flüssigkeiten, welche weder das Holz noch den Tränkstoff (in diesem Falle Teeröl) chemisch verändern oder letzteren auflösen (also z. B. heißes Wasser). Die Verfahren der D.R.P. 174 678 und 182 408 unterscheiden sich von dem vorgenannten lediglich dadurch, daß im erstgenannten Falle an Stelle einer indifferenten Flüssigkeit gespannter Dampf (bis zu 4 atü) und im letztgenannten heiße Druckgase oder Gemische solcher Gase mit gespanntem Dampf zur Verteilung der in das Holz eingeführten Tränkstoffmenge Verwendung finden. Die Heise-Verfahren haben vorüber-

---

[1] Vgl. E. Taborowsky, Le Bois — Sa Conservation, Les Procédés d'Imprégnation appliqués en France, Broschüre, herausgegeben 1938 von der Internationalen Auskunftsstelle für Holzkonservierung, den Haag, Holland.

[2] Vgl. J. Dehnst in Troschel, Handbuch der Holzkonservierung, 1. Aufl. (1916). S. 264.

gehend auch Anwendung in der Praxis gefunden, und zwar ist es besonders ein mit Druckluft arbeitendes Verfahren gewesen, dessen Ausführung im folgenden kurz beschrieben sei:

Nach dem Einfahren der Hölzer in den Tränkkessel wird derselbe verschlossen und mit vorher erwärmtem Teeröl bei geöffnetem Entlüftungsventil gefüllt, so daß vor und während der Füllung Überdruck im Kessel nicht vorhanden ist (Öltemperatur höchstens 100° C).

Nunmehr wird die für die Tränkung vorgesehene Teerölmenge in den Kessel gedrückt, und zwar so langsam, daß im Tränkkessel kein höherer Druck als von 2½ atü entsteht.

Hierauf wird das Öl aus dem Tränkungskessel entfernt und in ihm ein Luftdruck von mindestens 1½ atü erzeugt und dieser Druck 15 Minuten unterhalten. Sodann wird der Tränkungskessel 5 Minuten lang mit der atmosphärischen Luft in Verbindung gebracht. Nach Ablauf dieses Zeitraumes wird diese Nachbehandlung mit Preßluft wiederholt.

Während der zweimaligen Preßluftbehandlung ist die Luft im Tränkungskessel durch indirekten Dampf auf mindestens 50° C zu erwärmen.

Nach Ausführung des zweiten Luftdruckes ist die Tränkung beendet.

7. Das Spartränkverfahren des D.R.P. 186530/1905 der Firma Guido Rütgers, Kommanditgesellschaft, Wien.

Dieses Verfahren bezieht sich ebenfalls auf die Spartränkung von Holz mit Teeröl oder anderen fäulniswidrig wirkenden öligen Stoffen, deren Verteilung im Holz nach dem Prinzip des Heise-Verfahrens unter Verwendung heißer Druckluft erfolgt. Das Verfahren ist u. a. von der österreichischen Telegraphenverwaltung in den Jahren vor dem ersten Weltkriege zur Konservierung ihrer Leitungsstangen aus Kiefer, Lärche, Fichte und Tanne angewendet worden, und zwar mit 100 kg Teeröl je m³ bei Kiefer, Fichte und Tanne und mit 70 kg Teeröl je m³ bei Lärche. Die erzielte Ölverteilung war am günstigsten bei der am leichtesten durchtränkbaren Kiefer; dagegen ließ sie bei der in den meisten Fällen sehr schwer durchtränkbaren Fichte und auch der Tanne häufig zu wünschen übrig[1].

Erwähnt sei an dieser Stelle schließlich noch das Tränkverfahren von C. Polysu, Bukarest, welches 1932 in Deutschland zum Patent angemeldet wurde (Aktenzeichen P 63/30, Kl. 38h), aber keinen Patentschutz erhielt. Der Anspruch der Patentanmeldung lautete:

„Verfahren zur Förderung des Eindringens und der Verteilung der Tränkungsflüssigkeit bei der Imprägnierung von Holz, z. B. Masten und Bahnschwellen, unter Anwendung wechselnder Drucke auf das in geschlossenen Behältern mit der Flüssigkeit überdeckte Tränkgut, dadurch gekennzeichnet, daß die einzelnen Phasen der Drucke und Unterdrucke in möglichst kleine Teilphasen mit schnellem Wechsel zerlegt werden."

Das Wesentliche des Verfahrens bestand nach Vorstehendem darin, daß durch mehrfach wiederholten Wechsel von Druck und Vakuum diese bei den älteren Kesseldruckverfahren verhältnismäßig lange Zeit andauernden Phasen in möglichst kurze Teilphasen, die aber des öfteren zu wiederholen waren, aufgeteilt werden sollten, so daß an Stelle der nur „statischen" Wirkung der älteren Verfahren eine „dynamische"

---

[1] Vgl. R. Nowotny, Über die bisherigen Erfolge des Sparverfahrens bei der Kreosotierung hölzerner Leitungsmasten in Österreich, Elektrotechnik und Maschinenbau, Jahrg. 1912, Heft 25.

Wirkung tritt. Durch diese Neuerung sollte, der Anmeldung zufolge, namentlich bei schwerer zu durchtränkenden Holzarten (z. B. Buche), eine wesentliche Verkürzung der Tränkdauer und damit eine bessere Ausnutzung der Tränkanlagen ermöglicht werden. Die seinerzeit ausgeführten Tränkversuche haben irgendeinen Vorteil des Polysu-Verfahrens gegenüber dem gebräuchlichen Verfahren nicht gezeitigt, und das Verfahren hat daher in Deutschland keine Anwendung in der Praxis gefunden.

F. Sonstige Tränkverfahren.

1. Das Osmose-Verfahren.

In denjenigen Fällen, in denen Hölzer mit wasserlöslichen, diffusionsfähigen Stoffen getränkt werden, die weder von der Holzfaser fixiert noch durch chemische Umwandlungen im Holz verankert werden, finden bei entsprechendem Feuchtigkeitsgehalt noch während des Gebrauches dieser Hölzer Wanderungen der Tränkstoffe im Holz statt, welche in erster Linie auf Diffusion zurückzuführen sind. Derartige Veränderungen in der ursprünglichen Verteilung der Tränkstoffe im Holz zeigen sich z. B. bei hölzernen Eisenbahnschwellen, welche mit Tränkstoffen der genannten Art vollimprägniert wurden und bereits längere Zeit im Gleis gelegen haben. Handelt es sich hierbei um Kiefernholzschwellen aus einstieligem Holz (Kern in Schwellenmitte), so findet man bei Untersuchung derselben bald nach der Imprägnierung eine gleichmäßige Durchtränkung des Splintes, aber — abgesehen von einem gewissen Eindringen der Tränklösung von den Stirnenden aus in Wachstumsrichtung — keinerlei Durchtränkung des Kernholzes. Haben solche Schwellen aber einige Jahre in der Strecke gelegen, so ändert sich dieses Tränkungsbild derart, daß dann aus dem durchtränkten Splintholz ein Eindringen des Tränkstoffes in das Kernholz —zumindest in die äußeren Kernholzzonen — und andererseits eine Verarmung der äußeren Splintholzschichten an Tränkstoff, infolge Abwanderung desselben in die Bettung, feststellbar ist. Sehr deutlich lassen sich diese Veränderungen in der Durchtränkung der Hölzer z. B. bei Verwendung nicht fixierbarer fluornatriumhaltiger Tränkstoffe durch die Farbreaktion erkennen, welche das Fluornatrium mit alizarinsulfosaurem Zirkon ergibt.

Auf dieser Diffusionsfähigkeit gewisser Holztränkstoffe gründet sich das Verfahren des D.R.P. 654 737/1931, das sogenannte Osmose-Verfahren, von C. Schmittutz. Der Patentanspruch schützt ein

„Verfahren zum Haltbarmachen von entrindetem, entbastetem, geschnitztem Holz mit wasserlöslichen pastenförmigen Imprägnierstoffen, dadurch gekennzeichnet, daß man diese Imprägnierstoffe unmittelbar auf die freigelegte Oberfläche von saftfrischen Holzstämmen aufträgt und die Stämme in Stapeln lagert, bis die Imprägniermittel in das Holz eingedrungen sind und dieses lufttrocken ist.‘‘

In der Patentschrift wird u. a. folgendes ausgeführt:

Der Sinn der Erfindung besteht darin, daß der Imprägniervorgang sich vollzieht bzw. beginnt, solange der Baumsaft noch vorhanden ist. Unter der Wirkung der Osmose und der Diffusion trägt der Baumsaft

bzw. die natürliche Feuchtigkeit des Stammes dazu bei, daß die wasserlöslichen Imprägniersalze in Lösung übergehen und in das Holz einwandern. Auf die bereits bekannte Verwendung von Diffusions- (Os-
mose-) Vorgängen beim Bandagenverfahren (s. dieses) sowie auf den
Vorschlag, feuchtes Holz durch Auftragen wasserlöslicher Pasten zu
imprägnieren, weist die Patentschrift in diesem Zusammenhang ausdrücklich hin.

Die Ausführung des Osmose-Verfahrens in der Praxis geht aus den
nachstehend auszugsweise mitgeteilten neuesten Vorschriften des Fernmeldetechnischen Zentralamtes der Deutschen Post in Bad Salzuflen,
welches das Verfahren für die Zubereitung der Telegraphenstangen zugelassen hat, hervor.

Technische Vorschriften der Deutschen Post für die Schutzbehandlung von Leitungsmasten aus Holz nach dem Osmose-Verfahren[1].

Zur Schutzbehandlung nach dem Osmose-Verfahren werden Fichten, Weißtannen, Kiefern und Lärchen zugelassen. Das Holz soll dabei saftfrisch oder
feucht erhalten sein. Die Masten sind daher nur zugelassen, wenn

a) beim Halten einer 2 cm dicken Holzscheibe gegen Licht der Splint noch
deutlich im Lichtschimmer zu erkennen ist,

b) der Bast beim Abtrennen der Rinde im allgemeinen zart weiß erscheint, und

c) die darunterliegende Kambiumschicht allseitig noch völlig naß ist.

Je nach den Witterungsverhältnissen und nach der Lagerung im Walde
werden die Masten mindestens 2—3 Wochen nach dem Fällen noch osmotiert
werden können. Berindetes Holz der Winterfällung, das längstens bis zum
April gelagert hat, ist in der Regel noch ausreichend saftfrisch und somit zur
Schutzbehandlung geeignet. Auch Masten, die durch Abdichten der Hirnflächen mit einer Asphalt- oder Bitumen-Emulsion bei Lagerung im Bestand-
schatten während der wärmeren Jahreszeit (mit Ausnahme des Hochsom-
mers) vor starkem Saftverlust geschützt worden sind, können noch 6 Wochen
nach dem Fällen genügend saftfrisch sein.

Die Masten sind berindet bereitzustellen. Nach dem Ablängen und Zu-
richten der Zopfenden sind sie fein zu schälen, d. h. sie müssen von Rinde
und Bast einschließlich des äußeren Jahresringes befreit werden.

Die Anwendung des Osmose-Verfahrens ist von der Jahreszeit unabhängig. Vorzuziehen sind jedoch die Monate vom zeitigen Frühjahr bis zum
Spätherbst. Wegen der Gefahr zu schnellen Austrocknens soll während der
heißen Jahreszeit (etwa von Juli bis Mitte August) nicht osmotiert werden.

Für die Schutzbehandlung der Masten ist ein Salzgemisch von 27,5 v. H.
Fluornatrium, 37,5 v. H. Kaliumbichromat, 25,0 v. H. Natriumarseniat und
10 v. H. Dinitrophenol zu verwenden. Dem Salzgemisch sind 5 v. H. kollo-
idale, als Bindemittel geeignete Stoffe zuzusetzen (Handelsbezeichnung
„Osmolit U Arsen").

10 Raumteile des Schutzmittels werden mit 9 Raumteilen Wasser zu einer
Paste gut verrührt. Mit der Verwendung der Paste ist einige Stunden zu
warten, bis das Gemisch eingedickt und gut streichfähig geworden ist. Nach
dem Eindicken ist die Masse nochmals zu verrühren. Auch beim Umfüllen in
die Handgefäße muß die Paste verrührt werden.

---

[1] Ausgabe 1948, gekürzt wiedergegeben. Diese Vorschriften stimmen in
allen wesentlichen Punkten mit den letzten vom damaligen Reichspostzentralamt im Jahre 1939 herausgegebenen überein.

Die zugerichteten Masten werden gleichmäßig mit Osmose-Paste auf der ganzen Längsfläche und auf den beiden Hirnflächen gestrichen. Während des Streichens muß die Paste in den Handgefäßen häufig umgerührt werden, damit die schwereren Bestandteile nicht zu Boden sinken und dadurch die gleichmäßige Zusammensetzung der Paste verlorengeht. Die Dicke des Anstriches soll etwa der eines gut deckenden Farbanstriches entsprechen. Der Verbrauch an Osmolit U Arsen soll etwa 4 kg je 1 m^3 Holz betragen.

Damit die frische Oberfläche nicht vorzeitig trocknet, sind die geschälten Masten unverzüglich zu streichen. Wenn unter freiem Himmel gearbeitet wird, darf bei Regen oder Schneefall nicht gestrichen werden. Gestrichene Masten sind vor Niederschlägen durch Bedecken mit wasserdichten Planen zu schützen.

Nach dem Anstreichen werden die Hölzer gestapelt. Zum Stapelplatz sind sie auf zwei Unterlaghölzern hinzurollen. Die Stapel sind in Dreieckform anzulegen. Zweckmäßig werden Stapel von 36 Masten errichtet. Stapel mit mehr als 55 Masten dürfen nicht hergestellt werden.

Die Masten werden ohne Zwischenhölzer mit sämtlichen Zopfenden nach der einen Seite dicht neben- und aufeinander gelagert. Die unterste Reihe ruht auf Unterlaghölzern möglichst dicht über dem Erdboden.

Die fertigen Stapel sind unverzüglich mit wasserdichtem und wetterfestem Papier in der Längsrichtung bei handbreiter Überlappung zu bedecken. An den Enden der Stapel sollen die Papierbahnen etwa 50 cm überstehen. Durch Unterlegen eines entsprechend großen Papierstücks und Festnageln der überstehenden Teile der Bahnen sind auch die Stirnseiten der Stapel gut zu verschließen. Die einzelnen Bahnen sind gegen Verschieben und Abheben durch Wind zu sichern. Die Papierbahnen müssen an allen vier Seiten so weit auf die Erde herabreichen, daß der Raum zwischen unterster Stapelschicht und Erdboden außen herum durch Erdaufwürfe gut abgedichtet werden kann. (In der Abb. nicht berücksichtigt.) Beschädigte Abdeckbahnen sind sogleich auszubessern oder zu erneuern.

Abb. 176. Stapelung der mit Osmose-Paste bestrichenen Hölzer.

Die Masten bleiben drei Monate lang zugedeckt liegen. Tritt Frostwetter ein, so ist die Lagerungsfrist entsprechend zu verlängern. Nach Ablauf der Lagerungsfrist werden die Stapel an den Stirnseiten geöffnet und so einen weiteren Monat liegengelassen. Alsdann ist die von der Sonne am wenigsten beschienene Längsseite oder die Wetterseite aufzudecken. Nach weiteren acht Tagen sind die restlichen Papierbahnen zu beseitigen und die Masten zu Kreuzstapeln umzulagern.

Zum Inhalt dieser Postvorschriften sei folgendes bemerkt:

Als Schutzmittel werden die sogenannten „Osmole" oder „Osmolite" verwendet, das sind Imprägniersalzgemische, die im wesentlichen aus Fluornatrium und Dinitrophenol, eventuell unter Zusatz von arsensaurem und bichromsaurem Alkali, bestehen. Diese Salzgemische ent-

halten zudem kleine Mengen — etwa 5 % — kolloidaler Stoffe, wie z. B.
Leim oder Stärke, welche einerseits die Bildung einer gut streichfähigen,
homogen bleibenden Paste unterstützen und andererseits ein Eintrocknen und Abbröckeln der Paste sowie auch ein Abtropfen von aus dem
Holz heraustretenden Wasser verhindern sollen.

Im allgemeinen werden je m² Holzoberfläche 150—200 g Paste — oder
nach Postvorschrift 4 kg Salzgemisch je m³ Holz — verwendet. Besonders schutzbedürftige Holzzonen werden zweckmäßigerweise mit einer
dickeren Pastenschicht versehen als weniger gefährdete.

Die gegen Ende der Lagerungsfrist der osmotierten Hölzer vorgeschriebene allmähliche Öffnung der Stapel hat den Zweck, bei Verwendung von chromarsenhaltigen Fluorsalzgemischen die Austrocknung
der frisch behandelten Hölzer zunächst noch zu verzögern und dadurch
die U-Salzbildung im Holz, welche eine gewisse Zeit erfordert, zu unterstützen. Auch soll die Bildung tieferer Luftrisse durch diese Maßnahme
tunlichst vermieden werden.

Die Lagerungszeit in den Stapeln richtet sich nach Art und Abmessung
der behandelten Hölzer, der Menge der aufgetragenen Paste sowie den
klimatischen Verhältnissen. Auf jeden Fall muß sie so lange erfolgen, bis
die Paste in das Holz eingewandert ist.

Die erzielte Durchtränkung des Holzes ist je nach Holzart und -be-
schaffenheit verschieden. Sehr leicht wird z. B. der Splint der Kiefer
durchtränkt; darüber hinaus dringen die Tränkstoffe zum Teil auch in
das Kiefernkernholz ein. Bei Fichten- und Tannenholz ist die erzielte
Durchtränkung derjenigen, welche im Kesseldruck- oder Einlagerungsverfahren erhalten wird, erheblich überlegen; sie wird bei diesen Holzarten in ähnlicher Weise nur durch das Saftverdrängungsverfahren
erreicht. Der Tränkstoffgehalt der osmotierten Hölzer nimmt im allgemeinen von der Außenzone nach der Holzmitte zu ab. Ferner kann bei
Verwendung von Imprägniersalzgemischen die Eindringungsgeschwindig-
keit und -tiefe der einzelnen Bestandteile der Gemische verschieden sein,
je nach den chemischen und physikalischen Eigenschaften der verwendeten Stoffe. Dies ist besonders zu beachten bei der Verwendung von
solchen Salzgemischen (z. B. chromarsenhaltigen Fluorsalzgemischen),
welche im Holz die Bildung von schwerlöslichen Salzen bewirken sollen.
Die Erreichung dieses Zieles dürfte in solchen Fällen namentlich dann,
wenn es gilt, breitere Holzzonen zu durchtränken, wenigstens teilweise
in Frage gestellt sein. In dieser Beziehung wird z. B. durch das Kesseldruckverfahren eine bedeutend gleichmäßigere Verteilung der Imprägnierstoffe in den dieser Tränkungsart zugänglichen Holzzonen erzielt,
und es werden daher für die U-Salzbildung in den druckimprägnierten
Hölzern erheblich bessere Bedingungen geschaffen. Über die Gebrauchsdauer osmotierter Hölzer sind bisher keine Zahlenangaben, welche als
einwandfrei gelten können, bekannt geworden.

Die Schutzbehandlung des Holzes nach dem Osmose- bzw. Diffusions-
Verfahren hat besonders überall da, wo es sich darum handelt, Bauhölzer
sowie besondere Gefahrenpunkte von Holzkonstruktionen in einfacher
und möglichst zuverlässiger Weise vor Pilz- und Insektenbefall zu

sichern, eine erhebliche Bedeutung gewonnen (sogenannte „Osmol-Pastentechnik"). Auch Holzpflasterklötze lassen sich für manche Verwendungszwecke in einfacher Weise durch diese Behandlungsart konservieren, ebenso wie z. B. viele der in der Landwirtschaft und im Gartenbau verwendeten hölzernen Gerätschaften. Das Verfahren hat eben den Vorteil, daß es nicht an das Vorhandensein einer bestimmten Imprägnierapparatur gebunden ist und infolgedessen überall angewendet werden kann, wo sich das Bedürfnis nach einer nicht nur auf die Holzoberfläche beschränkten Schutzbehandlung geltend macht. Allerdings muß die hierfür erforderliche, je nach den Abmessungen sowie der sonstigen Beschaffenheit der zu behandelnden Hölzer, mehr oder weniger lange Behandlungsdauer in den Kauf genommen werden, und die Hölzer müssen selbstverständlich entweder saftfrisch oder doch zum mindesten in allen zu schützenden Teilen genügend durchnäßt sein.

Wegen weiterer Einzelheiten über das Osmose-Verfahren und seine Anwendungsmöglichkeiten sei auf die hierüber bestehende Fachliteratur verwiesen[1].

2. Älter als das Osmose-Verfahren ist das **Bandagen-Holzschutzverfahren der Allgemeinen Holzimprägnierung Bock & Co., Hagen** (Westf.), welches im Jahre 1928 herausgebracht wurde. Es dient in erster Linie der Pflege besonders gefährdeter Teile bereits verbauter Hölzer, vor allem der **Erd-Luftzone von Stangen und Leitungsmasten** (s. Abb. 177).

Die ursprünglich von Bock benutzten Bandagen[2] bestanden aus zwei wasserdurchlässigen Textilstoffbahnen, zwischen denen die Imprägniersalze eingelagert waren. Um ein Absinken der Salze innerhalb der Bandage zu verhüten, wurden die Stoffbahnen bei der Beschickung mit Imprägniersalz mit einer größeren Anzahl von Steppnähten versehen, welche parallel der Oberkante der Bandage verliefen und den Raum zwischen den Stoffbahnen in eine Anzahl schmaler, sich über die ganze Länge der Bandage erstreckender Taschen zerlegten. Die Länge der Bandage richtet sich nach dem Durchmesser des zu schützenden Holzes. Sie muß die vollständige Bedeckung der Holzoberfläche auf der vorgesehenen Länge gestatten. Auch als Wickelbandagen sind die beschriebenen Schutzvorrichtungen ausgebildet worden. Die in diesem Falle schmäleren Stoffbahnen (Breite etwa 15 cm) werden von oben nach unten um die zu schützende Holzzone mit genügender Überlappung herumgewickelt. Die Bandage wird stets straff anliegend um das Holz herumgelegt und mit Dachpappenstiften angenagelt. Soll sie z. B. die Übergangszone von Erde zu Luft an Stangen o. dgl. schützen, so wird die im allgemeinen 60 cm breite Bandage so angebracht, daß sich ihre Oberkante an der eingebauten Stange 30 cm über dem Erdboden befindet. Schmälere Bandagen der beschriebenen Art werden auch zur Sicherung

---

[1] Vgl. C. Schmittutz, Das Osmose-Imprägnierverfahren und seine theoretischen Grundlagen, Dresden 1937; derselbe, Die Schutzbehandlung des Bauholzes, Der deutsche Hochbau, 1944, S. 189; E. Gieseking, Die Verlängerung der Lebensdauer des Werk- und Bauholzes, Karlsruhe 1939; E. J. Makejew, Die Diffusionsverfahren der Holzimprägnierung und ihre Bedeutung, Ztschr. Bauindustrie, Bd. 18 (1940) Heft 7 (russ.).
[2] Vgl. D.R.P. 500354/1927 (M. Bock).

anderer, besonders den Pilzangriffen ausgesetzter Teile von Leitungsgestängen u. dgl. verwendet, z. B. oberhalb der Verbindung von A-Masten durch Querhölzer (sog. „Halsbandagen"). Schließlich haben entsprechend ausgestaltete Vorrichtungen auch zur Abdeckung des Zopfendes von Stangen und Masten (sog. „Kopfschutz") Anwendung gefunden an Stelle des früher an diesen Stellen häufig verwendeten Dachanstriches mit bituminösen, bei Lufttemperatur festen Anstrichmassen, welche, solange sie unbeschädigt waren, lediglich Poren und Risse verstopfen und wasserabweisend wirken konnten. Durch allmähliches Auflösen der Imprägniersalzfüllung der Bandagen unter der Einwirkung der im Holz vorhandenen Feuchtigkeit oder infolge Beregnung werden Imprägniersalzlösungen gebildet, die oft schon nach einigen Monaten durch Diffusionswirkung eine völlige Durchtränkung des Splintholzes und darüber hinaus oft noch eine mehr oder weniger tiefe Imprägnierung des Kernholzes in der bandagierten Holzzone bewirken. Durch den Kopfschutz wird das Zopfende der Hölzer in gleicher Weise nachimprägniert und vor der Einwanderung von Pilzen geschützt.

Zur Füllung der Bandagen werden in erster Linie die verschiedenen, Fluornatrium enthaltenden Salzgemische — besonders die UA-Salze — angewendet. Werden derartige Imprägniersalzpasten direkt auf das Holz aufgestrichen und dann mit der wasserdichten Stoffbahn bedeckt, so wird die Paste entweder mit Wasser oder mit Wasser und Öl (z. B. Steinkohlenteeröl) angerührt. Die Benutzung einer ölhaltigen Paste („Tutzal") ist von Schmittutz empfohlen worden (vgl. D.R.P. 731 740/1931).

Die Bandagen haben, nachdem ihre gute Wirkung einmal erkannt worden war, eine schnelle Verbreitung gefunden, insbesondere zur bestmöglichen Pflege bereits verbauter Telegraphenstangen und Leitungsmaste. Zur Erhöhung ihrer Wirkung ist eine ganze Reihe von Verbesserungen hinsichtlich ihrer Einrichtung sowie der verwendeten Tränkstoffe gemacht worden. Von diesen Verbesserungen ist als wichtigste der Ersatz der äußeren, zunächst wasserdurchlässigen Stoffbahn der Fußschutzbandagen durch eine wasserundurchlässige zu nennen. Durch diese sehr bald als notwendig erkannte Maßnahme wurde eine direkte Abwanderung der Bandagensalze in den angrenzenden Erdboden vermieden. Für die Auflösung und den Transport der Salze in das Holz kam dann im wesentlichen nur noch die im Holz vorhandene Feuchtigkeit in Betracht. Normalerweise nehmen die im Erdreich verbauten Hölzer an dem

Abb. 177. Mastenschutzbandage.

nicht von der Bandage bedeckten Fußende ständig Feuchtigkeit aus dem Erdreich auf und geben sie oberhalb der Bandagenoberkante wieder durch Verdunstung ab. Es zeigte sich, daß diese Feuchtigkeit zur Auflösung des in der Bandage befindlichen Schutzstoffes vollständig ausreicht. Andere Verbesserungen bzw. Abänderungen der ursprünglichen Holzschutzbandagen beziehen sich auf die Art der Anbringung am Holz (Wickelbandagen), auf die Unterbringung des Tränkstoffes auf bzw. zwischen den Stoffbahnen (Klebebandagen), auf die Beschaffenheit des Tränkstoffes sowie auf die verwendeten Stoffbahnen[1].

Ein Holzschutzverfahren, welches dieselben Wirkungen wie das Bandagen-Verfahren ergibt, aber ganz ohne die bei diesem erforderlichen, seit Ausbruch des zweiten Weltkrieges nur schwer beschaffbaren Textilgewebe auskommt, wurde im Laboratorium für Holzkonservierung der Rütgerswerke ausgearbeitet[2]. Das Verfahren stützt sich auf die Beobachtung, daß wasserlösliche, diffusionsfähige Stoffe auch dann in feuchtes Holz diffundieren, wenn sie in eine bei Lufttemperatur feste, bituminöse Masse (z. B. Peche, Asphalte u. dgl.) eingebettet sind, die als Anstrich in geschmolzenem Zustand oder in geeigneten Flüssigkeiten gelöst, ohne besondere Erwärmung auf die Oberfläche der zu schützenden Holzteile (z. B. Erd-Luftzone oder Zopfende von Leitungsmasten) aufgetragen wird. Um beim Schutz von Holzteilen, welche in den Erdboden eingebaut sind, das Abwandern der Schutzstoffe in diesen tunlichst ganz zu verhindern, kann die Oberfläche dieser Anstriche noch mit einem Überzug eines bei gewöhnlicher Temperatur erhärtenden, porenfreien Mittels abgedichtet werden. Wie die Erfahrung gelehrt hat, ist aber diese äußere Abdichtung im vorliegenden Falle keineswegs so notwendig wie bei den Textilstoff-Bandagen; man kann im allgemeinen ohne sie auskommen. Bisher konnte nicht festgestellt werden, worauf dieses verschiedene Verhalten von Bandage und Bitumenanstrich zurückzuführen ist.

Soweit bei allen diesen auf Diffusion beruhenden Holzschutzverfahren Tränksalzgemische zur Anwendung kommen, gilt für ihr Eindringen in das Holz, sowie für eine beabsichtigte Bildung von U-Salzen, das im Zusammenhang mit dem Osmose-Verfahren auf Seite 284 Gesagte.

Mittels des Osmose-Verfahrens hat man auch lebende Bäume zu durchtränken versucht. In diesem Falle wurden die Tränkstoffe dem Baum z. B. in der Weise zugeführt, daß in der Nähe des Wurzelendes, senkrecht zur Wachstumsrichtung, Löcher in den Stamm gebohrt wurden, die mit den Schutzstoffen gefüllt und sodann verschlossen wurden[3]. Auch unter Benutzung des bereits beschriebenen Impfverfahrens wurde die Einführung der Tränkstoffe in den Saftstrom des Baumes versucht[4]. Schließlich wurde noch vorgeschlagen, die Rinde des Baumes in der Nähe des Erdbodens in einer Ausdehnung von etwa

---

[1] Vgl. D.R.P. 683 655/1932 (Zusatz zum D.R.P. 663 468/1930), D.R.P. 688 811/1933 u. Zusatz 733 502/1935 (F. Nitzsche), D.R.P. 689 711/1933 (E. Wortmann), D.R.P. 730 037/1935, D.R.P. 731 740/1931 (C. Schmittutz).
[2] Vgl. Deutsche Patentanmeldg. R 118 994/1944.
[3] Vgl. D.R.P. 556 311/1927 (R. Falck).
[4] Vgl. D.R.P. 626 824/1932 (Alkaliwerke, Westeregeln).

0,5—1 m, möglichst ohne Beschädigung des Cambiums, d. h. also der das Dickenwachstum des Stammes bewirkenden, dünnen, dem Bast anliegenden Zellschicht, zu entfernen und auf die derart freigelegte Fläche das Tränkmittel in Pastenform aufzutragen. Diese Pastenschicht soll mit einer wasserundurchlässigen Bandage versehen werden, um den aufgetragenen Schutzstoff feucht zu halten und ihn vor dem Abgewaschenwerden zu schützen[1]. Eine praktische Bedeutung haben diese verschiedenen Vorschläge zur Imprägnierung lebender Bäume bis heute nicht erlangt.

Schließlich sei hier noch kurz erwähnt ein Verfahren zum Nachimprägnieren von teerölgetränkten Eisenbahnschwellen mittels Hartholzdübel oder -pflöcke, wie sie beim Aufarbeiten bereits gebrauchter Eisenbahnschwellen Verwendung finden[2]. Es wurde festgestellt, daß derartige, je Kubikmeter mit 150—200 kg Fluorkalium oder entsprechenden Mengen anderer in Wasser genügend leicht löslicher Schutzstoffe imprägnierte Dübel oder Pflöcke sich sehr gut als Speicher für die Schutzstoffe eignen, die sie je nach dem Feuchtigkeitsgrad der Schwellenteile, in denen sie sich befinden, an diese mehr oder weniger schnell und weitgehend durch Diffusion abgeben. Besonders das Fluorkalium hat sich als ein durch Diffusion sehr gut und leicht im Holz verteilbares Salz erwiesen. Bei Kiefernschwellen ist auf diesem einfachen Wege insbesondere ein ausgezeichneter Schutz des Kernholzes der Schienenauflager vor dem Befall durch den Zähling (Lentinus squamosus) zu erreichen; auch ist dadurch die Abtötung des bereits eingewanderten Pilzes möglich. Derartige mit Fluorkalium imprägnierte Pflöcke sind seit einer Reihe von Jahren z. B. von der Deutschen Reichsbahn bei der Aufarbeitung der Altschwellen in großen Mengen verwendet worden.

3. Elektrische Holztränkverfahren.

Die Verwendung des elektrischen Stromes für die Holztränkung wurde bereits vor etwa 6 Jahrzehnten ins Auge gefaßt. Das erste derartige deutsche Patent wurde dem Amerikaner C. A. Oncken unter Nr. 59830 im Jahre 1890 erteilt. Bei Ausführung dieses Verfahrens wurde das zu imprägnierende Holz in eine geeignete Tränkflüssigkeit gebracht und in dieser der Einwirkung des durch die Tränkflüssigkeit geleiteten elektrischen Stromes ausgesetzt.

Im Gegensatz zu dem Verfahren von Oncken sah dasjenige von A. L. C. Nodon und L. A. Bretonneau[3] die Hindurchleitung des Stromes direkt durch die in die Tränkflüssigkeit eintauchenden Hölzer vor. Das Holz sollte auf diese Weise in kürzester Zeit vollständig durch „elektrokapillare" Einwirkung imprägniert werden.

Zwei andere Verfahren, die sich ebenfalls des elektrischen Stromes zur Durchführung der Imprägnierung bedienen, aber etwas abgeänderte, an-

---

[1] Vgl. Deutsche Patentanmeldg. Sch 98429/1932 (C. Schmittutz).
[2] Vgl. D.R.P. 695682/1934 (Rütgerswerke-Aktiengesellschaft).
[3] Vgl. D.R.P. 96772/1897 und Zusatz 109534/1898.

geblich verbesserte Bedingungen vorschreiben, wurden von J. H. West (D.R.P. 173751/1904) und von Nodon (D.R.P. 251258/1912) angegeben. Da alle diese Verfahren nur historisches Interesse besitzen, soll hier nicht weiter auf sie eingegangen werden.

Auf ganz anderem Wege ist neuerdings versucht worden, Holz unter Anwendung von Elektrizität zu imprägnieren. In diesem Falle werden elektrische Hochfrequenzfelder zur Herbeiführung der gewünschten Wirkung benutzt. Es handelt sich um ein Imprägnierverfahren, auf welches der Siemens-Schuckert-Werke A. G. im Jahre 1939 das D.R.P. 724684 erteilt worden ist. Bei Ausführung dieses Verfahrens wird die Tränkflüssigkeit in einem allseitig geschlossenen Hohlraum des zu imprägnierenden Holzes untergebracht und das so vorbereitete Holz der Einwirkung elektrischer Wechselfelder hoher Frequenz ausgesetzt. Infolge der dabei eintretenden Erwärmung von Holz und Tränkflüssigkeit dehnt sich letztere aus und wird, da die Erwärmung bis zur Verdampfung der Flüssigkeit getrieben werden kann, mit großer Gewalt durch das Holz von innen nach außen gepreßt. Das u. a. für die Imprägnierung von Bauholz empfohlene Verfahren hat, soweit bekannt, bisher keine Verwendung in der Praxis gefunden. Es dürfte zur Zeit auch wenig Aussicht hierfür bestehen.

4. Abschließend sei noch kurz auf einige Tränkverfahren hingewiesen, welche aus dem einen oder anderen Grunde verdienen, aus der großen Zahl der überhaupt bekannt gewordenen Verfahren hervorgehoben zu werden.

Der Gedanke, das Holz zu konservieren, ohne daß ihm besondere Schutzmittel zugeführt werden, liegt den Verfahren von Haskin (britische Patentschriften 3875/1889 und 23866/1892) und Gulenko[1] (deutsche Patentanmeldung G 60302/1927) zugrunde. In beiden Fällen soll das Holz einem sogenannten Vulkanisierungsprozeß unterworfen werden, d. h. der Erhitzung in einem zirkulierenden Strom heißer Druckluft. Durch das Erhitzen sollen etwa im Holz vorhandene Schädlinge abgetötet und im übrigen gewisse Holzinhaltsstoffe durch die Einwirkung der hohen Temperatur derartig verändert werden, daß aus ihnen konservierend wirkende bzw. luftabschließende Stoffe entstehen. Keines der beiden Verfahren hat in Deutschland Anwendung in der Praxis gefunden.

Als ein Verfahren zum Vulkanisieren und Härten von Holz bezeichnet auch W. Powell die von ihm in dem D.R.P. 163667/1903 beschriebene Arbeitsweise. Die zunächst unter Verwendung eines dünnen Sirups von rohem, braunem Rohrzucker oder einem beliebigen anderen Zucker erfolgende Imprägnierung kann mit oder ohne Anwendung von Druck erfolgen. Das so imprägnierte Holz wird durch heiße Luft getrocknet. Bei dieser Trocknung soll der Zucker teilweise karamelisiert und dadurch fester mit dem Holz verbunden werden. Das so behandelte Holz soll unter keinen Umständen mehr „arbeiten" und im übrigen härter und

---

[1] Vgl. Organ für die Fortschritte des Eisenbahnwesens, Jahrg. 1925, Heft 15, S. 311.

zäher werden als das Ausgangsmaterial. Das Verfahren, welches in den ersten Jahren dieses Jahrhunderts bekannt wurde, hat in Deutschland keine Anwendung gefunden, dagegen ist es z. B. in England und in Australien, teils unter gleichzeitiger Verwendung von Arsenik, ausgeführt worden[1].

Auf die Erzielung einer vollkommen gleichmäßigen Durchtränkung des Holzes — einschließlich des Kernholzes — bezieht sich das Tränkverfahren von O. Lange, M. W. Widmann und A. Faber nach D.R.P. 338809/1920. Die Erfinder behaupten, den vorgenannten Effekt ohne Wärmeanwendung schon in wenigen Minuten erreichen zu können durch Anwendung von Flüssigkeitsdrucken von mehr als 100 Atmosphären. Eine Verwendung dieses Vorschlages in der Praxis ist nicht bekannt geworden.

Kurz erwähnt sei an dieser Stelle auch noch ein Verfahren zur Herstellung eines hoch verdichteten Holzes, z. B. aus Buchen- oder Ulmenholz, des sogenannten Lignostone[2]. Auch bei der Herstellung dieses Erzeugnisses wird ebensowenig wie bei den Verfahren von Haskin und Gulenko ein besonderer Tränkstoff angewendet. Die Verkittung bzw. Verklebung der in diesem Falle fest zusammengepreßten Holzzellen erfolgt auch hier ausschließlich unter der Einwirkung der Zellinhaltsstoffe (Harz, Fette, Wachse) bei den verwendeten hohen Drucken von mindestens 200 atü und den Arbeitstemperaturen von 100—150° C.

Das „Lignostone" hat infolge seiner in verschiedener Hinsicht sehr günstigen Eigenschaften Bedeutung als Werkstoff, z. B. im Maschinenbau, erlangt.

Sehr alt ist das Bestreben, durch doppelte Imprägnierung des Holzes mit verschiedenen, sich chemisch umsetzenden Substanzen, im Holz Ablagerungen in Wasser sehr schwer oder unlöslicher Stoffe herbeizuführen, durch welche insbesondere auch die Härte des Holzes erhöht werden sollte (Verfahren zur künstlichen Versteinerung des Holzes). In anderen Fällen sollte durch chemische Veränderung der in das Holz eingeführten Imprägniermittel unter dem Einfluß der Kohlensäure der Luft, durch nachträgliche Erhitzung des imprägnierten Holzes oder durch das Entweichen flüchtiger Stoffe, z. B. Ammoniak oder Säuren, beim Austrocknen des getränkten Holzes, eine Abscheidung schwer auslaugbarer Stoffe im Holz stattfinden. Auf diese Verfahren wird bei der Besprechung der zu ihrer Ausführung erforderlichen Tränkstoffe noch näher eingegangen werden. Allgemein sei mit Bezug auf diese verschiedenen, die Ablagerung schwer auslaugbarer Stoffe im Holz bezweckenden Verfahren noch folgendes bemerkt:

Bei allen Doppeltränkungen dieser Art wird man die erste Behandlung zweckmäßigerweise entweder nach dem Einlagerungs- oder einem Spartränkungs-Verfahren vornehmen, um für die bei der zweiten, anschließenden Tränkung verwendete Tränkflüssigkeit Platz zu haben. Ein Voll-

---

[1] Vgl. S. F. Rust, Some Aspects of Wood Preservation in Australia and USA., Journ. of the British Wood Preserv. Assoc., Vol. V (1935), S. 45.

[2] Vgl. D.R.P. 291945/1915 (F. und H. Pfleumer) sowie F. Kollmann, Technologie des Holzes, Berlin, S. 681—686.

tränkungsverfahren wird man bei solchen Doppeltränkungen bereits zur Einführung der an erster Stelle zu benutzenden Imprägnierflüssigkeit nur dann anwenden, wenn besondere Umstände dies angezeigt erscheinen lassen. Vor Beginn der zweiten Tränkung muß in einem solchen Fall zunächst in dem vorgetränkten Holz wieder Raum für die zweite Tränkflüssigkeit geschaffen werden.

Sofern die Tränkflüssigkeiten, welche bei solchen in einem Arbeitsgang auszuführenden Doppeltränkungen verwendet werden, durch chemische Umsetzung zur Bildung wasserunlöslicher oder schwerlöslicher Stoffe führen, müssen Tränkkessel und Rohrleitungen auf völlige Entleerung nach jeweiliger Tränkung sorgfältig geprüft werden, denn andernfalls wären Verstopfungen in der Apparatur durch Bildung solcher Ausscheidungen außerhalb des Holzes nicht zu vermeiden. Da ein vollständiges Auseinanderhalten der Imprägnierflüssigkeiten aber auch bei Benutzung besonderer Rohrleitungen für jede Flüssigkeit nicht möglich ist und da ferner eine auch nur einigermaßen gleichmäßige Durchtränkung des Holzes mit beiden Flüssigkeiten wegen der Verstopfung der Poren des Holzes durch die entstehenden Ausscheidungen nicht erfolgen kann, kommen derartige Doppeltränkungsverfahren heute wohl kaum noch zur Anwendung.

Eine gewisse Unsicherheit mit Bezug auf das jeweilige Tränkungsergebnis ist auch dann gegeben, wenn die Tränkung zwar in einem Zuge beendet wird, wenn aber zu ihrer Ausführung Imprägnierflüssigkeiten Verwendung finden, bei welchen nachträglich, sei es durch Erhitzen des imprägnierten Holzes, durch seine Nachbehandlung mit Gasen o. dgl. Maßnahmen, eine chemische Veränderung der gelösten Stoffe herbeigeführt werden soll. In solchen Fällen muß ganz besonders darauf geachtet werden, daß solche chemischen Veränderungen nicht etwa bereits während der Imprägnierung in der Tränkflüssigkeit beginnen, denn eine unveränderte Zusammensetzung der letzteren muß gewährleistet sein, weil sie nicht nur für eine einzige Tränkung benutzt wird, sondern erst allmählich im Verlaufe vieler Tränkungen aufgebraucht wird.

Erwähnt sei an dieser Stelle schließlich noch ein Verfahren auf biologischer Grundlage zur Bekämpfung von tierischen Holzzerstörern, insbesondere des Hausbockkäfers, welches sich besonderer Lockmittel für die Eier ablegenden Käfer bedient[1]. Der Erfinder hat beobachtet, daß die Käfer zur Eiablage besonders durch den Geruch von bestimmten, für die Nadelhölzer eigentümlichen chemischen Stoffen, in erster Linie ätherischen Ölen (Terpenen), veranlaßt werden. Es gilt also die Käfer anzulocken und zur Eiablage an dem mit dem Geruchsstoff behandelten Köder zu veranlassen. Als Köder dienen mit den Lockmitteln behandelte Nadelholzklötze o. dgl., welche gleichzeitig mit Leim bestrichen sein können, um die Käfer zu fangen und so unschädlich zu machen.

---

[1] Vgl. D.R.P. 735 845/1941 (G. Becker).

23*

III. Holzschutzstoffe.

Die Holzschutzstoffe gehören teils zu den organischen, teils zu den anorganischen Verbindungen. Je nach ihrer Beschaffenheit bzw. der Art ihrer Anwendung kann man unterscheiden

    a) wasserunlösliche Öle und ölartige Stoffe,

    b) Emulsionen von Ölen in Wasser,

    c) in organischen Lösungsmitteln gelöste Stoffe,

    d) wasserlösliche Stoffe, die meist als wässerige Lösungen oder auch in fester Form, als Pasten oder Preßlinge, verwendet werden.

Die Anzahl der verwendeten Öle beschränkt sich trotz ihres großen Anwendungsgebietes bis heute auf verhältnismäßig wenige Vertreter dieser Stoffgruppe, und zwar im wesentlichen auf Teerprodukte verschiedener Art und Herkunft sowie Erdölprodukte geeigneter Beschaffenheit, letztere aber fast immer lediglich als Lösungs- oder Streckungsmittel für die eigentlichen Schutzstoffe. Wässerige Emulsionen von Ölen werden nur sehr selten benutzt, neuerdings aber des öfteren in organischen Lösungsmitteln gelöste Stoffe. Ganz erheblich größer ist die Zahl der wasserlöslichen Stoffe, welche zur Holzimprägnierung Verwendung finden.

Ein großer Teil der im Laufe der Entwicklung der Holzschutztechnik vorgeschlagenen Schutzstoffe erwies sich für die Verwendung in der Praxis als ungeeignet, und es verblieben nur diejenigen, welche sich bei der praktischen Erprobung als brauchbar gezeigt hatten. Nachdem man heute weiß, welchen grundsätzlichen Bedingungen brauchbare Holzschutzstoffe genügen müssen, ist man imstande, die Eignung noch nicht verwendeter neuer Mittel auf wissenschaftlicher Grundlage im Laboratoriumsversuch zu prüfen und hierdurch den Kreis der Stoffe, mit denen praktische Versuche anzustellen sind, entsprechend einzuschränken. Es bestehen gewisse Beziehungen zwischen dem chemischen Aufbau der Imprägnierstoffe und ihrer toxischen Wirkung. So ist z. B. bekannt, daß man die fungizide Kraft der Phenole beträchtlich erhöhen kann, wenn man sie negativ substituiert, d. h. wenn man einen Teil der Wasserstoffatome z. B. durch Chloratome oder NO_2-Gruppen ersetzt. Andererseits ist erwiesen, daß z. B. die Einführung der SO_3H-Gruppe in das Phenol die fungizide Wirksamkeit nicht unerheblich herabsetzt. Solche Beispiele lassen sich vermehren[1], jedoch ist zu bemerken, daß es noch nicht in dem Maße, wie z. B. in der Arzneimittelforschung, möglich ist, an Hand der chemischen Konstitution bei der Auswahl neuer Holzschutzmittel streng systematisch vorzugehen. Solange wir keine weitergehende Kenntnis von dem Einfluß der chemischen Konstitution auf die holzschützende Wirkung haben, ist es erforderlich, daß jedes neue Mittel auf dem üblichen Wege[2] hinsichtlich seiner Wirkung geprüft wird. Im nach-

---

[1] Vgl. z. B. R. H. Baechler, Relations Between the Chemical Constitution and Toxicity of Aliphatic Compounds, Proceed. Amer. Wood-Pres., Assoc., 1947, S. 94/110.

[2] Vgl. S. 379 ff.

stehenden folgt eine Zusammenstellung und Beschreibung der bekannteren im Laufe der Zeit in Vorschlag gebrachten oder praktisch angewendeten Holzschutzmittel.

1. Die Anforderungen, denen die Schutzstoffe genügen müssen.

Wie bereits dargelegt, ist, vom theoretischen Standpunkt aus betrachtet, die Konservierung des Holzes nach zwei voneinander grundverschiedenen Methoden durchführbar, von denen die erste auf physikalischer, die zweite auf physiologischer Grundlage beruht.

Die ersterwähnte Möglichkeit besteht darin, die zu schützenden Hölzer, die sich in diesem Falle in völlig lufttrockenem gesundem Zustande befinden müssen, mit einem physiologisch unwirksamen Anstrich zu versehen, welcher sie dem Einfluß der Atmosphärilien, insbesondere der Feuchtigkeit, entzieht. Die andere Möglichkeit beruht darauf, daß das zu schützende Holz tunlichst in allen durchtränkbaren Teilen durch Einführung geeigneter Stoffe für die Holzfeinde vergiftet wird.

Da, wie schon an anderer Stelle dargelegt (s. S. 203), die auf physikalischer Grundlage beruhende Schutzmethode (physiologisch indifferenter Anstrich) sich nur unter ganz bestimmten Verhältnissen in der Praxis als brauchbar erwiesen hat, sollen nachstehend lediglich die Stoffe besprochen werden, welche einen befriedigenden Holzschutz durch Vergiftung der Holzsubstanz ermöglichen.

Je nach der Art der Verwendung des imprägnierten Holzes sind zwar die an die Schutzmittel zu stellenden Anforderungen bis zu einem gewissen Grade verschieden, doch müssen sämtliche Mittel bestimmten Anforderungen stets genügen. Diese Anforderungen können kurz wie wie folgt zusammengefaßt werden:

1. Die Schutzstoffe müssen von genügend hoher Giftwirkung sein, um die Entwicklung der pflanzlichen und tierischen Holzschädlinge zu verhindern.

2. Sie müssen viele Jahre lang im Holz verbleiben und während dieser Zeit ihre Wirksamkeit beibehalten.

3. Sie dürfen die physikalischen Eigenschaften des Holzes nicht ungünstig beeinflussen.

4. Sie dürfen die Imprägnierapparate sowie die Metallarmierungen des getränkten Holzes und sonstige Baustoffe, mit denen sie in Berührung kommen, nicht angreifen.

5. Sie sollen womöglich in heißem Zustande oder in heißer Lösung verwendbar sein.

6. Sie sollen für den Menschen sowie die Haustiere möglichst unschädlich und

7. im allgemeinen auch geruchlos sein.

8. Schließlich muß natürlich ihr Preis ihre wirtschaftliche Anwendung ermöglichen.

Neben diesen grundsätzlichen Anforderungen werden auf einzelnen Verwendungsgebieten von den Schutzstoffen noch gewisse andere Eigenschaften verlangt, wie z. B. Herabsetzung der Entflammbarkeit bei Grubenhölzern, Erhaltung der vollen Bearbeitungs-, Anstrich- und Politurmöglichkeit bei gewissen, z. B. in der Tischlerei und im Baugewerbe verwendeten Hölzern.

Zu den einzelnen Punkten der vorstehenden Zusammenstellung ist folgendes zu bemerken:

Zu 1. Die Zerstörung des rohen Holzes durch pflanzliche und tierische Organismen erfolgt fast immer in der Weise, daß diese die Holzsubstanz für ihre Ernährung nutzbar machen. Unterliegt nun imprägniertes Holz den Angriffen der Holzfeinde, so gelangen die Imprägniermittel als Ernährungs- (Fraß-), Atmungs- oder Berührungsgift zur Wirkung. Bei der Auswahl der Schutzstoffe muß es das Bestreben des Technikers sein, solche Mittel zu finden, welche möglichst auf alle jeweils in Frage kommenden Schädlinge eine genügende Giftwirkung ausüben und im übrigen das Holz nicht nur vor dem Neubefall durch die Schädlinge schützen, sondern auch bereits im Holz vorhandene Zerstörer abtöten.

Leider stößt diese Forderung oft auf Schwierigkeiten insofern, als nur wenige Stoffe die gewünschte vielseitige Wirkung zu entfalten vermögen. Manche Mittel wirken auf die pflanzlichen Zerstörer in anderem Maße ein als auf die dem Tierreich angehörenden. Andere hingegen haben wieder ganz verschiedene Wirkung auf die einzelnen Klassen der pflanzlichen und tierischen Holzfeinde. So hat sich z. B. gezeigt, daß Kupfersalze gegen Angriffe gewisser holzzerstörender Pilze unwirksam sind, während sie anderen Pilzarten gegenüber eine höhere Wirksamkeit aufweisen. Als Beispiel eines Stoffes, welcher eine starke Wirkung gegenüber allen holzzerstörenden Pilzen, aber eine nur mäßige auf die in Frage kommenden tierischen Schädlinge ausübt, ist andererseits das Fluornatrium zu nennen. Schutzstoffe von verschieden hoher Giftwirkung gegenüber den einzelnen holzzerstörenden Pilzen liegen auch in den Arsenverbindungen vor. Andererseits werden sich Schutzstoffe, welche von der Holzfaser stark fixiert werden, wie z. B. Quecksilberchlorid, für die Bekämpfung bereits im Holz vorhandener Schädlinge nicht eignen, da sie im allgemeinen nicht genügend im Holz verteilt werden können.

Zu 2. Die Veränderungen, welche die Imprägniermittel im Holz erleiden, sind zurückzuführen auf chemische Umwandlungen

    a) durch die Holzsubstanz bzw. gewisse Bestandteile derselben,
    b) durch atmosphärische Einwirkungen,
    c) durch Einwirkung der Bodenwässer,
    d) durch die Zerstörer selbst.

Für die Dauer ihrer Anwesenheit im Holz ist dagegen maßgebend

    a) ihre Auslaugbarkeit durch Wasser,
    b) ihre Verdunstbarkeit.

Der chemischen Veränderung während der Gebrauchsdauer des imprägnierten Holzes sind eine ganze Reihe von Tränkmitteln aus den vorstehend angeführten verschiedenen Gründen unterworfen. Dieser Umstand ist in jedem Fall entsprechend zu berücksichtigen.

Die jeweils in Frage kommende Auslaugung der Tränkstoffe wird je nach der Verwendungsart der mit ihnen getränkten Hölzer ganz verschieden groß sein können und man wird bei der Auswahl der Schutzstoffe hierauf stets Rücksicht zu nehmen haben.

Auch bezüglich der Verdunstbarkeit müssen natürlich die Imprägnierstoffe gewissen Anforderungen genügen, derart, daß sie bei den höchsten, normalerweise auftretenden Lufttemperaturen auch nach jahrelanger Gebrauchsdauer der imprägnierten Hölzer nicht so weit aus diesen entfernt werden, daß dadurch der bezweckte Schutz gefährdet werden könnte. In der Natur der Sache liegt es, daß die Frage der Verdunstbarkeit für die Praxis häufig lange nicht die Bedeutung hat wie diejenige der Auslaugbarkeit.

Mit Rücksicht auf die unvermeidlichen Tränkstoffverluste der imprägnierten Hölzer durch Auslaugung, Verdunstung oder chemische Veränderung arbeitet man in der Holzschutztechnik stets mit erheblich größeren Schutzstoffmengen, als sie zur Abtötung der jeweils in Betracht kommenden Schädlinge notwendig sind. Ist z. B. durch Laboratoriumsuntersuchungen ein neuer, Erfolg versprechender Schutzstoff gefunden worden, so verwendet man ihn nicht etwa in der durch den Laboratoriumsversuch als ausreichend erkannten Menge, sondern unter Berücksichtigung einer mehrfachen Sicherheit, deren Höhe von den sonstigen Eigenschaften des betreffenden Stoffes abhängt.

Zu 3. Die mechanische Festigkeit des Holzes kann durch die Einwirkung gewisser Stoffe, z. B. Säuren, Alkalien usw., ungünstig beeinflußt werden (s. S. 169). Tränkstoffe und Lösungen von Tränkstoffen, welche in stärkerem Maße sauer oder alkalisch reagieren, sowie ferner Verbindungen, durch deren Zersetzung im Holze diese schädlichen Stoffe gebildet werden können, sind als Imprägnierungsmittel nicht zu empfehlen.

Zu 4. Die meisten Imprägnierungsmittel werden unter Benutzung eiserner Apparaturen in das Holz eingeführt, und es ist eine selbstverständliche Forderung, daß die Tränkmittel sowie ihre Lösungen diese Vorrichtungen nicht angreifen dürfen. Ein solcher Angriff würde nicht nur die Korrosion der Apparaturen zur Folge haben, sondern auch die Zusammensetzung der Lösungen verändern, wodurch ihre Wirksamkeit beeinträchtigt werden kann. Auch mit Rücksicht auf die Metallarmaturen, mit denen die getränkten Hölzer häufig versehen werden, darf keine Metallkorrosion durch die Tränkstoffe und ihre Lösungen eintreten. Ebensowenig darf durch die Imprägniermittel eine ungünstige Beeinflussung der sonstigen mit den imprägnierten Hölzern in Berührung kommenden Baustoffe stattfinden.

Zu 5. Es ist vorteilhaft, wenn die Tränkmittel in heißem Zustande oder in heißer Lösung in das Holz eingeführt werden. Einerseits erfolgt ihre Aufnahme und Verteilung bei höherer Temperatur, namentlich im Winter, leichter und schneller als in nicht erwärmtem Zustande, und andererseits trägt die Verwendung heißer Tränkflüssigkeit zu einer Sterilisierung derjenigen Holzzonen bei, welche nicht von der Tränkflüssigkeit erreicht werden. Bei den meisten öligen Tränkstoffen wird durch die Erwärmung auch eine Herabsetzung ihrer Viskosität erreicht, ein Umstand, der für eine gute Verteilung dieser Stoffe im Holz von Wichtigkeit ist. Die Tränkmittel müssen aus diesem Grunde bei den in Frage kommenden höheren Temperaturen (50—110°C) beständig sein und dürfen auch bei ihnen die Tränkapparate nicht angreifen.

Zu 6. Diese Forderung kommt namentlich bei Imprägnierungsmitteln für Hochbau- und Grubenhölzer in Frage. Auch in Viehställen, auf Weidekoppeln usw. dürfen in stärkerem Maße giftig wirkende Holzschutzmittel nicht verwendet werden.

Zu 7. Die Geruchlosigkeit der Imprägnierungsmittel erleichtert alle Arbeiten mit denselben sowie den mit ihnen imprägnierten Hölzern. Werden letztere nicht im Freien, sondern in geschlossenen Räumen benutzt, so ist die Anwendung nicht geruchloser Imprägnierungsmittel im allgemeinen ausgeschlossen.

2. Beschreibung der Holzschutzstoffe.

A. Organische Stoffe.

a) Die Teere und ihre Destillationsprodukte.

Teere verschiedener Zusammensetzung und Eigenschaften entstehen bei der trockenen Destillation gewisser organischer Stoffe, wie z. B. der verschiedenen Kohlearten (Stein-, Braunkohle), von Holz, Torf, bituminösen Gesteinen usw. Bei dieser Destillation werden die Teere teils als Hauptprodukt, meistens aber als Nebenprodukt erhalten. Die älteste Verwendung der Teere zum Konservieren von Holz beschränkt sich auf ihren Gebrauch als Anstrichmittel. Namentlich der Holzteer wird bis auf den heutigen Tag in seinem ursprünglichen Zustande u. a. zum Anstrich von Holz gegen Fäulnis verwendet. Bei den übrigen Teeren ist dies in viel geringerem Maße der Fall, weil sie sich infolge ihrer physikalischen Beschaffenheit viel weniger als ihre Destillate zum Schutz des Holzes, sei es auch nur in Form von Anstrichen, eignen. Gegen die Verwendung der meisten rohen Teere zur Holzkonservierung spricht ihr zum Teil nicht unbeträchtlicher Gehalt an sogenanntem freien Kohlenstoff, welcher die Poren des Holzes verstopft; im übrigen stört ihre bei gewöhnlicher Temperatur im allgemeinen zu hohe Viskosität. Auch vom wirtschaftlichen Standpunkt aus ist die Verwendung der meisten rohen Teere nicht erwünscht, weil sie Stoffe enthalten, welche zwar für die Holzkonservierung unwichtig, dagegen für andere Verwendungszwecke von großer Bedeutung sind.

Während die Verwendung der rohen Teere zum Schutz des Holzes bis ins Altertum zurückgeht, sind Teeröle hierfür erstmals 1838 benutzt worden durch J. Bethell (Brit. Patent 7731/1838), nachdem Franz Moll bereits 1836 auf die Verwendbarkeit der Steinkohlenteeröle zum Schutz des Holzes hingewiesen hatte (Brit. Patent 6983/1836).[1] Das Steinkohlenteeröl ist bis heute das für die Holzkonservierungsindustrie bei weitem wichtigste Teerprodukt geblieben. Der Vollständigkeit halber sollen indes im nachstehenden nicht nur der Steinkohlenteer, sondern auch die übrigen hier überhaupt in Frage kommenden Teere und Teerprodukte behandelt werden.

α) Steinkohlenteer und Derivate.

Der Steinkohlenteer besteht aus einer Mischung einer großen Zahl verschiedener, bei gewöhnlicher Temperatur teils fester, teils flüssiger organischer Verbindungen, und zwar im wesentlichen solcher der aromatischen Reihe. Er enthält je nach der Art der Gewinnung (Gasanstalts- oder Kokereiteer) mehr oder weniger große Mengen sogenannten freien Kohlenstoffs in sehr feiner mechanischer Suspension. Dieser freie Kohlenstoff, der tatsächlich in der Hauptsache nicht aus elementarem Kohlenstoff, sondern aus hochmolekularen Kohlenstoffverbindungen, Kohlenstaub und Ruß besteht, macht sich bei der Verwendung des rohen Teers als Holzschutzmittel, wie schon gesagt, ungünstig bemerkbar. Da man aber die Beobachtung gemacht hatte, daß Steinkohlenteer in höherem Maße wasserabweisend wirkt als Teeröl, und da für manche Verwendungszwecke der imprägnierten Hölzer das Eindringen von Wasser in letztere nach Möglichkeit verhindert werden soll, z. B. bei Eisenbahnschwellen, Hochspannungsmasten und Pflasterklötzen, hat man sich gleichwohl bemüht, diese wasserabweisende Wirkung des Steinkohlenteeres sowie gleichzeitig seine Eigenschaft, die Verdunstung des Teeröles aus den imprägnierten Hölzern herabzusetzen, auch bei der Holzimprägnierung nutzbar zu machen. Zuerst (1908) ist dies wohl in den USA geschehen, wo man z. B. Gemische von Steinkohlenteeröl und raffiniertem Teer (d. h. entwässertem und von leichten Ölen befreitem, evtl. filtriertem Steinkohlenteer) in erheblichem Umfange an Stelle des reinen Steinkohlenteeröles benutzt.[2] Laut Vorschrift der American Wood-Preservers' Association sollen diese Teer-Teerölgemische bzw. -lösungen aus 50 bis 80% Steinkohlenteeröl und 20 bis 50% raffiniertem oder filtriertem Steinkohlenteer bestehen.[3] Sie sollen höchstens 2 bis 4% in Benzol unlöslichen Rückstand enthalten (bei 20% Teerzusatz 2% und bei 50% Teerzusatz höchstens 4%) und infolgedessen weder Anlaß zu schlechter Durchtränkung des Holzes noch zu schmieriger Beschaffenheit der Oberfläche der getränkten Hölzer geben.[2] In Deutschland hat die Reichsbahn in den letzten Jahren vor dem zweiten Weltkrieg vorübergehend versuchsweise Lösungen von Steinkohlenteerpech in normalem Imprägnieröl an Stelle des reinen Steinkohlenteeröles verwendet, um die getränkten Holzschwellen wasserabweisender zu machen und um die Teerölverdunstung aus den Schwellen herabzusetzen (s. S. 312).

---

[1] Vgl. S. B. Boulton, On the Antiseptic Treatment of Timber, London 1884, S. 10.

[2] Vgl. H. von Schrenk u. A. L. Kammerer. The Use of Refined Coal-Tar in the Creosoting Industry. Proceed. Amer. Wood-Pres. Assoc., 1914. S. 99/148.

[3] Vgl. Amer. Wood-Pres. Assoc., Manual of Recommended Practice, 1949, Blatt P_2—48.

Die Verfahren, welche von freiem Kohlenstoff befreiten rohen Teer zur Holzkonservierung verwenden wollten, konnten keine praktische Bedeutung erlangen, schon deswegen, weil, wie bereits erwähnt, dem Teer zunächst gewisse volkswirtschaftlich wichtige Stoffe, wie z. B. die leichtsiedenden Anteile (Benzol, Toluol, Xylol, Phenol, Kresol, Pyridin), welche für Holzkonservierungszwecke wenig oder gar nicht in Frage kommen, entzogen werden müssen.

Bei der Aufarbeitung des Teeres, der Teerdestillation, erhält man eine Anzahl Destillate von verschiedenen Eigenschaften und daneben, in der Retorte zurückbleibend, eine gewisse Menge Pech. Die aus dem entwässerten Rohteer durch erstmalige Destillation erhaltenen Öle werden, nach spezifischem Gewicht sowie Siedegrenzen geordnet, wie folgt bezeichnet:

1. **Leichtöl:** Spezifisches Gewicht bei 20°: 0,91—0,95, Siedegrenzen von etwa 80° bis etwa 220° C.

2. **Mittelöl:** Spezifisches Gewicht bei 20°: 1,00—1,02, Siedegrenzen von etwa 170° bis etwa 255° C.

3. **Schweröl:** Spezifisches Gewicht bei 20°: etwa 1,04, Siedegrenzen von etwa 200° bis 300° C.

4. **Anthracenöl:** Spezifisches Gewicht bei 20°: etwa 1,10, Siedegrenzen von etwa 250° bis 360° C.

Diese Hauptfraktionen werden durch abermalige Destillation sowie durch chemische Behandlung weiterverarbeitet. Man gewinnt hierbei von besonders wichtigen Produkten:

1. **aus dem Leichtöl:** Benzol, Toluol, Xylol, Lösungsbenzol (Solventnaphtha), einen Teil des Phenols und des Pyridins. Ferner Cumaronharz bei der Wäsche der leichten Kohlenwasserstoffe mittels konzentrierter Schwefelsäure,

2. **aus dem Mittelöl:** Naphthalin, Phenol, Kresol, Xylenol, Pyridin und einen Teil des Chinolins,

3. **aus dem Schweröl:** Methylnaphthalin, Diphenyl, Acenaphthen, höhere Homologe des Phenols sowie Chinolin und Isochinolin; ferner Imprägnieröl, Heizöl, Motorentreiböl und Benzolwaschöl,

4. **aus dem Anthracenöl:** Fluoren, Phenanthren, Anthracen, Carbazol, höher methylierte Phenole, Acridin; ferner Karbolineum und Naphthalinwaschöl.

Für die Holztränkung kann man nur hochsiedende Steinkohlenteerdestillate verwenden. Das Imprägnieröl muß nämlich so beschaffen sein, daß auch nach jahrzehntelanger Gebrauchsdauer des getränkten Holzes noch ein genügend großer Teil des ursprünglich in das Holz eingeführten Öles vorhanden ist, um auch zu diesem Zeitpunkt die Zerstörer vom Holz fernzuhalten. Das heute allgemein zur Holztränkung benutzte schwere Steinkohlenteeröl (Imprägnieröl oder auch Kreosotöl genannt) ist ein solches hochsiedendes Steinkohlenteerdestillat. Die Anforderungen, welche man an seine Zusammensetzung gestellt hat, waren in den einzelnen Ländern von jeher verschieden und sind es zum Teil heute noch. Von besonderer Bedeutung waren immer und aller Orten diejenigen Bestimmungen, welche die größten Verbraucher an Imprägnieröl, namentlich die Eisenbahn- und Postverwaltungen der verschiedenen Staaten, bezüglich der Eigenschaften dieser Öle erlassen haben.

Die bei Ausbruch des zweiten Weltkrieges geltenden technischen Lieferbedingungen der Deutschen Reichsbahn und Reichspost für Steinkohlenteeröl zum Tränken von Holzschwellen, Werkstätten-Nutzholz und Telegraphenstangen, welche auch heute noch bei der Deutschen Bundesbahn und der westdeutschen Post in Kraft sind, lauten wie folgt:

„Das Steinkohlenteeröl muß bei + 20° C ein spez. Gewicht zwischen 1,04 und 1,15 haben, bei + 30° C klar sein und beim Vermischen mit gleichen Raumteilen Handelsbenzol klar bleiben. Zwei Tropfen des Öles und auch der Mischung müssen von mehrfach zusammengefaltetem Filterpapier vollständig aufgesaugt werden, ohne mehr als Spuren, d. h. ohne einen deutlichen Fleck ungelöster Stoffe zu hinterlassen. Beim Sieden des Öles dürfen bis 235° C nicht über 15% (Raumteile) übergehen.

Der Gehalt an sauren Bestandteilen (karbolsäureartigen Stoffen), die in Natronlauge vom Einheitsgewicht 1,15 (mit Kochsalz gesättigt) löslich sind, muß mindestens 3% (Raumteile) betragen.

Der Wassergehalt des Teeröles darf bei der Anlieferung höchstens 1% (Raumteile) betragen.

Bei den angeführten Grenzwerten sind sämtliche Toleranzen einschl. der unvermeidlichen Prüffehler eingerechnet."

Maßgebend für die Güteprüfung sind die bei Reichsbahn und Reichspost seit dem Jahre 1938 angewandten Untersuchungsverfahren. Hierbei sei besonders darauf hingewiesen, daß bei der Prüfung des Siedeverhaltens des Teeröles an Stelle der bis dahin benutzten Glasretorte nunmehr ein Glaskolben verwendet wird. Die Destillationsapparatur entspricht jetzt derjenigen, welche in den USA vorgeschrieben ist.

In England gilt die Vorschrift der British Engineering Standards Association, welcher zufolge das Öl ein Steinkohlenteerdestillat sein muß, das frei von jeder Zumischung von Petroleum oder ähnlichen Stoffen ist. Das spezifische Gewicht bei 38° C soll nicht weniger als 1,015 und nicht mehr als 1,07 betragen, auf Wasser von der gleichen Temperatur bezogen. Das Öl muß bei langsamem Erwärmen auf 38° unter Rühren vollständig flüssig werden und muß beim Abkühlen vollständig flüssig bleiben, wenn man es zwei Stunden lang bei 32° C stehenläßt. Der Gehalt an Wasser darf 3% nicht überschreiten. Wenn 100 cm³ des bei 38° C abgemessenen, wasserfreien Öles aus einem 250-cm³-Kolben destilliert werden, so daß die Destillation in etwa 20 Minuten beendet ist, so dürfen bei 760 mm Druck bis 205° C nicht mehr als 7 cm³, bis 230° C nicht mehr als 40 cm³ und bis 315° C nicht mehr als 78 cm³ überdestillieren (Volumina gemessen bei 38° C). Der über 315° C verbleibende Rückstand soll weich und nicht klebrig sein, und sein Gewicht darf nicht weniger als 22 g betragen. Das Öl soll nicht weniger als 5 und nicht mehr als 16 Volumenprozent saure Öle enthalten. Die Menge der benzolunlöslichen Bestandteile des Öles soll 0,4 Gewichtsprozent nicht überschreiten.

Infolge der großen Anzahl von in ihren Einzelheiten verschieden lautenden Teeröl-Lieferungsbedingungen der europäischen Großverbraucher von Imprägnieröl ergaben sich des öfteren Schwierigkeiten in der Belieferung. Ebenso führten die verschiedenen Untersuchungsvorschriften häufig zu Meinungsverschiedenheiten zwischen Verbraucher und Erzeuger. Es wurde daher seitens des Continentalen Ausschusses für Teerölpropaganda, 's-Gravenhage, im Jahre 1936 erstmalig der Versuch gemacht, für möglichst große Gruppen von Imprägnieröl-Verbrauchern gleichartige Teeröl-Lieferungsbedingungen und Untersuchungsvorschriften festzulegen. Die zu diesem Zwecke von dem genannten Ausschuß einberufenen Versammlungen der in Frage kommenden Teerölerzeuger und Großverbraucher fanden 1936 in Kopenhagen und 1937 in Budapest statt. Sie führten zur Annahme der „Skandinavischen Lieferungsbedingungen und Untersuchungsmethoden für Steinkohlenteeröl zur Holzimprägnierung" für die nordischen Länder sowie der „Budapester Lieferungsbedingungen und Untersuchungsmethoden für Steinkohlenteeröl zur Holzimprägnierung" für eine Anzahl südost- und osteuropäischer Staaten. In beiden Fällen wurden unter Berücksichtigung der bestehenden Lieferungsvorschriften sowie der neuesten Erkenntnisse über die Wirkungsweise der verschiedenen Teerölbestandteile und schließlich unter Berücksichtigung der jeweiligen regionalen Fabrikationsmöglichkeiten Teeröltypen festgelegt, welche eine bestmögliche Erfüllung der verschiedenen Qualitätsansprüche brachten und eine wesentliche Erleichterung mit Bezug auf die ausreichende und prompte Belieferung der Teerölverbraucher gewährleisteten. Außerdem wurden durch die Annahme gleichartiger Untersuchungsvorschriften die bis dahin häufig auftretenden Meinungsverschiedenheiten bezüglich der Vorschriftsmäßigkeit der Lieferungen praktisch völlig beseitigt.

In den USA gibt es ebenfalls eine Reihe von Vorschriften über die Beschaffenheit des Imprägnieröles, die von verschiedenen Großverbrauchern ausgearbeitet worden sind und die sich je nach dem Verwendungszweck der zu imprägnierenden Hölzer unterscheiden. Durch die „American Wood-Preservers' Association", die „American Railway Engineering Association", die Regierungsstellen und verschiedene industrielle Konzerne werden für reines Steinkohlenteerimprägnieröl („Grade 1") die folgenden Lieferungsbedingungen vorgeschrieben[1]:

Das Öl muß ein Destillat aus Gasteer oder Kokereiteer sein und muß folgenden Bedingungen entsprechen:

1. Es darf nicht mehr als 3% Wasser enthalten.

2. Es darf nicht mehr als 0,5% in Benzol unlösliche Bestandteile enthalten.

3. Das spezifische Gewicht des Öles bei 38° C, bezogen auf Wasser von 15,5° C, darf nicht niedriger als 1,03 sein.

4. Beim Destillieren des wasserfreien Öles dürfen bis 210° C nicht mehr als 5% und bis 235° C nicht mehr als 25% übergehen.

5. Das Öl darf nicht mehr als 2% Verkokungsrückstand zeigen.

Ähnliche Vorschriften über die für Holzkonservierungszwecke zuzulassenden Teeröle sind seitens aller großen staatlichen sowie privaten Interessenten der verschiedenen Länder ausgearbeitet worden. Die Abweichungen dieser verschiedenen Teeröl-Lieferungsvorschriften voneinander sind teils auf die verschiedenen Ansichten der Holzkonservierungsfachleute über den Wert der einzelnen Teerölbestandteile für den Holzschutz sowie teils auf regionale Verschiedenheiten in der Zusammensetzung der Teere oder auf ihre verschiedene Aufarbeitung zurückzuführen. Gemeinschaftlich ist wohl allen Vorschriften das eine Merkmal, daß nämlich die Verwendung reinen Steinkohlenteeröles gefordert wird (abgesehen von der in gewissen Fällen, z. B. in Amerika, vorgenommenen Beimischung von Teer). Gemeinsam ist ferner allen Vorschriften, daß die

---

[1] Vgl. Amer. Wood-Pres. Assoc., Manual of Recommended Practice. 1949, Blatt P 1—49.

Menge der bis 200° C siedenden Anteile auf ein Mindestmaß beschränkt wird, da diese Anteile zu flüchtig sind, um nennenswerte konservierende Eigenschaften zu besitzen. Wenn man bedenkt, daß man auch heute über die Natur eines großen Teiles der vielen im Steinkohlenteeröl enthaltenen chemischen Verbindungen noch im unklaren ist, so ist es verständlich, daß die Meinungen der Imprägniertechniker über die Wirksamkeit der einzelnen Klassen der im Teeröl enthaltenen chemischen Verbindungen nicht in allen Punkten übereinstimmen.

Diejenigen Teerölbestandteile, über deren Bedeutung für den Holzschutz sich unter den Fachleuten immer wieder Meinungsverschiedenheiten ergaben, sind

1. die Phenole,
2. die Basen,
3. die neutralen Kohlenwasserstoffe, insbesondere das Naphthalin.

Im folgenden soll auf diese Körperklassen etwas näher eingegangen werden.

1. Die Phenole. Über ihre Bedeutung für den Holzschutz sind wohl die meisten Erörterungen erfolgt, deshalb seien sie auch hier an erster Stelle genannt. Während in der ersten Zeit der Verwendung des Steinkohlenteeröles als Holzimprägnierungsmittel irgendwelche besonderen Anforderungen hinsichtlich des Gehaltes der Öle an den einzelnen Bestandteilen nicht gestellt wurden, änderten sich diese Verhältnisse, als die chemische Forschung Einblick in die Zusammensetzung des Steinkohlenteeröles gewann und z. B. die ersten Feststellungen über die hohen desinfizierenden Eigenschaften der Karbolsäure gemacht wurden. Ein Verfechter der Ansicht, daß dieser Stoff als der wirksamste Bestandteil des Imprägnieröles in bezug auf seine antiseptische und konservierende Wirkung zu betrachten sei, war der Engländer Letheby, welcher im Jahre 1860 seine Ansichten hierüber in seinem Aufsatz: „Views on the Creosoting Process"[1] niederlegte. Andererseits wurde bereits im Jahre 1848 von de Gemini darauf hingewiesen, daß die Holzimprägnierung mittels wasserlöslicher Antiseptika nicht zu empfehlen sei, und daß die schweren Öle oder bituminösen Körper als Holzkonservierungsmittel vorzuziehen seien[2]. Andere Forscher, die sich an Hand von Versuchen von der geringen Wirkung der Karbolsäure für die Holzkonservierung überzeugten, waren D. Rottier[3] (1862) und Ch. Coisne (1863—70)[4]. Schließlich seien bei dieser Gelegenheit auch noch die Untersuchungen des Engländers C. M. Tidy erwähnt. Da er feststellen konnte, daß im teerölgetränkten Holz nach einiger Gebrauchdauer wenig oder gar keine Phenole mehr nachzuweisen waren, so gewann er, der zunächst in den Phenolen starke Konservierungsmittel sehen zu müssen glaubte, schließlich die Überzeugung, daß es ihren Wert weit überschätzen hieße, wenn

---

[1] Vgl. Journ. of the Society of Arts, 15. Juni 1860.
[2] Vgl. de Gemini, Experiments sur la conservation des bois, Comptes rend. de l'Acad. des Sciences. 1848.
[3] Vgl. Ann. des travaux publics de Belgique, Bd. 22, S. 193; Bd. 24, S. 147, Bd. 27, S. 13, Bd. 30, S. 49.
[4] Vgl. Bull. de l'acad. roy. de Belgique, Bd. 15, S. 424, 1863.

man einen höheren Gehalt der Teeröle an Phenolen verlangte, als zur Koagulierung der im Holz enthaltenen Eiweißstoffe erforderlich sei[1]. Er glaubte, daß schon 2—3% Phenole im Teeröl zu diesem Zwecke mehr als genug sein dürften. Tidys Ansicht über die Bedeutung der Eiweißstoffe des Holzes für die Fäulnis desselben hat sich, wie bereits bemerkt, als nicht zutreffend erwiesen. Holz, aus welchem die übrigens nur geringen Mengen an Eiweißstoffen entfernt worden sind, unterliegt in gleichem Maße dem Abbau durch holzzerstörende Pilze wie solches, welches die genannten Stoffe noch enthält.

Nachdem, wie schon bemerkt, in der Folgezeit seitens der großen Verbraucher teerölimprägnierter Hölzer bestimmte Qualitätsforderungen für das zu verwendende Steinkohlenteeröl aufgestellt worden waren, welche als Niederschläge der praktischen Erfahrungen der Verbraucher anzusehen sind, wird es sich empfehlen, festzustellen, was in diesen Vorschriften hinsichtlich der Phenole zum Ausdruck gebracht wird. An Hand der Vorschriften der preußischen Eisenbahnen ist festzustellen, daß dieselben anfangs auch unter dem Eindruck standen, daß ein gutes Holzimprägnieröl einen entsprechenden Prozentsatz an sauren Ölen (Phenolen) enthalten müsse. Infolgedessen wurde noch in den neunziger Jahren des vergangenen Jahrhunderts ein Gehalt des Teeröls an sauren Ölen von mindestens 10% verlangt (s. auch S. 313/14). Die revidierten Vorschriften der Preußisch-Hessischen Eisenbahnverwaltung vom Jahre 1905 sahen aber bereits einen Mindestgehalt an sauren Ölen von 6% vor und die neuesten Bestimmungen der Deutschen Reichsbahn bzw. Bundesbahn verlangen nur noch einen Phenolgehalt von mindestens 3%. Veranlassung zu dieser geringen Bewertung der im Teeröl vorhandenen Phenole für die Holzkonservierung seitens der Eisenbahnverwaltung war

1. die Feststellung, daß zur Holzkonservierung verwendete entsäuerte, d. h. von Phenolen befreite Steinkohlenteeröle sich gegenüber den Angriffen holzzerstörender Pilze als ebenso wirksam erwiesen wie phenolhaltige Öle[2],

2. die Feststellung der großen Flüchtigkeit, der leichten Auswaschbarkeit sowie schließlich der chemischen Veränderlichkeit der niederen Glieder der Phenolreihe[3].

Nach einer Mitteilung von Charitschkow über die antiseptische Wirkung von Steinkohlenteeröl gegen Merulius lacrimans und Penicillium wirkte im Laboratoriumsversuch das von den Phenolen befreite Imprägnieröl ebenso antiseptisch wie das ursprüngliche phenolhaltige Öl[4]. Diese

---

[1] Vgl. C. M. Tidy, Report on the Description of Creosote best suited for Creosoting Timber, im Anhang zu Boultons Aufsatz: On the Antiseptic Treatment of Timber, London 1884.

[2] Vgl. z. B. F. Seidenschnur, Zur Frage der Holzkonservierung, Chem. Ztg. 33, S. 701/02, und F. H. Rhodes u. J. Erickson, Efficiencies of Tar Oil Components as Preservative for Timber, Ind. and Engin. Chem., Vol. 25 (1933), S. 989.

[3] Vgl. Alleman, Quantity and Charakter of Creosote in Well-Preserved Timbers, Circ. 98, USA Forest Service, 1907.

[4] Vgl. Petroleum, Jg. 7, Nr. 11, S. 596, 1911/12.

Feststellung wurde durch neuere Versuche, die im Laboratorium für Holzkonservierung der Rütgerswerke ausgeführt wurden, auch bei Verwendung anderer holzzerstörender Pilze bestätigt. Nur der Zähling (Lentinus
squamosus) erwies sich gegen phenolhaltiges Öl empfindlicher als gegen
phenolfreies (s. S. 307).

Andere Forscher glaubten in den Phenolen nicht nur gute Desinfektionsmittel mit zeitlich beschränkter Wirkung, sondern auch für die
dauernde Gesunderhaltung des Holzes wichtige Körper sehen zu sollen.
Sie wiesen darauf hin, daß durch die atmosphärische Feuchtigkeit, die
sich den Hölzern mitteilt, nur ganz allmählich eine Auslaugung der
Phenole eintrete, und daß die so gebildeten wässerigen Phenollösungen
von erheblicher Bedeutung für den Schutz der Hölzer gegen Angriffe der
verschiedenen Organismen seien. Die Tatsache, daß in solchem Holz,
welches Jahre hindurch zur Zufriedenheit der Verbraucher seinen Zweck
erfüllt hat, keine sauren Öle mehr festzustellen sind, sollte nach ihrer
Ansicht noch nicht als Beweis dafür gelten können, daß eben diese sauren
Öle, welche oft erwiesenermaßen in reichlichen Mengen ursprünglich mit
dem betreffenden Teeröl in das Holz eingeführt wurden, keinen Anteil
an der guten Konservierung der betreffenden Hölzer gehabt hätten.
Eine solche Theorie stellte z. B. E. Bateman vom Forest Products
Laboratory, Madison (USA)[1] auf. Bateman ging von der Voraussetzung
aus, daß alle Holzkonservierungsmittel in Wasser in genügendem Maße
löslich sein müßten, um ihre Giftwirkung entfalten zu können, denn die
Körperflüssigkeiten der holzzerstörenden Organismen, auf welche sie
einwirken müßten, beständen im wesentlichen aus Wasser. Komme nun
z. B. Steinkohlenteeröl, das im Holze verteilt ist, in Berührung mit
Wasser, so ergäben sich folgende Zustände: die genügend wasserlöslichen,
„giftigen" Stoffe des Öles, z. B. die Phenole, seien vollständig löslich in
den „ungiftigen", d. h. den neutralen hochsiedenden Teerölbestandteilen
und beschränkt löslich in Wasser. Es werde sich also hinsichtlich der
Löslichkeit ein Gleichgewichtszustand ergeben und der Verbrauch an
giftigen Ölen um so größer sein, mit je mehr Wasser das betreffende Holz
während seiner Gebrauchsdauer in Berührung komme. Die „ungiftigen",
d. h. wasserunlöslichen Teerölbestandteile, von Bateman „barren oil"
genannt, sollen also gewissermaßen als Vorratsbehälter für die „giftigen"
dienen und den zu schnellen Verbrauch der „giftigen" Öle verhindern.

Die Ansicht Batemans, daß das Steinkohlenteeröl größere Mengen
fungizid unwirksamer Bestandteile enthalte, die lediglich als Reservoir
für die giftig wirkenden Phenole, Basen und niedrigsiedenden Kohlenwasserstoffe dienen, ist nicht unwidersprochen geblieben. Gegen seine
Theorie haben z. B. Dehnst[2], Schmitz und Buckman[3] sowie Peters,

---

[1] Vgl. Proceed. Amer. Wood-Pres. Assoc. 1920, S. 251; 1921, S. 506;
1922, S. 70; 1923, S. 136; 1924, S. 33; 1925, S. 22; 1927, S. 41.

[2] Vgl. J. Dehnst, Über den Mechanismus des Holzschutzes durch Konservierungsmittel, Ztschr. f. angew. Chemie, Jahrg. 1928, Nr. 14.

[3] Vgl. H. Schmitz u. St. Buckman, Toxic-Action of Coal-Tar Creosote,
Ind. and Engin. Chem., Vol. 24 (1932), Nr. 7.

Krieg und Pflug[1] auf Grund der Ergebnisse ihrer Laboratoriumsuntersuchungen Stellung genommen. Über den Wert der Phenole bei der
Konservierung der Wasserbauhölzer mit Teeröl hat L. F. Shackell,
St. Louis, in einem Aufsatz: „Surface Tensions of Wood-Preserving Oils
as Factors in Protection against Marine Borers" berichtet[2]. Während
durch die genannten deutschen Forscher das Vorhandensein erheblicher
Mengen ungiftiger Bestandteile im Steinkohlenteer-Imprägnieröl nicht
bestätigt werden konnte, teilten Schmitz und Buckman als Ergebnis
ihrer Untersuchungen mit, daß das sogenannte „barren oil" keineswegs
als ungiftig gegenüber holzzerstörenden Pilzen anzusehen ist. Wenngleich
selbst hohe Konzentrationen desselben das Wachstum dieser Pilze nicht
vollständig zu unterbinden vermögen, so genügen doch andererseits
bereits geringe Mengen, um bemerkenswerte toxische Wirkungen zu erzielen. Shackell stellte schließlich fest, daß die Phenole, obgleich äußerst
giftig, infolge niederer Oberflächenspannung danach trachten, sich an
der Holzoberfläche anzusammeln, wo sie schnell ausgewaschen würden.
Er empfahl deshalb nur einen geringen Phenolgehalt für Teeröle, die zur
Tränkung von Wasserbauhölzern benutzt werden sollen.

Trotz der im normalen Steinkohlenteeröl wenig hervortretenden konservierenden Eigenschaft der Phenole wäre es verfehlt, absolute Freiheit
des Imprägnieröles von diesen Bestandteilen zu fordern, denn ungeklärt
ist noch die Frage, ob und gegebenenfalls inwieweit durch die im Teeröl
enthaltenen Phenole die Benetzung der Zellwände des Holzes erleichtert
und damit die Ölverteilung im Holz verbessert wird[3]. Im übrigen würde
eine vollständige Entfernung der Phenole aus dem Imprägnieröl einen
nicht unerheblichen Arbeitsaufwand und entsprechende Kosten verursachen.

2. Die Basen. Über die antiseptische Kraft der basischen Bestandteile des Steinkohlenteeröls liegen ebenfalls von verschiedenen Forschern Mitteilungen vor, doch ist über diese Klasse von Teerölbestandteilen lange nicht in dem Maße diskutiert worden wie über die Phenole.
Bereits S. B. Boulton schrieb in seiner schon zitierten Abhandlung[4],
daß seiner Meinung nach sich das Acridin, welches er in schon viele Jahre
hindurch benutzten, mit Teeröl getränkten Hölzern nachweisen konnte,
als eines der wertvollsten Bestandteile des Teeröls für die Zwecke der
Holzkonservierung herausstellen würde.

Auch über den Wert der basischen Bestandteile des Teeröls bei der
Konservierung von Hölzern für Seebauten hat L. F. Shackell, St. Louis,
Untersuchungen angestellt und über seine Forschungsergebnisse in den

---

[1] Vgl. F. Peters, W. Krieg u. H. Pflug, Toximetrische Prüfung von
Steinkohlenteer-Imprägnieröl nach der Klötzchenmethode, Chem. Ztg.
61. Jahrg. (1937) Nr. 26.

[2] Vgl. Proceed. Amer. Wood-Pres. Assoc., 1919, S. 113 ff.

[3] Vgl. F. H. Rhodes u. J. Erickson, Effect of Tar Acids upon the
Wetting of Wood by Coal-Tar Oils, Ind. and Engin. Chem., Vol. 25 (1933)
Nr. 10, sowie F. H. Rhodes u. F. T. Gardner, Comparative Efficiencies
of the Components of Creosote Oil als Preservatives for Timber, Ind. and
Engin. Chem., Vol. 22 (1930), S. 167 ff.

[4] The antiseptic Treatment of Timber, S. 22/23, London 1884.

„Proceedings" der „American Wood-Preservers' Association" (Jahrgänge 1915, 1916, 1919) berichtet. Er gelangte auf Grund seiner Versuche
zu dem Ergebnis, daß die hochsiedenden Teerbasen, welche nur wenig
im Seewasser, aber leicht in den hochsiedenden Ölanteilen löslich sind,
als wichtige Bestandteile des Imprägnieröles für den Schutz der hölzernen Seebauten vor den Angriffen der Bohrtiere zu betrachten seien.

In einer neueren Arbeit[1] teilen Schulze und Becker mit, daß von
den ihrerseits untersuchten Einzelverbindungen des Steinkohlenteer-Imprägnieröles Acridin und Isochinolin besonders wirksam gegen holzzerstörende Pilze seien, während sich Chinolin und Methylchinolin
gegenüber Anobien-Larven und Hausbock-Eilarven am besten bewährt
hätten.

3. Die neutralen Kohlenwasserstoffe. Die niedrigsiedenden Körper
dieser Art (Benzol, Toluol, Xylol, usw.) sind trotz ihrer hohen pilzwidrigen
Kraft wertlos für die Holzkonservierung, da sie sich aus den getränkten
Hölzern zu schnell verflüchtigen. Sie werden deshalb durch die verschiedenen Vorschriften über die Zusammensetzung des Teeröls ganz
allgemein ausgeschlossen. Dagegen sind die hochsiedenden neutralen
Teerölkohlenwasserstoffe zweifellos von größter Wichtigkeit für einen lange
Zeit andauernden Holzschutz, was z. B. durch die Imprägnierversuche
mit entsäuerten Teerölen nachgewiesen worden ist. Aber auch als Lösungsmittel für die Phenole und Basen spielen die neutralen Öle eine Rolle.

Abgesehen von ihrer physiologischen Wirkung üben die hochsiedenden
Kohlenwasserstoffe auch rein physikalisch einen gewissen Holzschutz
aus, insofern, als sie die Holzfaser in erheblichem Maße den Einflüssen
der Atmosphärilien und damit zugleich den Angriffen eines Teiles der
Holzzerstörer entziehen[2]. Auf die wasserabweisende Wirkung der hochsiedenden Öle ist es auch zurückzuführen, daß teerölgetränkte Hölzer
bessere Festigkeitseigenschaften zeigen als gleichartige ungetränkte oder
mit wässerigen Tränkflüssigkeiten behandelte. Dieser Umstand spielt für
die Verlängerung der Gebrauchsdauer mechanisch besonders stark beanspruchter Hölzer — wie z. B. der Baggerschwellen sowie der Wasserbauhölzer — eine wichtige Rolle[3].

In der großen Reihe der hierher gehörigen Kohlenwasserstoffe hat sich
das allgemeine Interesse besonders dem Naphthalin und seiner Bedeutung
für die Holzkonservierung zugewandt, schon aus dem Grunde, weil es
mitunter in so großen Mengen im Steinkohlenteeröl auftritt, daß es dasselbe bei gewöhnlicher Temperatur in eine breiartige Masse verwandelt.
Bei der Holztränkung mit derartig naphthalinreichen Ölen ergeben sich

---

[1] Vgl. B. Schulze und G. Becker Untersuchungen über die pilzwidrige
und insektentötende Wirkung von Fraktionen und Einzelstoffen des Steinkohlenteeröls, Ztschr. Holzforschung, 2. Bd. (1948), Heft 4.
[2] Vgl. H. von Schrenk, E. B. Fulks, A. L. Kammerer, Changes which
take place in Coal-Tar Creosote during Exposure, Amer. Railway Engin. and
Maintenance of Way Assoc. Bull. 93, 1907.
[3] Vgl. Krüger, Holzschutz im Braunkohlenbergbau, Ztschr. Braunkohle,
1939, Heft 10, S. 189 und H. Schauberger, Über die Wirtschaftlichkeit
der Teeröltränkung kieferner Dalben- und Reibepfähle nach dem Rüping-
Verfahren, Ztschr. Die Bautechnik, 1933, Heft 37/38.

natürlich technische Schwierigkeiten aller Art; einmal macht die Entleerung der Kesselwagen sowie der Aufbewahrungsgefäße beim Vorliegen derartig breiigen Materials Schwierigkeiten, und zum anderen Male wird das Resultat der Tränkung bei nicht genügend hoher Vorwärmung solcher Öle oder starker Abkühlung der zu tränkenden Hölzer, z. B. in den Wintermonaten, infolge vorzeitigen Auskristallisierens des Naphthalins im Holze, leicht ungünstig beeinflußt. Es ist aus diesen Gründen verständlich, daß die Holzkonservierungsindustrie ein Öl verlangt, welches bereits bei möglichst niedriger Temperatur frei von Naphthalinausscheidungen ist. Die deutschen Vorschriften für Bahn und Post verlangen völlige Klarheit des Öles bei 30° C, ohne weiteres über den Naphthalingehalt der Öle zu erwähnen. Die gleichzeitig getroffene Bestimmung, daß bis 235°C höchstens 15% des Imprägnieröles überdestillieren dürfen, schränkt indessen den Naphthalingehalt bereits genügend ein. In einigen Ländern wird von manchen Verbraucherkreisen im Gegensatz hierzu ein gewisser Mindestgehalt der Imprägnieröle an Naphthalin verlangt, welcher zwischen 15 und 30% liegt. Für die Behandlung von Wasserbauhölzern mit Steinkohlenteeröl gegen die Angriffe der Bohrtiere forderte Direktor Christian von der Norfolk Creosoting Co. sogar einen möglichst hohen Naphthalingehalt der anzuwendenden Öle[1].

Jedenfalls darf als feststehend angesehen werden, daß das Naphthalin keineswegs als ein unnützer oder, wie auch behauptet worden ist, gar schädlicher Bestandteil des Imprägnieröles anzusehen ist, weil es weder antiseptisch sei, noch genügend lange im Holz verbleibe, um es in nennenswertem Maße zu schützen. Wenngleich das Naphthalin als Antiseptikum nicht so hoch zu bewerten ist wie z. B. die Phenole, so kommen ihm doch beträchtliche antiseptische Eigenschaften gegenüber den Holzzerstörern zu und seine Schutzwirkung ist, wie die angestellten Versuche bewiesen haben, jedenfalls eine viel länger andauernde als diejenige der niedrigsiedenden Phenole. Für Naphthalinpreßgut wurden im Laboratorium für Holzkonservierung der Rütgerswerke bei Bestimmung seiner fungiziden Kraft nach der Klötzchen-Methode (s. S. 383 ff.) gegenüber vier wichtigen holzzerstörenden Pilzen die auf S. 307 mitgeteilten Grenzwerte ermittelt. Aus der Gegenüberstellung der an dieser Stelle angegebenen Grenzwerte für das Naphthalinpreßgut und das Ausgangsöl geht hervor, daß Ausgangsöl und aus ihm gewonnenes Naphthalinpreßgut hinsichtlich ihrer fungiziden Eigenschaften keine wesentlichen Unterschiede zeigten.

Auch bezüglich der Flüchtigkeit des Naphthalins aus dem mit Teeröl imprägnierten Holze liegen Erfahrungen vor; z. B. hat bereits 1883 der Engländer Tidy festgestellt, daß selbst bei Einwirkung tropischer Temperaturen sich das Naphthalin nur aus den oberflächlichen Schichten des Holzes verflüchtigte, und daß diese Verflüchtigung sehr schnell zum Stillstand kam[2].

---

[1] Vgl. E. Christian, Destruction of Timber by Marine Borers, Proceed. Amer. Wood-Pres. Assoc., 1915, S. 296 ff.

[2] Vgl. Meymott Tidy, Report on the Description of Creosote best suited for Creosoting Timber. Anhang zu Boultons Schrift: On the Antiseptic Treatment of Timber.

Über die Wirksamkeit des Naphthalins in mit Steinkohlenteeröl imprägnierten Wasserbauhölzern hat ferner Bateman interessante Erfahrungen veröffentlicht. Er untersuchte zwei Rammpfähle nach längerer Gebrauchsdauer, von denen einer mit einem wenig Naphthalin enthaltenden Steinkohlenteeröl getränkt worden war, während zur Behandlung des anderen ein naphthalinreiches Öl Verwendung gefunden hatte. Während der mit dem naphthalinreichen Öl getränkte Pfahl noch nach 30jähriger Standdauer dem Angriff des Bohrwurmes widerstanden hatte, war der andere durch diesen Schädling stark angegriffen worden. Gleichzeitig wurde festgestellt, daß in dem nicht angegriffenen Pfahl noch erhebliche Mengen Naphthalin enthalten waren.

In Deutschland hat das Naphthalin für die Holzkonservierung erhebliche Bedeutung während des ersten Weltkrieges gewonnen, als infolge Beschlagnahme des Steinkohlenteeröles nur noch das sogenannte „Rohnaphthalin" für die Zwecke der Holzkonservierung, abgesehen von wasserlöslichen Tränkungsstoffen, zur Verfügung stand. Die ausschließliche Verarbeitung dieses je nach Beschaffenheit erst zwischen 40 und 70° C vollkommen flüssigen Stoffes hat zu vielen Unzuträglichkeiten und namentlich bei bereits von Pilzen befallenen oder nicht genügend trockenen Hölzern auch häufig zu nicht befriedigender Durchtränkung derselben Anlaß gegeben. Freiwillig hätte sich die deutsche Holzimprägnierungsindustrie aber auch keinesfalls der ausschließlichen Verwendung des Rohnaphthalins wegen der dadurch verursachten betrieblichen Schwierigkeiten und sonstigen Mängel zugewandt.

Um dem Leser einen Vergleich der fungiziden Kraft der für den Imprägniertechniker wichtigsten im Steinkohlenteeröl enthaltenen Stoffgruppen zu gestatten, seien an dieser Stelle die nach der Vorschrift DIN 52176, früher DIN DVM 2176 (s. S. 383 ff.), bei Ausführung einer toximetrischen Prüfung von Steinkohlenteer-Imprägnieröl im Laboratorium der Rütgerswerke erhaltenen Grenzwerte dieser Stoffgruppen gegenüber einigen holzzerstörenden Pilzen mitgeteilt[1]:

Bezeichnung	Grenzwerte in kg/m³ Kiefernsplintholz gegen			
	Coniophora cerebella	Polyporus vaporarius	Lenzites abietina	Lentinus squamosus
Ausgangsöl (n. Reichsbahn- und Reichspostvorschrift)	8,8—12,9	8,7—17,5	8,2—13,1	12,6—20,4
Entsäuertes Öl	6,7—14,6	13,1—25,6	6,4—16,5	19,6—29,8
Entbastes Öl	8,9—13,6	12,0—16,5	6,9—13,6	11,4—20,7
Neutralöl	9,4—15,2	9,8—14,7	8,0—14,7	15,7—32,8
Naphthalinpreßgut ..	13,7—19,2	9,4—14,3	14,0—19,7	14,4—28,3
Phenole	4,4— 8,4	3,4— 6,3	2,2— 3,6	4,2— 6,4
Basen	6,7— 9,5	9,8—14,6	4,5— 9,5	9,4—14,7
Anthracenpreßgut ...	6,1— 8,8	13,7—26,2	4,6— 9,5	43,7—64,2

---

[1] Vgl. F. Peters, W. Krieg, H. Pflug, Toximetrische Prüfung von Steinkohlenteer-Imprägnieröl nach der Klötzchen-Methode, Chem. Ztg. 1937, Nr. 26.

Bereits Rhodes und Erickson veröffentlichten 1933 ähnliche Untersuchungsergebnisse[1]. Sie fanden, daß keinem der normalen und hauptsächlichen Bestandteile des Steinkohlenteer-Imprägnieröles vorzugsweise dessen hohe Schutzwirkung zuzuschreiben sei. Das Phenol und die Kresole haben nach ihren Feststellungen keine stärkere fungizide Wirkung als die neutralen aromatischen Kohlenwasserstoffe; möglicherweise sei ihre Anwesenheit in anderer Hinsicht von Vorteil (s. S. 304).

Zu ähnlichen Schlußfolgerungen kam auch Bertleff auf Grund der von ihm in den Jahren 1937—1939 ausgeführten Arbeiten, welche die Prüfung der fungiziden Eigenschaften von Ostrauer Steinkohlenteer-Imprägnierölen zum Ziel hatten[2]. Bertleff stellte fest, daß alle Bestandteile der Öle äußerst wirksame Pilzgifte sind. Er fand ferner, daß die Herausnahme der Phenole und Basen aus den Ausgangsölen deren fungiziden Wert nicht vermindert, daß also die Ausgangsöle und die aus ihnen gewonnenen Neutralöle den gleichen Hemmungswert besitzen.

Besonders eingehende Untersuchungen über die pilzwidrige und insektentötende Kraft einer größeren Anzahl von Steinkohlenteeröl-Fraktionen sowie -Einzelbestandteilen sind neuerdings von Schulze und Becker veröffentlicht worden[3]. Die genannten beiden Forscher kommen zu dem Schluß, daß nicht nur die einzelnen Fraktionsstufen und in noch stärkerem Maße die Einzelverbindungen einen sehr verschiedenen Wert besitzen, sondern daß auch ihre Wirksamkeit gegenüber den verwendeten Pilz- und Insektenarten große Unterschiede aufweist.

Sowohl an dieser als auch an allen folgenden Stellen dieses Kapitels, an denen Grenzwerte der verschiedenen Schutzstoffe gegenüber holzzerstörenden Pilzen mitgeteilt werden, mußten sich wegen Raummangels die betreffenden Angaben auf Untersuchungsresultate beschränken, welche in dem seinerzeit unter Leitung des Verfassers stehenden Laboratorium für Holzkonservierung der Rütgerswerke-Aktiengesellschaft ermittelt wurden. Diejenigen Leser, welche Wert darauf legen, von anderer Seite festgestellte Vergleichszahlen kennenzulernen, seien auf die ein reichhaltiges Zahlenmaterial enthaltende Veröffentlichung von W. Bavendamm, Die pilzwidrige Wirkung der im Holzschutz benutzten Chemikalien (Mitteilungen d. Reichsinstituts f. Forst- u. Holzwirtschaft, Hamburg-Reinbek, Jahrg. 1948, Nr. 7) aufmerksam gemacht, welche auch eine Zusammenstellung des hier in Frage kommenden in- und ausländischen Schrifttums enthält.

Die Gesamtproduktion Deutschlands an Steinkohlenteer (Kokerei- und Gasanstaltsteer) betrug nach Angabe des statistischen Jahrbuchs für das Deutsche Reich im Jahre 1937 1 893 000 t; daraus wurden gewonnen 166 000 t Steinkohlenteer-Imprägnieröl und 147 000 t als Heizöle gekennzeichnete schwere Steinkohlenteeröle. Im Jahre 1938 hatte die Rohteerverarbeitung in Deutschland bereits die 2 Millionen Tonnen-Grenze überschritten. Sie stieg während des Krieges auf etwa 2,3 Millionen Tonnen. Trotzdem stand, wie bereits mitgeteilt, während des zweiten Weltkrieges in Deutschland Steinkohlenteeröl für die Holztränkung nicht zur Verfügung. Erst im Herbst 1946

---

[1] Vgl. F. H. Rhodes u. J. Erickson, Efficiencies of Tar Oil Components as Preservative for Timber, Ind. and Engin. Chem., Vol. 25 (1933), S. 989.

[2] Vgl. V. Bertleff, Prüfung der fungiziden Eigenschaften Ostrauer Steinkohlenteerimprägnieröle und ihrer Bestandteile, Chem. Ztg., Jahrg. 63 (1939), Nr. 51.

[3] Vgl. B. Schulze u. G. Becker, Untersuchungen über die pilzwidrige und insektentötende Wirkung von Fraktionen und Einzelstoffen des Steinkohlenteeröles, Ztschr. Holzforschung, 2. Bd. (1948), Heft 4.

sind in den von den Westmächten besetzten Zonen wieder kleinere Mengen für die Holzimprägnierung freigegeben worden. Im Jahre 1949 wurden in Westdeutschland bereits wieder rund 1,1 Million Tonnen Rohteer erzeugt. Die Erzeugungsmöglichkeit von Imprägnieröl, die bei etwa 200 000 t liegt, wird zur Zeit wegen des geringen Bedarfs bei weitem nicht ausgenutzt.

Vergleichsweise sei bemerkt, daß in den USA von der dortigen hochentwickelten Holzschutzindustrie im Jahre 1948 nicht weniger als rd. 197 418 000 Gallonen (entspr. etwa 800 000 t) Steinkohlenteeröle — z.T. unter Zusatz von Steinkohlenteer oder Mineralölen — verbraucht wurden, mit denen ca. 90 % der insgesamt imprägnierten Holzmenge (rd. 8 280 000 m³) konserviert wurden[1].

Bei der außerordentlichen Bedeutung, welche das schwere Steinkohlenteeröl für die Konservierung des Holzes gewann, fehlte es natürlich nicht an Vorschlägen zur Verbesserung und auch zur Streckung desselben.

Nach dem Verfahren von G. Krojanker (D.R.P. 227 492/1909) gewinnt man hochbitumenhaltige Öle aus Steinkohlenteer, indem man den Teer mit Benzol, zweckmäßig im Verhältnis von einem Gewichtsteil Teer zu 0,9 Gewichtsteilen Benzol, verrührt, die Lösung von den Ausscheidungen abfiltriert und das Benzol abdestilliert. Das zurückbleibende Teeröl soll sämtliches Bitumen des angewendeten Teeres enthalten. Zur praktischen Anwendung ist dieses Verfahren nicht gekommen, ebensowenig wie das in der deutschen Patentschrift 240 919/1910 enthaltene Verfahren von Krojanker, welches die Auflösung des in dem Patent 227 492 beschriebenen bitumenreichen Produktes in Steinkohlenteeröl zwecks Gewinnung eines auch in der Kälte satzfreien Imprägnieröles vorsieht.

Die Chemische Fabrik Flörsheim Dr. H. Noerdlinger, machte in der deutschen Patentschrift 259 665/1911 den Vorschlag, dem Teeröl zur Verbesserung seiner insektiziden und fungiziden Eigenschaften Phenole der Naphthalin- oder Anthracenreihe oder deren Halogenderivate zuzusetzen. Experimentelle Untersuchungen über die Wirkung solcher Zusätze auf die Eigenschaften des Steinkohlenteeröls sind nicht bekannt geworden, doch würden sie sich zweifellos günstig auswirken.

Unter der Bezeichnung „Karbolineum" werden die verschiedensten Teerprodukte gehandelt[2]. Das von Avenarius ursprünglich als „Carbolineum" bezeichnete Produkt war ein hochsiedendes Steinkohlenteeröl, welches, dem D.R.P. 46 021/1888 zufolge, in erwärmtem Zustande unter kräftigem Umrühren mit Chlor behandelt wurde. Durch diese Behandlung mit Chlorgas sollten die Viskosität und der Flammpunkt erhöht, das spezifische Gewicht vergrößert und der dem Ausgangsprodukt anhaftende unangenehme Geruch beseitigt werden. Ein neueres Herstellungsverfahren der Fa. Gebr. Avenarius ist in dem D.R.P. 542 593 aus dem Jahre 1930 beschrieben. Diesem zufolge wird ein auch bei niedrigen Temperaturen satzfreies Karbolineum aus naphthalinfreiem Anthracenöl dadurch erhalten, daß man die aus dem abgekühlten Öl ausgeschiedenen festen Anteile mit Chlor behandelt und die erhaltenen Chlorierungsprodukte in Steinkohlenteeröl auflöst. Durch diese Chlor-

---

[1] Vgl. H. B. Steer, Wood Preservation Statistics, Proceed. Amer. Wood-Pres. Assoc., 1949, S. 413 u. 432/36.
[2] Vgl. G. Lunge u. H. Köhler, Die Industrie des Steinkohlenteers und des Ammoniaks, Bd. I, S. 608, 1912.

behandlung soll, der Patentschrift zufolge, auch die fungizide Kraft des Karbolineums erhöht werden.

Bereits vor etwa 25 Jahren wurden seitens der an der Verwendung des Karbolineums besonders interessierten Kreise, z. B. durch die Reichspost sowie die Vereinigung der Elektrizitätswerke, Vorschriften für die Beschaffenheit des sogenannten „Masten-Karbolineums", welches zum Bestreichen der Erd-Luftzone von bereits verbauten Leitungsmasten zwecks Pflege dieses besonders gefährdeten Mastenteiles Verwendung findet, veröffentlicht[1]. Die Aufstellung besonderer Vorschriften erwies sich als notwendig, weil des öfteren unter der Bezeichnung „Karbolineum" Stoffe angeboten wurden, die sich in keiner Weise für den hier in Frage kommenden besonderen Verwendungszweck eigneten.

Seit längerer Zeit wird auch farbiges Karbolineum hergestellt, welches insbesondere für die Außenbehandlung von Holzbauten aller Art Verwendung findet. Hauptsächlichster Grundstoff ist auch für dieses Produkt das hochsiedende Anthracenöl. Ein anderes Erzeugnis, das auf ähnlicher Grundlage basiert, ist das farbige Lasolineum. Es wird sowohl lasierend als auch deckend geliefert und kann, da das mit ihm behandelte Holz schon kurze Zeit nach der Behandlung nicht mehr riecht, auch als Innenanstrichmittel verwendet werden. Außer diesem gefärbten Erzeugnis wird schließlich noch ein in seiner holzschützenden Wirkung weiter verbessertes farbloses Imprägnierlasolineum hergestellt. Dasselbe ist zum Anstreichen der fertig zugerichteten Hölzer, die sich bei der Schutzbehandlung nicht verziehen dürfen, in den Fällen vorgesehen, in denen gleichzeitig eine holzschützende und wasserabweisende Eigenschaft des Schutzmittels gefordert wird. Trotz seiner Steinkohlenteerbasis ist das Mittel farblos und geruchsschwach; auch hat es nicht die unangenehme Eigenschaft der üblichen Steinkohlenteerprodukte, durch nachträglich aufgebrachte Farb- oder Lackanstriche durchzuschlagen. Es besitzt also eine vielseitige Anwendungsmöglichkeit.

Nach den deutschen Patentschriften 121901/1899 nebst Zusätzen 129167/1901 und 168611/1905 von H. Noerdlinger soll das Teeröl zwecks Erhöhung seiner antiseptischen Wirkung und Viskosität sowie zur Verbesserung des Geruches und der Farbe mit löslichen Salzen des Kupfers, Quecksilbers, Silbers, Zinks usw. behandelt werden. Ein seinerzeit nach diesen Patenten hergestelltes „gekupfertes" Karbolineum ist unter dem Namen „Barol" in den Handel gebracht worden.

Graf & Co. (D.R.P. 63318/1891) haben vorgeschlagen, Steinkohlenteeröl (oder Holzteeröl) mit ozonisiertem Sauerstoff oder ozonisierter Luft zu behandeln, um es für den Anstrich von Holz besser verwendbar zu machen.

Nach der deutschen Patentschrift 213715/1909 der Gewerkschaft des Steinkohlenbergwerks Lothringen soll das als Holzanstrichmittel zu verwendende Teeröl dadurch verbessert werden, daß man es mit kleinen Mengen Tetrachlorkohlenstoff, eventuell unter Zusatz von Salzsäure, versetzt, auf 200 bis 300° C erhitzt und einen Teil des Reaktionsgemisches abdestilliert.

---

[1] Vgl. Ztschr. Mitteilungen d. Vereinigung d. Elektr.-Werke, Jahrg. 1925, Nr. 384.

Eine Verbesserung der Schutzwirkung des Steinkohlenteeröles suchte Falck dadurch zu erreichen, daß er dem Teeröl geringe Mengen niedrigsiedender, stark antiseptischer Stoffe hinzusetzte, die als Atmungsgifte wirken sollten. Als derartige Stoffe sollten z. B. niedrigsiedende Benzolkohlenwasserstoffe, wie Benzol, Toluol oder Xylol bzw. deren Nitro- oder Chlorverbindungen, in Mengen von 0,5—5% des verwendeten Imprägnieröles benutzt werden[1]. Eine Verwendung derartiger Imprägnieröle ist indessen nicht erfolgt.

Für ein unter der Bezeichnung „Créosite" (auch „Scafoil") in den Handel gebrachtes Steinkohlenteeröl wurde zeitweilig seitens belgischer Firmen erhebliche Propaganda gemacht. Das Produkt soll nach Angabe der Hersteller kein Naphthalin enthalten, auch in der Kälte völlig flüssig bleiben und ohne Anwendung von Vakuum und Druck sowie ohne Erwärmung im Eintauchverfahren angewendet werden. Infolge seines Gehaltes von über 25% höheren Phenolen sowie an der Luft verharzenden Bestandteilen soll es besonders wertvoll für die Holzkonservierung sein. Trotz dieser angeblich so großen Vorzüge vor dem normalen Steinkohlenteer-Imprägnieröl hat das Créosite (Scafoil) in Deutschland keine Bedeutung erlangt.

Eine Erhöhung der antiseptischen Kraft des Steinkohlenteeröls wurde z. B. zur Bekämpfung der im Meerwasser lebenden Holzschädlinge verschiedentlich auch durch Zusatz von Fraßgiften zu erreichen versucht. Nach dem Vorschlag von Wolman, Peters und Pflug[2] sollten den für die Holztränkung in Betracht kommenden Ölen mineralischen Ursprungs Komplexsalze der Weinsäure mit Arsen und einer organischen Base (z. B. Anilin, Pyridin, Chinolin oder Strychnin) hinzugesetzt werden. Zu demselben Zweck schlug M. Reinhard[3] den Zusatz der in Pflanzenölen gelösten Komplexsalze des Arsens vor. Beide Vorschläge haben keine Verwendung in der Praxis gefunden.

Eine Erhöhung der wasserabweisenden Kraft des Steinkohlenteeröles und eine Verminderung der Verdunstung dieses Öles aus den imprägnierten Hölzern sowie gleichzeitig eine Streckung desselben sollen die Zusätze von Steinkohlenteer und Steinkohlenteerpech bewirken. Steinkohlenteer mit niedrigem Gehalt an freiem Kohlenstoff wird namentlich in den USA bereits seit etwa 40 Jahren im Gemisch mit Steinkohlenteeröl zur Holztränkung in großem Umfange benutzt; diese Gemische bzw. Lösungen enthalten bis zu 50% Teer (s. auch S. 297). Sie sind besonders wichtig für die Tränkung solcher Hölzer, welche nach dem Einbau nicht mehr „arbeiten", d. h. ihr Volumen nicht mehr verändern dürfen (z. B. Pflasterklötze). Der Gehalt der zur Mischung verwendeten Teere an freiem Kohlenstoff muß entweder von Hause aus gering sein, oder die Teere müssen vor der Verwendung filtriert werden. Andernfalls müßte bei Ausführung der Imprägnierung mit einer Verstopfung der Leitungsbahnen des Holzes gerechnet werden, wodurch eine ungenügende Durchtränkung

---

[1] Vgl. Deutsche Patentanmeldungen F. 60 739/1926, F. 69 457/1929 und F. 71 734/1931.

[2] Vgl. D.R.P. 439 430/1926.

[3] Vgl. D.R.P. 502 540/1926.

des Holzes bedingt sein würde, die natürlich vermieden werden muß. Im Jahre 1948 wurden in den USA nicht weniger als etwa 260 000 t derartiger Teer-Teerölgemische für Holzkonservierungszwecke verbraucht[1]. Auch in England hat man seit altersher dem Steinkohlenteeröl gelegentlich etwas Teer hinzugesetzt, doch war in diesem Falle vornehmlich beabsichtigt, den getränkten Hölzern eine dunklere Farbe zu verleihen, als sie bei der Tränkung mit reinem Steinkohlenteeröl zu erreichen war.

Lösungen von Steinkohlenteerpech in Steinkohlenteeröl (Pechgehalt der Gemische 10—20%) wurden in Deutschland vor dem zweiten Weltkrieg auf Veranlassung der Reichsbahn vorübergehend versuchsweise zur Holztränkung verwendet. Durch den Pechzusatz sollte — ebenso wie bei dem Zusatz von Teer — eine bessere Abdichtung des imprägnierten Holzes gegen Feuchtigkeitsaufnahme sowie gleichzeitig eine Herabsetzung der Verdunstung des Imprägnieröles aus den getränkten Hölzern erreicht werden (s. auch S. 297). Die Verwendung dieser Lösungen erfolgte teils in filtriertem, teils in nicht filtriertem Zustande. Namentlich bei der Behandlung schwer durchtränkbarer Hölzer, z. B. Buche, machte sich der aus dem Pech stammende freie Kohlenstoff störend bemerkbar durch schmierige Ablagerungen auf der Oberfläche der imprägnierten Hölzer sowie durch die schlechtere Verteilung des Tränkstoffes in den Hölzern. Eine allgemeine Anwendung dieser Pech-Teeröl-Lösungen ist seinerzeit nicht erfolgt.

Von den Verfahren, welche die Überführung des Steinkohlenteeröles in mit Wasser verdünnbare Emulsionen bezwecken, ist bereits an anderer Stelle (s. S. 246 ff.) das Erforderliche gesagt worden.

Auf die Streckung des Steinkohlenteeröles mit anderen Teeren oder sonstigen öligen Stoffen wird im folgenden bei der Behandlung dieser Produkte eingegangen werden.

β) Urteer (Tieftemperaturteer).

Während die trockene Destillation der Steinkohle in Kokereien und Gasanstalten bei Temperaturen von etwa 1000 bis 1200° C erfolgt, geht die Bildung des Urteeres bereits bei etwa 500° C vor sich. Die Urteere (Tieftemperaturteere) unterscheiden sich in ihrer Zusammensetzung wesentlich von den Gasanstalts- und Kokereiteeren. Ihre Zusammensetzung ist abhängig von der Art der verwendeten Kohle, der Temperatur, bei der die Verkokung erfolgt, und schließlich auch von der Vorrichtung, in welcher die Verkokung durchgeführt wird. Charakteristisch für sämtliche Urteere ist der vorwiegend aliphatische Charakter der Kohlenwasserstofföle, ein hoher, bis zu etwa 50% gehender Gehalt an Phenolen — namentlich hochmolekularen — und das Fehlen größerer Mengen von aromatischen Kohlenwasserstoffen.

Praktische Erfahrungen über die Brauchbarkeit des Steinkohlenurteers zur Konservierung des Holzes liegen in Deutschland noch nicht vor. Auf

---

[1] Vgl. H. B. Steer, Wood-Preservation Statistics 1948, Proceed. Amer. Wood-Pres. Assoc. 1949, S. 413.

Grund seiner chemischen Zusammensetzung dürfte er, für sich allein verwendet, kein besonders brauchbares Holzschutzmittel darstellen.

Über die Verwendbarkeit der Urteerphenole zur Holzkonservierung wurden von Peters einige Untersuchungen ausgeführt[1]. Diesen zufolge wäre es möglich, die höher siedenden Urteerphenole oder die dieselben enthaltenden Fraktionen zur Konservierung von Holz zu verwenden. Ob der im Laboratoriumsversuch erzielte Erfolg auch bei Verwendung derartig getränkter Hölzer in der Praxis zu erreichen ist, kann nur durch entsprechende Versuche ermittelt werden[2].

Die in Deutschland erzeugten Urteere sind teils der Hydrierung, teils der Verarbeitung auf sonstige Spezialprodukte zugeführt worden. Die gesamte deutsche Jahresproduktion dürfte sich vor Ausbruch des zweiten Weltkrieges auf höchstens 10 000—15 000 t belaufen haben.

γ) Braunkohlenteer und Derivate.

Braunkohlenteere, die bei der Verschwelung und Vergasung von Braunkohle in Schwelöfen oder Gaserzeugern gewonnen werden, sowie die aus diesen Teeren hergestellten Braunkohlenteeröle haben für die Holzkonservierungsindustrie wegen ihrer chemischen Zusammensetzung und teilweise auch wegen ihrer physikalischen Eigenschaften nur geringe Bedeutung erlangt; zudem können sie für andere Zwecke vorteilhafter verwertet werden. Als Nebenprodukte der Braunkohlenteerverarbeitung, welche pilztötende Eigenschaften besitzen, und die man infolgedessen in die Holzkonservierung einzuführen versucht hat, sind zu nennen: das Kreosotnatron und das Kreosotöl.

Das Kreosotnatron ist eine dickflüssige, schwarzgefärbte, wässerige Flüssigkeit von stark alkalischer Reaktion, die durch Waschen der mit Schwefelsäure behandelten, von phenolartigen Bestandteilen zu befreienden Öle mit Natronlauge erhalten wird. Es enthält die verschiedenen im Braunkohlenteer vorkommenden Phenole und wurde namentlich früher in manchen Fällen, besonders in den Braunkohlengruben selbst, zur Konservierung der Grubenhölzer benutzt, nachdem das überschüssige Natron durch Hinzumischen von Braunkohlenteerphenolen abgestumpft worden war[3]. Wegen der ungünstigen Eigenschaften, welche derartige Phenolatlösungen besitzen (s. S. 324), wird das Kreosotnatron bereits seit geraumer Zeit als Holzschutzmittel nicht mehr verwendet. Bei der Zersetzung des Kreosotnatrons mit Säuren gewinnt man das „Rohkreosot", das mit den Säureharzen gemischt destilliert, das „Kreosotöl" liefert. Dasselbe enthält 40—60% Phenole. Es besitzt einen äußerst unangenehmen, auf seinem Gehalt an Schwefelverbindungen beruhenden Geruch.

Erwähnt sei noch, daß in der zweiten Hälfte des vorigen Jahrhunderts, als man der Meinung war, daß die als gute Holzschutzstoffe bekannten Steinkohlenteeröle diese Eigenschaft ihrem Gehalt an phenolartigen

---

[1] Vgl. Ztschr. Brennstoff-Chemie, 1922, Nr. 13, S. 188.

[2] Über das Verhalten von Mischungen aus Erdölen und Urteerdestillaten vgl. Proceed. Amer. Wood-Pres. Assoc. 1924, S. 147 ff.

[3] Vgl. W. Scheithauer, Die Braunkohlenteerprodukte, 2. Aufl., Hannover, S. 68.

Bestandteilen verdankten, eine Anreicherung der Steinkohlenteeröle an
Phenolen dadurch bewirkt wurde, daß man ihnen aus der Braunkohlenteerverarbeitung stammende Phenole hinzusetzte. Diese Verwendung ist
aber nur von verhältnismäßig kurzer Dauer gewesen.

Infolge der Schwierigkeiten, welche die Beschaffung von Steinkohlen-
teerprodukten für Holzschutzzwecke seit Beendigung des zweiten Weltkrieges in Ostdeutschland bereitet, hat sich hier die Aufmerksamkeit der
an der Holzimprägnierung interessierten Kreise in erhöhtem Maße dem
Braunkohlenteer und seinen Derivaten zugewendet. Wegen der im
wesentlichen aliphatischen Natur der Braunkohlenschwelteere sind diese
sowie ihre Destillate keine geeigneten Ersatzstoffe für die aromatischen
Steinkohlenteere und -teeröle, denn ihre holzschützende Wirkung
gründet sich im wesentlichen auf ihren Phenolgehalt, während ihre neutralen Bestandteile, die Kohlenwasserstoffe, praktisch wirkungslos sind.
Sollte die Beschaffung des benötigten Steinkohlenteeröles auch weiterhin
unmöglich sein, so müßte also geprüft werden, inwieweit Braunkohlenteere,
die bei höheren Temperaturen gewonnen werden, als Steinkohlenteer-
ersatzstoffe empfohlen werden können und in welchen Mengen ein derartiges Material der ostdeutschen Holzkonservierungsindustrie zur Verfügung gestellt werden könnte.

Die Produktion der deutschen Braunkohlenschwelereien an Teer betrug im Jahre 1937 lt. Angabe des statistischen Jahrbuches für das
Deutsche Reich 634000 t. Diese Teermengen wurden bereits in den
letzten Jahren vor dem zweiten Weltkrieg in steigendem Maße der Verarbeitung auf Benzin durch Hydrierung zugeführt.

δ) Holzteer und Destillate.

Der Holzteer entsteht bei der trockenen Destillation des Holzes, welche
als festen Rückstand Holzkohle ergibt, während die übrigen Zersetzungs-
produkte zum Teil in gasförmigem (CO_2, CO, CH_4, C_2H_4), zum Teil in
flüssigem Zustande (Holzessig) erhalten werden. Die Gewinnung von
Holzkohle war früher stets der Hauptzweck der Holzverkohlung, da die
ursprüngliche Verkohlung in Meilern die Gewinnung der flüssigen und
gasförmigen Produkte nicht gestattete. Dies änderte sich erst, als man
die Destillation des Holzes in eisernen Retorten einführte, und namentlich als zu Anfang des 19. Jahrhunderts sich zeitweise für die Herstellung
von Anilinfarben eine starke Nachfrage nach Holzgeist (Methylalkohol),
welcher aus dem rohen Holzessig gewonnen wurde, geltend machte. Die
gasförmigen Destillationsprodukte werden zu Heizzwecken oder zum
Antrieb von Motoren verwendet, während der rohe Holzessig auf Methylalkohol, Essigsäure und Aceton verarbeitet wird. Der bei der Verkohlung
von Laubhölzern gewonnene Teer, der sich aus dem rohen Holzessig ab-
setzt, wird infolgedessen auch „Absetzteer" genannt. Außer diesem „Absetzteer" liefert die Verkohlung der Laubhölzer den sogenannten „Blasen-
oder Rückstandsteer", welcher als Blasenrückstand bei der Destillation
des vom abgesetzten Teer befreiten Holzessigs erhalten wird[1].

---

[1] Vgl. M. Klar, Technologie der Holzverkohlung, 2. Aufl., Berlin 1921, S. 56.

Meistens begnügt man sich mit der Gewinnung von Essigsäure und Holzgeist und bringt dann den Rückstand als wasserfreien Teer in den Handel. Manche Fabriken verarbeiten den Laubholzteer nach der Gewinnung von Essigsäure und Holzgeist durch Destillation weiter und gewinnen hierbei leichte und schwere Öle und Holzteerpech. Aus den schweren Ölen können die phenolartigen Bestandteile durch Extraktion mit Natronlauge entfernt werden. Sie dienen zur Gewinnung von Guajakol, dem Methylester des Brenzkatechins (s. S. 322).

In den Holzteerölen sowie auch in dem Holzteer, sofern er genügend dünnflüssig ist, sind gute Holzkonservierungsmittel zu erblicken; doch ist der Entfall an Holzteer und seinen Ölen so gering, daß diese Produkte keine erhebliche Rolle für die Konservierung des Holzes spielen.

Der Nadelholzteer ist ein wesentlich wertvolleres Produkt als der Laubholzteer. Er stellt eine in dünnen Schichten goldgelbe bis orangefarbene, viskose Flüssigkeit dar und wird zum Anstreichen von hölzernen Schiffen, zum Teeren von Tauwerk usw. verwendet.

Nach der deutschen Patentschrift 236 199/1908 (Polifka und Hacker) sollte ein Holzimprägniermittel aus einem 40—70 % Phenole enthaltenden Holzteeröl und einem hochsiedenden Mineralöldestillat hergestellt werden.

Unter der Bezeichnung „Syllit" ist in Schweden etwa ab 1924 vorübergehend ein Imprägniersalzgemisch verwendet worden, welches aus

78 Gewichtsteilen Fluornatrium,

20 Gewichtsteilen Natriumsalzen von Holzteerphenolen und

2 Gewichtsteilen Natriumbichromat

bestand (Hersteller: Stockholms Superfosfatfabriks A./B.).

ε) Torfteer und Torfteeröl.

Der widerlich riechende Torfteer wird bei der trockenen Destillation von Torf in einer Ausbeute von 3—8 %, bezogen auf verkohlten Torf, gewonnen. Ausbeute und Zusammensetzung sind abhängig von der Art des Torfes und der Destillationsmethode. Aus 100 Teilen rohem Teer werden etwa 60 Teile Öl, 10 Teile Paraffin und 20 Teile Pech erhalten. Das Torfteeröl ist reich an Phenolen. Die Nebenprodukte der Torfdestillation sind denen der Braunkohlenschwelerei ziemlich ähnlich.

Für die deutsche Holzimprägnierindustrie haben weder Torfteer noch Torfteeröl bisher eine Bedeutung erlangt. Dagegen ist Torfteer z. B. in Italien im Gemisch mit Steinkohlenteeröl zur Holzkonservierung benutzt worden[1], während in Rußland Torfteeröl für sich allein zu diesem Zweck Verwendung gefunden hat[2].

ζ) Schieferteer und Derivate.

Der bei der Verschwelung bituminöser Schiefer erhaltene Teer stellt eine dunkelbraune bis schwarze Masse dar, die je nach ihrem Paraffingehalt

---

[1] D. R. P. 487 316/1924 (G. Franciosi).

[2] Vgl. G. J. Nowitzki, W. W. Stogow u. D. P. Bjellow, Die Schwellentränkung auf den Imprägnierwerken (russ.), S. 26, Moskau 1941, Regierungsverlag für Transport- u. Eisenbahnwesen.

von zähflüssiger bis butterartiger Beschaffenheit ist. Der durchdringende, unangenehme Geruch ähnelt dem des Braunkohlenteers. Das spezifische Gewicht liegt zwischen 0,850 und 0,950 bei 20° C. Der Teer enthält auch Phenole, und zwar je nach Herkunft in mehr oder weniger großen Mengen.

Vom chemischen Standpunkt aus beurteilt ähneln — abgesehen von ihrem Gehalt an Phenolen — die Schieferteere und ihre Destillationsprodukte, die Schieferteeröle, den Erdölen. Schon auf Grund dieser Tatsache kann man den Schluß ziehen, daß sie bei weitem nicht so gut wie z. B. das Steinkohlenteeröl zur Bekämpfung der holzzerstörenden Pilze geeignet sein werden. Für ihre Verwendung zu dem genannten Zweck ist trotzdem seit den Jahren vor dem zweiten Weltkrieg besonders von der estländischen Ölschieferindustrie Propaganda gemacht worden. Die dort aus dem Kukkersit, einem bitumenreichen Ölschiefer, in erheblichen Mengen gewonnenen Öle sind für sich allein weniger zur Holzkonservierung geeignet, da ihre holzkonservierenden Eigenschaften, verglichen mit Steinkohlenteeröl, nicht besonders günstig sind, und da sie — ebenfalls im Gegensatz zum Steinkohlenteeröl — auch noch bei 50° C verhältnismäßig zähflüssig sind, so daß ihre Verteilung im Holz Schwierigkeiten bereitet. Ähnlich wie beim Braunkohlenteer und beim Torfteer ist die fungizide Wirksamkeit auch bei den Schieferteerprodukten hauptsächlich auf die sauren Öle, von denen z. B. die estnischen Teere 20—30% enthalten, beschränkt. Die entsäuerten Öle zeigen nur schwache fungizide Eigenschaften. Zur Streckung des Steinkohlenteeröles können jedoch geeignete Schieferteeröle sehr wohl verwendet werden, und z. B. in Schweden, Norwegen, Finnland und Litauen sind derartige Ölgemische zur Holztränkung benutzt worden. Seitens der estländischen Ölschieferindustrie sind auch die wässerigen Lösungen der aus dem Schieferteer gewonnenen Phenolate zur Holzkonservierung empfohlen und z. B. bei den estnischen Staatsbahnen zur Schwellenimprägnierung verwendet worden[1]. Gegen diese Art der Holzkonservierung müssen dieselben Bedenken geltend gemacht werden, welche gegen jedes unter alleiniger Verwendung derartiger Phenolatlösungen arbeitende Holzschutzverfahren zu erheben sind, und über welche an anderer Stelle (s. S. 324) noch gesprochen werden wird.

η) Wassergasteer.

Der Wassergasteer entsteht aus Gasölen durch pyrogene Zersetzung bei dem sogenannten heißen Karburieren von Wassergas. Das Wassergas ist ein Gemisch von Kohlenoxyd und Wasserstoff, das durch Einwirkung von Wasserdampf auf glühende Kohle entsteht. Um dieses Gasgemisch

---

[1] Vgl. N. Weiderpass, Neuere Forschungen über die Anwendbarkeit des Brennschieferöles und der Phenolate zur Holzkonservierung; N. Weiderpass u. P. Kogermann, Über die Anwendbarkeit der Brennschieferöl-Phenolate zur Holzkonservierung, Sitzungsberichte der Naturforscher-Gesellschaft bei der Universität Tartu, Bd. XXXIII, 1926, 1; K. Luts, Der Estländische Brennschiefer-Kukersit, seine Chemie, Technologie und Analyse, Tartu 1934, S. 229/37.

mit Kohlenwasserstoffen anzureichern, wird es dem heißen Karburieren unterworfen durch Zumischen von Ölgas, welches aus Gasölen bei Glühhitze durch Zersetzungsdestillation hergestellt wird. Die verwendeten Gasöle sind hochsiedende Fraktionen, meistens aus Mineralölen oder auch aus Braunkohlenteer; sie werden in geeigneten Vorrichtungen durch Erhitzen in Gase verwandelt, wobei als Nebenprodukt Wassergasteer erhalten wird. Letzterer enthält gewöhnlich nur Spuren von freiem Kohlenstoff und besteht aus noch unzersetztem Gasöl, sowie aromatischen Zersetzungsprodukten desselben.

In Deutschland hat der Wassergasteer für die Holzkonservierung keine Bedeutung. Dagegen ist er, ebenso wie die aus ihm durch Destillation erhaltenen Öle, in größerem Maßstabe in den USA als Holzschutzmittel verwendet worden. Nach den in den Proceedings der American Wood-Preservers' Association enthaltenen statistischen Angaben ist jedoch der Verbrauch in den letzten 25 Jahren ständig zurückgegangen.

b) Erdöl und Erdölprodukte.

Im Gegensatz zu den im vorstehenden besprochenen Teeren und Teerölen ist das Erdöl ein Naturprodukt, welches je nach seiner Herkunft sehr verschiedene Beschaffenheit besitzt. In seiner chemischen Zusammensetzung unterscheidet es sich vom Steinkohlenteeröl dadurch, daß es vorwiegend aus Kohlenwasserstoffen nicht aromatischer Natur besteht, wenngleich sich im allgemeinen allerdings nur sehr geringe Mengen dieser für das Steinkohlenteeröl charakteristischen Verbindungen auch in vielen Erdölen nachweisen lassen. In der Hauptsache bestehen die Erdöle, je nach ihrer Herkunft, entweder aus gesättigten und ungesättigten Verbindungen der Paraffinreihe oder aus Naphthenen, d. h. hydrierten Benzolkohlenwasserstoffen. Während z. B. die meisten nordamerikanischen Erdöle paraffinischen Charakter besitzen, sind die Naphthene kennzeichnend für das russische Erdöl. Außer den Kohlenwasserstoffen seien als Bestandteile der Erdöle hier noch die Naphthensäuren genannt, deren Schwermetallsalze — besonders das naphthensaure Kupfer — als Holzkonservierungsmittel verwendet werden (s. S. 321 und 354).

Hinsichtlich der physikalischen Eigenschaften des rohen Erdöles sei nur gesagt, daß es leichter als Wasser (spez. Gewicht des rohen Öles bei 20° C im allgemeinen zwischen 0,82 und 0,96) und mit diesem nicht mischbar ist. Es ist dickflüssig, im allgemeinen dunkel gefärbt und besitzt infolge seines Gehaltes an Schwefelverbindungen fast immer einen höchst unangenehmen Geruch. Die Aufarbeitung des rohen Eröles erfolgt durch fraktionierte Destillation und, soweit erforderlich, durch Raffination der Destillate.

Da das Erdöl und seine Derivate mit Ausnahme der Naphthensäuren und ihrer Salze kaum irgendwelche spezifischen Giftwirkungen auf die Holzzerstörer ausüben, werden sie für sich allein als Holzschutzmittel nicht verwendet[1]. Schätzenswert ist dagegen die Fähigkeit der höher-

---

[1] Über einige Ausnahmen vgl. S. 320.

siedenden Erdölfraktionen, das mit ihnen getränkte Holz in hohem
Maße vor dem Eindringen von Feuchtigkeit zu schützen. Darauf ist es
auch zurückzuführen, daß mit solchen Erdölprodukten getränkte Hölzer
unter den Einflüssen der Witterung weniger der Rißbildung ausgesetzt
sind, als z. B. mit Steinkohlenteeröl imprägnierte. Auf die wasserabweisende Wirkung des mit geeigneten Erdölprodukten getränkten
Holzes ist auch dessen geringe Leitfähigkeit für den elektrischen Strom
zurückzuführen.

Wenngleich das Erdöl und seine Destillate als Holzzschutzmittel keine
nennenswerte Anwendung gefunden haben, so sind diese Öle aber andererseits in großem Maßstabe benutzt worden, um als Lösungs- oder Verdünnungsmittel für die eigentlichen Schutzstoffe zu dienen. Natürlich kann
diese Verwendung des Erdöls nur in solchen Ländern in Betracht kommen,
in denen es in genügenden Mengen und zu entsprechenden Preisen für diese
Zwecke verfügbar ist. Zu nennen sind hier z. B. Rußland, Rumänien und
die USA. In erster Linie dienen in diesen Ländern die Erdölprodukte
zur Streckung des ihnen nur in ungenügenden Mengen zur Verfügung
stehenden Steinkohlenteeröles. Bei der Auswahl der hierfür zu verwendenden Erdölerzeugnisse muß u. a. besonders darauf geachtet werden,
daß sie in der Mischung mit dem Steinkohlenteeröl nicht zur Abscheidung
größerer Mengen schlammartiger Stoffe Anlaß geben. Durch derartige Niederschläge würde nicht nur die Oberfläche der getränkten
Hölzer schmierig, sondern auch das Eindringen des Ölgemisches in das
Holz behindert, und schließlich die Wirksamkeit der in den Tränk-
und Lagergefäßen befindlichen Heizschlangen ungünstig beeinflußt
werden.

Als Erdölprodukte, welche in Rußland bei der Holztränkung Verwendung finden, sind zu nennen Masut, sowie Grün- oder Braunöl und
ein dem Solaröl nahestehendes, „Solventnaphtha" genanntes Destillat.
Sowohl beim Masut als auch beim Grün- und Braunöl handelt es sich um
hochsiedende Erdölprodukte, während die „Solventnaphtha" wohl als
ein dem Gasöl ähnliches Destillat anzusehen ist[1]. In den USA sind Rohöle, Rückstände aus der Erdöldestillation, Heizöle sowie besonders Gasöle — daneben aber auch leichtere Destillate — als Lösungs- oder Verdünnungsmittel für die eigentlichen Schutzstoffe (Steinkohlenteeröl,
Pentachlorphenol, Kupfernaphthenat usw.) verwendet worden. Um bei
der Vermischung von Teer- und Erdöl die Abscheidung unlöslicher Stoffe
nach Möglichkeit zu vermeiden, werden auf Grund der gesammelten
Erfahrungen in den USA in erster Linie Erdöle auf Asphaltbasis zur
Herstellung der Teeröl-Erdölgemische benutzt. Die Verwendung derartiger Mischungen im Großbetrieb geht auf das Jahr 1909 zurück[2]. Der
Gehalt der Gemische an Teeröl oder Teer + Teeröl schwankt zwischen
30 und 70%; im allgemeinen werden gleiche Teile Teer- und Erdölpro-

---

[1] Vgl. G. I. Nowitzki, W. W. Stogow u. D. P. Bjellow, Die Schwellentränkung auf den Imprägnierwerken (russ.), S. 26, Moskau 1941, Regierungsverlag für Transport- und Eisenbahnwesen.
[2] G. M. Hunt u. G. A. Garratt, Wood Preservation, New York-London
1938, S. 115.

dukte gemischt. Durch Versuche Batemans[1] wurde festgestellt, daß die fungizide Kraft von Teeröl-Erdölmischungen wesentlich geringer ist, als sie dem Teerölgehalt der Mischungen zufolge sein sollte. Neuerdings hat man diesen Gemischen noch Pentachlorphenol oder Kupfernaphthenat hinzugesetzt und dadurch ihre antiseptische Kraft erhöht. Im Jahre 1948 wurden in den USA nicht weniger als rd. 36547000 Gallonen = etwa 125000 t Erdöl in der Holzkonservierungsindustrie verarbeitet[2].

Von den Vorschlägen der Patentliteratur, welche die Verwendung von Erdöl oder Erdöldestillaten in Mischung mit Teeren oder Teerölen betreffen, seien nachstehend einige erwähnt. Die österreichische Patentschrift 32265/1908 (Polifka und Illek) bezieht sich auf eine Imprägnierflüssigkeit, die aus Holzteeröl und neutralem Mineralöl besteht. Die österreichische Patentschrift 46079/1910 der Impregnator A. G. beschreibt ein Imprägniermittel, das aus Steinkohlenteeröl und neutralem Mineralöl zusammengesetzt ist. In der österreichischen Patentschrift 55070/1912 (Guido Rütgers) ist vorgeschlagen worden, Steinkohlenteeröl, Holzteeröl, Torfteeröl, Rohöle, neutrale Mineralöle usw. im Gemisch mit Braunkohlenteeröl oder Braunkohlenteer zur Konservierung von Holz zu verwenden. In der amerikanischen Patentschrift 1036706/1912 von Powell ist ein Imprägnierungsmittel beschrieben, das aus Steinkohlenteeröl und aus geeigneten, von den leichtflüchtigen Bestandteilen befreiten Erdölen besteht. Einen ähnlichen Vorschlag enthält die amerikanische Patentschrift 1045110/1912 von Ellis.

Eine andere Möglichkeit zur Verwendung des Erdöls bei der Holzimprägnierung besteht darin, seinen Destillaten antiseptisch wirkende Verbindungen einzuverleiben. So ist z. B. bereits in den amerikanischen Patentschriften 871392/1907 und 991434/1911 von C. Ellis vorgeschlagen worden, das Holz mit Erdöl zu imprägnieren, in dem Kupferphenolat oder -oleat gelöst ist. Dem amerikanischen Patent 1017636/1912 zufolge sollen schließlich nach Ellis zwecks Herstellung eines Holzkonservierungsmittels dem Erdöl Arsenverbindungen in geeigneter löslicher Form hinzugesetzt werden. Auch als Lösungsmittel für andere Holzimprägnierstoffe organischer Natur, wie z. B. Tetra- und Pentachlorphenol, β-Naphthol, Chlor-β-Naphthol sowie Chlor-o-phenylphenol sind namentlich leichtsiedende Erdöldestillate, welche nach dem Anstreichen oder Bespritzen des Holzes schnell wieder verdunsten, neuerdings in den USA öfters benutzt worden. Die Verwendung derartiger Lösungen ermöglicht einen Oberflächenschutz des Holzes auch in solchen Fällen, in denen die fertig hergerichteten Werkstücke, wie z. B. Türen, Fensterrahmen, Automobilteile u. dgl., ihre Form nicht verändern dürfen und alsbald nach Ausführung der Schutzbehandlung verwendet werden sollen (s. auch S. 327).

---

[1] E. Bateman, Note on the Toxicity of Mixtures of Creosote and Petroleum Oils, Proceed. Amer. Wood-Pres. Assoc., 1924, S. 139/140; H. Schmitz, The Toxicity to Wood-Destroying Fungi of Coal-Tar Creosote-Petroleum and Coal-Tar Creosote-Coal-Tar-Mixtures, Proceed. Amer. Wood-Pres. Assoc., 1933, S. 125/139.

[2] Vgl. H. B. Steer, Wood Preservation Statistics 1948, Proceed. Amer. Wood-Pres. Assoc., 1949, S. 413.

Ferner hat man die Imprägnierung des Holzes mit wässeriger Chlorzinklösung in den USA mit der Erdölimprägnierung kombiniert, um in den besonders niederschlagsreichen Gegenden das Auswaschen des Chlorzinks aus dem Holz zu erschweren. Im allgemeinen ist man hierbei in der Weise vorgegangen, daß man das Holz zunächst in üblicher Weise mit Chlorzinklösung behandelte, dann die Hölzer an der Luft trocknen ließ und sie schließlich nach dem Vollimprägnierungsverfahren mit Erdöl imprägnierte. Man hat aber auch versucht, das Holz zunächst mit Erdöl zu imprägnieren und unmittelbar darauf folgend die Behandlung mit Chlorzinklösung vorzunehmen. Es sind ferner Versuche ausgeführt worden, in denen das Holz zuerst mit einer 7—8 prozentigen Chlorzinklösung und unmittelbar darauf mit Erdöl imprägniert wurde, und zwar beidemal nach dem Rüping-Verfahren[1]. Schließlich ist noch versucht worden, die vorgenannten Doppeltränkungen durch ein einfaches Tränkverfahren zu ersetzen, bei welchem als Tränkflüssigkeit eine Emulsion aus wässeriger Chlorzinklösung und Erdöl Verwendung fand[2].

In einem gewissen Gegensatz zu den bisher behandelten Verfahren, bei denen das Erdöl in chemisch unverändertem Zustande zur Imprägnierung benutzt wurde, steht der Vorschlag von Deditius in der deutschen Patentschrift 188613/1906. Nach dem in dieser Patentschrift beschriebenen Verfahren soll man Rohpetroleum mit Schwefel in der Weise erhitzen, daß die bis 150° C flüchtigen Öle abdestillieren. Dann folgt eine Zeitlang ein Erhitzen am Rückflußkühler und zum Schluß ein weiteres Destillieren, bis ein Rückstand mit den gewünschten Siedegrenzen zurückbleibt. Das in dieser Weise mit Schwefel behandelte Erdöl soll nach Seidenschnur[3] eine erhebliche antiseptische Wirkung besitzen. Praktische Anwendung hat das Verfahren nicht gefunden.

Ein Erdölprodukt mit fungiziden Eigenschaften wird übrigens auch in dem USA-Patent 2177448/1939 von H. B. Carpenter beschrieben. Es handelt sich hier um ein mittels flüssiger schwefliger Säure gewonnenes und sodann hydriertes Destillat aus einem naphthenischen Rohöl, welches, gemischt mit Steinkohlenteer, zur Holzkonservierung verwendet werden soll.

In einem anderen USA-Patent, Nr. 2207552/1940, von J. W. Butt, wird die Umwandlung aromatreicher Erdöle in Öle, die in ihren chemischen Eigenschaften den Steinkohlenteerölen nahekommen, beschrieben. Über den gleichen Gegenstand berichtet z. B. Vaughan in den „Proceedings" der American Wood-Preservers' Association, Jahrgang 1948.[4] Derartige Öle wurden in den USA unter der Bezeichnung „Panalene SN" versuchsweise zur Holzkonservierung verwendet[5].

---

[1] Vgl. Proceed. Amer. Wood-Pres. Assoc., 1924, S. 160/177.

[2] Vgl. A. M. Howald, A One-Movement Process for Impregnating Timber with Zinc Chloride and Petroleum, Proceed. Amer. Wood-Pres. Assoc. 1925, S. 81/101.

[3] Vgl. Chemiker-Zeitung 1909, Nr. 77.

[4] Vgl. I. A. Vaughan, The Chemical and Physical Properties of Hydrocarbon Oils as Related to Their Preservative Value, Proceed. Amer. Wood-Preserv. Assoc., 1948, S. 46/60.

[5] Vgl. Proceed. Amer. Wood-Preserv. Assoc., 1946, S. 193 und 1947, S. 218.

Bereits nach einem Vorschlag von Charitschkow[1] sollen zur Konservierung von Holz die in den Erdölen enthaltenen säureartigen, mit Lauge extrahierbaren Bestandteile (Naphthensäuren und dergl.) benutzt werden. Man gewinnt z. B. beim Waschen der Erdölprodukte mit Alkalilauge nach der Säurebehandlung zwecks Raffination Salze dieser Bestandteile. Diese sollen nach dem Vorschlag von Charitschkow in Kupfersalze übergeführt und in Ligroin gelöst zur Tränkung von Holz benutzt werden. Kupfernaphthenat hat, wie bereits bemerkt, neuerdings in den USA, gelöst in Mineralölen und oder Steinkohlenteeröl, eine gewisse Anwendung gefunden. Bereits Mitte der zwanziger Jahre ist übrigens Kupfernaphthenat, gelöst in Mineralölen oder aromatischen Kohlenwasserstoffen, von Dänemark aus (Hersteller: A. S. Kymeia, Kopenhagen) unter der Bezeichnung „Cuprinol" als Holzanstrichmittel in den Verkehr gebracht worden. Schon damals wurde u. a. auch vorgeschlagen, das Mittel als Zusatz zu Karbolineum oder anderen Teerölen zu verwenden (s. auch S. 354)

Metallsalze der Naphthensäuren, wiederum insbesondere Kupfernaphthenat, sollen nach dem D.R.P. 514981/1926 (S. Pissarew, Leningrad), auch in ammoniakalischer wässeriger Lösung, evtl. bei gleichzeitiger Anwesenheit von Fixierungsmitteln, zur Holzkonservierung Verwendung finden. Über eine Anwendung dieses Vorschlages in der Praxis ist nichts bekannt geworden.

In den Jahren nach dem ersten Weltkrieg sind in Polen Emulsionen aus Steinkohlenteeröl, Holzteer und Naphthensäuren zeitweilig in größerem Maße zur Holzimprägnierung verwendet worden. Diese unter Zusatz von Ammoniak hergestellten Emulsionen waren wenig beständig. Das von Kersnowski angegebene Mittel ist seinerzeit unter der Bezeichnung „Kresonapht" benutzt worden.

c) Phenole und deren Abkömmlinge.

α) Phenole.

Die Phenole bilden eine wichtige Gruppe der organischen Verbindungen. Im chemischen Sinne unterscheiden sie sich von den zugehörigen Kohlenwasserstoffen, dem Benzol, Toluol usw., dadurch, daß sie an Stelle eines oder mehrerer Wasserstoffatome eine oder mehrere OH-Gruppen enthalten. (Beispiele auf Seite 322 oben.)

Hierbei ist zu bemerken, daß die Anzahl der sogenannten isomeren[2] Phenole (bei den Kresolen sind es, wie vorstehend gezeigt, deren drei) bei den höheren Homologen schnell weiter zunimmt. Die Phenole kommen hauptsächlich in den verschiedenen Teeren vor, welche bei der trockenen Destillation von Stein- und Braunkohle, Holz oder dergleichen erhalten werden. Man gewinnt sie, indem man den Teer einer fraktio-

---

[1] Vgl. Adiassewitsch, Conservation du bois par imprégnation avec du pétrole, Moniteur des Intérêts Pétrolifères Roumains, 1902, Nr. 64 und 65.

[2] Unter isomeren Verbindungen versteht man solche, die qualitativ und quantitativ gleiche Zusammensetzung besitzen, sich aber infolge verschiedener Anordnung der Atome im Molekül in ihren physikalischen und chemischen Eigenschaften voneinander unterscheiden.

nierten Destillation unterwirft und die Phenole aus den geeigneten Fraktionen mittels Natronlauge auslaugt. Aus dieser alkalischen Lösung
werden sie durch Einleiten von Kohlensäure in Freiheit gesetzt und nach
Bedarf weiter getrennt und gereinigt.

$$
\begin{array}{cc}
\text{Benzol} & \text{Toluol}
\end{array}
$$

$$
\begin{array}{cccc}
\text{Phenol} & \text{Ortho-} & \text{Meta-} & \text{Para-}
\end{array}
$$

$$
\text{Kresol}
$$

Die ersten Glieder der Phenolreihe sind: das Phenol (C_6H_5OH), die drei
isomeren Kresole, Ortho-, Meta- und Para-Kresol von der gemeinsamen
Formel $C_6H_4CH_3OH$; die sechs isomeren Xylenole von der Formel
$C_6H_3(CH_3)_2OH$.

Im Steinkohlenteer finden sich außer diesen niedrigsten Gliedern der
Reihe auch höhere Homologe, sowie ferner die sogenannten mehrwertigen Phenole, welche an Stelle einer einzigen mehrere OH-Gruppen enthalten. Von letzteren seien beispielsweise die drei Isomeren des Anfangs-
gliedes der Reihe der 2-wertigen Phenole (Formel $C_6H_4(OH)_2$) genannt:

$$
\begin{array}{ccc}
\text{Brenzkatechin} & \text{Resorcin} & \text{Hydrochinon}
\end{array}
$$

Schließlich sind hier noch diejenigen Phenole zu erwähnen, die sich
von anderen, durch Kondensation zweier oder mehrerer Benzolkerne
entstandenen Kohlenwasserstoffen ableiten. Die für den Holzschutz

wichtigsten Vertreter dieser Phenole sind die Naphthole, welche sich vom Naphthalin ableiten, und zwar das α- und β-Naphthol von der Formel $C_{10}H_7OH$:

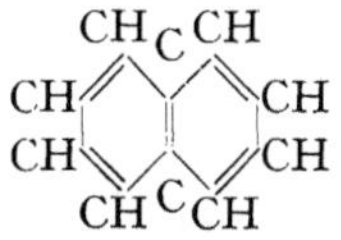

$$CH \quad C \quad CH$$
$$CH \diagup \diagdown CH$$
$$CH \diagdown \diagup CH$$
$$CH \quad C \quad CH$$

Naphthalin

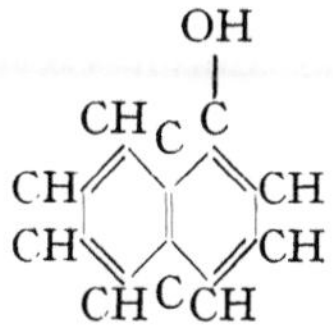

$$OH$$

$$CH \quad C \quad C$$
$$CH \diagup \diagdown CH$$
$$CH \diagdown \diagup CH$$
$$CH \quad C \quad CH$$

α-Naphthol

$$CH \quad C \quad CH$$
$$CH \diagup \diagdown C—OH$$
$$CH \diagdown \diagup CH$$
$$CH \quad C \quad CH$$

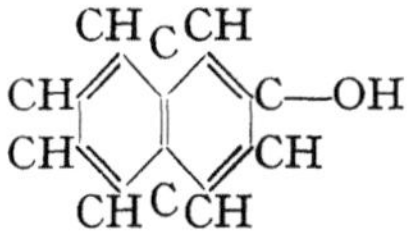

β-Naphthol

Das Phenol (C_6H_5OH) ist in Wasser von $15°$ C zu $8{,}2\%$ löslich[1]. Indessen nimmt die Wasserlöslichkeit bei den höheren Homologen schnell ab und sinkt praktisch auf Null. Dagegen lassen sich wässerige Lösungen auch der schwer löslichen Phenole herstellen, wenn man sie mit Alkalien, also z. B. Natronlauge, Ammoniak oder dergleichen, behandelt. Sie bilden nämlich mit diesen Alkalien in der Regel wasserlösliche Salze, sogenannte Phenolate, die aber leicht zersetzlich sind, z. B. schon durch die in der atmosphärischen Luft enthaltene Kohlensäure.

Das Phenol nimmt in der antiseptischen Praxis insofern eine besondere Stellung ein, als es dasjenige Mittel war, welches als erstes in der Wundbehandlung Verwendung gefunden hat (Lister 1867). In der Holzkonservierung wird das Phenol nicht verwendet. Es besitzt zwar eine erhebliche pilzwidrige Kraft, doch ist es infolge seiner leichten Auswaschbarkeit und Verdunstbarkeit zur Erzielung einer dauerhaften Schutzwirkung nicht geeignet.

Häufigere Anwendung zum Konservieren von Holz haben die Kresole bzw. das rohe Kresol, welches alle 3 Isomeren nebeneinander enthält (sogenanntes Trikresol), gefunden. So verwendete beispielsweise das Verfahren von Frost (D.R.P. 238889/1910) zum Holzschutz wässerige Lösungen der Kresole im Gemisch mit anderen Konservierungsmitteln. Es hat sich aber gezeigt, daß auch die Kresole noch zu flüchtig und noch zu leicht auswaschbar sind, um eine genügende Gebrauchsdauer des mit ihnen behandelten Holzes zu gewährleisten.

Bei den höher siedenden Gliedern der Phenolreihe kommt die Anwendung wässeriger Lösungen wegen der sehr schnell sinkenden Wasserlöslichkeit dieser Körper nicht in Frage. Wie schon gesagt, besteht aber die Möglichkeit, auch diese Phenole in Form ihrer Salze in wässerige Lösung zu bringen. Diese Salze sind, wie erwähnt, wenig beständig und

---

[1] Vgl. I. D'Ans u. E. Lax, Taschenbuch für Chemiker und Physiker, Berlin 1943, S. 550.

25*

werden z. B. schon durch die Kohlensäure der Luft wieder gespalten. Benutzt man also beispielsweise zum Imprägnieren von Holz eine wässerige Lösung von Xylenolnatrium, so bildet sich nach dem Verdunsten des Wassers unter dem Einfluß der in das Holz eintretenden kohlensäurehaltigen Luft freies Xylenol einerseits und Natriumcarbonat (Soda) andererseits. Durch die Soda kann, sofern sie in größerer Menge vorliegt, infolge ihrer alkalischen Reaktion eine Schädigung gewisser Teile der Zellwandungen des Holzes verursacht werden derart, daß dieses, verglichen mit rohem Holz, weniger widerstandsfähig gegen mechanische Beanspruchung wird. Da überdies namentlich die höher siedenden Phenole im Holz einer chemischen Veränderung durch Oxydation oder Kondensation ausgesetzt sind, durch welche ihre antiseptische Wirkung unter Umständen erheblich verringert wird, ist die alleinige Verwendung derartiger Phenolatlösungen zur Holzkonservierung nicht zu empfehlen.

In den Jahren vor dem ersten Weltkrieg haben wässerige Lösungen von Kresolcalcium vorübergehend eine praktische Anwendung zur Holzkonservierung gefunden durch das Verfahren der beiden schwedischen Erfinder von Heidenstam und Friedemann[1]. Diese gingen von der Ansicht aus, daß die Konservierung des Holzes mittels einer wässerigen Lösung von Kresolcalcium bessere Erfolge gewährleisten müsse als die Anwendung der entsprechenden Alkalisalze. Sie nahmen an, daß sich in dem mit einer wässerigen Kresolcalciumlösung vollimprägnierten Holz mit fortschreitender Austrocknung unter Einwirkung der in der Luft enthaltenen Kohlensäure in den äußeren Holzschichten ein zusammenhängender, luft- und wasserundurchlässiger Kalkmantel bilden würde, welcher die Auslaugung sowie die weitere Zersetzung des innerhalb dieses Mantels befindlichen Kresolcalciums verhindern sollte. Die Erwartungen der Erfinder haben sich indessen nicht erfüllt, und das Verfahren ist, nachdem es nur kurze Zeit in Schweden sowie versuchsweise in Österreich angewendet worden war, wieder verlassen worden.

In Deutschland ist während des ersten Weltkrieges wegen des damals bestehenden Mangels an Holztränkstoffen u. a. eine alkalische Lösung hoch siedender Phenole, welche als Rückstände bei der fraktionierten Destillation von Phenolen erhalten wurden, als Zumischung zu Fluornatrium benutzt worden[2]. Dieses seinerzeit unter dem Namen „Fluoxyth" eingeführte Imprägniersalzgemisch ist in den Jahren des zweiten Weltkrieges, als weder Teeröl noch Dinitrophenol (s. S. 327ff.) oder U-Salze (s. S. 366ff.) für Holzschutzzwecke zur Verfügung standen, abermals in großem Maßstabe zur Anwendung gekommen. Die hochsiedenden Phenolrückstände waren allerdings in diesem Falle durch das bei der Stein- und Braunkohlenteer-Destillation erhaltene Xylenol ersetzt worden. Im übrigen entsprach seine Zusammensetzung derjenigen des Fluoxyths.

---

[1] Vgl. Österreichisches Patent 40 535/1909.

[2] Die in Natronlauge gelösten, bei der Fraktionierung der Kresole verbleibenden, hoch siedenden Destillationsrückstände wurden auch später von Wirth unter der Bezeichnung „Pyrokresole" zur Holzimprägnierung empfohlen (D.R.P. 344 914/1920).

Das nunmehr unter dem Namen „Flunax" in den Handel gebrachte Salzgemisch hatte die folgende Zusammensetzung:

Fluornatrium .... 84 Gew.-Teile
Xylenol 8   ,,
Natronlauge (38 Gew.-%) 8   ,,
100 Gew.-Teile.

Es wurde hier nur soviel Natronlauge verwendet als erforderlich war, um das Xylenol wasserlöslich zu machen. Da das Salzgemisch im übrigen nur 8% Xylenol enthielt und in nur etwa 1,5—2%iger wässeriger Lösung Verwendung fand, war durch die relativ kleine Sodamenge, welche bei der Aufspaltung des Xylenolnatriums durch die Kohlensäure der Luft im Höchstfalle entstehen konnte, eine Schädigung der Holzfestigkeit nicht zu befürchten. Bereits im Jahre 1923 waren unter dem Eindruck des während des ersten Weltkrieges eingetretenen großen Mangels an Holztränkstoffen auf Veranlassung der Deutschen Reichsbahn rd. 180000 Kiefernschwellen mit 6 kg Fluoxyth je m^3 unter Anwendung des Vollimprägnierverfahrens getränkt worden, um für den Fall einer abermaligen Verknappung des Steinkohlenteeröles und Dinitrophenols Erfahrungen über die Brauchbarkeit des aller Voraussicht nach stets erhältlichen Fluoxyth-Gemisches zu sammeln. Die Kontrolle dieser zum Teil in besonders beobachteten Streckenabschnitten eingebauten Kiefernschwellen ergab eine mittlere Liegedauer von 15—16 Jahren[1]. Für ein im Holz nicht besonders fixierbares Imprägniersalz, welches zum Schutz der im Freien verwendeten Hölzer nur als Behelfsmaterial bewertet werden kann, muß dieses Ergebnis als durchaus befriedigend bezeichnet werden.

Das „Flunax"-Salzgemisch wurde zu Beginn des zweiten Weltkrieges von der Deutschen Reichsbahn und — Reichspost zur Tränkung ihres Holzmaterials im Volltränkungsverfahren zugelassen. Die Ausführung desselben erfolgte in der auf S. 236 für Chlorzink beschriebenen Weise. Die Flunax-Aufnahmen mußten im Verlauf des Krieges wegen der Tränkstoffknappheit, ebenso wie bei der Chlorzinktränkung, herabgesetzt werden. Sie sind für die verschiedenen Holzarten im folgenden zusammengestellt:

„Flunax"-Aufnahmen für Reichsbahn- und Reichsposthölzer[2]

Holzart	Reichsbahn		Reichspost	
	1939—1943	ab 1943	1939—1943	ab 1943
Kiefer	6 kg/m^3	4 kg/m^3	6 kg/m^3	4 kg/m^3
Lärche	3 kg/m^3	2 kg/m^3	6 kg/m^3	3 kg/m^3
Fichte/Tanne	—	—	—	2 kg/m^3
Buche	9 kg/m^3	6 kg/m^3	—	—
Eiche	3 kg/m^3	2 kg/m^3	—	—

[1] Vgl. A. Steinwede, Die Holzschwelle im Kriege, Ztschr. Der Bahn-Ingenieur, 1941, Nr. 35.
[2] Siehe auch S. 236/37.

Wie schon bemerkt, enthalten auch die bei der Destillation von Teeren gewonnenen Imprägnieröle stets wechselnde Mengen von Phenolen. Über die Bedeutung dieser Phenole im Imprägnieröl sei auf das auf S. 301ff. Gesagte verwiesen.

Da gewisse Phenole auch als Ausgangsmaterial für die Herstellung von Kunstharzen (Bakelit) Verwendung finden, sei an dieser Stelle noch auf die Imprägnierung des Holzes mit Bakelitlösungen, auf die sich z. B. bereits die deutsche Patentschrift 231148/1908 von L. H. Baekeland bezieht, hingewiesen[1].

β) Abkömmlinge der Phenole.

Ersetzt man in den Phenolen die Wasserstoffatome, die unmittelbar mit Kohlenstoffatomen verbunden sind (s. die Formel des Phenols auf S. 322), durch andere Atome oder Atomgruppen, so gelangt man zu einer großen Anzahl anderer Verbindungen, den Abkömmlingen der Phenole. Man kann z. B. die Wasserstoffatome durch Chlor, Brom, Jod oder durch die Atomgruppen NO_2, NO, NH_2, SO_3H ersetzen. Es gibt Phenolderivate, in denen nur ein, und solche, in denen mehrere Wasserstoffatome substituiert sind, und die man dementsprechend als Mono-, Di-, Tri- oder Poly-Substitutionsprodukte bezeichnet. Von der großen Anzahl dieser Stoffe sollen in nachstehendem diejenigen erwähnt werden, die in der Praxis der Holzkonservierung eine Rolle spielen oder gespielt haben.

1. Chlorphenole. Durch Ersatz eines oder mehrerer der an die Kohlenstoffatome des Phenolkernes gebundenen Wasserstoffatome durch Chlor wird die antiseptische Kraft gegenüber den betreffenden Ausgangsprodukten zum Teil erheblich gesteigert. Es lag also nahe, derartig substituierte Phenole auch auf ihre Brauchbarkeit als Holzschutzmittel zu prüfen. Für die Zwecke der Holzimprägnierung wurden Chlorphenole der verschiedensten Zusammensetzung vorgeschlagen, neben Monochlorphenolen auch Polychlorphenole.

Während des ersten Weltkrieges wurden für die Deutsche Reichspost vorübergehend Telegraphenstangen mit dem Calciumsalz des Parachlormetakresols im Kesseldruckverfahren getränkt („Parol"-Verfahren). Über die Standdauer der so behandelten Stangen ist nichts bekannt geworden.

Auf die Verwendung von Tri- oder Polychlorphenolaten bzw. Nitrochlorphenolaten, evtl. im Gemisch mit anderen Holzschutzmitteln, bezieht sich das D.R.P. 581948/1927 von W. Iwanowski und J. Turski. Als Vorteil gegenüber den Phenolen, Phenolaten und Monochlorphenolen wird in der Patentschrift darauf hingewiesen, daß die empfohlenen Chlorphenolate aus dem Holz schwer auslaugbar, nicht flüchtig, durch Kohlensäure nicht zersetzbar, geruchlos und nicht brennbar seien. Andererseits sollen die Nitrochlorphenolate nicht die Nachteile der Nitrophenolate zeigen. Nach diesem Vorschlag von Iwanowski ist das

---

[1] Vgl. auch K. Egner, Neuere Erkenntnisse über die Vergütung der Holzeigenschaften, Mitteilg. d. Fachausschusses für Holzfragen, Heft 18, 1937.

in Polen ab 1928 vorübergehend verwendete Imprägniermittel „Lalit" hergestellt worden.

Pentachlorphenol sowie seine wasserlöslichen Salze werden z. B. in der USA-Patentschrift 2209970/1940 (H. R. Hay für Monsanto Chemical Company) zum Schutz des frisch geschlagenen Holzes gegen den Befall durch Bläuepilze sowie Holzschimmelarten und Polyporus annosus vorgeschlagen. Die Herstellung von Lösungen der Polychlorphenole in Erdölprodukten, welche nicht die unangenehme Eigenschaft des Ausblühens an der Oberfläche der behandelten Hölzer zeigen, ist in der USA-Patentschrift 2182080/1939 (J. Hatfield für Monsanto Chemical Company) beschrieben. Pentachlorphenol und auch andere chlorierte Phenole, wie z. B. Chlor-o-phenyl-phenol, Tetrachlorphenol, Chlor-β-naphthol werden namentlich in den USA in steigendem Maße verwendet. Die Auflösung der wasserunlöslichen freien Phenole erfolgt in organischen, leicht flüchtigen Lösungsmitteln, also z. B. in geeigneten Erdölfraktionen, während ihre Salze in Wasser gelöst Verwendung finden. Das unter der Bezeichnung „Santophen 20" in den USA verwendete Schutzmittel besteht aus einer solchen Pentachlorphenollösung, während als „Santobrite" das wasserlösliche Natriumsalz des Pentachlorphenols in den Handel kommt. Die farb- und geruchlosen Lösungen der chlorierten Phenole — besonders des Pentachlorphenols — in Mineralöl werden benutzt, um Holzgegenstände, welche nicht quellen oder schwinden dürfen, oder später mit Farbanstrichen versehen werden sollen — also beispielsweise Türen, Fensterrahmen, Fußböden, Autokarosserieteile u. dgl. — vor Fäulnis zu schützen. Die Anwendung dieser Lösungen erfolgt entweder durch Anstreichen, Bespritzen oder Tauchbehandlung der mindestens lufttrockenen Holzteile. Auf Grund der günstigen Ergebnisse der Laboratoriumsuntersuchungen darf man mit einer befriedigenden Wirkung dieser Schutzmaßnahmen rechnen. Auch in den Mischungen von Steinkohlenteeröl und Mineralöl oder von Steinkohlenteeröl, Steinkohlenteer und Mineralöl hat man, wie schon früher bemerkt, neuerdings zwecks Erhöhung ihrer antiseptischen Wirkung, des öfteren noch Pentachlorphenol aufgelöst. Über den heutigen Stand der Verwendung des Mittels in den USA berichtet J. Hatfield in dem Aufsatz „Pentachlorophenol Comes of Age"[1].

2. Nitrophenole. Die Nitrophenole sind Verbindungen, in denen ein oder mehrere Wasserstoffatome des Benzolkernes durch die Atomgruppe NO_2 (Nitrogruppe) ersetzt sind. Man bezeichnet sie dementsprechend z. B. als Mono-, Di-, Tri- oder Poly-Nitrophenole. Die Verwendung der Nitrophenole als Holzkonservierungsmittel ist in Deutschland erstmalig im Jahre 1892 von den Farbenfabriken vorm. Friedr. Bayer & Co vorgeschlagen worden, und zwar wurden in der deutschen Patentschrift 72991/1892 die wasserlöslichen Salze des Dinitroorthokresols zum Behandeln von Holz empfohlen. Das betreffende von den Farbenfabriken unter dem Namen „Antinonnin" in Pastenform in den Verkehr gebrachte Mittel bestand aus Dinitroorthokresolkalium, Wasser und Seife.

---

[1] Vgl. Proceed Amer. Wood-Pres. Assoc., 1949, S. 84/88.

Schon Malenkovic hatte festgestellt, daß namentlich die Phenole mit zwei Nitrogruppen (Dinitrophenole) sehr kräftig antiseptisch wirken. Eine eingehende Untersuchung der nitrierten Phenole auf ihre fungizide Wirksamkeit ist später von Falck[1] vorgenommen worden. Seine Versuche erstreckten sich auf die Mono-, Di- und Tri-Nitrophenole sowie ihre Derivate. Auch diese Untersuchungen ergaben, daß namentlich in den Dinitrophenolen und deren Salzen kräftig wirkende, wertvolle Holzkonservierungsmittel vorliegen. Die gleiche Folgerung ist zu ziehen aus Untersuchungen des Laboratoriums der Rütgerswerke, welche für das Natriumsalz des 1, 2, 4-Dinitrophenols bei der Ausführung von Klötzchenversuchen nach der Vorschrift DIN 52176, früher DIN DVM 2176, die folgenden Grenzwerte ergaben:

Pilzart	Grenzwert	
Coniophora cerebella ...	1,18—1,39 kg/m³ Kiefernsplintholz	
Polyporus vaporarius ..	1,06—1,15	,, ,,
Lenzites abietina	0,62—0,81	,, ,,
Merulius domesticus ...	0,51—0,71	,, ,,

Die Verwendung der Dinitrophenole und ihrer anorganischen Salze in der Imprägniertechnik wurde zunächst durch zwei nachteilige Eigenschaften dieser Körper in Frage gestellt, und zwar

1. durch die explosiven Eigenschaften, welche namentlich ihre Salze mit anorganischen Basen besitzen, und

2. durch den Umstand, daß die wässerigen Lösungen der Dinitrophenole Eisen stark angreifen. Dieser Eisenangriff findet bereits bei gewöhnlicher Temperatur statt und erhöht sich bei der Verwendung heißer Lösungen. Die ursprünglich intensiv gelben Lösungen färben sich dabei dunkelbraun, werden trübe, und ihre fungizide Kraft nimmt erheblich ab.

Zwecks Behebung der explosiven Eigenschaft wurde bereits im Antinonnin das Dinitroorthokresolkalium unter Zusatz von Wasser und Seife in Pastenform in den Handel gebracht. Nach dem D.R.P. 281331/ 1912 nebst Zusätzen 281332/1912 und 281876/1913 der Farbwerke vorm. Meister, Lucius und Brüning, Höchst, sollten zwecks Erzielung des gleichen Effektes den in Frage kommenden Nitrokörpern solche Stoffe zugesetzt werden, welche deren explosive Eigenschaften in dem erforderlichen Maße herabsetzten. In der Patentschrift 281331 wurde zu diesem Zwecke Sulfitzellulose-Ablauge oder deren wesentliche Bestandteile empfohlen. Das so hergestellte Imprägniermittel ist seinerzeit vorübergehend unter dem Namen „Mykantin" vertrieben und als Holzanstrichmittel verwendet worden. Nach der Patentschrift 281332 sollten an Stelle von Sulfitablauge anorganische Salze, insbesondere solche, welche die Entflammbarkeit des Holzes herabsetzen, angewendet werden. Nach Patent 281876 sollten schließlich die Nitrophenole mit Phenolen bzw. Phenolsalzen oder solchen Produkten gemischt werden, welche die genannten Zusatzstoffe in wesentlichen Mengen enthalten. Auch durch den

---

[1] Vgl. A. Möller, Hausschwammforschungen, Jena 1912, H. 6, S. 351ff.

Zusatz von organischen Säureamiden (Acetamid, Harnstoff) läßt sich gemäß D.R.P. 525 341/1929 der IGFarbenindustrie A.-G. die Feuergefährlichkeit von Nitroverbindungen enthaltenden Holzschutzmitteln erheblich herabsetzen. In der Praxis verwendet man die Dinitrophenole und ihre Derivate im allgemeinen als Zusätze zu Imprägniersalzgemischen, die in der Hauptsache aus stark pilzwidrigen anorganischen Salzen (besonders Fluornatrium) bestehen. Sie sollen in diesen Fällen die konservierenden Eigenschaften des anorganischen Hauptbestandteiles dieser Gemische ergänzen. Das am häufigsten verwendete Nitrophenol ist das 1, 2, 4-Dinitrophenol sowie seine Salze. Diese Stoffe haben sich als starke Gifte für holzzerstörende sowie auch für Schimmelpilze erwiesen, ergänzen also die gegen Schimmelpilze weniger wirksamen Fluorsalze in glücklicher Weise. Dazu kommt, daß die Nitrophenole von der Holzfaser festgehalten — fixiert — werden, also im Gegensatz zu dem zusammen mit ihnen verwendeten Fluornatrium aus den getränkten Hölzern nur schwer auslaugbar sind. Also auch in dieser Beziehung ist die Kombination Dinitrophenol (bzw. Dinitrophenolsalz) — Fluornatrium als günstig zu bezeichnen.

Auch zur Behebung des Eisenangriffes der Nitrophenole hat man bereits frühzeitig Maßnahmen getroffen. In dem Imprägniersalz „Basilit", welches 1913 in Deutschland Eingang fand, verwendete der Erfinder, Basilius Malenkovic, zur Vermeidung des Eisenangriffes und der explosiven Eigenschaften an Stelle des freien Dinitrophenols oder seiner anorganischen Salze das Anilinsalz[1]. Das aus 11% Dinitrophenolanilin und 89% Fluornatrium bestehende „Basilit" wurde seinerzeit von den Chemischen Fabriken vorm. Weiler-ter Meer, Uerdingen, vertrieben. In Österreich war das Mittel bereits seit 1909 unter der Bezeichnung „Bellit" angewendet worden. Durch Verwendung des Dinitrophenolanilins wurde zwar der Eisenangriff im Vergleich zu demjenigen des freien Dinitrophenols erheblich herabgesetzt, doch erfolgte, wie sich später in der Praxis gezeigt hat, während der Gebrauchsdauer der imprägnierten Hölzer ein Angriff ihrer eisernen Armierungsteile durch das freie Dinitrophenol, welches sich aus dem labilen Anilinsalz im Holz zurückgebildet hatte.

Ein befriedigender Eisenschutz wurde erstmalig auch beim Arbeiten mit heißen wässerigen Lösungen der dinitrophenolhaltigen Imprägniersalze nach dem Verfahren der deutschen Patentschriften 299 411/1913 und Zusatz 300 955/1914 der Firma Grubenholz-Imprägnierung, Charlottenburg, erreicht. Das betreffende, im Laboratorium für Holzkonservierung der Rütgerswerke ausgearbeitete Verfahren benutzt als Eisenschutzstoffe, welche den dinitrophenolhaltigen Imprägniersalzgemischen hinzugefügt werden, in erster Linie bichromsaure Alkalien. Diese, oder auch chromsaure, chlorsaure, jodsaure, arsensaure Alkalien, Borax oder Dialkaliphosphate bzw. Gemische dieser Stoffe sollen als Eisenschutzmittel in einer 10% der Trockensubstanz nicht übersteigenden Menge bei der Herstellung der Imprägniersalzgemische Verwendung

---

[1] D.R.P. 219 893/1909 (Aug. Möllers Söhne, Reinowitz).

finden. Das seit dem Jahre 1914 verwendete Imprägniersalz „Triolith“
wurde nach dieser Vorschrift hergestellt (s. S. 367). Auch die zum Oberflächenschutz des Holzes verwendeten, unter den Bezeichnungen
„Schwammschutz Rütgers“ und „Schwammschutz Rütgers Bl“ —
letzterer zur Bekämpfung des Bläuepilzes — bekanntgewordenen Salzgemische waren ähnlich zusammengesetzt.

Nach der Patentschrift 368 490/1921 (Chemische Fabriken vormals
Weiler-ter Meer, Uerdingen) wird der Eisenangriff von Lösungen, welche
organische Nitroverbindungen, z. B. nitrierte Phenole, enthalten, dadurch vermieden, daß man ihnen geeignete Verbindungen der zweiwertigen Metalle der Schwefelammoniumgruppe, wie Zink, Mangan oder
Nickel, zusetzt. Dementsprechend wurde seinerzeit das schon genannte
„Basilit“ mit einem Zusatz von Fluorzink in den Handel gebracht.

Ein anderes als Eisenschutzmittel gegen den Angriff der Nitrophenole
verwendetes anorganisches Salz ist das Doppelsalz Antimonfluorid-
Natriumsulfat, welches einen Bestandteil des nach dem ersten Weltkrieg
in Österreich benutzten Imprägniersalzgemisches „Malenit“ bildete.
Dieses aus Dinitroorthokresol, Soda, Fluornatrium und dem genannten
Antimondoppelsalz bestehende Imprägniermittel hat seinerzeit nur vorübergehende Anwendung gefunden.

Nach dem D.R.P. 457 697/1926 der IGFarbenindustrie A.-G. kann der
Eisenangriff der organische Nitroverbindungen und anorganische Salze
enthaltenden Tränklösungen auch durch den Zusatz kleiner Mengen von
Formaldehyd oder Formaldehyd-Verbindungen — z. B. Hexamethylentetramin — vermieden werden. Andererseits ist es nach dem D.R.P.
481 184/1928 der gleichen Firma von Vorteil, die Salze der Nitrophenole
mit aromatischen Basen — also z. B. das Dinitrophenolanilin — durch
die Salze dieser Stoffe mit oxyalkylierten Aminen, z. B. Oxyäthylanilin,
zu ersetzen. Diese Salze sind, der Patentschrift zufolge, in Wasser — auch
gemischt mit anderen Stoffen — leicht in Lösung zu bringen; ihre
Lösungen sollen Eisen noch weniger angreifen als diejenigen der entsprechenden Salze aromatischer Amine und schließlich sollen sie auch
beim Kochen der Tränklösungen nennenswerte Mengen der organischen
Base nicht entweichen lassen.

In der Praxis werden entweder die freien Nitrophenole oder deren
Salze, gemischt mit geeigneten anorganischen Salzen und Eisenschutzmitteln, meistens in heißer, wässeriger Lösung zur Imprägnierung benutzt. Von den in Frage kommenden anorganischen Salzen ist immer
wieder das Fluornatrium verwendet worden, so daß in allen derartigen
Imprägniersalzgemischen die im Triolith zuerst vorgeschlagene Kombination: Nitrophenol (bzw. Nitrophenolsalz), Fluornatrium und Eisenschutzmittel vorlag. Über die weitere Entwicklung dieser Tränkstoffe zu
den sogenannten U-Salzen vgl. die Abschnitte „Verbindungen des Eisens,
Aluminiums und Chroms“ und „Verschiedene neuere Imprägniersalzgemische“ (S. 349ff. u. S. 365ff).

Die Einführung von Nitrogruppen ist nicht nur bei dem Phenol
(C_6H_5OH) möglich, sondern außerdem

    1. bei seinen höher siedenden Homologen (Kresole, Xylenole usw.);

2. bei den entsprechenden einwertigen Phenolen, welche an Stelle des einen mehrere Benzolkerne enthalten (z. B. Naphthole, Anthranole);

3. bei den Phenolen mit mehreren Hydroxylgruppen, den sogenannten mehrwertigen Phenolen (Resorcin, Pyrogallol usw.). Die diesen Verbindungen bereits eigene pilzwidrige Kraft wird durch die Einführung von Nitrogruppen verstärkt. Es gibt aber auch andere Atomgruppen, welche im Gegensatz hierzu eine Abschwächung der fungiziden Eigenschaften der Phenole bei ihrem Eintritt in das Molekül bewirken, wie z. B. die Gruppen SO_3H und NH_2. Nach der deutschen Patentanmeldung B 175 784/1936 (Brander Farbwerke G. m. b. H.) ist es allerdings möglich, auch fungizid hoch wirksame Nitrophenolsulfosäuren herzustellen durch Einführung von Halogenatomen (Chlor oder Brom) in den Benzolkern. Die so erhaltenen Verbindungen und deren Salze sollen nicht nur leicht wasserlöslich, sondern im Holz auch leicht fixierbar sein, eventuell unter gleichzeitiger Verwendung von Alkalibichromat. Über eine Benutzung dieser Stoffe in der Praxis ist nichts bekannt geworden.

d) Kohlenwasserstoffe.

Die Kohlenwasserstoffe sind Verbindungen, die, wie schon der Name sagt, nur aus Kohlenstoffatomen und Wasserstoffatomen bestehen. Es gibt eine große Anzahl von Kohlenwasserstoffen, die sich durch die Anzahl der in ihnen enthaltenen Kohlenstoff- und Wasserstoffatome, sowie die Art, in welcher die Atome miteinander verbunden sind, unterscheiden. Die wichtigsten Gruppen sind die in der organischen Chemie als aliphatische und aromatische Kohlenwasserstoffe bekannten Klassen. Für die Technik der Holzkonservierung sind namentlich die im Steinkohlenteer vorkommenden aromatischen Kohlenwasserstoffe von Bedeutung, da das zum Imprägnieren verwendete Steinkohlenteeröl zum größten Teil aus diesen Kohlenwasserstoffen besteht. Bezüglich der Einzelheiten sei auf das auf S. 298 ff. über das schwere Steinkohlenteeröl Gesagte verwiesen.

Von den aliphatischen Kohlenwasserstoffen werden nur die im Erdöl vorkommenden in größerem Maßstabe in der Holzkonservierungstechnik benutzt. Näheres hierüber wurde bereits bei der Besprechung des Erdöls auf S. 317 ff. gesagt.

Ebenso wie bei den Phenolen ist auch bei den Kohlenwasserstoffen die Einführung anderer Atome oder Atomgruppen durch Ersatz der mit den Kohlenstoffatomen verbundenen Wasserstoffatome möglich. Derartige substituierte Kohlenwasserstoffe sind ebenfalls bereits als Holzschutzmittel empfohlen worden.

In der deutschen Patentschrift 219 942/1910 (A. Möllers Söhne) wurde z. B. ein Holzkonservierungsmittel beschrieben, welches aus aromatischen Kohlenwasserstoffen besteht, die in jedem Benzolkern zwei Nitrogruppen enthalten. Diese Verbindungen sollten entweder in öliger Lösung oder, gemischt mit anderen Konservierungsmitteln, z. B. Fluorverbindungen, in heißer wässeriger Lösung verwendet werden. Als Beispiele sind in der Patentschrift Dinitrobenzol, Dinitrochlorbenzol und Dinitrotoluol genannt.

Kohlenwasserstoffverbindungen von besonders hoher mykozider Kraft sowie starker Fixierbarkeit durch die Holzfaser sind, den deutschen Patentschriften 456482/1923 und Zusatz 456483/1924 der IGFarbenindustrie A.-G. zufolge, die wasserlöslichen Salze von Oxynitrodiphenylmethanen bzw. die wasserlöslichen Salze von solchen mehrkernigen aromatischen Oxynitrokohlenwasserstoffen, in denen die Benzolkerne unmittelbar oder durch Vermittlung beliebiger Atome oder Atomgruppen — mit Ausnahme der Methylengruppe (CH_2) — miteinander verbunden sind.

Ferner werden in der deutschen Patentschrift 461389/1926 der IG-Farbenindustrie A.-G. (Erfinder B. Malenkovic) Doppelverbindungen aus aromatischen, substituierten Kohlenwasserstoffen, insbesondere 1, 2, 4-Dinitrochlorbenzol und aromatischen Aminen (z. B. Naphthylamin, Benzidin) als hoch wirksame, im Holz sehr beständige Konservierungsmittel genannt. Wegen ihrer geringen Wasserlöslichkeit wird empfohlen, diese Stoffe in geeigneten schwerflüchtigen, an sich nicht fungizid wirkenden Ölen, also z. B. Erdölen gelöst, in das Holz einzuführen. Aber auch zur Erhöhung der fungiziden Kraft von Steinkohlenteerölen werden die beschriebenen Verbindungen empfohlen.

Während bezüglich der praktischen Verwendung der vorgenannten Stoffe nichts bekannt geworden ist, haben die chlorierten Naphthaline, und zwar namentlich das Mono- und Di-Chlornaphthalin, eine größere Anwendung als Holzschutzmittel gefunden, insbesondere zur Bekämpfung des Hausbockkäfers (Hylotrupes bajulus) und seiner Entwicklungszustände, aber auch zur Bekämpfung der holzzerstörenden Pilze[1]. Diese vor dem zweiten Weltkriege durch die Deutschen Solvay-Werke, Westeregeln, unter dem Namen „Xylamon" in den Handel gebrachten Präparate sollten besonders als Atmungsgifte auf etwa schon im Holz vorhandene Zerstörer wirken. Die Behandlung der im allgemeinen bereits verbauten Hölzer erfolgte durch Anstreichen oder Bespritzen. Infolge des ziemlich starken Geruches sowie der verhältnismäßig großen Flüchtigkeit der verwendeten Chlornaphthaline war ihr Anwendungsgebiet ein begrenztes. Verschiedene Verbesserungen zur Behebung dieser Mängel wurden von den Solvay-Werken ausgearbeitet[2].

Auch höher chlorierte Kohlenwasserstoffe von wachsartiger Beschaffenheit, wie z. B. mehrfach chloriertes Naphthalin oder Diphenyl, sind als Imprägniermittel für Holz vorgeschlagen worden. Das D.R.P. 567261/1931 (IGFarbenindustrie A.-G.) beschreibt die Herstellung von Emulsionen dieser Körper, die an Stelle der geschmolzenen Verbindungen dieser Art zu Imprägnierzwecken empfohlen werden.

Schließlich sei noch auf das D.R.P. 748568/1940 (Deutsche Solvay-Werke A.-G.) hingewiesen, in welchem die Verwendung von Chlorindenen bzw. Chlorhydrindenen, besonders Perchlorinden und Perchlorhydrinden, evtl. im Gemisch mit Lösungsmitteln, wie z. B. flüssigen, niedrig chlorierten Naphthalinen, als Holzschutzmittel beschrieben wird.

---

[1] Vgl. D.R.P. 415228/1921 (Röchlingsche Eisen- und Stahlwerke G. m. b. H. u. Dr. A. Freiherr von Samsonow).

[2] Vgl. D.R.P. 691856/1931 (Deutsche Solvay-Werke Akt.-Ges.).

e) Organische Säuren.

Unter organischen Säuren im engeren Sinne versteht man Verbindungen des Kohlenstoffs, die eine oder mehrere Carboxylgruppen von der Formel COOH enthalten. Sie sind chemisch dadurch charakterisiert, daß das in der Carboxylgruppe enthaltene Wasserstoffatom z. B. durch Metalle oder andere basisch wirkende Bestandteile ersetzt werden kann, wobei sich die entsprechenden Salze bilden. Es gibt aber auch andere organische Verbindungen, die als Säuren bezeichnet werden, trotzdem sie keine Carboxylgruppen enthalten, wie z. B. die organischen Sulfosäuren, die durch Einwirkung von Schwefelsäure auf organische Verbindungen entstehen, und die die Atomgruppe SO_3H enthalten. Bei diesen Verbindungen kommt die Salzbildung durch Ersatz des in diesem Radikal enthaltenen H-Atoms zustande. Eine wesentliche Rolle spielen die organischen Säuren und deren Salze in der Technik der Holzkonservierung nicht, doch sind einige von ihnen zum Konservieren von Holz vorgeschlagen und in kleinerem Umfange verwendet worden.

So hat z. B. C. B. Wiese in der deutschen Patentschrift 118101/1900 zum Konservieren von Holz die Verwendung einer heißen Lösung von β-naphthalinsulfosaurem Zink empfohlen. Die Benutzung dieses bei gewöhnlicher Temperatur in Wasser schwer löslichen Salzes sollte gegenüber der Verwendung von Chlorzink den Vorteil der schwereren Auslaugbarkeit haben. Nach dem Zusatzpatent 150100/1902 sollte an Stelle von β-naphthalinsulfosaurem Zink das billigere β-naphthalinsulfosaure Magnesium zum Imprägnieren verwendet werden. Das β-naphthalinsulfosaure Zink ist vorübergehend von der ehemaligen Preußisch-Hessischen Staatsbahnverwaltung bei der Doppeltränkung von Buchenschwellen mit wässeriger Imprägniersalzlösung und Teeröl verwendet worden (s. S. 242). Seine fungizide Wirksamkeit ist nach Falck sehr gering (vgl. Möller: „Hausschwammforschungen", H. 6, S. 365). Nach der deutschen Patentschrift 247694/1911 der Grubenholz-Imprägnierung G.m.b.H. sollten leicht wasserlösliche α-naphthalinsulfosaure Salze, z. B. das α-naphthalinsulfosaure Zink, als antiseptisch wirkende Mittel bei der feuersicheren Imprägnierung von Holz mit Magnesiumsulfat und Ammonsulfat der Imprägnierflüssigkeit zugesetzt werden. In der deutschen Patentschrift 289243/1914 machte schließlich F. Bub den Vorschlag, die sulfosauren Salze aromatischer Kohlenwasserstoffe oder ihrer Derivate, z. B. das naphthalinsulfosaure Zink, gemeinsam mit Salzen von nitrierten Phenolen zwecks Verminderung der Explosivität der letzteren zu benutzen.

Die Verwendung von nitronaphthalinmonosulfosauren oder nitronaphthalindisulfosauren Salzen als Antiseptika bei der feuersicheren Imprägnierung von Holz mit Lösungen von Ammonium- und Magnesiumsalzen ist vorgeschlagen worden in der deutschen Patentschrift 248065/1911 (Zusatz zum D.R.P. 247694/1911) der Grubenholz-Imprägnierung G. m. b. H.

Nach F. Bub (D.R.P. 254212/1911) sollte das Holz durch aufeinanderfolgende Imprägnierung mit einer Lösung der Calciumsalze von Sulfosäuren aromatischer Kohlenwasserstoffe (Naphthalin, Anthracen usw.)

oder Mischungen derselben und einer Lösung von Metallfluoriden konserviert werden. Einige Angaben über die geringe fungizide Wirksamkeit dieser Sulfosäuren hat Falck in Möllers Hausschwammforschungen, H. 6, S. 354, gemacht.

Praktische Verwendung haben die hier erwähnten Sulfosäuren und deren Salze mit Ausnahme des Wiese-Salzes (β-naphthalinsulfosaures Zink) und der oben genannten, als Zusatz bei der Imprägnierung von Holz gegen Fäulnis und leichte Entflammbarkeit vorübergehend benutzten Verbindungen nicht gefunden.

Die Verwendung von harzsauren Metallsalzen ist in der deutschen Patentschrift 59320/1891 von C. Raspe beschrieben.

f) Basen.

Organische Basen sind stickstoffhaltige Verbindungen des Kohlenstoffs, die mit Säuren Salze oder salzähnliche Körper bilden. Auch der Steinkohlenteer enthält solche Basen, wie z. B. Pyridin, Chinolin, Acridin. Über die Wirksamkeit dieser Basen sei auf das S. 304 Gesagte verwiesen.

Für sich allein sind die organischen Basen bisher zum Konservieren von Holz nicht verwendet worden. Eine gewisse Bedeutung haben nur einige der Klasse der aromatischen Verbindungen angehörende Basen erlangt, die, wie z. B. das Chinolin, einen regelmäßigen Bestandteil der schweren Steinkohlenteeröle (Imprägnieröle) bilden.

Eine eigenartige Wirkung des Pyridins und der wasserlöslichen Pyridinhomologen wird im D.R.P. 732126/1940 (Cirine-Werke) beschrieben. In diesem Falle werden nämlich die genannten Basen benutzt, um bei der Imprägnierung von Holz mit hochkonzentrierten Zinkammoniumchloridlösungen (Feuerschutztränkung) als Netzmittel sowie zur Aufhebung der Eisenkorrosion dieser Tränklösungen zu dienen.

g) Sonstige organische Verbindungen.

Außer den vorstehend beschriebenen sind noch viele andere organische Verbindungen und Stoffe zum Konservieren von Holz vorgeschlagen worden, doch hat der größte Teil von ihnen eine praktische Bedeutung nicht erlangt. Einige derselben seien nachstehend genannt:

Eine Lösung von Harz in Acetonöl (D,R.P. 237150/1911, Höntsch & Co.); wasserlösliche Salze solcher organischen Verbindungen, die einen komplex gebundenen Bestandteil, wie Quecksilber, Arsen oder Antimon, enthalten (D.R.P. 240988/1910, Farbenfabriken vorm. Friedr. Bayer & Co.); Lösungen von Estern, Estersäuren und Salzen der Estersäuren der Di- und Trithiokohlensäure (D.R.P. 273481/1913, E. Trutzer); Trioxymethylen in wässeriger Lösung und in Mischung mit anderen holzkonservierenden Salzen (D.R.P. 293890/1915, Grubenholz-Imprägnierung G. m. b. H.).

Von den genannten Stoffen haben vor dem ersten Weltkriege die Quecksilber als komplex gebundenen Bestandteil enthaltenden Quecksilberchlorphenole (Bayersalz) und während des ersten Weltkrieges Formaldehyd bzw. Trioxymethylen, gemischt mit anderen Holzschutzstoffen, vorübergehend eine beschränkte Anwendung gefunden. Zu einer dauernden Benutzung dieser Stoffe ist es infolge der nicht befriedigenden Ergebnisse nicht gekommen.

Um Qualitätshölzer, wie z. B. Möbelholz u. dgl., unempfindlich gegen Feuchtigkeitseinflüsse, gegen pflanzliche und tierische Schädlinge sowie gegen Feuer zu machen, wurde im D.R.P. 539391/1925 (Montan, Inc.) deren Tränkung mit geschmolzenem Montanwachs oder Mischungen dieses Stoffes mit geeigneten antiseptisch wirksamen oder mit Feuerschutzmitteln im Kesseldruckverfahren empfohlen. Das Verfahren hat in Deutschland keine Bedeutung erlangt.

An Stelle des rohen, hauptsächlich aus Estern bestehenden Montanwachses empfahl E. Mörath (D.R.P. 556484/1930) das im Vakuum mit Wasserdampf destillierte Montanwachs, in welchem die Ester durch die Wasserdampfdestillation im Vakuum aufgespalten sind, zur Verringerung der Quellfähigkeit des Holzes. Die verwendeten hochmolekularen Stoffe können entweder in geschmolzenem Zustande, oder in geeigneten Stoffen gelöst, unter Atmosphären- oder erhöhtem Druck angewendet werden. Ebenfalls von E. Mörath (D.R.P. 556487/1931) stammt der Vorschlag, Laubholz-Pflasterklötze, die bekanntlich besonders gut gegen Wasseraufnahme nach der Verlegung geschützt sein müssen, wasserdicht und auch hoch druckfest zu machen durch eine Kesseldrucktränkung mit geschmolzenem Montanpech, d. h. dem Rückstand, welchen das Montanwachs bei der Vakuumdestillation ergibt. Zur Erhöhung der fungiziden Wirkung wird erforderlichenfalls ein Zusatz von arseniger Säure (0,5%), die sich im Montanpech löst, empfohlen.

Auch Paraffin ist seit langer Zeit zum Wasserdichtmachen von Holz verwendet worden[1]. So hat beispielsweise die Firma K. G. Guido Rütgers, Wien, unter Anwendung ihres „Parstabil"-Verfahrens erhebliche Mengen von Fußbodenhölzern und Pflasterklötzen zur Behebung des Arbeitens der Hölzer mit Paraffin vollimprägniert. Durch die Tränkung des Holzes mit Paraffin wird aber weniger eine Fernhaltung der Feuchtigkeit als vielmehr eine starke Verzögerung der Feuchtigkeitsaufnahme des Holzes erreicht.

Wasserdichtheit, Erhöhung der mechanischen Festigkeit sowie Erhöhung der Widerstandsfähigkeit gegen pflanzliche und tierische Schädlinge soll nach D.R.P. 551548/1930 (The Koppers Company) durch Tränkung des Holzes mit Kohlelösungen erreicht werden. Vorzugsweise soll hochsiedendes, harzhaltiges Kohlen- oder Wassergasteeröl als Lösungsmittel für die Kohle verwendet werden, doch sollen auch Petroleumöle hierfür in Frage kommen.

Schließlich sei an dieser Stelle noch das D.R.P. 704572/1935 genannt, in welchem F. Rudert ein Verfahren zum Härten und Verfestigen mechanisch besonders stark beanspruchter Hölzer, wie z. B. Eisenbahn- und Baggerschwellen aus Weichholz, angibt. Empfohlen wird zur Erreichung

---

[1] Vgl. L. W. Eberlein und A. M. Burgess, Impregrating Wood with Paraffin, Ind. and Engin. Chem., Vol. 19 (1927), Nr. 1 und K. Egner, Neuere Erkenntnisse über die Vergütung der Holzeigenschaften, Mitteilg. d. Fachausschusses f. Holzfragen, 1937, Heft 18.

des genannten Zieles die Tränkung der Schwellen usw. mit geschmolzenem Cumaronharz von geeignetem Erweichungspunkt (zwischen 40 und 70° C nach Krämer-Sarnow). Das Verfahren soll dieselben Vorteile gewähren wie die Tränkung mit Kunstharzen, aber billiger sein, da die Cumaronharze als Nebenprodukte bei der Reinigung von Schwerbenzol mit Schwefelsäure erhalten werden. Über praktische Erfahrungen mit diesem Verfahren ist bisher nichts bekannt geworden.

B. Anorganische Verbindungen.

a) Salze des Kaliums, Natriums und Ammoniums.

Soweit die Salze der genannten Alkalien mit fungizid und insektizid unwirksamem Anion in der Holzimprägnierung überhaupt eine Verwendung gefunden haben, erfolgte dieselbe, von wenigen Ausnahmen abgesehen, um eine Herabsetzung der leichten Entflammbarkeit des unbehandelten Holzes herbeizuführen. Näheres hierüber ist in dem Abschnitt „Der Schutz des Holzes gegen leichte Entflammbarkeit" enthalten.

Von den Alkalisalzen ist namentlich das Chlornatrium benutzt worden, um die Widerstandsfähigkeit des Holzes gegen die Angriffe von Pilzen zu erhöhen. Seine Verwendung zu diesem Zweck reicht weit zurück und erfolgte lange bevor man sich über die Ursachen der Holzfäulnis im klaren war. In Deutschland hat man noch um die Mitte des vorigen Jahrhunderts Kochsalzlösungen, wie sie in den Mutterlaugen der Salinen vorlagen, zur Behandlung von Eisenbahnschwellen benutzt (vgl. E. Buresch, „Der Schutz des Holzes gegen Fäulnis", 1880, S. 29), ist jedoch seit der Einführung wirksamerer Pilzbekämpfungsmittel ganz von der Anwendung des als Schutzmittel gegen Fäulnis nur wenig wirksamen Kochsalzes abgekommen. Um ein Bild von seiner fungiziden Kraft zu geben, sei bemerkt, daß bei Durchführung eines Klötzchen-Versuches nach DIN 52176 (früher DIN DVM 2176) die Volltränkung mit einer 10%igen Kochsalzlösung — Kochsalzaufnahme 75 kg/m³ Kiefernsplintholz — noch nicht ausreichte, um den Angriff von Coniophora cerebella zu verhindern.

Trotzdem hat die Benutzung des Kochsalzes für den Fäulnisschutz des Holzes heute noch eine gewisse Bedeutung in denjenigen Ländern, denen dieses Salz in reichlichem Ausmaß zur Verfügung steht, während die sonstigen, heute allgemein gebräuchlichen Holzkonservierungsmittel nicht in genügenden Mengen vorhanden sind.

b) Verbindungen der Erdalkalimetalle sowie des Magnesiums.

Diese Verbindungen besitzen im allgemeinen keine besonderen pilz- und insektenwidrigen Eigenschaften. Sie dienen im wesentlichen dazu, die Entflammbarkeit des rohen Holzes herabzusetzen. Insbesondere ist das krystallisierte Magnesiumsulfat (Bittersalz, $MgSO_4 \cdot 7\,H_2O$) zusammen mit Ammoniumsulfat mit ausgezeichnetem Erfolg zur Feuerschutzbehandlung des Holzes im Vollimprägnierverfahren verwendet worden[1]. In diesem besonderen Falle wird gleichzeitig ein Schutz des so behandelten Holzes gegen Pilz- und Insektenbefall erzielt, da die betreffenden Verbindungen dem Holz in so großen Mengen einverleibt werden, daß auch eine Schutzwirkung gegen die genannten Zerstörer eintritt.

Einige weitere Vorschläge zur Anwendung von Verbindungen der Erdalkalien und des Magnesiums seien anschließend kurz erwähnt. Das D.R.P. 150100/1902 (M. Frank), Zusatz zum D.R.P. 118101/1900 (s. S. 333), beschreibt die Verwendung des an genannter Stelle bereits erwähnten β-naphthalinsulfosauren Magnesiums, während die deutsche Patentschrift 237033/1909 (W. B. Chisolm) die Imprägnierung des Holzes mit einer nahezu siedenden wässerigen Lösung von Calciumpentasulfid unter Anwendung des Volltränkungsverfahrens empfiehlt. In dem D.R.P. 730542/1938 (Castellengo-Abwehr) ist ein Verfahren zur Behandlung von Grubenhölzern beschrieben, welchem der Gedanke zugrunde liegt, eine hoch gepufferte alkalische Konservierungsflüssigkeit zu verwenden, bei welcher mit Hilfe eines geeigneten Indikators der voraussichtliche Eintritt der Verschlechterung des Holzes unmittelbar festgestellt bzw. der Fortschritt der Verschlechterung unmittelbar kontrolliert werden kann. Als Tränkflüssigkeit soll z. B. eine Lösung von Calciumhydroxyd, einem löslichen Calciumsalz, und gegebenenfalls Wasserglas, Verwendung finden. Der Pilzschutz ist in diesem Falle nur durch die alkalische Reaktion der Lösung bedingt. Um diese Reaktion schon durch den Augenschein stets kontrollieren zu können, werden der Tränklösung Indikatoren hinzugesetzt, welche das imprägnierte Holz, je nach seinem p_H-Wert, verschieden färben. Ein etwaiger Befall durch Holzpilze, der stets eine saure Reaktion des Nährsubstrates voraussetzt, wird also durch Farbveränderung des imprägnierten Holzes sofort angezeigt.

Auch Bariumsalze sind zum Imprägnieren von Holz vorgeschlagen worden, und zwar u. a. von Payne (1846) in seinem zur sogenannten Versteinerung des Holzes benutzten Verfahren. Dasselbe bestand darin, daß man das Holz zuerst mit Eisenvitriollösung und darauf mit Schwefelbariumlösung unter Anwendung von Vakuum und Druck behandelte. Hierbei sollte durch chemische Umsetzung der beiden Salzlösungen unlösliches Bariumsulfat und Schwefeleisen entstehen, deren Ablagerung die Widerstandsfähigkeit der so behandelten Hölzer gegen mechanische Beanspruchung und sonstige zerstörende Einflüsse erhöhen sollte. Die pilzwidrige Kraft der Bariumverbindungen ist übrigens nur gering. Nach Untersuchungen, die im Laboratorium für Holzkonservierung der Rütgerswerke ausgeführt wurden, müssen künstlichen Nährböden aus Malzextrakt und Agar-Agar mehr als 2,9% Bariumchlorid hinzugesetzt werden, um auf ihnen die Weiterentwicklung aufgeimpften Coniophora-Mycels zu verhindern.

---

[1] Vgl. D.R.P. 124409/1900 (St. Nickelmann); D.R.P. 247694/1911 nebst Zusätzen 248065/1911 u. 271797/1920 (Grubenholzimprägnierung G.m.b.H.); D.R.P. 287744/1914 (D. Steinherz); DRP. 306600/1914 (Bauholzkonservierung G. m. b. H.).

Von Payne sind ferner Wasserglas und Kalkmilch zur Versteinerung des Holzes angewendet worden. Auch von anderer Seite ist an der Erreichung dieses Zieles des öfteren gearbeitet worden, ohne daß diese Bemühungen jedoch Erfolg gehabt hätten. Es liegt dies daran, daß sich eine auch nur einigermaßen gleichmäßige Umsetzung der verschiedenen Stoffe im Holz nicht herbeiführen läßt, weil die bereits in den äußeren Holzschichten eintretende Niederschlagsbildung zu einer Verstopfung der Holzporen führt, die ein weiteres Vordringen der bei der Nachbehandlung angewendeten zweiten Salzlösung erschwert oder ganz unmöglich macht.

Zwei weitere Verfahren, welche Bariumsalze gegen die Angriffe der Holzzerstörer verwenden, sind im D.R.P. 516075/1927 (L. P. Curtin) und in dem französischen Patent 872346/1942 (A. Bourgeat und P. Poulain) beschrieben. Die Tränkflüssigkeit besteht bei dem Verfahren von Curtin aus einer wässerigen Lösung von Bariumhydroxyd oder aus der Emulsion einer solchen mit einem Kohlenwasserstofföl, insbesondere Rohpetroleum. Unter dem Einfluß der Kohlensäure der Luft soll das Bariumhydroxyd beim Austrocknen des Holzes in Bariumcarbonat übergehen, das infolge seiner säureabstumpfenden Wirkung sowie seiner Schwerauslaugbarkeit das Wachstum holzzerstörender Pilze verhindern soll. Bourgeat und Poulain empfehlen demgegenüber die Verwendung von Bariumchloridlösungen, mit denen das Holz z. B. nach dem Saftverdrängungs- oder dem Kesseldruckverfahren imprägniert werden soll. Eine praktische Bedeutung haben diese Vorschläge, soweit bekannt, nicht gehabt.

c) Zinksalze.

Von den Zinksalzen hat das Chlorzink ($ZnCl_2$) lange Zeit in der Technik der Holzkonservierung eine wichtige Rolle gespielt, und auch heute noch werden namentlich in den USA sowie in Rußland erhebliche Holzmengen mit Chlorzink imprägniert (s. S. 342). In Deutschland hat die Chlorzinktränkung infolge der Entwicklung der Teerölspartränkung seit Beginn unseres Jahrhunderts bis zur Beendigung des ersten Weltkrieges keine Bedeutung mehr gehabt. Die in der Folge zeitweilig bestehende Teerölknappheit führte aber zu ihrer Wiederaufnahme. So wurden beispielsweise die nach dem ersten Weltkrieg auf Reparationskonto zu liefernden Eisenbahnschwellen und Telegraphenstangen zum Teil mit Chlorzinklösung imprägniert. Während des zweiten Weltkrieges hat die Chlorzinktränkung einen immer größeren Umfang angenommen, da Chlorzink schließlich das einzige Holzschutzmittel war, das von der deutschen Industrie noch in größeren Mengen hergestellt werden konnte.

Das Chlorzink ist ein äußerst hygroskopisches Salz; in 100 Teilen Wasser lösen sich bei 20° C unter Wärmeentwicklung 367 und bei 100° C 614 Teile des wasserfreien Salzes zu einer sirupösen Flüssigkeit[1]. Das Salz wird hergestellt durch Auflösen von Zinkabfällen oder Zinkoxyd

---

[1] Vgl. J. D'Ans u. E. Lax, Taschenbuch für Chemiker und Physiker, Berlin 1943, S. 936.

in Salzsäure und kommt entweder als Pulver oder geschmolzen oder als wässerige Lösung von etwa 50° Bé (entsprechend rd. 48% $ZnCl_2$) in den Handel.

Die Imprägnierung des Holzes mit wässeriger Chlorzinklösung hatte, wie bereits erwähnt worden ist, Burnett im Jahre 1838 in die Holzkonservierungstechnik eingeführt. Auch über die Ausführung des Verfahrens ist das Erforderliche gesagt worden (s. S. 234ff.).

Seine ausgedehnte Verwendung verdankt das Chlorzink seinen im allgemeinen ausreichenden konservierenden Eigenschaften, seiner Billigkeit und dem Umstand, daß es in den meisten Ländern in den erforderlichen großen Mengen der Industrie zur Verfügung steht. Für die pilzwidrige Kraft des Chlorzinks wurden bei Durchführung von Klötzchen-Versuchen nach DIN 52176 (früher DIN DVM 2176) im Laboratorium für Holzkonservierung der Rütgerswerke folgende Grenzwerte festgestellt:

gegen Coniophora cerebella .... 2,1—2,8 kg $ZnCl_2$ ⎤
gegen Merulius domesticus ..... 1,7—2,7 kg ,,   ⎬ je cbm
und gegen Polyporus vaporarius 4,1—5,6 kg ,,   ⎦ Kiefernsplintholz

Den oben erwähnten Vorteilen des Chlorzinks stehen andererseits wesentliche Nachteile gegenüber, so vor allem seine leichte Auswaschbarkeit, sowie ferner die Möglichkeit der Abspaltung freier Salzsäure in dem mit Chlorzink imprägnierten Holz. Wie bereits erwähnt, ist das Chlorzink außerordentlich leicht wasserlöslich, und diese große Löslichkeit hat, da das Salz nicht von der Holzfaser fixiert wird, naturgemäß zur Folge, daß es aus Hölzern, die im Freien verbaut sind, also z. B. aus Schwellen und Telegraphenstangen, durch die atmosphärischen Niederschläge vorzeitig ausgelaugt wird. Nähere Angaben hierüber befinden sich z. B. in dem Aufsatz von Schneidt: „Die Tränkung der hölzernen Eisenbahnschwellen mit Chlorzink und mit karbolsäurehaltigem Teeröl"[1]. Ein weiterer Nachteil ist die Gefahr der Zerstörung der Holzfaser durch die aus dem Chlorzink unter Umständen entstehende freie Salzsäure. Nach Schneidt (a. a. O.) zeigten sich bei den braunschweigischen Eisenbahnen 1851 an Schwellen, die mit Chlorzink getränkt waren und erst $4^{1}/_{2}$ Jahre im Gleise gelegen hatten, sehr viele faule und schadhafte Stellen. Bei näherer Untersuchung ergab sich, daß diese Stellen von eisernen Bolzen und Nägeln ausgingen und sich in der Längsrichtung der Faser ausdehnten. Buchene Schwellen zeigten größere Schäden als kieferne und eichene. Auch auf den ungarischen Staatsbahnen beobachtete man an buchenen Schwellen, welche mit Chlorzink getränkt waren und nur 4 Jahre im Gleise gelegen hatten, ähnliche Zersetzungserscheinungen. Grittner[2] hat durch Versuche nachgewiesen, daß dieselben durch freigewordene Salzsäure veranlaßt wurden. Auf Grund der jahrzehntelangen Erfahrungen, welche in der Praxis mit chlorzinkimprägnierten Hölzern gemacht worden sind, läßt sich aber der Standpunkt vertreten, daß durch eine sachgemäß ausgeführte Imprägnierung

---

[1] Vgl. Organ für die Fortschritte des Eisenbahnwesens, 1897.
[2] Vgl. Zeitschr. für angewandte Chemie, 1891, S. 414.

des Holzes mit Chlorzinklösung eine merkliche Beeinträchtigung der Festigkeitseigenschaften des Holzes nicht erfolgt, sofern chemisch einwandfreies Chlorzink verwendet wird. Die oft umstrittene Frage der Korrosion von metallenen Armierungsteilen chlorzinkimprägnierter Hölzer ist neuerdings von R. H. Baechler in seiner Veröffentlichung "Corrosion of Metal Fastenings in Zinc Chloride-Treated-Wood After 20 Years" eingehend behandelt worden[1]. B. zeigt, daß die Korrosionserscheinungen recht unterschiedlich sein können und vor allem von dem Feuchtigkeitsgehalt des Holzes, aber auch von der Konzentration der zur Tränkung benutzten Chlorzinklösung und dem in Frage kommenden Metall abhängen.

Bezüglich der quantitativen Bestimmung des Chlorzinks im Holz sei auf die Veröffentlichung von Bateman im Journ. of Ind. and Eng. Chem., Bd. 6, No. 1, 1914, sowie auf die Chemiker-Zeitung, Jahrg. 1932, Nr. 74, verwiesen. Über den Nachweis des Chlorzinks im Holz durch Farbreaktion s. S. 374[2].

Über die Gebrauchsdauer der mit Chlorzink imprägnierten Hölzer liegen von mehreren Seiten statistische Feststellungen vor. Winnig[3] berechnete, wie schon auf S. 238 mitgeteilt, die mittlere Gebrauchsdauer der mit Chlorzinklösung vollgetränkten kiefernen Telegraphenstangen der Deutschen Reichspost zu 12,3 Jahren. Die Angaben, welche über die mittlere Gebrauchsdauer chlorzinkgetränkter kieferner Schwellen vorliegen, weichen erheblich voneinander ab, sie schwanken zwischen 11 und 20 Jahren. Hierzu ist zu bemerken, daß eine Gebrauchsdauer der Schwellen von mehr als 15 Jahren wohl nur ausnahmsweise, unter besonders günstigen Verhältnissen, erreicht werden kann. Nach den Erfahrungen der Deutschen Reichsbahn beträgt, wie schon auf S. 238 bemerkt, die durchschnittliche Liegedauer der kiefernen, mit Chlorzinklösung getränkten Schwellen 14 Jahre.

Es fehlte nicht an Versuchen, die geschilderten Nachteile der Imprägnierung mit Chlorzink zu beheben. Der leichten Auswaschbarkeit und der nicht immer genügenden konservierenden Kraft des Chlorzinks wurde dadurch entgegengewirkt, daß man der Chlorzinklösung Teeröl zumischte oder zur Tränkung eine Emulsion von Chlorzink und Teeröl verwendete. Diese Verfahren sind bereits an früherer Stelle (s. S. 240/41) geschildert worden und ebenso die dem gleichen Zweck dienenden Verfahren der Doppeltränkung mit Chlorzink und Teeröl oder Erdölprodukten (s. S. 242/43 und S. 320).

W. Wellhouse und E. Hagen haben bereits im Jahre 1879 (amerikanisches Patent 216589/1879) vorgeschlagen, das Holz zunächst mit einer Lösung von Chlorzink und Gelatine oder Leim zu durchtränken und darauffolgend mit einer Lösung von Tannin nachzubehandeln. Durch Einwirkung des Tannins auf die Gelatine bzw. auf den Leim sollte sich

---

[1] Vgl. Proceed. Amer. Wood-Pres. Assoc. 1949, S. 390/97.
[2] Vorschriften für die quantitative Analyse von Imprägniersalzen sind z. B. im Manual of Recommended Practice der Amer. Wood-Pres. Assoc. Ausg. 1949, Blatt M 2—49 enthalten.
[3] Vgl. Archiv für Post und Telegraphie, 1934, Nr. 1.

eine wasserunlösliche Verbindung bilden und diese die Poren in den äußeren Schichten des Holzes verschließen. Dieses in den USA vorübergehend benutzte Verfahren ist bereits seit Anfang des Jahrhunderts kaum noch angewendet worden[1].

Nach dem Verfahren von Marmetschke und Brüning (amerikanisches Patent 898246/1908) sollte bei der Verwendung von Chlorzink die Bildung freier Salzsäure und die Ausscheidung von basischen Salzen dadurch vermieden werden, daß man die Chlorzinklösungen mit Aluminiumsulfatlösungen versetzte.

Der deutschen Patentschrift 257002/1910 (P. Finckh) zufolge sollte das Holz mit einer Auflösung von Zinkhydroxyd oder von basischen Zinksalzen in Lösungen von Tonerdesalzen imprägniert werden. Dieser Vorschlag beruhte auf der Beobachtung, daß sich Zinkhydroxyd oder basische Zinksalze, wie z. B. Zinkoxychlorid, in Lösungen von Tonerdesalzen, wie z. B. Aluminiumsulfat, lösen. Auch auf diese Weise sollte die schädliche Bildung freier Salzsäure verhütet werden. Während das Verfahren von Marmetschke und Brüning vorübergehend eine beschränkte Anwendung in der Praxis gefunden hat, hat dasjenige von Finckh keine praktische Bedeutung erlangt.

Ein neuerer Vorschlag zur Verbesserung des Ergebnisses der Chlorzinktränkung, welcher seit dem Jahre 1934 Bedeutung in den USA erlangt hat, geht auf Untersuchungen zurück, welche 1932 auf Veranlassung der amerikanischen Großproduzenten von Chlorzink begonnen wurden[2]. Um die Auslaugbarkeit des Chlorzinks herabzusetzen und um den Eisenangriff der zur Holztränkung benutzten Chlorzinklösungen zu vermindern, wird an Stelle von reinem Chlorzink die Verwendung eines Gemisches, bestehend aus 81,5% Chlorzink und 18,5% Natriumbichromat, empfohlen. Die Tränkung mit diesem Salzgemisch erfolgt in gleicher Weise wie mit reinem Chlorzink, nur soll darauf geachtet werden, daß die Erwärmung der Tränklösung 160° F (71° C) nicht überschreitet. Durch diese Begrenzung der Erwärmung der Tränklösung soll ihre Zersetzung infolge der Bildung schwerlöslicher Verbindungen unter dem Einfluß von Holzextraktstoffen vermieden werden.

Eine Nachprüfung der amerikanischen Angaben betreffend Eisenkorrosion und Auslaugbarkeit des im Gemisch mit Natriumbichromat verwendeten Chlorzinks, welche im Jahre 1940 im Laboratorium für Holzkonservierung der Rütgerswerke erfolgte, ergab mit Bezug auf den Eisenangriff für das empfohlene Salzgemisch keinen erheblichen Vorteil gegenüber dem reinen Chlorzink. Auch die Auslaugbarkeit des Chlorzinks bei Anwendung des Salzgemisches war nicht wesentlich geringer als bei Verwendung des reinen Chlorzinks.

In neuester Zeit hat man in den USA versucht, die Eigenschaften des vorbeschriebenen Salzgemisches durch einen Zusatz von Kupferchlorid

---

[1] Vgl. G. M. Hunt und G. A. Garrat, Wood Preservation, New York—London, 1938, S. 211/12.

[2] Vgl. L. C. Drefahl u. R. H. Bescher, The Effect of Sodium Dichromate on the Preservative Value of Zinc Chloride, Proceed. Amer. Wood-Pres. Assoc. 1939, S. 30/53.

weiter zu verbessern. Die Zusammensetzung des neuen Salzgemisches wird wie folgt angegeben:

> 73% Zinkchlorid,
> 20% Natriumbichromat,
> 7% Kupferchlorid.

Durch den Zusatz von Kupferchlorid soll, den angestellten Versuchen zufolge, im Vergleich zum reinen, sowie nur mit Natriumbichromat versetzten Chlorzink eine bessere konservierende Wirkung und eine größere Beständigkeit des Salzgemisches im Holz erzielt werden[1].

Nach den statistischen Angaben von H. B. Steer in den Proceedings der American Wood-Preservers' Association, Jahrgang 1949, wurden im Jahre 1948 in den USA zur Holzkonservierung verbraucht:

> unvermischtes Chlorzink ....rd.   251 000 lbs = rd.   114 t
> Chlorzink-Bichromat-Gemisch ..rd. 4 255 000 lbs = rd. 1928 t.

Die Hauptmenge des Chlorzink-Bichromat-Gemisches wird zur Tränkung von Holzkonstruktionen für Hochbauten sowie von Grubenhölzern verwendet. Ein Patentschutz ist für die Verwendung des Salzgemisches nicht nachgesucht worden.

Das im USA-Patent 2 154 433/1939 beschriebene Imprägnierverfahren von E. R. Boller (für du Pont de Nemours & Co.) hat insbesondere die Fixierung von Zink- und Chromsalzen im Holz zum Gegenstand. Als Tränkflüssigkeit wird z. B., wie vorstehend, eine wässerige Lösung von Chlorzink und Natriumbichromat benutzt. Die Umsetzung dieser Salze zu schwerlöslichen Zink- und Chromverbindungen soll unter Mitwirkung unbekannter Bestandteile des Holzes durch Erhitzen des letzteren nach Beendigung der Tränkung während eines genügend langen Zeitraumes auf mindestens 220° F (104° C) erfolgen; dabei muß das imprägnierte Holz soviel Wasser enthalten, daß der Fasersättigungspunkt überschritten ist.

Bereits viel früher, nämlich 1912, ist von C. Girsewald und H. Brüning in der britischen Patentschrift 2972 die Verwendung der Chromsäure oder ihrer Salze zur Herabsetzung der Auslaugbarkeit sowie des Eisenangriffs von Metallsalzen, wie z. B. des Chlorzinks und Aluminiumsulfats, empfohlen worden. In der genannten Patentschrift wird ausgeführt, daß es zwecklos sei, die wasserlöslichen, bei der Holzimprägnierung benutzten Metallsalze nach erfolgter Tränkung im Holz in wasserunlösliche Verbindungen umzuwandeln, da wasserunlösliche Stoffe keine antiseptische Wirkung ausüben könnten. Bei Verwendung der beschriebenen Kombination — wasserlösliches Metallsalz + Chromsäure oder deren Salze — behielten die Metallsalze ihre Wasserlöslichkeit und damit ihre antiseptischen Eigenschaften. Es müsse angenommen werden, daß das Lignin durch die oxydierenden Eigenschaften der Chromsäure derartig verändert wird, daß es lackähnliche Verbindungen mit den zur Imprägnierung verwendeten Salzen zu bilden vermag. Letztere seien

---

[1] Vgl. W. T. Henry u. R. J. Kepfer. Copperized Chromated Zinc Chloride, Proceed. Amer. Wood-Pres. Assoc., 1949. S. 66/75.

darum nicht mehr als in das Holz eingeführte Fremdkörper zu betrachten, sondern bildeten einen Bestandteil der Holzsubstanz selbst.

Die an sich naheliegende Verwendung von Zinksulfat an Stelle des Chlorzinks hat tatsächlich praktisch keine besondere Bedeutung gewonnen, trotzdem das Zinksulfat bereits frühzeitig, z. B. von Bethell und Boucherie, als Holztränkstoff vorgeschlagen wurde. Das Tränkverfahren von R. Wöhl[1], welches Zinksulfat im Gemisch mit Fluornatrium verwendete, wird im Abschnitt Fluorverbindungen besprochen werden.

Einige weitere organische Salze des Zinks, welche eine allerdings nur vorübergehende Bedeutung für die Technik gehabt haben, sind das α- und das β-naphthalinsulfosaure Zink sowie das nitronaphthalinsulfosaure Zink (s. S. 333).

Auch alkalische Lösungen von Zinksalzen, evtl. unter Zusatz von Aluminiumsalzen, haben Anwendung als Holzanstrichmittel gefunden. Zunächst sei hier das seit Jahrzehnten verwendete „Kulba", eine Auflösung von Zinkoxyd oder Zinkhydroxyd in überschüssiger Alkalilauge, genannt[2]. Eine andere alkalische Imprägnierflüssigkeit, welche in dem D.R.P. 256151/1912 (M. Leger) beschrieben ist, enthält neben Zinksalz und überschüssiger Alkalilauge noch in letzterer gelöstes Aluminiumsalz. Wegen ihrer alkalischen Reaktion sowie ihrer Unbeständigkeit an der Luft — es erfolgt Zersetzung in Alkalicarbonat und kaum wasserlösliches Zinkcarbonat bzw. Aluminiumhydrat — sind derartige in der Chemie als Zinkate bzw. Aluminate bezeichnete Salze für Holzschutzzwecke nicht in allen Fällen geeignet.

Über die gleichzeitige Verwendung von in überschüssigem Ammoniak gelösten Zink- und Kupfersalzen („Aczol" und „Viczsal"), s. S. 353, über Zink- und Fluorsalze S. 358/59 und über Zink- und Arsensalze S. 368/69.

d) Quecksilberverbindungen.

Von den Quecksilberverbindungen hat als Holzkonservierungsmittel nur das Merkurichlorid (Sublimat, Quecksilberchlorid) eine praktische Bedeutung erlangt.

Das Merkurichlorid ($HgCl_2$) ist ein durchscheinendes, kristallinisches Salz, das beim Zerreiben ein weißes Pulver ergibt. Es ist löslich in Wasser und in zahlreichen organischen Lösungsmitteln, z. B. Methylalkohol, Äthylalkohol, Äther, Benzol sowie auch in Steinkohlenteerölen. In 100 Teilen Wasser lösen sich bei 20° C 6,6 Teile und bei 100° C 54,1 Teile Sublimat[3]. Die wässerige Lösung zersetzt sich unter dem Einfluß des Tageslichtes allmählich unter Abscheidung von Merkurochlorid. Sie greift Metalle, z. B. Eisen, unter Ausscheidung von metallischem Quecksilber stark an. Das Quecksilberchlorid ist sowohl für Menschen und Tiere, als auch für holzzerstörende Pilze ein starkes Gift. Bei der Aus-

---

[1] Österreichisches Patent 73992/1916.
[2] D.R.P. 228513/1908 (G. Hartmann und A. Schwerdtner).
[3] Vgl. J. D'Ans u. E. Lax, Taschenbuch für Chemiker und Physiker, Berlin 1943, S. 937.

führung von Fäulnisversuchen unter Verwendung von Kiefernholz-Klötzchen nach DIN 52176, früher DIN DVM 2176 (s. S. 383 ff.), wurden im Laboratorium für Holzkonservierung der Rütgerswerke die folgenden Grenzwerte ermittelt:

gegen Coniophora cerebella 0,60—0,75 kg/m³ Kiefernsplintholz,
gegen Polyporus vaporarius 0,30—0,45 kg/m³ Kiefernsplintholz.

Wegen seiner Eigenschaft, in wässeriger Lösung Metalle anzugreifen, kann das Sublimat in Apparaten, in denen die Lösung mit Eisen oder anderen Metallen in Berührung kommt, zur Imprägnierung nicht benutzt werden. Das Salz wird daher zur Konservierung des Holzes fast durchweg nach dem Verfahren von Kyan (Einlagern des Holzes in offene, nicht metallene Behälter) verwendet (s. S. 211 ff.). Man hat auch vorgeschlagen, die Holzkonservierung mit wässerigen Sublimatlösungen unter Anwendung von Vakuum und Druck in Zylindern aus Eisenbeton oder in eisernen Zylindern, die im Innern mit einer indifferenten Schutzschicht versehen sind, auszuführen. Solche Vorschläge sind z. B. enthalten in dem österreichischen Patent 77574/1918 (F. Moll) und in den deutschen Patenten 356994/1921 (Bayernwerk für Holzindustrie und Imprägnierung G. m. b. H. & Co.), sowie 463775/1925 und 660296/1932 (K. Bubla). In Deutschland ist lediglich ab 1921 vorübergehend beim Bayernwerk in Kitzingen mit wässerigen Sublimatlösungen im Kesseldruckverfahren gearbeitet worden (s. S. 211/12).

Einen um eine horizontale Achse schwenkbaren eisernen Tränkkessel, welcher zur zonenweisen Tränkung von Telegraphenstangen u. dgl. mit Sublimatlösung und Teeröl dienen soll, hat A. van Swaay im D.R.P. 545335/1928 beschrieben[1]. Die Sublimattränkungen werden in dem senkrecht gestellten Kessel, dessen mit der Sublimatlösung in Berührung kommender Teil mit einer gegen die Lösung indifferenten Schutzschicht versehen ist, ausgeführt.

Bei der Tränkung nach dem Verfahren von Kyan zeigt das Sublimat die eigenartige Erscheinung der sogenannten Überaufnahme, über welche in dem Kapitel Eintauch- und Einlagerungsverfahren auf den Seiten 213/14 bereits ausführlich berichtet wurde. Im Unterschied zu den meisten anderen wasserlöslichen Imprägnierungsmitteln, wie z. B. dem Chlorzink, dem Kupfersulfat, sowie den Salzen der Fluorwasserstoffsäure, ist die Verteilungsmöglichkeit des Sublimats, namentlich bei dem Kalt-Einlagerungsverfahren (Kyanisierung), eine begrenzte, indem sie sich infolge der starken Fixierung des Salzes durch die Holzsubstanz auf die äußersten Zonen der durchtränkbaren Holzanteile beschränkt. Eine etwas bessere Verteilung des Sublimats gelingt z. B. im Kiefernsplintholz bei Anwendung des Kesseldruck-, des Tief- und des Diakyanisier-Verfahrens.

Über den Nachweis des Sublimats im Holz durch Farbreaktion (s. S. 374). Bezüglich der quantitativen Bestimmung des Quecksilbers im Holz s. Chem. Ztg. 1932, S. 730/31.

Der Hauptvorteil des Sublimats als Holzkonservierungsmittel besteht in seiner hohen Giftigkeit gegen die Holzschädlinge sowie in seiner festen

---

[1] Schwenkbare eiserne Tränkkessel werden auch in anderen Ländern, so z. B. in Frankreich, zur zonenweisen Tränkung von Hölzern verwendet (s. S. 449).

Bindung durch die Holzsubstanz. Der allgemeineren Anwendung des Salzes für Holzkonservierungszwecke steht nicht nur seine Eigenschaft, Metalle anzugreifen, entgegen, sondern auch seine schlechte Verteilbarkeit im Holz und sein durch die verhältnismäßig geringe Weltproduktion an Quecksilber bedingter hoher Preis.

Ein Verfahren, welches bei der Vakuum-Drucktränkung des Holzes mit Quecksilberchloridlösung eine Ersparnis an Sublimat bei gleichzeitiger Verbesserung der Verteilung des Salzes in den durchtränkten Holzzonen gestatten soll, wurde von K. Bubla im D.R.P. 481534/1925 angegeben. Das Verfahren besteht darin, daß das Holz unter Anwendung von Vakuum und Druck zuerst mit einer verhältnismäßig schwachen Sublimatlösung imprägniert wird, die aber stark genug sein soll, um das Wachstum der holzzerstörenden Pilze zu verhindern. Danach erfolgt unter Zwischenschaltung eines Vakuums, welches Raum zur Aufnahme der zweiten Tränklösung schaffen soll, die Sättigung des Holzes mit einer Sublimatlösung von höherer Konzentration. Zunächst enthält das so getränkte Holz also eine verhältnismäßig schwache — z. B. nur 0,15prozentige — Sublimatlösung, während bei der Nachbehandlung der Außenzone eine Lösung von üblicher Konzentration — z. B. 0,55% — zugeführt wird. Durch Diffusionswirkung soll allmählich ein Konzentrationsausgleich eintreten. Eine solche nachträgliche Verteilung des Sublimates im Holz durch Diffusion erscheint bei der schnellen und starken Fixierung dieses Salzes durch die Holzsubstanz unwahrscheinlich. Erfahrungen über den Erfolg des beschriebenen Tränkverfahrens sind nicht bekanntgeworden.

Mischungen von Quecksilberchlorid mit anderen Verbindungen.

Nach dem D.R.P. 281842/1914 (Grubenholz-Imprägnierung G.m.b.H.) sollen Mischungen von Sublimat mit Alkalinitrit (z. B. Natrium- oder Kaliumnitrit), gegebenfalls unter Zusatz anderer Salze, in wässeriger Lösung zur Holzkonservierung benutzt werden. Die wässerigen Lösungen dieser Mischungen zeigen einer Lösung von reinem Sublimat gegenüber den Vorteil, daß sie Eisen nicht angreifen. Den gleichen Vorteil hat die Anwendung von Lösungen, die neben Sublimat wasserlösliche Silikate enthalten (D.R.P. 289990/1913 der Farbenfabriken vorm. Friedr. Bayer & Co.). Nach Versuchen von Dobbelstein konnten jedoch Grubenhölzer, die nach dem Verfahren dieses Patentes im Jahre 1914 getränkt wurden, Pilzangriffen nicht widerstehen. Sie zeigten zu einem erheblichen Teil schon nach Verlauf von 2 Jahren Fäulniserscheinungen[1].

Auch verschiedene andere, Sublimat enthaltende Mischungen sind in deutschen Patentschriften zur Holzkonservierung vorgeschlagen worden. So beschreibt z. B. das D.R.P. 274662/1913 (W. Lichty) eine Mischung von Sublimat mit Bleichlorid; das D.R.P. 289504/1914

---

[1] Die zur Tränkung unter Druck verwendeten Lösungen enthielten nur 0,1% Sublimat. Die Aufnahme an Lösung betrug 168 kg/m³. Vgl. O. Dobbelstein, Ztschr. Glückauf, 1914, S. 611 und 1921, S. 601.

(F. Bub) eine Mischung von Sublimat mit Kupfersulfat oder mit Kupfersulfat und Zinkchlorid; das D. R. P. 289505/1914 (F.Bub) eine Mischung von Sublimat mit Chlorzink oder mit Chlorzink und Bleichlorid und das D. R. P. 290186/1914 (F. Bub) eine Mischung von Sublimat mit Fluorsalzen. Von diesen Verfahren hat nur das letztgenannte eine praktische Verwendung gefunden. Hierüber ist bereits auf den Seiten 217/18 ausführlich berichtet worden.

Ein anderes Sublimat-Tränkverfahren, welches in erster Linie eine Verbesserung der Verteilbarkeit des Sublimates im Holz bezweckt, ist in der deutschen Patentschrift 511568/1928 der Rütgerswerke-Aktiengesellschaft beschrieben. Erfindungsgemäß verwendet man Lösungen, die neben Sublimat geeignete Mengen von Alkalicyaniden, z. B. Cyankalium oder Cyannatrium, enthalten. Bei Verwendung derartiger Lösungen dringt das Sublimat tiefer in das Holz ein, als wenn man es ohne Zusatz von Alkalicyanid verwendet, da durch den Zusatz des Cyanids die Adsorption des Sublimats durch die Holzfaser zwar nicht aufgehoben, aber doch vermindert wird. Durch den Zusatz kleinerer oder größerer Mengen Alkalicyanid hat man es in der Hand, die Adsorption des Sublimats durch das Holz beliebig zu variieren. Die beschriebenen Tränklösungen greifen Eisen noch mehr oder weniger an; sie können aber gegen dieses Metall beständig gemacht werden durch Zusatz geeigneter, alkalisch reagierender Stoffe, wie z. B. Alkaliarsenite, Alkaliphosphate oder Ammoniak. Das Verfahren ist bisher in der Praxis nicht angewendet worden.

Ein tschechisches Verfahren zur Tiefimprägnierung von Holz mit Sublimat ist in der tschechischen Patentschrift 73544/1944 enthalten. Der Beschreibung zufolge gelingt die Durchtränkung des gesamten Splintholzes, wenn der Sublimatlösung insbesondere Kieselflußsäure, eventuell zusammen mit Ammoniumchlorid, hinzugesetzt wird. Feststellungen bezüglich des Wertes dieses Verfahrens sowie seiner Verwendung in der Praxis waren nicht möglich.

Schließlich sei noch das Verfahren des D. R. P. 644978/1932 von R. Falck erwähnt, welches die gleichzeitige Verwendung von Sublimat und Arsensäure vorsieht, derart, daß bei dem üblichen Kyanisierverfahren das Sublimat zum größten Teil durch Arsensäure ersetzt wird. Durch den teilweisen Ersatz des Sublimates durch die Arsensäure soll auch den tieferen Holzschichten Schutzstoff — im wesentlichen Arsensäure — zugeführt werden, während im übrigen eine Herabsetzung der Kosten der reinen Sublimattränkung bezweckt wird. Über die Anwendung des Verfahrens in der Praxis ist nichts bekanntgeworden.

Um die Imprägnierung des Holzes mit Quecksilberverbindungen unter Anwendung von Vakuum und Druck in eisernen Kesseln zu ermöglichen, haben die Farbenfabriken vorm. Friedr. Bayer & Co. bereits in ihrem deutschen Patent 240988/1910 vorgeschlagen, organische Quecksilberverbindungen zu benutzen, deren wässerige Lösungen das Metall nicht wie die anorganischen Salze in ionisierter, sondern in komplexer Form enthalten. Während nämlich das in ionisiertem Zustande vorhandene Quecksilber Metalle anzugreifen vermag, ist dies dem komplex gebundenen Quecksilber nicht möglich. In der vorgenannten Patentschrift werden für die Holzkonservierung wasserlösliche Salze solcher Verbindungen vorgeschlagen, die einen komplex gebundenen Giftbestandteil wie Quecksilber, Arsen oder Antimon enthalten. Das besonders für Holzkonservierungszwecke vorgesehene Quecksilberchlorphenol, bzw. dessen Natriumsalz, konnte jedoch nicht in die Praxis eingeführt werden, da seine antiseptische Kraft zu dem geforderten Preis in keinem Verhältnis stand. Auch hat sich dieses Salz nach Vergleichsversuchen von Dobbelstein mit Grubenhölzern nicht bewährt[1].

Ein anderes Verfahren zur Holzkonservierung mittels organischer Quecksilberverbindungen wurde der IG.-Farbenindustrie A.-G. durch D.R.P. 517207/1928 geschützt. Das Holzkonservierungsmittel soll in diesem Falle aus Quecksilberverbindungen bestehen, bei denen mindestens die eine Valenz des Quecksilbers an einen unsubstituierten oder indifferent substituierten Kohlenwasserstoff gebunden ist, während die andere einen beliebigen Substituenten haben kann. Die Verbindungen haben trotz ihrer, der Patentschrift zufolge sehr hohen fungiziden Kraft keine Verwendung in der Praxis gefunden.

Als Mittel, welche besonders das Verblauen der Nadelhölzer verhindern sollen, werden im D.R.P. 362301/1922 von G. Grau und P. Rother die schwer krystallisierenden Salze der komplexen quecksilberschwefligen Säure, insbesondere das chlorquecksilberschwefligsaure Natrium, empfohlen. Das Präparat ist bald nach dem ersten Weltkrieg unter dem Namen ,,Fungimors'' in den Handel gebracht und namentlich zum Schutz der wertvollen Schnitthölzer gegen Verblauung in erheblichem Umfange mit Erfolg benutzt worden. Seine Anwendung erfolgt durch Eintauchen der frisch geschnittenen Hölzer in die Salzlösung oder durch Bespritzen oder Anstreichen des zu schützenden Materials.

e) Verbindungen des Eisens, Aluminiums und Chroms.

Die Verbindungen des Eisens und Aluminiums haben in Ermangelung einer nennenswerten pilzwidrigen Wirksamkeit, sowie mit Rücksicht auf ihre Eigenschaft, aus den Salzen mit starken anorganischen Säuren die letzteren in wässeriger Lösung teilweise leicht abzuspalten, keine wesentliche Bedeutung für die Konservierung des Holzes erlangt.

Die zu Anfang unseres Jahrhunderts am bekanntesten gewordenen Vorschläge zur Verwendung von anorganischen Salzen des Eisens und Aluminums für die Holzimprägnierung stammen von F. Hasselmann. Bei dem ältesten Hasselmann-Verfahren vom Jahre 1896 (D.R.P. 96385) wurde das Holz zuerst in der wässerigen Lösung eines Gemisches von Eisenvitriol und Aluminiumsulfat und anschließend in einer etwas Calciumhydrat enthaltenden Chlorcalciumlösung gekocht. Zwei weitere Verfahren Hasselmanns sind in den deutschen Patentschriften 134178/1898 und 286115/1908 beschrieben. Bei dem ersten dieser beiden Verfahren wurde das Holz in einer Lösung von Aluminiumsulfat und Adler-

---

[1] O. Dobbelstein, Ztschr. Glückauf, 1914, S. 611 und 1921, S. 601.

vitriol[1], der nach einiger Zeit Kainit zugesetzt wurde, unter Druck gekocht und bei dem zweiten wurde die Kochung in einer ständig bewegten wässerigen Lösung von Eisenchlorid, Ammoniakalaun und Chlormagnesium mit nachfolgendem Abkühlenlassen in der unbewegten Salzlösung vorgenommen. Namentlich durch das letztgenannte Verfahren sollten minderwertige Nadelhölzer vor Fäulnis und Feuer geschützt und ihnen zudem besondere Farbtöne und der Charakter hochwertiger Harthölzer gegeben werden. Diese Hasselmannschen Verfahren haben, wie zu erwarten war, mit Bezug auf die konservierende Wirkung zu einem glatten Mißerfolg geführt und als Holzschutzverfahren keine praktische Bedeutung gewonnen.

Die Schädigung des Holzes, welche infolge der zum Teil unter Druck ausgeführten langen Kochung, im Verein mit der gleichzeitig erfolgenden Abspaltung freier Mineralsäuren aus den verwendeten Salzen eintrat, wollte man dadurch vermeiden, daß man

1. die Temperaturen der angewendeten Salzlösungen herabsetzte und

2. die trotzdem in wässeriger Lösung abgespaltenen starken Mineralsäuren durch Zusatz geeigneter Salze schwacher Säuren unschädlich zu machen suchte.

Als ein Verfahren zu 1. ist dasjenige der deutschen Patentschrift 168 689/1904 von K. H. Wolman zu nennen, welches die von Hasselmann angewendete Druckkochung bei erhöhter Temperatur durch Anwendung hydraulischen Druckes bei entsprechender Herabsetzung der Temperatur der Salzlösung ersetzte. Verfahren zu 2. sind in der österreichischen Patentschrift 31 180/1907 sowie in den deutschen Patentschriften 163 817/1904 und 241 863/1907 von Wolman beschrieben. In diesen Patentschriften wird vorgeschlagen, die in den heißen Salzlösungen abgespaltenen freien Mineralsäuren durch Zusätze von Salzen schwacher organischer oder anorganischer Säuren, wie z. B. ameisensaure oder essigsaure, bzw. flußsaure oder borsaure Salze, namentlich Fluornatrium, unschädlich zu machen. Die aus diesen Salzen durch die abgespaltenen starken Mineralsäuren in Freiheit gesetzten schwachen Säuren können eine nennenswerte Schädigung der Holzfaser nicht bewirken. Ähnliche Wege zur Erreichung des gleichen Zieles sind schließlich in den beiden deutschen Patentschriften 216 798/1907 und Zusatz 222 193/1909 von B. Diamand angegeben. Die Neutralisation erfolgt in diesen Fällen mittels Abfallauge der Sulfitzellstoff- oder der Natronzellstoffabrikation. Der durch diese Maßnahme gegenüber der Neutralisation mit Salzen schwacher Säuren bedingte Vorteil sollte darin bestehen, daß die Ausscheidung von unlöslichen Salzen dieser Säuren verhindert wird.

Auch diese verbesserten Verfahren zur Tränkung des Holzes mit Schwermetallsalzen starker anorganischer Säuren haben nur vorübergehend Anwendung gefunden.

Über die Verwendung von Aluminiumsalzen, insbesondere von Aluminiumsulfat zusammen mit Zinksalzen, bei den Tränkverfahren von Brüning und Marmetschke sowie von Finckh wurde bereits auf S. 341

---

[1] Der sogenannte Adlervitriol war ein durch gleichzeitige Krystallisation erhaltenes Gemenge von Eisenvitriol und etwa 5—15% Kupfervitriol.

berichtet. In der deutschen Patentschrift 288695/1914 hat F. Heller vorgeschlagen, eine Imprägnierungsflüssigkeit für Holz in der Weise herzustellen, daß man negativ substituierte Phenole, z. B. Dinitroorthokresol, mit wässerigen Lösungen von Ätzalkali oder Alkalicarbonat einerseits und von Aluminiumsulfat andererseits in einem solchen Verhältnis mischt, daß in der Wärme eine klare Lösung entsteht, die Tonerdehydrat im Sol-Zustande gelöst enthält. Beim Erkalten der in das Holz eingeführten Tränklösung soll das Tonerdehydrat in die Gelform übergehen und in dieser Form durch Verstopfung der Holzporen die Auslaugung der Tränkstoffe verhindern. Nach diesem Verfahren sind seinerzeit in Österreich unter Verwendung von Parachlormetakresol — besonders Grubenhölzer getränkt worden (sogenannte „Cumullit"-Tränkung).

Von den Verbindungen des Chroms sind für die Zwecke des Holzschutzes diejenigen von Bedeutung, welche sich vom Chromoxyd (Cr_2O_3) und vom Chromtrioxyd (CrO_3) ableiten, in denen das Chrom also als 3- und 6-wertiges Element auftritt (Chromiverbindungen und Chromate). Von den Chromisalzen ist z. B. der Chromalaun [$K\,Cr(SO_4)_2 \cdot 12\,H_2O$] als Holzimprägnierungsmittel empfohlen worden[1], während z. B. Bichromate des Kupfers, Zinks und Aluminiums im D.R.P. 394532/1922 durch E. Murmann zur Holzkonservierung vorgeschlagen wurden. Eine Bedeutung für die Praxis haben weder diese Verfahren noch einige weitere, welche in deutschen Patentschriften beschrieben worden sind, und welche Zusätze verschiedener Art vorsehen, gewonnen. Erhebliche Bedeutung haben dagegen in neuerer Zeit besonders die Alkalibichromate für die Holzkonservierung erlangt. Aber für sich allein kommen diese chromsauren Salze als Holzschutzmittel nicht in Betracht, da sie durch die reduzierend wirkenden Bestandteile des Holzes in verhältnismäßig kurzer Zeit in unwirksame Chromiverbindungen verwandelt werden. Aus diesem Grunde ergaben sich bei Feststellung der fungiziden Kraft des Kaliumbichromats nach DIN 52176 (früher DIN DVM 2176) im Laboratorium der Rütgerswerke recht ungünstige Werte. Die Grenzwerte lagen nämlich für

Coniophora cerebella bei 16,6—20,3 kg/m³ Kiefernsplintholz und für
Polyporus vaporarius „ 12,4—15,1 „ „

Trotzdem haben insbesondere die Alkalibichromate seit einigen Jahrzehnten oft Verwendung in der Holzkonservierungstechnik gefunden. Zunächst wurden sie benutzt, um die eisernen Imprägnierapparaturen und Armierungsteile der getränkten Hölzer vor dem Angriff gewisser — z. B. dinitrophenol- und chlorzinkhaltiger — Imprägnierflüssigkeiten zu schützen. Näheres über diese Anwendung der chromsauren Alkalien wurde bereits in den Abschnitten „Nitrophenole" (s. S. 329) und „Zinksalze" (s. S. 341) mitgeteilt.

Eine andere bedeutsame Aufgabe haben die Bichromate bei der Fixierung gewisser wasserlöslicher Giftstoffe (Schwermetallsalze, Fluor- und Arsenverbindungen) im Holz zu erfüllen. Gelegentlich der Versuche,

---

Vgl. D.R.P. 111323/1898 (G. Buchner).

die für Holzschutzzwecke besonders wichtigen Fluor- und Arsenverbindungen, wie z. B. Natriumfluorid, Natriumarseniat usw., in
schwerauslaugbarer Form im Holz abzulagern bei gleichzeitiger Erhaltung ihrer hohen fungiziden Kraft, wurde durch Untersuchungen des
Laboratoriums für Holzkonservierung der Rütgerswerke festgestellt, daß
die feste Einlagerung dieser hochwertigen Imprägniermittel im Holz
bei Gegenwart genügender Mengen chromsaurer Alkalien, am besten von
Alkalibichromat, möglich ist. Die besagten Versuchsarbeiten zeigten, daß
durch die reduzierend wirkenden Bestandteile des Holzes, die Zellinhaltsstoffe und das Lignin, im Holz eine Reduktion der chromsauren Salze
erfolgt. Das Ergebnis dieser Reduktion ist verschieden, je nachdem ob das
Bichromat allein oder in Gegenwart anderer Salze im Holz vorhanden ist.
Ist Bichromat allein vorhanden, so verwandelt es sich in das unlösliche,
aber auch völlig unwirksame Chromoxyd. In Gesellschaft anderer Salze
bildet es dagegen das schwer- oder unlösliche Chromisalz der Säuren
dieser Salze. Es gelingt also auf diesem Wege, die leicht wasserlöslichen
Alkalisalze stark fungizider Säuren, hier der Fluoride und Arseniate, im
Gemisch mit dem ebenfalls leicht löslichen Alkalibichromat in das Holz zu
bringen und erst dort durch die dann von selbst einsetzende Reduktion
des Bichromates in schwer- bzw. unlösliche Verbindungen, nämlich in
Chromkryolith ($CrF_3 \cdot 2\,NaF$) und Chromarseniat ($CrAsO_4$) zu verwandeln. Da sich der Chromkryolith nur noch zu 0,27% in Wasser von
20°C löst und da das Chromarseniat praktisch wasserunlöslich ist, konnten
die für Holzschutzzwecke besonders geeigneten Fluor- und Arsenverbindungen im Holz erheblich dauerhafter eingelagert werden, als es
bis dahin möglich war. Selbst das auf diese Weise gebildete, wasserunlösliche Chromarseniat besitzt eine hohe fungizide Kraft. Klötzchen-
Versuche, welche unter Verwendung von Chromkryolith und Chromarseniat nach der Vorschrift DIN 52176 (früher DIN DVM 2176) im
Laboratorium der Rütgerswerke ausgeführt wurden, ergaben gegenüber
Coniophora cerebella und Polyporus vaporarius die folgenden Grenzwerte:

Stoff	Coniophora cerebella	Polyporus vaporarius
Chromkryolith....... ($CrF_3 . 2\,NaF$)	0,08—0,12 kg/m³ Kiefernsplintholz	0,15—0,20 kg/m³ Kiefernsplintholz
Chromarseniat ...... ($CrAsO_4$)	0,15—0,20 kg/m³ Kiefernsplintholz	1,50—1,75 kg/m³ Kiefernsplintholz

Die Möglichkeit der toxischen Einwirkung eines in Wasser unlöslichen
Salzes auf Holzpilze ist durch die Beobachtungen von Wehmer[1] und
Elfving[2], welchen zufolge die holzzerstörenden Pilze während ihrer
Lebenstätigkeit Säure entwickeln, erkannt worden. Als erster hat der
Amerikaner L. P. Curtin versucht, diese Entdeckung der genannten

---

[1] Vgl. Wehmer, Chem. Ztg. 1912, S. 1106, und Biochem. Ztschr. 1928,
S. 420.

[2] Vgl. Elfving, Oefvers. Finska Vetensk. Soc. Förhandl. 1918/19,
Efd. A. Nr. 15.

Forscher für die Zwecke des Holzschutzes nutzbar zu machen. Sie bildete die Grundlage des von ihm ausgearbeiteten sogenannten Z.M.A.-Verfahrens [Z.M.A. = Zinkmetaarsenit, $Zn(AsO_2)_2$], über welches im Abschnitt „Verschiedene neuere Imprägniersalzgemische" noch berichtet werden wird. Bei den vorgenannten wasserunlöslichen Verbindungen tritt die fungizide Wirkung erst in die Erscheinung, wenn sie in Berührung mit den sauer reagierenden Stoffwechselprodukten der Holzpilze kommen, durch die sie in Lösung gebracht werden. Die besagten, stark bichromathaltigen Imprägniersalzgemische werden seit nunmehr bald zwei Jahrzehnten in der Praxis unter den Bezeichnungen „U-Salze" und „UA-Salze" verwendet. Der Zusatz „U" soll auf die Unauslaugbarkeit bzw. Schwerauslaugbarkeit der von ihnen im Holz gebildeten Verbindungen aus dem imprägnierten Holz hinweisen, während der weitere Zusatz „A" auf den Arsengehalt der betreffenden Salzgemische aufmerksam machen soll. Näheres über die wichtigsten dieser U- und UA-Salzgemische wird in dem Abschnitt „Verschiedene neuere Imprägniersalzgemische" (s. S. 365 ff.) mitgeteilt werden.

Die Verbindungen des Nickels, Kobalts und Mangans sind ebenfalls zum Konservieren von Holz vorgeschlagen worden (vgl. z. B. die deutschen Patentschriften 23 487/1883 [J. Winckelmann] und 226 975/1910 [Chem. Fabrik Flörsheim]), jedoch haben sie keine Verwendung in der Praxis gefunden.

f) Verbindungen des Bleis, Thalliums und Zinns.

Verbindungen der genannten Metalle sind in der Holzkonservierungstechnik nicht in größerem Umfange angewendet worden. Die meisten in der Literatur befindlichen Hinweise beziehen sich auf die Verbindungen des Bleis. Zu einer praktischen Ausführung dieser verschiedenen Verfahren ist es indessen nicht gekommen, da die fungiziden Eigenschaften der Bleisalze nicht besonders hoch sind, während sie andererseits auf den tierischen und menschlichen Organismus stark giftig wirken. Von den einzelnen Vorschlägen zur Anwendung von Bleisalzen seien folgende genannt:
Amerikanische Patentschrift 239 033/1881 (Dixon und Card), Imprägnierung mit wässeriger Bleichloridlösung;
deutsche Patentschrift 274 662/1913 (W. Lichty), Tränkung mit einer Lösung, welche Quecksilberchlorid und Bleichlorid enthält;
deutsche Patentschrift 278 441/1913 (W. Lichty), Verwendung eines Gemisches von Bleichlorid und Silicofluoriden in wässeriger Lösung;
deutsche Patentschrift 439 523/1925 (E. Plank), welche die Konservierung des Holzes durch Einführung von Metallen, wie z. B. Blei in kolloidaler Form, zum Gegenstand hat.

Auch das dem Blei in seinen chemischen und physikalischen Eigenschaften nahestehende Thallium ist für Holzkonservierungszwecke vorgeschlagen worden, z. B. durch die deutsche Patentschrift 436 923/1923 der IG Farbenindustrie A.-G. Praktische Bedeutung hat dieser Vorschlag nicht gewonnen.

Die Verbindungen des Zinns sind z. B. von W. Warr (deutsche Patentschrift 151 641/1904) verwendet worden, um das Holz schwer entflammbar zu machen, indem man es zunächst mit einer Lösung von zinnsaurem Natrium und dann mit Titansäurelösung behandelt.

g) Kupferverbindungen.

Von den Kupferverbindungen hat nur das Kupfersulfat (Kupfervitriol) eine erhebliche Anwendung in der Holzkonservierung gefunden.

Das Kupfersulfat bildet blaue Kristalle von der Formel $CuSO_4 \cdot 5\,H_2O$; bei 20° C lösen sich 20,9 und bei 100° C 73,6 Teile des wasserfreien Salzes in 100 Teilen Wasser[1]. Weniger edle Metalle, z. B. Eisen oder Zink, fällen aus der Kupfersulfatlösung metallisches Kupfer aus und gehen dabei ihrerseits in Lösung. Um diese Zersetzungserscheinungen zu vermeiden, müssen die Metallteile der Imprägnierapparaturen, soweit sie mit der Kupfersulfatlösung in Berührung kommen, aus Kupfer bestehen. Bei Zusatz von Carbonaten, z. B. Natriumcarbonat oder Calcium- und Magnesiumbicarbonat, scheidet sich aus der Kupfersulfatlösung basisches Kupfercarbonat aus. Hierauf muß bei der Verwendung des Kupfervitriols zur Holzkonservierung insofern Rücksicht genommen werden, als zur Herstellung der Kupfersulfatlösung möglichst kalk- und magnesiaarmes Wasser zu verwenden ist. Eine Umsetzung des Kupfersulfats mit den Bicarbonaten von Kalk und Magnesium kann aber auch nach erfolgter Imprägnierung des Holzes eintreten, wenn dieses mit Bodenwasser in Berührung kommt, in dem die genannten Carbonate gelöst sind. Wie bereits früher bemerkt (s. S. 231), wird dadurch eine Verminderung der pilzwidrigen Kraft der Imprägnierung nicht bewirkt, da die Umsetzungsprodukte, wenngleich wasserunlöslich, doch durch die Ausscheidungen der Holzpilze, welche saure Reaktion besitzen, wieder gelöst werden.

Die Tränkung des Holzes mit Kupfersulfatlösung erfolgte fast ausschließlich nach dem Saftverdrängungsverfahren, dessen Ausführung auf S. 223 ff. ausführlich geschildert worden ist. Aber auch unter Anwendung des Einlagerungs-, Koch- und Kesseldruckverfahrens ist die Behandlung des Holzes mit Kupfervitriollösung ausgeführt worden. Die letztgenannte Tränkungsart ist namentlich in Frankreich unter Verwendung besonderer Apparaturen zeitweilig benutzt worden (s. S. 230).

Untersuchungen über die fungizide Kraft des Kupfervitriols ($CuSO_4 \cdot 5\,H_2O$), welche nach der Klötzchen-Methode (DIN 52 176, früher DIN DVM 2176) im Laboratorium für Holzkonservierung der Rütgerswerke durchgeführt wurden, ergaben die folgenden Grenzwerte:

gegen Coniophora cerebella   8,5—10,7 kg/m³ Kiefernsplintholz,

   ,,   Polyporus vaporarius   17,0—20,0 kg/m³   ,,   .

Falck[2] nennt bei Anwendung derselben Untersuchungsmethode gegen

---

[1] Vgl. J. D'Ans u. E. Lax, Taschenbuch für Chemiker und Physiker, Berlin 1943, S. 935.

[2] Vgl. A. Möller, Hausschwammforschungen, Heft 8, S. 30, Jena 1927.

Coniophora cerebella 10,5 kg $CuSO_4$, entsprechend 16,4 kg $CuSO_4 \cdot 5 H_2O$ je m^3 Kiefernsplintholz als Grenzwert und Rabanus[1] gibt an, daß gegen Polyporus vaporarius 40,0 kg $CuSO_4 \cdot 5 H_2O$ je m^3 Kiefernsplintholz noch nicht ausreichten, um die Zerstörung der Versuchsklötzchen zu verhindern.

Gegenüber den genannten Pilzen ist also die Schutzwirkung des Kupfervitriols nur gering. Nach den diesbezüglichen Untersuchungen von Rabanus (s. S. 231) ist dies nicht anders zu erwarten.

Bezüglich des Nachweises des Kupfers in imprägnierten Hölzern durch Farbreaktion s. S. 375.

Von anderen Verbindungen des Kupfers, die zum Konservieren von Holz benutzt wurden, seien zunächst die ammoniakalischen Kupfersalzlösungen genannt, die verschiedentlich in Vorschlag gebracht wurden. Sie leiten sich teils vom Kupferoxyd (Kupriammoniumverbindungen) und teils vom Kupferoxydul (Kuproammoniumverbindungen) ab. Nach Heinzerling, „Die Konservierung des Holzes", 1885, S. 140, hat bereits Rottier 1875 vorgeschlagen, derartige Lösungen zum Imprägnieren von Holz zu verwenden. Da in ihnen das Kupfer komplex gebunden ist, greifen sie Eisen bei gewöhnlicher Temperatur nicht an; sie können also unerwärmt in den üblichen eisernen Drucktränkungsanlagen benutzt werden. Beim Erhitzen sowie beim Austrocknen des mit ihnen imprägnierten Holzes zersetzen sie sich unter Abspaltung des Ammoniaks. Das in ihnen enthaltene Kupfer bleibt in praktisch wasserunlöslicher Form zurück. Bedenklich erscheint ihr Verhalten gegenüber der Holzsubstanz, denn konzentrierte ammoniakalische Kupfersalzlösungen dienen zur Auflösung von Zellulose. Eine solche Lösung von Kupferhydroxyd in Ammoniak findet in der Chemie unter der Bezeichnung „Schweizers Reagens" zu dem genannten Zweck Verwendung.

Lösungen von Kupfer- und Zinksalzen in überschüssigem Ammoniak, denen auch noch Karbolsäure beigemischt war, sind unter der Bezeichnung „Aczol" und „Viczsal" schon vor dem ersten Weltkrieg und auch in der Folgezeit immer wieder von Belgien aus zur Holzimprägnierung angepriesen worden und haben in Belgien und Nordfrankreich besonders zur Tränkung von Grubenhölzern Verwendung gefunden[2]. Die Tränkungen mit diesen Lösungen, die unter Anwendung des Vollimprägnierungsverfahrens erfolgten, und z. B. auch bei einigen ausländischen Eisenbahnverwaltungen nach dem ersten Weltkrieg in nicht unbeträchtlichem Umfange ausgeführt wurden, haben nicht den erwarteten Erfolg gehabt, und das Verfahren ist in diesen Fällen bald wieder verlassen worden. In Deutschland hat es niemals Fuß fassen können.

Ammoniakalische Lösungen von Kupferfluoriden, -chromaten, -arsenaten oder dergleichen, sind in der deutschen Patentschrift 226 975/1908 (Chemische Fabrik Flörsheim) als Holzschutzmittel angegeben worden.

---

[1] A. Rabanus, Beitrag zur laboratoriumsmäßigen Prüfung von Holzschutzmitteln, Ztschr. Holz als Roh- und Werkstoff, 1940, Heft 7/8.

[2] Vgl. D.R.P. 241 707/1908 (M. van Cranem), D.R.P. 431 210/1921 (N. V. Netherland), D.R.P. 557 848/1931 (A. Juliard u. J. Ledrut).

In den USA wurde 1925 ein im wesentlichen aus Kupferarsenit ($CuHAsO_3$) bestehendes Kupfersalz in ammoniakalischer wässeriger Lösung durch A. Gordon zum Holzschutz empfohlen. Das unter der Bezeichnung „Chemonite" in die Praxis eingeführte Präparat soll nach dem Verdunsten des Ammoniaks unauslaugbar sein. Seine Anwendung erfolgt im Kesseldruckverfahren[1].

Lösungen von Kupferoxydul in Ammoniak werden in der deutschen Patentschrift 274303/1913 (M. Wassermann) zur Holzimprägnierung vorgeschlagen. Gegenüber den Kupferoxydammoniaklösungen sollen die Kupferoxydullösungen eine Anzahl von Vorteilen in imprägniertechnischer Hinsicht besitzen, auf welche in der Patentschrift im einzelnen eingegangen wird.

Von allen diesen Verfahren ist zu sagen, daß die Tränkung des Holzes mit derartigen stark ammoniakalischen Kupfersalzlösungen eine Schädigung desselben herbeiführen kann. Der ungünstige Einfluß der Aczoltränkung auf die Knickfestigkeit des Holzes wurde z. B. bereits 1912 durch eine Untersuchung des damaligen Königlichen Materialprüfungsamtes der Technischen Hochschule Berlin nachgewiesen.

An Stelle ammoniakalischer Lösungen von Kupfersalzen (Kupfersulfat) und Bichromaten (Kaliumbichromat) wird in der deutschen Patentschrift 750095/1940 zum Schutz des Holzes vor tierischen und pflanzlichen Schädlingen eine Behandlung desselben mit wässerigen Lösungen oder Pasten empfohlen, die neben wasserlöslichen Kupfer- und Chromverbindungen, bzw. Chromaten oder Bichromaten, Ammonsalze, vorzugsweise Ammonsulfat, enthalten. In diesem Falle sollen sich, der Patentschrift zufolge, wasserlösliche Doppelsalze bilden, so daß also kein Ammoniak zur Auflösung benötigt wird.

Die Bildung von Kupferchromat oder basischem Kupferchromat im Holz — unter Mitwirkung der Holzsubstanz — ist schließlich in der britischen Patentschrift 425781/1935 sowie in der USA-Patentschrift 2041655/1936 (G. Gunn) beschrieben. Zur Imprägnierung soll in diesem Falle eine wässerige Lösung, z. B. von Kupfersulfat, Kaliumbichromat und Chromacetat, gegebenenfalls unter Zusatz von Essigsäure, verwendet werden. Die Umsetzung der Salze im Holz kann durch Dämpfung des letzteren beschleunigt werden. In England und den USA wird das Verfahren unter der Bezeichnung „Celcure-Process" benutzt.

Nach der amerikanischen Patentschrift 991434/1911 von C. Ellis soll das Holz mit Lösungen von Kupferoleat oder dergleichen in Mineralöl getränkt werden.

Der Vorschlag von Charitschkow, Kupfernaphthenat in Ligroin zu lösen und das Holz mit diesen Lösungen zu tränken, ist ebenso wie derjenige von Noerdlinger, welcher die Auflösung von Kupfersalz in Steinkohlenteer-Karbolineum vorsieht, bereits an früherer Stelle erwähnt worden. Lösungen von Kupfernaphthenat in Mineralölen und Teerölen sind während der letzten Jahre in den USA in steigendem Maße

---

[1] Vgl. A. Gordon, Chemonite, its History and Development, Proceed. Amer. Wood-Pres. Assoc., 1947, S. 278/85.

angewendet worden[1]. Dies dürfte — wenigstens zum Teil — auf die auch in den USA zeitweise vorhanden gewesene Teerölknappheit zurückzuführen sein.

h) Verbindungen der Halogene.

Zu den Halogenen gehören die Elemente Chlor, Brom, Jod und Fluor. Die für die Holzkonservierung weitaus wichtigsten Verbindungen unter ihnen sind diejenigen des Fluors. Sie haben seit Beginn unseres Jahrhunderts eine ständig steigende Bedeutung für den Holzschutz erlangt. Nach Mitteilung von Malenkovic wurden Fluorverbindungen um 1900 erstmalig in großem Maßstabe von der österreichischen Militärverwaltung zum Holzschutz im Hochbau angewendet. Abgesehen von älteren Vorschlägen, welche für die Entwicklung der Fluorsalzimprägnierung ohne Bedeutung geblieben sind[2], weil sie die Anwendung dieser Verbindungen infolge der fehlenden wissenschaftlichen Erkenntnis ihrer Wirkungsart in unzweckmäßiger Weise empfahlen, ist die Einführung der Fluorverbindungen in die Holzschutztechnik auf Malenkovic, Netzsch und Wolman zurückzuführen[3]. Praktische Bedeutung haben in erster Linie die Alkalisalze und nebenher zeitweise die Zinksalze der Fluorwasserstoffsäure sowie einige Salze der Kieselfluorwasserstoffsäure erlangt. In nachstehendem werden nur die imprägniertechnisch wichtigen Fluorverbindungen behandelt. Bezüglich der Eigenschaften der zahlreichen übrigen Fluorverbindungen sei auf die vorerwähnten Arbeiten, insbesondere auf die von Netzsch, verwiesen.

Fluorwasserstoffsäure und ihre Salze.

Die Fluorwasserstoffsäure (Flußsäure) ist eine mehr oder weniger konzentrierte Lösung des bei gewöhnlicher Temperatur gasförmigen Fluorwasserstoffes (HF) in Wasser. Dieses Gas wird durch Erhitzen von gepulvertem Flußspat mit konzentrierter Schwefelsäure in Retorten aus Platin oder Blei — im Fabrikbetrieb in Apparaturen aus Gußeisen — hergestellt. Fluorwasserstoff ist, wie gesagt, in wasserfreiem Zustande bei normaler Temperatur und Atmosphärendruck ein farbloses Gas, das sich in Wasser sehr leicht auflöst. Die wässerige Lösung, die Flußsäure, ist in konzentriertem Zustande eine an der Luft rauchende, farblose, stark ätzende und giftige Flüssigkeit. Die im Handel vorkommen-

---

[1] Vg. A. Minich u. M. Goll, The Technical Aspects of Copper Naphthenate as a Wood Preserving Chemical, Proceed. Amer. Wood-Preserv. Assoc., 1948, S. 72/80.

[2] Vgl. z. B. die britischen Patentschriften 626/1861 (Coombe), 1773/1861 (Cobley), 959/1875 (Wirth) und deutsche Patentschrift 33846/1885 (A. van Berkel).

[3] Vgl. B. Malenkovic, Die Holzkonservierung im Hochbau, Wien 1907; J. Netzsch, Die Bedeutung der Fluorverbindungen für die Holzkonservierung, Dissert. München 1909 und D.R.P. 241863/1907 (K. H. Wolman) mit Priorität vom 26. Juli 1906. Von weiteren Arbeiten seien noch die Untersuchungen von R. Falck in Möllers Hausschwammforschungen, H. 6, 1912, S. 362 ff. erwähnt.

den Sorten der Flußsäure enthalten 40—75% Fluorwasserstoff. Die Flußsäure löst alle Metalle mit Ausnahme von Platin, Gold und Blei; ebenso wird Glas von ihr sofort angegriffen. Ihre Aufbewahrung ist daher im allgemeinen nur in Gefäßen aus den vorgenannten Metallen sowie in solchen aus Guttapercha möglich. Auch mit Paraffin ausgekleidete Gefäße werden, namentlich im Laboratorium, verwendet, da Paraffin durch die Säure ebenfalls nicht angegriffen wird.

Die Flußsäure bildet neutrale, basische und saure Salze. Außerdem bildet sie leicht Doppelsalze, wie z. B. den auch in der Natur vorkommenden Kryolith ($AlF_3 \cdot 3\,NaF$). Von den neutralen Salzen sind für die Holzkonservierung am wichtigsten Fluornatrium (NaF) und Fluorkalium ($KF \cdot 2H_2O$), von den basischen Salzen das basische Fluorzink $\left(Zn\!<\!^{F}_{OH}\right)$ und von den sauren Salzen das saure Fluorkalium ($KF \cdot HF$) sowie das saure Fluorzink ($ZnF_2 \cdot 2\,HF$).

Nach Versuchen von Netzsch erfolgt auf Gelatinenährböden absolute Hemmung des Wachstums von Coniophora cerebella bei einem HF-Gehalt des Nährbodens von 0,1%. (Netzsch a. a. O. S. 54).

Über die Einwirkung der Flußsäure auf die Festigkeit des Holzes (s. S. 373). Für die Holzkonservierung kommt sie wegen ihrer Eigenschaften nicht in Betracht.

Alkalisalze der Fluorwasserstoffsäure.

Verwendung in der Praxis haben, wie schon gesagt, das Kalium- und Natriumsalz, ersteres auch als saures Salz, gefunden. Die weitaus größte Bedeutung für die Zwecke des Holzschutzes kommt aber dem neutralen Fluornatrium (NaF) zu. Es bildet ein weißes, kristallinisches, geruchloses Pulver, von dem sich bei 15° C in 100 Gewichtsteilen Wasser 4,0 Gewichtsteile lösen[1]. Auch in heißem Wasser ist die Löslichkeit keine wesentlich höhere. Die Auflösung erfolgt verhältnismäßig langsam; je feiner das Salz gemahlen ist, um so schneller löst es sich. Die wässerige Lösung reagiert gegen Lackmus infolge hydrolytischer Spaltung des gelösten Salzes schwach alkalisch. Das technische Produkt (Reinheitsgehalt im allgemeinen 96—98% NaF) kann neben geringen Mengen Feuchtigkeit als Verunreinigungen Kieselfluornatrium, saures Fluornatrium, Soda, Sulfat und Chlorid enthalten.

Das Fluornatrium wirkt gegenüber allen holzzerstörenden Pilzen stark giftig. Nach Untersuchungen, welche von dem Arbeitsausschuß, der sich in den Jahren 1930—1935 mit der toximetrischen Bestimmung von Holzkonservierungsmitteln befaßte, in seinem hierüber verfaßten Bericht[2] veröffentlicht wurden, ergaben sich bei der Bestimmung der fungiziden Kraft des Salzes nach der Klötzchen-Methode (DIN 52176, früher DIN DVM 2176) die folgenden Grenzwerte:

---

[1] J. D'Ans u. E. Lax, Taschenbuch für Chemiker und Physiker, Berlin 1943, S. 246.
[2] Beiheft Nr. 11, 1935 zur Zeitschrift Angewandte Chemie, S. 12.

für Coniophora cerebella   0,5—0,9 kg/m³ Kiefernsplintholz
„ Polyporus vaporarius 0,2—0,4   „   „
„ Lentinus squamosus   0,1—0,2   „   „

Zur Bestimmung der Giftigkeit der Fluorverbindungen für Warmblüter haben Netzsch (a. a. O. S. 159/60) sowie Brandl und Tappeiner[1] Fütterungsversuche mit weißen Mäusen und Hunden angestellt. Diese Versuche zeigten übereinstimmend, daß die Giftigkeit von Fluornatrium für Warmblüter verhältnismäßig nicht sehr groß ist. Eine bessere Wirksamkeit zeigen die Fluorverbindungen gegenüber den holzzerstörenden Insekten[2]. Handelt es sich jedoch darum, im Freien verbautes Holz auch gegen starke Angriffe tierischer Schädlinge zu schützen, so sollten bei Verwendung von Fluornatrium außerdem die als besonders wirksame Insektizide erprobten Arsenverbindungen zur Imprägnierung herangezogen werden.

Bei der Herstellung von Fluornatriumlösungen muß man berücksichtigen, daß das Fluornatrium mit den im Wasser im allgemeinen stets vorhandenen Calcium- und Magnesiumsalzen praktisch unlösliche Verbindungen bildet, so daß sich ein Teil des zur Herstellung der Lösung verwendeten Fluornatriums in Form eines Niederschlages aus der Lösung ausscheidet. Enthält das Wasser große Mengen der genannten Salze (sehr hartes Wasser), so ist es zweckmäßig, es vor der Herstellung der Lösung zu enthärten.

Die Fluornatriumlösungen greifen Eisen nicht an und können auch in heißem Zustande in eisernen Apparaturen zur Tränkung verwendet werden. Die Festigkeitseigenschaften des Holzes werden durch die Tränkung mit Fluornatriumlösung nicht ungünstig beeinflußt. Das Fluornatrium ist, dem Vorstehenden zufolge, ein ausgezeichnetes Mittel zur Bekämpfung aller holzzerstörenden Pilze. Leider ist es trotz seiner beschränkten Wasserlöslichkeit aus dem getränkten Holz verhältnismäßig schnell wieder auslaugbar. Die Bestrebungen, diesem Übelstand abzuhelfen, setzten bereits bald nach Beendigung des ersten Weltkrieges ein und führten schließlich zur Ausarbeitung der schon erwähnten U- und UA-Salzgemische, über welche im folgenden eingehend berichtet werden wird. Das Fluornatrium ist im allgemeinen in Mischung mit anderen Stoffen zur Holzkonservierung verwendet worden. Man benutzte zunächst meist Mischungen mit organischen Nitroverbindungen (s. S. 329/30). Folgende Mischungen von Fluornatrium mit anderen Stoffen seien erwähnt:

In dem österreichischen Patent 31180/1907 von K. H. Wolman[3] wurden zur Tränkung des Holzes Gemische von Schwermetallsalzen starker Säuren mit Fluornatrium empfohlen. Der Zusatz von Fluornatrium sollte einerseits bewirken, daß die aus den Schwermetallsalzen durch Hydrolyse frei werdenden, auf das Holz schädlich wirkenden

---

[1] Ztschr. f. Biol., Bd. 28, 1891, S. 518.

[2] Vgl. G. Becker und G. Theden, Ergebnisse und Aufgaben auf dem Holzschutzgebiet, Ztschr. Die Technik, 1947, Nr. 11.

[3] Auf denselben Gegenstand bezieht sich auch das D.R.P. 241863/1907 von Wolman.

starken Mineralsäuren sich mit dem Fluornatrium unter Freiwerden der auf das Holz kaum schädlich wirkenden Flußsäure umsetzen (s. S. 348). Andererseits sollten, wie in der deutschen Patentschrift vermerkt, die in den vorgeschlagenen Mischungen vorhandenen Fluorverbindungen die fungizide Wirkung des Salzgemisches erhöhen. Das Verfahren ist nur vorübergehend benutzt worden, da es sich gezeigt hat, daß es zweckmäßiger ist, von der Verwendung der nach dem obigen Patent zusammen mit Fluornatrium anzuwendenden Schwermetallsalze überhaupt abzusehen.

Über Mischungen von Fluornatrium mit Quecksilberchlorid wurde auf Seite 217 ff. bei der Besprechung des Kyan-Verfahrens Näheres ausgeführt.

Wie schon gesagt, wurde das Fluornatrium zunächst fast ausschließlich im Gemisch mit organischen Verbindungen zur Holzkonservierung verwendet. Diejenigen Stoffe, welche in diesen Salzgemischen neben dem Fluornatrium die häufigste Anwendung gefunden haben, sind die nitrierten Phenole bzw. deren Salze. Über die ältesten und bekanntesten dieser Fluornatrium-Dinitrophenolgemische ist bereits im Abschnitt „Nitrophenole" auf den Seiten 329/30 das Erforderliche mitgeteilt worden.

Eine Verbesserung der Fluornatrium und nitrierte Phenole enthaltenden Imprägniersalze wurde — abgesehen von der gleichzeitigen Verwendung von Eisenschutzmitteln — durch den Zusatz von Arsenverbindungen erzielt. Die wichtigsten dieser Imprägniersalzgemische werden in dem Abschnitt „Verschiedene neuere Imprägniersalzgemische" (s. S. 365 ff.) beschrieben.

Neuere Arbeiten von Schulze und Becker haben gezeigt, daß die leicht wasserlöslichen sauren Fluoride des Kaliums und Ammoniums sich auch vorzüglich zur Bekämpfung der holzzerstörenden Insekten eignen. Unter der Bezeichnung „Osmol W B$_4$" ist ein unter ihrer Verwendung hergestelltes Schutzmittel gegen Pilze und Insekten in den Handel gebracht worden, welches sich durch eine große Tiefenwirkung besonders auszeichnen soll[1]. Das ebenfalls sehr leicht in Wasser lösliche neutrale Fluorkalium ($KF \cdot 2 H_2O$) ist zur Herstellung von haltbaren Imprägniersalzgemischen nicht verwendbar, da es stark hygroskopisch ist. Dagegen ist dieses Salz, wie bereits auf Seite 288 bemerkt, seit einer Reihe von Jahren benutzt worden, um hölzerne Pflöcke, die bei der Aufarbeitung von Eisenbahnschwellen, sowie zum Verschließen von Bohrlöchern in Telegraphenstangen und sonstigen Bauhölzern Verwendung finden, als Imprägnierstoffspeicher auszubilden.

Zinksalze der Fluorwasserstoffsäure.

Das neutrale Zinkfluorid (ZnF_2) ist ein weißes, in Wasser schwer lösliches Pulver. Das basische Zinkfluorid $\left(Zn{<}^{F}_{OH}\right)$ ist in Wasser praktisch unlöslich. Es wurde, ebenso wie das neutrale Zinkfluorid, zur

---

[1] Vgl. B. Schulze, Neue Schutzmittel gegen holzzerstörende Pilze und Insekten, Ztschr. Bauplanung u. Bautechnik, Jahrg. 1948, Nr. 2.

Holzkonservierung nicht als solches verwendet, sondern erst als Umwandlungsprodukt anderer löslicher Verbindungen im Holz während der Verdunstung des bei der Tränkung in das Holz eingeführten, zur Auflösung der Salze dienenden Wassers erhalten.

Das gut wasserlösliche, saure Zinkfluorid ($ZnF_2 \cdot 2\,HF$) wird durch Auflösen von Zinkabfällen in überschüssiger Flußsäure gewonnen[1]. Auch bei der Verwendung dieses Salzes sollen die antiseptisch wirkenden, schwerlöslichen Zinkfluoride (neutrales bzw. basisches Zinkfluorid) erst im Holz gebildet werden. Nach dem österreichischen Patent 12 433/1903 der Kriegsverwaltung, Wien (Erfinder Malenkovic), wurde das Holz mit wässerigen Lösungen getränkt, die Flußsäure oder Kieselflußsäure oder ein Gemisch beider Säuren mit oder ohne Zusatz solcher Fluoride oder Silicofluoride enthielten, die keine Ausfällungen aus der Imprägnierflüssigkeit verursachen. In der Praxis wurde z. B. eine Lösung von saurem Zinkfluorid verwendet. In der österreichischen Patentschrift 36 081 und Zusatz 36 082/1908 (B. Malenkovic) wurde eine Tränkflüssigkeit für Druckimprägnierungen beschrieben, die neben Alkalifluoriden noch Schwermetallsalze enthielt. Man verwendete z. B. nach dem Hauptpatent 135 Teile Chlorzink und 84 Teile Fluornatrium in so viel Wasser gelöst, daß sich neutrales Fluorzink (ZnF_2) zu ungefähr 2% bilden konnte. Diese Mengenverhältnisse entsprechen der Gleichung:

$$ZnCl_2 + 2\,NaF = ZnF_2 + 2\,NaCl.$$

Eine solche Lösung beginnt beim Erhitzen auf ungefähr 50—60° C neutrales Zinkfluorid abzuscheiden. Derselbe Vorgang soll beim Verdunsten des Lösungswassers im Holz vor sich gehen.

Nach dem Zusatzpatent 36 082 sollte neben dem Zinkchlorid ein Überschuß an Fluoralkali gegenüber jener Menge, die zur Bildung des normalen Zinkfluorids nötig ist, benutzt werden, um das etwaige Entstehen verhältnismäßig gut wasserlöslicher Doppelsalze zu verhindern.

Von den österreichischen Patentschriften 35 607 und Zusatz 35 608/1908 (Landau & Co. und Malenkovic) bezieht sich die erste auf Imprägnierflüssigkeiten, die saure Schwermetallfluoride (z. B. saures Fluorzink) und Fluoralkali (z. B. Fluornatrium) enthalten. Beim Erwärmen oder Eintrocknen dieser klaren Tränklösungen sollte sich im obigen Beispiel unlösliches basisches Fluorzink und saures Fluornatrium bilden. Dem Zusatzpatent 35 608 zufolge sollten die Tränkflüssigkeiten Silicofluoride (z. B. Kieselfluorzink) und Alkalifluoride (z. B. Fluorammonium) enthalten. In diesem Falle sollte sich beim Erwärmen oder Eintrocknen der Lösungen neben schwerlöslichem Metallfluorid (z. B. Fluorzink) Kieselfluoralkali (z. B. Kieselfluorammonium) bilden.

Nach der österreichischen Patentschrift 43 791/1910 (Guido Rütgers) sollte das Holz mit einer Lösung von Chlorzink und darauf folgend mit Fluornatriumlösung imprägniert werden. Beim Verdunsten des Wassers sollte im Holz eine Umsetzung zu Fluorzink und Chlornatrium eintreten. R. Wöhl (österreichische Patentschrift 73 992/1916) empfahl eine Tränkflüssigkeit, die äquimolekulare Mengen von Zinksulfat und Fluornatrium

---

[1] Vgl. B. Malenkovic, Die Holzkonservierung im Hochbau, Wien 1907, S. 282

enthielt unter Zusatz einer Mineralsäure oder von saurem Salz in so geringer Menge, daß die entstehenden Lösungen gegen Methylorange noch nicht sauer reagierten. Durch den Zusatz der Säure bzw. des sauren Salzes sollte die Ausscheidung von schwerlöslichem Fluorzink aus der Lösung vor deren Eintritt in das Holz verhindert werden und erst nach der Tränkung bei dem Verdunsten des Wassers im Holz stattfinden. Die auf diese Weise hergestellten Imprägniersalzgemische aus Fluornatrium, Zinksulfat und Natriumbisulfat kamen seinerzeit in Österreich und in der Schweiz unter den Bezeichnungen „Forolith" und „Neu-Bellit" in den Handel.

In ähnlicher Weise wird nach der britischen Patentschrift 443 988/1936 (R. Lurie) die Abscheidung von Fluorzink im Holz bewirkt. In diesem Falle wird aber die Ausfällung von Fluorzink aus der nicht erwärmten Tränklösung nicht durch Zusatz freier Mineralsäure oder sauren Salzes, sondern durch Dinitrophenol- oder Essigsäurezusatz verhindert. Erst unter dem Einfluß der Holzsubstanz soll die Abscheidung des Fluorzinks erfolgen. Auch organische Fluorverbindungen sind neuerdings als Holzschutzmittel vorgeschlagen worden, z. B. in der deutschen Patentschrift 737 743/1940 (Gewerkschaft Keramchemie-Berggarten), welcher zufolge das Holz mit Lösungen oder Emulsionen aromatischer Sulfofluoride, insbesondere der Benzol- oder Toluolsulfofluoride, getränkt werden soll. Die genannten Stoffe sollen, der Patentschrift zufolge, gegenüber den gebräuchlichen Fluoriden, die nach Ansicht des Erfinders nur als Fraßgifte wirken, den Vorteil haben, daß sie auch noch als Atmungsgifte wirken. Über die Verwendung dieser Verbindungen in der Praxis ist bisher nichts bekanntgeworden.

Kieselfluorwasserstoffsäure und ihre Salze.

Die Kieselfluorwasserstoffsäure (H_2SiF_6), welche z. B. durch Auflösen von Kieselsäure in Flußsäure erhalten wird, kommt nur als wässerige Lösung zur Verwendung. Sie hat die Eigenschaften einer starken Säure, greift aber, im Gegensatz zur Flußsäure, Glas nicht an. Bei starkem Eindampfen zerfällt sie in Fluorsilicium und Fluorwasserstoff:

$$H_2SiF_6 = SiF_4 + 2\,HF.$$

Technisch wird sie als Nebenprodukt bei der Superphosphatherstellung erhalten. Die im Handel vorkommenden Sorten enthalten etwa 20 bis 40% H_2SiF_6. Nach Versuchen von Netzsch (a. a. O. S. 74) bewirkt sie bei einer Nährbodenkonzentration von 0,18% absolute Hemmung des Wachstums von Coniophora cerebella.

Die Kieselflußsäure wurde früher in geringem Umfange zur Holzkonservierung in gewissen Anstrich- und Schwammschutzmitteln, in denen sie neben ihren Salzen enthalten war, verwendet. Viel wichtiger für den Holzschutz sind indessen ihre Salze, von denen in der Praxis besonders das Natrium-, Magnesium- und Zinksalz Verwendung gefunden haben.

Das Kieselfluornatrium (Natriumsilicofluorid, Na_2SiF_6) ist ein in Wasser ziemlich schwerlösliches, weißes Salz. In 100 Teilen Wasser lösen sich bei 20° C 0,73 Teile und bei 80° C 1,86 Teile des Salzes[1]. Die Auf-

---

[1] Vgl. J. D'Ans u. E. Lax, Taschenbuch für Chemiker und Physiker, Berlin 1943, S. 921.

lösung geht nur langsam vor sich, was bei der Herstellung der Tränklösungen zu beachten ist. Das technische Kieselfluornatrium wird zum größten Teil als Nebenprodukt bei der Superphosphatfabrikation gewonnen und enthält in der Regel nur geringe Verunreinigungen.

Das Kieselfluornatrium besitzt gute fungizide und insektizide Eigenschaften. Nach Untersuchungen, die im Laboratorium für Holzkonservierung der Rütgerswerke-Aktiengesellschaft, der Vorschrift DIN 52176 (früher DIN DVM 2176) entsprechend, ausgeführt worden sind, liegt der Grenzwert gegenüber Coniophora cerebella bei einer Aufnahme von 0,65—1,00 kg/m³ Kiefernsplintholz.

Die erste praktische Anwendung in der Holzimprägnierungstechnik fand das Kieselfluornatrium in Deutschland zur Konservierung von Grubenhölzern. Nach dem D.R.P. 176057/1904 (W. Hoettger) wurde es in heißer gesättigter Lösung im Kesseldruckverfahren in das Holz eingeführt. Der Vorteil des Kieselfluornatriums bestand u. a. in seiner Billigkeit, weil es, wie gesagt, als Nebenprodukt bei der Superphosphatfabrikation gewonnen wird. Nachteilig war der Umstand, daß seine wässerigen Lösungen infolge ihrer sauren Reaktion Eisen angriffen, eine Eigenschaft, die allen Silicofluoriden zukommt.

Der Erfolg seiner Verwendung in der Praxis ist umstritten. Neben zweifellos recht günstigen Resultaten liegen auch unbefriedigende Ergebnisse vor. Vielleicht ist in den letzteren Fällen infolge der geringen Löslichkeit des Salzes in kaltem Wasser bei Verwendung nicht genügend heißer Lösung oder bei starker Abkühlung derselben durch sehr kaltes oder gar gefrorenes Holz keine genügende Aufnahme bzw. Durchtränkung des Holzes erfolgt. Möglich wäre es auch, daß sich das bei starker Austrocknung des imprägnierten Holzes auf der Faser abgelagerte Salz, später nicht wieder in dem zur Pilzabwehr erforderlichem Maße gelöst hatte. Netzsch[1] ist der Ansicht, daß die antiseptische Wirkung des Kieselfluornatriums im übrigen in ziemlich bedeutendem Maße von der Dissoziation abhängt, die bei den Kieselfluorverbindungen selbst in verdünnten Lösungen nur gering ist.

Das Kieselfluormagnesium (Magnesiumsilicofluorid, $MgSiF_6 \cdot 6\,H_2O$) sowie das Kieselfluorzink (Zinksilicofluorid, $ZnSiF_6 \cdot 6\,H_2O$) sind beide in Wasser leichtlösliche Salze. Im Klötzchenversuch nach DIN 52176, früher DIN DVM 2176, wurden im Laboratorium der Rütgerswerke die folgenden Grenzwerte gefunden:

	Coniophora cerebella	Polyporus vaporarius	Lenzites abietina	Merulius [domesticus]
		kg/m³ Kiefernsplintholz		
Kieselfluor-magnesium..	0,90—1,20	—	—	—
Kieselfluorzink	0,50—0,80	0,91—1,10	0,72—0,88	0,55—0,80

[1] Vgl. J. Netzsch, Die Bedeutung der Fluorverbindungen für die Holzkonservierung, Dissert. München 1909, S. 101 ff.

Bezüglich der Verwendung des Zinksalzes zur Holzkonservierung sei auf das oben bereits erwähnte österreichische Patent 35608/1908 verwiesen. Das Kieselfluorzink bildete neben freier Kieselflußsäure den Hauptbestandteil der unter den Namen „Keramit" und „Murolineum" früher in den Verkehr gebrachten Schwammschutzmittel (vgl. Netzsch, a. a. O. S. 48). Heute findet es noch Verwendung bei der Herstellung der Imprägniersalze „Fluralsil" und „Hydrasil", welche im wesentlichen aus Kieselfluorzink bestehen.

Schließlich ist auch das Kieselfluorquecksilber ($HgSiF_6 \cdot H_2O$) zur Holztränkung vorgeschlagen worden, weil man annahm, daß es wegen des in ihm enthaltenen Quecksilber- und Silicofluorid-Ions besonders stark desinfizierend wirken würde[1]. Eine Bedeutung für die Praxis hat das Salz indessen nicht erlangt.

Die Salze der Kieselfluorwasserstoffsäure haben, wie bereits bemerkt, sämtlich den Nachteil, daß ihre wässerigen Lösungen mehr oder weniger sauer reagieren und Eisen angreifen.

Fluorsulfonsäure und ihre Salze.

Die Fluorsulfonsäure (HSO_3F) und ihre Salze sollen nach der deutschen Patentschrift 299761/1916 der Grubenholzimprägnierung G. m. b. H. in wässeriger Lösung oder in organischen Lösungsmitteln gelöst zur Konservierung von Holz benutzt werden. Praktische Anwendung haben diese Verbindungen infolge ihres hohen Preises sowie nicht genügender Beständigkeit in wässeriger Lösung nicht gefunden.

Im Gegensatz zu den Verbindungen des Fluors kommt den übrigen Halogenen in ihren anorganischen Verbindungen im allgemeinen nur eine geringe pilzwidrige Kraft zu. Sind einzelne dieser Halogenverbindungen von größerer fungizider Wirksamkeit, so ist dieselbe in der Regel auf andere Bestandteile des Moleküls, und zwar zumeist auf das in ihm enthaltene Metall, wie z. B. im Chlorzink oder Sublimat, zurückzuführen. Über diese Halogenverbindungen ist bei der Besprechung der betreffenden Metalle das Nötige gesagt worden.

i) Verbindungen des Arsens und Antimons.

Die ersten Vorschläge zur Anwendung von Arsenverbindungen für die Zwecke des Holzschutzes liegen ziemlich weit zurück. Nach Heinzerling („Die Konservierung des Holzes", 1885, S. 165) wurden bereits im Jahre 1730 Arsenpräparate zur Holzkonservierung empfohlen. Spätere Vorschläge sind z. B. enthalten in der britischen Patentschrift 2567/1873 von Leech (Eintauchen oder Anstreichen des Holzes in eine bzw. mit einer wässerigen Lösung von Kupfersulfat und arseniger Säure, gegebenenfalls unter Zusatz von Soda), in der deutschen Patentschrift 232380/1908 der Chemischen Fabrik Flörsheim (Tränkung des Holzes mit einer ammoniakalischen Lösung, die u. a. Schwefelarsen, Arsensäure oder

---

[1] Vgl. Deutsche Patentanmeld. C 44743/1931 (Chem. Werke, vorm. H. & E. Albert).

arsenige Säure enthält) und in der deutschen Patentschrift 310875/1914 von F. Moll (salzsaure Lösung von arseniger Säure, gegebenenfalls unter Zusatz von Sublimat und von Teer).

Diese Vorschläge wurden gemacht zu einer Zeit, als man über die Wirksamkeit der Arsenverbindungen gegenüber holzzerstörenden Pilzen noch im unklaren war, da diesbezügliche praktische Erfahrungen sowie wissenschaftliche Untersuchungen nicht vorlagen. So sind denn auch die Arsenverbindungen noch in den beiden ersten Jahrzehnten unseres Jahrhunderts, wenn überhaupt, dann nur in solchen Fällen zum Imprägnieren von Holz verwendet worden, in denen es sich darum handelte, dasselbe gegen die Angriffe tierischer Schädlinge, in erster Linie vor der Zerstörung durch die Termiten, zu schützen. Zum Schutz des Holzes gegen die Zerstörung durch Pilze sind die Arsenverbindungen dagegen, soweit bekanntgeworden ist, damals noch nicht verwendet worden.

Untersuchungen, die kurz vor dem ersten Weltkrieg im Laboratorium für Holzkonservierung der Rütgerswerke in Angriff genommen wurden, zeigten, daß entgegen der damals herrschenden Ansicht gewisse Arsenverbindungen nicht nur starke Tiergifte sind, sondern auch hinsichtlich der Wirksamkeit gegen holzzerstörende Pilze volle Beachtung verdienen. Diese Feststellungen sind bei späterer Nachprüfung durch Falck[1] bestätigt worden.

Die Verbindungen des Arsens, welche für Holzkonservierungszwecke in Frage kommen, sind vom chemischen Standpunkt aus zu trennen in solche, welche das Arsen als dreiwertiges, und solche, die es als fünfwertiges Element enthalten. Die charakteristischsten Verbindungen dieser beiden Gruppen sind die arsenige Säure (H_3AsO_3) und die Arsensäure (H_3AsO_4). Sie sind beide zur Anhydridbildung befähigt, und es wird die arsenige Säure ausschließlich in Form ihres Anhydrids, des Arseniks (As_2O_3) in den Handel gebracht. Die Arsensäure bildet sich bei der Oxydation der arsenigen Säure. Man kann sie aus ihren Lösungen durch Eindampfen in Kristallform gewinnen. Bei dem Erhitzen auf schwache Rotglut verliert sie Wasser und geht in das Anhydrid As_2O_5 über. Die Wasserlöslichkeit der beiden Substanzen ist eine sehr verschiedene. Während nämlich 100 Teile Wasser von 20° C 1,85 Teile und 100 Teile Wasser von Siedetemperatur 9,05 Teile Arsenik auflösen, geht das Anhydrid der Arsensäure (As_2O_5) beim Eintragen in Wasser wieder in Arsensäure (H_3AsO_4), welche sehr leicht wasserlöslich ist, über[2]. Leichter löslich ist das Arsenik in verdünnter Salzsäure sowie in noch höherem Maße in Alkalien, wie Natronlauge und Sodalösung. Mit letzteren bildet es, ebenso wie die Arsensäure, in Wasser leichtlösliche Salze. Von den anorganischen Verbindungen des Arsens werden imprägniertechnisch sowohl die arsenige Säure als auch die Arsensäure, und zwar besonders in Form ihrer Alkalisalze, verwendet. Daneben wird aber auch von den Schwermetallsalzen, besonders der Arsensäure, wie z. B. dem Chrom-,

---

[1] Vgl. R. Falck und S. Michael, Zeitschr. f. angew. Chem. 1926, Nr. 6, S. 186 ff.

[2] Vgl. J. D'Ans und E. Lax, Taschenbuch für Chemiker und Physiker, Berlin 1943, S. 914.

Kupfer- und Zinksalz, Gebrauch gemacht. Die Salze der arsenigen Säure werden Arsenite, die der Arsensäure Arseniate oder Arsenate genannt. Auch einige organische Verbindungen des Arsens sind als Holzschutzmittel in Vorschlag gebracht worden.

Nach Kunkel[1] ist das Arsen in allen seinen Verbindungen giftig, die wasserlöslich und infolgedessen im Tierkörper resorbierbar sind. Die arsenige Säure und ihre Salze sind für alle tierischen Lebewesen stark giftig und führen schon in geringen Mengen schwere Schädigungen herbei. Die zum Tode führenden Mengen sind verschieden, je nach der in Frage kommenden Tierart. Die Arsensäure und ihre Salze sind weniger giftig als die entsprechenden Verbindungen des dreiwertigen Arsens. Wegen ausführlicher Angaben vgl. Kunkel a. a. O.

Was die Wirksamkeit der Arsenverbindungen gegen holzzerstörende Pilze betrifft, so wurden durch Klötzchen-Versuche nach der Vorschrift DIN 52176, früher DIN DVM 2176 (s. S. 383 ff.), im Laboratorium der Rütgerswerke gegenüber den wichtigsten holzzerstörenden Pilzen die folgenden Grenzwerte festgestellt:

Pilzart	Arsenigsäure-anhydrid (As_2O_3)	Arsensäure (H_3AsO_4) kg/m³ Kiefernsplintholz	Natrium-arsenit $(Na_2As_2O_4)$	Natrium-arseniat (Na_2HAsO_4)
Coniophora cerebella ...	0,08—0,10	0,15—0,30	0,05—0,10	0,66—0,98
Polyporus vaporarius ..	1,13—1,53	— —	0,82—1,11	1,71—2,53
Lenzites abietina	0,04—0,07	—	—	0,13—0,29
Lentinus squamosus ..	0,07—0,18	—	—	0,63—1,12

Neben arsenempfindlichen Pilzen — z. B. Coniophora cerebella — gibt es also auch arsenunempfindliche, wie z. B. Polyporus vaporarius. Verhältnismäßig wirksam sind die Arsenverbindungen jedoch gegenüber allen holzzerstörenden Pilzen.

Im Gegensatz zu diesen sind gewisse Schimmelpilze (z. B. Penicillium glaucum) sehr widerstandsfähig gegen Arsenverbindungen. Andere Pilze dieser Gattung, wie z. B. Penicillium brevicaule, sind dafür bekannt, daß sie aus arsenhaltigen Nährböden flüchtige, stark riechende Arsenverbindungen erzeugen (vgl. Kunkel, a. a. O. S. 253). Die gleiche Feststellung wurde übrigens auch bei der Verwendung holzzerstörender Pilze gemacht. Da derartige flüchtige Arsenverbindungen für Mensch und Tier sehr giftig sein können, hat man es bisher vermieden, arsenhaltige Holzschutzmittel zur Behandlung von Hölzern zu verwenden, welche in geschlossenen Räumen oder in Bergwerken zum Einbau gelangen. Auf Grund von Untersuchungen, welche Lüdicke über diesen Gegenstand angestellt hat[2], zieht Genannter allerdings den Schluß, daß gegen die

---

[1] Vgl. Kunkel, Handbuch der Toxikologie, Jena 1901.
[2] Vgl. J. Lüdicke, Über die Giftigkeit arsenhaltiger Imprägniersalze in geschlossener Nutzungslage und im Bergbau, Dissert. T. H. Berlin 1939.

Verwendung arsenhaltiger Salzgemische in geschlossenen Nutzungslagen und im Bergbau keine Bedenken bestünden.

Einige weitere Vorschläge zur Holzimprägnierung mit Arsenverbindungen, welche zur Erteilung von deutschen Patenten geführt haben, sollen hier noch erwähnt werden.

Im D.R.P. 523473/1927 (IGFarbenindustrie A.-G.) wird ein aus unsubstituierten organischen Arsinoxyden (z. B. Phenylarsinoxyd) bestehendes Schutzmittel, welches in neutraler oder schwach saurer Lösung oder als Emulsion verwendet werden soll, beschrieben. Die genannten, in Wasser unlöslichen Stoffe müssen zunächst in geeigneten Lösungsmitteln, wie z. B. Alkohol, gelöst werden, worauf dann die Verdünnung der Lösungen mit Wasser erfolgt. Sie sollen erheblich wirksamer sein als die anorganischen Arsenverbindungen und im übrigen nach erfolgter Austrocknung des imprägnierten Holzes unauslaugbar sein.

Im D.R.P. 627552/1927 beschreibt Falck die Schutzbehandlung des Holzes mit in Ölen (z. B. Steinkohlenteeröl) gelösten, arsensauren, flußsauren oder kieselflußsauren Farbbasen und im D.R.P. 636873/1929 ein Verfahren zur Holzimprägnierung mit Arsentrisulfid unter eventuellem Zusatz wasserlöslicher Arsenverbindungen, bei welchem das wasserunlösliche Arsentrisulfid in Form einer neutralen, kolloidalen, wässerigen Lösung in das Holz eingeführt werden soll. Auch diese Verfahren haben keine Anwendung in der Praxis gefunden.

Gewisse Verbindungen des Antimons sind z. B. in der deutschen Patentschrift 232380/1911 (Chemische Fabrik Flörsheim, Dr. H. Noerdlinger) zur Herstellung eines Imprägniermittels für Holz empfohlen worden. Auch wurde vorgeschlagen[1], Imprägniersalzgemischen, die in der Hauptsache aus Fluorverbindungen und nitrierten Phenolen bestanden, Antimonverbindungen zuzusetzen, die das Eisen vor Korrosion schützen und auf das Holz eine Beizwirkung ausüben sollten (s. S. 330).

k) Verschiedene neuere Imprägniersalzgemische.

Die Arsenverbindungen sind als Holzkonservierungsmittel im allgemeinen im Gemisch mit anderen, in diesem Falle nützlichen oder notwendigen Stoffen benutzt worden. Insbesondere dienen sie, wie auf S. 358 bemerkt, zur Verbesserung der Schutzwirkung der Fluoralkali, Dinitrophenol und Bichromat enthaltenden Imprägniersalze Triolith und Triolith U sowie der entsprechenden Basilit- und Osmolitsalze.

Die bereits auf S. 363 erwähnten Arbeiten des Laboratoriums für Holzkonservierung der Rütgerswerke, welche die Bedeutung der Arsenverbindungen auch für die Bekämpfung der holzzerstörenden Pilze klarstellten, führten zunächst zu den Salzgemischen, die durch das deutsche Patent 356132/1921 und Zusatz 407532/1922 der Grubenholzimprägnierung G.m.b.H. geschützt wurden. Nach der erstgenannten Patentschrift kann man in Mischungen, die aus löslichen Fluor- und Arsen-

---

[1] Vgl. B. Malenkovic, Wochenschr. f. deutsche Bahnmeister, 41. Jahrg., H. 50 (1924).

verbindungen bestehen, eine gegenseitige günstige Beeinflussung der fungiziden Wirksamkeit der Einzelbestandteile beobachten. Man verwendet nach dem Hauptpatent z. B. Mischungen von arseniger Säure und Fluornatrium, gegebenenfalls unter Zusatz anderer antiseptisch wirkender oder die Entflammbarkeit des Holzes vermindernder Stoffe. Die Patentschrift 407532 beschreibt Salzgemische aus löslichen Fluorverbindungen und Säuren des Arsens, denen noch Schutzstoffe für Eisen, wie z. B. Chromsalze, zwecks Vermeidung der Korrosion durch die verwendeten Arsensäuren zugesetzt werden. Die Verwendung der dinitrophenol-, arsen- und fluorhaltigen Salzgemische, die seither z. B. unter den Namen „Thanalith" und „Basilit-A" (A = arsenhaltig) vertrieben wurden, ist, wie schon bemerkt, namentlich in solchen Fällen angezeigt, in denen das Holz nicht nur dem Angriff holzzerstörender Pilze, sondern auch starken Angriffen tierischer Organismen ausgesetzt ist.

Die vorstehend genannten, im wesentlichen aus der Kombination Fluornatrium-Dinitrophenol-Eisenschutzmittel bzw. Fluornatrium-Dinitrophenol-Arsensalz mit oder ohne Zusatz von Eisenschutzmittel bestehenden Imprägniersalzgemische haben durch ihre guten Erfolge auf den verschiedenen Gebieten des Holzschutzes erheblich zur Ausbreitung der Holzschutzmaßnahmen beigetragen. Die genannten Imprägniersalze waren aber sämtlich noch insofern unvollkommen, als ihre wichtigsten Bestandteile, nämlich das Fluornatrium sowie die verwendeten Arsenverbindungen [Arsentrioxyd (As_2O_3), Natriumarsenit ($Na_2As_2O_4 \cdot H_2O$) und Natriumarseniat ($Na_2HAsO_4 \cdot 12\,H_2O$)] aus den imprägnierten Hölzern durch Wasser verhältnismäßig leicht auslaugbar waren. Um auch unter den Einflüssen der Witterung schwer auslaugbare Imprägniersalze zu erhalten, mußte also versucht werden, die Fluor- und Arsenkomponente möglichst fest im Holz zu verankern. Eine derartige Festlegung von Tränkstoffen im Holz kann entweder durch Beizwirkung auf die Holzfaser, wie z. B. bei den Nitrophenolen, durch chemisch-physikalische Adsorption, wie z. B. beim Quecksilberchlorid, oder durch chemische Umsetzung zweier oder mehrerer Tränkstoffe im Holz, mit oder ohne Einwirkung des letzteren, erfolgen. Im vorliegenden Falle gelang es, die Verankerung der Fluor- sowie Arsenkomponente der Salzgemische durch chemische Umsetzung mit entsprechenden Mengen von Alkalibichromat unter dem Einfluß der reduzierend wirkenden Bestandteile des Holzes herbeizuführen. Über den Chemismus dieser Umsetzung, welche zur Bildung von Chromkryolith ($CrF_3 \cdot 2\,NaF$) und Chromarseniat ($CrAsO_4$) führt, ist bereits bei Besprechung der Chromverbindungen (s. S. 349/50) berichtet worden. Die betreffenden schwer auslaugbaren Imprägniersalzgemische — Sammelbezeichnung U- bzw. UA-Salze —, welche seit dem Jahre 1930 unter der Bezeichnung „Triolith-U" (arsenfrei) und „Thanalith-U" (arsenhaltig) in den Handel gelangen[1], lehnen sich in ihrer Zusammensetzung an die zunächst entwickelten Salzgemische „Triolith" und „Thanalith" an. Im „Triolith-U" sind demgemäß enthalten: Fluornatrium, Alkalibichromat und Dinitrophenol; im „Thanalith-U": Fluor-

---

[1] Vgl. D.R.P. 456647/1923 (K. H. Wolman) und D.R.P. 661496/1930 (Grubenholzimprägnierung G. m. b. H.).

natrium, Natriumarseniat, Alkalibichromat und Dinitrophenol. Einige
typische Zusammensetzungen dieser wichtigen Imprägniersalzgemische
seien an dieser Stelle genannt:

Bestandteile	Triolith	Triolith-U	Thanalith	Thanalith-U
Fluornatrium	85%	55%	60%	26%
Alkalibichromat	5%	35%	—	37%
Dinitrophenol	10%	10%	7%	12%
Natriumarsenit + Arsenik	—	—	33%	—
Natriumarseniat	—	—	—	25%

Diese Standardtypen der genannten Imprägniersalzgemische unterliegen gewissen Abänderungen bzw. erhalten eventuell noch gewisse Zusätze, durch welche sie jedem Verwendungszweck besonders angepaßt
werden. Die in der Folgezeit unter den Bezeichnungen „Basilit-U"
(arsenfrei) und „Basilit-UA" (arsenhaltig) seitens der IGFarbenindustrie
A.-G. vertriebenen Imprägniersalze, die betreffenden „Osmolite" der
Osmose-Holzimprägnierungsgesellschaft sowie einige andere, weniger
bekanntgewordene in- und ausländische Imprägniersalzgemische, benutzen zwecks Fixierung von Fluor und Arsen im Holz den im „Triolith-
U" und „Thanalith-U" angewendeten Erfindungsgedanken.

Als bei Ausbruch des zweiten Weltkrieges in Deutschland das Teeröl
für kriegswichtigere Zwecke beschlagnahmt wurde, sind die arsenhaltigen
U-Salze auch seitens der Deutschen Reichsbahn und — Reichspost für
die Tränkung ihrer Hölzer zugelassen worden. Die Ausführung der
Imprägnierung erfolgte im Volltränkungsverfahren in der für Chlorzink auf
S. 236 beschriebenen Weise und bei Reichspoststangen auch nach dem
Saftverdrängungs- und dem Einlagerungsverfahren. Die bei der Voll-
imprägnierung seitens der Verwaltungen vorgeschriebenen Imprägnier-
salzaufnahmen sind für die verschiedenen Holzarten in der folgenden
Tabelle zusammengestellt:

Aufnahme an arsenhaltigem U-Salz (Thanalith-U bzw. Basilit-
UA) für vollimprägnierte Reichsbahn- und Reichsposthölzer[1].

Holzart	Reichsbahn	Reichspost[2]
Kiefer	4 kg/m³	4,5/kg/m³
Lärche	2 ,,	4,5 ,,
Buche	6 ,,	—
Eiche	2 ,,	—

Als im Jahre 1935 seitens der deutschen Regierung die Verwendung
von Quecksilberchlorid zur Holzkonservierung für den Inlandsbedarf

---

[1] Siehe auch S. 236/37.
[2] Für Fichte und Tanne hat das Fernmeldetechnische Zentralamt der
Deutschen Post in Bad Salzuflen 1949 die Aufnahme ebenfalls auf 4,5 kg/m³
festgesetzt (s. S. 237).

verboten wurde, versuchte man zunächst das bekanntlich mit diesem Salz arbeitende Kyanisierverfahren unter Benutzung der vorgenannten „UA-Salze" durchzuführen. Da letztere aber infolge ihres Fluornatriumgehaltes ohne die Gefahr einer Veränderung der prozentualen Zusammensetzung der gelösten Substanz in höchstens 6%iger Lösung verwendet werden können, erwies es sich namentlich bei der Tränkung der im Trogverfahren nur relativ wenig Lösung aufnehmenden Fichten- und Tannenhölzer als unmöglich, diesen Holzarten die erforderliche Tränksalzmenge zuzuführen[1]. Zur Behebung dieses Übelstandes wurden seinerzeit die bereits 1933 im Laboratorium für Holzkonservierung der Rütgerswerke ausgearbeiteten „leichtlöslichen UA-Salze" verwendet[2]. In diesen wurde, um Tränklösungen von genügend hoher Konzentration herstellen zu können, als Fluorsalz an Stelle des nur bis zu 4% wasserlöslichen Fluornatriums, das sehr leicht in Wasser lösliche saure Fluorkalium ($KF \cdot HF$) oder das saure Fluorammonium ($NH_4F \cdot HF$) benutzt. Um eine dadurch bedingte saure Reaktion der Tränklösung zu vermeiden, wurde dem Imprägniersalz soviel Kaliumcarbonat oder -Bicarbonat zugesetzt, daß die herzustellende Tränklösung einen p_H-Wert von mindestens 7 — d. h. neutrale Reaktion — aufwies. Die vorstehend beschriebenen, leicht wasserlöslichen U-Salzgemische sind seinerzeit unter den Bezeichnungen „Trioxan" (arsenfrei) und „Trioxan A" (arsenhaltig), letzteres auch unter dem Namen „Basilit-UA 1 l" (1 l = leichtlöslich), in die Praxis eingeführt worden. Die Zusammensetzung des Basilit-UA 1 l sei nachstehend nochmals genannt:

Kaliumbifluorid	24%
Kaliumbichromat	30%
Dinitrophenol	1%
Kaliumarseniat	31%
Kaliumcarbonat	14%

Anschließend seien noch einige Imprägniermittel und -verfahren behandelt, welche unter Verwendung arsenhaltiger Tränkstoffe im Ausland Bedeutung erlangt haben. Zunächst sei das Zink-Meta-Arsenit-Verfahren — kurz Z.M.A.-Verfahren genannt — des Amerikaners L. P. Curtin[3] erwähnt. Dieses Verfahren, welches in den USA etwa um 1927 durch die Curtin-Howe-Corporation, eine Tochtergesellschaft der Western Union Telegraph Company, eingeführt wurde, besteht darin, daß das in Wasser praktisch unlösliche Zink-Meta-Arsenit [$Zn(AsO_2)_2$] durch eine schwache organische Säure (Essigsäure) in Lösung gehalten und so zur Holzimprägnierung verwendet wird. Die Zusammensetzung der Tränkflüssigkeit ist dabei nach Curtin etwa die folgende[4]:

---

[1] Vgl. K. Winnig, Der Schutz von Holzmasten bei der Deutschen Reichspost, Ztschr. Holz als Roh- und Werkstoff, 1939, Heft 7/8.

[2] Vgl. D.R.P. 689319/1934 (Grubenholzimprägnierung G. m. b. H.).

[3] Vgl. USA-Patentschriften 1659135/1928 und 1984254/1934 sowie Ind. & Eng. Chem. 1927. S. 878, 993, 1159, 1231, 1340; 1928, S. 28.

[4] Vgl. Ind. & Eng. Chem., Vol. 19 (1927), S. 996.

Arsenik .... 2,25 %
Ätznatron 0,075%
Zinksulfat .... 3,00 %
Calciumacetat .... 2,10 %
Schwefelsäure (D: 1,84) .... 0,30 %

entsprechend einer 3%igen Z.M.A.-Lösung.

Die Essigsäure soll sich beim Austrocknen des getränkten Holzes verflüchtigen und dadurch das Zink-Meta-Arsenit im Holz ausfällen. Trotz seiner Wasserunlöslichkeit wird nach Curtins Untersuchungen das Salz wirksam, sobald holzzerstörende Pilze das Holz angreifen und durch ihre Lebenstätigkeit Säure abscheiden, durch die das Salz wieder in Lösung gebracht wird (s. S. 350/51). In der Praxis gelingt die beabsichtigte Bildung und Abscheidung des unlöslichen Z.M.A.-Salzes offenbar nicht immer so leicht oder nicht in genügendem Maße, um die gewünschte Wirkung zu erzielen, denn es wurde bereits 1931 aus den USA berichtet, daß die Erfolge dieses z. B. bei der Western Union Telegraph Co. vorübergehend in großem Maßstabe angewendeten Verfahrens nicht immer den Erwartungen entsprochen hätten[1]. Bereits im Jahre 1929 im Laboratorium für Holzkonservierung der Rütgerswerke ausgeführte Auslaugungsversuche, zu denen in den USA von der Curtin-Howe-Corporation mit Zink-Meta-Arsenit imprägniertes Kiefernholz verwendet wurde, haben ein unerwartetes Ergebnis gehabt insofern, als rd. 80% der in diesem Holz vorhandenen Zink- und Arsenmengen ausgelaugt werden konnten.

In anderer Weise hat die schwedische Boliden-Bergwerks-Gesellschaft das Problem der Fixierung des Arsens im Holz zu lösen gesucht. Diese Gesellschaft gewinnt als Nebenprodukt bei der Aufarbeitung ihrer Erze große Mengen von Arsenik, die sie nicht in genügendem Maße absetzen konnte. Auf der Suche nach Verwendungsmöglichkeiten für das Arsen hat Boliden sich seit 1932 auch mit der Ausarbeitung von Holzschutzverfahren unter Verwendung von Arsenverbindungen beschäftigt. Nachdem die ersten Vorschläge dieser Art sich bald als unzweckmäßig erwiesen hatten, hat die Gesellschaft 1936 ein Tränkverfahren empfohlen, bei welchem eine Imprägniersalzlösung, die Natriumarseniat, Arsensäure, Zinksulfat und Natriumbichromat enthält, angewendet wird[2]. Die Fixierung des Arsens im Holz erfolgt hier also, ähnlich wie bei den bereits behandelten deutschen UA-Salzen, durch Mitwirkung von Alkalibichromat, dessen unter dem Einfluß des Holzes eintretende Reduktion zu Chromisalz die Abscheidung von wasserunlöslichem Chrom- und Zinkarseniat bewirkt. Die chemische Umsetzung der genannten Bestandteile der Tränklösung erfolgt dabei nach folgender Gleichung:

$$3\,Zn\,SO_4 + 2\,Na_2HAsO_4 + 3\,H_3AsO_4 + Na_2Cr_2O_7 =$$
$$3\,Zn\,HAsO_4 + 2\,CrAsO_4 + 3\,Na_2SO_4 + 4\,H_2O + 3\,O.$$

An Stelle eines wasserlöslichen Zinksalzes kann, der deutschen Patent-

---

[1] Vgl. hierzu auch G. M. Hunt und G. A. Garratt, Wood Preservation, New York—London, 1938, S. 132.

[2] Vgl. D.R.P. 731 127/1936 (Bolidens Gruvaktiebolag).

schrift zufolge, auch ein wasserlösliches Kupfer-, Cadmium- oder Aluminiumsalz verwendet werden. Die Tränkung mit der beschriebenen Imprägnierflüssigkeit erfolgt entweder nach dem Einlagerungsverfahren mit vorangehendem Dämpfen des Holzes oder nach dem Volltränkungsverfahren. Die Boliden-Tränkung wird zur Zeit in Schweden in erheblichem Umfange angewendet. Über die Gebrauchsdauer der so imprägnierten Hölzer können heute noch keine Angaben gemacht werden[1].

Ein anderes arsenhaltiges Holzschutzmittel, bei welchem die Fixierung des Arsens im Holz ebenfalls auf der in den U-Salzen angewendeten erfinderischen Idee beruht, wurde 1931 durch Falck und Kamesam angegeben[2]. Die Genannten wollten ausschließlich Arsenpentoxyd bzw. Natriumarseniat zusammen mit Alkalichromat bzw. -bichromat verwenden, und zwar etwa im Verhältnis 1 : 1. Durch die gewählte Salzkombination sollte in erster Linie ein praktisch unauslaugbares Holzschutzmittel geschaffen werden. Über eine Anwendung desselben in der Praxis ist nichts bekanntgeworden.

Auch das 1934 von Kamesam, Dehra-Dun (Indien), angegebene Imprägniersalz „Ascu", welches Arsen- und Kupferverbindungen zur Abwehr der holzzerstörenden Pilze und Insekten vorsieht, bewirkt die Fixierung dieser Verbindungen im Holz durch Alkalibichromat, benutzt also ebenfalls den in den deutschen U-Salzen erstmalig angewendeten Grundgedanken zur Festlegung der verwendeten Antiseptika[3]. Als Beispiel für eine „Ascu"-Tränklösung wird vom Erfinder die folgende Zusammensetzung genannt:

1 Gewichtsteil Arsensäure	$(As_2O_5 \cdot 2\,H_2O)$
3 Gewichtsteile Kupfervitriol	$(CuSO_4 \cdot 5\,H_2O)$
5 Gewichtsteile Kaliumbichromat	$(K_2Cr_2O_7)$

in 200 Gewichtsteilen Wasser.

Als Hauptvorteile des „Ascu"-Verfahrens werden u. a. beansprucht äußerst hohe Giftwirkung gegen Pilze und Termiten, Unauslaugbarkeit der im Holz gebildeten Verbindungen und Korrosionsfreiheit der Tränklösung gegenüber Eisen, so daß ihre Anwendung im Kesseldruckverfahren möglich ist. Irgendwelche Daten über den Umfang der Verwendung dieses besonders für die Tropen vorgesehenen Tränksalzes sowie über die in der Praxis gemachten Erfahrungen sind bisher nicht bekanntgeworden. In den USA ist das Imprägniersalz unter der Bezeichnung „Greensalt" zur Verwendung gekommen[4].

---

[1] Vgl. Bolidens Gruvaktiebolag, Konservering av trä mot röta och insekter medelst arsenikföreningar, Broschüre, Stockholm 1937, sowie G. v. Heidenstam, Arsenik som Träkonserveringsmedel, Broschüre, Stockholm 1937.

[2] Vgl. R. Falck und S. Kamesam, Ein neues, allgemein verwendbares Holzschutzmittel, Chem. Ztg., 1931, S. 837/38.

[3] Vgl. Brit. Patentschrift 404855/1934 (S. Kamesam) und Report of the Committee appointed by the Railway Board to Report on the Suitability of the Falkamesam Preservative for treating Timber, Calcutta 1934.

[4] Vgl. W. McMahon, C. M. Hill u. F. C. Koch, Greensalt-A new Preservative for Wood, Proceed. Amer. Wood- Pres. Assoc. 1942.

1) Sonstige anorganische Stoffe.

Diejenigen Verbindungen des Phosphors, welche für Holzkonservierungszwecke in Betracht kommen, sind ausnahmslos Salze der verschiedenen Phosphorsäuren. Wert für die Bekämpfung der Holzschädlinge besitzen diese Verbindungen nicht. Dagegen sind sie — ebenso wie gewisse Verbindungen des Bors — von Bedeutung, wenn es sich darum handelt, das Holz schwer entflammbar zu machen. (Vgl. den Abschnitt: „Der Schutz des Holzes gegen leichte Entflammbarkeit.") Auch den Dinitrophenole enthaltenden Imprägniersalzgemischen sind, wie schon erwähnt, z. B. Borax oder Dialkaliphosphate als Eisenschutzmittel hinzugesetzt worden (D.R.P. 299411/1913 und 407532/1922 der Grubenholzimprägnierung G. m. b. H., s. S. 329 und 366).

Während der Kriegsjahre ist übrigens in Italien die Tränkung von Eisenbahnschwellen zwecks Einsparung von Steinkohlenteeröl unter Anwendung des Doppeltränkverfahrens mit wässeriger Boraxlösung und anschließend mit Teeröl ausgeführt worden. Die Nachbehandlung mit Teeröl sollte zum bestmöglichen Schutz der äußeren Holzschichten und zur Erschwerung der Auslaugung der Boraxlösung dienen.

Neuerdings sind Phosphate auch angewendet worden, um die Bildung von schlammartigen Ausscheidungen, die bei der Holztränkung mit fluor-, arsen- und eventuell chromhaltigen Imprägniersalzen gelegentlich auftreten, zu verhindern oder zumindest stark herabzusetzen. Nach dem D.R.P. 714105/1937 (IGFarbenindustrie A.-G.) bedient man sich zu diesem Zwecke der Alkalimeta- oder -pyrophosphate, während im D.R.P. 732284/1937 (Allgemeine Holzimprägnierung G. m. b. H.) Alkali- oder Erdalkali-Polyphosphate vorgeschlagen werden. In letzterem Falle ist die Einschränkung gemacht, daß die phosphathaltige, fertige Imprägniersalzlösung sauer reagiert. Da die Bildung störend wirkender Ausscheidungen bei den Tränkungen mit den genannten Salzgemischen nicht in allen Fällen beobachtet wurde, dürfte die Temperatur der Imprägniersalzlösung und die Beschaffenheit des zu tränkenden Holzes für ihr mehr oder weniger starkes Auftreten von Bedeutung sein.

Von den Verbindungen des Siliziums ist das Wasserglas (Natriumsilikat) teils für sich, teils in verschiedenen Mischungen als Mittel zur Herabsetzung der Entflammbarkeit des Holzes häufig benutzt worden (vgl. den Abschnitt: „Der Schutz des Holzes gegen leichte Entflammbarkeit").

Ein Verfahren zum Imprägnieren von Holz mit wahren Lösungen von niedrig molekularen Kieselsäuren wird im D.R.P. 520970/1928 (R. Willstätter, H. Kraut und K. Lobinger) beschrieben. Demgegenüber soll nach D.R.P. 548015/1930 (H. Plauson) zur Verkieselung des Holzes eine hydratisierte Kieselsäure in Gelform, die nach der Bildung in der Kolloidmühle unter Zusatz von Dispergiermitteln in den kolloidalen oder nahezu kolloidalen Zustand in Abwesenheit anderer freier Säuren übergeführt wird, benutzt werden. Schließlich wird im D.R.P. 632924/1932 (Consolidierte Alkaliwerke, Westeregeln) die Tränkung des Holzes mittels der z. B. in flüssigen, organischen Halogenverbindungen gelösten Kiesel-

28*

säureester von Phenolen vorgeschlagen. Nach Spaltung dieser Ester durch in das Holz eintretende Feuchtigkeit soll es sowohl gegen leichte Entflammbarkeit, als auch gegen die Angriffe pflanzlicher und tierischer Schädlinge geschützt sein. Über eine Anwendung der vorgenannten Verfahren in der Praxis ist nichts bekanntgeworden.

Als Verbindungen des Stickstoffes, welche für die Behandlung des Holzes in Betracht kommen, sind nur die Ammoniumsalze sowie die stickstoffhaltigen Basen zu nennen. Während die ersteren — z. B. das Ammoniumsulfat — für die Feuerschutzimprägnierung des Holzes von Bedeutung sind, haben die organischen stickstoffhaltigen Basen, besonders als Bestandteile des Steinkohlenteeröles, Beachtung als Schutzstoffe gegen die Angriffe des Holzes durch die verschiedenen Schädlinge gefunden (s. S. 304 und 334).

Der Schwefel ist sowohl als elementarer Schwefel als auch in Form verschiedener seiner zahlreichen Verbindungen zur Behandlung von Holz vorgeschlagen worden. In erster Linie wären die Salze der verschiedenen Säuren des Schwefels zu nennen (Sulfate, Sulfite, daneben aber auch die Sulfide und Polysulfide). Der elementare Schwefel ist, gemischt mit anderen Stoffen, oder für sich allein, zur Konservierung des Holzes empfohlen worden, entweder in geschmolzenem Zustande oder gelöst in leicht verdunstbaren oder anderen Lösungsmitteln. Eine praktische Bedeutung haben diese Vorschläge nicht gehabt. Einzelne Salze der Schwefelsäure (z. B. Magnesium- und Ammoniumsulfat) haben dagegen als Mittel zur Herabsetzung der Entflammbarkeit des Holzes Verwendung gefunden (s. S. 336).

Im Zusammenhang mit den vorstehenden Abschnitten sei noch kurz bemerkt, daß auch leicht schmelzende Metalle und Metallegierungen zur Imprägnierung von Holz angewendet worden sind, um auf diese Weise Werkstoffe besonderer Art zu erhalten. Nach Buresch[1] hat bereits Bréant die Imprägnierung von Holz unter Verwendung der leicht schmelzenden d'Arcetschen Metallegierung ausgeführt. Auf die Herstellung derartiger metallischer Werkstoffe mit Faserstruktur bezieht sich z. B. das D.R.P. 493905/1927 und Zusatz 506477/1928 (Kaiser-Wilhelm-Institut für Eisenforschung)[2].

m) Freie Säuren und Alkalien[3].

Während die bisher behandelten wasserlöslichen Holzkonservierungsmittel im allgemeinen salzartigen Charakter besitzen, d. h. aus Verbindungen von Säuren mit entsprechenden Mengen von Basen bestehen, soll zum Schluß dieses Kapitels, der Vollständigkeit halber, einiges über die pilzwidrigen Eigenschaften sowie die Anwendbarkeit der freien Säuren und Alkalien gesagt werden.

---

[1] Vgl. E. Buresch, Der Schutz des Holzes gegen Fäulnis und sonstiges Verderben, Dresden 1880, S. 25.

[2] Vgl. auch L. Vorreiter, Gehärtete und mit Metall oder Öl getränkte Hölzer, Ztschr. Holz als Roh- und Werkstoff, 1942, Heft 2/3.

[3] Über die chemische Einwirkung freier Säuren und Alkalien auf das Holz s. auch S. 169.

Von den anorganischen Säuren sind für Holzkonservierungszwecke nur die Flußsäure sowie die Kieselflußsäure, und auch diese beiden nur vorübergehend, sowie in geringem Umfange, zum Schutze des Holzes verwendet worden (vgl. den Abschnitt über die Verbindungen des Fluors). Die bekanntesten Vertreter der starken anorganischen Säuren, wie z. B. die Schwefelsäure, Salpetersäure und Salzsäure, müssen für Holzkonservierungszwecke ausscheiden, weil sie bereits in sehr verdünnten wässerigen Lösungen weitgehende Veränderungen der Holzsubstanz herbeiführen und dadurch die Festigkeit des Holzes erheblich herabsetzen. Einige zahlenmäßige Angaben über diese ungünstige Beeinflussung des Holzes seien an dieser Stelle aus einer im Jahre 1911 durch das damalige Königliche Materialprüfungsamt in Berlin-Dahlem ausgeführten Untersuchung mitgeteilt.

Kiefern-splintholz, getränkt mit	Konzen-tration v. H.	Bruchlast in kg/qcm bei Biegungsbeanspruchung		Bemerkungen
		naß	trocken	
Schwefelsäure ..	2	515	797	Die angegebenen
	5	539	716	Werte sind Mittel
	10	502	599	aus je 5 Versuchen.
Flußsäure	2	478	899	
	5	480	890	
	10	472	896	
Salzsäure	2	455	838	
	5	436	741	
	10	361	691	
Wasser	—	497	864	
ungetränkt....	—	—	1099	

Der schädliche Einfluß der starken Mineralsäuren auf die Holzsubstanz zeigte sich also bereits bei Einwirkung sehr verdünnter Lösungen. Er hat Veranlassung gegeben, daß auch in wässeriger Lösung sauer reagierende Salze und Verbindungen, welche während der Imprägnierung oder im Laufe der Gebrauchsdauer des imprägnierten Holzes freie Säuren abspalten können, von der Holzkonservierung tunlichst ausgeschlossen werden.

Einige weitere Substanzen, welche zu den Säuren gehören, z. B. Kieselsäure und Borsäure, unterscheiden sich hinsichtlich ihres Verhaltens dem Holz gegenüber sehr erheblich von den oben genannten starken Mineralsäuren. Daher sind sie bereits an früherer Stelle unabhängig von letzteren erwähnt worden.

Aus dem gleichen Grunde wie die starken Mineralsäuren werden auch die fixen Alkalien (Natronlauge und Kalilauge) zum Konservieren des Holzes nicht verwendet. Ihre Einwirkung auf die Holzsubstanz ist, chemisch betrachtet, natürlich eine andere als die durch Säuren verursachte. Auf keinen Fall ist sie aber weniger schädlich als diese. Nicht nur die fixen Alkalien haben diese schädliche Wirkung, sondern auch die

Alkalicarbonate. Deshalb vermeidet man im allgemeinen die Anwendung größerer Mengen solcher Salze, aus denen sich im Laufe der Gebrauchsdauer des konservierten Holzes unter dem Einfluß der in der Luft enthaltenen Kohlensäure Alkalicarbonate bilden können, also z. B. Alkaliphenolate, -zinkate, -aluminate usw. Trotzdem das Ammoniak (als Gas NH_3, in wässeriger Lösung NH_4OH) ebenfalls zu den Alkalien gehört, ist seine schädliche Einwirkung auf die Holzsubstanz infolge seiner Flüchtigkeit viel geringer als diejenige der fixen Alkalien. So sind denn auch mitunter ammoniakalische wässerige Lösungen oder auch gasförmiges Ammoniak zur Behandlung von Holz vorgeschlagen worden. Die wässerigen ammoniakalischen Lösungen dienen in diesen Fällen meistens als Lösungsmittel für in Wasser nur schwer lösliche Stoffe, wie z. B. Kupferhydroxyd oder Zinkhydroxyd die in das Holz eingeführt werden sollen. Über diese Verfahren ist bereits bei Besprechung der betreffenden Metalle berichtet worden.

3. Über den Nachweis verschiedener wichtiger Imprägniermittel im Holz durch Farbreaktionen[1].

Da es häufig von Bedeutung ist, die Verteilung nicht gefärbter Tränkstoffe, wie z. B. Chlorzink, Fluornatrium, Natriumarseniat usw., im Holz schnell und auf möglichst einfache Weise festzustellen, sollen nachstehend einige hier in Frage kommende, erprobte Farbnachweise für die wichtigsten anorganischen Holzschutzstoffe mitgeteilt werden.

1. Chlorzink. Zum Nachweis der Verteilung des Chlorzinks im Holz durch Farbreaktion bedient man sich im allgemeinen des Jodkalium-Ferricyanid-Stärke-Reagens. Man mischt gleiche Mengen der folgenden Flüssigkeiten:

> 1%ige Ferricyankalium-Lösung,
> 1%ige Jodkalium-Lösung,
> 5%ige Stärkelösung.

Mit der frisch zubereiteten Mischung wird die zu prüfende Holzfläche bespritzt oder bestrichen. Diejenigen Holzzonen, welche mindestens 0,1% Chlorzink enthalten, werden blau gefärbt, die anderen behalten die ursprüngliche Farbe[2].

2. Quecksilberchlorid (Sublimat). Zur Feststellung, wie weit das Sublimat bei der Tränkung in das Holz eingedrungen ist, taucht man Abschnitte des getränkten Holzes in eine wässerige Schwefelammoniumlösung. Das Schwefelammonium bildet mit Sublimat sowie mit sonstigen, durch Einwirkung der Holzbestandteile eventuell entstandenen Verbindungen, soweit sie das Quecksilber in ionisierter Form enthalten, schwarzes Quecksilbersulfid, so daß das Holz an den betreffenden Stellen schwarz gefärbt wird.

3. Chromverbindungen. Je nachdem, ob das Chrom als 3- oder 6-wertiges Element in seinen Verbindungen vorliegt (als Chromisalz oder Chromat), sind verschiedene Farbnachweise anzuwenden. Um das Chrom in Hölzern nachweisen zu können, die bereits vor längerer Zeit imprägniert

---

[1] Vgl. auch Amer. Wood-Pres. Assoc., Manual of Recommended Pratice, 1949, Blatt M 3—49.
[2] Vgl. Chem.-Ztg. 1922, S. 887.

wurden und die daher nur noch 3-wertiges Chrom enthalten, empfiehlt sich die Benutzung der im folgenden gegebenen Vorschrift:

Erforderliche Lösungen:

1. wässerige Salzsäure, 10%ig,

2. Mischung aus 5 Volumenteilen 2 n-Natronlauge (8%ig) und 1 Volumenteil 30%igem, frisch hergestelltem Wasserstoffsuperoxyd,

3. Mischung von 1 Volumenteil Benzidinreagens (40 g Benzidin und 50 cm³ Salzsäure [1,19] mit Wasser auf 1 Liter) mit 1 Volumenteil Wasser.

Ausführung des Nachweises. Die zu prüfende Holzfläche wird überall gleichmäßig mit der 10%igen Salzsäure befeuchtet und die Säure etwa 5 Minuten einwirken gelassen (keinen unnötig großen Säureüberschuß nehmen!). Alsdann wird die Holzfläche mit der frisch hergestellten Lösung 2 satt bestrichen. Es ist darauf zu achten, daß danach auf der gesamten Holzfläche Schaumbildung auftritt. An Stellen, welche keine Schaumbildung zeigen, muß mit der Lösung 2 nachgestrichen werden, bis überall eine dünne Schaumschicht auf der Holzfläche liegt. Die Lösung soll so lange einwirken können, bis das Schäumen vorüber ist und keine Bläschen mehr auf der Holzoberfläche stehen.

Nunmehr wird schließlich die Benzidinlösung, am besten von der Mitte der Holzoberfläche aus, aufgestrichen oder -gespritzt. Die chromhaltigen Teile der Holzfläche färben sich durch Bildung von Benzidinchromat sogleich blau. Die chromärmeren Holzzonen zeigen die Blaufärbung nur etwa 30 Minuten lang, danach geht die blaue Farbe infolge Einwirkung des Oxydationsmittels allmählich in ein schmutziges Braun über. Für eine quantitative Beurteilung der vorhandenen Chrommengen ist der Nachweis nicht geeignet.

Handelt es sich andererseits darum, chromsaure Salze im Holz, z. B. kurz nach erfolgter Tränkung, qualitativ nachzuweisen, so bedient man sich zweckmäßigerweise des einfacher ausführbaren Nachweises mittels Diphenylcarbazid. Als Reagensflüssigkeit, mit der die zu prüfenden Holzflächen bestrichen oder bespritzt werden, wird in diesem Falle eine 5%ige Diphenylcarbazidlösung in 95%igem Alkohol, der mit 25% Eisessig versetzt ist, benutzt. Diese Lösung reagiert auf sehr geringe Mengen von Chromsäureverbindungen mit violetter Farbe. Verbindungen des 3-wertigen Chroms werden dagegen nicht angezeigt.

Bei gleichzeitiger Gegenwart von Quecksilbersalzen im Holz, welche den Nachweis stören würden, kann der störende Einfluß des Quecksilbersalzes durch Zusatz von Chlorionen zur Reagenslösung aufgehoben werden[1], so daß dann der Chromnachweis auch bei Gegenwart von Quecksilbersalzen möglich ist.

4. Kupfersulfat. Die Durchtränkung des Holzes mit diesem Salz kann man z. B. bei nach Boucherie behandelten Hölzern in einfacher Weise durch Bestreichen der zu prüfenden Holzfläche mit einer 1%igen Ferrocyankaliumlösung feststellen. Das im Holz vorhandene lösliche Kupfersalz bildet mit der Reagensflüssigkeit rotgefärbtes Ferrocyankupfer.

5. Fluornatrium. Durch die im folgenden genannten Reagenslösungen kann außer der Eindringtiefe auch der Fluorgehalt im Holz annähernd bestimmt werden. Das Verfahren basiert darauf, daß die tiefrot gefärbte salzsaure Lösung von alizarinsulfosaurem Zirkon einer löslichen oder in Lösung gebrachten Fluorverbindung das Fluorion entzieht unter Bildung eines äußerst stabilen Zirkonfluorkomplexes. Dadurch wird der rote Zirkonalizarinlack der Reagenslösung zerstört und die gelbgefärbte Alizarinsulfosäure freigemacht. Die Farbe der Lösung schlägt also von rot in gelb um, wenn genügend Fluor zur Verfügung steht. Durch geeignete Wahl der Reagensmenge und der Konzentration ist es möglich, diesen Farbumschlag

---

[1] Vgl. Chem. Zentr.-Blatt 1930 I, S. 1181.

28 a *

erst dann eintreten zu lassen, wenn eine bestimmte Mindestmenge der Fluorverbindungen vorhanden ist.

Erforderliche Reagenslösungen: 5%ige Lösung von Zirkonoxychlorid ($ZrOCl_2 \cdot 6\,H_2O$) in destilliertem Wasser,

2,5%ige Lösung von Alizarin-3-sulfosaurem Natrium in destilliertem Wasser,

25%ige Salzsäure ($D_{20} = 1{,}126$).

Je nach der gewünschten Empfindlichkeit, welche die Reagenslösung gegenüber dem Fluor besitzen soll, muß die Konzentration ihrer Einzelstoffe gewählt werden.

Die Empfindlichkeit wird zweckmäßigerweise gegen Fluornatrium (NaF) angegeben, da in den meisten der gebräuchlichen Holzschutzmittel die Fluorverbindungen in Form von Fluornatrium vorhanden sind.

Die gebrauchsfertige Reagenslösung wird durch Vermischen gleicher Raumteile der im folgenden näher bezeichneten Lösungen A und B erhalten.

Empfindlichkeit entspr. % NaF im Holz	Lösung A		Lösung B			Wartezeit
	2,5%ige Alizarinsulfonat-Lösg. cm³	Destill. Wasser cm³	5%ige Zirkonoxychlorid-Lösung cm³	Salzsäure (1,126) cm³	Destilliertes Wasser cm³	min.
0,05	100	900	50	400	550	10
0,2	336	664	168	400	432	20
0,5	336	664	168	400	432	1—2
1	500	500	250	400	350	1—2
2	1000	—	500	400	100	1—2

Jede der beiden Lösungen ist für sich unbegrenzt lange haltbar. Die durch Zusammengießen erhaltene, fertige Lösung muß innerhalb 30 Minuten verwendet werden.

Die fertige Reagenslösung wird auf die zu untersuchende Holzfläche aufgespritzt oder satt aufgestrichen. Hierbei sollen für 1 m² Holzfläche möglichst 200—250 cm³ Reagenslösung verbraucht werden. Die genannte Menge an Reagenslösung muß innegehalten werden, da bei einem geringeren Verbrauch eine größere, und umgekehrt bei einem größeren Verbrauch eine geringere Fluormenge scheinbar angezeigt wird. Bei abweichender Aufnahmefähigkeit des Holzes kann man sich durch Verwendung entsprechend verdünnterer oder konzentrierterer Lösungen helfen. Nach den in der Tabelle angegebenen Wartezeiten zeigen alle Holzteile, die mindestens soviel gelöstes oder durch die Salzsäure des Reagens in Lösung gebrachtes Fluorsalz enthalten, wie der auf Fluornatrium bezogenen Empfindlichkeit entspricht, eine eindeutig gelbe Farbe. Alle Holzteile, die nicht eindeutig gelb gefärbt sind, enthalten weniger Fluorsalz. Da nach Ablauf der Wartezeiten auch ursprünglich nicht gelb gefärbte Holzanteile einen mehr oder weniger starken Farbumschlag nach Gelb hin zeigen können, müssen diese Zeiten genau eingehalten werden. Es ist falsch, in Zweifelsfällen abzuwarten, ob eine nicht ganz einwandfreie Färbung allmählich noch nachkommt.

Der Farbumschlag der Reagenslösung von Rot in Gelb kann auch durch eine 10—20fache Oxalatmenge oder durch noch wesentlich größere Mengen von Arseniat und Phosphat hervorgerufen werden[1]. Die Wahrscheinlichkeit, daß derartig große Mengen dieser Stoffe im Holz vorhanden sind, ist, wenn nicht gerade mit einer stark arseniat- oder phosphathaltigen Lösung getränkt worden war, so gering, daß dadurch der Wert des Zirkon-Alizarin-Reagens

---

[1] Vgl. F. P. Treadwell, Analytische Chemie, Bd. 1, S. 425 (14. Aufl.) und Feigl, Qualitative Analyse mit Hilfe von Tüpfelreaktionen, Leipzig 1931.

als Mittel zum schnellen Nachweis der ungefähren Fluormenge im Holz so gut wie gar nicht berührt wird.

6. Natriumarsenit und Natriumarseniat. Das für den Farbnachweis zu verwendende Reagens richtet sich nach der Wertigkeit des nachzuweisenden Arsens.

a) **3-wertiges Arsen** (z. B. im **Natriumarsenit**). Der Nachweis erfolgt mittels des Jodstärke-Reagens. Dieses besteht aus einer Mischung von

> 3,0 cm³ einer n/10-Jodlösung,
> 55,0 cm³ einer etwa 2%igen Reisstärkelösung und
> 42,0 cm³ Wasser.

Die tiefblau gefärbte Lösung ist haltbar; sie wird vor dem Gebrauch gut umgeschüttelt. Die zu prüfende Holzfläche wird mittels Zerstäubers oder Pinsels gleichmäßig satt befeuchtet. An denjenigen Stellen des Holzes, welche mindestens 0,025—0,03% As$_2$O$_3$ enthalten, wird das Reagens entfärbt; die übrigen Teile der Holzoberfläche behalten die blaue Farbe des Reagens.

b) **5-wertiges Arsen** (z. B. im **Natriumarseniat**). Der Nachweis erfolgt in diesem Falle durch Bestreichen oder Bespritzen der zu prüfenden Holzfläche mit einer 2—3%igen Silbernitratlösung. Die durch Bildung von Silberarseniat eintretende rötlich-braune Färbung ist nur vorübergehend von den nicht durchtränkten Holzzonen genügend scharf abgegrenzt, so daß es sich empfiehlt, sie alsbald nach Ausführung der Färbung durch Bleistiftstriche festzulegen. Die beschriebene Farbreaktion ist nur zum qualitativen Nachweis des 5-wertigen Arsens brauchbar.

Handelt es sich schließlich darum, bei der Prüfung von Hölzern, welche in lufttrockenem Zustande mit farblosen Tränkflüssigkeiten behandelt worden sind, die Tiefe der Durchtränkung bald nach Ausführung der Imprägnierung festzustellen, so wird man sich, falls keine geeigneten Farbreagentien zur Hand sind, darauf beschränken müssen, die Breite der feuchten Außenzone zu ermitteln. Dies kann in einfachster Weise dadurch geschehen, daß man auf einem dem zu prüfenden Holz mittels des Zuwachsbohrers entnommenen Bohrkern von innen und außen einen Kopierstiftstrich zieht. Durch den eintretenden Farbumschlag läßt sich die Tiefe der feuchten, also offenbar durchtränkten Holzzone, deutlich erkennen. Durch diese einfache Probe wird man bei solchen Hölzern, die mit nicht von der Holzfaser fixierten Stoffen — also z. B. mit Chlorzink oder Fluornatrium — behandelt wurden, Aufschluß über die Eindringungstiefe des verwendeten Tränkstoffes erhalten. Die Probe ist natürlich nicht brauchbar bei solchen Stoffen, die, wie beispielsweise das Quecksilberchlorid, von der Holzfaser fixiert werden. Über den Imprägnierstoffgehalt der verschiedenen Holzschichten gibt diese Probe natürlich keine Auskunft.

IV. Die Prüfung und Bewertung von Holzschutzmitteln.

Von Dr. **Rudolf Lehmann**, Rheydt/Rhld.

Die Konservierung des Holzes bezweckt, seine Gebrauchsdauer soweit wie möglich zu verlängern. Die Beurteilung von Holzkonservierungsmitteln an Hand der in der Praxis gemachten Erfahrungen erfordert somit eine unverhältnismäßig lange Zeit, denn die natürliche Lebensdauer eines ungeschützten, im Freien verbauten Holzes beträgt, in Abhängigkeit von den jeweiligen Standortbedingungen, der Holzart und den Abmessungen der Versuchsobjekte, bereits mindestens mehrere Jahre. Um den Wert neuer Holzschutzmittel möglichst schnell kennenzulernen, hat man sich mit fortschreitender Holzschutztechnik um die Entwicklung von Prüfmethoden bemüht, die im Laboratorium durchgeführt werden können und nach verhältnismäßig kurzer Zeit eine Bewertung der Mittel ermöglichen.

Nachdem in der Tätigkeit der holzzerstörenden Pilze die Ursache der Holzfäulnis zu sehen war, ist es erklärlich, daß der Prüfung der pilzwidrigen Eigenschaften der Holzschutzmittel die größte Bedeutung von jeher zukam und auch heute noch beigemessen wird. Neuerdings wird des öfteren auch eine Prüfung der Schutzstoffe gegen tierische Holzschädlinge — besonders Insekten — gefordert. Mit Rücksicht auf die Biologie dieser Schädlinge muß hier eine andere Prüfmethodik angewendet werden als bei der Prüfung der pilzwidrigen Eigenschaften. Sollen die Holzschutzmittel nach dem Anstrich-, Spritz- oder Tauchverfahren zur Anwendung gelangen, so werden ihre Brauchbarkeit und ihr Wert auch besonders davon abhängig sein, wie tief sie unter diesen Bedingungen ins Holz eindringen. Für die Güte der Holzschutzmittel ist außerdem ihre Beständigkeit gegen Auslaugung und Verdunstung von besonderer Bedeutung. Die Prüfverfahren haben sich also auch auf die Untersuchung dieser Eigenschaften zu erstrecken. Von großem Wert ist sodann die Verwendbarkeit der Holzschutzmittel nach möglichst allen gebräuchlichen Tränkverfahren; die Bewertung der Mittel nach diesem Gesichtspunkt setzt also auch eine Prüfung ihrer korrodierenden Eigenschaften gegenüber Metallen — besonders Eisen — voraus. Die Prüfung der die Entflammbarkeit herabsetzenden Eigenschaften erfolgt wiederum nach gänzlich anderen Methoden (vgl. S. 400f.). Zu den wichtigsten Anforderungen, die an die Holzschutzmittel gestellt werden, gehören schließlich auch noch die Erhaltung der physikalischen Eigenschaften des Holzes, die Unschädlichkeit der Mittel für Menschen und Haustiere, eine möglichst weitgehende Geruchlosigkeit und anderes mehr. Für die Untersuchung dieser Eigenschaften sind aber besondere Prüfmethoden nicht entwickelt worden, da man hier meistens auf bekannte Verfahren in anderen Zweigen der Technik zurückgreifen kann.

In der heutigen Praxis der Holzschutzmittelprüfung wird sich nun eine Untersuchung der pilzwidrigen Eigenschaften erübrigen, wenn alt eingeführte Mittel, wie z. B.: Steinkohlenteeröl, Chlorzink, Quecksilberchlorid oder Natriumfluorid vorliegen, da die Bewertung dieser Stoffe hinreichend bekannt ist. Hier genügt eine chemische Untersuchung zur Feststellung der Zusammensetzung bzw. des Reinheitsgrades. Das Ergebnis einer Analyse wird also im allgemeinen eine ziemlich sichere Bewertung des betreffenden Mittels zulassen, es sei denn, daß bei weitgehend verschnittenen Produkten mit einer chemischen Umsetzung zwischen der Grundsubstanz und dem Verschnittmittel, und infolgedessen mit einer Wirkungsbeeinflussung zu rechnen ist. Mit besonderer Gründlichkeit ist dagegen die Untersuchung von bisher noch nicht geprüften Substanzen oder sogenannten Geheimmitteln durchzuführen, zumal dann, wenn keine näheren Angaben über ihre Zusammensetzung vorliegen. Die Bedeutung einer Untersuchung solcher Geheimmittel wird allerdings häufig dadurch beeinträchtigt, daß die Zusammensetzung dieser Produkte vom Hersteller wiederholt geändert, und bei ihrer Zusammenstellung nicht immer, wie die Praxis lehrt, mit der auf diesem Gebiete erforderlichen Sachkenntnis verfahren wird.

1. Die Prüfung der pilzwidrigen Eigenschaften.

Zur Feststellung der pilzwidrigen Eigenschaften von Holzkonservierungsmitteln sind im Laufe der Zeit eine ganze Reihe von Verfahren zur Anwendung gebracht worden. Rudeloff[1] beurteilte die Mittel nach der Haltbarkeit von eingerammten Pfählen möglichst gleicher Beschaffenheit. Abgesehen von der Schwierigkeit der Schaffung gleicher Versuchsbedingungen erfordert das Verfahren eine sehr lange Versuchsdauer.

Von Nördlinger stammt der Vorschlag, die behandelten Hölzer statt in Erde in Dünger zu vergraben. Die mitunter schnellere Zerstörung des Holzes unter diesen Bedingungen kann aber nicht als Norm betrachtet werden, da keinesfalls allgemein mit einer Einwirkung der dem Dünger entstammenden Stoffe, wie Ammoniak usw., auf das eingebaute Holz zu rechnen ist, diese sogar die Wirkung der Mittel recht unterschiedlich beeinflussen können.

Von der Erkenntnis ausgehend, daß ein besonders kräftiges Pilzwachstum schon in kurzer Zeit eine weitgehende Zerstörung des Holzes herbeiführt, wählte Hartig[2] erstmalig den eigentlichen Pilzversuch. Er setzte mit Holzschutzmitteln behandelte Hölzer in Kellerräumen dem Angriff des Hausschwammes aus. Diese Prüfung im sogenannten Fäulnis- oder Schwammkeller schloß aber infolge des ungleichmäßigen Pilzangriffes auf die Versuchshölzer und der Möglichkeit einer Mischinfektion erhebliche Mängel ein.

Auch die Methodik der Desinfektionsmittelprüfung wurde für die Untersuchung von Holzschutzmitteln herangezogen. Die zu prüfenden Mittel wurden einem künstlichen Nährboden in wechselnden Mengen zugesetzt; nach Beimpfung dieser „vergifteten" Nährböden stellte man fest, bei welcher Höhe der Zusätze das Pilzwachstum unterbunden wurde. Nach dieser Methode verglich Seidenschnur[3] die Wirkung von Teeröl (in emulgierter Form) und Chlorzink. Als Testpilze wurden die Schimmelpilze Penicillium glaucum und Mucor mucedo benutzt; die Technik des Arbeitens mit Reinkulturen holzzerstörender Pilze war damals noch nicht bekannt. Auch Malenkovic[4] arbeitete bei der Prüfung von Holzschutzmitteln mit künstlichen Nährböden, empfahl aber auch schon eine Prüfung von Holzkörpern in den Abmessungen von $15 \times 5 \times 2^{1}/_{2}$ cm, die

[1] Rudeloff, Mitteilungen aus der Königlich Technischen Versuchsanstalt Berlin, 1899, H. XVII, S. 180 ff.

[2] Hartig, Der echte Hausschwamm, 1. Auflage 1885, S. 33.

[3] Seidenschnur, Angewandte Chemie, 1901, H. 18, S. 44 ff.

[4] Malenkovic, Die Holzkonservierung im Hochbaue, 1907, S. 198 ff. u. S. 232 ff.

bei verschiedener Tränkdauer (allerdings ohne Ermittlung der Tränkmittelaufnahme) mit den Holzschutzmitteln behandelt wurden. Die nur oberflächlich getrockneten Hölzer sollten

1. zwecks Ermittlung der Widerstandsfähigkeit gegen Bakterien und anaerobe Pilze in Erde oder Dünger vergraben,

2. auf Widerstandsfähigkeit gegen Schimmelbefall geprüft und

3. der Einwirkung des Hausschwammes oder anderer holzzerstörender Pilze ausgesetzt werden.

Bei der zuletzt genannten Methode wird in 2—3 cm hohen, mit Deckeln verschlossenen Glasschalen geröstetes und wieder angefeuchtetes Brot sterilisiert und nach Einbau der zu prüfenden, senkrecht aufgestellten Holzstücke mit einer Reinkultur von Coniophora cerebella beimpft. Auch das Holz wird mit Mycelstückchen dieses Pilzes belegt. Die unbehandelten Kontrollhölzer waren schon nach 14 Tagen völlig mit Pilzmycel bedeckt, und nach 45 Tagen war bereits eine geringe Gewichtsverminderung des Holzes feststellbar.

Netzsch[1] hat sich eingehend mit der Untersuchung der Fluorverbindungen für den Holzschutz befaßt, und bediente sich bei seinen Prüfungen ebenfalls künstlicher Nährböden von verschiedener Zusammensetzung, je nachdem ob Schimmel- oder Holzpilze benutzt wurden. Außerdem wurden in Glasgefäßen Versuchshölzchen mit vom Schwamm völlig durchwachsenen Hölzern in innige Berührung gebracht. Netzsch erkannte bereits, daß Holz mit hohem Feuchtigkeitsgehalt von den Pilzen zwar bewachsen, jedoch aus Mangel an Luft nicht zerstört wird. Er vermied durch ein zwischen Pilzmycel und Holz eingeschaltetes, sterilisiertes Filterpapier ein Auslaugen des Tränkmittels und eine Beeinflussung der Nährböden und damit des Pilzwachstums.

Falck[2] unterscheidet bei seinen Methoden der mykoziden Prüfungen zwischen der Untersuchung fester oder flüssiger, nicht flüchtiger Substanzen und flüchtiger Substanzen (als Atmungsgifte). In der Methodik, die, soweit sie die Prüfung von imprägnierten Holzklötzchen in Kolleschalen betrifft, in gemeinschaftlicher Arbeit mit dem Laboratorium für Holzkonservierung der Rütgerswerke ausgearbeitet wurde, werden Art und Abmessungen der Versuchsklötzchen sowie genaue Bestimmung der dem Holz zugeführten Tränkmittelmenge, Beschaffenheit der Versuchsgefäße, und zwar der nach dem bekannten Hygieniker genannten Kolleschalen, Zusammensetzung des Nährsubstrates und dessen Beimpfung festgelegt. Für die Prüfung flüchtiger Substanzen wird die Pilzkultur in einem Kölbchen dem Dampf der zu untersuchenden Substanz ausgesetzt, und zwar in der Art, daß das zu prüfende Mittel in kleinen Schälchen auf der Unterseite der Korkstopfen aufgestellt wird, mit denen die mit Nährböden beschickten und vom Pilz bewachsenen Erlenmeyer-Kölbchen, auf dem Kopf stehend, fest verschlossen werden.

---

[1] Netzsch, Die Bedeutung der Fluorverbindungen für die Holzkonservierung, München 1909, Inauguraldissertation, S. 14 ff. u. S. 27 ff.
[2] Falck, Hausschwammforschungen, 1927, H. 8, S. 18 ff.

Zur Vereinfachung der Prüfmethodik schlug Kinberg[1] vor, als Nährboden Sägemehl zu benutzen, das aus lufttrockenem und astfreiem Kiefernsplintholz hergestellt wird.

Schmitz u. Zeller[2] gaben eine genaue Darstellung ihrer Arbeitsweise mit diesem Material als Nährboden, die im wesentlichen auch von Reeve[3] benutzt wurde. Eingehende Untersuchungen über die Prüfmethodik im Laboratorium für Holzkonservierung der Rütgerswerke brachten weitere Verbesserungen. Die Prüfungen wurden an getränkten Holzklötzchen vorgenommen, die unter Einschalten eines nur einige mm hohen Glasgestells zwischen Pilzmycel und Holz auf dem bewachsenen Nährboden aufgelegt wurden, um auf diese Weise die Diffusion von Giftbestandteilen aus dem getränkten Hölzchen in den Nährboden und die bereits genannte Beeinflussung des Pilzwachstums zu verhindern.

Liese[4] empfahl, bei Anwendung der Kolleschalen den Malzextrakt-Agar-Nährboden durch Holzschliffpappen aus Fichtenholz (Bieruntersetzer) zu ersetzen, die mit einer 5—10%igen Malzextraktlösung satt getränkt sind, um den Pilz reichlich mit Nährstoffen und Feuchtigkeit zu versorgen. Die Anwendung dieser Holzschliffpappen bietet gegenüber dem Agar-Nährboden den Vorteil, daß der Pilz ein seinem natürlichen Vorkommen besser angepaßtes, poröses Substrat vorfindet, das er leicht durchwachsen kann.

Überblickt man die bisher angeführte Untersuchungsmethodik für Holzschutzmittel, so zeigt sich, daß sich im wesentlichen 2 Prüfverfahren herauskristallisierten, und zwar:

1. Die Untersuchung der Mittel in künstlichem Nährboden und die Feststellung derjenigen Konzentration, bei der das Pilzwachstum auf diesem unterbunden wird, auch kurz Agarmethode oder Röhrchenmethode genannt.

2. Die Prüfung, bei der mit Holzschutzmitteln getränkte Versuchsklötzchen dem Angriff eines auf künstlichem Nährboden gezüchteten Pilzes ausgesetzt werden, kurz Klötzchenmethode oder auch Kolleschalenmethode genannt.

Über die Zweckmäßigkeit beider Methoden, die durchaus nicht immer zu übereinstimmenden Ergebnissen führten, gingen die Ansichten lange Zeit auseinander. Eine einheitliche Festlegung eines Prüfverfahrens war aber um so mehr erforderlich, je größer die Zahl der von der chemischen Industrie angebotenen Holzschutzmittel wurde. Diesen Verhältnissen trug erfreulicherweise eine internationale Konferenz einer großen Anzahl von Mykologen und Holzschutzfachleuten Rechnung, die auf Veranlassung von von Schrenk[5] 1930 in Berlin stattfand und sich

[1] Kinberg, Chemiker-Zeitung, 1917, S. 665ff.
[2] Schmitz u. Zeller, Industrial and Engineering Chemistry, 1921, Vol. 13, Nr. 7, S. 621ff.
[3] Reeve, Amer. Wood Preserv. Assoc., 1928, S. 42ff.
[4] Liese, Angewandte Botanik, 1928, Bd. 10, S. 156.
[5] von Schrenk, Consulting Timber Engineer, St. Louis M. (New York, Central Lines).

mit der Besprechung der Methoden der toximetrischen Bestimmung von Holzkonservierungsmitteln befaßte. Dieser Tagung ging eine gleichartige Konferenz amerikanischer Sachverständiger in St. Louis voraus, so daß die dort gefaßten Beschlüsse bei der Berliner Besprechung behandelt werden konnten. Die amerikanischen Fachleute waren zu der Feststellung gekommen, daß die Agarmethode als Standard der Schutzmittelprüfung zu wählen sei, da nur sie zu einer genauen Ermittlung der von den Giftstoffen ausgehenden Hemmungswirkung führe. Als Testpilz sollte der Holzzerstörer Fomes annosus benutzt werden, der als besonders wuchsfreudig und gegen chemische Mittel widerstandsfähig galt[1].

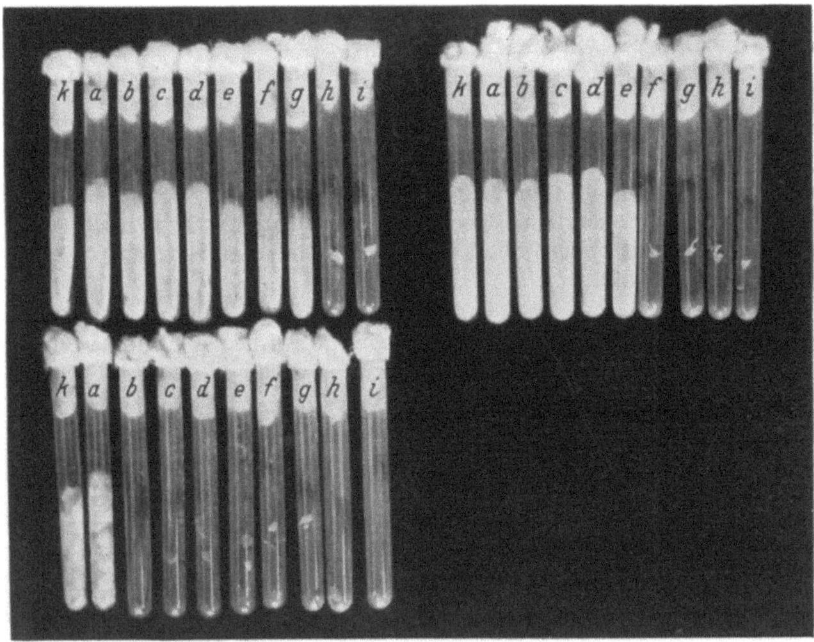

Abb. 178. Agarmethode zur Bestimmung der Hemmungskonzentration von Holzschutzmitteln. *k* = unbehandelte Kontrolle, *a* bis *i* = Konzentrationsreihe des untersuchten Mittels gegen 3 verschiedene Holzpilze.

Die Klötzchenmethode hatte in USA nicht zu befriedigenden Ergebnissen geführt. Nach den dortigen Erfahrungen wurden infolge der Unterschiedlichkeit des Holzes, wie sie z. B. durch den Harzgehalt, die Verteilung von Früh- und Spätholz in den Versuchsklötzchen u. dgl. bedingt war, bei Untersuchung desselben Mittels in verschiedenen Laboratorien nicht immer übereinstimmende Hemmungswerte erhalten. Außerdem wurde ein wesentlicher Nachteil dieser Methode in der sich über mehrere Monate erstreckenden Versuchszeit gegenüber der kurzfristigen Agarmethode gesehen (s. Abb. 178).

---

[1] Diese Annahme ist durch Untersuchungen von Liese widerlegt worden (Angewandte Botanik, 1928, Bd. 10, S. 151).

Demgegenüber kam die Berliner Konferenz zu der Feststellung, daß die Klötzchenmethode die weitaus größere Bedeutung besitzt, und die Agarmethode nur zu einer ersten Orientierung über die pilzwidrige Wirkung eines Mittels Gültigkeit haben kann. Als Hemmungswert wird bei der Klötzchenmethode das Intervall zwischen der einen Pilzangriff gerade noch zulassenden und der nächst höheren, eben noch schützenden Schutzstoffmenge, ausgedrückt in kg/cbm Holz, angegeben. Außerdem wurde festgelegt, daß die Versuche mit mehreren Pilzen, von denen einer Coniophora cerebella sein muß, durchgeführt werden. Als weiteres Ergebnis der Besprechung ist die Gründung einer Arbeitsgemeinschaft zu nennen, die sich fortlaufend mit den Fragen der Holzschutzmittelprüfung befassen

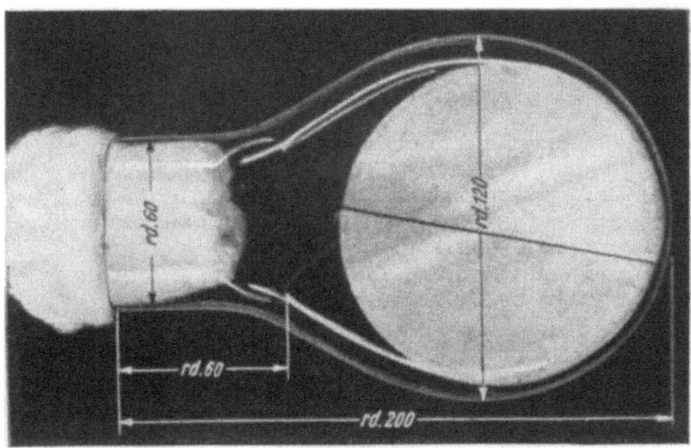

Abb. 179. Kolleschale nach DIN 521 76.

sollte, deren Bedeutung für die Bewertung der Mittel (wie z. B. Auslaugefähigkeit, physikalische und chemische Stabilität u. dgl.) bereits feststand.

Die erfolgreichen Arbeiten dieses Ausschusses führten zu der 1935 von Liese, Nowak, Rabanus und Peters veröffentlichten Zusammenfassung der Ergebnisse und schließlich 1939 zu der vom Deutschen Verband für die Materialprüfung erfolgten normenmäßigen Fassung der Prüfmethodik (DIN 52176).

Die Normung erstreckt sich auf die verschiedenen Hilfsmittel, die Versuchsklötzchen, die Nährböden, die Kulturschalen (s. Abb. 179) und die Pilze. (Bezüglich der Einzelheiten wird auf das Normenblatt verwiesen.)

Für die Durchführung der Prüfung werden die Holzklötzchen bei 105° C bis zur Gewichtskonstanz getrocknet und nach dem Erkalten im Exsikkator auf 0,1 g genau gewogen. Dieses Gewicht ist das Anfangsgewicht der Klötzchen. Die Tränkung erfolgt in der Weise, daß die Holzklötzchen in der Tränkflüssigkeit etwa 20 Minuten lang einem Unterdruck ausgesetzt werden. Aus der Gewichtszunahme der Klötzchen nach der Tränkung und der Konzentration der Tränklösung errechnet man die Schutzstoffaufnahme. Nach der Tränkung bleiben die Klötzchen, falls organische Lösungsmittel oder flüchtige Schutzstoffe verwendet wurden, 4 Wochen an der Luft liegen, wobei die Hirnflächen der Klötzchen von der Luft umspült sein müssen. Die mit wäßrigen Lösungen getränkten Klötzchen werden nach der Tränkung zunächst 14 Tage in einem geschlossenen Glasgefäß in nur einer Schicht mit freiliegenden Hirnflächen aufbewahrt, um möglicherweise die Bildung schwer auslaugbarer Doppelsalze zu ermöglichen. Danach wird das Glasgefäß täglich etwas weiter und nach 14 Tagen ganz geöffnet.

Die getränkten Klötzchen und die ungetränkten Vergleichsklötzchen werden vor dem Einbau in der Flamme oder im Wasserdampf entkeimt und unmittelbar danach unter Verwendung von Glasbänkchen (siehe Abb. 180) auf die Pilzkulturen gebracht. Die mit Wattestopfen verschlossenen Kolleschalen werden in einem Raum bei etwa 60—70% relativer Luftfeuchtigkeit und bei einer Temperatur von etwa 20° C gelagert. Die Versuchsdauer beträgt 4 Monate. (Bei einigen Pilzen ist aber auch schon nach 3 Monaten mit einem deutlichen Ergebnis zu rechnen. Siehe Abb. 181.) Beim Ausbau der Klötzchen wird zunächst das anhaftende Pilzgewebe beseitigt, der Zerstörungsgrad durch

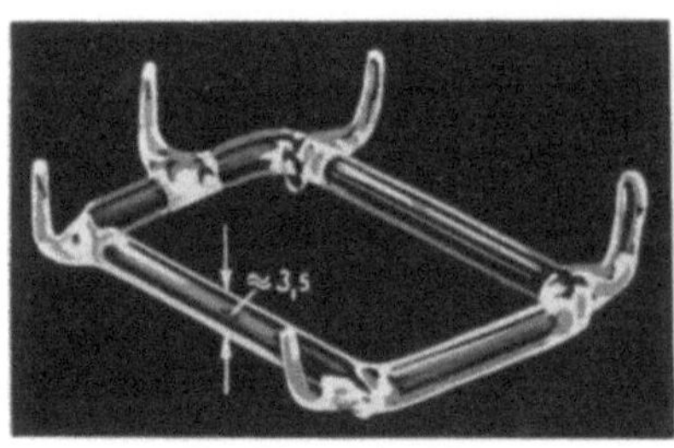

Abb. 180. Glasbänkchen zur Aufnahme eines Klötzchens nach DIN 52176.

eine manuelle Prüfung (z. B. durch Eindrücke mit dem Fingernagel) festgestellt und mit den Wertstufen 1—4 bewertet. Es bedeuten:

1	unversehrt	3b	im ganzen stark angegriffen
2a	stellenweise wenig angegriffen	4a	stellenweise völlig zerstört
2b	im ganzen wenig angegriffen	4b	im ganzen völlig zerstört
3a	stellenweise stark angegriffen		

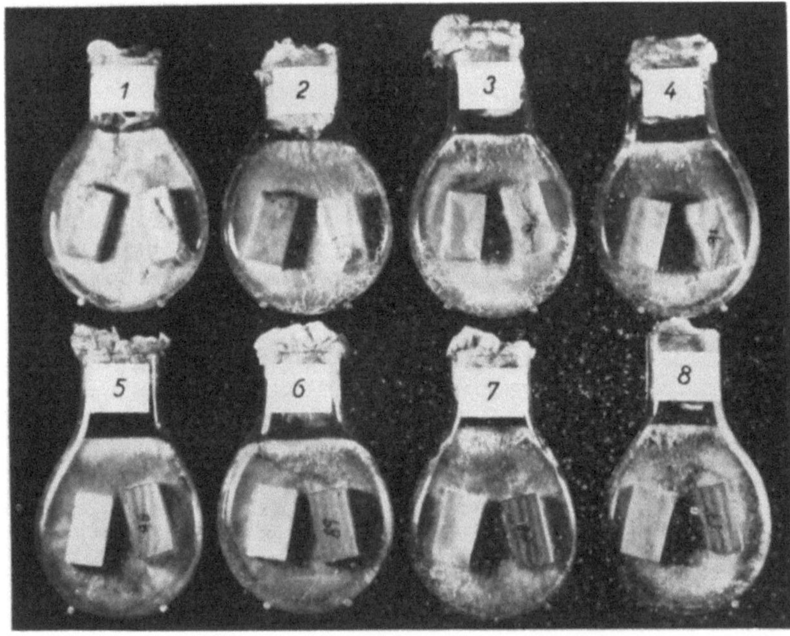

Abb. 181. Klötzchen-Methode nach DIN 52176. In jeder Schale befindet sich links ein unbehandeltes und rechts ein behandeltes Klötzchen; von 1—8 zunehmender Schutzmittelgehalt der behandelten Klötzchen. (Aufnahme Liese).

Sodann erfolgt die Trocknung der Klötzchen durch mehrstündiges Erhitzen bei 105° C bis zur Gewichtskonstanz unter Benutzung eines Exsikkators zum Erkaltenlassen. Das nach der Trocknung auf 0,1 g genau festgelegte Gewicht der Klötzchen ist das Endgewicht. Aus der Gegenüberstellung des Anfangs- und Endgewichtes wird der Gewichtsverlust der Klötzchen in Prozent des Anfangsgewichtes ermittelt (siehe Abb. 182). Gewichtsverluste unter 5% gelten als innerhalb der Fehlergrenze liegend und bleiben unberücksichtigt, wenn die Klötzchen keine äußerlich erkennbaren Zerstörungen aufweisen. Durch Angabe der noch Zerstörung zulassenden und der keine Zerstörung mehr zulassenden Schutzstoffmenge wird der Grenzwert in kg/cbm Holz festgelegt.

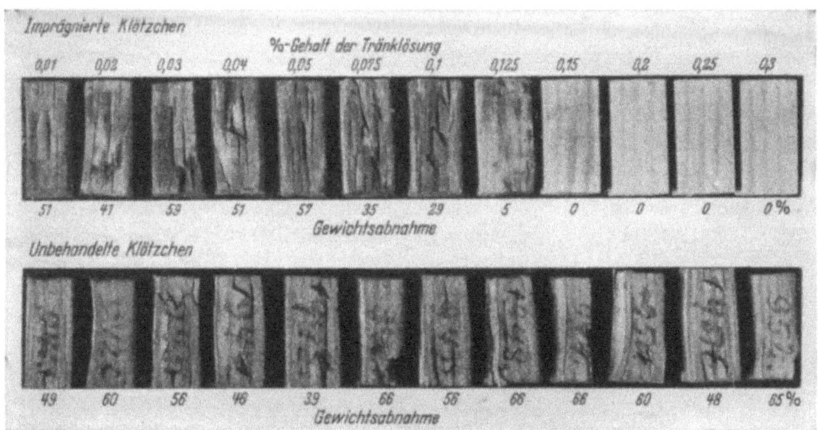

Abb. 182. Die ausgebauten Klötzchen.

Die Prüfmethode ist hinsichtlich der Gewinnung eines zutreffenden Urteils über die pilzwidrige Kraft der geprüften Schutzmittel im Holz von keinem anderen Prüfverfahren für Holzkonservierungsmittel erreicht worden. Sie besitzt den besonders hervorzuhebenden Vorteil, daß auch bei Prüfungen an verschiedenen Orten eine weitgehende Übereinstimmung der Prüfbedingungen ermöglicht und eine Vergleichbarkeit der Ergebnisse erreicht wird. Es liegt auf der Hand, daß diese Methode zum Zwecke der Abkürzung der Versuchszeit von den in der Praxis gegebenen Bedingungen vor allem hinsichtlich der Auslaugung abweichen mußte. Bei der überragenden Bedeutung, die der Beständigkeit der Schutzstoffe im Holz zukommt, ist es deshalb zweckmäßig, die im Laboratorium gewonnenen Ergebnisse durch einen Freilandversuch zu ergänzen, bei dem die Hölzer in möglichst kleinen Abmessungen in klimatisch für die Holzzerstörung günstigen Gegenden im Erdboden eingebaut werden, um in möglichst abgekürzter Versuchszeit zu einer Beurteilung der zu prüfenden Mittel zu gelangen.

Waterman und Williams[1] schlagen eine Methode dieser Art vor, bei der sogenannte „saplings", aus southern yellow pine geschnittene Splintholzstäbe von 76,2 cm Länge und 1,94 × 1,27 cm Querschnittfläche, nach

---

[1] Waterman u. Williams, Industrial and Engineering Chemistry, Anal. Ed. 6, 1934, S. 413.

dem Volltränkverfahren behandelt und an 3 klimatisch verschiedenen Orten eingebaut werden. Da das Verhältnis von Oberfläche zu Volumen bei diesen Versuchshölzern ungefähr 11 mal so groß ist, wie dasjenige bei einem Telegrafenpfahl von 21,7 cm ⌀, sind die Auslaugungsbedingungen besonders scharf. Nach den Erfahrungen, die mit dieser Prüfmethodik erzielt wurden, werden unbehandelte Hölzer schon nach einem Jahr völlig zerstört[1]. Edén und Rennerfelt[2] benutzen $2\times5\times50$ cm lange Stäbe und 0,73 bzw. 2,23 m lange Rundhölzer aus Kiefernholz, die an vier verschiedenen Plätzen Südschwedens mit gleichen mittleren Jahrestemperaturen, aber unterschiedlichen Niederschlagsmengen eingebaut werden. Der Zerstörungsgrad der Stäbe wird unter äußerst exakten Bedingungen jährlich zweimal durch Prüfung auf mechanische Festigkeit mit Hilfe eines transportablen Gerätes ermittelt, und diese Prüfung durch einen Vergleichsversuch im Gewächshaus unter extremen Bedingungen und mit kurzen Zerstörungszeiten ergänzt.

In den letzten Jahren sind auch noch andere Prüfverfahren bekannt geworden. Flerov und Popov[3] wählen ein System Sand-Holz bzw. Gartenerde-Holz als Nährboden, wobei die Erde mit Wasser in Mengen von 40—50% des Gewichtes (bezogen auf Erde und Holz) angefeuchtet wird. Bei dieser Methode entfällt indessen die Möglichkeit, Vergleichsversuche an verschiedenen Stellen durchzuführen, da die Zusammensetzung der Gartenerde und des Sandes innerhalb weiter Grenzen schwankt und auf die Angriffsstärke des Pilzes von erheblichem Einfluß ist. Das der Erde direkt aufgelegte Versuchsklötzchen fällt aber außerdem, zumal bei der angegebenen geringen Höhenabmessung von 3 mm, einer weitgehenden Auslaugung anheim, so daß eine exakte Ermittlung des toxischen Wertes nach dieser Methode nicht möglich ist. Breazzano[4] hält es bei der Klötzchenmethode für schwer entscheidbar, ob die Entwicklung des Pilzes auf Kosten der Holzsubstanz oder auf Kosten des künstlichen Nährbodens erfolgt. Außerdem wird die Versuchszeit von mehreren Monaten für zu langwierig und die gravimetrische Ermittlung des Zerstörungsgrades für zu umständlich befunden. Er arbeitet mit 0,6—0,7 mm starken Brettchen aus Buchenfurnierholz, die in Reagenzgläsern (nach Art der Roux-Röhren) über destilliertem Wasser eingesetzt werden, und hebt als Vorteil hervor, daß die Verteilung des Holzschutzmittels in diesen dünnen Brettchen absolut gleichmäßig ist. Die Erfahrungen haben nun gelehrt, daß Holzpilze vielfach erst nach einem gewissen oberflächlichen Wachstum, also sicher tieferem Wachstum als 0,7 mm, auf getränkten Hölzern absterben, mit anderen Worten, eine gewisse minimale Giftstoffmenge ohne weiteres vertragen. Auch die Gefahr einer Giftstoff-

---

[1] Vgl. auch Bescher and Kepfer, Proceed. A. W. P. A. 1946, S. 57—72, sowie Hunt u. Garrat, Wood Preservation, New York, 1938, S. 96—97.

[2] Edén und Rennerfelt, Fält- och rötkammarförsök avsedda att utröna skyddsverkan hos olika träimpregneringsmeddel, Meddelanden Från Statens Skogsforskningsinstitut, Band 38, Nr. 4, 1948.

[3] B. C. Flerov u. C. A. Popov, Angewandte Botanik, 1933, Bd. 15, S. 386 ff.

[4] Breazzano, Metodo italiano del provini sottili (Breazzano) por la determinazione del potere antimicotico delle sostanze conservatrici del legno. Rivista Tecnica della Ferrivio Italiano. Bd. XLIX, H. 3, S. 155.

auslaugung während der Prüfung ist bei dieser Methode nicht völlig beseitigt, da das in den Röhrchen ablaufende Kondenswasser mit den Furnierbrettchen in Berührung kommen kann.

Waterman, Leutritz und Hill[1] arbeiteten mit Holzwürfeln von 2 cm Kantenlänge, die auf einem 3 mm starken Holzbrettchen, dem Trägerbrettchen, liegen und mit diesem auf dem Rand einer kleinen Weithalsflasche, in der sich destilliertes Wasser befindet, angeordnet werden. Klötzchen und Trägerbrettchen sind durchbohrt und durch einen Holzstab verbunden, der bis auf den Boden der Flasche reicht und die für das Pilzwachstum erforderliche Feuchtigkeit zum Versuchsklötzchen leitet. Diese ganze Versuchsanordnung wird wiederum in ein größeres, ebenfalls mit Wasser gefülltes und mit Schraubdeckel verschließbares Standglas eingesetzt, um im Innern die Bedingungen einer „feuchten Kammer" zu erhalten. Das Verfahren, dessen Vorzug in einer einwandfreien Regulierung der Feuchtigkeitsverhältnisse bestehen soll, schließt indessen wiederum die Möglichkeit einer Wachstumsbeeinträchtigung des Pilzes durch ausgelaugte Giftstoffe während des Versuches nicht aus, da das zu prüfende Klötzchen unmittelbar dem Trägerbrettchen aufliegt. Außerdem ist der apparative Aufwand dieses Verfahrens ein erheblicher.

Leutritz[2] hält die Klötzchenmethode für teuer, die Versuchszeit für zu langwierig und die Ergebnisse für wenig übereinstimmend. Nach einer von ihm beschriebenen Methode wird ebenfalls das System Erdboden-Holz gewählt und auf die ungewöhnlich schnelle und gleichmäßige Zerstörung der Klötzchen hingewiesen, die durch die günstigen Feuchtigkeitsverhältnisse bedingt ist, zugleich aber auch auf die Möglichkeit, daß gewisse organische oder anorganische Nährstoffe des Bodens wachstumfördernd eingreifen können. Damit stellt Leutritz allerdings auch die allgemeine Anwendbarkeit seiner Methode in Frage. Die weitgehenden Unterschiede in der chemischen Zusammensetzung und der physikalischen Struktur des Erdbodens setzen den Wert dieser Versuchsmethode für Vergleichsprüfungen an verschiedenen Orten herab. Weiterhin unterliegen auch bei diesem Verfahren die Klötzchen, die allseitig von nassem Sand umgeben sind, einer starken Auslaugung. Die exakte Ermittlung des toxischen Wertes dürfte also auf Schwierigkeiten stoßen[3].

C. A. Richards[4] hat die Leutritzsche Klötzchenmethode mit der Kolleflaschenmethode, die sie als „Agarmethode" bezeichnet, verglichen

---

[1] Waterman, Leutritz u. Hill, Chemical Studies of Wood Preservation. The Wood-Block Method of Toxicity Assay. Industrial and Engineering Chemistry, 1938, Vol. 10, S. 306.

[2] Leutritz, Acceleration of Toximetric Tests of Wood Preservatives By the Use of Soil as a Medium. „Phytopathology" 1939, 29, Nr. 10, S. 901 ff.

[3] Bei verschiedenen Nachprüfungen dieser Methode in Deutschland konnte übrigens die Beschleunigung der Holzzerstörung und die dadurch mögliche Abkürzung der Versuchszeit noch nicht einwandfrei bestätigt werden.

[4] C. A. Richards: Laboratory methods for evaluating wood preservatives: preliminary comparison of agar and soil culture techniques using impregnated wood blocks. Proceed. Apr. Wood Pres. Ass. 1947.

und dabei festgestellt, daß beide Verfahren gute Hemmungsgrenzen ergeben, aber keins völlig zufriedenstellend ist.

Hubert[1] sieht bei der Durchführung des Klötzchenverfahrens in der für jeden Versuch und jede einzelne Konzentration des zu prüfenden Mittels erforderlichen Kulturschale eine Erschwerung und eine beträchtliche Verteuerung. Er schlägt vor, in liegenden Gefäßen aus Glas oder dgl. mit Metallschraubdeckel Holzbrettchen an 2 Kanten aneinanderstoßend und im Winkel von etwa 90° zueinander auf einer eingekerbten Holzleiste stehend einzulagern, auf denen dann nach vorausgegangener Sterilisierung die Holzpilze aufgeimpft und die zu prüfenden Hölzer aufgelegt werden. Nach Beendigung des Versuches sollen die Versuchsbehälter, wenn auf den Brettchen noch genügend wuchskräftiges Pilzmycel vorhanden ist, für weitere Untersuchungen benutzt werden. Auch bei dieser Methode ist aber eine Beeinflussung des Pilzwachstums durch Auslaugung der Holzschutzstoffe nicht ausgeschlossen. Für die Prüfung von Mitteln mit verdunstenden Anteilen entfällt der angestrebte Vorteil, in einem Kulturgefäß mehrere verschieden behandelte Klötzchen zu prüfen, gänzlich. Verdunstende Anteile höherer Konzentrationsstufen können eine Schwächung des Pilzwachstums auf Klötzchen niederer Konzentrationsstufen hervorrufen. Da mit einer mehr oder minder starken Beeinträchtigung des Pilzwachstums nach Durchführung einer Prüfung zu rechnen ist, erscheint es zweifelhaft, ob ein und dasselbe Versuchsgefäß nachfolgend noch für die Prüfung weiterer Hölzer herangezogen werden kann.

Erwähnenswert ist ferner noch ein von Trendelenburg[2] vorgeschlagenes Prüfverfahren. Der Forscher geht von der Überlegung aus, daß durch das Pilzwachstum im Holz schon nach verhältnismäßig kurzer Zeit die Festigkeit beeinflußt wird und ein meßbares Kriterium ergibt. Er findet, daß die unter dem Pendelschlagwerk ermittelte „Bruchschlagarbeit" sich für diese Messungen besonders eignet. Das Prüfverfahren bedient sich quadratischer Stäbe von 8,5 mm Seitenlänge und 120 mm Kantenlänge in Faserrichtung. Zu zwei in den üblichen Kolleschalen dem Pilzwachstum ausgesetzten Stäben gehören immer zwei Vergleichsstäbe, die nach gleich langer feuchter und steriler Lagerung in Kolleschalen ebenso wie die Pilzstäbe bei 0% Feuchtigkeit geprüft werden. Die Feststellung der Festigkeitseinbuße erfolgt bereits nach 30tägigem Versuch und erreicht Werte, die eine Minderung der Bruchschlagarbeit um 80% und mehr betragen, während die Gewichtsverluste unter diesen Bedingungen nur 10% ausmachen. Das Verfahren, das eine besonders sorgfältige Auswahl der Versuchshölzer bezüglich des Anteils und der Verteilung von Früh- und Spätholz in den Jahrringen erforderlich macht, stellt ohne Frage eine begrüßenswerte Abkürzung der Prüfungszeit gegenüber dem genormten Verfahren dar, bedarf indessen noch im Hinblick auf Kernhölzer und Tropenhölzer ebenso wie unter Berücksichtigung langsam wüchsiger Pilze einer eingehenden Überarbeitung.

---

[1] Ernest E. Hubert, Western Pine Association, Portland Ore. Private Zuschrift.

[2] Trendelenburg, Holz als Roh- und Werkstoff, 1940, H. 12, S. 397 ff.

2. Die Prüfung der Auslaugbarkeit.

Anfänglich maß man der Widerstandsfähigkeit der Holzschutzmittel gegen Auslaugung keine überragende Bedeutung bei[1, 2].

Netzsch[3] weist auf die bereits von Tubeuf angeführte chemische Methode hin, bei der imprägnierte Hölzer in Wasser ausgelaugt, und danach die in diesen Laugen gelösten Imprägnierstoffe durch Analyse ermittelt werden. Er selbst verwendet außerdem auch die mykologische Methode, bei der die ausgelaugten Hölzer dem Pilzangriff ausgesetzt werden. Bei Würdigung einer gewissen Bedeutung, die die die Auslaugbarkeit nach seiner Ansicht für die Bewertung eines Holzschutzmittels besitzt, hält er aber diese Prüfung — die Auslaugung wurde über 1, 2 und 3 Tage bei einer Erneuerung des Waschwassers nach 4, 24, 48 und 52 Stunden und mit einer der untersuchten Holzmasse stets proportional gehaltenen Wassermenge durchgeführt — für zu streng, da die Verhältnisse der Prüfung normalerweise bei der Verwendung der imprägnierten Hölzer nicht vorkommen.

Curtin[4] kocht imprägnierte Holzstäbe in Abmessungen von $15 \times 1 \times 1$ cm eine Stunde lang in destilliertem Wasser bei zweimaligem Wasserwechsel und analysiert die Waschwässer. Bei anderen Untersuchungen wird wiederum die biologische Methode bevorzugt (Rabanus[5], Falck[6], Kamesan[7]), wobei die Dauer der Auslaugung, die Abmessungen der Klötzchen und ihr Verhältnis zur Waschwassermenge unterschiedlich gewählt werden.

Krieg und Pflug[8] heben hervor, daß die durch Laboratoriumsmethoden ermittelten Zahlenwerte der Auslaugung in keinem Falle unmittelbar auf die Verhältnisse der Praxis übertragen werden können, sondern nur immer als Vergleichswerte zu behandeln sind, und stellen ihre jeweilige Reproduzierbarkeit als wichtigstes Merkmal heraus. Um ein völlig klares Bild der in der Praxis schwer zu übersehenden Auslaugungsverhältnisse zu gewinnen, werden drei Methoden in Vorschlag gebracht:

1. Die erschöpfende Auslaugung der Mittel zwecks Bestimmung des max. Auslaugungsverlustes unter Benutzung von Sägemehl.

2. Eine stufenweise Auslaugung zur Bestimmung der Auslaugungsgeschwindigkeit unter Benutzung von auf Streichholzgröße zerkleinerten Holzstäbchen.

3. Die Auslaugung von Holzklötzchen von bestimmter Größe mit anschließender biologischer Prüfung.

---

[1] Malenkovic, Die Holzkonservierung im Hochbaue, 1907, S. 229ff.

[2] Angewandte Chemie, 1911, 24. Jahrg., S. 923ff.

[3] Netzsch, Inaugural-Dissertation 1909, S. 19ff.

[4] Curtin, Industrial and Engineering Chemistry, 1927, Vol. 19, Nr. 9, S. 993.

[5] Rabanus, Sonderdruck aus Korrosion und Metallschutz, 1926, 2. Jahrg., H. 3, S. 4ff.

[6] Falck, Hausschwammforschungen, 1927, H. 8, Merkbl. 3, S. 17—41.

[7] Kamesan, Testing and Selection of Commercial Wood Preservatives, Forest Bulletin, 1933, 81, S. 25.

[8] Krieg u. Pflug, Chemiker-Zeitung 1933, Nr. 80, S. 794—795.

Es leuchtet ohne weiteres ein, daß mit der Vergrößerung der Holzoberfläche gegenüber dem Volumen die Stärke und auch die Geschwindigkeit der Auslaugung zunehmen. Für die Bewertung von wasserlöslichen Tränkstoffen ist die stufenweise Erfassung des auslaugbaren Anteils von Wichtigkeit. Der Praxis am nächsten kommt die Auslaugung von Holzklötzchen bestimmter Abmessungen, die durch einen folgenden Pilzversuch eine Bewertung der nach der Auslaugung im Holz verbliebenen Schutzstoffmenge ermöglicht. Nach Methode 1 werden 50 g eines mit dem Holzschutzmittel behandelten Sägemehls 10mal mit je 100 ccm dest. Wasser auf der Nutsche abgesaugt und je 50 ccm der durch Absaugung gewonnenen Lösung zusammengegeben und analysiert. Nach Methode 2 wird ein imprägniertes Holzklötzchen von 100 g auf Streichholzgröße zerkleinert. Diese Holzspäne werden mit 600 ccm Wasser 1, 2, 4, 8 und nochmals 8 Stunden auf der Schüttelmaschine geschüttelt, und die so gewonnenen Auslaugewässer getrennt analysiert. Bei Methode 3 werden 1—10 getränkte Klötzchen in den Abmessungen $5 \times 2,5 \times 1,5$ cm in 600 ccm Wasser, und zwar 30mal je 8 Stunden auf der Schüttelmaschine bei täglich 2maligem Wasserwechsel geschüttelt.

Richardson und Larner[1] laugen ebenfalls aus getränkten Klötzchen hergestellte Stäbchen aus, indem sie dieses Material im Soxhlet-Apparat behandeln und die im Auslaugwasser enthaltenen Konservierungsmittelanteile analysieren.

Die Vielgestaltigkeit dieser Untersuchmethodik wurde durch die Ausarbeitung einer weiteren Normenvorschrift behoben, die vom Deutschen Verband für die Materialprüfungen der Technik unter DIN 52176 Blatt 2 im Jahre 1941 veröffentlicht wurde. Das Verfahren lehnt sich im wesentlichen an die von Krieg und Pflug unter 2 und 3 genannten Methoden an. Es wird zwischen einem mykologischen und einem chemischen Verfahren unterschieden.

Für das mykologische Verfahren werden Holzproben nach den in DIN 52176 Blatt 1 festgelegten Normen benutzt und jeweils bis zu 10 dieser mit gleicher Lösungskonzentration behandelten Klötzchen zunächst mit dest. Wasser unter Anwendung von Unterdruck vollgetränkt und mit 600 ccm dest. Wasser übergossen. Die Klötzchen bleiben dann 5 Tage in den Auslaugegefäßen unter häufigem Umschütteln bei Zimmertemperatur stehen, wobei täglich zweimal das Wasser erneuert wird. Die den Gefäßen entnommenen Klötzchen werden dann 2 Tage lang mit freien Hirnflächen zum Trocknen aufgestellt. Es folgt wieder die gleiche, 5 Tage währende Behandlung im Auslaugwasser und die anschließende Trocknung. Dieser Vorgang einer 5tägigen Wässerung und einer 2tägigen Trocknung wird insgesamt auf 4 Wochen ausgedehnt. Die auf diese Weise erschöpfend ausgelaugten Klötzchen werden dann nach DIN 52176 Blatt 1 mykologisch geprüft. Für die Bewertung der Auslaugbarkeit wird das Verhältnis Grenzwert nach Auslaugung/Grenzwert ohne Auslaugung ermittelt, wobei für beide Werte die Mittelwerte der jeweils bestimmten Aufnahme an Tränkstoff in kg/cbm Holz benutzt werden.

Für das chemische Verfahren werden 10 mit dem zu prüfenden Mittel getränkte Normenklötzchen nach vorausgegangener Ermittlung der Tränkstoffaufnahme sofort nach der Tränkung durch Aufspalten in Stäbchen von

---

[1] Richardson u. Larner, J. Soc. chem. Ind. 1939, Nr. 2, S. 66—69.

3 mm Dicke zerkleinert. Das so gewonnene Material bleibt 14 Tage lang in einem geschlossenen Gefäß locker geschichtet gelagert und wird dann durch täglich weiteres Öffnen des Trockengefäßes innerhalb 14 Tagen allmählich getrocknet. Dann erfolgt die Auslaugung mit dest. Wasser. Um die Hohlräume des Holzes möglichst schnell und vollständig mit Wasser zu füllen, wird das Holz in 600 ccm dest. Wasser gelegt, unter Anwendung von Unterdruck vollgetränkt und dann mit dem Wasser in eine weithalsige Glasflasche von 1 l Inhalt gebracht. Nach einer Stunde wird die Flüssigkeit abgegossen und dann der gleiche Vorgang (allerdings ohne Unterdruck) für Auslaugungsperioden von 2 und 4 Stunden am ersten Tag, 8 Stunden am zweiten Tag und 8 Stunden am dritten Tag sowie 72 Stunden am vierten bis sechsten Tag wiederholt. In den Pausen nach dem ersten, zweiten und dritten Tag verbleiben die Hölzer ohne Wasser in der geschlossenen Flasche. Die nach den angegebenen Zeitabschnitten gewonnenen Auslaugwässer werden getrennt analysiert. Die Auslaugungsgeschwindigkeit wird dargestellt durch die nach den 6 angegebenen Zeitabschnitten eingetretenen und in Prozenten der Ausgangsmenge ausgedrückten Auslaugungsverluste. Die Auslaugbarkeit wird durch das Verhältnis der schließlich im Holz verbleibenden zu der dem Holz zugeführten Schutzstoffmenge wiedergegeben.

Es wurde schon darauf hingewiesen, daß die Auslaugung um so intensiver ist, je größer die Oberfläche des auszulaugenden Materials gewählt wird. Da bei den Prüfungen Klötzchen mit nur sehr kleinen Abmessungen, verglichen mit den Gebrauchshölzern der Praxis, benutzt werden, ist dem Einwand eine gewisse Berechtigung nicht abzusprechen, daß die Prüfungsbedingungen sich von denen der Praxis verhältnismäßig weit entfernen. Andererseits kann aber gerade die Bedeutung der Beständigkeit von Holzschutzmitteln gegen Auslaugung für die allgemeine Bewertung der Holzschutzmittel nicht stark genug unterstrichen werden, wie die Erfahrungen der Praxis bewiesen haben. Wird die Versuchsmethodik unter Benutzung besonders erschwerter Bedingungen durchgeführt, so kann aus diesen Prüfungen die Folgerung gezogen werden, daß in keinem Falle zu günstige Ergebnisse erzielt werden, oder mit anderen Worten, daß ein bei diesen Auslaugungsprüfungen gut abschneidendes Mittel auf jeden Fall auch in der Praxis unter ungünstigen Standortbedingungen der getränkten Hölzer sich bewähren wird. Für ein weniger günstig befundenes Präparat dagegen ist die völlige Unbrauchbarkeit in der Praxis ohne weiteres noch nicht gegeben. Hier wird bei der Bewertung des Prüfergebnisses zu berücksichtigen sein, welchen Benutzungsbedingungen die behandelten Hölzer unterworfen werden.

3. Die Prüfung der Verdunstbarkeit.

Unter den Holzschutzmitteln erfahren besonders diejenigen öliger Natur im Laufe der Benutzungszeit einen Verdunstungsverlust, der je nach Stärke zu einer Wirkungsbeeinträchtigung führen kann. Einen gewissen Überblick über das Ausmaß dieser Beeinträchtigung kann man in der Weise gewinnen, daß man das betreffende Mittel in offenen Schalen bei möglichst gleichbleibenden Versuchsbedingungen der Verdunstung aussetzt. Eine Übertragung der auf diesem Wege gefundenen Ergebnisse auf die Verhältnisse der Praxis kann aber leicht zu einer

Fehlbeurteilung führen, da die Oberflächenverhältnisse des Tränkmittels im Holzkörper bei dieser Versuchsanstellung keine Berücksichtigung finden, und diese nächst dem Dampfdruck der Mittel von ausschlaggebender Bedeutung sind.

Man arbeitet deshalb zweckmäßig mit Normenklötzchen unter Innehaltung der in DIN 52176 Blatt 1 angegebenen Daten über Vorbereitung der Proben, Ermittlung des Anfangsgewichtes und Schutzstoffaufnahme. Die Klötzchen werden sodann unter konstanten, für eine Versuchsreihe völlig übereinstimmenden Bedingungen der Temperatur, der Luftfeuchtigkeit und der Luftbewegung bei freistehenden Hirnflächen gelagert. Nach gewissen Zeitabschnitten findet eine Gewichtskontrolle statt, die durch einen Vergleich mit den Anfangsgewichten die Höhe des Verdunstungsverlustes und die Verdunstungsgeschwindigkeit ergibt. Die Prüfung eines Mittels, das schon nach kürzerer Zeit stärkere Verdunstungsverluste zeigt, kann kurzfristig beendet werden, da bei diesem Mittel unter den Bedingungen der Praxis mit einem erheblichen Wirkungsabfall zu rechnen ist. Bei anfänglich nur geringen Verlusten muß die Prüfung aber mindestens über einen Zeitabschnitt von einem halben Jahr ausgedehnt werden, um zu einer einigermaßen sicheren Bewertung zu gelangen.

Außer dieser Methode der gravimetrischen Bestimmung des Verdunstungsverlustes läßt sich die dadurch bedingte Wirkungsbeeinträchtigung auch durch den Pilzversuch ermitteln. Bei der mykologischen Kurzprüfung nach DIN 52176 wurde bereits auf den Verdunstungsverlust hingewiesen, der bei der Berechnung des Anfangsgewichtes und der Tränkmittelaufnahme zu berücksichtigen ist.

Bei den beschriebenen Methoden bietet die Herstellung unveränderter Lagerungsbedingungen für die getränkten Klötzchen einige Schwierigkeiten. Vor allen Dingen sind die Bedingungen der Luftbewegung kaum über die ganze Dauer des Versuches konstant zu erhalten. Im Institut für Werkstoffbiologie der Materialprüfungsanstalten in Berlin ist von H. Wicht[1] ein Gerät entwickelt worden, mit dem alle für diese Untersuchung in Frage kommenden Faktoren kontrollierbar sind. Es ermöglicht auch durch Verstärkung der Luftbewegung eine Abkürzung der Versuchszeit, die für Vergleichsprüfungen besonders vorteilhaft ist.

Außer der Feststellung einer durch Verdunstung hervorgerufenen Wirkungsminderung kann die Prüfung der Verdunstbarkeit auch noch anderen Zwecken dienen. Sie gibt z. B. auch über die Frage Aufschluß, ob bei der Anwendung der Mittel im Spritz-, Anstrich- oder Tauchverfahren mit Nebenwirkungen auf den Menschen zu rechnen ist, eine Frage, die gerade bei der Anwendung von Mitteln zur Bekämpfung von Schadinsekten im Holz in bewohnten Räumen von Bedeutung ist. Die Ermittlung des Verdunstungsgrades ist in diesem Falle um so wichtiger, als einer im Hinblick auf die Anwendung möglichst geringen Verdunstbarkeit eine für die Atmungsgiftwirkung des Mittels in gewissem Grade erwünschte Verdunstbarkeit gegenübersteht.

---

[1] Wicht, Wissenschaftliche Abhandlungen der deutschen Materialprüfungsanstalten, 1. Folge, H. 5.

4. Die Prüfung der insektenwidrigen Eigenschaften.

Das Verhalten von Holzschutzmitteln gegenüber Insekten fand in früheren Jahrzehnten weniger Beachtung, weil man die Anwendung besonderer Mittel gegen die durch Insektenfraß am Holz verursachten Schäden nicht für erforderlich hielt. Die gegen die Bekämpfung der Holzfäulnis gerichteten Maßnahmen wurden für derartig wirksam gehalten, daß man mit den angewandten Mitteln gleichzeitig auch einen Schutz gegen die genannten Insektenschäden zu erreichen meinte[1]. Erst mit dem Auftreten größerer Schäden an Gebäuden, hervorgerufen vor allem durch den Fraß der Larven des Hausbockkäfers im Gebälk der Dachstühle, erschienen zahlreiche Mittel auf dem Markt, die von den herstellenden Firmen ohne Bekanntgabe der Prüfmethoden als wirksam bezeichnet wurden. Ihre Bewertung setzt aber eine feststehende Prüfmethodik voraus, und zwar um so mehr, als in der Vielzahl der Schadinsekten, ihrer unterschiedlichen Lebensweise und in der angestrebten Art der Schutzwirkung zahlreiche, die Prüfung beeinflussende Faktoren zu erblicken sind. So ist zu berücksichtigen, ob ein vorliegender Befall des Holzes behoben oder ein vorbeugender Schutz erreicht werden soll, und ob die Mittel als Fraß-, Berührungs- oder Atmungsgifte zur Wirkung kommen oder sogar mehrere dieser Eigenschaften aufweisen müssen.

Vorschläge für solche Prüfmethoden werden von Falck[2] gebracht, der die Käfer von Calandra orycae L. und als Substrat einen mit der zu prüfenden Substanz vermischten Nudelteig benutzte. Aus der Anzahl der täglich getöteten Käfer wird die Giftwirkung, in diesem Fall Fraß- und Atmungsgiftwirkung, ermittelt. Bei anderen Untersuchungen finden auch Larven von Anobium punctatum und Hylotrupes bajulus Verwendung. Prüfungen von Hausbockmitteln in getränkten Holzklötzchen wurden von Jensen-Storch[3] durchgeführt, denen zahlreiche andere Vorschläge folgten. Eine Vereinheitlichung der Prüfmethoden wurde durch die von der „Arbeitsgemeinschaft zur Förderung der Hausbockkäferbekämpfung in Deutschland" aufgestellten Richtlinien herbeigeführt, über die Trappmann[4] und Schuch[5] berichten. Es wird zwischen einer Prüfung der Mittel auf vorbeugende Schutzwirkung und auf Abtötungserfolg unterschieden, sowie die Tränkart des Holzes, nämlich Volltränkung und Oberflächenbehandlung, berücksichtigt.

Bei der Prüfung der Mittel auf vorbeugende Wirkung werden Splintholzklötzchen aus Kiefern- oder Fichtenholz in den Abmessungen $1,5 \times 1,5 \times 10$ cm durch 7tägiges Eintauchen in die Tränklösung (bei der Oberflächenbehandlung nur ein 3 Sekunden währendes Eintauchen) behandelt. Nach Festlegung der Tränkmittelaufnahme und nach einer Trockenzeit von 4 Wochen bei $20°$ werden die Klötzchen im Hygrostaten über einer konzentrierten Kochsalzlösung (70—80% rel. Luftfeuchtigkeit und $20°$ C) gelagert, und zwar je 5 behandelte und 3 unbehandelte in einem Hygro-

---

[1] Malenkovic, Die Holzkonservierung im Hochbaue, 1907, S. 192.
[2] Falck, Hausschwammforschungen, 1927, H. 8, S. 20.
[3] Jensen-Storch, Anzeiger für Schädlingskunde, 1932, Bd. 8, S. 101 ff.
[4] Trappmann, Mitteilungen der Biol. Reichsanstalt für Land- u. Forstwirtschaft, 1937, H. 55, S. 171 ff.
[5] Schuch, Arb. phys. angew. Ent., 1938, Bd. 5, S. 300 ff.

staten, nachdem jedes Klötzchen mit 10 Larven, und zwar in 3 mm tiefen, vor der Behandlung anzubringenden Rillen besetzt worden ist. Die Beurteilung erfolgt nach 4 und 8 Wochen; für die Dauerschutzwirkung ist eine jährliche Bewertung erforderlich, bei einer Versuchsdauer bis zu 10 Jahren.

Zur Feststellung des Abtötungserfolges werden 40 cm lange Balkenabschnitte benutzt, die in zwei Teilabschnitte zerlegt werden. In jeden werden von einer Stirnseite aus 10 etwa 1 cm tiefe Löcher gebohrt zur Aufnahme der Larven von 0,02—0,1 g Gewicht und diese nach Aufnahme der Tiere mit Watte verschlossen. Die Abschnitte werden 14 Tage nach dem Einsetzen der Tiere an den Stirnseiten mit Paraffin abgedichtet, und die nicht abgedichteten Oberflächen eines der beiden Abschnitte mit dem zu prüfenden Mittel unter Berechnung der aufgenommenen Menge bestrichen oder bespritzt. Beide Abschnitte (der nicht behandelte dient als Kontrolle) werden wieder über Salzlösung gelagert und nach 3—6 Monaten bewertet. Ein Großversuch an befallenen Objekten mit einer über 3 Jahre auszudehnenden Beobachtung der Wirkung soll diese Untersuchung ergänzen.

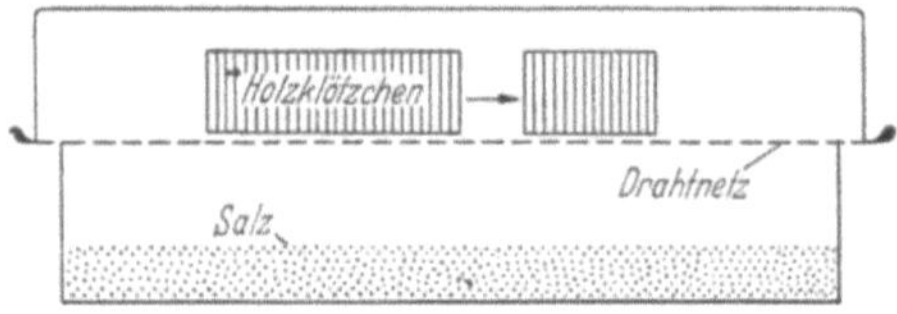

Abb. 183. Prüfung von Holzschutzmitteln gegen Insekten. (Aufnahme der Deutschen Materialprüfungsanstalten, Berlin).

Schulze und Becker[1], halten eine Prüfung unter Verwendung von Anobienlarven (Anobium punctatum De Geer) für vorteilhaft, da diese in ausreichender Menge zu beschaffen sind, und die Prüfungen auf Grund der kürzeren Entwicklungszeit dieser Larven schneller zu einem Ergebnis führen. Außerdem besitzen diese Larven eine höhere Widerstandsfähigkeit gegen chemische Mittel als Hausbocklarven. Als Hygrostaten werden Petrischalen (Abb. 183) mit zwischen den Schalenhälften gelegten dünnen Drahtnetzen benutzt. Die Versuchsklötzchen werden in der oberen Schale auf dem Drahtnetz gelagert, während sich in der unteren die Kochsalzlösung befindet. Die Klötzchen entsprechen den Normen DIN 52176. Auch die Vorbehandlung der Klötzchen, ihre Tränkung und Trocknung erfolgt nach den gleichen Richtlinien. Für die Oberflächenbehandlung wird ein 2maliges 5 Sekunden währendes Untertauchen der Klötzchen vorgeschlagen, das dem in der Praxis gebräuchlichen Spritz- oder Anstrichverfahren hinsichtlich der Tränkmittelaufnahme gleichkommt.

---

[1] Schulze u. Becker, Holz als Roh- und Werkstoff, 1938, Nr. 10, S. 382; Wissenschaftliche Abhandlungen der Deutschen Materialprüfungsanstalten, 1. Folge, H. 5, S. 21—30.

Zur Aufnahme der Larven werden in jedes Klötzchen 10 Löcher mit einem Durchmesser von 2,5 mm und etwa 7 mm Tiefe gebohrt. Bei der Auswahl der Larven ist auf gleiche Herkunft und möglichst übereinstimmende Alters- und Größenklassen für einen Versuch zu achten. Stets ist eine möglichst große Anzahl von Versuchstieren — bei Prüfung eines Mittels in der Gebrauchskonzentration mindestens 20 Tiere — heranzuziehen. Mehrere behandelte und ein oder zwei unbehandelte Klötzchen (die gleiche Tränkart und Konzentration des Mittels vorausgesetzt) werden in einer Schale untergebracht, und die Schalen bei 20° C und 65% rel. Luftf. aufbewahrt. Die Auswertung beginnt bereits nach 2—4 Tagen und nach 7—10 Tagen durch Feststellung der eingebohrten bzw. der bereits getöteten Tiere. Nach 4 und 12 Wochen wird mindestens je ein behandeltes und unbehandeltes Klötzchen aufgespalten und der Zustand der Larven festgestellt. Die Versuchsdauer ist auf mindestens 3 Monate auszudehnen, da die Larven bis zu 8 Wochen ohne Nahrungsaufnahme am Leben bleiben können. Die Ermittlung der Zahlenwerte in kg/cbm Holz entspricht der zuvor genannten Bestimmung der fungiziden Grenzwerte.

In den Vornormen DIN 52621, 52622 und 52623, die aus den zuvor erwähnten Arbeiten entwickelt wurden, werden die den verschiedenen Anforderungen entsprechenden Prüfbedingungen in eine Prüfung der vorbeugenden Wirkung, eine Prüfung der Bekämpfungswirkung und eine Bestimmung des Giftwertes der Holzschutzmittel aufgeteilt.

Für die Prüfung der vorbeugenden Wirkung von Holzschutzmitteln werden lufttrockene Normenklötzchen nach DIN 52176, Blatt 1, nach Abdichtung der Hirnflächen mit Paraffin durch 5 Sekunden langes Eintauchen bei 20° C und 60—70% rel. Luftfeuchtigkeit gelagert. Das Ansetzen der Versuchstiere, und zwar je Klötzchen 10 Hausbocklarven, die unter besonderen Gesichtspunkten auszuwählen sind, erfolgt nun in der Weise, daß 25 × 50 mm große Glasscheiben unter Benutzung eines Paraffinverschlusses auf die Breitseite der Klötzchen aufgesetzt und die Larven in einen zwischen Glasscheibe und Klötzchen gebildeten Spalt von 1 mm Dicke eingesetzt werden. Nach 4 bis 12 Wochen langer Lagerung im Hygrostaten bei 70—75% rel. Luftfeuchtigkeit wird an je zwei behandelten und einem unbehandelten Probeklötzchen nach Aufspaltung die Zahl der wiedergefundenen lebenden und toten, eingebohrten und nicht eingebohrten Larven ermittelt. Für eine vorbeugende Wirkung ist nach dieser Methodik die vollzählige Abtötung aller Larven nach 12 Wochen zu fordern. Soll die Beständigkeit der vorbeugenden Wirkung ermittelt werden, kommen Lagerzeiten der behandelten Klötzchen von 1 bis 10 Jahren in Frage.

Die Bekämpfungswirkung auf holzzerstörende Insekten wird an gatterrauhen Kanthölzern (12 × 12 cm Querschnitt und 20 cm Länge in Faserrichtung) aus Kiefernholz mit zentralem Kernanteil geprüft. In das Splintholz zweier durch einen Schnitt in Faserrichtung erhaltenen Teilkörper dieser Kanthölzer werden von der Hirnfläche aus 10 etwa 30 mm tiefe Löcher von 3—5 mm ⌀ im Abstand von 1 cm von der Außenfläche gebohrt. Die Löcher werden mit mittelgroßen Hausbocklarven besetzt und mit Watte, Zellstoff oder Holzschliff verschlossen. Die so vorbereiteten Probeklötzchen werden mit den Teilschnittflächen nach unten 3 Monate lang bei 95—98% rel. Luftfeuchtigkeit und 20—28° C und danach abschließend noch 2 Wochen bei 70—75% rel. Luftfeuchtigkeit und 20° C gelagert. Sodann werden die beiden Hirnflächen und die durch die Aufteilung entstandenen Schnittflächen abgedichtet und die drei offenen Flächen ein- oder mehrmals mit dem zu prüfenden Mittel unter Kontrolle der Tränkmittelaufnahme gestrichen. Nach fünfmonatiger Lagerung im Hygrostaten wird dann unter Aufspaltung der Klötzchen die Zahl der lebenden und toten Larven, ihr Abstand von der behandelten Oberfläche und ihre Fraßtätigkeit ermittelt und die Zahl der abgetöteten in Prozent der wiedergefundenen der Beurteilung zugrunde gelegt. An einer vor dem Aufspalten aus der Mitte des Probeklötzchens entnommenen Querscheibe wird gleichzeitig noch die Eindringtiefe des Mittels nach DIN 52618 festgestellt.

Bei der vergleichenden Giftwertbestimmung von Holzschutzmitteln gegenüber holzzerstörenden Insekten werden wiederum lufttrockene Probeklötzchen nach DIN 52176, Blatt 1, benutzt, die besonders sorgfältig bei unterschiedlicher Dosierung (zweckmäßigerweise in geometrischer Reihe) des zu prüfenden Mittels getränkt werden. Die Lagerzeit dauert 4 Wochen bei 60—70% rel. Luftfeuchtigkeit. In die Hirnseiten oder eine Breitseite der Probeklötzchen werden nach Abschluß der Lagerung in entsprechend stark gebohrten Löchern Eilarven oder ältere Larven des Hausbockkäfers, mittelgroße Larven des Klopfkäfers (Anobium punctatum) oder andere holzzerstörende Insektenlarven eingesetzt. Die Löcher werden verschlossen oder bleiben bei Lagerung der Klötzchen mit den Löchern nach oben auch unverschlossen. Nach 4- und 12wöchiger Lagerung (bei Verwendung von Bockkäferlarven), wobei je nach der benutzten Insektenart unterschiedliche, aber stets optimale Lagerungsbedingungen einzuhalten sind, wird in den behandelten und unbehandelten Probeklötzchen von der höchsten Konzentrationsstufe beginnend die Zahl der lebenden und toten, der eingebohrten und nicht eingebohrten Tiere festgestellt, sowie die Zahl der abgetöteten Tiere in Prozent der wiedergefundenen je Konzentrationsstufe des Schutzstoffes ermittelt. Der Giftwert wird in kg Schutzmittel/cbm Holz aus den Konzentrationsstufen errechnet, bei denen noch oder nicht mehr alle Larven nach den festgelegten Versuchszeiten abgetötet sind. Für Versuche mit größeren Bockkäferlarven oder Anobienlarven wird eine Versuchszeit von 4 und 12 Wochen und 6 Monaten der zu behandelnden Klötzchen gefordert.

Die Versuchsmethodik zeigt, daß die Durchführung einer solchen Mittelprüfung ein hohes Maß von Erfahrungen auf entomologischem Arbeitsgebiet voraussetzt.

Hinzu kommt, daß mit der alleinigen Feststellung der insektentötenden Eigenschaften der Mittel eine abschließende Bewertung für die Praxis nicht immer möglich ist, da noch andere Eigenschaften, wie vor allen Dingen das Eindringvermögen und die Verdunstbarkeit berücksichtigt werden müssen. Soweit die Mittel im besonderen für im Hausbau verarbeitete Hölzer eingesetzt werden, dürfen auch noch andere Gesichtspunkte, wie Verspritzbarkeit, ihr Verhalten gegenüber Glas und Metall und nicht zuletzt ihre hygienischen Eigenschaften nicht außer acht gelassen werden.

5. Die Prüfung des Eindringvermögens.

Für die Wirkung eines Holzschutzmittels ist seine Verteilung im Holz von besonderer Wichtigkeit. Der durch die toximetrische Prüfung ermittelte Grenzwert läßt sich nur dann auf die Verhältnisse der Praxis übertragen, wenn bei dem zur Anwendung kommenden Tränkverfahren der zu schützende Holzkörper in allen seinen durchtränkbaren Teilen einen diesem Grenzwert entsprechenden Schutzstoffgehalt aufweist. Für die Bewertung des Tränkerfolges, besonders bei Hölzern mit größeren Abmessungen, wie Schwellen, Leitungsmasten und Bauhölzern, ist deshalb eine Prüfung des Eindringvermögens unerläßlich.

Bei der Tränkung unter Druck mit dem gebräuchlichen Steinkohlenteeröl werden dem Holz im allgemeinen so große Schutzmittelmengen zugeführt, daß ihre Verteilung, an der dunklen Farbe leicht kenntlich, auf einem Holzquerschnitt festgestellt werden kann. Anders liegen aber die Verhältnisse bei der Verwendung salzartiger Schutzmittel, von denen wesentlich kleinere Mengen dem Holz zugeführt werden, und die, wenn es sich nicht um deutlich anfärbende Produkte handelt, nicht ohne weiteres im Holz erkannt werden können. Für die in wäßrigen Lösungen zu verarbeitenden Mittel ist mit einer Verteilung der im Holz nach der Trocknung verbleibenden Menge zu rechnen, die je nach der Bindungsfähigkeit der Holzfaser für das betreffende Produkt von außen nach innen in gewisser Gesetzmäßigkeit abnimmt. In den tieferen Zonen des Holzes kann dann mitunter das Schutzmittel in Dosierungen vorliegen, die den für den Schutz erforderlichen Grenzwert unterschreiten, unter Umständen direkt stimulierend auf den Pilz wirken und für das Ausbleiben einer ausreichenden Schutzwirkung verantwortlich zu machen sind.

Einen einwandfreien Aufschluß über den Imprägnierungsmittelgehalt wird in allen Fällen eine Analyse des behandelten Holzes erbringen, ein Verfahren, das aber für eine schnelle Bewertung des Tränkerfolges in der Praxis nicht angewandt werden kann. Dagegen sind die Methoden, die eine Beurteilung auf Grund kolorimetrischer Verfahren ermöglichen, gut brauchbar und in der Praxis seit langem eingeführt. So wurde auf den Nachweis von Quecksilbersublimat, Kupfersulfat, Zinkchlorid und Natriumfluorid im Holz schon an anderer Stelle hingewiesen.

Das Eindringen des Tränkmittels ist nicht nur von dem physikalischen Verhalten der Holzfaser zum Tränkmittel, sondern auch von der Lage der zu behandelnden Fläche im Holzkörper abhängig. Diese Verhältnisse müssen besonders bei einer vergleichenden Beurteilung von Schutzmitteln Berücksichtigung finden, die nach dem Anstrich-, Spritz- oder Tauchverfahren angewandt werden. Dem beträchtlichen Eindringvermögen in achsialer, dem natürlichen Saftstrom folgender Richtung steht ein wesentlich schwächeres in tangentialer und ein äußerst geringes in radialer Richtung gegenüber.

Diesen verschiedenen Erfordernissen tragen die in der Vornorm 52618, Blatt 1, zusammengefaßten Richtlinien für die Prüfung des Eindringvermögens von Holzschutzmitteln Rechnung. Für diesen Zweck benutzt man Probebrettchen aus Kiefernsplintholz (Abmessung: 5 cm breit, 2 cm hoch, 10 cm in Faserrichtung, wobei die Jahrringe auf dem Querschnitt mit den Kanten einen Winkel von 45° bilden), die durch Lagerung über bestimmte feuchtigkeitseinstellende Flüssigkeiten auf Lufttrockenheit bzw. auf Fasersättigung gebracht werden. Auf der Oberseite (50 cm²) werden 1,25 g entsprechend 250 g Holzschutzmittel/m² aufgestrichen. Die Eindringtiefe wird dann an drei durch den Probekörper gelegten Querschnitten mit je 7 Einzelmessungen pro Querschnitt gemessen und aus den 21 Einzelwerten im Mittelwert festgestellt. Farblose oder hellere Öle werden vorher mit Sudan schwarz angefärbt. Für den Nachweis fluorhaltiger Mittel wird das Zirkon-Alizarinreagens benutzt. Parallelversuche mit Vergleichsmitteln (z. B. 4%iger Lösung von reinem Natriumfluorid oder Karbolineum nach RPV) ermöglichen die Aufstellung von Vergleichswerten.

6. Die Prüfung der eisenkorrodierenden Eigenschaften.

Für die großtechnische Tränkung von Hölzern stellt die Imprägnierung in eisernen Kesseln unter Vakuum und Druck das wichtigste Verfahren dar. Die hierfür zur Anwendung kommenden Stoffe bedürfen deshalb einer Prüfung, ob und inwieweit sie korrodierende Eigenschaften gegenüber Eisen aufweisen. Die Verarbeitung nicht korrosionsfreier Tränkstoffe führt zwangsläufig zu einer mehr oder minder starken Zerstörung der Tränkapparatur sowie der eisernen Armierungsteile der mit solchen Mitteln imprägnierten Hölzer. Bei Verwendung nicht korrosionsfreier Tränkstoffe können also ganz erhebliche Schäden eintreten.

Für diese Prüfung verwenden Krieg und Pflug[1] Siemens-Martin-Flußeisenbleche in den Abmessungen $2 \times 20 \times 80$ mm mit einer Gesamtoberfläche von 36 cm² und einem Gewicht von etwa 25 g. Diese werden zunächst mechanisch, sodann mit Benzol und Alkohol und schließlich noch mit Natronlauge zur restlosen Entfernung anhaftender Fettbestandteile gereinigt, und dann mittels Glashaken in 200 ccm der zu untersuchenden, mit dest. Wasser angesetzten Tränklösung eingehängt, wobei außerdem noch die Tränklösung zuvor filtriert wird, um die während des Versuches mitunter auftretenden Ausfällungen später ermitteln zu können. Die auf den Blechen haftenden Luftbläschen werden durch Schütteln entfernt. Nach einer Dauer von 10 Tagen werden die Bleche entnommen und zunächst wiederum mechanisch und

---

[1] Krieg u. Pflug, Chemiker-Zeitung, 1933, S. 773/774.

außerdem nach dem Verfahren von Kaesbohrer[1] mit naszierendem Wasserstoff 2—3 Stunden lang gereinigt. Der Gewichtsverlust der Bleche wird in g/100 cm² Oberfläche festgestellt.

Schikorr[2] unterscheidet bei der Korrosion zwei Angriffsarten: unter Wasserstoffentwicklung und unter Verbrauch von Oxydationsmitteln. Er hält zwei Prüfverfahren für erforderlich, um einmal die unmittelbar angreifende Wirkung des Mittels, zum andern aber auch diejenigen Eigenschaften des Mittels festzustellen, die einer Schutzschichtbildung auf dem Eisen entgegenwirken, und so das natürliche Rosten des Eisens im Holz begünstigen. Für die Prüfung des unmittelbaren Angriffs wird der Standversuch gewählt, im wesentlichen in Übereinstimmung mit den von Krieg und Pflug gemachten Angaben.

Der Angriff durch getränktes Holz wird im Schraubenversuch geprüft. Für diesen Zweck werden in Kiefernsplintholzklötzchen (Abmessungen $50 \times 32 \times 15$ mm) nach der Tränkung und nach dreitägiger Trocknung an der Luft von der Längsseite je ein Loch von 3,5 mm ⌀ und 30 mm Tiefe gebohrt. In diese Löcher werden entfettete und gewogene Stahlschrauben ($25 \times 4{,}5$ mm mit flachem Kopf zur Aufnahme der Markierung) eingeschraubt. Die so vorbehandelten Klötzchen werden an Glashaken in Konservengläsern aufgehängt, die mit 100 ccm 2n Schwefelsäure beschickt werden. In den mit Gummiring und Klammern verschlossenen Gefäßen wird somit eine gleichmäßige Feuchtigkeit erhalten (etwa 90° rel. Luftfeuchtigkeit). Nach Ablauf bestimmter Versuchszeiten werden die Schrauben durch Aufspalten der Klötzchen freigelegt und zunächst nach Augenschein beurteilt. Dann erfolgt eine 10 Minuten währende Behandlung in 5%iger Salzsäure mit Sparbeizzusatz (Steinkohlenteeröl, Vogelsche Sparbeize und arsenige Säure), so daß nach Entfernen des anhaftenden Rostes, Spülung und Trocknung, der Gewichtsverlust, außerdem aber auch die durchschnittliche Abtragung ermittelt werden kann.

Dem Schraubenversuch kommt insofern eine besondere Bedeutung zu, als sich bei diesem Prüfverfahren ein Mittel noch als brauchbar erweisen kann, das im Standversuch einen starken Eisenangriff erkennen ließ. Die Verarbeitung eines solchen Mittels wäre dann in eisernen Tränkapparaten nicht empfehlenswert, jedoch im Anstrich- oder Tauchverfahren noch gut möglich. Die Versuchsdauer kann beim Schraubenversuch auf eine Woche beschränkt werden, da diese Zeit zur Ausscheidung gänzlich unbrauchbarer Mittel ausreicht, im übrigen aber die Rostgeschwindigkeit mit der Zeit beträchtlich abnimmt. Eine beim Schraubenversuch gefundene absolute Größe der Abtragung von 0,05 mm/Jahr ist noch als erträglich zu bezeichnen, zumal zu berücksichtigen ist, daß in der Praxis nicht immer Bedingungen von 90% rel. Luftfeuchtigkeit vorliegen.

Völlig zufriedenstellend sind die genannten Methoden der Korrosionsprüfung noch nicht, da die Beschaffenheit der Probebleche noch nicht

---

[1] Kaesbohrer, Chemiker-Zeitung, 1911, S. 877.
[2] Schikorr, Wissenschaftliche Abhandlungen der Deutschen Materialprüfungsanstalten, 1. Folge, H. 5, S. 58/66.

allen Anforderungen gerecht wird; denn der Eisenangriff ist nicht nur von der Zusammensetzung, sondern auch von dem Gefüge abhängig, das jeweils das vorliegende Material der Probekörper aufweist. Die Festlegung auf Siemens-Martin-Flußeisenblech, aus dem im allgemeinen die Tränkkessel und Vorratsbehälter erstellt werden, scheint hier noch nicht zu genügen.

Gemessen an der Vielzahl der Prüfmethoden, die im Vorstehenden erläutert wurden, erscheint die Prüfung von Holzschutzmitteln für eine zusammenfassende Beurteilung als ein recht mühevolles Unterfangen. Ohne dieses in Abrede zu stellen, muß indessen auf die Tatsache hingewiesen werden, daß eben an die Holzschutzstoffe eine ganze Reihe von Anforderungen gestellt werden, auf die auch schon an anderer Stelle eingegangen wurde. Erst durch eine Prüfung aller, diesen Anforderungen entsprechenden Eigenschaften der Mittel und durch die Auswertung und Abwägung ihrer Ergebnisse untereinander und im Abhängigkeitsverhältnis zu den jeweils gegebenen Verwendungsbedingungen wird eine zusammenfassende Bewertung ermöglicht.

Dem nicht geringen Arbeitsaufwand für diese Untersuchungen und einer Versuchsdauer von etwa ½ Jahr ist die wertvolle Erkenntnis gegenüberzustellen, daß die genaue Prüfung nach den beschriebenen Methoden die Bewertung von Mitteln zuläßt, über die die Praxis erst nach einer Reihe von Jahren ein Urteil zu fällen vermag, ein Vorteil, auf den bei der fortschreitenden Entwicklung der Holzschutztechnik und der zunehmenden Bedeutung des Holzschutzes auch von seiten der die Holzschutzmittel herstellenden Industrie nicht mehr verzichtet werden kann.

V. Der Schutz des Holzes gegen leichte Entflammbarkeit.

Von Dr.-Ing. **Horst Seekamp**, Berlin.

1. Die Feuerschutzmittel für Holz.

A. Holz im Feuer.

Das Verhalten des Holzes im Feuer ist nicht so ungünstig, wie es auf den ersten Blick scheinen mag, besonders dann nicht, wenn es in den größeren Abmessungen des Bauholzes vorliegt. Gegenüber den nicht brennbaren Baustoffen[1] hat es nämlich den Vorzug, daß es sich bereits

---

[1] Stahl, Beton, natürliche und künstliche Steine können ihre Festigkeit im Feuer eher verlieren als Holz. Z. B. bricht eine nicht ummantelte Stahlstütze vom I-Profil 20 in einem voll entwickelten Brand nach ¼ Stunde zusammen, während ein Holzbalken gleicher Tragfähigkeit dem Feuer 1 Stunde widersteht. v. Schwartz, Handbuch der Feuers- und Explosionsgefahr, 4. Auflage, München 1937, S. 305, 306; C. Kohsan, Mitt. Fachausschuß Holzfragen, Heft 3, Berlin 1932, S. 7; Schindler, Protar 3 (1937) 123; H. Busch, Feuereinwirkung auf nichtbrennbare Baustoffe und Baukonstruktionen, Berlin-Charlottenburg 1938, S. 92.

ohne Schutzbehandlung dadurch in gewissem Umfang zu schützen vermag, daß es im Feuer eine Kohleschicht bildet, die ein so geringes Wärmeleitvermögen besitzt, daß sie den für den Brennvorgang notwendigen Wärmefluß in das Innere erheblich verringert[1].

Im einzelnen pflegt man beim Abbrennen von Holz vier nacheinander eintretende Teilvorgänge zu unterscheiden[2], die Entzündung, das Brennen, das Zurückgehen der Flammen durch die Wirkung der Kohleschicht mit der anschließenden erneuten Entwicklung des Brandes und das Nachglühen der Holzkohle. Bei allen Vorgängen entwickeln sich die Flammen aus den bei der Zersetzung des Holzes entstehenden brennbaren Gasen, die zurückbleibende Holzkohleschicht bestimmt die Geschwindigkeit der Vorgänge. Es ist daher einleuchtend, daß die Art des Holzes, d. h. seine physikalische und chemische Beschaffenheit, von großem Einfluß auf den Abbrand sind. Daneben tritt aber auch die Gestalt als bestimmender Faktor auf, und die Strahlungs- und Strömungsverhältnisse in der Umgebung des brennenden Holzkörpers üben einen nicht minder deutlichen Einfluß aus.

Je geringer das Raumgewicht der Hölzer ist, um so leichter entzünden sie sich und um so schneller brennen sie ab.

Die Brenngeschwindigkeit ist um so größer, je geringer die Holzdicke, d. h. je größer die Oberfläche im Verhältnis zur Holzmasse ist.

Der Zellenbau des Holzes beeinflußt die Brennbarkeit. Zerstreutporiges Buchenholz hat unter gleichen Bedingungen einen größeren Abbrand als ringporiges Eichenholz. Dickes Nadelholz ist ziemlich widerstandsfähig gegen Feuer.

Durch Abhobeln des Holzes und Abrunden der Ecken und Kanten kann — entgegen einer vielfach verbreiteten Ansicht — kein nennenswerter Feuerschutz erzielt werden. Rissiges Holz ist leichter entzündlich und brennt besser als rissefreies Holz.

Starke Austrocknung des Holzes durch Erwärmung (Sonnenbestrahlung, Heizung u. dgl.) begünstigt die Brennbarkeit. Harzreiches Nadelholz ist feuergefährlicher als harzarmes[3].

B. Wirkungsweise der Feuerschutzmittel.

Die Aufgabe der Feuerschutzmittel ist es nun, die den Brandverlauf fördernden Vorgänge zu schwächen und die ihn hemmenden zu verstärken. Sie können dies tun durch

a) mechanische Hinderung des Sauerstoffzutritts zur brennbaren Substanz.

---

[1] Schon das normale Holz gehört, wenn man von den eigentlichen Isolierstoffen absieht, zu den Materialien mit der geringsten Wärmeleitfähigkeit. Steine leiten in der Größenordnung 10 und Metalle einige tausendmal besser. Die Werte der Wärmeleitzahl gehen von 0,0005 (Eiche) bis 0,0001 (Balsa) cal/cm sek.°. Holzkohle hat eine Wärmeleitzahl ungefähr wie Balsaholz.

[2] L. Metz, Holzschutz gegen Feuer, 2. Aufl., Berlin 1942, S. 8.

[3] L. Metz und H. Seekamp, Merkheft Holzschutz gegen Feuer, Merkhefte des Fachausschusses für Holzfragen Nr. 4, Berlin 1942, S. 2 u. 3.

b) Abkühlen der Brennzone unter die Zündtemperatur.

c) Ersticken der Flammen.

d) Förderung der Bildung einer dämmenden Kohleschicht.

Die erste Möglichkeit ist realisierbar durch die Aufbringung einer mechanisch wirkenden und damit isolierenden Deckschicht, die dem Feuer gegenüber möglichst beständig bleiben muß, die zweite Möglichkeit liegt in der Verwendung von Stoffen, die die einströmende Wärme durch Schmelz-, Verdampfungs- oder Dissoziationsvorgänge zu binden vermögen, wodurch ein Temperaturanstieg in der Angriffszone des Feuers zunächst verhindert wird, die dritte Möglichkeit besteht in der Einführung chemischer Substanzen, die bei höherer Temperatur Gase entwickeln, durch die die brennbaren Gase so verdünnt werden, daß nicht mehr zündfähige Gemische entstehen[1].

Während die ersten 3 Methoden vorwiegend physikalischen Charakter haben, beruht die vierte Möglichkeit auf chemischen Vorgängen: es existieren zahlreiche Stoffe, die durch ihre Teilnahme am Reaktionsmechanismus der Holzzersetzung eine verstärkte Holzkohlebildung hervorrufen, und zwar handelt es sich um Säuren oder in der Hitze säurenabspaltende Stoffe und Alkalien bzw. Alkalibildner[2,3].

C. Einteilung der Feuerschutzmittel.

Neben der rein äußerlichen Einteilung der Feuerschutzmittel in Deckanstriche und Imprägniermittel pflegt man eine Unterteilung nach der Wirkung vorzunehmen: Tabelle 1 hebt die reinen Typen hervor, doch sind im konkreten Falle manche Übergänge und Koppelungen von Eigenschaften festzustellen[4].

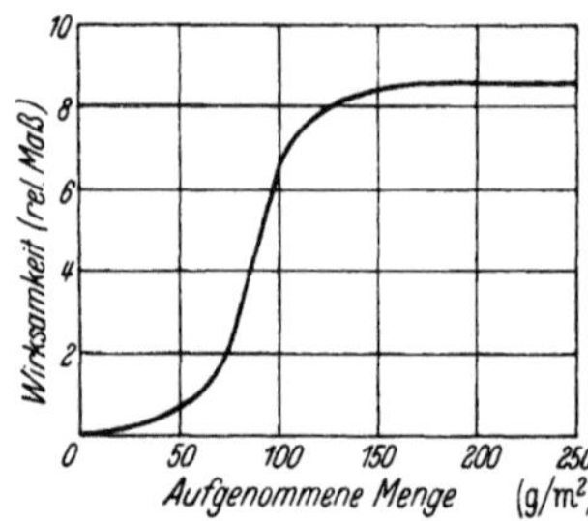

Abb. 184. Wirksamkeit von Feuerschutzmitteln in Abhängigkeit von der aufgenommenen Menge (schematisch).

D. Menge und Wirksamkeit.

Bei allen Feuerschutzmitteln ist die Frage von Wichtigkeit, in welcher Menge sie angewendet werden müssen, um eine ausreichende Wirkung auszuüben. Dies ist mehrfach untersucht und z. T. sogar in die Form mathematischer Gleichungen gebracht worden[5,6], doch sind alle diese Beziehungen nicht hinreichend genug geklärt, so daß sie hier nicht weiter besprochen werden sollen. Die Ergebnisse gehen dahin, daß, wie in Abb. 184

[1] R. Schlegel, Untersuchungen über die Grundlagen des Feuerschutzes von Holz, Diss. T. H. Berlin, 1934.

[2] Neutralsalze haben praktisch keine Wirkung.

[3] L. Metz, Holz als Roh- u. Werkst. 1 (1938) 217.

[4] So halten z. B. die Schmelzschichten auch den Sauerstoff von der brennbaren Substanz fern.

[5] G. M. Hunt, T. R. Truax u. C. A. Harrison, Amer. Wood Preserv. Ass. 28. Jahresversammlung St. Louis 1932, S. 2.

[6] R. Schlegel, Korrosion u. Metallschutz 10 (1934) 195.

Tabelle 1. *Einteilung der Feuerschutzmittel.*

Art des Schutzmittels		Verhalten im Feuer		Zerfallsprodukte		Beispiele
1	Wärmedämmende (und mechanisch wirkende) Mittel	1	geringe Veränderung	0	passiv (neutral)	Bekleidungen mit Asbest, Kalk- u. Zementputz[1], Beläge[1], Wasserglas mit Zusätz., sog. pigmentiert. Wasserglas
		2	Bildung poröser, kohliger „Schaumschichten"	1	aktiv als hochisolier. Schicht, die sich a) aus d. Holzsubstanz	Alkalische Imprägniermittel
				2	b) aus d. Mittel bilden kann	Rein. Wasserglas Mittel auf Kunstharzbasis
2	Wärmebindende Mittel	1	Schmelzen, Verdampfen	0	passiv	Kristallwasserhaltige Salze (Wasser)[2]
		2	Zusätzliches Dissoziieren	1 2	aktiv als Löschgase als verkohlungfördernde Produkte	Ammonsalze

schematisch dargestellt, keineswegs Proportionalität zwischen Wirksamkeit, für die man relative Maße eingeführt hat, und angewendeter Menge, die man je nach dem Verfahren in g/m² bzw. kg/m³ anzugeben pflegt, besteht, sondern daß bei allen Feuerschutzmitteln eine Kurve mit einem Wendepunkt resultiert. An der dargestellten Kurve zeigen sich die 3 jeweils auftretenden Bereiche: Der Bereich unwirksamer Mengen (bei dem gezeichneten Beispiel zwischen 0 und 75 g/m²), der Bereich unsicher wirkender Mengen (zwischen 75 und 125 g/m²) sowie der Bereich ausreichender Mengen (über 125 g/m²). Da nun in der praktischen Anwendung ein bestimmtes Maß der Wirksamkeit gefordert werden muß, bedeutet die dargestellte Abhängigkeit, daß es für jedes Mittel eine geringste Menge in oder auf dem Holz gibt, die zu erreichen erforderlich ist, und daß eine Vergrößerung der Schutzwirkung durch Mengen, die darüber selbst wesentlich hinausgehen, nur gering ist.

---

[1] DIN 4102, Blatt 2.

[2] Wasserdampf wirkt indessen auch löschend durch Verdünnung der brennbaren Gase.

30*

E. Behandlungsverfahren[1].

Während somit die Deckanstriche auf der Oberfläche eine gewisse Mindestdicke besitzen müssen, ist es notwendig, die Imprägniermittel in bestimmter Mindestmenge einzubringen, was außerdem bis in möglichst tiefe Holzschichten hinein geschehen soll.

Dies wird am sichersten immer noch durch eine Kesseldrucktränkung im Vakuum-Druckverfahren erreicht (s. S. 233); auch das Saftverdrängungsverfahren nach Boucherie (s. S. 223) und in gewissen Fällen die Diffusionstränkung (s. S. 281) ergeben besonders große Eindringtiefen. Bei der Trogtränkung (s. S. 209) dringen die Salzlösungen nicht so tief ein. Hier bedeutet daher spätere Rißbildung eine gewisse Gefahr. Bei bereits eingebautem Holz werden das Spritz- und Streichverfahren angewandt. Bei diesen läßt sich die Schutzmittelaufnahme dadurch verbessern, daß man der Lösung sogenannte Netzmittel (Eindringungsaktivatoren) zusetzt, die eine Herabsetzung der Oberflächenspannung bewirken, wodurch erheblich größere Mengen der Lösung in das Holz einzudringen vermögen. Es handelt sich dabei im wesentlichen um Sulfofettsäurederivate, Fettalkoholsulfonate, Alkylnaphthalinsulfosäuren bzw. deren wasserlösliche Salze und Saponine[2,3].

An besonders gefährdeten Stellen kann der Schutzstoff in Bohrlöcher mit Spezialgeräten eingepreßt werden (s. S. 206).

F. Die Mengenberechnung.

Wie oben bereits dargelegt, ist jedes Feuerschutzmittel nur dann wirksam, wenn es in der erforderlichen Menge auf das Holz aufgebracht bzw. in dieses eingelagert wird. Sie wird vom Hersteller ermittelt und für die „Außenschutz"-Verfahren in g/m² bzw. für die „Tiefschutz"-Verfahren in kg/m³ vorgeschrieben. Für das Streich- und Spritzverfahren ist die Größe der Oberfläche des zu behandelnden Holzes daher möglichst genau zu berechnen; für die Tiefschutz-Verfahren dementsprechend das Volumen des tränkbaren Holzanteils. Ferner ist zu berücksichtigen, daß die beim Streichen und Spritzen auftretenden Verluste außergewöhnlich hoch sind, und zwar ist beim Streichen mit etwa 30% und beim Spritzen sogar mit etwa 50% Verlust zu rechnen[4].

---

[1] DIN 52175.

[2] Schmidt, A., Die industrielle Chemie in ihrer Bedeutung im Weltbild, 2. Auflage, bearbeitet von K. Fischbeck, Berlin 1943, S. 584.

[3] Über die Prüfung der Netzwirkung mit Wollescheibchen s. I. G. Farbenindustrie A.-G., Hauptsächlichste Gesichtspunkte für die Beurteilung von Feuerschutzmitteln, 1935; Metz, Holzschutz gegen Feuer, Berlin 1942, S. 152. Auch das Traubesche „Stalagmometer" ist zu Vergleichen verwendbar, s. Chemiker-Taschenbuch (Herausg. Koppel), Berlin 1937, III, S. 124.

[4] Infolge dieser Unsicherheiten ist es ausreichend, z. B. für übliche Wohnhäuser die Grundfläche des Hauses mit 3 zu multiplizieren, um die Holzfläche des Daches einschließlich des Fußbodens zu erhalten. Bei größeren Gebäuden mit hohen Dachstühlen (z. B. öffentlichen Gebäuden) ist mit der 3,5fachen Grundfläche zu rechnen. Es ist noch kein einfaches, für die Praxis brauchbares Verfahren entwickelt worden, mit dem nach der Schutzbehandlung die wirklich auf- oder eingebrachte Menge des Schutzmittels kontrolliert werden kann.

G. Die Leistungsfähigkeit der Feuerschutzmittel.

Die Wahl eines bestimmten Schutzmittels ist auf das engste mit der Frage der Feuerschutzwirkung verknüpft (s. S. 411), für die man eine numerische Angabe, die Wirkungsstufe[1], mit einem von 0—10 laufenden Wert eingeführt hat, derart, daß die beste Wirkung durch die Zahl 10 charakterisiert wird. Des weiteren erhebt sich in diesem Zusammenhang die Frage, was ein Feuerschutzmittel überhaupt zu leisten vermag. Hierzu sei auf die im Bereiche des Feuerschutzes genau festgelegten Begriffe kurz hingewiesen. Das Normblatt DIN 4102 behandelt die „Widerstandsfähigkeit von Baustoffen und Bauteilen gegen Feuer und Wärme". Es legt für den Grad der Brennbarkeit der Haupt- und Hilfsbaustoffe die Begriffe brennbar, schwer entflammbar und nicht brennbar fest[2]. Die Definitionen lauten:

(1) Als **brennbar** gelten Baustoffe, die nach der Entflammung ohne zusätzliche Wärmezufuhr weiterbrennen.

(2) Als **schwer entflammbar** gelten Baustoffe, die beim Brandversuch nach DIN 4102 Bl. 3 nur schwer zur Entflammung gebracht werden können und nur bei zusätzlicher Wärmezufuhr mit geringer Geschwindigkeit abbrennen. Nach Fortnahme der Wärmequelle muß die Flamme in kurzer Zeit erlöschen. Darüber hinaus darf der Baustoff nur kurze Zeit nachglimmen. Als schwer entflammbar gelten auch Baustoffe, die bei Einwirkung von Feuer und Wärme verkohlen, ohne daß dabei Flammen auftreten, der Baustoff nachglimmt und das Feuer weitergetragen wird. Die Eigenschaft „schwer entflammbar" kann auf Zeit auch durch Behandlung mit einem Schutzmittel erreicht werden.

(3) Als **nicht brennbar** gelten Baustoffe, die nicht zur Entflammung gebracht werden können und auch ohne Flammenbildung nicht veraschen.

Das Normblatt zählt unter den brennbaren Stoffen das Holz auf. Unterwirft man das Holz einer Behandlung mit Feuerschutzmitteln, so wird es schwer entflammbar, als organischer, brennbarer Naturstoff kann es jedoch auf keine Weise nichtbrennbar gemacht werden. Es sei daher betont, daß die Feuerschutzmittel nur die Entflammbarkeit erschweren, so daß das behandelte Holz einem einwirkenden Feuer wohl merklichen, z. T. beträchtlichen Widerstand entgegensetzt im Sinne einer Verzögerung der Brandausbreitung an den geschützten Holzteilen, daß aber, sofern sich der Brand an anderen Materialien voll entwickeln kann, auch das geschützte Holz durch die entstehenden hohen Temperaturen zersetzt wird und dem Brande mit zum Opfer fällt.

H. Anforderungen an baupolizeilich zugelassene Mittel.

Im Blatt 3 des Normblattes wird ein bestimmtes Prüfverfahren (das Lattenschlotverfahren, s. S. 415) für die amtliche Prüfung der Feuerschutzmittel vorgeschrieben, bei dem der Gewichtsverlust des Prüf-

---

[1] Bezeichnet g_0 den Endgewichtsverlust des unbehandelten Holzes, g_b den des behandelten, so ist die Wirkungsstufe w nach Metz und Schlegel

$$w = 10\,\frac{g_0 - g_b}{g_0} = 10\left(1 - \frac{g_b}{g_0}\right).$$

[2] Bauteile bezeichnet es als feuerhemmend, feuerbeständig und hochfeuerbeständig.

Tabelle 2. *Die Bestandteile der Feuerschutzmittel* [1].

Stoffklassen		Die wichtigsten Einzelstoffe	Wirkung	Wirkungsstufe	Bemerkungen
Anorganische Substanzen	Salze (nur in wäßriger Lösung angewendet)	Diammonphosphat $(NH_4)_2 HPO_4$	21/221/222	9	
		Monoammonphosphat $NH_4 H_2 PO_4$		9	
		Ammonsulfat $(NH_4)_2 SO_4$		4	Tr (8)
		Ammonbromid $NH_4 Br$			Tr (8)
		Ammonchlorid $NH_4 Cl$			Tr (8)
		Ammonborat $(NH_4)_2 B_4 O_7 + 4H_2O$			Tr (6)
		Pottasche $K_2 CO_3 + 2H_2O$	21/222/121	8	
		Soda $Na_2 CO_3 + 10H_2O$		5	
		Kaliumphosphat $K_3 PO_4 + nH_2O$	21/222		E (6)
		Borax $Na_2 B_4 O_7 + 10H_2O$			Tr (9)
		[Kochsalz $Na Cl$	—		E (3)]
		Calziumchlorid $Ca Cl_2 + 6H_2O$	21/221/222	3	Tr (8)
		Magnesiumchlorid $Mg Cl_2 + 6H_2O$		2	Tr (8)
		Aluminiurchlorid $Al_2 Cl_6 + 12H_2O$	21/221/222		Tr (8)
		Aluminiumsulfat $Al_2 (SO_4)_3 + 18H_2O$			Tr (8)
		Alaun $KAl (SO_4)_2 + 12H_2O$			$\nparallel$

		Zinkchlorid $Zn Cl_2 + nH_2O$	21/221/222		Tr (8)
Anorganische Substanzen	Schichtbildner	Natronwasserglas $Na_2 Si O_3$ Kaliwasserglas $K_2 Si O_3$	11	8 … 9	nur pigmentiert
		Sorelzement $Mg Cl_2 + MgO$ Zement + Magnesiumchlorid Zement + $Mg Cl_2$ Zement Kalk	11	7 … 8	Zementschlämme Kalkschlämme
	Salze organ. Säuren	Acetate Zitrate	21/222 222	8	$\gtreqless$
Organische Substanzen	Kunstharz-anstriche	Harnstoff-Formaldehyd-Harze + Diammonphosphat	122/221	8 … 9	
		Dicyandiamidharze + Monoammonphosphat		8 … 9	
		Äthylidenharnstoffharze + Monoammonphosphat		7 … 8	
	öl- u. lackhaltige Mischungen				Wirkung unzureichend
	Abfallstoff	Sulfitablauge	122		ungeeignet wegen Feuchtigkeits-empfindlichkeit

[1] Die Art der Wirkung ist in Ziffern nach der Klassifikation der Tabelle 1 angegeben. Z. B. gehört Pottasche zur Gruppe der wärmebindenden Mittel, die Schmelzen bilden [21], fördert die Verkohlung [222] und ruft eine Schaumschicht hervor [121]. Die Wirkungsstufe gilt für das Streich- und Spritzverfahren, der höchsterreichbare Wert ist 10. Tr und E geben an, daß die Stoffe nur im Vakuum-Druck-Verfahren (Tränkung) oder Tauchverfahren (Einlaugen) ausreichende, in Klammern angegebene Wirkungen erreichen. Das Zeichen $\gtreqless$ bedeutet, daß die Wirkung umstritten ist.

körpers im Feuer gemessen wird. Die Eigenschaft schwerentflammbar ist nur dann vorhanden, wenn bei 3 Versuchen der mittlere Endgewichtsverlust 25% nicht überschreitet und das arithmetische Mittel des Gewichtsverlustes nach 4, 8 und 12 min. nicht mehr als 12% vom Anfangsgewicht des behandelten Prüfkörpers beträgt[1]. Alle Feuerschutzmittel, die diese Bedingungen erfüllen, können „allgemein baupolizeilich" zugelassen werden[2]. Zur Ermittlung der Dauer der Wirksamkeit werden von vornherein mitbehandelte Lattenschlote unter normalen Bedingungen gelagert und nach 1, 3, 5 und 10 Jahren einer Wiederholungsprüfung unterzogen. Besteht das Mittel zu dem jeweiligen Termin die Prüfung, so braucht die Wiederholung der Schutzbehandlung erst nach der so festgestellten Anzahl von Jahren vorgenommen zu werden. Zur Ergänzung wird die korrodierende Wirkung der Schutzmittel auf Metalle mitgeprüft.

J. Die Bestandteile der Feuerschutzmittel.

Eine Übersicht über die in chemischen Feuerschutzmitteln für Holz zu findenden Stoffe gibt Tabelle 2. Sie läßt erkennen, daß nahezu alle Stoffklassen nach wirksamen Verbindungen durchforscht sind. Nur die wichtigsten Vertreter der einzelnen Gruppen sind mit der Art und Größe Ihrer Wirkung in der Tabelle zusammengestellt.

Die anorganischen Salze stellen zahlenmäßig das größte Kontingent und unter ihnen sind wiederum die Ammonsalze an erster Stelle zu nennen, die durch Ammoniakabspaltung löschend wirken, während die zurückbleibende freie Mineralsäure das Holz verkohlt. Die Ammonphosphate können als die besten Feuerschutzsalze bezeichnet werden. Das Sulfat und die übrigen wirken im Anstrich- oder Spritzverfahren erheblich geringer. Gute Wirkungen zeigen auch sie jedoch im Vakuum-, Druck- oder anderen Tiefschutzverfahren. Unter den Alkalisalzen ist das Kaliumkarbonat von überragender Bedeutung. Es wirkt durch Wärmeaufnahme beim Schmelzen, umhüllt das Holz, fördert die Verkohlung und ruft die Bildung einer gut dämmenden Schaumschicht hervor. Die übrigen Alkalisalze wirken in ähnlicher Weise geringer, ohne eine Schaumschicht zu erzeugen. Das Natriumchlorid ist als praktisch unwirksam zu bezeichnen. Die sonst noch aufgeführten Salze wirken durch ihren großen Gehalt an Kristallwasser und durch Förderung von Kohlebildung. Bei den anorganischen Schichtbildnern handelt es sich vorwiegend um mechanisch wirkende Deckanstriche. Hier sind es im wesentlichen die pigmentierten Wassergläser, die zu praktischer Bedeutung gelangt sind[3]. Der Sorelzement, auch in der Form des Steinholzes, hat gute

---

[1] In der Skala der Wirkungsstufen wird also mindestens die Stufe 8 verlangt. In Zukunft ist mit einer Herabsetzung dieser Werte, also einer Erhöhung der Anforderungen, zu rechnen.

[2] Hierzu sei auf DIN 4110, Techn. Bestimmungen für Zulassung neuer Bauweisen, verwiesen.

[3] Das reine Wasserglas wirkt durch Bildung einer Schaumschicht und hat dadurch sehr gute Wirkung, kann aber nicht verwendet werden, weil es durch die Kohlensäure der Luft unter Bildung von Na_2CO_3 und SiO_2 zersetzt wird. — Die Zahl der vorgeschlagenen Pigmente, z. B. Asbestpulver, Talkum, Lithopone, Schlämmkreide beträgt etwa 20.

Eigenschaften, ebenso die verschiedenen Zement- und Kalkschlämme, die aber mehr als behelfsmäßiger Schutz anzusprechen sind.

Von den organischen Stoffen stellen die angegebenen Kunstharzmischungen recht brauchbare Feuerschutzmittel dar. In neuester Zeit ist auch den Zitraten Beachtung geschenkt worden. Von den Abfallstoffen wurde die eingedickte Sulfitablauge wiederholt vorgeschlagen. Sie ist jedoch sehr feuchtigkeitsempfindlich und zerfließt unter bestimmten Bedingungen auf dem Holz, so daß man von ihrer Verwendung wieder absehen mußte. Farb- und Lackanstriche aller Art sind in ihrer Wirkung unzureichend.

K. Nebeneigenschaften der Feuerschutzmittel.

Die gute Feuerschutzwirkung entscheidet, wie bereits aus vorstehendem z. T. hervorgeht, nicht allein über die praktische Brauchbarkeit des Mittels. Zu bewerten sind des weiteren die Fragen, ob seine Zubereitung und Verarbeitung einfach und nicht gesundheitsschädlich sind, ob es, sofern es sich um ein Salzgemisch handelt, einen Netzmittelzusatz erfordert, wie groß seine Haltbarkeit auf dem Holz und auch bei der Lagerung ist und ob es korrodierend wirkt auf das Holz oder die in ihm eingelassenen Metallteile. Schließlich sind auch einige wünschenswerte Nebeneigenschaften und sein Preis von Bedeutung. Es sollte nämlich im allgemeinen selbst von heller Farbe oder anfärbbar sein und nach Möglichkeit auch gegen die pflanzlichen und tierischen Zerstörer des Holzes wirken. Aus allen diesen Gründen sind die Feuerschutzmittel des Handels so gut wie sämtlich aus mehreren Komponenten zusammengesetzt, weil nur auf diese Weise möglichst viele der aufgeführten Forderungen erfüllt werden können.

L. Die Einheitsfeuerschutzmittel.

Abb. 185. Mit dem Einheits-Feuerschutzmittel FM I behandelter Lattenschlot nach dem Brandversuch. Gewichtsverlust 12,9 %, Wirkungsstufe 9. Bei gleicher Beanspruchung brennt ein unbehandelter Lattenschlot vollständig ab (Gewichtsverlust ca. 100 %).

Bei der Vielzahl der bestehenden Möglichkeiten brachte die chemische Industrie im Laufe der Zeit eine große Zahl von Feuerschutzmitteln heraus. Im Jahre 1942 waren etwa 50 amtlich geprüfte Mittel baupolizeilich zugelassen. Bei näherer Betrachtung zeigte sich indessen, daß hier eine nur scheinbare Mannigfaltigkeit vorlag insofern, als die vorherrschend angebotenen Salzmischungen meist auf Ammonphosphat, die weniger angewandten Wasserglasfarben auf Alkalisilikat-Pigment aufgebaut waren. Man kam daher überein, die Feuerschutzmittel im Sinne einer Normung zu vereinheitlichen mit dem

Ziel, je 1 bis 2 Mittel der einzelnen Stoffklassen zu entwickeln, die die notwendige Garantie für gute Schutzwirkung und Haltbarkeit boten, und diese als „Einheitsfeuerschutzmittel" zu bezeichnen (Abb. 185).

So wurden 3 Einheitsmittel eingeführt: 2 Salzmischungen und 1 pigmentiertes Wasserglas, die die Bezeichnungen FM I, FM II und FM III tragen. Die Zusammensetzungen sind:

FM I	Diammonphosphat	40	Teile
	Ammonsulfat	54,5	,,
	Netzmittel	5	,,
	Antiseptikum	0,5	,,
FM II	Kaliumsilikat (24° Bé)	80	,,
	Pigment	20	,,
FM III	Pottasche	60...80	Teile
	Soda	38...18	,,
	Netzmittel	2	,,

FM I wird in 33 ⅓%iger Lösung verarbeitet. Die erforderliche Trockensubstanzmenge je m² beträgt 150 g (Aufbringung von 450 g Lösung). Bei dieser Konzentration erreicht es die Wirkungsstufe 9. FM II wird meist gebrauchsfertig geliefert und muß mit 450 g/m² aufgebracht werden. Es besitzt dann die Wirkungsstufe 8...9. FM III wird in 25%iger Lösung verarbeitet und soll mit 150 g Trockensubstanz je m² aufgebracht werden (600 g Lösung je m²). Es besitzt die Wirkungsstufe 8. Alle Feuerschutzmittel, die sich in diese Typenreihe einordnen lassen und ihr gegenüber keine hervortretenden Eigenschaften besitzen, sollten nicht besonders zugelassen werden[1].

M. Ausblick.

Damit war gleichzeitig die Aufgabe für die weitere Forschung auf diesem Gebiete abgegrenzt: In Zukunft gilt es, Feuerschutzmittel mit wesentlichen Vorteilen gegenüber den bisher bekannten zu entwickeln, und zwar sind es zwei Ziele, die die Forschung zu erreichen versuchen wird,

a) das wetterbeständige Feuerschutzmittel,

b) das auch gegen tierische und pflanzliche Zerstörer wirkende Feuerschutzmittel.

Die Ansätze hierzu sind vorhanden, es genügt aber, sie nur zu erwähnen. Etwas in dieser Beziehung Endgültiges muß noch geschaffen werden.

---

[1] Mit der Einführung der Einheitsmittel (1942) wurden die Zulassungen für alle bisherigen Mittel widerrufen. Seit 1945 werden den Herstellern die alten Schutzmittel wieder zugelassen. Der Gedanke der Vereinheitlichung wird vorläufig nicht weiter verfolgt.

2. Prüfung der Wirksamkeit
von Feuerschutzbehandlungen.

A. Überblick.

Das Ziel einer Prüfung der Schutzwirkung ist, wie bei allen anderen Materialprüfungen auch, in der zahlenmäßigen Erfassung ihrer Größe zu suchen. Es sind also bestimmte Eigenschaften des geschützten Holzes im Vergleich zu denselben Eigenschaften des unbehandelten Holzes einer Messung zu unterziehen, wobei die Wirkung des Schutzmittels durch den Unterschied oder das Verhältnis der sich ergebenden Zahlen ausgedrückt wird. Alle Phasen des Brennvorganges sind hierzu herangezogen worden, das Zünden, Brennen, Nachbrennen und Nachglimmen. Man hat die Höhe des Zündpunktes, die Geschwindigkeit des Brennens, die Dauer des Nachbrennens und Nachglimmens festgestellt, in manchen Fällen gleichzeitig die über dem brennenden Körper auftretenden Temperaturen gemessen. Auch die Wärmeleitverhältnisse unter den Bedingungen des Brandes, Festigkeitsänderungen während der Feuerbeanspruchung sowie die Ankohlungstiefe dienten zur Charakterisierung der Schutzmittel. Als Wärmequellen wurden Gasflammen, Ölbrenner, Holzfeuer und die Strahlung glühender Körper verwendet. Die Dauer der Einwirkung wurde meist so bemessen, daß unter den gleichen Bedingungen der unbehandelte Vergleichskörper weitgehend zerstört werden mußte. Es ist einleuchtend, daß aus diesen mannigfaltigen Möglichkeiten heraus im Laufe der Zeit zahlreiche Prüfverfahren entwickelt worden sind.

Zunächst kann man die Laboratoriumsprüfungen, die größtenteils wissenschaftlichen Forschungszwecken dienen, von den Großprüfungen unterscheiden, die ausschließlich für technische Zwecke geeignet sind. Dabei sollte im ersten Falle ein sogenanntes Entstehungsfeuer, im zweiten Falle ein voll entwickelter Brand nachgeahmt werden. Der Gegenstand der Prüfung ist dementsprechend ein verschiedener. Einmal soll der Stoff bzw. die Wirkung des Schutzmittels, zum anderen das Verhalten des Bauteiles im Feuer den Gegenstand der Untersuchung bilden.

Man könnte geneigt sein, anzunehmen, daß eine Großprüfung genügen müsse, um ein Feuerschutzmittel zu begutachten. Dem ist jedoch entgegenzuhalten, daß im Großverfahren Unterschiede in der Wirkung zahlenmäßig nur schwer zu erfassen sind. Denn, wie bereits oben erwähnt, sinkt die Brenngeschwindigkeit des ungeschützten Holzes mit wachsender Dicke, d. h. es vermag sich (und zwar durch Bildung einer wärmedämmenden Holzkohleschicht) in erheblichem Maße bereits selbst zu schützen. Bei Großprüfungen muß aber naturgemäß dickeres Holz verwendet werden, so daß der „Eigenschutz" des Holzes und die Wirkung des Schutzmittels sich hier überlagern und nur schwer voneinander getrennt werden können[1]. Nun wird aber immer nach einem einigermaßen sicher angebbaren Unterschied der einzelnen Schutzmittel und Schutzverfahren hinsichtlich der Wirkung, d. h. nach ihrer Einreihung in „Wir-

---

[1] L. Metz, S. 110, a. a. O. s. S. 401.

kungsstufen" oder „Güteklassen", gefragt werden, so daß auf Laboratoriumsprüfungen, die solche Unterschiede mit genügender Genauigkeit zu messen gestatten, nicht verzichtet werden kann. In diesem Zusammenhang sei noch darauf hingewiesen, daß es somit ein bestes oder zweckmäßigstes Prüfverfahren nicht gibt, daß sich je nach dem Ziel der Prüfung, d. h. der Fragestellung, die Anwendung der einen oder anderen Methode empfiehlt, so daß die verschiedenen Verfahren einander ergänzen müssen.

In der nachstehenden Übersicht sind die obigen Darlegungen tabellarisch zusammengefaßt, wobei die Forderungen bei der amtlichen Zulassungsprüfung (s. S. 415) und einige Hinweise auf Ergänzungsprüfungen hinzugefügt sind.

B. Beschreibung einzelner Verfahren[1].

Für alle Verfahren gilt der Grundsatz, die Prüfkörper „auszusuchen", d. h. Holz von nur gleicher Beschaffenheit zu verwenden, also z. B.

Tabelle 3.

Übersicht über die Prüfmethoden für Feuerschutzbehandlungen des Holzes.

Elemente der Prüfung		Laboratoriumsprüfungen	Großprüfungen
Gegenstand		Der Stoff geschütztes Holz	Der Bauteil aus geschütztem Holz
Prüfkörper	Form	Klötzchen, Stab, Brett	Stütze, Balken, Tür, Wand, Decke
	Abmessungen	klein (dünnes Holz)	in natürlicher Größe der Bauteile
Beflammung soll entsprechen:		Entstehungsfeuer	voll entwickeltem Brand
Es werden gemessen:		Temperaturen (Zündpunkte, Brennpunkte, Temp. über dem brennenden Prüfkörper, Temp. beim Wärmedurchgang) Gewichtsänderungen (Endgewichtsverlust) Gewichtsänderungen mit der Zeit (Brenngeschwindigkeiten) Zeiten (Nachbrenndauer, Nachglimmdauer)	Temperaturen (in und an den Prüfkörpern) Formänderungen (z. B. Durchbiegung) Zeiten (bis zur Entflammung, bis zur Einbuße der Festigkeit, bis zum Durchtritt des Feuers)

[1] Außer in Metz, Holzschutz gegen Feuer, S. 119ff. wird der gleiche Gegenstand behandelt von F. Kaufmann in Handbuch der Werkstoffprüfung, Dritter Band, Berlin 1941, S. 120, und A. Schulze u. W. Dohmöhl in Physikalische und technologische Prüfverfahren für Lacke und ihre Rohstoffe, Berlin 1944, S. 485.

Tabelle 3 (Fortsetzung).

Elemente der Prüfung	Laboratoriumsprüfungen	Großprüfungen
Gegenstand	**Der Stoff** geschütztes Holz	**Der Bauteil** aus geschütztem Holz
Ergänzende Beobachtungen:	Weiterleiten des Feuers	bei Türen rauchdichtes Schließen
Bei den amtlichen Zulassungsprüfungen nach DIN 4102 wird gefordert:	Der Endgewichtsverlust darf bei allen Prüfungen im Mittel nicht mehr als 25%, das arithmetische Mittel aus dem Gewichtsverlust nach 4, 8 und 12 Minuten nicht mehr als 12% vom Anfangsgewicht des behandelten Prüfkörpers betragen. Keiner der Werte für den Endgewichtsverlust darf über 50% liegen. Das Nachbrennen nach Abstellen des Brenners soll nicht länger als 5 Min. und das Nachglimmen nicht länger als 15 Min. anhalten.	Während ½ Stunde dürfen die Bauteile nicht entflammen; ihre Standfestigkeit und Tragfähigkeit unter der rechnerisch zulässigen Last dürfen sie nicht verlieren. Einseitig dem Feuer ausgesetzte Bauteile müssen den Durchgang des Feuers verhindern und dürfen auf der dem Feuer abgekehrten Seite nicht wärmer als 130° werden. Nach dem Brandversuch müssen sie dort durchweg auf etwa 1 cm Dicke erhalten geblieben sein.
Der Prüfkörper hat bei Bestehen der Prüfung die Eigenschaft:	„schwer entflammbar"	„feuerhemmend"
Ergänzungsprüfungen:	Prüfung auf Wirksamkeitsdauer Prüfung auf Wetterbeständigkeit Prüfung der Korrosionswirkung auf Metalle und Holzfasern Prüfung des Netzvermögens (bei Salzen) Anstrichtechnische Prüfungen (bei Deckanstrichen)	

Stücke mit Ästen, Harzgallen usw. auszusondern. Im übrigen sind hierbei im wesentlichen das Raumgewicht und der Feuchtigkeitsgehalt zu berücksichtigen, die insbesondere für amtliche Zulassungsprüfungen mit bestimmten Grenzen vorgeschrieben werden. Es ist daher erforderlich, die Proben vor und nach der Schutzbehandlung in einem Klimaraum den Forderungen entsprechend zu klimatisieren.

Auf Verfahren, bei denen die Entzündlichkeit des Holzes gemessen wird[1], und 2 in diese Gruppe gehörende amtliche Zulassungsprüfungen, den „Nichtentflammbarkeitstest" der British Standard Definitions[2]

---

[1] H. F. Weiß, Kunststoffe, Bd. 3 (1913), 310; R. E. Prince, Nat. Fire Protection Assn., Proc. 1915; A. Gillet, Chim. et Ind. 21 (1929), 121 und 25 (1931), 302; A. Lullin, Untersuchungen über die Entzündungstemperatur der Hölzer, Diss. ETH., Zürich 1925.

[2] British Standard Definitions, Fire Resistance, incombustibility pp. of building materials Nr. 476 (1932).

und das „Schlyter-Verfahren" des Schwedischen Materialprüfungsamtes Stockholm[1], sei nur ganz allgemein hingewiesen.

Die hauptsächlichsten Verfahren, bei denen die Brenngeschwindigkeit gemessen wird, sind das „Feuerrohrverfahren" von Truax und Harrison[2] und das „Lattenschlotverfahren" der ehem. I.G. Farbenindustrie[3].

Beim Feuerrohrverfahren (genaue Vorschrift s. z. B. Metz[4] werden 1 m lange Holzstäbe von 1×2 [cm²] Querschnitt, deren Feuchtigkeitsgehalt und Raumgewicht innerhalb genau einzuhaltender Grenzen liegt, in einem Metall- oder Drahtgitterrohr aufgehängt und durch eine Bunsenflamme von etwa 25 cm Länge und 1000° Flammentemperatur während eines Zeitraums von 4 min. beflammt (Abb. 186). Das Rohr ist an einer sogenannten Neigungswaage (Zeigerwaage) aufgehängt. In Zeitabständen von $^1/_2$ min. wird der Gewichtsverlust, den die Stäbe erleiden, an einer Prozentteilung und die Temperatur am oberen Ende des Rohres mit Hilfe eines Thermoelementes abgelesen. Nach 4 min. langer Beanspruchung wird die Gasflamme gelöscht und das Verhalten der Stäbe bis zum Ende des Brennens und Glimmens beobachtet. Nach den so erhaltenen Gewichtsverlustkurven (Abb. 187) ist die Wirksamkeit der Schutzmittel gut zu beurteilen. In gleicher Weise kann auch die gemessene Temperatur zur Beurteilung herangezogen werden. Daneben wird zur Kennzeichnung der Wirksamkeit die von der Kurve, der Ordinate bei 6 min. und der Abzisse umschlossene Fläche ausgemessen. Sie gibt ein Maß für die mittlere Brenngeschwindigkeit in den ersten Minuten[5]. Eine gute Beurteilung der

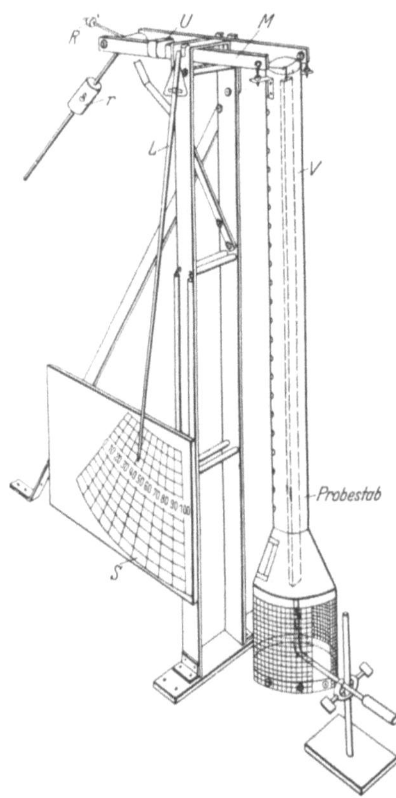

Abb. 186. Feuerrohrapparatur von Truax und Harrison. In Deutschland wird an Stelle des Blechrohres meist ein „Drahtgitterrohr" benutzt.

V = Blechrohr,   M = Waagebalken,   L = Zeiger
S = Skala, R, U, r = Gegengewichte

<hr>

[1] R. Schlyter, Brandsskydd 14 (1931), 177; ders., Mitt. Fachaussch. Holzfragen, Heft 21, Berlin 1938, S. 84.
[2] G. M. Hunt, T. R. Truax u. C. A. Harrison, Amer. Wood Preservers Assn., 26. Jahresvers. Washington 1930, S. 3.
[3] I. G. Farbenindustrie A.-G., Lattenverschlagprüfmethode für Feuerschutzmittel, 1935.
[4] Metz, S. 127, a. a. O. s. S. 401.
[5] Allerdings nicht in strengem Sinne, da sie eine andere Dimension hat.

Schutzwirkung ist auch durch die Ermittlung der maximalen Brenn-geschwindigkeit, bezogen auf den anteiligen oder absoluten Gewichts-verlust[1], der Zeit, nach der diese Geschwindigkeit auftritt und des end-gültigen Abbrandes (Endgewichtsverlustes) möglich.

Das Lattenschlotverfahren ist im Normblatt DIN 4102 genau fest-gelegt und dient in Deutschland als amtliches Prüfverfahren für die bau-polizeiliche Zulassung der Feuerschutzmittel.

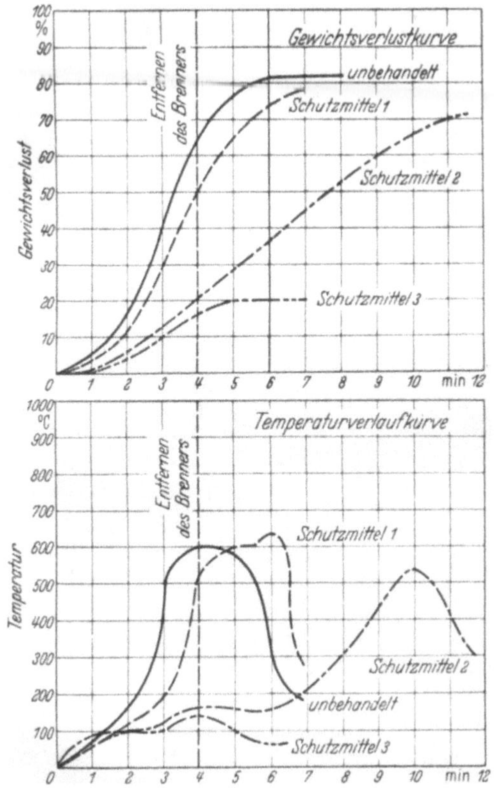

Abb. 187. Gewichtsverlust- und Temperaturverlaufkurven beim Feuerrohrverfahren. Schutzmittel 1 wirkt schlecht, 2 mittel-mäßig und 3 gut.

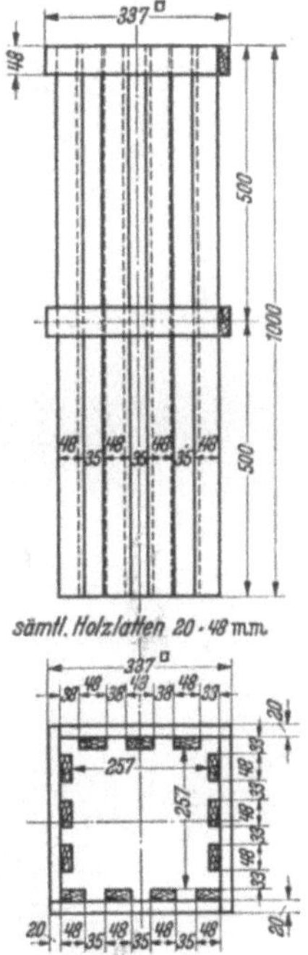

Abb. 188. Abmessungen des Prüfkörpers nach DIN 4102, Blatt 3.

Hierbei wird ein in Abb. 188 dargestellter Prüfkörper (Lattenschlot) 15 Minuten mit einem Gasringbrenner bei einer Gaszufuhr von 85 ± 5 l/min beflammt und der Gewichtsverlauf ermittelt (Abb. 189)[2]. Der Endgewichtsverlust darf bei 3 Versuchen nicht mehr als 25%, das

---

[1] L. Metz, Mitt. Fachausschuß Holzfragen, Heft 13, Berlin 1936, S. 16.

[2] Sehr zweckmäßig ist auch hier die Benutzung einer Neigungswaage. Abb. 7 zeigt das in der ehem. Chem.-Techn. Reichsanstalt vom Verfasser entwickelte Gerät. Weitere technische Einzelheiten zur Durchführung des Verfahrens finden sich in L. Metz u. H. Seekamp, Holz als Roh- u. Werk-stoff 5 (1942), 19.

arithmetische Mittel aus dem Gewichtsverlust nach 4, 8 und 12 Minuten nicht mehr als 12% des Anfangsgewichtes des behandelten Prüfkörpers betragen. S. hierzu Anm. 1 S. 408.

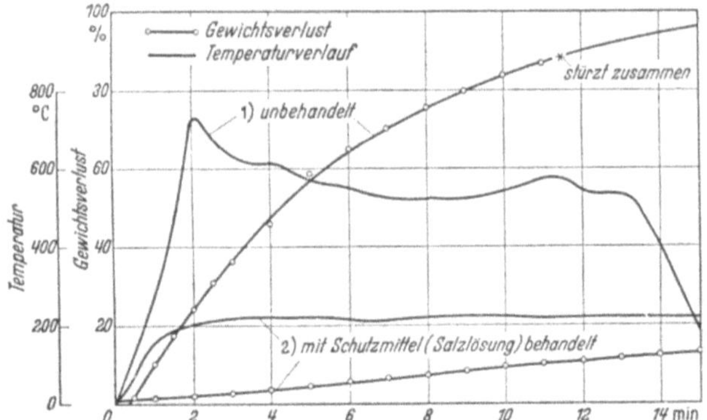

Abb. 189. Gewichtsverlust- und Temperaturverlaufkurven bei einem ungeschützten und einem mit einem guten Schutzmittel behandelten Lattenschlot.

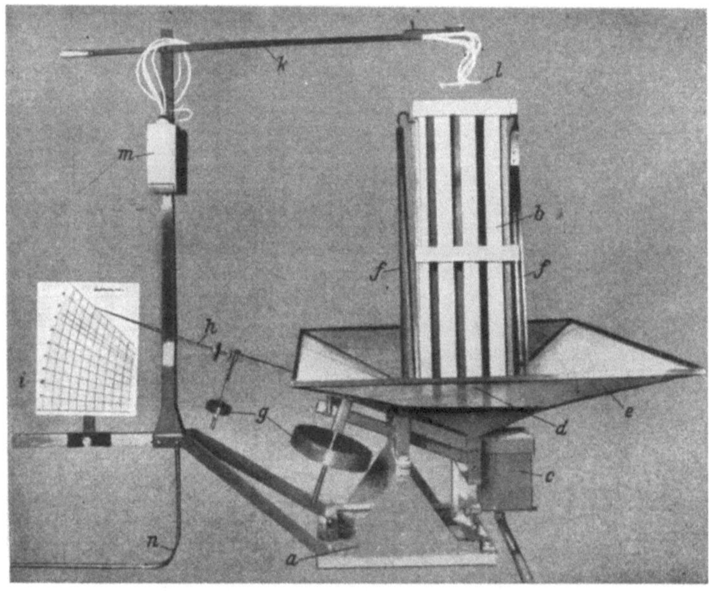

Abb. 190. Versuchseinrichtung zur Durchführung des Lattenschlotprüfverfahrens
nach DIN 4102.
a Neigungswaage   *b* Lattenschlot   *c* Ölabsperrung   *d* Gasbrenner (nicht sichtbar)
e Drahtkorb *f* Stahlbügel *g* Gegengewichte *h* Zeiger *i* Hundertteilung *k* drehbarer
Hebel   *l* Quarzkreuz mit 4 Thermoelementen   *m* Behälter für die Kaltölstellen
n Thermoelementleitung zum Millivoltmeter

Außerdem erfolgt eine Prüfung der korrosionsfördernden Wirkung der Schutzmittel.

Es finden sich nur wenige Verfahren, die sich mit der Festigkeits-
änderung während der Feuerbeanspruchung beschäftigen. Ein Hinweis

auf Untersuchungen von Graf und Kaufmann[1] und eine Prüfung belasteter Säulen nach den British Standard Definitions[2] möge genügen.

Methoden, bei denen der Wärmedurchgang zwar nicht direkt, aber mittelbar gemessen wird, werden so ausgeführt, daß ein Brett auf der einen Seite mit einem Brenner beflammt und auf der anderen Seite die Oberflächentemperatur in Abhängigkeit von der Zeit gemessen wird. Je größer die Verzögerung des Temperaturanstiegs gegenüber dem bei unbehandeltem Holz ist, je größer also die Wärmedämmung ist, desto besser wirkt das Schutzmittel. Auch die Zeit, die bis zum Durchtritt der Flammen vergeht, wird bei diesen Verfahren gemessen[3]. Derartige Prüfungen werden jedoch besser an großen Prüfkörpern wie Türen und Wänden ausgeführt nach den Vorschriften des Normblattes DIN 4102. Nach diesem Verfahren werden die Bauteile entsprechend der Zeit klassifiziert, die sie einem Feuer, das nach einer bestimmten Temperaturanstiegskurve gesteuert wird, Widerstand zu leisten vermögen. Es darf jedoch betont werden, daß diese Prüfung nur dann durchgeführt zu werden braucht, wenn der geschützte hölzerne Bauteil ausdrücklich die Eigenschaft „feuerhemmend" haben soll. Ähnlich arbeitende Verfahren werden von Schlyter[4] und Brown[5] beschrieben.

Zum Schluß sollen noch 2 Verfahren erwähnt werden, die speziell für die Untersuchung von Tiefschutzimprägnierungen in den USA entwickelt wurden, der „crib-test"[6] und der „timber-test"[7]. Bei der ersten Methode werden 20 Holzstäbchen von $13 \times 13 \times 150$ [mm³] zu je 4 übereinander geschichtet, der Flamme eines Bunsenbrenners ausgesetzt. Gemessen wird der Gewichtsverlust, die Flammenhöhe, die Nachbrenn- und Nachglimmdauer. Bei der zweiten Methode werden 2 Lattenstücke von $19 \times 38 \times 250$ [mm³] 2 min. über die Öffnung eines Gastiegelofens gelegt; auch hier werden Gewichtsverlust, Nachbrenn- und Nachglimmdauer gemessen.

---

[1] O. Graf, Bautenschutz, Bd. 3 (1932) 113; O. Graf u. F. Kaufmann, Z. VDI 81 (1937) 531.

[2] Vgl. Anm. 2 S. 413.

[3] Die Benutzung eines Gebläsebrenners ist indessen abzulehnen, weil bei flächenhaften Prüfkörpern durch „punktförmige" Wärmequellen sehr hoher Temperatur lediglich Verkohlung an einer kleinen Stelle hervorgerufen wird und es nicht genügend zu Flammenbildung kommt.

[4] R. Schlyter, Mitteilung 50 der Statens Provnings Anstalt Stockholm, 1931.

[5] C. R. Brown, Amer. Soc. Test. Mater., Proc. Bd. 35 II (1935) 674 und J. Res. Nat. Bur. Stand. Bd. 20 (1938) 217.

[6] E. F. Hartmann, A. S. Williams u. R. C. Bastress, Amer. Soc. Test. Mater., Proc. 34 II (1934) 754.

[7] Amer. Wood Preservers Assn., Bericht über die 33. Jahresversammlung, Bd. 33 (1937) 292.

Dritter Teil

Anwendungsgebiete.

I. Eisenbahn-Oberbau.

Von Oberreichsbahnrat i. R. Dipl.-Ing. **Kurt Bach,** Berlin.

In einer Dezember 1947 verfaßten Wirtschaftsstudie: „Ausgewählte Abschnitte aus der Rationalisierung der Arbeit am Oberbau", bestimmt für Reichsbahnstudenten der Reichsbahnstudienanstalt Berlin, wird gezeigt, daß wie für jeden wirtschaftlichen Betrieb auch beim Oberbau „Stoffwirtschaft" und „Menschenwirtschaft" von ausschlaggebender Bedeutung sind, wie beide gleichwertig nebeneinander bestehen, wie beide voneinander abhängen. Die „Stoffwirtschaft" spielt hier die ausschlaggebende Rolle, während die „Menschenwirtschaft" nur als solche gestreift werden soll, stehen nach dem verlorenen zweiten Weltkrieg im Vordergrund allen Wirtschaftsgeschehens die Not-Grundstoffe: Holz und Kohle. Man könnte folgerichtig noch weitergehen und Holz als den einzigen Schlüsselrohstoff der Wirtschaft bezeichnen, denn letzten Endes läßt sich auch Kohle nicht ohne Holz, d. h. Grubenholz, gewinnen. Welche Bedeutung jeder Eisenbahn-Oberbau, je nach der Größe des von ihm beeinflußten Unternehmens, für die Volkswirtschaft eines Landes besitzt, sei, freilich für das Größtunternehmen: Deutsche Reichsbahn, angedeutet an Hand des grundlegenden von dem früheren Direktor der Deutschen Reichsbahngesellschaft, Dr.-Ing. e. h. Gustav Hammer, verfaßten Veröffentlichung: „Die Deutsche Reichsbahn als Auftraggeberin der deutschen Wirtschaft"[1]. Da die Stoffwirtschaftszahlen dieser wertvollen Schrift sich nur bis zum Jahr 1932 erstrecken, seien sie durch Angaben für das Jahr 1938 ersetzt, entnommen den „Statistischen Angaben über die Deutsche Reichsbahn", dem letzten Jahr vor Ausbruch des unseligen Krieges, der eine geregelte Stoffwirtschaft außer Rand und Band brachte, sie schließlich zerschlug, nachdem bereits ihre Beschaffungsmöglichkeiten infolge der notwendigen Aufrüstung in den Hintergrund gedrängt waren.

Bei einer Gesamtgleislänge von rd. 126 000 km und einer Gesamtweichenanzahl von rd. 303 000 Weicheneinheiten lagen

    rd. 77 500 km (61%) auf rd. 118 Mio Holzschwellen und
    rd. 48 500 km (39%) auf rd.   73 Mio Stahlschwellen.

Es wurden 1938 erneuert rd. 2711 km durchgehende Hauptgleise und rd. 6812 Weicheneinheiten, dazu verbraucht:

---

[1] Herausgegeben 1933 bei der Verkehrswissenschaftlichen Lehrmittelgesellschaft mbH. bei der Deutschen Reichsbahn.

Rd. 429000 t Stahl für Schienen, Schwellen, Kleineisen, rd. 3,4 Mio Stück Holzschwellen, rd. 426000 m Holzweichenschwellen, das entspricht zusammen rd. 400000 m³ Schwellenholz sowie rd. 6,4 Mio m³ Steinschlag. Von den rd. 4,9 Miar Reichsmark Gesamtbetriebsausgaben fielen nur rd. 7% (343,4 Mio RM) auf „Unterhaltung und Erneuerung des Oberbaues" und davon wieder rd. 70% (241 Mio RM) auf dessen Stoffwirtschaft.

Als das 1933 einsetzende Unternehmen: Reichsautobahn noch keinen Einfluß auf die Deutsche Reichsbahn gewonnen hatte, ging man mit einem Bestand von rd. 5,8 Mio Holzschwellen in das Wirtschaftsjahr 1934 hinein.

Diese kurzen Zahlenangaben lassen die bedeutende Rolle erkennen, die Holz im Eisenbahnoberbau gespielt hat und weiter spielen müßte.

Vom Standpunkt der Stoffwirtschaft aus gesehen, verdient unter den drei an und für sich gleichwertigen Stoffgebieten: Bettung, Schwelle und Schiene mit dem dazugehörenden Kleineisenzeug, die zusammengefaßt den Eisenbahn-Oberbau bilden, das Stoffgebiet Schwelle besondere Beachtung. Für Bettung und Schiene sind im großen und ganzen deren Entwicklung, sowohl in bezug auf Gestalt, wie auch in bezug auf Stoff und Zusammensetzung als abgeschlossen zu betrachten. Ein solcher Abschluß fehlt, wie nachher im einzelnen erklärt wird, bei der Schwelle, bedingt durch die vergrößerte Stoffnot, die im letzten Drittel der dreißiger Jahre dieses Jahrhunderts durch die Ungunst der wirtschaftlichen Verhältnisse entstehen mußte.

1. Bettung.

Um Einheitlichkeit in der Beschaffenheit der Bettung sicherzustellen, damit diese ihre Aufgabe erfüllen kann, dem Gleisgestänge eine ebene, sichere, trockene und doch nicht unelastische Lage zu gewährleisten und sie durch einfaches Nacharbeiten zu erhalten, richtete die Deutsche Reichsbahn 1929 in Kassel eine besondere Gesteinsprüfstelle ein. Sie hat sämtliche Steinbrüche, die Bettungsstoffe liefern können, zu prüfen, zu beaufsichtigen und dafür zu sorgen, daß ein bedingungsgemäßer, einwandfreier Schotter her- und zur Verfügung gestellt wird.

Die Deutsche Reichsbahn ging in der Bettungsfrage ganz systematisch vor und besitzt seit 1937 durchweg vollbeschotterte Hauptgleise. Schon vorher, zur Zeit der deutschen Ländereisenbahnen, hatten diese rechtzeitig darauf gesehen, die vielfach noch vom Bau der ersten Strecken her vorhandene Sand- oder Kiesbettung durch geeigneten Hartgesteinschotter zu ersetzen.

Bei den deutschen Privatbahnen ersetzte man und ersetzt selbst heute lediglich auf wichtigen Streckenabschnitten oder lediglich an den Stößen und in den Weichen die vorhandene Sand- und Kiesbettung durch Steinschlag.

Für den Wert der Bettung ist deren Lebensdauer von Bedeutung. Sie hängt nicht lediglich von der Druckfestigkeit ab, die bei den zugelassenen Gesteinen in fester Form zwischen 1800 und 3000 kg/cm² schwankt, sondern auch von der Häufigkeit des Schwellenstopfens bei der planmäßigen Gleispflege, von der Lage des Bahnkörpers, seiner Bodenart, seinem Feuchtigkeitsgehalt und ähnlichem mehr. So kommt es, daß man je nach der Gleisordnung mit einer Durchschnittslebensdauer von 15 bis 17 Jahren, in Gleisen 3. Ordnung sogar von 20 Jahren rechnen kann. Dann muß man die Bettung reinigen und die fehlenden Stoffmengen durch Neustoffe im oberen Teile ergänzen.

Dieser kurze Hinweis auf das Stoffgebiet Bettung durfte Beweis genug sein, daß, wie eingangs angedeutet, deren Entwicklung als abgeschlossen betrachtet werden kann, weil eine grundlegende Neuerung kaum hinzukommen wird.

2. Schiene.

Bei der Schiene unterscheidet man von Anfang an zwei Querschnittsformen, in England überall, in Frankreich teilweise die sog. Doppelkopf- oder Stuhlschiene, in allen anderen Länder die Vignoles- oder Breitfußschiene (Abb. 191).

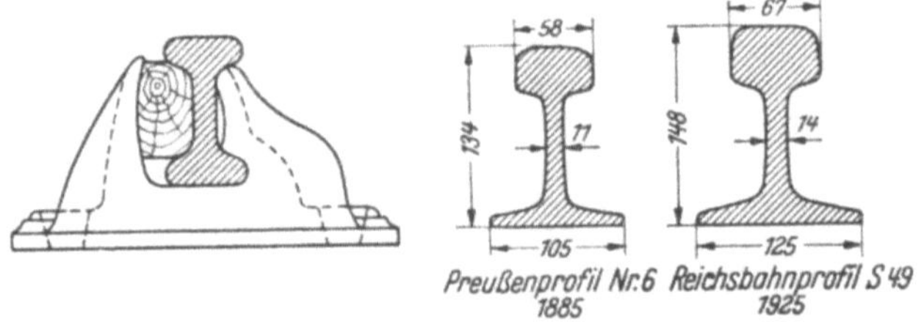

Doppelkopf- oder Stuhlschiene.   Vignoles- oder Breitfußschiene.
Abb. 191. Schienenquerschnittsformen.

Welche Anforderungen man an die Schiene stellt, welche Aufgaben sie zu erfüllen hat, zeigt in kurzer, knapper Form folgende Darstellung.

Die Schiene, der grundlegende Bestandteil des Oberbaues,
muß die Verkehrslasten unmittelbar tragen,
muß eine ebene und glatte Bahn gewährleisten,
muß die Spurkränze der Fahrzeuge sicher und möglichst widerstandslos
        führen, um Entgleisungen vorzubeugen,
muß im Querschnitt so ausgebildet sein, daß
        Beanspruchungen wirtschaftlich aufgenommen werden,
        gute Verbindung mit der folgenden Schiene und
        gute Befestigung auf der Schwelle möglich ist.

Die seit 1925 eingeführte Reichsbahnschiene der Deutschen Reichsbahn mit 67 mm Kopfbreite, 125 mm Fußbreite, 148 mm Höhe, 14 mm Stegdicke und einem Metergewicht von 49,05 kg hat sich gut bewährt und besitzt ausreichende Tragfähigkeit und Steifigkeit, um Achsdrücke bis 25 t aufnehmen zu können[1]. Überwiegend aus siliziertem Hartstahl hergestellt, besitzen die Schienen eine Zugfestigkeit von ≥ 70 kg/mm^2 als

____

[1] Marschner 1934, Bahnbau.

Normalgüte. In scharfen Bögen, für dichten Betrieb, bei großen Verkehrslasten und für Weichen benutzt man Schienen mit einer Zugfestigkeit von $\geq$ 80 kg/mm². Darüber hinaus entwickelte man verschleißfeste Schienen, deren Zugfestigkeit auf der Lauffläche, von der Art der Härtung abhängig, zwischen 80, 100 bis 160 kg/mm² schwankt.

Abgesehen von einer möglichen Erhöhung dieser Festigkeitswerte ist die Entwicklung der Schienen, aber auch des dazugehörenden Kleineisenzeuges, dessen Formen und Verwendungsweisen in dem folgenden 4. Abschnitt besonders behandelt werden, im großen und ganzen als abgeschlossen zu betrachten.

3. Schwelle.

Ein solcher Abschluß ist bei der Schwelle noch keineswegs der Fall, deren Form als Querschwelle allerdings bei den Eisenbahnen sämtlicher Länder feststeht. Der Werdegang der Unterschwellung ist aus der folgenden Darstellung zu ersehen.

Als Unterschwellung der Schienen unterscheidet man:
Einzelstützen unter jedem Schienenstrang:

> sie haben sich, anfänglich viel verwendet, in Streckengleisen nicht bewährt,
> sie werden jetzt nur noch an Wagenreinigungsschuppen, Viehrampen u. ä. m. gebraucht;

Langschwellen = durchgehende Balken unter jedem Schienenstrang:

> sie wurden, anfänglich für gut gehalten, bald aufgegeben, weil:
> die Spurhaltung trotz der erforderlichen Spurstangen, mangelhaft bleibt,
> die gegenseitige Höhenlage der beiden Schienenstränge unsicher ist,
> die seitliche Entwässerung der Bettung behindert wird,
> sie werden jetzt noch bei Straßenbahnen, die im Pflaster liegen, verwendet.

Querschwellen = Querbalken unter beiden Schienensträngen:

> sie werden jetzt bei allen Eisenbahnen der Erde ausschließlich verwendet, weil sie:
> die vorgeschriebene Spurweite dauernd gewährleisten,
> die gegenseitige Höhenlage der beiden Schienenstränge schnell und einfach erreichen lassen,
> die Entwässerung der Bettung nicht behindern.

Während die beiden Stoffgebiete ,,Bettung'' und ,,Schiene'' gewissermaßen lediglich auf einem Grundbegriff beruhen: Hartgestein, oder aus einem Grundstoff hervorgehen: Stahl, stehen für die Schwelle drei Baustoffe zur Verfügung: Holz, Stahl, Stahlbeton. Grade in den wirtschaftlich ernsten Zeiten, die vor dem zweiten Weltkrieg sich entwickelten, und den drückenden Notzeiten, die nach dessen Beendigung auf der gesamten Weltwirtschaft lagern, verlangen diese drei Baustoffe besondere Beachtung, weil letzten Endes ihre Herstellung auf den beiden, für eine Reihe von Jahren nur beschränkt zur freien Verfügung stehenden Schlüsselrohstoffen Holz und Kohle beruhen.

A. Holzschwelle.

Mit Ausnahme von der Schweiz, Griechenland und der Türkei überwiegt in sämtlichen europäischen Ländern Holz als Baustoff für die
Schwelle. Wie bereits erwähnt, war 1938 bei der Deutschen Reichsbahn
das Verhältnis Holz : Stahl 61% Holz zu 39% Stahl; ein ähnliches, doch
umgekehrtes Verhältnis zeigte die Schweiz mit 35,7% Holz zu 63,6%
Stahl, der Rest waren Betonschwellen; noch stärker war der Unterschied
bei der Türkei mit 4,4% Holz und 95,6% Stahl.

Abgesehen von der leichteren Beschaffung, wie in der Sowjetunion,
Finnland, Jugoslawien usw., von der Abhängigkeit durch äußere Bedingungen, wie des Klimas in England, Holland usw. bevorzugt man das
Holz als Baustoff für Schwellen, weil es u. a. eine hinreichende äußere
Festigkeit besitzt, um die von den Schienen her übertragenen Betriebslasten ohne Schaden aufnehmen und an die Bettung weitergeben zu
können. Es besitzt auch eine gewisse innere Festigkeit, um schädlichen
Einwirkungen der verschiedensten Art Widerstand zu leisten. Es ist
daher widerstandsfähig und elastisch, und es wirkt schalldämpfend und
stoßmildernd. Es ist — und das schafft ihm die Bedeutung für den Oberbau in Form der Schwelle — durch Beschaffung und Herstellung nicht zu
kostspielig und durchbricht dadurch nicht die Grenze der Wirtschaftlichkeit des Ganzen.

Diese Eigenschaften führten dazu, bei den deutschen Ländereisenbahnen sich auf 4 Holzarten zu beschränken. Anfangs wurden nur
Eichen-Holzschwellen, ungetränkt, verwendet. Als infolge stetig
steigenden Bedarfs Eichen nicht mehr in genügendem Maße vorhanden
waren, wandte man sich Nadelholz, und zwar der Kiefer, später auch der
Lärche, zu. Man stellte bald fest, daß diese beiden Holzarten in rohem
Zustande, verglichen mit Eichenholz, sehr schnell unbrauchbar wurden,
vor allem durch Fäulnis. Um eine wirtschaftliche Lebensdauer der daraus
hergestellten Weichholz-Schwellen zu erzielen, ging man zur Tränkung
mit geeigneten, der Fäulnis entgegenwirkenden Stoffen über, wie an
anderer Stelle näher dargelegt ist.

Die vierte Holzart, das an und für sich wertvolle Buchen-Holz, das
ungetränkt schon nach 2 bis 3 Jahren fault, wurde bei der Schwellenherstellung bald nach Mitte des vorigen Jahrhunderts eingeführt, nachdem geeignete Imprägnierverfahren, z. B. unter Verwendung von Steinkohlenteeröl, entwickelt waren. Die zur rechten Zeit gefällte, teerölgetränkte Buchenschwelle hat sich schnell, nicht nur wegen der langen
Liegedauer, sondern auch wegen der großen Widerstandsfähigkeit gegen
mechanische Angriffe durch die Betriebslasten die führende Rolle unter
den gebräuchlichen Holzschwellen erobert. Sie gehört zusammen mit der
Eichenschwelle zu den Hartholz-Schwellen.

Wie sich die Beschaffung dieser 4 Holzarten, die man auf Grund langjähriger Erfahrungen als die für die Schwelle brauchbarsten bezeichnen
muß, im Laufe der Zeit auswirkte, zeigt folgende Tabelle 1.

Eine lange Reihe von Jahren konnte man das Schwellenholz aus
heimischen Wäldern beziehen, mußte aber noch im vorigen Jahrhundert,

Tabelle 1. *Beschaffungsanteile nach Holzarten.*

Lfd. Nr.	Schwellenarten	1880	1913	1939	1940
1	Eichen-Gleisschwellen	58	6	6	6
2	Kiefern-Gleisschwellen	36	71	33	51
3	Buchen-Gleisschwellen..............	—	23	54	37[1]
4	Lärchen-Gleisschwellen	6	—	7	6

als dies wegen der Größe des Holzbedarfs nicht mehr möglich war, auf Wälder im holzreichen Ausland zurückgreifen, bis 1936. Dann setzte aus wirtschaftspolitischen Gründen eine Drosselung des Auslandsbezuges ein, die zu einem erheblichen Holz-Mehreinschlag führte, um die benötigten Mengen zur Verfügung stellen zu können (vgl. Tabelle 2):

Tabelle 2. *Bezugsquellen.*
Bei normaler Holzerzeugung in Deutschland Holzbedarfsdeckung nur $^2/_3$ möglich, daher Schwellen größtenteils vom Ausland bezogen.

Lfd. Nr.	Schwellenart	Lieferländer	Beschaffungs-anteil
1	Eichenschwellen	Jugoslawien, Rußland	bis 30%
2	Kiefernschwellen	Rußland, Polen, baltische Staaten	bis 60%
3	Buchenschwellen	Tschechoslowakei	bis 10%
4	Lärchenschwellen	Österreich, Rußland	100%

Bei der Entwicklung der Holzschwelle folgte man bald dem naheliegenden Wunsch zur Festlegung einheitlicher Abmessungen. Unter Berücksichtigung und Beachtung der verschiedensten Umstände, z. B. der Beanspruchung durch die Betriebslasten, der Schienenauflagerung und -befestigung, der vorteilhaften Ausnutzung des Rundholzes und dabei für Weichholz der Verteilung zwischen Kern- und Splintholz und ähnlichem mehr kam man für die Deutsche Reichsbahn zu der in Abb. 192 wiedergegebenen Übersicht, aus der auch die jetzt üblichen Längen hervorgehen. Eine davon abweichende Querschnittform benutzen Belgien und Frankreich mit einer halbkreisförmigen, Österreich mit einer trapezförmigen, England mit einer rechteckigen Form.

Aus eigentlich selbstverständlichen wirtschaftlichen Gründen setzten schnell die Bestrebungen ein, der Schwelle eine möglichst große Lebensdauer zu verschaffen, indem man sich von vornherein bemühte, die zur Zerstörung führenden Einflüsse einzuschränken. Gegen Witterungseinflüsse und Zerstörung durch Fäulnis half, wie bereits angedeutet, Tränkung der Schwelle. Gegen die mechanischen, durch die Betriebslasten hervorgerufenen Einflüsse nutzten die in den folgenden Abschnitten erklärte Vergrößerung der Auflagerung und Verbesserung der

---

[1] Anteil allmählich wegen geringerer Wirkung der Salztränkung bei Buchenholz wieder gemindert.

Befestigung der Schienen auf den Schwellen und deren Lage im Gleise, sowie planmäßige Gleispflege, die grade bei der Deutschen Reichsbahn in vorbildlich guter Weise durchgeführt wurde und wesentlich zur Er-

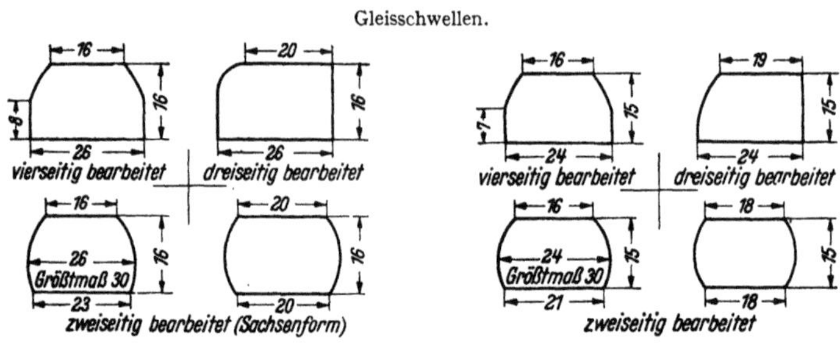

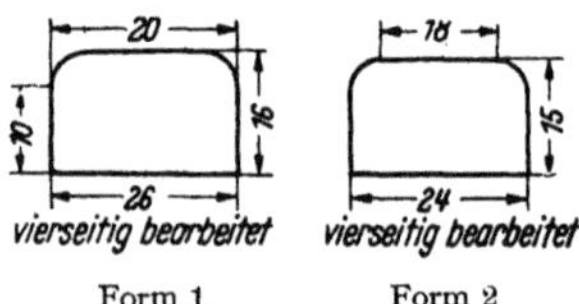

Abb. 192. Formen und Abmessungen der Holzschwellen der deutschen Eisenbahnen.

reichung des gesteckten Zieles beigetragen hat. Einen Überblick, mit welchen Ergebnissen man im allgemeinen rechnen konnte, geben die folgende Tabelle und die dazugehörende Abb. 193.

Tabelle 3. *Mittlere Lebensdauer der Schwellen im Gleise.*

Lfd. Nr.	Schwellen-Holzart	Ungetränkt Jahre	Getränkt mit	
			Steinkohlen-teeröl Jahre	Tränksalzen Jahre
1	Buchenschwellen	2—3	35	15
2	Kiefernschwellen	7—8	27	17
3	Lärchenschwellen	10	27	17
4	Eichenschwellen	17—18	28	zwecklos

Vergleicht man die Liegezeiten der Schwellen im Gleis untereinander, so fällt zunächst der große Unterschied zwischen teerölgetränkten und salzgetränkten Schwellen auf. Bei der Deutschen Reichsbahn wurde seit 1907 als Regeltränkung für hölzerne Schwellen das Rüping-Spar-Tränkverfahren mit Steinkohlenteeröl angewandt. Die Tränkart ist auch heute noch allen anderen in wirtschaftlicher und technischer Hinsicht überlegen. Die Eisenbahn verwendet daher andere Tränkmittel nur, wenn Steinkohlenteeröl in Notzeiten nicht zu haben ist. So wurden in den beiden Weltkriegen und in mehr oder weniger langen Folgezeiten verschiedene Tränksalze als vorübergehender Ersatz für Steinkohlenteeröl verwendet. Das erst wenig angewandte chromarsenhaltige Salzgemisch, das wegen seiner geringen Auslaugbarkeit zu den UA-Salzen gerechnet wird (vgl. S. 365ff), kommt in seiner holzschützenden Dauerwirkung dem Steinkohlenteeröl am nächsten. Es wird daher von der Eisenbahn gegenüber den sonstigen wasserlöslichen Schutzmitteln bevorzugt.

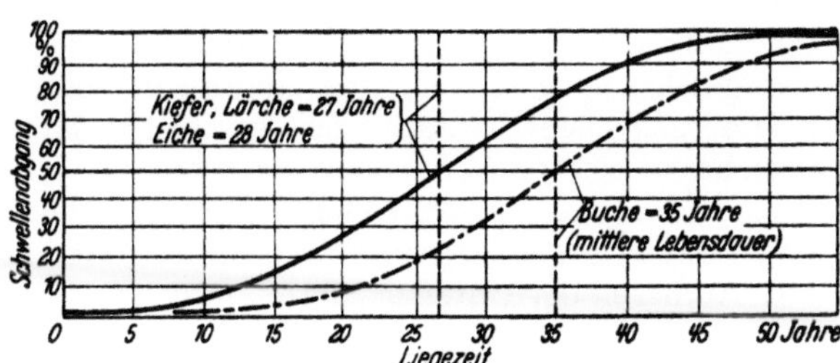

Abb. 193. Abgang teerölgetränkter Schwellen.
Mittlere Lebensdauer nach 50% Abgang.

Vorteile salzgetränkter Holzschwellen gegenüber teerölgetränkten Schwellen sind:

besserer Schutz des Kernholzes, durch allmähliches Einwandern von Tränkstoff,

bei Verwendung chromarsenhaltiger Salzgemische wirksamer Schutz gegen Angriffe tierischer Organismen, z. B. Termiten (für Tropen).

Nachteile sind:

keine Verwendungsmöglichkeit auf Strecken, wo Gleisströme für Sicherungsmaßnahmen verwendet werden, da sich die Leitfähigkeit bis auf das 40fache roher Harthölzer erhöht[1],

geringe Wirtschaftlichkeit infolge kürzerer Lebensdauer, obwohl die Tränkkosten etwas niedriger sind.

Der Einfluß des Tränkmittels spielt für die Lebensdauer der Schwellen eine große Rolle. Somit tritt auch die Wichtigkeit der Schutzmaßnahmen gegen Fäulnis bei der Betrachtung der Dauerhaftigkeit in den Vordergrund, zumal die mechanische Abnutzung der Schwelle durch größere Unterlagsplatten und zweckmäßige Verbindung der Schiene und Schwelle ganz erheblich zurückgegangen ist. Man kann sagen, daß die Zerstörung der Holzschwellen durch Fäulnis bei der Eisenbahn gegenüber der mechanischen Abnutzung bei weitem überwiegt; etwa in dem Verhältnis, daß die Ursachen für den Abgang von teerölgetränkten Schwellen des Reichsbahnoberbaues K zu $^4/_5$ auf Fäulniserscheinungen und nur zu $^1/_5$ auf mechanische Abnutzung zurückzuführen sind, im Gegensatz zu USA, wo Schwellenauswechselung zu 65% durch Verschleiß verursacht wird. In diesem Zusammenhang sei auf die Beiträge I und II hingewiesen, die zeigen, was der Gleisfacharbeiter, der Gleiswerker, von der Holzschwelle, der Schwellenart, ihrem Aussehen nach der Tränkung wissen muß, um sachgemäß die ihm obliegenden Pflichten in der Gleisunterhaltung erfüllen zu können.

---

[1] Siehe „Widerstandsmessungen an Holzschwellen" von Rr. Dr.-Ing. Ernst Behr, Berlin, Zeitschrift für das gesamte Eisenbahn-, Sicherungs- und Fernmeldewesen, S. 110—113, Jahrg. 1939.

Von der Bearbeitung der Holzschwellen in den Tränkanstalten sei kurz angedeutet, daß sie dort erst nach halbjähriger Lagerung — Lufttrocknung — vor der Tränkung maschinell auf einer vereinigten Hobel- und Bohrmaschine nach Schablone bearbeitet werden. Man erreicht dadurch, daß nicht nur die Tränkmittel auf den behobelten Flächen und in die vorgesehenen Bohrlöcher tief eindringen, sondern auch, was nach der Tränkung ebenfalls maschinell geschieht, daß sich die Unterlagsplatten besser befestigen, die Schwellenschrauben fester eindrehen lassen, daß jede Schraube mit der gleichen Drehkraft festgezogen wird. Auch diese Arbeiten, die ein genaues, sattes, der jeweiligen Spurweite angepaßtes Aufliegen der Unterlagsplatten gewährleisten, tragen, wie bereits angedeutet, zur Erhöhung der Lebensdauer der Holzschwellen bei. Erst die fertig getränkte, vollständig bearbeitete und aufgeplattete Schwelle kommt direkt von der Tränkanstalt zur Verwendungsstelle.

Außer für die Schwelle selbst braucht die Arbeit am Oberbau noch Holz in beachtlichem Ausmaß, einmal bei der Herstellung und Unterhaltung der Gleise als Holzzwischenlagen für den Reichsbahnoberbau 'K und Oberbau H, dann bei der planmäßigen Gleispflege in Form von Holzpflöcken, Hohldübeln und Schlitzdübeln. Rechtzeitig eingebaut und sachgemäß verwendet bieten sie, gegenüber anderen Schwellenarten, der Holzschwelle den großen Vorteil, daß sie deren Liegedauer im Gleise verlängern, deren Lebensdauer erhöhen und dadurch die mit der Schwellentränkung geschaffenen Werte weiter verbessern.

Die Holzzwischenlage, aus Pappelholz oder Rotbuche hergestellt (s. Abb. 202 und 206),

liegt unter dem Schienenfuß auf der Unterlagsplatte,
gleicht dabei Unebenheiten aus,
verringert den Verschleiß der Auflagerflächen,
bewirkt ruhiges Befahren der Gleise,
schont rollendes Material und Oberbau,
dämpft lästige Geräusche,
wirkt einer Schienenwanderung entgegen,
gewährleistet gute Verspannung.

Verwendet man Pappelholz, so preßt man bei einem bestimmten Feuchtigkeitsgehalt 10 mm starke Platten um 50% ihrer ursprünglichen Dicke auf 5 mm Stärke zusammen und durchtränkt sie nach dem Pressen vollständig unter Druck in geschlossenen Kesseln mit reinem Steinkohlenteeröl. Um ein Wiederaufquellen zu verhüten, müssen die zu 50 Stück gebündelten, fest umschnürten Pakete stets in trockenen, heizbaren Räumen lagern und dürfen erst kurz vor Gebrauch zur Baustelle gebracht werden. Verwendet man Rotbuche, so braucht man diese 5 mm starken Hartholzplatten nicht zu pressen, hat dabei auch ein Quellen der Platten nicht zu befürchten.

Man bevorzugt Pappelholz, weil es infolge großer Rauheit gegen das Wandern der Schienen besser schützt als Rotbuche. Außerdem liegt Pappelholz fester zwischen Schiene und Unterlagsplatte, denn es quillt

an den überstehenden Enden auf und erschwert durch diese seitliche
Aufquellung ein Verschieben auf der Platte.

Die Holzpflöcke, Hohl- und Schlitzdübel dienen zum Ausbessern
schadhafter, aber sonst noch brauchbarer Schwellen (Abb. 194).

Holzpflöcke, in verschiedenen
Formen aus Hart- und Weichholz
hergestellt, verwendet man zum Verschließen oder Verfüllen von Schwellen-
schrauben- sowie Hakennagellöchern
in Hart- und Weichholzschwellen.

Der Hohldübel aus Pappel- und
Rotbuchenholz mit äußeren Haftrillen hergestellt, dient zur Ausfüt-
terung ausgeweiteter Schraubenlöcher
mit gesunden Lochwandungen. Man

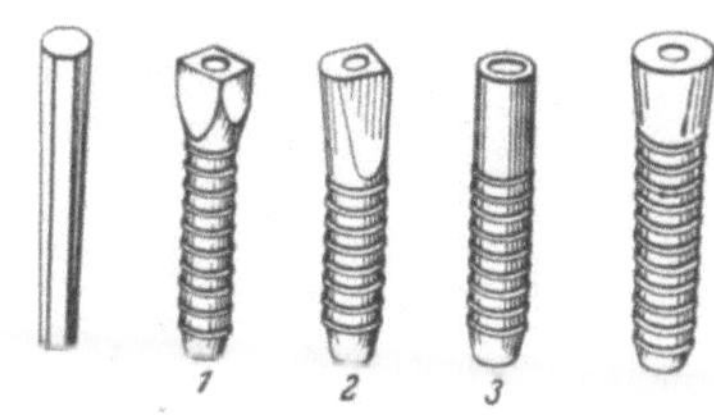

Abb. 194.

benutzt, wie aus Abb. 194 zu ersehen ist, drei Formen:

1 mit rechteckigem Kopf, besonders für obengeweitete Schraubenlöcher,

2 mit seitlicher Nase, zur Spurberichtigung,

3 in zylindrischer Form, für vereinzelte lockere Schwellenschrauben
bei Arbeiten im Gleise.

Der Schlitzdübel, nur für Weichholzschwellen bestimmt, aus Rotbuchenholz, außen mit Haftrillen hergestellt, ist dickwandiger als der
Hohldübel und daher nur verwendbar nach Fortnahme der Unterlagsplatte, sowie nach vorherigem Aufbohren der Schraubenlöcher. Von den
beiden vorgesehenen Formen gewährleistet, wie sich aus Abb. 195 erkennen läßt, Form 1, zylindrisch, wieder feste Verspannung der Schiene
mit der Schwelle, gute Spurhaltung, gutes
Plattenauflager, dagegen dient Form 2 mit
stärker ausgebildetem Kopf als Tragdübel
für stärker aufgeweitete Schraubenlöcher.
Man verwendet beide Formen, wenn etwa
¼ bis ⅓ der vorhandenen Schwellenschrauben lose geworden ist, d. h. der
größere Teil der inneren, ein nennenswerter Teil der äußeren Schrauben.

Stets ist bei der Verdübelung auf
die Beschaffenheit des Schwellenholzes
zu achten und dabei zu beachten, daß
eine Aufarbeitung in größerem Um-

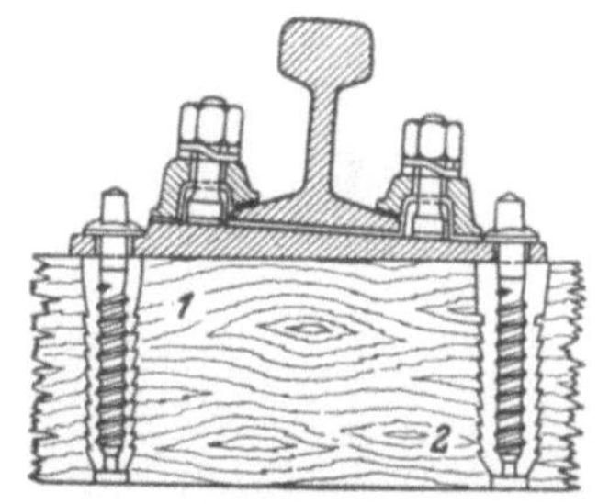

Abb. 195. Verwendung der Schlitzdübel.

fange nicht auf der Strecke stattfinden kann, sondern am besten und
sachgemäßesten auf bestimmten Werkplätzen maschinell vorgenommen
wird. Man erreicht durch Fließfertigung, daß angekommene Schwellen,
wie Abb. 196 zeigt, auf schnellstem Wege sachgemäß bearbeitet, ver-
pflockt, gehobelt, gebohrt, alle frischen Stellen mit Steinkohlenteeröl
bestrichen, verdübelt, neu beplattet und verschraubt, sofort beladen zur
neuen Verwendungsstelle abgefertigt werden können.

Holzpflöcke, Hohl- und Schlitzdübel werden mit farbloser Fluorkalium-
ösung getränkt, weil diese Lösung im Laufe der Zeit in umgebendes

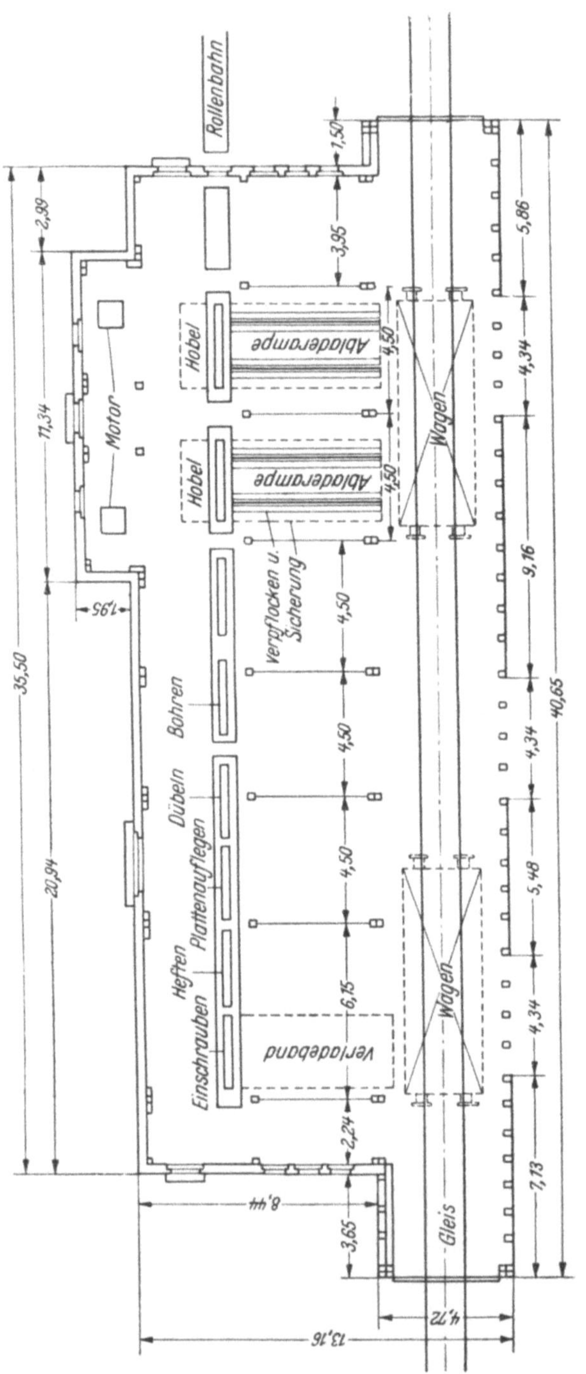

Abb. 196. Altschwellenaufarbeitungsanlage der Holztränkanstalt Zernsdorf. RBD Berlin.

Schwellenholz eindringt und so zusätzlich die Schwelle gegen erneute Fäulnis schützt; ein nachträgliches Eintauchen in Teeröl ist zu vermeiden.

Wie bereits angedeutet, mußte man 1936 daran denken, aus wirtschaftspolitischen Erwägungen heraus, den Auslandsbezug des Schwellenholzes zu drosseln und durch Holz-Mehreinschlag, durch Verringerung der heimischen Waldumtriebszeiten auf Kosten der Wald-Altbestände den nach wie vor großen Holzbedarf zu decken. Das führte 1937 dazu, Sparschwellen zu schaffen, von denen einige Versuchsarten in Abb. 197

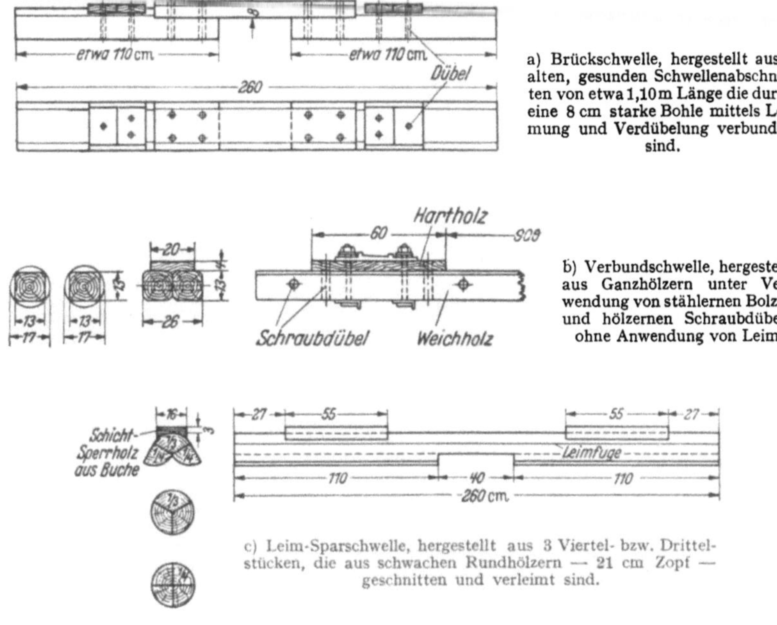

a) Brückschwelle, hergestellt aus 2 alten, gesunden Schwellenabschnitten von etwa 1,10 m Länge die durch eine 8 cm starke Bohle mittels Leimung und Verdübelung verbunden sind.

b) Verbundschwelle, hergestellt aus Ganzhölzern unter Verwendung von stählernen Bolzen und hölzernen Schraubdübeln ohne Anwendung von Leim.

c) Leim-Sparschwelle, hergestellt aus 3 Viertel- bzw. Drittelstücken, die aus schwachen Rundhölzern — 21 cm Zopf — geschnitten und verleimt sind.

Abb. 197. Sparschwellen.

dargestellt sind. Man war unter Führung der Forschungsstelle des Eisenbahn-Zentralamtes München zu Versuchen übergegangen, noch brauchbare Teile abgängiger Schwellen mit einem wetterfesten Leim zu verbinden, der einige Jahre zuvor auf dem Markt erschienen war. Daneben schuf man zusammengesetzte Neuschwellen, sowohl in Form einer Verbundschwelle aus schwachen Rundhölzern ohne Leimung, als auch in Form einer Leimsparschwelle, deren Teile vollkommen verleimt sind[1].

Die Plattenauflager bestehen aus geleimten Hartholzschichten. Abgesehen von einigen kleinen Unvollkommenheiten muß man sagen, daß die

---

[1] Oberreichsbahnrat Dr.-Ing. Bäseler, Die geleimte Schwelle, München, Zeitung des Vereins Mitteleuropäischer Eisenbahnverwaltungen 1941; Reichsbahn-Amtmann Steinwede, Die Holzschwelle im Kriege, Berlin, Der Bahningenieur 1941.

Versuche, an verschiedenen schwerbelasteten Stellen eingebaut, sich
bisher gut bewährt haben. Daher darf man damit rechnen, daß nach Über-
windung von Mangelerscheinungen und Beschränkungen, unter denen
die bisher benutzten Leimarten — Tego-Wiro-Leim und Kaurit-Leim —
im Augenblick leiden, und nach Durchführung weiterer Versuche und
Erprobungen, deren Ziel bestimmt erreicht wird:

Streckung der Holzvorräte.

Jeder derartige aussichtsreiche Versuch beansprucht besondere Beachtung, wenn man an die Holzmengen denkt, die die Arbeit am Oberbau
stets gebrauchen wird und die sich, wie eingangs angegeben wurde, bei der
Deutschen Reichsbahn im letzten Friedensjahre 1938 für Instandsetzung
und Erneuerung ihrer Gleise rd. 4 bis 4,5 Mio Stück Holzschwellen oder
rd. 725 000 fm Rundholz beliefen. Wenn auch nach dem Zusammenbruch
1945 die Reichsbahn an Umfang, Gleislänge usw. erheblich eingebüßt hat,
dürfte der bisherige Gesamtschwellenbedarf von 4,2 Mio im Mittel kaum
nennenswert geringer geworden sein, denn seit 1942/43 konnten in dem
notwendigen Umfange weder Schwellen erneuert oder ausgewechselt,
noch die Gleise planmäßig gepflegt werden. Dank der erhöhten Lebensdauer der mit Steinkohlenteeröl getränkten Schwellen — etwa das
Doppelte als bei Verwendung von Tränksalzen ·—, dank dem seit 1926
eingebauten Reichsbahnoberbau K ließ sich eine Unterbrechung von
7 bis 8 Jahren in der Arbeit am Oberbau ertragen, ohne die Sicherheit
und Zuverlässigkeit des Schienenweges gefahrbringend zu beschränken.
Das, was man auf der einen Seite durch die Kriegsereignisse nicht verbrauchen konnte, muß man, nach Wiedereinsetzen der früher üblichen,
regelmäßig durchgeführten Arbeitsabschnitte, durch erhöhten Mehr-
verbrauch an Schwellen ersetzen.

Um einen Überblick zu haben, welche Werte durch Tränkung der
Schwellen mittels Steinkohlenteeröl gespart werden, sei eine Wirtschaftlichkeitsberechnung nachgebildet, die an anderer Stelle[1] mit etwas
anderen Grundzahlen durchgeführt wurde.

Aus der Tabelle Seite 424 ergeben sich für die 3 Holzarten Buche,
Kiefer, Eiche folgende Werte:

	mittlere Lebensdauer in Jahren		durchschnittlicher Anteil am Gesamtschwellen- bestand 1938 in %
	ungetränkt	getränkt	
Buche	2,5	35	22
Kiefer	7,5	27	74
Eiche	17,5	28	4

Daraus ergibt sich als Mittelwert für

ungetränkte Holzschwellen

$$\frac{22 \times 2,5 + 74 \times 7,5 + 4 \times 17,5}{100} = 6,8 \text{ Jahre}$$

für getränkte Holzschwellen

$$\frac{22 \times 35 + 74 \times 27 + 4 \times 28}{100} = 28,8 \text{ Jahre.}$$

---

[1] Dr.-Ing. Otto Gröner, Die Holzwirtschaft bei der Deutschen Reichsbahn, Dissertationsschrift 1939.

Im Hinblick auf die bereits angegebene Menge, daß 1938 etwa 118 Mio Schwellen im Gleise lagen, hat man

$$\frac{118\ \text{Mio}}{6,8} - \frac{118\ \text{Mio}}{28,8} = 17,35\ \text{Mio} - 4,1\ \text{Mio} = 13,25\ \text{Mio Holzschwellen}$$

durch die Steinkohlenteeröltränkung erspart, das sind rd. 1,3 Mio m³ Holz/Jahr, nahezu das Dreifache des mittleren Verbrauchs von jährlich 450000 m³.

Der mittlere Einsparungswert an Barausgaben ergibt sich aus folgender Berechnung:

1938 waren die Gesamtkosten einer Schwelle, d. i. ihr Beschaffungswert am Verwendungsort + die Kosten für den Einbau:

Werte (RM oder Jahre)	Buche		Kiefer		Eiche	
	ungetr	getr.	ungetr.	getr.	ungetr.	getr.
RM Gesamtkosten	7,3	10,0	6,5	8,2	8,2	9,9
Jahre mittlere Lebensdauer	2,5	35	7,5	27	17,5	28
RM Kosten je Jahr.....	2,92	0,29	0,87	0,31	0,47	0,35
RM Einsparung	2,63		0,56		0,12	

Mithin mittlerer Einsparungswert:

$$\frac{22 \times 2,63 + 74 \times 0,56 + 4 \times 0,12}{100} = 0,62\ \text{RM/Schwelle.}$$

Da sich aus der gleichen Rechnung ergibt, daß im Jahresdurchschnitt:
$\left(\dfrac{28,8}{6,8} = \right)$ 4,2 Mio Stück Holzschwellen zu ersetzen sind, beträgt die Ersparnis: $4,2 \times 0,62 = 2,6$ Mio RM.

Wenn diese errechneten Zahlen in der Jetztzeit auch nur theoretischen Wert haben, so zeigen sie doch, welche Ersparnisse an Stoff und Mitteln sachgemäße Tränkung mittels Steinkohlenteeröl brachten und mit welchen Ersparnissen man voraussichtlich rechnen kann, sobald diese bewährte Tränkung wieder in ihre alten Rechte eingesetzt, sobald die durch den Krieg bedingte Verwendung von Tränksalzen ausgeschaltet sein wird.

Der Wertunterschied zwischen beiden Tränkarten zeigt sich deutlich bei ihrer Verwendung auf isolierten Strecken, wo man, wie bereits angegeben, die salzgetränkten Holzschwellen wegen ihrer zu großen Leitfähigkeit möglichst ausschließt.

Trotz aller Vorzüge, die die Holzschwelle besitzt, wird sie bedauerlicherweise ihre bisherige Vormachtstellung einschränken und gegenüber der bereits vorhandenen Stahl- sowie der sich mehr und mehr einschiebenden Stahlbetonschwelle in gewissem Umfange zurückweichen müssen.

B. Stahlschwelle.

Bereits Mitte der sechziger Jahre verlangte man und setzte man auf verschiedenen Strecken durch, daß die damals noch übliche Holzlangschwelle durch eine aus Schweißeisen hergestellte Langschwelle ersetzt wurde, weil man zu große Inanspruchnahme der heimischen Wälder befürchtete. Seit 1875 wurde Stahl für Querschwellen, die sich dann in dieser Form überall durchgesetzt hatten und die als zweckmäßigste Unterschwellung erkannt waren, in zunehmendem Maße verwendet. 1938 lagen, wie bereits angegeben, im Bereich der Deutschen Reichsbahn bei einer Gesamtlänge von rd. 126000 km für Haupt-, Neben- und sonstige Gleise:

rd. 77500 km (61%) auf rd. 118 Mio Holzschwellen,
rd. 48500 km (39%) auf rd.   73 Mio Stahlschwellen.

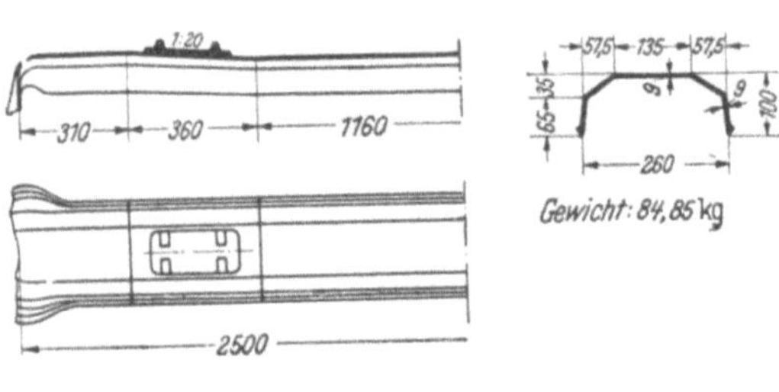

Abb. 198. Stahlschwelle Sw 7a.

Nach vielerlei Versuchen hat sich für die Mittel- wie für die Breitschwelle die jetzt übliche Trogform durchgesetzt (Abb. 198); sie gewährleistet bequeme Walzbarkeit,

wird aus Flußstahl gewalzt —· Zugfestigkeit 37 bis 47 kg/mm²,

erhält dabei wulstartig verstärkte Schenkel,
wird nach dem Walzen gekappt,
wird entsprechend der Schienenneigung geknickt,
wird mit Rippenunterlagsplatten versehen,
wurde früher gelocht,
besitzt genügende Auflagerfläche zur Aufnahme der Schiene, zur Übertragung der durch die Schiene übermittelten senkrechten Drucke auf die Bettung,
umfaßt hinreichend großen ungeteilten Bettungskörper,
wirkt durch dessen Eigengewicht, dessen Reibung von Bettung auf Bettung, einer Querverdrückung, einer Längsverschiebung entgegen,
läßt sich in einfacher Weise für Breitschwellen verwalzen.

Für die Verwendung der Stahlschwellen gegenüber Holzschwellen sind teils technische, teils volkswirtschaftliche Gesichtspunkte maßgebend.

Vergleich zwischen Stahlschwelle und Holzschwelle.

Vorteile der Stahlschwelle: Längere Lebensdauer — im Mittel 40 Jahre; sichere Spurhaltung; geringere Menge Kleineisen; großer Widerstand der Bettung gegen Längs- und Querverschiebungen; vollkommene Unverbrennbarkeit.

Nachteile der Stahlschwelle: Kurze Lebensdauer durch vorzeitiges Rosten in Industriegegenden mit chemischen Einflüssen; Empfindlichkeit gegenüber der Bettung, gegenüber der Stopfarbeit; schwerere Schäden bei Entgleisungen; Mehrbedarf an Bettung (etwa 10%); härteres Befahren.

Gleichheit zwischen Stahl- und Holzschwelle: Gut federndes Befahren wie bei der Holzschwelle wird für Stahlschwellen durch dickere Bettungsschicht erreicht.

Verbindung mit der Bettung: Die Stahlschwelle liegt fest auf der Bettung, ihre sichere schlüssige Wirkung beruht auf deren Umfassung durch die Kopf- und Seitenflächen des Schwellentroges; die Holzschwelle liegt fest in der Bettung, ihre sichere schlüssige Wirkung beruht auf dem Druckwiderstand vor den Kopfflächen, auf dem Reibungswiderstand an den Seitenflächen der Schwellen und an deren Unterfläche, die durch Eindringen des Steinschlages beim Stopfen aufgerauht wird.

Die Gefahr, daß der Oberbau auf größere Mengen Holzschwellen verzichten muß, daß diese aus ihrer vorherrschenden Stellung verdrängt werden, entspringt der durch die Zeitverhältnisse nach Beendigung des unseligen Krieges bedingten wirtschaftlichen Ungunst, weil Holz, an und für sich ein vielseitig begehrter Stoff, zu einem Not-Grundstoff wurde. Deutschland war immer ein Holzeinfuhrland gewesen, lediglich die Schwellen bezog man zu zwei Drittel bis drei Viertel der benötigten Menge aus dem Ausland, das etwa 15% des Gesamtholzverbrauches lieferte. Um nicht Raubbau an den einheimischen Wäldern zu treiben, mußte man nach 1938 die bisher großzügigen Waldumtriebszeiten beträchtlich herabsetzen (Tab. 4). Wurde die Holzdecke schon während des Krieges knapp durch verstärkten Abhieb zur Deckung des erhöhten Wirtschaftsbedarfs, sowie durch Zerstörungen infolge Kriegshandlungen verschie-

Tabelle 4. *Wald-Umtriebszeiten.*
(Von Begründung eines Waldbestandes bis zu seiner Nutzung.)

Lfd. Nr.	Holzart	früher Jahre	in der letzten Zeit Jahre
1	Eichen	160 bis 200	130 bis 150
2	Kiefern	100 bis 120	80 bis 90
3	Buchen	130 bis 150	110 bis 120
4	Lärchen	120 bis 140	100 bis 110

denster Art, so hat sich nach Beendigung des Krieges die Lage noch beträchtlich verschärft. So z. B. fallen die Gebiete östlich der Oder zur Lieferung z. Z. aus, weil dort 23% des deutschen Waldes im Augenblick nicht benutzbar sind, dazu kommen große Anforderungen für die dem deutschen Walde auferlegten Reparationslieferungen. Schließlich ist der Holzbedarf im allgemeinen gegenüber früheren Zeiten erheblich gestiegen, sowohl an Brennholz wie auch Nutzholz, bedingt durch die Millionen Rückwanderer, Umsiedler, Bombengeschädigte, für die noch viele Jahre hindurch Heim, Hausrat und Heizung neu zu schaffen sind.

Aus diesen Gründen treten Fragen auf, wie z. B.: Ist das dafür benötigte Holz nicht zu wertvoll, daß man es zum Teil für Schwellen gebraucht? Darf die Eisenbahn im gleichen Umfange wie früher noch Holzschwellen herstellen und verwenden?

Entgegen der zunächst gemachten Annahme hat sich herausgestellt, daß gerade die für die Schwellenherstellung erforderlichen Holzsortimente jetzt und auch in Zukunft trotz der bestehenden Holzknappheit in ausreichender Menge zur Verfügung stehen. Vor allem ist Buchenholz vorhanden. Es ist bei sachgemäßer Behandlung und Tränkung als unser bestes Schwellenholz anzusehen.

Sollte aus irgendeinem Grunde doch eine Einsparung von Holzschwellen erforderlich sein, so ergeben sich zwei Möglichkeiten. Die eine davon ist, daß die Holzschwelle mehr als bisher durch die bereits eingeführte Stahlschwelle ersetzt werden könnte, wenn das vorhandene Stahlkontingent eine erhöhte Beschaffung von Stahlschwellen zuläßt. Eine weitere Möglichkeit, den Holzbedarf für Schwellen einzuschränken, ist der Einsatz von Stahlbetonschwellen.

C. Stahlbetonschwelle.

Das Versuchsstadium, in dem die Stahlbetonschwellen sich in bezug auf die Stahleinlagen befinden, ist als abgeschlossen zu betrachten durch Verwendung der sog. Vorspannung im Stahlbeton. Erschöpfende Auskunft darüber geben zwei Aufsätze von Abteilungspräsident Dr.-Ing. Hermann Meier in Minden: „Die Eisenbahnschwelle in Stahlbeton (ein Überblick über den gegenwärtigen Entwicklungsstand)", erschienen in „Eisenbahntechnik", Karlsruhe, Jahrgang 1947, Heft 7 und 8, und „Reichsbahnbedingungen für vorgespannte Stahlbetonschwellen", erschienen in „Eisenbahntechnik", Karlsruhe, Jahrgang 1949, Heft 2. Über die Bewährung der neuen Schwelle — Lebensdauer und Wirtschaftlichkeit — liegen noch keine genügend begründeten Unterlagen vor.

4. Kleineisenzeug.

Zu den geschilderten Stoffwirtschaftsfragen, die lediglich Art und Eigenschaften von Schiene und Schwelle behandeln, treten die gleich wichtigen Fragen nach Art und Eigenschaften der Verbindung zwischen Schiene und Schwelle, wenn es sich darum handelt, Wesen und Wert einer Oberbauform zu bestimmen.

Für diese Verbindung verwendet man das sogenannte Kleineisenzeug oder die Kleineisenteile: Unterlagsplatten und Laschen, Klemmplatten, Schrauben der verschiedensten Art mit Muttern und Federringen, Stoßlückeneisen, Wanderklemmen und Sicherungskappen, die samt und sonders aus Stahl hergestellt sind.

Die anfängliche unmittelbare Lagerung der Schienen auf der Schwelle und die einfache Befestigung mittels des Hakennagels wurde durch Einführung der Unterlagsplatte und danach durch Einführung der Schwellenschraube verbessert. Diese erhöhte die Haftfestigkeit in der Schwelle, jene verminderte mit zunehmender Größe das Eindrücken auf der Schwelle (Abb. 199). Eine weitere Vervollkommnung, um entstehende Seitenkräfte besser auf die Schwelle übertragen zu können, erreichte man durch Verwendung von Hakenplatten. Zur Ergänzung des Hakens, der auf der einen Seite den Schienenfuß umfaßt, greift auf der anderen Seite die Knaggenklemmplatte an. Deren Spannkraft

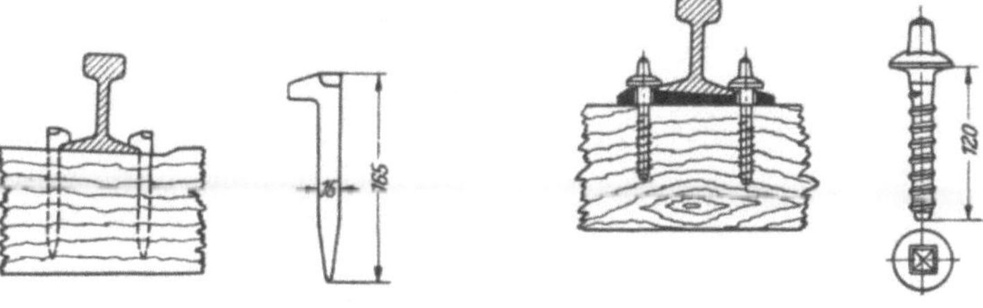

ohne Unterlagsplatte   Hakennagel   mit Unterlagsplatte und Schwellenschrauben

Abb. 199. Befestigung der Schiene auf der Holzschwelle.

verbessert man, indem man sie zu einer Keilklemmplatte umgestaltet; sie stützt sich auf eine Rippe mit Keilanzug und drückt durch ihre Keilwirkung den Schienenfuß in den Haken (Abb. 200). Zwei äußere Schwellenschrauben halten die Hakenplatte auf der Schwelle fest, eine innere Schwellenschraube hält den Schienenfuß mit Hilfe der Keilklemmplatte auf der Hakenplatte, die die Neigung 1 : 20 besitzt, nieder.

Als man 1875 zur Verminderung des Holzbedarfs unter einer gewissen Notlage die Stahlschwelle einführte, ersetzte man die beiden Außenschwellenschrauben bei der Hakenzapfenplatte durch einen Haken auf der Plattenunterseite, die Innenschwellenschraube durch eine

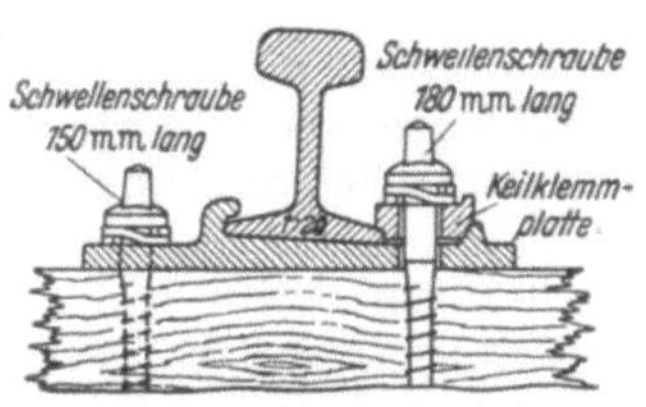

Abb. 200. Befestigung der Schiene auf
der Holzschwelle mittels Haken- und
Keilklemmplatte.

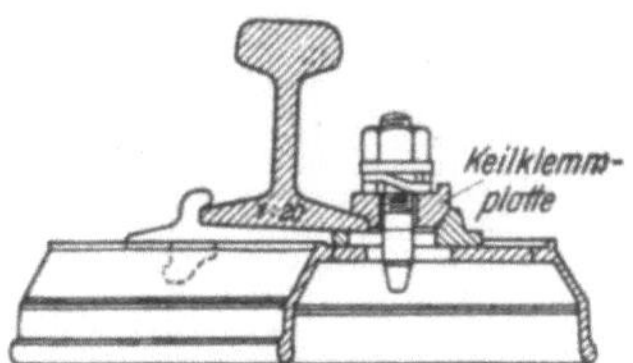

Abb. 201. Befestigung der Schiene auf
der Stahlschwelle mittels Hakenzapfenplatte und Hakenschraube.

Hakenschraube. Zur Aufnahme der gesamten Schienenbefestigung muß man rechteckige Löcher in die Schwellendecke stanzen (Abb. 201). Sie sind die Ursache, daß die Lebensdauer dieser Stahlschwelle gegenüber der Holzschwelle geringer ist, weil beim Stanzen sich feine Risse bilden können, die sich im Laufe der Zeit vergrößern und zur Zerstörung der Schwellendecke führen. So entstand zwischen Schiene und Schwelle eine einseitige Verspannung, die bei der Holzschwelle auf der Haftfestigkeit der inneren Schwellenschraube, bei der Stahlschwelle auf dem festen Anziehen der Hakenschraube beruht, in beiden Fällen vermehrt durch einen dazwischengeschobenen spannenden Federring.

Diese einseitige Verspannung besaßen bis 1925 sämtliche damals maß-
geblichen Oberbauformen. Dann trat ein grundlegender Umschwung ein
durch Einführung einer zweiseitigen Verspannung, zuerst in dem nach
badischem Vorbild geschaffenen Reichsbahnoberbau B, kurz darauf, von 1926 an, in dem nach den Patentvorschlägen des Walzwerk-
ingenieurs Theod. Buchholz gestalteten Reichsbahnoberbau K,
den man durch seine allgemeine
Verwendung auf allen Durchgangs-
strecken als Einheitsoberbau bezeichnen kann (Abb. 202).

Der Schienenfuß liegt zwischen
zwei Längsrippen, in die Haken-
schrauben eingreifen zum Nieder-
halten starker Klemmplatten. Das
Festhalten der Hakenschrauben-
muttern wird ebenfalls durch Feder-
ringe verbessert. Wie bereits angedeutet, werden auftretende Schub-
kräfte längs des Gleises durch besonders eingelegte Holzzwischenlagen ausgeschaltet, zumindest ein-

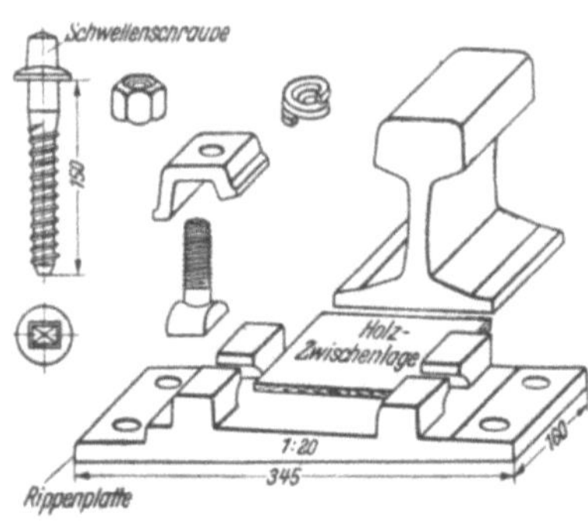

Abb. 202.
Reichsbahnoberbau K auf Holzschwellen.

geschränkt, werden durch diese Platten hartes Fahren, zu laute Fahr-
geräusche erheblich gemildert.

Die Rippenplatte für Holzschwellen wird durch vier Schwellenschrauben auf der Schwelle festgehalten, während man die Rippen-
unterlagsplatte für Stahlschwellen dadurch festhält, daß man sie, ebenfalls nach den Vorschlägen von
Buchholz, auf der Schwellendecke aufschweißt. Dadurch
wird die Lebensdauer der Stahlschwelle erheblich verlängert, weil
ein schädliches Durchstanzen der
Schwellendecke nicht mehr erforderlich ist (Abb. 203).

Abgesehen davon, daß dieser
Reichsbahnoberbau K infolge
seiner festen Verspannung die
schon längst gewünschte Ein-

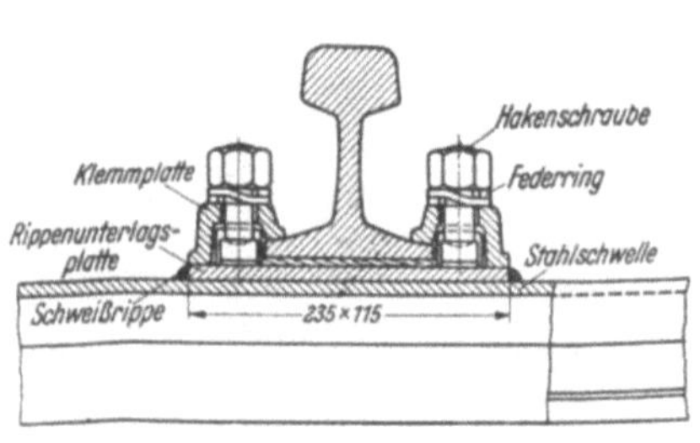

Abb. 203. Reichsbahnoberbau K auf Stahlschwellen.

führung von Langschienen erleichterte, beruht sein wirtschaftlicher
Vorteil auf der Tatsache, daß alle übrigen für diese Verspannung erforderlichen Kleineisenteile beim Holz- wie beim Stahlschwellenoberbau
die gleichen sind.

Was beim englischen Stuhlschienenoberbau von Anfang an bestand
— die Befestigung der Schiene im Schienenstuhl ist getrennt von der
Befestigung des Stuhls auf der Schwelle —, wird durch den Reichsbahnoberbau K auch beim deutschen Oberbau eingeführt; denn man kann
die Schienen auswechseln, ohne die Schwellen aus ihrer festen Lage in
der Bettung zu bringen. Diese vorteilhafte Tatsache verlängert die Liege-

und Lebensdauer beider Arten von Schwellen gegenüber allen früher verwendeten Oberbauformen, vor allem, wenn dazu noch, besonders bei den
Holzschwellen, die in den Oberbauvorschriften nach Zeit und Art vorgeschriebene Durcharbeitung der Gleise kommt.

Die feste Lage der Rippenplatte auf der Holzschwelle, die durch die
vier vorgesehenen Schwellenschrauben gesichert ist, wird erforderlichenfalls durch Einziehen von Federringen noch so erhöht, daß ein Einarbeiten
der Platte in die Schwelle, was nie auszuschließen ist, nur langfristig vor
sich geht. Im allgemeinen darf man fest-
stellen, daß, wie schon einmal erwähnt, das
Auswechseln einer getränkten Holzschwelle
nur zu ein Fünftel auf mechanische Abnutzung, dagegen zu vier Fünftel auf Fäulniserscheinungen zurückzuführen ist.

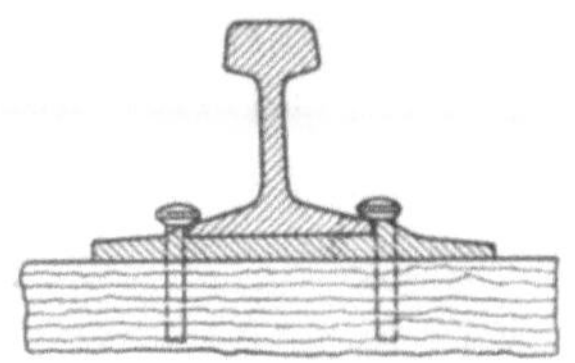
Abb. 204. Schiene/Schwelle-Ver-
bindung in USA.

Man wirft dem Reichsbahnoberbau K vor,
daß er zuviel Kleineisenteile beansprucht.
Diese scheinbare Verschwendung hat dazu
geführt, daß, wie an anderer Stelle berechnet,
die Lebensdauer der Holzschwelle einen Mittelwert von 28,8 Jahren
erhält. Andere Länder, wie Sowjetrußland und USA (Abb. 204), können
sich eine einfachere Schiene/Schwelle-Verbindung mittels Unterlagsplatte
und Schienennagel leisten, weil ihr Holzreichtum eine Schwellenerneuerung
nach 12 bis 14 Jahren Lebensdauer gestattet. Freilich ist auch eine so eingehende, bis in alle Einzelheiten wohlüberlegte Gleispflege wie bei den deutschen Bahnen nicht immer möglich auf den weiträumigen Strecken, an
denen vielfach jede Besiedlung fehlt, um Arbeitskräfte zur Verfügung zu
stellen. Hier gibt die Stoffwirtschaft jedes Landes den Ausschlag, was
zu tun, was das Richtige, was das Beste ist. Für die deutschen Bahnen ist es

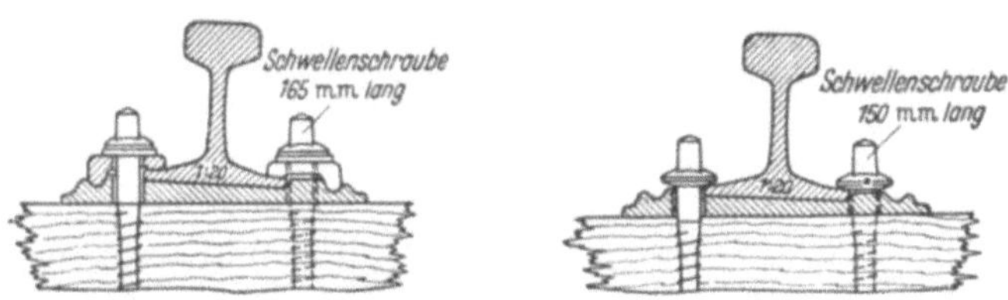

Abb. 205. Reichsbahnoberbau N.

wegen der Holzarmut die wohlüberlegte, sorgsam berechnete Ausnutzung
aller Teile, so wie sie jetzt vorhanden und eingesetzt sind, bis zum
äußersten.

Während des letzten Krieges hat man, um an Stahl und an Arbeits-
kräften bei den Herstellerwerken zu sparen, den einfacheren Reichsbahnoberbau N 41 auf Holzschwellen eingeführt; drei Klemmplatten mit Schwellenschrauben oder drei Schwellenschrauben
allein halten die Schienen, die nur 41 kg/m wiegen gegenüber der beim
Reichsbahnoberbau K verwendeten 49 kg/m wiegenden Schiene S 49, auf
einer besonders geformten offenen Unterlagsplatte fest (Abb. 205).

In der Güte steht dieser N-Oberbau zwischen dem Hakenplatten- und dem Rippenplattenoberbau; sein Unterhaltungsaufwand ist größer als beim K-Oberbau. Er ist weniger abnutzungsfest als dieser, weil die kleineren Unterlagsplatten sich stärker in die Holzschwellen eindrücken, er ist weniger wanderfest, weil die Holzzwischenlagen fehlen, er ist weniger einfach bei einer Schienenauswechslung zu behandeln, weil die vorzügliche Schiene/Schwelle-Verbindung fehlt.

Ähnliche Einschränkungen gelten für einen anderen, noch einfacheren Oberbau, den Reichsbahnoberbau H (Abb. 206). Wie sein französisches Vorbild liegt er ohne Unterlagsplatte, doch mit Holzzwischenlage ausgerüstet, auf Hartholzschwellen, deren Behobelung der Fußbreite jeder Schienenform angepaßt werden kann. Im allgemeinen ist er für die Schienenformen S 41 und S 49 vorgesehen.

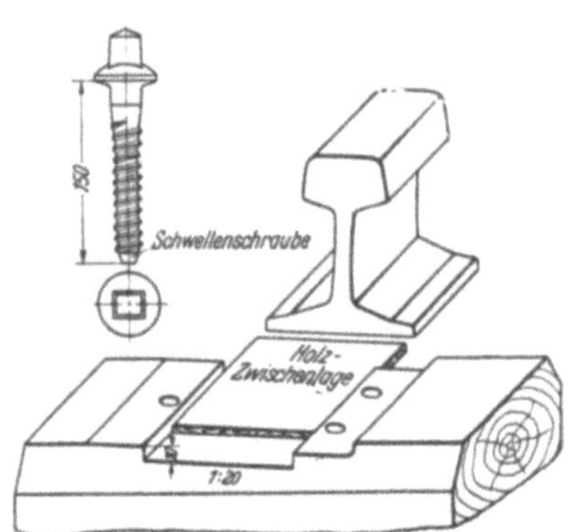

Abb. 206. Reichsbahnoberbau H.

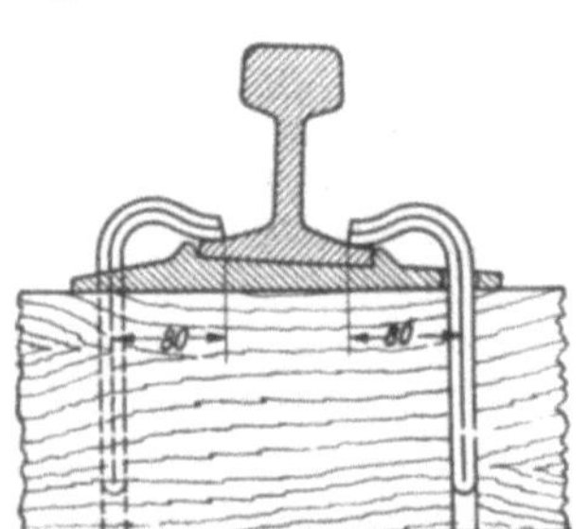

Abb. 207. Rüping-Spannagel.

Eine ebenfalls sehr einfache Befestigung der Schiene mit der Holzschwelle gestattet der Rüping-Feder- oder Spannagel, der sowohl in England und USA, als auch in Deutschland auf nicht zu stark belasteten Strecken eingebaut ist und sich besonders bei Privatbahnen bewährt hat. Er wird mit und ohne Unterlagsplatte, senkrecht oder schräg zur Schiene gestellt eingebaut (Abb. 207).

Bei der Beurteilung des Wertes eines Oberbaues spielt auch die Verlaschung der Stoßlücke, erforderlich zur Aufnahme der Temperaturschwankungen im Gleise, d. h. die Ausbildung der Schienenstöße eine Rolle. Sie sind die schwächste Stelle im Gleis und baulich am schwierigsten auszubilden.

Trotz mancher Unvollkommenheiten ist der Stumpfstoß in allen Ländern der vorherrschende.

Die Entwicklung des Stoßes führt vom festen Stoß über einer Schwelle zum schwebenden Stoß zwischen zwei Schwellen und weiter, als man die Stoßschwellen zusammenrückte, zu dem jetzt überwiegend verwendeten halbfesten Stoß. Bei Holzschwellen verband man sie durch Kuppelschrauben zu Doppelschwellen, bei Stahlschwellen walzte man sie zu Breitschwellen aus. Neuere Bestrebungen gehen wieder zum schwebenden Stoß zurück, jedoch mit besonderen Fußklammern ausgerüstet.

Den Schwierigkeiten, die mit jedem Stumpfstoß mehr oder minder verbunden sind, begegnet man vielfach bei Klein- und Privatbahnen durch Einbau eines sog. Schienen-Dehnungsstoßes. Er schaltet die Stoßlücke aus und ersetzt sie durch ein Aneinander-Vorbeigleiten der bisher stumpf zusammenstoßenden Schienenenden. Dadurch wird er die Vorbedingung für das lücken- und spannungslose Gleis, das auf große Längen keine Stöße mehr besitzt, infolgedessen Oberbau und Fahrzeuge schont, vor allem die Holzschwellen an den Stößen (Abb. 208).

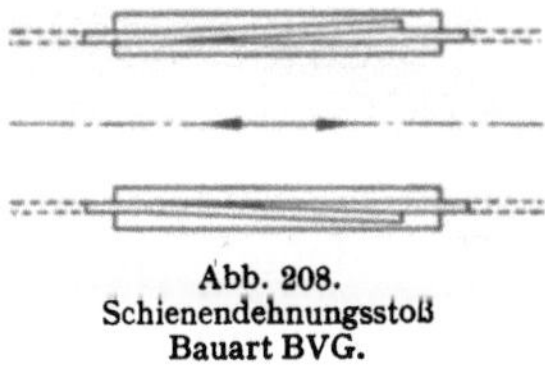

Abb. 208.
Schienendehnungsstoß
Bauart BVG.

Schließlich sei noch auf „sonstige Befestigungsmittel" hingewiesen, die für den Eisenbahnoberbau von Bedeutung sind:

Wanderklemmen zur Verhinderung oder mindestens zur Einschränkung der Schienenwanderung (Abb. 209).

Sicherungskappen für Holzschwellenoberbau gegen dessen Verdrückungen im Gleisbogen (Abb. 210).

Was zugunsten einer ausgeglichenen Stoffwirtschaft beim Stahl gilt, daß kein abgenutzter Stahl-Stoffteil vorzeitig zum Schrott geworfen wird, gilt auch für den Stoffteil „Holz", indem man die Lebensdauer der Holzschwellen durch rechtzeitige Überführung in die „Altschwellen-Aufarbeitungsanlage" (s. Abb. 196) verlängert.

Kurz zusammengefaßt lassen sich die einzelnen Teile des Oberbaues folgendermaßen charakterisieren:

Die Schiene spielt die führende, belastende Rolle,

die Bettung die tragende, belastete Rolle,

die Schwelle, als Zwischenglied, die druckaufnehmende und druckverteilende Rolle.

Wie sich die drei zur Verfügung stehenden Schwellenbaustoffe: Holz, Stahl und Stahlbeton auch entwickeln mögen, keinesfalls werden Stahl

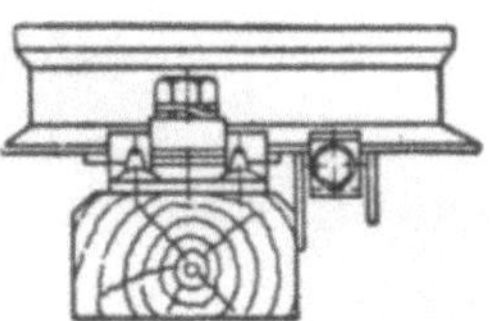

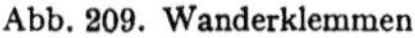

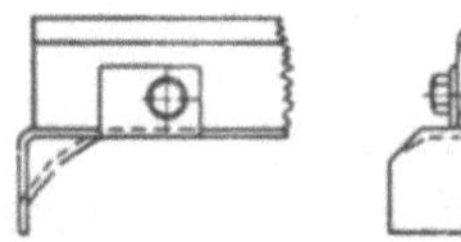

Abb. 209. Wanderklemmen.   Abb. 210. Sicherungskappen.

und Stahlbeton, insgesamt gesehen, das Holz aus seiner Vorrangstellung herausdrängen können, schon deshalb nicht, weil die im folgenden kurz zusammengestellten, hauptsächlichen Vorzüge der Holzschwelle allseitig anerkannt werden. Es sind dies[1]:

---

[1] Die folgende Darstellung stammt vom Oberbaukontrolleur des ehemaligen Reichsbahnzentralamtes Berlin, Rb.-Amtmann a. D. Steinwede.

1. Ihre natürliche Elastizität.

Sie schwächt	die Schlagwirkungen der rollenden Last ab,
überträgt	diese geminderten Lastdrücke schonend auf die Bettung,
bewirkt	weiches, schalldämpfendes Fahren, unter Schonung des rollenden Materials,
schaltet	Bruchgefahr aus, selbst in unzureichender Bettungslage und bei einseitiger Belastung.

2. Ihre einfache und allgemeine Verwendungsmöglichkeit.

Die Holzschwelle wird	ohne maschinelle Vorrichtungen und ohne umständliche Vorbereitungen, auch auf eingleisigen Strecken einfach und billig verlegt und unterhalten.
Sie kann	allenthalben, bevorzugt auf den wichtigen Schnellzugstrecken, in Tunneln, Wegeübergängen usw. verwendet werden.

3. Ihre große Haltbarkeit,

geschaffen durch sachgemäße Vorbehandlung und Tränkung.

Die mittlere Lebensdauer der teerölgetränkten Holzschwellen beträgt

	Durchschnitt von allen Oberbauformen Jahre	beim Reichsbahnoberbau K Jahre (mindestens)
für Kiefernschwellen 27		30
„ Eichenschwellen 28		32
„ Buchenschwellen 35		40

4. Ihre große Wirtschaftlichkeit

bedingt durch	geringste Beschaffungskosten, einfache Verlegung, niedrige Unterhaltungskosten, große Haltbarkeit, hohen Altwert.

5. Daher Verbreitung der Holzschwellen

in sämtlichen Eisenbahnländern etwa 90%
dort andere Schwellenarten „ 10%

5. Behandlung der Bodenbretter in Güterwagen.

Außer den Gleisschwellen, Leitungsstangen und Brückenhölzern sind es auf dem Gebiet des Eisenbahnwesens besonders die beim Bau der hölzernen Güterwagen verwendeten Bodenbretter, deren Imprägnierung die Deutsche Reichsbahn seit 1938 erhöhte Bedeutung beigelegt hatte. Werden diese Bretter in rohem Zustande verwendet, so wird die Auswechslung infolge Abnutzung und anderweitiger Beschädigung, namentlich durch Fäulnis, bei gedeckten Güterwagen nach 15 und bei offenen bereits nach 6 Jahren erforderlich. Ihr Verschleiß erfolgt also schneller als derjenige der übrigen Holzteile der Wagen. Wegen der erheblichen Mengen dieser hochwertigen Hölzer, welche in Friedenszeiten für den genannten Zweck benötigt wurden, und der durch ihre vorzeitige Auswechslung verursachten bedeutenden Kosten wurde, soweit dies erforderlich bzw. zulässig erschien, die Tränkung mit Steinkohlenteeröl nach dem Einlagerungsverfahren in einer von Oberreichsbahnrat Gugel vorgeschlagenen Ausführungsart vorgeschrieben[1]. Von der Anwendung des Rüping-Verfahrens wurde Abstand genommen, trotzdem die in den Jahren 1936 bis 1938 zu wiederholten Malen auf Veranlassung der Reichsbahn durchgeführten Vergleichstränkungen von kiefernen Wagenbohlen nach dem Rüping- und dem Einlagerungsverfahren stets die Überlegenheit des ersteren in bezug auf die Durchtränkung der Hölzer und die Trockenheit ihrer Oberfläche ergeben hatten. Maßgebend für diese Verfügung der Reichsbahn war ihr Bestreben, die für die Tränkung in Betracht kommenden Wagenbauhölzer sogleich nach Ausführung ihrer künstlichen Trocknung auf den Ausbesserungswerken bzw. den Wagenbauanstalten tränken und ihren Transport nach den für die Ausführung der Rüping-Tränkung allein in Frage kommenden Imprägnierwerken vermeiden zu können. Bei dieser Sachlage konnte natürlich nur die Einrichtung einer so einfachen Tränkapparatur, wie sie zur Ausführung des Einlagerungsverfahrens erforderlich ist, auf den genannten Werken in Betracht kommen.

Bereits vor dem ersten Weltkrieg wurde die Tränkung der Wagenbauhölzer, vor allem der Fußboden- und Dachbretter, mit fäulniswidrigen Stoffen, insbesondere mit Steinkohlenteeröl nach dem Rüping-Verfahren, in den USA aufgenommen. Ausführliche Mitteilungen über Umfang und Entwicklung dieser Schutztränkung sowie über die gemachten Erfahrungen finden sich z. B. in den „Proceedings" der „American Wood-Preservers' Association".

---

[1] Vgl. Otto Gröner, Die Holzwirtschaft bei der Deutschen Reichsbahn, Diss. Stuttgart 1939.

II. Stangen und Maste.

Von Professor Dr. **Edgar Mörath**, Washington.

1. Allgemeines über hölzerne Leitungsmaste.

A. Notwendigkeit ihrer Konservierung.

Bei der Verwendung hölzerner Leitungsstangen und Maste blickt man
jetzt auf eine etwa 100jährige Erfahrung zurück, soweit es sich um
Leitungen des Telegrafen- und Telefonwesens handelt, und auf etwa
60 Jahre, soweit Freileitungen zur Kraftübertragung in Frage kommen.
Denn die ersten elektrischen Kraftleitungen zu den Elektrizitätsausstel-
lungen in Paris (1881), Frankfurt a. M. und München (1882) wurden
bereits auf Holzgestängen verlegt.

Die ungeahnte Ausdehnung des Fernmeldewesens und der ungeheure
Aufschwung der Starkstromtechnik ließen die Anforderungen an die
Mastenhölzer immer mehr zunehmen, wie auch diejenigen an ihre Kon-
kurrenzbaustoffe, Eisen- und Betonmaste einerseits und Kabel andererseits, die praktisch ebenso alt sind. 1842 verlegte Jakobs seine wachs-
überzogenen Telegrafendrähte in Glasröhren unter der Newa in Petersburg, und 1847 führte Werner von Siemens die Guttapercha in die
Kabelfabrikation ein. Damit war der wichtigste Schritt zu ihrer technischen Brauchbarkeit getan, und im Jahre 1888 wurde das erste Stark-
stromkabel für Gleichstrom in Barmen und 1891 ein solches für Wechsel-
strom für 2000 V Spannung verlegt.

Diese ständige Konkurrenz trug viel dazu bei, die Freileitungs-
techniker zu wirtschaftlichster Verwendung ihrer Baustoffe und zur
Herabsetzung der Montagekosten anzuhalten. Damit wurden sie von
der zuerst üblichen Verwendung roher Stangen abgebracht, die im Durchschnitt nur folgende Lebensdauern aufweisen:

Fichte (Picea excelsa) u. Tanne (Abies pectinata) 3—4 Jahre
Kiefer (Pinus silvestris) .... 4—8 Jahre
Lärche (Larix europea) .... 9 Jahre
Eiche (Quercus pedunculata und sessiliflora) .... 6—7 Jahre
Edelkastanie (Castanea sativa) .... 10 Jahre.

In Gebirgsgegenden mit schwierigen Transportverhältnissen oder in nordischen Ländern, in denen die Lebensbedingungen für holzzerstörende
Pilze ungünstig sind, kann der Einbau roher Maste aus widerstandsfähigen Holzarten gelegentlich noch vorteilhaft erscheinen. Sonst wurde
aber ihre Verwendung von allen staatlichen und großindustriellen Stellen
aufgegeben, ja es muß gesagt werden, daß der riesige Aufschwung der Holz-
mastenverwendung erst durch die Imprägniertechnik ermöglicht wurde.

Diese begann in Deutschland mit der Kyanisierung der Stangen, d. h.
ihrer Behandlung mit Sublimatlösung nach dem Einlagerungsverfahren
(s. S. 211ff.) sowie mit ihrer Kesseldrucktränkung unter Verwendung
3,5%iger Zinkchloridlösung (s. S. 233ff.). 1857 folgte die Teerölvolltränkung
nach Bethell (s. S. 238ff.). Um 1900 ging man zu neueren Verfahren

über, insbesondere dem Teeröl-Spartränkungsverfahren nach Rüping, dann — namentlich in beiden Kriegen — zu den Trogtränkungen mit Fluor-Dinitrophenolsalzen (z. B. in Verbindung mit Chromaten und Arsenverbindungen) und schließlich dem Osmoseverfahren für saftfrische Hölzer. Die Zahl der jährlich imprägnierten Stangen erreichte knapp vor dem letzten Kriege in Deutschland 750000 Stück, von welchen z. B. 1938 594000 auf Lieferungen für die Deutsche Reichspost entfielen. Von insgesamt 15 Millionen Stangen in Deutschland standen damals rund 8 Millionen in den Leitungen der Reichspost.

Wegen ihres geraden Wuchses, welcher eine bessere Ausnützung der nach den VDE-Leitsätzen 0210 zugelassenen Biegungsfestigkeit von 550 kg/cm^2 für Nadelholz und 850 kg/cm^2 für Hartholz zuläßt, werden die Nadelhölzer bevorzugt, und zwar entfällt die größte Menge der in Europa eingebauten Stangen auf Kiefern. In Deutschland wird neuerdings die Fichte in erheblich größerem Maße als früher verwendet, da die Kiefernholzbestände infolge der Kriegs- und Nachkriegseinwirkungen sehr knapp geworden sind.

Auch in den USA, wo seit 1909 vom U.S. Forest Service in Zusammenarbeit mit der American Wood-Preservers' Association eingehende Berichte über alle konservierten Hölzer verfaßt werden[1, 2], hat die Verwendung hölzerner Leitungsmasten einen kolossalen Aufschwung erst seit der allgemeinen Einführung der Kesseltränkung genommen. Sie sank zwar von 5115216 imprägnierten Stangen im Jahre 1941 durch den Krieg stark ab, stieg aber im Jahre 1946 wieder auf 5553065, von denen 82,2% im Kesseldruckverfahren und nur 17,8% ohne Druck imprägniert wurden. Dabei wurden 48,5% mit reinem Steinkohlenteeröl, 23% mit Steinkohlenteeröl-Pentachlorphenol-Erdöl-Gemischen, 15% mit Steinkohlenteeröl-Erdölgemischen, 10,5% mit Steinkohlenteeröl-Erdöl-Kupfernaphtenat-Gemischen, 2,3% mit Erdöl-Pentachlorphenol-Lösungen und der etwa ½% ausmachende Rest mit Salzlösungen oder sonstigen Chemikalien imprägniert. Das Steinkohlenteeröl bildet also bei etwa 97% der Stangen das Hauptkonservierungsmittel, wobei in den letzten Jahren der Zusatz von insbesondere Pentachlorphenol stark zunahm[2].

B. Zerstörung der hölzernen Leitungsmaste.

Die Auswechslung hölzerner Maste muß öfters wegen mechanischer Beschädigungen erfolgen, die durch Stürme und übermäßige Schnee- und Eisbelastung vieldrähtiger Gestänge hervorgerufen werden. In Gebirgsgegenden sind auch Zerstörungen durch Blitzschlag nicht so selten wie im Flachland. Ferner sind die Beschädigungen, die durch häufiges Besteigen mit Steigeisen verursacht werden, bei Stangen mit dünnen Schutzschichten oft die Ursache frühen Unbrauchbarwerdens, da den holzzerstörenden Pilzen durch die Eisen Zutrittsöffnungen zu

---

[1] R. K. Helphenstine jr., Quantity of Wood treated and Preservatives used in the United States. Forest Service, U.S. Dept. of Agriculture.

[2] R. K. Helphenstine jr., 1946 Treated Timber Output up 10%. Wood Preserving News XXV, No. 10, Oct. 1947, S. 89.

ungeschützten inneren Zonen geschaffen werden. Der häufige Wechsel von Frost und Auftauen schadet dem Holz nur dann, wenn dadurch Frostrisse entstehen, die bis in ungeschützte Zonen reichen.

Im allgemeinen sind die Lebensdauern der Maste um so höher, je kälter und trockener die Gebiete sind, in denen sie stehen, und um so niedriger, je wärmer und feuchter die Umgebung wird, weil dadurch den holzzerstörenden Pilzen günstigere Lebensbedingungen erwachsen.

Den Hauptanteil an der Zerstörung hölzerner Leitungsmaste haben die holzzerstörenden Pilze, die bereits im Abschnitt 3 des ersten Teiles eingehend besprochen wurden. Ihre Widerstandsfähigkeit gegen die verschiedenen Schutzmittel hängt stark vom Säuregrad der Umgebung ab. Es ist seit langem bekannt, daß sie auf schwach sauren Nährböden — etwa zwischen pH 3,5 und pH 7 — am besten gedeihen, und daß sie selbst erhebliche Säuremengen (Oxalsäure, Zitronensäure, Apfelsäure, Weinsäure u. a.) bilden, durch die sie den für ihr Wachstum optimalen Säuregrad herstellen. Diese eigene Säureproduktion, die in verschiedenen Entwicklungsperioden und bei den einzelnen Pilzarten stark schwankt, ist für die Widerstandsfähigkeit gegen einzelne Schutzmittel, insbesondere Kupfersalze, von Wichtigkeit.

Neben den Pilzen kommen auch tierische Schädlinge in Betracht, deren Wirksamkeit noch stärker lokal bedingt ist. Säugetiere und Vögel spielen bei uns in dieser Beziehung keine Rolle, vielleicht mit Ausnahme des Buntspechtes, der in den 70er und 80er Jahren in stärkerem Maße Telegrafenstangen beschädigte, die aber wohl sicher von Larven besetzt waren.

Aus der großen Zahl der schädlichen Insekten können einige besonders wichtige herausgegriffen werden. In unseren Gebieten verursacht der Hausbock (Hylotrupes bajulus) die größten Schäden, die in den am schwersten heimgesuchten Gebieten Karlsruhe, Konstanz und Köln jährliche Zerstörungen bis zu 2,5% verursachten. Diese traten namentlich in boucherisierten und kyanisierten Stangen auf, während solche, die im Kesseltränkverfahren mit Steinkohlenteeröl nach RP-Vorschrift oder mit mindestens 4 kg festen Thanaliths je cbm imprägniert worden waren, wesentlich geringere Insektenschäden zeigten.

In tropischen oder subtropischen Gebieten sind die Termiten die gefährlichsten Zerstörer des mit dem Erdboden in Verbindung stehenden Holzes, mit Ausnahme weniger Eukalyptus- und anderer exotischer Holzarten[1]. Bei den schon seit 1926 laufenden interessanten Termitenbeständigkeits-Prüfungen hat sich bisher das Steinkohlenteeröl am besten zur Imprägnierung bewährt[2], [3], [4].

---

[1] L. Seifert, Untersuchungen über die Termitenfestigkeit tropischer Nutzhölzer. I. Teil: Prüfung der natürlichen Resistenz. Kolonialforstl. Mitt. **5**, H. 4, S. 265—274, 1942.

[2] K. Gösswald, Zur Prüfung von Vorbeugungs- und Bekämpfungsmitteln gegen Termiten. Anz. Schädlingskunde 1943, S. 13—21 u. 30—34.

[3] G. M. Hunt u. T. E. Snyder, An international termite exposure test. 20th progress report. Proceedings A.W.P.A. 1949.

[4] Wagner, Erfahrungen über die Schutzbehandlung des Holzes in den Tropen, insbesondere gegen Termiten. Internationaler Holzmarkt 1943, H. 7, S. 16—20.

2. Die Konservierung der Holzstangen und Maste.

A. Aufnahme an Imprägnierstoff, antiseptische Kraft.

Eine wirksame und wirtschaftlich befriedigende Konservierung der Masten ist nur mit Schutzstoffen mit hoher fungizider und, soweit möglich, auch insektizider Kraft zu erreichen. Die pilz- und insektentötende Wirkung des Schutzmittels kommt aber erst dann zur Geltung, wenn eine bestimmte Menge desselben je cbm zu schützenden Holzes vorhanden ist. Die allgemein übliche Berechnung der Aufnahme in kg Schutzmittel je cbm Holz muß aber je nach der zu behandelnden Holzart und dem zu schützenden Gegenstand verfeinert werden. Es handelt sich in erster Linie darum, den Splint zu schützen, während der Kern vieler Holzarten durch seine Inhaltsstoffe bereits weitgehend geschützt und andererseits oft auch gar nicht oder nur sehr wenig durchtränkbar ist.

Der Splintanteil ist nun einerseits bei Lärchen-, Fichten- und Tannenholz viel kleiner als bei Kiefernholz und andererseits bei Schwellen viel niedriger als bei Stangen. Die Deutsche Reichspost erhöhte daher 1938 die für Kiefernstangen vorgeschriebene Steinkohlenteerölmenge von 60 kg/cbm, die ursprünglich in Anlehnung an die Reichsbahnvorschrift für kieferne Schwellen festgesetzt war, auf 90 kg/cbm. Es wird also jetzt eine mittlere Teerölaufnahme von 126 kg/cbm Splintholz bei den Schwellen und 135 kg/cbm bei den Stangen erreicht, die erfahrungsgemäß ausreicht, um Unterschiede in der Ölverteilung auszugleichen, die besonders durch Verschiedenheiten in den Wuchseigenschaften bedingt werden.

Die Schutzmittelaufnahme ist aber nicht immer gleich dem Produkt aus der vom Holz aufgenommenen Lösungsmenge mit ihrem Gehalt an Schutzstoff, weil nämlich manche Schutzmittel, besonders Sublimat, von der Holzfaser chemisch oder adsorptiv gebunden werden. Dies läßt sich aus einer Abnahme der Konzentration der Schutzmittellösungen erkennen, die die Unterlagen zur Berechnung dieser Überaufnahme an Sublimat bot[1], welche aber auch in kleinerem Maße an organischen Nitroverbindungen[2], Chromaten und Arsenaten beobachtet wurde.

B. Beschaffenheit und Vorbehandlung der Rohmaste.

Die Auswahl der Rohstangen erfolgt am besten nach den Vorschriften der Deutschen Reichspost, deren scharfe Anforderungen in bezug auf völlige Gesundheit des Holzes unbedingt notwendig sind, da auch das beste Konservierungsverfahren aus kranken Hölzern keine vollwertigen Stangen machen kann, und die kranken Hölzer auf den Rohholz-Lagerplätzen als Überträger von Pilzen und Insekten großen Schaden anrichten können.

---

[1] R. E. u. M. Nowotny, Elektrotechnik und Maschinenbau, 1916, S. 461.
[2] A. Rabanus, Korrosion und Metallschutz **2**, Heft 3.

Die Frage, ob Holz aus der Winter- oder Sommerfällung für die Erzeugung von Leitungsmasten besser geeignet sei, kann nach den neuen Untersuchungen, die im Abschnitt „Verhalten des rohen und konservierten Holzes" besprochen wurden, dahingehend beantwortet werden, daß das Holz aus der Winterfällung sowohl weniger anfällig als auch dem Schädlingsbefall weniger ausgesetzt ist als dasjenige aus der Sommerfällung. Ist das Holz aber einmal bis zur Lufttrockenheit abgetrocknet, so bestehen keine Unterschiede in der Haltbarkeit mehr. Die Schutzwirkung der Konservierungsmittel übersteigt aber auch diese anfangs vorhandenen Unterschiede bei weitem und gleicht sie völlig aus. Bei der Sommerfällung, die im Hochgebirge oft gar nicht zu umgehen ist, muß wegen der zur Bekämpfung der holzbrütenden Käfer notwendigen Entrindung meist mit einer zu hohen Austrocknungsgeschwindigkeit und daher verhältnismäßig starken Rissigkeit gerechnet werden, die aber das Eindringen der Schutzmittel nur unterstützt.

Für das Saftverdrängungsverfahren müssen vollkommen saftfrische, für das Osmoseverfahren völlig durchnäßte Hölzer verwendet werden, weil auch nur geringe Austrocknungen schon unregelmäßige und ungenügende Tränkungen verursachen.

Außerordentlich wichtig für alle Verfahren, mit Ausnahme des Saftverdrängungsverfahrens ist die vollständige Entfernung aller Bastteile, da sonst die in der Kambialzone verbleibenden plasmatischen Inhaltsstoffe die Entwicklung von Schimmelpilzen und holzzerstörenden Pilzen fördern und im übrigen das Eindringen der Tränkflüssigkeit stark behindern. In den modernen Betrieben erfolgt dieses Abschälen des Bastes oft durch Schälmaschinen, die den Stamm spiralig abschälen.

Mit Ausnahme des Saftverdrängungs- und Osmoseverfahrens müssen die Stangen vor der Schutzbehandlung auf Lufttrockenheit gebracht werden, was meist durch Lagerung in Luftstapeln auf Unterlagen von mindestens 40—50 cm Höhe erfolgt.

Von den ebenfalls zahlreichen Vorbehandlungsverfahren für schwer durchtränkbare Hölzer können nur einige angeführt werden.

Die Vorbehandlung nach Haltenberger und Berdenich und das in USA und England angewandte Incising-Verfahren beruhen auf der Verbreiterung der imprägnierten Zone durch gleichmäßig verteilte kleine Einschnitte bzw. Einstiche (vgl. S. 192).

Einen chemischen Aufschluß des Tannenholzes zwecks Verbesserung seiner Durchtränkung suchte Damerau durch Vorbehandlung des Holzes mit säurehaltigem Wasserdampf zu erreichen (vgl. S. 219).

Die in den hocherhitzten Holzzonen eventuell vorhandenen tierischen Schädlinge und holzzerstörenden Pilze werden abgetötet, wenn die nachstehend angeführten Temperaturen innerhalb der beigesetzten Zeiten im Innern von feuchten Kiefernhölzern aufrechterhalten werden:

100° während 5 min
 93° ,, 10 min
 82° ,, 20 min
 77° ,, 30 min
 65° ,, 60 min.[1]

C. Die Holzkonservierungsverfahren.

Nachstehend sollen nur die für Maste und Stangen wichtigeren Konservierungsverfahren kurz erörtert werden, da eine eingehende Besprechung derselben im Abschnitt „Die Schutzbehandlung des Holzes" bereits erfolgte.

a. Die Kesseldrucktränkung:

Dieses vollkommenste und am wenigsten Zeit in Anspruch nehmende Verfahren der Stangenkonservierung, das für alle Tränkflüssigkeiten, die die Apparaturen nicht angreifen, anwendbar ist, kann in zwei Gruppen geteilt werden:

1. die Volltränkverfahren und
2. die Sparverfahren.

Beiden gemeinsam ist die in praktisch brauchbarer Weise zuerst im Patent von Bréant (5. 5. 1831) angegebene Verwendung von Unterdruck und Überdruck, deren Anwendung im vergangenen Jahrhundert viele Verbesserungen erfuhr.

α) Imprägnierung mit Steinkohlenteeröl (Kreosotierung).

Bei Splinthölzern (Kiefer, Lärche u. a.) wird der Splint in seiner ganzen Breite durchtränkt, was beim Volltränkungsverfahren Aufnahmen von 140—350 kg/cbm zur Folge hat. Dadurch wird eine hohe mittlere Lebensdauer gesichert[2], doch treten durch das Ausschwitzen des überschüssigen Teeröles Belästigungen der Arbeiter und unwirtschaftlich hohe Kosten auf.

Namentlich die letzteren, die auf die steigenden Teerölpreise zurückgingen, förderten die Entwicklung der Sparverfahren, die auf alten imprägniertechnischen Versuchen (Barlow 1856, englisches Patent Nr. 933, Burt 1859, Blythe 1877, englisches Patent Nr. 2175 und 10 423 von 1879 u. a.) sowie mykologischen Vorarbeiten von Pasteur u. a. Forschern beruhen. Die letzteren hatten gezeigt, daß Kiefernsplintholz bereits durch 1,2 Gewichtsprozente gleichmäßig verteilten Teeröles ausreichend geschützt ist.

---

[1] Mae Spradling Chidester, Temperatures necessary to kill fungi in wood. Proc. Am. Wood-Preservers Association 1937, S. 316—327; dieselbe, Further studies on temperatures to kill fungi in wood. Proc. Am. Wood Pres. Association 1939.

[2] K. Winnig, Die Stangenstatistik der Deutschen Reichspost und die Berechnung der mittleren Gebrauchsdauer. Archiv für Post und Telegraphie 1943, S. 1.

Von der Jahrhundertwende an wurden verschiedene Spartränkungsverfahren industriell weiter entwickelt, von denen schließlich das Rüping-Verfahren seit 1908 praktisch allein herrschend wurde. Es beruht darauf, daß zunächst Luft in das Holz gepreßt wird, die bei dem anschließend unter höherem Druck erfolgenden Einpressen der Tränkflüssigkeit in den Zellhohlräumen verdichtet wird, sich aber beim abschließenden Druckablassen wieder ausdehnt und den Hauptteil der in das Holz gepreßten Tränkflüssigkeit wieder heraustreibt. Es bleiben so praktisch nur die den Zellwänden anhaftenden Ölfilme zurück, was bei sparsamstem Ölverbrauch eine gleichmäßige Durchtränkung des ganzen Splints ermöglicht. Die Einzelheiten der Tränkvorschriften sind im Abschnitt „Die Schutzbehandlung des Holzes" enthalten. Ergänzend kann darauf hingewiesen werden, daß Eichenmasten nur selten und dann mit der geringen Sollaufnahme von 45 kg/cbm imprägniert werden.

Die Hauptschwierigkeiten bei der Durchtränkung machten Fichte und Tanne. Sie wurden zum Teil durch die bereits erwähnten Einstich- und Einschnitt-Verfahren überwunden, zum Teil aber auch durch Druckdämpfung bei etwa 10 atü mit anschließender plötzlicher Druckentlastung, durch die die Tüpfelverschlußhäute aufgesprengt werden sollen, deren Bedeutung für die Durchtränkbarkeit des Holzes durch die Arbeiten von Bailey aufgeklärt worden war[1].

Unter Berücksichtigung der praktisch möglichen Arbeitsbedingungen bewährte sich eine auf Grund längerer Untersuchungsreihen im Jahre 1937 von der Deutschen Reichspost zugelassene Modifikation des Rüping-Verfahrens am besten, die durch ein heißes Teerölbad vor der eigentlichen Tränkung die Trockenrisse hervorzubringen sucht, die sich im Laufe der Gebrauchsdauer bilden[2] (vgl. S. 260).

Eine interessante Modifikation der Kesseltränkung von Stangen brachte das in Frankreich erprobte Verfahren von Poulain[3]. Die vorgetrockneten Maste werden in den horizontal liegenden, schwenkbaren Tränkkessel eingefahren und zuerst in ihrer ganzen Länge einer allgemeinen Imprägnierung mit einer kleinen Menge Steinkohlenteeröl oder Salzlösung unterzogen. Dann wird die Tränkflüssigkeit abgezogen, der Tränkkessel in vertikale Lage gebracht, so daß die Mastfüße unten sind, etwa 15 min evakuiert und mit heißem Steinkohlenteeröl bis zur gewünschten Höhe (meist bis 2 m) gefüllt. Mit Hilfe von Preßluft werden dann unter Ölnachgabe die am stärksten gefährdeten Mastfüße einer verstärkten Tränkung unterzogen, worauf der Kessel wieder horizontal gelegt wird und die Masten ausgefahren werden (Abb. 211 u. 212).

---

[1] I. W. Bailey, The Preservative Treatment of Wood. II. The structure of the pit membranes in the tracheids of conifers and their relation to the penetration of gases liquids and finely divided solids into green and seasoned wood. Forest Quart., **11**, 12—20, 1913.

[2] F. Peters, Übersicht über die in Deutschland vor dem Krieg und während desselben benutzten Holzschutzverfahren und Mittel. Unveröffentlicht.

[3] E. Taborovsky, Le Bois — Sa Conservation. Les Procédés d'Imprégnation appliqués en France. Office Internat. d'Etudes pour la Préservation des Bois. La Haye 1938.

β) Kesseltränkung mit Salzlösungen.

Die Verwendung wäßriger Metallsalzlösungen zur Kesseltränkung von Masten wurde von der Deutschen Reichspost seit 1852 ausgeführt. Die

Abb. 211. Tränkanlage nach Poulain mit schwenkbarem Kessel in Normallage.

Auswertung der in den Jahren 1852—1900 mit 3,5% Zinkchloridlösung im Volltränkverfahren behandelten Stangen ergab eine mittlere Lebensdauer von 12,3 Jahren[1].

Etwa seit der Jahrhundertwende begann das Fluornatrium, dessen Wert besonders durch Basilius Malenkovic[2], I. Netzsch[3], Falck[4] und Wolman bekanntgemacht wurde, steigende Verwendung in der Stangenkonservierung zu erlangen, da es sowohl Chlorzink wie Kupfervitriol an Giftigkeit gegenüber den Holzzerstörern übertrifft. Seine Haupt-

Abb. 212. Tränkanlage nach Poulain mit schwenkbarem Kessel in vertikaler Lage.

---

[1] K. Winnig, a. a. O.

[2] B. Malenkovic, Die Holzkonservierung im Hochbau. Wien und Leipzig 1907.

[3] I. Netzsch, Die Bedeutung der Fluorverbindungen für die Holzkonservierung. Diss. München 1909.

[4] R. Falck, Hausschwammforschungen. Jena 1912.

nachteile sind seine verhältnismäßig geringe Löslichkeit in Wasser (etwa 4%) und seine leichte Auswaschbarkeit. Es wird wie auch eine Reihe anderer Fluorverbindungen im allgemeinen in kombinierten Holzschutzmitteln verwendet, wodurch man teils eine Erweiterung der fungisiden Wirkung, teils Korrosionsfreiheit gegenüber Eisen und schließlich eine schwerere Auslaugbarkeit aus dem imprägnierten Holz zu erreichen sucht. Bei einigen dieser Imprägniersalzgemische wird durch die Zugabe von Arsen auch eine Erhöhung der insektiziden Kraft bewirkt.

Aus der großen Zahl dieser Vorschläge seien in erster Linie die Mischungen des Fluornatriums mit den sehr pilzwidrigen Nitrophenolen herausgegriffen (Malenkovic: DRP. 219893 vom 11. 3. 1909). Ein zuerst „Bellit" genanntes Salzgemisch wurde 1912 von Weiler ter Meer in Uerdingen hergestellt, seit 1913 nach dem Vornamen von Malenkovic „Basilit" genannt (89% Fluornatrium und 11% Dinitrophenolanilin) und später von der IG-Farbenindustrie erzeugt.

Von den Rütgerswerken wurden im Jahre 1914 den Gemischen von Fluornatrium mit Dinitrophenolen bzw. Dinitrophenolsalzen als Eisenschutzmittel geeignete anorganische Schutzstoffe, besonders chromsaure oder bichromsaure Alkalien, zugesetzt (DRP. 299411 und 300955). Das bekannteste dieser gegen Eisen indifferenten Gemische wurde seinerzeit von der Grubenholzimprägnierung G. m. b. H. unter dem Namen „Triolith" in den Handel gebracht. Ein auch insektizid besonders wirksames Gemisch, welches ebenfalls im Laboratorium der Rütgerswerke ausgearbeitet[1] und unter dem Namen „Thanalith" bekannt wurde, wurde von der Grubenholzimprägnierung G. m. b. H. in die Praxis eingeführt und ergab bei den 1926 von der Reichspost mit 2000 Kiefernstangen, die im Kesseldruckverfahren vollimprägniert wurden, durchgeführten Versuch ein ausgezeichnetes Ergebnis bei Verwendung dieser Stangen in besonders durch Hausbockbefall gefährdeten Linien[2].

Die anfangs von der Deutschen Reichspost vorgeschriebene Aufnahme von 2,25 kg/cbm Basilit für Kiefernstangen und 1,6—2 kg/cbm für Fichten- und Tannenstangen erwies sich als zu gering, da nach 20jähriger Beobachtungszeit aus den Ausfallszahlen eine mittlere Lebensdauer von 16 Jahren für die Kiefernstangen und eine solche von 12 Jahren für die Fichten- und Tannenstangen berechnet wurde. Man erhöhte daher die vorgeschriebene Aufnahmemenge ab 1926 auf ungefähr 4,5 kg festes Salz je cbm[3].

Die festere Einlagerung der Fluor- und Arsensalze in die Holzfaser wurde insbesondere durch die Beimischung von Bichromaten erreicht, was zur Bezeichnung U-Salze (unauslaugbare Salze) führte. Ihre erfinderische Ausarbeitung erfolgte in den Laboratorien der Rütgers-Werke, Berlin, worauf sie unter den Bezeichnungen Basilit U und UA der IG-Farben, Wolmansalze Triolith U und Thanalith U, Osmolit U und UA und a. m. in den Handel kamen. Das A bedeutet arsenhaltig.

---

[1] DRP. 356132 und 407532 (Grubenholzimprägnierung G.m.b.H.).
[2] K. Winnig, Der Schutz von Holzmasten bei der Deutschen Reichspost. Ztschr. Das Holz, 1939.
[3] K. Winnig, Das Holz, 1934.

γ) Doppeltränkung.

Diese wurde als eine Variante des Poulainverfahrens bereits erwähnt, und wird hauptsächlich da angewandt, wo die am leichtesten imprägnierbaren Kiefern nicht ausreichend zur Verfügung stehen. Die Fichten- und Tannenstangen werden dabei meist einer Volltränkung mit einem wasserlöslichen Imprägniersalz bis zu einer Aufnahme von etwa 3 kg/cbm unterzogen und durch eine nachträgliche Teerölimprägnierung mit einer verstärkten äußeren Schutzzone versehen.

Ältere Erfahrungen der österreichischen Generaldirektion für die Post- und Telegraphen-Verwaltung lauteten befriedigend, doch wurde dieses Verfahren in dem 1938 erstatteten Bericht der genannten Generaldirektion nicht mehr erwähnt[1].

Es findet dagegen häufig in den USA. und in Frankreich als „Procédé Dessemond" Anwendung. Bei Kiefern werden dabei zuerst 350 l/cbm 1,5%ige Kupfersulfatlösung in das Holz gedrückt, 60 l/cbm durch Unterdruck wieder herausgeholt, worauf die Zweittränkung mit Steinkohlenteeröl erfolgt (Einpressung 100 kg/cbm mit nachfolgender Zurückgewinnung von etwa 20 kg/cbm durch Unterdruck).

b) Trogtränkung.

Man unterscheidet die Tauchtränkung, die in einem kürzeren Eintauchen von meist kleineren Holzgegenständen, Schnittwaren, Bauhölzern oder schwachen Stangen, z. B. für die Landwirtschaft, besteht, von der eigentlichen Trogtränkung, die mit Einlagerungszeiten von 5 bis 10 Tagen, dauernder Kontrolle und Aufrechterhaltung der Schutzmittelkonzentration arbeitet.

Die Kyanisierung, die sich des schon im Mittelalter und seit dem Vorschlag von Homberg (1705) zu Holzschutzzwecken verwendeten Quecksilbersublimats bedient, wurde 1823 von Kyan in die Holzkonservierungsindustrie eingeführt. Beim Bau der badischen Bahnen entstanden um 1840 die ersten deutschen Anlagen dieser Art, von denen auch die ganze weitere technische und wissenschaftliche Entwicklung dieses Verfahrens, das im Abschnitt „Die Schutzbehandlung des Holzes" eingehend besprochen wird, getragen wurde.

Selbstverständlich wurde und wird die Trogtränkung auch mit anderen wäßrigen Schutzsalzlösungen betrieben, so insbesondere in den Vereinigten Staaten mit 5%iger Chlorzinklösung, mit 3,5%iger Fluornatriumlösung, und bei der Deutschen Reichspost mit etwa 2%igen Lösungen der bereits beschriebenen Salzmischungen Basilit UA und ähnlichen. Um die auf Grund der Erfahrungen mit der Kesseltränkung geforderten Mindestaufnahmen von 4 kg/Salz/cbm zu erreichen, ersetzte man in den neuen Mischsalzen das Fluornatrium durch das leicht lösliche saure Fluorkalium, und konnte mit diesen Salzmischungen (Basilit UA leichtlöslich, Trioxan usw.) in kaltem Wasser etwa 10%ige Lösungen herstellen, von denen lufttrockene Fichten- und Tannenstangen etwa

---

[1] E. Mörath, Erfahrungen über die Schutzbehandlung von hölzernen Masten der Telegraphen- und Kraftleitungen, Haag 1939.

34*

35—50 l/cbm (entsprechend 3,5—5 kg/Salz/cbm) aufnehmen. Diese Salze wurden von der Deutschen Reichspost uneingeschränkt an Stelle des Sublimats zugelassen, das 1935 aus wirtschaftspolitischen Gründen in Deutschland auf die Tränkungen für den Export beschränkt und während des letzten Krieges dort und auch in den anderen europäischen Ländern mehr oder weniger verboten wurde. Da inzwischen aber wieder größere Quecksilbervorräte freigegeben wurden, hat die Kyanisierung wieder an Umfang zugenommen. Eine der Hauptvorzüge der Kyanisierung ist die geringe Auswaschbarkeit des Sublimats, die bei Versuchen mit wochenlanger Einwirkung und täglich gewechseltem destillierten Wasser auf zu Streichholzgröße zerkleinertes kyanisiertes Holz nur 5% betrug, während Basilit UA, das sich leichter im ganzen Splint gleichmäßig verteilt, unter den gleichen Umständen zu 40% ausgewaschen wurde. Die mit den genannten Schutzmitteln behandelten und wie beschrieben ausgelaugten Hölzer blieben aber trotzdem gegen die in den anschließenden Versuchen angewandten wichtigsten Holzzerstörer widerstandsfähig.

Bei der Einlagerung in die genannten Salzgemischlösungen findet, wie Winnig a. a. O. ausführt, ein verschiedenes Eindringen der einzelnen Bestandteile in das Holz statt. In den äußersten Holzschichten werden bereits Dinitrophenol und Kaliumbichromat zurückgehalten, von denen das letztere bei längerem Verweilen im Holz durch Umsetzung mit den vorhandenen Fluor- und Arsensalzen teilweise in schwerlösliche, grünliche, komplexe Salze (Chromkryolith bzw. Chromarseniat) verwandelt wird. Die Arsenate dringen etwas weiter ein und am weitesten, wenn auch in schwächerer Konzentration, das verwendete Fluorsalz.

c) Tankverfahren.

Ein der Trogtränkung im Prinzip gleiches Verfahren wird besonders in den USA. nach den Vorschlägen von Prof. Ch. A. Seely (1867) als vereinfachte Teeröltränkung angewandt. Bei diesem sogenannten „open tank"-Verfahren werden die Stangen entweder nur mit den Stammenden oder ganz in beheizbare, offene Kessel gebracht. In diesen wird das Teeröl bis zu etwa 100° C erhitzt, wobei Luft und Feuchtigkeit aus dem Holz ausgetrieben werden. Bei der folgenden langsamen Abkühlung der Stangen (8—9 Stunden) entsteht in den Holzzellen ein Unterdruck, der die Tränkflüssigkeit einsaugt.

Rascher und wirtschaftlicher arbeitet das „double-tank"-Verfahren, bei dem ein Trog mit Teeröl ständig beheizt und der andere, in den die Stangen nach genügendem Erhitzen im ersten Trog rasch gebracht werden, mit kaltem Teeröl gefüllt ist.

In einfachen, ländlichen Verhältnissen und bei ungünstiger Transportlage zu Imprägnierwerken kann dieses Verfahren ganz gut angewandt werden, es wird auch in zahlreichen europäischen und amerikanischen Patentschriften behandelt und erzielt bei splintreichen, lose gewachsenen Hölzern, insbesondere solchen, die große Tüpfel zwischen Tracheiden und Markstrahlzellen besitzen, wie die Kiefern, große Ölaufnahmen.

d) Das Saftverdrängungsverfahren.

Dieses auf sehr alte Versuche zur Tränkung lebender Stämme[1] zurückgehende, durch den französischen Arzt Boucherie[2] 1841 in die Praxis eingeführte Verfahren beherrschte in der zweiten Hälfte des vorigen Jahrhunderts die Stangentränkung fast ausschließlich. Seine Einzelheiten sind im Abschnitt „Die Schutzbehandlung des Holzes" eingehend beschrieben, so daß nur auf einige Punkte hinzuweisen ist.

Der Hauptvorteil dieses nur bei frisch gefällten, noch berindeten Stangen anzuwendenden Verfahrens ist die vollständige Durchtränkung des Splints von Tannen und Fichten. Bei Wachstumsunregelmäßigkeiten treten allerdings sehr ungleichmäßige Verteilungen und sogar ganz ungeschützte Stellen auf.

Da Kupfersulfat gegen manche Pilzarten, die Oxalsäure produzieren, fast unwirksam ist, ergaben sich örtlich oft ziemlich niedrige Gebrauchsdauern der boucherisierten Stangen. Aus diesem Grunde und wegen der Schwierigkeiten, die die termingemäße Herbeischaffung ganz saftfrischer Hölzer oft machte, wurde das Verfahren etwa um die Jahrhundertwende fast ganz verlassen — mit Ausnahme von Frankreich, der Schweiz und Dänemark.

Ab 1936 wurde es aber von der Deutschen Reichspost und den Verwaltungen der großen deutschen Elektrizitätswerke versuchsweise mit Basilit UA und ähnlich zusammengesetzten Schutzsalzlösungen wieder zugelassen, wobei gleichzeitig eingehende Untersuchungen über den Druckabfall, Schlammbildung und die Tränkzeiten durchgeführt wurden.

An Neuerungen sind die Unterstützung der Saftverdrängung (durch Dampfdruck) durch ein am Zopfende kontinuierlich wirkendes Vakuum[3] und durch die gleichzeitige Anwendung der Saftverdrängung in zwei entgegengesetzten Richtungen[4,5] erprobt worden, doch fehlen bisher genügend lange Beobachtungen, um ein Urteil über den Wert dieser Neuerungen abgeben zu können.

Das Saftverdrängungsverfahren erscheint hauptsächlich für kleinere Werke mit Jahresleistungen von einigen tausend Stangen geeignet, da die Betriebseinrichtungen verhältnismäßig billig und leicht transportabel sind, so daß mit ihnen sonst verkehrsungünstige Gebiete gut erschlossen werden können, weniger aber für permanente Großbetriebe.

e) Cobraimprägnierung.

Das Cobra- oder Impfstichverfahren, welches heute kaum noch angewendet und im Abschnitt „Die Schutzbehandlung des Holzes" be-

---

[1] Magnol, Histoire de l'Academie des Sciences, Paris, 1705.

[2] M. A. Boucherie, Mémoire sur la conservation des bois. Ann. de Chim. et de Phys. **74**, 1840, S. 113—157.

[3] H. Gewecke, Verfahren zur Imprägnierung von saftfrischem, nicht entrindetem Holz. Atlasmaste KG. DRP. 730 839, 1936.

[4] H. Gewecke, Verfahren zum Imprägnieren saftfrischer Stämme durch Imprägnieren in zwei entgegengesetzten Richtungen. DRPa. 38 h. A. 80 867 v. 4. 10. 1936.

[5] W. Ludwig, Zur Imprägnierung von Holzmasten. Selbstverlag Königsberg 1937. DRP. 687 223 u. 688 151.

schrieben wird, beruht auf dem Einspritzen von Schutzstoffpasten mittels elliptischer Hohlnadeln, die bis zur Tiefe der angestrebten Schutzwirkung in das Holz eingetrieben werden (etwa 4—7 cm mittels eigener Maschinen[1]). Die Feuchtigkeit in der gefährdeten Zone bewirkt dann eine Lösung dieser Stoffe, und durch die Diffusion derselben in die umgebenden Holzschichten bildet sich eine mantelförmige Schutzzone aus.

Zur Nachpflege bereits verbauter Masten wurde der Impfhammer entwickelt, dessen hohler Stahlgußstiel als Behälter für die Schutzpaste für etwa 250 Impfstiche dient. Durch einen Schlag wird die Hohlnadel jeweils 4—5 cm tief in den Stamm getrieben, wobei etwa 2—2,5 g Schutzpaste in das Holz gedrückt werden. Trotz verschiedener apparativer Verbesserungen[2] wird dieses Impfen auch bei der Nachbehandlung zunehmend durch das Bandagenverfahren ersetzt.

f) Osmotierung.

Das von Schmittutz erfundene sogenannte „Osmose-Verfahren", das auf der Diffusion hochkonzentrierter Schutzstofflösungen in frisch geschlagene oder mindestens gleichmäßig durchnäßte Stangen beruht, hat seit 1935 einen interessanten Aufschwung genommen, der insbesondere durch die Versuchsaufträge der Deutschen Reichspost 1934—1935 und die Untersuchungen an der Technischen Hochschule Braunschweig unterstützt wurde[3].

Um dieses Konzentrationsgefälle zur Auswirkung zu bringen, ist es notwendig, daß bei frisch geschlagenem Holz die Zellen noch mit Saft gefüllt sind. Dieser Zustand bleibt im allgemeinen bis zu 14 Tagen nach der Fällung, bei Winterfällung bis zum April erhalten.

Da Unterschreitungen des nötigen Feuchtigkeitsgehaltes das Verfahren unwirksam machen, muß eine Prüfung desselben stattfinden, die am besten wie folgt ausgeführt wird:

Eine etwa 2 cm dicke Stammscheibe wird im durchfallenden Licht einer starken Lampe oder im direkten Sonnenlicht betrachtet, wobei sich der Splint durch einen rosenroten Lichtschimmer, der nur bei ausreichendem Saftgehalt vorhanden ist, von dem gleichmäßig dunkler erscheinenden Reifholz abheben muß. Dieser Feuchtigkeitszustand läßt sich auch daran erkennen, daß der Bast beim Abtrennen der Rinde zart weiß und die Kambialschicht überall feuchtigkeitsgesättigt ist.

Die Einzelheiten der Ausführung dieses Verfahrens sind im Abschnitt „Die Schutzbehandlung des Holzes" eingehend beschrieben. Wenn man nach den Vorschriften der Deutschen Reichspost vorgeht, erzielt man bei Fichten- und Tannenholz im Durchschnitt Aufnahmen von 3—4 kg/cbm Imprägniersalz (meist Osmolit U-Arsen).

---

[1] Das Cobra-Verfahren. DRP. 352963 u. a. Privatdruck der Cobra-Holzimprägnierungsgesellschaft mbH., Kissingen.

[2] H. Schad, Vorrichtung zum Tränken von Holz. DRP. 722224 v. 1936, und 715396.

[3] K. Alberti, Untersuchungen über das Osmose-Holzschutzverfahren. Holz als Roh- und Werkstoff **1**, Heft 11, S. 426—432, August 1938.

Außer den bekannten U-Salzen wurden auch andere Salzgemische in geeignete Pastenform gebracht, wobei insbesondere mit dem sublimathaltigen „Osmolitsub" gute Versuchsergebnisse erzielt wurden[1, 2].

g) Bandagenschutz, Kopfschutz und Bohrlochschutz.

machen von denselben Eigenschaften meist hochkonzentriert aufgebrachter Schutzpasten, sich im Zellsaft oder sonst im Holz befindlicher Feuchtigkeit zu lösen und zu verteilen, Gebrauch. Sie werden hauptsächlich zur Nachbehandlung von Masten angewandt und sind ebenfalls im Hauptteil eingehend beschrieben.

D. Behandlung der konservierten Maste.

Die wichtigste Nachbehandlung der konservierten Maste besteht in einer ausreichenden, mehrere Monate dauernden Austrocknung auf ordentlich erbauten, luftigen Stapeln. Bei frisch imprägnierten Stangen und sofortigem Einbau würde in den meisten Fällen viel Imprägnierflüssigkeit ohne Nutzen in den Erdboden abfließen und das Holz von Anfang an den Pilzangriffen unter ungünstigen Bedingungen ausgesetzt werden. Bei der Lagerung verstärkt sich außerdem die Bindung derjenigen Salze an die Holzfaser, die — wie insbesondere das Sublimat — eine chemische Affinität zu ihr besitzen. Ferner werden die meisten Stangen (insbesondere die mit wäßrigen Schutzsalzlösungen getränkten) bei dieser Lagerung erheblich leichter, was bedeutende Frachtersparnisse ermöglicht.

Sehr wertvoll ist bei mit Imprägniersalzen behandelten Masten ein zusätzlicher Schutz der Erdaustrittszone durch den bereits beschriebenen Stockschutz und des Zopfendes durch einen Anstrich gleicher Art oder durch Aufbringung von Kopfschutzkissen.

Das nachträgliche mechanische Bearbeiten von imprägnierten Stangen und Masten ist tunlichst zu vermeiden, weil dadurch u. U. die Schutzzone verletzt und ungeschütztes Holz freigelegt werden kann. Wenn es sich doch nicht umgehen läßt, muß man die bloßgelegten, nicht durchtränkten Holzflächen sofort anschließend mit 2—3 gut deckenden, satten Anstrichen mit heißem Steinkohlenteeröl oder auf andere geeignete Weise schützen.

Von Wichtigkeit ist auch die Auswahl der Einbaustellen, die möglichst nicht in verpilztes Erdreich (alte Stangenlöcher) oder Stellen mit merklicher Grundwasserströmung, Jauchegehalt usw. verlegt werden sollen. Bei der Erstellung mehrteiliger Holzgestänge soll der Zusammenbau aus rohen oder aus der Strecke zurückgewonnenen Hölzern mit imprägnierten, neuen vermieden werden, da die ersteren meist Pilzherde abgeben.

---

[1] O. Tropitzsch, Marktredwitz, Priv. Bericht v. 1. 7. 1944.
[2] C. Schmittutz, Bericht über die über das Osmose-Verbund-Imprägnierverfahren nach C. Schmittutz in Schleißheim bei München. 7. 7. 1943. — U1505.

Um die Betriebssicherheit der Leitungen aufrechtzuerhalten, müssen die einzelnen Stangen einer regelmäßigen Prüfung unterzogen werden, eine Mühe, die bei Eisengestängen mit der periodischen Erneuerung des Rostschutzes ja auch als selbstverständlich hingenommen wird. Die äußere Besichtigung und der Klang beim Abklopfen mit einem Hammer geben dem Fachmann meist schon einen ausreichenden Befund. In Zweifelsfällen empfiehlt es sich, mit einem Zuwachsbohrer einen Bohrkern zur näheren Untersuchung zu entnehmen, worauf das Bohrloch natürlich mit einem entsprechend getränkten Dübel verschlossen und die Stelle mit einem geeigneten Schutzmittel verstrichen werden muß. In den USA. wird die Kontrolle der Masten zum Teil mittels Röntgenstrahlen durchgeführt, die mit Hilfe eines in Personenkraftwagen mitgeführten Aggregates erzeugt werden[1].

Sehr bewährt hat es sich, alle 3 Jahre die Tag- und Nachtzone der Stangen freizulegen und mit Teeröl nachzustreichen[2] oder besser mit entsprechenden Bandagen zu schützen. Stellenweise erfolgt die Nachbehandlung auch noch mit dem Impfstich-Verfahren.

Die Nachbehandlung ist dann als wirtschaftlich zu bezeichnen, wenn die durch sie erzielte Verlängerung der Lebensdauer in Jahren größer ist als das Produkt aus normaler Lebensdauer mit den Kosten der Nachbehandlung, geteilt durch die Kosten des Ersatzes des betreffenden Mastes.

$$t > \frac{T \cdot k}{K} \, .$$

Dieser Punkt wird unter Zugrundelegung der in der Schweiz 1942/43 herrschenden Kosten und Verhältnissen (K = Ersatz eines Mastes = 125 Frs., k = Nachpflegekosten = 7 Frs., T = normale mittlere Lebensdauer = 17 Jahre) bereits bei einer Lebensdauerverlängerung um knapp 1 Jahr erreicht, während nach Wecker praktisch Verlängerungen um 6 Jahre erzielt wurden[3].

Bei starken Beschädigungen der Erdaustrittszone werden auch Mastfüße angewandt, von denen sich die teerölgetränkten Buchenmastfüße am besten bewährt haben.

3. Abfallserscheinungen und Lebensdauer der hölzernen Leitungsmaste.

A. Verlauf des Abfalls.

Die Lebensdauer der einzelnen Maste einer Leitung ist untereinander sehr verschieden, selbst wenn die klimatischen und Bodenverhältnisse innerhalb des Gebietes dieser Leitung ziemlich gleichmäßig

---

[1] Myron Zucker, X-Ray Pole Inspection a New Engineering Tool. Electrical World, March 1940.

[2] R. Machill, Die Pflege der Holzmasten bei der Deutschen Reichspost. Elektrizitätswirtschaft **36**, Nr. 13, S. 317/18, 1937.

[3] F. Wecker-Frey, Ist das Nachimprägnieren von Leitungsmasten wirtschaftlich? Bull. Schweiz. El. Verb. 1943, H. 20, S. 612—614.

sind und die Stangen aus demselben Einschlag stammen und in gleicher Weise konserviert werden. Diese Einzelstreuungen sind viel größer als die Streuungen der Mittelwerte, die etwa von verschiedenen Leitungen mit gleichbehandelten Masten gewonnen wurden, so daß man in der Praxis nur mit den Mittelwerten rechnet.

Die genaue Verfolgung des Verhaltens der Einzelmasten, die insbesondere von den Post- und Telegraphenverwaltungen seit 1852[1, 2] durchgeführt wird, zeigt, daß ein kleiner Teil der Stangen nur kurze Zeit den Holzzerstörern standhält, daß die Hauptzahl derselben sich um einen Mittelwert gruppiert und daß schließlich nur wieder eine kleine Zahl sich sehr lange erhält. Die scheinbaren Regellosigkeiten dieser Abfallserscheinungen wurden durch die angeführten Untersuchungen, die bei der Deutschen Reichspost allein 14 Millionen Stangen umfaßten, dahin aufgeklärt, daß die Einzelabfallskurven weitgehend mit der Wahrscheinlichkeitskurve übereinstimmen, welche den graphischen Ausdruck des Gaußschen Gesetzes der Fehlerwahrscheinlichkeit bildet. Die mathematischen Auswertungen dieser Untersuchungen sind eingehend im Abschnitt „Ermittlung der Lebensdauer imprägnierter Hölzer" enthalten, so daß hier nur kurz auf die Ursachen des Abfalls eingegangen zu werden braucht.

B. Ursachen des Abfalls.

Diese Ursachen können in zwei Gruppen gegliedert werden:

1. in die örtlichen Einflüsse auf die Leitungsmaste und

2. individuelle Ursachen, die von der Beschaffenheit des Einzelmastes in weitestem Sinne abhängen.

Die örtlichen Einflüsse gliedern sich wieder in

a) die klimatischen Verhältnisse und

b) die Bodenbeschaffenheit.

a) Die klimatischen Verhältnisse sind von erheblichem Einfluß, da sie für die Lebensbedingungen der holzzerstörenden Pilze von größter Bedeutung sind. Bei Temperaturen etwa unter 3° C und über etwa 39° C können diese nämlich nicht weiterwachsen und das Holz angreifen, wenn ihr Absterben auch erst bei etwa − 10° C, bzw. bei + 45° C bei feuchter Hitze und bei ungefähr 100° C bei trockener erfolgt. Ferner benötigen sie unbedingt Feuchtigkeit zu ihrem Leben. Trockene und sehr kalte Gebiete bieten daher Aussicht auf lange Lebensdauer, während solche mit starken Niederschlägen und besonders mit häufigem Wechsel von Feuchtigkeit und Trockenheit bei milden Temperaturen ungünstig für die Maste sind. So betrug z. B. nach der österreichischen Stangenstatistik die Lebensdauer der boucherisierten Telegraphenstangen in Dalmatien, wo es im Sommer oft monatelang keine Niederschläge gibt,

---

[1] Christiani, Über die Gebrauchsdauer und den Gebrauchswert hölzerner Telegraphenstangen. Arch. Post Tel. 1905, S. 505 u. 1911, S. 225.

[2] K. Winnig, Der Schutz der Holzmasten bei der Deutschen Reichspost. Holz als Roh- und Werkstoff 2, 1939, S. 272.

21,9 Jahre, dagegen in den milden und feuchten mittelösterreichischen Niederungen und den Voralpengebieten nur 11 Jahre.

b) Die örtliche Bodenbeschaffenheit wird durch die chemische Zusammensetzung und physikalische Beschaffenheit des Bodens, die seine Wasserbindung bedingt, und durch die lokale Pilzflora beeinflußt, worauf schon früher eingegangen wurde. Wasserlösliche Schutzmittel erzielen im allgemeinen auf kalkhaltigen Böden niedrigere Lebensdauer als auf Urgesteinböden, während die teerölgetränkten Stangen auf tonigen und kalkhaltigen Böden besonders gut abschneiden. In ständig nassen Böden sind die Lebensdauerwerte meist höher als in solchen mit wechselnder Feuchtigkeit. Am höchsten sind sie aber in ganz trockenen, mageren Böden oder in Steinschichtungen, die ein rasches Abfließen der Niederschläge ermöglichen.

Unter den individuellen Ursachen nimmt neben der Holzart und Beschaffenheit und ihrer natürlichen Widerstandsfähigkeit die Art, Menge und Verteilung des Schutzmittels unbedingt die erste Stelle ein. Die Ergebnisse der bis 1933 geführten Erhebungen der Deutschen Reichspost wurden bereits zitiert[1], während aus den internationalen Umfragen bei den europäischen Verwaltungen[2] sich folgende mittlere Lebensdauern ergaben:

Behandelt mit:	Jahre
Steinkohlenteeröl	26,—
Quecksilbersublimat	18,1
Kupfersulfat	20,9
Basilit	16,2
Sonstige Schutzmittel	12,—
Unbehandelt	9,5

Dabei muß aber berücksichtigt werden, daß es sich bei den unbehandelten Stangen fast nur um solche aus Holzarten handelt, die von Natur aus schon recht beständig sind — Kastanie, Eiche, Lärche —, die zudem in klimatisch für Pilzangriffe ungünstigen Gegenden standen (Skandinavien, Hochgebirge), sowie bei den mit Kupfersulfat behandelten Stangen, daß diese hauptsächlich in Ländern (Frankreich, Schweiz) standen, in denen die gegen Kupfersulfat widerstandsfähigen Zerstörer selten sind, und daß sie ferner zu einem großen Teil in der am meisten gefährdeten Erdaustrittszone zusätzlich mit Steinkohlenteeröl nachbehandelt waren.

Die natürliche Beständigkeit der Maste wurde bereits im Abschnitt „Verhalten des rohen und konservierten Holzes" behandelt und als von dem Inhalt an fungiziden und insektiziden Inhaltsstoffen, der Dichte und dem anatomischen Bau abhängig erkannt.

Die Wechselwirkung dieser beiden Faktoren muß genau beachtet werden, und man darf sich nicht etwa verleiten lassen, die hohe natür-

---

[1] G. K. Winnig, Statistik der Reichspost über die Lebensdauer von Leitungsmasten. Arch. Post Tel. 1934, S. 1.
[2] E. Mörath, a. a. O. vgl. S. 451.

liche Widerstandsfähigkeit einer Holzart und die Schutzwirkung eines bekannten Schutzmittels, die noch dazu eventuell an anderen Holzarten untersucht wurde, zu addieren.

Schließlich liegen außer diesen mehr oder minder regelmäßig einwirkenden Abfallsursachen auch zahlreiche unkontrollierte Gründe vor, die man etwa mit Unfällen vergleichen kann, wie man ja auch sonst das Bild der „Lebensdauer" angenommen hat. Diese wären z. B.: Blitzschläge, Feuer, Überschwemmungen, Lawinen, abnorm starker Rauhreif und orkanartige Stürme von seiten der Natur, sowie Leitungsumlegungen, Änderungen in den Unterhaltungsvorschriften usw. von der Seite der mit der Bewirtschaftung der Leitung beauftragten Menschen.

Alle diese Umstände bewirken oft schwer zu übersehende Unregelmäßigkeiten in den Kurven und deren Abweichungen von der Gaußschen Wahrscheinlichkeitslinie. Besonders häufig sind die Einzelabfalllinien nach links verschoben, und weisen in den ersten Jahren stärkere Unregelmäßigkeiten auf, namentlich wenn bei der Auswahl und Abnahme der Rohmaste nicht mit der nötigen Sorgfalt und Erfahrung vorgegangen wurde und bereits vorhandene Erkrankungen übersehen wurden.

C. Berechnung der Lebensdauer.

Die hier zu beachtenden Erfahrungen werden aus Gründen der Raumersparnis im allgemeinen Abschnitt „Ermittlung der Lebensdauer imprägnierter Hölzer" besprochen.

4. Die Wirtschaftlichkeit der konservierten Maste.

Die Wirtschaftlichkeit der hölzernen Stangen und Maste ist nicht nur für den jeweiligen Besitzer, sondern auch für die Volkswirtschaft eines Landes von großer Bedeutung, da ihre Zahl und der Holzbedarf für ihre Erneuerung sehr groß sind. In Deutschland konnte bei Beginn des letzten Krieges mit etwa 15 Millionen hölzerner Maste, von denen rund 8 Millionen in den Linien der Reichspost standen, und in Europa mit rund 100 Millionen gerechnet werden[1].

Zur Beurteilung der Wirtschaftlichkeit dient der Gebrauchswert der Stange, der die Höhe der Ausgaben darstellt, die sie jährlich während ihres Stehens in der Linie verursacht. Die Berechnung dieses Gebrauchswertes wurde ursprünglich einfach durch Division der Anlagekosten der Stange durch die mittlere Lebensdauer durchgeführt, wobei die Außerachtlassung der Amortisation und Verzinsung etwas zu niedrige Zahlen ergab.

Unter Berücksichtigung der letzteren berechnet sich der Gebrauchswert R nach folgender Formel:

$$R = N \cdot f + \frac{N_1 \cdot f}{(1 + f)^n - 1} = f\left(N + \frac{N_1}{(1 + f)^n - 1}\right).$$

[1] E. Mörath, a. a. O. vgl. S. 451.

Darin bedeutet: N das für die Neuerstellung einer Stange bzw. 1 cbm Stangenholz aufzuwendende Kapital, das sich aus dem Stangenpreis am Werkplatz (Rohholzpreis einschl. Ausformungs- und Imprägnierkosten), Fracht einschl. Verteilung längs der Linie und mittleren Einbaukosten zusammensetzt:

n die mittlere Standdauer in Jahren,
f den Zinsfuß in % und

N_1 das Nachschaffungskapital, das nach der Standdauer von n-Jahren aufzuwenden ist und das sich wieder aus dem Anschaffungspreis, den Fracht-, Verteilungs- und Auswechslungskosten für den abfallenden Stützpunkt zusammensetzt, die meist höher sind als beim Neubau, abzüglich des Altmaterialerlöses für die herausgenommene Stange.

In den letzten Jahren vor dem ersten Weltkrieg betrugen die Gebrauchswerte teerölgetränkter Stangen um 50—60% weniger als die nicht imprägnierter Stangen, während um das Jahr 1949 etwa die folgenden Verhältnisse bestanden[1]:

Wirtschaftlichkeitsberechnung für rohe und nach Rüping mit Teeröl imprägnierte kieferne Telegraphenstangen aus dem Jahre 1949.

	Roh	Mit Teeröl nach Rüping imprägniert
	DM	DM
Kosten einer kiefernen Telegraphenstange von 10 m Länge und 15 cm Zopfstärke frei Verwendungsort (in Westdeutschland)	25,00	34,50
Einbaukosten	15,00	15,00
Gesamtkosten	40,00	49,50
Mittlere Lebensdauer nach Veröffentlichungen der Deutschen Reichspost	8 Jahre[2]	33 Jahre
also Kosten pro Jahr	5,00	1,50

Dieser Gebrauchswert gibt uns die Möglichkeit, die Wirtschaftlichkeit der hölzernen Stangen und Maste mit derjenigen von Stützen aus anderen Baustoffen, z. B. Eisen und Eisenbeton, zu vergleichen.

Bei sehr starken Belastungen durch Seilzug, Wind-, Eis- und Schneelast glaubte man oft gezwungen zu sein, zu Eisenkonstruktionen überzugehen, doch zeigte es sich, daß bei sehr tiefen Temperaturen die Sprödigkeit des Eisens unangenehme Überraschungen ergeben kann, während die Festigkeit des Holzes um so größer wird, je kälter es ist.

Dann lernte man auch mit zunehmendem Maße die schwierigen technischen Probleme im ingenieurmäßigen Holzbau, insbesondere durch die Verbesserungen der kraftschlüssigen Verbindungen, zu lösen. Ferner besitzt das Holz eine für die Hochspannungstechnik besonders wichtige Eigenschaft, nämlich eine hohe Isolierfähigkeit. Untersuchungen von Müller-Hillebrand zeigten, daß Isolatoren, die auf Eisengittermasten schon bei Spannungen von 200000 bis 300000 Volt Überschläge ermöglichten, auf entsprechenden Holzmasten bis zu 800000 Volt über-

---

[1] F. Peters, Die Holzkonservierung mit Steinkohlenteeröl, Berlin 1950.
[2] Die Poststatistik bezieht sich auf kieferne und eichene Stangen. Für kieferne Stangen allein beträgt die mittlere Lebensdauer nur 5—6 Jahre.

standen[1]. Die Imprägnierung mit Steinkohlenteeröl wirkt dabei noch wasserabstoßend und in geringem Umfang die Isolierung erhöhend[2]. Dadurch gleichen sich bei richtig dimensionierten Holzmasten Überspannungen nur durch den Schutzdraht aus, nicht aber durch den Mast, was bei Eisen- und Eisenbetonmasten nicht unbedingt gewährleistet ist.

Ferner spielen die hohe Elastizität, die den Holzmast geeignet macht, die durch schwingende Drahtleitungen verursachten Schwingungen ohne Schaden (Betonrisse) aufzunehmen, das im Verhältnis zur Festigkeit niedrige Gewicht und die leichte Montierbarkeit eine bedeutende Rolle. Der letztgenannte Umstand tritt namentlich beim Umbau aller Arten zutage und unterstützt die Vorteile, die sich bei der Verwendung von Holzmasten mindestens im normalen Linienbau bis zu mittleren Spannungen ergeben.

III. Bergbau.

Von Bergassessor Dr.-Ing. **Wilhelm de la Sauce,** Essen.

1. Das Wesen des Grubenausbaus.

Die Gewinnung und Förderung mineralischer Rohstoffe durch unterirdischen Bergbau bringt es mit sich, daß zwar der Verhieb der Lagerstätte ununterbrochen fortschreitet und die Abbauorte lediglich zum Schutz der Bergleute vor vorzeitigem Zubruchegehen offengehalten werden müssen, daß aber gleichzeitig die Notwendigkeit besteht, Schächte, Stollen und Strecken aller Art für längere Zeit, bisweilen für mehrere Jahrzehnte, zu verschiedenen Betriebszwecken, wie Fahrung, Förderung, Wetterführung und Wasserhaltung, offenzuhalten.

Während nun im festen, auch plastischen und elastischen Gebirge die Grubenbaue ohne jede Unterstützung jahrelang stehen, müssen die Hohlräume in Bergwerken mit gebrächem, quellendem oder rolligem Gebirge sofort bei ihrer Herstellung in geeigneter Weise gestützt werden, um ihr Zusammenbrechen infolge der Auslösung zu starker Gebirgsdruckwirkung zu verhüten. Zu der ersten Gruppe von Gruben gehören z. B. die Salz-, Kali- und gewisse Erzbergwerke, zu der zweiten ganz besonders die Stein- und Braunkohlenbergwerke.

Außer dem Gebirgsdruck beeinflussen noch die Atmosphärilien die Grubenbaue in der Weise, daß durch zusitzende Wässer, hohe Feuchtigkeitsgehalte und den Sauerstoff der Wetter in Verbindung mit hohen Wärmegraden das Gestein zersetzt wird, zerbröckelt oder zum Quellen gebracht wird. Vor diesen zerstörenden Wirkungen der Luft und des Wassers müssen Stöße, Firsten und Sohlen der Grubenbaue durch geeignete Verkleidung geschützt werden.

---

[1] D. Müller-Hillebrand, Die Entwicklung der Überspannungstechnik im letzten Jahrzehnt. Int. Rundschau f. Holzverw. Wien 1936, H. 6, S. 32.
[2] P. B. Stewart, Electrical Resistance of Wood Poles. Proc. A.W.P.A. 1936, S. 353.

Für die Art des Grubenausbaues sind verschiedene Gesichtspunkte maßgebend, so insbesondere die Gesteinsart, der Gebirgsdruck und der Betriebszweck des Grubenbaues, der wiederum seine Standdauer bestimmt. Je nach dieser Zeitdauer spricht man von „verlorenem" und „endgültigem" Ausbau. Der „verlorene" Ausbau wird vornehmlich in den Abbauorten angewandt, wo der durch Gewinnung des nutzbaren Minerals entstehende Hohlraum dauernd fortschreitet, also eine Standdauer von nur wenigen Tagen in Betracht kommt. Aber gerade hier hat der Ausbau seine wichtigste Aufgabe zu erfüllen, die Bergleute vor Stein- und Kohlenfall aus dem Hangenden zu schützen, der eine der erheblichsten Gefahrenquellen des Stein- und Braunkohlenbergbaus darstellt.

In allen anderen Grubenbauen wird im Hinblick auf ihre längere Standdauer „endgültiger" Ausbau angewandt. Abbaustrecken und die dazugehörigen Bremsberge stehen etwa 1—2 Jahre, Blindschächte im Durchschnitt 5—10, Grundstrecken, Hauptförderstrecken, Abteilungsquerschläge, Hauptquerschläge und Richtstrecken bis zu 30 und Hauptschächte im Durchschnitt bis zu 50 Jahren, in einzelnen Fällen noch wesentlich länger[1].

Ein weiteres Unterscheidungsmerkmal ist die Kennzeichnung als „nachgiebiger" und „starrer" Ausbau. Das Wesen des „nachgiebigen" Ausbaus besteht darin, daß er einem übermäßig starken Gebirgsdruck nachgiebig auszuweichen und den eintretenden Gebirgsbewegungen zu folgen hat, so daß er dabei zwar aus seiner Lage herausgedrückt wird und Formveränderungen erleidet, aber doch nicht sofort ganz zerstört wird. Er gewinnt im Steinkohlenbergbau mehr

Abb. 213. Nachgiebiger Betonformsteinausbau mit Quetschhölzern.

und mehr an Bedeutung und ist in den letzten Jahrzehnten zu großer technischer Vollkommenheit entwickelt (Abb. 213).

2. Die Baustoffe für den Grubenausbau.

Als Baustoffe für den Grubenausbau stehen Holz, Ziegel, festes Gestein, Beton, Eisenbeton und Stahl in Anwendung. In zurückliegenden Zeiten beherrschten das Holz und Gesteine für alle Betriebszwecke das

---

[1] Allgemeine Holzimprägnierung, Was muß der Bergmann vom Holzschutz wissen?, S. 6, Berlin 1941.

Feld, und erst im letzten Jahrhundert ist nach und nach mit dem starken Steigen der Förderziffern und der Notwendigkeit möglichster Holzersparnis die Verwendung der übrigen Baustoffe in den mannigfaltigsten Verfahren und für ganz spezielle Zwecke hinzugekommen (Abb. 214).

So stehen die Hauptförderschächte moderner, größerer Bergwerksanlagen je nach der Art ihres Abteufens in Ziegel- oder Betonmauerung oder in Eisenausbau, und auch die Einstriche der Schächte werden ganz überwiegend aus Stahlträgern hergestellt. In den Grubenbauen von längerer Standdauer, also Füllörtern und Strecken aller Art in den Hauptfördersohlen, werden ebenfalls entweder Ziegel-, Gesteins-, Formstein- und Betonmauerung oder aus Schienen oder Trägern beste-

Abb. 211. Streckenabzweigung auf einer Hauptförderstrecke.

hender Stahlausbau angewandt und je nach Notwendigkeit durch Einbau elastischer Quetschhölzer nachgiebig ausgestaltet.

Für die Abbauorte mit ihrer nur kurzen Standdauer ist zwar der Ausbau zum Schutz der arbeitenden Bergleute selbstverständlicher, oberster Grundsatz, doch muß andererseits gerade hier der Kostenaufwand möglichst niedrig gehalten werden. Diesen beiden Forderungen gerecht zu werden, ist die Bergbautechnik von jeher und mit gutem Erfolg bemüht gewesen. Während früher nur Holzausbau im Abbau angewandt wurde, wobei das Holz nach Möglichkeit zurückgewonnen, geraubt, wurde, hat der Steinkohlenbergbau in den letzten Jahrzehnten mehr und mehr Abbaumethoden entwickelt, bei denen zur Unterstützung des Hangenden ausziehbare, zwischen Hangendem und Liegendem einzuspannende und leicht wiederzugewinnende stählerne Stempel in mannigfaltigen Ausführungen und Anordnungen verwandt werden können.

Die Kosten eines Eisenstempels waren 1937 etwa 25mal so hoch wie die eines Holzstempels. Die Wirtschaftlichkeit seiner Verwendung ist also erst dann gegeben, wenn er mindestens 30mal eingebaut wird[1]. Seines hohen Preises wegen kann er mit dem Holzstempel nur bedingt in Wettbewerb treten, wenn es sich um den Ausbau der Vorrichtung, d. h. also der Abbaustrecken, Bremsberge und sonstigen Grubenbaue von verhältnismäßig kurzer Standdauer handelt, für die auch Ziegelmauerung, Beton, Träger, Schienen usw. zu teuer sind. Hier behauptet der Holzausbau nach wie vor das Feld.

---

[1] Otto Günther, Der Holzschutz und seine Bedeutung für die deutsche Volkswirtschaft, S. 17. Halle 1937.

3. Die Verwendung des Grubenholzes unter und über Tage.

Je nach dem Ausbau- und sonstigen Betriebszweck wird nun das Grubenholz in den mannigfachsten Formen, Abmessungen und Holzarten benutzt. In erster Linie handelt es sich um Stempel und Kappen verschiedener Längen bis zu 6 m in mächtigen Flözen und Durchmessern bis zu 24 cm. Sie werden in der Grubenzimmerung, die Stempel mehr oder weniger senkrecht zwischen dem Hangenden und Liegenden oder Firste und Sohle der Strecke, die Kappen mehr oder weniger waagerecht unter dem Hangenden als Türstöcke oder in allseitig geschlossenen Rahmen als Polygonzimmerung eingebaut. Dabei richtet sich der Abstand der Türstöcke oder Rahmen voneinander nach der Art des Gebirges und der Höhe des Gebirgsdruckes. Genügt im allgemeinen ein durchschnittlicher Türstockabstand von 1 m, so gibt es auch viele Strecken, in denen Türstock an Türstock mit stärksten Hölzern gesetzt werden müssen.

Abb. 215. Abbaustrecke.

Abb. 216. Strecke mit Holzpfeilern.

Firste und Stöße der in Türstockzimmerung gesetzten Strecken und das Hangende in den Abbauen werden in der verschiedensten Weise je nach Bedarf mit Schwarten, Knüppeln, Quetschhölzern, Schalhölzern und Brettern verzogen oder dicht verkleidet, um das Loslösen und Hereinbrechen von Gesteinsschalen und das Auslaufen rolligen Gebirges zu verhindern (Abb. 215 u. 216).

Zum Grubenholz unter Tage zählen weiterhin Holzpfeiler und Kästen, die Schwellen der Förderbahnen und ihr Bretter- und Bohlenbelag für die Fahrung, die Wettertüren und gegebenenfalls die aus Einstrichen, Spurlatten, Fahrten und Bühnen bestehenden Schachtzimmerungen.

Auch über Tage wird im Bergbau, obwohl Schachttürme, Kessel- und Maschinenhäuser, Aufbereitungs- und sonstige Verarbeitungsanlagen im allgemeinen in Mauerung oder Eisenkonstruktion erstellt sind, Holz immer noch als Baustoff benutzt. Vornehmlich besteht das Schwellenmaterial für die Grubenanschlußbahnen und das Balken- und Bretterwerk für die oft riesigen Kühltürme der Grubenkraftwerke aus Holz. Dabei verdienen die Baggerschwellen im modernen Braunkohlentagebau besondere Erwähnung.

4. Wirtschaftliche Bedeutung der Grubenholzverwendung.

Ist schon aus den Ausführungen über die technischen Anwendungsgebiete des Grubenholzes die überragende Bedeutung dieses Betriebsmittels ersichtlich, so vermag eine wirtschaftliche Betrachtung die Wichtigkeit der Grubenholzfrage ins richtige Licht zu setzen.

Der deutsche Grubenholzbedarf hat in den letzten Jahrzehnten einen wechselvollen Verlauf genommen. Während er sich in der Zeit vor dem ersten Weltkrieg auf jährlich $6\frac{1}{2}-7$ Mill. fm belief, hielt er sich in den Jahren 1919—1928 im Durchschnitt auf 5 Mill. fm, ging 1933 auf den niedrigen Stand von 4 Mill. fm zurück und stieg dann allmählich wieder auf 6 Mill. fm in 1938. In diesen Zahlen spiegelt sich einmal der technische Fortschritt im Ausbauwesen wider, zum andern kommt in ihnen die Abhängigkeit von der jeweiligen Kohlenförderung zum Ausdruck, die von 138 Mill. t Steinkohleneinheiten im ersten Nachkrisenjahr 1933 auf 240 Mill. t/1938 angestiegen war. Nach 1945 ist der Jahresbedarf in dem besetzten deutschen Gebiet stark abgesunken, mit dem Anziehen der Kohlenförderung aber zunächst stark angestiegen, da die richtigen Sorten nicht zur Verfügung standen. In der Reihe der Nutzholzverbraucher ist der Bergbau von der ursprünglich dritten nunmehr an die fünfte Stelle gerückt.

Im Steinkohlenbergbau als bedeutendstem Grubenholzverbraucher rechnet man mit einem spezifischen Verbrauch von 0,03 fm je t Steinkohle. Je nach den Lagerungs- und den dadurch bedingten betrieblichen Verhältnissen ergab sich für die einzelnen Reviere im deutschen Gebiet von 1928 folgendes Bild: Oberschlesien 0,022, Westfalen 0,027, Saargebiet 0,03, Niederschlesien 0,047 und Sachsen 0,05 fm/t.

Da rund 95% der deutschen Braunkohlenförderung im Tagebau gewonnen werden, beträgt der Grubenholzverbrauch im Durchschnitt nur 0,009 fm/t, im Braunkohlentiefbau 0,02 fm/t [1].

Über die Baggerschwellen im Braunkohlentagebau hat Steffenhagen Untersuchungen angestellt. Nach ihrem Ergebnis waren in den Abraum- und Grubenbetrieben 1938 insgesamt 688 800 Stück = 253 200 cbm hölzerne Schwellen in Längen zwischen 1,6 und 7,5 m mit einem Anschaffungswert von rd. 22,9 Mill. RM eingebaut, während gleichzeitig nur 15 665 Stahlbagger-

---

[1] Allg. Holzimprägnierung S. 5, a. a. O. zit. S. 462.

schwellen = rd. 2,2% der Gesamtzahl einen Wert von rd. 1,2 Mill. RM darstellten[1].

Gegenüber dem Stein- und Braunkohlenbergbau spielen der Erzbergbau mit 0,01 fm/t und der Salz- und Kalibergbau mit 0,006 fm/t Rohförderung als Grubenholzverbraucher eine nur untergeordnete Rolle.

5. Die Holzarten im Bergbau.

In früheren Zeiten wurden im deutschen Bergbau in großem Umfang Eiche, Fichte und Rotbuche verwendet. Seit 1880 wurde die Eiche mehr und mehr vom Nadelholz verdrängt; 1917 betrug ihr Anteil am Gesamtverbrauch noch 0,81% und sank bis 1927 auf 0,48%, betrug aber im Braunkohlentagebau wegen der verstärkten Verwendung zu Schwellen immer noch 3,4%. Auch die Rotbuche ist vom Nadelholz fast vollständig verdrängt worden und wird überwiegend nur noch als Schwellen- und Pfeilerholz und als Firstenverzug gebraucht. Der steigende Bedarf der Zellstoffindustrien an Fichtenholz hat weiterhin dazu geführt, daß seine Verwendung im Bergbau ständig zurückgegangen ist. An seine Stelle trat das Kiefernholz, das heute mit 85% den weitaus größten Teil des gesamten Grubenholzbedarfes deckt. Allerdings wird heute in steigendem Umfang wieder Fichtenholz zu Ausbauzwecken verwandt.

Die Wahl der Holzart wird in erster Linie durch die Art und den Zweck des Ausbaues bestimmt. Dabei spielen das Gewicht, die Tragfähigkeit und sonstigen mechanischen Eigenschaften, das Warnvermögen, das Verhalten gegen schädigende Einwirkungen aller Art und in Verbindung damit die Tränkfähigkeit mit Schutzmitteln eine bedeutende Rolle.

Nach Untersuchungen, die schon vor 50 Jahren von Dütting und Quast durchgeführt sind[2], weist die Fichte mit nur 490 kg/fm Gewicht auf 1 kg Trockengewicht bezogen die höchste Tragfähigkeit auf. Sie beträgt 3214 kg je 1 kg Trockengewicht. Die Akazie mit 770 kg/fm Gewicht und einer Tragfähigkeit von 2912 kg folgt an zweiter und die Kiefer mit 590 kg/fm Gewicht und 2788 kg Tragfähigkeit an dritter Stelle. Fichte ist 1,6-, Akazie 1,5- und Kiefer 1,4mal tragfähiger als Buche oder schließlich die schwere Eiche mit einem Gewicht von 780 kg/fm und nur 1955 kg Tragfähigkeit je kg Trockengewicht. Schon aus diesen Eigenschaften, die für Transport und Handhabung sehr wichtig sind, erklärt sich die vorzugsweise Verwendung der Nadelholzarten. Mit zunehmender Trockenheit steigt bei fast allen Holzarten die Tragfähigkeit, so z. B. die der frisch geschlagenen, entrindeten Kiefer von 155,7 kg/qcm nach einer Lagerung von 3 Monaten auf 206,5 kg/qcm[3]. Nach Versuchen von Bauschinger steigt die Druckfestigkeit des Kiefernholzes von 267

---

[1] Steffenhagen, Technische und wirtschaftliche Untersuchungen über die Baggerschwellen im deutschen Braunkohlentagebau, S. 10, Halle 1939.

[2] Dütting u. Quast, Versuche über die Gebrauchsfähigkeit verschiedener Holzarten zu Abbaustempeln, Zeitschr. f. d. Berg-, Hütten- und Salinenwesen, 1900, S. 187.

[3] R. Kollmann, Technologie des Holzes, Berlin: Springer 1936, S. 161.

kg/qcm bei 27% Feuchtigkeit auf 360 kg/qcm bei 10% Feuchtigkeit, die Schub- und Biegungsfestigkeit dementsprechend[1].

Unter der Warnfähigkeit versteht man die Eigenschaft des eingebauten trocknen Grubenholzes, bei seiner Überbeanspruchung durch Gebirgsdruck mit Knistern, Knacken und Geräuschen des Reißens die Gefahr eines Zubruchegehens des Baues anzuzeigen. Die Warnfähigkeit kann durch Fäulnis und dadurch verlorengehen, daß das Holz in der Grube wieder einen höheren Gehalt an tropfbarem Wasser aufnimmt.

Eine Betrachtung der einzelnen Holzarten auf ihre Brauchbarkeit für den Bergbau erscheint von Interesse, auch wenn die Praxis in Deutschland zu der ganz überwiegenden Verwendung der Kiefer geführt hat.

Das Fichtenholz ohne besonders gefärbten Kern hat die höchste spezifische Tragfähigkeit, bricht langsam und langfaserig und warnt gut. Es läßt sich aber, da die Schutzmittel nicht tief genug in das rißfreie Holz eindringen, nicht so gut imprägnieren wie die Kiefer. Die Tanne ist weich und weniger tragfähig und neigt bei starkem Druck zum Aufspalten. Auch ist ihre Tränkbarkeit gleich derjenigen der Fichte nur gering. Die Kiefer zeichnet sich durch eine hohe Druck- und Biegefestigkeit, langfaserigen und langsamen Bruch und gute Warnfähigkeit aus. Zudem läßt sie sich in trocknem und saftfrischem Zustand im ganzen Splintholz durchtränken, während ihr von natürlichen Harzen und anderen Stoffen erfüllter, wasserundurchlässiger Kern mit etwa 30—40% des Querschnittes an und für sich schon gegen Fäulnis geschützt ist. Die Lärche verhält sich in jeder Beziehung ähnlich der Kiefer. Wegen der genannten Eigenschaften, der Seltenheit von Tanne und Lärche und der ständig zunehmenden Verwendung der Fichte in den Zellstoffindustrien hat unter den Nadelhölzern die Kiefer die überragende Bedeutung für den Bergbau erlangt.

Von den Laubhölzern kommt die Rotbuche in ihrer Tragfähigkeit den Nadelhölzern nahe. Ihr Holz ist ziemlich spröde und kurzbrüchig und das Warnvermögen nicht genügend. In gesundem Zustand bildet sie im allgemeinen keinen Kern und läßt sich bis auf den gelegentlich vorkommenden, gegen Pilzbefall widerstandsfähigen Rotkern im gesamten Querschnitt durchtränken[2].

Die Eiche hat die geringste spezifische Tragfähigkeit, die auch bei zunehmender Trocknung nicht in dem Maße steigt wie bei anderen Holzarten. Indessen zeichnet sich der Ausbau mit Eichenstempeln und Kappen dadurch aus, daß das Holz ohne Einbuße der Tragfähigkeit stark durchgebogen wird, ehe es ohne besondere Warngeräusche zum Bruch kommt. Eichenholz läßt sich im ganzen Splint, nicht dagegen im Kern durchtränken, der aber durch Einlagerung natürlicher Abwehrstoffe sehr widerstandsfähig gegen Fäule ist.

Hohe Tragfähigkeit in Verbindung mit guter Dauerhaftigkeit durch natürliche Schutzstoffe lassen das Akazienholz für Bergbauzwecke be-

---

[1] Siehe auch Merkheft „Holzschutz im Bergbau", S. 6. VDI-Verlag, Berlin.

[2] Vgl. hierzu Bestel, Die Verwendbarkeit des Buchenholzes als Grubenholz, Zeitschrift „Der Bergbau", Jahrg. 1941, Nr. 19.

sonders geeignet erscheinen, doch ist das Vorkommen der Akazie in Deutschland so gering, daß sie praktisch keine Rolle spielt[1].

Im Hinblick auf die erörterten Gesichtspunkte, die forstlichen Verhältnisse und diejenigen des Holzmarktes hat sich der Grubenholzausbau fast zwangsläufig zu der überragenden Verwendung der Kiefer entwickelt.

6. Die mechanischen Schädigungen des Grubenholzes.

Hölzerne Stempel und sonstige längsbelastete Hölzer des Grubenausbaus werden auf Zerdrückung und Knickung, alle querbelasteten wie Kappen, Verzugshölzer, Schwellen aller Art u. a. m. auf Biegung und schließlich Förderbahnbelege, Schwellen und Spurlatten auf Verschleiß beansprucht. Die Beanspruchung der Hölzer kommt dadurch zustande, daß sie den Druck des festen, anstehenden oder in Bewegung geratenen Gebirges oder das Gewicht gelockerter, versetzter, rolliger oder sonstwie loser Gesteinsmassen unmittelbar aufnehmen, oder daß die Belastung durch den Verzug auf die Haupthölzer übertragen wird.

Der Streckenausbau hat dabei im allgemeinen nur den statischen Druck eines die Firste überlagernden Gebirgskörpers von parabolischer Gestalt aufzunehmen. Diese Belastung wirkt sich auch in einer Seitenpressung aus, die die Stöße in den offenen Hohlraum hereinzudrücken und ihre Zimmerung von der Seite her zu zerstören bestrebt ist.

Der so bereits vorhandene Gebirgsdruck wird beim Abbau durch zusätzlich auftretenden Abbaudruck erheblich verstärkt. Man versteht hierunter den dynamischen Druck, der durch Bewegung größerer Hangendflächen beim Nachsinken und Nachbrechen der überlagernden Gebirgsteile in die leergewonnenen Abbauorte und ihre benachbarten Feldesteile entsteht. Dabei übt das seiner Auflage beraubte Hangende so starke Druckwirkungen und die dem Abbau voreilende Druckwelle auf den Ausbau so verheerende Zerstörungswirkungen aus, daß eine außergewöhnliche Steigerung des spezifischen Holzbedarfes einer Grube die Folge sein kann[2].

Die durch den Gebirgsdruck verursachten Belastungen sind ganz gewaltig und entziehen sich zudem in den meisten Fällen einer genauen Bestimmung. Heise-Herbst haben zur Veranschaulichung der Größenordnung des Gebirgsdruckes folgende Berechnung angestellt[3]:

„Fichtenholzstempel von z. B. 2 m Länge und 15 cm ⌀ haben bei je 1 m Abstand eine Fläche von 1 qm zu tragen. Schon eine Gesteinsschale von 30 m Dicke und einem spezifischen Gewicht von 2,5 würde demnach jeden Stempel mit 30 cbm Gestein, d. h. 30 000 · 2,5 = 75 000 kg belasten. Nach verschiedenen Untersuchungen kann aber ein solcher Stempel höchstens 50 000 kg tragen."

---

[1] Allg. Holzimprägnierung, S. 8—11, a. a. O. zit. S. 462.

[2] Krüger, Holzschutz im Braunkohlenbergbau, S. 169. Ztschr. Braunkohle, 1939.

[3] Heise-Herbst u. Fritzsche, Lehrbuch der Bergbaukunde, 2. Bd., 7. Aufl., Berlin: Springer 1950.

7. Tierische und pflanzliche Zerstörer des Grubenholzes.

Eine mechanische Überbeanspruchung des Holzausbaus kommt als alleinige Ursache der Holzzerstörung vorzugsweise dann in Betracht, wenn Gebirgsdruck und Abbaudruck zusammenkommen, also an den Gewinnungspunkten selbst. In den Streckensystemen mit Holzausbau vollzieht sich dagegen die Holzzerstörung im Zusammenwirken von Gebirgsdruck und tierischen, vor allem aber pflanzlichen Organismen.

Von tierischen Holzzerstörern ist im europäischen Bergbau bisher nur der Grubenholzkäfer (Rhyncolus culinaris) in einem sächsischen Stein kohlenbergwerk 370 m unter Tage beobachtet worden. Er zerstörte die Fichtenholzzimmerung und verbreitete sich auf eine Streckenlänge von ungefähr 700 m [1].

Über Tage und insbesondere auf den Grubenholz- und Schwellenstapelplätzen der Schachtanlagen und Tagebaue ist das lagernde Holz durch die in Europa allgemein verbreiteten Holzzerstörer gefährdet, die weiter oben behandelt sind. Hierher gehören der Hausbock (Hylotropes bajulus), der Mulmbock (Ergates faber), der Werftkäfer (Lymexylon navale), der Laubholzbohrer (Tomicus signatus) und für das Eichenholz besonders gefährlich die Arten Eichenholzbohrer (Xyleborus monographus und dryographus) und Eichenkernkäfer (Platypus cylindrus).

Eine ungleich verhängnisvollere Bedeutung als die tierischen Holzzerstörer haben im Bergbau unter und über Tage die pflanzlichen Holzzerstörer, die Pilze. Die Zahl der Holzfäulnis verursachenden Pilzarten ist sehr hoch, wie auf den Seiten 95f erörtert ist, aber nur einige markante Arten treten hauptsächlich im Bergbau auf.

Von diesen üben die Substratpilze ihre Tätigkeit in Holzteilen aus, die unter der Oberfläche liegen. Sie verbreiten sich nur durch Sporen, wachsen also nicht von einem Holz zum andern über und

Abb. 217. Polyporus vaporarius in der Fahrstrecke einer oberschlesischen Steinkohlengrube.

werden dem Auge durch ihre Fruchtkörper oder erst dann erkennbar, wenn das Holzinnere bereits zerstört ist.

[1] Mahlke-Troschel, 2. Auflage, Berlin 1928, S. 120.

Oberflächenpilze wachsen auf benachbartes Holz über. Die Myzelfäden werden über weite Strecken zwischen zwei Hölzern vorgetrieben und wachsen selbst durch Mauerwerk. Diese gefährlichen Holzzerstörer sind besonders unter Tage anzutreffen, während die Substratpilze im Tagebau häufiger sind.

Zu den Holzzerstörern im Bergbau zählen von den Substratpilzen der Zähling (Lentinus squamosus), der Blättling (Lenzites abietina) und der Eichenwirrling (Daedalea quercina), von den Oberflächenpilzen der sehr häufige Kellerschwamm (Coniophora cerebella), der Porenhausschwamm (Polyporus vaporarius), der untertage durch seine weißen, watteartigen Überzüge auffällt, und der typische Bergwerkspilz, der Fächerschwamm (Paxillus acheruntius), der im Gegensatz zu vielen anderen Pilzen auch im Dunkeln genügend Fruchtkörper bilden kann (Abb. 217).

Die Lebensbedingungen aller dieser Pilze ähneln sich. Sie sind auf einen gewissen Feuchtigkeitsgehalt der Luft und des Holzes selbst angewiesen, der je nach der Pilzart zwischen 20 und 60% schwankt, und gedeihen bei Temperaturen zwischen $+3$ und $+38°$ C. Sind Temperatur oder Feuchtigkeit zu gering oder zu hoch, so wird das Pilzwachstum gehemmt oder unterbrochen. Ständig trocknes oder ständig nasses Holz wird daher im allgemeinen nicht von Pilzen befallen.

Gerade im Bergbau finden die Fäulniserreger zu ihrer weiteren Entwicklung und Fortpflanzung die günstigsten Lebensbedingungen (gleichbleibende optimale Feuchtigkeit und Wärme). Der Holzausbau in ausziehenden Wetterstrecken ist durch die von der Luft mitgeschleppten Sporen besonders der Gefahr einer schnellen Zerstörung ausgesetzt[1].

Für die Anfälligkeit des Grubenholzes kommt erschwerend der Umstand hinzu, daß in gänzlicher Verkennung der Notwendigkeiten noch vielfach geringwertige Hölzer auf den Grubenholzmarkt kommen. Bereits der geringere Durchmesser hat einen höheren Splintanteil als beim

Abb. 218.
Zerstörung des gesamten Streckenstoßes durch Pilzbefall.

---

[1] Allg. Holzimpr. a. a. O., S. 12—14 und Krüger a. a. O., S. 175.

älteren Holz zur Folge, so daß Grubenholz auch schneller als das Kernholz von Pilzen befallen werden kann. Nachteilig wirkt sich ferner die Tatsache aus, daß für den Bergbau meist Durchforstungshölzer genommen werden, die nicht selten bereits im Walde von Schädlingen befallen worden sind.

Besonders minderwertig ist das Grubenholz, wenn es von Kalamitätsflächen stammt, auf denen die Stämme wegen besonderer Schäden (Insektenfraß, Pilzbefall, Feuer) bereits tot und meist in erheblichem Maße krank eingeschlagen werden (Totalitätshölzer). Ferner ist zu beachten, daß die weitere Behandlung des geschlagenen Grubenholzes wegen seines geringeren Wertes meist nicht genügend sorgfältig erfolgt, so

Abb. 219. Wettertür.

daß recht häufig die Hölzer in bereits erkranktem Zustande zum Einbau gelangen, sofern nicht eine wirksame Schutzbehandlung erfolgt.

Abb. 220. Folgen des Pilzbefalls.

Die sichtbaren Schäden der Pilztätigkeit beim Grubenholz sind hauptsächlich die Destruktionsfäule und die weniger gefährliche Verblauung des Holzes. Diese Fäulniserscheinungen sind auf den Seiten 59f eingehend beschrieben.

Ihre verheerende Wirkung für den Ausbau besteht in einem schnellen Absinken der Druck-, Biegungs- und Knickfestigkeit der Hölzer und ihrem Bruch vor dem gänzlichen Zerfall. Z. B. kann Kiefernsplintholz nach zweimonatiger Fäulnis ungefähr 10% seines Gewichts und 50% seiner Standfestigkeit verlieren. Diese Holzzerstörung hat demnach eine auffallende Verringerung der Standdauer des Ausbaus zur Folge, in besonders gefährdeten Strecken bis zu einem halben Jahr herab. Soll eine solche Strecke eine Reihe von Jahren offen bleiben, so muß der Ausbau mehrmals erneuert werden. Diese dauernden Ausbauarbeiten verursachen Mehrausgaben für Holz und den etwa ebenso hohen Einbaulohn und bedeuten eine nicht unerhebliche und dabei durchaus vermeidbare wirtschaftliche Belastung (Abb. 218—220).

Nach den Untersuchungen von Günther werden im deutschen Bergbau rd. 25% des verbauten Holzes durch Fäulnis zerstört; jährlich gehen also mindestens 1,5 Mill. fm Holz auf diese Weise verloren[1].

8. Maßnahmen zur Holzersparnis und zum Holzschutz.

Im Rahmen der Rationalisierungsmaßnahmen, die der deutsche Bergbau in den 20er und 30er Jahren durchgeführt hat, spielen die Bestrebungen zur Holzersparnis und zum Holzschutz eine große Rolle. Dies gilt insbesondere für den Stein- und Braunkohlenbergbau, bei denen der Holzverbrauch einen nicht unerheblichen Selbstkostenanteil ausmacht.

Die Maßnahmen auf diesem Gebiet können unterschieden werden nach solchen, die eine Herabsetzung des Holzverbrauchs durch die Art der Aus- und Vorrichtung, der Abbaumethode und Gewinnung, also durch rein bergtechnische Fortschritte zum Ziele haben, nach solchen, die sich auf die Behandlung des Holzes selbst vom Walde bis zum Einbau in der Grube erstrecken, und schließlich dem Holzschutz in engerem Sinn, der Holzimprägnierung.

Die Entwicklung der Bergbautechnik, die neben sicherheitlichen, technischen und wirtschaftlichen Vervollkommnungen auch möglichste Holzersparnis anstrebt, kann im Rahmen dieser Arbeit nur andeutungsweise gekennzeichnet werden.

Die früheren, noch unvollkommenen Abbausysteme und -methoden im Kohlenbergbau nötigten dazu, auf den einzelnen Sohlen einer Schachtanlage ein viele Kilometer langes Netz von Förder- und Wetterstrecken viele Jahre hindurch offenzuhalten. Die zahlreichen Aus- und Vorrichtungsstrecken mit Parallelörtern wurden dabei ganz überwiegend in der Kohle selbst getrieben; für ihren Ausbau kam nur Holz in Betracht. Zahlreiche, örtlich zersplitterte Abbaupunkte mit verhältnismäßig geringen Fördermengen waren für diese Periode des Bergbaus kennzeichnend.

Die moderne Bergbautechnik ist im wesentlichen durch die Erkenntnis bestimmt, daß ein Abbausystem einen um so geringeren Holzverbrauch aufweist, je kleiner die jeweils offenzuhaltende Streckenlänge je Fördereinheit ist, und je weniger Fahr- und Wetterstrecken es erfordert. Bei der Wahl eines Abbausystems verfolgt man ferner das Ziel, die Strecken möglichst nicht erst in den Bereich des durch den Abbau in Bewegung geratenen, stark druckhaften Gebirges gelangen zu lassen. Es soll dadurch verhindert werden, daß der Gebirgsdruck entweder die Zimmerung zerstört und die Erneuerung des Streckenausbaus erforderlich macht oder das Rauben der Hölzer und damit ihre Wiederverwendung stark einschränkt. Im Ergebnis dieser Bestrebungen zeichnet sich der heutige Stein- und Braunkohlenbergbau im Gegensatz zu früher durch erheblich verkürzte Streckensysteme und durch eine geringe Zahl örtlich zusammenliegender Abbaupunkte mit großen Fördermengen aus[2].

---

[1] Günther, S. 37, zit. S. 463.
[2] Krüger a. a. O., S. 168ff. und Heise-Herbst-Fritzsche, S. 3ff., zit. S. 468.

9. Die Behandlung des Grubenholzes vom Walde bis zum Einbau.

Der Ansicht, daß als Grubenholz minderwertige Sorten verwandt werden könnten, muß entschieden widersprochen werden. Solche Auffassungen, die vielfach durch das Bestreben möglichst billigen Holzeinkaufs bestimmt sind, lassen sich vom sicherheitlichen, technischen und wirtschaftlichen Standpunkt aus keineswegs rechtfertigen. Vielmehr sollten bei der Auswahl des Grubenholzes folgende Gesichtspunkte maßgebend sein:

1. Das Holz soll möglichst aus dem Wintereinschlag stammen und genügend abgelagert und getrocknet sein, d. h. der Feuchtigkeitsgehalt soll nicht höher als 30% sein. Durch sachgemäße Lagerung soll dann der Feuchtigkeitsgrad möglichst unter 20% fallen. Holz mit weniger als 10% Feuchtigkeit fault nicht. Saftfrisches Holz aus der Sommerfällung wird in der Zeit bis zur Erreichung des lufttrockenen Zustandes leichter von holzzerstörenden Pilzen befallen.

2. Nicht normal gewachsenes Holz, besonders stark ästiges, krummes und drehwüchsiges Holz ist für Stempel und Kappen ungeeignet.

3. Ebenso darf das Holz nicht ungesund, abgestorben und stammtrocken sein, auch sind Hölzer auszuscheiden, die nicht mehr vollkommen beil- und nagelfest sind.

4. Holz, das durch Fraß von Käfern und Holzwespen sowie durch Befall von Fäulnispilzen bereits wesentlich in seiner Festigkeit geschwächt ist, darf nicht verwendet werden.

5. Von Bläuepilz befallene Hölzer können zu Grubenholz verarbeitet werden. Der Bläuepilz beeinflußt die technischen Eigenschaften des Holzes in keiner Weise, bildet indessen einen günstigen Boden zur Ansiedlung echter, holzzerstörender Pilze.

Soll das Grubenholz diesen Anforderungen genügen, so muß seine sachgemäße Behandlung bereits im Walde und auf dem Weg zu den Gruben durch geeignete Fällung, Aufarbeitung, Trocknung, Lagerung und Beförderung einsetzen[1].

Aus betrieblichen Gründen sind die Bergwerke genötigt, größere Vorräte an Grubenholz aller Sorten bei den Schachtanlagen und Tagebauen verfügbar zu halten. Um bei dieser oft monatelangen Lagerung dem Gesichtspunkt eines möglichst wirksamen Holzschutzes Rechnung zu tragen, sind bei der Auswahl des Grubenholzplatzes und der Art der Stapelung des Holzes eine Reihe wichtiger Regeln zu beobachten[2].

Ungeeignet zur Holzlagerung ist Boden mit Pflanzenwuchs, weil er immer so viel Feuchtigkeit enthält, daß das Wachstum holzzerstörender Pilze begünstigt wird. Der Grubenholzplatz soll mindestens einen halben Meter tief mit Sand, Kies oder Schlacke aufgefüllt sein, so daß Pflanzenwuchs nicht entstehen kann und die Niederschlagsfeuchtigkeit absickert. Bei leichtem Gefälle des Platzes sollen die Sickerwässer in einer bestimmten Richtung gesammelt und abgeführt werden, nötigenfalls mit Dränage.

Das Holz darf nicht auf dem Boden selber liegen, sondern nur auf gesunden, getränkten Holzunterlagen, Schienen, Betonsteinen, Ziegeln usw. Die

---

[1] Vgl. hierzu S. 179 ff. und Merkheft „Holzschutz im Bergbau", 2. Auflage, S. 8 und 12 ff.

[2] Vgl. hierzu Allg. Holzimprägnierung, S. 21; Merkheft, S. 17; Krüger, S. 176; Merkblatt über Holzschutz und Holzersparnis im Ruhrkohlenbergbau, Verein f. d. bergbaulichen Interessen, Essen 1940, S. 4.

Lagerung soll in einzelnen, nur eine Stempellänge tiefen, in Abständen von etwa 1 m stehenden Stapeln mit beiderseits freiliegenden Stirnflächen der Hölzer erfolgen, zu denen die Luft von allen Seiten herantreten und in denen sie zugleich zirkulieren kann. Der Platz soll deshalb möglichst lang rechteckig und so angelegt sein, daß die Längsseite senkrecht zur Hauptwindrichtung steht. Dabei dürfen die einzelnen Stapel nicht schachbrettartig aufgebaut werden, da dies den Luftdurchgang erschweren würde; die Luftgassen sollen also ungehindert durch den ganzen Platz hindurchführen. Die Stapel und die in ihnen tiefer liegenden Hölzer sind in der Reihenfolge ihrer Anlieferung zu verwenden, damit nicht neu eingegangenes, meist noch feuchtes Holz zuerst verbraucht wird.

Alle Holzabfälle müssen zur Vermeidung einer Weiterverbreitung des Pilzbefalls vom Holzplatz entfernt werden.

Abb. 221. Zechenholzplatz.

Für die Schwellenstapel im Braunkohlentagebau gelten die gleichen Behandlungsvorschriften wie für die Lagerung von Eisenbahnschwellen (siehe S. 182).

Nur bei sachgemäßer Lagerung auf einem Holzplatz, der den angegebenen Anforderungen in Anlage und Betrieb entspricht, wird das Holz nicht nur vor Fäulnis bewahrt, sondern infolge der Lufttrocknung in seiner Druckfestigkeit und sonstigen Eigenschaften sogar verbessert.

Bei der Verteilung der Hölzer auf die verschiedenen Verbrauchsstellen unter Tage ist darauf zu achten, daß jeder Betriebspunkt das für ihn bestimmte Holz nach Sorten und Abmessungen erhält. Dazu wird vielfach Kennzeichnung der Hölzer durch Ölfarbe geübt, durch welche Steigerabteilung und Verwendungsart eindeutig bestimmt sind.

In den einzelnen Steigerabteilungen werden Stapelplätze mit einem genügenden Vorrat des erforderlichen Holzes an trocknen, möglichst nahe zu den Betriebspunkten gelegenen Orten eingerichtet und hier die Hölzer am besten aufrecht gestellt, um das Herausholen passender Längen möglichst zu erleichtern, imprägnierte Hölzer aber erst, nachdem sie wieder ausgetrocknet sind.

Ganz allgemein soll die Verteilung des Holzes auf die einzelnen Abbauorte und Streckenbetriebe unter Berücksichtigung der in der Holzstärke, Holzsorte und Holzart liegenden Verschiedenheiten und unter Beachtung der jeweiligen Gebirgsverhältnisse so geregelt sein, daß überall ein gleichmäßig tragender Ausbau zustande kommt.

Während in früherer Zeit das Zuschneiden der Hölzer vor ihrem Einbau ganz überwiegend vor Ort in mühseliger Handarbeit erfolgte, ist der Bergbau neuerdings mehr und mehr zu ihrer Zurichtung über Tage durch Holzbearbeitungsmaschinen übergegangen. Dabei und bei dem Einbau ist zwecks Holzersparnis eine Reihe Regeln zu beachten, auf die hier nicht näher eingegangen werden kann.

Um den Ausbau nachgiebig zu gestalten, ist möglichst umfangreiche Verwendung von Quetschhölzern aus weichem Nadelholz anzustreben. Wichtig ist das Nachschärfen der Stempel, wenn das Quetschholz verbraucht ist, und eine rechtzeitige Erneuerung gebrochenen Ausbaus. Ein anderes Mittel ist das Unterziehen der Kappen mit alten Förderseilen.

Hölzer aller Art müssen weiterhin vor vorzeitigem Verschleiß geschützt werden. Als Mittel hierfür kommen richtige Entfernungen von bewegten Maschinenteilen und Fördermitteln, Anbringung von Schutzvorrichtungen und Schmierung, z. B. der Spurlatten, in Betracht.

Das eingebaute Holz soll nach Gebrauch möglichst restlos wiedergewonnen werden. Das gilt besonders für den kurzlebigen Ausbau in den Abbauörtern, dessen Hölzer geraubt und unter Umständen mehrfach verwandt werden können. Und schließlich soll alles lose Holz, namentlich in Grubenräumen, die abgeworfen werden, sorgfältig gesammelt und nötigenfalls den Stapelplätzen unter Tage zugeführt werden.

Handelt es sich um Holzausbau von längerer Standdauer, der zumal in nassen Teilen des Grubengebäudes der Einwirkung von Wasser und feuchten, warmen Wettern ausgesetzt ist, so muß das Wasser nach Möglichkeit vom Holz ferngehalten werden[1].

Für die Baggerschwellen im Braunkohlentagebau kommen, abgesehen von der Imprägnierung als wichtigste Maßnahmen gegen vorzeitigen Verschleiß, die Einbindung der Schwellenenden mit Flacheisen und die Verwendung von Unterlagsplatten und Dübeln für die Schraubenlöcher in Betracht[2].

10. Die Imprägnierung des Grubenholzes.

So wesentlich die sachgemäße Auswahl und Behandlung des Grubenholzes vom Walde bis zum Einbau und die Beobachtung aller Erkenntnisse und Regeln für Holzschutz und Holzersparnis sind, reichen sie doch nicht aus, um einen Befall des Holzes durch Fäulniserreger und eine oft überraschend schnelle Zerstörung des Ausbaus zu verhindern. Diese Tatsache in Verbindung mit dem Steigen der Holzpreise und der Löhne mußte die Aufmerksamkeit der Bergbautreibenden und der Imprägnierungstechniker in besonderem Maße auf sich lenken und ihnen einen Anreiz geben, die Konservierung des Grubenholzes in Anpassung der Holzschutzmittel an die besonderen Betriebsbedingungen des Bergbaus nach jeder Richtung zu fördern. Diesen Arbeiten, an denen wissenschaftliche Untersuchungen an Hochschulen und Forschungsstellen und praktische Versuche staatlicher und privater Bergwerksverwaltungen großen Anteil haben, ist es im Laufe der letzten Jahrzehnte gelungen, Verfahren und Schutzmittel ausfindig zu machen, die allen an eine sachgemäße Grubenholzimprägnierung zu stellenden Anforderungen genügen. Allerdings hat sich der Bergbau trotz der hier besonders vorliegenden Notwendigkeit später als andere Holzverbrauchergruppen zu Maßnahmen eines künstlichen Holzschutzes entschlossen.

Bis etwa um die Jahrhundertwende waren systematische Arbeiten mit dem Ziel der Einführung einer methodischen Imprägnierung in den Bergbau fast unbekannt. Gelegentlich tauchte man das Grubenholz in Koch-

---

[1] Merkblatt Ruhrkohlenbergbau, S. 5ff.
[2] K r ü g e r, S. 173ff.

salz- oder Metallsalzlösungen ein, die aber nur eine sehr geringe Schutzwirkung besitzen; bisweilen erfolgte auch ein Anstrich mit Teerprodukten, ohne daß damit aber die Standdauer des Grubenholzes wesentlich verlängert wurde. Lediglich die Holzbehandlung mit Kreosotnatron, das als lästiges Abfallerzeugnis im Betriebe der Braunkohlenschwelereien anfällt und deshalb schon länger als andere Schutzmittel im Bergbau verwandt wurde, hob sich bezüglich der Wirksamkeit vorteilhaft von jenen älteren Verfahren ab.

Erst von 1900 ab beginnt sich, zumal mit der starken Steigerung der Kohlenförderung, die Anschauung Bahn zu brechen, daß wie bei der Telegraphen- und Eisenbahnverwaltung auch beim Bergbau wirtschaftliche Gründe eine Konservierung des Holzes gebieterisch fordern. Seit dieser Zeit mehren sich die systematischen Untersuchungen über die verschiedensten, mit der Grubenholzimprägnierung zusammenhängenden Fragen und die Errichtung von Imprägnieranlagen für den Bergbau. Indessen standen auch weiterhin maßgebende Kreise des Bergbaus bis in die neuere Zeit der Einführung der Grubenholztränkung aus gewissen betrieblichen Gründen zurückhaltend gegenüber, obgleich ihre Wirtschaftlichkeit leicht und einwandfrei nachzuweisen ist[1].

Die entscheidenden Fortschritte sind dann in der Zeit der Rationalisierung des Bergbaus von 1925 bis zum Ausbruch des zweiten Weltkrieges auch in der Grubenholzimprägnierung erzielt worden. Während dieses Krieges dürfte ein gewisser Stillstand der fortschreitenden Entwicklung zu verzeichnen sein. Der Zusammenbruch mit seinen verheerenden wirtschaftlichen Folgen erweist sich zwar als ein schwerwiegender Hemmschuh für weitere Fortschritte in der Grubenholzkonservierung, doch wird gerade die jetzige, langanhaltende Notzeit und der empfindliche Holzmangel die Grubenverwaltungen mehr als bisher zwingen, zur Erzielung einer rationellen Holzwirtschaft sich in vermehrtem Umfang wieder dem künstlichen Holzschutz zuzuwenden.

Trotz der im ganzen günstigen Entwicklung der bergbaulichen Imprägniertechnik ist der Anteil der imprägnierten Hölzer an dem Gesamtbedarf einer Grube verhältnismäßig gering. Nach einer älteren Angabe hat die Praxis ergeben, daß in Oberschlesien bei sachgemäßem Holzeinsatz mit 10—15% des gesamten Holzverbrauchs für die Imprägnierung gerechnet werden kann, in den westlichen Bezirken dagegen nur mit rd. 5%.

Während der Anteil des getränkten Holzes am gesamten Holzbedarf des Ruhrgebiets 1911 rd. $2^3/_4$% betrug, ist er in neuerer Zeit mit dem Übergang in größere Teufen auf nur etwa $^1/_2$% gesunken, weil hier verstärkter Gebirgsdruck und der meist trockne Gebirgskörper trotz der höheren Temperaturen die Anwendung nachgiebigen Eisen- und Formsteinausbaus und andererseits eine längere Standdauer des Holzausbaus begünstigen[2,3].

---

[1] Herbst-Hentschel, Fäulniswidrige Holztränkung in ihrer heutigen Bedeutung für den Steinkohlenbergbau, Sonderdruck, S. 1.

[2] Allg. Holzimprägnierung, S. 59; Mahlke-Troschel, 2. Aufl., S. 368; Merkblatt Ruhrkohlenbergbau, S. 8, und Dobbelstein, Vergleichsversuche mit Imprägnierungsverfahren für Grubenholz, S. 611, Glückauf 1914.

[3] Nach 1945 ist der Anteil des getränkten Holzes auf rd. 1—1,5% wieder angestiegen.

Der Braunkohlentiefbau mit seinen meist nassen Gruben ist schon frühzeitig und in größerem Umfang zur Holzimprägnierung übergegangen. Bei nur 6% Anteil der Tiefbauförderung an der gesamten Braunkohlenförderung fällt diese Tatsache nicht ins Gewicht; dafür spielt die Verwendung imprägnierter Schwellen im Tagebau eine um so wichtigere Rolle. Der Tränkholzanteil über Tage kann zuweilen 100%, unter Tage etwa 10—15% des gesamten Holzverbrauchs erreichen[1].

Im Erzbergbau hat trotz Vorliegens aller Voraussetzungen die Verwendung getränkter Hölzer wegen der vielfach zerstreuten Lage der häufig nur mittleren bis kleinen Betriebe erst in neuerer Zeit Fuß fassen können, für den Salzbergbau mit seinen trocknen Gruben ohne jeden Ausbau kam sie zu keiner Zeit in Betracht.

A. Die Holzschutzstoffe für den Bergbau.

Alle Anforderungen, die die Holzwirtschaft an ein Imprägnierungsmittel stellt, kommen für die Grubenholztränkung selbstverständlich ebenfalls in Betracht. Die besonderen Bedingungen des Untertagebetriebes setzen indessen noch eine Reihe anderer Eigenschaften der Holzschutzstoffe voraus, die ihre Verwendung im Bergbau überhaupt erst ermöglichen, da der Tränkung gewisse Nachteile anhaften, wie u. a. die die Handhabung erschwerende Gewichtszunahme, schwierigere Bearbeitbarkeit der Hölzer und gewisse gesundheitsschädliche Einwirkungen. Aber gerade den erhöhten Anforderungen des Bergbaus ist es zu danken, daß die vielgestaltige Imprägniertechnik wertvolle Anregungen und starken Auftrieb erhalten hat. Denn da nur wenige der auf andern Holzkonservierungsgebieten bewährten Verfahren und Schutzmittel brauchbare Ergebnisse im Bergbau hatten, mußte die Imprägniertechnik mit ihren Arbeiten für den Bergbau ein schwieriges Neuland betreten.

Ein guter Holztränkstoff für bergbauliche Zwecke soll eine besonders stark pilztötende Wirksamkeit und Schutzfähigkeit gegen Insekten besitzen, da unter den hohen Wärme- und Feuchtigkeitsgraden der Gruben die holzzerstörenden Pilze im allgemeinen viel virulenter sind als über Tage. Er muß gut wasserlöslich sein und von der Holzfaser willig aufgenommen werden, fest auf ihr haften und darf an trocknen Stellen nicht verdunsten, an nassen nicht durch Wasser ausgelaugt werden. Keinesfalls darf die Holzfaser selbst angegriffen werden, damit keine Minderung der Festigkeit eintritt. Ebenso ist neutrales Verhalten Eisen und anderen Metallen gegenüber zur Vermeidung von Korrosionen an den Imprägnieranlagen und eisernen Ausbauteilen wichtiges Erfordernis. Das Mittel soll leicht und tief in das Holz eindringen und dabei auch feuchtes und verblautes Holz durchtränken.

Ferner muß der Imprägnierstoff geruchlos, neutral und nicht ätzend sein. Er darf die Gesundheit der Bergleute unter Tage in keiner Weise schädigen oder diese auch nur belästigen, weil bei der leider so schon vorhandenen Abneigung der Belegschaften gegen imprägniertes Holz die

---

[1] Krüger, S. 178 u. 191.

Einführung eines sachgemäßen Holzschutzes erschwert, wenn nicht gar unmöglich gemacht wird.

Die Brennbarkeit des Holzes darf nicht erhöht, vielmehr soll diese durch Einführung größerer Salzmengen in das Holz herabgesetzt werden. Bei Bränden darf durch Zersetzung des Imprägniermittels keine lästige Rauchentwicklung oder Giftgaserzeugung entstehen. Daß schließlich der Holzschutzstoff jederzeit im Inlande leicht beschaffbar, preiswert und im Verbrauch sparsam sein muß, ist eine Selbstverständlichkeit.

Obgleich gerade im Bergbau ein Außerachtlassen auch nur eines der angeführten Erfordernisse die Brauchbarkeit eines Holzschutzmittels in Frage stellen kann, so ist doch die Nichtbeachtung der einen oder anderen dieser Grundbedingungen seitens der Hersteller einer der Gründe gewesen, die auf die Entwicklung der Grubenholzimprägnierung hemmend eingewirkt haben[1].

Unter Berücksichtigung der erörterten Anforderungen ergibt sich für die Verwendbarkeit der im Kapitel III, zweiter Teil, näher beschriebenen Holzschutzmittel nach den bisherigen Erfahrungen und dem heutigen Stand folgendes Bild:

Steinkohlenteeröl als eines der gebräuchlichsten und seit Jahrzehnten wegen der vorzüglichen, antiseptischen Wirkung angewandten Tränkmittel spielt für den Bergbau unter Tage eine nur ganz untergeordnete Rolle. Im Ruhrgebiet waren es 1950 noch 2 Schachtanlagen, die im Kesseldruckverfahren Steinkohlenteeröl verwandten, und man kann annehmen, daß Steinkohlenteeröl unter Tage von den neuartigen Schutzmitteln bald ganz verdrängt sein wird. Das gleiche gilt für das Braunkohlenteeröl und das aus ihm hergestellte Kreosotnatron.

Die Teeröle haben für die Grubenholztränkung verschiedene Nachteile. Die infolge der warmen Grubenluft meistens erhitzten Arbeiter ziehen sich bei Berührung teerölgetränkter Hölzer leicht sehr unangenehme und schlecht heilbare Hautentzündungen zu. Im Falle eines Brandes bilden sich schwere, scharf beißende Schwaden. Der brandähnliche Geruch der Teeröldämpfe, der sich infolge der Verdunstung dauernd bemerkbar macht, ist unangenehm und geeignet, wirkliche Grubenbrände zu verschleiern.

Da diese Nachteile über Tage nicht in Erscheinung treten, hat die Teeröltränkung hier, besonders im Braunkohlentagebau mit seinem großen Bedarf an wertvollen Schwellen größter Abmessungen, eine erhebliche Bedeutung.

Die Erfahrungen des Bergbaus mit der Teeröltränkung führte die Imprägniertechnik allmählich zu der heute wohl Allgemeingut gewordenen Erkenntnis, daß für die Behandlung des Grubenholzes unter Tage wasserlösliche Stoffe in Form von anorganischen Salzen und organischen Zusätzen mit hoher Schutzwirkung geeignet sind. Immerhin bedurfte es noch längerer Erfahrungen und Untersuchungen, um unter den zahlreichen, zur Holzkonservierung vorgeschlagenen Stoffen die für

---

[1] Mahlke-Troschel, 2. Aufl., S. 370.

den Grubenbetrieb am besten geeigneten zu ermitteln und mit Erfolg einzuführen.

Die Einfachsalze sind angesichts der heute zur Verfügung stehenden hochwertigen Schutzsalzgemische nur noch von untergeordneter Bedeutung für den Bergbau.

So hat man die Zink- und Kupfersalze, die für den Holzschutz nutzbar gemacht sind, in der Grubenholzimprägnierung wieder verlassen.

Die Imprägnierung mit Quecksilbersublimat konnte für den Bergbau ebenfalls keine Bedeutung erlangen, weil die Sublimatlösung trotz hoher pilz- und insektenwidriger Kraft bei starker Giftigkeit wegen des Angriffs der Metallteile eine Vakuum- und Drucktränkung unmöglich macht, die Trogtränkung aber die lange Dauer von 8—10 Tagen beansprucht. Auch ist eine gute Verteilung des Sublimats im Holz wegen seiner Fixierung in den äußeren Holzschichten unmöglich. Zudem ist Quecksilber teuer und im Inlande nicht erhältlich[1].

Unter gewissen günstigen Voraussetzungen wird die Holztränkung mit billigem Kali- und Siedesalzabfall auch heute noch in einigen mitteldeutschen Braunkohlentiefbaugruben angewandt. Sie kann hier bei niedriger Lufttemperatur, reichlicher Bewetterung und normaler Feuchtigkeit als ausreichend angesehen werden. Sie ist jedoch, weil sie die mechanische Holzfestigkeit ungünstig beeinflußt, durch eine Tränkung mit hochwertigen Schutzmitteln zu ersetzen, wenn erhöhte Fäulnisgefahr besteht, oder das aufgenommene Salz durch Feuchtigkeit teilweise wieder ausgelaugt wird. Wegen dieser stark eingeschränkten Verwendungsmöglichkeit können die Stein-, Kali- und Abfallsalze als vollwertige Tränkmittel nicht angesehen werden[2].

Von den Fluorverbindungen nahm anfangs dieses Jahrhunderts die erfolgreiche Entwicklung der Imprägniertechnik mit wasserlöslichen Imprägniersalzgemischen ihren Ausgang. Das wichtigste und wegen seiner Billigkeit praktisch für die Holztränkung hauptsächlich in Frage kommende Salz ist das Fluornatrium. Es ist weit wirksamer als Chlorzink. Die Festigkeit des Holzes wird in keiner Weise ungünstig beeinflußt, und selbst durch heiße Lösungen wird Eisen nicht angegriffen. Das Fluornatrium kann also, für sich allein verwendet, bereits als ein gutes Holzschutzmittel angesprochen werden, das allerdings den Nachteil leichter Auslaugbarkeit besitzt.

Infolgedessen ist die Entwicklung in den letzten Jahrzehnten nicht auf die Verwendung des Fluornatriums für sich, sondern von Mischungen dieses Salzes mit anderen Stoffen, vor allem Mischungen mit organischen Nitroverbindungen unter gleichzeitigem Zusatz von Alkalibichromaten zurückzuführen. Der Zusatz der Chromate bezweckt die festere Einlagerung des Fluornatriums im Holz durch chemische Umsetzung dieses Salzes zu schwer wasserlöslichem Chromkryolith ($CrF_3 \cdot 2\,NaF$), dessen Bildung unter dem Einfluß gewisser Holzbestandteile erfolgt (s. S. 365). Außerdem verhindert der Chromatzusatz eine Korrosion der eisernen Imprägnierapparaturen, die sonst durch die verwendeten Nitroverbin-

---

[1] Günther, S. 41 u. 54; Herbst-Hentschel, S. 4.
[2] Krüger, S. 184.

dungen verursacht würde. Diese jetzt in Deutschland und anderen Ländern nicht allein für die Grubenholzimprägnierung, sondern auch für andere Hölzer mehr und mehr benutzten Imprägniersalzgemische stellen nach allen bisher vorliegenden Erfahrungen besonders wertvolle Konservierungsmittel dar, die in ihrer fungiziden Wirkung allen anderen wasserlöslichen Mitteln, mit Ausnahme des Quecksilbersublimats, überlegen sind. Sie können in heißen Lösungen unter Anwendung von Vakuum und Druck in das Holz eingeführt werden, weil sie sich auch dann Eisen und andern Metallen gegenüber vollkommen indifferent verhalten. Als organische Bestandteile kommen fast ausschließlich die nitrierten Phenole und deren Salze in Betracht, so namentlich das Dinitrophenol. Diese bilden eine wirksame Ergänzung zu der fungiziden Kraft der Fluorsalze und werden zudem auf der Holzfaser fixiert[1]. Wo neben der Schutzwirkung gegen Pilze besonderer Wert auf Brandschutz gelegt wird, z. B. in Gruben mit leicht zur Selbstentzündung neigenden Flözen, hat die Beimischung von Steinsalz und Glaubersalz, die das Holz schwer entflammbar machen, sich als nützlich erwiesen.

Durch Anwendung von Arsenverbindungen neben Fluornatrium, Alkalibichromat und Dinitrophenol gelang es, besonders wertvolle Holzschutzmittel herzustellen. Diese sind gegen holzzerstörende Pilze und Insekten sehr wirksam; im übrigen widerstehen sie auch stärkster Auslaugung in befriedigendem Maße, da sich aus ihnen durch chemische Umsetzung unter Mitwirkung der Holzsubstanz neben dem schon erwähnten Chromkryolith das praktisch wasserunlösliche, aber gleichwohl hoch fungizide und insektizide Chromarseniat ($CrAsO_4$) bildet. Bisher bestand indessen gegen die Verwendung arsenhaltiger Salze in geschlossenen Räumen die Befürchtung schädigender Einwirkungen auch auf höher entwickelte Organismen, wie Menschen und Haustiere. Aus diesem Grund wurden solche Salze bisher als Imprägniermittel unter Tage von der Bergbehörde nicht zugelassen. Nach neueren Untersuchungen von Lüdicke sollen allerdings Arsenvergiftungen durch Holz, das mit einem der handelsüblichen, arsenhaltigen Mittel getränkt ist, infolge Entwicklung giftiger, flüchtiger Arsenverbindungen nicht eintreten können, sofern für genügende Bewetterung gesorgt ist[2].

Die hier nur kurz dargestellte, für den Bergbau wichtige technische Entwicklung der Konservierungsmittel in den letzten Jahrzehnten ist in dem Kapitel III, zweiter Teil, eingehend erörtert. Sie ist allem Anschein nach noch nicht abgeschlossen, hat aber durch den Krieg und die Nachkriegsverhältnisse in Deutschland eine empfindliche Unterbrechung erfahren. Zahlreiche leistungsfähige Herstellerunternehmungen des In- und Auslandes sind in heißem Wettbewerb um die immer weiter fortschreitende Vervollkommnung ihrer Erzeugnisse bemüht gewesen und haben eine große Zahl von Holzschutzmitteln auf den Markt gebracht, die allmählich allen gerade im Bergbau zu stellenden Anforderungen mehr und mehr genügen, wobei natürlich Fehlschläge nicht immer zu vermeiden waren.

---

[1] Vgl. hierzu Günther, S. 55; Herbst-Hentschel, S. 5 u. a.
[2] Günther, S. 63.

Die Frage, welche der zahlreichen, handelsüblichen Schutzsalze gegenwärtig im Bergbau vorzugsweise verwandt werden, läßt sich nicht eindeutig und einheitlich beantworten. Die unterirdischen Verhältnisse in den beteiligten Bergbauzweigen und Revieren, ja in den einzelnen Gruben sind zu unterschiedlich, als daß sich schon jetzt bei noch vollem Fluß der Entwicklung mehr oder weniger allgemeingültige Normen für die Verwendung bestimmter Holzschutzmittel aufstellen ließen, wie etwa bei der Eisenbahn- oder Postverwaltung, die mit viel gleichmäßigeren Standortsbedingungen rechnen können. Ein Salz, das auf einer Grube mit gutem Erfolg angewandt wird, kann andernorts einen Fehlschlag bedeuten.

Das Schrifttum ist deshalb auch noch nicht zu abschließenden Urteilen über die Brauchbarkeit der vorhandenen Mittel gelangt. Die vorliegenden, wissenschaftlichen Untersuchungen kommen zwar zu bestimmten Bewertungsergebnissen hinsichtlich der Hemmungswerte, Auslaugbarkeit, Korrosionsfähigkeit, Eindringtiefe, Giftigkeit, Brennbarkeit und Gasentwicklung, geben aber für die Verwendbarkeit in der bergbaulichen Praxis keinen genügenden Anhalt.

Da statistische Angaben der Bergbehörden oder privater bergbaulicher Einrichtungen ebenfalls nicht vorliegen, kann für die Darstellung des gegenwärtigen Standes der Verwendung hochwertiger Schutzsalzgemische lediglich auf einige Angaben des bergbaulichen Schrifttums zurückgegriffen werden. Diese stellen aber weder ein abschließendes Urteil noch vor allem eine Bewertung der Erzeugnisse des einen oder andern Herstellers dar.

Herbst — Hentschel berichten über gute Ergebnisse, die schon 1909 mit Basilit (89% NaF + 11% Dinitrophenolanilin) erzielt worden sind. Sie verweisen sodann auf die erheblichen Verbesserungen, die seit 1914 von der Grubenholzimprägnierung GmbH. auf der Grundlage zweier Patente durch Einführung der sogenannten „Wolmansalze" zu verzeichnen waren. Unter ihnen haben Glückauf-Basilit und Glückauf-Basilit extra (Triolith U)[1] (55% NaF + 35% $K_2Cr_2O_7$ + 10% Dinitrophenol) für den Bergbau große Bedeutung erlangt; das letztere Salz spielte um 1930 die führende Rolle bei der Grubenholztränkung. Weiterhin wird das von den Brander Farbwerken in Brand-Erbisdorf i. Sa. hergestellte Fluralsil (68% $ZnSiF_6$ + 20% Na_2SO_4 + 8% CrF_3 + 4% Farbstoff) wegen gewisser Vorzüge eingehend erörtert, aber ausdrücklich hervorgehoben, daß es damals verfrüht war, sich mangels genügender praktischer Erfahrungen und Vergleichsversuche ein endgültiges Urteil bilden zu wollen[2].

Das vom Ruhrbergbau 1940 herausgegebene Merkblatt über Holzschutz macht sich die Angaben von Herbst-Hentschel im wesentlichen zu eigen. Es verweist auf die Salzgemische Glückauf und Triolith der Allgemeinen Holzimprägnierung GmbH., auf Basilit der damaligen I. G. Farbenindustrie A.G. und empfiehlt schließlich auch Teeröle als Tränkungsmittel. Aus der Kürze dieser Hinweise ist wiederum zu ent-

---

[1] Triolith U heißt neuerdings Wolmanit U.
[2] Herbst-Hentschel, S. 5.

nehmen, daß die Holzkonservierung im Ruhrbergbau immer noch nicht die ihr gebührende Bedeutung erlangt hat[1].

Eingehender sind die Ausführungen von Krüger für den Braunkohlenbergbau, in dem ebenfalls die Salze des Fluors im Gemisch mit anderen Verbindungen die gebräuchlichsten Tränkungsmittel sind.

Das Fluralsil extra und Fluralsil 1937 (20% organisches Zinksalz + 25% $K_2Cr_2O_7$ + 55% $ZnSiF_6$) sind durch ihre günstigen Hemmungswerte, eine verhältnismäßig hohe Auslaugbarkeit, aber mäßigen Eisenangriff gekennzeichnet. Triolith U und Glückauf-Basilit extra U, Salze gleicher Zusammensetzung, haben neben ihrem günstigen Hemmungswert infolge des Chromzusatzes den Vorzug, schwer auslaugbar zu sein und auf Metalle nicht korrodierend zu wirken. Unter ungünstigen Bedingungen beträgt die Auslaugbarkeit etwa 40%.

Thanalith U, Basilit UA und Arsenfluralsil enthalten außer Fluorsalzen, Dinitrophenol und Chromzusatz auch noch Arsen in der Form von 23—30% Natriumarseniat (Na_2HAsO_4). Wegen günstigen Hemmungswertes, der Verhinderung von Tierfraß, fehlender Korrosionsfähigkeit und der stark verminderten Auslaugbarkeit von nur etwa 20% kommen diese Salze für schwierigste Standortbedingungen in Frage, z. B. auch zur Tränkung von Baggerschwellen. Doch gibt Krüger nicht an, ob die genannten Arsensalze bereits bergpolizeilich zugelassen sind oder nicht.

Die vorstehend von Herbst-Hentschel und Krüger besprochenen Salzgemische werden auch von dem Fachausschuß für Holzfragen in der Reihe der bewährten Schutzmittel aufgeführt[2].

Als feuerhemmende Salze, die aber nur in geringem Umfang für Sonderzwecke in Betracht kommen, erwähnt Krüger schließlich die Gemische Pyromors und Minolith (15% NaF + 9% $Na_2Cr_2O_7$ + 6% Dinitrophenol + 70% nicht fungizide Restsalze, hauptsächlich Phosphate)[3]. Die im Bergbau üblichen Tränksalze sind in bezug auf Hemmungswerte, Auslaugbarkeit usw. von Krug[4] eingehend untersucht worden.

B. Die Imprägnierverfahren.

Für die Einführung der vorstehend beschriebenen Schutzstoffe in das Holz steht eine Reihe von Verfahren zur Verfügung, die im Kapitel II, zweiter Teil, näher beschrieben worden sind. Für bergbauliche Zwecke scheidet ein Teil von ihnen aus, weil sie sich im Bereich des Bergwerksbetriebes technisch und wirtschaftlich nicht durchführen lassen oder die Ergebnisse den Anforderungen nicht genügen.

So dürfte die früher vielfach auch im Bergbau angewandte Methode des Anstrichs oder Spritzens wegen der schwachen Schutzwirkung nur

---

[1] Merkblatt, S. 8.
[2] Merkheft, S. 21/22, ferner Holzschutzmittelverzeichnis des Prüfungsausschusses für Holzschutzmittel der deutschen Gesellschaft für Holzforschung, Nachrichtenheft 4, April 1950.
[3] Krüger, S. 186.
[4] Krug, Untersuchungen über Holzschutzmittel und Holztränkung, Berlin 1939.

noch für trockene und günstige Standorte eine untergeordnete Rolle spielen, im übrigen aber ziemlich ganz verlassen sein. Auch das als „Torkretieren" bezeichnete Spritzbetonverfahren hat sich für die Grubenholzkonservierung nicht eingeführt. Nicht unterlassen sei indessen hier ein Hinweis auf das Verfahren des DRP. 479270 (H. Neubauer) betr. den Schutz von Grubenhölzern durch Auftragen einer dünnen Betonschicht, die keimtötende Mittel, wie z. B. NaCl, $CuSO_4$ usw., enthält.

Die Boucherisierung ist für den Bergbau nicht brauchbar, weil sie am frisch geschlagenen Holz durchgeführt werden muß. Das Bandagen- und Bohrlochverfahren findet lediglich für die Nachbehandlung oder Teilschutzbehandlung von Hölzern Verwendung. Die Bandagen dienen nur an besonders gefährdeten Punkten zur Nachimprägnierung bereits früher ordnungsmäßig getränkter Hölzer oder zur Erzielung eines Teilschutzes bei nicht imprägniertem Material. Bei dem Bohrlochverfahren muß unter Umständen der Nachteil einer Schwächung der mechanischen Eigenschaften des Holzes durch die Bohrlöcher in Kauf genommen werden[1].

Das Einlagerungs- oder Trogtränkungsverfahren ist für die Behandlung trocknen und auch feuchten Grubenholzes geeignet. Die Tiefenwirkung mit wässerigen Salzlösungen ist je nach Einlagerungsdauer, Holzart, Stärke und Feuchtigkeit verschieden. Die Trogtränkung ist dann empfehlenswert, wenn bei einigermaßen günstigen Standortsbedingungen und nicht zu hohen Anforderungen an die Schutzwirkung eine Tränkanlage mit verhältnismäßig geringen Anlagekosten errichtet werden soll.

Eine Kesseldruckanlage zur Durchführung der Volltränkung des Holzes im Vakuum-Druckverfahren gewährleistet bei Verwendung trocknen Holzes immer eine gleichmäßige Durchtränkung des Splintes und bietet die Möglichkeit, dem Holz je cbm jede erforderliche Menge Salz zuzuführen. Sie erfordert zwar wesentlich höheren Kapitalaufwand, verbürgt aber höchste Leistung und gleichmäßigen, tiefenwirksamen Schutz gegen Fäulnis und Tierfraß.

Je nach den Standortsbedingungen und der verlangten Gebrauchsdauer schwankt der Verbrauch je fm Kiefernholz an hochwertigen Schutzsalzen zwischen 2 und 3 kg. An billigen Abfallsalzen werden bis zu 25 kg/fm verwandt[2].

Bei Verwendung der handelsüblichen Schutzsalze für das Grubenholz unter Tage kommt die bei der Teerölimprägnierung übliche Spartränkung nach Rüping nicht in Betracht. Sie wird aber gegenwärtig allgemein für die über Tage verwendeten, mit Teeröl zu tränkenden Hölzer, vor allem für Baggerschwellen vorgenommen. Ihre vorzügliche Wirkung ist bekannt; wegen der zu ihrer Ausführung benötigten, umfangreichen Apparatur wird indessen das Verfahren im allgemeinen nicht in werkseigenen Anlagen durchgeführt werden können.

Zusammenfassend können also praktisch lediglich die Trog- und die Kesseldrucktränkung als für den Bergbau geeignet bezeichnet werden, weil nur sie hohen und höchsten Anforderungen an den Holzschutz genügen. Im wesentlichen haben sie sich deshalb im Bergbau durchgesetzt.

---

[1] Krüger, S. 190.
[2] Krüger, S. 184, 186.

36*

C. Die Imprägnieranlagen.

Die Bergwerksverwaltungen sind von jeher bestrebt gewesen, die Imprägnierung des Grubenholzes im eigenen Betrieb vorzunehmen. Maß-

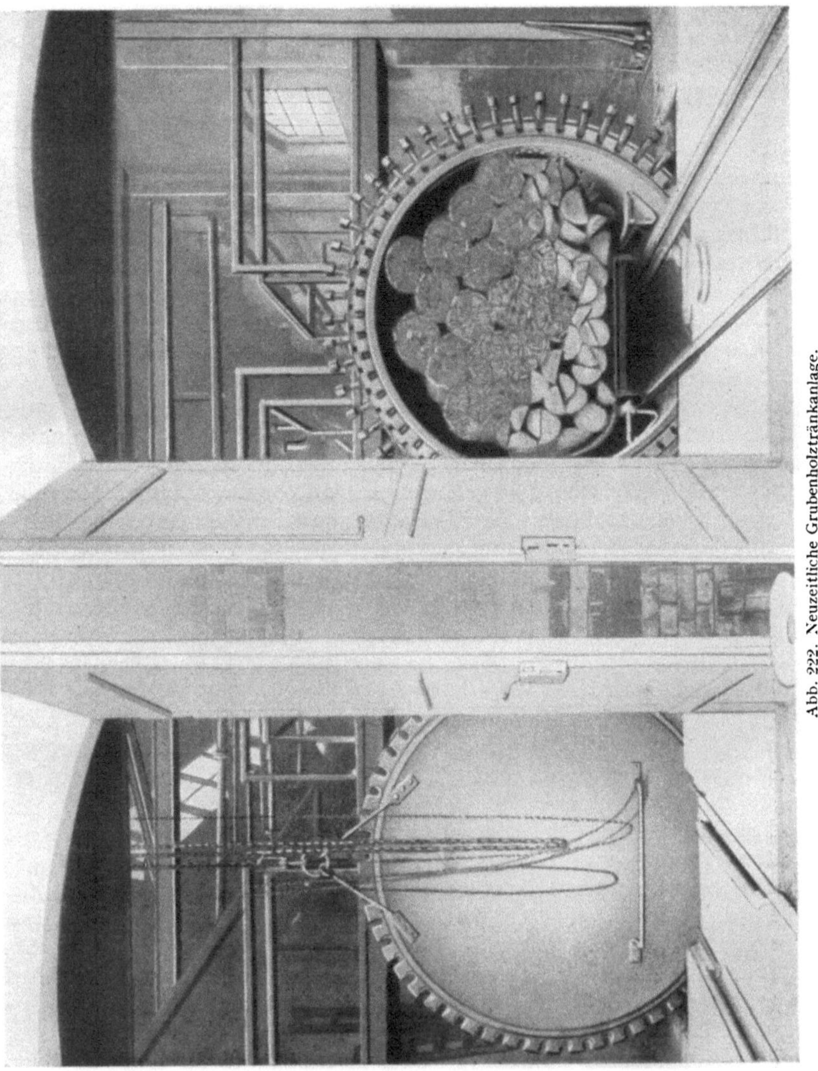

Abb. 222. Neuzeitliche Grubenholztränkanlage.

gebend für diesen Standpunkt sind die Vielheit der Grubenholzsorten, ihre je nach den Betriebserfordernissen stark wechselnden Verbrauchsmengen und in erster Linie natürlich Ersparnisgründe. So wurden bereits 1901 in Oberschlesien von der Fürstlich Plessischen Verwaltung die ersten Versuche mit Chlorzink-Teeröl gemacht. 1904 imprägnierten im Oberbergamtsbezirk Dortmund 16 Zechen, und weitere 25 hatten Versuche gemacht. Im Jahre 1911 imprägnierten bereits 82 von insgesamt 250 Schachtanlagen des Ruhrbezirks, also etwa ein Drittel der Gesamtzahl[1]. Um 1903 trat die Schlesische Grubenholz-Imprägnierung GmbH. im Bergbau auf, nach deren System „Wolman" Mitte der 20er Jahre bereits über 80 Anlagen im Betrieb standen. Seitdem dürfte sich die Zahl der Imprägnieranstalten im Bergbau, und zwar wegen der erfolgreichen Entwicklung und Einführung der hochwertigen Schutzsalze, nicht unerheblich vermehrt haben, wofür indessen konkrete Angaben nicht vorliegen.

Die im Bergbau errichteten Trogtränkungs- und Druckvakuumanlagen ähneln in ihren Ausführungsformen und Arbeitsgängen den allgemein üblichen Anstalten dieser Art, die im Kapitel II, zweiter Teil, beschrieben sind. Sie sind im Laufe der Zeit immer wieder verbessert und vereinfacht worden. Eine neuzeitliche Grubenholztränkanlage zeigt die Abbildung 10.

Je nach ihrer Größe und ein- oder zweischichtigem Betrieb schwankt die Jahresleistung zwischen 2000 und 12000 cbm. Die Anlagekosten für eine Druckanlage mit einem Kessel von 30 cbm und einem Durchsatz von 40—80 cbm Holz in 8 Stunden werden übereinstimmend mit 30000,— bis 80000,— DM angegeben. Die untere Wirtschaftlichkeitsgrenze einer solchen Anlage liegt bei einem Jahresdurchsatz von etwa 2000 fm. Tauchbottich mit Mischbehälter und Pumpe von 6 cbm Fassungsraum für Trogtränkung erfordert Anlagekosten von rd. 1000,— bis 5000,— DM, je nachdem man für die Einrichtung gebrauchte Behälter verwenden kann.

Die Erstellung und der Betrieb großer Zentralimprägnierungsanstalten für ganze Bezirke oder für die gesamten Schachtanlagen eines größeren Bergwerksunternehmens haben sich trotz der Anlage- und Betriebskostenersparnis wegen der Unbequemlichkeiten für die Betriebsbeamten im allgemeinen als nicht zweckmäßig erwiesen. Diese müssen den bisweilen eiligen Bedarf an getränktem Holz frühzeitig anmelden und sind mit dem Bezuge dieses Holzes von der Arbeit der Tränkanlage abhängig, so daß Verzögerungen und bei nicht genauer Buchführung Verwechslungen eintreten. Hinzu kommen unter Umständen die Nachteile doppelter Verladungen und Verfrachtungen[2].

Dagegen haben sich Einzelanlagen auf jeder großen Schachtanlage oder für mehrere mit eigener Bahn untereinander verbundene Schächte bewährt. Der Hauptvorteil ist hierbei, daß der Grubenbetriebsleiter, dem die Tränkanlage zu unterstellen ist, in der Verwendung von imprägniertem Holz von anderen Verwaltungsstellen ganz unabhängig und in der Lage ist, rechtzeitig die jeweils benötigten Hölzer zu imprägnieren und für den Einbau bereitzustellen. Dabei wird die Betriebsführung der Imprägnieranlage selbst zweckmäßig einem in Tränkfragen geschulten Techniker zu übertragen sein.

---

[1] Dobbelstein, S. 611.
[2] Herbst-Hentschel, S. 1.

Um einen möglichst großen Nutzen durch die Grubenholztränkung zu erzielen, muß das Streben jeder Grubenverwaltung darauf gerichtet sein, möglichst viel getränktes Holz zu verwenden. Indessen wird immer nur ein verhältnismäßig geringer Anteil von der gesamten Holzmenge getränkt werden können. So scheiden die Hölzer im Abbau und in den Abbaustrecken von kurzer Standdauer, in Grubenräumen mit starkem Gebirgsdruck und der Notwendigkeit baldigen Auswechselns und schließlich in trocknen, der Fäulnis nicht ausgesetzten Bauen für die Tränkung aus. Tränkwürdig sind dagegen der gesamte Holzausbau -in Wetterstrecken sowie in feuchten Strecken, Fahrtenbäume und -sprossen, Fahrbühnen und Verschalungen in Blindschächten, Schwellen, Wetter-, Damm- und Schießtüren mit ihren Rahmen, Wetter- und Fahrungsbrücken, Gesteinsstaubsperren und alle anderen, der Grubensicherheit dienenden Einrichtungen aus Holz, Holzausbau der Füllörter an Blindschächten, Holzpfeiler in Hauptförderstrecken, hauptsächlich an Abzweigungen und Streckenkreuzungen, die im ausziehenden Wetterstrom oder in feuchten Strecken liegen, und die Quetschhölzer im Steinausbau[1].

Die Bestimmung des Anteils und der Standorte auf Grund einer planmäßigen Untersuchung des ganzen Grubengebäudes, die rechtzeitige und richtige Anforderung, Zuleitung und Verwendung der notwendigen Hölzer und die Überwachung des Verhaltens des eingebauten Holzes wird zweckmäßig einem bestimmten Grubenbeamten übertragen, der so auch die lebendige Verbindung zwischen dem Grubenbetrieb und dem Betrieb der Tränkanlage darstellt. Auf diese Weise werden die betrieblichen Schwierigkeiten, die der Einführung der Imprägnierung entgegenstehen, zum erheblichen Teil vermieden, und die Wirtschaftlichkeit des Verfahrens selbst bei Anstellung eines besonderen Beamten wird nicht nur gewahrt, sondern wahrscheinlich sogar erhöht.

D. Die Wirtschaftlichkeit der Grubenholzimprägnierung.

Die Kosten des getränkten Holzes gegenüber dem ungetränkten werden durch die Anlage- und Betriebskosten der Tränkanlage nicht unbeträchtlich erhöht, auch wenn Dampf, Strom, Druckluft und Wasser von der Grube billig geliefert werden. Je nach dem Verfahren und den angewandten Schutzmitteln sind sie stark schwankend. Schon früh wurden durch eingehende Arbeiten eines Versuchsausschusses für den Ruhrbezirk während der Jahre 1912—1921 die Gesamtkosten je fm beim Druckvakuumverfahren zu 3,50—9,30, beim Tauchverfahren zu 2,20 bis 5,10 M ermittelt[2]. Einen Überblick über die durchschnittlichen Kosten einer mittleren Druckvakuumanlage je fm in neuerer Zeit gibt die Zusammenstellung auf S. 487[3].

Mit 4,50—9,00 RM/cbm kommt Krüger zu ähnlichen Ergebnissen. Bei Fremdbezug von salzgetränkten, im Kesseldruckverfahren behandelten Hölzern stellt sich der Festmeterpreis auf 9,00—9,50 RM. Die Tränk-

---

[1] Herbst-Hentschel, S. 9, und Merkheft, S. 19.
[2] Dobbelstein, S. 612ff.
[3] Heise-Herbst, S. 37ff.

Kostenfaktor	Einzelbeträge DM	% der Gesamtkosten
Tränkmittel	5,00—10,00	70,5—71,5
Löhne	1,20— 2,00	16,9—14,3
Dampf-, Wasser- und Kraftkosten	0,40— 1,00	5,6— 7,1
Tilgung, Verzinsung, Instandhaltung	0,50— 1,00	7,0— 7,1
Insgesamt	7,10—14,00	100,0

kosten für Baggerschwellen, die durch eine Tränkanstalt mit Steinkohlenteeröl im Rüpingverfahren imprägniert werden, sind mit 15,70 RM/cbm ohne Fracht ermittelt[1].

Für die Wirtschaftlichkeit einer Tränkanlage ist die Verlängerung der Standdauer des Holzes ausschlaggebend. Die wirtschaftlich tragbaren Kosten bei der Verwendung getränkten Holzes finden ihre Grenze, sobald die Aufwendungen für die Tränkung so weit steigen, daß innerhalb der verlängerten Standdauer gerade die Ausgaben für Wiedereinbau von Rohholz, also Materialpreis und Lohnkosten, erspart werden. Dieser untere Grenzwert läßt sich für jeden Betrieb durch die Gleichung $I = (R + W) \cdot Y$ errechnen. Hierin sind I = Tränkkosten, R = Anschaffungskosten und W = Wiedereinbaukosten je fm Grubenholz. Y stellt einen Faktor dar, der sich aus dem Vergleich der durchschnittlichen Standdauerverlängerung getränkten Holzes gegenüber Rohholz ergibt. Die Wirtschaftlichkeit ist in allen Fällen nachweisbar, in denen es sich um einen Bedarf an getränktem Holz bis herab zu 5% des Gesamtholzverbrauchs handelt und die Standdauerverlängerung nur etwa ein Sechstel der Standdauer des Rohholzausbaus ausmacht[2].

Jede über diese untere wirtschaftliche Grenze hinausgehende längere Lebensdauer imprägnierter Hölzer bedeutet reine Ersparnis an Material und Lohn. Sie ergibt sich nicht nur aus einer allgemeinen Senkung der Holzkosten, sondern auch aus der Lohnersparnis, die dadurch erzielt wird, daß in wesentlich geringerem Umfang Grubenholz ausgewechselt werden muß. Die Betriebssicherheit wird erhöht, da Querschnittsverengerungen und Brüche, soweit sie auf Faulen des Holzes zurückzuführen sind, vermieden werden. Für die Wirtschaftlichkeit der Schwellenimprägnierung unter und über Tage ist es von Bedeutung, daß so die Schienenbefestigung auf Jahre hinaus sicher hält und damit die Förderbahnen in Ordnung bleiben.

Für die Berechnung der Wirtschaftlichkeit der Imprägnierung sind im Schrifttum mehrfache Beispiele gegeben, u. a. von Heise-Herbst:[3]

Hat eine Grube insgesamt 30 000 fm Holzausbau zu unterhalten, und betragen die durchschnittlichen Holzkosten 26,00, die Tränkkosten 10,00 und die Einbaukosten 22,00 RM/fm, so belaufen sich die jährlichen Holzkosten für ungetränktes Holz bei einer durchschnittlichen Standdauer von 1 ½ Jah-

---

[1] Krüger, S. 187 u. 189, und Steffenhagen, S. 80ff. Bei Fremdbezug von salzgetränkten, im Kesseldruckverfahren behandelten Hölzern stellt sich der Festmeterpreis heute bis auf 20,00 DM.

[2] Merkheft, S. 5ff., Herbst-Hentschel, S. 8ff., Krüger, S. 178, und Mahlke-Troschel, 2. Aufl., S. 378.

[3] Heise-Herbst, S. 37ff.

36a*

ren auf $\dfrac{30\,000\,(26 + 22)}{1,5} = 960\,000$ RM, für getränktes Holz bei einer Standdauer von x Jahren auf $\dfrac{30\,000\,(26 + 22 + 10)}{x}$ RM. Bei einem Anteil des getränkten Holzes am Gesamtverbrauch von 0,1 bzw. 0,2 ergeben sich folgende
Ersparnisziffern:

Anteil des getränkten Holzes	Jährliche Ersparnis in (RM) bei einer Standdauer der getränkten Hölzer von			
	2 Jahren	3 Jahren	4 Jahren	8 Jahren
0,1 (= 10%)	9 000	38 000	52 500	74 250
0,2 (= 20%)	18 000	76 000	105 000	148 500

Tatsächlich sind Standdauerverlängerungen bis zu 10 Jahren und weit
darüber hinaus nicht selten.

Auf Grund der Betriebskosten im Bereich der Zeche Rheinpreußen mit
zentraler Tränkanlage haben Herbst-Hentschel jährliche Ersparnisse je cbm
ermittelt, die bei einer Standdauerverlängerung um nur ein Jahr 24,00 RM
betrugen und bei einer solchen um 10 Jahre allmählich auf 50,40 RM stiegen.
Als theoretischen Fall nehmen sie einen spezifischen Holzverbrauch von
0,028 cbm/t, eine Jahresfördermenge von 1 Mill. t und nur 5% Anteil des zu
tränkenden Holzes, also 1400 cbm im Jahre an. Tritt in diesem Fall nur eine
Verdoppelung der Standdauer ein, so beträgt die Ersparnis der Holzwirtschaft in einem Jahr bereits $1400 \cdot 24 = 33\,600$ RM. Krüger errechnet für
normale Verhältnisse des Braunkohlentiefbaus eine Kostenersparnis von
25 500 RM je 1000 fm[1].

Interessante Ergebnisse zeigen schließlich auch die Untersuchungen von
Steffenhagen über die Baggerschwellen des Braunkohlentagebaus. Auf Grund
der Einzelangaben von 131 Abraum- und Grubenbetrieben stellt er fest, daß
es mit Hilfe der Tränkung gelungen ist, die Gebrauchsdauer der kiefernen
Schwellen von durchschnittlich 5 Jahren um rund 2 Jahre auf rund 7 Jahre
zu verlängern. Bei Eichenschwellen ist die Gebrauchsdauersteigerung von
4,5 auf 11,5 Jahre noch wesentlich größer, was sich aus der geringen Widerstandskraft des rohen Eichensplintes gegen Fäulnis erklärt. Dabei verhalten
sich die Verhältniszahlen der Mehrkosten für die Tränkung zu der Gebrauchsdauerverlängerung in den Abraumbetrieben wie 18,7 : 46,7, in den Grubenbetrieben wie 18,7 : 38,2. Die Tränkung ist also auch in diesen Fällen mit
wirtschaftlichem Vorteil verbunden[2].

Zusammenfassung.

Die Darstellung über den Holzschutz im Bergbau weist auf die Notwendigkeit hin, daß der Holzkonservierung verstärkte Aufmerksamkeit
gewidmet werden sollte. Die Einwände, die bis in die neuere Zeit hinein
gegen die Imprägnierung erhoben werden, haben sich, wie vor allem
Herbst-Hentschel nachgewiesen haben, als nicht stichhaltig erwiesen.

Nach zehn Jahren Krieg und politischer Wirren macht mit dem Aufbau der europäischen und deutschen Wirtschaft der deutsche Bergbau,
insonderheit der Kohlenbergbau, die größten Anstrengungen, die im
Zusammenbruch stark abgesunkene Förderung auf die Vorkriegshöhe,
ja darüber hinaus zu steigern. Dazu bedarf es in erster Linie einer groß-

---

[1] Allg. Holzimprägnierung, S. 41.

[2] Steffenhagen, S. 80ff. Der Vollständigkeit halber sei auf die Ausführungen des Merkheftes „Holzschutz im Bergbau", 2. Auflage 1950, Seite
38—40, verwiesen, wo bei einem jährlichen Holzbedarf von 1000 fm eine
jährliche Ersparnis von 27 167,— DM nachgewiesen wird.

zügigen unterirdischen Aus- und Vorrichtung, die wiederum verstärkten Ausbau in den neu entstehenden Streckensystemen bedingt.

Bei dem empfindlichen Mangel an Baustoffen, vor allem an Eisen und gerade auch an Holz, und bei der furchtbaren allgemeinen Verarmung der deutschen Volkswirtschaft ist der Bergbau darauf angewiesen, mit allen seinen Betriebsmitteln besonders sorgsam umzugehen und alle Möglichkeiten der Materialersparnis auszunutzen. Das gilt in besonderem Maße für die Holzwirtschaft, die auch weiterhin für den Bergbau und seine Selbstkosten eine bedeutende Rolle spielt. Da der gesamte Grubenholzbedarf bis auf weiteres von der heimischen Forstwirtschaft gedeckt werden muß, ergibt sich wie für jede Holzverbrauchergruppe auch für den Bergbau die Verpflichtung, auf die durch den Raubbau der letzten Jahrzehnte schwer geschädigte deutsche Wald- und Forstwirtschaft durch äußerste Einschränkung des Grubenholzverbrauchs die gebührende Rücksicht zu nehmen.

Zu den Mitteln, dieses Ziel zu erreichen, gehören eine verstärkte, sachgemäße Anwendung der in den kritischen Jahren in den Hintergrund getretenen Grubenholztränkung und die Fortentwicklung der Imprägniertechnik im Zusammenwirken aller beteiligten Kreise.

IV. Wasserbau und Schiffbau.

Von Oberbaurat Dipl.-Ing. **H. Wedekind**, Hamburg.

1. Wasserbau.

A. Die Bedeutung des Holzes im Wasserbau.

Wegen der besonderen Betriebsbedingungen in den Wasserstraßen und Häfen — gekennzeichnet durch die Landberührung der Schiffe — spielte das Holz gerade im Wasserbau eine ausschlaggebende und unabdingbare Rolle. In der bei weitem überwiegenden Zahl aller Schiffsunfälle ist nicht das Wasser, sondern das Land die Schadensursache; aus diesem Grunde müssen gerade in Häfen und in künstlichen Wasserstraßen mit all ihren Nebenanlagen wegen der beschränkten Fahrwasserverhältnisse umfangreiche Vorkehrungen zum Schutze der Schiffahrt gegen gefährliche Landberührungen getroffen werden. Von der Seite des Wasserbauingenieurs aus gesehen, dienen diese Maßnahmen gleichzeitig dem Schutz der kostbaren Bauwerke vor Beschädigungen durch die Schiffe. Bildhaft kann gesagt werden, daß den Schiffen ein „weiches Bett" geboten werden muß, um Schäden im normalen Betrieb zu verhüten. Aber trotz aller Vorkehrungen werden durch Ruderschaden, fehlerhafte Maschinenmanöver, Brechen von Schlepptrossen, leichtsinniges Fahren oder durch Wind und Wetter immer wieder zum Teil folgenschwere Havarien verursacht, gegen die es bei den auftretenden gewaltigen Kräften keinen Schutz gibt.

Die auftretenden Stöße müssen weich aufgenommen werden, um die lebendige Kraft des Schiffes entweder durch die Weichheit des Baustoffes oder durch eine nachgiebige Konstruktion auffangen zu können. Bei Verwendung von Holz werden beide Möglichkeiten ausgenutzt. Die geringe Festigkeit des Holzes quer zur Faser bedingt die Weichheit, von der bei Streichbalken an Kaimauern, Scheuerbohlen an Pontons und — an den Schiffen selbst — durch Wallschienen Gebrauch gemacht wird. Bei Dalben bietet die hohe Durchbiegefähigkeit der hölzernen Rammpfähle in Verbindung mit den weichen Verbänden die notwendige Nachgiebigkeit der Konstruktion. — Für Stahl und Stahlbeton entfällt die Weichheit des Materials, sie können mithin nur dann verwendet werden, wenn die Nachgiebigkeit durch konstruktive Mittel gesichert wird. Dabei muß aber der Stahlbeton ausscheiden, weil er nicht genügend elastisch ist und zu der im Wasser besonders gefährlichen Rissebildung neigt. Auch bei der durch die Knappheit an schweren hölzernen Rammpfählen erzwungenen Verwendung von Stahlpfählen sind anfangs erhebliche Fehlschläge eingetreten, weil die verschiedene Eignung der Baustoffe für Wasserbauzwecke in der gewählten Konstruktion nicht genügend beachtet wurde; erst in jüngster Zeit ist es gelungen, dieses schwierige Problem zu lösen.

Die Entwicklung wird fraglos dahin gehen, daß ein erheblicher Teil des Wasserbauholzes künftig durch Stahl ersetzt werden muß; es verbleiben aber noch so viele Anwendungsmöglichkeiten, vor allem in holzreichen Ländern, daß alles getan werden muß, um durch geeignete Schutzmaßnahmen den Holzverbrauch gering zu halten und die Wirtschaftlichkeit dieser Bauten zu steigern.

Um einen Begriff der früher im Wasserbau verarbeiteten Holzmengen zu geben, sei bemerkt, daß z. B. im Hamburger Hafen rd. 30000 Rammpfähle von 14—25 m Länge und 45 cm Mittendurchmesser im freien Wasser stehen und daß für massive Hafenbauwerke (Vorsetzen, Kaimauern, Schuppen, Brücken) rd. 100000 hölzerne Rammpfähle eingebaut wurden.

B. Verwendete Holzarten.

Für die deutschen Wasserbauwerke kommen aus wirtschaftlichen Gründen in erster Linie die in deutschen Wäldern wachsenden Hölzer in Frage. Bevorzugt wird die Kiefer wegen ihrer Festigkeit, des verhältnismäßig hohen Harzgehaltes, ihrer Wetterbeständigkeit, des im allgemeinen geraden Wuchses und ihrer geringen Sprödigkeit. Vor allem wird die Kiefer für schwere Rammpfähle bevorzugt, die hauptsächlich aus Mecklenburg, Pommern, der Mark Brandenburg und aus Ostpreußen stammen, also aus Gegenden, die zu den deutschen Häfen günstig für den Wassertransport liegen. Der Bedarf war aber zeitweilig so groß, daß kieferne Rammpfähle auch im erheblichen Umfange aus den polnischen Wäldern bezogen werden mußten.

Für Rammpfähle kommt weiter die Fichte in Frage, die sich wegen ihres geringeren Harzgehaltes und, im Gegensatz zur Kiefer, der Schwierigkeit, die eingetretene Fäulnis und damit die Verringerung der Standfestigkeit von außen zu erkennen, geringerer Beliebtheit erfreut. Hinzu kommt, daß die Fichte einer befriedigenden Durchtränkung größeren Widerstand entgegensetzt als die Kiefer. In den letzten beiden Kriegsjahren mußten ungeschützte Fichten-Rammpfähle in erheblicher Anzahl in das Steubenhöft in Cuxhaven eingebaut werden, weil Kiefernpfähle dieser Abmessungen nicht mehr zu beschaffen waren. Es durfte das geschehen, weil die Anlage ohne Rücksicht auf die Kosten unter allen Umständen betriebsfähig erhalten werden mußte und weil diese Pfähle, die zwar in etwa 5 Jahren von der Bohrmuschel (Teredo navalis) vernichtet sein werden, gleichzeitig mit der gesamten Anlage abgängig werden. Im Süßwasser wird die Fichte indes einen guten Ersatz für die fehlenden Kiefernpfähle liefern können. — Seit vielen Jahrzehnten wird übrigens in Hamburg böhmische Fichte in besonders starken Stämmen bis zu 80 cm ⌀ wegen ihres geringen spezifischen Gewichtes zum Bau von hölzernen Schlengeln, das sind begehbare Schwimmbäume, verwendet. Auch nach langjährigem Liegen im Wasser behalten diese Stämme genügende Schwimmfähigkeit, während Kiefer für solche Zwecke ungeeignet wäre.

Eiche und Lärche sind für den Wasserbau geeignet, erfüllen aber die zu stellenden Anforderungen an Länge und Gradwüchsigkeit nicht in ausreichender Menge, außerdem sind sie zu teuer. Eichene Rammpfähle nicht zu großer Abmessungen sind als Dalbenpfähle im Harburger Hafen und für eine als Wellenbrecher ausgebildete Pfahlwand am Deichfuße der Insel Neuwerk mit bestem Erfolg verwendet. Es bereitete aber erhebliche Schwierigkeiten, genügend gerade Stücke zu bekommen.

Die im Naturzustande so wenig haltbare Rotbuche, die außerdem sehr zum Reißen neigt, gewinnt durch ihre gute Tränkbarkeit und die damit zu erreichende hohe Lebensdauer zunehmend an Bedeutung. Bekannt sind die großen Erfolge der Reichsbahn mit teerölgetränkten Rotbuchenschwellen. Es ist sehr wohl möglich, ungetränkte Rotbuchenpfähle unter Wasser, aber nur im Süßwasser, zu verwenden, wie z. B. bei der Gründung der Wehr- und Kaianlagen in Hameln und des neuen hannoverschen Rathauses, über Wasser sowie im Meerwasser darf Rotbuche aber nur getränkt verwendet werden, weil das rohe Holz gegen Schädlingsbefall besonders anfällig ist. Zu beachten ist, daß die Rotbuche zwecks Verringerung der Luftrißbildung bis zum Einbau bzw. bis zur Tränkung gegen Sonnenbestrahlung geschützt werden muß.

An überseeischen Hölzern für den Wasserbau kommen in Frage:

Demerara-Greenheart, das wegen seiner besonderen Härte der Bohrmuschel erfolgreich Widerstand leistet. Verwendet wird es in England und Holland, auch in Helgoland ist es mit gutem Erfolg eingebaut worden. Für einen allgemeinen Gebrauch scheidet es aber wegen der hohen Kosten aus.

Bongossi und Jarrah wurden in Hamburg in erheblicher Menge und mit allerbestem Erfolg als Bohlenbelag von Brücken und Pontons mit besonders starkem Verkehr und für die Fahrbahnen in Kaischuppen verwendet, die Verarbeitung bietet aber wegen der großen Härte des Holzes erhebliche Schwierigkeiten. Auch auf diese wertvollen Hölzer wird man für lange Zeit verzichten und sie durch teerölgetränktes Buchenholz oder Stahlbeton ersetzen müssen. Es sei bemerkt, daß Bongossiholz in einem unmittelbar auf dem Erdboden liegenden Schuppenfußboden in Hamburg weitgehend vom Schwamm zerstört wurde.

Jellow-Pine und Red-Pine wird im Ausland vielfach für Wasserbauten verwendet.

C. Festigkeitseigenschaften.

Über die Festigkeitseigenschaften nassen Holzes sind auf Seite 175 ff. ausführliche Angaben gemacht; für den Wasserbau ist wichtig, daß die zulässigen Spannungen des wassergesättigten nur $^2/_3$ des lufttrockenen Holzes betragen dürfen.

In Din 1052 sind für die meistverwendete Güteklasse II folgende Spannungen zugelassen:

	Nadelholz	Eiche, Buche
Druck und Zug in Faserrichtung	85 kg/cm²	100 kg/cm²
Biegung	100 kg/cm²	110 kg/cm².

Da auch mit Teeröl imprägnierte Hölzer, wenn sie ständig unter Wasser sind, nach und nach mit Feuchtigkeit gesättigt werden, kann von der erwähnten Spannungsermäßigung im Wasserbau auch in diesen Fällen nicht abgesehen werden.

Die Frage einer Festigkeitserhöhung des teerölimprägnierten Holzes ist umstritten; sicher ist lediglich, daß die Wasseraufnahme solcher getränkten Hölzer sehr erheblich verzögert und im Verhältnis der Ölaufnahme vermindert wird, so daß getränktes Holz auf längere Zeit größere Sicherheit bietet, als aus der statischen Berechnung hervorgeht.

D. Ursachen der Holzzerstörung.

a. Mechanische Zerstörung.

Im rauhen Hafenbetriebe mit den großen bewegten Massen der Schiffe sind, wie eingangs ausgeführt, mechanische Zerstörungen an Holzbauwerken, vor allem an den Dalben und Streichpfählen, unvermeidlich. Es gibt in jedem Hafen gewisse Schutz- oder Vertäudalben, die wegen ihrer exponierten Lage immer wieder umgefahren werden. Damit ist durchaus nicht gesagt, daß diese Dalben etwa an falscher Stelle stehen, es wird durch ihre Vernichtung lediglich bewiesen, daß an dieser Stelle gelegentlich Energien verhältnismäßig harmlos vernichtet werden müssen, die sich ungehemmt in anderer Richtung verhängnisvoll auswirken würden. Solche besonders gefährdeten Pfahlgruppen durch eine Schutzbehandlung dauerhafter machen zu wollen, hat natürlich keinen Zweck. Diese Tatsache wird von den grundsätzlichen Gegnern jeder Schutzbehandlung gern als Grund für eine völlige Ablehnung jeder künstlichen Verlängerung der Lebensdauer von Pfahlwerken ins Treffen geführt. Man darf aber nicht außer acht lassen, daß der Anteil der besonders gefährdeten Dalben nur einen kleinen Teil der Gesamtzahl ausmacht und daß mit steigender Größe der einzelnen Hafenbecken dieser Anteil weiter fällt.

Insgesamt wurden z. B. in Hamburg von 1935—1940 253 Havarien festgestellt, bei denen etwa 2000 Pfähle zerstört wurden, d. h. für das Jahr nur 1 % der 30000 vorhandenen Pfähle.

Auch andere Holzkonstruktionen des Wasserbaues unterliegen so starker und mit Sicherheit vorauszusehender mechanischer Abnutzung, daß eine Schutzbehandlung zwecklos wäre. Dazu gehören die Streichpfähle an stark benutzten Fährpontons und die Streichbohlen an der Vorderkante dieser Pontons; dabei handelt es sich aber um vergleichsweise geringe Mengen.

Bei größeren Stromgeschwindigkeiten können schwere Schäden auch durch die sägende Wirkung des Treibeises hervorgerufen werden. Z. B. wurden am Steubenhöft, an der Seebäderbrücke und der Alten Liebe in Cuxhaven ein großer Teil der Außenpfähle in den letzten harten Wintern so weit abgesägt, daß sie erneuert werden mußten. Es wäre aber falsch, wegen solcher nur selten auftretender Ereignisse Schlüsse zu ziehen, die sich aus anderen Gründen als verhängnisvoll erweisen müssen.

b) Zerstörung durch Tiere.

Der gefährlichste Feind des im Meerwasser verwendeten Wasserbauholzes ist die Bohrmuschel (Teredo navalis), gelegentlich auch als Bohrwurm bezeichnet, die mit vollem Recht als Termite des Meeres angesprochen wird. Einzelheiten ihrer Gestalt und Lebensweise sind auf den S. 158 ff. angegeben. Gebunden an einen Salzgehalt des Wassers von mindestens 1 % kommt sie überall an der deutschen Nordseeküste und in der Ostsee bis zur Linie Kopenhagen—Warnemünde vor. Die günstigsten Lebensbedingungen liegen bei hoher Wassertemperatur von 20—27° Celsius vor, also in den Tropen, sie gedeiht aber auch gut bei Temperaturen von $+5°$ C aufwärts, während sie bei Temperaturen unter dem Gefrierpunkt eingeht. Ihr Dasein ist unabhängig vom Sauerstoffgehalt des Wassers und von der Strömung, schmutziges Wasser hemmt dagegen ihre Entwicklung, besonders Öl- und Masutabfälle können den Bohrmuschelbefall wesentlich einschränken. Es ist deshalb von dieser Seite aus gesehen nicht richtig, die gefährdeten Häfen sorgfältig von allen Ölabfällen zu reinigen.

Der Angriff der Bohrmuschel erfolgt im ganzen Bereich zwischen Meeresgrund und Niedrigwasser. Die Zerstörung des Holzes ist vollkommen, Splint- und Kernholz werden durch zahllose Gänge zerfressen, ohne daß von außen der Befall wegen der an den Hölzern hängenden Tang- und Muschelmassen zu erkennen wäre. Eine während des Feldzuges in Deutsch-Südwest-Afrika gebaute hölzerne Landungsbrücke war bereits bei der Fertigstellung so weit von der Bohrmuschel zerstört, daß sie einzustürzen drohte. In Funchal ist eine hölzerne Ablaufbahn für Stahlbeton-Senkkästen der neuen Hafenmole innerhalb eines Jahres vollkommen zerstört worden. Sie mußte mit großen Kosten neugebaut werden, um einige durch Sturmflut vernichtete Senkkästen neu zu bauen. Das Steubenhöft in Cuxhaven mußte 1944 im westlichen Teil

für den Verkehr gesperrt werden, weil die gesamte Holzkonstruktion
wegen völliger Zerstörung der Tragpfähle bei Sturmfluten aufschwamm.

Diese Schäden zeigen deutlich die große Gefahr des Teredo-Angriffes
und die unbedingte Notwendigkeit, für Dauerbauten nur geschütztes
Holz zu verwenden.

Die Widerstandsfähigkeit gegen den Bohrmuschelbefall wächst mit
der Härte des Holzes in folgender Reihe: Fichte, Kiefer, Pitchpine, Rotbuche, Eiche, Greenheart.

Als weiterer Schädling tritt an den deutschen Küsten, und zwar im
gleichen Bereich wie die Bohrmuschel, die Bohrassel (Limnoria lignorum), zu den Krebsarten gehörig, auf (vgl. S. 163 ff). Die von ihr angerichteten Schäden sind bei weitem nicht so groß wie die der Bohrmuschel; bei massenweisem Auftreten kann sie aber immerhin erheblichen Schaden durch Abnagen der äußeren Holzschichten etwas unter
Niedrigwasser anrichten. Der Pfahl wird durch jahrelanges Benagen
immer weiter eingeschnürt, bis er zusammenbricht. Auf die Beispiele von
Zerstörungen auf S. 163 wird verwiesen.

Auch der Hausbock (Callidium bajulum) ist in älteren freistehenden
Dalbenpfählen in Hamburg festgestellt worden. Er hält sich naturgemäß
nur in den oberen trockenen Teilen des Pfahles auf; hier richtet er allerdings arge Zerstörungen namentlich im Splintholz der Kiefernpfähle an,
vgl. Abb. 2. Sein Auftreten an Dalbenpfählen wurde nur in einem bestimmten Hafenteil, und zwar einem Binnenschiffshafen festgestellt,
ohne daß dafür besondere Ursachen, wie benachbarte große Holzläger
oder stark befallene Hochbauten zu erkennen gewesen wären.

c) Zerstörung durch Fäulnis.

Die Fäulnis des Holzes wird durch Pilze hervorgerufen, deren zerstörende Tätigkeit durch Gärung hervorrufende Bakterien unterstützt werden kann. Über die verschiedenen Pilzerkrankungen, welche bei den
einzelnen Holzarten häufiger beobachtet werden, ist auf den S. 88—111
alles Notwendige gesagt. Wichtig ist hier, daß nur das ständig unter
Wasser stehende und das ständig vollkommen trockene Holz keine
Fäulnis erleidet. Besonders gefährdet ist alles Holz, welches abwechselnd
trocken und naß wird, d. h. die Teile der im Wasser stehenden Hölzer,
die über der sogenannten Fäulnisgrenze liegen. In Hamburg liegt diese
Grenze auf + 0,21 Normal-Null, bei einem mittleren Niedrigwasser von
— 0,70 Normal-Null und einem mittleren Hochwasser von + 1,60 Normal-
Null, d. h. etwas unter dem halben Normal-Tidenhub.

Ebenso ist alles nicht unter Dach befindliche, zum Teil in den Erdboden
verbaute Holz stark gefährdet, und zwar vor allem in der Übergangszone
von Erde zur Luft.

Die Zerstörung geht bei Kiefer im allgemeinen so vor sich, daß zuerst
das Splintholz angegriffen wird (Abb. 223b), das nach einer gewissen Zeit
weich und schwammig wird und dann abfällt. Die Fäulnis setzt sich dann
im freiliegenden Kern weiter fort. Dieser für das Kiefernholz typische Vor-

gang gestattet ein rechtzeitiges Erkennen der nachlassenden Tragfähigkeit des Holzes schon von außen her ohne nähere Untersuchung. Wie
schon oben gesagt, entfällt diese leichte Erkennbarkeit der Fäulnis bei
Verwendung von Fichtenholz.

Abb. 223a. Vom Zähling befallener Dalben. Hafen Königsberg Photo Liese.

Abb. 223b. Nicht imprägnierte Dalben,
splintfaul. Hafen Königsberg Photo Liese.

E. Schutzmittel gegen die Zerstörung.

a) Gegen mechanischen Angriff.

Zunächst ist es selbstverständlich, daß man alle besonders gefährdeten
Hölzer genügend stark macht, damit sie, wie z. B. bei der Kiefer, auch
nach Ausfall des Splintes noch im Kern ein ausreichendes Widerstands-
moment für die zu erwartenden normalen Beanspruchungen aufweisen.
Es sind dies Dinge der Erfahrung, nicht der statischen Berechnung.
Z. B. werden in Hamburg Dalbenpfähle nur mit mindestens 45 cm
Mittendurchmesser verrammt. Die stärksten Pfähle setzt man natürlich
an die besonders den Stößen ausgesetzten Stellen.

Ständige Reibung von Holz an Holz muß durch Zwischenschaltung
von Stahl vermieden werden, so schützt man an den Pontonführungen
die Führungspfähle durch aufgenagelte starke Flacheisen, die aber so
weit unter Wasser reichen müssen, daß sie auch bei N.N.W. noch in
Führung bleiben. Da man sie unter N.W. nur mit Taucherhilfe annageln
könnte, läßt man sie im unteren Teil frei herabhängen. Niemals dürfen
für diese Zwecke steife Profile verwendet werden, weil sie bei einem
Unterhaken des Pontons diesen unter Wasser drücken oder leckstoßen
können, während das Flacheisen sich gefahrlos aufrollt.

Bei den Führungspfählen schwimmender Landungsanlagen, die durch
schlecht sitzende Stöße der Wallschienen anlegender Fahrzeuge stark

abgenutzt werden, schraubt man im gefährdeten Abschnitt starke
Blechplatten auf. Gegen die Treibeiswirkung wird ebenfalls zweck-
mäßig ein Stahlschutz angebracht, dessen Ausbildung den vorliegenden
Verhältnissen anzupassen ist. In Cuxhaven haben sich dafür waagerechte,
über die ganze Länge durchlaufende und den gefährdeten Abschnitt der
Pfähle deckende [-Eisen gut bewährt.

Schon bei der Planung kann auf den Schutz des Holzes Bedacht genommen werden, so sind z. B. konvexe Kaistrecken, die man gelegentlich an Hafeneinfahrten findet, für die Streichpfähle besonders ungünstig. Bei dieser Anordnung trifft der ganze Druck eines anlegenden
Schiffes immer nur einen Streichpfahl, der infolgedessen, vor allem wenn
er nicht lotrecht gerammt ist, regelmäßig abbricht. Streichbohlen an der
Anlegeseite vom Ponton und an Führungswänden der Fährnischen
ordnet man zweckmäßig horizontal an, damit durch eine schneidende
Wallschiene jeweils immer nur eine Bohle aufgerissen wird.

b) Gegen tierische Schädlinge.

Während besondere Maßnahmen gegen den Hausbockbefall nur in
Sonderfällen notwendig werden können, kommt dem Schutz gegen Bohrmuschel und Bohrassel eine überragende Bedeutung zu.

Bevor die neuzeitlichen Verfahren, die auf eine Vergiftung des Holzes
hinauslaufen, bekannt wurden, hat man sich mit folgenden umständ-
lichen, teuren und zum Teil auch keinen dauernden Erfolg verbürgenden
Mitteln geholfen:

In den Niederlanden und Belgien benagelte man die Pfähle dicht mit
breitköpfigen Kupfer-, Zink- oder Eisennägeln, die guten Schutz gewähren. Dieses Verfahren ist übrigens in Einzelfällen auch in Deutschland verwendet worden. Die sich bildenden wasserlöslichen Metallver-
bindungen treten zum Teil in das Holz über und wirken vergiftend.
Auch die Beplattung mit Kupferblechen hat sich bewährt, doch werden
die Platten allmählich durch das Seewasser zerstört. Anstriche mit
Schutzmitteln irgendwelcher Art sind zwecklos, weil durch Auslaugung,
Rissebildung oder mechanische Beschädigung immer wieder ungeschützte
Angriffsflächen freigelegt werden.

Falls aus irgendwelchen Gründen Dauerbauten an der See auf Holz-
pfahlgründungen gestellt werden müssen, kann man sich damit helfen,
daß die Gründung durch eine stählerne Spundwand vom Außenwasser
getrennt wird, um das Eindringen der Bohrmuschel zu verhüten. Dabei
sollten die Holzpfähle in eine Sandschüttung eingebettet werden, die
sicheren Schutz verleiht. Auch veröltes Wasser schützt vor Bohrwurm-
und Bohrasselbefall. In Kiel hat man zu diesem Zweck stark ölhaltige
Abwässer in den Hohlraum hinter der Spundwand eingeleitet und damit
guten Erfolg erzielt. Bei diesem Verfahren besteht aber die Gefahr, daß
durch unvermeidliche Undichtigkeiten der Hafen und auch die Schiffe
stark verschmutzt werden.

Bei Dalbenpfählen und sonstigen dem Angriff der Meerestiere ausgesetzten Hölzern bietet die seit über 100 Jahren bekannte Vergiftung des

Holzes durch Imprägnierung mit Steinkohlenteeröl erhebliche technische und wirtschaftliche Vorteile gegenüber der Benagelung oder Beplattung. Das von der Reichsbahn und der Reichspost im allergrößten Umfange für Schwellen und Leitungsmaste angewendete Rüpingsche Sparverfahren, s. S. 250f, ist sinngemäß auf die Wasserbauhölzer übertragen worden. Gerade für den Wasserbau ist die Tränkung mit Steinkohlenteeröl besonders geeignet, weil das Öl kaum ausgelaugt wird und nur sehr schwer verdunstet (Abb. 224). Während das Kiefernholz leicht zu tränken ist, bestehen bei Fichte-Tanne gewisse Schwierigkeiten. Für die Rüpingtränkung dieser Holzarten mit Steinkohlenteeröl wird seit etwa 10 Jahren das auf S. 259f beschriebene, von Reichspost und Reichsbahn vorgeschriebene Verfahren angewendet. Es ist jetzt also möglich, derartig imprägnierte Fichte-Tanne im Seewasser zu verwenden. Auf die S. 180ff. eingehend beschriebene, unbedingt notwendige pflegliche Behandlung des Holzes vor der Imprägnierung wird verwiesen.

Die zur Erzielung bester Wirksamkeit erforderliche Teerölaufnahme richtet sich nach der Holzart sowie dem Grade der Gefährdung. Während die frühere deutsche Kriegsmarine für Kiefernholz 90 kg/cbm und für Buchenholz 190 kg/cbm vorschrieb, verlangt Norwegen für Kiefer 180 bis 250 kg/cbm. Es ist mehrfach festgestellt worden, daß mit Teeröl

Abb. 224. Mit Steinkohlenteeröl getränkte Gelbkiefernhölzer nach 12jähriger Standdauer in der Jamaica-Bucht bei New York noch völlig gesund. Aus Wood Pres. Ass. Proc. 1936.

imprägnierte Pfähle, wenn auch im geringen Maße, trotz Vergiftung und der durch das Teeröl verursachten Verschmierung der Bohrwerkzeuge der Bohrmuschel von dieser befallen wurden. Man kann hier von einer Gewöhnung sprechen, die auch bei anderen früher verwendeten Giften beobachtet wurde. Deshalb ist es zweckmäßig, die Teerölaufnahme nicht zu niedrig anzusetzen.

Bei der Verarbeitung geschützter Hölzer ist darauf zu achten, daß alle nach der Imprägnierung gebohrten Löcher oder ausgeschnittenen Verkämmungen vor dem Zusammenbau satt mit Teeröl gestrichen werden, um undurchtränkt gebliebene, hierbei freigelegte Holzzonen vor Schädlingsangriffen zu schützen. Das bei Eisenbahnschwellen mögliche vorherige Bohren der Löcher entfällt im Wasserbau, weil es nicht möglich ist, die Pfähle so genau zu rammen, daß die Bolzenlöcher nachher passen.

Bei hohem Teerölgehalt können gewisse Unannehmlichkeiten beim Rammen durch Umherspritzen des Öls beim Aufschlag des Rammbären eintreten. Das würde bei Volltränkung mit 300 kg/cbm für Kiefer neben der schwierigen Handhabung der ölnassen Pfähle sehr stark in Erscheinung treten, deshalb ist die Spartränkung, ganz abgesehen von der Ersparnis, unbedingt vorzuziehen. Der bei teerölimprägnierten Belagbohlen von Wandelbahnen oder Laufstegen anfänglich auftretende Geruch und das Ausschwitzen von Öl verlieren sich bald, so daß diese Schönheitsfehler der Imprägnierung nicht ins Gewicht fallen können.

Es sei noch erwähnt, daß Tränkungen der Wasserbauhölzer mit wasserlöslichen, im Holz nicht fixierbaren Imprägnierungsmitteln wegen der starken Auslaugung, welcher die Hölzer unterliegen, nicht in Betracht kommen. Zwecks Feststellung der Brauchbarkeit der sogenannten „U-Salze" (s. S. 365f) laufen zur Zeit Versuche, die aber heute noch kein abschließendes Urteil zulassen.

Die in Amerika mit Erfolg erprobte Anwendung dauernder elektrischer Ströme ist nicht allgemein anwendbar. Als einzige praktisch verwendbare Schutzmaßnahme, deren Erfolg erwiesen ist, kann zur Zeit also nur die Kesseldrucktränkung mit Steinkohlenteeröl genannt werden, die in der Regel unter Anwendung des Rüping-Verfahrens erfolgt. Mit dieser Tränkungsart hat man sowohl mit den in den tropischen Meeren als auch in den Meeren der gemäßigten Zonen verbauten Hölzern die besten Erfahrungen gemacht. Von ganz besonderem Interesse sind für den Fachmann die vielen Berichte, welche aus den USA. über Beobachtungen an derartigen Bauwerken sowie über Versuche bezüglich der Widerstandsfähigkeit der teerölimprägnierten Hölzer unter den verschiedensten Bedingungen vorliegen. Es sei hier z. B. auf die diesbezüglichen Auf-

Abb. 225. 27 Jahre alter aus teerölimprägniertem Holz hergestellter Kai im New-Yorker Hafen. Wood Pres. News 1939.

sätze und Berichte in den Jahresberichten der American Wood-Preservers' Association hingewiesen, welche zeigen, welche außerordentlich guten Erfahrungen in Amerika mit den teerölimprägnierten Wasserbauhölzern gemacht worden sind, und welche Bedeutung diese

Imprägnierungsart dort für die gewaltigen Mengen der in Frage kommenden Hölzer gewonnen hat (Abb. 225 u. 226).

In sehr harten Wintern ist ein verbreitetes Absterben der Bohrmuschel möglich. Nach Mitteilung des Wasserstraßenamtes Emden vom

Abb. 226. Kai in New-London (Connecticut) nach 22jähriger Standdauer. Die mit Steinkohlenteeröl imprägnierten Hölzer noch völlig gesund, während die unbehandelten Weißeichenpfähle zerstört waren. Wood Pres. News. 1937.

3. 2. 1947 ist die Bohrmuschel seit dem harten Winter 1940/41 in Emden verschwunden. Mit hoher Wahrscheinlichkeit ist diese Erscheinung darauf zurückzuführen, daß die Bohrmuschel Temperaturen unter 0° nicht erträgt. Selbstverständlich kann man weder mit solchen Ereignissen rechnen noch die Dauer der Freiheit vom Befall voraussehen. Das periodische Auftreten der Bohrmuschel z. B. an der schleswig-holsteinischen Westküste steht sicherlich mit diesen Dingen im Zusammenhang.

c) Gegen Fäulnis.

Seit langer Zeit sind primitive Verfahren (vgl. S. 200ff.) zur Fäulnisverhütung bekannt, wie z. B. das Ankohlen, Anbringen von Schutzschichten aus Pech, Asphalt, Zement, Beton, Metall und Anstriche mit Farben. Weitere Verfahren wurden entwickelt, in denen auf mannigfache Arten giftige Stoffe zur Fäulnisverhütung in das Holz eingeführt werden, sei es durch Anstreichen, Eintauchen, Impfen oder durch Saftverdrängung. Wegen des begrenzten Erfolges der meisten dieser Methoden oder ihrer an bestimmte Verhältnisse gebundenen Eignung haben sie im Wasser nicht Fuß fassen können. Allgemein wird in den letzten Jahrzehnten mit Rücksicht auf die investierten hohen Holzwerte das langjährig bewährte Verfahren der Vakuumdrucktränkung mit Steinkohlenteeröl (Sparverfahren von Rüping) angewendet, das gegen die fäulniserregenden Pilze die gleiche Schutzwirkung ausübt wie gegen tierische Schädlinge. In idealer Weise kann also z. B. für Dalbenpfähle im Seewasser mit ein und derselben Schutzbehandlung ein doppelter Zweck erreicht werden. Da die Kosten der Tränkung mit Teeröl, wie

37*

weiter unten gezeigt wird, immerhin ins Gewicht fallen, bedarf es in jedem Falle eingehender Überlegungen, ob die Tränkung notwendig ist. Diese Frage ist immer dann zu bejahen, wenn es sich um gleichzeitigen Schutz gegen Wassertiere handelt. Schwieriger liegen die Dinge im Süßwasser, wo jeweils nur der obere Teil des Pfahles der Fäulnis ausgesetzt ist. So ist z. B. bei einem Seeschiffdalben für 10 m Hafentiefe bei N.W. die Pfahllänge rd. 22 m. Davon sind durch Fäulnis gefährdet aber nur etwas über 5 m, also rund ¼ der Gesamtlänge. In Hamburg ist versucht worden, nur diesen oberen Teil der Pfähle zu schützen, indem durch einen Kranz von lotrechten Bohrlöchern im Splintholz des Pfahlkopfes genügende Mengen von Schutzmitteln zugeführt werden, die sich durch ihr Eigengewicht und Diffusion nach und nach herabsenken und gleichzeitig waagerecht ausbreiten sollen, so daß eine volle Durchtränkung des Splintholzes erreicht wird[1]. Da noch nicht genügend Zeit vergangen ist, muß die endgültige Beurteilung des Verfahrens und der verwendeten Mittel der Zukunft vorbehalten bleiben; bis jetzt konnte nur festgestellt werden, daß am Splintholz seit 10 Jahren keine Schäden aufgetreten sind.

Bei nichtimprägnierten Pfählen ist besonders auf den Schutz des Pfahlkopfes gegen eindringendes Regenwasser zu achten. Bei der früher sehr verbreiteten Abdeckung mit Zink- oder Kupferblech entwickelte sich unter dem Blech wegen der fehlenden Austrocknung das Pilzmyzel besonders gut, es trat also gerade das Gegenteil der angestrebten Wirkung ein. Hamburg hat diese Art der Abdeckung seit langer Zeit verlassen und schützt die Pfahlköpfe mit einem sehr zähflüssigen elastischen Gemisch von Teer und Asphalt. Diese Art der Abdeckung hat sich einwandfrei bewährt.

F. Lebensdauer des Wasserbauholzes.

a) Ohne Schutzbehandlung.

Wenn nachfolgend einige Erfahrungswerte über die Lebensdauer des nichtgeschützten Wasserbauholzes gegeben werden, so kann es sich nur um Mittelwerte handeln. Je nach Herkunft und Wachstumsbedingungen werden sich Hölzer gleicher Art verschiedenartig erhalten. Der Verfasser fand 40 Jahre alte nichtgeschützte kieferne Streichpfähle im Hamburger Hafen, die im Kern noch zu erheblichen Teilen gesund waren, andererseits sind manche Pfähle schon nach 10—15 Jahren vollkommen verfault. In Hamburg, wo keine tierischen Schädlinge außer dem Hausbock vorkommen, rechnet man mit einer mittleren Lebensdauer der kiefernen Rammpfähle von 25 Jahren, an anderen Stellen nur mit 15—20 Jahren. Wie bereits erwähnt, beginnt das Splintholz im Mittel schon nach 7 Jahren weich und schwammig zu werden, so daß dann bereits eine gewisse Gebrauchswertminderung eintritt. Die unter Wasser befindlichen Teile des Holzes sind nach dem Ausziehen des Pfahlrestes in tadellosem Zustande (falls kein Bohrmuschelbefall vor-

---

[1] Vgl. Bauingenieur 1938, S. 417.

liegt), so daß sie ohne weiteres wieder als kürzere Pfähle verrammt bzw. zu Schnittholz verarbeitet werden können.

Alle sonstigen tragenden Holzkonstruktionen in Süßwasser, wie Kaimauergründungen, Spundwände und dergleichen, legt man unter die Fäulnisgrenze, so daß ihre Lebensdauer unbegrenzt ist. Nichttragende Holzteile, wie Verkleidungen von Schleusentoren und Leitwerken an Fährnischen, Streichbalken und -bohlen, unterliegen der Fäulnis wie die Rammpfähle. Sie werden jedoch meist schon vorher mechanisch zerstört, so daß die Frage der Lebensdauer bei diesen Hölzern ohne praktische Bedeutung ist.

Wegen der Bohrmuschelgefahr im Salzwasser sollten tragende Holzteile, insbesondere Rammpfähle unter Kaimauern und bei Spundwänden, möglichst nicht verwendet werden. Ist die Verwendung von Holz für diese Teile unvermeidlich, so müssen die oben bereits behandelten besonderen Schutzmaßnahmen getroffen werden. Ungeschützte Rammpfähle aus Kiefer und Fichte werden von der Bohrmuschel bei starkem Auftreten in 1—3 Jahren, bei weniger starkem Befall, wie z. B. in Cuxhaven, in 5—8 Jahren zerstört.

b) Bei getränkten Hölzern.

Die Tränkung mit Teeröl verlängert die Lebensdauer der kiefernen Rammpfähle auf mindestens 30 Jahre, in USA sind sogar 40 Jahre und mehr festgestellt. Voraussetzung dafür ist natürlich, daß von vornherein gutes, gesundes Holz verwendet wurde. Aber selbst wenn — wie es oft durch den Mangel an schweren Rammpfählen bedingt ist — nicht ganz gesundes Holz verarbeitet werden muß, wird die Tränkung in jedem Falle eine entsprechende Verlängerung der Lebensdauer bewirken. Leider ist es zur Zeit nicht möglich, neuere Angaben über die zahlreichen Erprobungen teerölimprägnierter Hölzer aus den deutschen Ostgebieten zu erhalten. In dem bereits erwähnten Schreiben des Wasserstraßenamtes Emden wird mitgeteilt, daß 1924—1928 im Außenhafen 11 Dalben gerammt wurden, davon 6 aus teerölimprägnierten Pfählen. Bei der jetzt vorgenommenen Untersuchung zeigte sich, daß trotz gleichmäßiger Beanspruchung die getränkten Dalben in bedeutend besserem Zustande sind als die ungetränkten. Bei den letzteren waren bereits einige Pfähle infolge Fäulnis gebrochen, so daß die ungetränkten Dalben jetzt (1948) erneuert werden müssen. Den getränkten Dalben wird dagegen noch eine Lebensdauer von 5 bis 10 Jahren zugemessen, d. h. daß die ungeschützten Dalben im Mittel 21 Jahre, die getränkten dagegen im Mittel 26—31 Jahre halten dürften. Taucheruntersuchungen der gleichen Dalben im Jahre 1938 ergaben, daß von den 96 getränkten Pfählen nur 3 Stück gleich 3%, von den 80 nicht getränkten Pfählen dagegen 39 Stück gleich 50% von der Bohrmuschel befallen waren.

Weiter sind in Emden 1930 teerölgetränkte Führungsdalben für den schwimmenden Borkumanleger gerammt worden. Diese Pfähle befinden sich seit 17 Jahren im fehlerfreien Zustande, Bohrmuschelbefall wurde 1938 nicht festgestellt.

Die etwa 1930 vor der großen Seeschleuse in Emden eingebauten imprägnierten Dalben befinden sich in leidlich gutem Zustande. Schlechte Erfahrungen, die mit teerölimprägnierten Pfählen des neuen Binnenhafens in Emden vorliegen, sind zweifellos auf den bereits vor der Imprägnierung bestehenden Krankheitszustand des Holzes zurückzuführen. Das Wasserstraßenamt Emden weist in diesem Zusammenhang auf die große Bedeutung einer sorgfältigen Abnahme hin. Gleichzeitig wird betont, daß im Emdener Hafen kaum vom teerölimprägnierten Pfahl abgegangen werden kann, da er sich als bohrmuschelfest erwiesen hat, soweit nicht Schäden die Imprägnierungsschutzschicht zerstörten.

Nach kürzlicher Mitteilung des Seewasserstraßenamtes Tönning hat sich die Teeröltränkung nach Rüping als völliger Schutz erwiesen, 1915 errichtete teerölvollgetränkte Holzbauten in Büsum sind bislang noch nicht befallen. 1924 wurden gleichfalls in Büsum die ersten nach dem Sparverfahren getränkten Pfähle verbaut, irgendwelche Schäden sind noch nicht bekanntgeworden. Nach einer kürzlich erfolgten Mitteilung des Wasserwirtschaftsamtes Wilhelmshaven sind in einer Pfahlwand des „Leitdammes" im Jadebusen mit Teeröl imprägnierte Versuchshölzer verbaut worden, und zwar:

im Jahre 1925 kieferne Pfähle mit Teerölaufnahme von 65 kg/m³
,,   ,,   1927   ,,   ,,   ,,   ,,   ,,   ,, 90, 120, 150 kg/m³
,,   ,,   1928   ,,   ,,   ,,   ,,   ,,   ,, 75, 90, 120, 150, 180 u. 210 kg/m³
,,   ,,   1929 buchene   ,,   ,,   ,,   ,,   ,, 190 kg/m³
,,   ,,   1929 kieferne   ,,   ,,   ,,   ,,   ,, 64—91 kg/m³
,,   ,,   1930 buchene   ,,   ,,   ,,   ,,   ,, 190 kg/m³
,,   ,,   1931   ,,   ,,   ,,   ,,   ,,   ,, 190 kg/m³.

Eine im September 1947 durchgeführte Besichtigung hat ergeben, daß keine Unterschiede in der Beschaffenheit der mit verschiedenen Mengen Teeröl getränkten Pfähle bestehen. Schädlingsbefall konnte bei den getränkten Pfählen nicht festgestellt werden. Die nichtgetränkten Pfähle sind dagegen von der Bohrmuschel zerstört worden.

Aus diesen umfangreichen Versuchen ergibt sich, daß die Rüpingtränkung mit einer Teerölaufnahme von 90 kg/m³ für Kiefernholz und 190 kg/m³ für Buchenholz an der deutschen Nordseeküste vollkommenen Schutz gewährleistet.

Es ist im übrigen durch die aus aller Welt vorliegenden praktischen Erfahrungen erwiesen, daß die Teerölimprägnierung ein ausgezeichnetes Mittel ist, um auch in teredogefährdeten Gewässern Holz wirtschaftlich zu verwenden.

G. Wirtschaftlichkeit.

Es hätte wenig Zweck, jetzt, da alle Kalkulationen voller Unsicherheiten sind und die größte je in Deutschland erlebte Holzknappheit besteht, einen eingehenden Preisvergleich geschützter und nicht geschützter Hölzer aufzustellen. Ein solcher Vergleich kann nur für jeden Einzelfall gesondert angestellt werden, wobei zu berücksichtigen ist, daß nicht allein eine unter besonders ungünstigen Umständen mögliche Unrentabilität entscheidend sein kann, sondern vor allem die Notwendigkeit, den jetzt so überaus kostbaren Baustoff Holz mit allen zur Verfügung stehenden Mitteln zu schützen. Erhebliche Mehrkosten können durch die Tränkung z. B. dann entstehen, wenn die Tränkungsanstalt weitab liegt und nur unter Umladung von einem Verkehrsmittel auf das andere zu erreichen ist. Bei der räumlichen Verteilung der deutschen Imprägnierwerke dürfte es aber im allgemeinen möglich sein, die Hölzer auf dem Wege von ihrem Gewinnungs- zum Verwendungsort über eines dieser Imprägnierwerke zu leiten.

Die Tatsache einer Lebensdauerverlängerung der kiefernen Rammpfähle um 20—60 % in Verbindung mit den geringeren Instandsetzungskosten sollte an sich schon genügen, um die Tränkung in allen dafür geeigneten Fällen durchführen zu lassen.

Um einen Anhalt für die wirtschaftliche Prüfung im Einzelfall zu geben, seien die zur Zeit etwa gültigen Tränkungspreise (einschl. Ab- und Aufladen) angegeben:

Holzart	Teerölaufnahme in kg	Preis je cbm DM
kieferne Schnitthölzer.....	63/90	19,10/22,60
buchene Schnitthölzer.....	145/190	33,20/39,—
kieferne Rammpfähle	90/120	24,70/28,50

Zusammenfassend sei nachstehend eine Übersicht aller derjenigen Fälle gegeben, bei denen eine Teerölimprägnierung von Wasserbauhölzern in jedem Fall von Nutzen und wirtschaftlich ist:

a) bei den Pfählen und Verbänden aller Arten von Dalben in Süß- und Seewasser, soweit sie nicht erfahrungsgemäß einer besonderen Kollisionsgefahr ausgesetzt sind,

b) bei Streichpfählen und Streichbalken an Kaimauern wie vor,

c) bei Spundwänden und Ufereinfassungen, die nicht ständig unter Wasser stehen,

d) bei tragenden Teilen von Leitwerken an Schleuseneinfahrten und Fährnischen,

e) bei tragenden Teilen von Schleusentoren und bei Klappen von Wasserdurchlässen,

f) bei sämtlichen Teilen von Landungsstegen und Gehbahnen,

g) bei Abdeckung der Fußwege stählerner Brücken und der Pontons,

h) bei Ablaufbahnen für Schiffe und Senkkästen im Seewasser; in den Tropen auch bei Behelfsbauten,

i) bei sämtlichen Teilen hölzerner Brücken, auch der sogenannten „Dauer-Behelfsbauten", mit Ausnahme des Abnutzungs-Belages bei Straßenbrücken,

j) bei Buhnenpfählen.

2. Schiffbau.

A. Holz im Schiffbau.

Erst im 19. Jahrhundert begann mit der zunehmenden Industrialisierung der Stahlschiffbau den bis dahin allein herrschenden Holzschiffbau zu verdrängen. Beginnend mit den Dampfern, eroberte sich die Stahlbauweise nach und nach fast alle Zweige des Schiffbaues; sogar die großen Segelschiffe, die am längsten die alte Holztradition gepflegt hatten, wurden in den letzten Jahrzehnten aus Stahl erbaut. Geblieben sind in vielen Häfen noch einige Holzveteranen, die aus Pietätsgründen oder ganz prosaisch als Wohnschiffe oder Hulks ihrem Ende entgegenträumen. Neubauten aus Holz werden nur noch für die Fischerei, die Küstenschiffahrt, kleine Boote und den Segelsport auf Stapel gelegt, aber auch hier ist schon das Vordringen der Stahlbauweise deutlich festzustellen. Der Stahlbeton, der für unbewegte Schwimmkörper, z. B. Pontons, sehr gute Dienste leistet, hat trotz mehrfacher Anläufe in der Schiffahrt wenig Anklang gefunden.

Für den Bau von Holzschiffen wird in erster Linie Eichenholz verwendet, nur für kleine Boote kommt gelegentlich auch Buchen- oder Kiefernholz in Frage. Für Segeljachten werden teilweise hochwertige Hölzer wie Mahagoni oder dergleichen benutzt. Aber auch die Stahlschiffe verbrauchen erhebliche Holzmengen für Decks, Kammerauskleidungen, Aufbauten, Verkleidungen der Kühl- und Laderäume. Je nach Verwendungszweck kommen dafür nahezu alle bekannten Holzarten in Frage. Für die mechanisch und durch ständige Feuchtigkeit stark beanspruchten Decks ist besonders widerstandsfähiges und möglichst harzreiches Holz erforderlich, meist wird Teakholz oder Pitchpine genommen.

B. Arten der Zerstörung und Schutzmittel.

Im großen und ganzen ist zu sagen, daß die Arten der Zerstörung die gleichen sind, wie oben für den Wasserbau beschrieben; doch bieten die besonderen Bedingungen der Schiffahrt in Eisgebieten oder den Tropen Anlaß zu besonderen Maßnahmen.

In bezug auf die mechanische Zerstörung — gegen Havarien kann man sich nicht schützen, — namentlich durch Eisgang und reine Abnutzung, gelten die bekannten Regeln: Verstärkte Konstruktion, bestes Material und unter Umständen Schutz durch Stahlplatten, wenn Eisschäden zu befürchten sind.

Gegen die besonders in der feuchtwarmen Luft der Tropen drohende Fäulnis werden zumeist gut unterhaltene Anstriche verwendet. Besseren Schutz gewähren sachgemäße Imprägnierungen im Kesseldruck- oder Einlagerungsverfahren unter Verwendung geeigneter Imprägniersalze oder -öle. Letztere können natürlich nur dort angewendet werden, wo durch die unvermeidlichen Ausdünstungen keine Schäden an Frachtgütern oder Belästigungen von Menschen eintreten können. Es ist sehr schwierig, hier die richtige Grenze zu ziehen, die Reeder verbleiben lieber auf der sicheren Seite und nehmen gelegentliche Ausbesserungsarbeiten in Kauf. Deshalb wird in der Großschiffahrt nur wenig Gelegenheit zur Anwendung des Holzschutzes geboten. Großer Wert wird dagegen beim Passagier- und Kriegsschiffbau auf den Schutz des in diesen Schiffen verbauten Holzes gegen leichte Entflammbarkeit gelegt. Während man die betreffenden Hölzer zu diesem Zwecke im Ausland (England, USA.), zum Teil auch im Kesseldruckverfahren mit Feuerschutzmitteln

vollimprägniert, hat man sich in Deutschland bisher mit Feuerschutz-
anstrichen begnügt.

Anders liegen die Dinge in der Kleinschiffahrt, soweit sie hölzerne
Schiffe benutzt, also insbesondere der Küstenfischerei, deren Fahrzeuge
durch die Bohrmuschel in ihrem Bestande bedroht werden. Besonders
der Kiel und die Bünn — der mit dem Außenwasser in Verbindung
stehende Raum für lebende Fische — werden angegriffen. Die Infektion
erfolgt nicht in See, sondern im Hafen; in Büsum wurde festgestellt, daß
die stets am hölzernen Pier liegende Seite der Fischkutter stärker befallen war als die andere. Um die Fahrzeuge vor weiterem Befall zu
schützen, wurde dieser Pier vorzeitig abgebrochen und mit einem Aufwand von RM 225 000 neu erbaut.

In Tönning, wo viele Jahre lang keine Bohrmuschel aufgetreten war,
hatten die Fischer für ihre Boote statt des widerstandsfähigeren Eichenholzes das billigere Buchenholz verwendet mit der Folge, daß innerhalb weniger Jahre an der Hälfte aller Fahrzeuge der Boden erneuert
werden mußte. Die besondere Gefährdung durch die Bünn veranlaßte
zahlreiche Fischer, auf deren Einbau ganz zu verzichten. Damit fiel aber
ein Teil der Lebendfischversorgung aus, die Qualität ließ nach und der
Schlachtzwang mußte eingeführt werden. Damit trat also eine unmittelbare Beeinflussung der Fischwirtschaft durch die Bohrmuschel auf!

Die Praktiker empfehlen als Schutzmittel gegen die Bohrmuschel die
Verwendung abgelagerter Harthölzer und öfter wiederholtes Trocken-
legen der Fahrzeuge in Verbindung mit einem guten Anstrich, möglichst
mit gifthaltiger Farbe. Eine Ostseewerft setzt unter den Kiel eine 4 cm
starke Bohle, aus der die Schädlinge nicht in den eigentlichen Kiel
hinüberwandern. Diese Bohle wird von Zeit zu Zeit erneuert. Voller
Schutz kann durch diese Maßnahme natürlich auch nicht erreicht werden. Die in den letzten Jahren angestellten Versuche mit verschiedenen
Anstrichmitteln haben bisher noch keine durchschlagenden Erfolge gezeitigt. Es liegt nahe, die bereits vorliegenden ausgezeichneten Erfahrungen mit teerölgetränktem Buchenholz auf den Fischkutterbau zu
übertragen. Der Erfolg dürfte nicht zweifelhaft sein.

V. Hochbau.

Von o. Professor Dr.-Ing. **Theodor Kristen,**
Technische Hochschule Braunschweig.

Auf folgende Spezialliteratur wird verwiesen:

1. Technologie des Holzes von F. Kollmann. Springer, Berlin, 1936.
2. Holzschutz und Holzveredlung von H. Hadert. Otto Elsner Verlags-
gesellschaft Berlin, 1938.
3. Die Verlängerung der Lebensdauer des Werk- und Bauholzes von
E. Gieseking. Fachblatt-Verlag, Karlsruhe i. B., 1939.
4. Die gesamte Schutzbehandlung des Bauholzes von R. Flügge. C. Mar-
hold, Halle a. S., 1938.

5. Baukunde für die Praxis. III. Band: Bauschäden. J. Hoffmann, Stuttgart, 1940.

6. Holzkonservierung und Imprägnierung von F. Moll. Verlag Holzmarkt, Berlin.

7. Chemischer Bautenschutz von A. W. Rick. Th. Steinkopff, Dresden, 1941.

8. Der Bautenschutz von A. Kleinlogel, Darmstadt. W. Ernst und Sohn, Berlin.

9. Was versteht man unter Holzschutz? Von E. Gieseking, Berlin-Zehlendorf, 1941.

10. Hundert Baufehler, und wie man sie vermeidet, von L. Damm. Berlin, 1938.

11. Hausschwamm-Merkblatt von Mahlke-That. R. Müller-Eberswalde, 1938.

12. Merkblatt über baulichen Holzschutz gegen Fäulnis v. 20. März 1944. Zu beziehen durch: Verein für Technische Holzfragen e. V., Braunschweig-Querum, Bienroder Weg 53.

13. Der Hausbockkäfer. Erkennung und Bekämpfung, von E. Heidenreich. Verlags-Gesellschaft R. Müller, Eberswalde.

14. Verschiedene Verfahren zur Hausbockbekämpfung, von J. Herzig, Eberswalde. W. Ernst und Sohn, Berlin, 1941.

1. Vorbemerkungen.

Mit Recht kann die Frage aufgeworfen werden: Hat der Holzschutz im Hochbau heute noch überhaupt eine Bedeutung? Infolge der gewaltigen Holzknappheit, die für die nächsten Jahrzehnte in Deutschland herrschen wird, haben viele Länderregierungen die Verwendung des Holzes durch eingehende Bestimmungen schon auf das Allernotwendigste beschränkt, und es soll möglichst namentlich im Wohnungsbau durch andere Baustoffe ersetzt werden. So ist die Verwendung von Bauholz z. B. verboten für Fußböden, Schwellen- und Lagerhölzer, Fensterstürze, Fensterläden, Treppen und Treppengeländer, Wandverkleidungen, Zwischenwände, Außenwände, Dachbinder, Einfriedigungen usw.

Aber trotzdem dürfte sich das Holz als einer der wertvollsten Rohstoffe im Hochbau behaupten, denn für viele Zwecke bleibt es unentbehrlich und wird sich nicht durch andere Stoffe vollwertig ersetzen lassen.

Auch geht das Bestreben dahin, sparsame Holzdecken, wie z. B. die Bohlenlamellendecke, die Gitterbalkendecke usw., zu verwenden und möglichst Holzverschalung durch Leichtbauplatten und dgl. zu ersetzen. Während 100 m² Holzverschalung mit 20 mm dicken Brettern etwa 3 fm Rundholz erfordert, sind für 100 m² Leichtbauplatten derselben Dicke nur 0,6 fm Rundholz erforderlich. Das wenige Holz, das aber noch zur Verfügung steht und eingebaut werden darf, muß nun gerade durch sachgemäße Auswahl, richtige Konstruktion und handwerkliche Maßnahmen beim Einbau sowie durch chemische Schutzmittel vor frühzeitiger Zerstörung geschützt und Schäden des bereits eingebauten Holzes wirksam beseitigt werden. Der Holzschutz ist daher im Hochbau heute notwendiger denn je.

Früher erfolgte die Verarbeitung des Holzes nach anerkannten und bewährten Handwerksregeln; leider ist dieses Wissen und Können durch den Niedergang des Handwerks im vorigen Jahrhundert verloren gegangen. Viele Bauwerke aus Holz haben Jahrhunderte überdauert und den Beweis erbracht, daß mit dem Baustoff Holz gerade im Hochbau einwandfreie Bauten durchgeführt werden können. Die Forderung nach einer möglichst langen Gebrauchsdauer des Bauholzes ist auch heute nicht unerfüllbar trotz der Beschleunigung des Bautempos, der Verarbeitung frischen Holzes, der Verwendung geringerer Holzsorten, der Verminderung der Holzquerschnitte usw.

Wird von vornherein einwandfreies Holz ausgesucht, möglichst lufttrocken eingebaut und der lufttrockene Zustand des Holzes durch chemische Schutzmittel, durch richtige handwerkliche Verarbeitung und sachgemäße konstruktive Maßnahmen wenigstens einigermaßen gewährleistet, dann müßten die meisten Holzschäden sich unbedingt vermeiden lassen. Da sich der Einfluß der Feuchtigkeit nicht immer ganz vermeiden läßt, so ist eine gewisse Schutzbehandlung des Holzes gegen Schwinden, Quellen, Werfen und Reißen zu empfehlen, da dann die Erkrankungen des gesund eingebauten Holzes in ihrer Wirksamkeit auf ein Minimum beschränkt werden. Es kann natürlich niemals der Sinn des Holzschutzes sein, grobe bautechnische Fehler der Bauausführung wiedergutzumachen. Sind aber in einem Gebäude Holzschäden durch pflanzliche oder tierische Schädlinge festgestellt worden, dann ist es unbedingt erforderlich, diese möglichst sofort wirksam zu bekämpfen, um unübersehbaren Schaden zu vermeiden.

Bei dem Wiederaufbau unserer beschädigten Häuser, die noch viel Holz enthalten, wird heute oft in leichtsinniger Weise größtenteils aus Unerfahrenheit gesündigt. Durch die fehlenden oder undichten Dächer, durch die zerstörten Fenster und Türen ist die Feuchtigkeit oft jahrelang in das noch vorhandene, wertvolle Bauholz der Dachstühle, der Holzbalkendecken usw. eingedrungen und hat für das Wachstum der holzzerstörenden Pilze die günstigsten Bedingungen geschaffen. Alle holzzerstörenden Pilze benötigen für ihr Wachstum eine gewisse Feuchtigkeit und Wärme; trockenes und vollständig wassergesättigtes Holz werden von ihnen nicht angegriffen. Die häufig vertretene Ansicht, daß durch große, langandauernde Kälte oder durch zu große Feuchtigkeit und Hitze die Pilze vernichtet werden, ist irrig. So hat sich nach dem strengen Winter 1946/47, in dem wochenlang Kältegrade von 20° und mehr herrschten, gezeigt, daß besonders der echte Hausschwamm, dessen Minimum des Wachstums erwiesenermaßen bei $+ 3°$, dessen Optimum etwa bei $+ 28°$ und dessen Maximum bei etwa $+ 38°$ liegen, bei der großen Kälte nur in eine Art Erstarrung fällt, dann aber zu neuem Leben erwacht und sich in erschreckendem Maße wieder entwickelt, so daß in vielen Städten eine richtige „Schwammseuche" in den Ruinen herrscht, bei der außer dem echten Hausschwamm (Merulius domesticus, Merulius lacrimans) der Kellerschwamm (Coniphora cerebella) und der Porenschwamm (Polyporus vaporarius) in der Hauptsache beteiligt sind. Ehe daher nicht einwandfrei durch einen erfahrenen Fachmann festgestellt ist, daß die noch vorhandenen Holzteile schwammfrei sind, oder ehe nicht bei festgestelltem Schwammbefall eine wirksame Bekämpfung stattgefunden hat, dürfte kein zerstörtes Haus von der Baupolizeibehörde zum Wiederaufbau freigegeben werden.

Vornehmste Pflicht für jeden Architekten, Ingenieur, Zimmermann, Bautischler usw. muß es daher heute mehr denn je sein, den kostbaren Baustoff Holz richtig einzubauen, die große Bedeutung des Holzschutzes sich zu eigen zu machen und besonders die Schutzmaßnahmen des heute noch gültigen „Merkblattes über baulichen Holzschutz gegen Fäulnis" des früheren Reichsarbeitsministeriums zu beachten. Auch dürfen die Schutzmaßnahmen gegen tierische Schädlinge dabei nicht vergessen werden.

2. Vorbeugender Holzschutz.

A. Auswahl einwandfreien Holzes.

Schon die Auswahl des Holzes für den Hochbau ist von großer Wichtigkeit. Gut abgelagertes und sorgfältig ausgesuchtes Bauholz ist der Gefahr eines Befalles durch Holzschädlinge von vornherein weniger ausgesetzt und kann im lufttrockenen Zustand einen sehr langen Bestand haben. „Vorbeugen ist immer besser als heilen." Über die Behandlung des Holzes vor und nach der Fällung sowie auf dem Lagerplatz ist bereits an anderen Stellen dieses Buches eingehend gesprochen worden. Es genügt daher, noch einmal auf die wichtigsten Punkte, die für das Holz im Hochbau in Frage kommen, hinzuweisen.

Der Schutz des gerade für den Hochbau zu verwendenden Bauholzes hat schon am lebenden Baum einzusetzen, im Walde muß es durch den Forstmann vor Zerstörungen durch Wild, Vögel, Insekten und Pilze geschützt und kranke Bäume, die besonders anfällig sind, müssen rechtzeitig beseitigt werden. Das gefällte Holz ist immer so schnell wie möglich der Verarbeitungsstätte zuzuführen oder aber bis dahin sachgemäß zu behandeln. Holz aus Sommerfällung muß sofort entsaftet und einwandfrei gestapelt werden. Kann das im Winter gefällte Holz nicht gleich abgefahren werden, so ist es auf Unterlagen zu legen, um es vor der Bodenfeuchtigkeit zu schützen.

Am wichtigsten ist vor dem Einbau die Beachtung des Feuchtigkeitsgehaltes des Holzes. Frisch geschlagenes Holz enthält je nach der Holzart 100 und mehr Prozent Wasser, halbtrockenes Holz soll nach den Bestimmungen höchstens 30% und trockenes Bauholz höchstens 20% Feuchtigkeit, bezogen auf das Darrgewicht, enthalten.

Besonders gefährlich ist es, Holz in halbfeuchtem Zustande einzubauen, während für lufttrockenes Holz und vollständig mit Wasser gesättigtes Holz keine Gefahr für den Angriff holzzerstörender Pilze besteht. Bei tierischen Schädlingen spielt der Feuchtigkeitsgehalt des Holzes keine Rolle.

Die natürliche Trocknung des Holzes hat neben großen Vorteilen auch verschiedene Nachteile, so die lange Zeitdauer der Trocknung, die Abhängigkeit von den Witterungsverhältnissen, ferner der große Platzbedarf und schließlich die trotz aller Sorgfalt bleibende Gefahr einer Infektion. Die künstliche Trocknung ist sehr teuer, und durch zu hohe Temperaturen oder zu große Temperaturunterschiede leidet oft die Qualität des Holzes.

Pilze, die im lebenden Holz vorhanden sind, sterben mit dem Austrocknen des Holzes ab und gefährden es nicht weiter, ebenso die an der Oberfläche des Holzes häufig auftretenden Schimmelpilze. Nur rindenfreies Holz darf in Schuppen usw. eingelagert werden, denn gerade unter der Rinde sitzen in der Regel die Eier der Larven tierischer Holzschädlinge. Die Rinde muß immer entfernt, außerhalb des Lagerplatzes verbrannt und auf keinen Fall darf wurmstichiges Holz verarbeitet werden. Mit zunehmender Lagerzeit wird die Lebensdauer des Holzes in erhöhtem Maße bedroht.

Die durch holzzerstörende Pilze hervorgerufenen Erkrankungen können sowohl in ihrem Umfang wie auch in ihrer Wirksamkeit durch den Fachmann leicht ohne mikroskopische Hilfsmittel an der veränderten Farbe, an der verminderten Festigkeit usw. festgestellt, also krankes Holz bei der nötigen Vorsicht ausgeschieden und nicht für den Einbau verwendet werden. Da z. B. noch nicht einwandfrei wissenschaftlich geklärt ist, ob verblautes Holz, das zwar keine Festigkeitsverminderung erleidet, nicht leichter von holzzerstörenden Pilzen angegriffen wird, so soll es besser nicht für den Hochbau verwendet werden.

B. Handwerkliche und konstruktive Maßnahmen für den Holzschutz im Hochbau.

Die Ursache aller pilzlichen Holzschäden ist auf die Einwirkung von Feuchtigkeit zurückzuführen, die sich entweder in dem zu frisch eingebauten Holz von vornherein befindet und nicht entweichen kann, oder die durch handwerkliche oder konstruktive Mängel der Bauausführung oder durch Bauschäden in das betreffende Gebäude gelangt, wie es besonders heute bei den vielen leicht und schwerer beschädigten Gebäuden zu beobachten ist. Viele ältere Gebäude sind gegen die von unten aufsteigende Bodenfeuchtigkeit nur mangelhaft isoliert, oder die Isolierung hat im Laufe der Zeit ihre Wirkung verloren. Schäden im Keller und in den unteren Geschossen sind die unausbleibliche Folge und lassen sich nur schwer beseitigen. Bei den Kellerräumen kommen die oft nicht sachgemäß ausgeführte Isolierung gegen die aufsteigende Bodenfeuchtigkeit und das Grundwasser hinzu, oft fehlt auch ein hinreichender Schutz gegen das Spritzwasser im Sockelmauerwerk.

Die Außenwände besonders an der Wetterseite der Bauwerke müssen vor Regen, Wind, Schnee, Kälte und Hitze hinreichend geschützt werden. Die Durchfeuchtung der Wände begünstigt die Entwicklung von kleinen Lebewesen, wie Pilze, Flechten usw., und geben dann einen guten Nährboden für die holzzerstörenden Pilze ab. Deswegen müssen die Außenwände gegen das Eindringen von Feuchtigkeit nach außen hin wasser- und luftundurchlässig ausgeführt werden. Schwitzwasserbildung im Innern der Häuser kann ebenfalls das Holz stark gefährden. Undichte Leitungen, unvorsichtiger Umgang mit Wasser führen ebenfalls leicht zu Schwammschäden. Dem technischen Holzschutz muß heute mehr als je die größte Aufmerksamkeit geschenkt werden, und das im Jahre 1939 erschienene Merkblatt des damaligen Reichsarbeitsministers über baulichen Holzschutz gegen Fäulnis verdient auch heute noch die größte Beachtung. Alle vorbeugenden Maßnahmen aufzuzählen, ist unmöglich, doch sollen die nachfolgenden Beispiele zeigen, worauf bei der Bauausführung vor allem zu achten ist.

Wie Abb. 227 zeigt, müssen die Umfassungswände unterkellerter Gebäude durch zwei Isolierschichten gegen die aufsteigende Feuchtigkeit gesichert werden. Die untere muß dicht über dem Kellerfußboden und die obere in Höhe der Erdgeschoßdecke liegen. Die letztere besonders ist mit einwandfreiem Material so auszuführen, daß auf jeden Fall ein Feuchtigkeitszutritt von unten her in die Deckenkonstruktion unterbunden wird. Zudem muß die Außenwand bis zur Oberkante Gelände gegen das Erdreich mit einem feuchtigkeitsabweisenden Anstrich versehen werden.

Bei nicht unterkellerten Gebäuden ist die Gefahr einer falschen Ausführung besonders

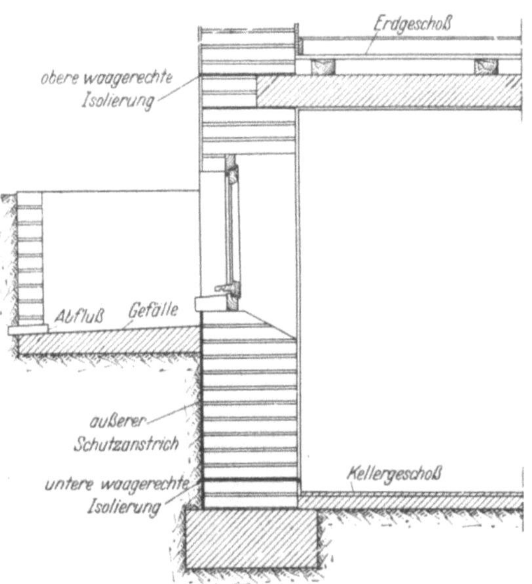

Abb. 227. Isolierung von Umfassungswänden unterkellerter Räume.

groß, und auf hölzerne Fußböden sollte in dem unteren Geschoß vollkommen verzichtet werden.

Eine Verlegung der Lagerhölzer in einer Kiesschüttung auf dem gewachsenen Boden ist grundsätzlich abzulehnen. Hölzerne Balken sind hier immer auf Pfeilern zu lagern und gegen aufsteigende Grundfeuchtigkeit durch eine einwandfreie Isolierschicht zu schützen. Um eine Feuchtigkeitsanreicherung der in den Hohlräumen zwischen den Balken befindlichen Luft, die trotz angebrachter Entlüftungsvorrichtungen leicht zu Schwitzwasserbildung führen kann, zu verhindern, muß eine durchgehende Sperrschicht aus Magerbeton in der gesamten Ausdehnung des Raumes angeordnet und diese durch eine aufgeklebte Papplage auf der Oberseite isoliert werden (s. Abb. 228). Die Entlüftung der Hohlräume soll durch kleine Kanäle erfolgen, die durch die Umfassungswand eine Verbindung mit der Außenluft herstellen. Im Winter ist der Fußboden aber stets kalt, und wenn das Verschließen der Kanäle unterbleibt, bildet sich leicht Schwitzwasser. Die Entlüftung der Hohlräume geschieht daher zweckmäßiger durch den Fußbodenbelag des darüberliegenden Raumes, der aber keinen dichtschließenden Belag wie Linoleum erhalten darf. Zur besseren Wärmehaltung werden die Hohlräume mit leichten Dämmstoffen von Glas- und Schlackenwolle möglichst in Mattenform gefüllt, nicht aber mit Sand oder Schlacke.

Von besonderer Wichtigkeit ist der Einbau der Balkenköpfe im Mauerwerk, da die Außenwand an dieser Stelle stark geschwächt ist und leicht Feuchtigkeit durchläßt. Der Einbau muß trocken erfolgen und das Holz nicht mit dem Mörtel in Berührung

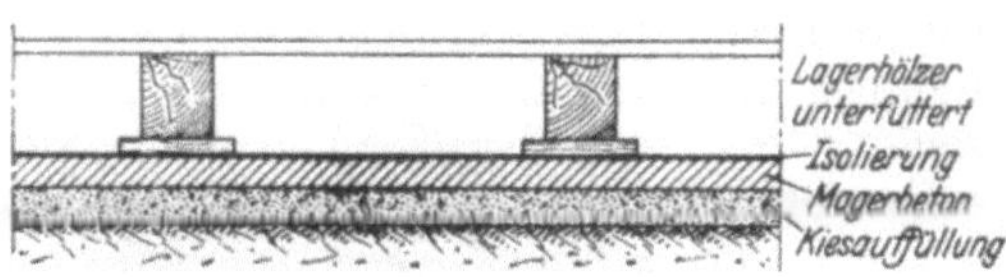

Abb. 228.
Isolierung von Holzfußböden nicht unterkellerter Räume.

kommen. Eine allseitige Vermauerung ist grundsätzlich falsch, weil die im Holz enthaltene Feuchtigkeit dann nicht entweichen kann; aus dem gleichen Grunde ist eine Umhüllung des Balkenkopfes mit Sperrpappe abzulehnen. Abb. 229 zeigt einige Vorschläge für den Einbau eines Balkenkopfes. (Aus dem Merkblatt überbaulichen Holzschutz gegen Fäulnis.)

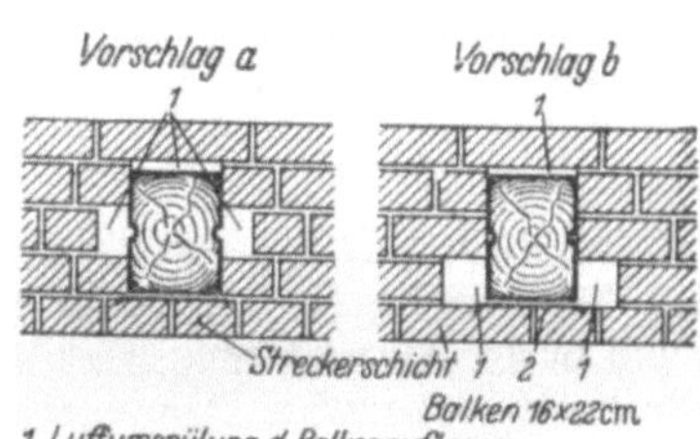

Zweckmäßig ist es immer, einwandfrei vorgetrocknetes und mit einem anerkannten Holzschutzmittel imprägniertes Holz zu verwenden und um den Balkenkopf einen Luftraum zu lassen, damit eine Luftumspülung gewährleistet ist.

Bei den früheren dicken Abmessungen der Holzbalken wirkte sich ein Schwammschaden auf die Tragfähigkeit der Decken nicht so stark aus, da das nicht angegriffene Kernholz noch reichlich im Sinne der statischen

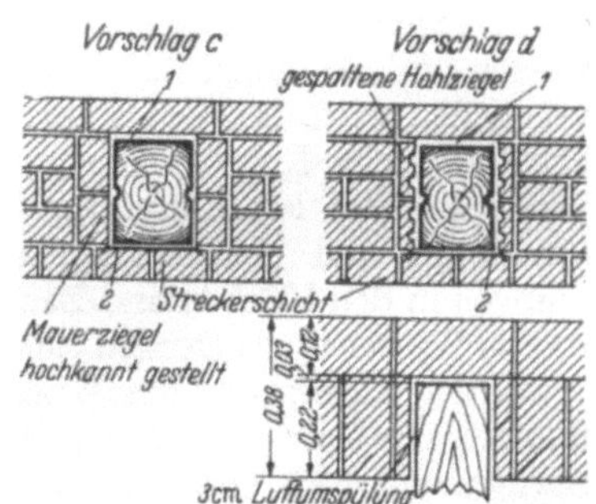

Abb. 229. Isolierung von Balkenköpfen.

Berechnung für die Aufnahme der Lasten genügte. Da heute aber das Holz statisch bis zum Äußersten ausgenützt wird, können bei den jetzigen dünnen Querschnitten schon leichte Zerstörungserscheinungen bedenkliche Folgen haben.

Die Ausfüllung der Holzbalkendecken mit Lehm, Koksasche usw. auf Fehlboden, muß immer trocken erfolgen. Wird z. B. ein feuchter Lehmschlag verwendet, so dürfen die Fußbodenbretter erst verlegt werden, wenn die Schüttung weitestgehend getrocknet ist. Zweckmäßig wird die Deckenfüllung erst nach Beendigung der Putzarbeiten eingebracht, da einerseits die Füllung dann kein Wasser bekommt und andererseits für die Austrocknung der Balken Zeit gewonnen wird. Ist dies nicht möglich, so muß das Füllmaterial regelmäßig umgeschaufelt werden. Um eine gute Entlüftung der Hohlräume zwischen den Balken zu gewährleisten, dürfen die Fußbodenbretter nicht bis an die Wand geführt und der Wandputz nicht bis zur Fußbodenhöhe herabgezogen werden, damit durch Ausschnitte in der Scheuerleiste ein Luftaustausch erfolgen kann. Dichte Beläge von Linoleum dürfen nicht zu früh aufgebracht und in Räumen, in denen immer mit Wasser zu rechnen ist, wie in Küchen, Badezimmern und Aborten nicht verlegt werden.

Das Holz in Dachstühlen ist im allgemeinen weniger durch holzzerstörende Pilze gefährdet, weil das Holz in den meisten Fällen reichlich von Luft umspült wird und nachträglich gut austrocknen kann. Bei dem Doppelpappdach oder bei der Kronendeckung des Biberschwanzdaches ist allerdings die Luftbewegung sehr beschränkt und das Holz in diesem Falle mehr gefährdet. Schäden durch Undichtigkeit der Dacheindeckung sind immer nur schwer zu erkennen und schwierig zu beseitigen. Durch die Wirkung von Bombeneinschlägen sind zahlreiche Schäden an den Dachziegeln entstanden, die zum Teil nur behelfsmäßig behoben sind, so daß noch ständig Feuchtigkeit eindringt und günstige Bedingungen für Schwammbefall usw. geschaffen werden. Eine große Gefahr liegt auch in der Verwendung des alten Baumaterials, weil damit sehr häufig die holzzerstörenden Pilze eingeschleppt werden, die dann das gesunde Holz angreifen.

Bei der Dachausbildung ist darauf zu achten, daß die Dachneigung dem Dacheindeckungsmaterial entspricht, damit Stauungen von Schneewasser und Ansammlung von Schmelzwasser in diesen Schneesäcken vermieden wird. Bei den Rinnen und Abfallrohren muß auf eine möglichst einfache Rohrführung geachtet werden. Waagerechte Leitungen verstopfen sich leicht und durchfeuchten das Mauerwerk. Dasselbe gilt für die Zu- und Abflußleitungen im Innern der Gebäude. Überschwemmungen in den Küchen und Badezimmern sind unbedingt zu vermeiden, da das Wasser in die Decken eindringt und nur schwierig zu entfernen ist.

Bei der Ausführung des Mauerwerks ist unbedingt darauf zu achten, daß Regenwasser schnell und sicher abfließen kann. So ist es falsch, das Sockelmauerwerk vorzuziehen, da das Wasser in die Sockelfuge leicht eindringt und das Mauerwerk durchfeuchtet. Gefährdet sind besonders die Fensterhölzer in Licht- und Kellerschächten, wenn nicht durch eine entsprechende Neigung der Schachtsohle für die Ableitung des Regenwassers gesorgt wird.

Ähnlich liegen die Verhältnisse bei den Haustüren und Balkontüren. Besondere Vorsicht ist auch bei hygroskopischen Baustoffen, die leicht Feuchtigkeit an benachbartes Holz abgeben, am Platze. Da, wie schon erwähnt, die Kellerräume sehr häufig feucht sind, ist hier Holz möglichst zu vermeiden. Auch Treppen vom Keller zum Erdgeschoß sollten möglichst nicht in Holz ausgeführt werden. Auf keinen Fall dürfen sie auf dem Fußboden aufstehen, die erste Stufe ist immer massiv auszuführen, und zweckmäßig wird zwischen Stein- und Hirnfläche der Treppenwange eine Isolierschicht eingeschaltet. Eine chemische Schutzbehandlung des Holzes ist unbedingt erforderlich.

Auch bei Kellerverschlägen, Kellertüren usw. ist unbedingt auf die Fernhaltung von Feuchtigkeit zu achten und für gute Entlüftungsmöglichkeiten unbedingt Sorge zu tragen. Niemals sollten Holzteile mit der Kellersohle oder dem Mauerwerk unmittelbar in Verbindung stehen, es muß immer für eine gute Luftumspülung gesorgt werden. Da heute vielfach vorerkranktes Holz aus den Ruinen als Brennholz in die Keller geschleppt wird, so ist in feuchten Räumen damit zu rechnen, daß sämtliche Holzteile durch Schwamm in kurzer Zeit befallen werden, und daß, wie es häufig beobachtet werden kann, der echte Hausschwamm selbst durch massive Kellerdecken in den hölzernen Fußboden des Erdgeschosses eindringt.

Auch bei hölzernen Wandbekleidungen muß mit größter Vorsicht verfahren werden, um die Feuchtigkeit abzuhalten. Niemals darf die Verkleidung gleich gegen den Wandputz gelegt werden. Es muß unbedingt auch hier eine Entlüftung dadurch geschaffen werden, daß die Befestigung der Vertäfelung durch imprägnierte und in das Mauerwerk eingelassene Dübel erfolgt, und über die obere Deckenleiste dann eine Entlüftung möglich ist. Auf alle hölzernen Bauteile dürfen dicht schließende Beläge wie Ölanstriche, Linoleum usw. nicht zu früh aufgebracht werden. Es ist immer dafür zu sorgen, daß die in dem eingebauten Holz vorhandene Feuchtigkeit vorher weitgehend entweichen kann. Es dürfen nur vollkommen trockene Hölzer gestrichen und mit dem Verlegen von Linoleum auf Holz mindestens 1 bis 2 Jahre gewartet werden.

Bei Holzhäusern ist der Anschluß des hölzernen Aufbaues an den massiven Sockel die besonders für die Eindringung von Feuchtigkeit gefährdete Stelle. Bei äußerer Holzverschalung muß das untere Schalbrett stets über die Sockelfuge hinweggehen und das Schwellholz sowie das anschließende Sockelmauerwerk so weit überdecken, daß Regenwasser sicher abfließen kann.

Auch muß die unter der Schwelle einzubringende Isolierschicht so weit nach oben und unten geführt werden, daß ein Eindringen von Wasser in die Sockelfuge verhindert wird. Bei hölzernen Ständern, die auf einen Mauersockel aufgesetzt werden, darf die Hirnfläche des Holzes nicht unmittelbar mit dem Mauerwerk in Berührung kommen und muß daher isoliert werden.

C. Chemischer Schutz vor und beim Einbau des Bauholzes.

Infolge des schnellen Bauens in der heutigen Zeit und der Verwendung frischen Holzes ist es trotz aller handwerklichen und konstruktiven Sicherungsmaßnahmen nicht immer möglich, das eingebaute Holz vor Schäden zu schützen. Deswegen ist der chemische Holzschutz als vorbeugender Schutz besonders gegen pflanzliche Schädlinge zum mindesten an den besonders gefährdeten Stellen nicht zu entbehren. In dem bereits erwähnten Merkblatt über den baulichen Holzschutz gegen Fäulnis werden auch Hinweise über die chemischen Schutzmaßnahmen gegeben, um das Holz gegen Schwammschäden zu sichern.

Mit Holzschutzmitteln sollen demnach geschützt werden:

a) bei nicht unterkellerten Räumen die Lagerhölzer und die Schwellen allseitig, die Fußbodenbretter unterseitig;

b) bei Holzbauten sämtliche in Höhe des Erdgeschoßfußbodens und darunterliegenden Bauteile:

c) bei Decken sämtliche mit dem Mauerwerk in Berührung kommenden hölzernen Bauteile;

e) bei Einbau frischen Holzes sämtliche hölzernen Bauteile;

f) bei Verwendung im Freien sämtliche hölzernen Bauteile, die durch Fäulnis zerstört werden können.

Diese Vorschrift des Merkblattes ist sinngemäß auch auf alle nicht besonders genannten ähnlichen Fälle anzuwenden, besonders immer, wenn das Holz von einer Luftlagerung mehr oder weniger abgeschlossen ist, so daß noch vorhandene oder neu hinzutretende Feuchtigkeit nur langsam oder gar nicht entweichen kann.

Für die Schutzbehandlung des Bauholzes im Hochbau dürfte im allgemeinen der Oberflächenanstrich genügen. Dabei ist darauf zu achten, daß die vorgeschriebene Menge des Schutzmittels aufgebracht und die Zahl der Anstriche genau eingehalten wird. Besonders sorgfältig sind die Hirnflächen zu behandeln. Bei Verwendung von feuchtem Holz sind ölige Mittel zwecklos, da sie nur ungenügend eindringen. Durch Oberflächenanstrich sind besonders Dachhölzer zu schützen, wenn sie beim Ausbau von Dachräumen durch Leichtbauplatten usw. verkleidet werden; ebenso alle Hölzer, die am Mauerwerk liegen, wie Treppenwangen, Wandverkleidungen sowie bei allen hölzernen Einbauten in feuchten Räumen.

Von besonderer Wichtigkeit ist es, die am stärksten der Zerstörung ausgesetzten Holzverbindungen, wie Verzapfungen des Balken- und Ständerwerkes, Nut- und Federverbindungen von Dielen usw., vorher zu schützen.

Für die Behandlung des Bauholzes mit einem Anstrich ist es selbstverständlich erforderlich, daß sie erst durchgeführt werden darf, wenn die Hölzer fertig zugeschnitten, gebohrt und bearbeitet sind. Ein nachträgliches Bearbeiten wird gerade an den am meisten gefährdeten Stellen die Schutzschicht wieder entfernen, und das Innere des Holzes ist dann gegen den Angriff pflanzlicher und tierischer Schädlinge ungeschützt. Ist deshalb bei einem schon behandelten Holz aus irgendwelchen Gründen ein Nacharbeiten nicht zu umgehen, dann müssen die bloßgelegten Flächen unter allen Umständen sorgfältig einer Nachbehandlung unterzogen werden. Auch ist zu fordern, daß die Schutzbehandlung des Bauholzes im Hochbau vor dem Einbau des Holzes vorgenommen wird, weil sonst oft nicht alle Stellen so erreicht werden können, daß ein wirksamer Anstrich möglich ist.

Für alle Bauteile, die besonders gefährdet sind, muß ein Vollschutz des Holzes gefordert werden. Unter Vollschutz versteht man eine allseitige Tiefimprägnierung des Splint- und Kernholzes auf möglichst ein Viertel des vollen Holzquerschnittes, mindestens jedoch bei dicken Querschnitten etwa 3 cm. Zu den gefährdeten Bauteilen gehören vor allem die Balken- und Lagerhölzer in nicht unterkellerten Gebäuden, Mauerwerksschwellen, Deckenschalung in Kellern usw.

Ein Teilschutz ist besonders bei Balkenköpfen, bei Verzapfungen usw. erforderlich. Für diese Bauteile wird auch die Bohrlochmethode sehr empfohlen. 4 bis 6 Bohrlöcher werden bei den Balkenköpfen auf etwa drei Viertel Tiefe der Balkenhöhe von oben nach unten versetzt angeordnet, mit einem Schwammschutzmittel gefüllt, ein- bis zweimal nachgefüllt und dann verschlossen. Das Schutzmittel durchzieht das Innere des Holzes, vor allem in Richtung der Längsfasern und schützt gegen Schwammangriff. Es darf aber durch die Bohrlöcher keine Schwächung der Tragfähigkeit des Balkens eintreten, daher müssen sie innerhalb der Mauerauflage angebracht werden. Auch bei Lagerhölzern über dem Kellergeschoß wird die Bohrlochimpfung zweckmäßig angewendet, besonders wenn eine Unterkellerung fehlt.

Für die Schutzbehandlung dürfen nur brauchbare Schwammschutzmittel verwendet werden. Die Wahl des Schutzmittels bleibt dem Ermessen jedes einzelnen Bauunternehmers, des Zimmermeisters usw. überlassen. Eine richtige Wahl kann aber nur dann getroffen werden, wenn die an ein im Hochbau zu verwendendes Holzschutzmittel zu stellenden Anforderungen bekannt sind und berücksichtigt werden.

Die Mittel müssen vor allen Dingen

a) eine starke pilzwidrige, die genannte fäulnishemmende Kraft entfalten;

b) beständig sein und unter dem Einfluß der Luft, des Holzes usw. ihre pilzwidrige Kraft nicht verlieren;

c) neutral sein und nicht zersetzend auf das Holz einwirken;

d) keinen (für die Hausbewohner) belästigenden Geruch besitzen;

e) für Menschen nicht giftig sein.

Nach dem Merkblatt sind als Chemikalien, die auch den Hauptbestandteil vieler Handelspräparate bilden, allgemein anerkannt:

Kieselfluorzink, Kieselfluormagnesium und Fluornatrium. Diese Mittel genügen im allgemeinen den Anforderungen, sie sind billig und leicht erhältlich. Bei häufigem Wasserzutritt sind sie aber gegenüber vielen Handelspräparaten wegen ihrer Auslaugbarkeit weniger wirksam.

Die Versuchs- und Beratungsstelle für Technische Holznutzung des Vereins für technische Holzfragen e. V. (Braunschweig-Querum, Bienroderweg 53) hat 1948 ein Verzeichnis der z. Z. lieferbaren Holzschutzmittel mit pilzwidriger Wirkung herausgebracht, das laufend ergänzt wird und dort zu beziehen ist.

Die bekanntesten Anwendungsarten der Holzschutzmittel gegen pflanzliche und tierische Schädlinge sind:

a) Imprägnieren unter Druck oder im Vakuum,

b) Einlagerungsverfahren (z. B. Basilit),

c) Tauchverfahren (z. B. Schwammschutz Rütgers, Xylamon),

d) Osmose-Verfahren mit verschiedenen Pasten,

e) Bohrlochmethode,

f) Saftverdrängungsverfahren nach Boucherie (z. B. Thanalith U, Triolith U),

g) Anstrich und Spritzen (z. B. Kulba, Osmol weiß).

Auch durch Vergütung können die Holzeigenschaften bedeutend verbessert werden. Sie wird dort angewendet, wo die Eigenschaften des Holzes den gestellten Anforderungen bei bestimmten Verwendungszwecken nicht genügen.

Bei den Mitteln zur Holzvergütung handelt es sich um rein mechanische (Absperren und Verleimen von Teilschichten), um physikalische Mittel (Tränken mit wasserabweisenden oder festigkeitserhöhenden Stoffen), oder chemische Behandlung. Da vergütetes Holz infolge seiner Rißfreiheit usw. gegen pflanzliche Schädlinge kaum anfällig ist, erübrigt sich hier fast immer ein Holzschutz.

3. Die Bekämpfung und Sanierung von Holzschäden im Hochbau.

A. Die pflanzlichen Schädlinge.

Schwamm kann sich ohne Vorhandensein von Feuchtigkeit nicht entwickeln, deswegen ist es bei jedem Schwammverdacht oder Schwammbefall die erste Aufgabe, die Ursache der auftretenden Feuchtigkeit festzustellen und zu beseitigen. Dann ist es wichtig, die Schwammart einwandfrei durch einen Fachmann zu bestimmen, da sich der Umfang der Sanierungsmaßnahmen ganz nach dem Ergebnis dieser Feststellungen richtet. Liegt ein Befall des Bauholzes durch den echten Hausschwamm (Merulius domesticus, Merulius lacrimans) vor, dann ist die Beseitigung viel schwieriger als bei den Erregern der sogenannten „Trockenfäule"[1], dem Warzen- oder Kellerschwamm (Coniophora cerebella) und dem Porenschwamm (Polyporus vaporarius). Der echte Hausschwamm nimmt deswegen eine Sonderstellung unter den pflanzlichen Holzzerstörern ein und wird mit Recht besonders gefürchtet, weil er die stärksten Zerstörungen herbeiführt, infolge seiner Atmungsfähigkeit selbst Feuchtigkeit entwickelt und auf völlig trockenes Holz überzugreifen vermag. Bei jedem Schwammschaden muß das schwammbefallene Holz restlos entfernt und möglichst sofort verbrannt werden, um eine Verbreitung des Infektionsstoffes zu vermeiden. Dabei genügt es nicht, nur das mit sichtbarem Myzel durchzogene Holz zu beseitigen, sondern der Eingriff muß bis in das gesunde Material hinein erfolgen. Bei Holzbalkendecken ist auch das Füllmaterial, soweit es von Myzelfäden durchzogen ist, zu beseitigen und von einer Wiederverwendung auszuschließen. Die Fugen und Hohlräume des Mauerwerkes werden häufig von den wurzelartigen Strängen des Myzels durchzogen, einen „Mauerschwamm", wie es häufig im Volksmunde heißt, gibt es aber nicht, der Pilz benötigt immer Holz zu seiner Ernährung. Die Fugen des

---

[1] Über die Ersetzung des Ausdruckes Trockenfäule durch „Naßfäule" vgl. S. 62.

Mauerwerkes müssen auf 2 bis 3 cm Tiefe von beiden Seiten sorgfältig ausgekratzt und dann mit einer Lötlampe ausgebrannt werden. Das Mauerwerk wird dadurch ausgetrocknet und die Schwamm-Myzelien sterben ab. Dann wird das Mauerwerk zweckmäßig mit einem Schutzmittel gestrichen und neu verputzt. Eine Desinfektion durch überhitzten Wasserdampf hat sich nicht bewährt, da der Dampf nicht tief genug in das Material eindringt. Auch das verbleibende und neu eingebaute Holz muß unbedingt mit einem Schwammschutzmittel behandelt werden. Um die Infektionsstoffe im Holz und im Mauerwerk restlos abzutöten, wird häufig die Vergasung angewendet. Es werden hierzu Stoffe verwandt, die sich in der Umgebung des Substrates gasförmig verteilen und die der Pilz zusammen mit der Atmungsluft aufnimmt. Als Vergasungsmittel werden in der Hauptsache Benzol, Toluol, Xylol (einschließlich ihrer Nitroverbindungen), Formaldehyd, Essigsäure, Chloroform und Phenol verwendet. Eine Vergasung mit Kohlenwasserstoffen darf nur in Räumen, die luftdicht gegen bewohnte Räume abgeschlossen werden können, vorgenommen werden.

Außer den Atmungsgiften werden auch Ernährungsgifte zur Bekämpfung der Schwammschäden verwendet. Sie werden in gelöster oder in Pastenform auf die Oberfläche des Substrates gebracht. Voraussetzung für eine gute Schutzwirkung ist ein genügend tiefes Eindringen der Gifte in das Holz. Deswegen muß das zu behandelnde Holz gut ausgetrocknet sein. Als Ernährungsgift für Schwammsanierungsarbeiten hat sich im Wohnungsbau am besten Fluornatrium bewährt, dem ein Zusatz von 2 bis 10 %iges stark färbendes Dinitrophenol beigegeben wird, um die Eindringtiefe kontrollieren zu können. Bei luftdicht abzuschließenden Räumen oder bei dicken mit Farbe gestrichenen Balken ist noch die Zugabe eines Atmungsgiftes zweckmäßig.

Bewährt haben sich besonders für die Schwammbekämpfung auch wasserlösliche, anorganische Salze im Gemisch mit organischen Phenol- und Kresolderivaten, die den Schwamm abtöten und auch einen vorbeugenden Schutz gegen neu eindringende Feuchtigkeit gewähren. Beim Einbau von frischem Holz sind auch gerade in den letzten Jahren als geruchlose Pilzbekämpfungsmittel die Wolman-Salze besonders im Hausinnern mit großem Erfolg verwendet (Wolman-Salz, Schwammschutz-Rütgers), ebenso auch zu Zwecken der Schwammsanierung.

B. Die tierischen Schädlinge.

Ist ein Befall des Bauholzes durch tierische Schädlinge festgestellt, so müssen zunächst die Art des Schädlings und der Umfang der Zerstörung festgestellt und auf Grund des Ergebnisses die erforderlichen Bekämpfungs- und Sanierungsmaßnahmen ergriffen werden. Die Larven der Pochkäfer (Anobien) durchziehen mit ihren Gängen das Holz der Balken, Dielen, Möbel usw. kreuz und quer und befördern das Bohrmehl sichtbar nach außen. Auch Treppengeländer, Treppenstufen, Bretterverschläge sind oft die Brutstätten dieser „kleinen Holzwürmer", wie sie zum Unterschied vom Hausbock oft bezeichnet werden. Die Meinung, die Larven und Käfer durch einen Farbanstrich töten zu können, ist irrig. Ein altes Hausmittel gegen Anobienfraß, z. B. in Möbeln, ist das Einspritzen von Petroleum in die Fluglöcher, Petroleum ist der Vorläufer der modernen Atemgifte bzw. Kontaktgifte, ist aber wie Benzin sehr feuergefährlich und deswegen zu vermeiden. Am zweckmäßigsten ist das Einspritzen von Bekämpfungsmitteln, wie z. B. Xylamon oder Holzwurm-Antorgan in die Fluglöcher, bei nicht gestrichenem Holz genügt ein wiederholter Anstrich, die Löcher müssen dann mit Kitt oder Wachs geschlossen werden. Die Larven werden dann durch Vergasung getötet. Wertvolle, stark befallene Möbel werden zweckmäßig durch einen Fachmann in einer Blausäure- oder Schwefelkohlenstoffkammer vergast.

Im Gegensatz zu den Anobien ist der Befall von Bauholz durch andere Insekten, wie z. B. den Hausbock, oft nur sehr schwer zu erkennen. Der Hausbock läßt die Oberfläche des Holzes fast immer unversehrt und das Bohrmehl in den Fraßgängen. Erst durch Ritzen mit einem Messer oder Abklopfen des Holzes mit einem Hammer (fehlender Klang des Holzes) und durch die ovalen, scharfkantigen 0,5 bis 0,8 cm großen Ausfluglöcher der Käfer läßt sich ein Befall erkennen. Ist das Holz noch befallen, dann ist oft ein eigentümliches knarrendes Kratzen durch die Tätigkeit der Larven zu hören. Bei der Hausbockbekämpfung müssen die befallenen Holzteile abgebeilt oder bei stärkerem Befall ausgehauen und verbrannt werden. Der Rest des Holzes muß gehörig gesäubert und dann mit einem Schutzanstrich versehen werden. Als Bekämpfungsmittel dienen Atmungs- und Fraßgifte, die einmal die etwa noch im Holz befindlichen Eier und Larven abtöten und dann als Material vor einem neuen Befall schützen sollen. Die Atmungsgifte, die oft für Menschen und Tiere schädlich sind, werden meistens nur in Dachböden anzuwenden sein, in Wohnräumen ist immer eine gewisse Vorsicht am Platze. Sie vergasen, und durch die sich entwickelnden Dämpfe werden auch die nicht unmittelbar mit dem Gift in Berührung kommenden Holzteile mitgeschützt. Verwendet werden Lösungen von Naphthalin oder Kampfer in Benzin, Chloroform, Benzol, Xylol, Phenol und andere. Sie dürfen nicht zu schnell verdunsten, damit die Abtötung der Insekten und Larven auch gewährleistet ist. Bei starkem Befall werden Räume, die sich gasdicht abschließen lassen, auch durch Giftgase wie Blausäure, die leicht in alle feinen Risse und Poren eindringt, vergast. Wegen der großen Giftigkeit der Blausäure darf eine derartige Vergasung nur von erfahrenen Firmen durchgeführt, und die Räume müssen hinterher eine Zeitlang gründlich durchlüftet werden. Auch das Heißluftverfahren (Deuba G.m.b.H., Hannover) hat sich ausgezeichnet bewährt. Es wird eine Temperatur bis zu 90° erzeugt, wodurch selbst dicke Balken auf etwa 60° im Innern erwärmt werden, wodurch die Larven ausnahmslos absterben.

Die Fraßgifte werden hauptsächlich in Form von Salzlösungen auf die Oberfläche des befallenen Holzes mit dem Pinsel aufgetragen oder aufgespritzt. Das Holz muß gut ausgetrocknet sein, damit das Mittel tief genug eindringen kann. Die Larven, die das getränkte Holz fressen, werden abgetötet. Als wirksamste Fraßmittel haben sich Natriumfluorid und Natriumarsenit bewährt, auch Arsenate, Schwermetalle und Dinitrophenol sind schon mit Erfolg angewendet. Sehr günstig wirkt sich bei der Bekämpfung der Insekten eine Kombination von Fraß- und Atmungsgiften aus. Da die Schutzmittel nicht immer gleichmäßig tief in das Holz eindringen und nicht die Gewähr gegeben ist, daß schon nach einer Behandlung die im Holz befindlichen Larven abgetötet werden, ist eine nochmalige Schutzbehandlung notwendig, zumal wenn sich neue Fluglöcher oder Bohrmehl feststellen lassen.

VI. Straßenbau.

Von Dr. Dr.-Ing. **Friedrich Moll**, Berlin.

1. Geschichte.

Das Holzpflaster hat zwei Wurzeln: Die römischen Herrscher legten in Gallien, Germanien und Britannien ein großes Netz von mit Stein gepflasterten Straßen an. Aber dort, wo der Boden sumpfig war, wurden Bohlenwege und Knüppeldämme aus Holz gebaut. Gut erhaltene Reste finden sich in Westfalen und Holstein. Um das Jahr 1820 entstand aus der Vereinigung beider Bausysteme, der Form des Steines und dem Stoff Holz, soweit wir sehen können, zum ersten Male in Sankt Petersburg, das Holzpflaster. In London begann man um 1840 mit Holz zu pflastern. 1843 lagen hier bereits 80000 Quadratmeter. In Berlin wurde das erste Holzpflaster 1879 verlegt. Andere Großstädte folgten. Im Jahre 1920 betrug die Holzpflasterfläche in Paris rund 2,5 Millionen Quadratmeter, in London über 3 Millionen Quadratmeter, in allen deutschen Städten zusammen rund 1 Million Quadratmeter. An 500 Patente wurden im Laufe der Jahre auf verschiedene Formen und Verfahren zur Herstellung von Holzpflaster erteilt. Die meisten dieser Verfahren sind, weil unzweckmäßig oder unbrauchbar, heute vergessen[1,2].

2. Die Holzart.

Beim Holzpflaster stehen sich zwei Gruppen gegenüber, Hartholz und Weichholz. Die Auffassung, welcher von beiden der Vorzug zu geben sei, war anfangs überwiegend von einem unverstandenen Begriff „Elastizität" abhängig. Man faßte unter ihm alles das zusammen, was man sich als Vorzug des Holzpflasters gegenüber dem Steinpflaster wünschte, eine Mischung von Härte und Nachgiebigkeit, Festigkeit, Zähigkeit, Formbeständigkeit und geringer Abnutzbarkeit.

---

[1] H. Freese. Das Holzpflaster in London. 2. Aufl. 1924.
[2] Reichsinnungsverband des Pflaster- und Straßenbauhandwerks Berlin: Die Herstellung und Verwendung von imprägniertem Holzpflaster. 1937.

Die ersten Pflasterungen wurden mit Kiefer ausgeführt. Rohes Kiefernsplintholz fault aber verhältnismäßig schnell, so daß das Pflaster schadhaft wird. Daher ist die Geschichte der ersten fünfzig Jahre des Holzpflasters bis fast zur Jahrhundertwende eine solche ständigen Herumprobierens. Es wurde auch die zu geringe Festigkeit der Kiefernklötze bemängelt, und daher zunächst Buche und Eiche versucht. Diese zeigten bald, daß ihre „Elastizität" schlechter als die der Kiefer war. Zudem faulte Buche noch schneller als Kiefer. 1886 von Freese in Hamburg und Berlin verlegtes Buchenpflaster mußte nach zwei Jahren ersetzt werden. In etwas größerem Umfange wurde Eiche eingebaut, u. a. in Paris rund 25000 Quadratmeter. Eiche wie Buche haben den Übelstand, daß die Klötze sich ebenso wie Pflastersteine rund fahren und die Fahrbahnen uneben machen.

Auf Grund der Auffassung, daß harte Hölzer einen größeren Widerstand gegen Abnutzung mit dem, was man in der Pflasterung als Elastizität verstand, vereinigen, bringen die Jahre von 1889 bis 1900 eine immer mehr zunehmende Verwendung von überseeischen Harthölzern. Nachdem in Sidney in Australien mit Pflaster aus Eukalyptusholz gute Erfahrungen gemacht worden waren, setzte zunächst in London seit 1889, dann in Deutschland von Leipzig aus eine jedes vernünftige Maß übersteigende Werbetätigkeit für australisches Hartholzpflaster ein. Angeblich sollten die Anlieferungen nur aus Jarrah und Tallow-wood bestehen, zwei Eukalyptusarten, die sicher ziemlich hart sind. Bald waren die Sendungen aber ein Gemisch von Karri, Redgum und anderen Hölzern, zum großen Teil auch noch minderwertige Ausschußware. In einigen Materialprüfungsanstalten versuchte man die Eignung dieser Hölzer zu Pflaster festzustellen. Aber gerade diese Versuche führten zu einem Fehlurteil. Das Maß der Abnutzung unter dem Sandstrahlgebläse und gegen die Schleifscheibe liefert keinen Maßstab für die Eignung zu Pflaster, denn dieses wird in ganz anderer Weise mechanisch beansprucht[1,2].

Das Ergebnis der Beobachtungen an mehr als 2 Millionen qm Hartholzpflaster in London und 400000 qm in deutschen Städten ist kurz folgendes:

Karri fault bald. Seine Gebrauchsdauer ist 6 bis 7, höchstens 10 Jahre. Teakholz ist noch schlechter. Jarrah gibt in Deutschland etwa 10 Jahre, in London 7 Jahre, in Paris 5 bis 6 Jahre Gebrauchsdauer. Den schlimmsten Schlag für das Hartholzpflaster bedeutete aber 1900 das Auftreten eines Unternehmers Alcott, der rund 200000 qm in England mit dem nordamerikanischen Redgum (Liquidambar) pflasterte. Das verlegte Pflaster hielt kaum 2 Jahre.

Hartholz schwindet stark, so daß die Klötze lose werden, lose Klötze aber verursachen starke Stöße, hämmern auf die Betonsohle und verwandeln diese in Schlamm und Staub. Die Schwindung beträgt in runden

---

[1] Moll, Holzkonservierung und Imprägnierung. 1919.
[2] H. Vespermann, Über die Verwendung des Holzes zu Pflasterzwecken in den Großstädten Europas und Australiens. 1912.

Zahlen bei Bluegum 15%, bei Karri 12,5%, Buche 12%, gegen nur 6% bei Kiefer. Das, was durch Holzpflaster beabsichtigt wird, eine glatte, ruhige Fahrbahn, wird durch Hartholz also keineswegs gegeben. Daher ist das Urteil heute, daß Hartholz, eingeschlossen Buche und Eiche, für Verkehrsstraßen nicht geeignet ist, und Hartholzpflasterung ist seit 1920 von Jahr zu Jahr stärker gegen Kiefernpflaster zurückgetreten. Die Verdingungsordnung (Ausgabe 1933)[1] setzt als das Übliche für Straßenpflaster Kiefernklötze voraus und erwähnt „andere Holzarten" nur nebenbei.

Nebenbei ist noch das aus Amerika stammende Pitchpine und die Sumpfzypresse zu erwähnen. Beide wurden 1882—1884 in Berlin versucht, da man wegen ihres hohen Harzgehaltes größere Härte und Widerstandsfähigkeit gegen Faulen von ihnen erwartete. Sie haben nicht befriedigt.

In rohem Zustande erreicht Kiefernpflaster eine Durchschnittsdauer von 5 bis 8 Jahren, ist also in natürlichem Zustande gegen Fäulnis weniger widerstandsfähig als australisches Hartholz. Diesem gegenüber aber hat es den großen Vorzug, daß es sich gut imprägnieren läßt, so daß es dann selbst Eiche um ein Mehrfaches an Dauer übertrifft. Da auch die mechanischen Eigenschaften, wie die Praxis ausweist, eindeutig zu seinen Gunsten sprechen, ist die Entwicklung immer mehr auf das imprägnierte Kiefernholz zugekommen. Um das richtig zu verstehen, muß man das Pflaster in seinem Verhalten gegenüber den Verkehrsbelastungen beobachten. Die Beanspruchung ist nicht, wie die vorerwähnten Prüfungsmethoden voraussetzten, ein Abscheuern und Abschleifen, sondern einerseits mehr mit der schiebenden Wirkung der Eisenbahnräder auf der Schiene zu vergleichen, und andererseits ein Gemisch von Stoß und Stampfen der Wagenräder und Pferdehufe. Je härter und spröder der Baustoff ist, desto mehr werden zunächst die Kanten zertrümmert. Die Klötze werden dadurch rund wie Steinpflaster. Bei Kiefer ist dagegen die Zähigkeit groß genug, so daß die Fasern wohl von der Stirnfläche aus bis zu einer gewissen Tiefe spalten, aber nicht abbrechen. Sie biegen sich um, die Oberfläche bildet eine Art Quaste derart, daß die Fugen überdeckt werden, so daß die Oberfläche verhältnismäßig eben bleibt.

Die Annehmlichkeit des Holzpflasters hat ihm im Laufe der Jahre eine Anzahl neuer Anwendungsgebiete erobert, und hier kann auch Hartholz vielfach noch mit Vorteil verwendet werden. In Fabrikräumen und Lagerräumen, die überwiegend trocken bleiben, ist Eiche und Buche brauchbar. In Viehställen, mit Ausnahme derer von Milchvieh, ist mit Teeröl imprägnierte Kiefer und Buche gut. Im Milchviehstall ist dagegen mit Salzlösungen imprägniertes Kiefernholz vorzuziehen. Für Radfahrwege können Harthölzer, Kiefer und auch Fichte genommen werden. Doch ist hier auf die Imprägnierbarkeit zu achten. Auch in Waldwegen und Forstwegen, Siedelungs- und Schulwegen ist jedes Holz recht. In Innenräumen, Ausstellungshallen, Lebensmittellagern usw. schätzt man das Holzpflaster als federnd, geräuschschwach, trittsicher und fußwarm.

---

[1] Verdingungsordnung für Bauleistungen. 1933. S. 212.
[2] Freese, s. S. 519.

Jede Holzart ist brauchbar; die Imprägnierung soll mit Salzlösungen erfolgen.

3. Abmessungen der Pflasterklötze.

Bei den alten Pflasterungen in London betrug die Höhe der kiefernen Klötze 6—9″ = 15—23 cm. Bis ziemlich gegen Ende des vorigen Jahrhunderts galt in England 6″ als Normalmaß. Den Harthölzern gab man zur Kostenersparnis und weil man dieses durch ihre Härte gerechtfertigt glaubte, 4″ = 10 cm. Diesem Beispiel folgten die Erzeuger von Kiefernpflaster und gingen auf 5, 4 und sogar 3½″ zurück. 6″-Klötze erhielten eine Betonsohle von 4″, 4″ige Klötze eine Sohle von 6″. Bei 3,5″ machte man die Betonsohle sicherheitshalber 8″ stark. Im großen ganzen will man mit diesen Abmessungen gute Erfahrungen gemacht haben. Als Norm schälte sich aus den langjährigen Beobachtungen aber eine Höhe der Weichholzklötze von 5″ heraus, jedoch mit deutlicher Tendenz bis auf 4,5″ herunterzugehen. Die Breite der Klötze ist in England 3″ = 7,5 cm. Für die günstigste Länge hält man 9″. In großem Umfang wird zur Kostenersparnis auch 8″ = 20 cm zugelassen, und wo man besonders billig arbeiten will, sogar 6—7″. In Paris hat man Hartholzklötze im Durchschnitt 10 cm hoch geschnitten, vereinzelt auch 7 cm. Doch wird geklagt, daß diese Klötze leicht lose werden. Kiefernklötze werden in Paris bei starkem Verkehr 15 cm, bei schwachem 12 cm hoch gemacht. In Berlin hatten 1894 die Jarrahklötze 13 cm, Kiefernklötze bei starkem Verkehr 13 cm, bei geringem Verkehr 10 cm Höhe. Länge und Breite der Klötze bewegten sich in Deutschland in den folgenden Jahren zwischen ziemlich weiten Grenzen; Länge bei Kiefer von 12—25 cm, Breite von 7,5—13 cm, bei Harthölzern Länge 13—23 cm, Breite 7,5—9 cm. Die Höhe wird je nach der Belastung der Straße für Weichholz auf 10—13 cm vorgeschrieben, für Hartholz auf 7—10 cm. Die Verdingungsordnung (1933) gibt an, für Fahrbahnen Höhe bei Weichholz 13 cm, bei Hartholz 10 cm; Länge 18—25 cm, Breite 8 cm. Danach kann man folgende Zusammenstellung machen:

Offene Lagerplätze................................. 20 cm Höhe
Straßen mit starkem Verkehr .... 15 ,, ,,
Straßen mit schwachem Verkehr und Betriebsräume 12 ,, ,,
Lager- und Fabrikhallen........................... 10 ,, ,,
Forst-, Siedlungs- und Schulwege, Bürgersteige, Rad-
   fahrwege .... 8 ,, ,, .

4. Imprägnierung der Klötze.

Die ersten Pflasterungen wurden mit rohen Klötzen ausgeführt. Imprägnierung als Wirtschaftszweig beginnt um 1840. Es ist daher verständlich, daß die Imprägnierung von Pflasterklötzen sich erst später herausbildet[1]. Freese[2] ließ 1883 Kiefernklötze unter Druck mit Chlorzinklauge imprägnieren, war aber mit dem Ergebnis nicht zufrieden. Wahrscheinlich ist die Imprägnierlauge zu stark gewesen, so daß das Holz mürbe geworden ist. Tauchen in Kupfervitriollösung war gleichfalls unzureichend.

In Hessen und in Baden wurden zu Anfang dieses Jahrhunderts Pflasterklötze in größerer Menge kyanisiert. Zahlenangaben über ihr Verhalten sind leider nicht zu erhalten gewesen. In Karlsruhe, Straß-

---

[1] Moll, s. S. 520; OHV-Druckschrift 5. Pökelholz: Die Anwendung des Osmosepastenverfahrens bei der Fäulnissicherung von Holzpflasterklötzen. 1937.

[2] Freese, s. S. 519.

burg und Gießen war man mit ihnen zufrieden. Das von Deidesheimer ausgeführte Tunken (kurzes Eintauchen) der Klötze in Lösungen von Wolmansalzen erwies sich als völliger Fehlschlag. Eine österreichische Landesregierung ließ eine Alpenstraße mit solchen Klötzen belegen. Schon nach drei Jahren bot diese Straße das Bild eines vollständigen Zusammenbruches.

Um 1880 herum hatte man in Paris begonnen, Kiefernklötze für 10—30 Minuten in kaltes Teeröl zu tauchen. Seit 1892 wurden sie in heißes Teeröl getaucht. Die Klötze nahmen hierbei auf den Kubikmeter rd. 100 kg Öl auf. In London imprägnierte man seit 1886 die Klötze nach dem Verfahren von Bethell mit Teeröl unter Druck im Zylinder und erzielte Ölaufnahmen von 160—190 kg auf den Kubikmeter. Hierdurch wurde eine Gebrauchsdauer von 15 Jahren erzielt. Durch Imprägnierung mit geringeren Ölmengen konnte die Dauer der Klötze auf 13 Jahre gebracht werden. Aber die vollimprägnierten Klötze zeigten eine unangenehme Eigenschaft: sie schwitzten sehr stark Öl aus. 1912 wurde auf der Tagung der American Wood Preservers Association darüber geklagt, daß in Washington manche Straßen im heißen Sommer geradezu in Pechseen verwandelt würden. In Paris konnte Moll 1934 gleichfalls starke Schlüpfrigkeit der Straßen beobachten. Das Rüpingverfahren schränkte diese Unzuträglichkeiten stark ein und brachte damit die Teerölimprägnierung für Pflasterklötze zur Vorherrschaft. In Deutschland ist es üblich, Kiefernklötze für Straßenpflaster mit 110 kg pro Kubikmeter zu imprägnieren, für gedeckte Räume mit 63 kg. Beim Einpressen von 110 kg wird auch das Kernholz meist fast völlig durchtränkt.

Die Imprägnierung mit Teeröl verlangsamt die Wasseraufnahme und -abgabe des Holzes so (stark), daß man (praktisch sogar) von einer Verringerung des Quellens und Schrumpfens reden kann.

Die Harthölzer (außer Buche) und Fichte lassen sich nur unvollkommen mit Teeröl imprägnieren, daher sind hier mit der Imprägnierung keine Vorteile zu erzielen. Buche nimmt das Öl sehr gut auf, und die Gebrauchsdauer wird dadurch sehr erhöht. Wo also die allgemeine Unzuträglichkeit des Hartholzes, das Rundfahren, nicht zu befürchten ist, stellt das mit Teeröl imprägnierte Buchenholzpflaster einen idealen Baustoff dar. In Wohn- und Wirtschaftsräumen vermeidet man Teeröl wegen des Geruches. Lebensmittel, Wein und Milch ziehen den Geruch stark an, so daß u. a. auch in Milchviehställen, in denen gemolken wird, Teeröl zu vermeiden ist. Hier hat die Salzimprägnierung ihr Gebiet. Wenn die Klötze trocken sind, so werden sie z. B. durch mehrtägiges Tauchen in eine Imprägnierlösung geschützt. Bewährt ist hierfür die Kyanisierung und die Tränkung mit Basilit und ähnlichen Salzgemischen. Auch Druckimprägnierung mit diesen Salzgemischen ist gut. Für grünes Holz kommt grundsätzlich das Osmoseverfahren in Frage, zumal dieses auch die einzige Möglichkeit bietet, Fichte tief zu durchtränken.

Hölzer, die im Freien verbaut werden, sollten stets tief imprägniert werden. Ein Tunken ist völlig wertlos. Auf Radfahr-, Wald- und Siedelungswegen ist zwar die mechanische Abnutzung schwächer als auf großen Verkehrsstraßen, aber der Fäulnisangriff infolge der in der Regel

nicht so sorgfältigen Pflege und des geringerwertigeren Unterbaus um so
stärker, denn vielfach werden die Klötze einfach in den Erdboden eingesetzt. Auch scheinen Entwässerungsgräben nicht immer günstig zu
wirken, besonders nicht, wenn die Klötze nicht imprägniert sind. Holz,
welches ständig im Wasser steht, fault bekanntlich nicht, aber im Wechsel
von Feuchtigkeit und Luft, wie er auf solchem Waldboden gegeben ist,
wird die Fäulnisgefahr sehr erhöht. Nester von schlechten Stellen sind
auf allen Wegen eine sehr üble Erscheinung.

Radfahrwege werden wohl nur in größeren und um größere Orte herum
befestigt. Daher ist für sie stets die Möglichkeit gegeben, die Klötze unter
Druck oder durch Tauchen im Troge zu imprägnieren. Bei Wald- und
Siedelungswegen, die weiter ab von industriellen Zentren liegen, wird
man meist auf das in der Nähe gewonnene Holz angewiesen sein, und hier

Abb. 230. Herstellung und Imprägnierung der Holzklötzer nach dem Osmose-Verfahren,
ohne besondere Apperatur am Verwendungsort. (Nach Gieseking).

hat das Osmoseverfahren den Vorrang. Wir haben in Pommern solche aus
osmotierten Rundholzklötzen gebaute Straßen gesehen, die 6 Jahre nach
der Anlage noch einen ganz vorzüglichen Zustand aufwiesen. Die aus
frisch geschlagenem Holz hergestellten Klötze werden unmittelbar nach
der Formgebung mit der Osmosepaste gestrichen oder in diese getaucht.
Auf diese Weise wird auf den Oberflächen der Klötze ein Depot von
Schutzsalzen angelegt, dessen Größe sich je nach dem Grade der Gefährdung des Holzes beliebig hoch bemessen läßt. Da nach dem Verbauen der
Klötze die Feuchtigkeit aus der Paste durch die engen Fugen nur wenig
verdunsten kann, so bleibt die Paste lange Zeit osmotisch tätig und die
Schutzstoffe durchziehen die Klötze bis ins Kernholz hinein.

Über die Wirkung der Imprägnierung werden manche Irrtümer verbreitet. Kein Imprägnierverfahren verringert das Quellen und Schrumpfen
des Holzes. Imprägnierung mit Teeröl verlangsamt jedoch diese Vorgänge. Kein Imprägnierverfahren (außer der Imprägnierung mit Stoffen,
die die Holzfaser angreifen, wie starke Konzentrationen von Chlorzink
und ammoniakalischer Kupferlösung im Aczol) vermindert die Festigkeit. Die Festigkeit gleichartigen Holzes hängt vielmehr lediglich vom
Wassergehalt ab.

5. Die Herstellung des Pflasters.

Der Gebrauchswert des Pflasters, der sich im wesentlichen in der erzielten Gebrauchsdauer ausdrückt, ist nicht allein durch die Imprägnierung und die richtige Abmessung der Klötze bedingt, sondern in gleichem Maße auch durch die Art des Einbaus. Daher muß diese hier wenigstens kurz gestreift werden.

Holzpflaster besteht aus zwei Schichten, a) der zähen, nachgiebigen Decke, und b) der festen zusammenhängenden Bettung. Die Bettung darf unter den üblichen Verkehrslasten nicht nachgeben und muß die durch die Pflasterklötze auf sie übertragenen Stöße aushalten. Sie muß das in den Fugen durchsickernde Wasser ableiten, so daß Treiben und durch Frost entstehende Ausbeulungen verhütet werden. Für die Decke sind die wichtigsten Forderungen: feste Lage, Gleichmäßigkeit, Unschädlichmachung von Quellen und Schrumpfen. Es ist schon darauf hingewiesen, daß rohes Hartholz sehr stark quillt, Buche bis zu 12%. Kiefer quillt um 5% herum. In einem kleinen Bürogebäude mit 25 cm starken Außenwänden, in welchem auf 40 cm starkem

Betonfundament Eichenholzpflaster verlegt war (1942), quoll, wie man vermutet, infolge „Erdfeuchte" das Pflaster so stark, daß die Wände nach außen gedrückt wurden. In DIN 1984 sind die heute üblichen Regeln so zusammengefaßt: Der Unterbau soll bis 20 cm stark sein, aus Beton 1:8, mit einem Estrich 1:3 von 20 mm Stärke. Die Reihen der Klötze sollen mit versetzten Querfugen verlegt werden. In die Längsfugen werden kieferne Leisten 6×25 mm eingelegt und die Fuge dann mit heißem Bitumen ausgegossen oder mit Zementmörtel 1:1 gefüllt. Zwischen den Enden der Längsseiten des Pflasters und

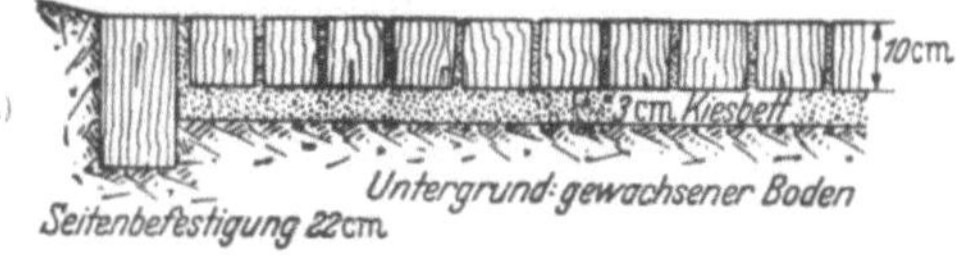

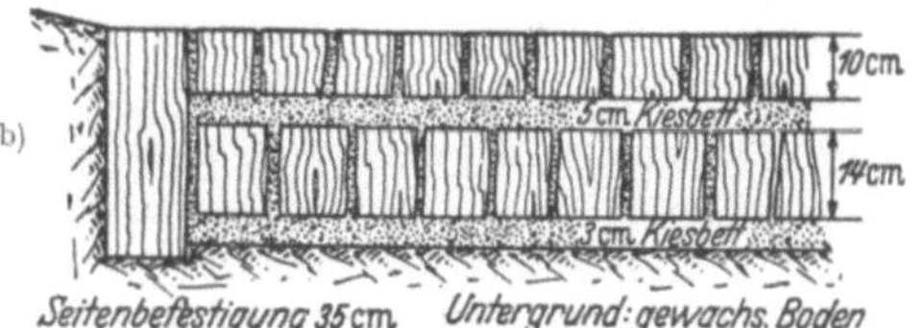

Abb. 231. Profil einer a) einfachen Holzpflasterstraße, b) Doppelholzpflaster.
(Nach Bahnemann)

der Wand soll ein Zwischenraum von 50 mm bleiben, der bis zur halben Höhe der Klötze mit scharfem Sand und darüber mit Ton gefüllt wird.

Sonst sollen sie 150 mm hoch sein und 80—120 mm Durchmesser haben. Für Durchfahrten, Rindviehställe, Lagerräume, in denen das Pflaster nur wenig beansprucht wird, können sowohl rechteckige Klötze wie auch Rundholz genommen werden. Für Pferdeställe sollen die Klötze unter den Hufen mindestens 25 cm hoch sein, da die Tiere sie andernfalls leicht herausschlagen. Auch sie sollen Betonboden erhalten. Die Fugen sind mit Bitumen oder Zement 1:1 zu füllen. An den Wänden ist wie beim Straßenpflaster eine 50 mm breite Fuge zu lassen, die mit Sand und Ton gefüllt wird. Grundsätzlich sollen die Klötze nicht dicht bei dicht stehen, sondern mindestens eine kleine Fuge zwischen sich lassen, denn enge Fugen lassen sich nur ungenügend dichten. Der Zementmörtel in den Fugen wird in seiner obersten Schicht durch die darüberrollenden Räder bzw. die Pferdehufe zermürbt. Aber dieselben Räder bilden auch aus den obersten Schichten der Holzklötze einen Quast, dessen Kanten, der Bart, über die Fuge und in diese hineingedrückt werden. So wird der untere Teil der Zementplatte in der Fuge durch eine nachgiebige Schicht gedeckt und gleichzeitig die Pflasteroberfläche eben erhalten.

Die Reihen sollen senkrecht zur Straßenachse liegen. Diagonalreihen machen beim Quellen sehr viel mehr Schwierigkeiten als Längsreihen, da sie die Bordschwellen schräg treffen. Auch wird in ihnen unter den Verkehrsbeanspruchungen das Pflaster leicht lose.

Von größter Wichtigkeit ist die sorgfältige Ausführung der Dehnungsfuge.

Da auch durch Teeröl-Imprägnierung die Klötze nicht vollkommen wasserdicht gemacht werden können, so quellen sie bei längerem Regen. Bei nachfolgender Trockenheit ziehen sie sich wieder zusammen. Hierdurch entstehen an vielen Stellen Fugen. Wenn diese auch meist nur sehr klein sind, so lassen sie doch das Wasser zur Betonsohle durchtreten. Daher ist bei Holzpflaster eine Entwässerung auf der Betonsohle notwendig. Für Forst-, Wald- und Siedelungswege werden die Rundholzklötze oft einfach in Sand gesetzt. Ebenso gibt man in Schulwegen, Fabrikhöfen, Werkstätten und Garagen, besonders wenn nicht große Besorgnis wegen Stehenbleibens von Wasser vorhanden ist, Kiesbettung. Wenn ältere Chausseen mit Holzpflaster belegt werden sollen, werden vorher Schlaglöcher mit Sand und Kies ausgefüllt.

6. Unterhaltung.

Zur Konservierung gehört die Unterhaltung[1]. Diese besteht in Reinigung, Bestreuen mit Kies, Beseitigung von Fugen und Festlegung von losen Klötzen. Von Zeit zu Zeit soll die Oberfläche mit Teer gestrichen werden. Zur besseren Erhaltung trägt es bei, im Hochsommer mindestens einmal im Jahre das Pflaster aus der Gießkanne mit Imprägnierlösung zu befeuchten.

7. *Die Gebrauchsdauer* hängt sowohl von Holzart und Imprägnierung als auch von der Bauweise, Beanspruchung und den „Umweltbedingungen" ab. Die Beanspruchung einer schwerbelasteten Straße ist eine ganz andere als die eines Radfahrweges, die einer trockenen Lagerhalle anders als die des Pflasters in einem ständig von Jauche berieselten Viehstall. Auf der einen Seite ist die Fäulnis der Hauptzerstörungsfaktor, auf der andern die mechanische Beanspruchung. Die im Mittel erreichte Gebrauchsdauer ist also kein absoluter Maßstab für die Wirksamkeit der Schutzbehandlung, sondern kann nur für einen Vergleich innerhalb ähnlicher Anwendungsbezirke dienen. Gebrauchsdauerzahlen von 40 bis 50 Jahren unter schwerstem Verkehr, wie sie Deidesheimer für Paris behauptet, sind natürlich reine Phantasie. Lange Beobachtungen in London und in deutschen Großstädten geben als Durchschnitt folgende Zahlen:

Hartholz unimprägniert, Jarrah, in Paris 5—6 Jahre, in London 7—10, in deutschen Städten um 10 Jahre. — Nur in Nebenstraßen bei geringem Verkehr werden höhere Zahlen, 17—19 Jahre, erreicht[2].

Nordamerikanisches Redgum gab knapp 2 Jahre. — Mit Teeröl imprägnierte Kiefer bei starkem Verkehr 8—11, bei schwachem 15—20 Jahre. — Rohe Kiefer bei starkem Verkehr 5—6, bei schwachem Verkehr 8 Jahre. Daraus, daß bei besonders günstigen Verhältnissen sogar 15 Jahre gefunden wurden, darf man keinesfalls den Schluß ziehen, daß man von der Imprägnierung zur Kostenersparnis absehen kann.

7. Kosten und Wirtschaftlichkeit.

Auf beide Fragen läßt sich eine allgemeingültige Antwort nicht geben. Es kommt sehr darauf an, was als Vergleichsmaßstab dienen soll und was alles in die Kosten einbezogen werden soll, wie endlich auch darauf, wie die Klötze

---

[1] M. G. Orthhaus, Straßen bauen, unterhalten und verwalten. 1938.
[2] H. Vespermann, s. a. O. zit. S. 520; Freese, s. a. O. zit. S. 519.

verlegt sind. In Straßen wird der Vergleich mit Stein, Asphalt und Beton zugrunde zu legen sein. Da jede dieser Bauweisen andere Bettung verlangt, sind bei den Kosten zweifellos auch die für die Bettung einzubeziehen. 1925 rechnete man in Deutschland bei Jarrah mit Unterhaltung für 3 Jahre 22,— Mark, für Pflaster aus teerölimprägnierter Kiefer 15,— Mark. 1928 wurden für 10 cm hohes Kiefernpflaster ohne Bettung 21,— Mark verlangt. Für Waldwege aus Rundholz, osmotiert, ohne Unterbau, betrugen die Kosten 1935 bei 10 cm hohen Klötzen 3,50 Mark je qm.

8. Allgemeine Beurteilung.

Der Vorzug des Holzpflasters ist seine Geräuschverringerung, Trittsicherheit, Federung und Fußwärme. Für Verkehrsstraßen wird diese Forderung am besten durch Weichholzpflaster erfüllt. In gering belasteten Wegen und Räumen kann auch Hartholz dienen. Nur in besonders schwer belasteten Straßen, vor allem Kurven und Kreuzungen, die von großen Lastwagen befahren werden, ist Holzpflaster ungeeignet. Erwünscht ist Holzpflaster zwischen Straßenbahnschienen, da es im Gegensatz zu Asphalt und Beton gut anschließt. Auf Brücken ist Holzpflaster wegen der Griffigkeit allen anderem vorzuziehen. Der bekannte Landwirt von Arnim sagte schon vor vielen Jahren einmal zu Moll: „Beton im Jungviehstall und im Schweinestall ist Mord!" Wir gehen noch weiter und sagen, daß ganz allgemein in den Stall Holzpflaster gehört. Grundsätzlich sollte alles Holzpflaster richtig imprägniert werden.

VII. Landwirtschaft.

Von Professor Dr. **J. Liese**, Eberswalde.

1. Holzbedarf.

Infolge der ständig steigenden Holzverknappung muß auch die Landwirtschaft sich im Rahmen einer Holzeinsparung mit den Fragen des Holzschutzes befassen, da sie viel mehr Holz verbraucht, als im allgemeinen bekannt ist. Dabei soll von den großen Brennholzmengen ganz abgesehen werden, auf die die Landwirtschaft infolge der Versorgungsschwierigkeiten mit Kohlen und anderen Brennmaterialien angewiesen ist; hier wird es in Zukunft darauf ankommen, nur das dem Ofen zuzuführen, was als Nutzholz unverwendbar ist. Aber auch die Nutzholzanforderungen der Landwirtschaft sind große; sie treten in der Regel deshalb wenig in Erscheinung, weil viele Landwirte gleichzeitig Waldbesitzer sind und ihren Bedarf im eigenen Walde decken. Ihr Verbrauch geht also nicht durch den Handel und wird daher statistisch nicht erfaßt. Viel Nutzholz wird für Herstellung und Ausbesserung von Gebäuden und Stallungen verwendet, die auf dem Lande vielfach aus Holz (Fachwerkbauten) errichtet, und für die vielen Feldscheunen, die ganz aus Holz hergestellt werden. Ein weiterer großer Verbrauch ergibt sich für die zur Stromversorgung erforderlichen Leitungsmasten sowie bei der Anfertigung von Einfriedigungen, wie Koppelzäunen, die zwar nicht wertvolles, aber doch viel Holz erfordern. Weiterhin sind sehr viele landwirtschaftliche Gebrauchsgegenstände ganz oder zum Teil aus Holz angefertigt, das bei nicht sorgfältiger Behandlung bald durch Fäulnis oder andere schädliche Einwirkungen unbrauchbar werden kann und dann durch neues, meist mit erheblicher Sonderarbeit, ersetzt werden muß. Hierhin gehören hölzerne Fahrzeuge, Siloanlagen, Erntegeräte und Handwerkszeuge. Berücksichtigt man die großen Vorteile, die das Holz gegenüber anderen Baustoffen durch einen guten Wärmeschutz gerade bei den meist einzeln stehenden landwirtschaftlichen Wohnhäusern und Stallungen bietet, ferner seine hohe Widerstandsfähigkeit gegenüber chemischen Einwirkungen, so besteht kein Zweifel, daß auch in Zukunft die Nachfrage der Landwirtschaft nach Nutzholz nicht geringer werden wird und als berechtigt anerkannt werden muß.

Bei der ständig steigenden Holznot besteht daher die Notwendigkeit, daß auch die Landwirtschaft in Zukunft viel mehr als bisher sich mit einer geeigneten Holzkonservierung befassen muß. Nun braucht nicht jedes Nutzholz einer Schutzbehandlung unterworfen zu werden; man wird sich damit begnügen können, diese an besonders gefährdeten Stellen und dort anzuwenden, wo ungeschütztes Holz eine nur ungenügende Gebrauchsdauer erwarten läßt. Um hierüber eine Urteilsmöglichkeit zu erhalten, sollen zunächst kurz die wichtigsten, in der Landwirtschaft in Betracht kommenden Feinde des Holzes und ihre Lebensansprüche beschrieben werden (vgl. 1. Teil, Abschnitt III und IV).

2. Holzschädlinge.

Die wichtigsten Holzschädlinge gehören, sofern man vom Feuer absieht (vgl. S. 400f), dem Reiche der Pilze und in geringem Maße dem der Insekten an. Insbesondere verursachen die holzzerstörenden Pilze alljährlich durch Vermorschung des Holzes einen sehr großen Schaden. In den Gebäuden treten besonders häufig der echte Hausschwamm, der Kellerschwamm sowie der Porenhausschwamm auf, im Freien findet man häufig den Kellerschwamm, die Blättlinge und den Zähling. Sie brauchen für ihre Tätigkeit bestimmte Temperatur- und Feuchtigkeitsverhältnisse. Nur bei Temperaturen von 5° C aufwärts können die Pilze Holz zerstören, wobei ihnen 20—25° C am meisten zusagen; bei höherer Temperatur stellen sie ihre Tätigkeit bald ein (vgl. S. 71). Abgesehen von den kalten Wintermonaten können sie also in unserem Klima stets tätig sein. Wichtiger sind ihre Ansprüche gegenüber der Feuchtigkeit: nur Holz mit einem mittleren Feuchtigkeitsgehalt ist befallfähig, während trockenes — und übrigens auch ständig wassergesättigtes — von ihnen nicht angegriffen wird. Eine vorübergehende Austrocknung bringt bereits im Holz vorhandene Pilze nicht zum Absterben; diese verbleiben vielmehr in einer Trockenstarre, die unter Umständen einige Jahre andauern kann; bei erneutem Feuchtigkeitszutritt leben sie meist wieder auf und setzen ihr Zerstörungswerk fort.

Unter den **Insekten**, deren Schäden gegenüber den Pilzen wesentlich geringer bleiben, sind als die wichtigsten der Hausbock und die Anobien (Pochkäfer) zu nennen (vgl. S. 111f). Auch sie können nur bei warmer Witterung tätig sein, von bestimmten Feuchtigkeitsverhältnissen sind sie nicht so abhängig wie die Pilze.

3. Holzschutzmaßnahmen.

Soweit es geht, wird der Landwirt sich solche Holzarten zu beschaffen suchen, die von Natur bereits einen gewissen Schutz gegen die genannten Holzschädlinge besitzen. Dies trifft vor allem für das **Kernholz der Eiche, Akazie und Lärche** zu; auch das Kernholz der **Kiefer**, besonders vom Stammende, ist wegen seines Harzgehaltes recht dauerhaft gegen Pilzbefall. **Der bevorzugte Anbau derartiger Kernhölzer, insbesondere der Robinie, in Bauernwäldern für die spätere Verwendung als Zaunmaterial ist daher sehr zu empfehlen.** Ungetränkte Robinienpfähle haben nachweislich 20 Jahre lang gehalten[1]. Durch Verwendung kernreicher, splintarmer Bauhölzer kann auch die Gefahr des Hausbockbefalls verringert werden, da dieser Schädling nur den Splint der Nadelhölzer befällt. Von ausländischen, bei uns angebauten Holzarten sind ferner die Douglasie sowie die Lebensbaumarten als recht widerstandsfähig gegen Pilzbefall zu nennen. Eine besondere Stellung nimmt die Fichte ein. Einmal gut ausgetrocknet, nimmt sie später nur langsam und wenig Feuchtigkeit auf, bleibt also dadurch lange vor Pilzbefall geschützt. Dabei hat auch der Holzaufbau eine Bedeutung: engringiges Fichtenholz ist fäulnissicherer. Andere Holzarten faulen demgegenüber unter Umständen sehr schnell. Berindetes Buchenholz, das nach der Fällung noch 2 Jahre im Walde feucht gelagert hat, kann dann völlig vermorscht sein.

A. Physikalischer Holzschutz.

Unter Berücksichtigung der Lebensbedingungen der Holzschädlinge, insbesondere der Pilze, kann bereits durch technische Maßnahmen ein gewisser Holzschutz erreicht werden. Dabei muß dieser bereits im Walde beginnen. Die Fällung hat deshalb möglichst im Winter zu erfolgen, das Holz muß vor Beginn der warmen Jahreszeit entrindet und aus dem Walde geschafft werden (vgl. S. 180f). Für luftige, trockene Lagerung auf grasfreiem Boden ist zu sorgen, damit die Trocknung schnell erfolgt und ein Befall durch holzzerstörende Pilze verhindert wird. Muß feuchtes Holz in Gebäuden verbaut werden, so ist durch bautechnische Maßnahmen für eine schnelle Austrocknung zu sorgen, damit nicht etwa die berüchtigten Kellerschwammschäden auftreten, die unter Umständen bereits 2 Jahre nach Baubeendigung umfangreiche Reparaturen erfordern. Ferner ist stets darauf zu achten, daß auch in Zukunft das Holz in seiner Nutzungslage gegen Feuchtigkeitszutritt geschützt bleibt. Dies ist bei Gebäuden, Stallungen und Feldscheunen bei richtiger Bauweise

---

[1] vgl. **Blümke**, Forstwirtschaft, Holzwirtschaft **4**, 1950.

und pfleglicher Behandlung zu erreichen. Wo aber das Holz häufig feucht wird und ein chemischer Holzschutz nicht vorgenommen werden kann, sind die erwähnten widerstandsfähigen Kernhölzer bzw. andere Baustoffe zu verwenden. Für Holzschindeln kommt Lärchenkernholz oder engringige, gut getrocknete Fichte in Betracht. Schwieriger oder vielfach unmöglich ist ein physikalischer Holzschutz bei den im Freien verbauten Hölzern, insbesondere bei Leitungsmasten und Zaunpfählen. Das Holz muß hier in dem Erdboden verankert werden, der in seiner obersten Bodenschicht in der kältefreien Zeit den Pilzen beste Entwicklungsbedingungen bietet. Dabei verläuft die Zerstörung im Sandboden schneller als im Lehm- oder feuchten Moorboden. Die Verwendung der widerstandsfähigen Holzarten ist hier besonders wichtig; im übrigen ist dafür zu sorgen, daß möglichst wenig von dem zum Aufbau der Zäune erforderlichen Holz mit dem Erdboden in Berührung kommt.

B. Chemischer Holzschutz.

Alle vorgenannten Maßnahmen werden aber in schwammgefährdeten Nutzungslagen nur eine beschränkte Verlängerung der Gebrauchsdauer bewirken und nie an die von imprägnierten Hölzern bekannten Werte heranreichen. Beträgt doch, wie im Abschnitt VIII (S. 440) näher berichtet wird, die mittlere Gebrauchsdauer des unter Umständen bereits nach 2 Jahren verfaulten Buchenschwellenholzes bei Teerölimprägnierung 35 Jahre, die der Kiefernschwelle 27 gegenüber 5 Jahren und die der Eichenschwelle 28 Jahre gegenüber 5—10 Jahren im rohen Zustand. Dabei ist Schwellenholz wegen seiner Lagerung in der oberen Bodenschicht besonders stark dem Befall durch Pilze ausgesetzt. Es wird daher im Interesse der Holzeinsparung erforderlich sein, auch in der Landwirtschaft durch Anwendung des chemischen Holzschutzes die Gebrauchsdauer des Nutzholzes weitgehend zu verlängern.

Von den vielen in diesem Handbuch aufgeführten Verfahren und Mitteln des Holzschutzes eignen sich für die besonderen Verhältnisse der Landwirtschaft nicht alle gleichmäßig gut. Ergeben sich doch aus der weit aufgelockerten Lage der landwirtschaftlichen Betriebe, aus den meist ungünstigen Verkehrsverhältnissen und der vielfach üblichen Verwendung selbstgeernteten Holzes gewisse Schwierigkeiten, die eine gesonderte Besprechung der hier einzuschlagenden Wege erforderlich machen.

a) Schutzverfahren.

Ein auf dem Lande vielfach benutztes Verfahren, das bereits im Altertum angewandt wurde, ist das Ankohlen der Pfähle an dem später in den Erdboden zu vergrabenden Teile. Wenn auch hierdurch eine mit Teer und anderen Verbrennungsprodukten versehene äußere Umkleidungsschicht gewonnen wird, die das Eindringen von Pilzkeimen und Feuchtigkeit etwas erschwert, so wird doch hierdurch die Gebrauchsdauer der Hölzer nicht bemerkenswert verlängert, so daß das Ankohlen — ganz abgesehen von der bewirkten Festigkeitsverminderung — nicht empfohlen werden kann. Von den Holzschutzverfahren, durch die chemische Mittel von hoher pilzwidriger Kraft dem Holze zugeführt werden sollen, sind diejenigen die besten, welche die tiefste Durchdringung ermöglichen. Man unterscheidet daher zwischen einem Oberflächenschutz und einem Tiefenschutz. Sollen nur gewisse Teile eines Holzstückes oder Holzverbandes behandelt werden, so spricht man von einem Teilschutz.

Ein Oberflächenschutz wird in der einfachsten Weise durch Anstreichen oder Anspritzen erreicht. Dabei wird nur eine dünne Holzschicht durchtränkt und daher meist auch nur ein vorübergehender Holzschutz erzielt. Das Holz muß gut ausgetrocknet und die Luftrisse müssen bereits gebildet sein, damit bei der Behandlung diese möglichst umkleidet werden. Ölige Präparate sollen auf feuchtes Holz nicht aufgebracht werden, da sie nicht einziehen und die Austrocknung hemmen. Zur Oberflächenbehandlung eignen sich nur schwache Dimensionen, insbesondere Bretter (Abb. 232); meist muß sie nach einigen Jahren wiederholt werden. Auch bei Ausbesserungen von Schwammschäden ist sie von Bedeutung. Für das Verspritzen eignen sich die meist noch vorhandenen Luftschutzspritzen oder ähnliche Spritzapparate. Wirksamer ist das Tauchverfahren. Hierbei taucht man die fertig bearbeiteten Hölzer in die Tränkflüssigkeit (Abbildung 233). Je länger

Abb. 232. Anspritzen einer Holzwand mit einem Holzschutzmittel

Abb. 233. Tauchtränkung von Pfählen. Zunächst (links) in heißer, anschließend in kalter (rechts) Tränkflüssigkeit getaucht (Nach Rischen).

dies dauert, um so tiefer geht der Schutz. Auch durch Wärmeeinwirkung kann er verbessert werden. Man verwendet dazu 2 große Tonnen, füllt sie bis zur erforderlichen Höhe mit der Tränklösung und stellt in die eine das Holz — z. B. Pfähle — hinein. Die Lösung wird auf etwa 100° erhitzt. Nach genügender Durchwärmung bringt man die Hölzer sofort anschließend in die 2. Tonne mit der kalten Lösung, damit die im Innern des Holzes sich wieder zusammenziehende Luft die Lösung nachsaugt. Um ein Schwimmen des Holzes in der Imprägnierlösung zu vermeiden, muß eine entsprechende Belastung vorgenommen werden. Zum Tauchverfahren gehört auch die Kyanisierung, die in besonderen Anstalten vor allem in Süddeutschland mit Fichtenholz unter Verwendung einer Sublimatlösung — in neuerer Zeit auch anderer Imprägnierflüssigkeiten — durchgeführt wird. In der Landwirtschaft und im Weinbau ist sie für die Schutzbehandlung von Rebpfählen und von Telegrafenstangen von Bedeutung (vgl. S. 210). Eine nachträgliche Bearbeitung der behandelten Hölzer ist in allen Fällen zu vermeiden, da sonst der Schutzmantel durchbrochen wird; eine Nachbehandlung durch Anstrich u. a. ist an diesen Stellen unbedingt erforderlich.

Einen Tiefenschutz, der besonders bei den im Freien verbauten Hölzern zu fordern ist, erreicht man durch verschiedene Verfahren, die sich je nach dem Zustand des Holzes zur Zeit der Behandlung richten.

Für frisch geschlagene Hölzer, die noch in voller Saftfülle sind, kommen neben dem Boucherieverfahren, das in besonderen Anlagen durchgeführt wird (vgl. S. 218f) das Osmoseverfahren in Betracht; dieses hat für die Landwirtschaft eine große Bedeutung, da es keinerlei besondere Anlagen verlangt und daher im Walde oder unmittelbar neben den Verbrauchsstellen des Holzes angewandt werden kann. Über die Durchführung ist auf Seite 282 Näheres zu entnehmen. Die auf die frisch entrindeten Holzflächen aufgebrachten pastenförmigen Salzgemische dringen durch Diffusion in das Holzinnere ein und können den ganzen Splint — z. T. auch den Kern — durchziehen. Voraussetzung ist dabei, daß die behandelten Hölzer je nach ihren Abmessungen Wochen oder Monate durch geeignete Bedeckung gegen jeglichen Feuchtigkeitsverlust geschützt bleiben. Saftfrische Hölzer können ebenfalls im Tauchverfahren behandelt werden; die Salzlösung muß dann hochkonzentriert sein, damit die erforderlichen Diffusionsvorgänge erfolgen können; auch muß für eine hinreichende Tränkdauer gesorgt werden.

Für lufttrockene Hölzer bietet nach unseren bisherigen Kenntnissen die Kesseldrucktränkung den besten Schutz, die mit Steinkohlenteeröl oder mit wasserlöslichen Salzen bzw. Salzgemischen durchgeführt wird. (vgl. S. 233f) Sie erfolgt in feststehenden Imprägnieranstalten, erfordert daher einen An- und Rücktransport des Holzes. Trotzdem ist dieses Verfahren, besonders unter Verwendung von Steinkohlenteeröl, im Hinblick auf die große Gebrauchsdauerverlängerung sehr wirtschaftlich. Mit Teeröl wird nach dem Rüpingschen Sparverfahren (für Kiefer z. B. 63 kg/cbm Aufnahme), mit den wäßrigen Lösungen nach dem Vollverfahren (etwa 250—300 kg/cbm Aufnahme) gearbeitet. Imprägnierbar sind auch hier in der Regel nur der Splint und auf kurze Entfernung frei liegender Kern.

Zur Herbeiführung eines Teilschutzes an besonderen Gefahrenpunkten oder eines Nachschutzes bedient man sich außer des Anstriches vor allem der auf Diffusionsvorgänge beruhenden Verfahren: Bindenschutz, bei dem auf die Holzoberfläche Imprägniermittel in Pastenform im trockenen Zustand aufgebracht werden, die man nach außen hin durch wasserundurchlässige Binden abschließt (Bandagen);

ferner sind Kopfschutzkappen, das Bohrlochverfahren sowie die Cobra-impfung hier zu nennen. Sie geben die Möglichkeit, schwammgefährdete Stellen mit einem besonderen Schutz zu versehen — z. B. bei Pfählen und Stangen in der Erd-Luftzone (vgl. S. 286). Bei offenen Feldscheunen kann auf diesem Wege an gefährdeten Knotenpunkten eine Schwamm-erkrankung verhindert werden.

b) Schutzmittel.

Bei der Auswahl der Holzschutzmittel ist zunächst darauf hinzu-weisen, daß nur anerkannte Präparate, die vom Prüfausschuß für Holz-schutzmittel auf Grund einer genauen Prüfung für den Handel zuge-lassen sind, verbraucht werden sollen. Ferner ist auf die besonderen Ver-hältnisse in der Landwirtschaft Rücksicht zu nehmen. Ein großer Nach-teil vieler wirksamer Mittel besteht in ihrer Auslaugbarkeit; sie sind daher für eine Verwendung im Freien bzw. an Stellen mit häufiger Feuch-tigkeitseinwirkung ungeeignet. Hierhin gehören z. B. Chlorzink, Fluor-natrium, Kieselfluorzink, Kieselfluormagnesium, ferner zahlreiche Han-delspräparate. Für Holzschutz in gedeckten Räumen, insbesondere für Schwammreparaturen, haben sie aber ihre große Bedeutung. Wichtiger sind die schwer auslaugbaren, sogenannten U-Salzgemische, die aus Fluorsalzen, Dinitrophenol, Bichromat und bisweilen auch Arsensalzen (Thanalith U, Basilit UA, Osmol U, Basilit U, Triolith U) zusammen-gesetzt sind und durch Doppelsalzbildung im Holzinnern zum Teil wasserunlöslich eingelagert werden. Sie haben eine große Verbreitung gefunden; auch für die Landwirtschaft sind sie von Bedeutung. Soweit sie arsenhaltig sind, ist eine gewisse Vorsicht geboten, da nach schwe-discher Mitteilung[1]) bei Verwendung derart imprägnierter Hölzer Ver-giftungen von Haustieren vorgekommen sein sollen. Auch das Sublimat (Kyanisierung) ist ein starkes Gift; da es aber fest an der Holzfaser fixiert wird und dann unauswaschbar ist, sind hier diese Bedenken geringer. In bewohnten Gebäuden soll es nicht benutzt werden. Im Gegensatz zu diesen bisher besprochenen wasserlöslichen Mitteln stehen die ölartigen, bei denen in der Regel eine Auslaugung nicht in Betracht kommt, wohl aber bisweilen ein Verdunstungsverlust. Hier sind vor allem die Steinkohlenteeröle, Karbolineen sowie das Xylamon zu nennen. Die Braunkohlenteeröle wirken wesentlich schwächer und die Erdölprodukte sind ganz unwirksam. Während die Karbolineen besonders für Anstriche verwendet werden und dabei auch in besonderen Farb-tönen lieferbar sind, wird das Steinkohlenteeröl in der nach Reichs-post- und Reichsbahnvorschrift festgelegtenZusammensetzung für Kessel-drucktränkungen benutzt. Die Xylamonarten eignen sich infolge ihrer teil-weise starken Verdunstbarkeit sehr gut für die Hausbockbekämpfung; hiermit angestrichene Holzflächen sind durch die vergasenden Anteile auch nach innen auf eine gewisse Tiefe hin gegen Pilz- und Insektenbefall geschützt. Für die Behandlung von bewohnten Räumen, sowie solchen,

---

[1] Wanntorp, Skand. Veb. Tidskr. 7. 1943.

in denen Lebens- und Futtermittel aufbewahrt werden, sind sie andererseits wegen ihres starken Geruches ungeeignet.

4. Anwendungsgebiete.

Zum Schluß seien noch einige wichtige Anwendungsgebiete des landwirtschaftlichen Holzschutzes erwähnt[1]. In Gebäuden besteht eine
Schwammge-
fahr besonders
für die Dielung
in den nicht
unterkellerten
Räumen; hier
müssen beim
Bau die bau-
technischen so-
wie chemischen
Holzschutz-
maßnahmen
beachtet wer-
den, über die in
diesem Teil Nä-
heres mitgeteilt
worden ist. Be-
sonders wichtig
ist es, daß bei
erforderlichen
Schwammre-
paraturen wirk-
same Mittel in
hinreichender
Konzentration
verwandt wer-
den. Feuchtig-
keitszutritt,
insbesondere
Undichtigkei-
ten der Dächer
und Regen-
gossen als Ur-
sachen von

a) Außen.

b) Innen.

Abb. 231a und b. Schweinestall aus mit Steinkohlenteeröl imprägnierten Holz.
Aus einer dänischen Veröffentlichung.

Fäulnisschäden sind stets sofort zu beseitigen. In Wohnhäusern sind
Imprägniersalze gegenüber öligen Mitteln vorzuziehen. Eine Hausbockbekämpfung hat nach den im Abschnitt S. 517f gegebenen Richtlinien
zu erfolgen. Neben einer chemischen Bekämpfung kann hierbei auch
das Heißluftverfahren von Bedeutung sein.

---

[1] Anm.: Vgl. Liese, Holzschutz in der Landwirtschaft. Mitt. d. Fachausschuß f. Holzfragen Berlin 1933. Heft 5.

Für Stallungen hat man in Dänemark, England und USA mit gutem Erfolg im Kesseldruckverfahren mit Steinkohlenteeröl imprägnierte Hölzer verwendet. Der zunächst vorhandene Eigengeruch verschwand bald; das Geflügel hatte nicht unter der Milbenplage zu leiden, bei Hühnern wurde eine erhöhte Eierproduktion festgestellt. Auch Ratten mieden derart behandeltes Holz und die hieraus erbauten Stallungen (Abb. 334).

Für Silobehälter eignet sich das Holz als Baustoff gut, da es von den entstehenden Säuren nicht angegriffen wird und die Herstellung durch den Böttcher keine Schwierigkeiten bereitet[1]. Besonders für Grubensilos ist das Holz als Baustoff sehr brauchbar, nur muß es wegen der hier gegebenen Fäulnisgefahr unbedingt zuvor mit Holzschutzmitteln behandelt werden. Hierbei hat ebenfalls Steinkohlenteeröl sich als brauchbar erwiesen, da der Eigengeruch nach ½ Jahr so weit verschwunden ist, daß er sich nicht in der Silage bemerkbar macht (Abb. 235). Sofern nicht eine Kesseldrucktränkung stattfinden kann, empfiehlt sich die Behandlung der Dauben in den oben geschilderten Eintauchverfahren unter Verwendung von zwei Behältern und künstlicher Erwärmung.

Abb. 235. Mit Steinkohlenteeröl nach dem Rüping-Verfahren behandelte Holzsilos. (Buck-Wandsbeck.)

Für den Schutz von Leitungsmasten, Koppelpfählen, hölzernen Einfriedigungen und anderem frei verbauten und mit der Erde in Berührung kommenden Holz eignet sich oft besonders gut das Osmoseverfahren; sofern nur ein Teilschutz an besonders gefährdeten Stellen — z. B. der Tag- und Nachtzone — vorgesehen ist, sind die Binden und Bandagen zu empfehlen. Karbolineumanstriche auf die später zu vergrabenden Teile hat wenig Erfolg und ist bei noch feuchtem Holz ganz zu verwerfen.

Lichtmaste und Schwellen für Feldbahnen sind tunlichst nach den Vorschriften der Reichspost bzw. Reichsbahn zu behandeln (vgl. S. 256f), die die größten Erfahrungen auf dem Gebiete des Holzschutzes bei im Freien verbautem Holz besitzen. Bei transportmäßig ungünstiger Lage kommt auch hier das Osmoseverfahren in Betracht.

Sofern im Hofe oder in Stallungen Holzpflaster gelegt werden soll, müssen die Pflasterklötze zuvor gegen Fäulnis geschützt werden; dies erfolgt bei ausgetrocknetem Holz am besten mit Steinkohlenteeröl nach dem Kesseldruckverfahren, bei noch saftfrischem Holze mit schwerauslaugbaren Salzgemischen nach dem Osmoseverfahren oder durch längeres

Eintauchen in eine hochkonzentrierte Salzlösung. Für eine dauernde Bedeckung der Pflasterschicht mit Bibumen, Splitt, Kies oder Sand ist zur Erhöhung der Gebrauchsdauer Sorge zu tragen.

Schließlich seien die besonderen Verhältnisse im Weinbau und in Gärtnereien erwähnt. Der Weinbau gebraucht zahlreiche Rebpfähle, die im ungeschützten Zustand im Hinblick auf ihren geringen Durchmesser bald verfaulen; hier wird bereits seit langem ein Holzschutz betrieben. Es genügt dabei, die Pfähle im Eintauchverfahren zu behandeln. In gleicher Weise wird auch der Gärtner seine für Obstbäume, Tomaten u. a. erforderlichen Pfähle schützen, die dann wesentlich länger gebrauchsfähig bleiben. Auch die in der Gärtnerei stets in großer Menge zum Pikieren, Umpflanzen und für andere Zwecke erforderlichen Holzkästen sollten stets zunächst gegen Fäulnis geschützt werden. Dabei können sowohl salzartige als auch ölige Mittel verwandt werden; eine möglichst tiefe Durchdringung ist anzustreben. Damit beim ersten Gebrauch die Wurzeln der Pflanzen nicht geschädigt werden, entfernt man nach beendeter Behandlung und anschließender Austrocknung zunächst durch kurze Wassereinwirkung die freien Schutzsalzreste; bei Behandlung mit öligen Mitteln stellt man die Kästen zunächst einige Wochen frei auf.

Die in Gewächshäusern verbauten Holzteile sind bei der feuchtwarmen Witterung besonders stark der Gefahr einer baldigen Vermorschung ausgesetzt. Das vielfach hierfür benutzte Pitchpine-Holz hat sich nicht immer bewährt; insbesondere fault es ebenso schnell wie Kiefernholz, wenn es nicht aus Kernholz besteht. Die Verwendung deutschen Holzes in gut geschütztem Zustand ist daher unbedingt das Bessere.

VIII. Ermittlung der Lebensdauer imprägnierter Hölzer und die Statistik.

Von Dr. Dr.-Ing. **Friedrich Moll,** Berlin-Südende.

1. Geschichte.

Als Folge der großen Bohrmuschelplage an der holländischen Küste von 1730 trat zum ersten Male die Aufgabe auf, Holz in großen Mengen gegen seine Feinde künstlich zu schützen, und damit auch die Frage nach der Wirksamkeit von Schutzmaßnahmen. Um die gleiche Zeit beschäftigen sich Wissenschaftler eingehend mit Untersuchungen über die Wirksamkeit von Gegenmaßnahmen gegen „Fäulekrankheiten". Der Philosoph Baco von Verulam[1] hatte den Satz geschrieben: „Es ist ein nützlich Ding zu forschen, wie Fäulnis verhütet und die Körper erhalten werden können". Zwei Richtungen treten auf. Die eine fragt: Welche Menge eines Antiseptikums organischen Stoffen zugesetzt werden müsse, um Fäulnis zu verhüten. Diese Forscher meinen also, daß durch Zusatz

---

[1] Baco von Verulam, Historia Naturalis, 1665, Centuria IV.

die Körper unverweslich gemacht werden können, wie ein Stein oder Kristall. Die anderen, zu denen der Zar Peter der Große und der Generalschiffbaumeister Frankreichs Duhamel Du Monceau gehören, fragen zurückhaltender, um wieviel die Gebrauchsdauer des Holzes gegenüber der von rohem Holze durch die Behandlung mit einem „Arcanum" erhöht werden kann. Etwa 100 Jahre später verlangt der Bau der Eisenbahnen den Einbau von Zehntausenden von Schwellen. Und nun tritt eine dritte Frage auf, die zugleich den Ausgangspunkt der statistischen Arbeit bildet, die Frage, wieviele Stücke jährlich abfallen bzw. wieviele in jedem Jahre zum Ersatz der faulgewordenen neu beschafft werden müssen. Die Fragesteller sind sich also schon völlig darüber klar, daß die Schutzbehandlung keine ewige Dauer zu geben vermag.

Eisenbahn und nachmals Telegraph, der 1843 in Deutschland auf dem europäischen Kontinent erscheint, führen seit Anbeginn laufende Aufzeichnungen über ihre Schwellen und Stangen, und es ist nur natürlich, daß diese auch schon sehr bald dazu benutzt werden, den Wert der verschiedenen Schutzmaßnahmen miteinander zu vergleichen. Die ersten Vergleiche sind zwar noch sehr einfach. Man begnügt sich festzustellen, wieviel Prozent der ursprünglich eingebauten Schwellen oder Stangen eines Systemes nach 5, 6 oder 10 Jahren Standdauer abgefallen sind. Doch genügten diese Angaben schon, eine Reihe von Schutzverfahren als von vornherein unzureichend bzw. andern Verfahren gegenüber als minderwertig erkennen zu lassen. Das Kochen in Kupfervitriollösung, in Lösung von Baryumsulfat oder Eisenvitriol und später die Druckimprägnierung mit den Hasselmann-Wolmanschen Salzgemischen (1900—1909) wurden sehr bald aufgegeben, und es schälen sich seit etwa 1860 die Verfahren heraus, die bis in die jüngste Zeit das Feld beherrscht haben.

Bis zu Anfang des neuen Jahrhunderts beschränken sich die Veröffentlichungen auf die einfache Wiedergabe der Zahl der ausgewechselten Stücke. Nur selten wird versucht, aus diesen Zahlen mit Hilfe einfacher Rechnungsverfahren die mittlere Dauer der abgängig gewordenen Hölzer zu bestimmen[1].

2. Grundlehren der Statistik.

A. Warum Statistik? Der Wunsch der holzverarbeitenden Kreise ist, die Ergebnisse ihrer Bemühungen um die Erhaltung des Stoffes miteinander vergleichen zu können. Die einzige eindeutige Vergleichsgrundlage bieten uns Zahlenwerte. Für den Holzschutz in der Praxis ist wiederum der einzige einen Vergleich ermöglichende Wert die Erhöhung der Gebrauchsdauer gegenüber rohem, unbehandelten Holz. Nun sagt die Erfahrung, daß von einer großen Anzahl gleichartiger Hölzer (Schwellen, Maste usw.) keineswegs alle gleiche Lebensdauer erreichen, sondern

---

[1] Christiani, Über die Gebrauchsdauer und den Gebrauchswert hölzerner Telegraphenstangen. Archiv für Post und Telegraphie 1905, S. 505 bis 515.

daß sie nach ganz verschieden langer Zeit unbrauchbar werden. Also muß den Ausgang jeder rechnerischen Ermittlung eine Statistik bilden. [1-5]

B. Als Wertmaßstab kann man den Kleinstwert oder den Mittelwert nehmen. Den Kleinstwert wählt man in solchen Fällen, wo der Ausfall eines einzigen Gliedes den Ausschlag dafür gibt, ob die Gesamtzahl aller Glieder zum Tode verurteilt ist. In unserem Falle ist der Mittelwert ein ausreichender Bewertungsmaßstab. Nun wollen wir aber noch mehr als nur diesen erfahren. Uns interessiert auch der Verlauf des Abfalles. Die Dauer der einzelnen Stücke gruppiert sich um einen Mittelwert

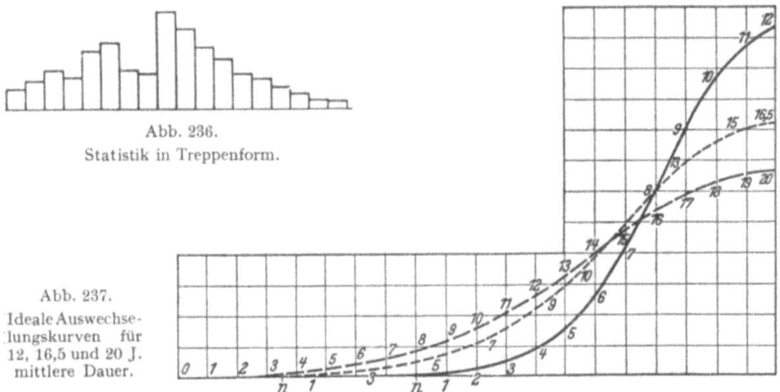

Abb. 236.

Statistik in Treppenform.

Abb. 237.

Ideale Auswechse-lungskurven für 12, 16,5 und 20 J. mittlere Dauer.

herum. Die Zahl der einzelnen Stücke, die eine bestimmte Dauer erreichen, nimmt um so mehr ab, je weiter diese Dauer vom Mittelwert entfernt ist. Unsere erste Arbeit muß also die Sammlung und Ordnung der Einzelfälle sein. Erst dadurch wird die Arbeit zu einer Statistik im wissenschaftlichen Sinne. Die zweite Arbeit ist, Stufen zu bilden. Man teilt die ganze Zusammenstellung üblicherweise in mindestens 15—20 Stufen ein. Bei Telegrafenstangen und Eisenbahnschwellen faßt man den Abfall je eines Jahres in einer Stufe zusammen. Wir tragen nun auf einer Grundlinie, die nach Jahren Gebrauchsdauer eingeteilt ist, die jährlichen Abfälle als Ordinaten auf und erhalten so eine Treppenlinie (Abb. 236). Der Grenzfall für eine unendlich große Zahl von Einzelgliedern und unbegrenzte Zahl von Stufen für diese Häufigkeitslinie ist die Gauß-sche Fehlerverteilungskurve (Wahrscheinlichkeitskurve) (Abb. 237).

An dieser Kurve haben wir verschiedene kennzeichnende Werte zu beachten.

<hr>

[1] Bulletin du Congrès des Chemin de fers, 1927, S. 324—331. Planmäßige Feststellung der mittleren Lebensdauer bei hölzernen Leistungsmasten.

[2] Harris, What we can expect from treated ties. Proc. AWPA 1940, S. 188—200.

[3] Moll, Ein Beitrag zur Lebensdauer unserer Telegraphenstangen. Archiv PT 1910, S. 675—682.

[4] Czuber, Die statistische Forschungsmethode, 1921.

[5] Gaede, Anwendung statistischer Untersuchungen auf die Prüfung von Baustoffen. Der Bauingenieur, Bd. 23 (1942), S. 291—293.

a) das arithmetische Mittel oder der Schwerpunkt. — Dieser entspricht der mittleren Dauer (m. D.) in der Statistik.

b) Der Zentralwert, der die Fläche unter der Kurve in zwei genau gleiche Teile teilt, ist in der Statistik das Jahr, bis zu welchem genau die Hälfte aller eingebauten Hölzer abgefallen ist.

c) Der dichteste Wert. — Dieser ist die Stelle der größten Häufigkeit, d. h. des Jahres, in welchem der jährliche Abfall seinen höchsten Wert hat.

Bei streng symmetrischem Verlauf der Abfallkurve müssen diese 3 Ordinaten zusammenfallen. Bei den praktischen Häufigkeitskurven ist das jedoch nicht der Fall, und besonders die Werte von a) und b) weichen von einander ab (Abb. 238).

Die Häufigkeitskurve kann man nach ihrer Ähnlichkeit mit einem großen lateinischen A auch A-Kurve, d. h. Auswechselungskurve nennen. Wenn die jährlichen Auswechselungen von Jahr zu Jahr addiert werden, so entsteht eine S-förmige Kurve, die wir danach S-Kurve = Summen-

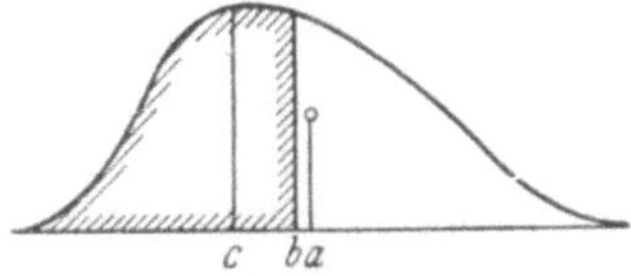

Abb. 238.
Praktische Auswechselungskurve mit
Verschiebung nach rechts.

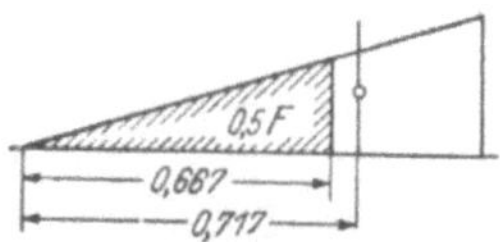

Abb. 239.
Extreme Auswechselungskurve.

kurve nennen. In einer extremen A-Kurve, bei welcher die jährliche Auswechselung von Beginn an bis zum Ende gleichmäßig zunimmt, deren Fläche also ein rechtwinkeliges Dreieck umschließt (Abb. 239), fällt der Schwerpunkt auf $0,5\sqrt{2}$ und die 50%-Ordinate auf $^2/_3$ der Grundlinie[1]. Der Abstand von a und b ist also $0,717 - 0,667 = 0,050$, d. h. die Zeit, innerhalb welcher 50% des Einbaues abgefallen sind, ist $(0,05 : 0,717) \cdot 100 = 7\%$ kleiner als der Wert der mittleren Dauer. Als Mittel dieser Differenz für sämtliche hier zugrundegelegten Auswechselungsstatistiken finden wir 5% der m. D. In Anbetracht der sonstigen vielen Unsicherheitsfaktoren kann man also den Zeitpunkt, bis zu welchem 50% abgängig geworden sind, als m. D. annehmen, und so auch aus noch nicht völlig abgeschlossenen Statistiken einigermaßen zutreffende Werte ableiten.

d) Als weiteren kennzeichnenden Wert haben wir die absolute Höhe bzw. die Streuung zu beachten (Abbildung 240 und 237). Je enger sich die Abweichun-

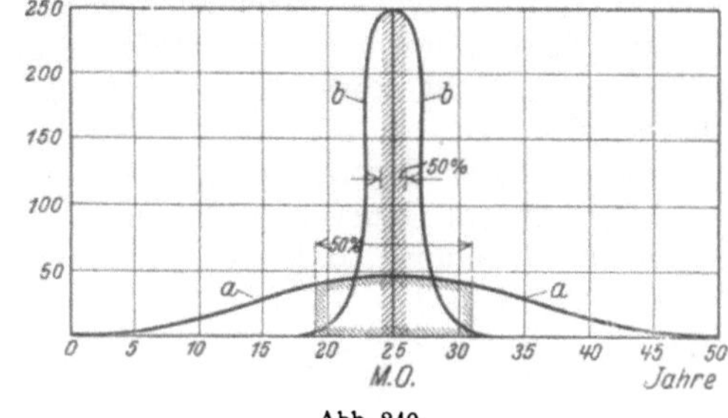

Abb. 240.
Beispiele für schwache Streuung u. starke Streuung in A-Kurven.

---

[1] Moll, Gesetzmäßigkeiten im Abfall imprägnierter Maste und Eisenbahnschwellen. Helios 1914, S. 322—326.

40*

gen um den Mittelwert scharen, desto größer muß die Mittelordinate, die absolute Höhe werden. Als einfaches Maß für die Streuung können wir die Zeit oder besser gesagt den Prozentsatz der mittleren Dauer wählen, innerhalb dessen 50% der gesamten Glieder fallen[1,2,3]. (In der Wissenschaft der Statistik wird in der Regel das quadratische Mittel benutzt.) Bei der großen Mehrzahl aller vorliegenden Statistiken beträgt als Durchschnitt diese Zeit 44% der m. D., d. h., daß z. B. bei einer m. D. von 20 Jahren 50% des Abfalls in die Zeit vom 16.—25. Jahre fallen. Eine Abweichung nach oben, eine Streuung von 60—80%, finden wir bei den dänischen Schwellenstatistiken[4]. Diese große Streuung erklärt sich dadurch, daß die jährlichen Auswechselungsziffern nicht auf den Abfall der ursprünglichen ersten Einstellung beschränkt sind, sondern auch den Abfall der jährlichen Neueinstellungen enthalten, ohne daß diese Neueinstellungen der ursprünglichen Gesamtzahl zugezählt worden wären.

Umgekehrt haben einige A-Linien eine Streuung von kaum mehr als 12,5% nach oben und unten. Das deutet auf eine sehr große Gleichmäßigkeit der Hölzer. Diese bedeutet aber noch nicht von vornherein eine entsprechende Güte des Materials. Sie finden sich sowohl bei rohen Fichtenschwellen, also einem bekanntermaßen höchst minderwertigen Baustoff, als auch bei mit Teeröl vollimprägnierten Masten. Im ersten Falle zeigt sie an, daß das Material gleichmäßig minderwertig ist, im zweiten, daß es sehr gleichmäßig imprägniert ist.

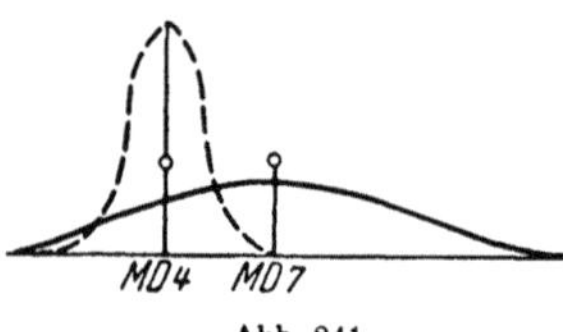

Abb. 241.
Vergleich einer idealen A-Kurve mit großer Streuung und kleiner m. D. mit einer solchen von großer Streuung und großer m. D.

In dieser Streuung liegt auch der Grund, daß es unmöglich ist, aus der Beobachtung über kürzere Zeitabschnitte, etwa 4, 5 oder 6 Jahre, die m. D. voraussagen zu wollen. Wie die Abb. 241 zeigt, liegen die Werte der ersten Ordinaten für eine Linie mit geringer Streuung unter den Werten für eine Linie gleicher oder größerer m. D. mit starker Streuung; und es wird auf diese Weise nur eine höhere m. D. vorgetäuscht.[5]

C. Wenn wir die praktischen Häufigkeitskurven mit der Gaußschen Fehlerkurve vergleichen, erkennen wir verschiedene Unterschiede.

a) Die Treppenlinie zeigt von Ordinate zu Ordinate willkürliche Abwechselungen, bald starke Spitzen, bald Einbuchtungen und flache Stellen (Abb. 242).

b) Sie ist in der Mehrzahl der Fälle nach rechts ausgezogen.

c) Eine Anzahl Kurven verlaufen nach kurzem Anstiege nahezu parallel zur Grundlinie, d. h. der jährliche Abfall bleibt sich praktisch gleich.

---

[1] Moll, a. a. O. zit. S. 538.
[2] Moll, Holzkonservierung und Imprägnierung, 1919.
[3] Moll, Abfallverlauf und mittlere Lebensdauer bei hölzernen Leitungsmasten, 1922, S. 501—503.
[4] Collstrop, Oplysinger angaaende impregnering, Heft 7, 1921, Heft 8, 1927, Heft 9, 1937.
[5] MacLean, Theory of Statistics, Proc. AWPA 1927.

d) Viele Kurven zeigen zwei oder auch mehr ausgeprägte Gipfel (Abb. 243). Vogel (Organ für die Fortschritte des Eisenbahnwesens 1932) schreibt hierzu mit Bezug auf Eisenbahnschwellen[1]: „Was drückt überhaupt jede Ausbaulinie aus? Sie gibt ein Bild über Unterschiede 1. die sich aus der Beschaffenheit des Holzes sowie der Aufnahme und Wirksamkeit des Tränkstoffes ergeben, 2. der Bettung und deren Entwässerungsverhältnisse, die die Fäulnis mehr oder weniger stark fördern, 3. in der Anlage, soweit sie die Fäulnis beeinflußt (Damm, Einschnitt, Tunnel), 4. in der Anlage, soweit sie die mechanische Zerstörung beeinflußt (gerades Gleis oder Kurve), 5. in der mechanischen Zerstörung als Folge ungleichen Zustandes der Befestigungsmittel, 6. in der mecha-

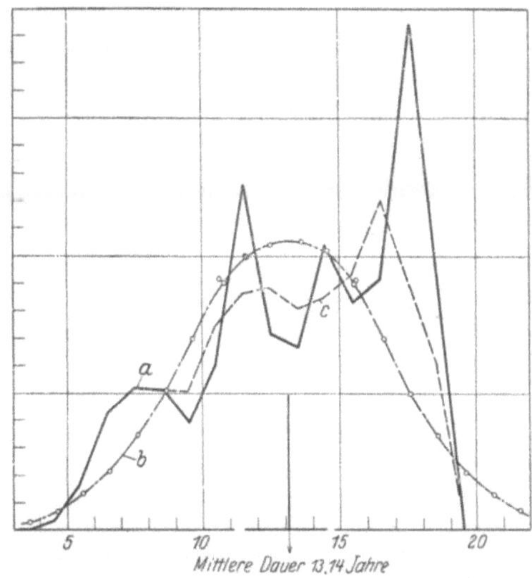

Abb. 242.
Praktisches Auswechselungspolygon und zugehörige A-Kurve.

nischen Zerstörung als Folge verschieden hoher Zugbelastung und Zuggeschwindigkeiten, Bremsstrecken usw., 7. in der Behandlung der Schwellen durch verschieden geschultes Unterhaltungspersonal und verschiedenartige Beurteilung der Ausbaureife von Schwellen, 8. aus Zufälligkeiten, die zum vorzeitigen Ausbau von Schwellen führen (Entgleisungen, Hochwasserkata-

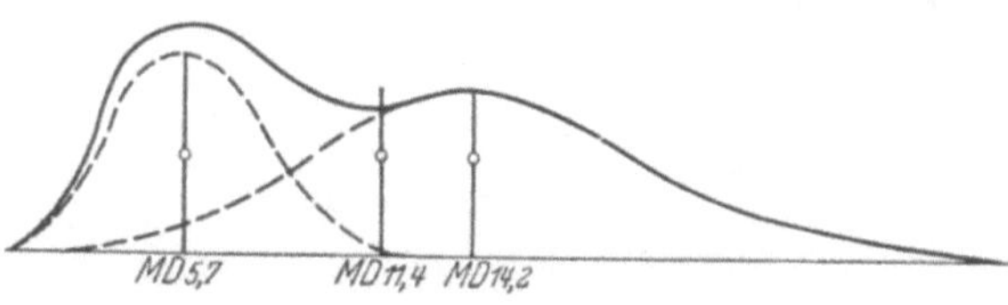

Abb. 243.
Analyse einer mehrgipfeligen Auswechselungskurve.

strophen, Waldbrände, Umbau von ganzen Linien), 9. in der Wirtschaftslage des Landes und als deren Folge jährlich mehr oder minder hoher Beschaffungsmengen.“ Unter den Einflüssen sind die natürliche Widerstandsfähigkeit des Holzes und die Wirksamkeit des Schutzverfahrens meist die größeren. Da wir aus den Statistiken die Wirksamkeit des Schutzverfahrens erkennen wollen, müssen wir versuchen, die anderen Einflüsse aus der Rechnung auszuschalten. Das ist praktisch jedoch kaum möglich. Wir helfen uns infolgedessen so, daß

---

[1] Vogel, Gesetzmäßigkeiten beim Ausbau von Eisenbahnschwellen Organ für die Fortschritte des Eisenbahnwesens, 1932, S. 75—96.

wir unmittelbar nur solche Statistiken vergleichen, bei denen die Grund-
elemente, Schwellen, Stangen, Grubenstempel, nur durch die Art der
Schutzbehandlung unterschieden sind. Wir erhalten natürlich dadurch
keine absoluten Werte für die Wirksamkeit, sondern lediglich Verhältnis-
werte. Auch diese sind das Ergebnis mehrerer Faktoren, vor allem der
spezifischen Giftwirkung des Schutzmittels, der Menge desselben auf die
Einheit des Holzes und der Verteilung im Holze.

3. Die Häufigkeitskurve oder Auswechselungskurve.

Um das Grundgesetz deutlich hervortreten zu lassen, gleichen wir die
Kurve etwas aus. Wir fassen immer je drei benachbarte Ordinaten zu
einem Mittelwert zusammen, setzen z. B. statt 2, 3, 4 ... je ein Drittel
von 1+2+3, 2+3+4, 3+4+5 usw. In den meisten Fällen wird hierdurch die Hutform als Grundlage deutlich hervorgehoben[1] (Abb. 242). Es
wird erkennbar, daß die Fehlerkur-
ve, d. h. die Ver-
teilung auf Grund
des Einflusses von
Fall 1 nach Vogel
die alles beherr-
schende Grund-
lage ist (Abb. 244).
Deutlich tritt jetzt
auch der verhält-

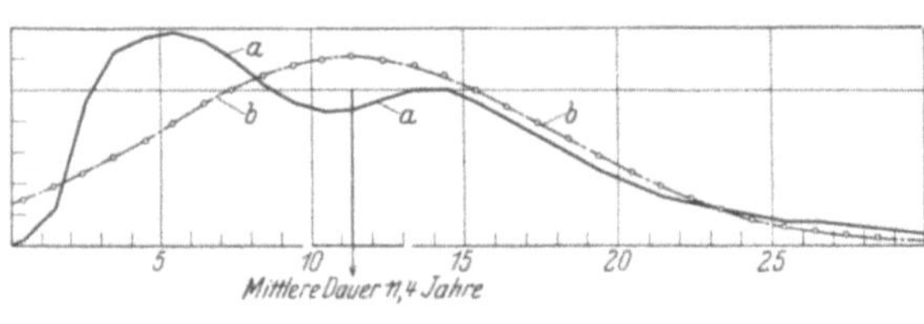

Abb. 244.
Mehrgipfelige A-Kurve als Folge von Einzeleinwirkungen.

nismäßig kurze Anstieg und der langausgezogene Abstieg der jährlichen
Auswechselung hervor. Zum Teil ist diese Form dadurch bedingt, daß
eine größere Zahl Hölzer in gegenüber der Mehrzahl ungewöhnlich günstigen Verhältnissen eingebaut sind, z. B. Stangen in sterilem Felsboden.
Die Spitzen und Einbuchtungen der Kurve sind dagegen durch einmalige
Einflüsse zu erklären, Windbruch, Überschwemmung, Einschränkung des
Ersatzes infolge wirtschaftlicher Krisen usw. Die dänischen Schwellenstatistiken[2] sind dadurch bemerkenswert, daß etwa vom 15. Jahr nach dem
Einbau ab die jährliche Auswechselung fast genau gleich hoch bleibt. Das
kommt daher, daß die zum Ersatz für abhängig gewordene Schwellen neu
eingebauten Schwellen bzw. ihr Abfall ohne weitere Trennung in die Statistik mit aufgenommen sind. Doch läßt sich auch aus einer solchen Statistik die m. D. einigermaßen errechnen, wenn mehrere solcher Ausbaujahr-
gänge zeigen, daß der Ausbau ziemlich gleichmäßig geworden ist. Die m. D.
ist in diesem Falle gleich dem Quotienten aus der Grundzahl der
Schwellen durch den jährlichen Ausbau. Es sei die Grundzahl 10000,
der Abfall vom 12. bis zum 20. Jahre im Mittel 800 Stück, so kann die
m. D. zu 10000 : 800 = 12,5 Jahre angenommen werden. Auf ähnliche
Weise sind auch die m. D. der älteren österreichischen und die der

---

[1] Moll, a. a. O. S. 538 u. S. 540.
[2] Collstrop, a. a. O. zit. S. 540.

schweizerischen Telegraphenlinien mit Boucheriestangen ausgewertet worden[1, 2].

Mehrgipfeligkeit (Abb. 243) deutet stets darauf hin, daß in einer Statistik zwei oder mehrere Gruppen verschiedenartiger Elemente zusammengefaßt sind. So hat die Statistik der Basilitstangen einen Gipfel bei 12 und einen bei 16 Jahren. Der erste entspricht einer Imprägnierung mit 1 kg Basilit je cbm Holz, der zweite einer solchen mit 2,25 kg. Die Winnigsche Teerölkurve zeigt einen Gipfel bei 15 und einen bei 32 Jahren. Entweder sind hier alte im Kasten gekochte Stangen mit unter Druck imprägnierten zusammengefaßt, oder unter Druck imprägnierte Kiefern und Fichten. Leider geben die Aufzeichnungen hierüber keine nähere Auskunft mehr.

Nicht nur die Gestalt der A-Kurve, sondern auch die Größe der m. D. wird in verschiedenartiger Weise durch die Umweltfaktoren und durch die Menge des zugeführten Schutzstoffes beeinflußt. So geben z. B. 0,5 kg Sublimat pro cbm kyanisierten Fichten 16,5 Jahre m. D.[3, 4,] während Kiefern mit einer Aufnahme von 1 kg Sublimat 27 Jahre erreichen. Den Einfluß der Umweltfaktoren zeigt eine Aufstellung von Winnig (Archiv Post-Telegraphie 1934) über die Ergebnisse in den 41 deutschen Oberpostdirektionen. Imprägnierung mit Teeröl OPD. Breslau 21 Jahre, OPD. Stettin 35 Jahre, Boucherieverfahren OPD. Köslin 20, OPD. Darmstadt 30 Jahre, Kyanisierung OPD. Kassel 19, OPD. Straßburg 29 Jahre.

Einbau in durchlässigem Boden befördert Fäulnis. Steinschlag, von dem Wasser ablaufen kann, erhöht die Dauer von Schwellen. Vollschlagen von Mastenlöchern mit Lehm oder Einbau in sumpfigem Boden, wo sich kein Pilzmyzel bilden kann (z. B. in den Marschen Oldenburgs), erhöht die Dauer[5]. Das gleiche gilt von Nachpflege.

4. Statistiken.

Die folgende Zusammenstellung gibt die Ergebnisse von über 60 Statistiken über Eisenbahnschwellen und Telegrafenstangen, die zwischen 10000 und 2 Millionen einzelne Stücke umfassen. Nicht aufgenommen sind in dieser Statistik reine Schätzungen und Vermutungen, und auch nicht Ergebnisse von Versuchsstrecken mit 50—100 Einzelstücken. Als Unterlage haben die ausführlichen Nachweisungen in älteren Jahrgängen der deutschen Bauzeitung[6], des Organ für die Fortschritte des Eisenbahnwesens, des Werkes von Heinzerling[7], sowie die großen Zusammen-

---

[1] Nowotny, Statistik der Holzsäulen in österreichischen Telegraphen- und Telephonlinien. ZPT. 1908, S. 11/12.

[2] Mitteilungen der Schweizer Telegraphen- und Telephonverwaltung 1935, 1945, 1946, 1947.

[3] Winnig, Die Stangenstatistik der deutschen Reichspost und die Berechnung der mittleren Gebrauchsdauer. Archiv PT. 1934, S. 1.

[4] Moll, a. a. O. S. 540.

[5] Valasek, Untersuchungen über die Dauerhaftigkeit und Fäulnis der Telegraphensäulen. ZPT. 1905, S. 1—4 und 139—142.

[6] Plattner, Zeitschrift für Bauwesen, 1860, S. 247.

[7] Heinzerling, Die Konservierung des Holzes, 1885.

stellungen von Winnig[1] über die Stangen der deutschen Reichspostverwaltung, von Vogel (Organ 1932), über die Schwellen deutscher und österreichischer Bahnen und von Moll[2] (Helios 1912) über die Telegrafenstangen von annähernd 70 Telegrafenverwaltungen der ganzen Welt gedient.

Holzart	Schwellen Jahre	Telegrafenstangen Jahre
A. Rohes Holz [3,4]		
Fichte	6,1	
Kiefer	7,7	8 (Nachpflege)
Lärche...............		9,1
Buche	3	
Eiche	14,9	9,2
B. Imprägniert mit Zinkchlorid		
Fichte	7,3	
Kiefer[a]...............		13,3
Lärche...............	13,3	
Buche	8	
Eiche	16,5	
C. Kupfervitriol		
Kiefer	15 (unter Druck)	25 (Boucherie)[b]
D. Sublimat (Kyan)		
Fichte		16,5
Kiefer		26,8 (Nachpflege)
E. Basilit		
Fichte		12
Kiefer		16
F. Teeröl		
Kiefer	30 bis 32	33 (Nachpflege)
Buche	30 bis 35 (nach Ziffer)	
G. Chlorzink mit Teeröl		
Kiefer	20,8[c,d,e]	

---

[1] Winnig, a. a. O. S. 543.
[2] Moll, a. a. O. S. 540.
[3] Nowotny, Ist der Einbau roher Lärchensäulen in Österreich noch wirtschaftlich? ZPT. 1911, S. 41—43.
[4] Nowotny, Verwendung nicht imprägnierter Holzsäulen im Linienbaue. ZPT. 1903, S. 241—243.
[a] Kiefer: 3,7 Millionen der Sächsischen Staatsbahn von 1869 bis 1881 15,6 Jahre, 3,7 Millionen von 1882 bis 1896 19 Jahre und 5,3 Millionen von 1897 bis 1919 21,2 Jahre.
[b] Jährliche Nachweisungen der Schweizer Telegraphenverwaltung in Technische Mitteilungen TTV.
[c] Nowotny, Konservierung hölzerner Leitungsmaste durch Tränkung mit Fluoriden. El.- u. Masch.-Bau 1910, S. 491—496.
[d] American Wood-Preservers' Association, Proceedings, 1932, 1941, 1942, 1946, Tie Service Records.
[e] Ziffer, Statistik von Eisenbahnschwellen. Berichte des Internationalen Eisenbahnkongresses 1911, Zeitschrift für Kleinbahnen, 1911.

Jede Ziffer ist der Wert der mittleren Dauer in Jahren einer vollständigen Statistik von mindestens 10000 Schwellen oder Masten. Die einzelnen Ziffern dieser Tabelle sind also nicht Grenzwerte, sondern wirkliche gemessene Mittelwerte. Wo die Hölzer (Telegrafenstangen) Nachpflege durch in regelmäßigen Zeitabständen erfolgten Anstrich in der Erdzone mit Karbolineum erfahren haben, ist dieses bei der m. D.-Ziffer vermerkt.

Zu C Kupfervitriol ist zu bemerken, daß die Eisenbahnschwellen im kupfernen Zylinder unter Druck mit der Lösung imprägniert worden sind, die Telegrafenstangen dagegen ausnahmslos nach dem Verfahren von Boucherie durch die Filtration. Die m. D. von 25 Jahren für Boucheriestangen gilt für die von 1900—1910 eingebauten Jahrgänge und ist aus den Zusammenstellungen des Reichspostministeriums und der Schweiz entnommen.

Zu F Teeröl: Für mit Teeröl imprägnierte Schwellen liegen keine richtigen Statistiken vor, sondern nur die Angaben aus dem Referat von Ziffer.

Rohes Holz folgt deutlich der Reihe Buche, Fichte, Kiefer, Lärche, Eiche. Kiefernschwellen in Süddeutschland und Österreich hielten nur 6,75—7,7 Jahre, in Dänemark 10,2—12,6 Jahre[1]. Die dänischen Schwellen wurden in Steinschlag verlegt. Auffällig ist die geringe Dauer der Eichenstangen im Gegensatz zu der eichener Schwellen. Das erklärt sich dadurch, daß zu Stangen nur junges fast reines Splintholz genommen wurde, zu Schwellen dagegen Kernholz.

Von den Imprägnierverfahren[2,3] mit Salzlaugen haben Tränkungen mit Bariumsulfat, Eisenvitriol und Hasselmann-Wolmanschen Salzgemischen sich als völlig wertlos gezeigt. Kochen des Holzes in Chlorzinklauge und Tauchen in Aczol hat das Holz zermürbt. Dagegen hat richtige Imprägnierung unter Druck mit Chlorzink die Dauer von Kiefer gegenüber der von rohem Holz auf etwa das Doppelte erhöht[4]. Die Imprägnierung mit Kupfervitriol unter Druck hat sehr verschiedene Ergebnisse gehabt. Nur eine norddeutsche Eisenbahn gewinnt aus ihrer Statistik eine m. D. von 15 Jahren. Dagegen ist die Tränkung nach dem Boucherieverfahren sowohl in Deutschland wie in der Schweiz als zuverlässig erkannt worden. Die Winnigsche Statistik[5] für die Einbaujahrgänge seit 1900 (in der gedruckten Bearbeitung der Statistik sind diese nicht mehr aufgenommen) weist in fast völliger Übereinstimmung mit den Statistiken der Schweizer Telegrafenverwaltung[6] eine m. D. von rd. 25 Jahren aus. Die in vergangenen Zeiten häufig im Schrifttum zu findende Behauptung, daß das Kupfervitriol in kalkhaltigen Böden

---

[1] Collstrop, a. a. O. zit. S. 540.
[2] Plattner, a. a. O. zit. S. 543.
[3] Heinzerling, a. a. O. zit. S. 543.
[4] Ziffer, a. a. O. zit. S. 544.
[5] Winnig, Der Schutz der Holzmasten bei der Deutschen Reichspost. Holz, Bd. 2 (1939), S. 271—279.
[6] Mitt. d. Schw. Telegr. u. Teleph., a. a. O. zit. S. 544.

versage, ist als Irrtum erkannt worden. Die Klarstellung der Frage verdanken wir vor allem den Arbeiten von Kind (Bulletin des Schweizer Elektrotechnischen Vereins 1944) und von Rabanus (Zeitschrift „Holz" 1940). Dagegen konnte Valasek[1,2] in Österreich zeigen, daß Kupfervitriol überall da versagt, wo Ersatzstangen in die alten Mastenlöcher eingestellt werden, d. h. wo der Boden durch Pilzmyzel verseucht ist. Die Imprägnierung mit Teeröl nach dem Rüpingverfahren gibt bei Nachpflege Telegrafenstangen rd. 33 Jahre m. D.[3,4]. Die m. D. der mit Teeröl vollimprägnierten kiefernen Stangen der englischen Telegrafenverwaltung war 28,9 Jahre. In Nordamerika wird für kieferne Masten bei einer Aufnahme von rd. 180 kg auf den cbm mit einer Dauer von mindestens 40 Jahren gerechnet[5].

Wir sehen also, daß die m. D., wie sie uns aus den Statistiken entgegentritt, nicht allein das Ergebnis der natürlichen Dauerhaftigkeit und der Wirkung der Schutzstoffe ist, sondern in einer sehr verschiedenen Weise von den Umweltbedingungen abhängt[6]. Und wir sehen weiter, daß auch bei einigermaßen gleicher Arbeitsweise und Schutzkraft doch zwischen den einzelnen großen Bezirken starke Abweichungen der erzielten Gebrauchsdauern festzustellen sind[7].

Werden z. B. bei nachträglicher Bearbeitung (Bohrung) der imprägnierten Maste undurchtränkt gebliebene Kernholzzonen freigelegt und nicht sorgfältig durch Schutzanstrich o. dgl. Maßnahmen geschützt oder werden die Maste in anormale Böden eingebaut, die eine besonders starke Auslaugung oder chemische Veränderung des Tränkstoffes bedingen, so kann mitunter auch die sorgfältigste Imprägnierung gesunden Holzes keine befriedigende Gebrauchsdauer ergeben[8].

5. Die Garantiefrage.

Besonders unter den Verbrauchern von Leitungsmasten hat sich der Gebrauch eingebürgert, von den Mastenherstellern und -handelsfirmen eine „Garantie" zu verlangen. Diese wird gewöhnlich etwa so abgefaßt: „Wir verpflichten uns zum Ersatz für jeden Mast, der bis zum fünften (oder sechsten oder gar zehnten) Jahr nach Einbau wegen Fäulnis ausgewechselt werden muß." Eine solche Garantie ist sinnlos, d. h. in der Urbedeutung dieses Wortes „ohne Sinn". Denn sie sucht (verpflichtet)

---

[1] Valasek, Vorzeitige Fäulnis der imprägnierten Telegraphensäulen. ZPT. 1903, S. 257/258, 265—268.

[2] Valasek, a. a. O. zit. S. 543.

[3] Winnig, Der Schutz der Holzmasten bei der Deutschen Reichspost. Holz, Bd. 2 (1939). S. 271—279.

[4] Nowotny, Kreosotierte Holzsäulen im österreichischen Linienbau. ZPT. 1911, S. 73/74.

[5] Am. Wood-Pres. Ass. Proceed. 1932, Pole Service Records.

[6] Nowotny, Hohes Alter imprägnierter Telegraphensäulen. Ztschr. Post-Tel. 1903, S. 129/130.

[7] Nowotny, Über die voraussichtliche Lebensdauer imprägnierter Holzmasten. ETZ. 1912, S. 976—979.

[8] Malenkovic, Die Holzkonservierung im Hochbau, 1907.

den Hersteller zu einer Gewährleistung für Mängel zu verpflichten, auch wenn diese nicht auf seiner Arbeit beruhen, sondern auf Umständen, die seiner Einflußnahme zum größten Teil entzogen sind, ja, unter Umständen sogar vom Abnehmer und Verbraucher verschuldet sind. Hinzu kommt, daß die Entscheidung, ob ein Mast wegen Fäulnis ausbaureif ist, meist allein vom Ermessen des Verbrauchers abhängig gemacht wird. Der ursprüngliche Sinn des Garantieverlangens, die vom Gesetz auf 6 Monate beschränkte Verjährungsfrist für Ansprüche aus Mängeln an den gelieferten Waren zu verlängern, ist meist vergessen, und „die beste Garantie" ist nur noch ein gerne benutztes Hilfsmittel im Kampfe gegen den Wettbewerber oder im Bemühen um möglichst günstige Kaufbedingungen.

Das Sinnwidrige der Garantie der üblichen Form liegt darin, daß der Zeitpunkt, zu welchem ein einzelner Mast unbrauchbar wird, gar nicht von der Tätigkeit des Herstellers abhängt. Auch bei sorgfältigster Auswahl des Holzes und einwandfreier Imprägnierung folgt der Abfall, wie im vorstehenden gezeigt wurde, einem unabänderlichen Naturgesetz. So mußten von den im Jahre 1877 eingebauten 72 701 Boucheriestangen, die von der Postverwaltung selbst imprägniert worden waren, 1878 schon 43 Stück wegen Fäulnis ausgewechselt werden, danach nahm der Abfall von Jahr zu Jahr nach einer ganz bestimmten Gesetzmäßigkeit zu. Eine Garantie, die Sinn haben soll, die nicht ganz vom Zufall abhängt, muß dieses Gesetz berücksichtigen.

Noch mehr spricht gegen die schematische Garantie, daß die Tätigkeit des Verbrauchers überhaupt nicht berücksichtigt wird. Der Abfall hängt aber in hohem Maße davon ab, wie die Masten nach der Anlieferung behandelt (gestapelt) und hernach eingebaut werden. (Bei Anwendung gewisser Imprägnierungsarten ist von Masten, die ohne zusätzliche Schutzmittel unter besonders ungünstigen Standortsbedingungen eingebaut sind, auch bei sorgfältigster Ausführung der Schutzbehandlung keine hohe Lebensdauer zu erwarten.)

Sofern die Schutzbehandlung nach einem alten erprobten Verfahren vorgenommen wird, ist sachlich nur eine Garantie berechtigt, nämlich die auf eine sachgemäße Auswahl des Holzes und sachgemäße Imprägnierung. Sachgemäß ist aber nur die Auswahl und die Imprägnierung, die entsprechend den Vorschriften der Postverwaltung vorgenommen wird. Zu diesen Vorschriften gehört aber nicht nur der Name des Verfahrens und des Schutzmittels, sondern auch dessen Zusammensetzung, Menge und Form der Anwendung, kurz der volle Umfang der Postvorschriften. Die Postverwaltung sichert sich diese Garantie dadurch, daß die Hölzer sowohl in rohem, wie in imprägniertem Zustande durch einen besonders ausgebildeten Beamten auf ihre Beschaffenheit geprüft und abgenommen werden, und daß die Ausführung der Imprägnierung laufend überwacht wird. Die gleiche Möglichkeit ist heute auch für jeden anderen Mastenverbraucher gegeben. Denn die Postverwaltung hat sich bereit erklärt, auf Antrag gegen Zahlung einer geringen Gebühr die Abnahme und Kontrolle von „Privatmasten" durch die für das Imprägnierwerk zuständigen Beamten vornehmen zu lassen.

41*

Wenn es sich um die Einführung neuer noch unerprobter Verfahren handelt, so ist das Verlangen des Abnehmers nach einer gewissen Sicherheit wohl begründet. Es ist leider nicht zu bestreiten, daß Erfinder in Zeitschriftenaufsätzen den Mund oft sehr voll genommen haben und von ihren Schutzverfahren eine Dauer des Holzes von 40 bis 50 Jahren versprochen haben. Das hat in den letzten Jahren mehrfach zu schweren Enttäuschungen geführt. Eine Garantie sollte aber auch in diesem Falle von den Erfahrungen mit ähnlichen Verfahren ausgehen, d. h. die Statistiken der Post und die Ergebnisse der Hemmungswerte berücksichtigen.

Namen- und Sachverzeichnis.

MIX
Papier aus verantwortungsvollen Quellen
Paper from responsible sources
FSC® C105338
www.fsc.org

If you have any concerns about our products,
you can contact us on
ProductSafety@springernature.com

In case Publisher is established outside the EU,
the EU authorized representative is:
Springer Nature Customer Service Center GmbH
Europaplatz 3, 69115 Heidelberg, Germany

Printed by Libri Plureos GmbH
in Hamburg, Germany